U0274943

SOLIDWORKS 2016
中文版从入门到精通

肖斌　胡仁喜　刘昌丽　等编著

机械工业出版社

本书中的每个实例都是编者独立设计的真实零件，每一章都提供了独立、完整的零件制作过程，每个模块都有大型、综合的实例章节，操作步骤都有简洁的文字说明和精美的图例展示。“授人以鱼不如授人以渔”，本书的实例安排本着“由浅入深，循序渐进”的原则，力求使读者“用得上，学得会，看得懂”，并能够学以致用，从而尽快地掌握SOLIDWORKS设计中的诀窍。

全书按知识结构顺序分为15章，分别讲述了SOLIDWORKS基础知识，草图绘制，编辑零件草绘特征，编辑零件实体，曲线与曲面造型，钣金设计，装配体的应用，动画制作和工程图等知识。

随书配送的多媒体光盘包含全书所有实例的源文件和操作过程的AVI视频文件，可以帮助读者轻松自在地学习本书。

图书在版编目（CIP）数据

SOLIDWORKS 2016中文版从入门到精通/胡仁喜等编著. —4版. —北京：机械工业出版社，2017.1（2018.8重印）

ISBN 978-7-111-55886-6

Ⅰ. ①S… Ⅱ. ①胡… Ⅲ. ①计算机辅助设计—应用软件 Ⅳ. ①TP391.72

中国版本图书馆CIP数据核字(2016)第326392号

机械工业出版社（北京市百万庄大街22号 邮政编码100037）
责任编辑：曲彩云 责任印制：李 昂
北京中兴印刷有限公司印刷
2018年8月第4版第2次印刷
184mm×260mm · 35.75印张 · 867千字
3001—5000册
标准书号：ISBN 978-7-111-55886-6
ISBN 978-7-89386-118-5（光盘）
定价：98.00元（含1DVD）

凡购本书，如有缺页、倒页、脱页，由本社发行部调换

电话服务	网络服务
服务咨询热线：010-88361066	机工官网：www.cmpbook.com
读者购书热线：010-68326294	机工官博：weibo.com/cmp1952
010-88379203	金 书 网：www.golden-book.com
编辑热线：010-88379782	教育服务网：www.cmpedu.com

前　言

SOLIDWORKS 是世界上第一套基于 Windows 系统开发的三维 CAD 软件。该软件以参数化特征造型为基础，具有功能强大、易学、易用等特点，是当前最优秀的中档三维 CAD 软件之一。自从 1996 年生信实维公司将 SOLIDWORKS 引入中国以来，受到了广泛的好评，许多高等院校也将 SOLIDWORKS 用作本科生的教学和课程设计的首选软件。

新版 SOLIDWORKS 2016 与 SOLIDWORKS 2014 相比，在草图绘制及特征设计等方面添加改进功能，使产品开发流程发生了根本变革，并将软件操作速度、生成连续性工作流程、设计功能等提高到一个新的水平，新一代 SOLIDWORKS 使现有产品的创新型新功能得到改进。

本书的编者都是各科研院所从事计算机辅助设计教学研究或工程设计的一线人员，他们年富力强，具有丰富的教学实践经验与教材编写经验。多年的教学工作使他们能够准确地把握学生的学习心理与实际需求。在本书中，处处凝结着教育者的经验与体会，贯彻着他们的教学思想，希望能为广大读者的学习起到抛砖引玉的作用，为广大读者的自学提供一个简捷有效的途径。

书中的每个实例都是编者独立设计的真实零件，每一章都提供了独立、完整的零件制作过程，每个模块都有大型、综合的实例章节，操作步骤都有简洁的文字说明和精美的图例展示。“授人以鱼不如授人以渔”，本书的实例安排本着“由浅入深，循序渐进”的原则，力求使读者“看得懂，学得会，用得上”，并能够学以致用，从而尽快掌握 SOLIDWORKS 设计中的诀窍。

全书按知识结构顺序分为 15 章，分别讲述 SOLIDWORKS 基础知识，草图绘制，编辑零件草绘特征，编辑零件实体，曲线与曲面造型，钣金设计，装配体的应用，动画制作和工程图等知识。

随书配送的多媒体光盘包含全书所有实例的源文件和操作过程的 AVI 视频文件，可以帮助读者轻松自在地学习本书。

本书由三维书屋工作室策划，由肖斌、胡仁喜和刘昌丽老师主要编写，康士廷、闫聪聪、杨雪静、孟培、李亚莉、甘勤涛、李兵、王敏、孙立明、王玮、王培合、王艳池、王义发、王玉秋、张俊生等参加了部分章节的编写工作。

虽然编者几易其稿，但由于时间仓促加之水平有限，书中纰漏与失误在所难免，恳请广大读者登录网站 www.sjzswsw.com 或联系 hurenxi2000@163.com 批评指正。也欢迎加入三维书屋图书学习交流群 QQ：379090620 交流探讨。

编　者

目 录

第 1 章

SOLIDWORKS 2016概述

SOLIDWORKS 是一套机械设计自动化软件，它采用了大家熟悉的Microsoft Windows图形用户界面。使用这套简单易学的配件工具，机械设计工程师能快速地按照其设计思路绘制出草图，并运用特征与尺寸，绘制模型实体、装配体及详细的工程图。

除了进行产品设计外，SOLIDWORKS还集成了强大的辅助功能，可以对设计的产品进行三维浏览、运动模拟、碰撞和运动分析及受力分析等。

学习要点

- 初识 SOLIDWORKS 2016
- SOLIDWORKS 用户界面
- SOLIDWORKS 工作环境设置

1.1 初识SOLIDWORKS 2016

SOLIDWORKS公司推出的SOLIDWORKS 2016，在创新性、使用的便利性以及界面的人性化等方面都得到了增强，性能和质量进行了大幅度地完善，同时开发了更多的SOLIDWORKS新设计功能，使产品开发流程发生了根本性的变革；支持全球性的协作和连接，增强了项目的广泛合作。

SOLIDWORKS 2016在用户界面、草图绘制、特征、成本、零件、装配体、SOLIDWORKS Workgroup PDM、Simulation、运动算例、工程图、出详图、钣金设计、输出和输入以及网络协同等方面都得到了增强，使用户可以更方便的使用该软件。本节将介绍SOLIDWORKS 2016的一些基本知识。

1.1.1 启动SOLIDWORKS 2016

SOLIDWORKS 2016安装完成后，就可以启动该软件了。在Windows 7操作环境下，选择菜单栏中的“开始”→“所有程序”→“SOLIDWORKS 2016”→“SOLIDWORKS 2016×64 Edition”命令或者双击桌面上的SOLIDWORKS 2016×64 Edition的快捷方式按钮，就可以启动该软件。如图1-1所示为SOLIDWORKS 2016的一种启动画面。

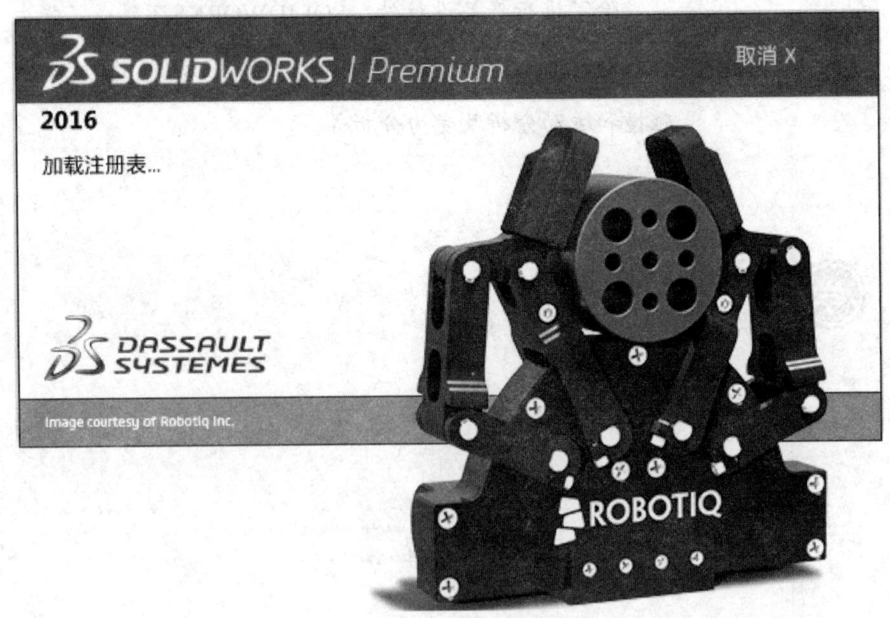

图1-1 启动画面

启动画面消失后，系统进入SOLIDWORKS 2016初始界面，初始界面中只有几个菜单栏和标准工具栏，如图1-2所示。

图 1-2 SOLIDWORKS 2016 初始界面

1.1.2 新建文件

单击左上角的按钮，或者选择菜单栏中的“文件”→“新建”命令，弹出如图1-3所示“新建SOLIDWORKS 文件”对话框。

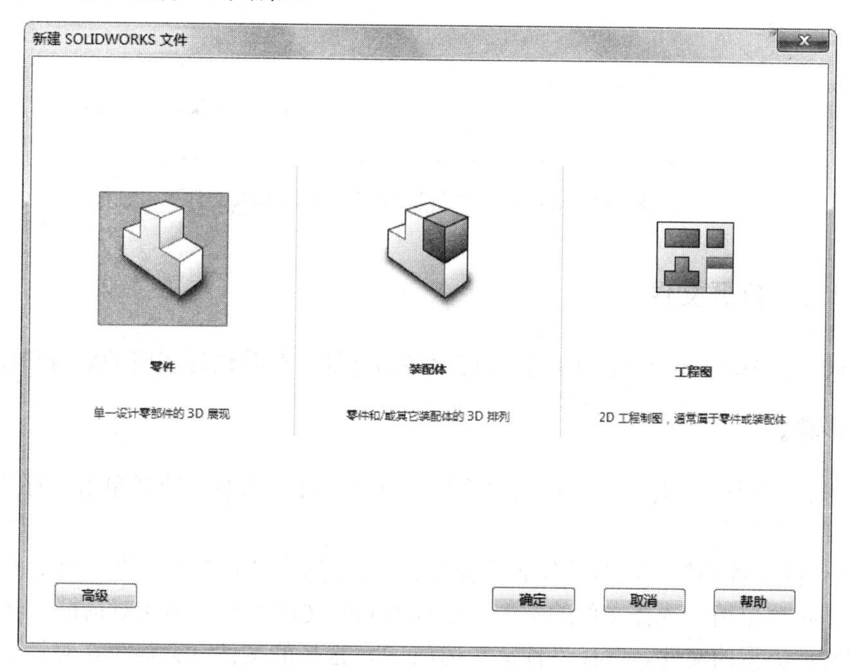

图 1-3 新建 SOLIDWORKS 文件

其中：

- ➢ （零件）按钮：双击该按钮，可以生成单一的三维零部件文件。
- ➢ （装配体）按钮：双击该按钮，可以生成零件或其他装配体的排列文件。
- ➢ （工程图）按钮：双击该按钮，可以生成属于零件或装配体的二维工程图文件。

选择“单一设计零部件的3D展现”，单击“确定”按钮，即会进入完整的用户界面。

在SOLIDWORKS 2016中，“新建 SOLIDWORKS 文件”对话框有两个版本可供选择，一个是新手版本，另一个是高级版本。

单击图1-3中的“高级”按钮就会进入高级版本显示模式，如图1-4所示。高级版本在各个标签上显示模板按钮的对话框，当选择某一文件类型时，模板预览出现在预览框中。在该版本中，用户可以保存模板添加自己的标签，也可以选择 Tutorial 标签来访问指导教程模板，如图1-4所示。

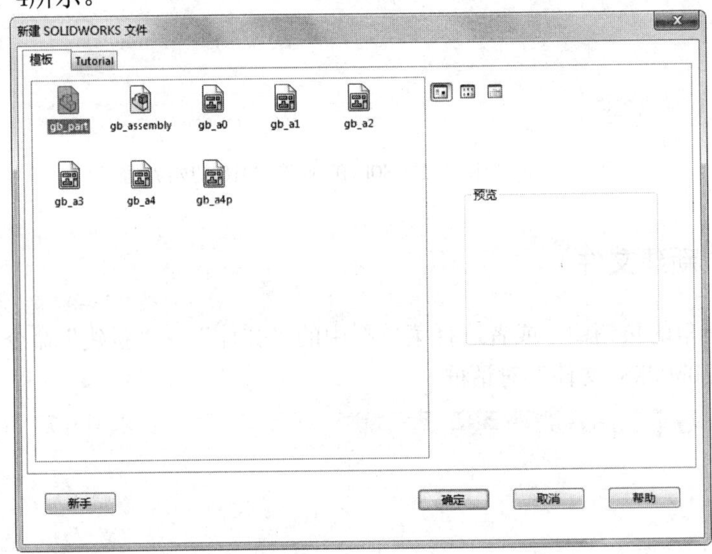

图 1-4 高级版本“新建 SOLIDWORKS2016 文件”对话框

1.1.3 打开文件

在SOLIDWORKS 2016中，可以打开已存储的文件，对其进行相应的编辑和操作。

【操作步骤】

1）执行命令。选择菜单栏中的“文件”→“打开”命令，或者单击“打开”按钮，执行打开文件命令。

2）选择文件类型。此时系统弹出如图1-5所示的“打开”对话框。对话框中的“文件类型”下拉菜单用于选择文件的类型，选择不同的文件类型，则在对话框中会显示文件夹中对应文件类型的文件。选择“预览”选项，选择的文件就会显示在对话框的“预览”窗口中，但是并不打开该文件。

选取了需要的文件后，然后单击对话框中的“打开”按钮，就可以打开选择的文件，对其进行相应的编辑和操作。

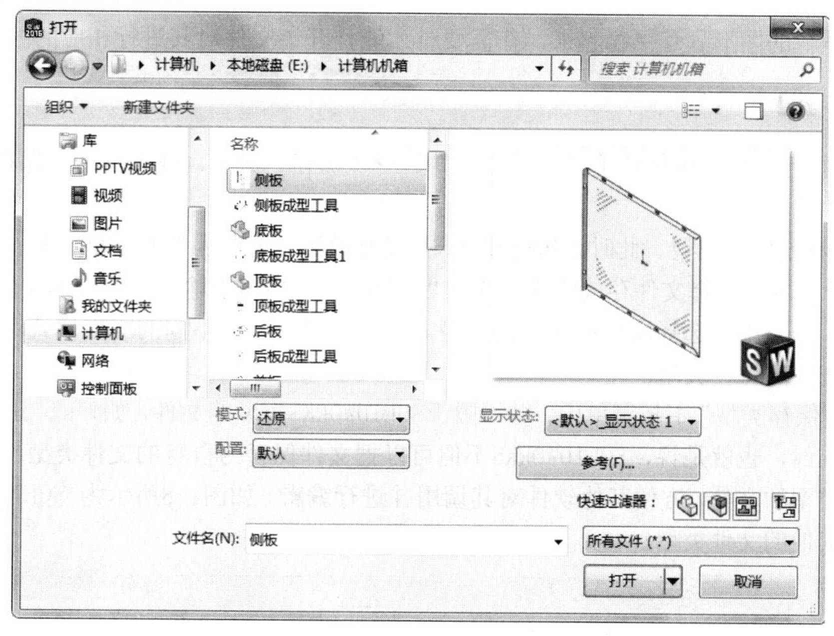

图 1-5 “打开”对话框

在“文件类型”下拉菜单中，并不限于SOLIDWORKS类型的文件，如*.sldprt、*.sldasm和*.slddrw。SOLIDWORKS软件还可以调用其他软件所形成的图形对其进行编辑，图1-6所示为SOLIDWORKS可以打开的其他文件类型。

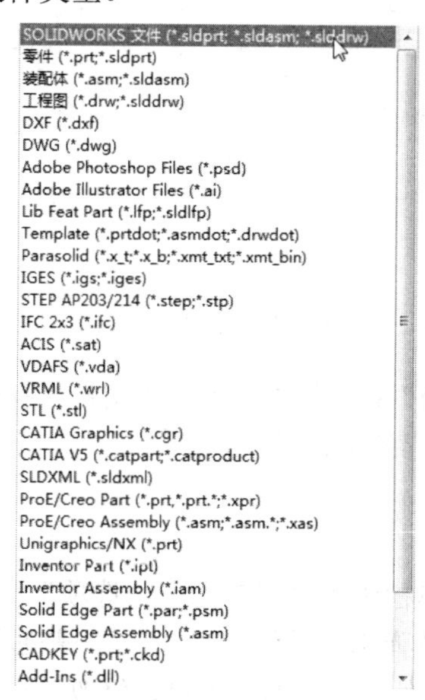

图 1-6 打开文件类型列表

1.1.4 保存文件

已编辑的图形只有保存起来，在需要时才能打开该文件对其进行相应的编辑和操作。

【操作步骤】

1．执行命令。选择菜单栏中的“文件”→“保存”命令，或者单击“保存”按钮，执行保存文件命令。

2．设置保存类型。此时系统弹出如图1-7所示的“另存为”对话框。对话框中的“保存在”一栏用于选择文件存放的文件夹；“文件名”一栏用于输入要保存的文件名称；“保存类型”一栏用于选择所保存文件的类型。通常情况下，在不同的工作模式下，系统会自动设置文件的保存类型。

在“保存类型”下拉菜单中，并不限于SOLIDWORKS类型的文件，如*.sldprt、*.sldasm和*.slddrw，也就是说，SOLIDWORKS不但可以把文件保存为自身的文件类型，还可以保存为其他类型的文件，方便其他软件对其调用并进行编辑。如图1-8所示为 SOLIDWORKS 可以保存为其他的文件类型。

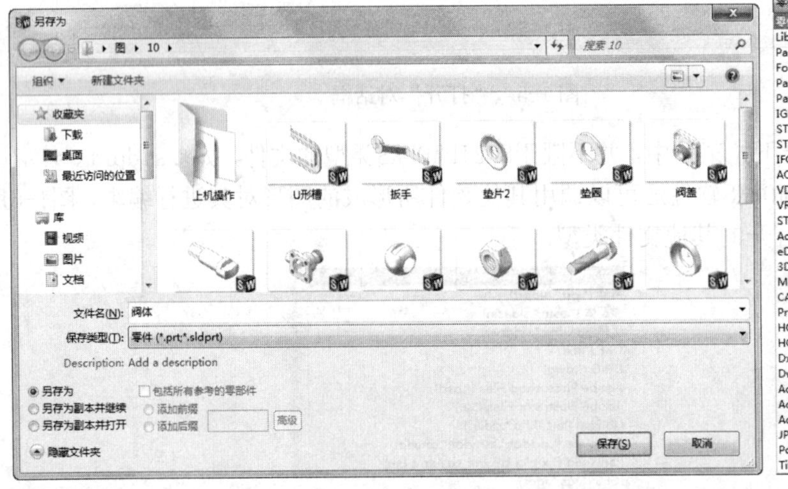

图 1-7 “另存为”对话框

零件 (*.prt;*.sldprt)
零件 (*.prt;*.sldprt)
Lib Feat Part (*.sldlfp)
Part Templates (*.prtdot)
Form Tool (*.sldftp)
Parasolid (*.x_t)
Parasolid Binary (*.x_b)
IGES (*.igs)
STEP AP203 (*.step;*.stp)
STEP AP214 (*.step;*.stp)
IFC 2x3 (*.ifc)
ACIS (*.sat)
VDAFS (*.vda)
VRML (*.wrl)
STL (*.stl)
Additive Manufacturing File (*.amf)
eDrawings (*.eprt)
3D XML (*.3dxml)
Microsoft XAML (*.xaml)
CATIA Graphics (*.cgr)
ProE/Creo Part (*.prt)
HCG (*.hcg)
HOOPS HSF (*.hsf)
Dxf (*.dxf)
Dwg (*.dwg)
Adobe Portable Document Format (*.pdf)
Adobe Photoshop Files (*.psd)
Adobe Illustrator Files (*.ai)
JPEG (*.jpg)
Portable Network Graphics (*.png)
Tif (*.tif)

图 1-8 保存文件类型

在图1-7所示的“另存为”对话框中，可以将文件保存的同时保存一份备份文件。保存备份文件，需要预先设置保存的文件目录。

【操作步骤】

1）执行命令。选择菜单栏中的“工具”→“选项”命令。

2）设置保存目录。系统弹出“系统选项（S）—普通”对话框，单击对话框中的“备份/恢复”选项，在“备份文件夹”文本框中可以修改保存备份文件的目录，如图1-9所示。

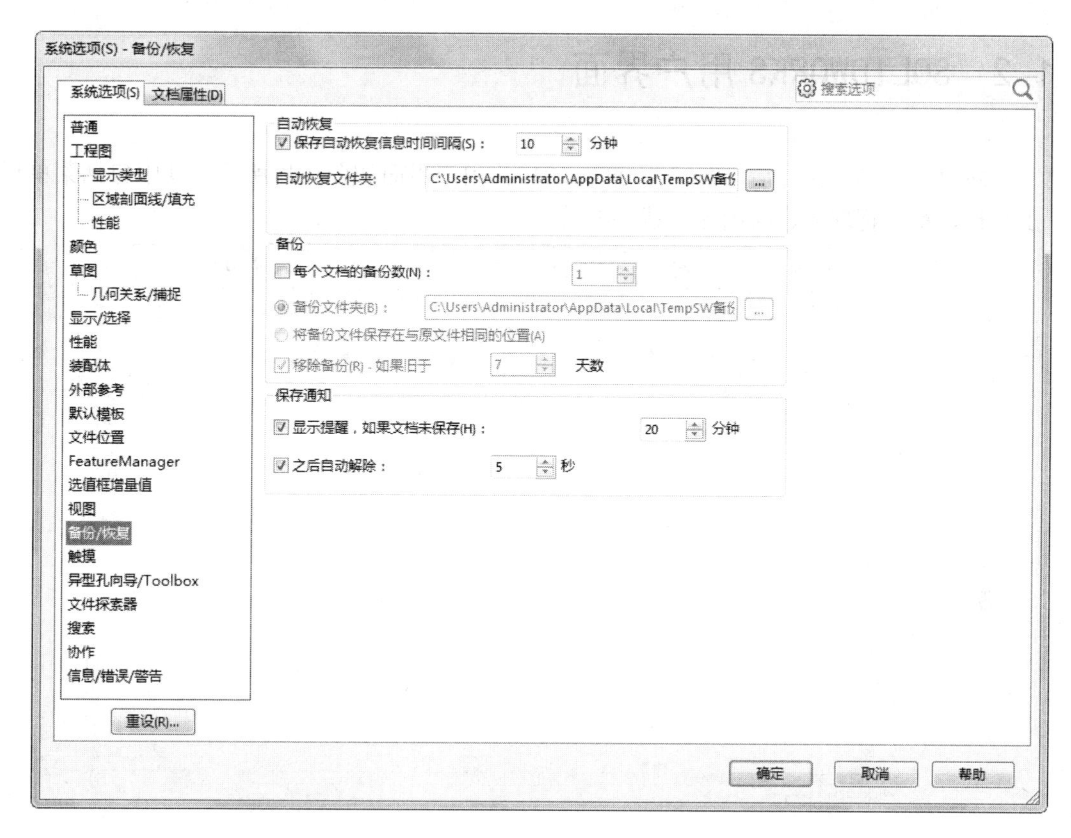

图 1-9 “系统选项（S）—备份/恢复”对话框

1.1.5 退出SOLIDWORKS 2016

在文件编辑并保存完成后，就可以退出SOLIDWORKS 2016系统。选择菜单栏中的“文件”→“退出”命令，或者单击系统操作界面右上角的“关闭”按钮×，可直接退出。

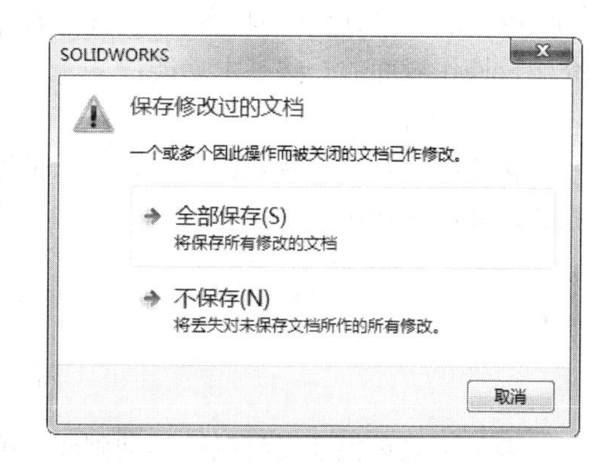

图1-10 系统提示

如果对文件进行了编辑而没有保存文件，或者在操作过程中，不小心执行了退出命令，会弹出系统“SOLIDWORKS”提示框，如图1-10所示。如果要保存修改过的文档，则单击“全部保存(S)-将保存所有修改的文档”选项框，系统会保存修改后的文件，并退出 SOLIDWORKS 系统；如果不保存对文件的修改，则单击“不保存（N）将丢失对为保存文档所做的所有修改”选项框，系统不保存修改后的文件，并退出 SOLIDWORKS 系统；单击“取消”按钮，则取消退出操作，回到原来的操作界面。

1.2 SOLIDWORKS 用户界面

新建一个零件文件后，SOLIDWORKS 2016的用户界面如图1-11所示，其中包括菜单栏、工具栏、特征管理区、绘图区及状态栏等。

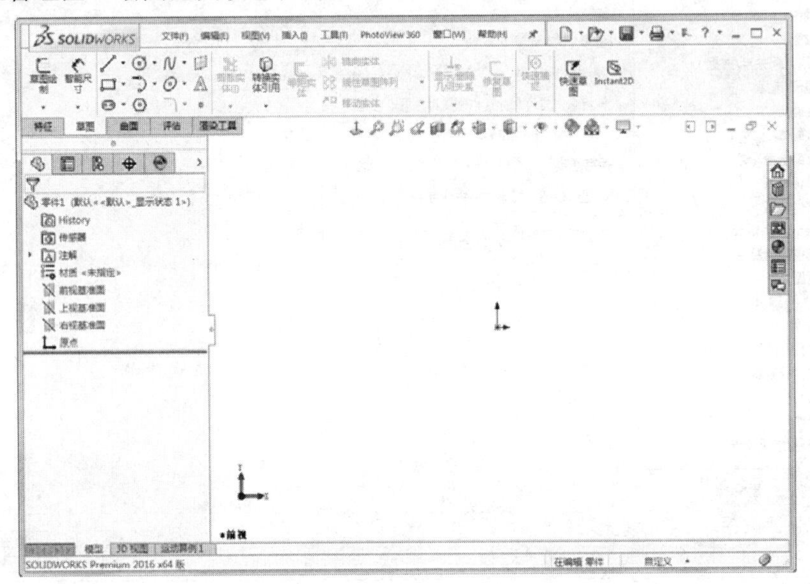

图 1-11 SOLIDWORKS2016 界面

装配体文件和工程图文件与零件文件的用户界面类似，在此不再一一罗列。

用户界面包括菜单栏、工具栏，以及状态栏等。菜单栏包含了所有的SOLIDWORKS 命令，工具栏可根据文件类型（零件、装配体、或工程图）来调整和放置并设定其显示状态，而SOLIDWORKS 窗口底部的状态栏则可以为设计人员提供正执行功能的相关的信息。下面分别介绍该操作界面的一些基本功能：

1. 菜单栏

菜单栏显示在标题栏的下方，默认情况下菜单栏是隐藏的，它的视图是只显示工具栏按钮，如图1-12所示。

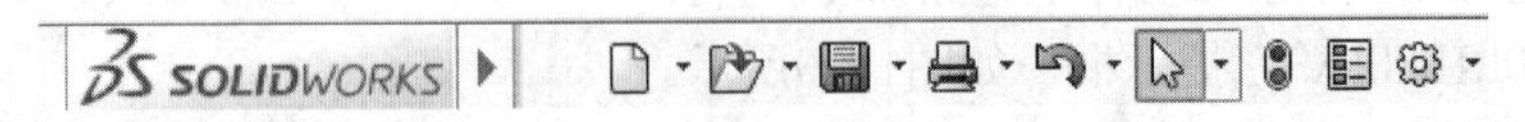

图 1-12 默认菜单栏

要显示菜单栏需要将鼠标移动到SOLIDWORKS图标 或单击它，如图1-13所示，若要始终保持菜单栏可见，需要将“图钉”按钮更改为钉住状态，其中最关键的功能集中在“插入”与“工具”菜单中。

图 1-13 菜单栏

通过单击工具按钮旁边的下移方向键，可以扩展以显示带有附加功能的弹出菜单。这使得可以访问工具栏中的大多数文件菜单命令。例如，保存弹出菜单包括保存、另存为、保存所有和出版 eDrawings 文件四种命令，如图1-14所示。

SOLIDWORKS的菜单项对应于不同的工作环境，相应的菜单以及其中的选项会有所不同。在以后应用中会发现，当进行一定任务操作时，不起作用的菜单命令会临时变灰，此时将无法应用该菜单命令。

如果选择保存文档提示，则当文档在指定间隔（分钟或更改次数）内保存时，将出现一个透明信息框。其中包含保存当前文档或所有文档的命令，它将在几秒后淡化消失，如图1-15所示。

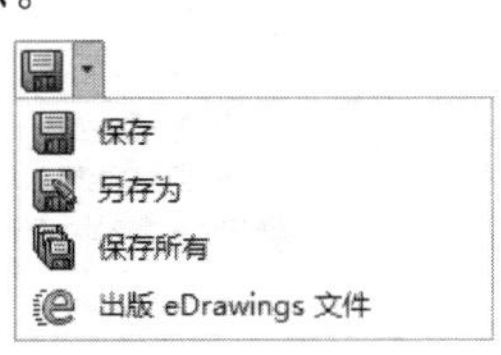

图 1-14　弹出菜单

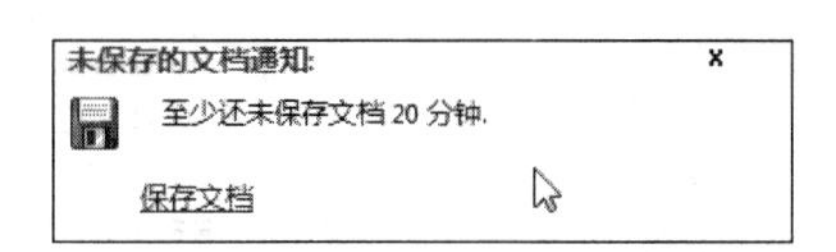

图 1-15　未保存文档通知

2. 工具栏

SOLIDWORKS有很多可以按需要显示或隐藏的内置工具栏。选择菜单栏中的“视图”→“工具栏”→“自定义”命令，或者在视图工具栏中单击鼠标右键，将显示图1-16所示的“工具栏”菜单项，选择“自定义”命令，在已经打开的“自定义”菜单项中点击“视图”，会出现浮动的“视图”工具栏，这样便可以自由拖动放置在需要的位置上。

此外，还可以设定哪些工具栏在没有文件打开时可显示。或者可以根据文件类型（零件、装配体，或工程图）来放置工具栏并设定其显示状态（自定义、显示或隐藏）。例如，保持“自定义命令”对话框打开，在SOLIDWORKS 窗口中，便可将工具按钮：

➢ 从工具栏上一个位置拖动到另一位置。
➢ 从一工具栏拖动到另一工具栏。
➢ 从工具栏拖动到图形区域中以从工具栏上将之移除。

有关工具栏命令的各种功能和具体操作方法将在后面的章节中作具体的介绍。

在使用工具栏或是工具栏中的命令时，当指针移动到工具栏中的按钮附近，会弹出一个窗口来显示该工具的名称及相应的功能，如图1-17所示，显示一段时间后，该内容提示会自动消失。

3. 状态栏

状态栏位于SOLIDWORKS窗口底端的水平区域，提供关于当前正在窗口中编辑内容的状态，以及指针位置坐标、草图状态等信息。典型的信息包括：

➢ 重建模型按钮 ：表示在更改了草图或零件后需要重建模型时，重建模型符号会显示在状态栏中。
➢ 草图状态：在编辑草图过程中，状态栏会出现5种状态，即完全定义、过定义、欠定义、没有找到解、发现无效的解。在考虑零件完成之前，最好应该完全定义草图。

图 1-16　“工具栏”菜单项

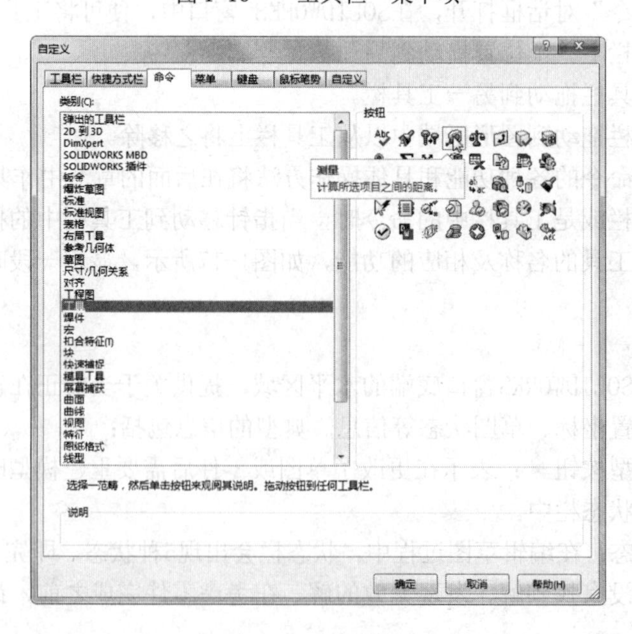

图 1-17　消息提示

4．FeatureManager设计树

FeatureManager 设计树位于 SOLIDWORKS 窗口的左侧，是SOLIDWORKS 软件窗口中比较常用的部分，它提供了激活的零件、装配体或工程图的大纲视图，从而可以很方便地查看模型或装配体的构造情况，或者查看工程图中的不同图纸和视图。

FeatureManager 设计树和图形区域是动态链接的。在使用时可以在任何窗格中选择特征、草图、工程视图和构造几何线。FeatureManager设计树就是用来组织和记录模型中的各个要素要素之间的参数信息和相互关系，以及模型、特征和零件之间的约束关系等，几乎包含了所有设计信息。FeatureManager设计树的内容如图1-18所示。

FeatureManager设计树的功能主要有以下的几种：

- 以名称来选择模型中的项目：即可以通过在模型中选择其名称来选择特征、草图、基准面及基准轴。SOLIDWORKS 在这一项中很多功能与Window操作界面类似，比如在选择的同时按住 Shift 键，可以选取多个连续项目；在选择的同时按住 Ctrl 键，可以选取非连续项目。
- 确认和更改特征的生成顺序：在FeatureManager设计树中利用拖动项目可以重新调整特征的生成顺序，这将更改重建模型时特征重建的顺序。
- 通过双击特征的名称可以显示特征的尺寸。
- 如要更改项目的名称，在名称上缓慢单击两次以选择该名称，然后输入新的名称即可，如图1-19所示。
- 压缩和解除压缩零件特征和装配体零部件，在装配零件时是很常用的，同样，如要选择多个特征，请在选择的时候按住Ctrl键。
- 右键单击清单中的特征，然后选择父子关系，以便查看父子关系。
- 点击右键，在树显示里还可显示如下项目：特征说明、零部件说明、零部件配置名称、零部件配置说明等。
- 将文件夹添加到FeatureManager设计树中。

对FeatureManager设计树的操作是熟练应用SOLIDWORKS的基础，也是应用SOLIDWORKS的重点，由于其功能强大，不能一一列举，在后面章节中会多次用到，只有在学习的过程中熟练应用设计树的功能，才能加快建模的速度和效率。

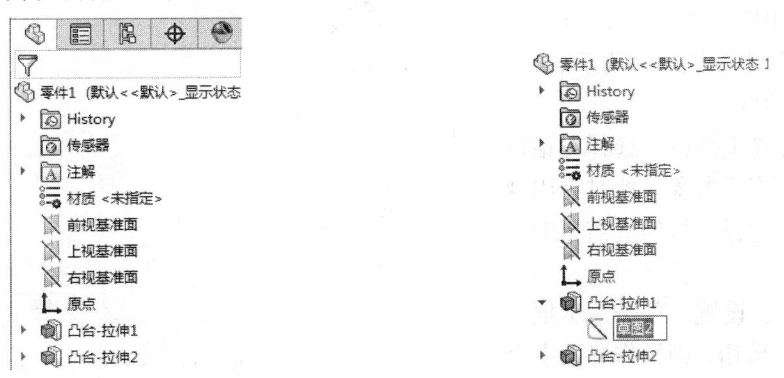

图 1-18　FeatureManager 设计树　　　图 1-19　FeatureManager 设计树更改项目名称

5. 属性管理器标题栏

属性管理器标题栏一般会在初始化——使用属性管理器为其定义的命令时自动出现。编辑一草图并选择一草图特征进行编辑，所选草图特征的属性管理器将自动出现。

激活属性管理器时，弹出的 FeatureManager 设计树会自动出现。如欲扩展弹出的 FeatureManager 设计树，可以在弹出的 FeatureManager 设计树中单击文件名称旁边的+标签。弹出 FeatureManager 设计树是透明的，因此不影响对其下模型的修改。

1.3 SOLIDWORKS 工作环境设置

要熟练的使用一套软件，必须先认识软件的工作环境，然后设置适合自己的使用环境，这样可以使设计更加便捷。SOLIDWORKS软件同其他软件一样，可以根据自己的需要显示或者隐藏工具栏，以及添加或者删除工具栏中的命令按钮。还可以根据需要设置零件、装配体和工程图的工作界面。

1.3.1 设置工具栏

SOLIDWORKS系统默认的工具栏是比较常用的，SOLIDWORKS有很多工具栏，由于绘图区域限制，不能显示所有的工具栏。在建模过程中，用户可以根据需要显示或者隐藏部分工具栏，设置方法有两种，下面将分别介绍。

1. 利用菜单命令设置工具栏

【操作步骤】

1）执行命令。选择菜单栏中的“工具”→“自定义”命令，或者在工具栏区域单击鼠标右键，在快捷菜单中选择“自定义”选项，此时系统弹出如图1-20所示的“自定义”对话框。

2）设置工具栏。选择对话框中的“工具栏”标签，此时会出现系统所有的工具栏，勾选需要的工具栏。

3）确认设置。单击对话框中的“确定”按钮，则操作界面上会显示选择的工具栏。

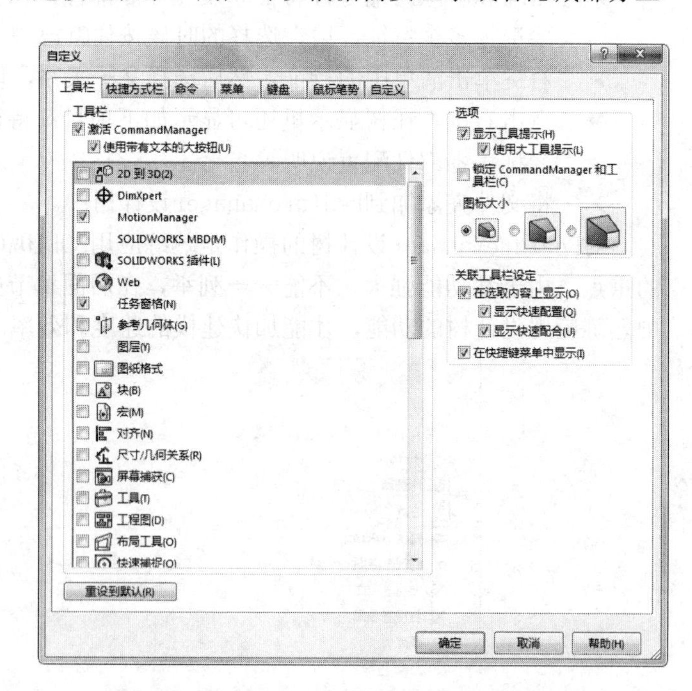

图1-20 “自定义”对话框

如果要隐藏已经显示的工具栏，单击已经勾选的工具栏，则取消勾选，然后单击“确定”按钮，此时操作界面上会隐藏取消勾选的工具栏。

2. 利用鼠标右键设置工具栏

【操作步骤】

1）执行命令。在操作界面的工具栏中单击鼠标右键，系统会出现设置“工具栏”快捷菜单，如图1-21所示。

2）设置工具栏。单击需要的工具栏，前面复选框的颜色会加深，则操作界面上会显示选择的工具栏。

如果单击已经显示的工具栏，前面复选框的颜色会变浅，则操作界面上会隐藏选择的工具栏。

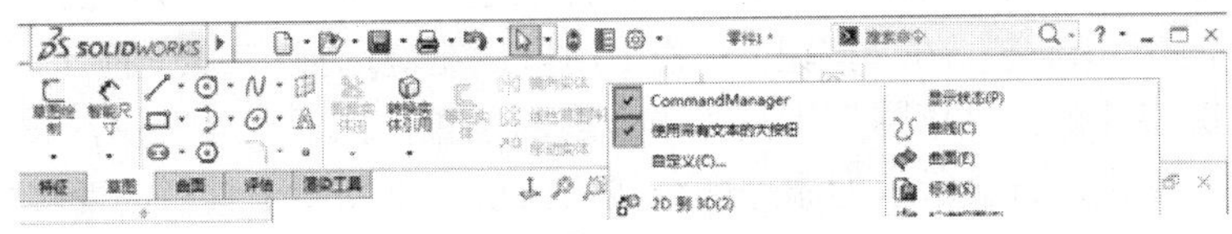

图 1-21 “工具栏”快捷菜单

另外，隐藏工具栏还有一个简便的方法，即将界面中不需要的工具，用鼠标将其拖到绘图区域中，此时工具栏上会出现标题栏。图1-22所示为拖到绘图区域中的“注解”工具栏，然后单击工具栏右上角“关闭”按钮，则操作界面中会隐藏该工具栏。

图 1-22 “注解”工具栏

1.3.2 设置工具栏命令按钮

系统默认工具栏中的命令按钮，有时不是所用的命令按钮，可以根据需要添加或者删除命令按钮。

【操作步骤】

1）执行命令。选择菜单栏中的“工具”→“自定义”命令，或者在工具栏区域单击鼠标右键，在快捷菜单中选择“自定义”选项，此时系统弹出“自定义”对话框。

2）设置命令按钮。单击选择对话框中的“命令”标签，此时会出现图1-23所示的“命令”标签的类别和按钮选项。

图 1-23 “自定义”对话框

3）在“类别”选项选择命令所在的工具栏，此时会在“按钮”选项出现该工具栏中所有的命令按钮。

4）在“按钮”选项中，用鼠标左键单击选择要增加的命令按钮，然后按住左键拖动该按钮到要放置的工具栏上，然后松开鼠标左键。

5）确认添加的命令按钮。单击对话框中的“确定”按钮，则工具栏上会显示添加的命令按钮。

如果要删除无用的命令按钮，只要打开“自定义”对话框的“命令”选项，然后在要删除的按钮上用鼠标左键拖动到绘图区，就可以删除该工具栏中的命令按钮。

例如，在“草图”工具栏中添加“椭圆”命令按钮。首先选择菜单栏中的“工具”→“自定义”命令，进入“自定义”对话框，然后选择“命令”标签，在左侧“类别”选项一栏选择“草图”工具栏。在“按钮”一栏中用鼠标左键选择“三点圆弧槽口”命令按钮，按住鼠标左键将其拖到“草图”工具栏中合适的位置，然后松开左键，该命令按钮就添加到工具栏中，图1-24a、b所示为添加命令按钮前后“草图”工具栏的变化情况。

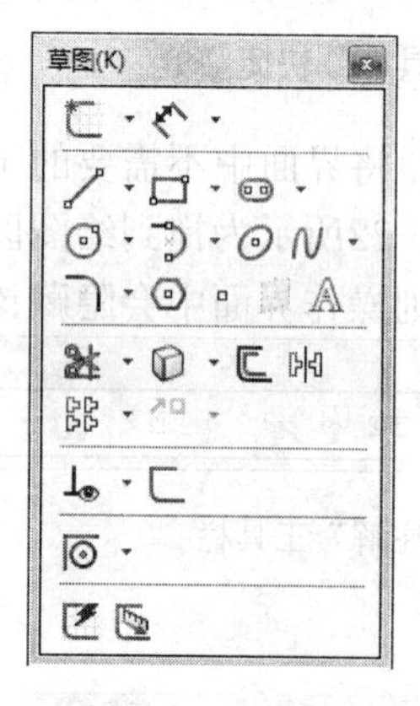

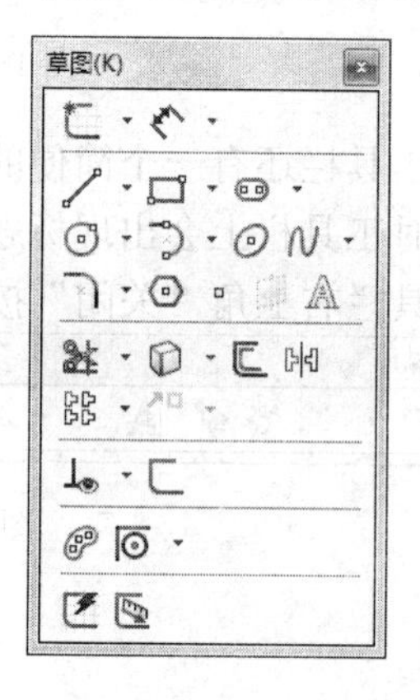

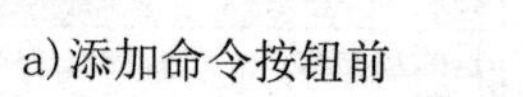
a）添加命令按钮前　　b）添加命令按钮后

图1-24　添加命令按钮图示

注意

对工具栏添加或者删除命令按钮时，对工具栏的设置会被应用到当前激活的SOLIDWORKS 文件类型中。

1.3.3　设置快捷键

除了使用菜单栏和工具栏中命令按钮执行命令外，SOLIDWORKS软件还能通过自行设置快捷键方式来执行命令。

【操作步骤】

1）执行命令。选择菜单栏中的“工具”→“自定义”命令，或者在工具栏区域单击鼠标右键，在快捷菜单中选择“自定义”选项，此时系统弹出“自定义”对话框。

2）设置快捷键。选择对话框中的“键盘”标签，此时会出现图1-25所示的“键盘”标签的类别和命令选项。

3）在“类别”选项选择菜单类，然后在“命令”选项选择要设置快捷键的命令。

4）在“快捷键”一栏中输入要设置的快捷键，输入的快捷键就出现在“当前快捷键”一栏中。

5）确认设置的快捷键。单击对话框中的“确定”按钮，快捷键设置成功。

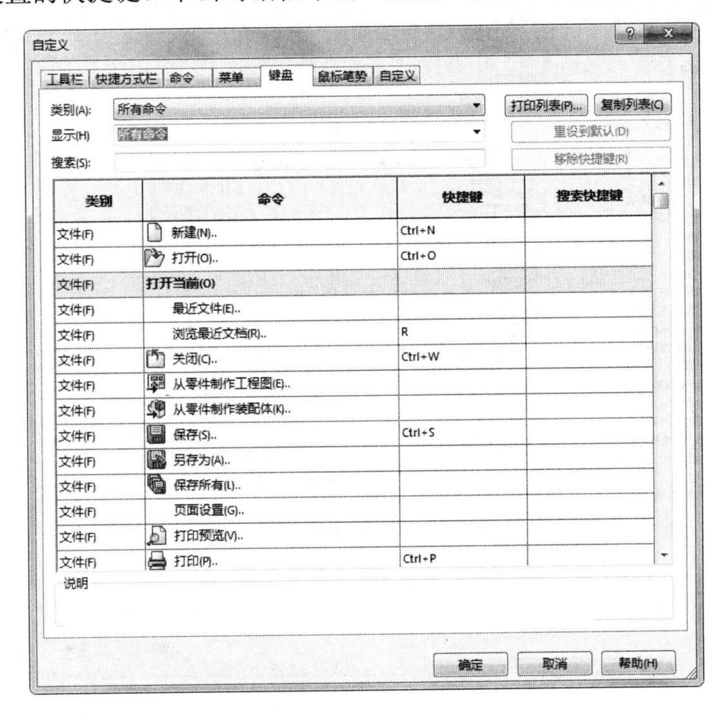

图1-25 “自定义”对话框

注意

1）如果设置的快捷键已经被使用过，则系统会提示该快捷键已经被使用，必须更改要设置的快捷键。

2）如果要取消设置的快捷键，在对话框中选择当前“快捷键”一栏中设置的快捷键，然后单击“对话框”中的“移除快捷键”按钮，则该快捷键就会被取消。

1.3.4 设置背景

在SOLIDWORKS中，可以更改操作界面的背景及颜色，以设置个性化的用户界面。

【操作步骤】

1）执行命令。选择菜单栏中的“工具”→“选项”命令，此时系统弹出“系统选项”对话框。

2）设置颜色。在对话框中的“系统选项”一栏中选择“颜色”选项，如图1-26所示。

3）在右侧“颜色方案设置”一栏中选择“视区背景”，然后单击“编辑”按钮，此时系统弹出图1-27所示的“颜色”对话框，在其中选择设置的颜色，然后单击“确定”按钮，可以使用该方式，设置其他选项的颜色。

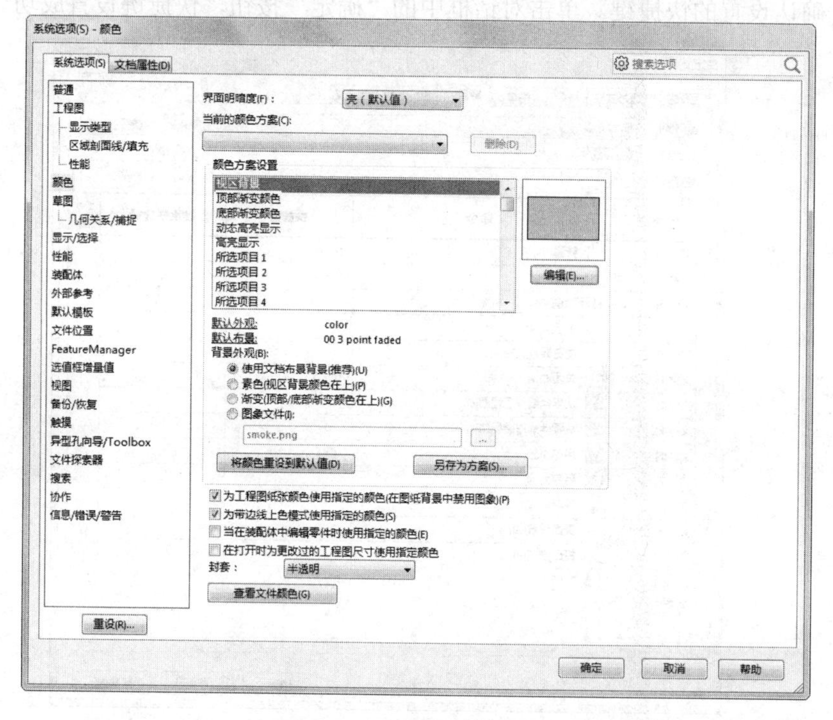

图 1-26　“系统选项”对话框

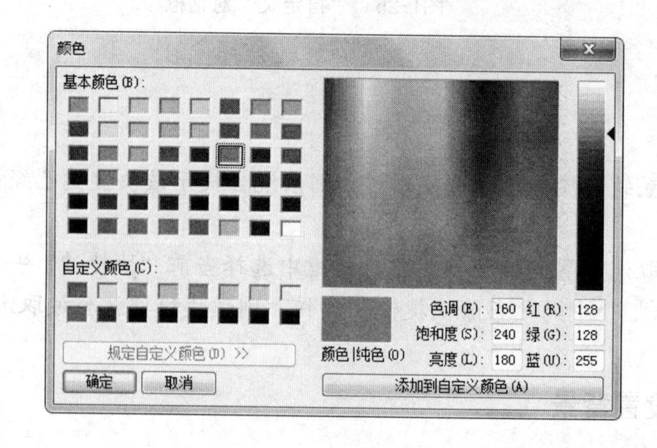

图 1-27　“颜色”对话框

4）确认背景颜色设置。单击对话框中的“确定”按钮，系统背景颜色设置成功。

在图1-26所示的对话框中，勾选下面四个不同的选项，可以得到不同背景效果，用户可以自行设置，在此不再赘述，图1-28所示为一个设置好背景颜色的零件图。

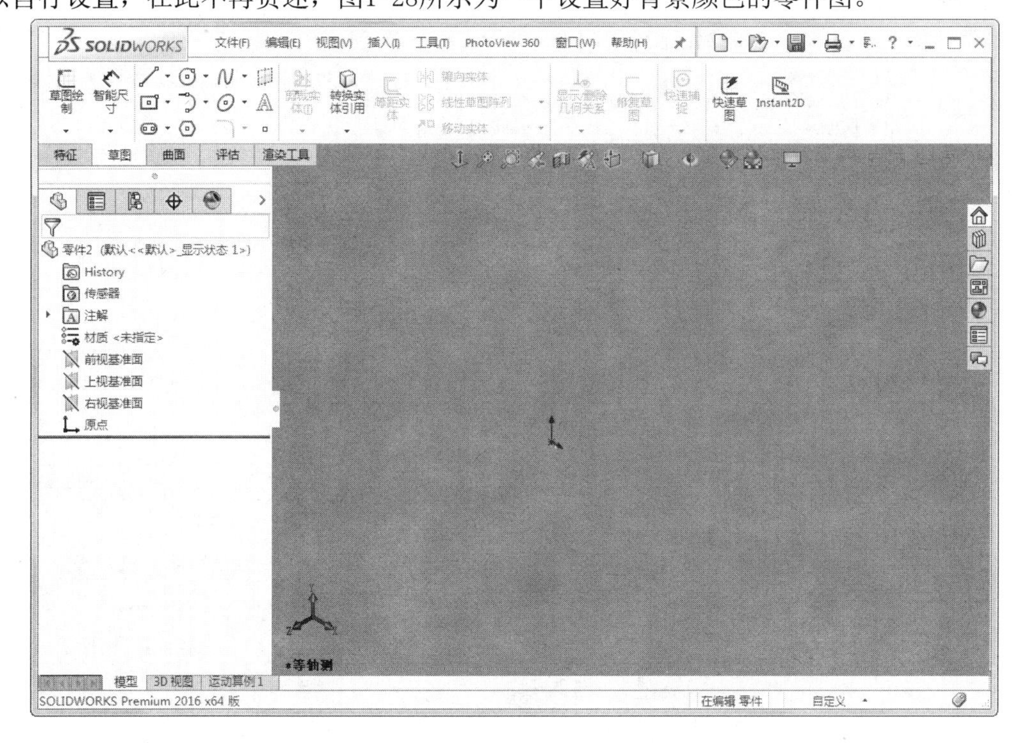

图 1-28　设置背景后的效果图

1.3.5　设置实体颜色

系统默认的绘制模型实体的颜色为灰色。在零部件和装配体模型中，为了使图形有层次感和真实感，通常改变实体的颜色。下面以具体例子说明设置实体的步骤，图1-29a所示为系统默认颜色的零件模型，图1-29b所示为修改颜色后的零件模型。

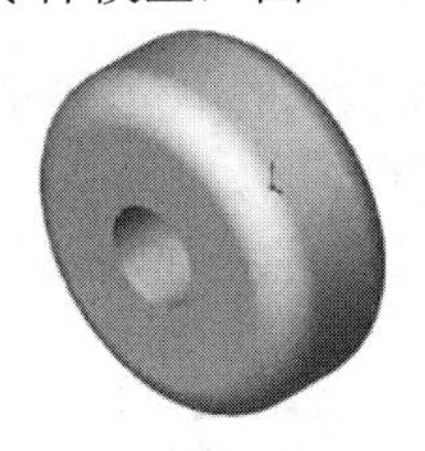

a）系统默认的颜色模型

b）设置颜色后的模型

图 1-29　设置实体颜色图示

【操作步骤】

1）执行命令。在特征管理器中选择要改变颜色的特征，此时绘图区域中相应的特征会改变颜色，表示已选中的面，然后单击鼠标右键，在出现的菜单中用鼠标左键单击“特征属性”选项，如图1-30所示。设置实体颜色。此时系统会弹出图1-31所示的“特征属性”对话框。

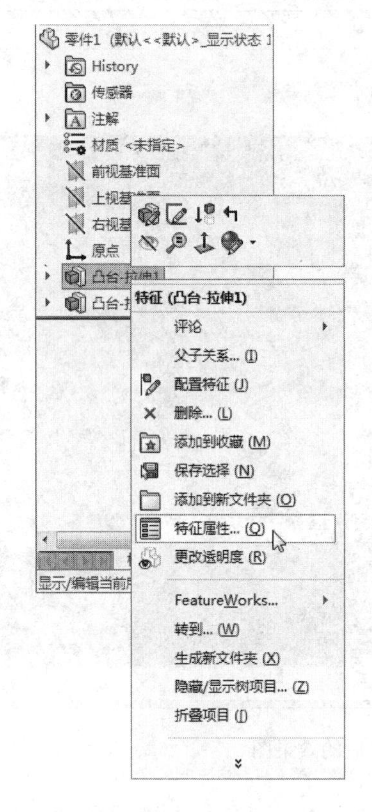

图 1-30　系统快捷菜单

图 1-31　“特征属性”对话框

2）确认设置。单击对话框中的“确定”按钮。

1.3.6　设置单位

在三维实体建模前，需要设置好系统的单位，系统默认的单位为MMGS（毫米、克、秒），可以使用自定义方式设置其他类型的单位系统及长度单位等。

下面以修改长度单位的小数位数为例，说明设置单位的操作步骤。

【操作步骤】

1）执行命令。选择菜单栏中的“工具”→“选项”命令。

2）设置单位。此时系统弹出“系统选项”对话框，单击对话框中的“文件属性”标签，然后在“文件属性”一栏中选择“单位”选项，如图1-32所示。

3）将对话框中“长度单位”一栏中的“小数位数”设置为无，然后单击“确定”按钮，图1-33a和b所示为设置前后的图形。

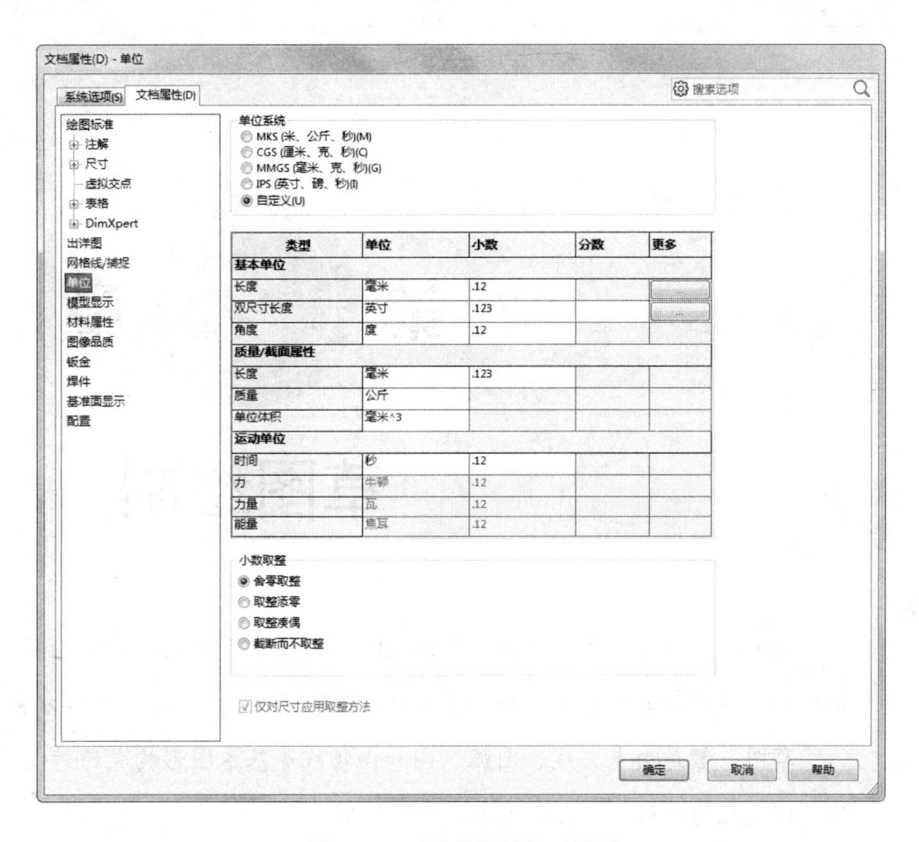

图 1-32 “文件属性”对话框

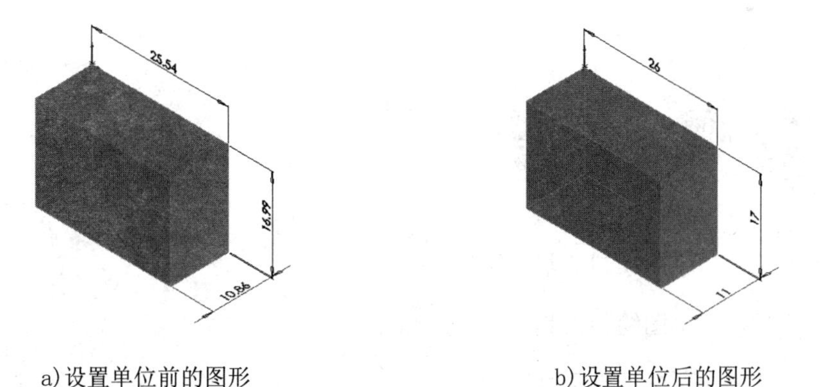

a) 设置单位前的图形　　b) 设置单位后的图形

图 1-33 设置单位前后图形比较

第2章 草图绘制

SOLIDWORKS 大部分特征是由 2D 草图绘制开始的，草图绘制在该软件使用中占重要地位，本章将详细介绍草图的绘制方法和编辑方法。

草图一般是由点、线、圆弧、圆和抛物线等基本图形构成的封闭和不封闭的几何图形，是三维实体建模的基础。

- 草图绘制的基本知识
- 草图绘制工具
- 草图编辑工具

2.1 草图绘制的基本知识

本节主要介绍如何开始绘制草图，熟悉草图绘制工具栏，认识绘图光标和锁点光标，了解绘图工具的各种用途和用法，以及退出草图绘制状态。

2.1.1 进入草图绘制

绘制2D草图，必须进入草图绘制状态。草图必须在平面上绘制，这个平面可以是基准面，也可以是三维模型上的平面。由于开始进入草图绘制状态时，没有三维模型，因此必须指定基准面。

绘制草图必须认识草图绘制的工具，图2-1所示为常用的“草图”面板和“草图”工具栏。绘制草图可以先选择绘制的平面，也可以先选择草图绘制实体。

下面分别介绍两种方式的操作步骤。

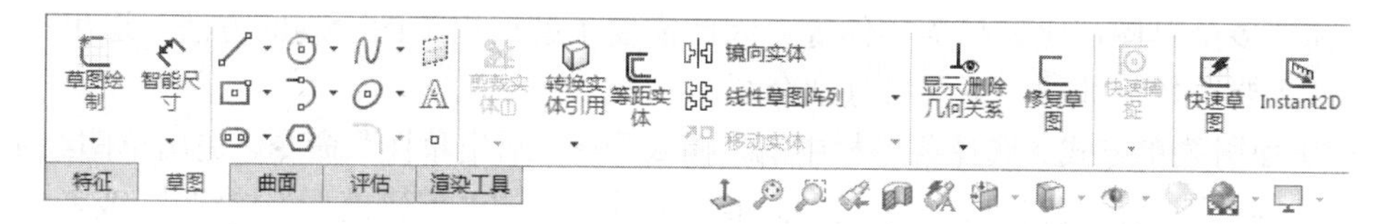

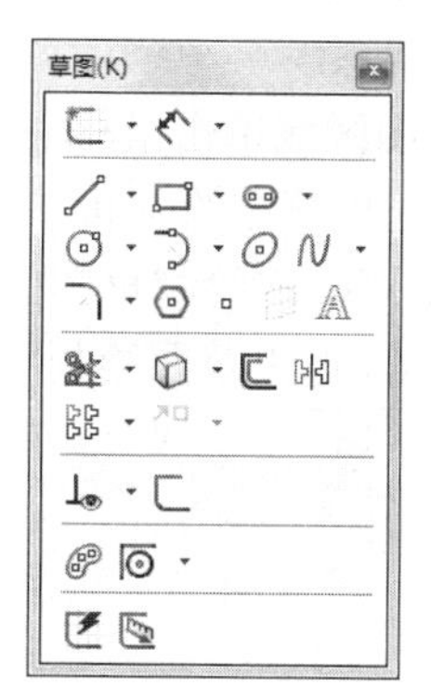

图 2-1 “草图”面板和工具栏

1．先选择草图绘制实体的方式进入草图绘制状态

【操作步骤】

1）执行命令。选择菜单栏中的“插入”→“草图绘制”命令，或者单击“草图”工具栏上的“草图绘制”按钮，或者直接单击“草图”工具栏上要绘制的草图实体，此时绘图区域出现图2-2所示的系统默认基准面。

2）选择基准面。用鼠标左键选择绘图区域中三个基准面之一，确定要在哪个面上绘制草图实体。

3）设置基准面方向。单击“标准视图”工具栏中的“正视于”按钮，使基准面旋转到正视于方向，方便读者绘图。

2．先选择草图绘制基准面方式进入草图绘制状态

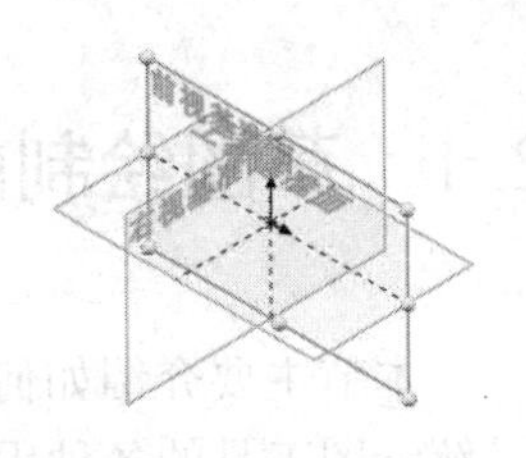

图2-2　系统默认基准面

【操作步骤】

1）选择基准面。先在特征管理区中选择要绘制的基准面，即前视基准面、右视基准面和上视基准面中的一个面。

2）设置基准面方向。单击“标准视图”工具栏中的“正视于”按钮，使基准面旋转到正视于方向。

3）执行命令。单击“草图”工具栏上的“草图绘制”按钮，或者单击要绘制的草图实体，进入草图绘制状态。

2.1.2　退出草图绘制

草图绘制完毕后，可立即建立特征，也可以退出草图绘制再建立特征。有些特征的建立，需要多个草图，比如扫描实体等。因此需要了解退出草图绘制的方法。退出草图绘制的方法主要有如下几种，下面将分别介绍。

1）使用菜单方式。选择菜单栏中的“插入”→“退出草图”命令，退出草图绘制状态。

2）利用工具栏按钮方式。单击“标准”工具栏上的“重建模型”按钮，或者单击“退出草图”按钮，退出草图绘制状态。

3）利用快捷菜单方式。在绘图区域单击鼠标右键，系统弹出图2-3所示的快捷菜单，然后单击退出“草图”按钮，退出草图绘制状态。

4）利用绘图区域确认角落的图标。在绘制草图的过程中，绘图区域右上角会出现图2-4所示的提示图标，单击上面的图标，退出草图绘制状态。

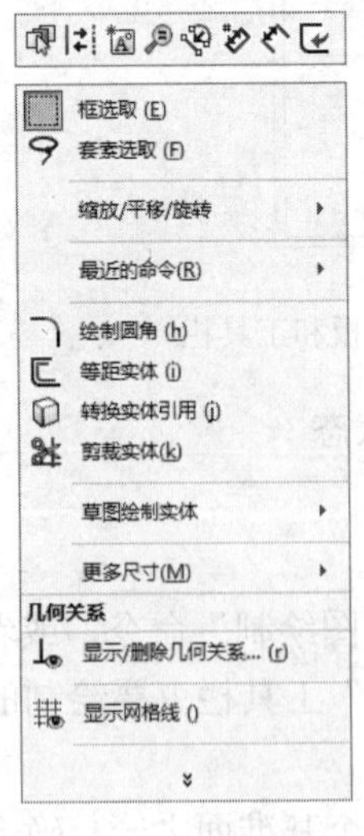

图 2-3　快捷菜单

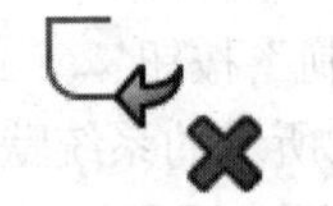

图 2-4　确认图标

单击确认角落下面的图标✖，提示是否保存对草图的修改，如图2-5所示，然后根据需要单击系统提示框中的选项，退出草图绘制状态。

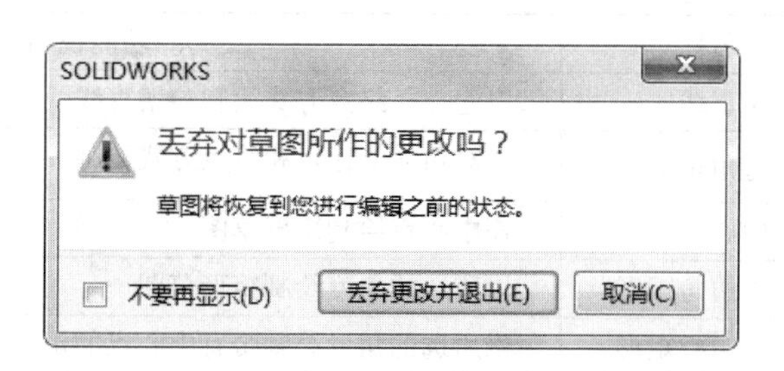

图 2-5　系统提示框

2.1.3　草图绘制工具

草图绘制工具栏如图2-1所示，有些草图绘制按钮没有在该工具栏上显示，读者可以利用1.3.2的方法设置相应的命令按钮。草图绘制工具栏主要包括以下四大类，分别是：草图绘制、实体绘制工具、标注几何关系和草图编辑工具。

草图绘制命令按钮见表2-1。

表 2-1　草图绘制命令按钮

按钮图标	名称	功能说明
	选择	选取工具，用来选择草图实体、模型和特征的边线和面，框选可以选择多个草图实体
	网格线/捕捉	对激活的草图或工程图选择显示草图网格线，并可设定网格线显示和捕捉功能选项
	草图绘制/退出草图	进入或者退出草图绘制状态
	3D草图	在三维空间任意点绘制草图实体
	基准面上的3D草图	在 3D 草图中添加基准面后，可添加或修改该基准面的信息
	修改草图	移动、旋转或按比例缩放所选取的草图
	移动时不求解	在不解出尺寸或几何关系的情况下，从草图中移动出草图实体
	移动实体	选择一个或多个草图实体并将之移动，该操作不生成几何关系
	复制实体	选择一个或多个草图实体并将之复制，该操作不生成几何关系
	按比例缩放实体	选择一个或多个草图实体并将之按比例缩放，该操作不生成几何关系
	旋转实体	选择一个或多个草图实体并将之旋转，该操作不生成几何关系

实体绘制工具命令按钮见表2-2。

标注几何关系命令按钮见表2-3。

草图编辑工具命令按钮见表2-4。

表 2-2　实体绘制工具命令按钮

按钮图标	名称	功能说明
	直线	以起点、终点方式绘制一条直线
	边角矩形	以对角线的起点和终点方式绘制一个矩形，其一边为水平或竖直
	中心矩形	在中心点绘制矩形草图
	3 点边角矩形	以所选的角度绘制矩形草图
	3 点中心矩形	以所选的角度绘制带有中心点的矩形草图
	平行四边形	生成边不为水平或竖直的平行四边形及矩形
	多边形	生成边数在 3 和 40 之间的等边多边形
	圆	以先指定圆心，然后拖动鼠标确定半径的方式绘制一个圆
	周边圆	以圆周直径的两点方式绘制一个圆
	圆心/起/终点画弧	以顺序指定圆心、起点以及终点的方式绘制一个圆弧
	切线弧	绘制一条与草图实体相切的弧线，可以根据草图实体自动确认是法向相切还是径向相切
	3点圆弧	以顺序指定起点、终点及中点的方式绘制一个圆弧
	椭圆	以先指定圆心，然后指定长短轴的方式绘制一个完整的椭圆
	部分椭圆	以先指定中心点，然后指定起点及终点的方式绘制一部分椭圆
	抛物线	先指定焦点，在拖动鼠标确定焦距，然后指定起点和终点的方式绘制一条抛物线
	样条曲线	以不同路径上的两点或者多点绘制一条样条曲线，可以在端点处指定相切
	曲面上样条曲线	在曲面上绘制一个样条曲线，可以沿曲面添加和拖动点生成。
	点	绘制一个点，该点可以绘制在草图和工程图中
	中心线	绘制一条中心线，可以在在草图和工程图中绘制
A	文字	在特征表面上，添加文字草图，然后拉伸或者切除生成文字实体

表 2-3　标注几何关系命令按钮

按钮图标	名称	功能说明
	添加几何关系	给选定的草图实体添加几何关系，即限制条件
	显示/删除几何关系	显示或者删除草图实体的几何限制条件
	自动几何关系	打开/关闭自动添加几何关系

表 2-4 草图编辑工具命令按钮

按钮图标	名称	功能说明
	构造几何线	将草图上或者工程图中的草图实体转换为构造几何线，构造几何线的线型与中心线相同
	绘制圆角	在两个草图实体的交叉处剪裁掉角部，从而生成一个切线弧
	绘制倒角	此工具在 2D 和 3D 草图中均可使用。在两个草图实体交叉处按照一定角度和距离剪裁，并用直线相连，形成倒角
	等距实体	按给定的距离等距一个或多个草图实体，可以是线，弧、环等草图实体
	转换实体引用	将其他特征轮廓投影到草图平面上，可以形成一个或者多个草图实体
	交叉曲线	在基准面和曲面或模型面、两个曲面、曲面和模型面、基准面和整个零件和曲面和整个零件的交叉处生成草图曲线
	面部曲线	从面或者曲面提取ISO参数，形成3D曲线
	剪裁实体	根据剪裁类型，剪裁或者延伸草图实体
	延伸实体	将草图实体延伸以与另一个草图实体相遇
	分割实体	将一个草图实体分割以生成两个草图实体
	镜向实体	相对一条中心线生成对称的草图实体
	线性草图阵列	沿一个轴或者同时沿两个轴生成线性草图排列
	圆周草图阵列	生成草图实体的圆周排列

2.1.4 绘图光标和锁点光标

在绘制草图实体或者编辑草图实体时，光标会根据所选择的命令，在绘图之时变为相应的图标，以方便用户绘制或者编辑该类型的草图。

绘图光标的类型以及作用说明见表2-5。

表 2-5 绘图光标的类型以及作用说明

光标类型	作用说明	光标类型	作用说明
	绘制一点		绘制直线或者中心线
	绘制3点圆弧		绘制抛物线
	绘制圆		绘制椭圆
	绘制样条曲线		绘制矩形
	绘制多边形		绘制四边形
	标注尺寸		延伸草图实体
	圆周阵列复制草图		线性阵列复制草图

为了提高绘制图形的效率，SOLIDWORKS 软件提供了自动判断绘图位置的功能。在执行绘图命令时，光标会在绘图区域自动寻找端点、中心点、圆心、交点、中点以及其上的任意点，这样提高了鼠标定位的准确性和快速性。

光标在相应的位置，会变成相应的图形，成为锁点光标。锁点光标可以在草图实体上形成，也可以在特征实体上形成。需要注意的是在特征实体上的锁点光标，只能在绘图平面的实体边缘产生，在其他平面的边缘不能产生。

锁点光标的类型在此不再赘述，读者可以在实际使用中慢慢体会，很好地利用锁点光标，可以提高绘图的效率。

2.2 草图绘制工具

本节主要介绍草图绘制的工具栏中草图绘制工具的使用方法。由于 SOLIDWORKS 软件中大部分特征，都需要先建立草图轮廓，所以此节的学习就很重要了。

2.2.1 绘制点

执行点命令后，在绘图区域中的任何位置，都可以绘制点，绘制的点不影响三维建模的外形，只起参考作用。

执行异型孔向导命令后，点命令用于决定产生孔的数量。

点命令可以生成草图中两不平行线段的交点以及特征实体中两个不平行的边缘的交点，产生的交点作为辅助图形，用于标注尺寸或者添加几何关系，并不影响实体模型的建立。下面分别介绍不同类型点的操作步骤。

1. 绘制点

【操作步骤】

1）执行命令。在草图绘制状态下，选择菜单栏中的“工具”→“草图绘制实体”→“点”命令，或者单击“草图”工具栏上的“点”按钮▫，光标变为绘图光标⁺▫。

2）确认绘制点位置。在绘图区域单击鼠标左键，确认绘制点的位置，此时点命令继续处于激活位置，可以继续绘制点。

如图2-6所示为使用绘制点命令绘制的多个点。

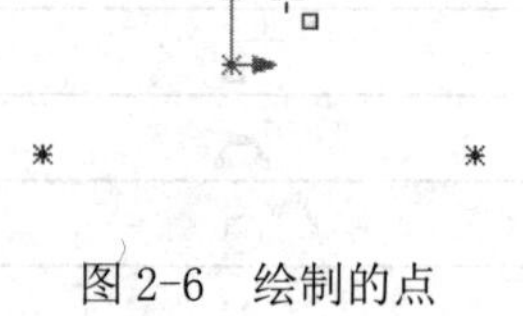

图 2-6　绘制的点

2. 生成草图中两不平行线段的交点

以如图2-7所示为例，生成图中直线1和直线2的交点，图2-7a为生成点前的图形，图2-7b所示为生成点后的图形。

【操作步骤】

1）选择直线。在草图绘制状态下按住Ctrl键，用鼠标左键选择图2-7a所示的直线1和直线2。

2）执行命令。选择菜单栏中的“工具”→“草图绘制实体”→“点”命令，或者单击“草图”工具栏上的“点”按钮▫，此时草图如图2-7b所示。

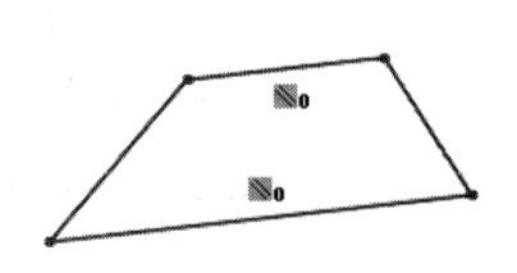

a）生成交点前的图形

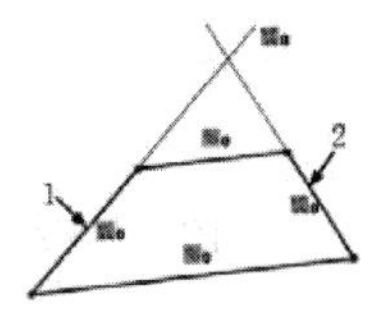

b）生成交点后的图形

图 2-7 生成草图交点图示

3）生成特征实体中两个不平行的边缘的交点。以图2-8所示为例，生成面A中直线1和直线2的交点，图2-8a所示为生成点前的图形，图2-8b所示为生成点后的图形。

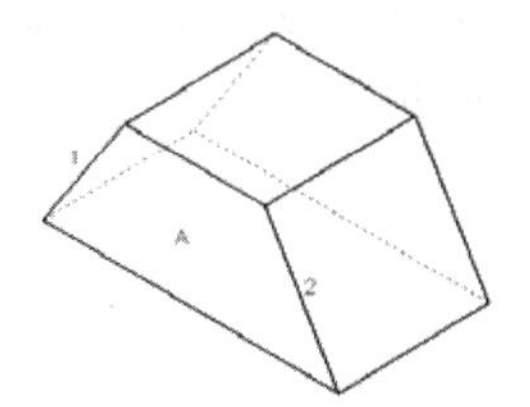

a）生成交点前的图形

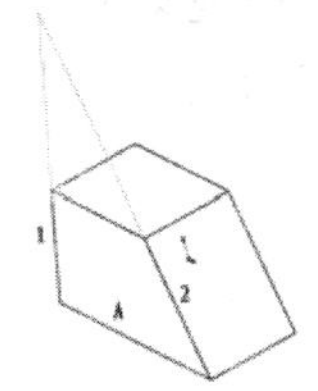

b）生成交点后的图形

图 2-8 生成特征边线交点图示

【操作步骤】

1）选择特征面。选择如图2-8a所示的面A作为绘图面，然后进入草图绘制状态。

2）选择边线。按住Ctrl键，用鼠标左键选择如图2-8a所示的边线1和边线2。

3）执行命令。选择菜单栏中的“工具”→“草图绘制实体”→“点”命令，或者单击“草图”工具栏上的“点”按钮▫，此时如图2-8b所示。

2.2.2 绘制直线与中心线

直线与中心线的绘制方法相同，执行不同的命令，按照相同的步骤，在绘制区域绘制相应的图形即可。

直线分为三种类型：水平直线、竖直直线和任意角度直线。

在绘制过程中，不同类型的直线其显示方式不同，下面将分别介绍。

- 水平直线：在绘制直线过程中，笔型光标附近会出现水平直线图标符号━，如图2-9所示。
- 竖直直线：在绘制直线过程中，笔型光标附近会出现竖直直线图标符号┃，如图2-10所示。
- 任意直线：在绘制直线过程中，笔型光标附近会出现任意直线图标符号╲，如图2-11所示。

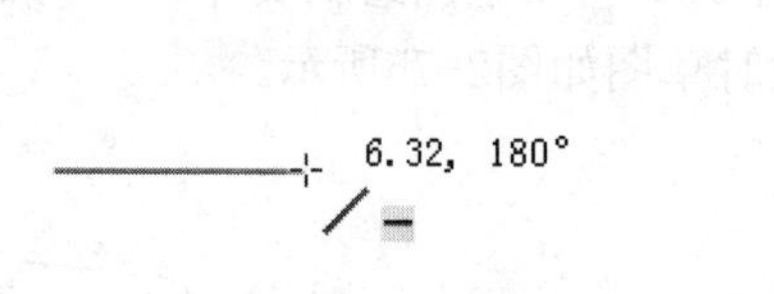

图 2-9 绘制水平直线

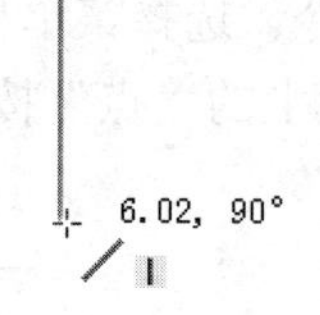

图 2-10 绘制竖直直线

在绘制直线的过程中，光标上方显示的参数，为直线的长度和角度，可供参考。

一般在绘制中，首先绘制一条直线，然后标注尺寸，直线会随着改变长度和角度。

绘制直线的方式有两种：拖动式和单击式。

拖动式就是在绘制直线的起点，按住左键开始拖动光标，直到直线终点放开。

单击式就是在绘制直线的起点单击，然后在直线终点单击。如果想结束直线命令，单击鼠标右键，弹出快捷菜单如图2-12所示，单击选择命令，完成线命令。

下面以图2-13为例，介绍直线和中心线的绘制步骤。

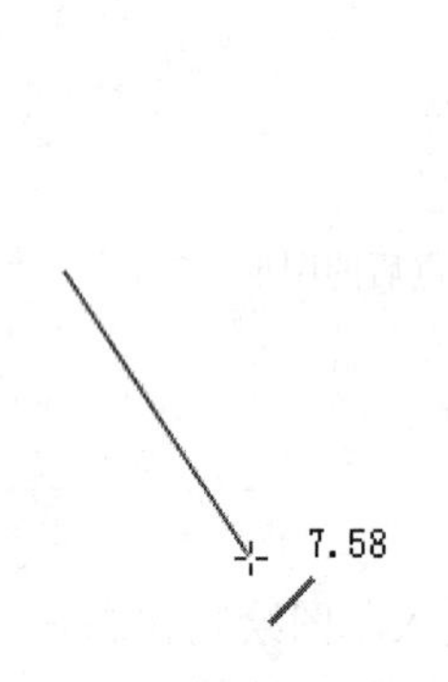

图 2-11 绘制任意直线

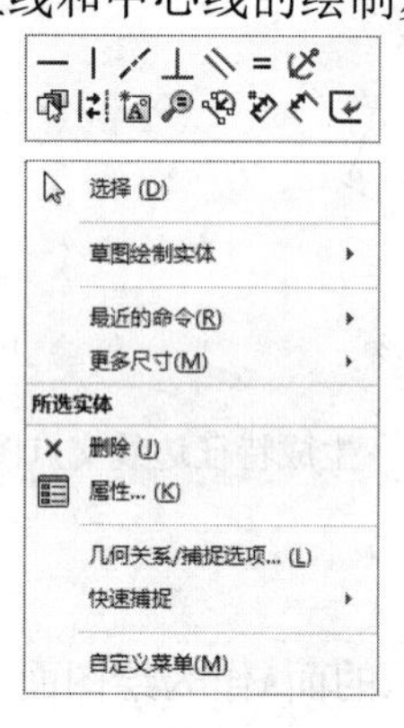

图 2-12 快捷菜单

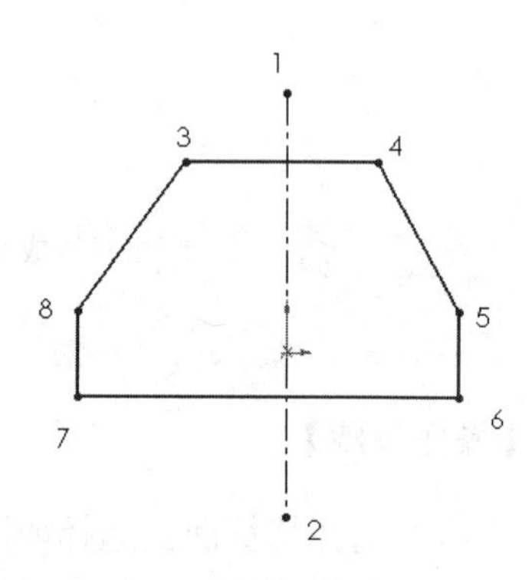

图 2-13 绘制中心线和直线

【操作步骤】

1）执行命令。在草图绘制状态下，选择菜单栏中的“工具”→“草图绘制实体”→“中心线”命令，或者单击“草图”工具栏上的“中心线”按钮，开始绘制中心线。

2）绘制中心线。在绘图区域单击鼠标左键确定中心线的起点1，然后移动鼠标到图中合适的位置，由于图中的中心线为竖直直线，所以当光标附近出现符号时，单击鼠标左键，确定中心线的终点2。

3）退出中心线绘制。按Esc键，或者在绘图区域单击鼠标右键，选择快捷菜单中的“选择”选项，退出中心线的绘制命令。

4）执行命令。选择菜单栏中的“工具”→“草图绘制实体”→“直线”命令，或者单击“草图”工具栏上的“直线”按钮，开始绘制直线。

5）绘制直线。在绘图区域单击鼠标左键确定直线的起点3，然后移动鼠标到图中合适的位置，由于直线34为水平直线，所以当光标附近出现符号时，单击鼠标左键，确定直线34的终点4。

6）绘制其他直线。重复以上绘制直线的步骤，绘制其他直线段，在绘制过程中要注意光标的形状，以确定是水平、竖直或者任意直线段。

7）退出直线绘制。按Esc键，或者在绘图区域单击鼠标右键，选择快捷菜单中的“选择”选项，退出直线的绘制命令，如图2-13所示，绘制完毕。

在执行绘制直线命令时，系统弹出图2-14所示的“插入线条”属性管理器，在“方向”设置栏有4个选项，默认是“按绘制原样（S）”选项。不同选项绘制直线的类型不一样，单击“按绘制原样（S）”选项外的任意一项，会要求输入直线的参数。以“角度”为例，单击该选项，会出现图2-15所示“参数”对话框，要求输入直线的参数。设置好参数以后，然后单击直线的起点就可以绘制出所需要的直线。

8）选择绘制好的直线，系统弹出图2-16所示“线条属性”属性管理器，在属性管理器的“选项（O）”设置栏有2个选项，一是作为构造线(C)，二是无线长度（I）。选择不同的选项，可以分别绘制构造线无限长直线。

图2-14 “插入线条”属性管理器　图2-15 “参数” 对话框　图2-16 “线条属性”属性管理器

在“线条属性”属性管理器的“参数”设置栏有2个选项，分别是长度和角度，通过设置这两个参数可以绘制一条直线。

2.2.3 绘制圆

当执行圆命令时，系统弹出图2-17所示的“圆”属性管理器。

从属性管理器中可以知道，圆也可以通过两种方式来绘制：一种是绘制基于中心的圆；另一种是绘制基于周边的圆，下面将分别介绍绘制圆的不同方法。

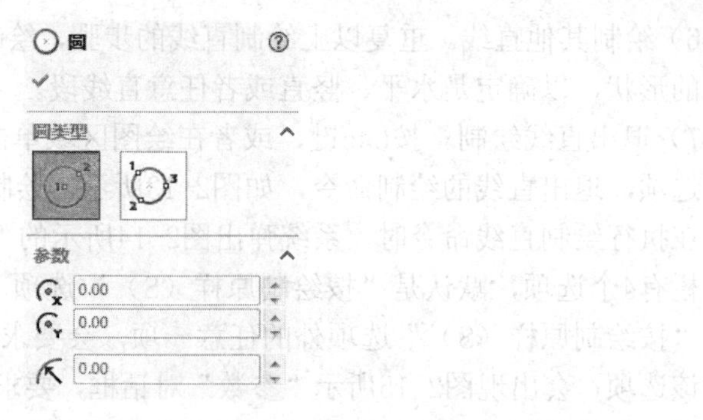

图 2-17 “圆“属性管理器

1. 绘制基于中心的圆

【操作步骤】

1）执行命令。在草图绘制状态下，选择菜单栏中的“工具”→“草图绘制实体”→“圆”命令，或者单击“草图”工具栏上的“圆”按钮，开始绘制圆。

2）绘制圆心。在绘图区域单击鼠标左键确定圆的圆心，如图2-18a所示。

3）确定圆的半径。移动鼠标拖出一个圆，然后单击鼠标左键，确定圆的半径，如图2-18b所示。

4）确认绘制的圆。单击“圆”属性管理器中的“确定”按钮，完成圆的绘制，如图2-18c所示。

图2-18所示为绘制基于中心圆的绘制过程。

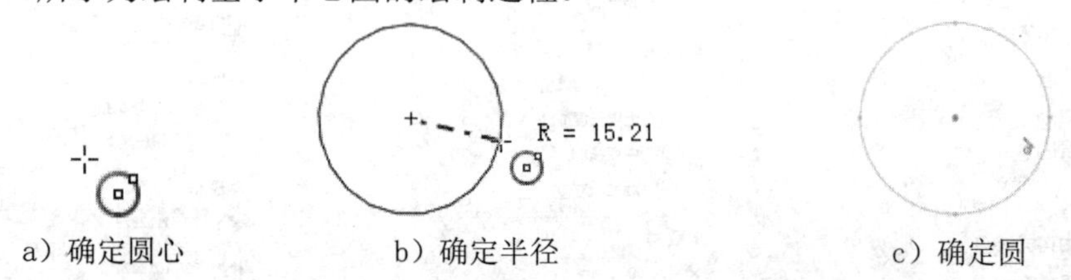

a）确定圆心 b）确定半径 c）确定圆

图 2-18 绘制基于中心圆的绘制过程图示

2. 绘制基于周边的圆

【操作步骤】

1）执行命令。在草图绘制状态下，选择菜单栏中的“工具”→“草图绘制实体”→“周边圆”命令，或者单击“草图”工具栏上的“周边圆”按钮，开始绘制圆。

2）绘制周边上的一点。在绘图区域单击鼠标左键确定圆周边上的一点，如图2-19a所示。

3）绘制周边上的另一点。移动鼠标拖出一个圆，然后单击鼠标左键确定周边上的另一点，如图2-19b所示。

4）绘制圆。完成拖动时，鼠标变为图2-19b所示时，单击鼠标右键确定圆；

5）确定绘制的圆。单击“圆”属性管理器中的“确定”按钮，完成圆的绘制，

如图2-19所示为绘制基于周边圆的绘制过程。

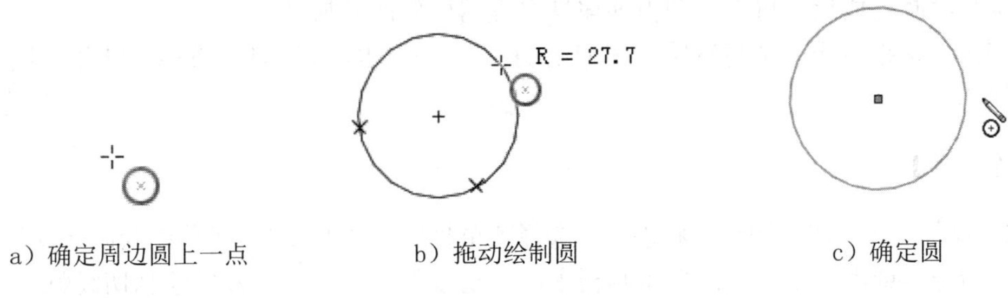

a）确定周边圆上一点　　b）拖动绘制圆　　c）确定圆

图 2-19　周边圆绘制过程

圆绘制后，可以通过拖动修改圆草图。通过光标拖动圆的周边可以改变圆的半径，拖动圆的圆心可以改变圆的位置。

圆绘制后，可以通过图2-17所示的“圆”属性管理器修改圆的属性，通过属性管理器中“参数”一栏可以修改圆心坐标和圆的半径。

2.2.4　绘制圆弧

绘制圆弧的方法主要有四种：圆心/起/终点画弧（T）、切线弧、三点圆弧(T)与直线命令画弧。下面分别介绍绘制圆弧的不同方法。

圆心/起/终点画弧方法是先指定圆弧的圆心，然后顺序拖动鼠标指定圆弧的起点和终点，确定圆弧的大小和方向。

【操作步骤】

1）执行命令。在草图绘制状态下，选择菜单栏中的“工具”→“草图绘制实体”→“圆心/起/终点画弧”命令，或者单击“草图”工具栏上的“圆心/起/终点画弧”按钮，开始绘制圆弧。

2）绘制圆弧的圆心。在绘图区域单击鼠标左键确定圆弧的圆心，如图2-20a所示。

3）绘制圆弧起点。绘制圆弧的起点在绘图区域合适的位置，单击鼠标左键确定圆弧的起点，如图2-20b所示。

4）绘制圆弧终点。拖动鼠标确定圆弧的角度和半径，并单击左键确认，如图2-20c所示。

5）确认绘制的圆弧。单击左侧“圆弧”属性管理器中的“确定”按钮✔，完成圆弧的绘制。

如图2-20所示为圆弧的绘制过程。

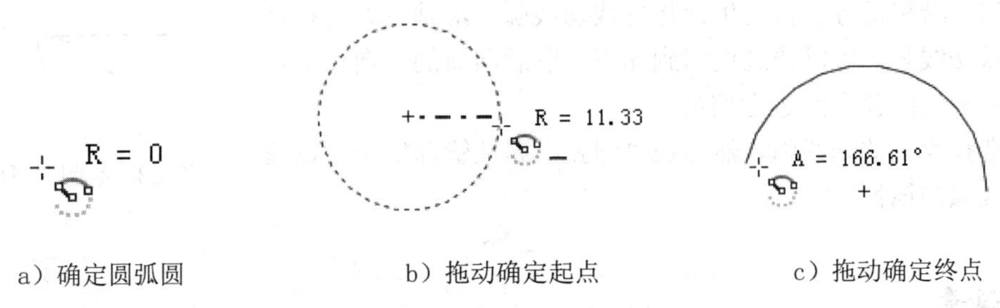

a）确定圆弧圆　　b）拖动确定起点　　c）拖动确定终点

图 2-20　圆心/起/终点画弧过程

圆弧绘制完成后，可以在圆弧的属性管理器中修改其属性。

切线弧是指生成一条与草图实体相切的弧线，草图实体可以是直线、圆弧、椭圆和样条曲线等。

【操作步骤】

1）执行命令。在草图绘制状态下，选择菜单栏中的“工具”→“草图绘制实体”→“切线弧”命令，或者单击“草图”工具栏上的“切线弧”按钮，开始绘制切线弧。

2）选择切线弧起点。在已经存在草图实体的端点处，单击鼠标左键，此时系统弹出图2-21所示的“圆弧“属性管理器，鼠标变为形状。

3）绘制切线弧终点。拖动鼠标确定绘制圆弧的形状，并单击左键确认。

4）确认绘制的切线弧。单击左侧“圆弧”属性管理器中的“确定”按钮，完成切线弧的绘制。或者是单击鼠标右键弹出“快捷菜单”，单击“选择”命令，完成切线弧的绘制，也可以直接按Esc键退出“切线弧”命令，一样可以达到相同的效果。如图2-22所示为绘制直线的切线弧。

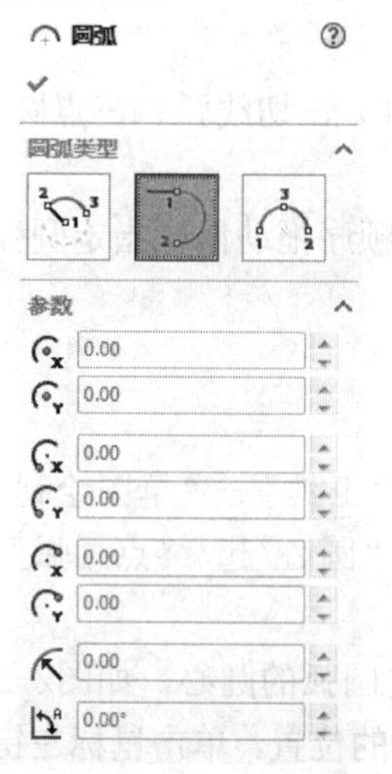

图 2-21　圆弧属性管理器

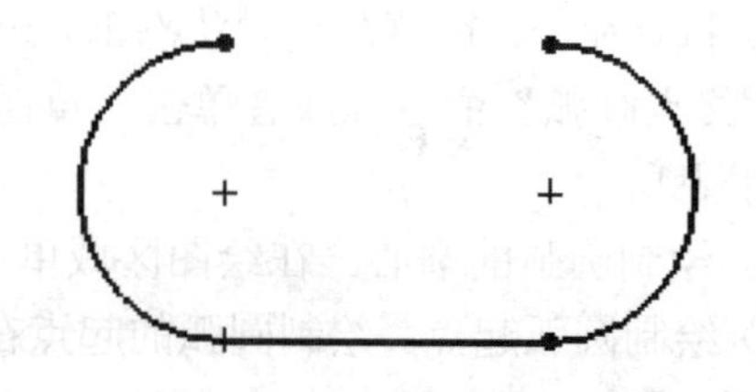

图 2-22　直线的切线弧

在绘制切线弧时，系统可以从指针移动推理，是需要切线弧还是法线弧。存在四个目的区，具有如图2-23所示的八种可能结果。沿相切方向移动指针将生成切线弧；沿垂直方向移动将生成法线弧。可以通过返回到端点，然后向新的方向移动在切线弧和法线弧之间进行切换。

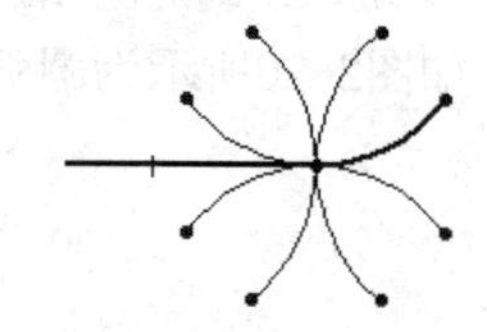

图2-23　绘制的8种切线弧

选择绘制的切线弧，然后在“圆弧”属性管理器中可以修改切线弧的属性。

注意

绘制切线弧时，鼠标拖动的方向会影响绘制圆弧的样式，因此在绘制切线弧时，鼠标最好沿着产生圆弧的方向拖动。

三点圆弧是通过起点、终点与中点的方式绘制圆弧。

【操作步骤】

1）执行命令。在草图绘制状态下，选择菜单栏中的“工具”→“草图绘制实体”→“三点圆弧”命令，或者单击“草图”工具栏上的“三点圆弧”按钮，开始绘制圆弧，此时鼠标变为形状。

2）绘制圆弧起点。在绘图区域单击鼠标左键，确定圆弧的起点，如图2-24a所示。

3）绘制圆弧的终点。拖动鼠标到圆弧结束的位置，并单击左键确认，如图2-24b所示。

4）绘制圆弧的中点。拖动鼠标确定圆弧的半径和方向，并单击左键确认，如图2-24c所示。

5）确认绘制的圆弧。单击左侧“圆弧”属性管理器中的“确定”按钮，完成三点圆弧的绘制。

图2-24所示为三点圆弧的绘制过程。

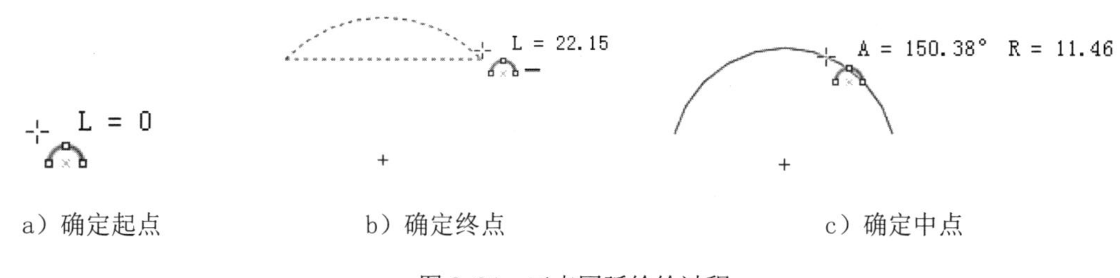

a）确定起点　　b）确定终点　　c）确定中点

图 2-24　三点圆弧绘绘过程

选择绘制的三点圆弧，然后在圆弧属性管理器中可以修改三点圆弧的属性。

直线命令除了可以绘制直线外，还可以绘制连接在直线端点处的切线弧，使用该命令，必须首先绘制一条直线，然后才能绘制圆弧。

【操作步骤】

1）执行直线命令。在草图绘制状态下，选择菜单栏中的“工具”→“草图绘制实体”→“直线”命令，或者单击“草图”工具栏上的“直线”按钮，首先绘制一条直线。

2）设置绘制圆弧。在不结束绘制直线命令的情况下，将鼠标稍微向旁边拖动，如图2-25a所示。

3）拖回到直线终点。将鼠标拖回到直线的终点，开始绘制圆弧，如图2-25b所示。

4）绘制圆弧。拖动鼠标到图中合适的位置，并单击左键确定圆弧的大小，如图2-25c所示。

如图2-25所示为使用直线命令绘制圆弧的过程。

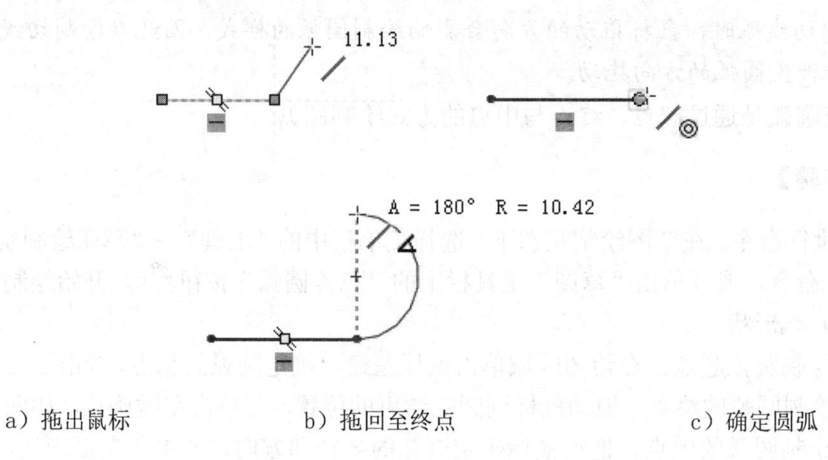

图 2-25　直线命令绘制圆弧过程

直线转换为绘制圆弧的状态，必须先将光标拖回至终点，然后拖出才能绘制圆弧。也可以在此状态下，单击鼠标右键，此时系统弹出图2-26所示的快捷菜单，单击其中的“转到圆弧”即可绘制圆弧。同样在绘制圆弧的状态下，可以使用快捷菜单中的“转到直线”选项，就可以绘制直线。

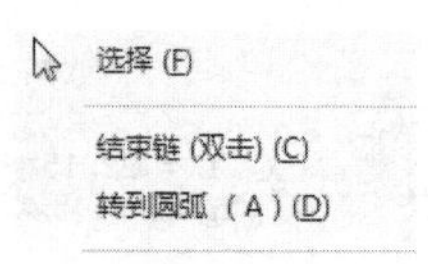

图 2-26　快捷菜单

2.2.5　绘制矩形

绘制矩形的方法主要有：边角矩形、中心矩形、3点边角矩形、3点中心矩形与平行四边形命令绘制矩形。

下面分别介绍绘制矩形的不同方法。

边角矩形命令画矩形的方法是标准的矩形草图命令，先指定矩形的左上与右下的端点确定矩形的长度和宽度。

以绘制图2-27所示的矩形为例，说明绘制矩形的操作步骤。

【操作步骤】

1）执行命令。在草图绘制状态下，选择菜单栏中的“工具”→“草图绘制实体”→“矩形”命令，或者单击“草图”工具栏上的“边角矩形”按钮，此时鼠标变为形状。

2）绘制矩形角点。在绘图区域单击鼠标左键，确定矩形的一个角点1。

3）绘制矩形的另一个角点。移动光标，单击左键确定矩形的另一个角点2，矩形绘制完毕。

在绘制矩形时，既可以移动光标确定矩形的角点2，也可以在确定第一角点时，不释放光标，直接拖动光标确定角点2。

矩形绘制完毕后，单击左键拖动矩形的一个角点，可以动态地改变矩形的尺寸，“矩形”属性管理器如图2-28所示。

中心矩形命令画矩形的方法为指定矩形的中心与右上的端点确定矩形的中心和四条边线。

以绘制图2-29所示的矩形为例，说明绘制矩形的操作步骤。

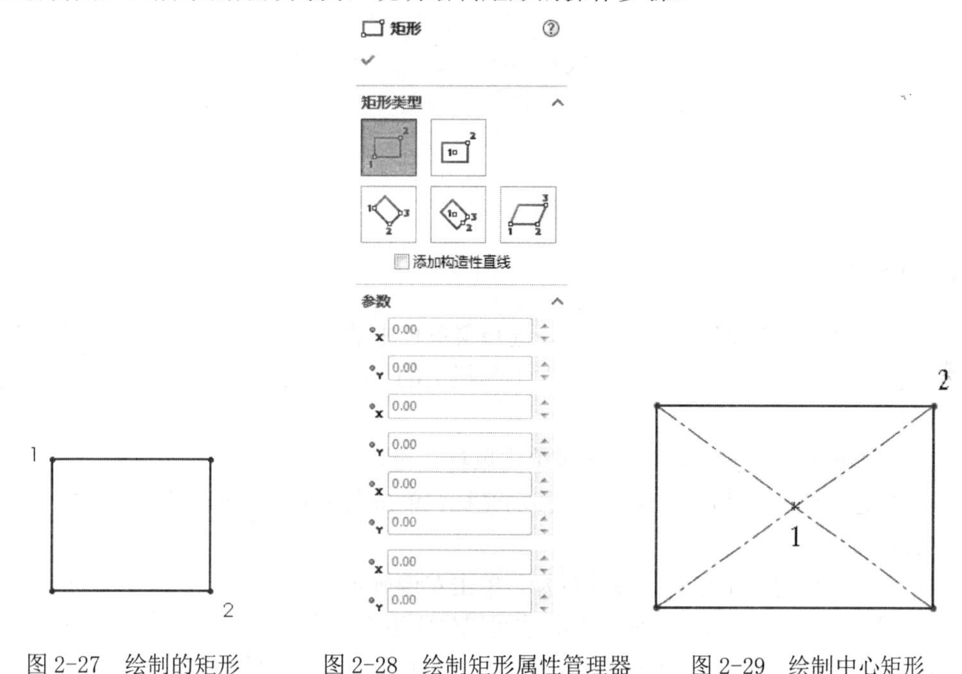

图 2-27　绘制的矩形　　图 2-28　绘制矩形属性管理器　　图 2-29　绘制中心矩形

【操作步骤】

1）执行命令。在草图绘制状态下，选择菜单栏中的“工具”→“草图绘制实体”→“中心矩形”命令，或者单击“草图”工具栏上的“中心矩形”按钮，此时光标变为形状。

2）绘制矩形中心点。在绘图区域单击鼠标左键，确定矩形的中心点1。

3）绘制矩形的一个角点。移动光标，单击左键确定矩形的一个角点2，矩形绘制完毕。

3点边角矩形命令是通过制定三个点来确定矩形的，前面两个点来定义角度和一条边，第三点来确定另一条边。

以绘制图2-30所示的矩形为例，说明绘制矩形的操作步骤。

【操作步骤】

1）执行命令。在草图绘制状态下，选择菜单栏中的“工具”→“草图绘制实体”→“3点边角矩形”命令，或者单击“草图”工具栏上的“三点边角矩形”按钮，此时光标变为形状。

2）绘制矩形边角点。在绘图区域单击鼠标左键，确定矩形的边角点1。

3）绘制矩形的另一个边角点。移动光标，单击左键确定矩形的另一个边角点2。

4）绘制矩形的第三个边角点。继续移动光标，单击左键确定矩形的第三个边角点3，矩形绘制完毕。

3点中心矩形命令是通过制定三个点来确定矩形。

以绘制图2-31所示的矩形为例，说明绘制矩形的操作步骤。

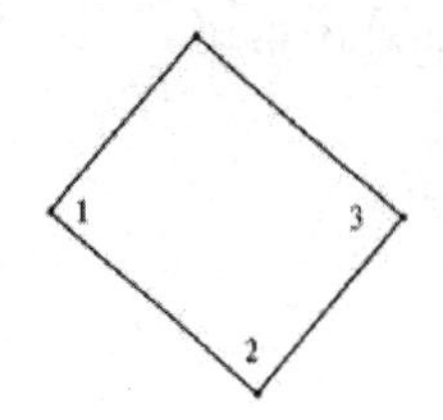

图 2-30　绘制 3 点边角矩形

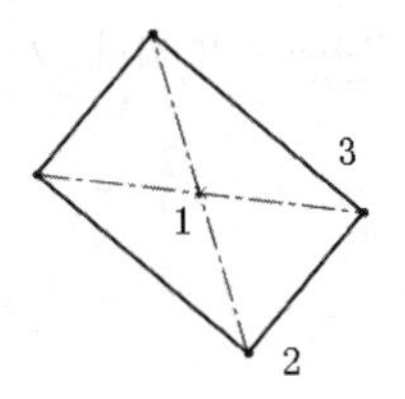

图 2-31　绘制 3 点中心矩形

【操作步骤】

1）执行命令。在草图绘制状态下，选择菜单栏中的“工具”→“草图绘制实体”→“3点中心矩形”命令，或者单击“草图”工具栏上的“3点中心矩形”按钮，此时光标变为形状。

2）绘制矩形中心点。在绘图区域单击鼠标左键，确定矩形的中心点1。

3）设定矩形一条边的一半长度。移动光标，单击左键确定矩形一条边线的一半长度的一个点2。

4）绘制矩形的一个角点。移动鼠标，单击左键确定矩形的一个角点3，矩形绘制完毕。

平行四边形既可以生成平行四边形，也可以生成边线与草图网格线不平行或不垂直的矩形。

以绘制如图2-32所示的平行四边形为例，说明平行四边形的绘制步骤。

【操作步骤】

1）执行命令。在草图绘制状态下，选择菜单栏中的“工具”→“草图绘制实体”→“平行四边形”命令，或者单击“草图”工具栏上的“平行四边形”按钮，此时鼠标变为形状。

2）绘制平行四边形的第一个点。在绘图区域单击鼠标左键，确定平行四边形的第一个点1。

3）绘制平行四边形的第二个点。移动光标，在合适的位置单击鼠标左键，确定平行四边形的第二个点2。

4）绘制平行四边形的第三个点。移动光标，在合适的位置单击鼠标左键确定平行四边形的第三个点3，平行四边形绘制完毕。

平行四边形绘制完毕后，左键拖动平行四边形的一个角点，可以动态地改变平行四边的尺寸。

注：在绘制完平行四边形的点1与点2后，移动光标可以改变平行四边形的形状，然后在合适的位置单击鼠标左键，可以完成任意形状的平行四边形的绘制，如图2-33所示为绘制的一个平行四边形。

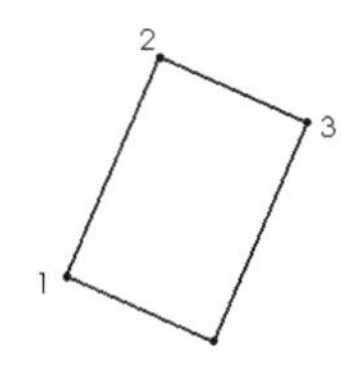

图 2-32 绘制的平行四边形

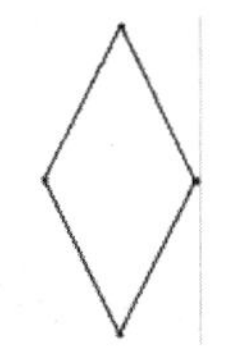

图 2-33 任意形状平行四边形

2.2.6 绘制多边形

多边形命令用于绘制边数为3~40之间的等边多边形。

【操作步骤】

1）执行命令。在草图绘制状态下，选择菜单栏中的“工具”→“草图绘制实体”→“多边形”命令，或者单击“草图”工具栏上的“多边形”按钮，此时鼠标变为形状，并弹出图2-34所示的“多边形”属性管理器。

2）确定多边形的边数。在“多边形”属性管理器中，输入多边形的边数。也可以使用默认的边数，在绘制以后再修改多边形的边数。

3）确定多边形的中心。在绘图区域单击鼠标左键，确定多边形的中心。

4）确定多边形的形状。移动光标，在合适的位置单击鼠标左键，确定多边形的形状。

5）设置多边形参数。在“多边形”属性管理器中选择是内切圆模式还是外接圆模式，然后修改多边形辅助圆直径以及角度。

6）绘制其他多边形。如果还要绘制另一个多边形，单击属性管理器中的“新多边形”按钮，然后重复步骤2）～5）即可。

图2-35所示为绘制的一个多边形。

图 2-34 “多边形”属性管理器

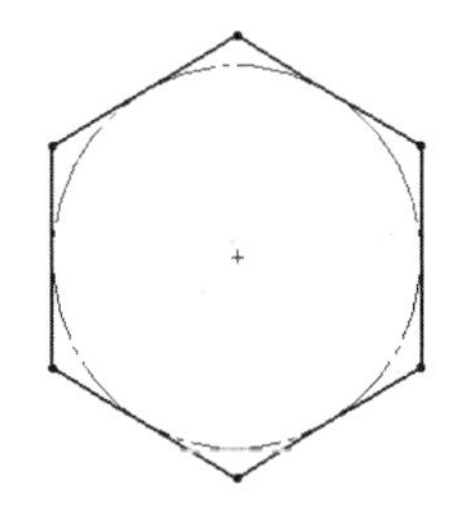

图 2-35 绘制的多边形

注意

多边形有内切圆和外接圆两种方式，两者的区别主要在于标注方法的不同。内切圆是表示圆中心到各边的垂直距离，外接圆是表示圆中心到多边形端点的距离。

2.2.7 绘制椭圆与部分椭圆

椭圆是由中心点、长轴长度与短轴长度确定的，三者缺一不可。

下面将分别介绍椭圆和部分椭圆的绘制方法。

1. 绘制椭圆

【操作步骤】

1）执行命令。在草图绘制状态下，选择菜单栏中的“工具”→“草图绘制实体”→“椭圆”命令，或者单击“草图”工具栏上的“椭圆”按钮，此时鼠标变为形状。

2）绘制椭圆的中心。在绘图区域合适的位置单击鼠标左键，确定椭圆的中心。

3）确定椭圆的长半轴。移动光标，在鼠标附近会显示椭圆的长半轴R和短半轴r。在图中合适的位置单击鼠标左键，确定椭圆的长半轴R。

4）确定椭圆的短半轴。移动光标，在图中合适的位置，单击鼠标左键，确定椭圆的短半轴r，此时会出现图2-36所示的“椭圆”属性管理器。

5）修改椭圆参数。在“椭圆”属性管理器中修改椭圆的中心坐标，以及长半轴和短半轴的大小。

6）确认绘制的椭圆。单击“椭圆”属性管理器中的“确定”按钮，完成椭圆的绘制。

图2-37所示为绘制的一个椭圆。

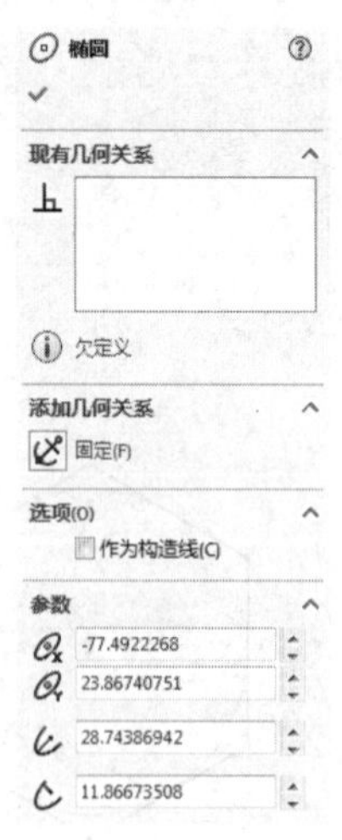

图 2-36 “椭圆”属性管理器

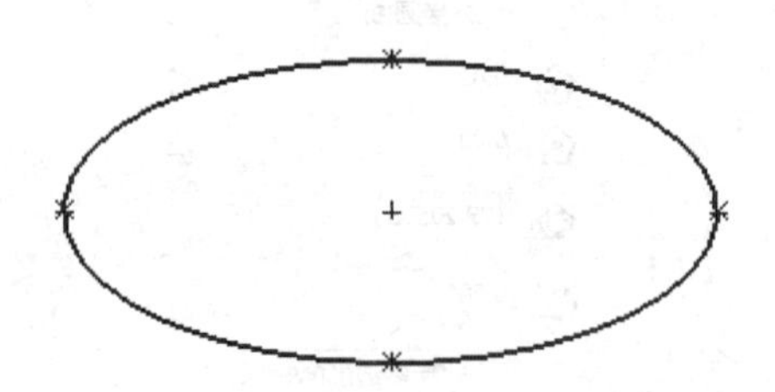

图 2-37 绘制的椭圆

椭圆绘制完毕后，左键拖动椭圆的中心和四个特征点，可以改变椭圆的形状，当然通过“椭圆”属性管理器可以精确的修改椭圆的位置和长、短半轴。

2．绘制部分椭圆

【操作步骤】

1）执行命令。在草图绘制状态下，选择菜单栏中的“工具”→“草图绘制实体”→“部分椭圆”命令，或者单击“草图”工具栏上的“部分椭圆”按钮，此时鼠标变为形状。

2）确定椭圆弧的中心。在绘图区域合适的位置单击鼠标左键，确定椭圆弧的中心。

3）确定椭圆弧的长半轴。移动光标，在鼠标附近会显示椭圆的长半轴R和短半轴r。在图中合适的位置，单击鼠标左键，确定椭圆弧的长半轴R。

4）确定椭圆弧的短半轴。移动光标，在图中合适的位置单击鼠标左键，确定椭圆弧的短半轴r。

5）设置“椭圆弧”属性管理器。绕圆周移动鼠标，确定椭圆弧的范围，此时会出现“椭圆弧”属性管理器，根据需要设定椭圆弧的参数。

6）确认椭圆弧。单击“椭圆弧”属性管理器中的“确定”按钮，完成椭圆弧的绘制。图2-38所示为绘制椭圆弧的过程。

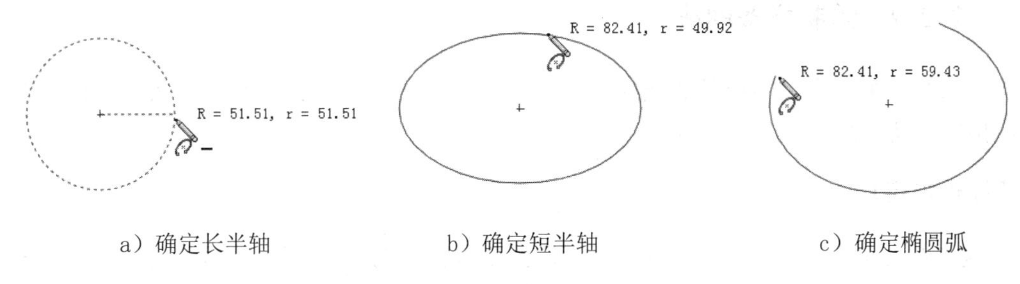

a）确定长半轴　　b）确定短半轴　　c）确定椭圆弧

图 2-38　部分椭圆绘制过程图示

2.2.8　绘制抛物线

抛物线的绘制方法是，先确定抛物线的焦点，然后确定抛物线的焦距，最后确定抛物线的起点和终点。

【操作步骤】

1）执行命令。在草图绘制状态下，选择菜单栏中的“工具”→“草图绘制实体”→“抛物线”命令，或者单击“草图”工具栏上的“抛物线”按钮，此时鼠标变为形状。

2）绘制抛物线的焦点。在绘图区域中合适的位置单击鼠标左键，确定抛物线的焦点。

3）确定抛物线的焦距。移动光标，在图中合适的位置单击鼠标左键，确定抛物线的焦距。

4）绘制抛物线的起点。移动光标，在图中合适的位置单击鼠标左键，确定抛物线的起点。

5）设置属性管理器。移动光标，在图中合适的位置单击鼠标左键，确定抛物线的终点，此时会出现“抛物线”属性管理器，根据需要设置属性管理器中抛物线的参数。

6）确认绘制的抛物线。单击“抛物线”属性管理器中的“确定”按钮✔，完成抛物线的绘制。

图2-39所示为绘制抛物线的过程。

左键拖动抛物线的特征点，可以改变抛物线的形状。拖动抛物线的顶点，使其偏离焦点，可以使抛物线更加平缓；反之，抛物线会更加尖锐。拖动抛物线的起点或者终点，可以改变抛物线一侧的长度。

如果要改变抛物线的属性，选择绘制的抛物线，双击这条抛物线。系统会在特征管理区出现“抛物线”属性管理器，按照需要修改其中的参数，就可以修改相应的属性。

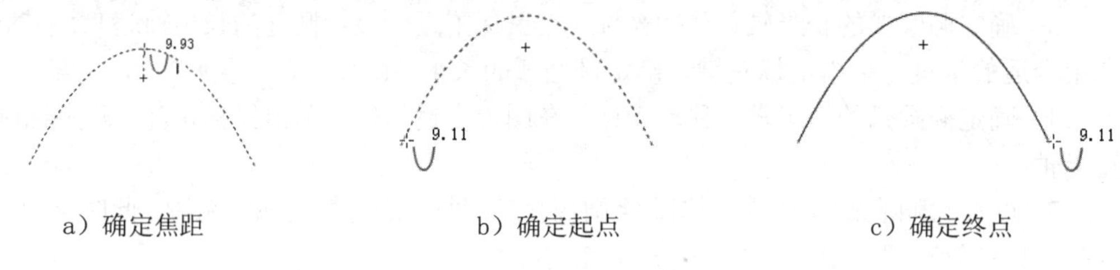

a）确定焦距　b）确定起点　c）确定终点

图 2-39　抛物线的绘制过程图示

2.2.9　绘制样条曲线

系统提供了强大的样条曲线绘制功能，样条曲线的点至少需要两个点，并且可以在端点指定相切。

【操作步骤】

1）执行命令。在草图绘制状态下，选择菜单栏中的“工具”→“草图绘制实体”→“样条曲线”命令，或者单击“草图”工具栏上的“样条曲线”按钮N，此时鼠标变为N形状。

2）绘制样条曲线的起点。在绘图区域单击鼠标左键，确定样条曲线的起点。

3）绘制样条曲线的第二个点。移动光标，在图中合适的位置单击鼠标左键，确定样条曲线上的第二点。

4）绘制样条曲线的其他点。重复移动光标，确定样条曲线上的其他点。

5）退出样条曲线的绘制。按Esc键，或者双击鼠标左键退出样条曲线的绘制。

图2-40为绘制样条曲线的过程。

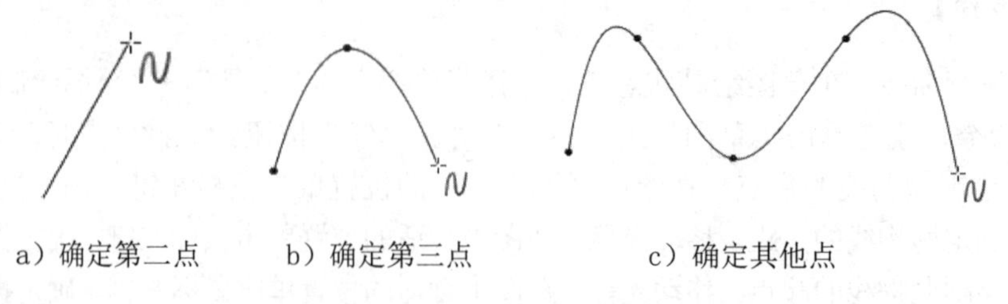

a）确定第二点　b）确定第三点　c）确定其他点

图 2-40　样条曲线的绘制过程图示

样条曲线绘制完毕后，可以通过以下方式，对样条曲线进行编辑和修改。

1）样条曲线属性管理器。“样条曲线”属性管理器如图2-41所示，通过其中“参数”一栏可以实现对样条曲线的修改。

2）样条曲线上的点。选择要修改的样条曲线，此时样条曲线上会出现点，左键拖动这些点就可以实现对样条曲线的修改，图2-42所示为样条曲线的修改过程，图2-42a所示为修改前的图形，图2-42b所示为向上拖动点1后的图形。

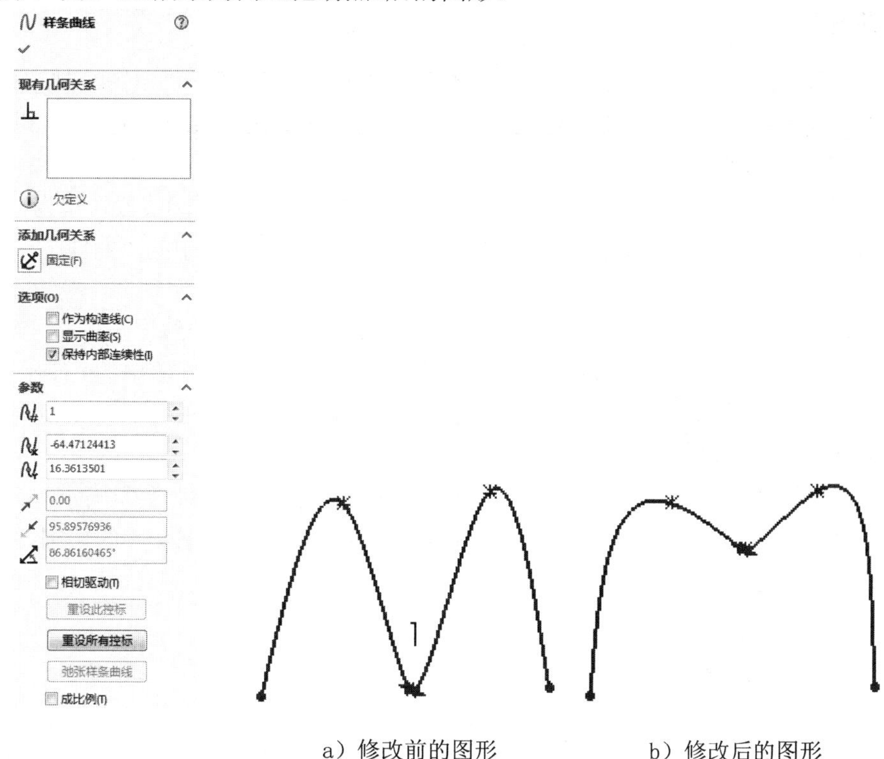

a）修改前的图形　　b）修改后的图形

图 2-41　“样条曲线”属性管理器　　图 2-42　样条曲线修改过程图示

3）插入样条曲线型值点。确定样条曲线形状的点称为型值点，即除样条曲线端点以外的点。在样条曲线绘制以后，还可以插入一些型值点。右键单击样条曲线，在其快捷菜单中选择“插入样条曲线型值点”，然后在需要添加的位置单击鼠标左键即可。

4）删除样条曲线型值点。单击左键选择要删除的点，然后按Delete键即可。

样条曲线的编辑还有其他一些功能，如显示样条曲线控标、显示拐点、显示最小半径与显示曲率检查等，在此不一一介绍，可以单击鼠标右键，在其快捷菜单中选择相应的功能，进行练习。

注意

系统默认会显示样条曲线的控标。单击“样条曲线工具”工具栏中的“显示样条曲线控标”按钮，可以隐藏或者显示样条曲线的控标。

2.2.10 绘制草图文字

草图文字可以在零件特征面上添加，用于拉伸和切除文字，形成立体效果。文字可以添加在任何连续曲线或边线组中，包括由直线、圆弧、或样条曲线组成的圆或轮廓。

【操作步骤】

1）执行命令。在草图绘制状态下，选择菜单栏中的“工具”→“草图绘制实体”→“文字”命令，或者单击“草图”工具栏上的“文字”按钮，此时系统出现图2-43所示的“草图文字”属性管理器。

2）指定定位线。在绘图区域中选择一边线、曲线、草图或草图线段，作为绘制文字草图的定位线，此时所选择的边线出现在“草图文字”属性管理器中的“曲线”一栏。

3）输入绘制的草图文字。在“草图文字”属性管理器中的“文字”一栏输入要添加的文字“SOLIDWORKS 2016”。此时，添加的文字出现在绘图区域曲线上。

4）修改字体。如果不需要系统默认的字体，单击去掉属性管理器中的“使用文档字体”选项，然后单击“字体”按钮，此时系统出现图2-44所示的“选择字体”对话框，按照需要进行设置。

5）确认绘制的草图文字。设置好字体后，单击“选择字体”对话框中的“确定”按钮，然后单击“草图文字”属性管理器中的“确定”按钮，完成草图文字的绘制。

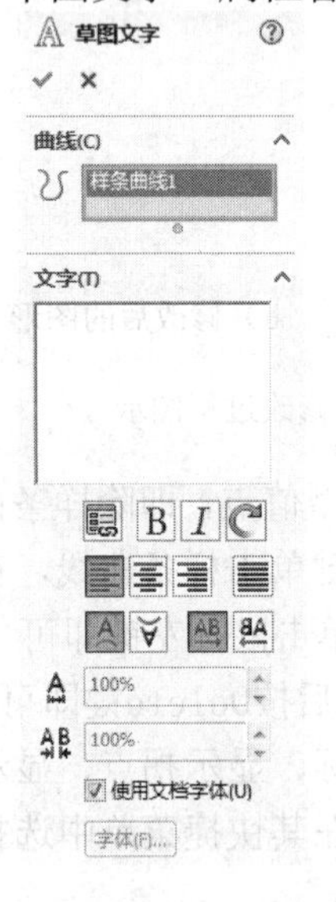

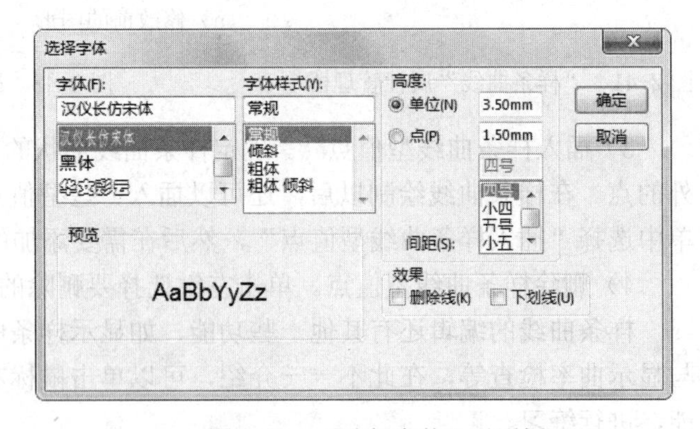

图 2-43 “草图文字”属性管理器　　　图 2-44 “选择字体”对话框

注意

1）在草图绘制模式下，鼠标左键双击已绘制的草图文字，在系统弹出的“草图文字”属性管理器中，可以对其进行修改。

2）如果曲线为草图实体或一组草图实体，而且草图文字与曲线位于同一草图内，将必须将草图实体转换为几何构造线。

图2-45所示为绘制的草图文字，图2-46所示为拉伸后的草图文字。

SOLIDWORKS 2016

图 2-45　绘制的草图文字

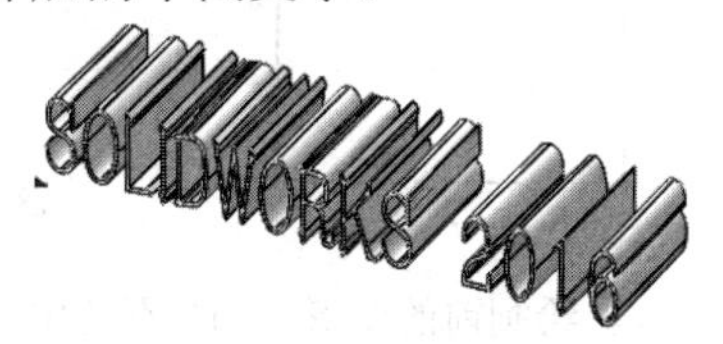

图 2-46　拉伸后的文字

2.3　草图编辑工具

本节主要介绍草图编辑工具的使用方法，如圆角、倒角、等距实体、裁减、延伸、镜向移动、复制、旋转与修改等。

2.3.1　绘制圆角

绘制圆角工具是将两个草图实体的交叉处剪裁掉角部，生成一个与两个草图实体都相切的圆弧，此工具在2D和3D草图中均可使用。

下面以绘制图2-48b所示的圆角为例说明绘制圆角的步骤：

【操作步骤】

1）执行命令。在草图编辑状态下，选择菜单栏中的“工具”→“草图工具”→“圆角”命令，或者单击“草图”工具栏上的“绘制圆角”按钮，此时系统出现图2-47所示的“绘制圆角”属性管理器。

2）设置圆角属性。在“绘制圆角”属性管理器中，设置圆角的半径。如果顶点具有尺寸或几何关系，选中保持拐角处约束条件复选框，将保留虚拟交点。如果不选中该复选框，且如果顶点具有尺寸或几何关系，将会询问您是否想在生成圆角时删除这些几何关系。如果选中标注每个圆角的尺寸复选框，将标注每个圆角尺寸。如果不选中该复选框，则只标注相同圆角中的一个尺寸。

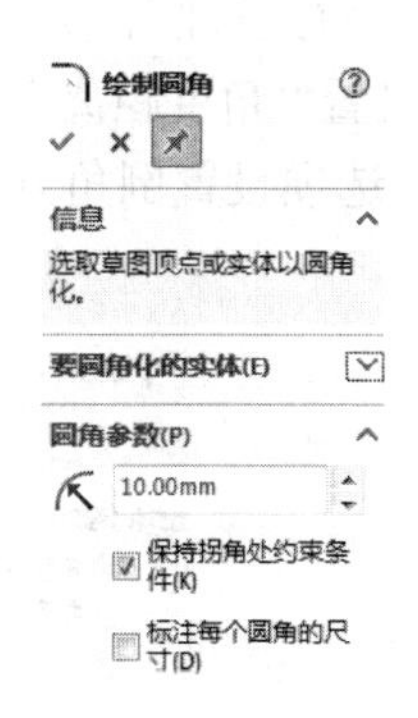

图2-47　“绘制圆角”属性管理器

3）选择绘制圆角的直线。设置好“绘制圆角”属性管理器，鼠标左键选择如图2-48a所示中的直线1和2、直线2和3、直线3和4、直线4和1。

4）确认绘制的圆角。单击“绘制圆角”属性管理器中的“确定”按钮✔，完成圆角的绘制，如图2-48b所示。

5）将剩下的直线2和3、直线3和4、直线4和1全都改成圆角，如图2-48c所示。

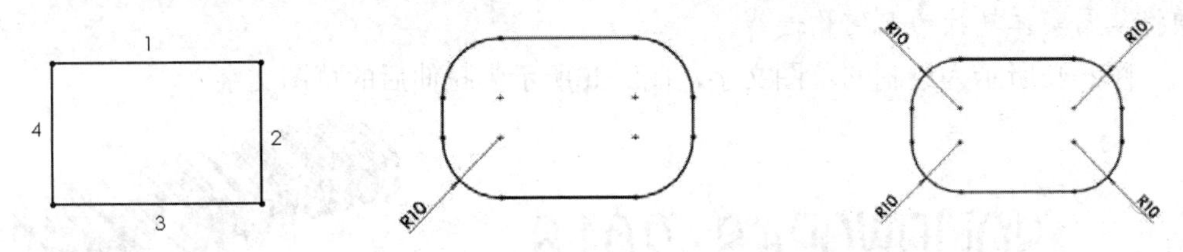

a）绘制前的图形　b）不选中标注每个圆角的尺寸复选框　c）选中标注每个圆角的尺寸复选框

图 2-48　圆角绘制过程

注意

SOLIDWORKS 可以将两个非交叉的草图实体进行圆角。执行圆角命令后，草图实体将被拉伸，边角将被圆角处理。

2.3.2　绘制倒角

绘制倒角工具是将倒角应用到相邻的草图实体中，此工具在2D和3D草图中均可使用。倒角的选取方法与圆角相同。“绘制倒角”属性管理器中提供了倒角的两种设置方式，分别是“角度距离”设置倒角方式和“距离－距离”设置倒角方式。

下面以绘制图2-51b所示的倒角为例说明绘制倒角的操作步骤：

【操作步骤】

1）执行命令。在草图编辑状态下，选择菜单栏中的“工具”→“草图工具”→“倒角”命令，或者单击“草图”工具栏上的“绘制倒角”按钮⌝，此时系统出现图2-49所示的“绘制圆角”属性管理器。

2）设置“角度距离”倒角方式。在“绘制倒角”属性管理器中，按照图2-49所示以“角度距离”选项设置倒角方式，倒角参数如图2-50所示，然后选择图2-51a所示中的直线1和直线4。

图 2-49　“角度距离”设置方式

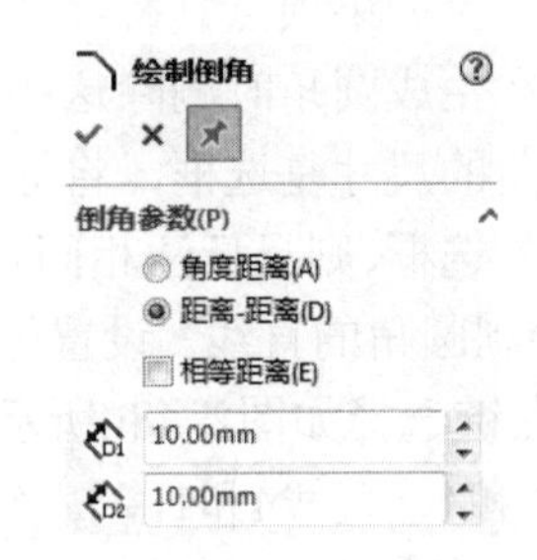

图 2-50　“距离-距离”设置方式

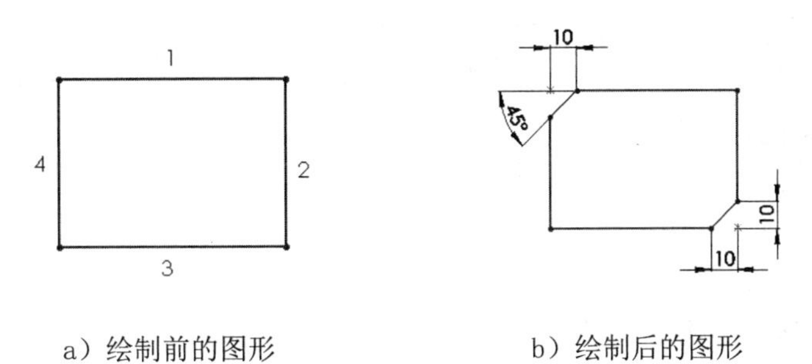

a）绘制前的图形　　b）绘制后的图形

图 2-51　倒角绘制过程

3）设置“距离－距离”倒角方式。在“绘制倒角”属性管理器中，单击“距离－距离”选项，按照如图2-50所示设置倒角方式，然后选择图2-51b中的直线2和直线3。

4）确认倒角。单击“绘制倒角”属性管理器中的“确定”按钮✔，完成倒角的绘制。

以“距离－距离”方式绘制倒角时，如果设置的两个距离不相等，选择不同草图实体的次序不同，绘制的结果也不相同。如图2-50所示，设置D1＝10，D2＝20，图2-52a所示为原始图形；图2-52b所示为先选取左边的直线，后选择右边直线形成的图形；图2-52c所示为先选取右边的直线，后选择左边直线形成的图形。

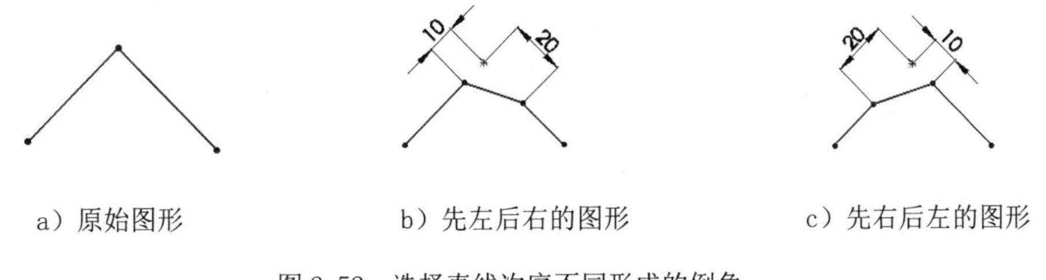

a）原始图形　　b）先左后右的图形　　c）先右后左的图形

图 2-52　选择直线次序不同形成的倒角

2.3.3 等距实体

等距实体工具是按特定的距离等距一个或者多个草图实体、所选模型边线或模型面。例如，样条曲线或圆弧、模型边线组、环等等之类的草图实体。

【操作步骤】

1）执行命令。在草图绘制状态下，选择菜单栏中的“工具”→“草图工具”→“等距实体”命令，或者单击“草图”工具栏上的“等距实体”按钮。

2）设置属性管理器。此时系统弹出“等距实体”属性管理器。在“等距实体”属性管理器中，按照需要进行设置。

3）选择等距对象。用鼠标单击选择要等距的实体对象。

4）确认等距的实体。单击“等距实体”属性管理器中的“确定”按钮✔，完成等距实体的绘制。

“等距实体”属性管理器中各选项的意义如下：

- ［等距距离］：设定数值以特定距离来等距草图实体。
- ［添加尺寸］：在草图中添加等距距离的尺寸标注，这不会影响到包括在原有草图实体中的任何尺寸。
- ［反向］：更改单向等距实体的方向。
- ［选择链］：生成所有连续草图实体的等距。
- ［双向］：在草图中双向生成等距实体。
- ［制作基体结构］：将原有草图实体转换到构造性直线。

“基本几何体”复选框：勾选该复选框将原有草图实体转换到构造性直线。

“偏移几何体”复选框：勾选该复选框将偏移的草图实体转换到构造性直线。

- ［顶端加盖］：通过选择双向并添加一顶盖来延伸原有非相交草图实体。

图2-54所示为按照图2-53所示的“等距实体”属性管理器进行设置后，选取中间草图实体中任意一部分得到的图形。

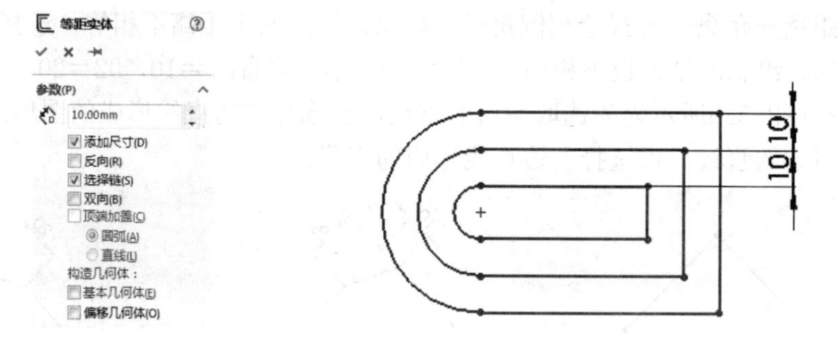

图 2-53　“等距实体”属性管理器　　　　图 2-54　等距后的草图实体

图2-55所示为在模型面上添加草图实体的过程，图2-55a所示为原始图形，如图2-55b所示为等距实体后的图形。执行过程为：先选择图2-55a中模型的上表面，然后进入草图绘制状态，再执行等距实体命令，设置参数为单向等距距离为10。

a）原始图形　　　　b）等距后的图形

图2-55　模型面等距实体

注意

在草图绘制状态下，双击等距距离的尺寸，然后更改数值，就可以修改等距实体的距离。在双向等距中，修改单个数值就可以更改两个等距的尺寸。

2.3.4 转换实体引用

转换实体引用是通过已有模型或者草图，将其边线、环、面、曲线、外部草图轮廓线、一组边线或一组草图曲线投影到草图基准面上。通过这种方式，可以在草图基准面上生成一或多个草图实体。使用该命令时，如果引用的实体发生更改，那么转换的草图实体也会相应地改变。

下面以如图2-56所示为例说明转换实体引用的操作步骤：

【操作步骤】

1）选择添加草图的基准面。在特征管理器中的树状目录中，选择要添加草图的基准面，本例选择基准面1，然后单击“草图”工具栏上的“草图绘制”按钮，进入草图绘制状态。

2）选择实体边线。按住Ctrl键，选取图2-56a中的边线1、2、3、4以及圆弧5。

3）执行命令。选择菜单栏中的“工具”→“草图工具”→“转换实体引用”命令，或者单击“草图”工具栏上的“转换实体引用”按钮，执行转换实体引用命令。

4）确认转换实体。退出草图绘制状态，图2-56b所示为转换实体引用后的图形。

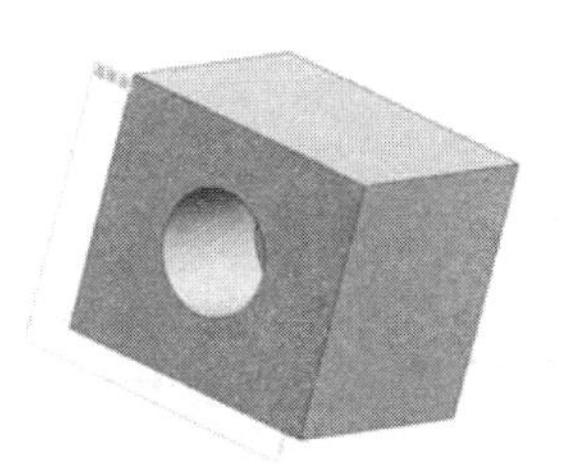

a）转换实体引用前的图形

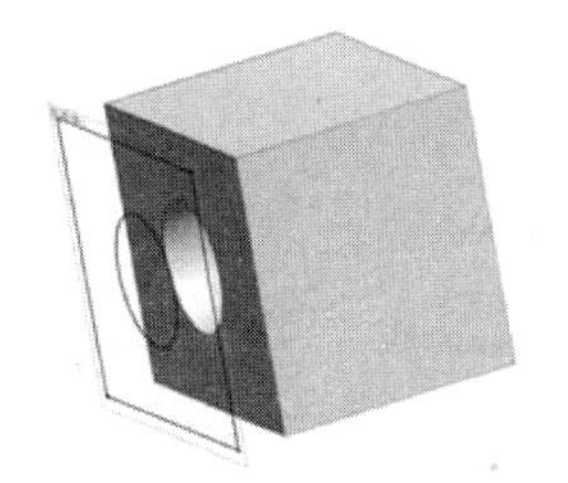

b）转换实体引用后的图形

图 2-56 转换实体引用过程

2.3.5 草图剪裁

草图剪裁是常用的草图编辑命令。执行草图剪裁命令时，系统会弹出如图2-57所示的“剪裁”属性管理器，根据剪裁草图实体的不同，可以选择不同的剪裁模式，下面将介绍不同类型的草图剪裁模式。

- [强劲剪裁]：通过将鼠标拖过每个草图实体来剪裁草图实体。
- [边角]：剪裁两个草图实体，直到它们在虚拟边角处相交。
- [在内剪除]：选择两个边界实体，然后选择要裁剪的实体，剪裁位于两个边界实体外的草图实体。
- [在外剪除]：剪裁位于两个边界实体内的草图实体。
- [剪裁到最近端]：将一草图实体裁减到最近端交叉实体。

下面以图2-58所示为例说明草图剪裁的操作步骤，图2-58a所示为剪裁前的图形，图2-58b所示为剪裁后的图形。

【操作步骤】

1）执行命令。在草图编辑状态下，选择菜单栏中的“工具”→“草图工具”→“剪裁”命令，或者单击“草图”工具栏上的“剪裁实体”按钮，在左侧特征管理器出现“剪裁”属性管理器。

2）设置剪裁模式。选择“剪裁”属性管理器中的“剪裁到最近端”模式。

3）选择需要剪裁的直线。依次用鼠标单击图2-58a所示中的A和B处，剪裁图中的直线。

4）确认剪裁实体。单击“剪裁”属性管理器中的“确定”按钮✔，草图实体的剪裁结果图2-58b所示。

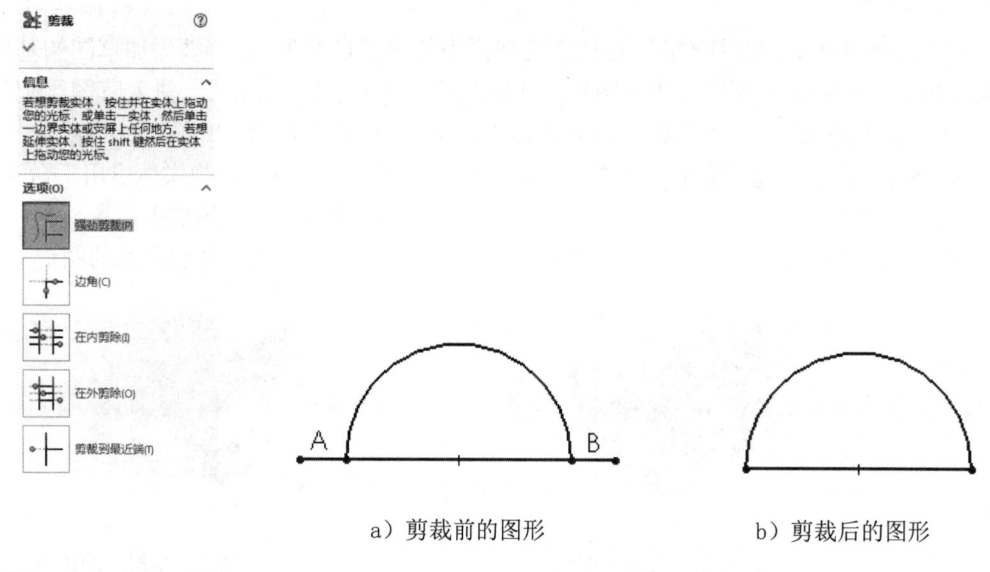

图 2-57　“剪裁“属性　　　　图 2-58　剪裁实体过程图示

2.3.6　草图延伸

草图延伸是常用的草图编辑命令。利用该工具可以将草图实体延伸至另一个草图实体。

下面图2-59所示为例说明草图延伸的操作步骤，图2-59a所示为延伸前的图形，如图2-59b所示为延伸后的图形。

【操作步骤】

1）执行命令。在草图编辑状态下，选择菜单栏中的“工具”→“草图工具”→“延伸”命令，或者单击“草图”工具栏上的“延伸实体”按钮，此时鼠标变为，进入草图延伸状态。

2）选择需要延伸的直线。用鼠标单击图2-59a中的直线。

3）确认延伸的直线。按住<Esc>键退出延伸实体状态，结果如图2-59b所示。

在延伸草图实体时，如果两个方向都可以延伸，而需要单一方向延伸时，单击延伸方向一侧实体部分即可实现，在执行该命令过程中，实体延伸的结果预览会以红色显示。

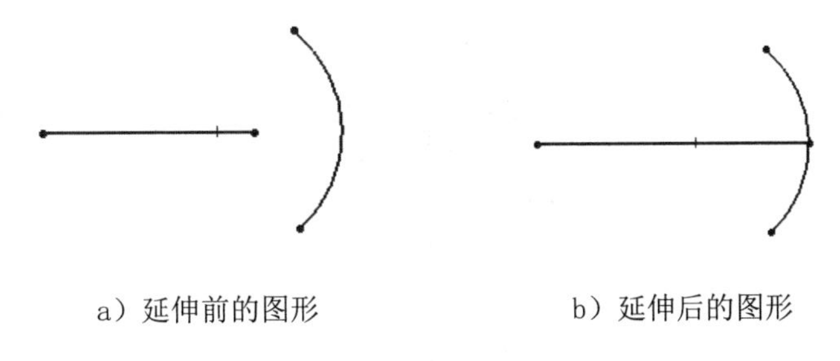

a）延伸前的图形　　b）延伸后的图形

图 2-59　草图延伸过程图示

2.3.7　分割草图

分割草图是将一连续的草图实体分割为两个草图实体，以方便进行其他操作。反之，也可以删除一个分割点，将两个草图实体合并成一个单一草图实体。

下面以图2-60所示为例说明分割草图的操作步骤，如图2-60a所示为分割前的图形，图2-60b所示为分割后的图形。

【操作步骤】

1）执行命令。在草图编辑状态下，选择菜单栏中的“工具”→“草图工具”→“分割实体”命令，或者单击“草图”工具栏上的“分割实体”按钮，进入分割实体状态。

2）确定添加分割点的位置。用鼠标单击图2-60a所示中圆弧的合适位置，添加一个分割点。

3）确认添加的分割点。按住Esc键退出分割实体状态，结果如图2-60b所示。

a）分割前的图形　　b）分割后的图形

图 2-60　分割实体过程图示

在草图编辑状态下，如果欲将两个草图实体合并为一个草图实体，单击选中分割点，然后按Delete键即可。

2.3.8　镜向草图

在绘制草图时，经常要绘制对称的图形，这时可以使用镜向实体命令来实现，“镜向”属性管理器如图2-61所示。

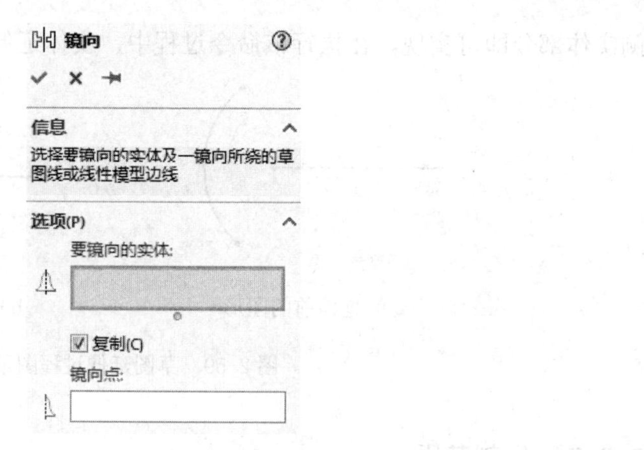

图 2-61 “镜向”属性管理器

在SOLIDWORKS 2016中，镜向点不再仅限于构造线，它可以是任意类型的直线。SOLIDWORKS提供了两种镜向方式：一种是镜向现有草图实体；另一种是在绘制草图时动态镜向草图实体。下面将分别介绍。

1．镜向现有草图实体

下面以图2-62所示为例介绍镜向现有草图实体的操作步骤，图2-62a所示为镜向前的图形，图2-62b所示为镜向后的图形。

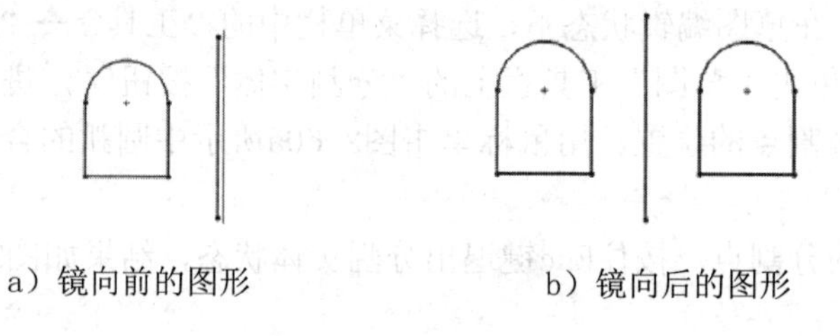

a）镜向前的图形　　b）镜向后的图形

图 2-62 镜向草图过程

【操作步骤】

1）执行命令。在草图编辑状态下，选择菜单栏中的“工具”→“草图工具”→“镜向”命令，或者单击“草图”工具栏上的“镜向实体”按钮，系统弹出“镜向”属性管理器。

2）选择需要镜向的实体。用鼠标左键单击属性管理器中“要镜向实体”一栏下面的对话框，其变为粉红色，然后在绘图区域中框选图2-60a中直线左侧的图形。

3）选择镜向点。用鼠标左键单击属性管理器中“镜向点”一栏下面的对话框，其变为粉红色，然后在绘图区域中选取图2-60a中的直线。

4）确认镜向的实体。单击“镜向”属性管理器中的“确定”按钮✔，草图实体镜向完毕，结果如图2-60b所示。

2．动态镜向草图实体

以图2-63所示为例说明动态镜向草图实体的绘制过程。

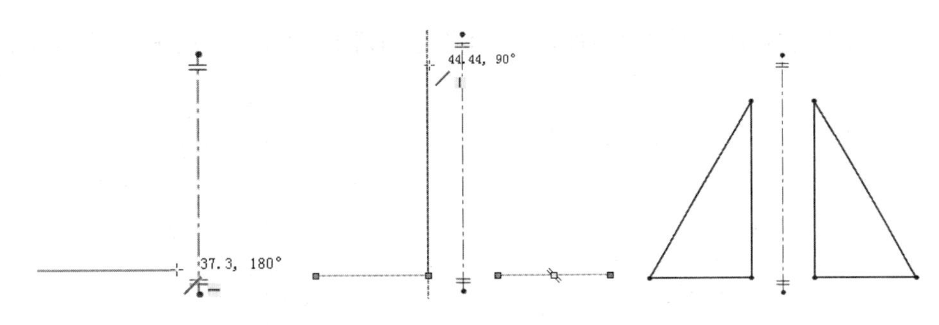

图 2-63 动态镜向草图实体过程图示

【操作步骤】

1）确定镜向点。在草图绘制状态下，首先在绘图区域中绘制一条中心线，并选取它。

2）执行镜向命令。选择菜单栏中的“工具”→“草图工具”→“动态镜像”命令，或者单击“草图”工具栏上的“动态镜像实体”按钮，此时对称符号出现在中心线的两端。

3）镜像实体。在中心线的一侧绘制草图，此时另一侧会动态地镜向绘制的草图。

4）确认镜像实体。草图绘制完毕后，再次执行直线动态草图实体命令，即可结束该命令的使用。

镜向实体在 3D 草图中不可使用。

2.3.9 线性草图阵列

线性草图阵列就是将草图实体沿一个或者两个轴复制生成多个排列图形。执行该命令时，系统会弹出图2-64所示的“线性阵列”属性管理器。

下面以图2-65所示为例说明线性草图阵列的的绘制步骤，如图2-65a所示为阵列前的图形，图2-65b所示为阵列后的图形。

图2-64 “线性阵列”属性管理器

【操作步骤】

1）执行命令。在草图编辑状态下，选择菜单栏中的“工具”→“草图工具”→“线性阵列”命令，或者单击“草图”工具栏上的“线性草图阵列”按钮。

2）设置属性管理器。此时系统出现“线性阵列”属性管理器，在“线性阵列”属性管理器中的“要阵列的实体”一栏选取图2-65a中直径为10的圆弧，其他按照图2-64所示进行设置。

3）确认阵列的实体。单击“线性阵列”属性管理器中的“确定”按钮✔，结果如图2-63b所示。

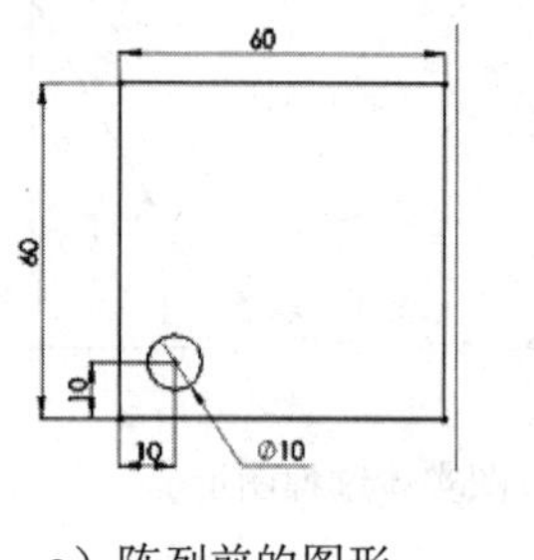

a）阵列前的图形

b）阵列后的图形

图 2-65　草图阵列过程

2.3.10　圆周草图阵列

圆周草图阵列就是将草图实体沿一个指定大小的圆弧进行环状阵列，执行该命令时，系统会弹出图2-66所示的“圆周阵列”属性管理器。

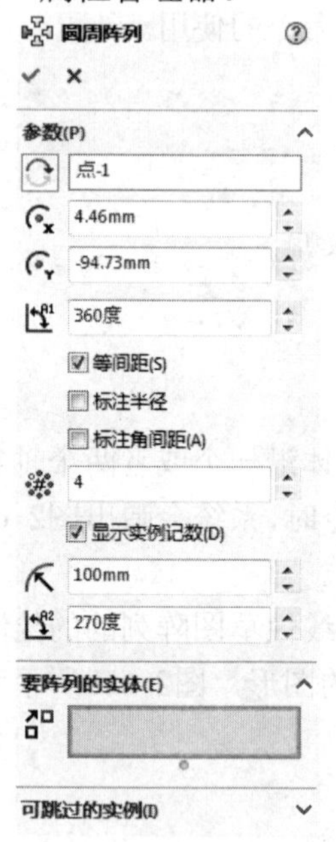

图 2-66　“圆周阵列”属性管理器

下面图2-67所示为例说明线性草图阵列的绘制步骤，图2-67a所示为阵列前的图形，图2-67b所示为阵列后的图形。

【操作步骤】

1）执行命令。在草图编辑状态下，选择菜单栏中的“工具”→“草图工具”→“圆周阵列”命令，或者单击“草图”工具栏上的“圆周草图阵列”按钮。此时系统出现“圆周阵列”属性管理器。

2）设置属性管理器。此时系统出现“圆周阵列”属性管理器，在“圆周阵列”属性管理器中的“要阵列的实体”一栏选取图2-67a中选取圆弧外的三条直线，在“参数”一项的第一栏选择圆弧的圆心，在“数量”一栏中输入值8。

3）确认阵列的实体。单击“圆周阵列”属性管理器中的“确定”按钮✔，结果如图2-67b所示。

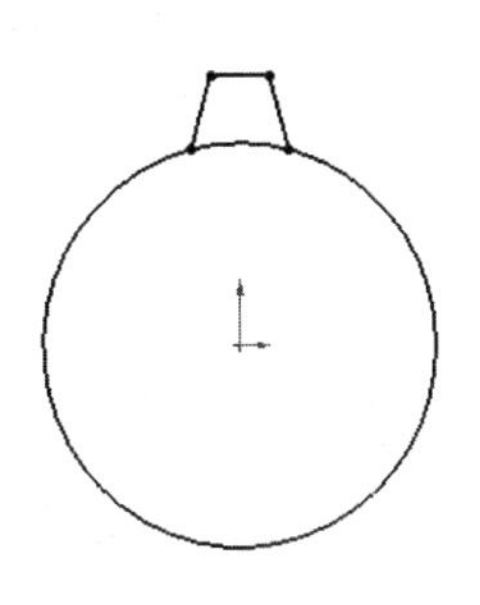

a）阵列前的图形

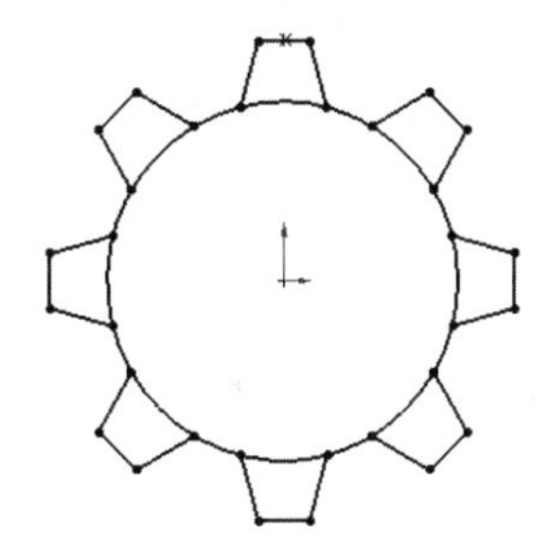

b）阵列后的图形

图 2-67　圆周阵列过程图示

2.3.11　移动草图

将一个或者多个草图实体进行移动。执行命令时，系统会弹出图2-68所示的“移动”属性管理器。

在“移动”属性管理器中，“要移动的实体”一栏用于选取要移动的草图实体；“参数”中的“从/到”用于指定移动的开始点和目标点，是一个相对参数；选取“X/Y”选项，出现新的对话框，在其中输入相应的参数可以以设定的数值生成相应的目标。

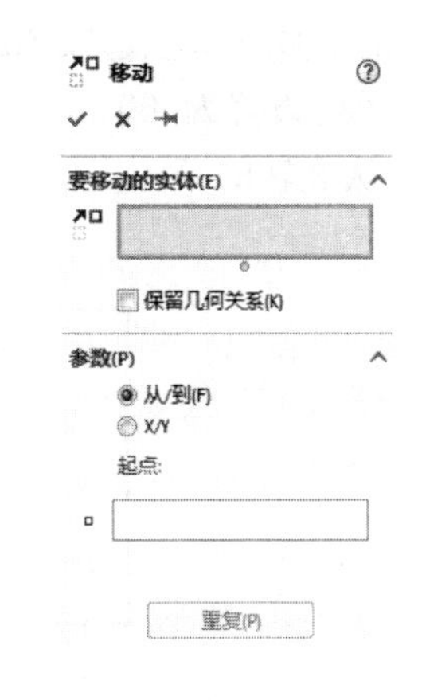

图 2-68　“移动”属性管理器

2.3.12　复制草图

将一个或者多个草图实体进行复制。执行命令时，系统会出现图2-69所示的“复制”属性管理器，“复制”属性管理器中的参数与“移动”属性管理器中参数意义相同，在此不再赘述。

2.3.13　旋转草图

旋转草图是通过选择旋转中心及要旋转的度数来旋转草图实体。执行命令时，系统会出现图2-70所示的“旋转”属性管理器。

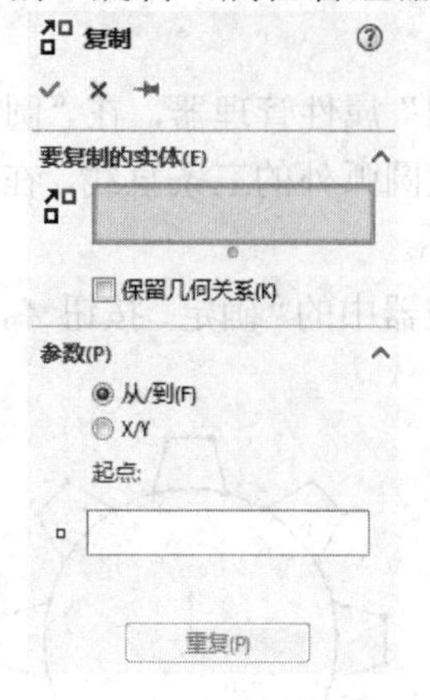

图 2-69 “复制”属性管理器

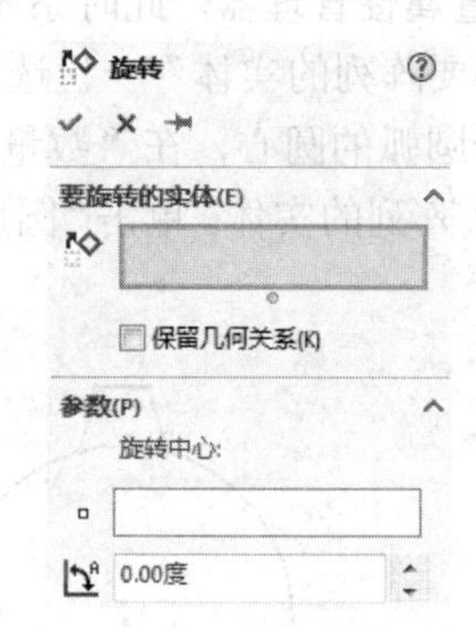

图 2-70 “旋转”属性管理器

下面以图2-71所示为例说明旋转草图实体的操作步骤，图2-71a所示为旋转前的图形，图2-71b所示为旋转后的图形。

【操作步骤】

1）执行命令。在草图编辑状态下，选择菜单栏中的“工具”→“草图工具”→“旋转”命令，或者单击“草图”工具栏上的“旋转实体”按钮。

2）设置属性管理器。此时系统出现“旋转”属性管理器，在“旋转”属性管理器中的“要旋转的实体”一栏选取图2-71a中的矩形，在“基准点”一栏选取矩形的左下端点，在“角度”一栏设置为-60。

3）确认旋转的草图实体。单击“旋转”属性管理器中的“确定”按钮，结果如图2-71b所示。

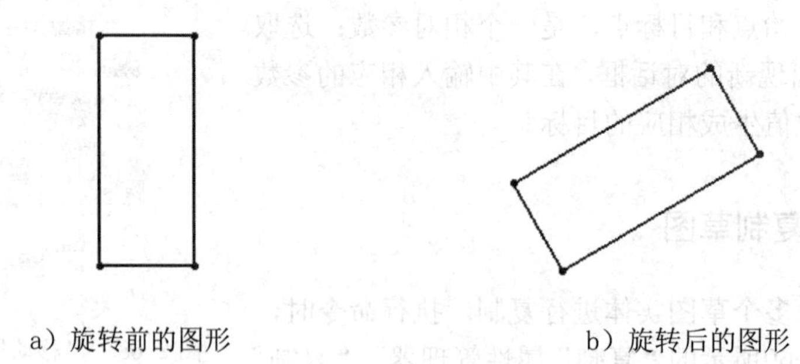

a）旋转前的图形　　b）旋转后的图形

图 2-71 旋转草图过程图示

2.3.14 缩放草图

缩放草图是通过基准点和比例因子对草图实体进行缩放，也可以根据需要在保留圆缩放对象的基础上缩放草图。执行命令时，系统会出现图2-72所示的“比例”属性管理器。

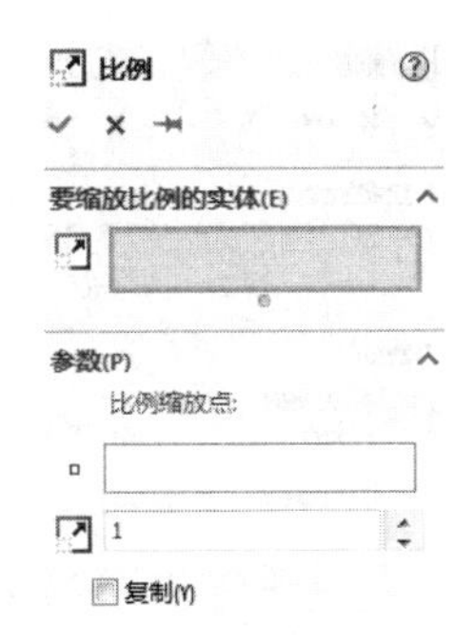

图 2-72 “比例”属性管理器

下面图2-73所示为例说明缩放草图实体的操作步骤，图6-73a所示为旋转前的图形，图2-73b所示为比例因子为0.8不保留原图的图形，图2-73c所示为保留原图，复制数为5的图形。

【操作步骤】

1）执行命令。在草图编辑状态下，选择菜单栏中的“工具”→“草图工具”→“缩放比例”命令，或者单击“草图”工具栏上的“缩放实体比例”按钮。此时系统出现“比例”属性管理器。

2）设置属性管理器。在“缩放比例”属性管理器中的“要缩放比例的实体”一栏选取图2-73a所示中的矩形，在“基准点”一栏选取矩形的左下端点；在“比例因子”一栏输入值0.8，结果如图2-73b所示。

3）设置属性管理器。勾选“比例”属性管理器中的“复制”复选框，在“复制数”一栏输入值5，结果如图2-73c所示。

4）确认缩放的草图实体。单击“比例”属性管理器中的“确定”按钮✓，草图实体缩放完毕。

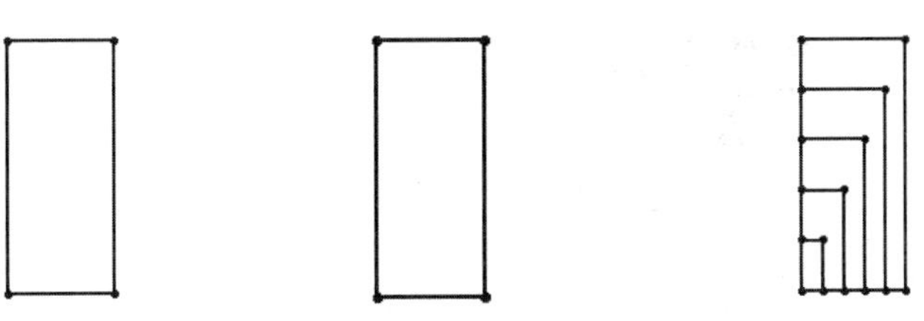

a）缩放比例前的图形　b）比例因子为 0.8 的图形　c）复制数为 5 的图形

图 2-73 缩放比例过程图示

2.3.15 伸展草图

伸展实体是通过基准点和坐标点对草图实体进行伸展。执行命令时，系统会出现图2-74所示的“伸展”属性管理器。

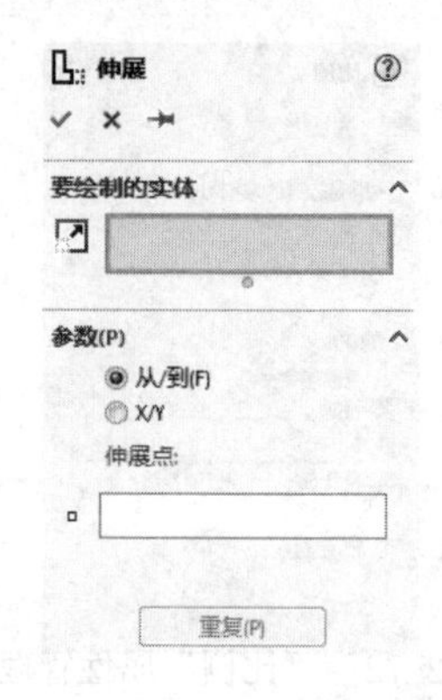

图2-74 “伸展”属性管理器

下面以图2-75所示为例说明伸展草图实体的操作步骤，图2-75a所示为伸展前的图形，如图2-75c所示为伸展后的图形。

【操作步骤】

1）执行命令。在草图编辑状态下，选择菜单栏中的“工具”→“草图工具”→“伸展实体”命令，或者单击“草图”工具栏上的“伸展实体”按钮。

2）设置属性管理器。此时系统出现“伸展”属性管理器，在“伸展”属性管理器中的“要绘制的实体”一栏选取图2-75a中的矩形，在（基准点）列表框中选取矩形的左下端点，单击基点然后单击草图设定基准点，拖动以伸展草图实体，当放开鼠标时，实体伸展到该点并且属性管理器将关闭。

3）勾选“X/Y”复选框，为**ΔX**和**ΔY**设定值以伸展草图实体，如图2-75b所示，单击“重复”按钮以相同距离伸展实体，伸展后的结果如图2-75c所示。

4）单击“伸展”属性管理器中的“确定”按钮，草图实体伸展完毕。

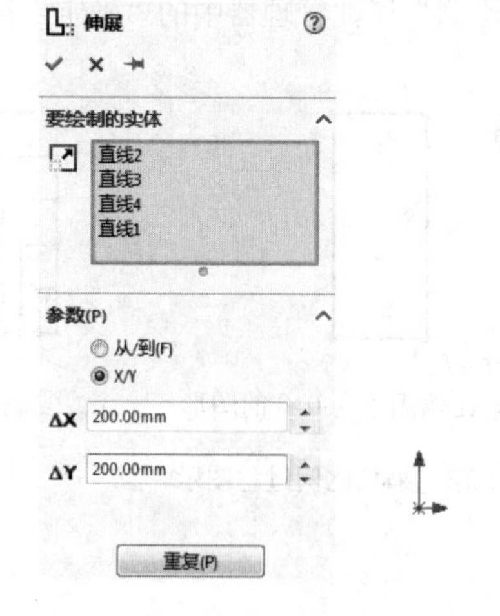

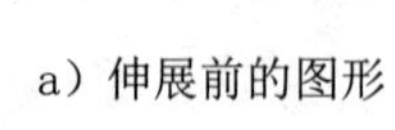

a）伸展前的图形　　b）“伸展”属性对话框　　c）伸展后的图形

图 2-75 伸展草图过程图示

2.4 综合实例——底座草图

实讲实训
多媒体演示

多媒体演示参见配套光盘中的\\动画演示\第2章\底座草图.avi。

本节主要通过具体实例讲解草图编辑工具的综合使用方法。

利用草图绘制工具绘制图2-76所示的草图。

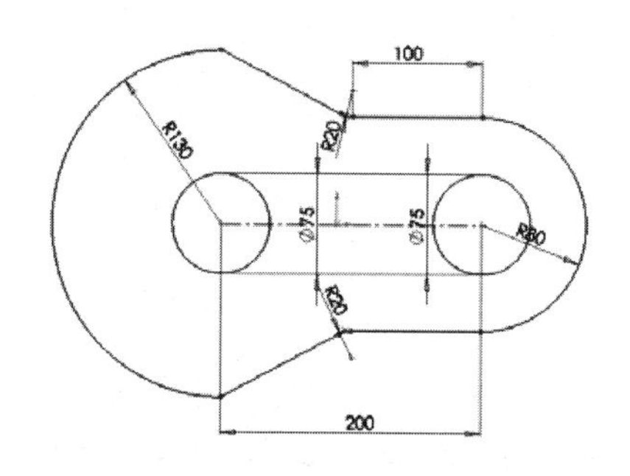

图 2-76 底座草图

【操作步骤】

1）进入SOLIDWORKS 2016，选择菜单栏中的“文件”→“新建”命令，或者单击标准工具栏中的“新建”按钮，在弹出的“新建 SOLIDWORKS 文件”对话框中选择“零件”按钮，确定进入零件设计状态。在特征管理器中选择前视基准面，此时前视基准面变为蓝色。

2）选择菜单栏中的“插入”→“草图绘制”命令，或者选择“草图”工具栏中的按钮，进入草图绘制界面。

3）选择菜单栏中的“工具”→“草图绘制实体”→“中心线”命令，或者选择“草图”工具栏中的“中心线”按钮，绘制水平中心线，定义长度为200。

4）选择菜单栏中的“工具”→“草图绘制实体”→“圆”命令，或者选择“草图”工具栏中的“圆”按钮，在中心线两头绘制两个圆。设置半径都为R37.5，如图2-77所示。

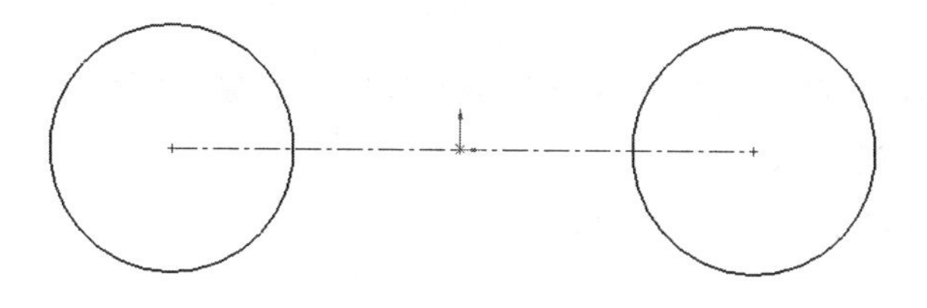

图 2-77 绘制圆

5）以同样的方法绘制两个同心圆，半径分别为130和80，单击草图工具栏中单击“显示/删除几何关系”按钮的倒三角符号，选择添加几何关系命令，弹出属性管理器。在属性管理器中选择两个圆，添加同心以及固定几何关系。此时的图形中出现约束几何关系图标如图2-78所示。

6）选择菜单栏中的“工具”→“草图绘制实体”→“直线”命令，或者选择“草图”工具栏中的“直线”按钮，沿着80的圆顶部绘制切线，设定长度为100，然后连接R130的圆顶端端点，如图2-79所示。

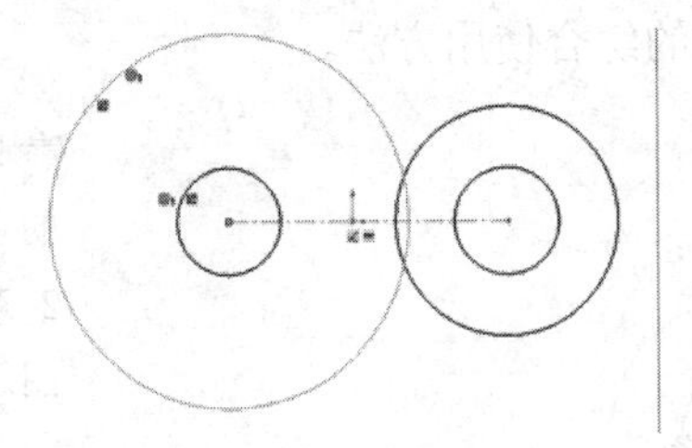

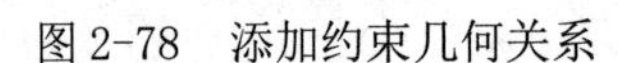

图 2-78　添加约束几何关系

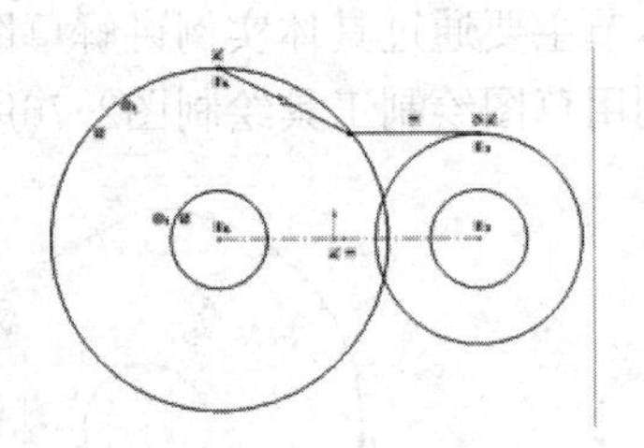

图 2-79　绘制直线

7）选择菜单栏中的“工具”→“草图工具”→“镜像实体”命令，或者选择“草图”工具栏中的“镜像实体”按钮，选择刚绘制的两根直线端，镜像点选择中心线，如图2-80所示。

8）单击“草图”工具栏里的“剪裁实体”按钮，选择“剪裁到最近端”按钮，剪裁草图实体中多余的线条，如图2-81所示。

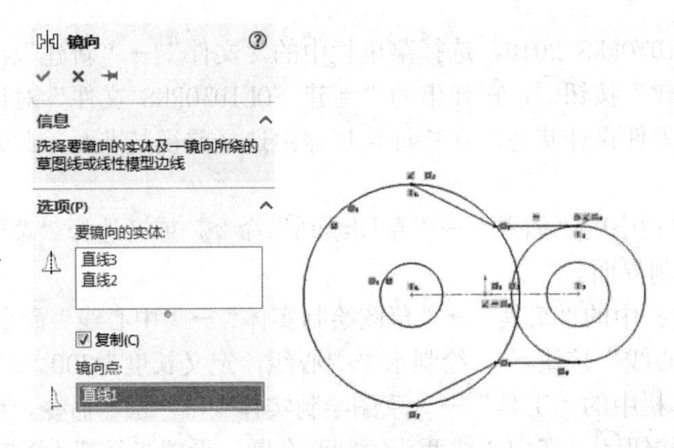

图 2-80　镜像

9）选择菜单栏中的“工具”→“草图工具”→“圆角”命令，绘制半径为20的圆角，此时的草图如图2-82所示。

到此为止，草图的绘制已经完成。

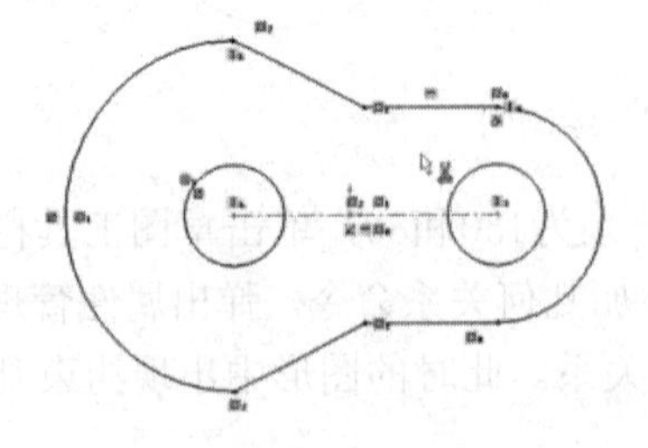

图 2-81　剪裁到最近端

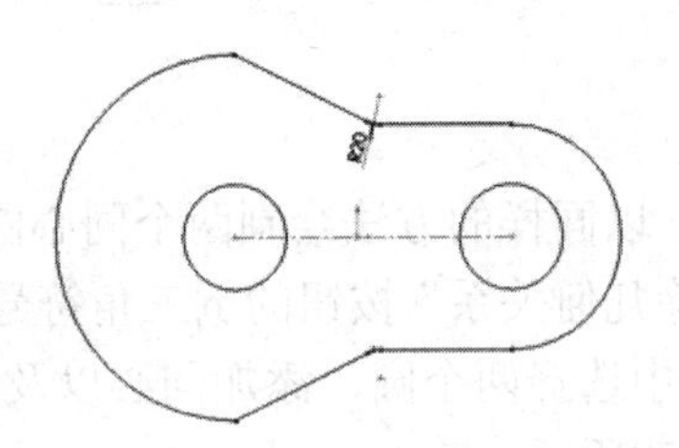

图 2-82　绘制圆角

第3章 草图尺寸标注与几何关系

草图绘制完成以后，在特征建模之前，需要标注草图尺寸，才能准确的确定草图实体自身和相互间的尺寸关系。

添加几何关系用于确定草图实体之间、草图实体与基准面、基准轴、边线或顶点之间的几何关系。

学习要点

- 草图尺寸标注
- 草图几何关系

3.1 草图尺寸标注

在SOLIDWORKS中，“尺寸/几何关系”工具栏如图3-1所示，单击工具栏中的图标按钮可以执行相应的命令。

图 3-1 “尺寸/几何关系”工具栏

草图尺寸标注主要是对草图形状进行定义。SOLIDWORKS的草图标注采用参数式定义方式，即图形随着标注尺寸的改变而实时改变。根据草图的尺寸标注，可以将草图分为三种状态，分别是欠定义状态、完全定义状态与过定义状态。草图以蓝色显示时，说明草图为欠定义状态；草图以黑色显示时，说明草图为完全定义状态；草图以红色显示时，说明草图为过定义状态。

3.1.1 设置尺寸标注格式

在标注尺寸之前，首先要设置尺寸标注的格式和属性。尺寸标注格式和属性虽然不影响特征建模的效果，但是好的标注格式和属性的设置，会影响图形整体的美观性，所以尺寸标注格式和属性的设置在草图绘制中占有很重要的地位。

尺寸格式主要包括尺寸标注的界限、箭头与尺寸数字等的样式。尺寸属性主要包括尺寸标注的数值的精度、箭头的类型、字体的大小与公差等样式。下面将分别介绍尺寸标注格式尺寸标注属性的设置方法。

选择菜单栏中的“工具”→“选项”命令，此时系统弹出“系统选项（S）-普通”对话框，在其中选择“文档属性”选项卡，如图3-2所示。

在图3-2所示的“文档属性”选项卡中“尺寸”选项用来设置尺寸的标注格式。

1. 设置“尺寸”选项卡中的各选项

1）选择“尺寸”选项，此时弹出图3-3所示的“文档属性-尺寸”对话框。在其中的“箭头”一栏，设置箭头的样式与放置位置。

2）在“文档属性-尺寸”对话框“主要精度”和“双精度”中，可以详细地设置尺寸精度的标注格式。

3）在“文档属性-尺寸”对话框“水平折线”中，设置引线长度。

4）单击“文档属性-尺寸”对话框中的“公差”按钮，此时系统弹出图3-4所示的“公差精度”对话框，可以详细的设置公差精度的标注格式。

5）在“文档属性-尺寸”对话框“文本”中，单击“字体”按钮，此时系统弹出图3-5所示的“选择字体”对话框，在其中设置尺寸字体的标注样式。

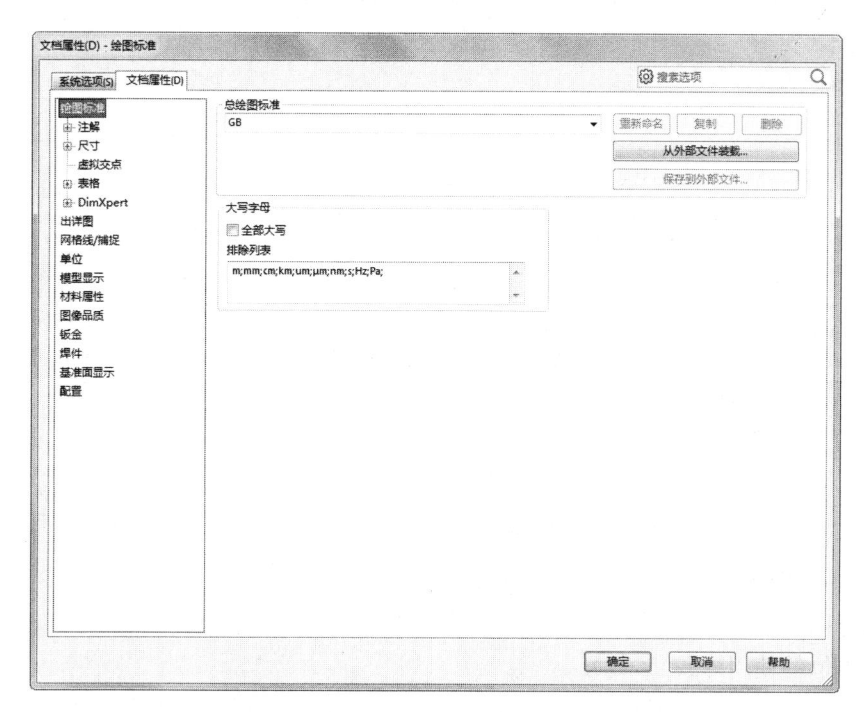

图 3-2 “文档属性-绘图标准”对话框

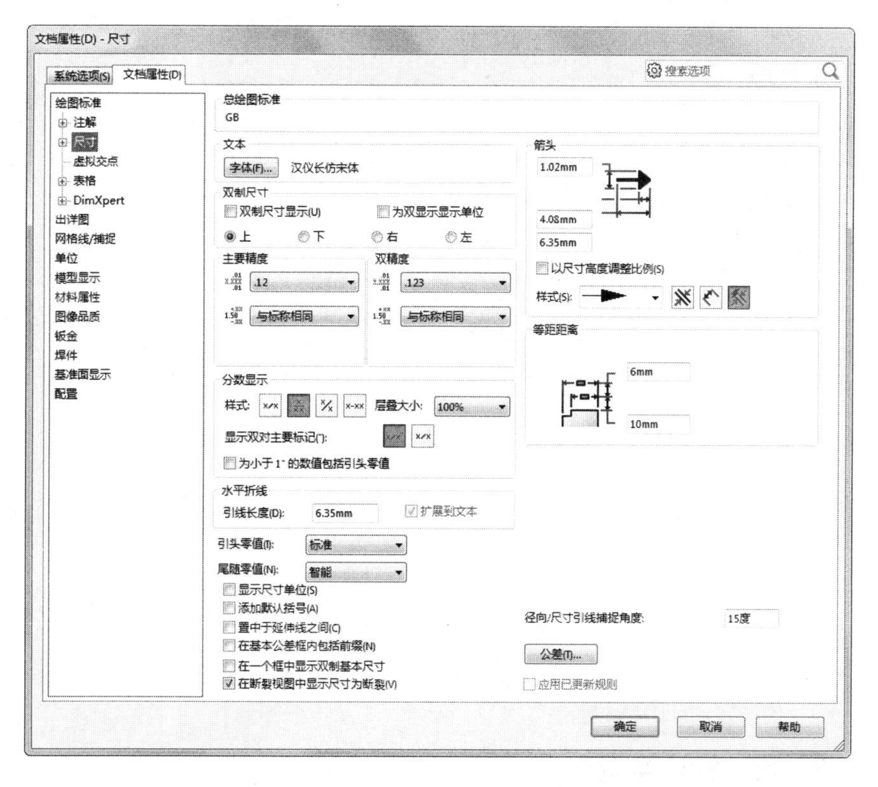

图 3-3 “文档属性-尺寸”对话框

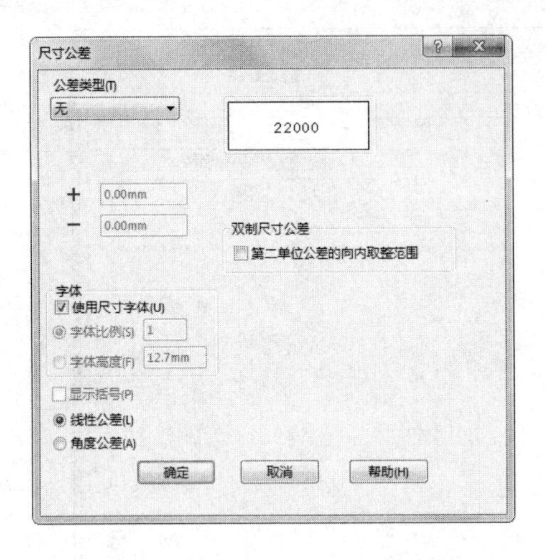

图 3-4 “尺寸公差”对话框

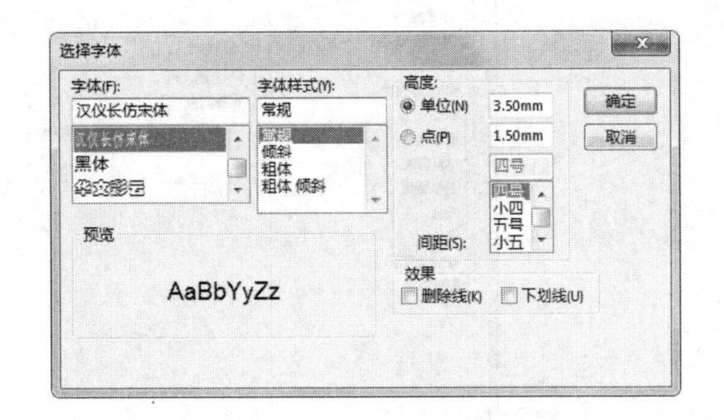

图 3-5 “选择字体”对话框

2. 设置“单位”选项卡中的各选项

选择图3-2中的“单位”选项，此时弹出图3-6所示的“单位”对话框，在其中设置标注尺寸单位的使用样式。

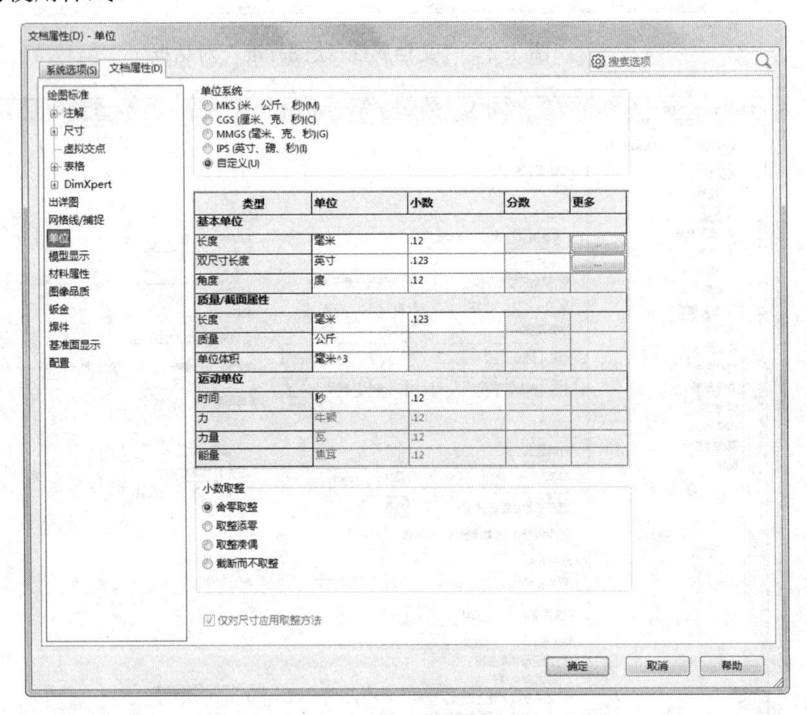

图 3-6 “单位”对话框

3.1.2 尺寸标注类型

SOLIDWORKS提供了三种进入尺寸标注的方法，下面将分别介绍。

【执行方式】

菜单方式：选择菜单栏中的“工具”→“尺寸”→“智能尺寸”命令。

工具栏方式：单击“草图”工具栏上的“智能尺寸”图标按钮。

快捷菜单方式：在草图绘制方式下，单击鼠标右键，在弹出的系统快捷菜单中，选择“智能尺寸”命令。

进入尺寸标注模式下，光标将变为。退出尺寸标注模式的方法，对应的也用三种方式，第一为按Esc键；第二为再次单击“草图”工具栏上的“智能尺寸”图标按钮；第三为选择单击右键快捷菜单中的“选择”命令。

在SOLIDWORKS中，主要有以下几种标注类型：线性尺寸标注、角度尺寸标注、圆弧尺寸标注与圆尺寸标注等。

线性尺寸标注不仅仅是指标注直线段的距离，还包括点与点之间、点与线段直径的距离。标注直线长度尺寸时，根据光标所在的位置，可以标注不同的尺寸形式，有水平形式、垂直形式与平行形式，如图3-7所示。

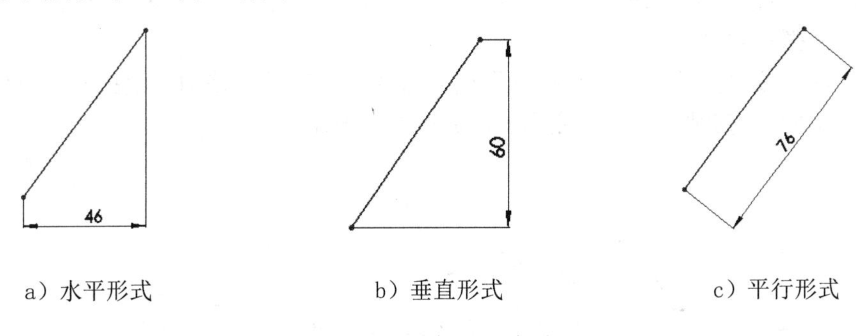

a）水平形式　　b）垂直形式　　c）平行形式

图 3-7　直线标注形式图示

标注直线段长度的方法比较简单，在标注模式下，直接用鼠标单击直线段，然后拖动鼠标即可，在此不再赘述。

下面以标注图3-8所示的两圆弧之间的距离为例，说明线性尺寸的标注方法。

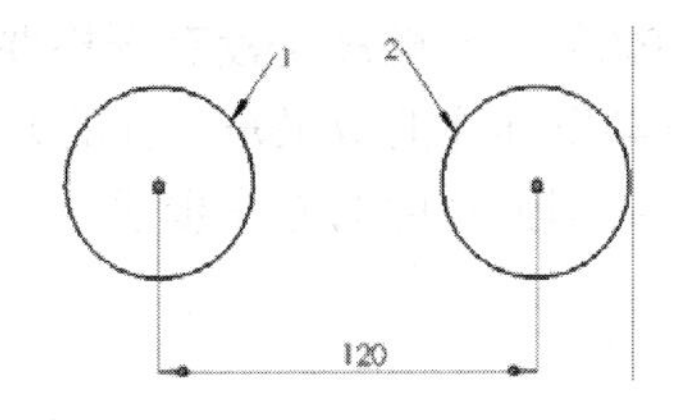

图 3-8　两圆弧之间的线性尺寸

【操作步骤】

1）执行命令。在草图编辑状态下，选择菜单栏中的“工具”→“标注尺寸”→“智能尺寸”命令，或者单击“草图”工具栏上的“智能尺寸”图标按钮，此时鼠标变为形状。

2）设置标注实体。单击图3-8中的圆弧1上的任意位置，然后单击圆弧2上的任意位置，此时视图中出现标注的尺寸。

3）设置标注位置。移动鼠标到要放置尺寸的位置，然后单击鼠标左键，此时系统出现如图3-9所示的“修改”对话框。在其中输入要标注的尺寸值，然后按Enter键，或者单击“修改”对话框中的确定“确定”按钮✔，此时视图如图3-10所示，并在左侧出现“尺寸”属性管理器。

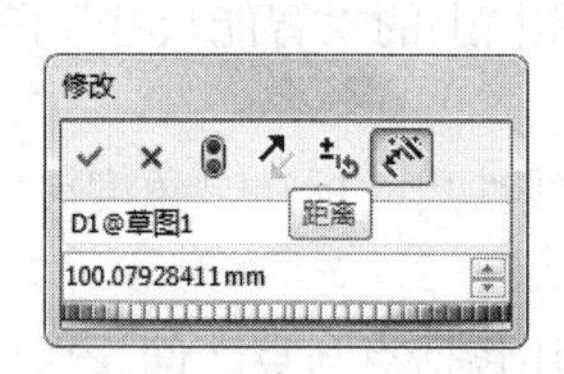

图3-9 “修改”对话框

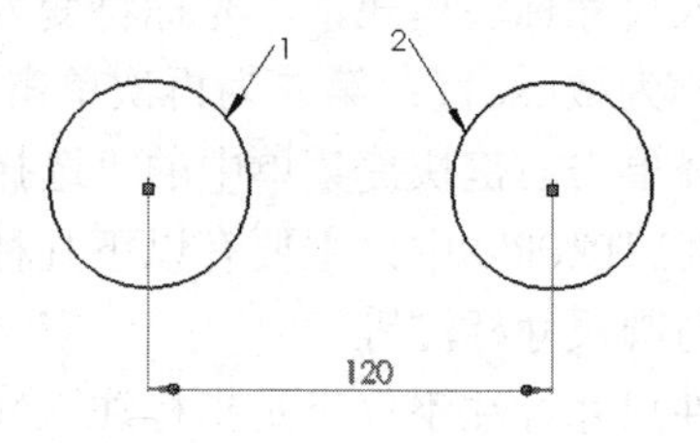

图3-10 标注的尺寸

角度尺寸标注分为三种，第一种为两直线之间的夹角；第二种为直线与点之间的夹角；第三种为圆弧的角度。

➢ 两直线之间的夹角：直接选取两条直线，没有顺序差别。根据光标所放置位置的不同，有4种不同的标注形式，如图3-11所示。

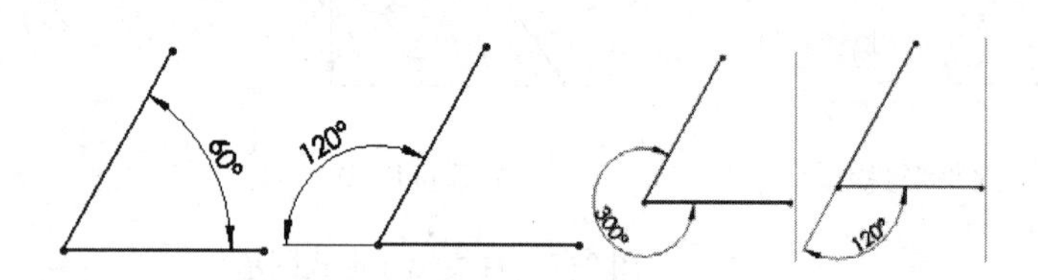

图3-11 直线之间角度标注形式图示

➢ 直线与点之间的夹角：标注直线与点之间的夹角，有顺序差别。选择的顺序是：直线的一个端点→直线的另一个端点→点。一般有4种标注形式，如图3-12所示。

➢ 圆弧的角度：对于圆弧的标注顺序是没有严格要求的，人们一般的习惯是：起点→终点→圆心（顺序颠倒标注的效果是一样的）。

下面以图3-13所示为例介绍圆弧角度的操作步骤：

【操作步骤】

1）执行命令。在草图编辑状态下，选择菜单栏中的“工具”→“标注尺寸”→“智能尺寸”命令，或者单击“草图”工具栏上的“智能尺寸”图标按钮，此时鼠标变为形状。

2）设置标注的位置。单击图3-13中的圆弧上的点1，然后单击圆弧上的点2，再单击圆心3，此时系统出现“修改”对话框。在其中输入要标注的角度值，然后单击对话框中的确定“确定”按钮✔，此时在左侧出现“尺寸”属性管理器。

3）确认标注的圆弧角度。单击“尺寸”属性管理器中的“确定”按钮✔，完成圆弧角度尺寸的标注，结果如图3-13所示。

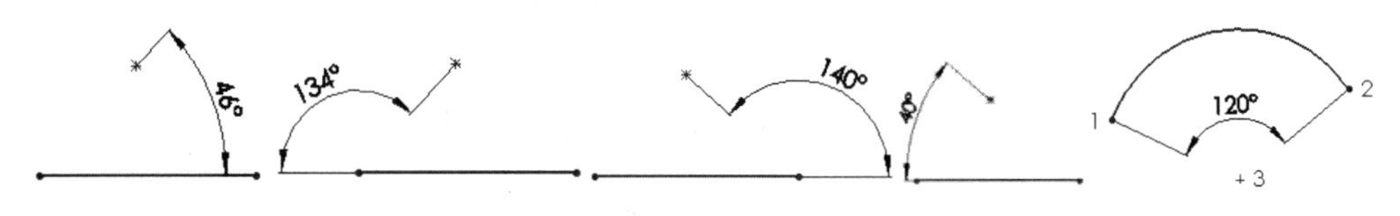

图 3-12　直线与点之间角度的标注形式图示　　图 3-13　圆弧角度标注

圆弧的标注分为三种标注方式：第一种为标注圆弧的半径；第二种为标注圆弧的弧长；第三种为标注圆弧的弦长。下面将分别说明各自的标注方法。

➢ 标注圆弧的半径：标注圆弧半径的方法比较简单，直接选取圆弧，在“修改”对话框中输入要标注的半径值，然后单击放置标注的位置即可。图3-14所示说明了圆弧的半径的标注过程。

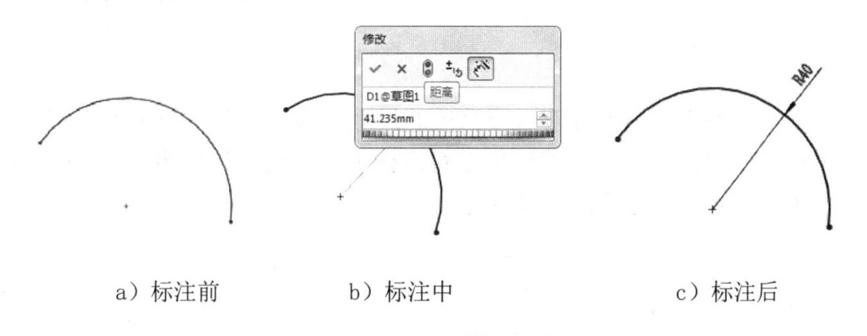

a）标注前　　b）标注中　　c）标注后

图 3-14　圆弧半径的标注过程图示

➢ 标注圆弧的弧长：标注圆弧弧长的方式是，依次选取圆弧的两个端点与圆弧，在“修改”对话框中输入要标注的弧长值，然后单击放置标注的位置即可。如图3-15所示说明了圆弧弧长的标注过程。

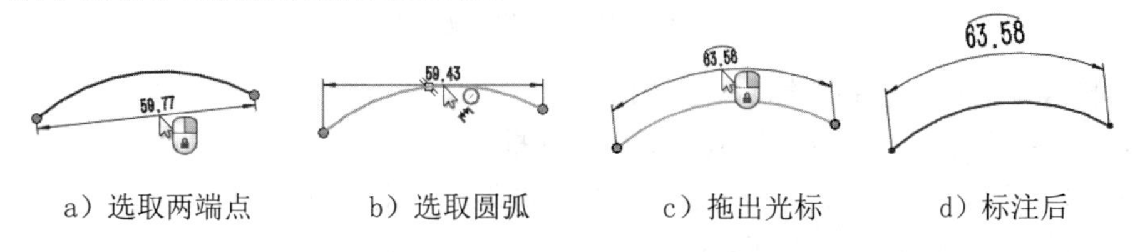

a）选取两端点　　b）选取圆弧　　c）拖出光标　　d）标注后

图 3-15　圆弧弧长的标注过程图示

➢ 标注圆弧的弦长：标注圆弧弦长的方式是，依次选取圆弧的两个端点，然后拖动尺寸，单击要放置的位置即可。根据尺寸放置的位置不同主要有三种形：水平形式、垂直形式与平行形式，如图3-16所示。

圆尺寸标注比较简单，标注方式为：执行标注命令，直接选取圆上任意点，然后拖动尺寸到要放置的位置，单击鼠标左键，在“修改”对话框中输入要修改的直径数值。单击对话框中的“确定”按钮✔，即可完成圆尺寸标注。根据尺寸位置不同，通常圆尺寸标注分为三种标注方式，如图3-17所示。

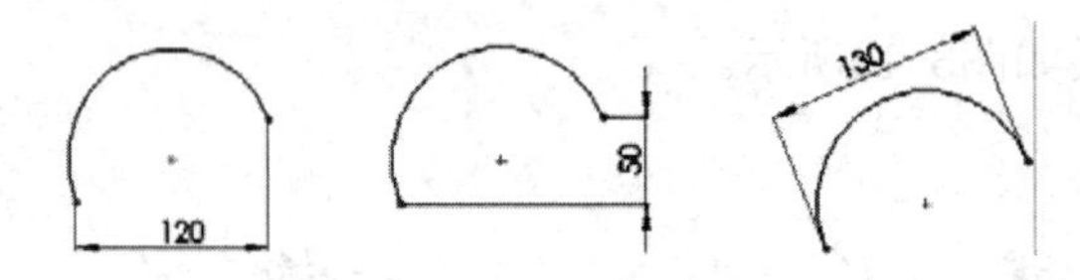

图 3-16　圆弧弦长的标注形式图示

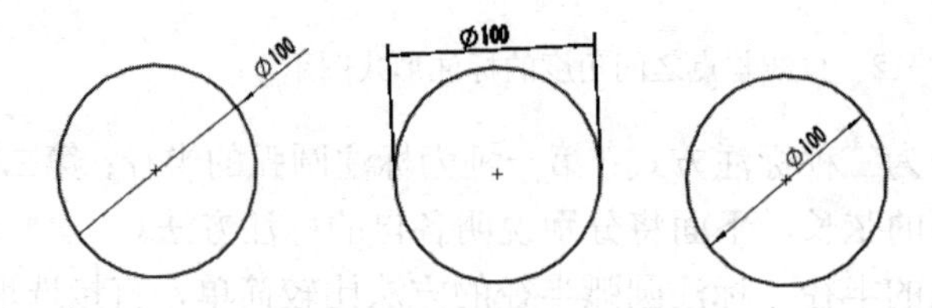

图 3-17　圆尺寸的标注形式图示

3.1.3　尺寸修改

在草图编辑状态下，用鼠标双击要修改的尺寸数值，此时系统出现“修改”对话框。在对话框中输入修改的尺寸值，然后单击对话框中的“确定”按钮✓，即可完成尺寸的修改。图3-18所示说明了尺寸修改的过程。

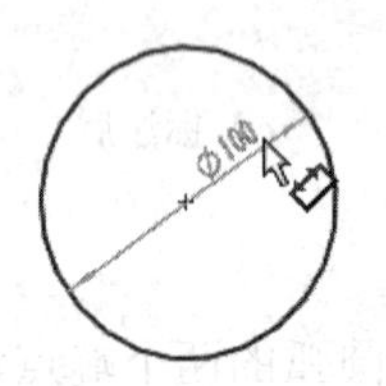

a）选取尺寸并双击

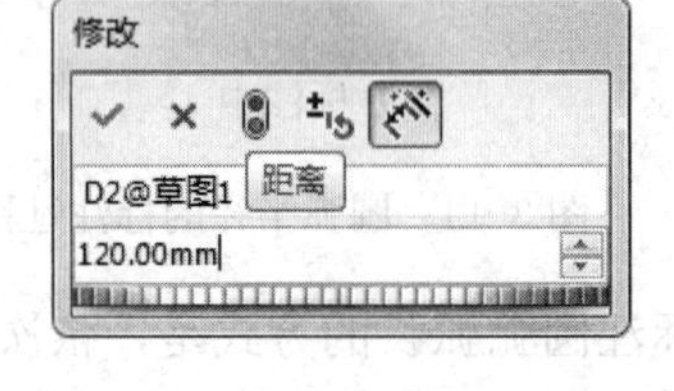

b）输入要修改的尺寸值

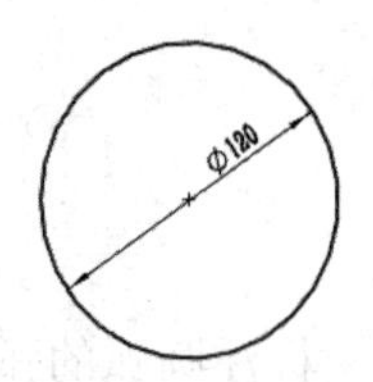

c）修改后的图形

图 3-18　尺寸修改过程图示

“修改”对话框中各图标的意义如下：

➢ ✓：保存当前修改的数值并退出对话框。
➢ ×：取消修改的数值，恢复原始数值并退出此对话框。
➢ 以当前的数值重新生成模型。
➢ 重新设置选值框中的增量值。
➢ 标注要输入到工程图中的尺寸。此选项只在零件和装配体文件中使用。当插入模型项目到工程图中时，就可以相应的插入所有尺寸或插入标注的尺寸。

可以在“修改”对话框中输入数值和算术符号，将其作为计算器使用，计算的结果就是数值的数值。

3.2 草图几何关系

几何关系是草图实体和特征几何体设计意图中一个重要创建手段，是指各几何元素与基准面、轴线、边线或端点之间的相对位置关系。

几何关系在目前参数是CAD/CAM/CAE的软件中起着非常重要的作用。通过添加几何关系，可以很容易地控制草图形状，表达设计工程师的设计意图，为设计工程师带来很大的便利，提高设计的效率。

添加几何关系有两种方式：一种是自动添加几何关系；另一种是手动添加几何关系。常见几何关系类型及结果见表3-1。

表 3-1 几何关系类型及结果

几何关系类型	要选择的草图实体	所长生的几何关系
水平或竖直	一条或多条直线，或两个或多个点	直线会变成水平或竖直，而点会水平或竖直对齐
共线	两条或多条直线	所选直线位于同一条无限长的直线上
全等	两个或多个圆弧	所选圆弧会共用相同的圆心和半径
垂直	两条直线	两条直线相互垂直
平行	两条或多条直线	所选直线相互平行
相切	圆弧、椭圆、或样条曲线，以及直线或圆弧	两个所选项目保持相切
同心	两个或多个圆弧，或一个点和一个圆弧	所选圆弧共用同一圆心
中点	两条直线或一个点和一直线	点保持位于线段的中点
交叉点	两条直线和一个点	点保持于直线的交叉点处
重合	一个点和一直线、圆弧或椭圆	点位于直线、圆弧或椭圆上
相等	两条或多条直线，或两个或多个圆弧	直线长度或圆弧半径保持相等
对称	一条中心线和两个点、直线、圆弧或椭圆	所选项目保持与中心线相等距离，并位于一条与中心线垂直的直线上
固定	任何实体	实体的大小和位置被固定
穿透	一个草图点和一个基准轴、边线、直线或样条曲线	草图点与基准轴、边线或曲线在草图基准面上穿透的位置重合
合并点	两个草图点或端点	两个点合并成一个点

注意

1）在为直线建立几何关系时，此几何关系是相对于无限长的直线，而不仅仅是相对于草图线段或实际边线。因此，在希望一些实体互相接触时，它们可能实际上并未接触到。

2）在生成圆弧段或椭圆段的几何关系时，几何关系实际上是对于整圆或椭圆的。

3）为不在草图基准面上的项目建立几何关系，所产生的几何关系应用于此项目在草图基准面上的投影。

4）在使用等距实体及转换实体引用命令时，可能会自动生成额外的几何关系。

3.2.1 自动添加几何关系

自动添加几何关系是指在绘制图形的过程中，系统根据绘制实体的相关位置，自动赋予草图实体于几何关系，而不需要手动添加。

自动添加几何关系需要进行系统设置。设置的方法是：选择菜单栏中的“工具”→“选项”命令，此时系统出现“系统选项（S）-普通”对话框，单击“几何关系/捕捉”选项，然后选中“自动几何关系”复选框，并相应的选中“草图捕捉”各复选框，如图3-19所示。

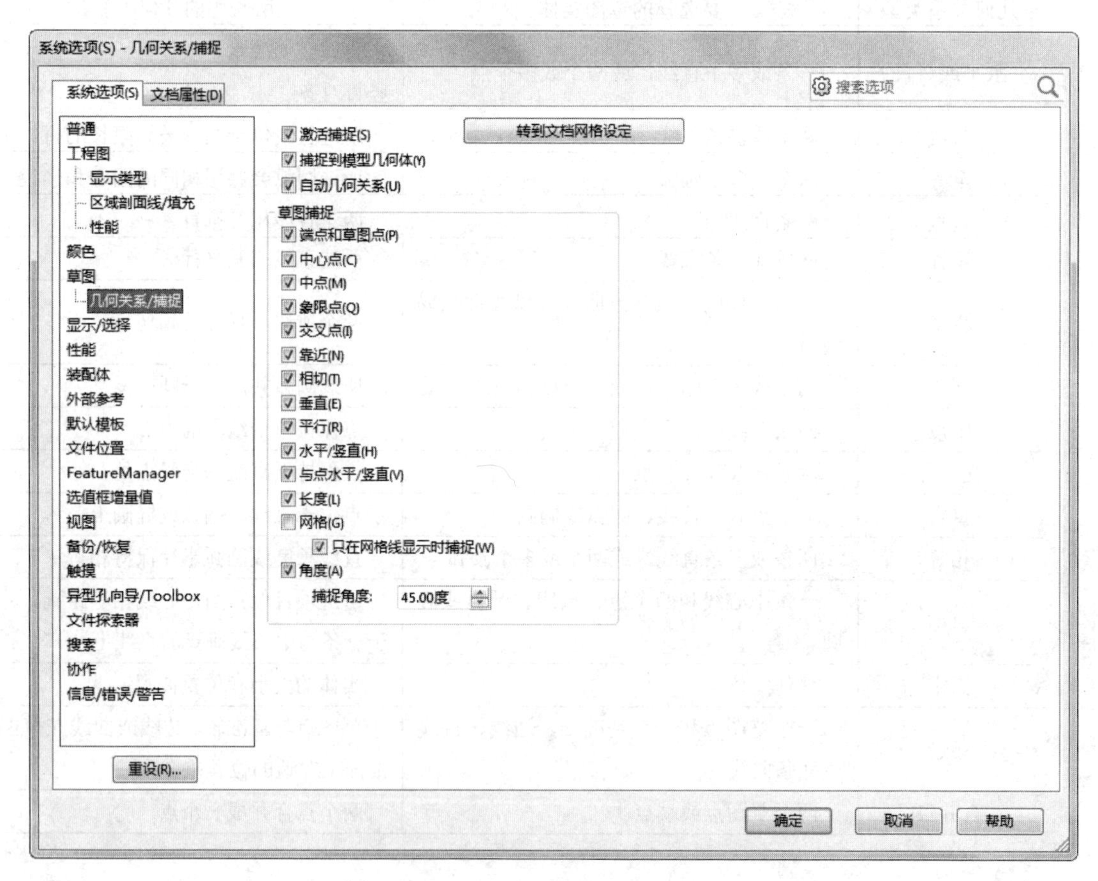

图 3-19　设置自动添加几何关系

如果取消“自动几何关系”复选框，虽然在绘图过程中有限制光标出现，但是并没有真正赋予该实体几何关系，图3-20所示为常见的几种自动几何关系类型。

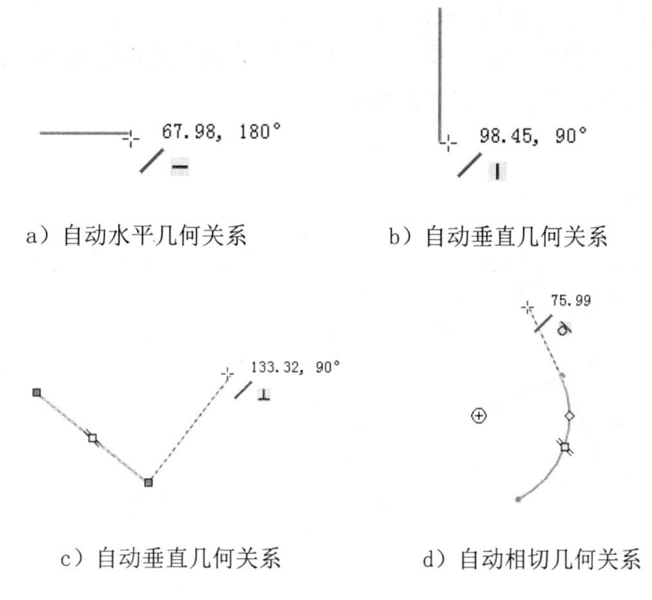

a）自动水平几何关系　　b）自动垂直几何关系

c）自动垂直几何关系　　d）自动相切几何关系

图 3-20　常见自动几何关系类型

3.2.2　手动添加几何关系

当绘制的草图有多种几何关系时，系统无法自行判断，需要设计者手动添加几何关系。手动添加几何关系是设计者根据设计需要和经验，添加的最佳几何关系，“添加几何关系”属性管理器如图3-21所示。

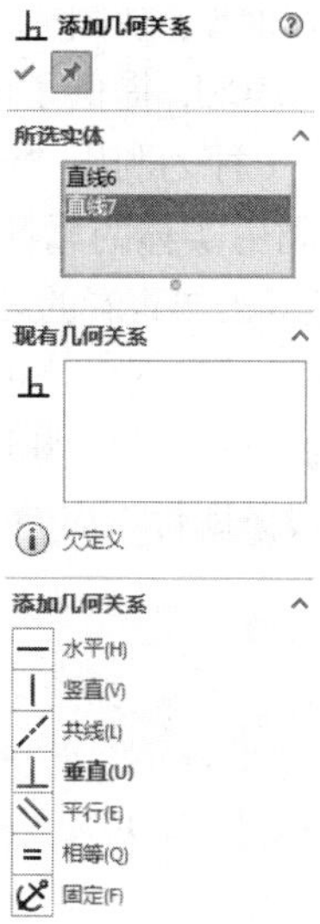

下面以图3-22所示为例说明手动添加几何关系的操作步骤，图3-22a所示为添加几何关系前的图形；图3-22b所示为添加几何关系后的图形。

【操作步骤】

图 3-21　“添加几何关系”属性管理器

1）执行命令。在草图编辑状态下，选择菜单栏中的“工具”→“关系”→“添加”命令，或者单击“显示/删除几何关系”工具栏中的“添加几何关系”图标按钮⊾。

2）选择添加几何关系的实体。此时系统弹出“添加几何关系”属性管理器，用鼠标选择图3-22a中的4个圆，此时所选的圆弧出现在“添加几何关系”属性管理器中的“所选实体”一栏中，并且在“添加几何关系”一栏中出现所有可能的几何关系，如图3-21所示。

3）选择添加的几何关系。用鼠标单击“添加几何关系”一栏中的“相等”图标按钮=，将4个圆限制为等直径的几何关系。

4）确认添加的几何关系。单击“添加几何关系”属性管理器中的“确定” 按钮✔，几何关系添加完毕。结果如图3-22b所示。

注意

添加几何关系时，必须有一个实体为草图实体，其他项目实体可以是外草图实体、边线、面、顶点、原点、基准面或基准轴等。

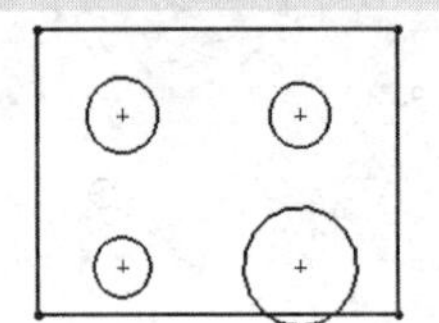

a）添加几何关系前的图形

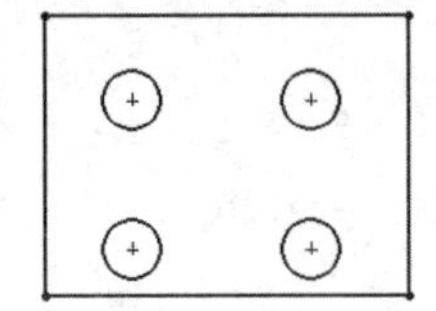

b）添加几何关系后的图形

图 3-22　添加几何关系前后图形

3.2.3　显示几何关系

与其它CAD/CAM/CAE软件不同的是，SOLIDWORKS在视图中不直接显示草图实体的几何关系，这样简化了视图的复杂度，但是用户可以很方便的查看实体的几何关系。

SOLIDWORKS提供了两种显示几何关系的方法：一种为利用实体的属性管理器显示几何关系；另一种为利用“显示/删除几何关系”属性管理器显示几何关系。

1．利用实体的属性管理器显示几何关系

左键双击要查看的项目实体，视图中就会出现该项目实体的几何关系图标，并且会在系统弹出的属性管理器中“现有几何关系”一栏中显示现有几何关系。如图3-23a所示为显示几何关系前的图形，图3-23b所示为显示几何关系后的图形。图3-24所示为双击图3-23a所示中直线1后的“线条属性”属性管理器，在“现有几何关系”一栏中显示直线1所有的几何关系。

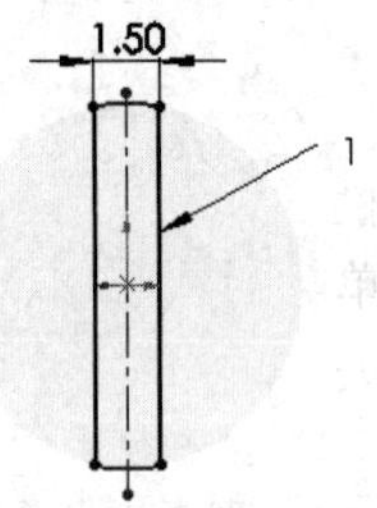

a）显示几何关系前的图形

b）显示几何关系后的图形

图 3-23　显示几何关系前后图形比较

2．利用“显示/删除几何关系”属性管理器显示几何关系

在草图编辑状态下，选择菜单栏中的“工具”→“关系”→“显示/删除”命令，或者

单击工具栏上的“显示/删除几何关系”图标按钮，此时系统弹出“显示/删除几何关系”属性管理器。如果没有选择某一草图实体，则会显示所有草图实体的几何关系；如果执行命令前，选择了某一草图实体，则只显示该实体的几何关系。图3-24所示为选择菜单栏中的属性管理器显示图3-23a中直线1的几何关系。

3.2.4 删除几何关系

如果不需要某一项目实体的几何关系，就需要删除该几何关系。与显示几何关系相对应，删除几何关系也有两种方法：一种为利用实体的属性管理器删除几何关系；另一种为利用“显示/删除几何关系”属性管理器删除几何关系。下面将分别介绍。

1）利用实体的属性管理器删除几何关系。左键双击要查看的项目实体，系统弹出实体的属性管理器中“现有几何关系”一栏中显示现有几何关系。以图3-24所示为例，如果要删除其中的“竖直”几何关系，单击选取“竖直”几何关系，然后按Delete键即可删除。

2）利用“显示/删除几何关系”属性管理器删除几何关系。以图3-25所示为例，在“显示/删除几何关系”属性管理器中选取“竖直”几何关系，然后单击属性管理器中的“删除”按钮。如果要删除项目实体的所有几何关系，单击属性管理器中的“删除所有”按钮。

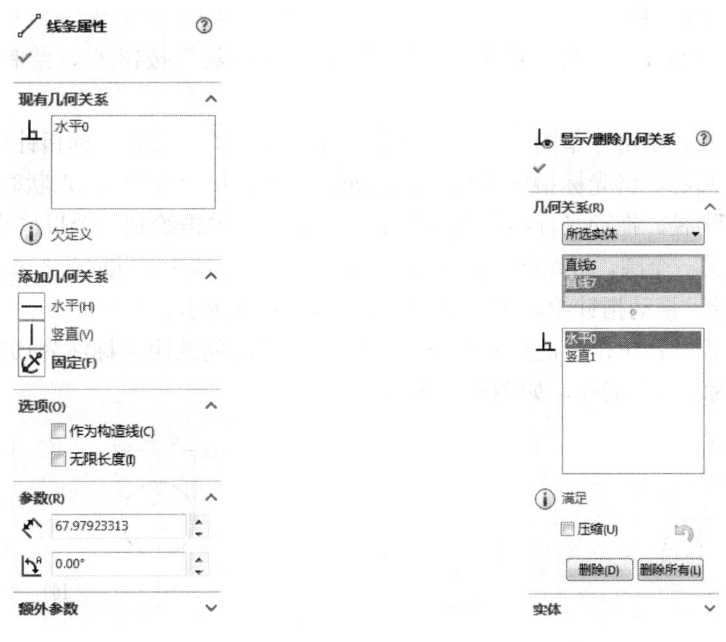

图 3-24 “线条属性”属性管理器　　图 3-25 “显示/删除几何关系”属性管理器

3.3 综合实例

本节主要通过具体实例讲解草图标注和几何关系的综合使用方法。

3.3.1 斜板草图

利用草图绘制工具绘制图3-26所示的草图。

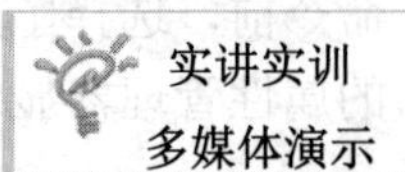

实讲实训
多媒体演示

多媒体演示参见配套光盘中的\\动画演示\第3章\斜板草图.avi。

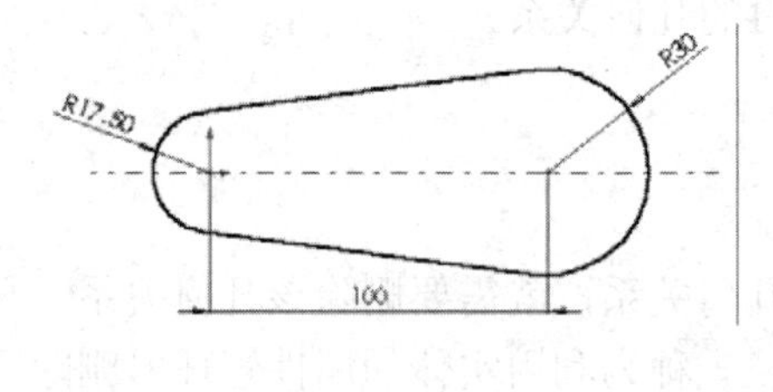

图3-26 草图

【操作步骤】

1）启动系统。启动SOLIDWORKS 2016，选择菜单栏中的“文件”→“新建”命令，或者单击“标准”工具栏中的“新建”按钮，在打开的“新建 SOLIDWORKS 文件”对话框中，选择“零件”按钮，单击“确定”按钮。

2）新建文件。在设计树中选择前视基准面，单击“草图”工具栏中的“草图绘制”按钮，新建一张草图。

3）绘制中心线。单击“草图”工具栏中的“中心线”按钮，绘制一条通过原点的水平中心线。

4）绘制圆。单击“草图”工具栏中的“圆”按钮，此时光标指针变为形状。

5）指定圆心。将光标指针移动到原点处，当光标指针变为形状时单击鼠标左键。

6）指定半径。拖动光标指针到适当的位置后再次单击绘制一个以原点为圆心的圆1。

7）绘制另一个圆。将光标放在第一个圆的右侧中心线上，此时光标指针变为形状，单击鼠标左键，拖动指针绘制另一个圆圆2，如图3-27所示。

8）标注尺寸。单击智能尺寸按钮，将两个圆心间的距离标注为100mm，两个圆的直径分别标注为35mm和60mm，如图3-28所示。

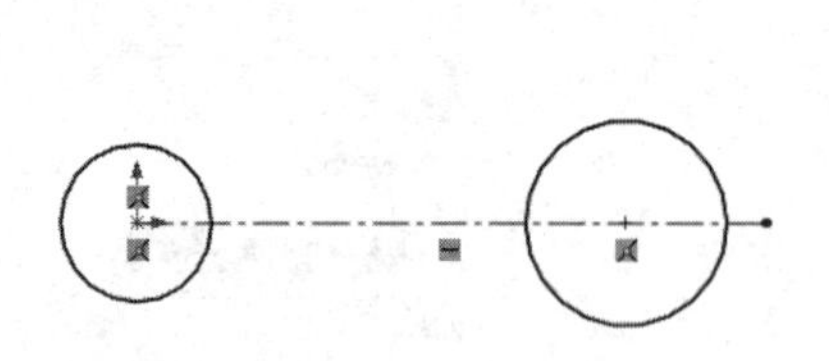

图3-27 绘制两个圆

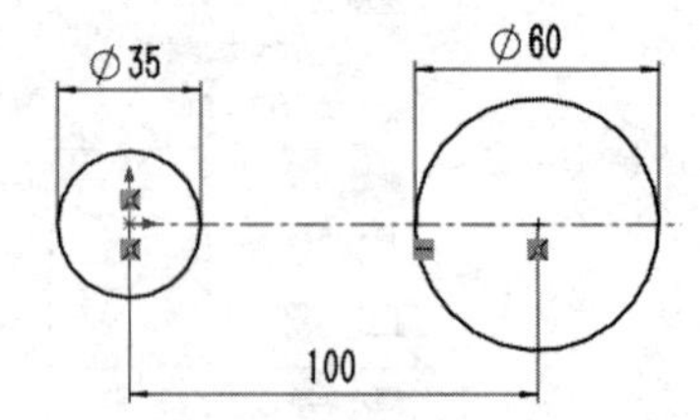

图3-28 标注圆心距离

9）绘制直线。单击“草图”工具栏中的直线按钮，此时鼠标指针变为形状，在两个圆的上方绘制一条直线，直线的长度要略长一点，如图3-29所示。

10）添加几何关系。单击“草图”工具栏中的“添加几何关系”按钮，选中直线和圆弧1作为要添加几何关系的实体，点击相切按钮，为这两个实体添加“相切”的关系，如图3-30所示，点击“确认”按钮，完成几何关系的添加。

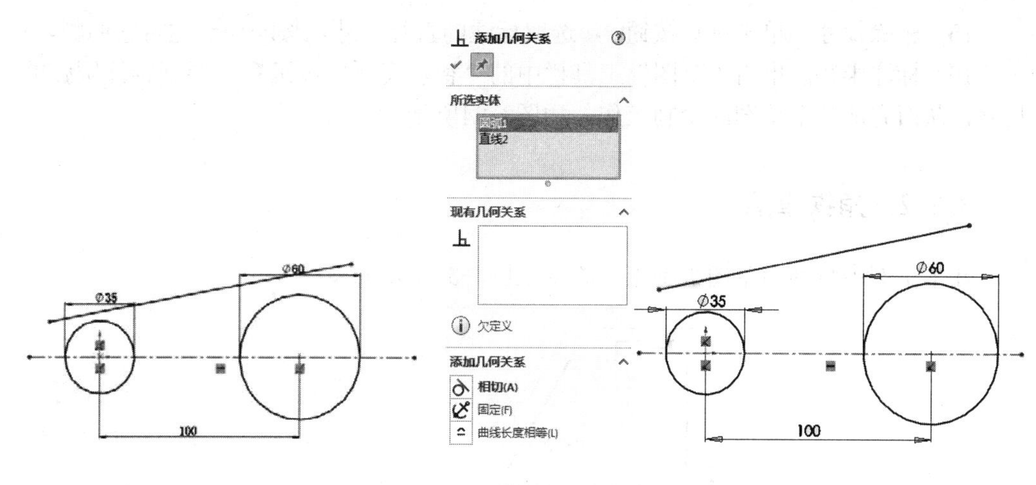

图 3-29 绘制直线　　图 3-30 添加几何关系

11）添加几何关系。选择直线和圆弧2，重复步骤10），为它们也添加“相切”的几何关系，生成草图如图3-31所示。

12）裁剪直线。单击“草图”工具栏中的“剪裁实体”按钮，裁剪掉直线的两端，如图3-32所示。

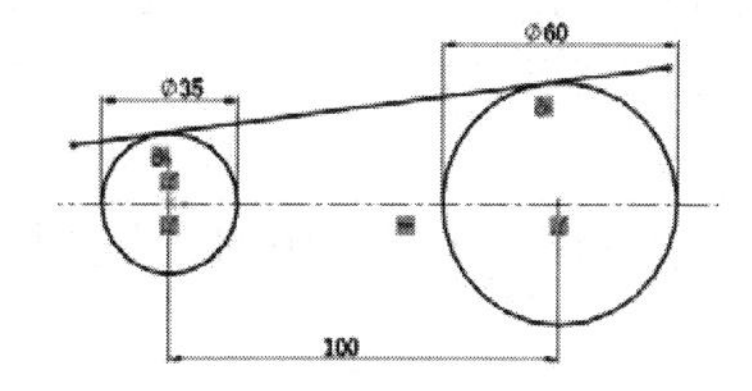

图 3-31 添加几何关系后的草图

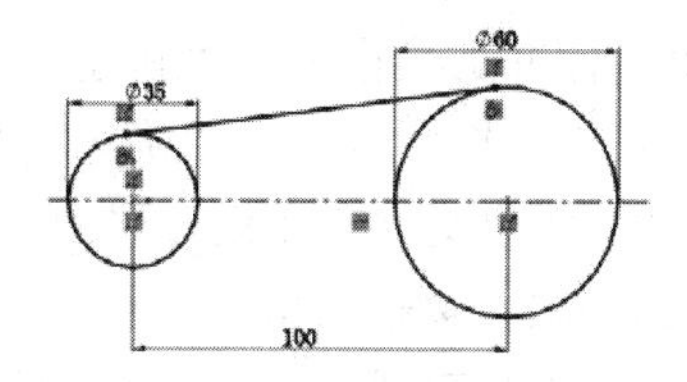

图 3-32 裁剪直线

13）镜像直线。单击“草图”工具栏中的“镜像实体”按钮，选择直线作为要镜像的实体，选择中心线作为镜像点，如图3-33所示，单击“确定”按钮，完成镜像。

14）裁剪圆弧。单击“草图”工具栏中的“剪裁实体”按钮，裁剪掉圆1和圆2的两段圆弧。

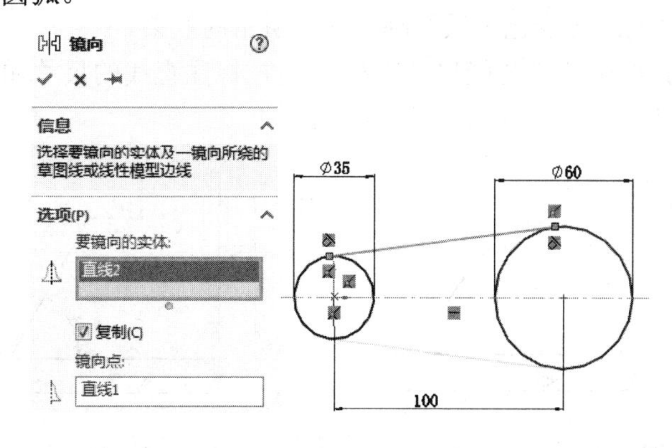

图 3-33 镜像直线

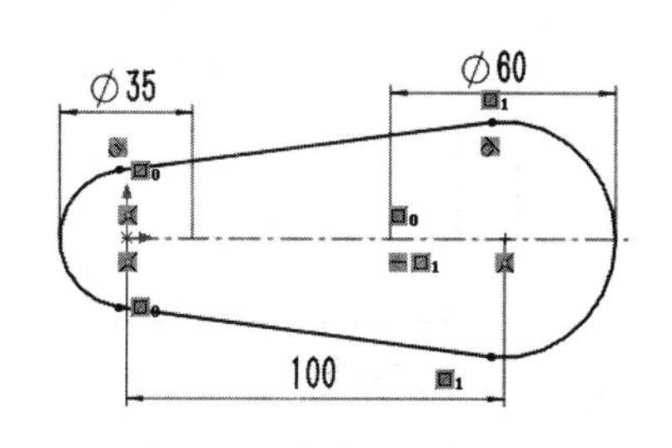

图 3-34 斜板草图

15）删除尺寸。单击选择按钮，选取标注的直径尺寸，按Delete键将它们删除掉。

16）标注半径。单击“草图”工具栏中的“智能尺寸”按钮，重新标注圆弧的半径尺寸，从而完成整个草图的绘制工作，如图3-34所示。

3.3.2 角铁草图

在本实例中将利用草图绘制工具绘制如图3-35所示的草图。

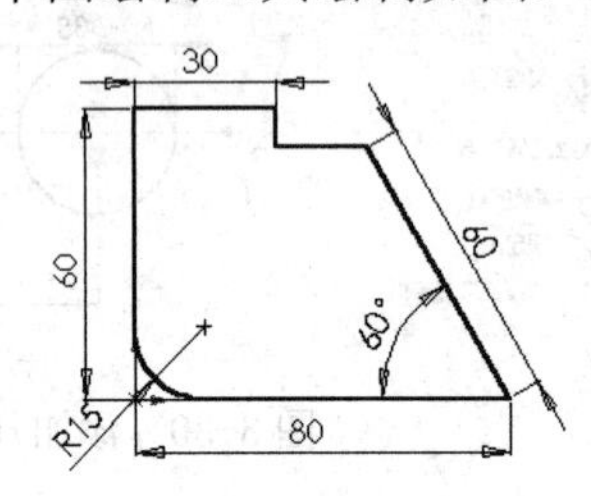

图 3-35 角铁草图

实讲实训
多媒体演示

多媒体演示参见配套光盘中的\\动画演示\第3章\角铁草图.avi。

【操作步骤】

1）启动系统。启动SOLIDWROKS 2016，选择菜单栏中的“文件”→“新建”命令，或者单击标准工具栏中的“新建”按钮，在打开的“新建 SOLIDWORKS文件”对话框中，选择“零件”按钮，单击“确定”按钮。

2）新建文件。在设计树中选择前视基准面，单击“草图”工具栏中的“草图绘制”按钮，新建一张草图。

3）绘制直线。单击“草图”工具栏中的“直线”按钮，绘制一条通过原点的竖直线和一条通过原点的水平线。

4）标注尺寸。单击“草图”工具栏中的“智能尺寸”按钮，图3-36所示标注直线的尺寸。

5）绘制直线。单击“草图”工具栏中的“直线”按钮，移动指针到端点1处，当光标指针变为形状时表示已捕捉到端点。

6）利用光标指针形状与几何关系的对应变化关系绘制图3-37所示的效果。

7）标注尺寸。单击“草图”工具栏中的“智能尺寸”按钮，标注直线的尺寸如图3-38所示。

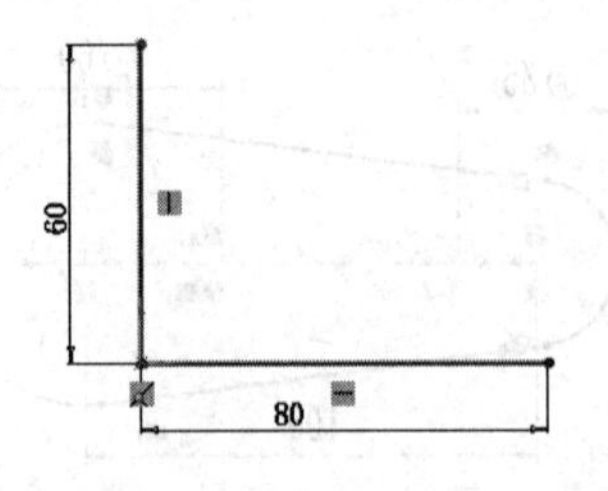

图 3-36 标注直线尺寸

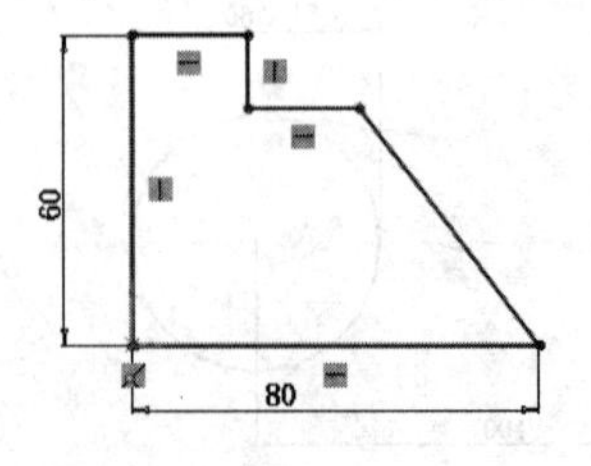

图 3-37 绘制封闭草图

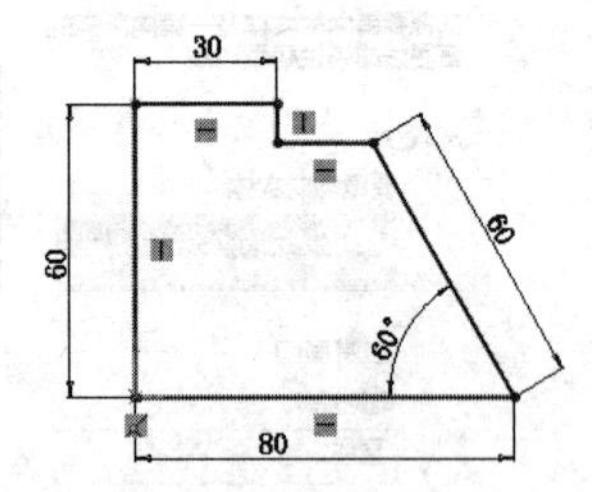

图 3-38 标注尺寸

8）绘制圆角。单击“草图”工具栏中的“圆角”按钮，选择直线1和直线2，在“绘制圆角”属性管理器中设置圆角的半径为15mm如图3-39所示，最终生成草图如图3-40所示。

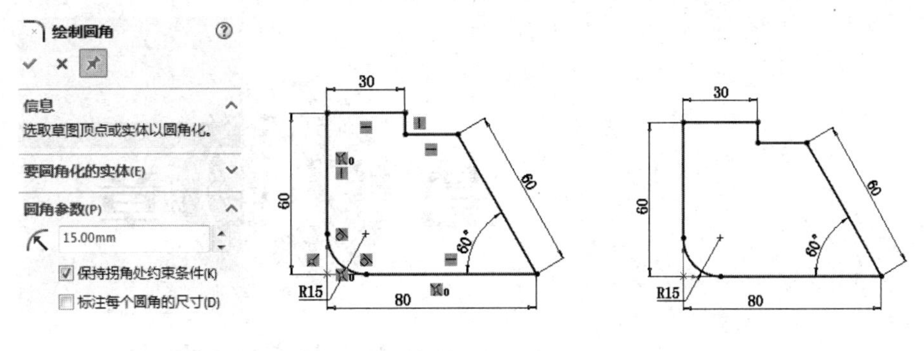

图 3-39　设置圆角半径　　　　　　图 3-40　角铁草图

基础特征建模

草图绘制和标注完毕后，就要进行特征建模。特征是构成三维实体的基本元素，复杂的三维实体是由多个特征组成的。特征建模是 SOLIDWORKS 主要建模技术，特征建模就是将一个个特征组合起来，生成一个三维零件。

在 SOLIDWORKS 中，特征建模一般分为基础特征建模和附加特征建模两类。基础特征建模是三维实体最基本的生成方式，是单一的命令操作。下一章介绍附加特征建模。

- 特征建模基础
- 拉伸特征
- 旋转特征
- 扫描特征
- 放样特征

4.1 特征建模基础

SOLIDWORKS 2016提供了专用的“特征”面板和工具栏，如图4-1所示。单击工具栏中相应的按钮就可以对草体实体进行相应的操作，生成需要的特征模型。

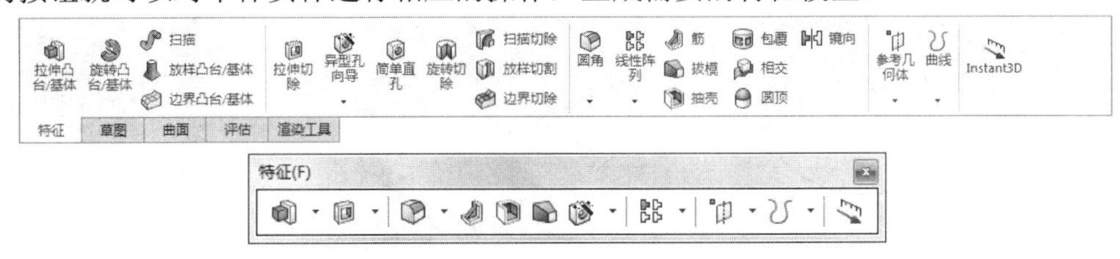

图 4-1　“特征”面板和工具栏

如图4-2所示为内六角螺钉零件的特征模型及其“FeatureManager设计树”，使用SOLIDWORKS进行建模的实体包含这两部分的内容，零件模型是设计的真实图形，“FeatureManager设计树”显示了对模型进行的操作内容及操作步骤。

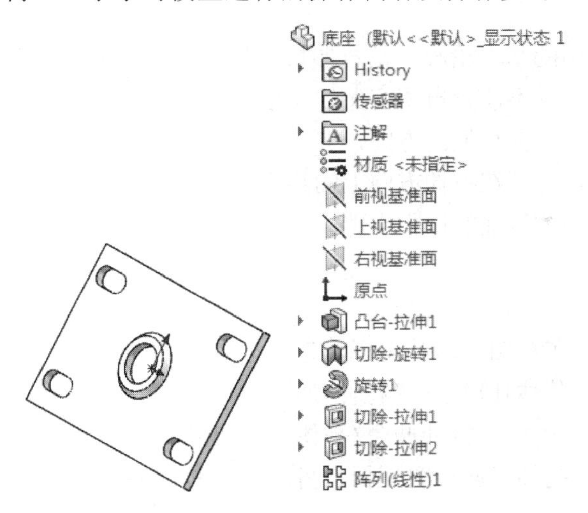

图 4-2　零件及其“FeatureManager 设计树”

基础特征建模是三维实体最基本的绘制方式，可以构成三维实体的基本造型。基础特征建模相当于二维草图中的基本图元，是最基本的三维实体绘制方式。基础特征建模主要包括拉伸特征、拉伸切除特征、旋转特征、旋转切除特征、扫描特征与放样特征等。

4.2 拉伸特征

拉伸特征是 SOLIDWORKS 中最基础的特征之一，也是最常用的特征建模工具。

4.2.1 拉伸凸台/基体特征

拉伸凸台/基体特征是将一个二维平面草图按照给定的数值沿与平面垂直的方向拉伸一段距离形成的特征，图4-3所示为一草图的拉伸过程。

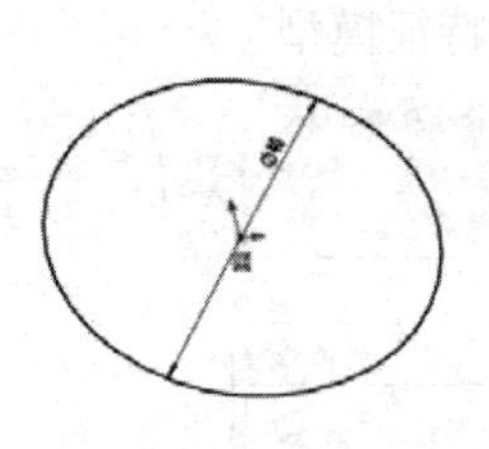
a）拉伸的草图

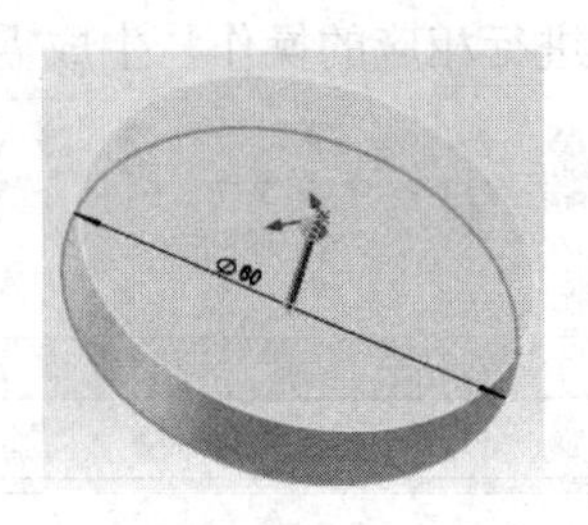
b）单向拉伸效果

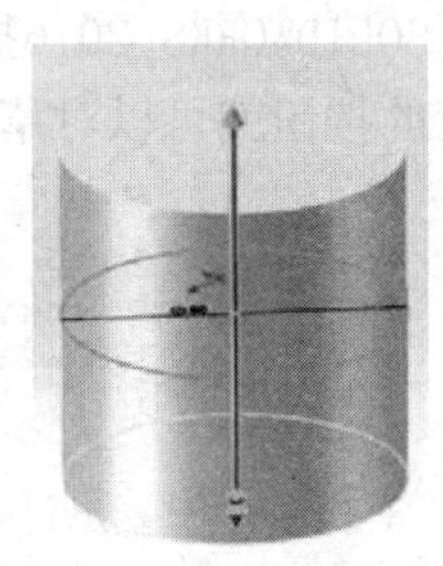
c）双向拉伸效果

图 4-3 拉伸过程

从图4-3中可以知道，拉伸特征包括3个基本的要素，分别是：草图、拉伸方向及终止条件。

草图是定义拉伸的基本轮廓，是拉伸特征最基本的要素，通常要求拉伸的草图是一个封闭的二维图形，并且不能有自相交叉的现象。

拉伸方向是指定拉伸特征的方向，有正、反两个方向。

终止条件在拉伸特征在拉伸方向上的终止位置。

1．拉伸凸台/基体特征的操作步骤

【操作步骤】

1）执行命令。在草图编辑状态下，选择菜单栏中的“插入”→“凸台/基体(B)”→“拉伸(E)”命令，或者单击“特征”工具栏中的“拉伸凸台/基体”按钮，此时系统出现“凸台-拉伸”属性管理器，各栏的注释如图4-4所示。

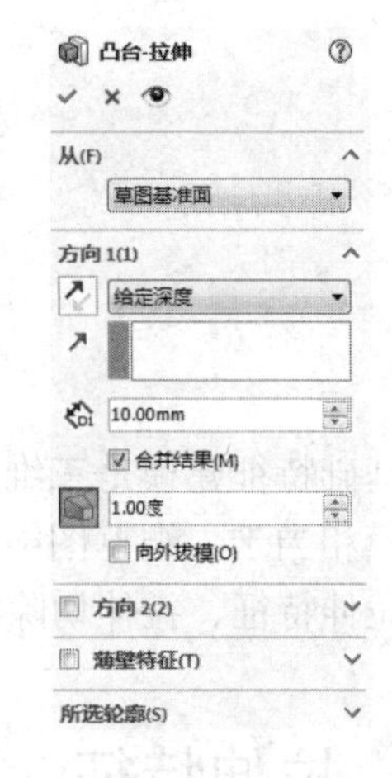

图4-4 “凸台-拉伸”属性管理器

2）设置属性管理器。按照设计需要对“凸台-拉伸”属性管理器进行参数设置，然后单击属性管理器中的“确定”按钮✔。

2．拉伸特征的终止条件

不同的终止条件，拉伸效果是不同的。SOLIDWORKS 提供了七种形式的终止条件，在“终止条件”一栏的下拉菜单中可以选用需要的拉伸类型，分别是：给定深度、完全贯穿、成形到一面、成形到一顶点、到离指定面指定的距离、成形到实体和两侧对称。下面将介绍不同终止条件下的拉伸效果。

1）给定深度。从草图的基准面以指定的距离拉伸特征，如图4-5所示，终止条件为“给定深度”，拉伸深度为50mm时的属性管理器及其预览效果。

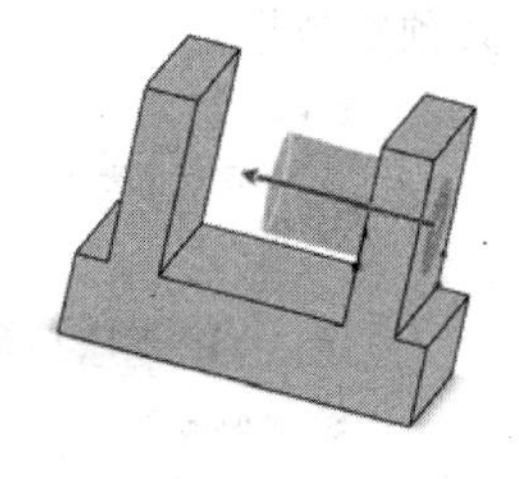

图 4-5　终止条件为“给定深度”及其预览效果

2）完全贯穿。从草图的基准面拉伸特征直到贯穿视图中所有现有的几何体，如图4-6所示，终止条件为“完全贯穿”时的属性管理器及其预览效果。

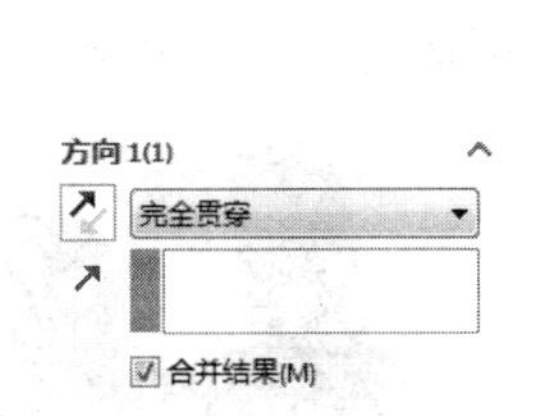

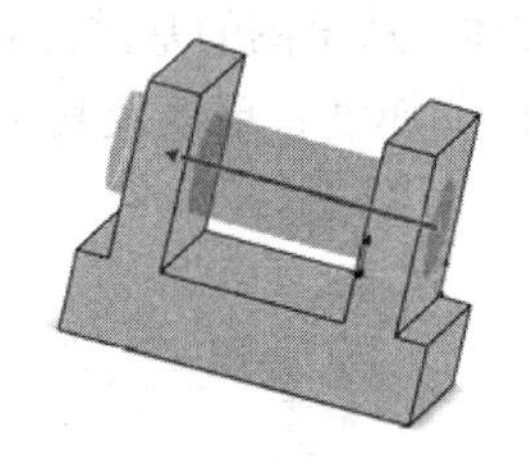

图 4-6　终止条件为“完全贯穿”及其预览效果

3）成形到一顶点。从草图基准面拉伸特征到一个平面，这个平面平行于草图基准面且穿越指定的顶点，如图4-7所示，终止条件为“成形到一顶点”时的属性管理器及其预览效果，图上的黑色顶点1。

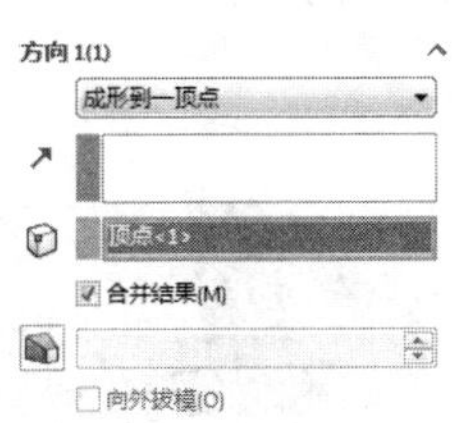

图 4-7　终止条件为“成形到一顶点”及其预览效果

4）成形到一面。从草图的基准面拉伸特征到所选的面以生成特征，该面既可以是平面也可以是曲面，如图4-8所示，终止条件为“成形到一面”时的属性管理器及其预览效果。

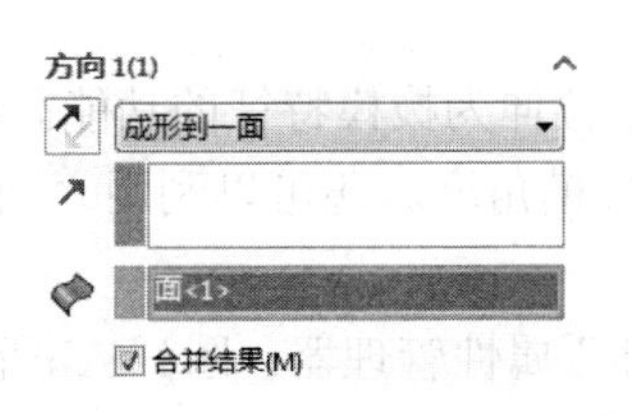

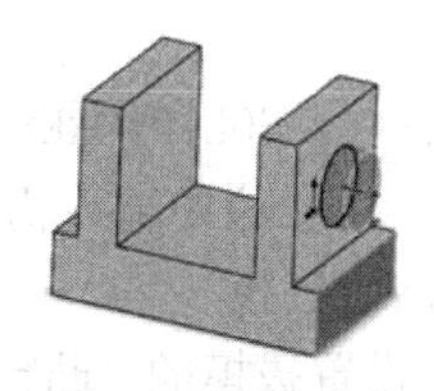

图 4-8　终止条件为“成形到一面”及其预览效果

5）到离指定面指定的距离。从草图的基准面拉伸特征到距离某面特定距离处以生成特征，该面既可以是平面也可以是曲面，如图4-9所示，终止条件为“到离指定面指定的距离”时的属性管理器及其预览效果。

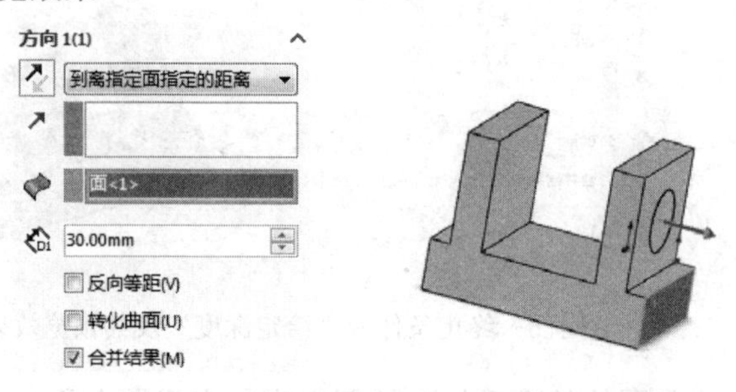

图 4-9　终止条件为“到离指定面指定的距离”及其预览效果

6）成形到实体。从草图的基准面拉伸特征到指定的实体，如图4-10所示，终止条件为“成形到实体”时的属性管理器及其预览效果，所选实体为图中绘制的整体。

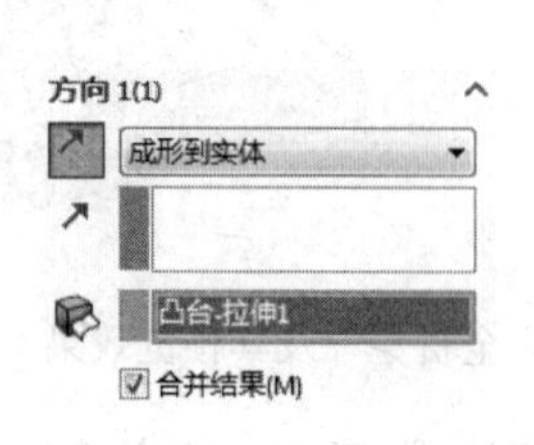

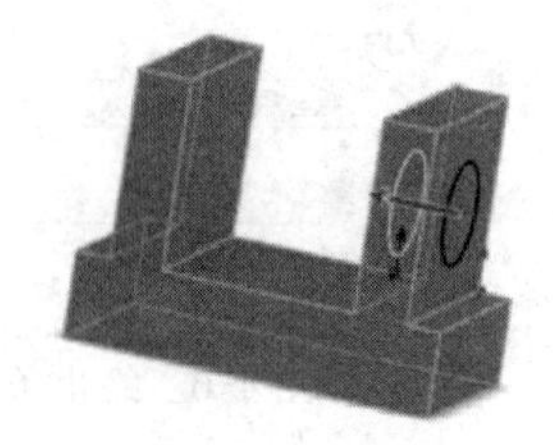

图 4-10　终止条件为“成形到实体”及其预览效果

7）两侧对称。从草图的基准面向两个方向对称拉伸特征，如图4-11所示，终止条件为“两侧对称”时的属性管理器及其预览效果。

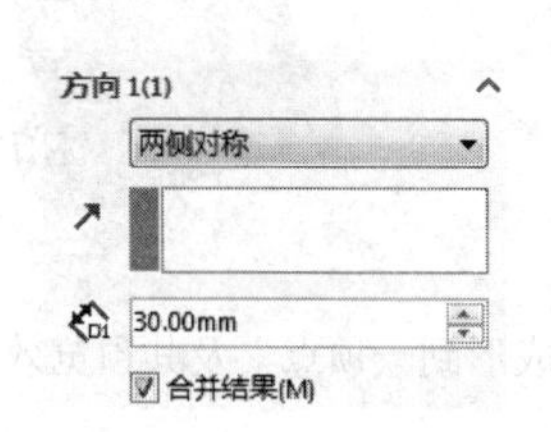

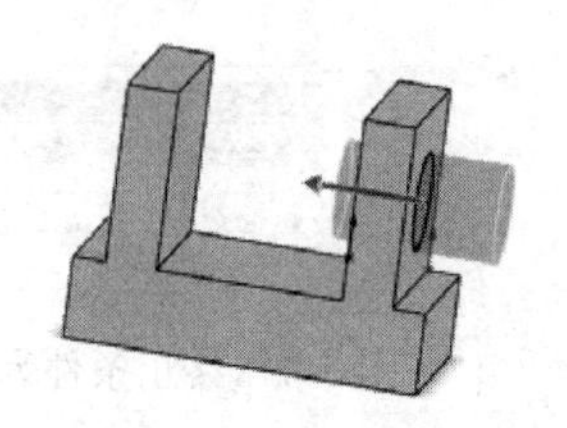

图 4-11　终止条件为“两侧对称”及其预览效果

3．拔模拉伸

在拉伸形成特征时，SOLIDWORKS提供了拉伸为拔模特征的功能。单击“拔模开/关”按钮，在“拔模角度”一栏中输入需要的拔模角度。还可以利用“向外拔模”复选框，选择是向外拔模还是向内拔模。

图4-12a所示为设置拔模的“凸台-拉伸”属性管理器；图4-12b所示为向内拔模拉伸的图形；如图4-12c所示为向外拔模拉伸的图形。

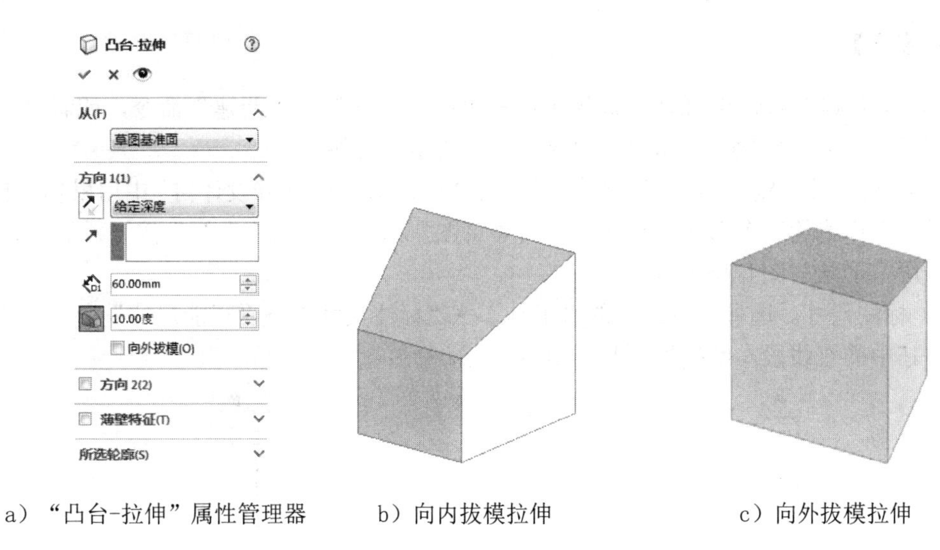

a）“凸台-拉伸”属性管理器　　b）向内拔模拉伸　　c）向外拔模拉伸

图 4-12　拔模特征的“凸台-拉伸”属性管理器及其拉伸图形

4. 薄壁特征拉伸

在拉伸形成特征时，SOLIDWORKS提供了拉伸为薄壁特征的功能。如果选中“凸台-拉伸”属性管理器中的“薄壁特征”复选框，可以拉伸为薄壁特征，否则拉伸为实体特征。薄壁特征基体通常用作钣金零件的基础。

图4-13所示为薄壁特征复选栏及其拉伸图形。

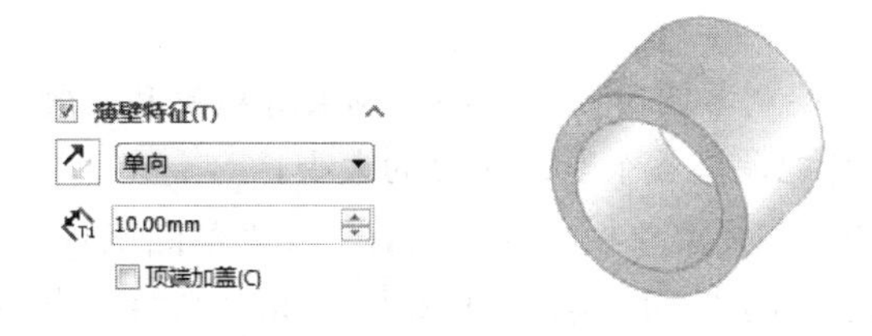

图 4-13　薄壁特征复选栏及其拉伸图形

4.2.2　实例——文具盒

绘制图4-14所示的文具盒。

图 4-14　文具盒

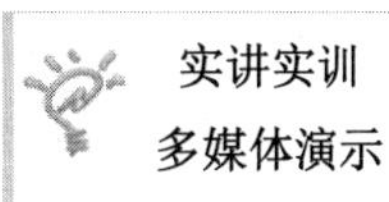

多媒体演示参见配套光盘中的\\动画演示\第4章\文具盒.avi。

【操作步骤】

1）启动SOLIDWORKS 2016，选择菜单栏中的“文件”→“新建”命令，或者单击“标准”工具栏中的“新建”按钮，创建一个新的零件文件。

2）绘制文具盒盒盖。绘制草图，在左侧的“FeatureManager设计树”中用鼠标选择“前视基准面”作为绘制图形的基准面。单击“草图”工具栏中的“直线”按钮，绘制一系列直线段，形状与图4-15类似。

3）标注尺寸。选择菜单栏中的“工具”→“标注尺寸”→“智能尺寸”命令，依次标注图4-15中的直线段，结果如图4-16所示。

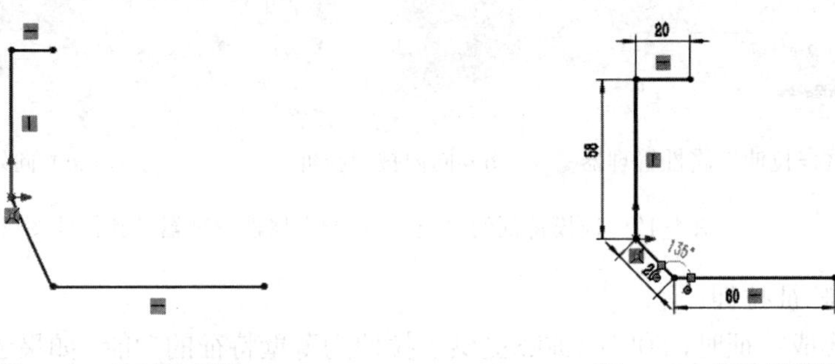

图 4-15　绘制的草图　　　　图 4-16　标注的草图

注意

使用 SOLIDWORKS 绘制草图时，不需要绘制具有精确尺寸的草图，绘制好草图轮廓后，通过标注尺寸，可以智能调整各个草图实际的大小。

4）等距实体草图。选择菜单栏中的“工具”→“草图工具”→“等距实体”命令，或者单击“草图”工具栏中的“等距实体”按钮，此时系统弹出图4-17所示的“等距实体”属性管理器。在“等距距离”一栏中输入值2，并且是向外等距，按照图示进行设置后，单击“确定”按钮✔，结果如图4-18所示。

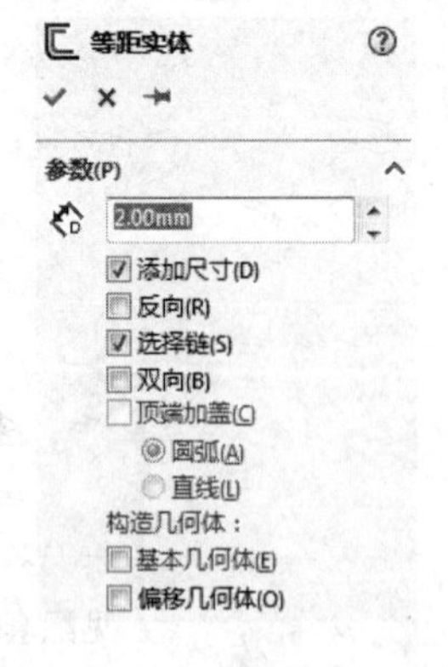

图 4-17　“等距实体”属性管理器

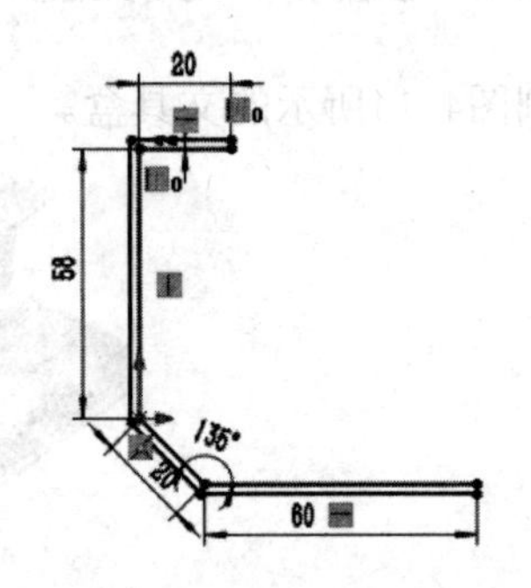

图 4-18　设置后的图形

5）绘制草图。单击“草图”工具栏中的“直线”按钮，将上一步绘制的等距实体的两端闭合。

6）拉伸实体。选择菜单栏中的“插入”→“凸台/基体”→“拉伸”命令，或者单击“特征”工具栏中的“拉伸凸台/基体”按钮，此时系统弹出图4-19所示的“凸台-拉伸”属性管理器。在“深度”一栏中输入值160，按照图示进行设置后，单击“确定”按钮✔，结果如图4-20所示。

图 4-19 “凸台-拉伸”属性管理器

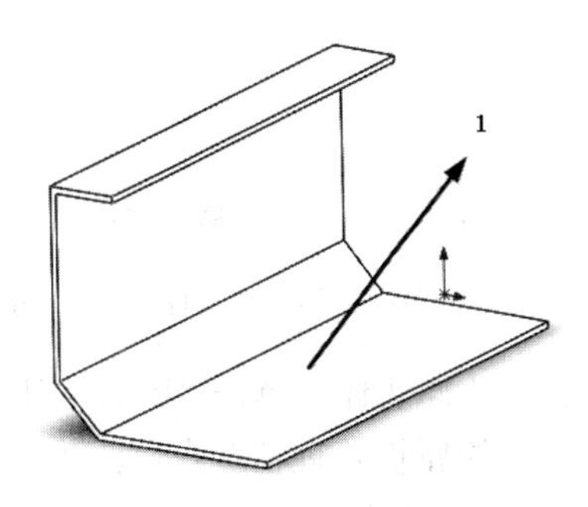

图 4-20 拉伸后的图形

7）绘制文具盒盒体。设置基准面。选择图4-20中的表面1，然后单击“标准视图”工具栏中的“正视于”按钮，将该表面作为绘制图形的基准面。

8）绘制草图。单击“草图”工具栏中的“边角矩形”按钮，在上一步选择的基准面上绘制一个矩形，长宽可以是任意数值，结果如图4-21所示。

9）标注尺寸。单击“草图”工具栏中的“智能尺寸”按钮，依次标注图4-22中的直线段，结果如图4-22所示。

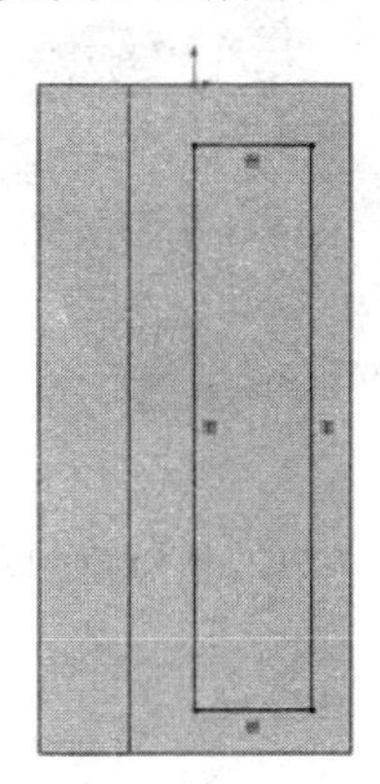

图 4-21 绘制的草图

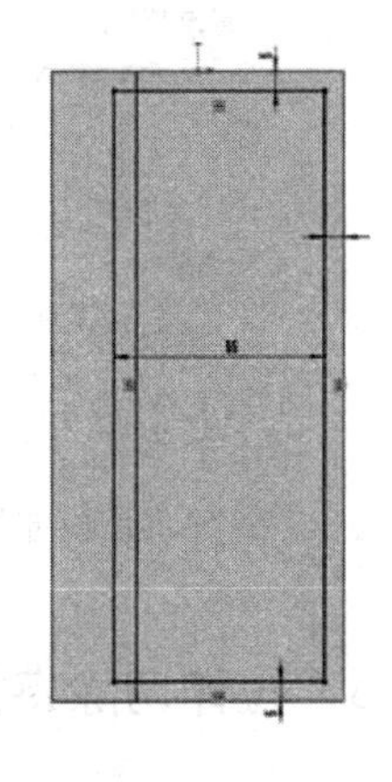

图 4-22 标注的草图

10）等距实体草图。单击“草图”工具栏中的“等距实体”按钮，此时系统弹出图

4-23所示的“等距实体”属性管理器。在“等距距离”一栏中输入值2，并且是向内等距，然后用鼠标框选上一步标注的矩形。按照图示进行设置后，单击“确定”按钮✔，结果如图4-24所示。

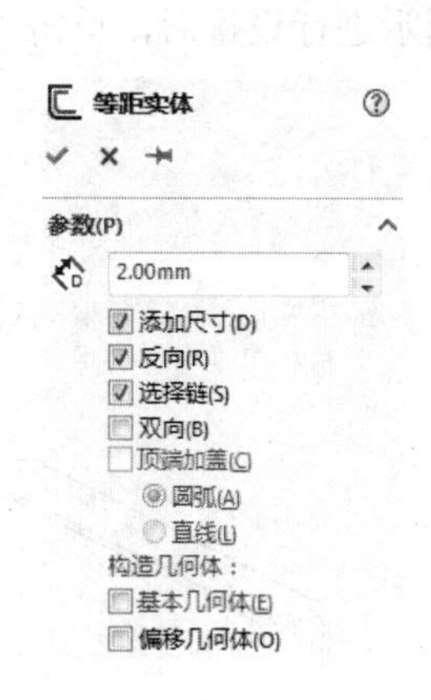

图 4-23 “等距实体”属性管理器

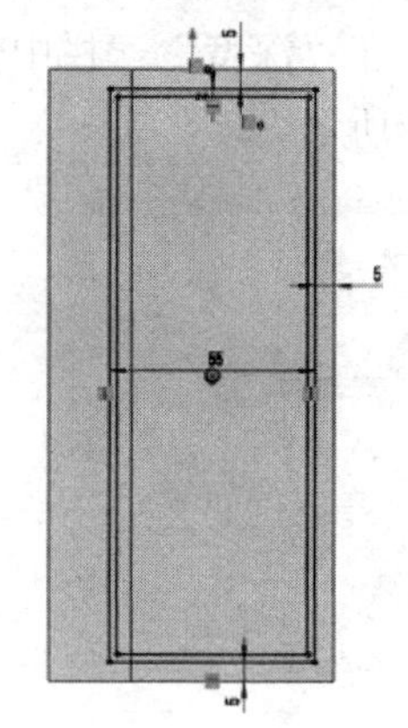

图 4-24 等距后的草图

11）拉伸实体。单击“特征”工具栏中的“拉伸凸台/基体”按钮，此时系统弹出图4-25所示的属性管理器。在“深度”一栏中输入值20。按照图示进行设置后，单击“确定”按钮✔，结果如图4-26所示。

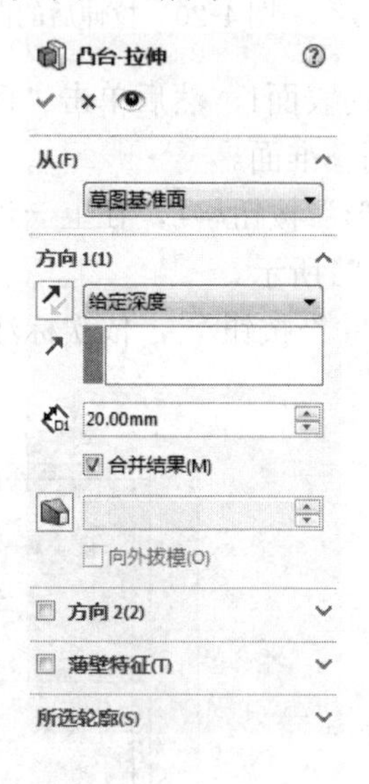

图 4-25 “凸台-拉伸”属性管理器

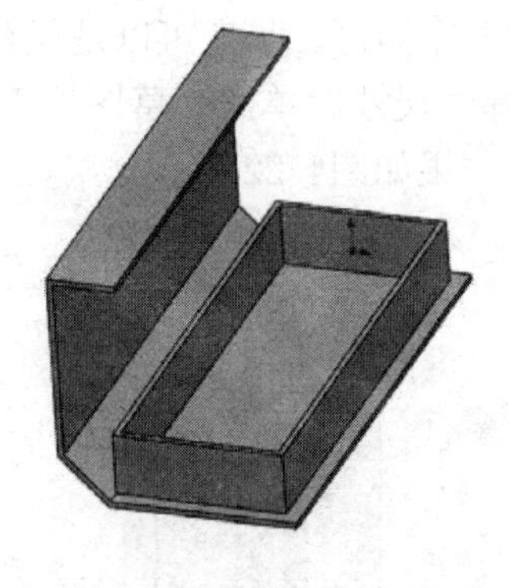

图 4-26 拉伸后的图形

4.2.3 拉伸切除特征

拉伸切除特征是SOLIDWORKS中最基础的特征之一，也是最常用的特征建模工具。拉伸切除是在给定的基体上，按照设计需要进行拉伸切除。

图4-27所示为“切除-拉伸”属性管理器，从图中可以看出，其参数设置与“拉伸”属性管理器中的参数基本相同，只是增加了“反侧切除”复选框，该选项是指移除轮廓外的所有实体。

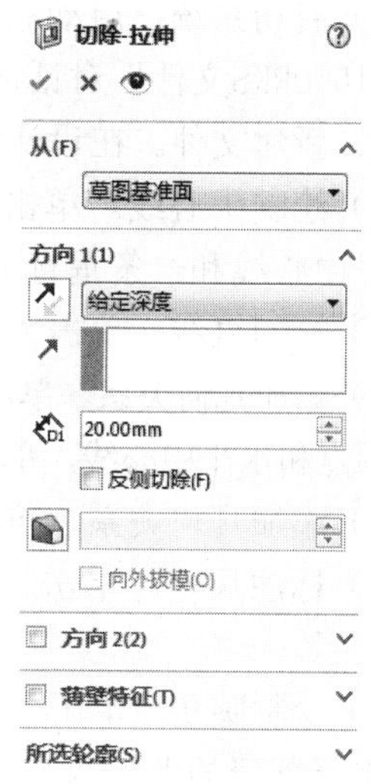

图4-27 “切除-拉伸”属性管理器

【操作步骤】

1）执行命令。在草图编辑状态下，选择菜单栏中的“插入”→“切除”→“拉伸”命令，或者单击“特征”工具栏中的“拉伸切除”按钮，此时系统出现“切除-拉伸”属性管理器，如图4-27所示。

2）设置属性管理器。按照设计需要对“切除-拉伸”属性管理器进行参数设置，然后单击属性管理器中的“确定”按钮✓。

下面以图4-28所示为例，说明“反侧切除”复选框拉伸切除的特征效果。图4-28a所示为绘制的草图轮廓；图4-28b所示为没有选择“反侧切除”复选框的拉伸切除特征；图4-28c所示为选择“反侧切除”复选框的拉伸切除特征。

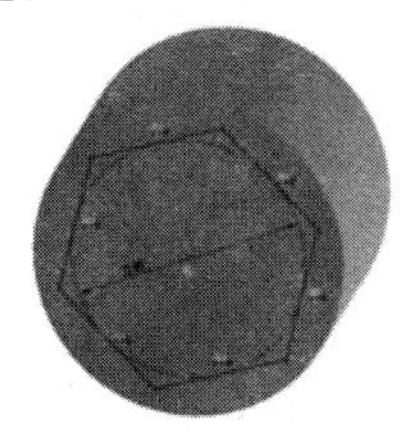

a）绘制的草图轮廓

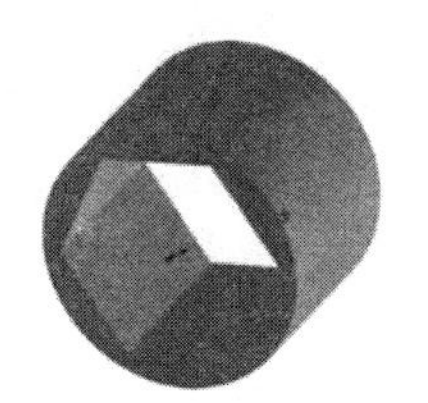

b）未选择复选框的特征图形

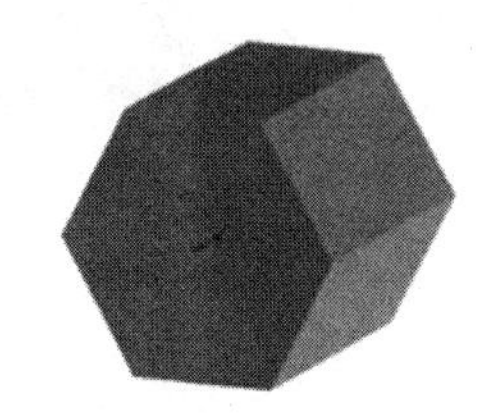

c）选择复选框的特征图形

图 4-28 “反侧切除”复选框的拉伸切除特征

4.2.4 实例——压盖

绘制图4-29所示的压盖。

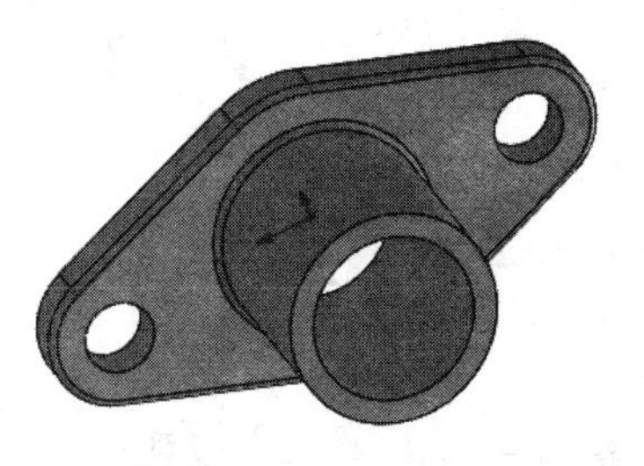

图 4-29 压盖

> **实讲实训 多媒体演示**
>
> 多媒体演示参见配套光盘中的\\动画演示\第4章\压盖.avi。

【操作步骤】

1）启动系统。启动SOLIDWORKS 2016，选择命令“文件”→“新建”，在打开的“新建SOLIDWORKS文件”对话框中，选择“零件”，单击“确定”按钮。

2）新建文件。在设计树中选择前视基准面，单击草图绘制按钮，新建一张草图。

3）绘制中心线。单击“草图”工具栏中的“中心线”按钮，通过原点分别绘制一条水平中心线和一条垂直中心线。

4）绘制直线。单击“草图”工具栏中的“直线”按钮，绘制一个菱形。

5）添加几何关系。单击“草图”工具栏中的“添加几何关系”按钮，选择菱形的上下两个顶点和水平中心线，单击按钮，为两个顶点添加“对称”几何关系，如图4-30所示。

6）添加几何关系。仿照步骤5）为菱形的左右两个顶点添加“对称”几何关系。

7）标注尺寸。单击“草图”工具栏中的“智能尺寸”按钮，为草图标注尺寸如图4-31所示。

8）绘制圆角。单击“草图”工具栏中的“圆角”按钮，设置圆角半径为30mm，在草图中选择菱形的上下两个顶点，如图4-32所示。单击“确定”按钮，完成圆角的生成。

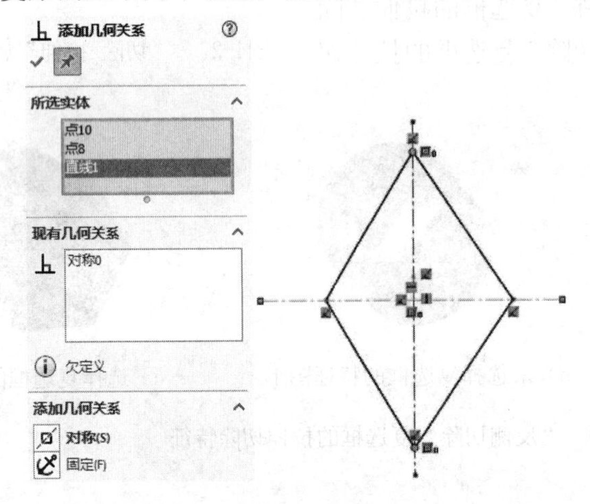

图 4-30　添加几何关系

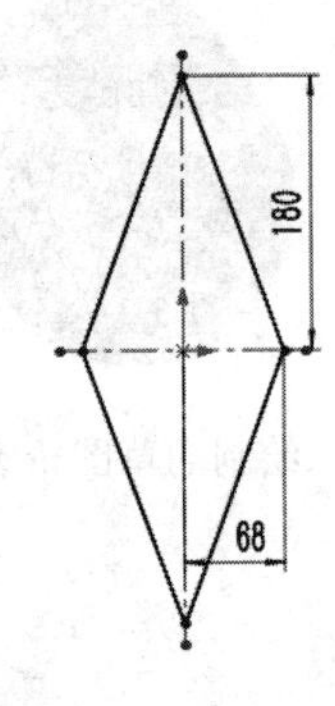

图 4-31　标注尺寸

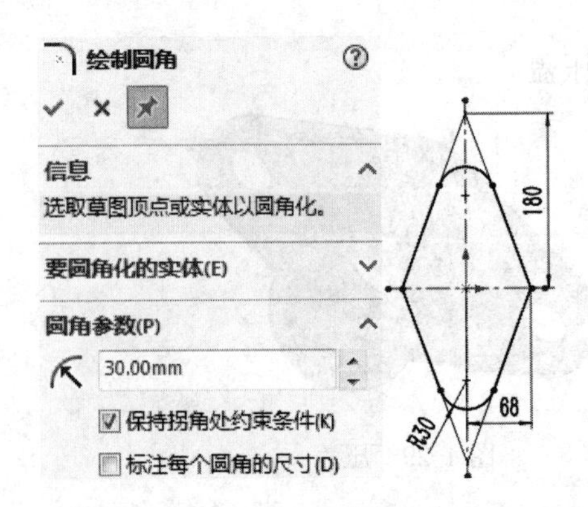

图 4-32　生成圆角

9）绘制圆角。仿照步骤8），完成菱形左右顶点的半径为50mm的圆角生成，如图4-33所示。

10）绘制圆。单击“草图”工具栏中的“圆”按钮，捕捉上下两个圆角的中心，绘制两个直径为30mm的圆孔，完成底座草图的绘制，如图4-34所示。

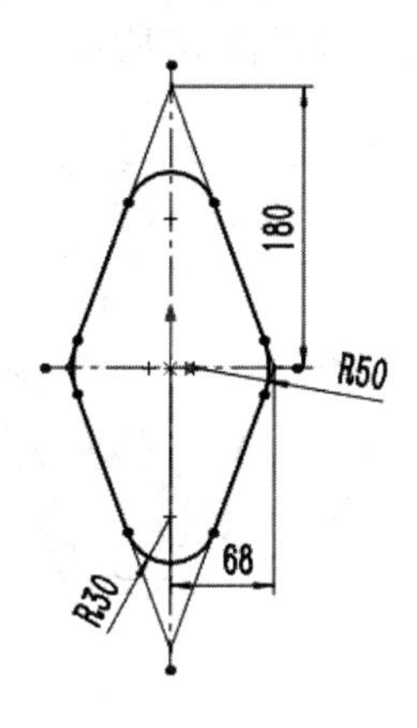

图 4-33　菱形草图

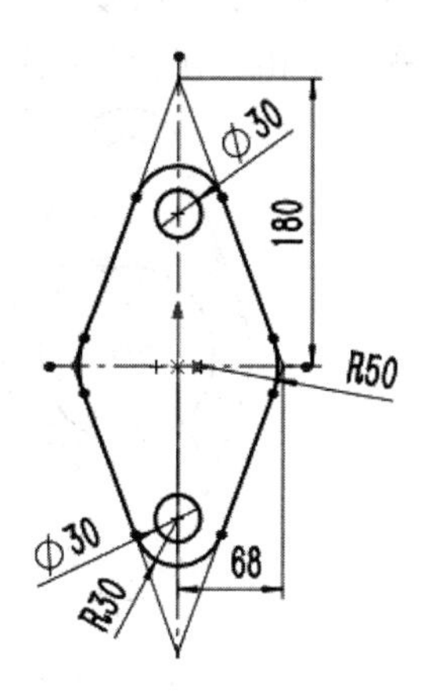

图 4-34　底座草图

11）拉伸实体。单击“特征”工具栏中的“拉伸凸台/基体”按钮，设定拉伸的终止条件为“给定深度”。在微调框中设置拉伸深度为20mm，保持其他选项的系统默认值不变，如图4-35所示，单击“确定”按钮，完成底板的创建。

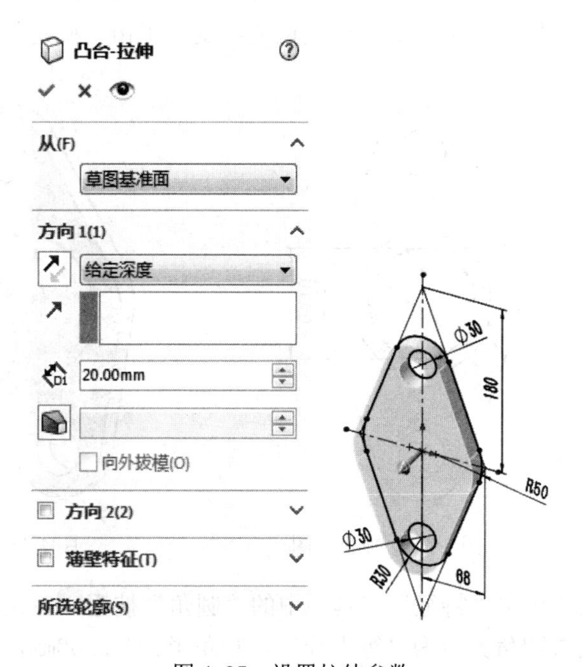

图 4-35　设置拉伸参数

12）绘制圆。选择上面完成的底板上表面，单击草图绘制按钮，新建一张草图。单击“标准视图”工具栏中的“正视于”按钮，使绘图平面转为正视方向。单击“草图”工具栏中的“圆”按钮，以系统坐标原点为圆心绘制一个直径为90mm的圆，如图4-36所示。

13）拉伸实体，形成轴套。单击“特征”工具栏中的“拉伸凸台/基体”按钮，设定拉伸的终止条件为“给定深度”。在微调框中设置拉伸深度为100mm，保持其他选项的系统默认值不变，单击“确定”按钮，完成轴套的创建，如图4-37所示。

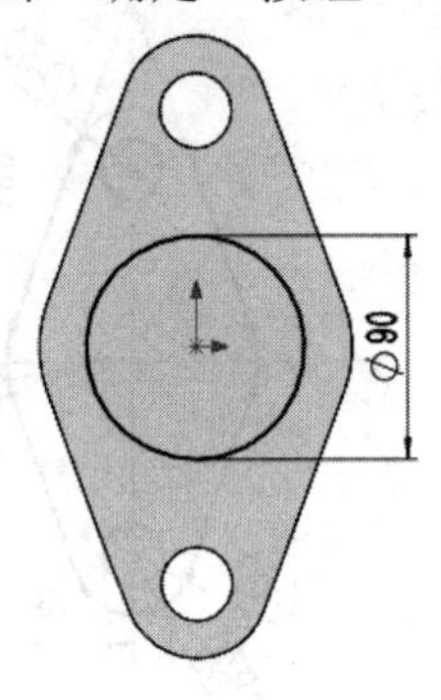

图4-36　轴套草图

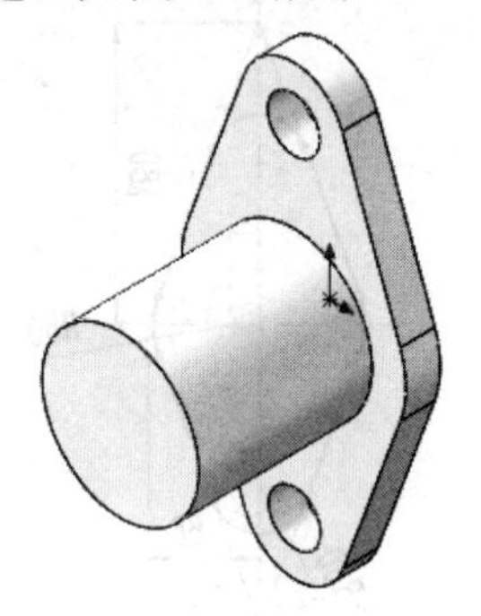
图4-37　生成轴套

14）绘制圆。选择上面完成的轴套上表面，单击“草图”工具栏中的“草图绘制”按钮，新建一张草图。单击“标准视图”工具栏中的“正视于”按钮，使绘图平面转为正视方向。单击“草图”工具栏中的“圆”按钮，以系统坐标原点为圆心绘制一个直径为70mm的圆如图4-38所示。

15）切除实体。单击“特征”工具栏中的“拉伸切除”按钮，设定拉伸的终止条件为“完全贯穿”，保持其他选项的系统默认值不变，单击“确定”按钮，完成轴孔的创建，如图4-39所示。

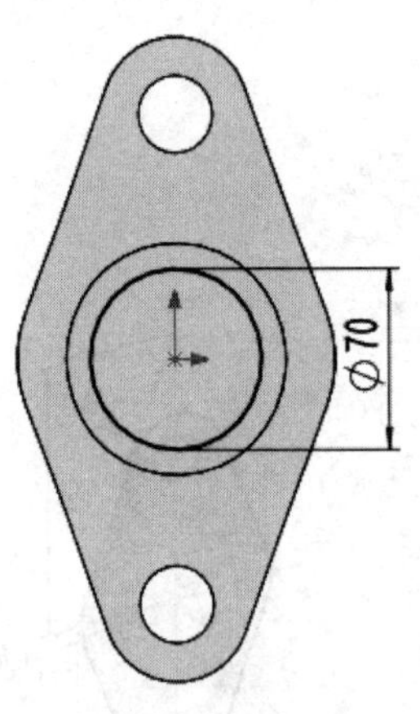

图4-38　轴孔草图

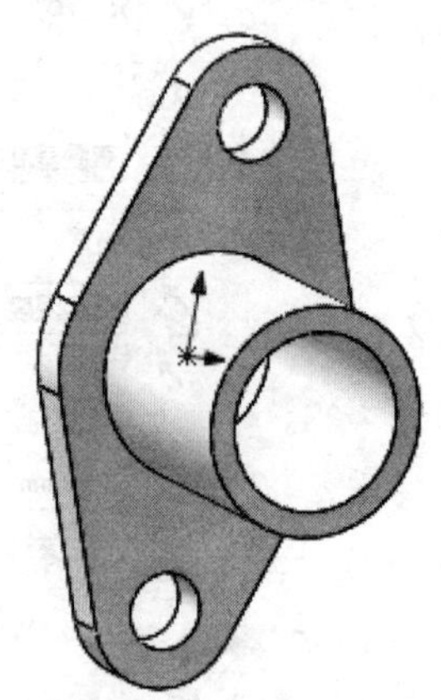
图4-39　轴孔

16）绘制圆角。单击“特征”工具栏中的“圆角”按钮，选择轴筒与底板的交线和底板的上边线，设置圆角类型为“等半径”，圆角半径为3.00mm，保持其他选项的系统默认值不变，如图4-40所示。单击“确定”按钮，完成圆角的创建，如图4-41所示。

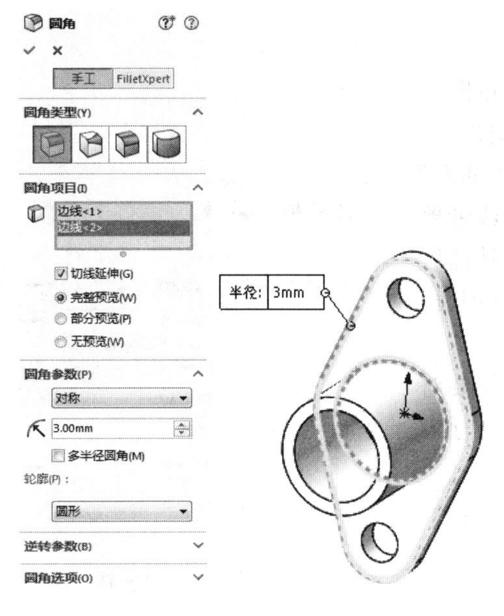

图 4-40　设置圆角参数

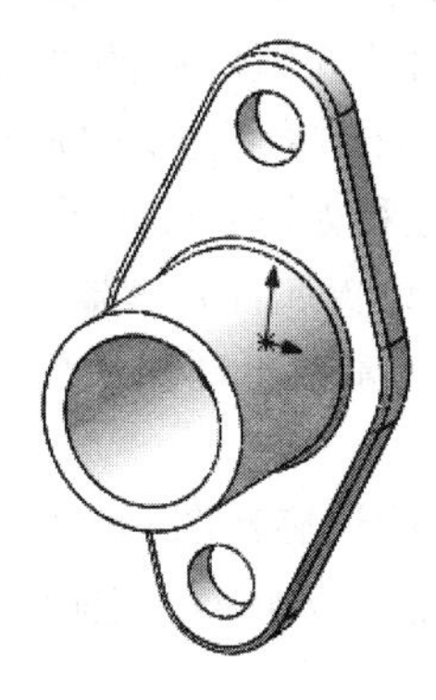
图 4-41　压盖

4.3　旋转特征

4.3.1　旋转凸台/基体特征

旋转特征命令是通过绕中心线旋转一个或多个轮廓来生成特征。旋转轴和旋转轮廓必须位于同一个草图中，旋转轴一般为中心线，旋转轮廓必须是一个封闭的草图，不能穿过旋转轴，但是可以与旋转轴接触。

旋转特征应用比较广泛，是比较常用的特征建模工具，主要应用在以下零件的建模中：

- 环形零件：如图4-42所示。
- 球形零件：如图4-43所示。
- 轴类零件：如图4-44所示。
- 形状规则的轮毂类零件：如图4-45所示。

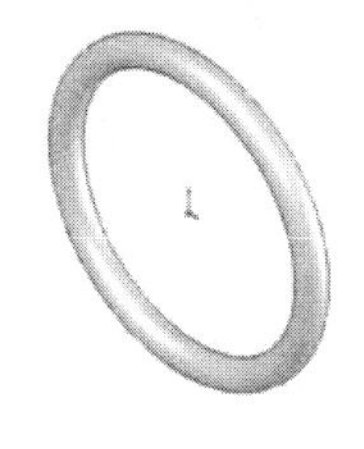
图 4-42　环形零件

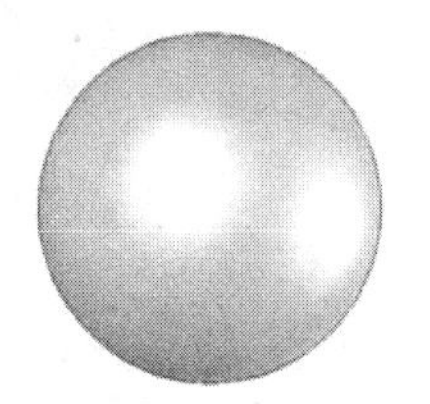
图 4-43　球形零件

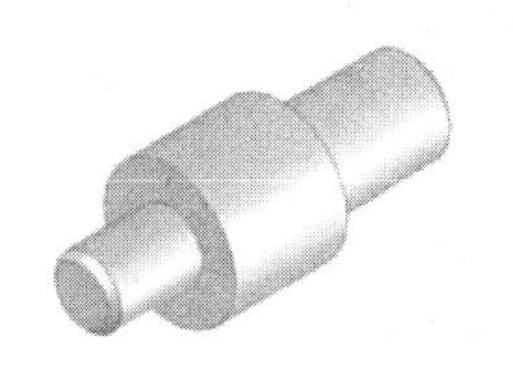
图 4-44　轴类零件

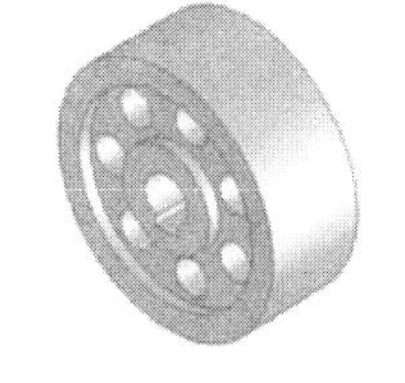
图 4-45　轮毂类零件

1. 旋转凸台/基体特征的操作步骤

【操作步骤】

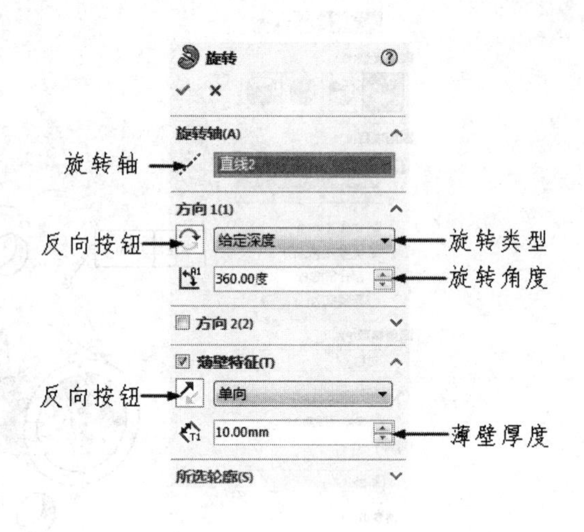

图4-46 “旋转”属性管理器

1）绘制旋转轴和旋转轮廓。在草图绘制状态下，绘制旋转轴和旋转轮廓草图。

2）执行命令。选择菜单栏中的“插入”→“凸台/基体”→“旋转”命令，或者单击“特征”工具栏中的“旋转凸台/基体”按钮，此时系统出现“旋转”属性管理器，各栏的注释如图4-46所示。

3）设置属性管理器。按照设计需要对“旋转”属性管理器中的各栏参数进行设置。

4）确认旋转图形。单击属性管理器中的“确定”按钮，实体旋转完毕。

注意

1）实体旋转轮廓可以是一个或多个交叉或非交叉草图。

2）薄壁或曲面旋转特征的草图轮廓可包含多个开环的或闭环的相交轮廓。

3）当在旋转中心线内为旋转特征标注尺寸时，将生成旋转特征的半径尺寸。如果通过旋转中心线外为旋转特征标注尺寸时，将生成旋转特征的直径尺寸。

2．旋转类型

不同的旋转类型，旋转效果是不同的。SOLIDWORKS提供了三种形式的终止条件，在“旋转类型”一栏的下拉菜单中可以选用需要的旋转类型。

下面将介绍不同旋转类型的旋转效果。

1）单向。从草图基准面以单一方向生成旋转特征，图4-47所示旋转类型为“给定深度”，旋转角度为260度时的属性管理器及其预览效果。

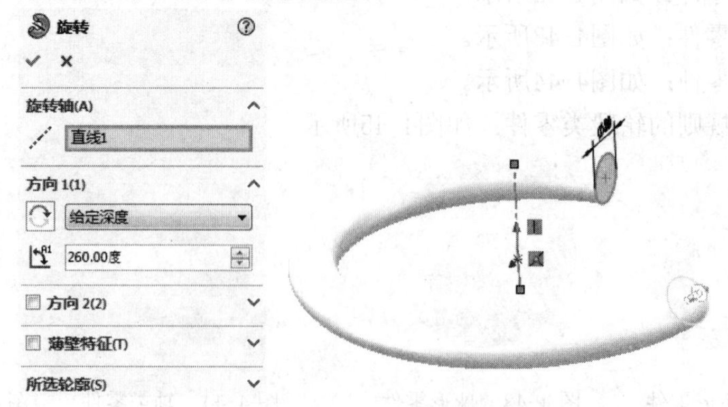

图 4-47 旋转类型为“给定深度”及其预览效果

2）两侧对称。从草图基准面以顺时针和逆时针两个方向生成旋转特征，两个方向的旋转角度相同，旋转轮廓草图位于旋转角度的中央，图4-48所示旋转类型为“两侧对称”，旋转角度为260度时的属性管理器及其预览效果。

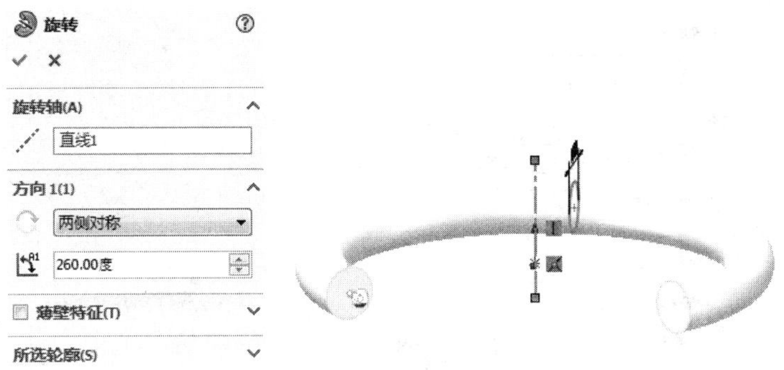

图 4-48　旋转类型为“两侧对称”及其预览效果

3）两个方向。从草图基准面以顺时针和逆时针两个方向生成旋转特征，两个方向旋转角度为属性管理器中设定的值，图4-49所示旋转类型为“两个方向”，方向1的旋转角度为260度，方向2的旋转角度为45度时的属性管理器及其预览效果。

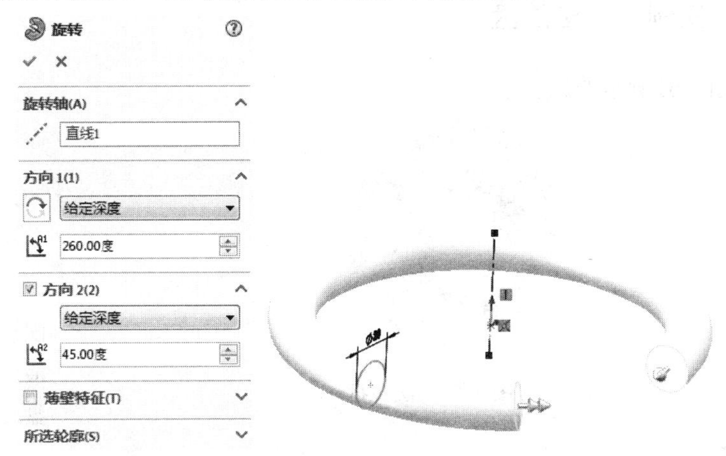

图 4-49　旋转类型为“两个方向”及其预览效果

3．薄壁特征旋转

在旋转形成特征时，SOLIDWORKS提供了旋转为薄壁特征的功能，如果选中“旋转”属性管理器中的“薄壁特征”复选框，可以旋转为薄壁特征，否则旋转为实体特征。

薄壁特征的旋转类型与旋转特征相同，这里不再赘述，参照前面的介绍，图4-50所示为“旋转”属性管理器及其旋转特征图形。

注意

在旋转特征时，旋转轴一般为中心线，但也可以是直线或一边线。如果图中含有两条以上中心线时或者旋转轴为其他类型线时，必须指定旋转轴。

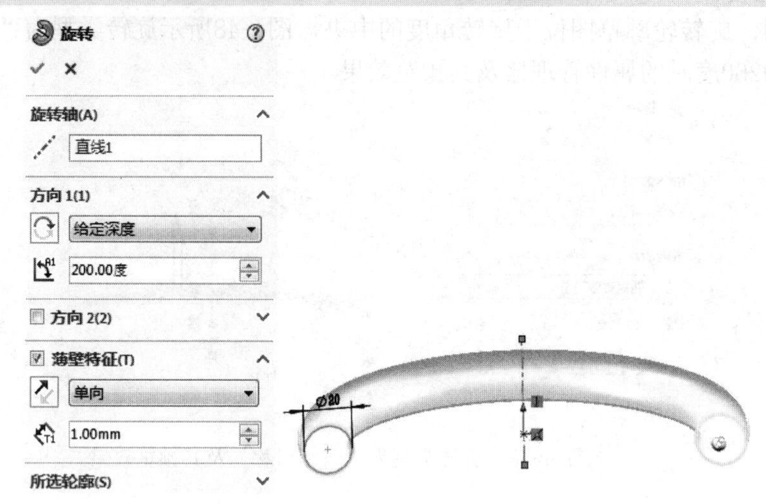

图 4-50　“旋转”属性管理器及其旋转特征图形

4.3.2　实例——法兰盘

绘制如图4-51所示的法兰盘。

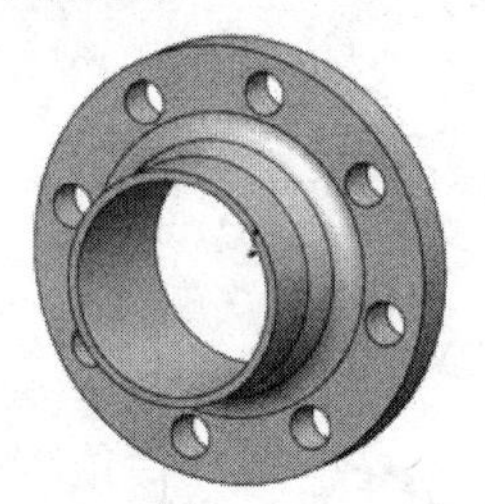

图 4-51　法兰盘

实讲实训
多媒体演示

多媒体演示参见配套光盘中的\\动画演示\第4章\法兰盘.avi。

【操作步骤】

1．启动系统

启动SOLIDWORKS 2016，选择菜单栏中的“文件”→“新建”命令，或者单击“标准”工具栏中的“新建”按钮，在打开的“新建SOLIDWORKS文件”对话框中，选择“零件”按钮，单击“确定”按钮。

2．创建法兰基体特征

法兰基体特征采用基体-旋转的方法建模。

1）绘制草图。在设计树中选择前视基准面，单击“草图”工具栏中的“草图绘制”按钮，新建一张草图。

2）标注尺寸。使用草图绘制工具创建草图，并标注尺寸，如图4-52所示。

3）旋转形成实体。单击“特征”工具栏中的“旋转凸台/基体”按钮，SOLIDWORKS 2016

会自动将草图中唯一的一条中心线作为旋转轴；设置旋转类型为单一方向；旋转角度为360度；如图4-53所示。单击“确定”按钮✓，生成法兰基体端部。

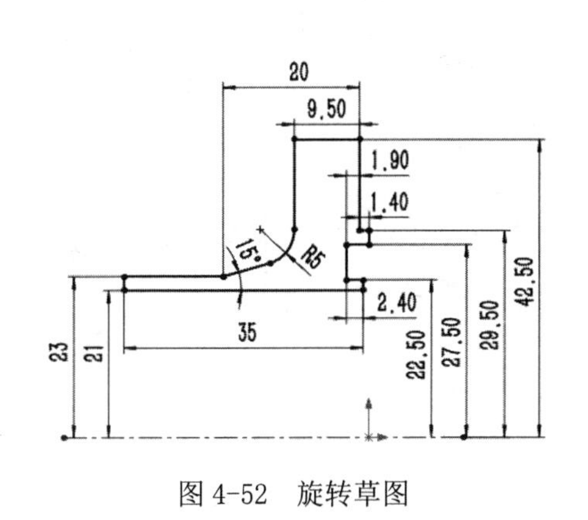

图 4-52　旋转草图

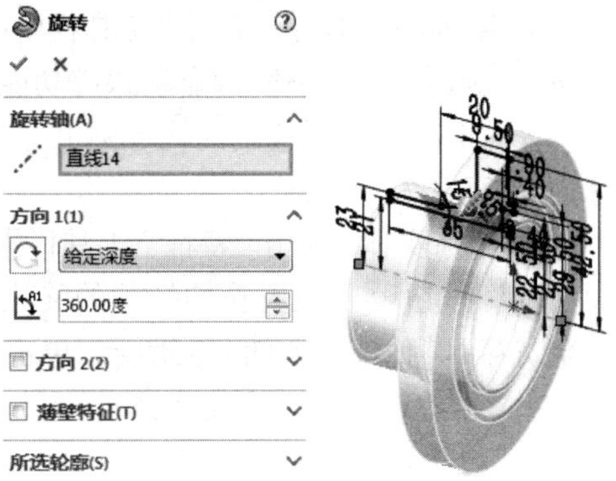

图 4-53　设置旋转参数

3. 创建法兰螺栓孔

1）新建草图。选择法兰的基体端面，单击“草图”工具栏中的“草图绘制”按钮，在其上新建一草图。

2）选择视图方向。单击正视于按钮，正视于草图平面。

3）绘制圆。设置构造线，单击“草图”工具栏中的“圆”按钮，绘制一圆心与坐标原点重合的圆。在右侧“圆”属性管理器中选择“作为构造线”单选框，将圆设置为构造线，如图4-54所示。

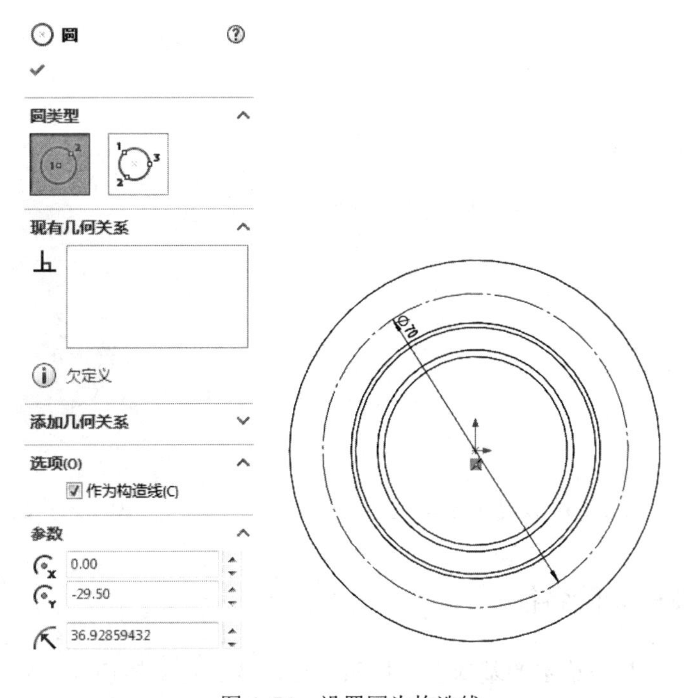

图 4-54　设置圆为构造线

4）标注尺寸。单击“草图”工具栏中的“智能尺寸”按钮，标注圆的直径为70mm。

5）绘制圆。单击“草图”工具栏中的“圆”按钮，利用SOLIDWORKS的自动跟踪功能绘制一圆，使其圆心落在所绘制的构造圆上并且其X坐标为0。直径为8.50mm。

6）切除实体。单击“特征”工具栏中的“拉伸切除”按钮，设置拉伸切除的终止条件为完全贯穿；其他选项如图4-55所示。单击“确定”按钮，创建一个法兰螺栓孔。

7）选择菜单栏中的“视图”→“临时轴”命令，显示模型中的临时轴。为进一步阵列特征做准备。

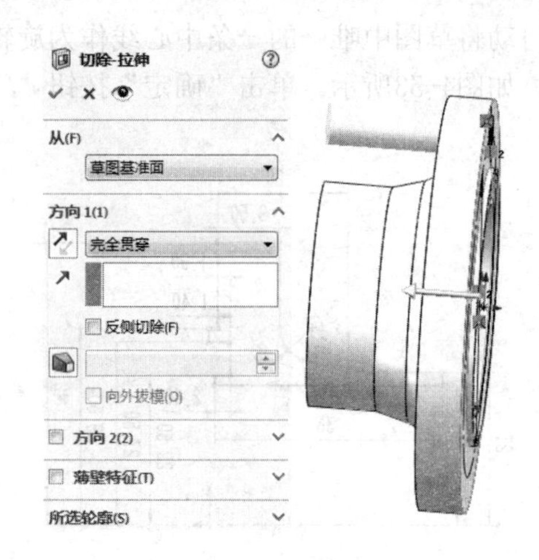

图4-55　设置拉伸切除参数

8）阵列螺栓孔。单击“特征”工具栏中的“圆周阵列”按钮，在右侧的图形区域中选择法兰基体的临时轴作为圆周阵列的阵列轴；设置角度为360度；设置阵列的实例数为8；选择“等间距”单选框；在右侧的图形区域中选择前面创建的螺栓孔；具体选项如图4-56所示。单击“确定”按钮，创建螺栓孔的圆周阵列，最后结果如图4-57所示。

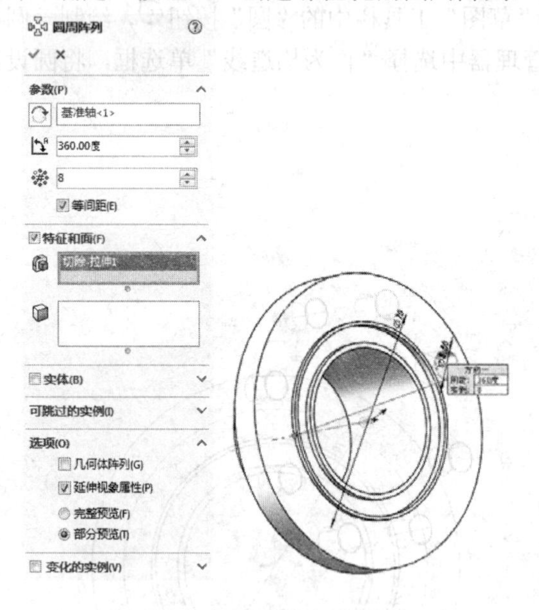

图 4-56　设置圆周阵列选项

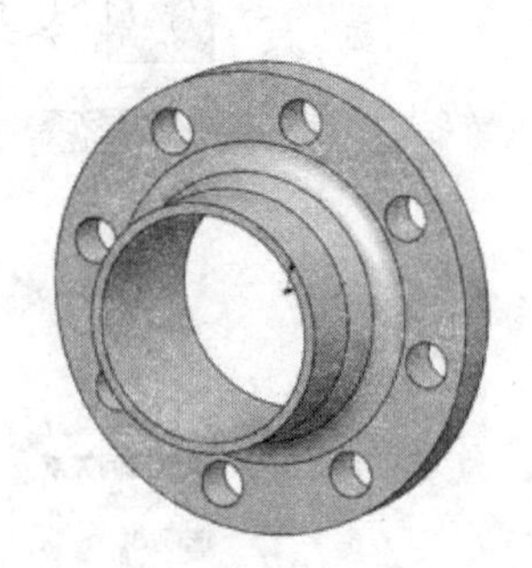

图 4-57　法兰的最终效果

4.3.3　旋转切除特征

旋转切除特征是在给定的基体上，按照设计需要进行旋转切除。旋转切除与旋转特征的基本要素、参数类型和参数含义完全相同，这里不再赘述，请参考旋转特征的相应介绍。

下面以绘制图4-58所示的图形为例，说明旋转切除特征的操作步骤：

【操作步骤】

1）设置基准面。在左侧的“FeatureManager设计树”中用鼠标选择“前视基准面”作为绘制图形的基准面。

2）绘制草图。选择菜单栏中的“工具”→“草图绘制实体”→“圆”命令，或者单击“草图”工具栏中的“圆”按钮，以原点为圆心绘制一个直径为60的圆。

3）拉伸图形。选择菜单栏中的“插入”→“凸台/基体”→“拉伸”命令，或者单击“特征”工具栏中的“拉伸凸台/基体”按钮，将上一步绘制的草图拉伸为深度为60的圆柱体，结果如图4-59所示。

图 4-58 实例图形

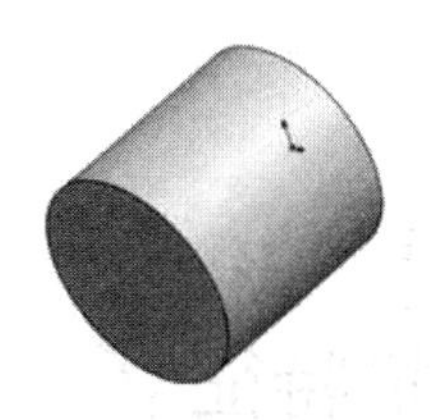

图 4-59 拉伸的图形

4）设置基准面。在左侧的“FeatureManager设计树”中用鼠标选择“上视基准面”作为绘制图形的基准面。

5）绘制草图。选择菜单栏中的“工具”→“草图绘制实体”→“直线”命令和“中心线”命令，绘制草图并标注尺寸，结果如图4-60所示。

6）执行旋转切除命令。选择菜单栏中的“插入”→“切除”→“旋转”命令，或者单击“特征”工具栏中的“旋转切除”按钮。

7）设置属性管理器。此时系统弹出图4-61所示的“切除-旋转”属性管理器，按照图示进行设置。

8）确认旋转切除特征。单击“切除-旋转”属性管理器中的“确定”按钮，结果如图4-58所示。

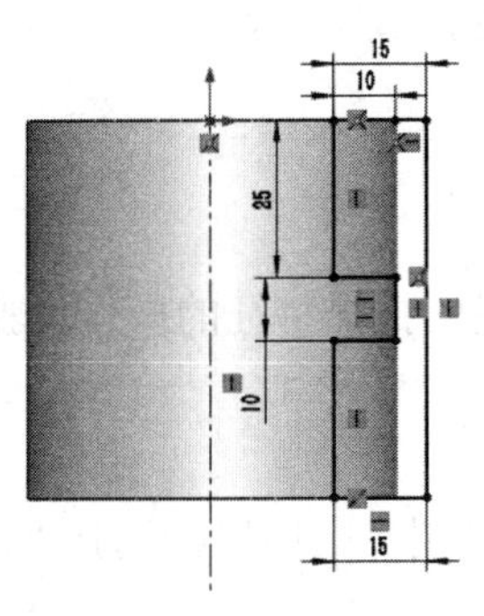

图 4-60 标注的草图

图 4-61 “切除-旋转”属性管理器

注意

在使用旋转特征和旋转切除特征命令时，绘制的草图轮廓必须是封闭的。如果草图轮廓不是封闭图形，则系统会出现图4-62所示的系统提示框，提示是否将草图封闭。若选择提示框中的“是”按钮，将草图封闭，生成实体特征。若选择提示框中的“否”按钮，不封闭草图，生成薄壁特征。

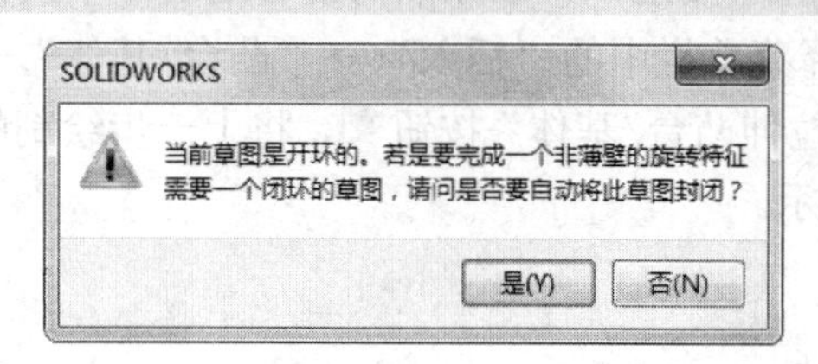

图4-62　系统提示框

4.4　扫描特征

扫描特征是指通过沿着一条路径移动轮廓或者截面来生成基体、凸台与曲面。扫描特征遵循以下规则：

- 对于基体或者凸台扫描特征，扫描轮廓必须是闭环的；对于曲面扫描特征轮廓可以是闭环的，也可以是开环的。
- 路径可以为开环或闭环。
- 路径可以是一张草图、一条曲线或者一组模型边线中包含的一组草图曲线。
- 路径的起点必须位于轮廓的基准面上。

扫描特征包括三个基本参数，分别是扫描轮廓、扫描路径与引导线。其中扫描轮廓与扫描路径是必须的参数。

扫描方式通常有：不带引导线的扫描方式、带引导线的扫描方式与薄壁特征的扫描方式。下面通过实例说明不同类型扫描方式的操作步骤。

4.4.1　不带引导线的扫描方式

以绘制图4-63所示的弹簧为例，说明不带引导线的扫描特征的操作步骤。

【操作步骤】

1）设置基准面。在左侧的“FeatureManager设计树”中用鼠标选择“前视基准面”作为绘制图形的基准面。

2）绘制草图。选择菜单栏中的“工具”→“草图绘制实体”→“圆”命令，以原点为圆心绘制一个圆直径为60的圆。

3）绘制螺旋线。选择菜单栏中的“插入”→“曲线”→“螺旋线/涡状线”命令，或者单击“曲线”工具栏中的“螺旋线和涡状线”按钮，此时系统弹出图4-64所示的“螺旋线/涡状线”属性管理器。按照图示进行设置后，单击属性管理器中的“确定”按钮。

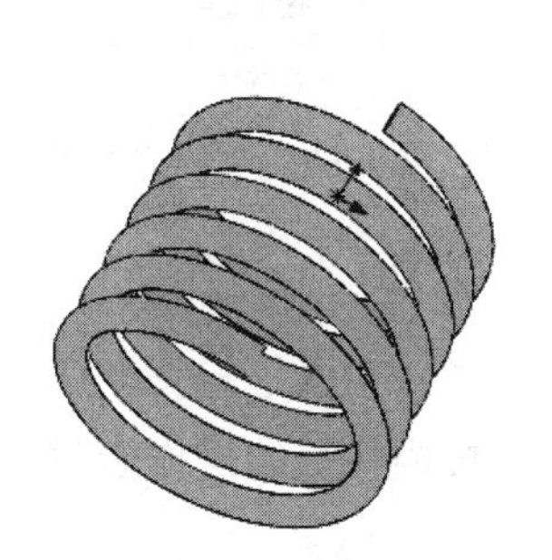

图 4-63　弹簧

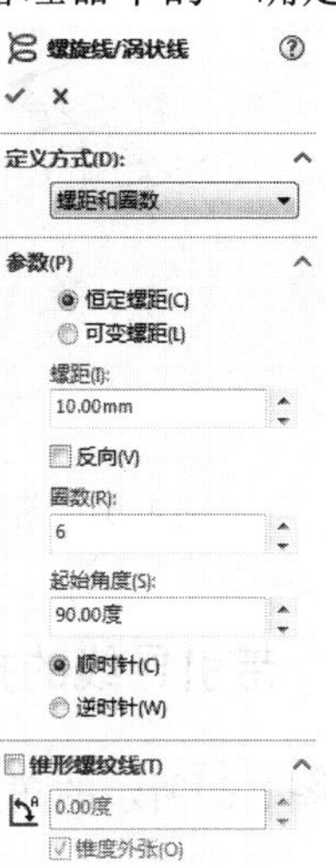

图 4-64　“螺旋线/涡状线”属性管理器

4）设置视图方向。单击“标准视图”工具栏中的“等轴测”按钮，将视图以等轴测方向显示，结果如图4-65所示。

5）设置基准面。单击左侧的“FeatureManager设计树”中“右视基准面”，然后单击“标准视图”工具栏中的“正视于”按钮，将该基准面作为绘制图形的基准面，结果如图4-66所示。

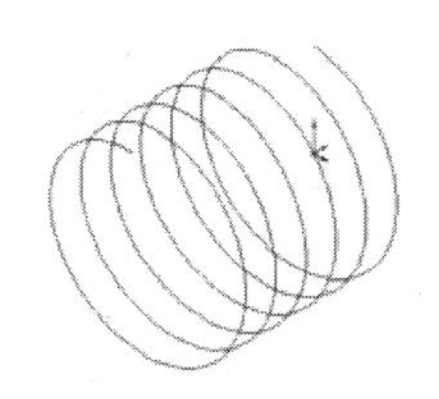

图 4-65　等轴测视图

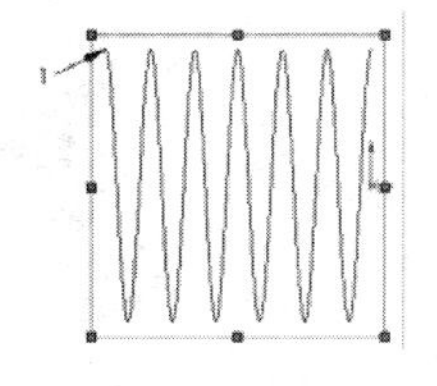

图 4-66　设置的基准面

6）绘制草图。选择菜单栏中的“工具”→“草图绘制实体”→“圆”命令，以螺旋线左上端点1为圆心绘制一个直径为6的圆，如图4-67所示。

7）执行扫描命令。选择菜单栏中的“插入”→“凸台/基体”→“扫描”命令，或者单击“特征”工具栏中的“扫描”按钮，执行扫描命令。

8）设置属性管理器。此时系统弹出图4-68所示的“扫描”属性管理器。在“轮廓”一栏中，用鼠标选择图4-67中圆1；在“路径”一栏中，用鼠标选择生成的螺旋线2，按照图示进行设置。

9）确认扫描特征。单击“扫描”属性管理器中的“确定”按钮，结果如图4-68所示。

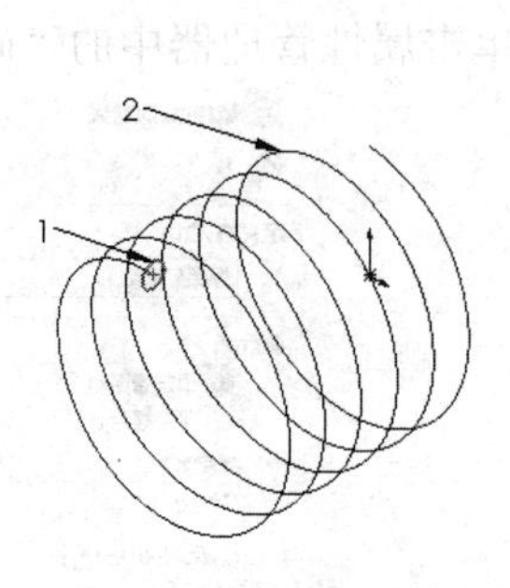

图 4-67　等轴测视图

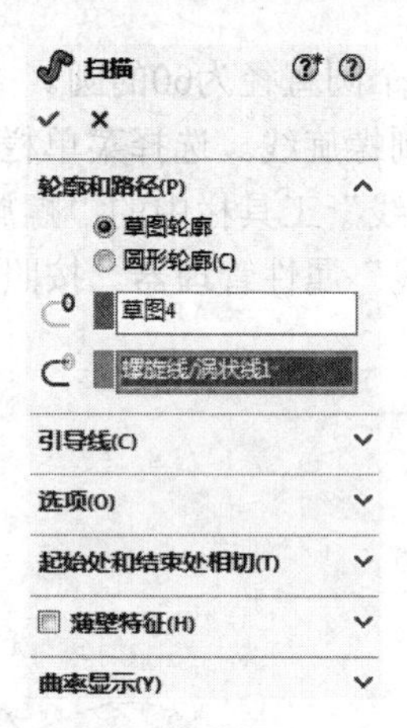

图 4-68　“扫描”属性管理器

4.4.2　带引导线的扫描方式

以绘制图4-69所示的葫芦为例，说明带引导线的扫描特征的操作步骤

【操作步骤】

1）设置基准面。在左侧的“FeatureManager设计树”中用鼠标选择“前视基准面”作为绘制图形的基准面。

2）绘制路径草图。选择菜单栏中的“工具”→“草图绘制实体”→“直线”命令，以原点为起点绘制一条长度为90的竖直中心线，结果如图4-70所示，然后退出草图绘制状态。

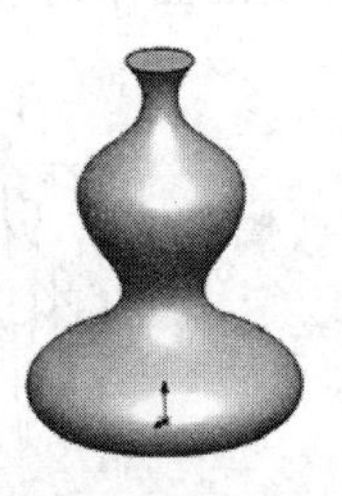

图 4-69　葫芦

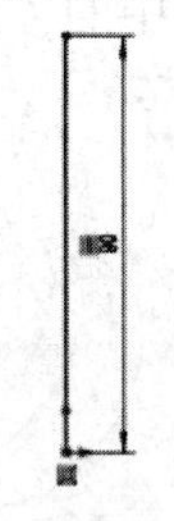

图 4-70　绘制路径草图

3）设置基准面。在左侧的“FeatureManager设计树”中用鼠标选择“前视基准面”作为绘制图形的基准面。

4）绘制引导线草图。选择菜单栏中的“工具”→“草图绘制实体”→“样条曲线”命令，绘制图4-71所示的图形并标注尺寸，然后退出草图绘制状态。

5）设置基准面。在左侧的“FeatureManager设计树”中用鼠标选择“上视基准面”作为绘制图形的基准面。

6）绘制轮廓草图。选择菜单栏中的“工具”→“草图绘制实体”→“圆”命令，以原点为圆心绘制一个直径为40的圆，然后退出草图绘制状态，如图4-72所示。

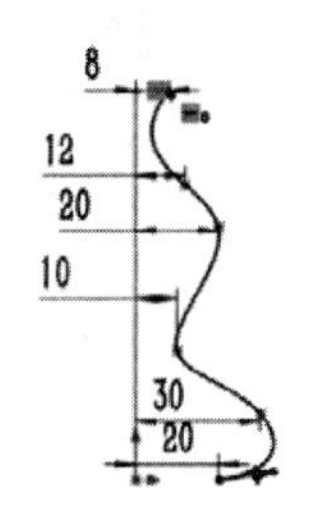

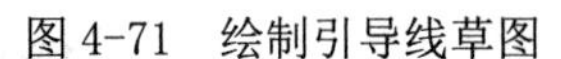
图 4-71　绘制引导线草图

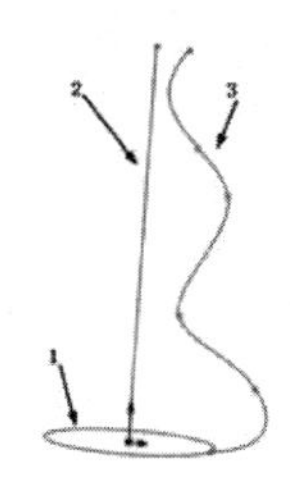

图 4-72　绘制轮廓草图

7）执行扫描命令。选择菜单栏中的“插入”→“凸台/基体”→“扫描”命令，或者单击“特征”工具栏中的“扫描”按钮，执行扫描命令。

8）设置属性管理器。此时系统弹出如图4-73所示的“扫描”属性管理器。在“轮廓”一栏中，用鼠标选择图4-72中圆1；在“路径”一栏中，用鼠标选择图4-72中的直线2；在“引导线”一栏中，用鼠标选择图4-73中的样条曲线3，按照图示进行设置。

9）确认扫描特征。单击“扫描”属性管理器中的“确定”按钮✔，扫描特征完毕。结果如图4-69所示。

薄壁特征的扫描方式。

以绘制如图4-74所示的薄壁葫芦为例，说明带薄壁扫描特征的操作步骤。操作步骤与“带引导线的扫描方式”基本相同，只是最后一步中的“扫描”属性管理器的设置不同，在属性管理器中选择了“薄壁特征”复选栏，“扫描-薄壁”属性管理器的设置如图4-75所示。

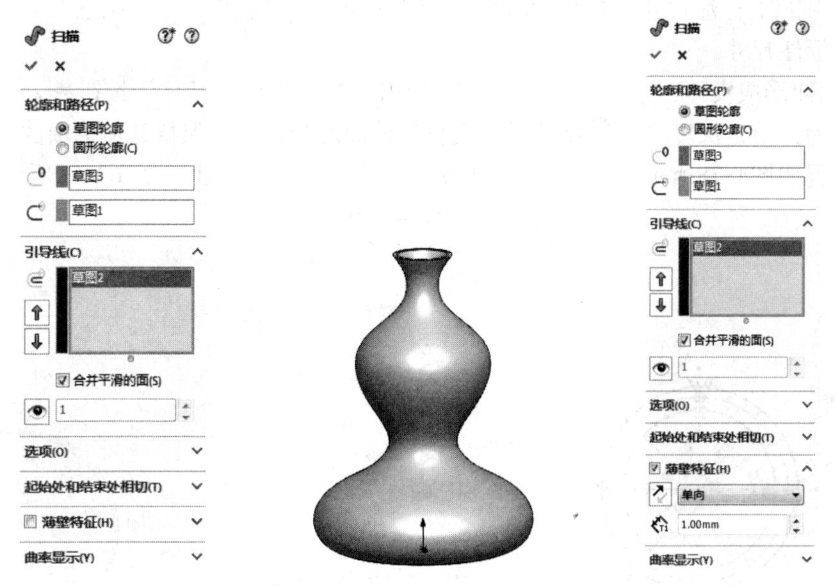

图 4-73　“扫描”属性管理器　　图 4-74　薄壁葫芦　　图 4-75　“扫描-薄壁”属性管理器

4.4.3　实例——弯管

绘制图4-76所示的弯管。

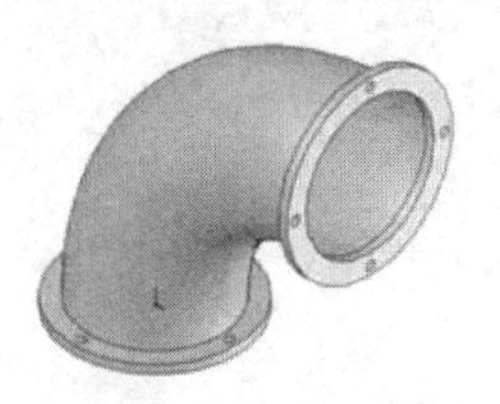

图 4-76　弯管

实讲实训
多媒体演示

多媒体演示参见配套光盘中的\\动画演示\第4章\弯管.avi。

【操作步骤】

1）启动系统。启动SOLIDWORKS 2016，选择菜单栏中的“文件”→“新建”命令，或者单击“标准”工具栏中的“新建”按钮，在打开的“新建 SOLIDWORKS 文件”对话框中，选择“零件”按钮，单击“确定”按钮。

2）新建文件。在设计树中选择“上视基准面”，单击“草图”工具栏中的“草图绘制”按钮，新建一张草图。

3）选择视图。单击“标准视图”工具栏中的“正视于”按钮，正视于上视视图。

4）绘制中心线。单击“草图”工具栏中的“中心线”工具，在草图绘制平面通过原点绘制两条相互垂直的中心线。

5）绘制圆。单击“草图”工具栏中的“圆”按钮，绘制一个以原点为圆心，直径为180mm的圆，作为构造线。

6）绘制圆，标注尺寸。单击“草图”工具栏中的“圆”按钮，绘制法兰草图如图4-77所示，并标注尺寸。

7）拉伸形成实体。单击“特征”工具栏中的“拉伸凸台/基体”按钮，设定拉伸的终止条件为：给定深度。在微调框中设置拉伸深度为10mm，保持其他选项的系统默认值不变，设置如图4-78所示单击“确定”按钮，完成法兰的创建，如图4-79所示。

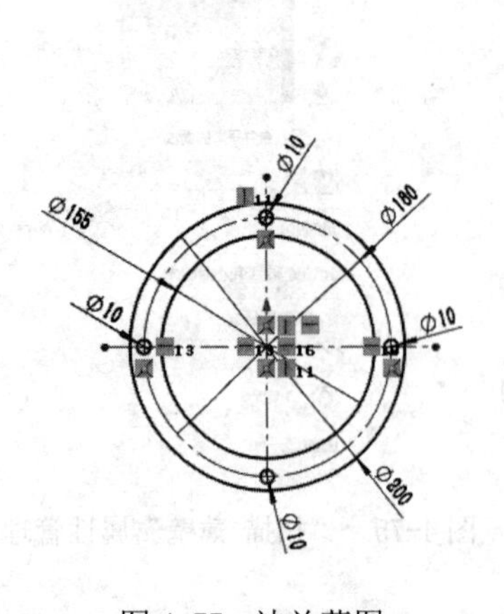

图 4-77　法兰草图

图 4-78　拉伸的设置

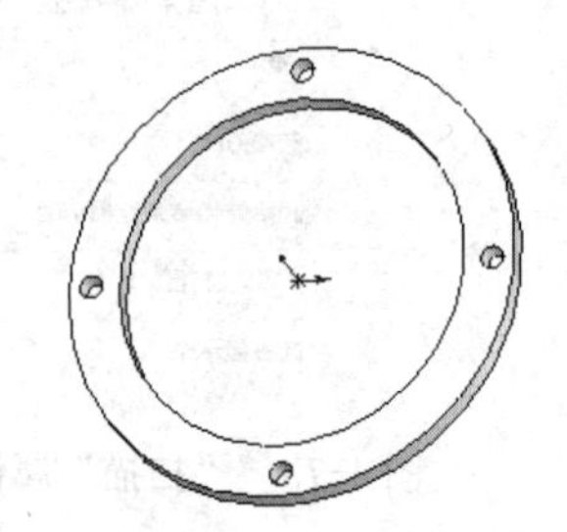

图 4-79　法兰

8）新建草图。选择法兰的上表面，单击“草图”工具栏中的“草图绘制”按钮，新建一张草图。

9）选择视图。单击“标准视图”工具栏中的“正视于”按钮，正视于该草图平面。

10）绘制圆。单击“草图”工具栏中的“圆”按钮，分别绘制两个以原点为圆心，直径为160mm和155mm的圆作为扫描轮廓，如图4-80所示。

11）新建草图。在设计树中选择前视基准面，单击“草图”工具栏中的“草图绘制”按钮，新建一张草图。

12）选择视图。单击“标准视图”工具栏中的“正视于”按钮，正视于前视视图。

13）绘制圆弧。单击“草图”工具栏中的“中心圆弧”按钮，在法兰上表面延伸的一条水平线上捕捉一点作为圆心，上表面原点作为圆弧起点，绘制一个四分之一圆弧作为扫描路径，标注半径为250mm，如图4-81所示。

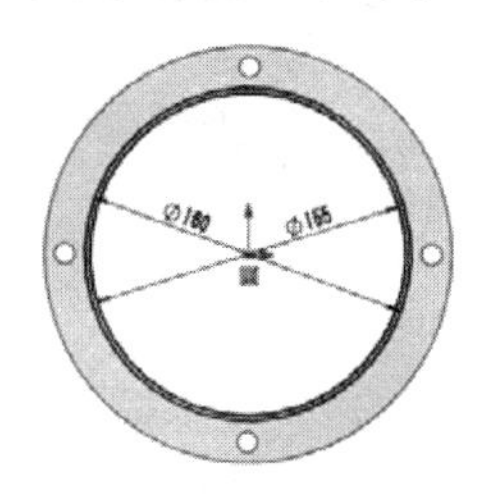

图4-80 扫描轮廓

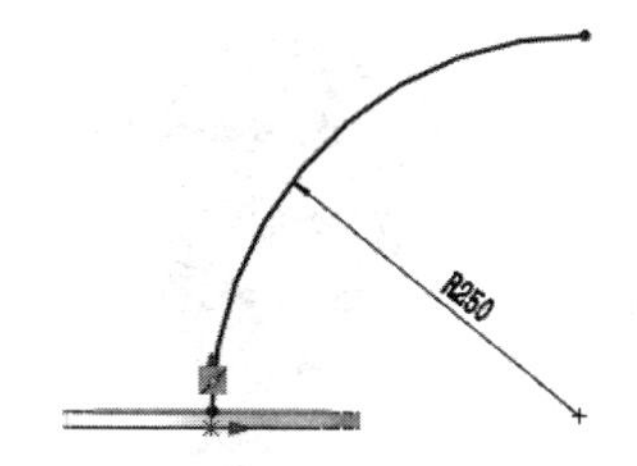

图4-81 扫描路径

14）扫描弯管。单击“草图”工具栏中的“扫描”按钮，选择步骤10）中的草图作为扫描轮廓，步骤13）的草图作为扫描路径，如图4-82所示。单击“确定”按钮，从而生成弯管部分，如图4-83所示。

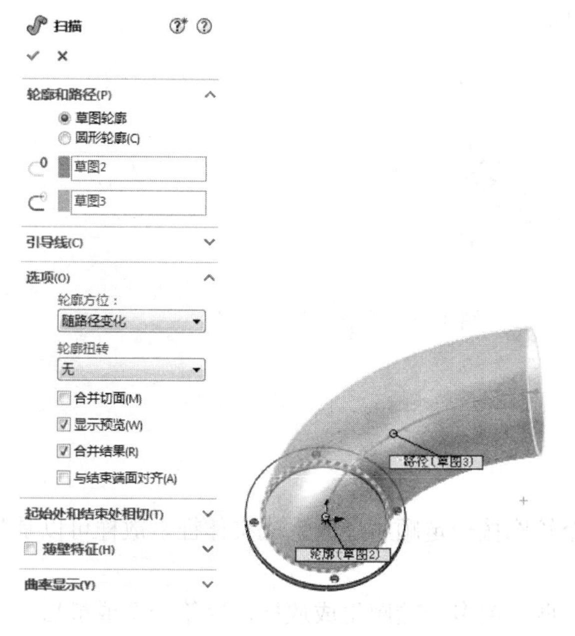

图 4-82 设置扫描参数

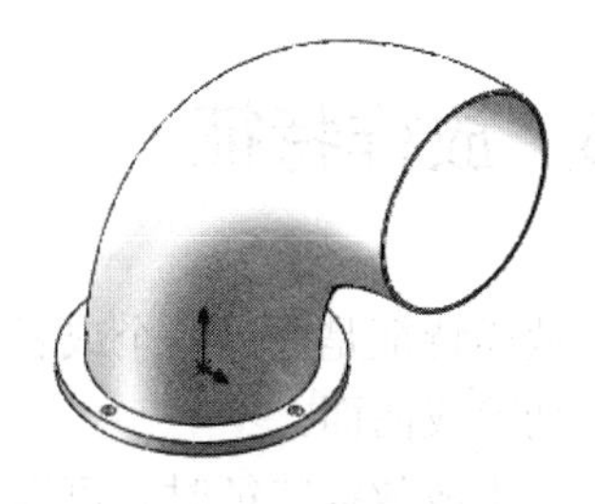

图 4-83 弯管

15）新建草图。选择弯管的另一端面，单击“草图”工具栏中的“草图绘制”按钮，新建一张草图。

16）选择视图。单击“标准视图”工具栏中的“正视于”按钮，正视于该草图。

17）重复步骤4）～6），绘制图4-84所示另一端的法兰草图。

18）拉伸形成实体。单击“特征”工具栏中的“拉伸凸台/基体”按钮，设定拉伸的终止条件为：给定深度。在微调框中设置拉伸深度为10mm，保持其他选项的系统默认值不变，设置如图4-85所示，单击“确定”按钮，完成法兰的创建。

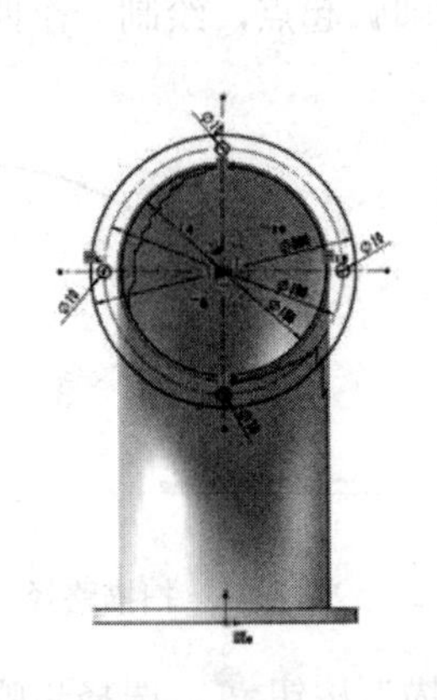

图 4-84　法兰草图

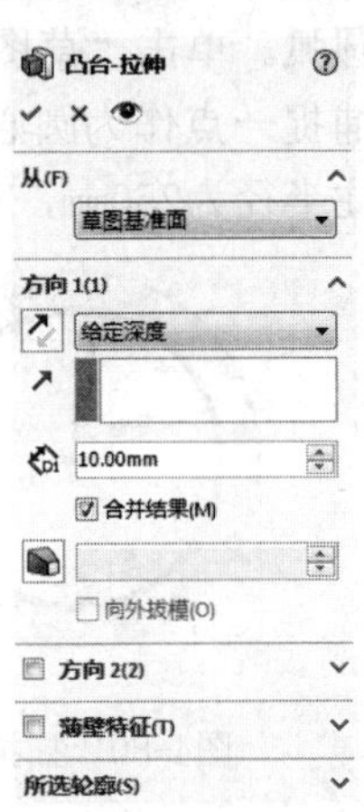

图 4-85　拉伸的设置

19）至此，弯管创建完成，单击保存按钮，将零件保存为“弯管.sldprt”，使用旋转观察功能，最后结果如图4-86所示。

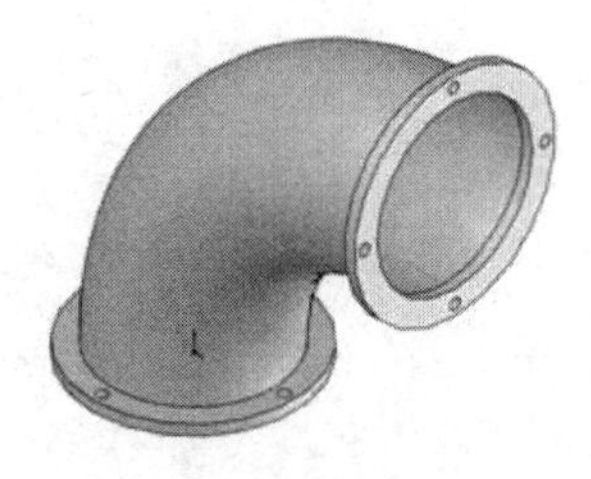

图 4-86　弯管

4.5　放样特征

放样特征是通过两个或者多个轮廓按一定顺序过渡生成实体征。放样可以是基体、凸台、切除或曲面。

在生成放样特征时，可以使用两个或多个轮廓生成放样，仅第一个或最后一个轮廓可以是点，也可以这两个轮廓均为点。对于实体放样，第一个和最后一个轮廓必须是由分割线生成的模型面，或是平面轮廓或是曲面。

放样特征与扫描特征不同的是，放样特征不需要有路径，就可以生成实体。

放样特征遵循以下规则：

➢ 创建放样特征，至少需要两个以上的轮廓。放样时，对应的点不同，产生的效果也不同，如果要创建实体特征，轮廓必须是闭合的。

➢ 创建放样特征时，引导线可有可无。需要引导线时，引导线必须与轮廓接触。加入引导线的目的是为了控制轮廓，根据引导线的变化有效地控制模型的外形。

放样特征包括两个基本参数，分别是轮廓与引导线。下面通过实例说明不同类型的放样方式。

4.5.1 不带引导线的放样方式

以绘制图4-87所示的锥体为例，说明不带引导线的放样特征的操作步骤。

【操作步骤】

1）设置基准面。在左侧的“FeatureManager设计树”中用鼠标选择“上视基准面”作为绘制图形的基准面。

2）绘制草图。选择菜单栏中的“工具”→“草图绘制实体”→“圆”命令，以原点为圆心绘制一个直径为60的圆，结果如图4-88所示，然后退出草图绘制状态。

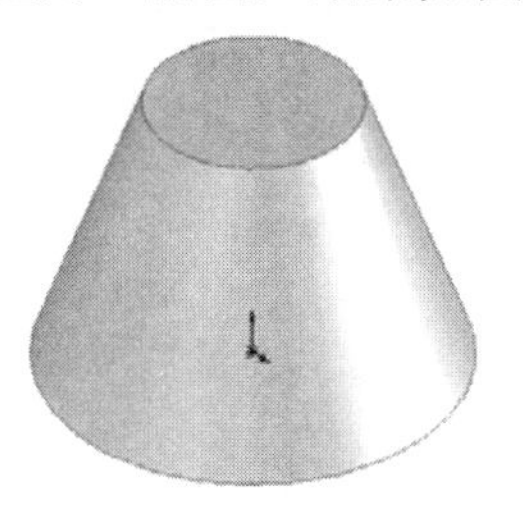

图 4-87 锥体

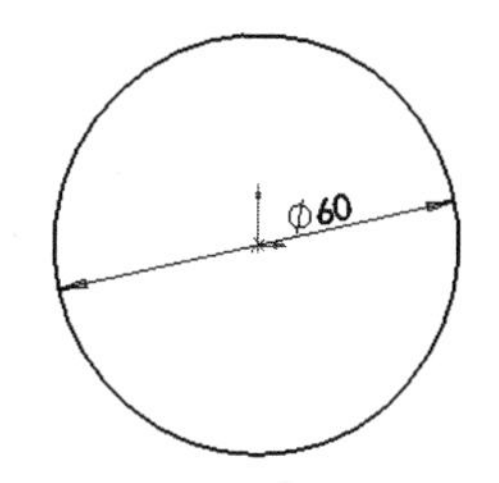

图 4-88 标注的圆

3）设置视图方向。单击“标准视图”工具栏中的“等轴测”按钮，将视图以等轴测方向显示。

4）添加基准面。在左侧的”FeatureManager设计树”中用鼠标选择“上视基准面”，然后选择菜单栏中的“插入”→“参考几何体”→“基准面”命令，此时系统弹出图4-89所示的“基准面”属性管理器。在“偏移距离”一栏中输入值40，单击属性管理器中的“确定”按钮✔。添加一个新的基准面，结果如图4-90所示。

5）设置基准面。单击基准面1，然后单击“标准视图”工具栏中的“正视于”按钮，将该基准面作为绘制图形的基准面。

6）绘制草图。选择菜单栏中的“工具”→“草图绘制实体”→“圆”命令，以原点为圆心绘制一个直径为30的圆，然后退出草图绘制状态，结果如图4-91所示。

7）执行放样命令。选择菜单栏中的“插入”→“凸台/基体”→“放样”命令，或者单击“特征”工具栏中的“放样凸台/基准”按钮，执行放样命令。

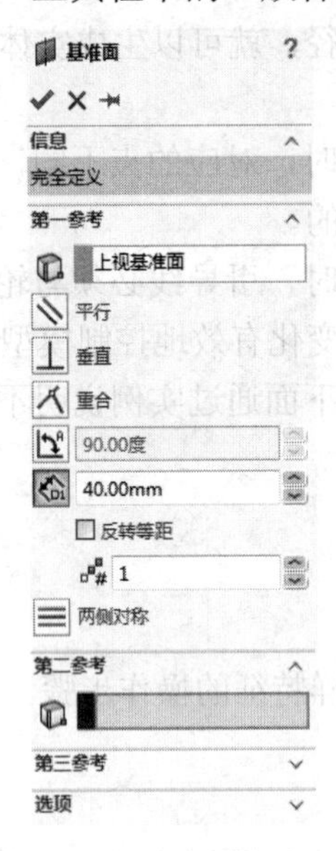

图4-89　“基准面”属性管理器

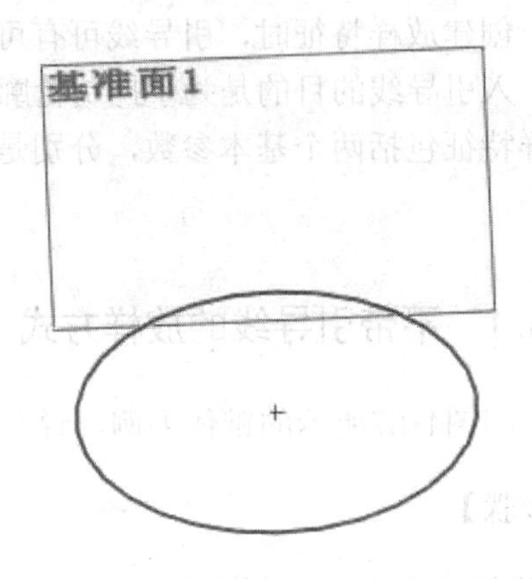

图4-90　添加的基准面

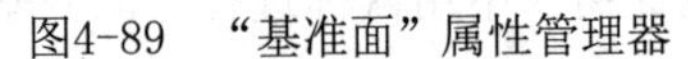

8）设置属性管理器。此时系统弹出图4-92所示的“放样”属性管理器，在“轮廓”一栏中，用鼠标依次选择图4-91中圆1和圆2，按照图示进行设置。

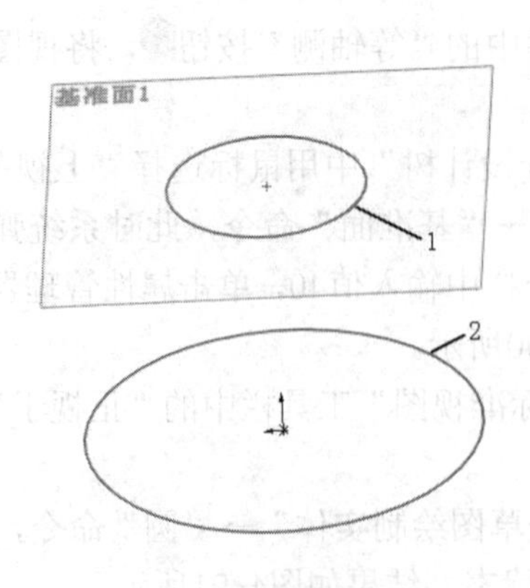

图4-91　等轴测视图

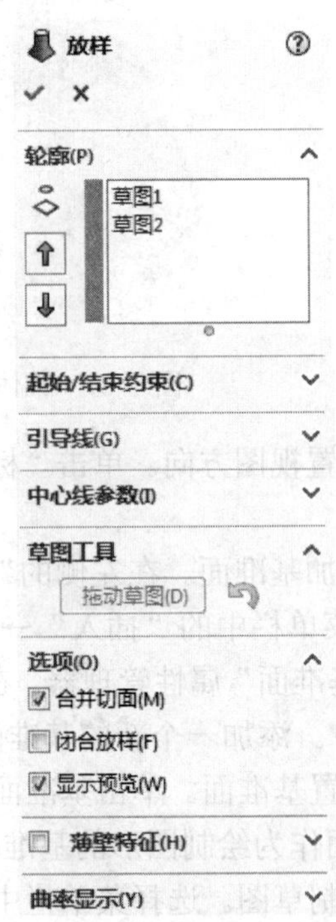

图4-92　“放样”属性管理器

9）确认放样特征。单击“放样”属性管理器中的“确定”按钮✔，结果如图4-87所示。

4.5.2 带引导线的放样方式

以绘制如图4-93所示的弯状物为例，说明带引导线的放样特征的操作步骤。

【操作步骤】

1）设置基准面。在左侧的“FeatureManager设计树”中用鼠标选择“上视基准面”作为绘制图形的基准面。

2）绘制草图。选择菜单栏中的“工具”→“草图绘制实体”→“圆”命令，以原点为圆心绘制一个直径为30的圆，结果如图4-94所示，然后退出草图绘制状态。

图 4-93 弯状物

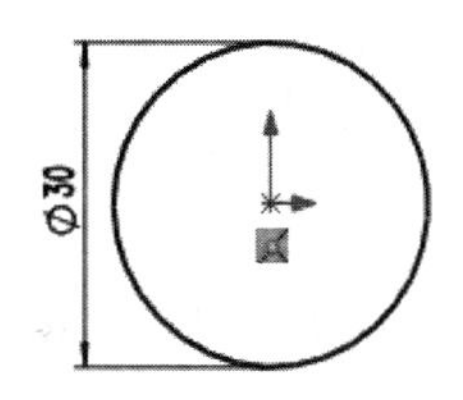

图 4-94 绘制的草图

3）设置视图方向。单击“标准视图”工具栏中的“等轴测”按钮，将视图以等轴测方向显示。

4）添加基准面。在左侧的“FeatureManager设计树”中用鼠标选择“右视基准面”，然后选择菜单栏中的“插入”→“参考几何体”→“基准面”命令，此时系统弹出图4-95所示的“基准面”属性管理器。在“等距距离”一栏中输入值60，单击属性管理器中的“确定”按钮✔，添加一个新的基准面，结果如图4-96所示。

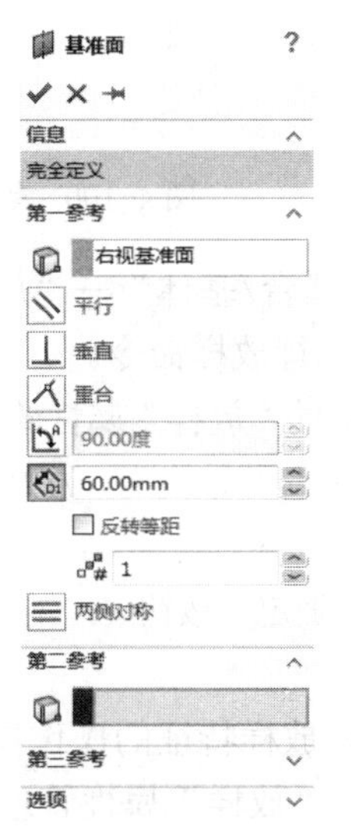

图 4-95 “基准面”属性管理器

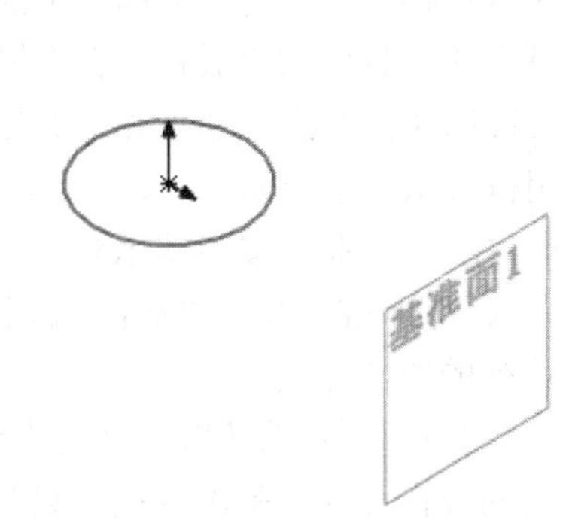

图 4-96 添加的基准面

5）设置基准面。单击基准面1，然后单击“标准视图”工具栏中的“正视于”按钮，将该基准面作为绘制图形的基准面。

6）绘制草图。选择菜单栏中的“工具”→“草图绘制实体”→“圆”命令，在原点的正上方绘制一个直径为30的圆，并标注尺寸，结果如图4-97所示，然后退出草图绘制状态。

7）设置基准面。在左侧的“FeatureManager设计树”中用鼠标选择“前视基准面”作为绘制图形的基准面。

8）绘制草图。选择菜单栏中的“工具”→“草图绘制实体”→“直线”命令，绘制图4-98所示的直线，并标注尺寸。

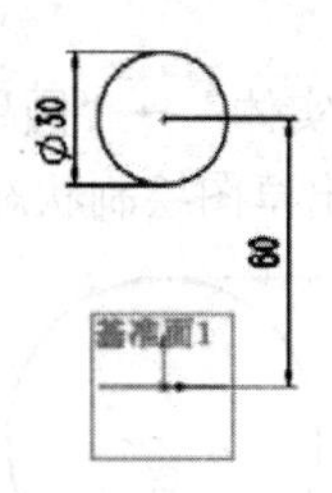

图 4-97　绘制的草图

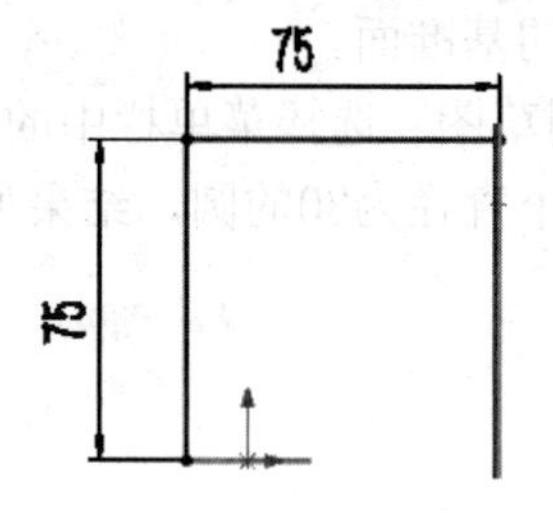

图 4-98　绘制的草图

9）圆角草图。选择菜单栏中的“工具”→“草图工具”→“圆角”命令，将两直线的交点处圆角为半径为30的圆角。结果如图4-99所示，然后退出草图绘制状态。

10）设置视图方向。单击“标准视图”工具栏中的“等轴测”按钮，将视图以等轴测方向显示，结果如图4-100所示。

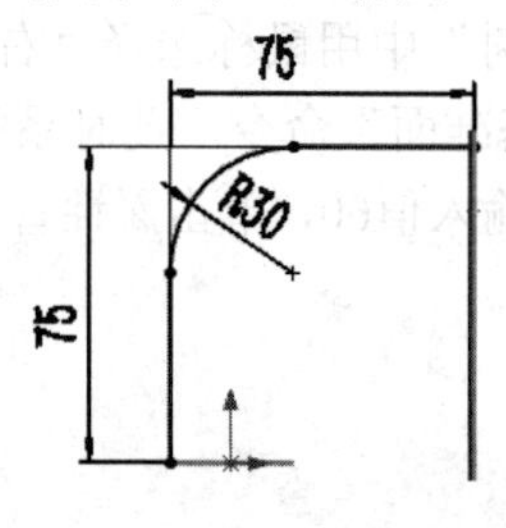

图 4-99　绘制的草图

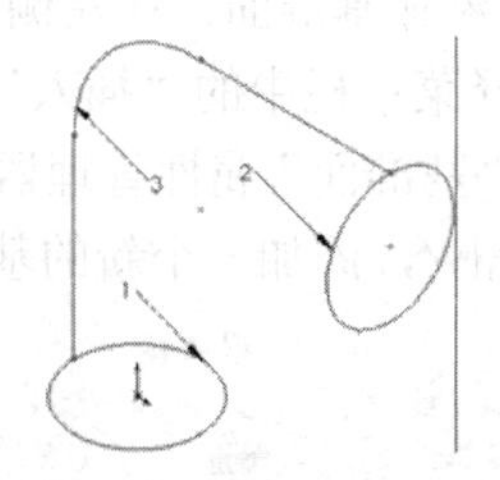

图 4-100　等轴测视图

11）执行放样命令。选择菜单栏中的“插入”→“凸台/基体”→“放样”命令，或者单击“特征”工具栏中的“放样凸台/基准”按钮，执行放样命令。

12）设置属性管理器。此时系统弹出如图4-101所示的“放样”属性管理器。在“轮廓”一栏中，用鼠标依次选择如图4-100所示中圆1和圆2；在“引导线”一栏中，用鼠标选择如图4-101所示中的草图3，按照图示4-101进行设置。

13）确认放样特征。单击“放样”属性管理器中的“确定”按钮，结果如图4-102所示。

薄壁特征的放样方式。

以绘制图4-103所示的薄壁弯状物为例，说明带薄壁放样特征的操作步骤。操作步骤与“带引导线的放样方式”基本相同，只是最后一步中的“放样”属性管理器的设置不同，在属性管理器中选择了“薄壁特征”复选栏，“放样”属性管理器的设置如图4-104所示。

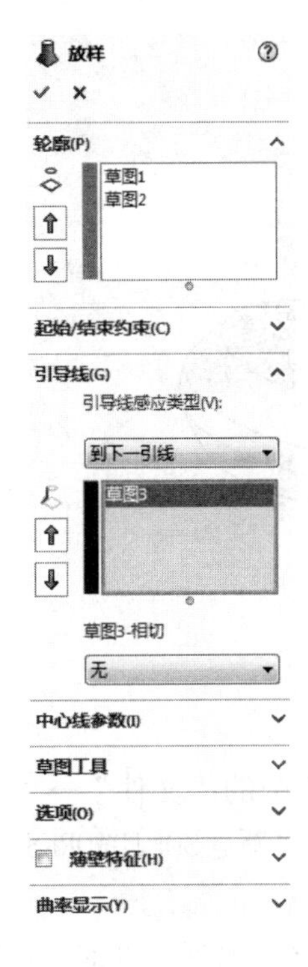

图 4-101 “放样”属性管理器

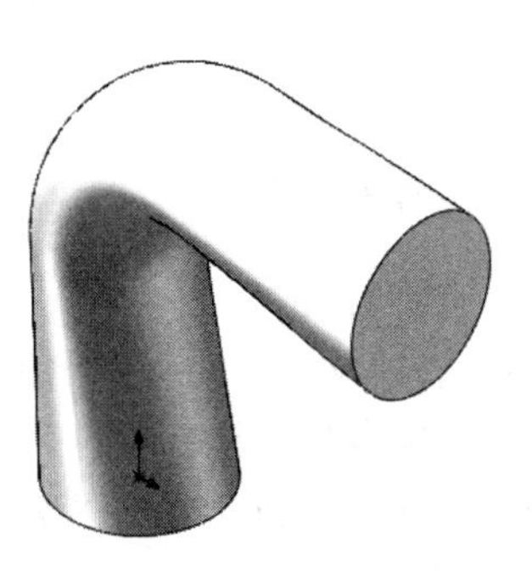

图 4-102 放样的图形

注意

在使用 3 个以上轮廓进行放样时，轮廓必须顺序选取，不能间隔选取，否则结果会和预期的效果不一样。

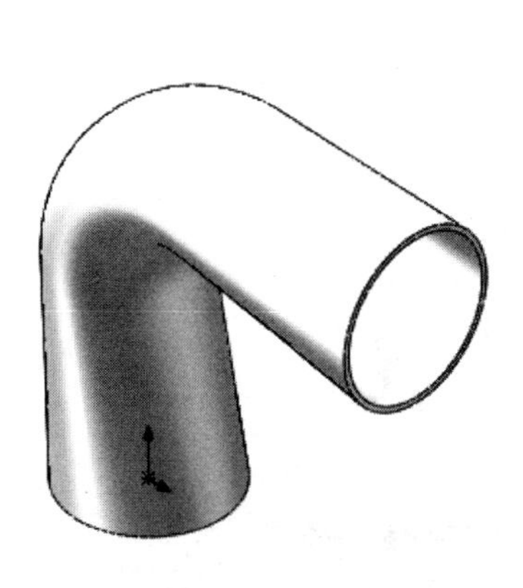

图 4-103 薄壁弯状物

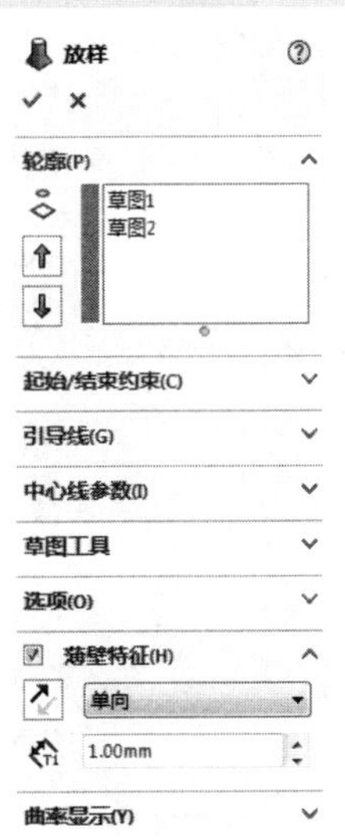

图 4-104 “薄壁-放样”属性管理器

4.5.3 实例——连杆基体

绘制如图4-105所示的连杆基体。

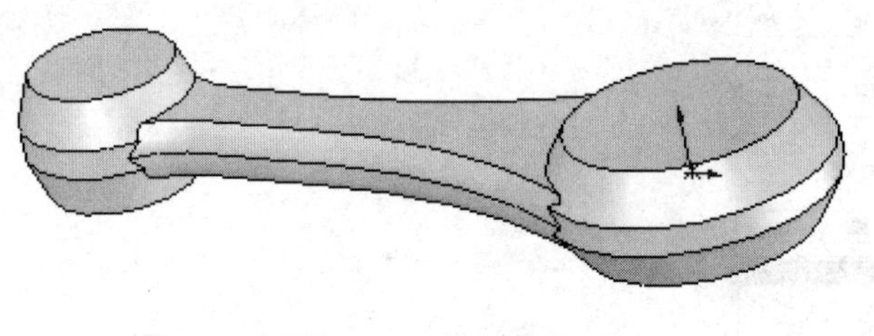

图 4-105 连杆基体

> **实讲实训**
> **多媒体演示**
>
> 多媒体演示参见配套光盘中的\\动画演示\第4章\连杆基体.avi。

【操作步骤】

1. 放样特征

1）新建文件。启动SOLIDWORKS 2016，选择菜单栏中的“文件”→“新建”命令，或者单击“标准”工具栏中的“新建”按钮，在打开的“新建SOLIDWORKS文件”对话框中，选择“零件”按钮，单击“确定”按钮。

2）新建草图。在“FeatureManager设计树”中选择“上视基准面”，单击“草图”工具栏中的“草图绘制”按钮，新建一张草图。

3）绘制圆。单击“草图”工具栏中的“圆”按钮，绘制一个以原点为圆心，直径为80mm的圆，然后退出草图。

4）拉伸实体。单击“特征”工具栏中的“拉伸基体/凸台”按钮，设定拉伸的终止条件为“给定深度”，在微调框中设置拉伸深度为4mm，保持其他选项的系统默认值不变，如图4-106所示，单击“确定”按钮，生成连杆大端拉伸特征。

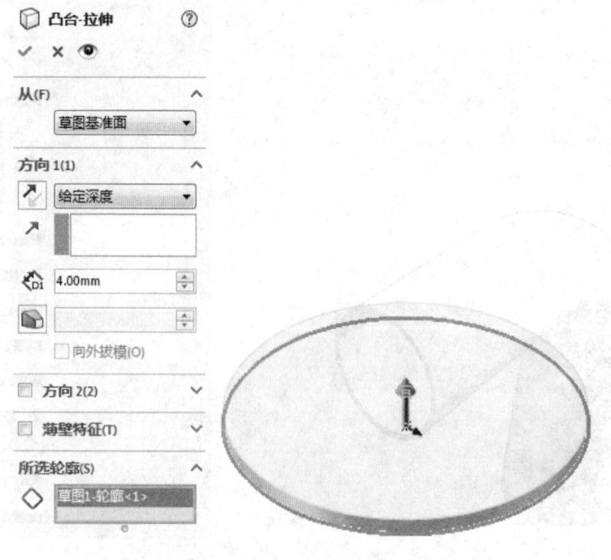

图 4-106 大端拉伸特征

5）建立基准面。选择“FeatureManager设计树”中的“上视基准面”，然后单击菜单栏中的“插入”→“参考几何体”→“基准面”命令，或者单击“参考几何体”工具栏中的“基准面”按钮。在属性管理器中的微调框中设置偏移距离为16.5mm，如图4-107所示，单击“确定”按钮，生成基准面1。

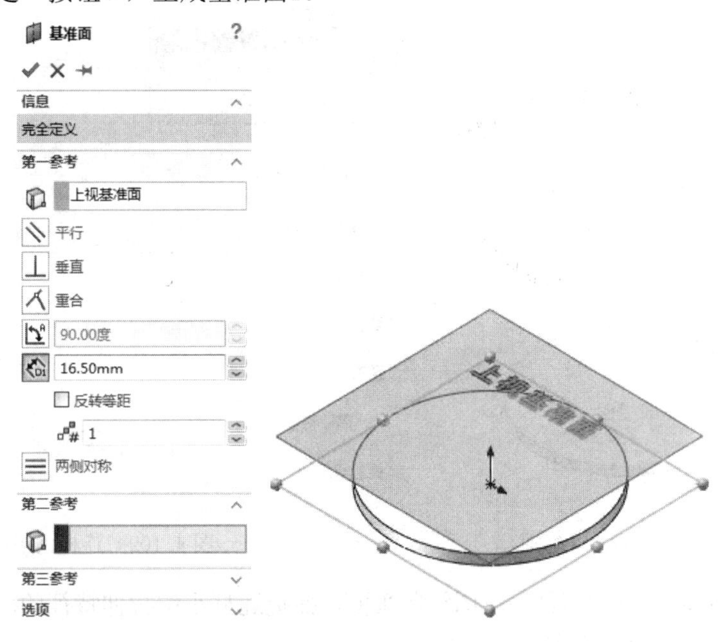

图 4-107　插入基准面 1

6）新建草图。单击“草图”工具栏中的“草图绘制”按钮，在基准面1上新建一张草图。

7）绘制圆。单击“草图”工具栏中的“圆”按钮，绘制一个以原点为圆心，直径为63mm的圆，如图4-108所示，退出草图绘制。

8）生成放样特征。单击菜单栏中的“插入”→“凸台/基台”→“放样”命令，或者单击“特征”工具栏中的“放样凸台/基体”按钮。在属性管理器中，单击按钮右侧的显示框，然后在图形区域中依次选取连杆大端拉伸基体的上部边线和上步绘制的圆为放样轮廓线，如图4-109所示，单击“确定”按钮，从而生成连杆大端放样特征。

9）新建草图。在“FeatureManager设计树”中选择“上视基准面”，单击“草图”工具栏中的“草图绘制”按钮，新建一张草图。

10）绘制中心线。单击“草图”工具栏中的“中心线”按钮，过坐标原点绘制一条水平中心线。

11）绘制圆。单击“草图”工具栏中的“圆”按钮，绘制一个圆心在中心线上，直径为50mm的圆，圆心到坐标原点的距离为180mm。

12）拉伸形成实体。单击“特征”工具栏中的“拉伸基体/凸台”按钮，设定拉伸的终止条件为“给定深度”，在微调框中设置拉伸深度为4mm，保持其他选项的系统默认值不变，如图4-110所示，单击“确定”按钮，从而生成连杆小端拉伸特征。

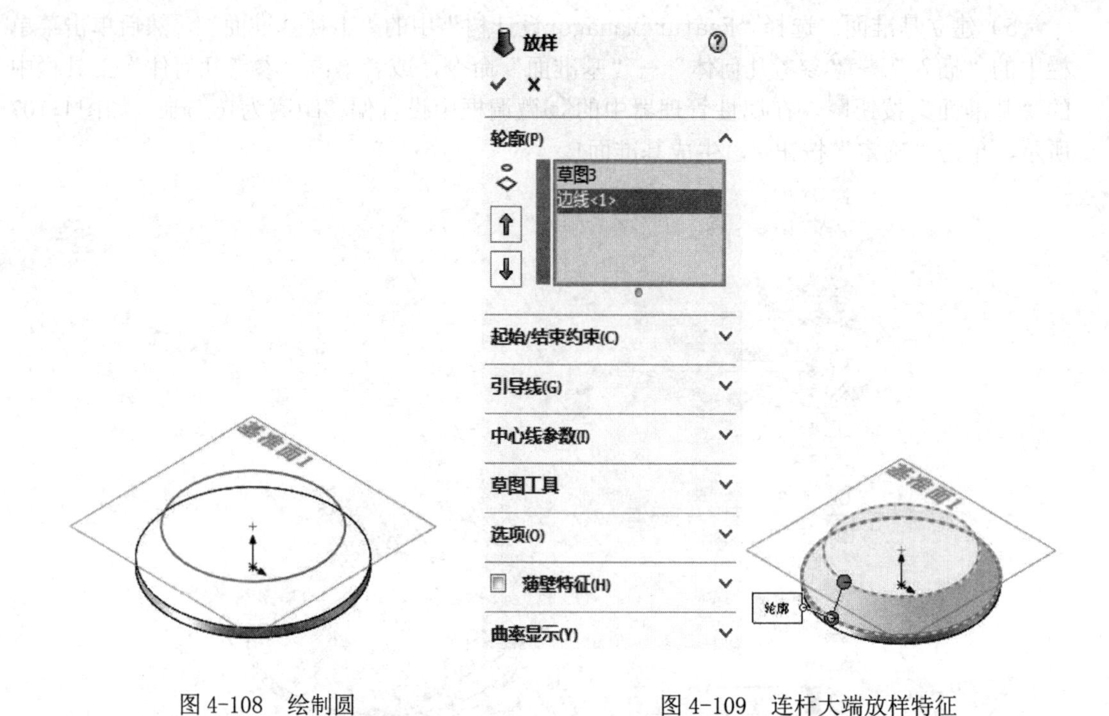

图 4-108　绘制圆　　　　图 4-109　连杆大端放样特征

13）绘制圆。以基准面1为草图绘制平面，捕捉连杆小端拉伸特征的圆心，绘制一个直径为41mm的圆，并退出草图。

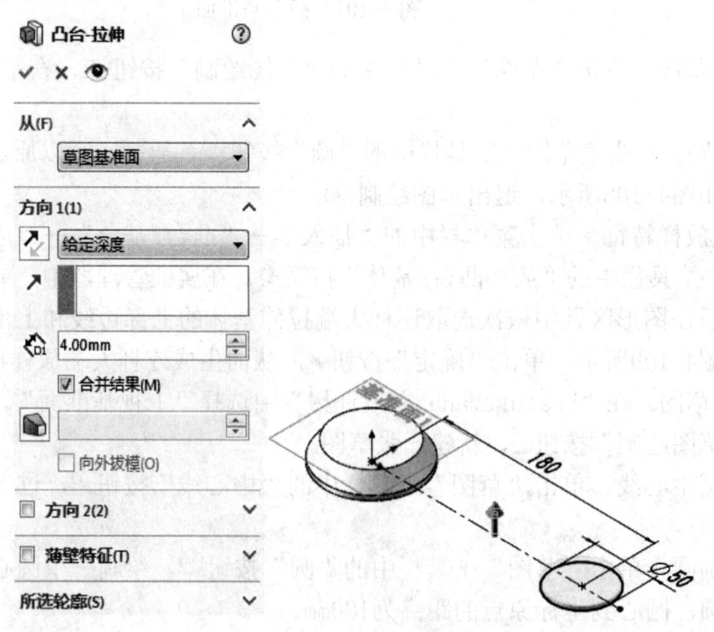

图 4-110　连杆小端拉伸特征

14）生成放样特征。单击“特征”工具栏中的“放样凸台/基体”按钮，在属性管理器中，单击按钮右侧的显示框，然后在图形区域中依次选取连杆小端拉伸基体的上部边线和上步绘制的圆为放样轮廓线，如图4-111所示。单击“确定”按钮，从而生成连杆小端放样特征。

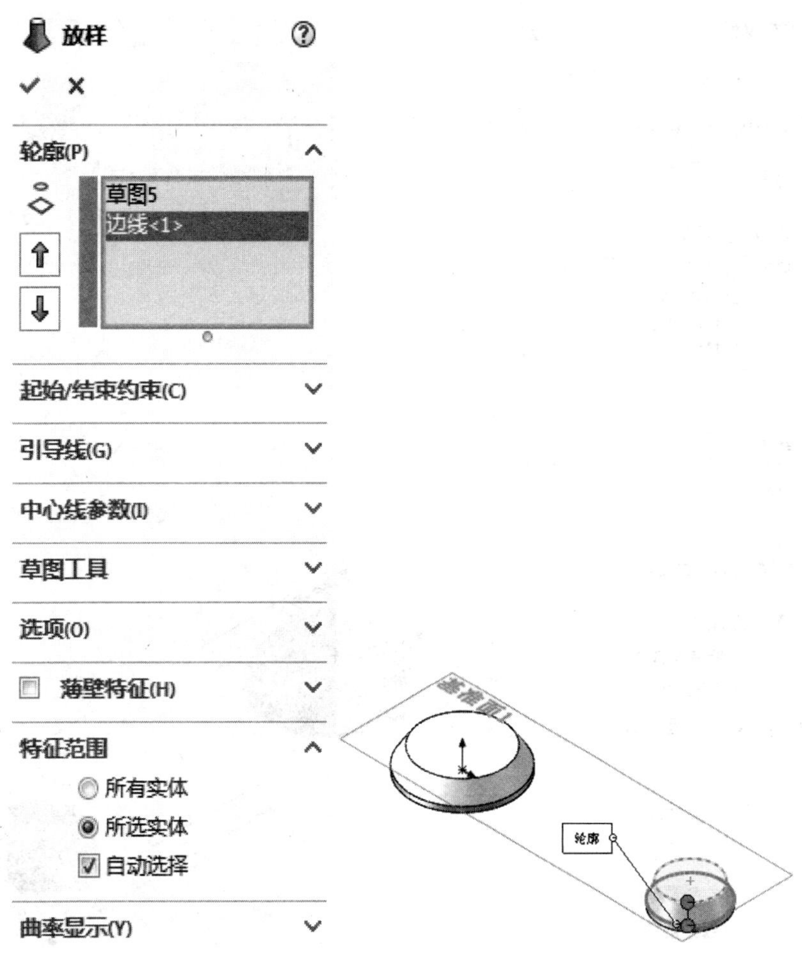

图 4-111　连杆小端放样特征

15）选择镜向特征。单击“特征”工具栏中的“镜向”按钮，选取“上视基准面”为镜向基准面，在“要镜向的特征”输入框中选取上面绘制的全部特征，如图4-112所示，单击“确定”按钮，从而生成镜向特征。

2. 绘制柄部

1）绘制第一条引导线。新建草图。在“FeatureManager设计树”中选择“上视基准面”，单击“草图”工具栏中的“草图绘制”按钮，新建一张草图。

2）绘制直线和切线弧。单击“草图”工具栏中的“直线”按钮和“三点圆弧”按钮，绘制如图4-113所示的草图，并标注尺寸。

3）添加几何关系。单击“尺寸/几何关系”工具栏中的“添加几何关系”按钮。选取大端圆弧线和连杆大端外圆在草图平面上的投影线，单击相切按钮，为二者添加相切关系。同样，添加小端圆弧线和连杆小端外圆在草图平面上的投影线为相切关系，继续添加几何关系，分别为中间直线与大端圆弧和中间直线与小端圆弧添加相切的几何关系，最后草图如图4-114所示，退出草图。

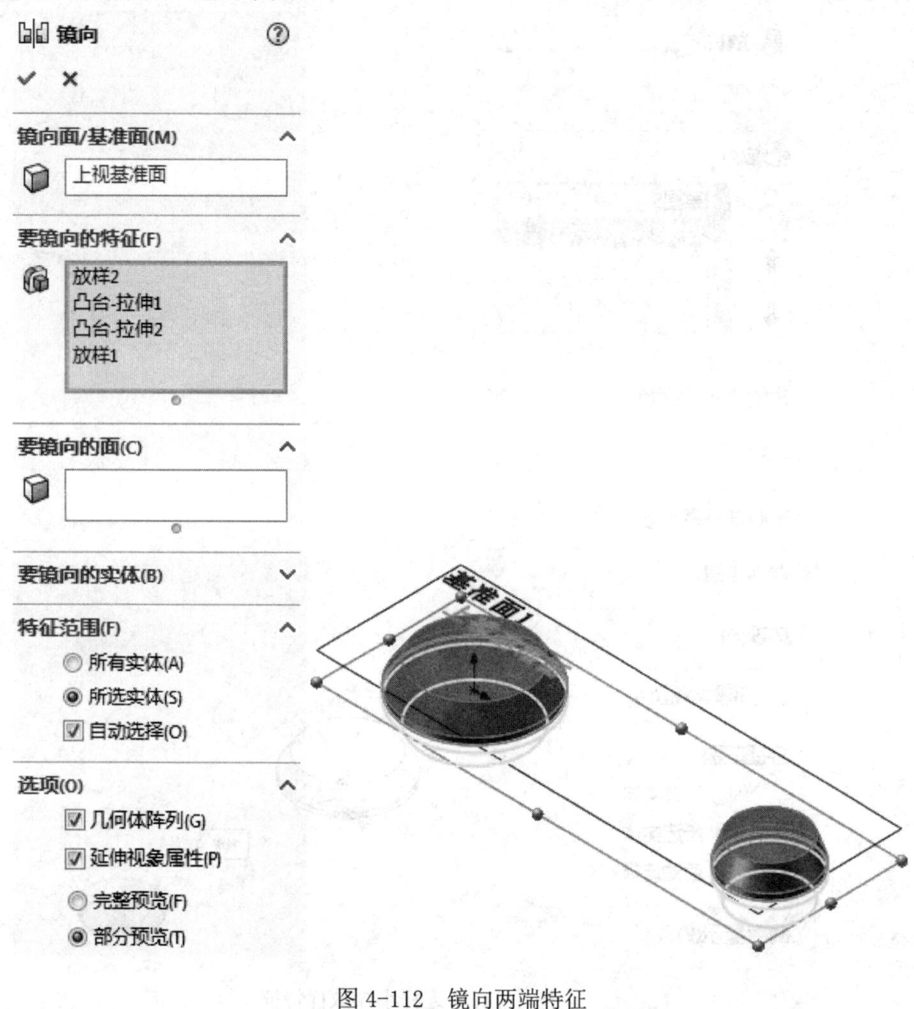

图 4-112　镜向两端特征

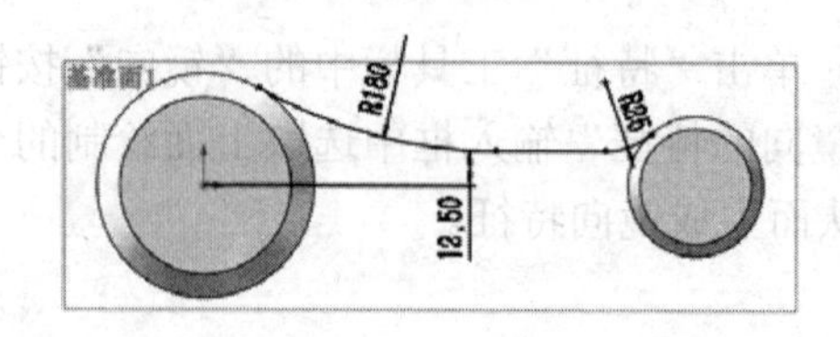

图 4-113　辅助引导线草图

4）建立基准面。选择“FeatureManager设计树”中的“右视基准面”，然后单击“参考几何体”工具栏中的“基准面”按钮。在基准面属性管理器中的微调框中设置偏移距离为120mm，单击“确定”按钮，生成基准面2。

5）绘制第一个放样轮廓。新建草图。选择基准面2，单击“草图”工具栏中的“草图绘制”按钮，新建一张草图，单击“标准视图”工具栏中的“正视于”按钮，使绘图平面转为正视方向。

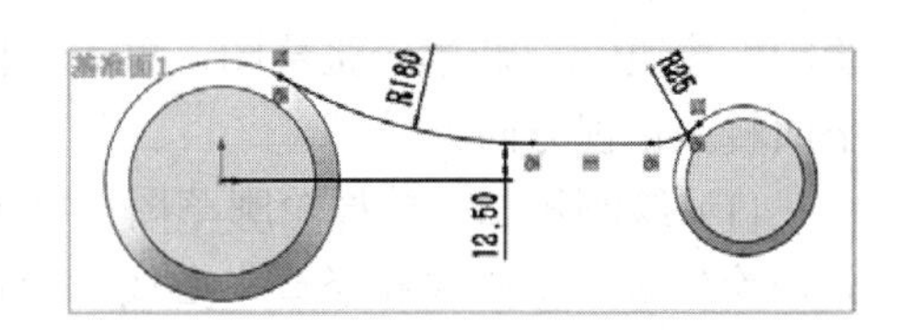

图4-114 添加几何关系

6）绘制中心线。单击“草图”工具栏中的“中心线”按钮，通过原点分别绘制水平和垂直中心线。

7）绘制直线，并标注尺寸。单击“草图”工具栏中的“直线”按钮和三点圆弧按钮，绘制草图并标注尺寸，如图4-115所示。

8）镜向草图。按住Ctrl键，选取直线、圆弧和中心线，单击“草图”工具栏中的“镜向”按钮，生成第一个放样轮廓草图，如图4-116所示，退出草图。

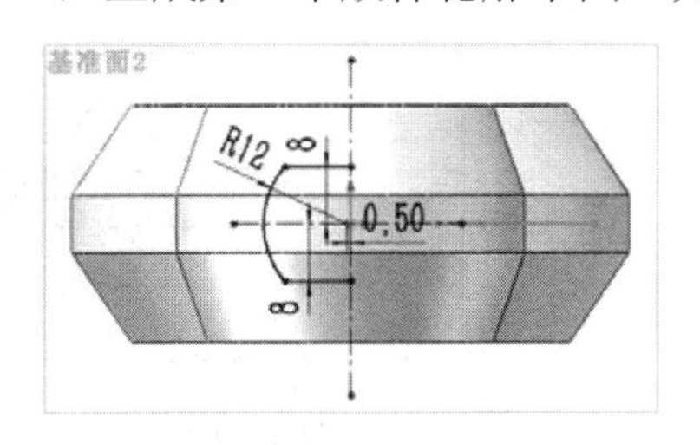

图 4-115 绘制草图

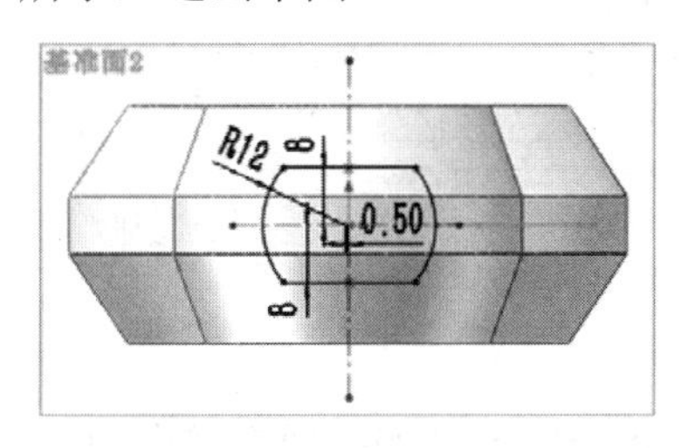

图 4-116 绘制第一个放样轮廓

9）建立基准面。选择“FeatureManager设计树”中的“右视基准面”，然后单击“参考几何体”工具栏中的“基准面”按钮。在第二参考中选择图4-114所示的草图右端点，如图4-117所示，单击“确定”按钮，生成基准面3。

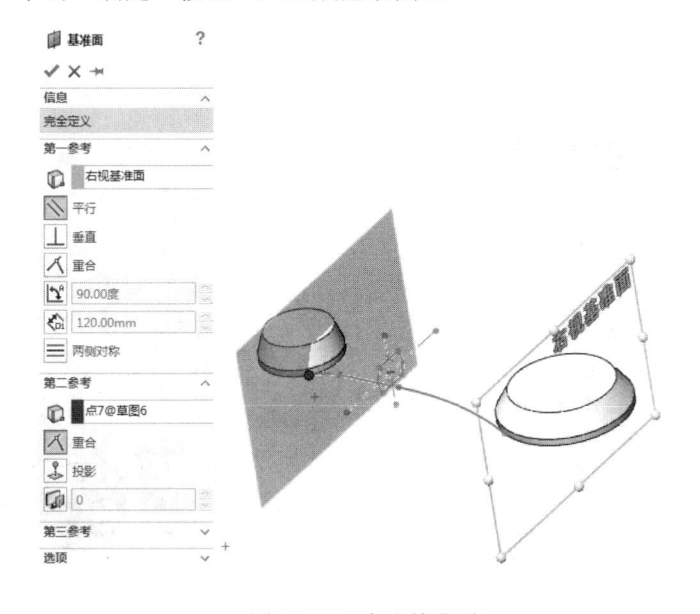

图 4-117 生成基准面 3

10）绘制第二个放样轮廓。新建草图。选择基准面3，单击“草图”工具栏中的“草图绘制”按钮，新建一张草图，单击“标准视图”工具栏中的“正视于”按钮，使绘图平面转为正视方向。

11）绘制第二个放样轮廓草图。单击“草图”工具栏中的“中心线”按钮，过原点分别绘制水平中心线和竖直中心线，单击“草图”工具栏中的“直线”按钮和“3点圆弧”按钮，绘制图4-118所示的草图，并标注尺寸。

12）添加几何关系。单击“尺寸/几何关系”工具栏中的“添加几何关系”按钮，选择图4-118所示的圆弧节点，添加几何关系为“重合”，退出草图。

13）镜像生成第二个放样轮廓。单击“草图”工具栏中的“镜像实体”按钮，选择弧线和两条直线作为要镜像的实体，选择垂直中心线作为镜像中心，生成第二个放样轮廓，如图4-119所示，退出草图。

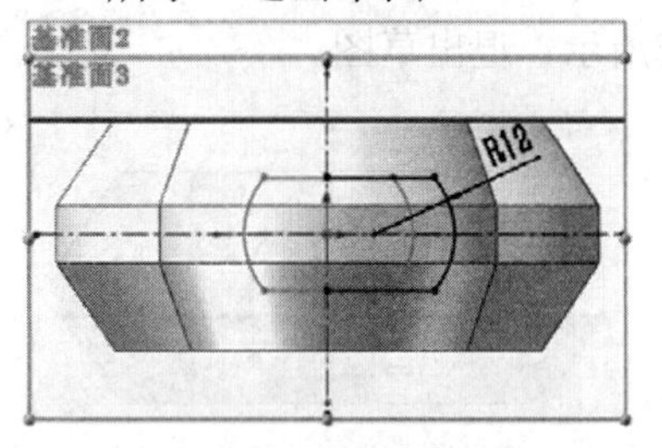

图 4-118　绘制第二个放样轮廓草图

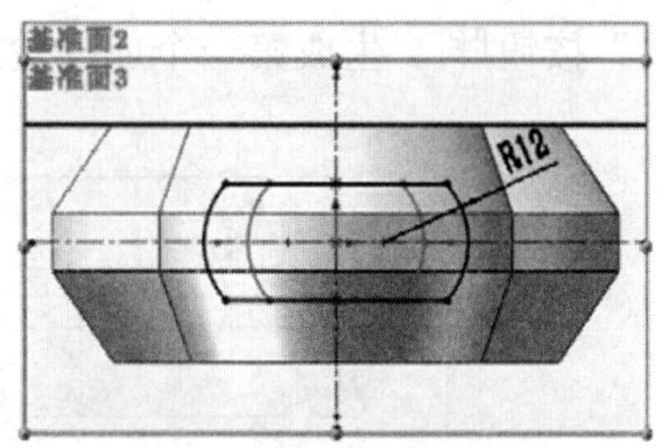

图 4-119　第二个放样轮廓

14）建立基准面。选择FeatureManager设计树中的“右视基准面”，然后单击“参考几何体”工具栏中的“基准面”按钮。在第二参考中选择图4-114所示的草图左端点，如图4-120所示，单击“确定”按钮，生成基准面4。

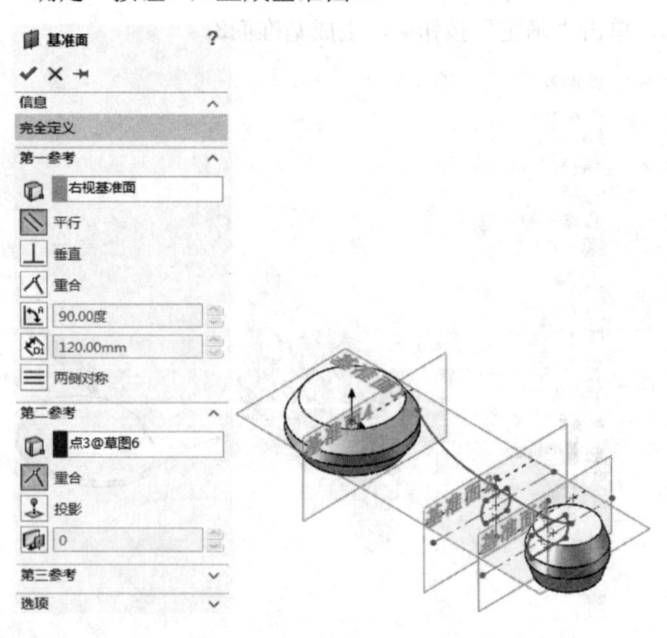

图 4-120　创建基准面 4

15）新建草图。选择基准面4，单击“草图”工具栏中的“草图绘制”按钮，新建一张草图。单击“标准视图”工具栏中的“正视于”按钮，使绘图平面转为正视方向。

16）绘制第三个放样轮廓草图。同绘制第一个放样轮廓草图方法相同，利用草图绘制工具绘制第三个放样轮廓草图，如图4-121所示，退出草图。

17）绘制第二条引导线，新建草图。在“FeatureManager设计树”中选择“上视基准面”，单击“草图”工具栏中的“草图绘制”按钮，新建一张草图。

18）投影。单击“草图”工具栏中的“转换实体引用”按钮，将辅助引导线草图投影到当前草图绘制平面，生成第一条引导线，如图4-122所示。

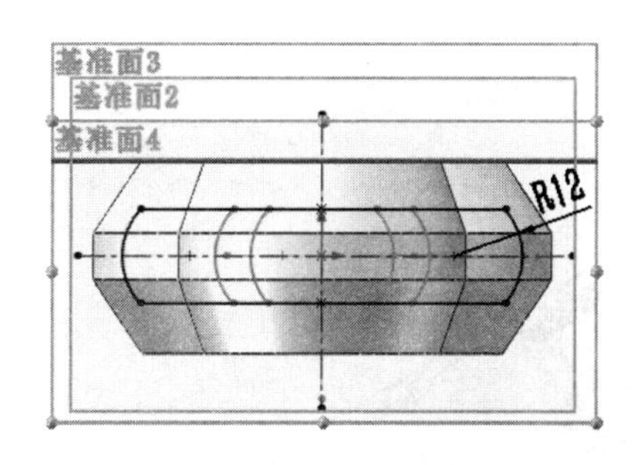

图 4-121 第三个放样轮廓

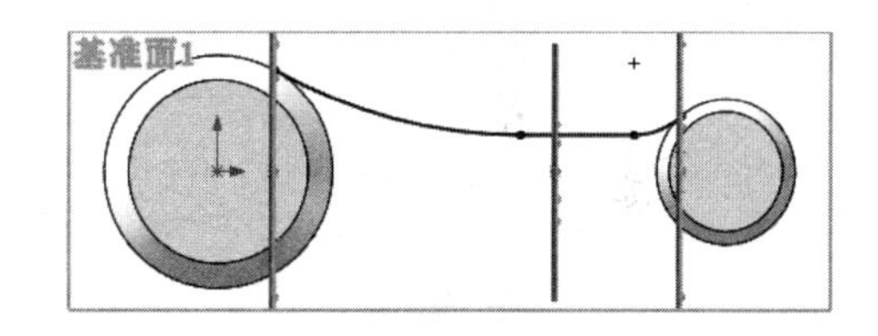

图 4-122 第一条引导线

19）绘制中心线。单击“草图”工具栏中的“中心线”按钮，通过原点绘制一条水平中心线。

20）镜向绘制曲线。按住Ctrl键，选取直线、圆弧和中心线，单击“草图”工具栏中的“镜向”按钮，生成第二条引导线，如图4-123所示。

21）将中心线删除和“转换实体引用”的曲线删除(因为使用“放样凸台/基体”命令时，引导线必须连续)，然后退出草图绘制，结果如图4-124所示。

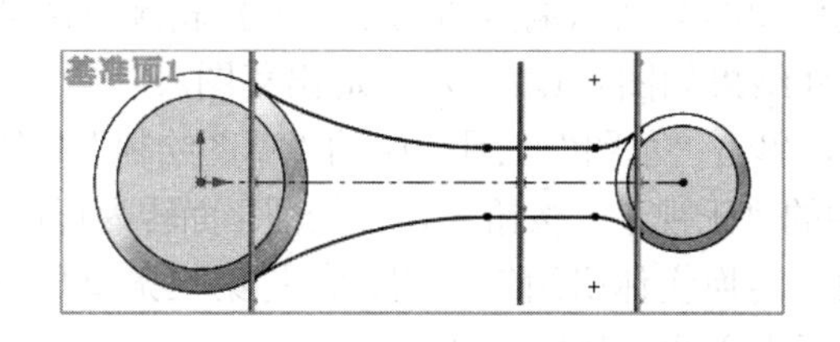

图 4-123 绘制第二条引导线

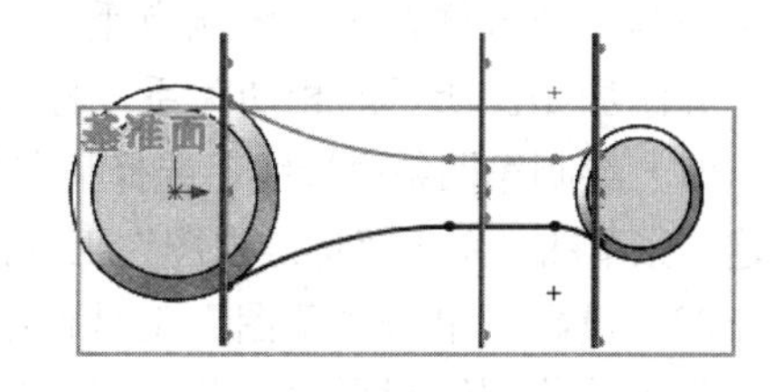

图 4-124 删除中心线及所有几何关系

22）隐藏基准面。依次选取上面创建的基准面，在弹出的快捷菜单中，单击“隐藏”按钮，将基准面1至基准面4都隐藏起来。

23）新建基准面。选择“FeatureManager设计树”中的“上视基准面”，然后单击“参考几何体”工具栏中的“基准面”按钮。在基准面属性管理器上的微调框中设置偏移距离为8mm，如图4-125所示，单击“确定”按钮，生成基准面5。

24）绘制第三条引导线。选择基准面5，单击“草图”工具栏中的“草图绘制”按钮，新建一张草图。单击“标准视图”工具栏中的“正视于”按钮，使绘图平面转为正视方向。

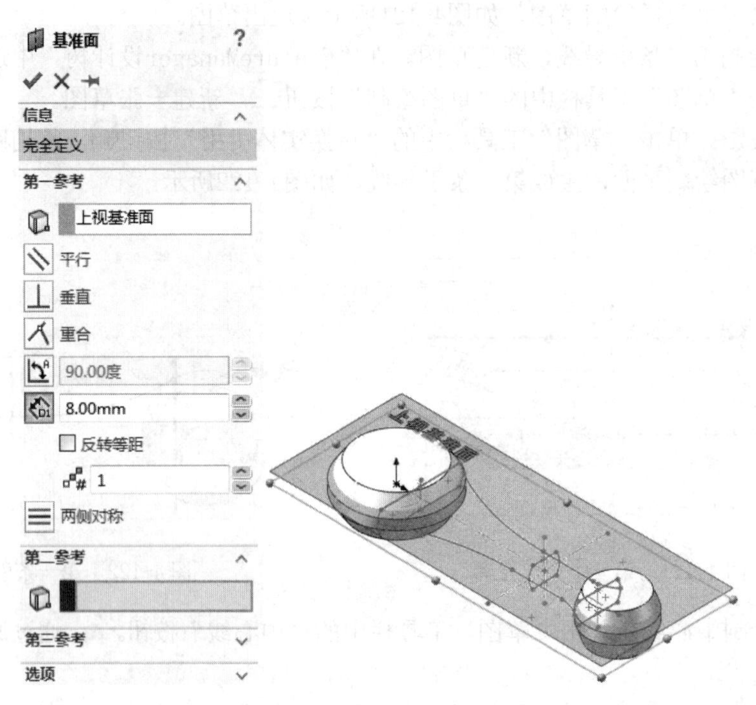

图 4-125 插入基准面 5

25）投影。单击“草图”工具栏中的“转换实体引用”按钮，将第一条引导线草图投影到当前草图绘制平面，生成第三条引导线草图，如图4-126所示。

26）添加几何关系。首先，删除草图上的实体转换引用按钮，其次，使草图的小圆弧端点与第二个放样轮廓草图端点重合，使草图的大圆弧端点与第三个放样轮廓草图端点重合，并添加如图所示的相切关系，标注尺寸结果如图4-127所示，退出草图。

27）绘制第四条引导线。选择基准面5，单击“草图”工具栏中的“草图绘制”按钮，新建一张草图。单击“标准视图”工具栏中的“正视于”按钮，使绘图平面转为正视方向。

28）投影。单击“草图”工具栏中的“转换实体引用”按钮，将第三条引导线草图投影到当前草图绘制平面，并绘制一条水平中心线，如图4-128所示。

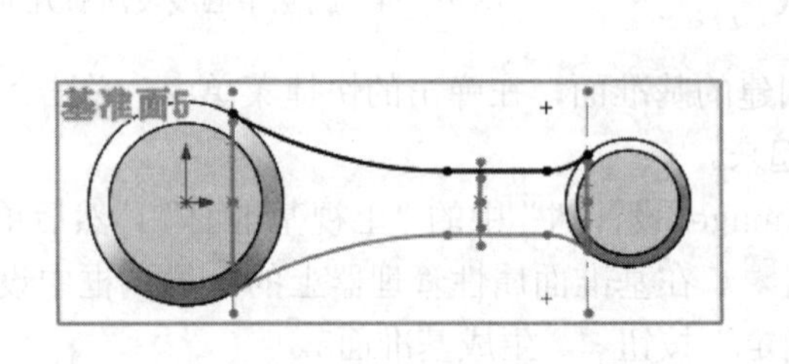

图 4-126 生成第三条引导线

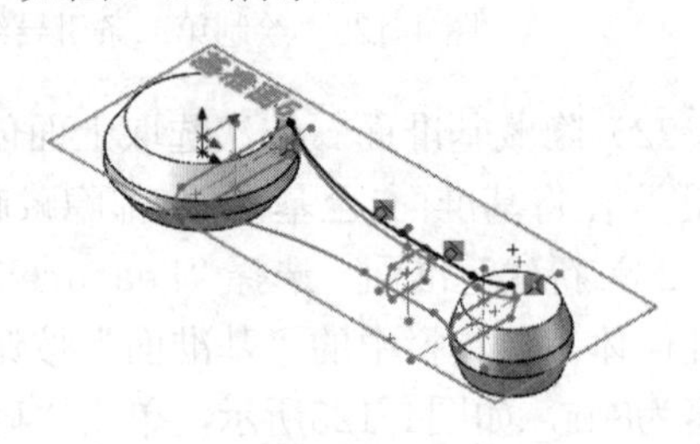

图 4-127 添加几何关系

29）镜向绘制曲线。按住Ctrl键，选取直线、圆弧和中心线，单击“草图”工具栏中的“镜像”按钮，生成第四条引导线，如图4-129所示。

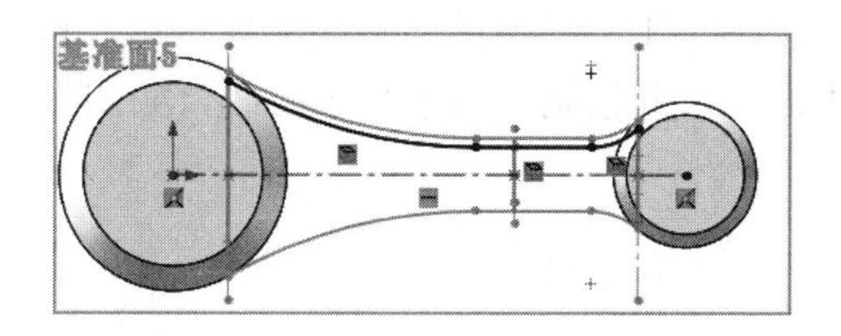

图 4-128　转换实体引用

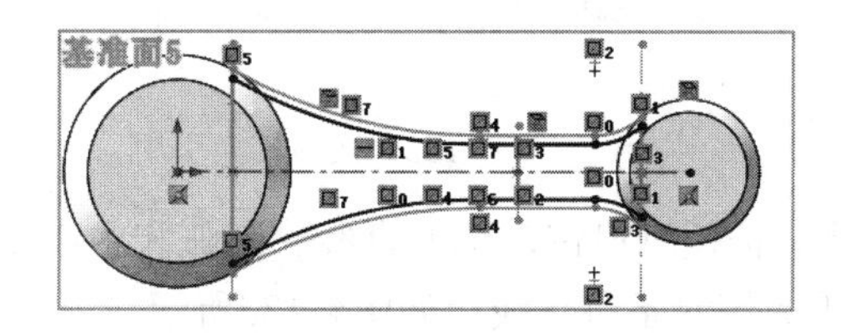

图 4-129　生成第四条引导线

30）删除多余曲线。将中心线和转换实体引用的曲线删除，如图4-130所示，退出草图，并隐藏基准面5。

31）新建基准面。选择“FeatureManager设计树”中的“上视基准面”，单击“参考几何体”工具栏中的“基准面”按钮。在基准面属性管理器上的微调框中设置等距距离为8mm，选中“反转等距”复选框，单击“确定”按钮，生成基准面6。

32）绘制第五条引导线。选择基准面6，单击“草图”工具栏中的“草图绘制”按钮，新建一张草图。单击“标准视图”工具栏中的“正视于”按钮，使绘图平面转为正视方向。

33）投影。单击“草图”工具栏中的“转换实体引用”按钮，将第四条引导线草图投影到当前草图绘制平面，生成第五条引导线，如图4-131所示。

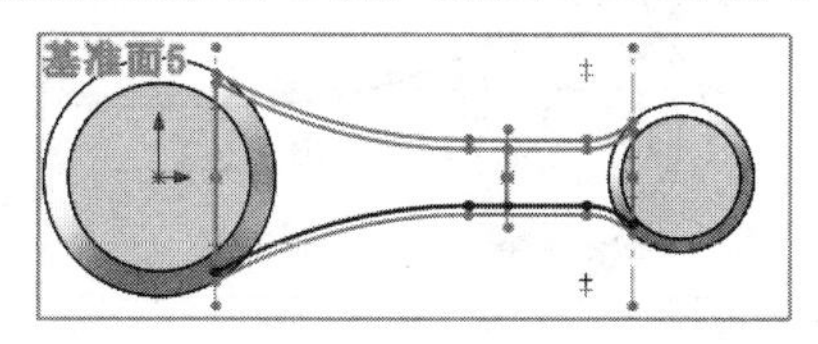

图 4-130　删除多余曲线

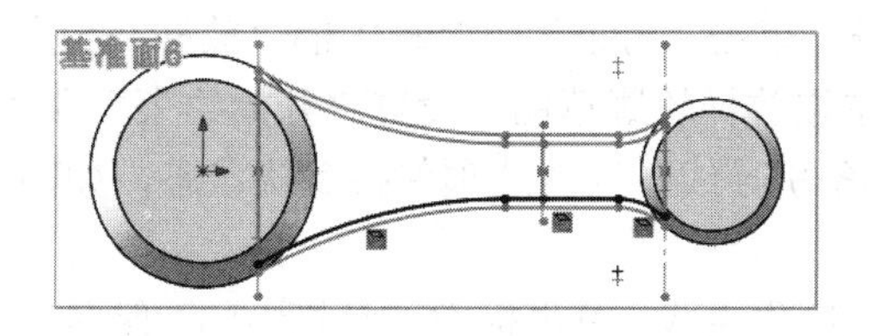

图 4-131　生成第五条引导线

34）绘制第六条引导线。选择基准面6，单击“草图”工具栏中的“草图绘制”按钮，新建一张草图。单击“标准视图”工具栏中的“正视于”按钮，使绘图平面转为正视方向。

35）投影。单击“草图”工具栏中的“转换实体引用”按钮，将第五条引导线草图投影到当前草图绘制平面上，并绘制一条水平中心线，如图4-132所示。

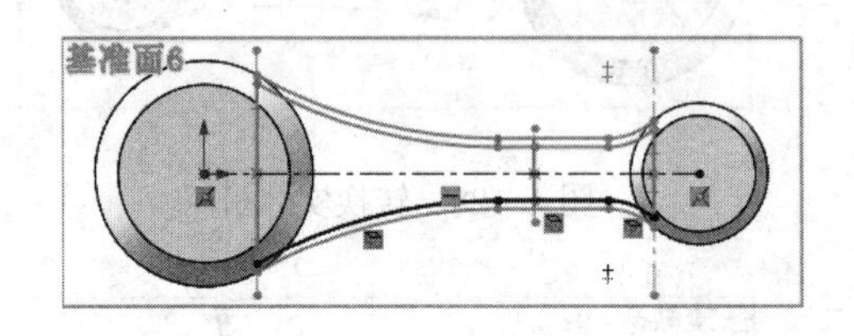

图4-132　实体转换引用

36）镜向绘制曲线。按住Ctrl键，选取直线、圆弧和中心线，单击“草图”工具栏中的“镜向”按钮，生成第六条引导线，如图4-133所示。

37）删除多余曲线。将中心线和“转换实体引用”的曲线删除，结果如图4-134所示，退出草图，将基准面6隐藏。

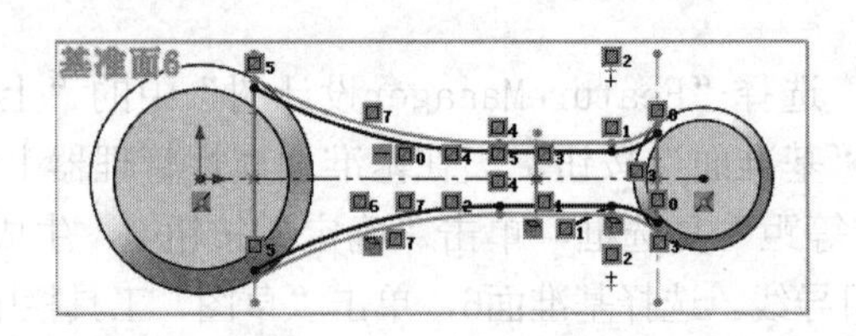

图 4-133　第六条引导线

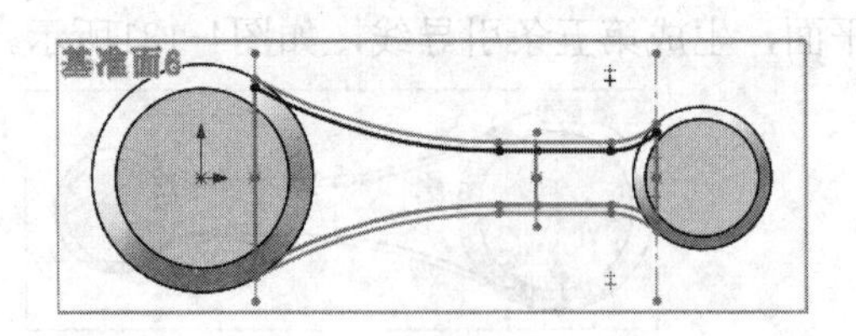

图 4-134　删除多余曲线

38）生成放样特征。单击“特征”工具栏中的“放样凸台/基体”按钮，在放样轮廓框中从右向左依次选取放样轮廓草图，设置“开始约束”和“结束约束”均为“无”，引导线为上面所绘的6条引导线，其他选项保持默认状态，如图4-135所示，单击“确定”按钮，生成放样特征。

至此该连杆基体就制作完成，单击标准工具栏中的“保存”按钮，将零件保存为“连杆基体.sldprt”，最后的效果如图4-105所示。

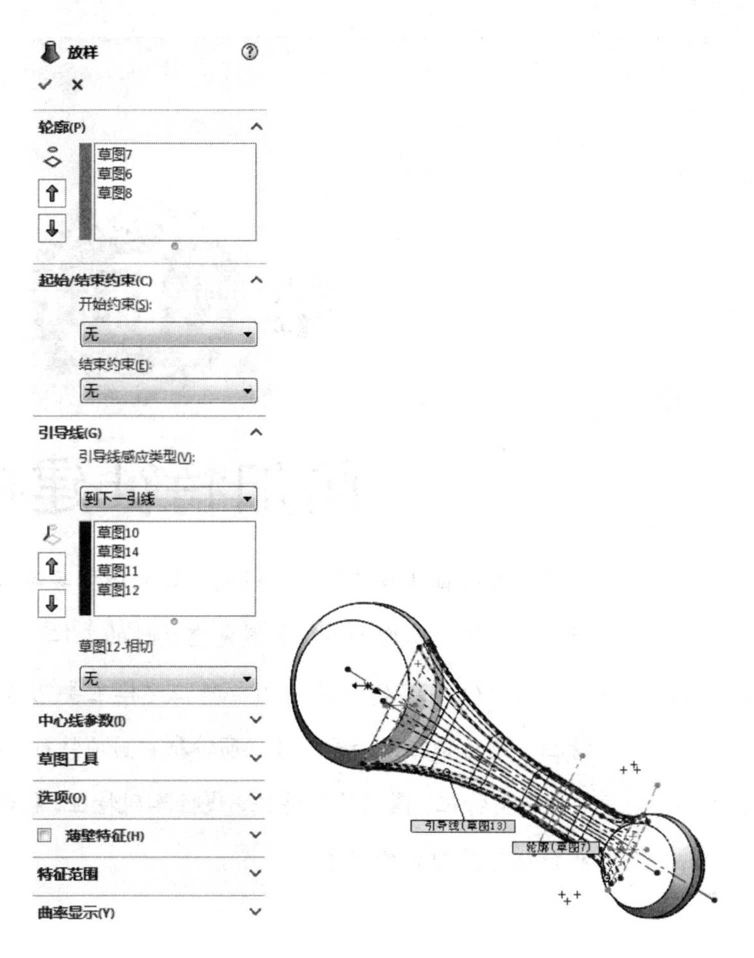

图 4-135 设置放样参数

附加特征建模

附加特征建模是指对已经构建好的模型实体，对其进行局部修饰，以增加美观并避免重复性的工作。

在 SOLIDWORKS 中附加特征建模主要包括：圆角特征、倒角特征、抽壳特征、筋特征、圆顶特征、拔模特征、特型特征、圆周阵列特征、线性阵列特征、镜向特征、孔特征与异型孔特征等。

- 圆角、倒角特征
- 拔模、抽壳特征
- 筋特征
- 阵列、镜向特征
- 圆顶特征
- 特型特征
- 钻孔特征
- 比例缩放

5.1 圆角特征

圆角特征用于在零件上生成一个内圆角或外圆角面。使用该命令可以为一个面的所有边线、所选的多组面、所选的边线或边线环生成圆角。

圆角主要有以下几种类型：

- 固定尺寸圆角。
- 多半径圆角。
- 圆形角圆角。
- 逆转圆角。
- 可变尺寸圆角。
- 面圆角。
- 完整圆角。

生成圆角特征遵循以下规则：

- 在添加小圆角之前添加较大圆角。当有多个圆角会聚于一个顶点时，先生成较大的圆角。
- 在生成圆角前先添加拔模。如果要生成具有多个圆角边线及拔模面的铸模零件，在大多数的情况下，应在添加圆角之前添加拔模特征。
- 最后添加装饰用的圆角。在大多数几何体定位后再添加装饰圆角。如果先添加装饰圆角，则系统需要花费比较长的时间重建零件。
- 尽量使用一个单一圆角操作来处理需要相同半径圆角的多条边线，这样可以加快零件重建的速度。

下面通过实例介绍不同圆角类型的操作步骤。

5.1.1 等半径圆角

等半径圆角用于生成具有相等半径的圆角，可以用于单一边线圆角、多边线圆角、面边线圆角、多重半径圆角及沿切面进行圆角等。

下面以图5-1所示的正方体模型为例介绍等半径圆角的操作步骤，正方体的长度为60。

【操作步骤】

1）执行圆角命令。选择菜单栏中的“插入”→“特征”→“圆角”命令，或者单击“特征”工具栏中的“圆角”按钮，执行圆角命令。

2）设置属性管理器。此时系统弹出图5-2所示的“圆角”属性管理器，按照图示进行设置后，用光标选择图5-1中的边线1和边线2。

3）确认圆角特征。单击“圆角”属性管理器中的“确定”按钮✔，结果如图5-3所示。

4）重复圆角命令，继续将图5-1所示中的边线3进行圆角，如图5-4所示为“圆角”属

性管理器中的“圆角项目”一栏的设置，选中“切线延伸”复选框，圆角结果如图5-5所示，图5-6所示为“圆角”属性管理器中的“圆角项目”一栏的设置，取消“切线延伸”复选框，圆角结果如图5-7所示。

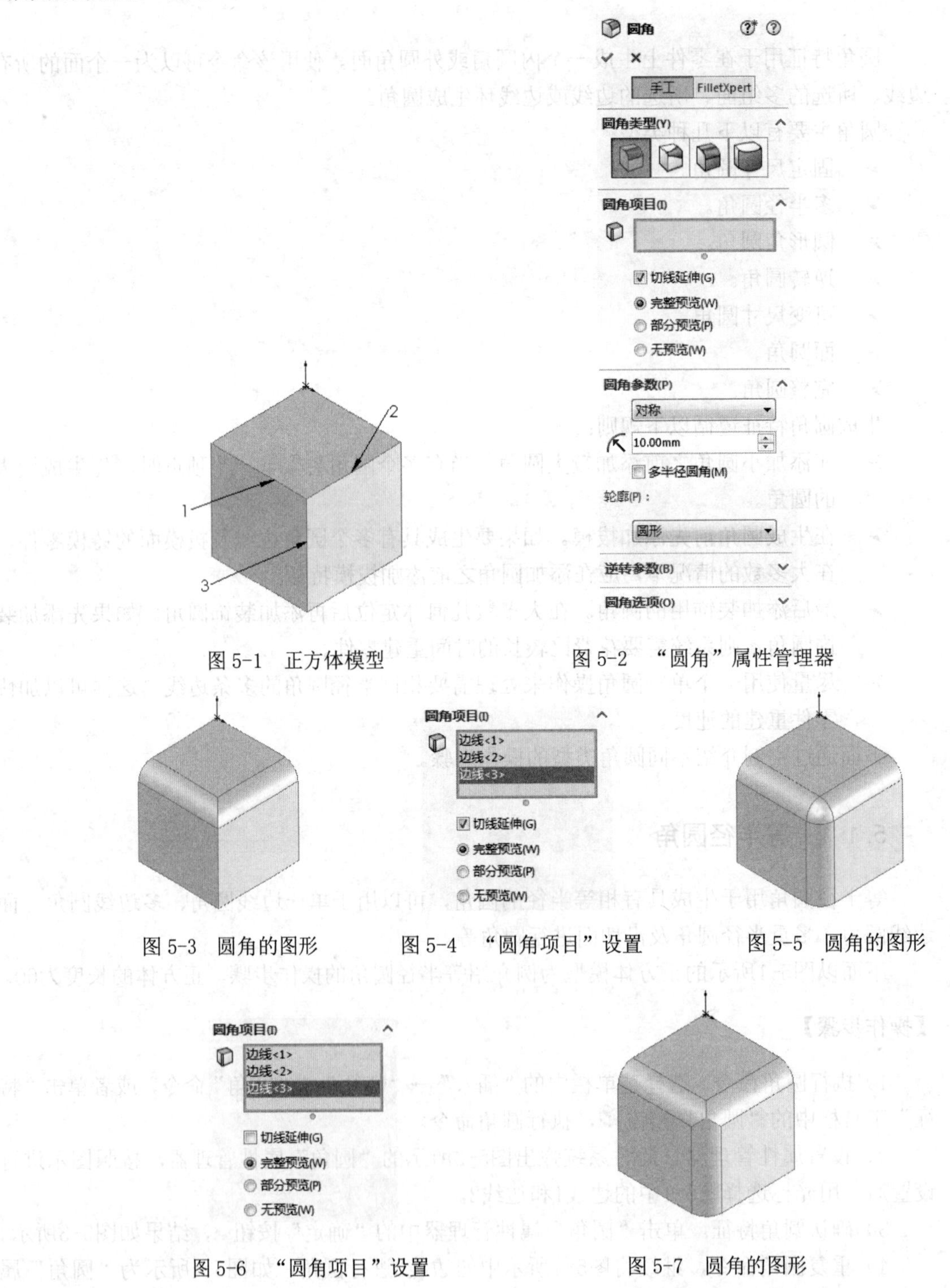

图 5-1 正方体模型

图 5-2 “圆角”属性管理器

图 5-3 圆角的图形

图 5-4 “圆角项目”设置

图 5-5 圆角的图形

图 5-6 “圆角项目”设置

图 5-7 圆角的图形

5）从如图5-5和图5-7所示可以看出，是否选择“切线延伸”复选框，圆角的结果是不同的，切线延伸用于将圆角延伸到所有与所选面相切的面。

5.1.2 多半径圆角

多半径圆角用于生成不同半径值的圆角。进行多半径操作时，必须选取“圆角参数”一栏中的“多半径圆角”复选框。

下面以图5-1所示的正方体模型为例介绍多半径圆角的操作步骤，正方体的长度为60。

【操作步骤】

1）执行圆角命令。选择菜单栏中的“插入”→“特征”→“圆角”命令，或者单击“特征”工具栏中的“圆角”按钮，执行圆角命令。

2）设置属性管理器。此时系统弹出“圆角”属性管理器。在“圆角类型”一栏中，选取“恒定大小圆角”按钮；在“圆角参数”一栏中的“多半径圆角”复选框，按照图5-8所示进行设置。

3）选择圆角边线。选取如图5-1中的边线1，在“半径”一栏中输入值10；选取图5-1中的边线2，在“半径”一栏中输入值20；选取图5-1中的边线3，在“半径”一栏中输入值30，此时图形预览效果如图5-9所示。

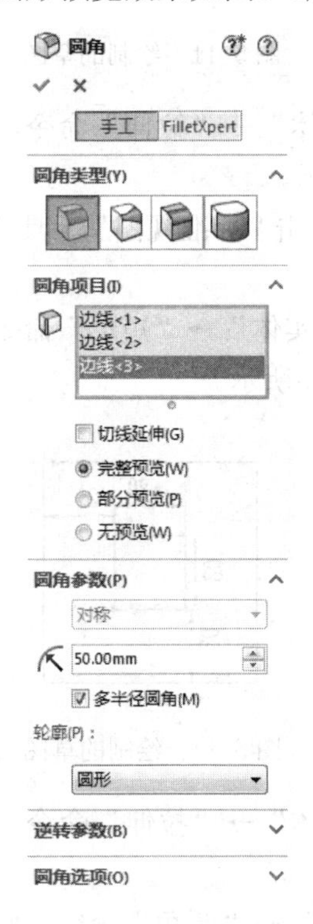

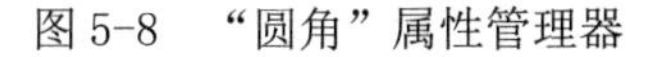
图5-8 “圆角”属性管理器

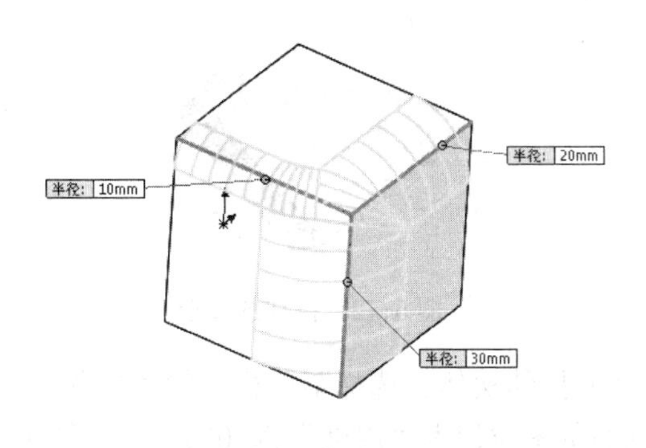

图5-9 预览图形效果

4）确认圆角特征。单击“圆角”属性管理器中的“确定”按钮✔，结果如图5-10所示。

5.1.3 圆形角圆角

圆形角圆角用于消除圆角边线汇合处的尖锐结合点，生成平滑过渡的圆角方式。

下面以实例说明圆形角的绘制步骤以及有无“圆形角”选项绘制图形的差别。

【操作步骤】

1）设置基准面。在左侧的“FeatureManager设计树”中用光标选择“上视基准面”作为绘制图形的基准面。

2）绘制草图。选择菜单栏中的“工具”→“草图绘制实体”→“矩形”命令，以原点为一角点绘制一个边长为60的正方形，结果如图5-11所示。

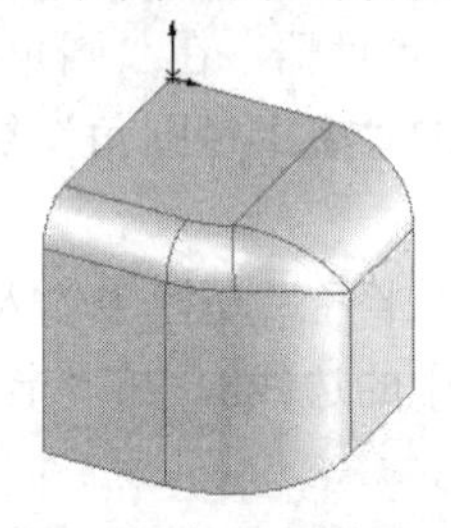

图 5-10 圆角的图形

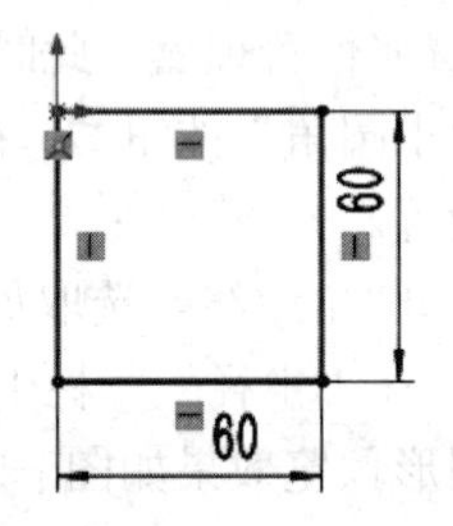

图 5-11 绘制的草图

3）拉伸实体。选择菜单栏中的“插入”→“凸台/基体”→“拉伸”命令，将上一步绘制的草图拉伸为“深度”为30的实体，结果如图5-12所示。

4）设置基准面。用光标选择图5-12中的表面1，然后单击“标准视图”工具栏中的“正视于”按钮⊥，将该表面作为绘制图形的基准面。

5）绘制草图。选择菜单栏中的“工具”→“草图绘制实体”→“矩形”命令，在上一步设置的基准面上绘制一个矩形并标注尺寸，结果如图5-13所示。

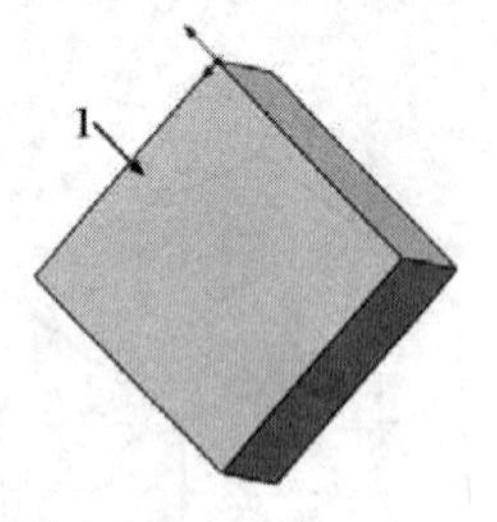

图 5-12 拉伸的图形

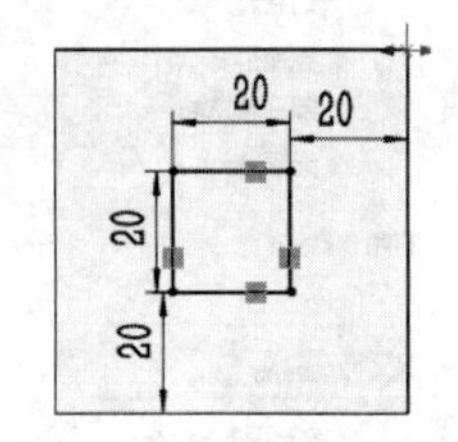

图 5-13 绘制的草图

6）拉伸实体。选择菜单栏中的“插入”→“凸台/基体”→“拉伸”命令，将上一步绘制的草图拉伸为“深度”为20的实体，结果如图5-14所示。

7）执行圆角命令。选择菜单栏中的“插入”→“特征”→“圆角”命令，此时系统弹出“圆角”属性管理器。

8）设置属性管理器。在“圆角类型”一栏中，选择“恒定大小圆角”按钮；在“半径”一栏中输入值10；在“圆角选项”一栏中，不选取“圆形角”复选框，设置如图5-15所示，用光标选择图5-14中的表面1。

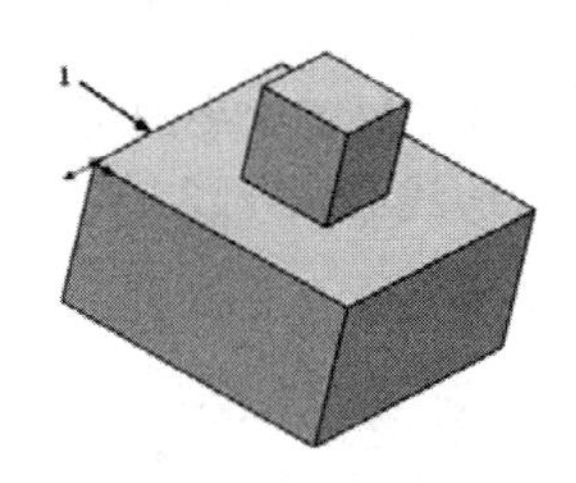

图 5-14　拉伸的图形

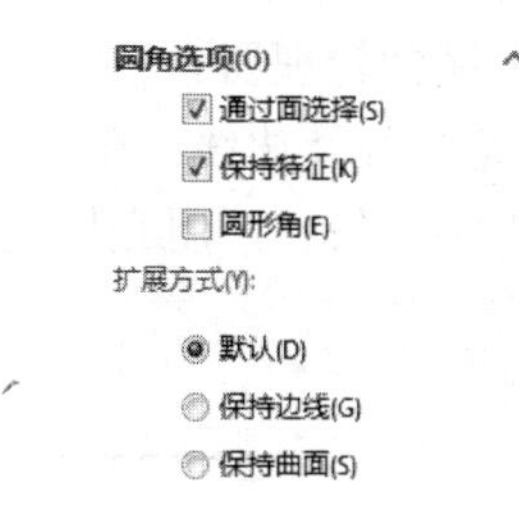

图 5-15　“圆角选项”复选框

9）确认圆角特征。单击“圆角”属性管理器中的“确定”按钮，结果如图5-16所示。

10）执行圆形角圆角命令。接步骤7），选择菜单栏中的“插入”→“特征”→“圆角”命令，此时系统弹出“圆角”属性管理器。

11）设置属性管理器。在“半径”一栏中输入值10；在“圆角选项”一栏中，选取“圆形角”复选框，设置如图5-17所示，用光标选择图5-14中的表面1。

12）确认圆角特征。单击“圆角”属性管理器中的“确定”按钮，结果如图5-18所示。

13）对图5-16和图5-18进行对比可以看出，同样的圆角命令操作，由于图5-18采用了“圆形角”圆角方式，避免了尖锐点的出现，采用了平滑过渡方式。

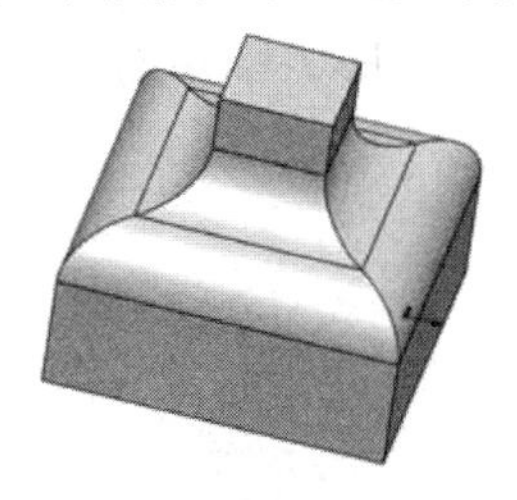

图 5-16　圆角的图形

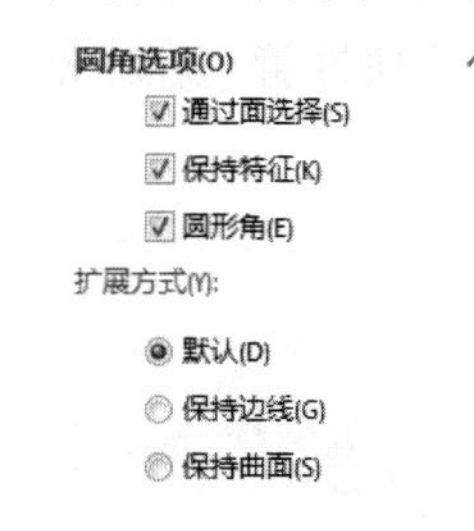

图 5-17　“圆角选项”选项

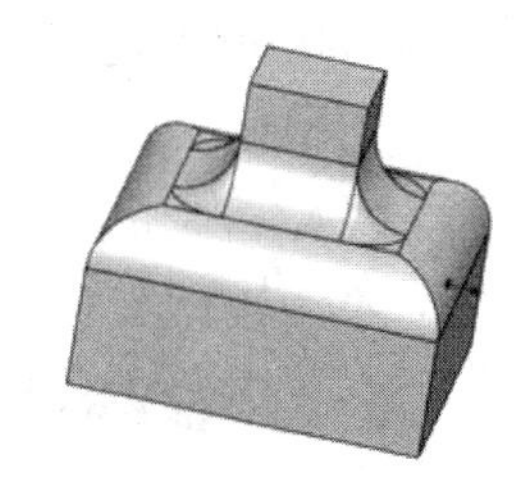

图 5-18　圆角的图形

5.1.4　逆转圆角

对具由公共顶点的边线进行圆角操作时，在该顶点附近会形成一个过渡的曲面，如果希望该曲面和其他相邻的面采用平滑的过渡方式，则需要采用“逆转圆角”方式。

【操作步骤】

1）设置基准面。在左侧的“FeatureManager设计树”中用光标选择“上视基准面”作为绘制图形的基准面。

2）绘制草图。选择菜单栏中的“工具”→“草图绘制实体”→“矩形”命令，以原点为一角点绘制一个边长为60的正方形，结果如图5-19所示。

3）拉伸实体。选择菜单栏中的“插入”→“凸台/基体”→“拉伸”命令，将上一步绘制的草图拉伸为“深度”为60的实体，结果如图5-20所示。

4）执行圆角命令。选择菜单栏中的“插入”→“特征”→“圆角”命令，此时系统弹出“圆角”属性管理器。

5）设置半径及边线。在“圆角类型”一栏中，选择“恒定大小圆角”按钮；在“半径”一栏中输入值10，用光标选择图5-20中的边线1、边线2与边线3。

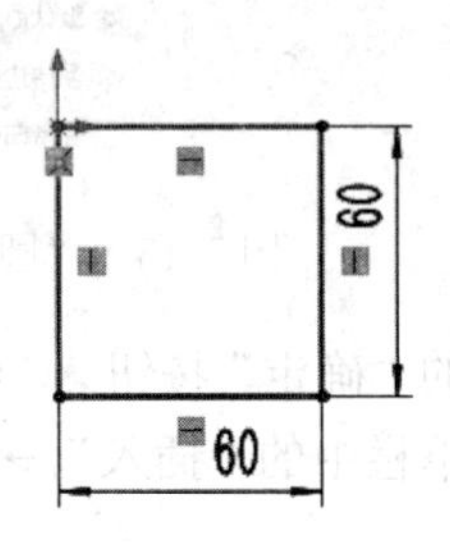

图 5-19　绘制的草图

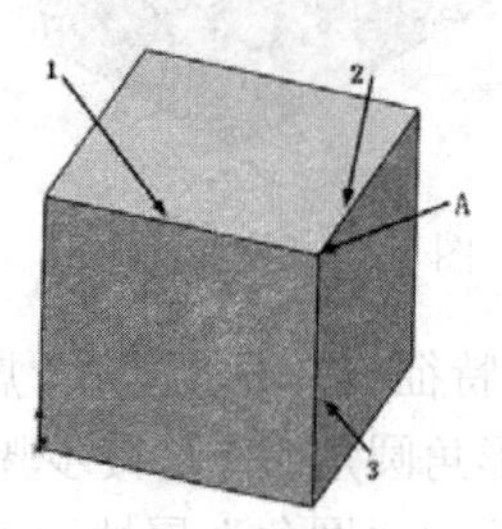

图 5-20　拉伸的图形

6）设置逆转距离。单击“逆转参数”复选栏的下拉箭头将其展开，在“逆转顶点”一栏中，选取图5-20中的顶点A，此时与顶点相交的3条边线出现在“逆转距离”一栏中。在“逆转距离”一栏中选择边线1，并在“距离”一栏中输入值10。同样地，将边线2的逆转距离设置为20，将边线3的逆转距离设置为30。此时“逆转参数”复选栏如图5-21所示，图形预览效果如图5-22所示。

7）确认圆角特征。单击“圆角”属性管理器中的“确定”按钮，圆角的图形如图5-23所示。

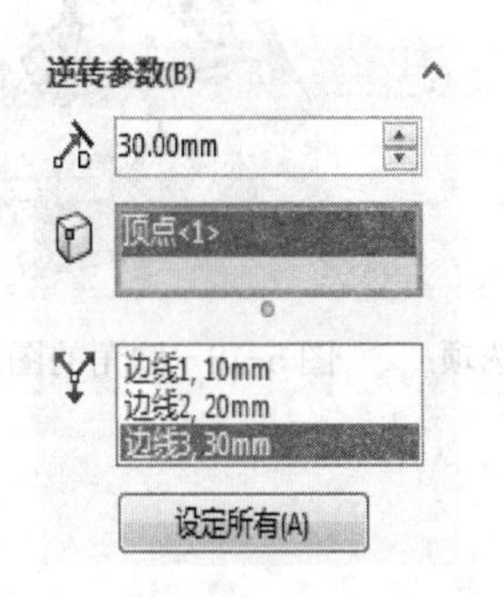

图 5-21　“逆转参数”复选栏

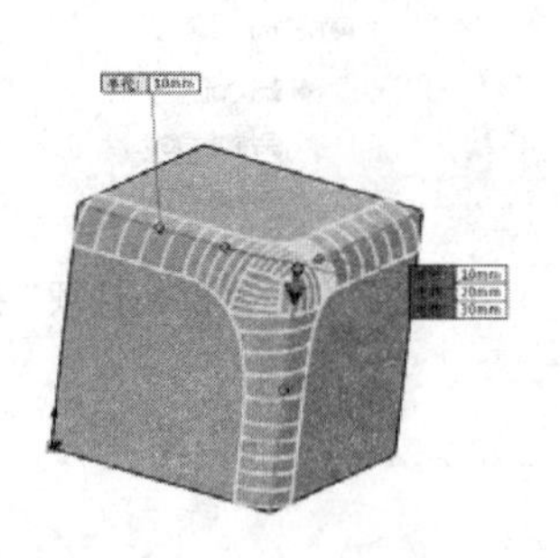

图 5-22　预览图形效果

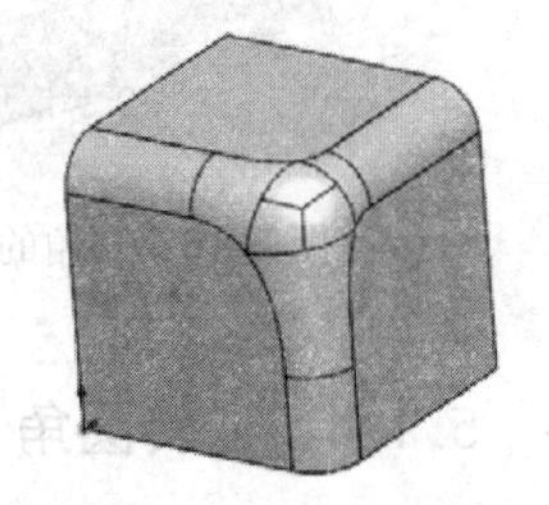

图 5-23　圆角的图形

5.1.5　变半径圆角

变半径圆角用于在同一条边线上生成变半径数值的圆角，变半径圆角通过为待处理边线指定控制点并为每个控制点指定不同的半径来实现。

使用控制点需要注意以下事项：

➢　可以给每个控制点指定一个半径值，或者给一个或者两个闭合顶点指定数值。

- 系统默认使用三个控制点，分别位于沿边线25%、50%及75%的等距离增量处。
- 可以通过两种方式来改变控制点的位置，第一种为在标注中更改控制点的百分比；第二种为选中控制点将之拖动到新的位置。
- 可以在进行圆角处理的边线上添加或删减控制点。

【操作步骤】

1）设置基准面。在左侧的“FeatureManager设计树”中用光标选择“上视基准面”作为绘制图形的基准面。

2）绘制草图。选择菜单栏中的“工具”→“草图绘制实体”→“矩形”命令，以原点为一角点绘制一个边长为60的正方形，结果如图5-24所示。

3）拉伸视图。选择菜单栏中的“插入”→“凸台/基体”→“拉伸”命令，将上一步绘制的草图拉伸为“深度”为60的实体，结果如图5-25所示。

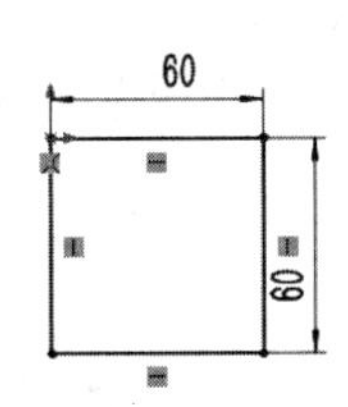

图5-24 绘制的草图

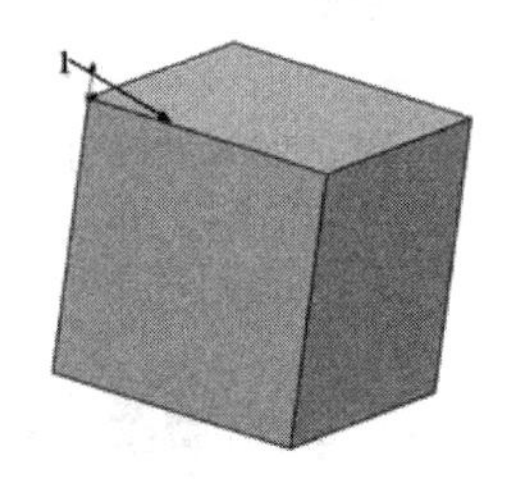

图5-25 圆角的图形

4）执行圆角命令。选择菜单栏中的“插入”→“特征”→“圆角”命令，此时系统弹出“圆角”属性管理器。

5）设置圆角类型。在“圆角类型”一栏中，选择“变量大小圆角”按钮；在“圆角项目”一栏中，选择图5-25所示中的边线<1>。此时顶点列举在“变半径参数”一栏中，“实例数”为系统默认的3，位置位于边线的25%、50%及75%处，如图5-26所示。

6）设置属性管理器圆角半径值。变半径参数一栏中，可以选择圆角“对称”和“非对称”，这就默认选择“对称”命令。单击属性管理器中“变半径参数”一栏中的V1，然后在“半径”一栏中输入半径值10。重复此命令，将V2点处半径值设置为30。

7）设置视图中圆角半径值。单击图中的左边的P1点，将其半径设置为10。重复此命令，将P2点处半径值设置为20，将P2点处半径值设置为30，如图5-27所示。在变半径的过程中，要注意“变半径参数”一栏相应的变化。

8）确认圆角特征。单击“圆角”属性管理器中的“确定”按钮✔，结果如图5-28所示。

可以通过选择某一控制点并按< Ctrl>键，拖动光标在一新位置添加一个控制点；可以通过右键弹出的快捷菜单中，从中选择“删除”选项来移除某一特定控制点。图5-29所示为添加控制点并移动控制点位置后的预览效果图。

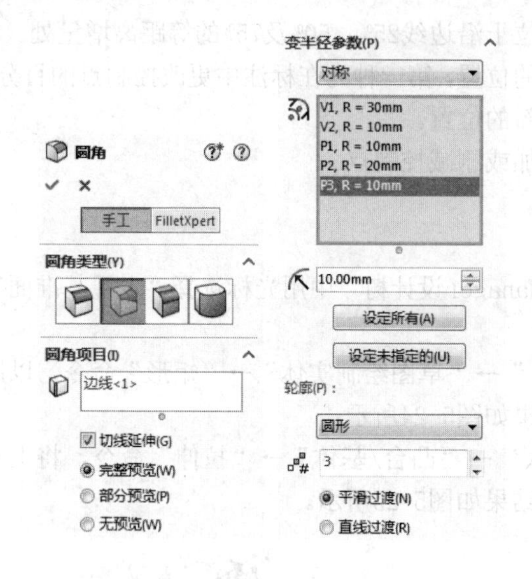

图 5-26 “圆角”属性管理器

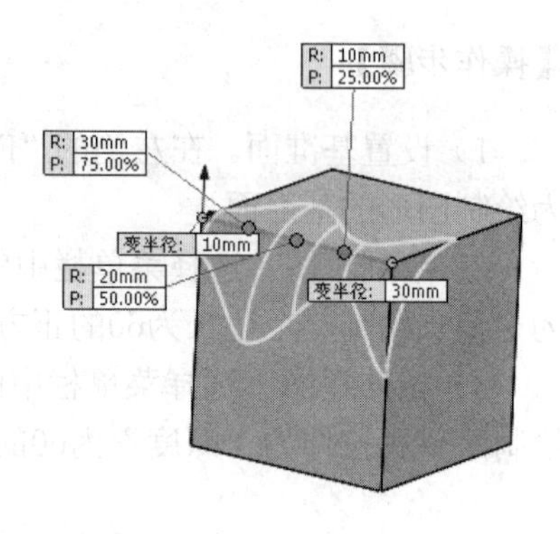

图 5-27 设置变半径圆角预览效果

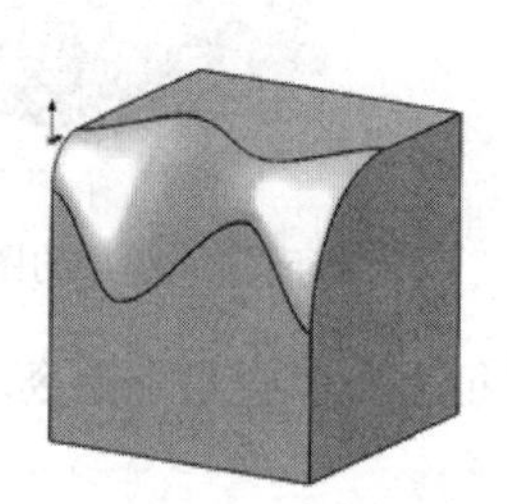

图 5-28 圆角的图形

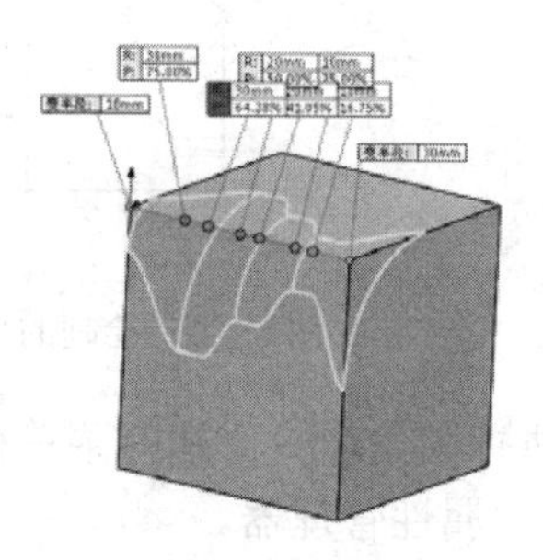

图 5-29 圆角预览效果

5.1.6 面圆角

面圆角用于对非相邻和非连续的两组面进行圆角。

【操作步骤】

1）设置基准面。在左侧的“FeatureManager设计树”中用光标选择“前视基准面”作为绘制图形的基准面。

2）绘制草图。选择菜单栏中的“工具”→“草图绘制实体”→“直线”命令，绘制图5-30所示的图形并标注尺寸。

3）拉伸视图。选择菜单栏中的“插入”→“凸台/基体”→“拉伸”命令，将上一步绘制的草图拉伸为“深度”为60的实体，结果如图5-31所示。

4）执行圆角命令。选择菜单栏中的“插入”→“特征”→“圆角”命令，此时系统弹出“圆角”属性管理器。

5）设置属性管理器。在“圆角类型”一栏中，选择“面圆角”按钮；在“圆角项目”

的“面组1”一栏中，用光标选择图5-31中的面1；在“圆角项目”的“面组2”一栏中，用光标选择图5-31中的面2；在“圆角参数”的“半径”一栏中输入值30，其他设置如图5-32所示。

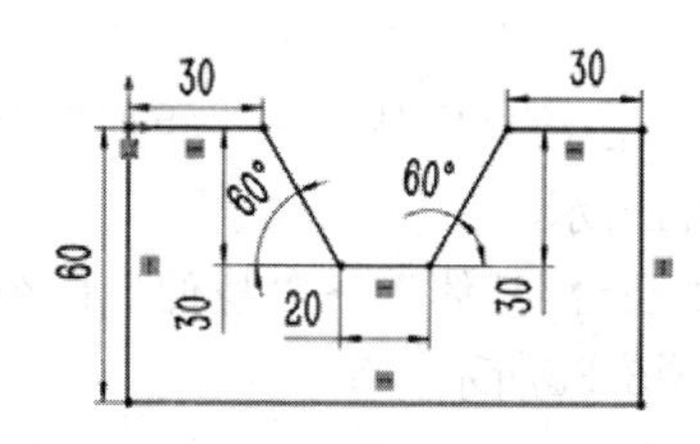

图 5-30　绘制的草图

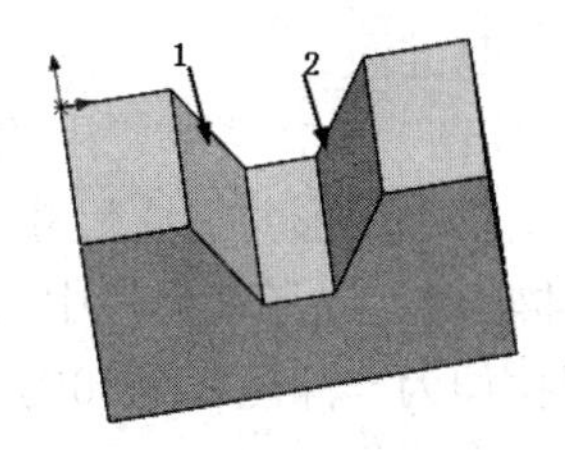

图 5-31　拉伸的图形

6）确认圆角特征。单击“圆角”属性管理器中的“确定”按钮✔，结果如图5-33所示。

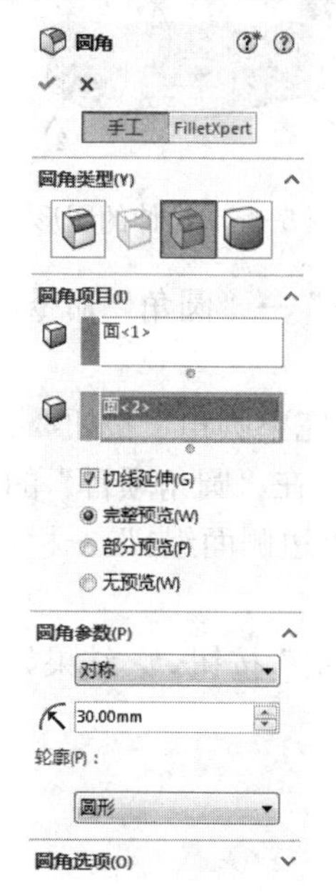

图 5-32　“圆角”属性管理器

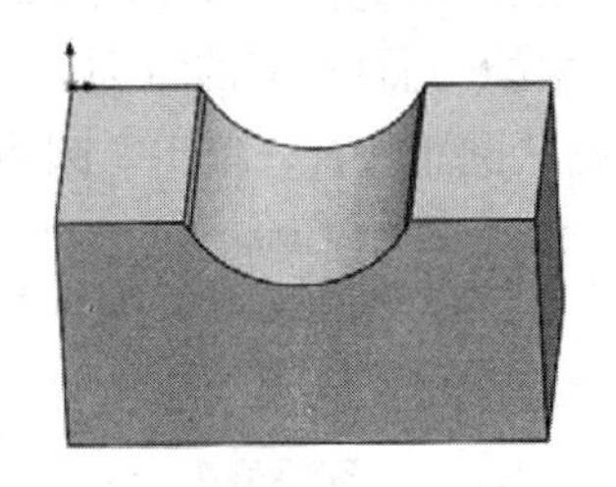

图 5-33　圆角后的图形

注意

如果为面组 1 或面组 2 选择一个以上面，则每组面必须平滑连接以使面圆角延伸到所有面。

5.1.7　完整圆角

完整圆角用于生成相切于三个相邻面组的圆角，中央面将被圆角替代，中央面圆角的半径取决于设置的圆弧的半径。

【操作步骤】

1）设置基准面。在左侧的“FeatureManager设计树”中用光标选择“前视基准面”作为绘制图形的基准面。

2）绘制草图。选择菜单栏中的“工具”→“草图绘制实体”→“矩形”命令，以原点为一角点绘制一个矩形并标注尺寸，结果如图5-34所示。

3）拉伸实体。选择菜单栏中的“插入”→“凸台/基体”→“拉伸”命令，将上一步绘制的草图拉伸为“深度”为30的实体，结果如图5-35所示。

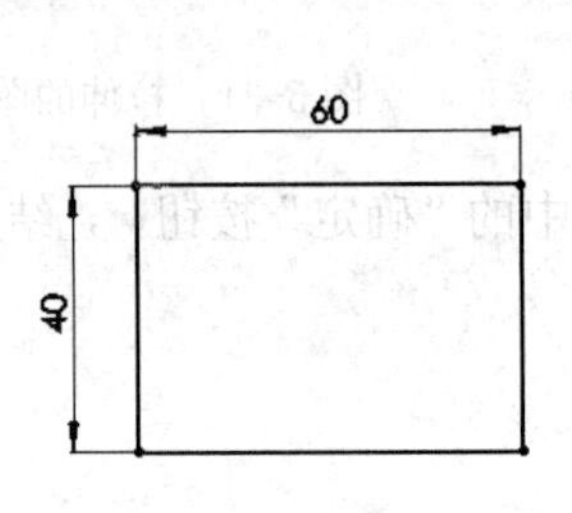

图5-34 绘制的草图

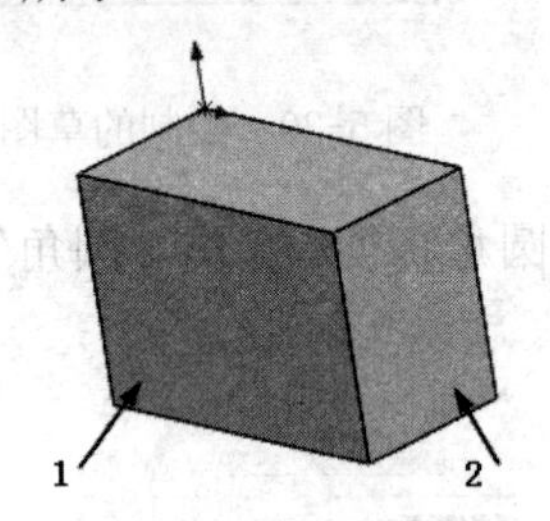

图5-35 拉伸的图形

4）执行圆角命令。选择菜单栏中的“插入”→“特征”→“圆角”命令，此时系统弹出“圆角”属性管理器。

5）设置属性管理器。在“圆角类型”一栏中，选择“完整圆角”按钮；在“圆角项目”的“边侧面组1”一栏中，用光标选择图5-35中的面1；在“圆角项目”的“中央面组”一栏中，用光标选择图5-35中的面2；在“圆角项目”的“边侧面组1”一栏中，用光标选择图5-35中的与面1对应的背面。其他设置如图5-36所示。

6）确认圆角特征。单击“圆角”属性管理器中的“确定”按钮，结果如图5-37所示。

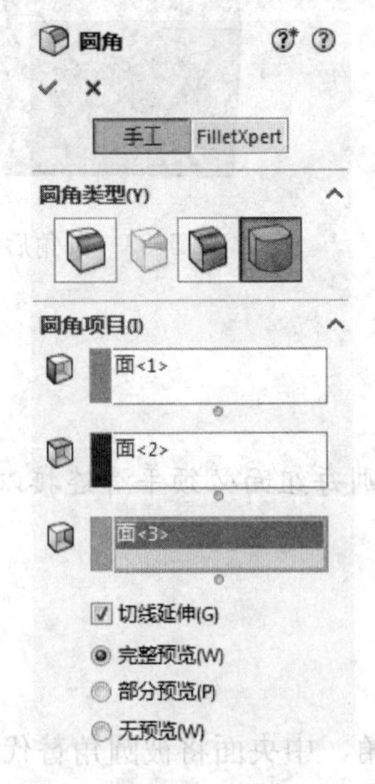

图5-36 “圆角”属性管理器

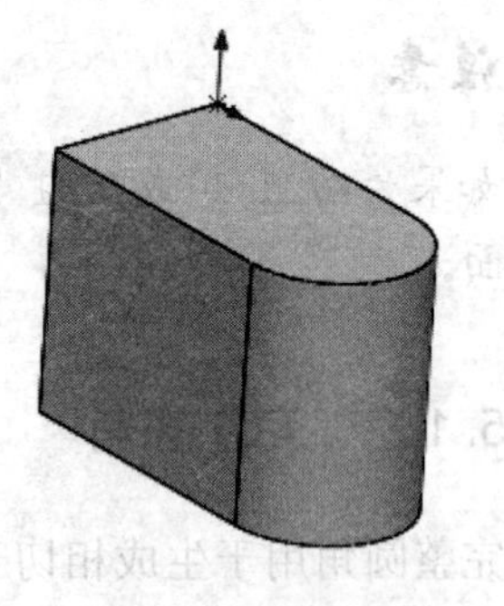

图5-37 圆角后的图形

5.1.8 实例——支架

绘制图5-38所示的支架。

图 5-38 支架

实讲实训
多媒体演示

多媒体演示参见配套光盘中的\\动画演示\第5章\支架.avi。

【操作步骤】

1）启动系统。启动SOLIDWORKS2016，选择菜单栏中的“文件”→“新建”命令，或者单击“标准”工具栏中的“新建”按钮，在打开的“新建 SOLIDWORKS 文件”属性管理器中，选择“零件”按钮，单击“确定”按钮。

2）新建文件。在设计树中选择上视基准面，单击“草图”工具栏中的“草图绘制”按钮，新建一张草图。

3）确定视图方向。单击“标准视图”工具栏中的“正视于”按钮，使绘图平面转为正视方向。

4）绘制中心线和矩形。单击“草图”工具栏中的“中心线”按钮，绘制一条通过原点的水平中心线。单击“草图”工具栏中的“边角矩形”按钮，绘制一个矩形，如图5-39所示。

5）绘制圆。单击“草图”工具栏中的“圆”按钮，在中心线上绘制两个较小的圆，如图5-40所示。

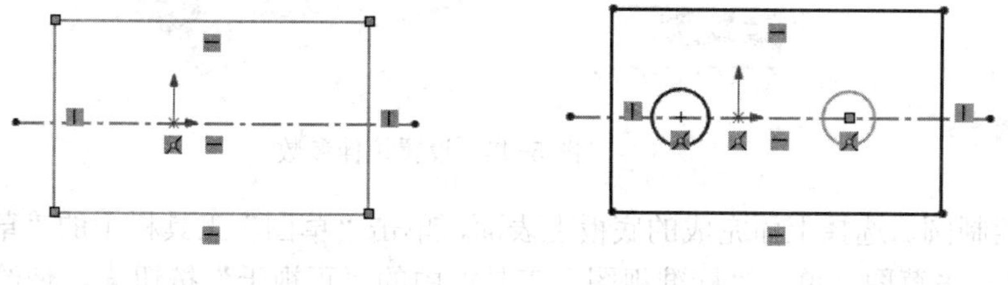

图 5-39 绘制矩形　　图 5-40 底板草图

6）添加几何关系。单击“草图”工具栏中的“添加几何关系”按钮，选择草图中的两个圆，单击=按钮，为两个圆添加“相等”几何关系，如图5-41所示。

7）标注尺寸。单击“草图”工具栏中的“智能尺寸”按钮，为草图标注尺寸，如图5-42所示。

8）拉伸实体。单击“特征”工具栏中的“拉伸凸台/基体”按钮，设定拉伸的终止条件为：给定深度。在微调框中设置拉伸深度为20mm，保持其他选项的系统默认值不变，如图5-43所示，单击“确定”按钮，完成底板的创建。

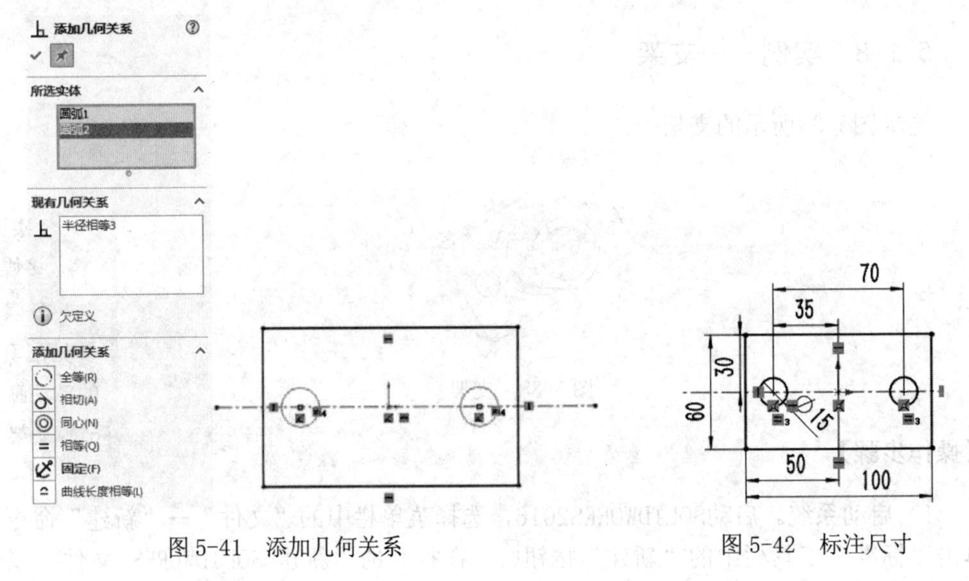

图 5-41　添加几何关系　　　　图 5-42　标注尺寸

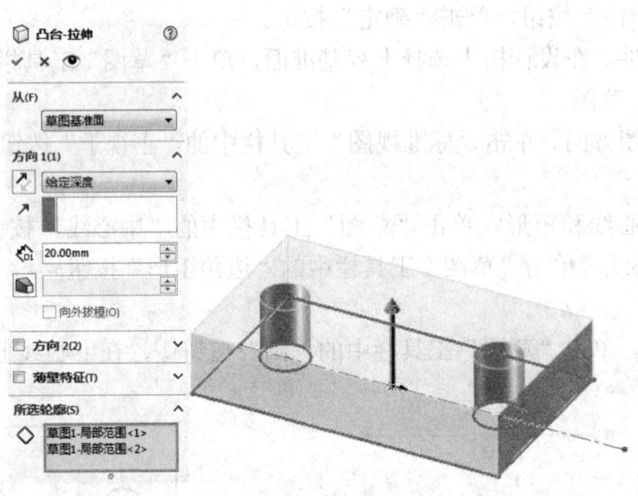

图 5-43　设置拉伸参数

9）绘制圆。选择上面完成的底板上表面，单击“草图”工具栏中的“草图绘制”按钮，新建一张草图。单击“标准视图”工具栏中的“正视于”按钮，使绘图平面转为正视方向。单击“草图”工具栏中的“圆”按钮，以系统坐标原点为圆心绘制一个直径为40mm的圆，如图5-44所示。

10）拉伸实体。单击“特征”工具栏中的“拉伸凸台/基体”按钮，设定拉伸的终止条件为：给定深度。在微调框中设置拉伸深度为50mm，保持其他选项的系统默认值不变，单击“确定”按钮，完成轴筒的创建，如图5-45所示。

11）绘制圆。选择上面完成的底板下表面，单击“草图”工具栏中的“草图绘制”按钮，新建一张草图。单击“标准视图”工具栏中的“正视于”按钮，使绘图平面转为正视方向。单击“草图”工具栏中的“圆”按钮，以系统坐标原点为圆心绘制一个直径为30mm的圆，如图5-46所示。

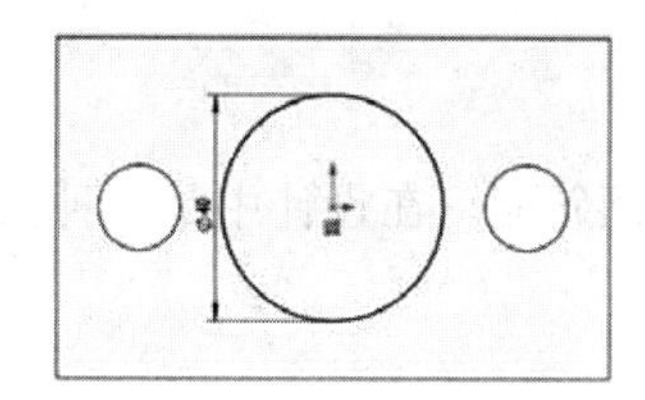

图 5-44　轴筒草图

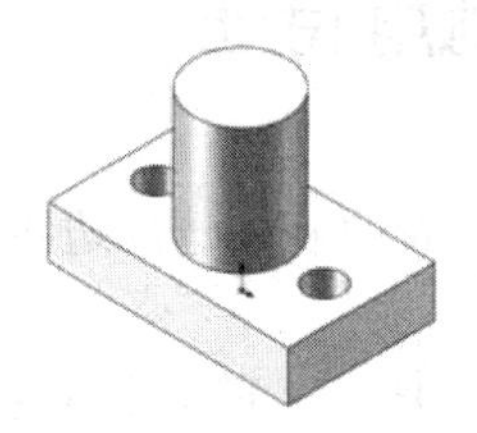

图 5-45　轴筒

12）切除实体。单击“草图”工具栏中的“拉伸切除”按钮，设定拉伸的终止条件为：完全贯穿，保持其他选项的系统默认值不变，单击“确定”按钮✓，完成轴孔的创建，如图5-47所示。

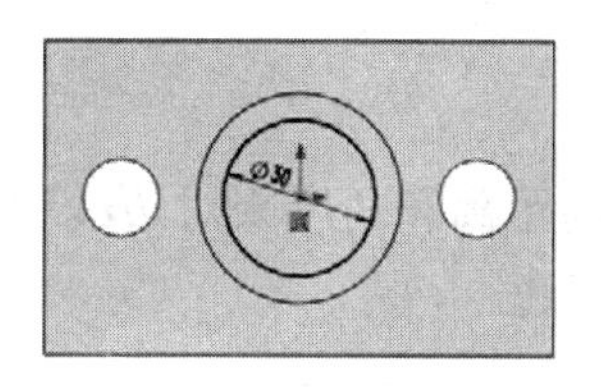

图 5-46　轴孔草图

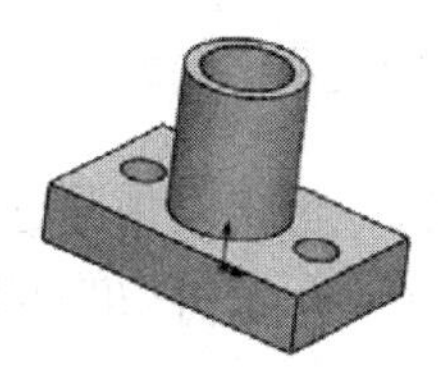

图 5-47　轴孔

13）绘制圆角。单击“草图”工具栏中的“圆角”按钮，选择轴筒与底板的交线和底板的四个角边，设置圆角类型为：恒定大小圆角，圆角半径为5.00mm，保持其他选项的系统默认值不变，如图5-48所示。单击“确定”按钮✓，完成圆角的创建，最后效果如图5-49所示。

图 5-48　设置圆角参数

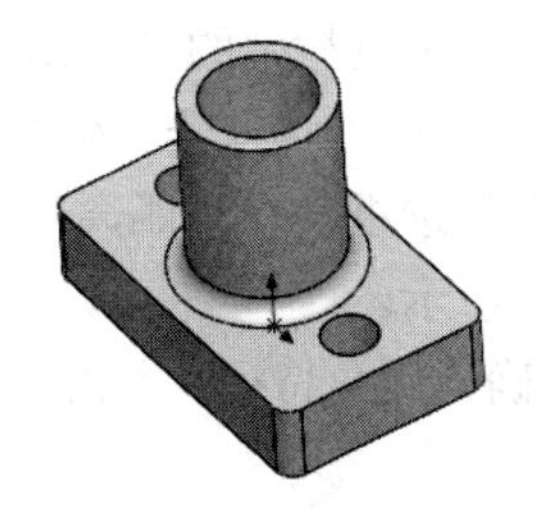

图 5-49　支架

5.2 倒角特征

倒角特征是在所选的边线、面或顶点上生成一倾斜面。在设计中是一种工艺设计，为了去除锐边。

倒角主要有以下三种类型：

- 角度距离。
- 距离－距离。
- 顶点。

下面通过实例介绍不同倒角类型的操作步骤。

5.2.1 角度距离

“角度距离”倒角是指通过设置倒角一边的距离和角度来对边线和面进行倒角。在绘制倒角的过程中，箭头所指的方向为倒角的距离边。

【操作步骤】

1）设置基准面。在左侧的“FeatureManager设计树”中用光标选择“前视基准面”作为绘制图形的基准面。

2）绘制草图。选择菜单栏中的“工具”→“草图绘制实体”→“矩形”命令，以原点为一角点绘制一个矩形并标注尺寸，结果如图5-50所示。

3）拉伸实体。选择菜单栏中的“插入”→“凸台/基体”→“拉伸”命令，将上一步绘制的草图拉伸为“深度”为30的实体，结果如图5-51所示。

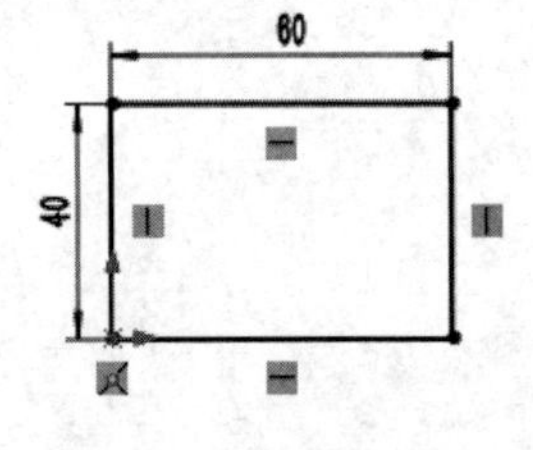

图 5-50 绘制的草图

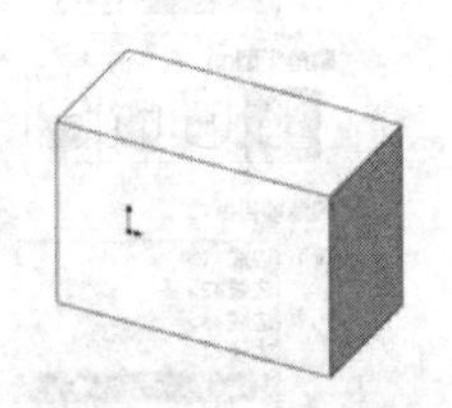

图 5-51 拉伸的图形

4）执行绘制倒角命令。选择菜单栏中的“插入”→“特征”→“倒角”命令，或者单击“特征”工具栏中的“倒角”按钮，此时系统弹出“倒角”属性管理器。

5）设置属性管理器。在“倒角参数”一栏中，用光标选择图5-51中的边线1；选择“角度距离”复选框；在“距离”一栏中输入值10；在“角度”一栏中输入值45度，其他设置如图5-52所示。

6）确认倒角特征。单击“倒角”属性管理器中的“确定”按钮✔，结果如图5-53所示。

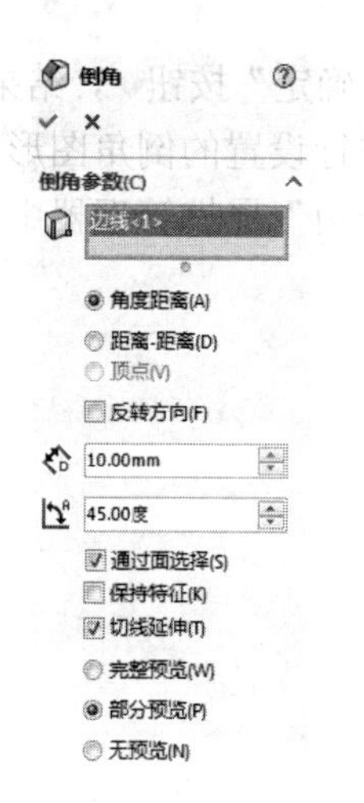

图 5-52 “倒角”属性管理器

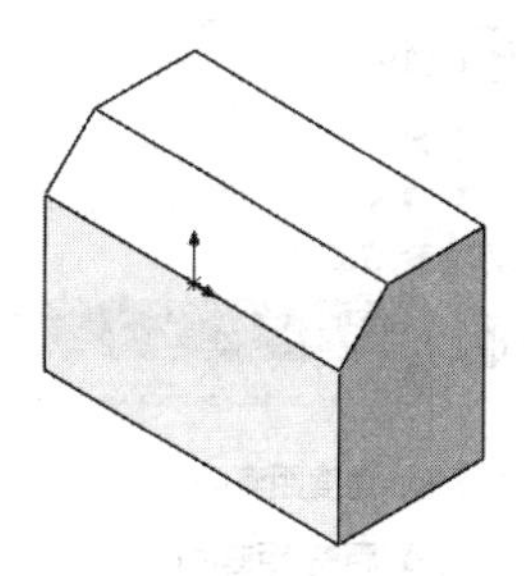

图 5-53 倒角的图形

5.2.2 距离－距离

“距离－距离”倒角是指通过设置倒角两侧距离的长度，或者通过“相等距离”复选框指定一个距离值进行倒角的方式。

下面以绘制图5-51所示的边线1的倒角为例说明“距离－距离”倒角的操作步骤：

【操作步骤】

1）执行倒角命令。选择菜单栏中的“插入”→“特征”→“倒角”命令，此时系统弹出“倒角”属性管理器。

2）设置属性管理器。在“倒角参数”一栏中，用光标选择图5-51所示中的边线1；选择“距离－距离”复选框；在“距离1”一栏中输入值10；在“距离2”一栏中输入值20，其他设置如图5-54所示。

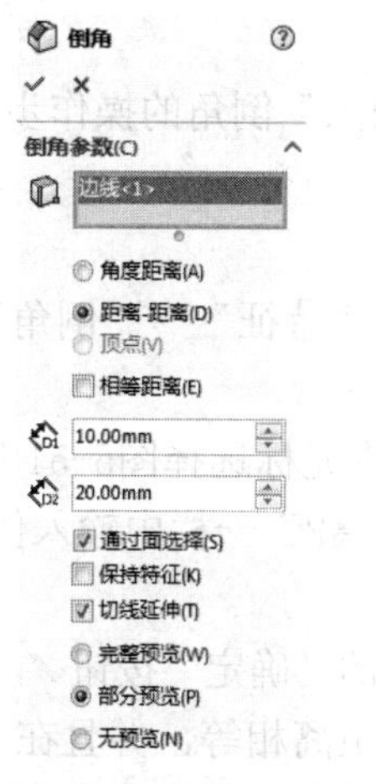

图5-54 “倒角”属性管理器

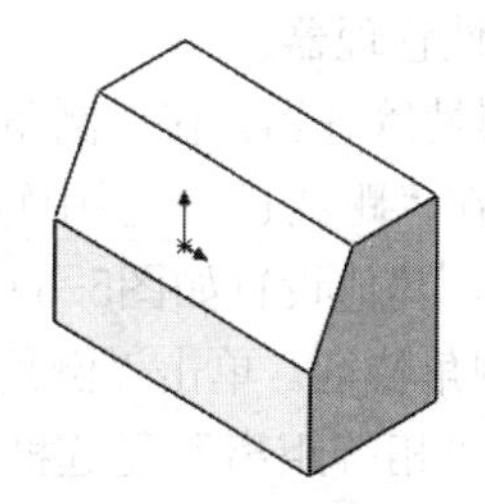

图5-55 倒角的图形

3）确认倒角特征。单击“倒角”属性管理器中的“确定”按钮✔，结果如图5-55所示，图5-57所示为按照图5-56所示的“倒角”属性管理器进行设置的倒角图形，如果使用“相等距离”复选框，则倒角两边的距离相等，并且在“倒角”属性管理器中只需输入一个距离值，如图5-56所示。

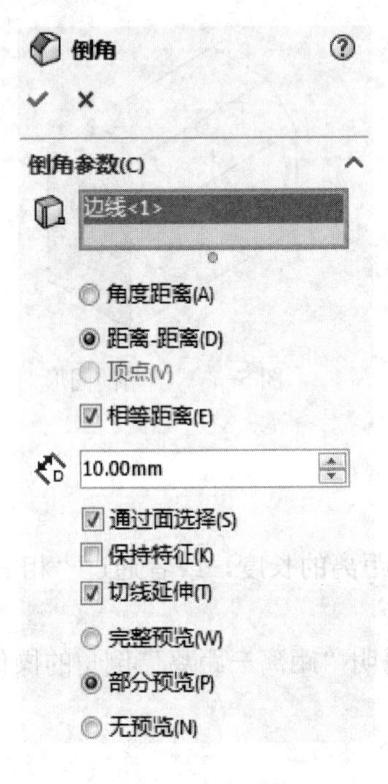

图5-56 “倒角”属性管理器

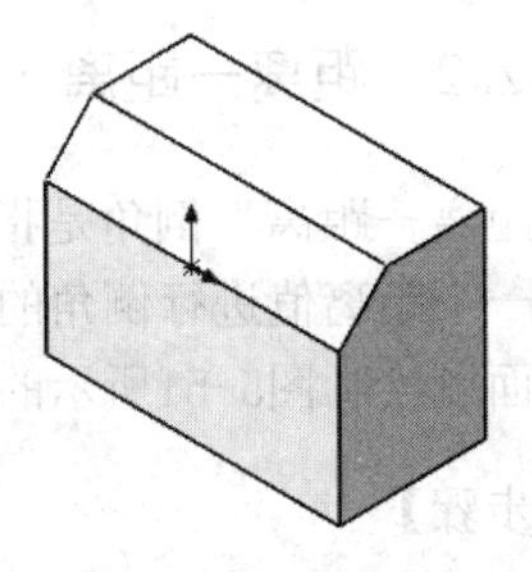

图5-57 倒角的图形

5.2.3 顶点

“顶点”倒角是指通过设置每侧的三个距离值，或者通过“相等距离”复选框指定一个距离值进行倒角的方式。

下面以绘制图5-51的顶点A的倒角为例说明“顶点”倒角的操作步骤。

【操作步骤】

1）执行倒角命令。选择菜单栏中的“插入”→“特征”→“倒角”命令，此时系统弹出“倒角”属性管理器。

2）设置属性管理器。在“倒角参数”一栏中，用光标选择图5-51中的顶点A；选择“顶点”复选框；在“距离1”一栏中输入值10；在“距离2”一栏中输入值20；在“距离3”一栏中输入值30。其他设置如图5-58所示。

3）确认倒角特征。单击“倒角”属性管理器中的“确定”按钮✔，结果如图5-59所示。

如果使用“相等距离”复选框，则倒角两边的距离相等，并且在“倒角”属性管理器中只需输入一个距离值，如图5-60所示。图5-61所示为按照图5-60所示的“倒角”属性管理器进行设置的倒角图形。

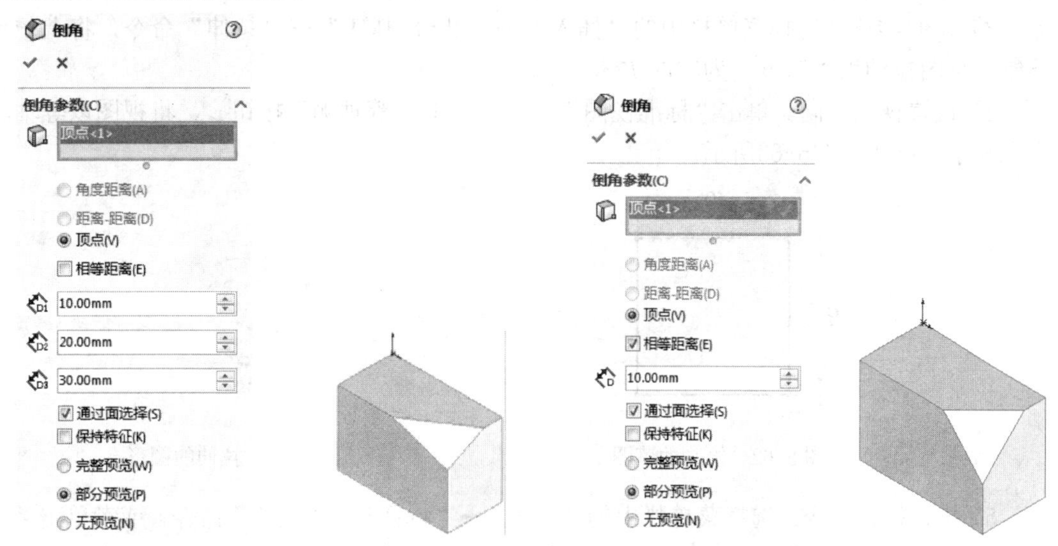

图5-58 “倒角”属性管理器 图5-59 倒角的图形 图5-60 “倒角”属性管理器 图5-61 倒角的图形

5.3 拔模特征

拔模特征是以指定的角度斜削模型中所选的面。拔模特征是模具设计中常采用的方式，其应用之一可使型腔零件更容易脱出模具。可以在现有的零件上插入拔模，或者在拉伸特征时进行拔模，也可以将拔模应用到实体或曲面模型。

拔模主要有以下三种类型：

- 中性面拔模。
- 分型线拔模。
- 阶梯拔模。

下面通过实例介绍不同拔模类型的操作步骤。

5.3.1 中性面拔模

在中性面拔模中，中性面不仅是确定拔模的方向，而且也是作为拔模的参考基准。使用中性面拔模可拔模一些外部面、所有外部面、一些内部面、所有内部面、相切的面或者内部和外部面组合。

【操作步骤】

1）设置基准面。在左侧的“FeatureManager设计树”中用光标选择“前视基准面”作为绘制图形的基准面。

2）绘制草图。选择菜单栏中的“工具”→“草图绘制实体”→“矩形”命令，以原点为一角点绘制一个矩形并标注尺寸，结果如图5-62所示。

3）拉伸实体。选择菜单栏中的“插入”→“凸台/基体”→“拉伸”命令，将上一步绘制的草图拉伸为“深度”为60的实体。

4）设置视图方向。单击“标准视图”工具栏中的“等轴测”按钮，将视图以等轴测方向显示，结果如图5-63所示。

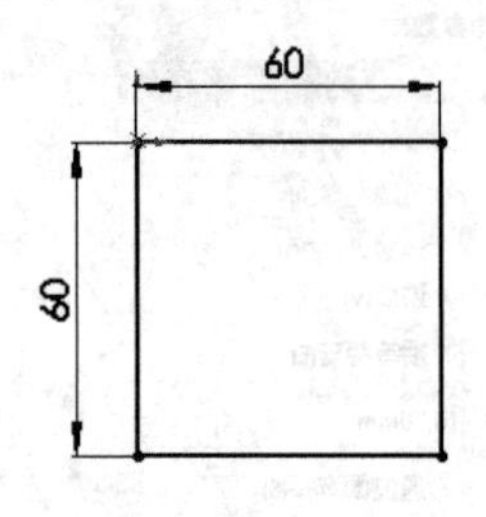

图 5-62　绘制的草图

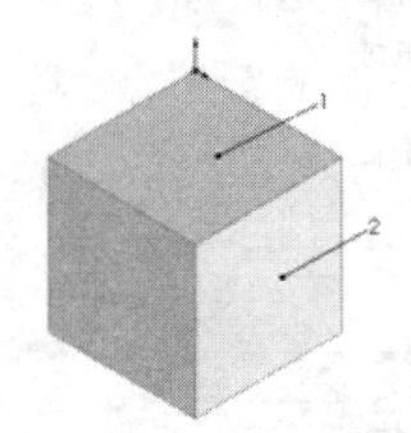

图 5-63　拉伸的图形

5）执行拔模命令。选择菜单栏中的“插入”→“特征”→“拔模”命令，或者单击“特征”工具栏中的“拔模”按钮，此时系统弹出图5-64所示的“拔模”属性管理器。

6）设置属性管理器。在“拔模角度”一栏中输入值30；用光标选择图5-64中的面1；在“拔模面”一栏中，用光标选择图5-63中的面2。

7）确认拔模特征。单击“拔模”属性管理器中的“确定”按钮，结果如图5-65所示。

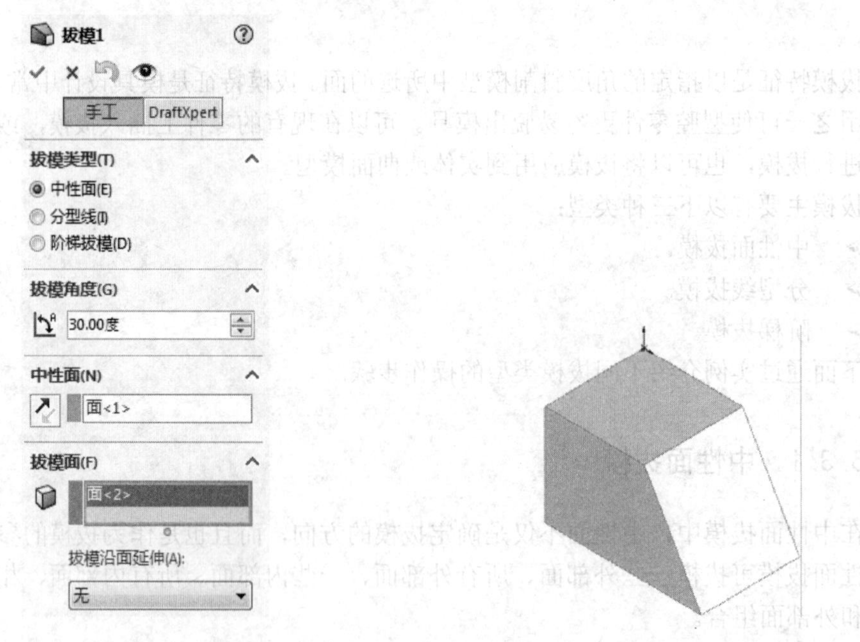

图 5-64　“拔模”属性管理器

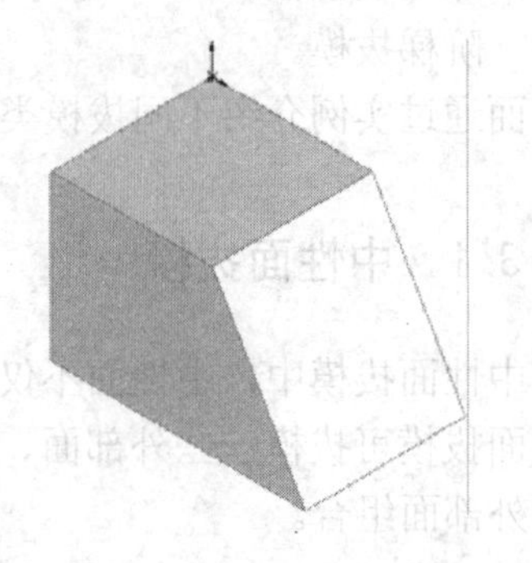

图 5-65　拔模的图形

5.3.2　分型线拔模

分型线拔模可以对分型线周围的曲面进行拔模，分型线可以是空间曲线。如果要在分型线上拔模，可以首先插入一条分割线来分离要拔模的面，也可以使用现有的模型边线，然后再指定拔模方向，也就是指定移除材料的分型线一侧。

【操作步骤】

1）设置基准面。在左侧的“FeatureManager设计树”中用光标选择“前视基准面”作为绘制图形的基准面。

2）绘制草图。选择菜单栏中的“工具”→“草图绘制实体”→“矩形”命令，以原点为一角点绘制一个矩形并标注尺寸，结果如图5-66所示。

3）拉伸实体。选择菜单栏中的“插入”→“凸台/基体”→“拉伸”命令，将上一步绘制的草图拉伸为“深度”为60的实体。，结果如图5-67所示。

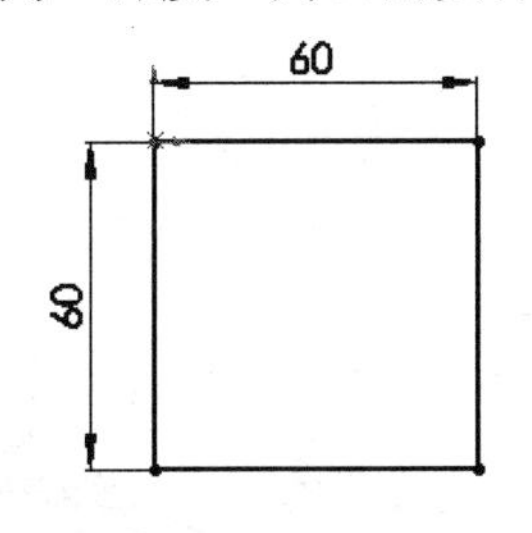

图 5-66　绘制的草图

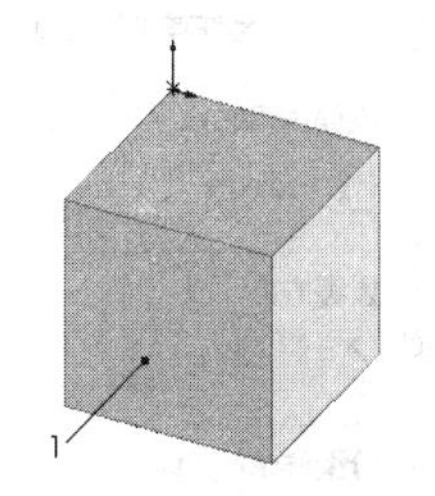

图 5-67　拉伸的图形

4）设置基准面。用光标选择如图5-67所示中的表面1，然后单击“标准视图”工具栏中的“正视于”按钮，将该表面作为绘制图形的基准面。

5）绘制草图。选择菜单栏中的“工具”→“草图绘制实体”→“矩形”命令，在上一步设置的基准面上绘制一个矩形并标注尺寸，结果如图5-68所示。

6）拉伸实体。选择菜单栏中的“插入”→“凸台/基体”→“拉伸”命令，将上一步绘制的草图拉伸为“深度”为60的实体。

7）设置视图方向。单击“标准视图”工具栏中的“等轴测”按钮，将视图以等轴测方向显示，结果如图5-69所示。

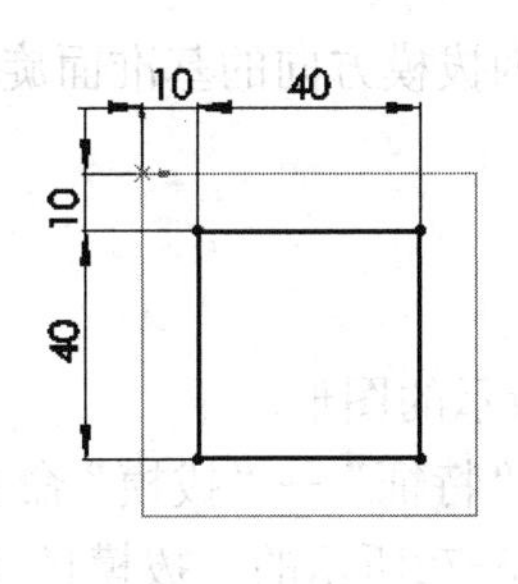

图 5-68　拉伸的图形

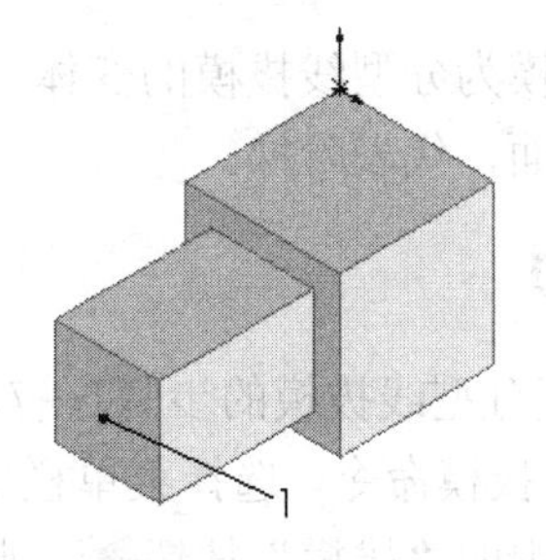

图 5-69　绘制的草图

8）执行拔模命令。选择菜单栏中的“插入”→“特征”→“拔模”命令，或者单击“特征”工具栏中的“拔模”按钮，此时系统弹出如图5-70所示的“拔模”属性管理器。

9）设置属性管理器。在“拔模角度”一栏中输入值10；在“拔模方向”一栏中，用光标选择如图5-69所示中的面1；用光标选择如图5-69所示中两实体相交的4条边线。

10）确认拔模特征。单击“拔模”属性管理器中的“确定”按钮✔，结果如图5-71所示。

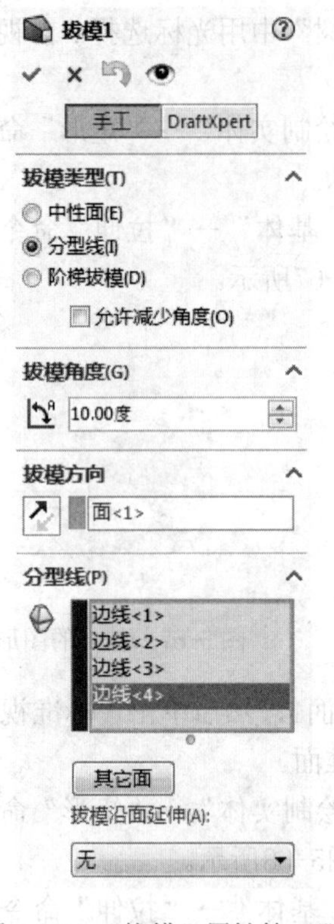

图5-70 “拔模”属性管理器

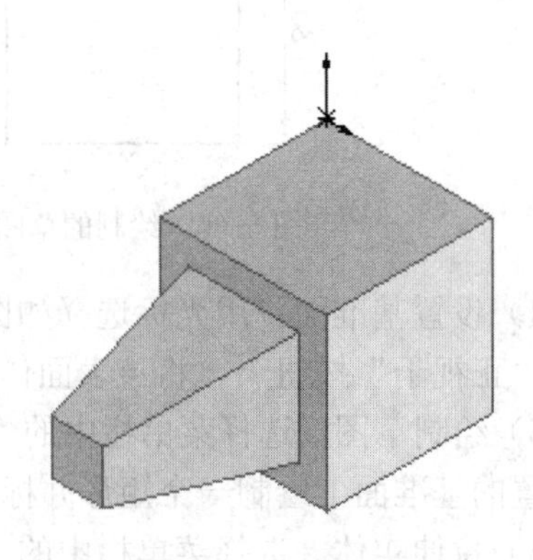

图5-71 拔模的图形

5.3.3 阶梯拔模

阶梯拔模为分型线拔模的变体。阶梯拔模绕作为拔模方向的基准面旋转而生成一个面，这将产生小面，代表阶梯。

【操作步骤】

1）重复分型线拔模的步骤1～7，绘制图5-69所示的图形。

2）执行拔模命令。选择菜单栏中的“插入”→“特征”→“拔模”命令，或者单击“特征”工具栏中的“拔模”按钮，此时系统弹出图5-72所示的“拔模1”属性管理器。

3）设置属性管理器。在“拔模类型”一栏的下拉菜单中选择“阶梯拔模”选项；在“拔模角度”一栏中输入值10；在“拔模方向”一栏中，用光标选择图5-69中的面1，并单击“反向”按钮图形，使拔模方向指向内侧；用光标选择图5-69中两实体相交的4条边线。

4）确认拔模特征。单击“拔模”属性管理器中的“确定”按钮✔，结果如图5-73所示。

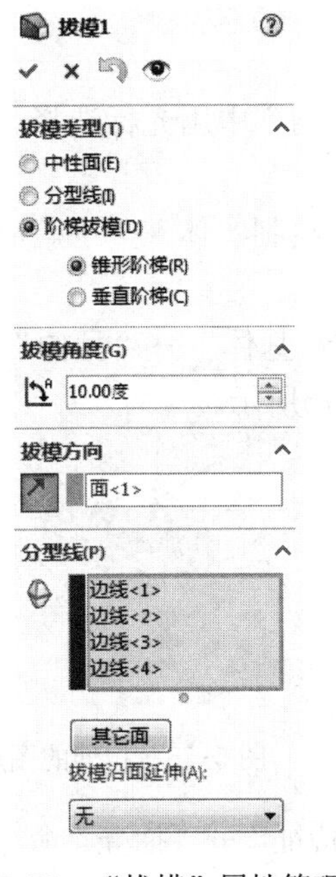

图5-72 “拔模”属性管理器

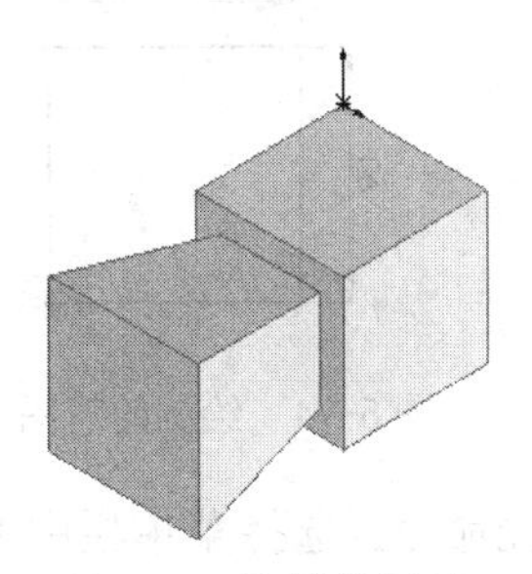

图5-73 拔模的图形

5.4 抽壳特征

抽壳特征用来掏空零件，使所选择的面敞开，在剩余的面上生成薄壁特征。如果执行抽壳命令时没有选择模型上的任何面，可以生成一闭合、掏空的实体模型，也可使用多个厚度来抽壳模型。

抽壳主要有以下三种类型：

- 去除模型面抽壳。
- 空心闭合抽壳。
- 多厚度抽壳。

下面分别介绍不同抽壳类型的操作步骤。

如果要对模型面进行圆角，应在生成抽壳之前进行圆角处理。

5.4.1 去除模型面抽壳

去除模型面抽壳是指执行抽壳命令时，将所选择的模型面去除并生成薄壁特征。

【操作步骤】

1）设置基准面。在左侧的“FeatureManager设计树”中用光标选择“前视基准面”作为绘制图形的基准面。

2）绘制草图。选择菜单栏中的“工具”→“草图绘制实体”→“矩形”命令，以原点为一角点绘制一个矩形并标注尺寸，结果如图5-74所示。

3）拉伸实体。选择菜单栏中的“插入”→“凸台/基体”→“拉伸”命令，将上一步绘制的草图拉伸为“深度”为60的实体，结果如图5-75所示。

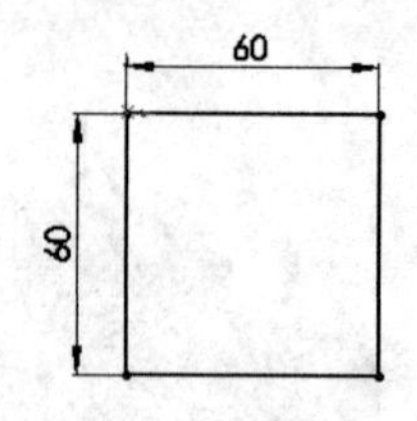

图 5-74　绘制的草图

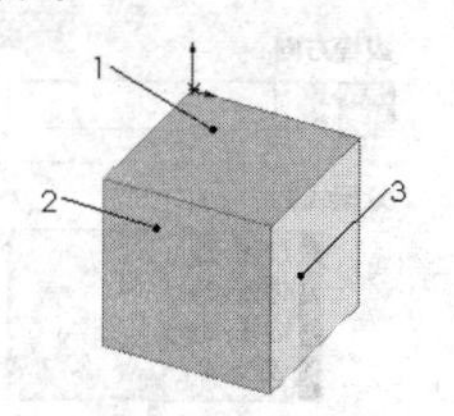

图 5-75　拉伸的图形

4）执行抽壳命令。选择菜单栏中的“插入”→“特征”→“抽壳”命令，或者单击“特征”工具栏中的“抽壳”按钮，此时系统弹出图5-76所示的“抽壳”属性管理器。

5）设置属性管理器。在“厚度”一栏中输入值10；在“移除的面”一栏中，用光标选择图5-75中的面1。

6）确认抽壳特征。单击“抽壳”属性管理器中的“确定”按钮，结果如图5-77所示。

图 5-76　“抽壳”属性管理器

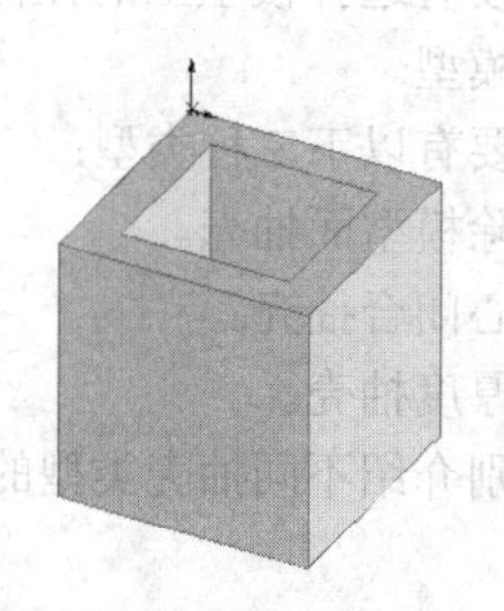

图 5-77　抽壳的图形

5.4.2　空心闭合抽壳

空心闭合抽壳是指执行抽壳命令时，不去除模型面而生成一个空心的薄壁实体。

【操作步骤】

1）重复去除模型面抽壳的步骤1～3，绘制图5-75所示的图形。

2）执行抽壳命令。选择菜单栏中的“插入”→“特征”→“抽壳”命令，或者单击“特征”工具栏中的“抽壳”按钮，此时系统弹出图5-78所示的“抽壳”属性管理器。

3）设置属性管理器。在“厚度”一栏中输入值10，不选择任何移除面，然后单击“抽壳”属性管理器中的“确定”按钮✔。

4）执行剖面视图命令。单击“视图”工具栏中的“剖面视图”按钮，此时系统弹出图5-80所示的“剖面视图”属性管理器。

5）设置属性管理器。按照图5-79所示的“剖面视图”属性管理器进行设置。

6）确认剖面视图。单击“剖面视图”属性管理器中的“确定”按钮✔，结果如图5-80所示。

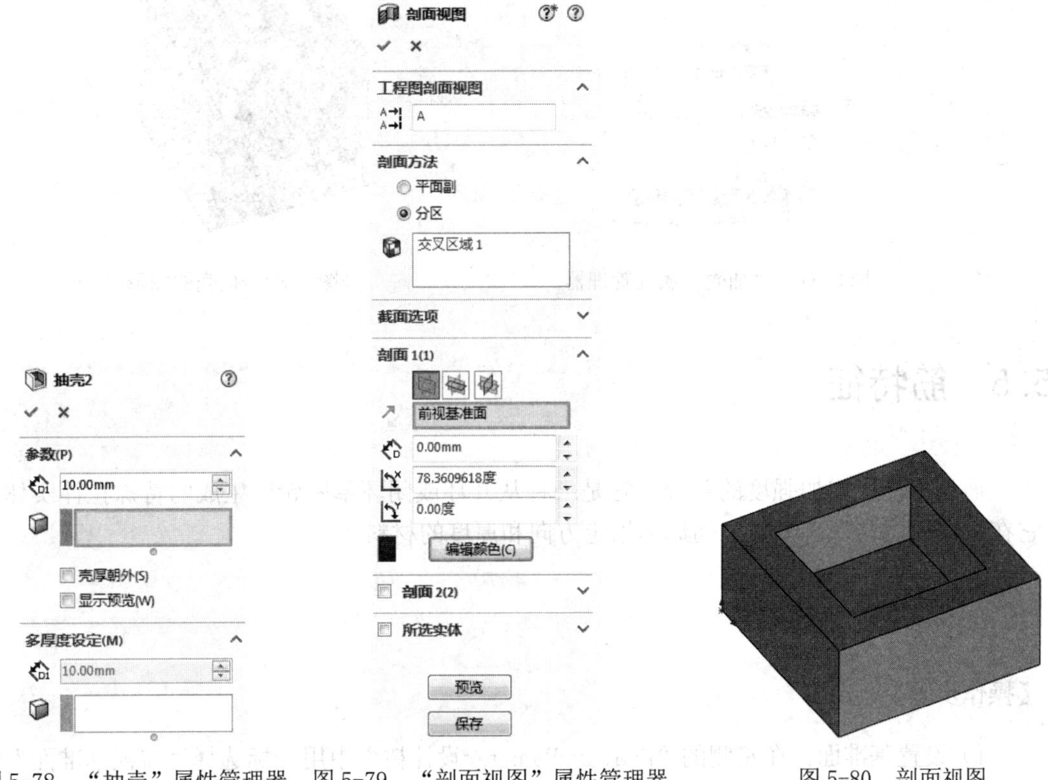

图5-78 “抽壳”属性管理器　图5-79 “剖面视图”属性管理器　图5-80 剖面视图

5.4.3 多厚度抽壳

多厚度抽壳是指执行抽壳命令时，生成不同面具有不同厚度的薄壁实体。

【操作步骤】

1）重复去除模型面抽壳的步骤1）～3），绘制如图5-75所示的图形。

2）执行抽壳命令。选择菜单栏中的“插入”→“特征”→“抽壳”命令，或者单击“特征”工具栏中的“抽壳”按钮，此时系统弹出图5-81所示的“抽壳”属性管理器。

3）设置属性管理器。在“参数”复选框的“厚度”一栏中输入值10；在“移除的面”一栏中，用光标选择图5-75中的面1。在“多厚度设定”复选框的“多厚度面”一栏中，用光标选择图5-75中的面2，然后在“多厚度”一栏中输入20；重复多厚度设定，将图5-75中的面3设定“多厚度”一栏中输入30。

4）确认抽壳特征。单击“抽壳”属性管理器中的“确定”按钮✔，结果如图5-82所示。

图5-81 “抽壳”属性管理器

图5-82 抽壳的图形

5.5 筋特征

筋是零件上增加强度的部分，它是一种从开环或闭环草图轮廓生成的特殊拉伸实体，它在草图轮廓与现有零件之间添加指定方向和厚度的材料。

5.5.1 创建筋

【操作步骤】

1）设置基准面。在左侧的“FeatureManager设计树”中用光标选择“前视基准面”作为绘制图形的基准面。

2）绘制草图。选择菜单栏中的“工具”→“草图绘制实体”→“矩形”命令，以原点为一角点绘制一个矩形并标注尺寸，结果如图5-83所示。

3）拉伸实体。选择菜单栏中的“插入”→“凸台/基体”→“拉伸”命令，将上一步绘制的草图拉伸为“深度”为40的实体，结果如图5-84所示。

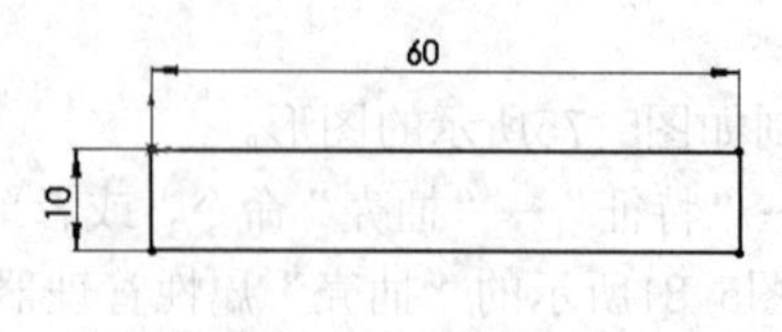

图5-83 绘制的草图

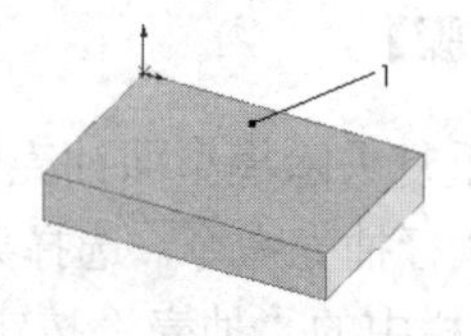

图5-84 拉伸的图形

4）设置基准面。用光标选择图5-84中的表面1，然后单击“标准视图”工具栏中的“正视于”按钮，将该表面作为绘制图形的基准面。

5）绘制草图。选择菜单栏中的“工具”→“草图绘制实体”→“矩形”命令，在上一步设置的基准面上绘制一个矩形并标注尺寸，结果如图5-85所示。

6）拉伸实体。选择菜单栏中的“插入”→“凸台/基体”→“拉伸”命令，将上一步绘制的草图拉伸为“深度”为60的实体。

7）设置视图方向。单击“标准视图”工具栏中的“等轴测”按钮，将视图以等轴测方向显示，结果如图5-86所示。

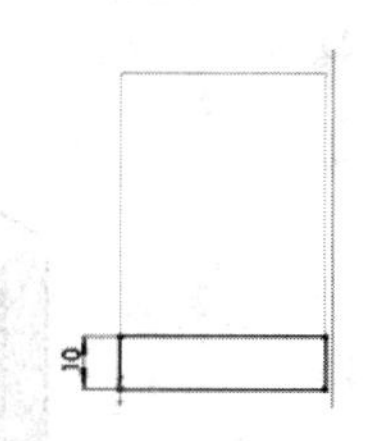

图 5-85　绘制的草图

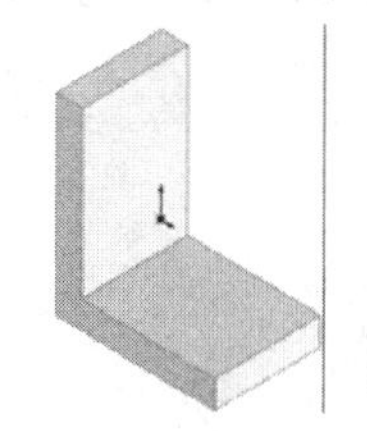
图 5-86　拉伸的图形

8）添加基准面。在左侧的”FeatureManager设计树”中用光标选择“前视基准面”，然后选择菜单栏中的“插入”→“参考几何体”→“基准面”命令，此时系统弹出图5-87所示的“基准面”属性管理器。在“等距距离”一栏中输入值20，单击属性管理器中的“确定”按钮，添加一个新的基准面，结果如图5-88所示。

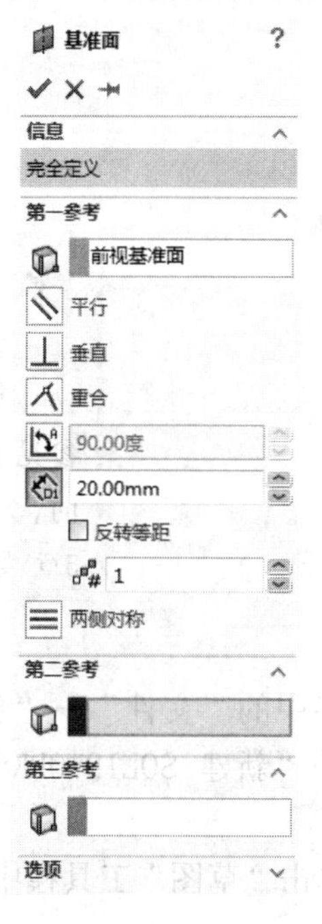

图 5-87　“基准面”属性管理器

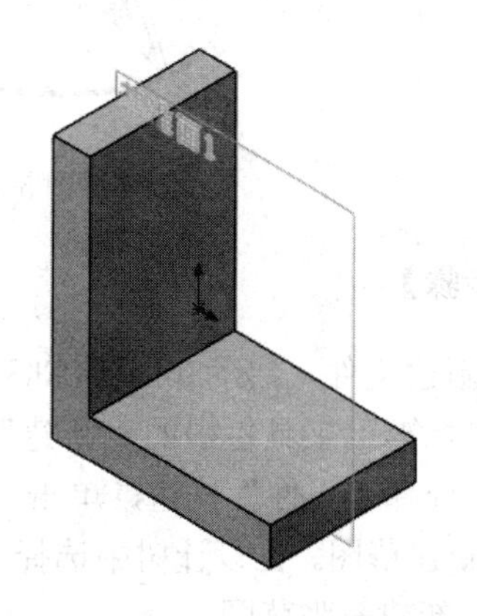
图 5-88　添加的基准面

9）设置基准面。单击上一步添加的基准面，然后单击“标准视图”工具栏中的“正视于”按钮，将该基准面作为绘制图形的基准面。

10）绘制草图。选择菜单栏中的“工具”→“草图绘制实体”→“直线”命令，在上一步设置的基准面上绘制图5-89所示的草图。

11）执行筋命令。选择菜单栏中的“插入”→“特征”→“筋”命令，或者单击“特征”工具栏中的“筋”按钮，此时系统弹出图5-90所示的“筋”属性管理器，按照图示进行设置后，单击“筋”属性管理器中的“确定”按钮。

12）设置视图方向。单击“标准视图”工具栏中的“等轴测”按钮，将视图以等轴测方向显示，结果如图5-91所示。

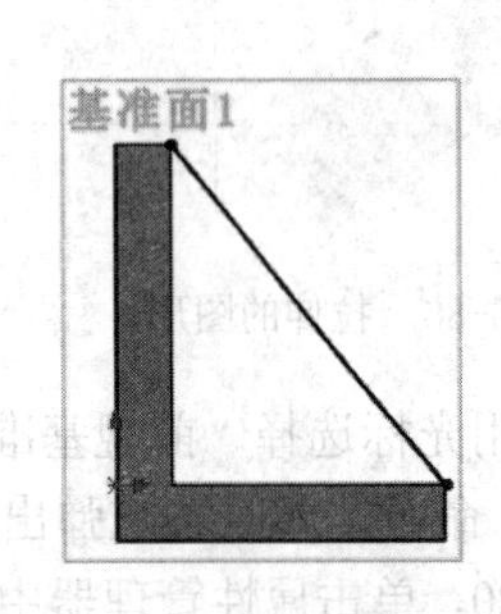

图5-89 绘制的草图

图5-90 “筋”属性管理器

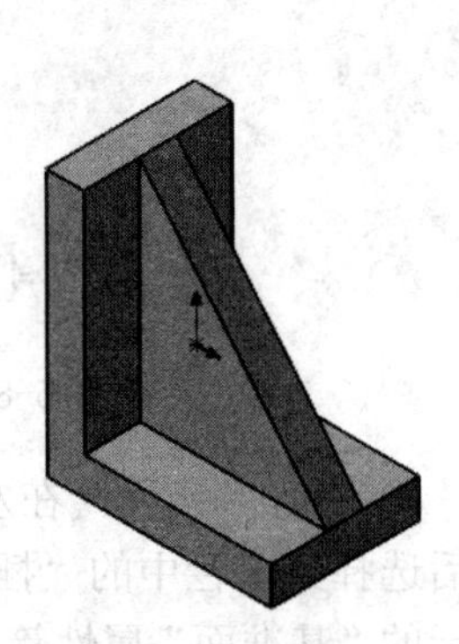
图5-91 添加筋后的图形

5.5.2 实例——导流盖

绘制图5-92所示的导流盖。

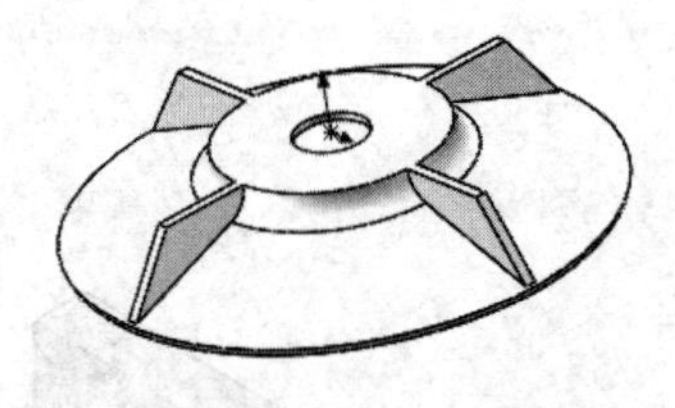
图5-92 导流盖

实讲实训
多媒体演示

多媒体演示参见配套光盘中的\\动画演示\第5章\导流盖.avi。

【操作步骤】

1）新建文件。启动SOLIDWORKS 2016，选择菜单栏中的“文件”→“新建”命令，或者单击“标准”工具栏中的“新建”按钮，在打开的“新建 SOLIDWORKS 文件”属性管理器中，选择“零件”按钮，单击“确定”按钮。

2）新建草图。在设计树中选择“前视基准面”，单击“草图”工具栏中的“草图绘制”按钮，新建一张草图。

3）绘制中心线。单击“草图”工具栏中的“中心线”按钮，通过原点绘制一条垂直中心线。

4）绘制轮廓。单击“草图”工具栏中的“直线”按钮和“切线弧”按钮，绘制旋转的轮廓。

5）标注尺寸。单击“草图”工具栏中的“智能尺寸”按钮，为草图标注尺寸如图5-93所示。

6）旋转形成实体。单击“特征”工具栏中的“旋转凸台/基体”按钮。

7）在弹出的询问属性管理器中单击“否”按钮，如图5-94所示。

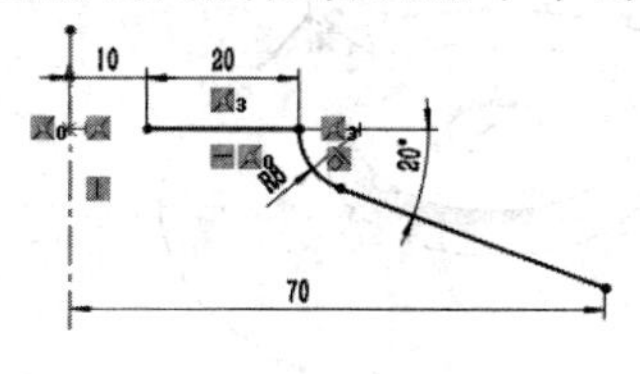

图 5-93 旋转草图轮廓

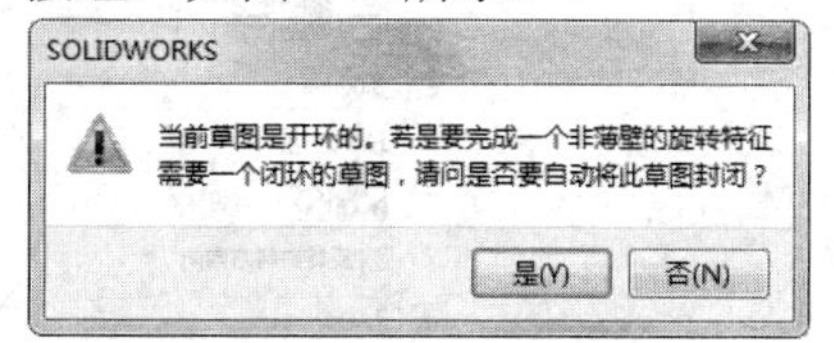

图 5-94 询问属性管理器

8）旋转形成薄壁。在旋转属性管理器中设置旋转类型为“给定深度”，并在微调框中设置旋转角度为360度。使薄壁向内部拉伸，并在微调框中设置薄壁的厚度为2mm，如图5-95所示，单击“确定”按钮，生成薄壁旋转特征。

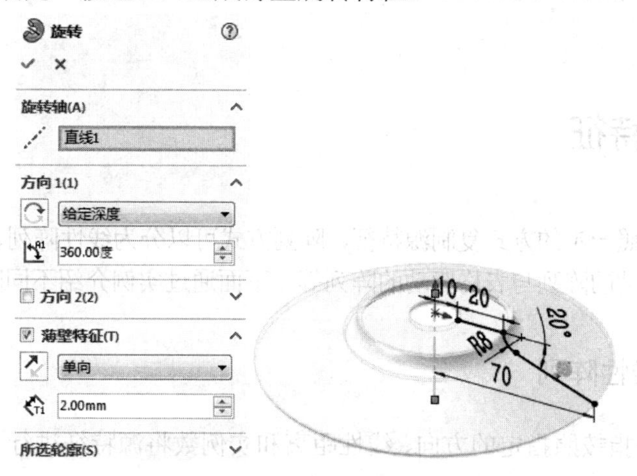

图 5-95 设置薄壁旋转特征

9）新建草图。在设计树中选择右视基准面，单击草图绘制按钮，新建一张草图，单击标准视图工具栏中的正视于按钮，以正视于右视视图。

10）绘制直线。单击“草图”工具栏中的“直线”按钮，将光标指针移到台阶的边缘，当光标指针变为形状时，表示光标指针正位于边缘上，移动光标指针以生成从台阶边缘到零件边缘的折线。

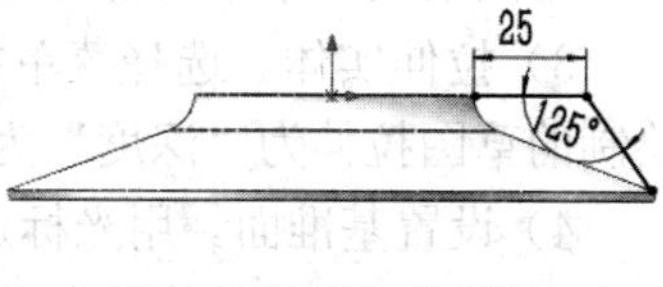

11）标注尺寸。单击“草图”工具栏中的“智能尺寸”按钮，为草图标注尺寸如图5-96所示。

图5-96 导流盖草图

12）单击等轴测按钮，用等轴测视图观看图形。

13）生成加强筋。单击“特征”工具栏中的“筋”按钮，或选择菜单栏中的“插入”

→“特征”→“筋”命令。在筋属性管理器中，单击两边添加按钮，设置厚度生成方式为两边均等添加材料。在微调框中指定筋的厚度为3mm。单击平行于草图生成筋按钮，设定筋的拉伸方向为平行于草图，如图5-97所示。单击“确定”按钮✔，从而生成筋特征。

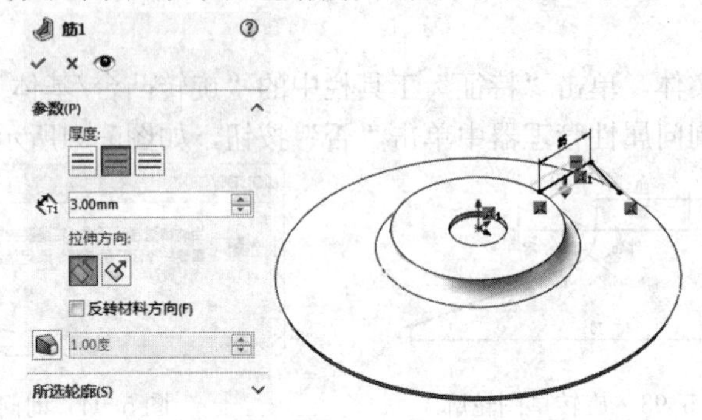

图 5-97　设置筋特征

14）重复步骤9～13创建其余三个筋特征。

15）保存。单击保存按钮，将文件保存为“导流盖. sldprt”，最终效果如图5-92所示。

5.6　阵列特征

阵列是指按照一定的方式复制源特征，阵列方式可以分为线性阵列、圆周阵列、曲线驱动的阵列、草图驱动的阵列与表格驱动的阵列等。下面通过实例介绍不同阵列的操作步骤。

5.6.1　线性阵列

线性阵列是指按照指定的方向、线性距离和实例数将源特征进行一维或者二维的复制。

【操作步骤】

1）设置基准面。在左侧的“FeatureManager设计树”中用光标选择“前视基准面”作为绘制图形的基准面。

2）绘制草图。选择菜单栏中的“工具”→“草图绘制实体”→“矩形”命令，以原点为一角点绘制一个矩形并标注尺寸，结果如图5-98所示。

3）拉伸实体。选择菜单栏中的“插入”→“凸台/基体”→“拉伸”命令，将上一步绘制的草图拉伸为“深度”为10的实体，结果如图5-99所示。

4）设置基准面。用光标选择图5-99中的表面，然后单击“标准视图”工具栏中的“正视于”按钮，将该表面作为绘制图形的基准面。

5）绘制草图。选择菜单栏中的“工具”→“草图绘制实体”→“圆”命令，在上一步设置的基准面上绘制一个圆并标注尺寸，结果如图5-100所示。

6）拉伸实体。选择菜单栏中的“插入”→“凸台/基体”→“拉伸”命令，将上一步绘制的草图拉伸为“深度”为10mm的实体。

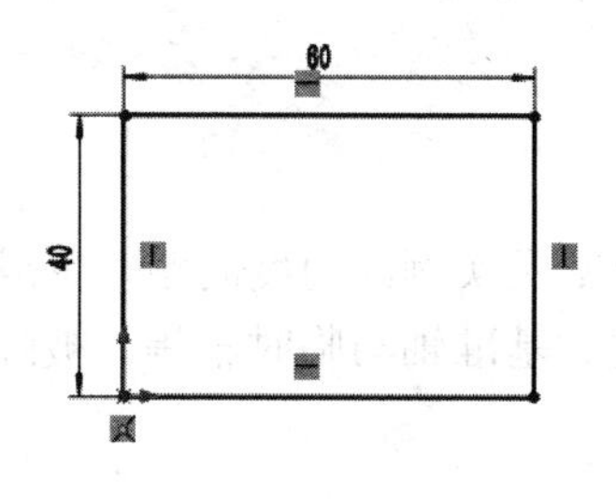

图 5-98 绘制的草图

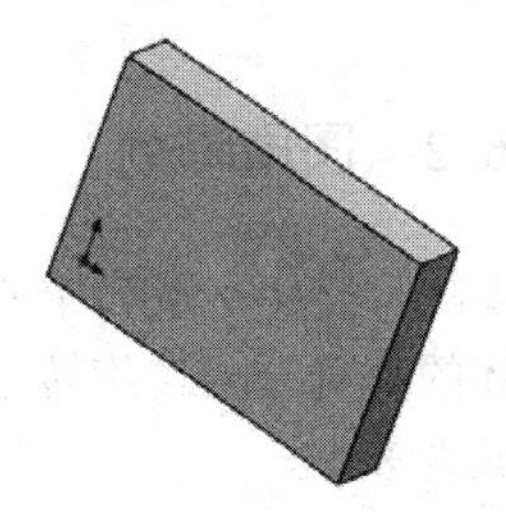

图 5-99 拉伸的图形

7）设置视图方向。单击“标准视图”工具栏中的“等轴测”按钮，将视图以等轴测方向显示，结果如图5-101所示。

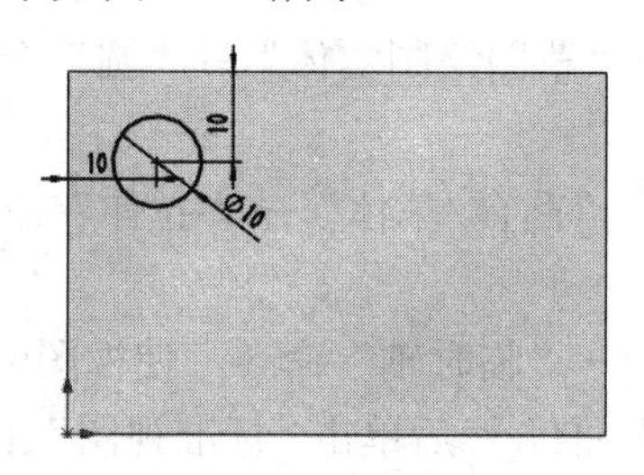

图 5-100 绘制的草图

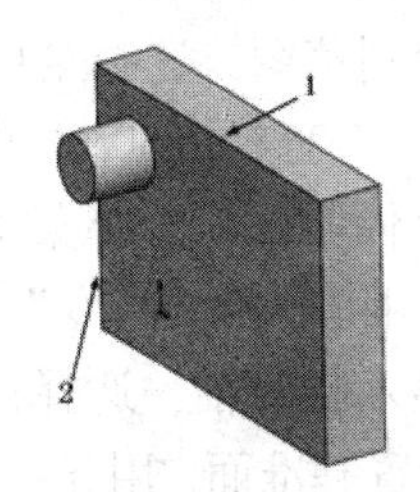

图 5-101 拉伸的图形

8）执行线性阵列命令。选择菜单栏中的“插入”→“阵列/镜像”→“线性阵列”命令，或者单击“特征”工具栏中的“线性阵列”按钮，此时系统弹出如图5-102所示的“线性阵列”属性管理器。

9）设置属性管理器。在“特征和面（F）”一栏中，用光标选择图5-101中拉伸的实体；在“方向1”的“阵列边线”一栏中选择“间距与实例数”选项，用光标选择图5-101中的边线1；在“方向2”的“阵列边线”一栏中选择“间距与实例数”选项，用光标选择图5-101中的边线2，其他设置参考图5-102所示。

图 5-102 “线性阵列”属性管理器

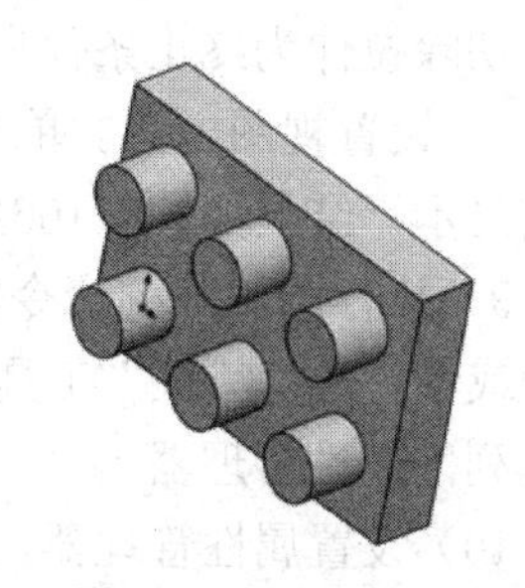

图 5-103 线性阵列的图形

10）确认线性阵列特征。单击“线性阵列”属性管理器中的“确定”按钮✔，结果如图5-103所示。

5.6.2 圆周阵列

圆周阵列是绕一旋转中心按照指定的实例总数及实例的角度间距，生成一个或者多个特征实体的阵列方式。旋转中心可以是实体边线、基准轴与临时轴等。被阵列的实体可以是一个或者多个。

【操作步骤】

1）设置基准面。在左侧的“FeatureManager设计树”中用光标选择“前视基准面”作为绘制图形的基准面。

2）绘制草图。选择菜单栏中的“工具”→“草图绘制实体”→“圆”命令，以原点为圆心绘制一个直径为50mm的圆。

3）拉伸实体。选择菜单栏中的“插入”→“凸台/基体”→“拉伸”命令，将上一步绘制的草图拉伸为“深度”为5mm的实体。

4）显示临时轴。选择菜单栏中的“视图”→“临时轴”命令，使视图中显示临时轴。

5）设置基准面。用光标选择图5-104中的表面1，然后单击“标准视图”工具栏中的“正视于”按钮，将该表面作为绘制图形的基准面。

6）绘制草图。选择菜单栏中的“工具”→“草图绘制实体”→“圆”命令，在上一步设置的基准面上绘制一个圆并标注尺寸，结果如图5-105所示。

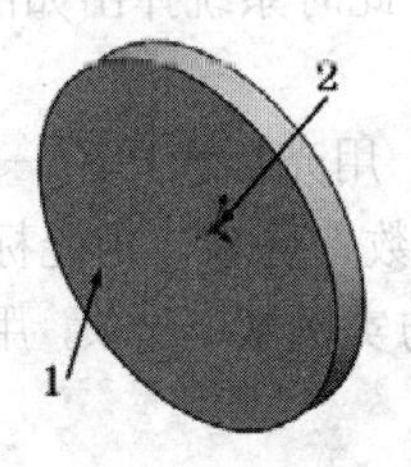

图5-104 设置基准面

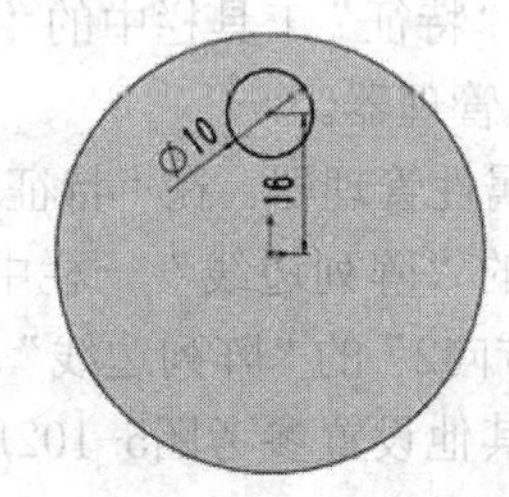

图5-105 绘制草图

7）拉伸实体。选择菜单栏中的“插入”→“切除”→“拉伸”命令，将上一步绘制的草图切除拉伸为终止条件为“完全贯穿”的实体。

8）设置视图方向。单击“标准视图”工具栏中的“等轴测”按钮，将视图以等轴测方向显示，结果如图5-106所示。

9）执行圆周阵列命令。选择菜单栏中的“插入”→“阵列/镜像”→“圆周阵列”命令，或者单击“特征”工具栏中的“圆周阵列”按钮，此时系统弹出图5-107所示的“圆周阵列”属性管理器。

10）设置属性管理器。在“特征和面”一栏中，用光标选择图5-106所示切除拉伸的实体；在“阵列轴”一栏中，用光标选择图5-104中的临时轴2；在“实例数”一栏中输入值6，其他设置参考如图5-107所示。

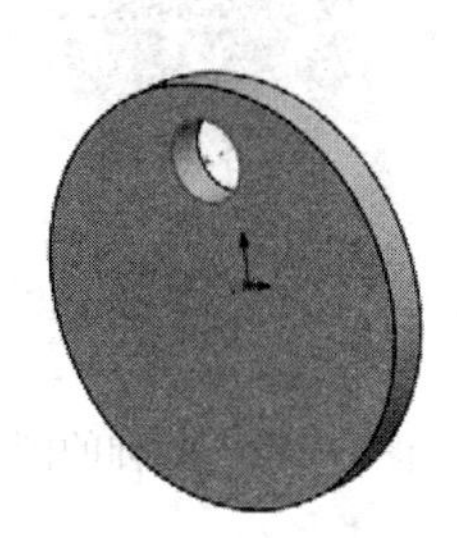

图 5-106 切除拉伸的图形

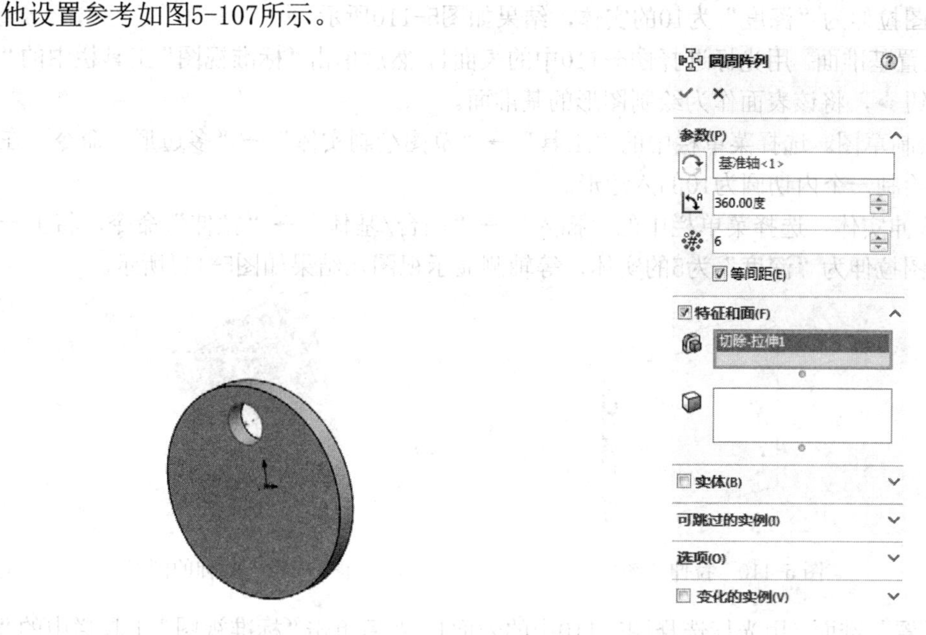

图 5-107 “圆周阵列”属性管理器

11）确认圆周阵列特征。单击“圆周阵列”属性管理器中的“确定”按钮✓，结果如图5-108所示。

12）取消显示临时轴。选择菜单栏中的“视图”→“临时轴”命令，取消视图中临时轴的显示，结果如图5-109所示。

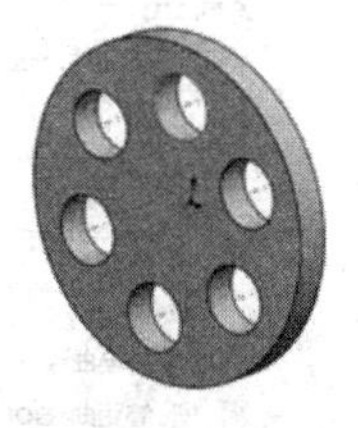

图 5-108 圆周阵列的图形

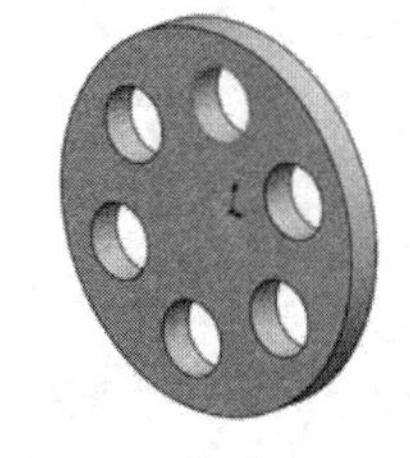

图 5-109 取消临时轴显示的图形

5.6.3 曲线驱动的阵列

曲线驱动的阵列是指沿平面曲线或者空间曲线生成的阵列实体。

【操作步骤】

1）设置基准面。在左侧的“FeatureManager设计树”中用光标选择“前视基准面”作为绘制图形的基准面。

2）绘制草图。选择菜单栏中的“工具”→“草图绘制实体”→“矩形”命令，以原点为一角点绘制一个边长为60的正方形。

3）拉伸实体。选择菜单栏中的“插入”→“凸台/基体”→“拉伸”命令，将上一步绘制的草图拉伸为“深度”为10的实体，结果如图5-110所示。

4）设置基准面。用光标选择图5-110中的表面1，然后单击“标准视图”工具栏中的“正视于”按钮，将该表面作为绘制图形的基准面。

5）绘制草图。选择菜单栏中的“工具”→“草图绘制实体”→“多边形”命令，在合适的位置绘制一个内切圆为10的六边形。

6）拉伸实体。选择菜单栏中的“插入”→“凸台/基体”→“拉伸”命令，将上一步绘制的草图拉伸为“深度”为5的实体，等轴测显示视图，结果如图5-111所示。

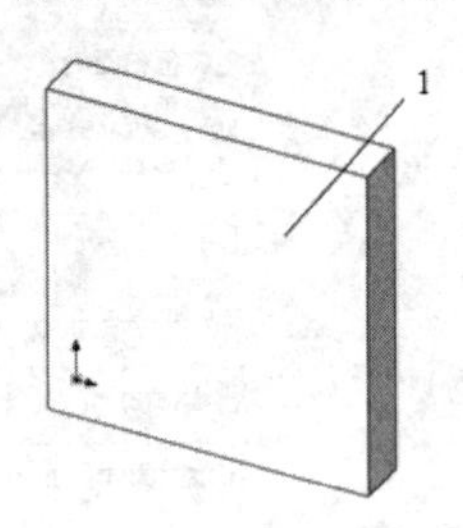

图 5-110　拉伸的图形

图 5-111　拉伸的图形

7）设置基准面。用光标选择图5-110中的表面1，然后单击“标准视图”工具栏中的“正视于”按钮，将该表面作为绘制图形的基准面。

8）绘制草图。选择菜单栏中的“工具”→“草图绘制实体”→“样条曲线”命令，绘制如图5-112所示的样条曲线，然后退出草图绘制状态。

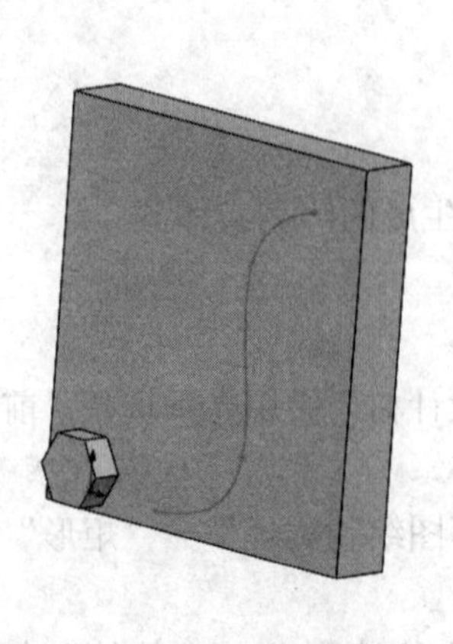

图 5-112　切除拉伸的图形

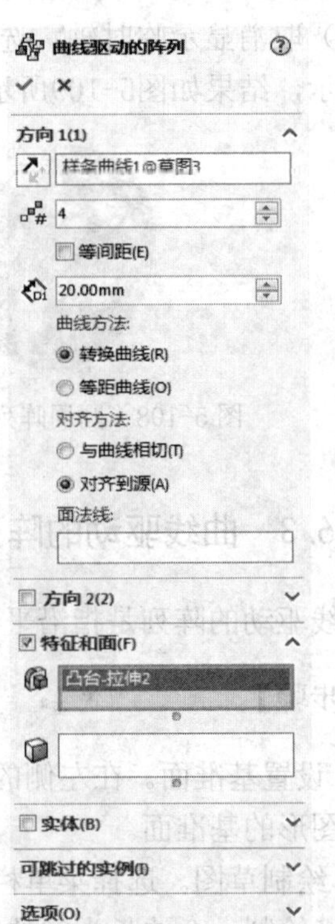

图 5-113　“曲线驱动的阵列”属性管理器

9）执行曲线驱动阵列命令。选择菜单栏中的“插入”→“阵列/镜像”→“曲线驱动的阵列“命令，或者单击“特征”工具栏中的“曲线驱动的阵列”按钮，此时系统弹出图5-113所示的“曲线驱动的阵列”属性管理器。

10）设置属性管理器。在“特征和面”一栏中，用光标选择图5-111所示拉伸的实体；在“阵列方向”一栏中，用光标选择样条曲线，其他设置参考如图5-113所示。

11）确认曲线驱动阵列的特征。单击“曲线驱动的阵列”属性管理器中的“确定”按钮✔，结果如图5-114所示。

12）取消视图中草图显示。选择菜单栏中的“视图”→“草图”命令，取消视图中草图的显示，结果如图5-115所示。

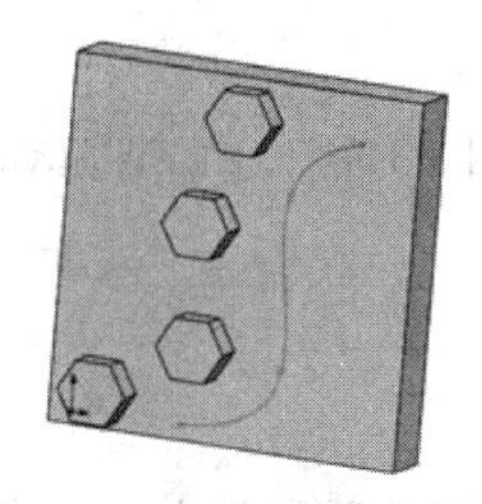
图 5-114 曲线驱动阵列的图形

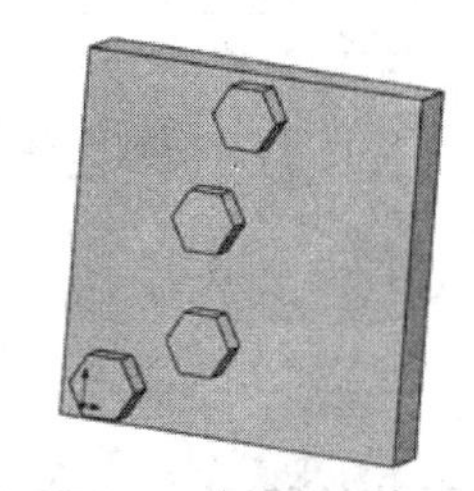
图 5-115 取消草图显示的图形

5.6.4 草图驱动的阵列

草图驱动的阵列是指将源特征按照草图中的草图点进行阵列。

【操作步骤】

1）重复曲线驱动的阵列的步骤1）～6），绘制如图5-116所示的图形。

2）设置基准面。用光标选择图5-110中的表面1，然后单击“标准视图”工具栏中的“正视于”按钮，将该表面作为绘制图形的基准面。

3）绘制草图。选择菜单栏中的“工具”→“草图绘制实体”→“点”命令，或者单击“草图”工具栏中的“点”按钮，绘制图5-116所示的草图点，然后退出草图绘制状态。

4）执行草图驱动阵列命令。选择菜单栏中的“插入”→“阵列/镜像”→“草图驱动的阵列”命令，或者单击“特征”工具栏中的“草图驱动的阵列”按钮，此时系统弹出如图5-117所示的“由草图驱动的阵列”属性管理器。

5）设置属性管理器。在“特征和面”一栏中，用光标选择图5-111中的拉伸的实体；在“选择”一栏下的“参考草图”中，用光标选择图5-116中的绘制的草图点。

6）确认草图驱动阵列特征。单击“由草图驱动的阵列”属性管理器中的“确定”按钮✔，结果如图5-118所示。

7）设置视图方向。单击“标准视图”工具栏中的“等轴测”按钮，将视图以等轴测方向显示，结果如图5-119所示。

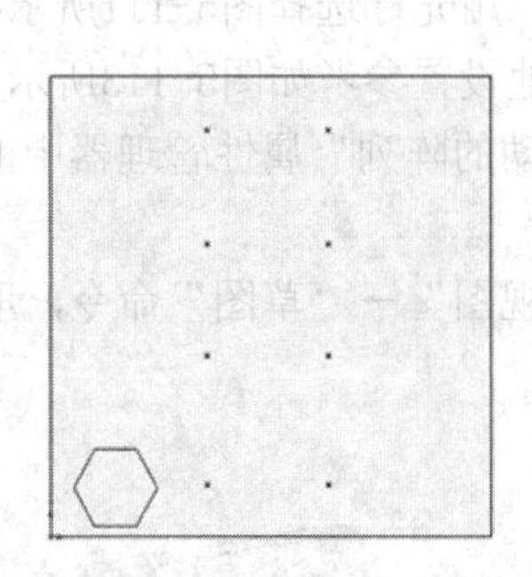
图 5-116　绘制的草图

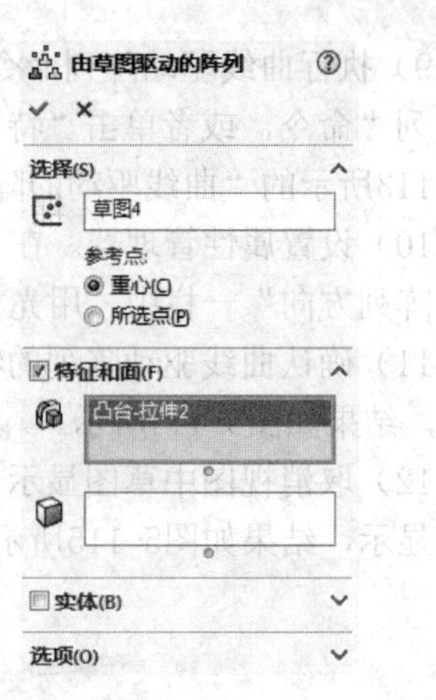

图 5-117　“由草图驱动的阵列”属性管理器

注意

在由草图驱动的阵列中，可以使用源特征的重心、草图原点、顶点或另一个草图点作为参考点。

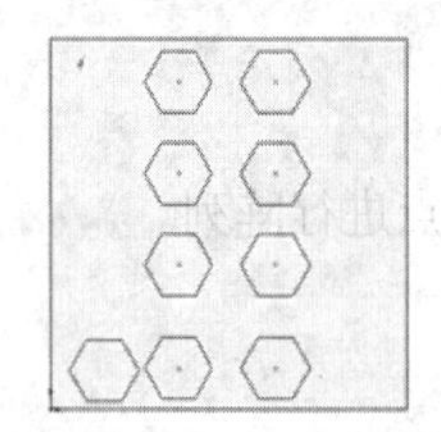
图 5-118　阵列的图形

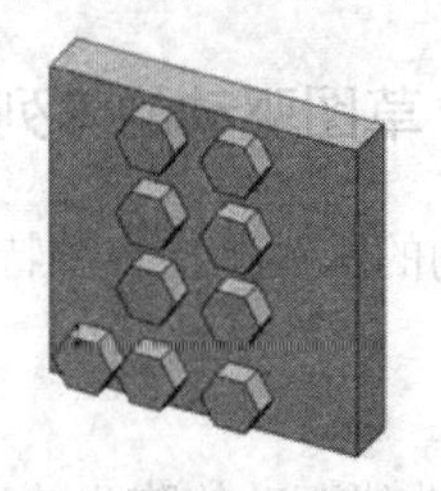
图 5-119　等轴测视图

5.6.5　表格驱动的阵列

表格驱动的阵列是指添加或检索以前生成的 X-Y 坐标，在模型的面上增添源特征。

【操作步骤】

1）重复曲线驱动的阵列的步骤1）～6），绘制图5-120所示的图形。

2）执行坐标系命令。选择菜单栏中的“插入”→“参考几何体”→“坐标系”命令，或者单击“参考几何体”工具栏中的“坐标系”按钮，此时系统弹出图5-121所示的“坐标系”属性管理器，创建一个新的坐标系。

3）设置属性管理器。在“原点”一栏中，用光标选择图5-120中的点A；在“X轴”参考方向一栏中，用光标选择图5-120中的边线1；在“Y轴参考方向”一栏中，用光标选择如图5-120所示中的边线2；在“Z轴参考方向”一栏中，用光标选择图5-120中的边线3。

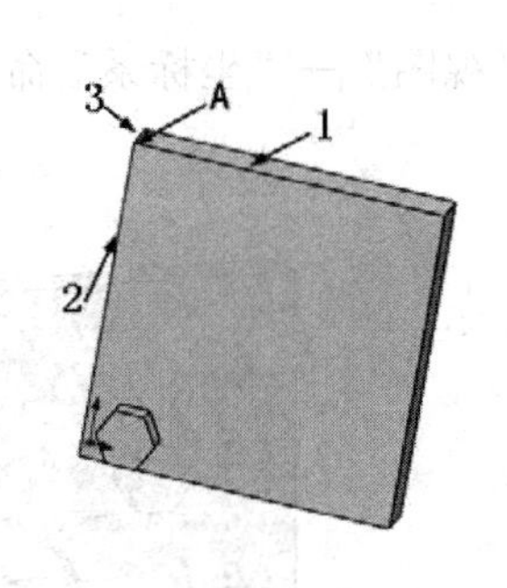

图 5-120 绘制的图形

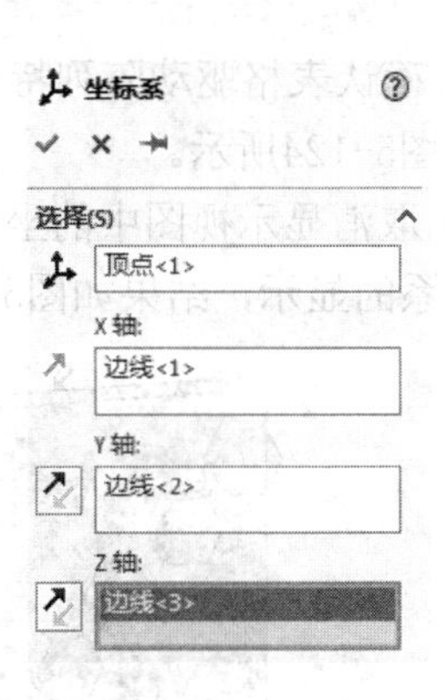

图 5-121 “坐标系”属性管理器

4）确认创建的坐标系。单击“坐标系”属性管理器中的“确定”按钮✔，结果如图5-122所示。

5）执行表格驱动阵列命令。选择菜单栏中的“插入”→“阵列/镜像”→“表格驱动的阵列”命令，或者单击“特征”工具栏中的“表格驱动的阵列”按钮，此时系统弹出图5-123所示的“由表格驱动的阵列”属性管理器。

6）设置属性管理器。在“要阵列的特征”一栏中，用光标选择图5-111的拉伸的实体；在“坐标系”一栏中，用光标选择图5-122中的坐标系1。如图5-122所示，点0的坐标为源特征的坐标；双击点1的X和Y的文本框，输入要阵列的坐标值；重复此步骤，输入点2～点5的坐标值。

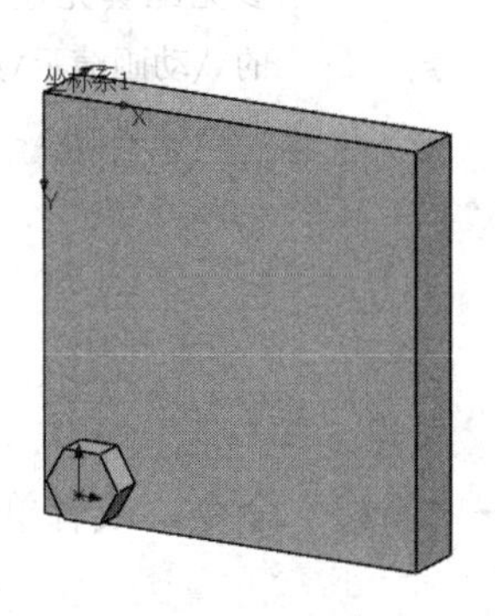

图 5-122 创建坐标系的图形

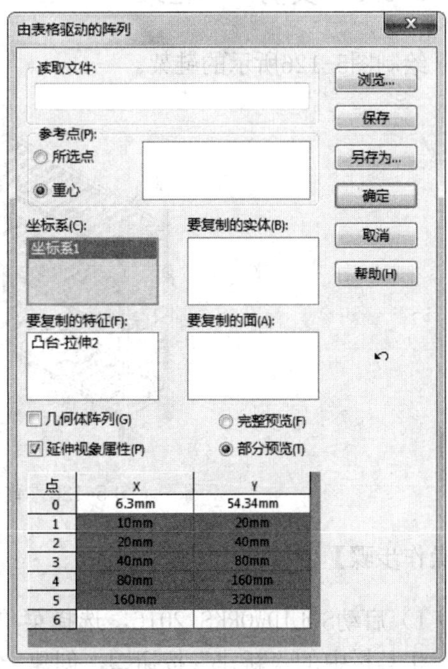

点	X	Y
0	6.3mm	54.34mm
1	10mm	20mm
2	20mm	40mm
3	40mm	80mm
4	80mm	160mm
5	160mm	320mm
6		

图 5-123 “由表格驱动的阵列”属性管理器

7）确认表格驱动阵列特征。单击“由表格驱动的阵列”属性管理器中的“确定”按钮，结果如图5-124所示。

8）取消显示视图中的坐标系。选择菜单栏中的“视图”→“坐标系”命令，取消视图中坐标系的显示，结果如图5-125所示。

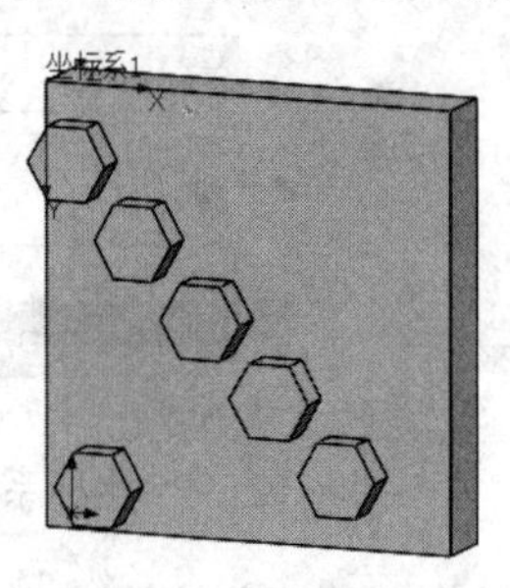

图 5-124　阵列的图形

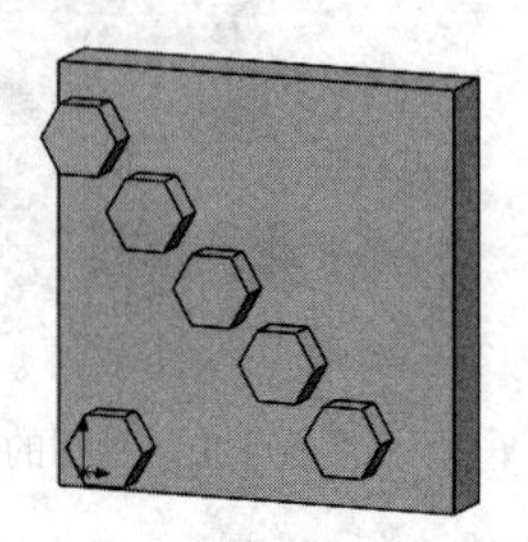

图 5-125　取消坐标系显示的图形

在输入阵列的坐标值时，可以使用正或者负坐标，如果输入负坐标，在数值前添加负号即可。如果输入了阵列表或文本文件，就不需要输入X和Y 坐标值。

5.6.6　实例——鞋架

绘制图5-126所示的鞋架。

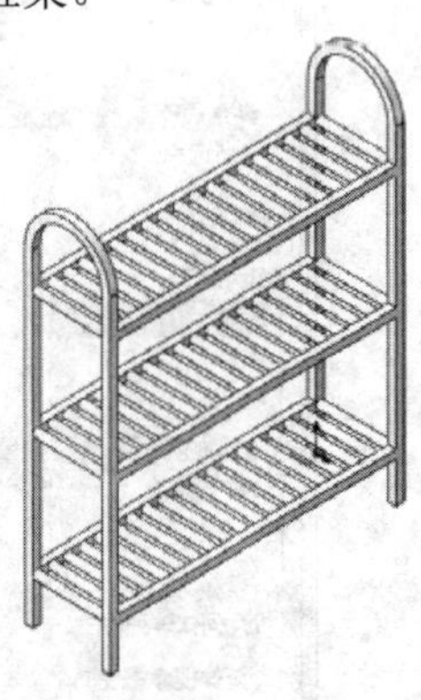

图 5-126　鞋架

实讲实训
多媒体演示

多媒体演示参见配套光盘中的\\动画演示\第5章\鞋架.avi。

【操作步骤】

1）启动SOLIDWORKS 2016，选择菜单栏中的“文件”→“新建”命令，或者单击“标准”工具栏中的“新建”按钮，创建一个新的零件文件。

2）绘制支撑架草图。在左侧的”FeatureManager设计树”中用光标选择“前视基准面”作为绘制图形的基准面。单击“草图”工具栏中的“直线”按钮，绘制两条直线，然后单击“3点圆弧”按钮，绘制一个圆弧，结果如图5-127所示。

3）标注尺寸。选择菜单栏中的“工具”→“标注尺寸”→“智能尺寸”命令，或者单击“尺寸/几何关系”工具栏中的“智能尺寸”按钮，标注上一步绘制草图的尺寸，结果如图5-128所示，然后退出草图绘制状态。

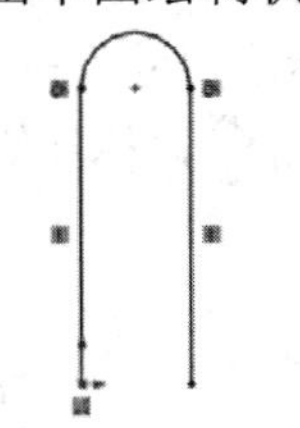

图 5-127　绘制的草图

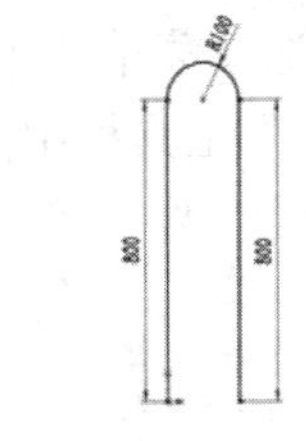

图 5-128　标注的草图

4）设置基准面。用光标选择左侧的“FeatureMannger设计树”中的“上视基准面”，然后单击“标准视图”工具栏中的“正视于”按钮，将该基准面作为绘制图形的基准面。

5）绘制草图。单击“草图”工具栏中的“中心矩形”按钮，绘制一个矩形。

6）标注尺寸。选择菜单栏中的“工具”→“标注尺寸”→“智能尺寸”命令，标注矩形两条边的长度均为20，结果如图5-129所示。

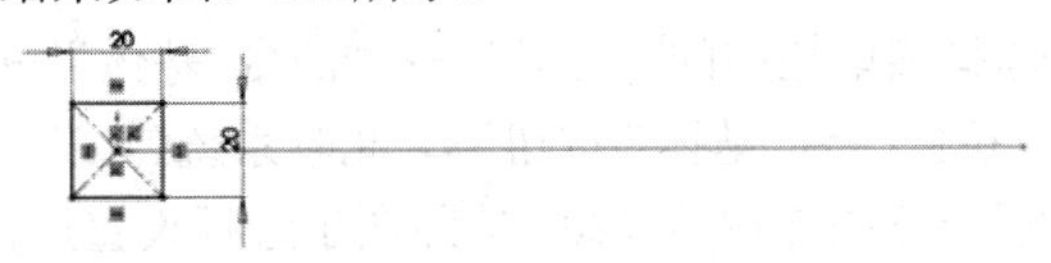

图 5-129　标注后的草图

7）设置视图方向。单击“标准视图”工具栏中的“等轴测”按钮，将视图以等轴测方向显示。

8）扫描实体。选择菜单栏中的“插入”→“凸台/基体”→“扫描”命令，或者单击“特征”工具栏中的“扫描”按钮，此时系统弹出如图5-130所示的“扫描”属性管理器。在“轮廓”一栏中，用光标选择图5-129中的矩形；在“路径”一栏中用光标选择图5-127的图形。按照图示进行设置后，单击属性管理器中的“确定”按钮，结果如图5-131所示。

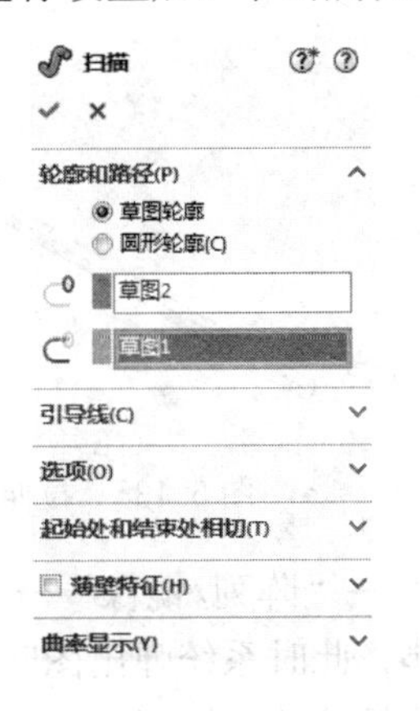

图 5-130　“扫描”属性管理器

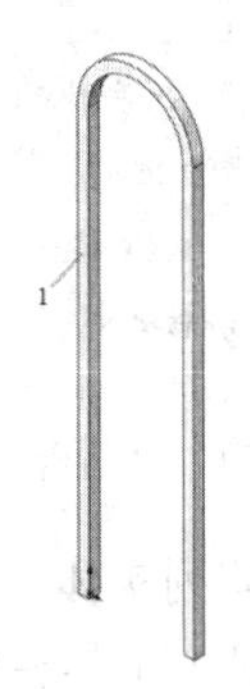

图 5-131　扫描后的实体

9）绘制横梁。设置基准面。用光标选择图5-131中的表面1，然后单击“标准视图”工具栏中的“正视于”按钮，将该表面作为绘制图形的基准面。

10）绘制草图。选择菜单栏中的“工具”→“草图绘制实体”→“矩形”命令，或者单击“草图”工具栏中的“边角矩形”按钮，绘制一个矩形，如图5-132所示。

11）标注尺寸。选择菜单栏中的“工具”→“标注尺寸”→“智能尺寸”命令，或者单击“尺寸/几何关系”工具栏中的“智能尺寸”按钮，标注矩形两条边并约束其位置，结果如图5-133所示。

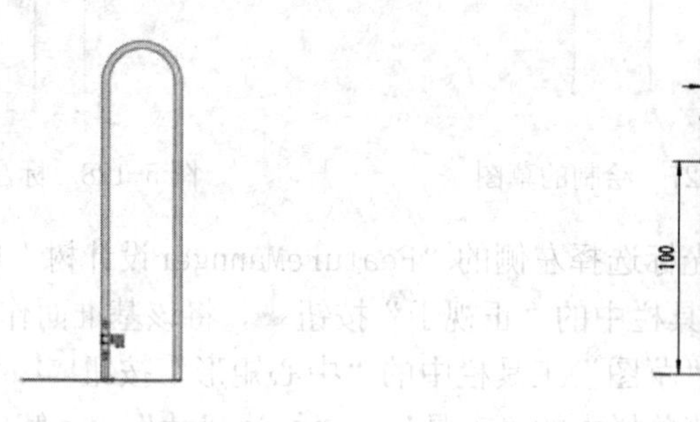

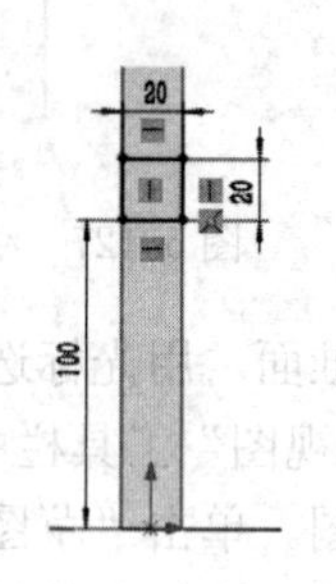

图 5-132　绘制的草图　　　　图 5-133　标注的草图

12）拉伸实体。选择菜单栏中的“插入”→“凸台/基体”→“拉伸”命令，或者单击“特征”工具栏中的“拉伸凸台/基体”按钮，此时系统弹出图5-134所示的“凸台-拉伸”属性管理器。在“深度”一栏中输入值720。按照图示进行设置后，单击属性管理器中的“确定”按钮，如图5-135所示。

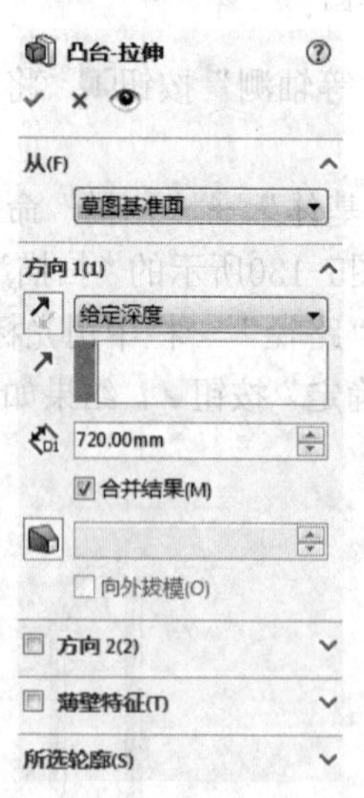

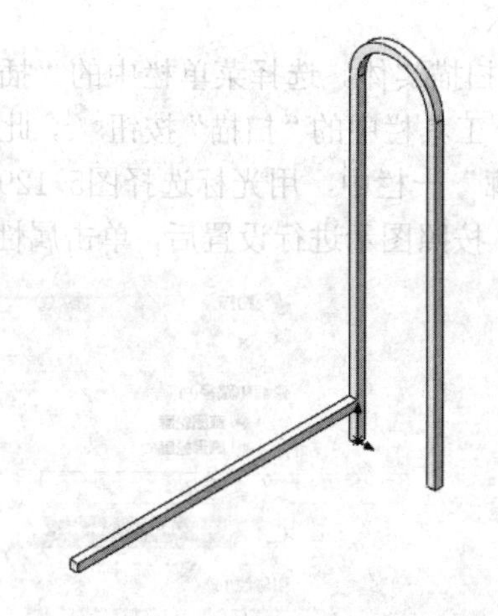

图 5-134　“凸台-拉伸”属性管理器　　　　图 5-135　拉伸后的图形

13）线性阵列实体。选择菜单栏中的“插入”→“阵列/镜像”→“线性阵列”命令，或者单击“特征”工具栏中的“线性阵列”按钮，此时系统弹出图5-136所示的“线性阵列”属性管理器。在“要阵列的实体”一栏中，选择拉伸后矩形，其他按照图示进行设置，选择的两个方向如图5-137所示，然后单击属性管理器中的“确定”按钮✔。

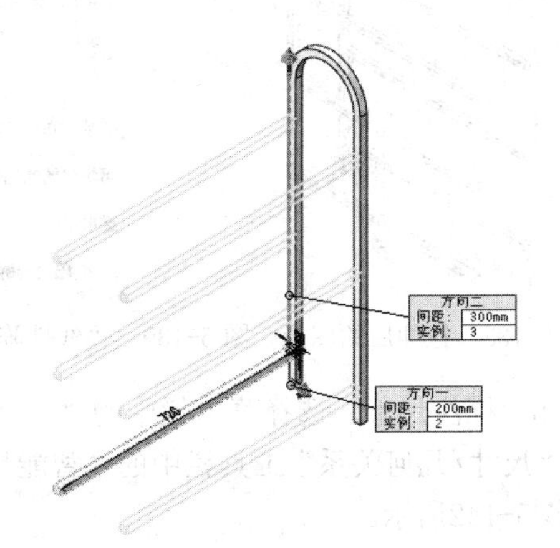

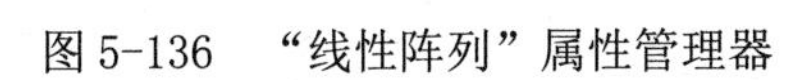

图 5-136 “线性阵列”属性管理器

图 5-137 阵列的图形

注意

此处将横筋拉伸为720，鞋架之间的间距为700，主要是为了下一步线性阵列实体作准备，以防止阵列的实体不能和横筋相交。

14）设置视图方向。单击“标准视图”工具栏中的“等轴测”按钮，将视图以等轴测方向显示，结果如图5-138所示。

15）线性阵列实体。选择菜单栏中的“插入”→“阵列/镜像”→“线性阵列”命令，或者单击“特征”工具栏中的“线性阵列”按钮，此时系统弹出“线性阵列”属性管理器。在“边线”一栏中，用光标选择横梁上的一条长直线；在“间距”一栏中输入值720；在“实例数”一栏中输入值2；在“特征和面”一栏中，选择绘制好的一侧的支撑架，如图5-139所示。单击属性管理器中的“确定”按钮✔，结果如图5-140所示。

16）绘制横筋。设置基准面。用光标选择图5-140中的表面1，然后单击“标准视图”工具栏中的“正视于”按钮，将该表面作为绘制图形的基准面。

17）绘制草图。选择菜单栏中的“工具”→“草图绘制实体”→“圆”命令，或者单击“草图”工具栏中的“圆”按钮，绘制一个圆，如图5-141所示。

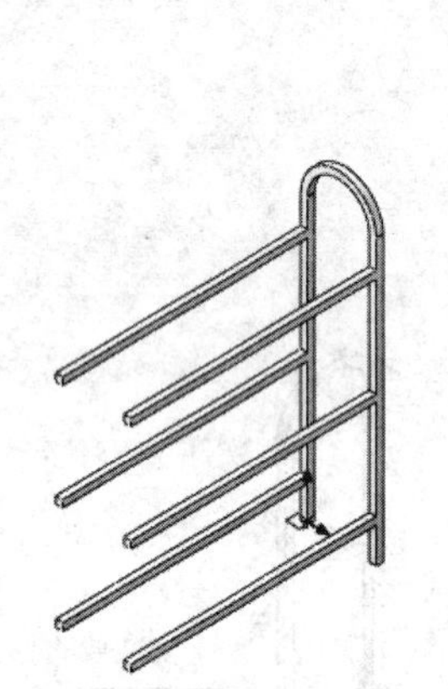

图 5-138 拉伸后的图形

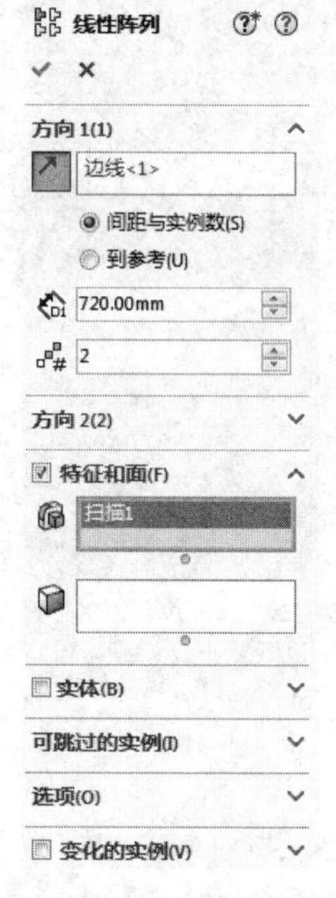

图 5-139 “线性阵列”属性管理器

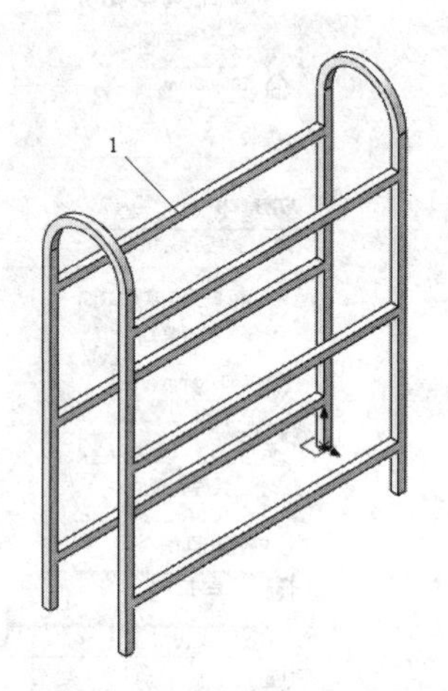

图 5-140 阵列后的图形

18）标注尺寸。选择菜单栏中的“工具”→“标注尺寸”→“智能尺寸”命令，或者单击“尺寸/几何关系”工具栏中的“智能尺寸”按钮，标注圆的直径及其定位尺寸，结果如图5-142所示。

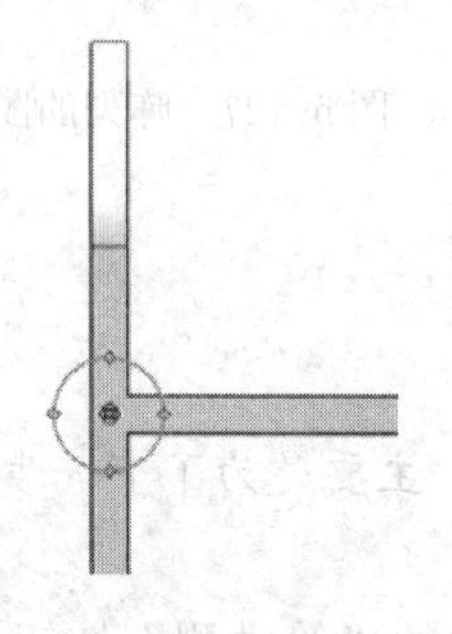

图 5-141 绘制的草图

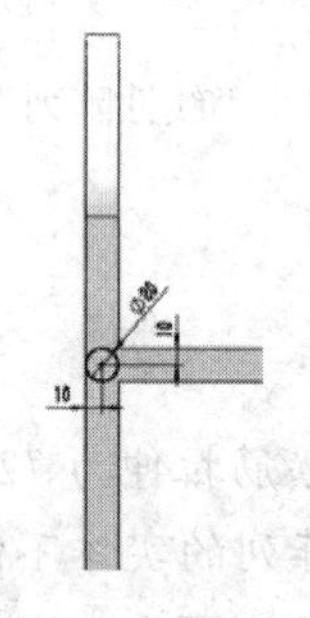

图 5-142 标注的草图

19）拉伸实体。选择菜单栏中的“插入”→“凸台/基体”→“拉伸”命令，或者单击“特征”工具栏中的“拉伸凸台/基体”按钮，此时系统弹出“凸台-拉伸”属性管理器。在“给定深度”一栏的下拉菜单中，选择“成形到下一面”选项，如图5-143所示。按照图示进行设置后，单击“确定”按钮✔，如图5-144所示。

20）线性阵列实体。选择菜单栏中的“插入”→“阵列/镜像”→“线性阵列”命令，或者单击“特征”工具栏中的“线性阵列”按钮，此时系统弹出图5-145所示的“线性阵列”属性管理器。在“特征和面”一栏中，选择上一步拉伸后的实体。按照图示进行设置后，单击属性管理器中的“确定”按钮✔，结果如图5-146所示。

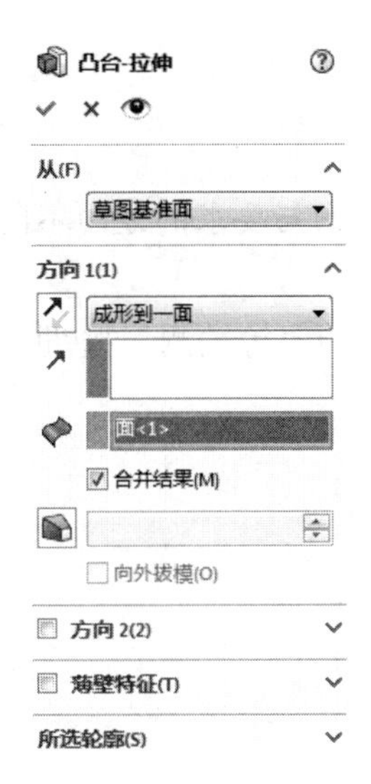

图 5-143 “凸台-拉伸”属性管理器

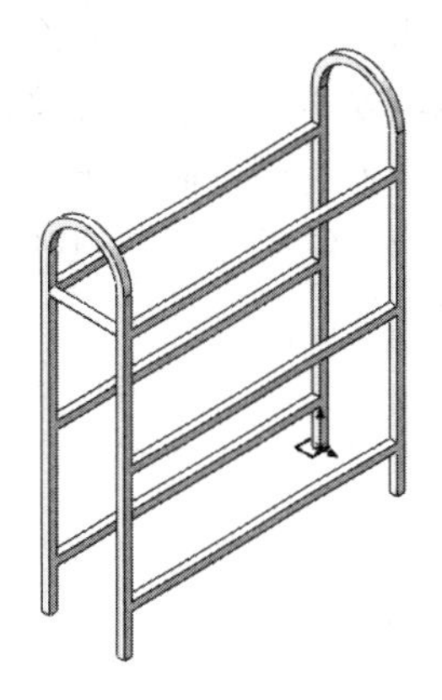

图 5-144 拉伸后的图形

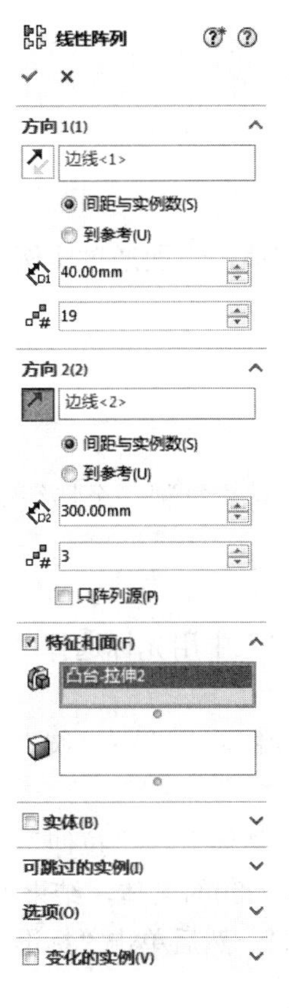

图5-145 “线性阵列”属性管理器

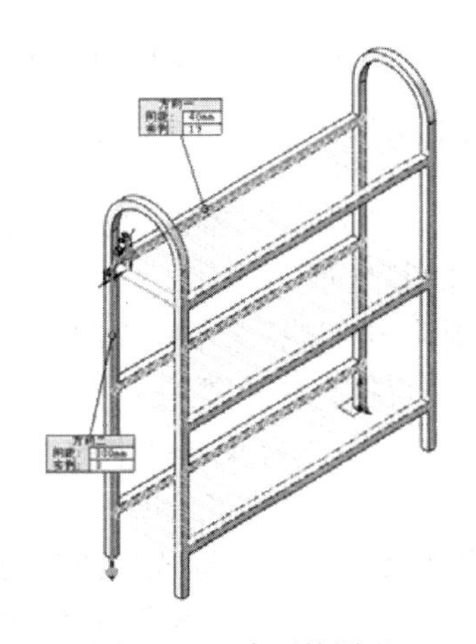

图5-146 阵列的图形

注意

在使用线性实体阵列命令时，如果草图阵列的方向与要求的方向不同，可以单击第一方向和第二方向后面的反向按钮来改变阵列的方向。

21. 设置视图方向。单击“标准视图”工具栏中的“等轴测”按钮，将视图以等轴测方向显示，结果如图5-147所示。

图 5-147　阵列后的图形

5.7　镜像

按照镜像对象的不同，可以分为镜像特征和镜像实体，下面通过实例介绍不同镜像类型的操作步骤。

5.7.1　镜像特征

镜像特征是指以某一平面或者基准面作为参考面，对称复制一个特征或者多个特征。

【操作步骤】

1）设置基准面。在左侧的“FeatureManager设计树”中用光标选择“前视基准面”作为绘制图形的基准面。

2）绘制草图。选择菜单栏中的“工具”→“草图绘制实体”→“圆”命令，以原点为圆心绘制一个直径为40的圆。

3）拉伸实体。选择菜单栏中的“插入”→“凸台/基体”→“拉伸”命令，将上一步绘制的草图拉伸为“方向1”和“方向2”的“深度”均为30的实体，结果如图5-148所示。

4）设置基准面。用光标选择图5-148所示中的表面1，然后单击“标准视图”工具栏中的“正视于”按钮，将该表面作为绘制图形的基准面。

5）绘制草图。选择菜单栏中的“工具”→“草图绘制实体”→“多边形”命令，在合适的位置绘制一个内切圆为60的六边形。

6）拉伸实体。选择菜单栏中的“插入”→“凸台/基体”→“拉伸”命令，将上一步绘制的草图拉伸为“深度”为20的实体。

7）设置视图方向。单击“标准视图”工具栏中的“等轴测”按钮，将视图以等轴测方向显示，结果如图5-149所示。

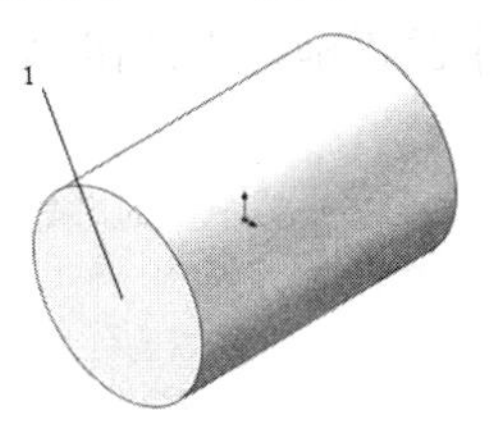

图 5-148　拉伸的图形

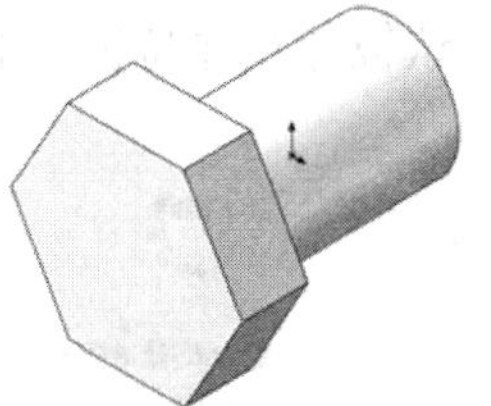

图 5-149　拉伸的图形

8）执行镜像实体命令。选择菜单栏中的“插入”→“阵列/镜像”→“镜像”命令，或者单击“特征”工具栏中的“镜像”按钮，此时系统弹出图5-150所示的“镜像”属性管理器。

9）设置基准面。在“镜像面/基准面”一栏中，用光标选择图5-149中的前视基准面；在“要镜像的特征”一栏中，用光标选择图5-149中拉伸的正六边形实体。

10）确认镜像实体特征。单击“镜像”属性管理器中的“确定”按钮，结果如图5-151所示。

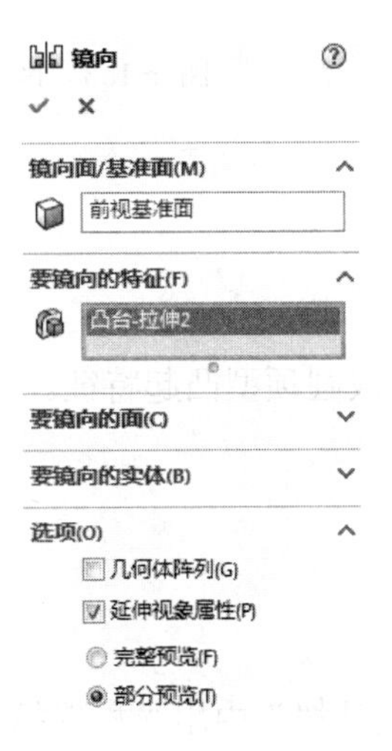

图 5-150　“镜像”属性管理器

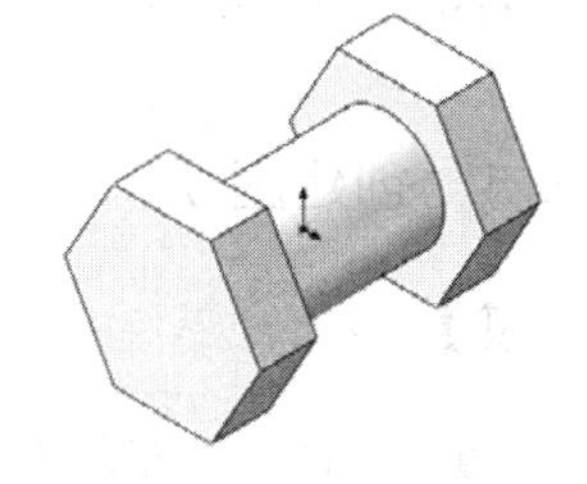

图 5-151　镜像的图形

5.7.2　镜像实体

镜像实体是指以某一平面或者基准面作为参考面，对称复制视图中的整个模型实体。

【操作步骤】

1）执行镜像实体命令。接上例绘制的图形，选择菜单栏中的“插入”→“阵列/镜像”

→“镜像”命令，或者单击“特征”工具栏中的“镜像”按钮，此时系统弹出图5-152所示的“镜像”属性管理器。

2）设置属性管理器。在“镜像面/基准面”一栏中，用光标选择图5-151中的面1；在“要镜像的实体”一栏中，用光标选择图5-151中模型实体上的任意一点。

3）确认镜像实体特征。单击“镜像”属性管理器中的“确定”按钮✓，结果如图5-153所示。

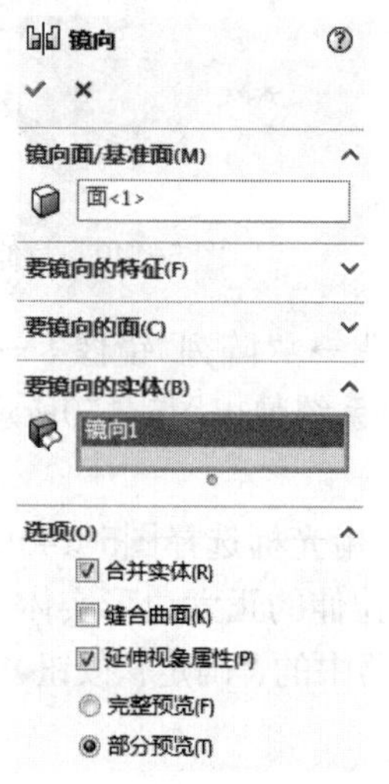

图5-152 “镜像”属性管理器

图5-153 镜像的图形

5.8 圆顶特征

圆顶特征是对模型的一个面进行变形操作，生成圆顶型凸起特征。

5.8.1 创建圆顶

【操作步骤】

1）设置基准面。在左侧的“FeatureManager设计树”中用光标选择“前视基准面”作为绘制图形的基准面。

2）绘制草图。选择菜单栏中的“工具”→“草图绘制实体”→“多边形”命令，以原点为圆心绘制一个多边形并标注尺寸，结果如图5-154所示。

3）拉伸实体。选择菜单栏中的“插入”→“凸台/基体”→“拉伸”命令，将上一步绘制的草图拉伸为“深度”为60的实体，结果如图5-155所示。

4）执行圆顶命令。选择菜单栏中的“插入”→“特征”→“圆顶”命令，或者单击“特征”工具栏中的“圆顶”按钮，此时系统弹出如图5-156所示的“圆顶”属性管理器。

5）设置属性管理器。在“到圆顶的面”一栏中，用光标选择图5-155中的表面1，在“距离”一栏中输入值50，选中“连续圆顶”复选框。

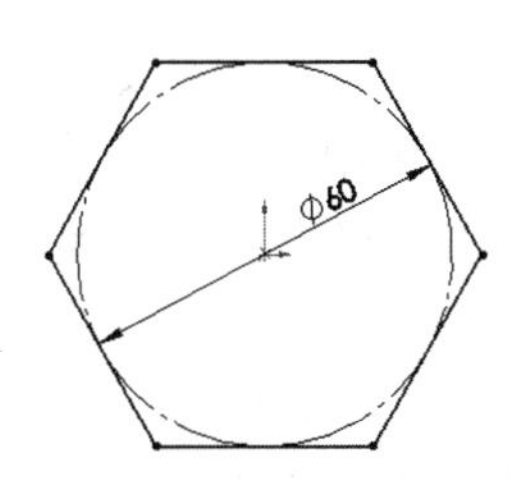

图 5-154 绘制的草图

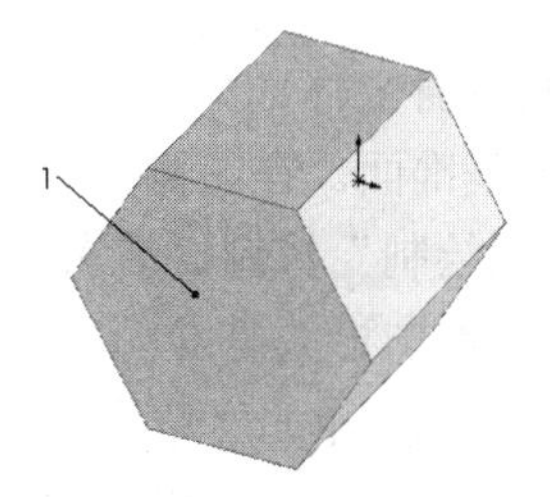

图 5-155 拉伸的图形

6）确认圆顶特征。单击属性管理器中的“确定”按钮✔，并调整视图的方向，结果如图5-157所示。

如图5-158所示为不选中“连续圆顶”复选框生成的圆顶图形。

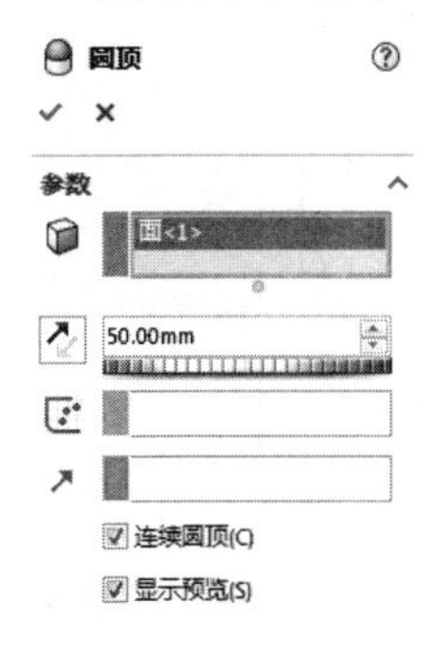

图 5-156 “圆顶”属性管理器

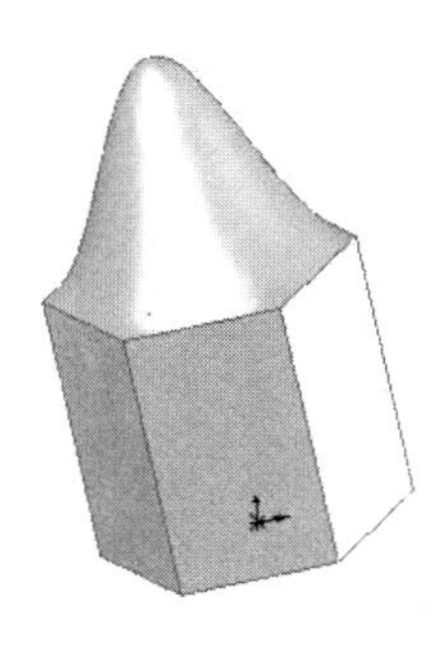

图 5-157 连续圆顶的图形

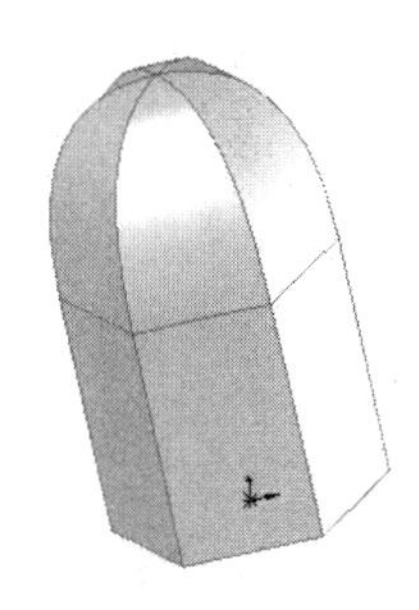

图 5-158 不连续圆顶的图形

注意

在圆柱和圆锥模型上，可以将“距离”设定为 0，此时系统会使用圆弧半径作为圆顶的基础来计算距离。

5.8.2 实例——瓶子

绘制图5-159所示的瓶子。

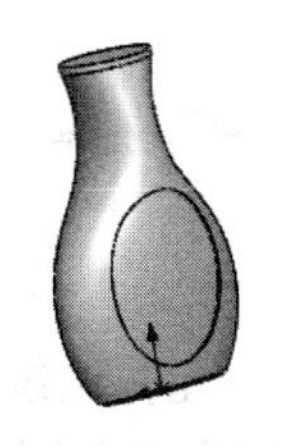

图 5-159 瓶子

实讲实训
多媒体演示

多媒体演示参见配套光盘中的\\动画演示\第5章\瓶子.avi。

【操作步骤】

1. 绘制瓶身主体部分

1）设置基准面。在左侧“FeatureManager设计树”中用光标选择“前视基准面”，单击进入“草图绘制”按钮，然后单击“标准视图”工具栏中的“正视于”按钮，将该基准面作为绘制图形的基准面。

2）绘制草图。单击“草图”工具栏中的“直线”按钮，以原点为起点绘制一条竖直直线并标注尺寸，结果如图5-160所示，然后退出草图绘制状态。

3）设置基准面。在左侧“FeatureManager设计树”中用光标选择“前视基准面”，单击进入“草图绘制”按钮，然后单击“标准视图”工具栏中的“正视于”按钮，将该基准面作为绘制图形的基准面。

4）绘制草图。单击“草图”工具栏中的“3点圆弧”按钮，绘制图5-161所示的草图并标注尺寸，然后退出草图绘制状态。

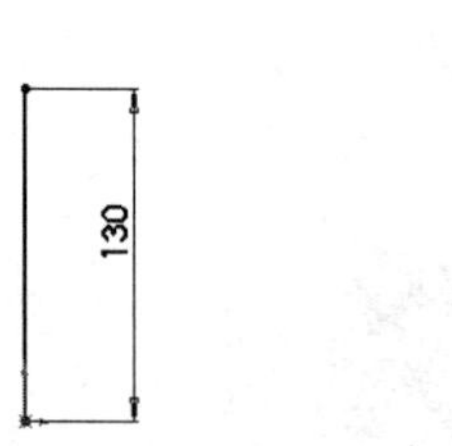

图5-160　绘制的草图

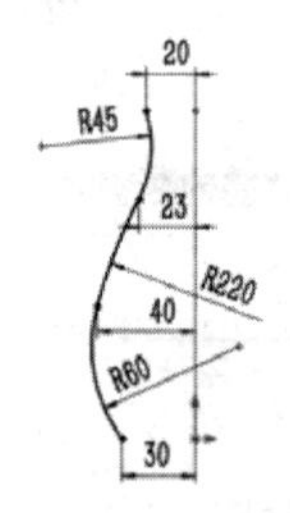

图5-161　绘制的草图

5）设置基准面。在左侧“FeatureManager设计树”中用光标选择“右视基准面”，单击进入“草图绘制”按钮，然后单击“标准视图”工具栏中的“正视于”按钮，将该基准面作为绘制图形的基准面。

6）绘制草图。单击“草图”工具栏中的“3点圆弧”按钮，绘制图5-162所示的草图并标注尺寸，添加圆弧下面的起点和原点为“水平”几何关系，然后退出草图绘制状态。

7）设置基准面。在左侧“FeatureManager设计树”中用光标选择“上视基准面”，单击进入“草图绘制”按钮，然后单击“标准视图”工具栏中的“正视于”按钮，将该基准面作为绘制图形的基准面。

8）绘制草图。单击“草图”工具栏中的“椭圆”按钮，绘制图5-163所示的草图，椭圆的长轴和短轴分别与第4）步和第6）步绘制的草图的起点重合（这里的重合需要用到“几何关系”），然后退出草图绘制状态。

9）设置视图方向。单击“标准视图”工具栏中的“等轴测”按钮，将视图以等轴测方向显示，结果如图5-164所示。

10）扫描实体。选择菜单栏中的“插入”→“凸台/基体”→“扫描”命令，或者单击“特征”工具栏中的“扫描”按钮，此时系统弹出图5-165所示的“扫描”属性管理器。在“轮廓”一栏中，用光标选择图5-164中的草图4；在“路径”一栏中，用光标选择图5-164中的草图1；在“引导线”一栏中，用光标选择图5-164中的草图2和草图3；勾选“合并平滑的面”选项。单击属性管理器中的“确定”按钮✓，完成实体扫描，结果如图5-166所示。

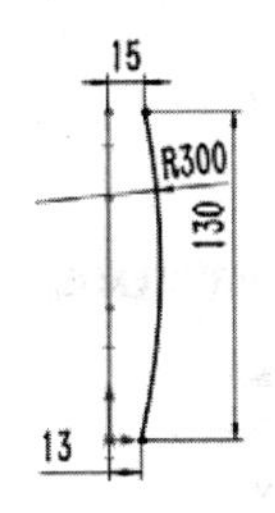

图 5-162 绘制的草图

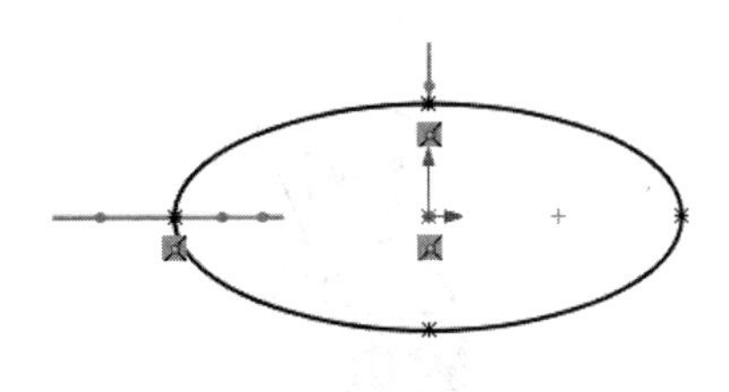

图 5-163 绘制的草图

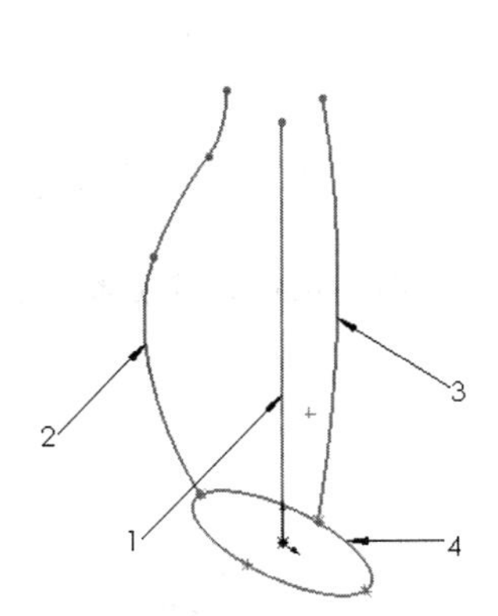

图 5-164 设置视图方向后的图形

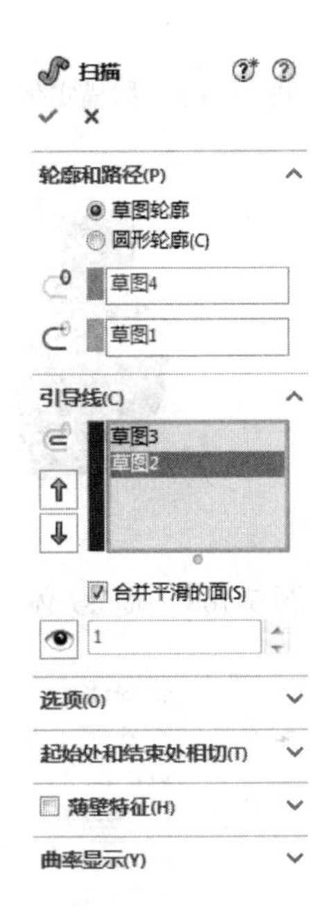

图 5-165 “扫描”属性管理器

2. 编辑瓶身

1）抽壳实体。选择菜单栏中的“插入”→“特征”→“抽壳”命令，或者单击“特征”工具栏中的“抽壳”按钮，此时系统弹出如图5-167所示的“抽壳”属性管理器。在“厚度”一栏中输入值3；在“移除的面”一栏中，用光标选择图5-166中的面1。单击属性管理器中的“确定”按钮✓，完成实体抽壳，结果如图5-168所示。

2）转换实体引用。单击“草图”工具栏中的“草图绘制”按钮，进入草图绘制状态。单击图5-168中的边线1，然后选择菜单栏中的“工具”→“草图工具”→“转换实体引用”命令，将边线转换为草图，结果如图5-169所示。

3）拉伸实体。选择菜单栏中的“插入”→“凸台/基体”→“拉伸”命令，或者单击“特征”工具栏中的“拉伸凸台/基体”按钮，此时系统弹出图5-170所示的“凸台-拉伸”属性管理器。在“方向1”的“终止条件”一栏的下拉菜单中，选择“给定深度”选项；在“深度”一栏中输入值3，注意拉伸方向。单击属性管理器中的“确定”按钮✓，完成实体拉伸，结果如图5-171所示。

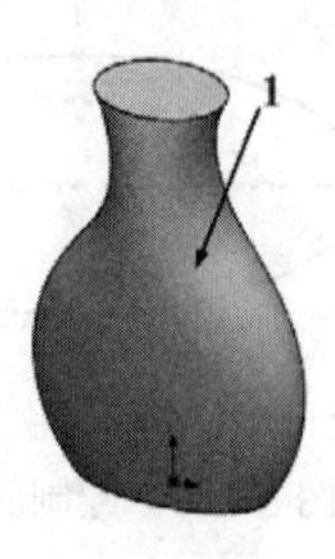

图 5-166　扫描实体后的图形

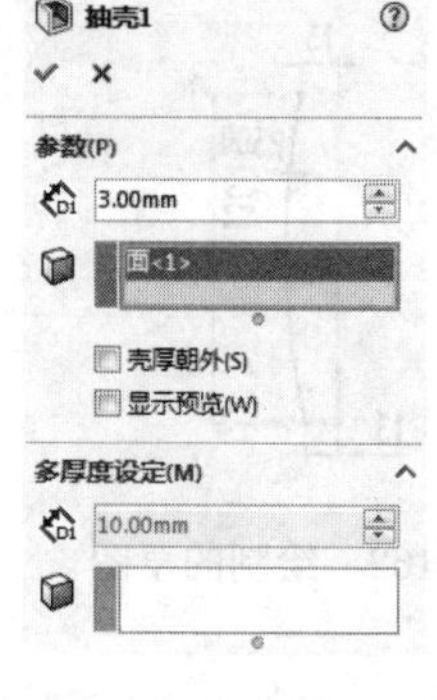

图 5-167　“抽壳”属性管理器

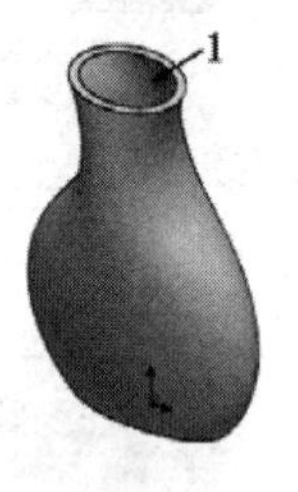

图 5-168　抽壳实体后的图形

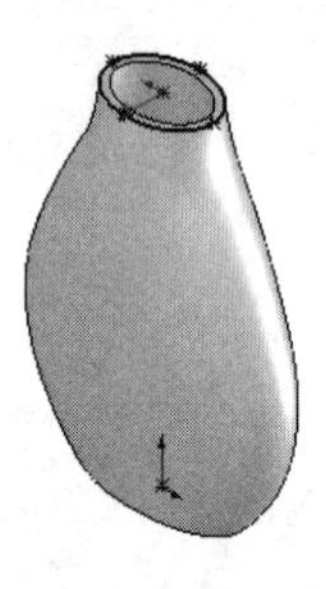

图 5-169　转换实体引用后的图形

图 5-170　“凸台-拉伸”属性管理器

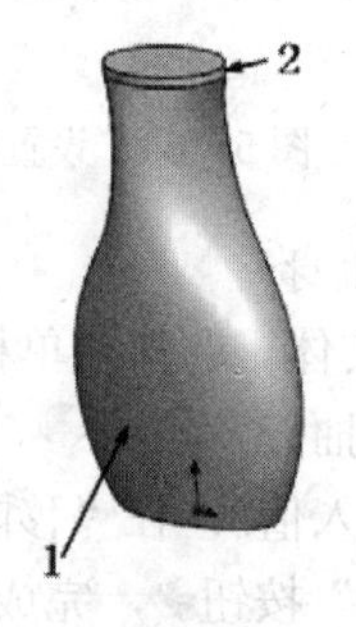

图 5-171　拉伸实体后的图形

注意

此处实体拉伸深度为 3，是因为抽壳实体厚度为 3，这样瓶身就为一个等厚实体，并且将瓶身顶部封闭。

4）添加基准面。选择菜单栏中的“插入”→“参考几何体”→“基准面”命令，或者单击“参考几何体”工具栏中的“基准面”按钮，此时系统弹出图5-172所示的“基准面”属性管理器。在属性管理器的“参考实体”一栏中，用光标选择“FeatureManager设计树”中“前视基准面”；在“距离”一栏中输入值30，注意添加基准面的方向。单击属性管理器中的“确定”按钮✔，添加一个基准面，结果如图5-173所示。

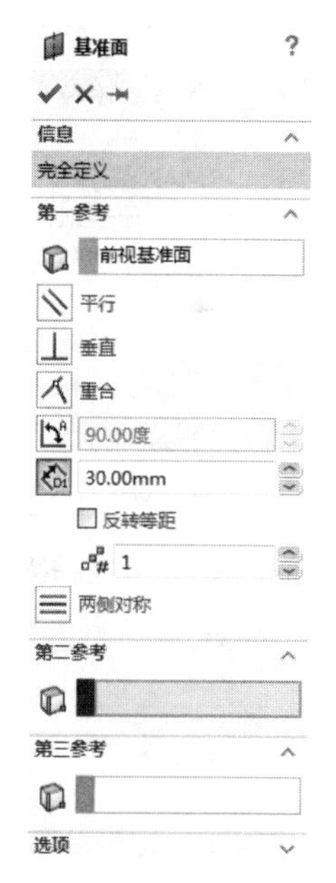

图 5-172　“基准面”属性管理器

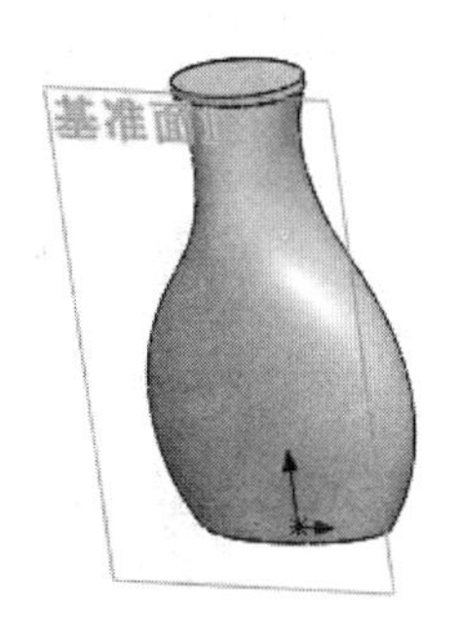

图 5-173　添加基准面后的图形

5）设置基准面。在左侧“FeatureManager设计树”中用光标选择“基准面1”，然后单击“标准视图”工具栏中的“正视于”按钮，将该基准面作为绘制图形的基准面。

6）绘制草图。单击“草图”工具栏中的“椭圆”按钮，绘制图5-174所示的草图并标注尺寸，添加椭圆的圆心和原点为“竖直”几何关系。

7）拉伸切除实体。选择菜单栏中的“插入”→“切除”→“拉伸”命令，或者单击“特征”工具栏中的“拉伸切除”按钮，此时系统弹出图5-175所示的“切除-拉伸”属性管理器。在“终止条件”一栏的下拉菜单中，选择“到离指定面指定的距离”选项，在“面/平面”一栏中，选择距离基准面1较近一侧的扫描实体面；在“等距距离”一栏中输入值1；勾选“反向等距”选项。单击属性管理器中的“确定”按钮✔，完成拉伸切除实体。

8）设置视图方向。为了能更加清楚的将模型展示出来，此时先把创建的基准面隐藏。单击“标准视图”工具栏中的“等轴测”按钮，将视图以等轴测方向显示，结果如图5-176所示。

9）镜像实体。选择菜单栏中的“插入”→“阵列/镜像”→“镜像”命令，或者单击“特征”工具栏中的“镜像”按钮，此时系统弹出图5-177所示的“镜像”属性管理器。在“镜像面/基准面”一栏中，用光标选择“FeatureManager设计树”中的“前视基准面”；在“要镜像的特征”一栏中，用光标选择“FeatureManager设计树”中的“切除-拉伸1”，即第7）步拉伸切除的实体。单击属性管理器中的“确定”按钮✔，完成镜像实体。

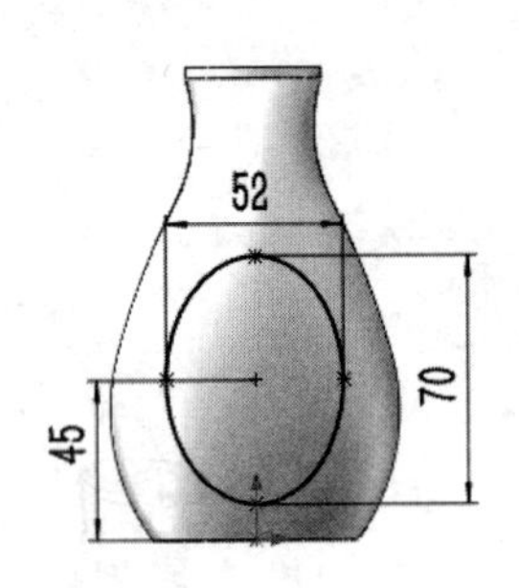

图5-174　绘制的草图

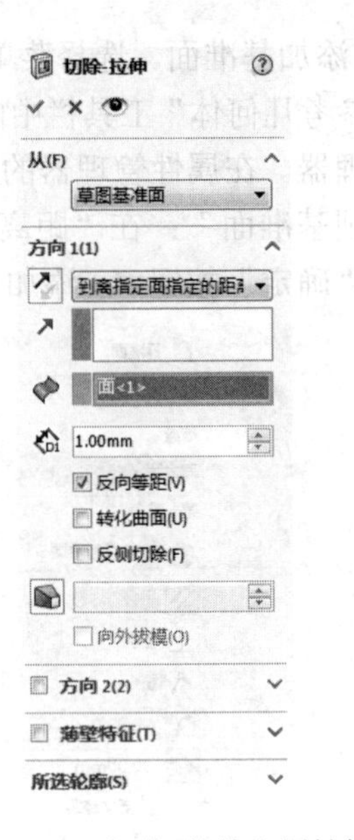

图5-175　“切除-拉伸”属性管理器

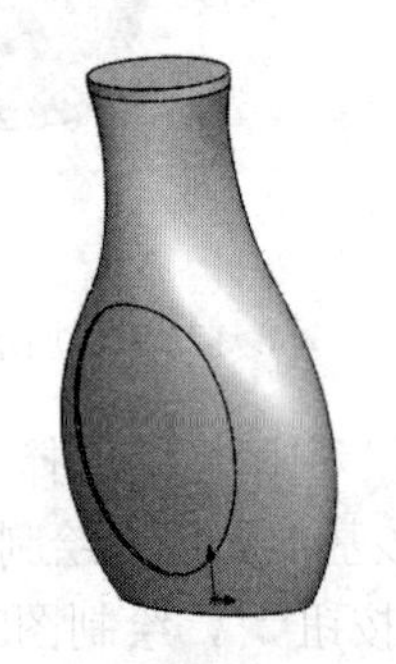

图 5-176　拉伸切除后的图形

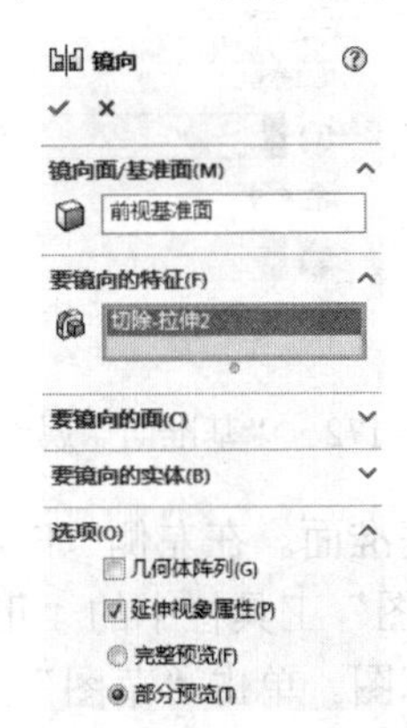

图 5-177　“镜像”属性管理器

10）设置视图方向。单击“视图”工具栏中的“旋转视图”按钮，将视图以合适的方向显示，结果如图5-178所示。

11）圆顶实体。选择菜单栏中的“插入”→“特征”→“圆顶”命令，或者单击“特征”工具栏中的“圆顶”按钮，此时系统弹出图5-179所示的“圆顶”属性管理器。在“到圆顶的面”一栏中，用光标选择图5-178中的面1；在“距离”一栏中输入值2，注意圆顶的方向为向内侧凹进。单击属性管理器中的“确定”按钮，完成圆顶实体，结果如图5-180所示。

12）圆角实体。选择菜单栏中的“插入”→“特征”→“圆角”命令，或者单击“特征”工具栏中的“圆角”按钮，此时系统弹出如图5-181所示的“圆角”属性管理器。在“圆角类型”一栏中，点选“等半径”选项；在“半径”一栏中输入值2；在“边线、面、特征和环”一栏中，选择图5-180中的边线1。单击属性管理器中的“确定”按钮，完成圆角实体，结果如图5-182所示。

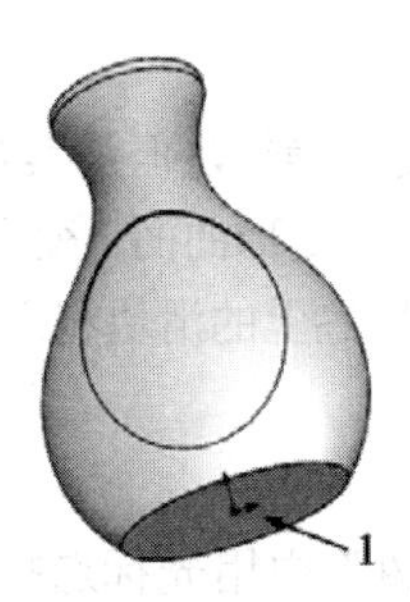

图 5-178 设置视图方向后的图形

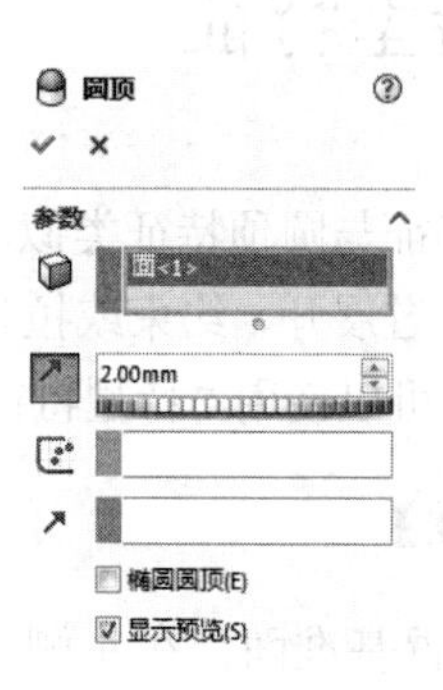

图 5-179 “圆顶”属性管理器

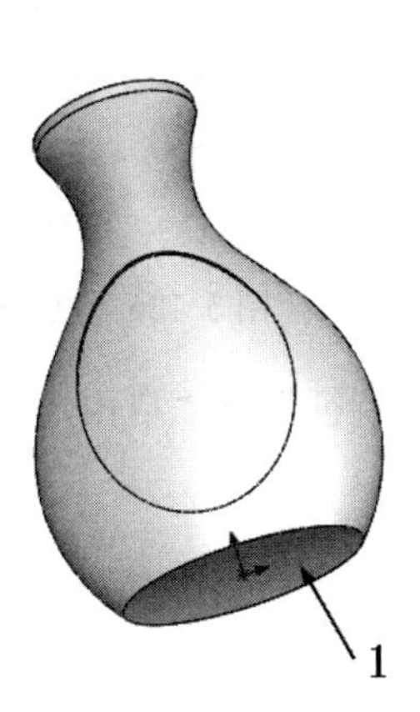

图 5-180 圆顶实体后的图形

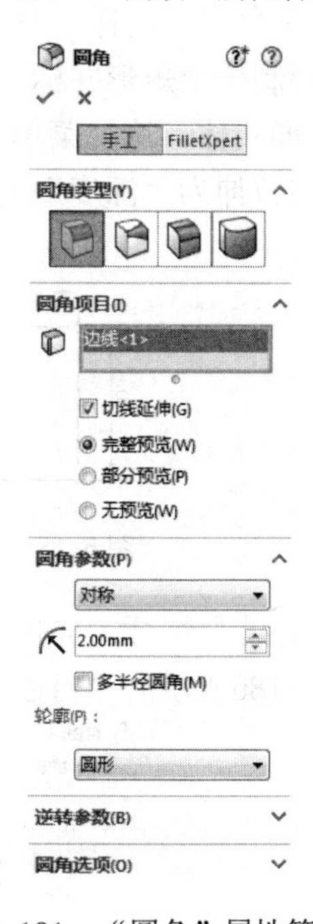

图 5-181 “圆角”属性管理器

13）设置视图方向。单击“标准视图”工具栏中的“等轴测”按钮，将视图以等轴测方向显示，结果如图5-183所示。

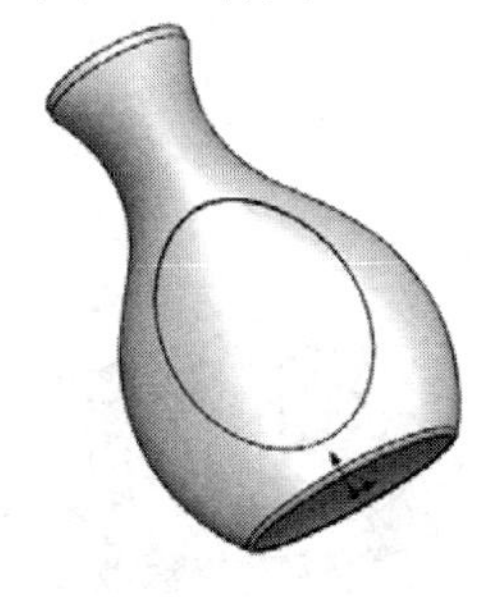

图 5-182 圆角实体后的图形

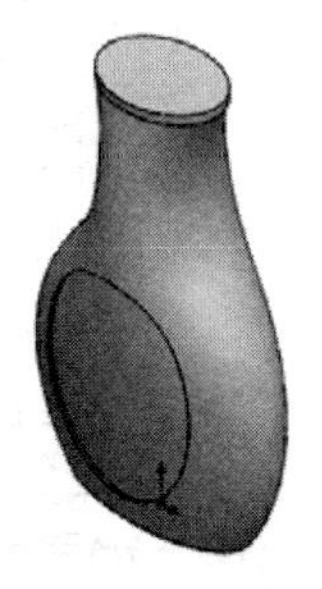

图 5-183 设置视图方向后的图形

5.9 特型特征

特型特征与圆顶特征类似，也是针对模型表面进行变形操作，但是具有更多的控制选项。特型特征通过展开、约束或拉紧所选曲面在模型上生成一个变形曲面。变形曲面灵活可变，很像一层膜。可以使用“特型特征”属性管理器中“控制”标签上的滑块将之展开、约束或拉紧。

【操作步骤】

1）设置基准面。在左侧的“FeatureManager设计树”中用光标选择“前视基准面”作为绘制图形的基准面。

2）绘制草图。选择菜单栏中的“工具”→“草图绘制实体”→“矩形”命令，以原点为一角点绘制一个矩形并标注尺寸，结果如图5-184所示。

3）拉伸实体。选择菜单栏中的“插入”→“凸台/基体”→“拉伸”命令，将上一步绘制的草图拉伸为“深度”为40的实体，结果如图5-185所示。

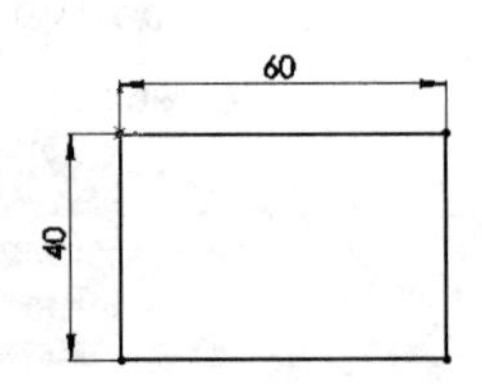

图 5-184　绘制的草图

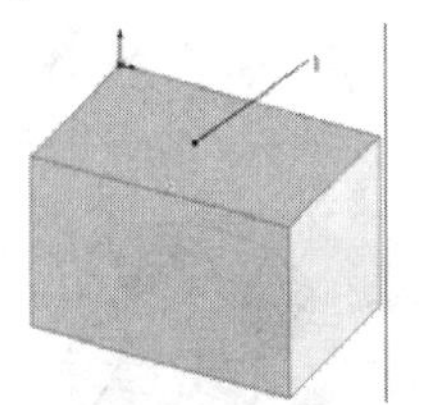

图 5-185　拉伸的图形

4）执行特型特征。选择菜单栏中的“插入”→“特征”→“自由形”命令，此时系统弹出如图5-186所示的“自由形”属性管理器。

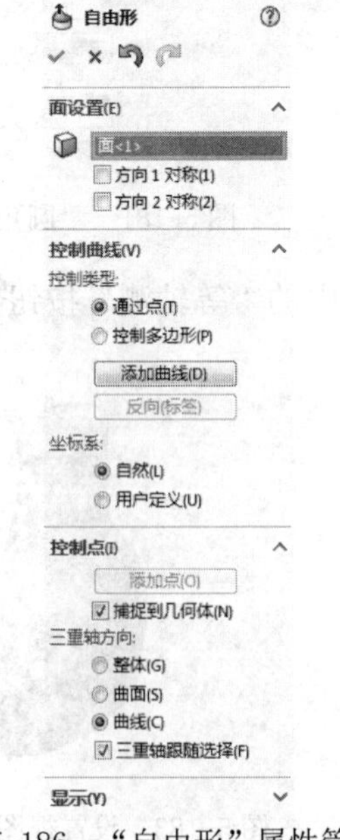

图 5-186　“自由形”属性管理器

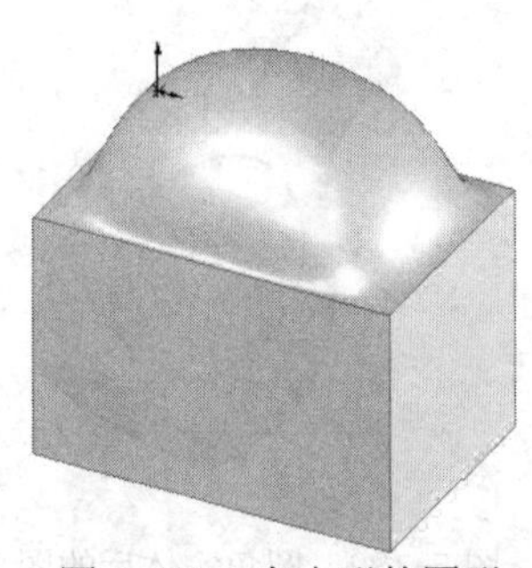

图 5-187　自由形的图形

5）设置属性管理器。在“面设置”一栏中，用光标选择图5-185中的表面1，按照图5-186所示进行设置。

6）确认特型特征。单击属性管理器中的“确定”按钮✔，结果如图5-187所示。

5.10 钻孔特征

钻孔特征是指在已有的零件上生成各种类型的孔特征。SOLIDWORKS提供了两种生成孔特征的方法，分别是：简单直孔和异型孔向导。下面通过实例介绍不同钻孔特征的操作步骤。

5.10.1 简单直孔

简单直孔是指在确定的平面上，设置孔的直径和深度。孔深度的“终止条件”类型与拉伸切除的“终止条件”类型基本相同。

【操作步骤】

1）设置基准面。在左侧的“FeatureManager设计树”中用光标选择“前视基准面”作为绘制图形的基准面。

2）绘制草图。选择菜单栏中的“工具”→“草图绘制实体”→“圆”命令，以原点为圆心绘制一个直径为60的圆。

3）拉伸实体。选择菜单栏中的“插入”→“凸台/基体”→“拉伸”命令，将上一步绘制的草图拉伸为“深度”均为60的实体，结果如图5-188所示。

4）执行孔命令。用光标选择图5-188中的表面1，选择菜单栏中的“插入”→“特征”→“简单直孔”命令，或者单击“特征”工具栏中的“简单直孔”按钮，此时系统弹出图5-189所示的“孔”属性管理器。

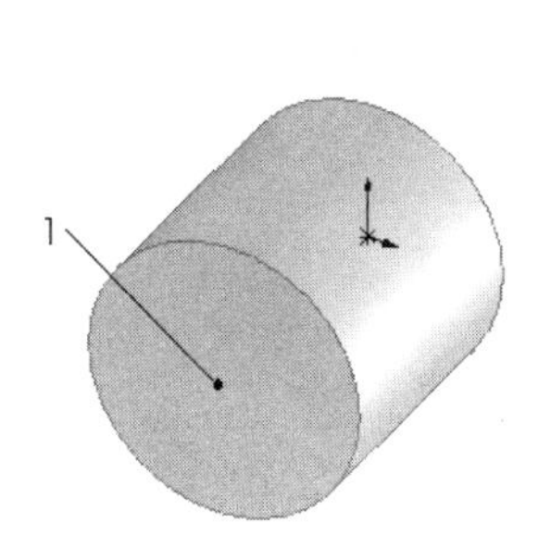

图 5-188　拉伸的图形

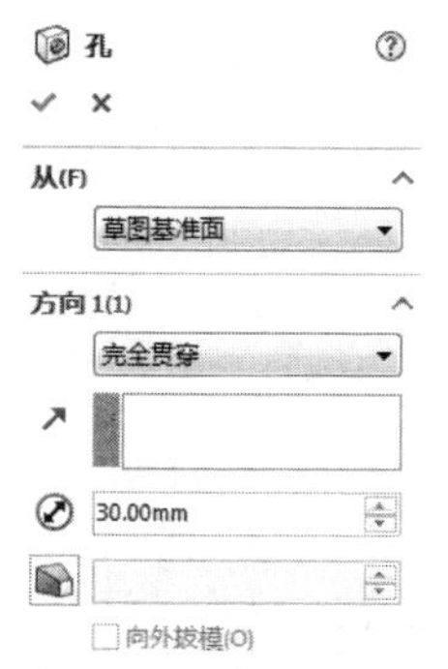

图 5-189　“孔”属性管理器

5）设置属性管理器。在“终止条件”一栏的下拉菜单中，用光标选择“完全贯穿”选项；在“孔直径”一栏中输入值30。

6）确认孔特征。单击“孔”属性管理器中的“确定”按钮✔，结果如图5-190所示。

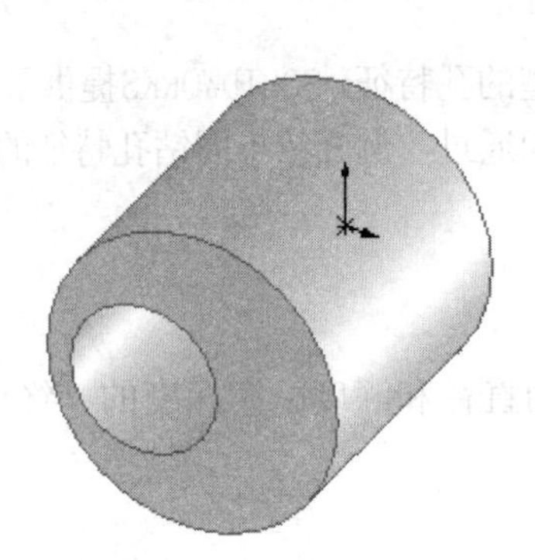

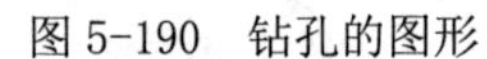

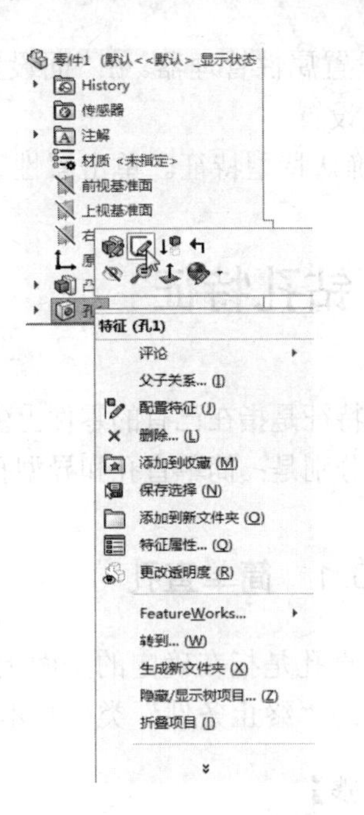

图 5-190　钻孔的图形　　　　图 5-191　系统快捷菜单

7）精确定位孔位置。右键单击“FeatureManager设计树”中上一步添加的孔特征选项，此时系统弹出图5-191所示的快捷菜单，在其中单击“编辑草图”选项，视图如图5-192所示。

8）添加几何关系。按住Ctrl键，单击图5-192中的圆弧1和边线弧2，此时系统弹出图5-193所示的“属性”属性管理器。

9）单击“添加几何关系”一栏中的“同心”选项，此时“同心”几何关系出现在“现有几何关系”一栏中。为圆弧1和边线弧2添加“同心”几何关系。

10）确认孔位置。单击“属性”属性管理器中的“确定”按钮✔，结果如图5-194所示。

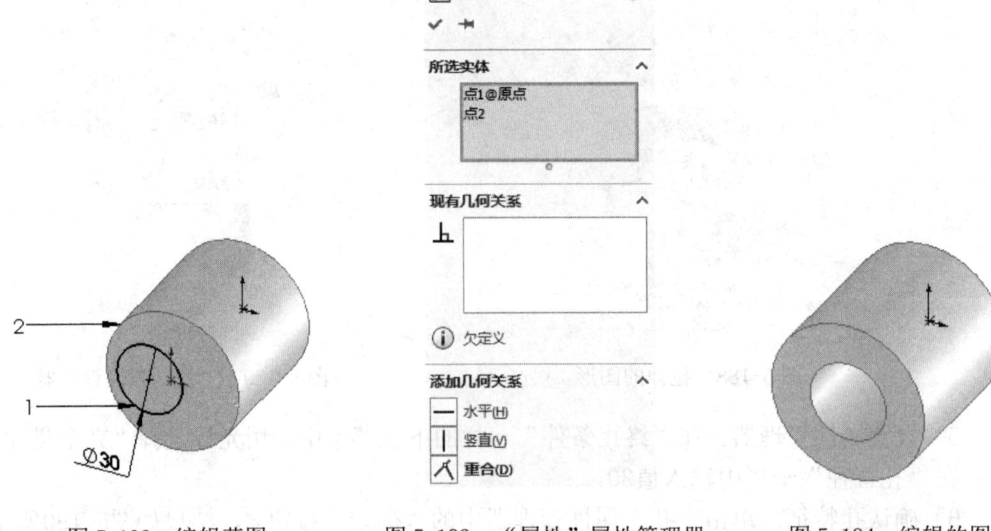

图 5-192　编辑草图　　　　图 5-193　“属性”属性管理器　　　　图 5-194　编辑的图形

在确定简单孔的位置时，可以通过标注尺寸的方式来确定，对于特殊的图形可以通过添加几何关系来确定。

5.10.2 异型孔向导

异型孔即具有复杂轮廓的孔，主要包括柱形沉头孔、锥形沉头孔、孔、直螺纹孔、锥形螺纹孔、旧制孔、柱孔槽口、锥孔槽口和槽口9种。异型孔的类型和位置都是在“孔”规格属性管理器中完成。

【操作步骤】

1）设置基准面。在左侧的“FeatureManager设计树”中用光标选择“前视基准面”作为绘制图形的基准面。

2）绘制草图。选择菜单栏中的“工具”→“草图绘制实体”→“矩形”命令，以原点为一角点绘制一个矩形并标注尺寸，结果如图5-195所示。

3）拉伸实体。选择菜单栏中的“插入”→“凸台/基体”→“拉伸”命令，将上一步绘制的草图拉伸为“深度”均为60的实体，结果如图5-196所示。

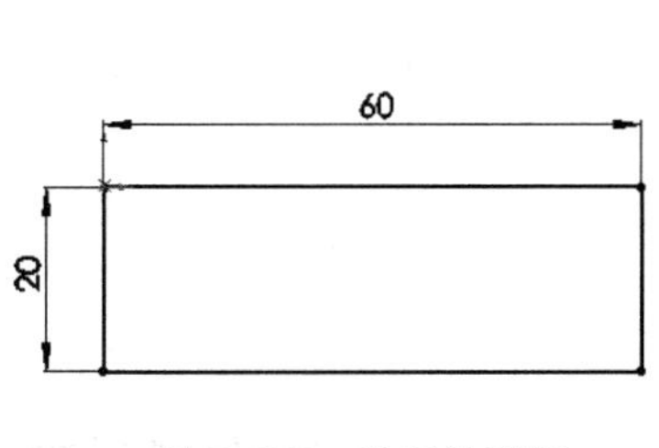

图 5-195 绘制的草图

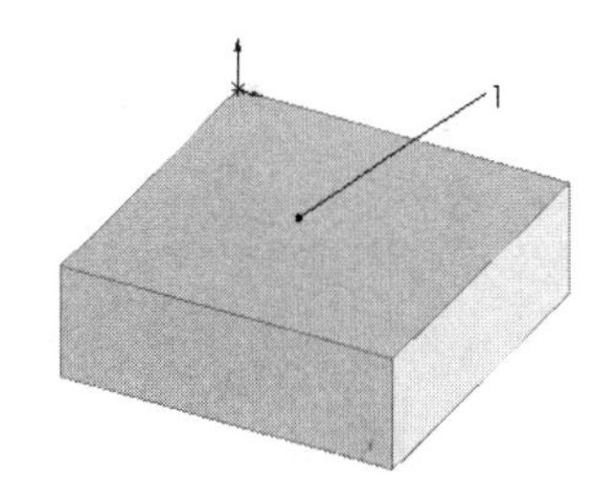

图 5-196 拉伸的图形

4）执行孔命令。用光标选择图5-196中的表面1，选择菜单栏中的“插入”→“特征”→“孔向导”命令，或者单击“特征”工具栏中的“异型孔向导”按钮，此时系统弹出如图5-197所示的“孔规格”属性管理器。

5）设置属性管理器。孔类型按照图5-198所示进行设置，然后单击“孔规格”属性管理器中的“位置”标签，此时光标处于“绘制点”状态，在图5-196的表面1上添加4个点。

6）标注孔尺寸。选择菜单栏中的“工具”→“标注尺寸”→“智能尺寸”命令，标注添加的4个点的定位尺寸，结果如图5-198所示。

7）确认孔特征。单击“孔规格”属性管理器中的“确定”按钮✓，结果如图5-199所示。

8）设置视图方向。单击“标准视图”工具栏中的“旋转视图”按钮，将视图以合适的方向显示，结果如图5-200所示。

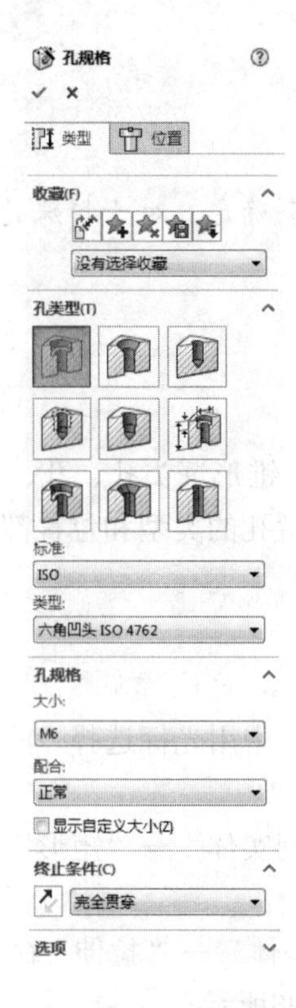

图 5-197 “孔规格”属性管理器

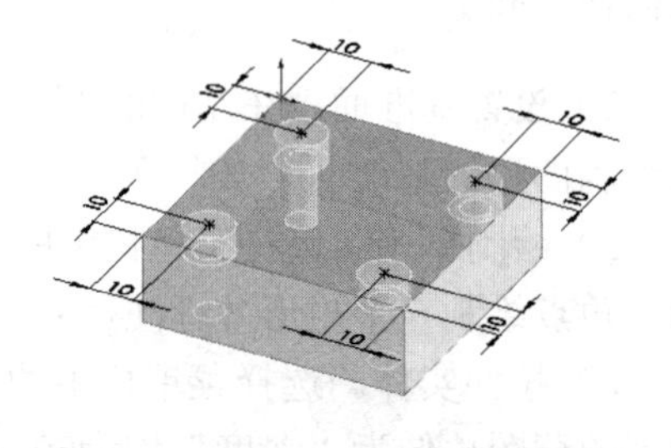

图 5-198 标注的孔位置

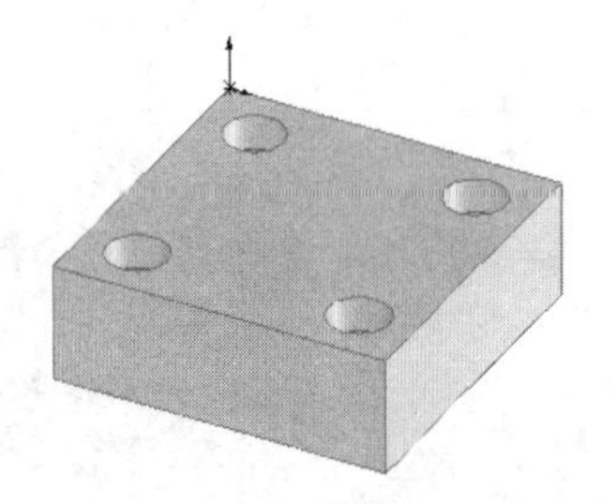

图 5-199 添加孔的图形

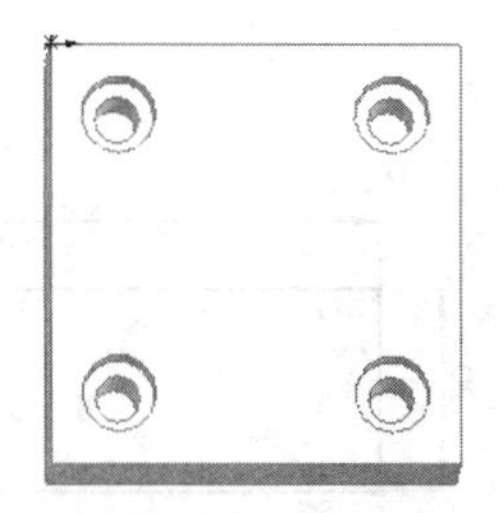

图 5-200 旋转视图的图形

5.10.3 实例——异型孔特征零件

绘制图5-201所示的异型孔特征零件。

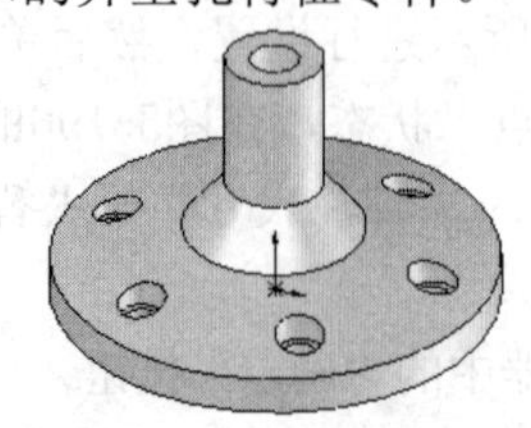

图 5-201 异型孔特征零件

> **实讲实训**
> **多媒体演示**
>
> 多媒体演示参见配套光盘中的\\动画演示\第5章\异型孔特征零件.avi。

【操作步骤】

1）启动系统。启动SOLIDWORKS 2016，选择菜单栏中的“文件”→“新建”命令，或者单击“标准”工具栏中的“新建”按钮，在打开的“新建 SOLIDWORKS 文件”属性管理器中，选择“零件”按钮，单击“确定”按钮。

2）新建文件。在设计树中选择“前视基准面”，单击“草图”工具栏中的“草图绘制”按钮，新建一张草图。

3）绘制轮廓。利用草图绘制工具绘制草图作为旋转特征的轮廓，如图5-202所示。

4）旋转所绘制的轮廓。单击“特征”工具栏中的“旋转凸台/基体”按钮，SOLIDWORKS 2016 会自动将草图中唯一的一条中心线作为旋转轴；设置旋转类型为单一方向；旋转角度为360度；选项如图5-203所示。单击“确定”按钮，生成旋转特征。

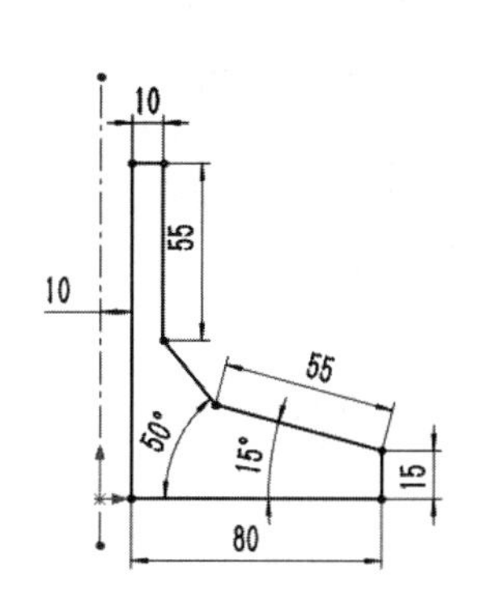

图 5-202 旋转轮廓草图

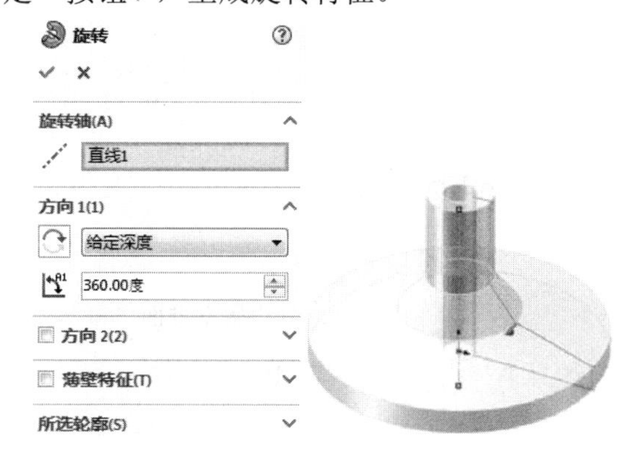

图 5-203 设置旋转参数

5）创建镜像基准面。单击“参考几何体”工具栏中的“基准面”按钮，选择“上视基准面”为创建基准面的参考面，在距离输入框中输入距离为25mm，单击“确定”按钮，完成基准面的创建，系统默认该基准面为“基准面1”，如图5-204所示。

6）新建草图。选择基准面1，单击“草图”工具栏中的“草图绘制”按钮，新建一张草图。

7）绘制圆，并设置为构造线。单击“草图”工具栏中的“圆”按钮，在基准面1上绘制一个以原点为中心的直径为135mm的圆。在左侧的“圆”属性管理器中选择“作为构造线”单选框，将圆设置为构造线。

8）绘制中心线。单击“草图”工具栏中的“中心线”按钮，绘制3条通过原点，并且成60°角的直线，如图5-205所示，退出草图的绘制。

9）设置沉头孔的参数。选择特征管理器设计树上的基准面1视图，单击“特征”工具栏中的“异型孔向导”按钮，窗体左侧出现“孔规格”属性管理器。在该属性管理器类型选项中，选取柱形沉头孔按钮，然后对柱形沉头孔的参数进行设置，如图5-206所示。

10）定位孔。在选定好孔类型之后，选择位置选项，在步骤7和8创建的构造线上为孔定位，如图5-207所示，单击“确定”按钮，完成多孔的生成与定位。

11）至此，该零件绘制完成，单击保存按钮，将零件保存为“异型孔特征.sldprt”，最后结果如图5-208所示。

图 5-204　设置基准面

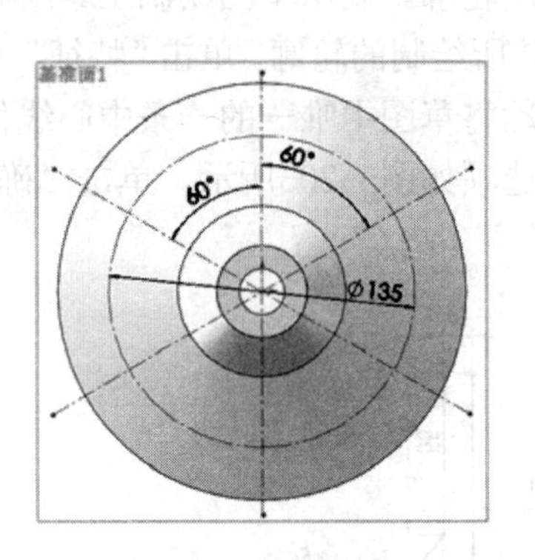

图 5-205　生成构造线

图 5-206　设定孔参数

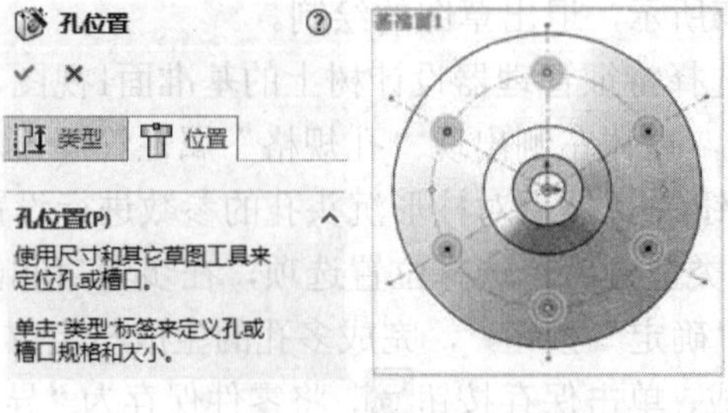

图 5-207　定义孔位置

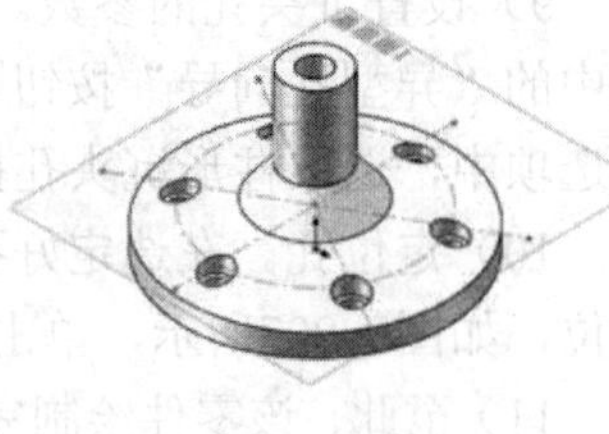

图 5-208　异型孔零件

5.11 比例缩放

比例缩放是指相对于零件或者曲面模型的重心或模型原点来进行缩放。比例缩放仅缩放模型几何体，常在数据输出、型腔等中使用。它不会缩放尺寸、草图或参考几何体。对于多实体零件，可以缩放其中一个或多个模型的比例。

比例缩放分为统一比例缩放和非等比例缩放，统一比例缩放即等比例缩放，该缩放比较简单，不再赘述。

【操作步骤】

1）设置基准面。在左侧的“FeatureManager设计树”中用光标选择“前视基准面”作为绘制图形的基准面。

2）绘制草图。利用“草图绘制实体”菜单命令，绘制图5-209所示的草图并标注尺寸。

3）旋转实体。选择菜单栏中的“插入”→“凸台/基体”→“旋转”命令，或者单击“特征”工具栏中的“旋转凸台/基体”按钮，将上一步绘制的草图旋转为一个球形实体，结果如图5-210所示。

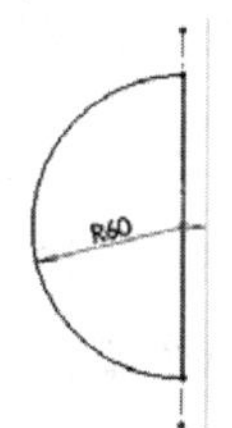

图 5-209 绘制的草图

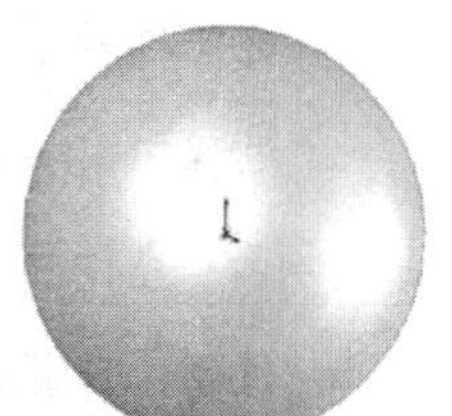

图 5-210 旋转的球体

4）执行缩放比例命令。选择菜单栏中的“插入”→“特征”→“缩放比例“命令，或者单击“特征”工具栏中的“比例缩放”按钮，此时系统弹出图5-211所示的“缩放比例”属性管理器。

5）设置属性管理器。用光标单击“统一比例缩放”复选框，取消“统一比例缩放”选项，并为 X 比例因子、Y 比例因子及 Z 比例因子单独设定比例因子数值，如图5-212所示。

6）确认缩放比例。单击“缩放比例”属性管理器中的“确定”按钮，结果如图5-213所示。

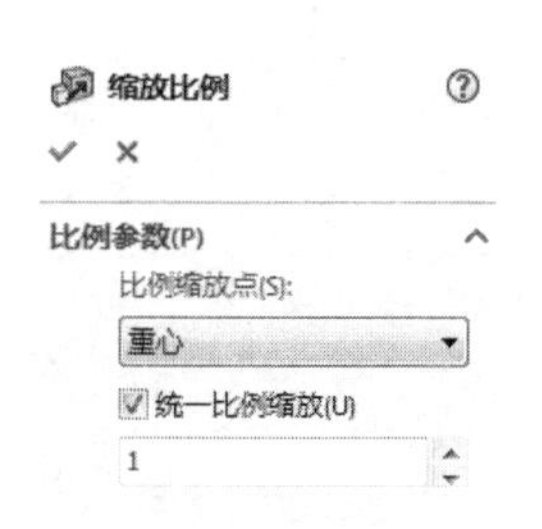

图 5-211 “缩放比例”属性管理器

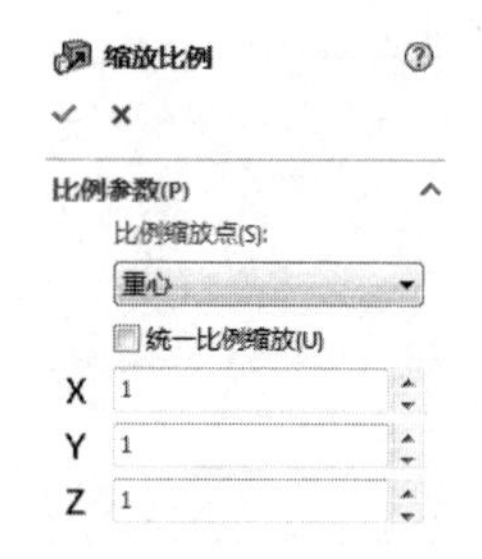

图 5-212 设置的比例因子

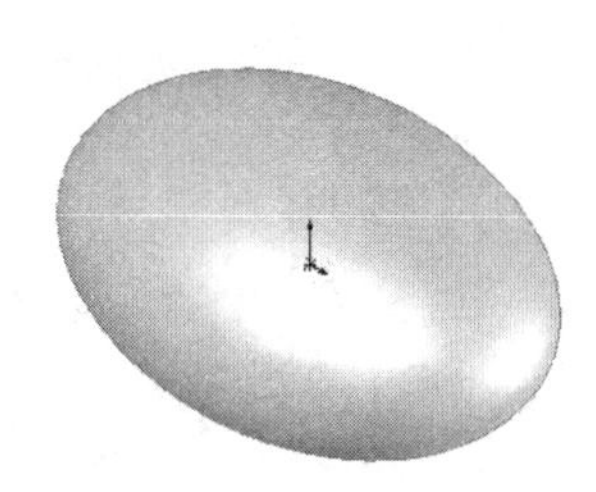

图 5-213 缩放比例的图形

辅助工具

在复杂的建模过程中，单一的特征命令有时不能完成相应的建模，需要利用辅助平面和辅助直线等手段来完成模型的绘制。这些辅助手段就是参考几何体，SOLIDWORKS 提供了实际建模过程中需要的参考几何体。

查询功能主要是查询所建模型的表面积、体积及质量等相关信息，计算设计零部件的结构强度、安全因子等。

学习要点

- 参考几何体
- 查询
- 零件的特征管理
- 零件的显示

6.1 参考几何体

参考几何体主要包括基准面、基准轴、坐标系与点四个部分。“参考几何体”工具栏如图6-1所示，各参考几何体的功能如下。

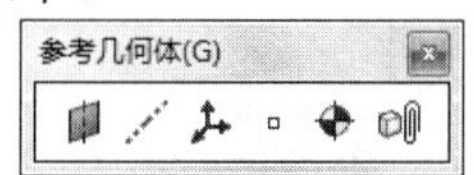

图6-1 “参考几何体”工具栏

6.1.1 基准面

基准面主要应用于零件图和装配图中，可以利用基准面来绘制草图，生成模型的剖面视图，用于拔模特征中的中性面等。

SOLIDWORKS 提供了前视基准面、上视基准面和右视基准面三个默认的相互垂直的基准面。通常情况下，用户在这三个基准面上绘制草图，然后使用特征命令创建实体模型即可绘制需要的图形。但是，对于一些特殊的特征，比如创建扫描和放样特征却需要在不同的基准面上绘制草图，才能完成模型的构建，这就需要创建新的基准面。

创建基准面有6种方式，分别是：通过直线和点方式、点和平行面方式、两面夹角方式、偏移距离方式、垂直于曲线方式与曲面切平面方式等，下面将详细介绍各种创建基准面的方式。

通过直线和点方式用于创建一个通过边线、轴或者草图线及点或者通过三点的基准面。

【操作步骤】

1）设置基准面。在左侧的“FeatureManager设计树”中用光标选择“前视基准面”作为绘制图形的基准面。

2）绘制草图。选择菜单栏中的“工具”→“草图绘制实体”→“矩形”命令，以原点为一角点绘制一个矩形并标注尺寸，结果如图6-2所示。

3）拉伸实体。选择菜单栏中的“插入”→“凸台/基体”→“拉伸”命令，将上一步绘制的草图拉伸为“深度”均为30的实体，结果如图6-3所示。

4）执行基准面命令。选择菜单栏中的“插入”→“参考几何体”→“基准面”命令，或者单击“参考几何体”工具栏中的“基准面”按钮，此时系统弹出图6-4所示的“基准面”属性管理器。

5）设置属性管理器。在第一参考中的“参考实体”一栏，用光标选择图6-3中的边线1。在第二参考中的“参考实体”一栏，用光标选择图6-3中边线2，生成基准面。

6）确认生成的基准面。单击“基准面”属性管理器中的“确定”按钮✓，结果如图6-5所示。

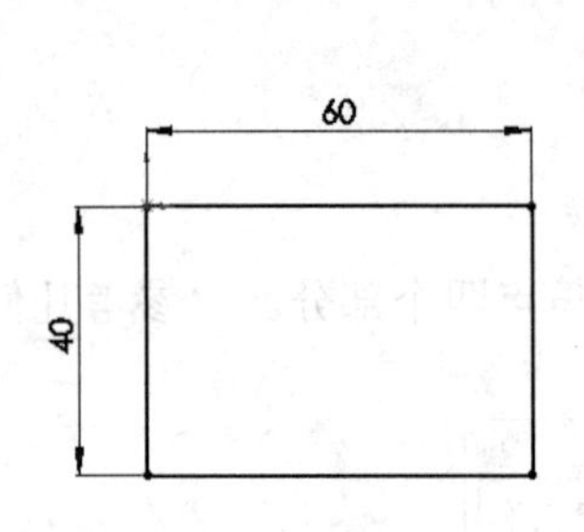

图 6-2　绘制的草图

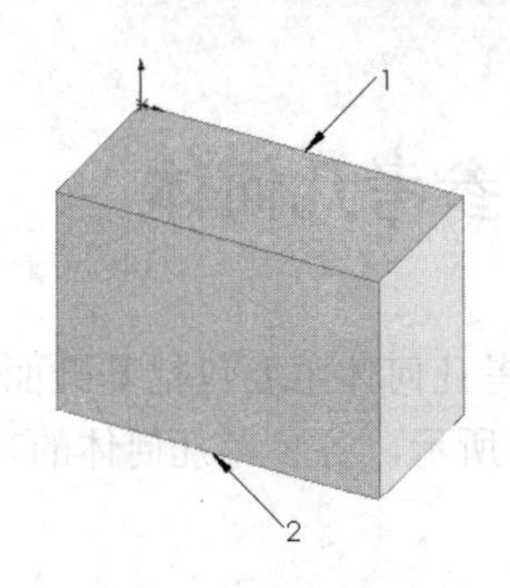

图 6-3　拉伸的图形

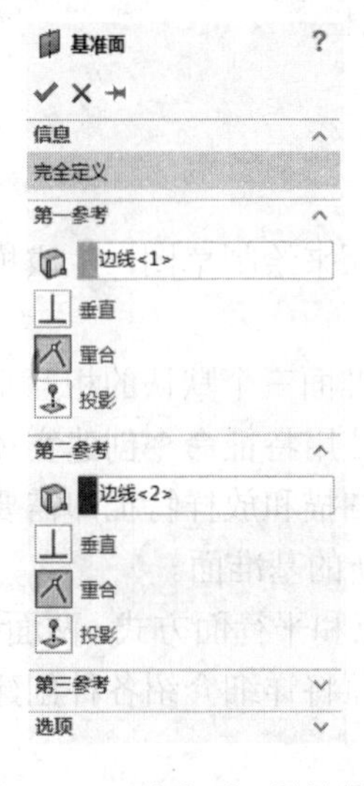

图 6-4　“基准面”属性管理器

图 6-5　创建基准面的图形

点和平行面方式用于创建一个平行于基准面或者面的基准面。

【操作步骤】

1）设置基准面。在左侧的“FeatureManager设计树”中用光标选择“前视基准面”作为绘制图形的基准面。

2）绘制草图。选择菜单栏中的“工具”→“草图绘制实体”→“矩形”命令，以原点为一角点绘制一个矩形并标注尺寸，结果如图6-6所示。

3）拉伸实体。选择菜单栏中的“插入”→“凸台/基体”→“拉伸”命令，将上一步绘制的草图拉伸为“深度”均为30的实体，结果如图6-7所示。

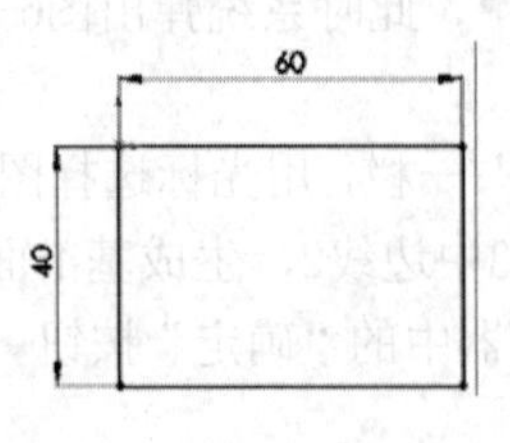

图 6-6　绘制的草图

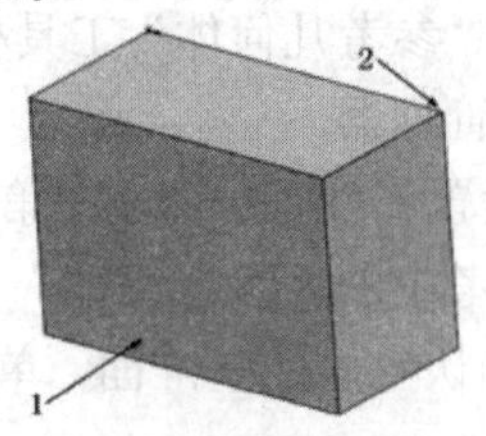

图 6-7　拉伸的图形

4）执行基准面命令。选择菜单栏中的“插入”→“参考几何体”→“基准面”命令，或者单击“参考几何体”工具栏中的“基准面”按钮，此时系统弹出图6-8所示的“基准面”属性管理器。

5）设置属性管理器。在“第一参考”一栏中用光标选择图6-7中的面1，在“第二参考”一栏中用光标选择图6-7中的顶点。

6）确认添加的基准面。单击“基准面”属性管理器中的“确定”按钮✔，结果如图6-9所示。

图 6-8 “基准面”属性管理器

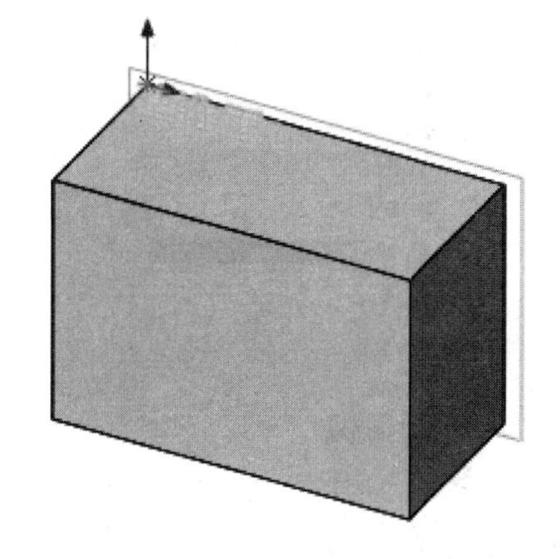

图 6-9 创建基准面的图形

两面夹角方式用于创建一个通过一条边线、轴线或者草图线，并与一个面或者基准面成一定角度的基准面。

【操作步骤】

1）设置基准面。在左侧的“FeatureManager设计树”中用光标选择“前视基准面”作为绘制图形的基准面。

2）绘制草图。选择菜单栏中的“工具”→“草图绘制实体”→“矩形”命令，以原点为一角点绘制一个矩形并标注尺寸，结果如图6-10所示。

3）拉伸实体。选择菜单栏中的“插入”→“凸台/基体”→“拉伸”命令，将上一步绘制的草图拉伸为“深度”均为30的实体，结果如图6-11所示。

4）执行基准面命令。选择菜单栏中的“插入”→“参考几何体”→“基准面”命令，或者单击“参考几何体”工具栏中的“基准面”按钮，此时系统弹出图6-12所示的“基准面”属性管理器。

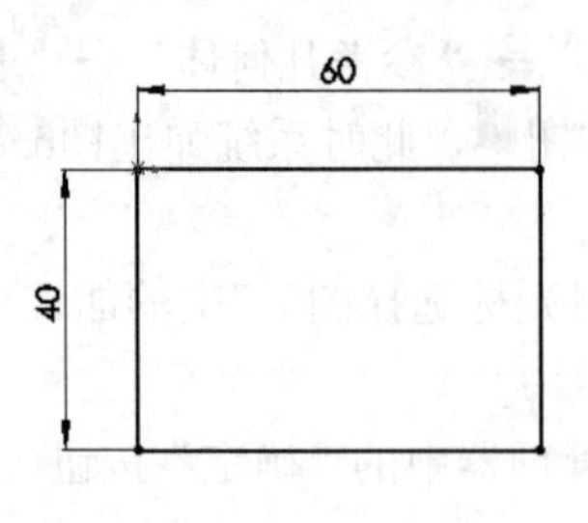

图 6-10　绘制的草图

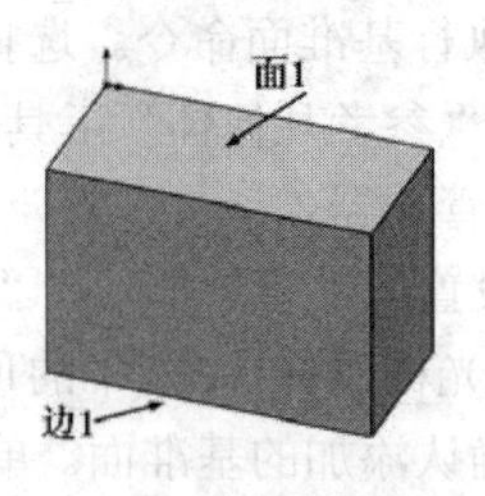

图 6-11　拉伸的图形

5）设置属性管理器。在“第一参考”一栏中，选择如图6-11所示的面1，在“第二参考”一栏中，选择如图6-11所示的边1。单击“第一参考”一栏中的“两面夹角”按钮，设置为60度。

6）确认添加的基准面。单击“基准面”属性管理器中的“确定”按钮✔，结果如图6-13所示。

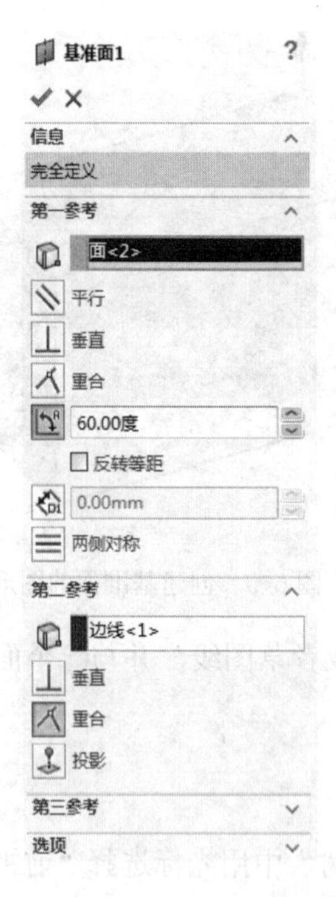

图 6-12　“基准面”属性管理器

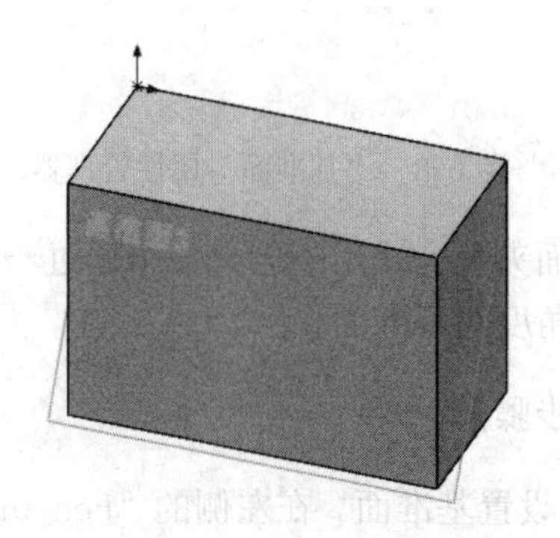

图 6-13　创建基准面的图形

偏移距离方式用于创建一个平行于一个基准面或者面，并等距指定距离的基准面。

【操作步骤】

1）设置基准面。在左侧的“FeatureManager设计树”中用光标选择“前视基准面”作为绘制图形的基准面。

2）绘制草图。选择菜单栏中的“工具”→“草图绘制实体”→“矩形”命令，以原点为一角点绘制一个矩形并标注尺寸，结果如图6-14所示。

3）拉伸实体。选择菜单栏中的“插入”→“凸台/基体”→“拉伸”命令，将上一步绘制的草图拉伸为“深度”均为30的实体，结果如图6-15所示。

4）执行基准面命令。选择菜单栏中的“插入”→“参考几何体”→“基准面”命令，或者单击“参考几何体”工具栏中的“基准面”按钮，此时系统弹出图6-16所示的“基准面”属性管理器。

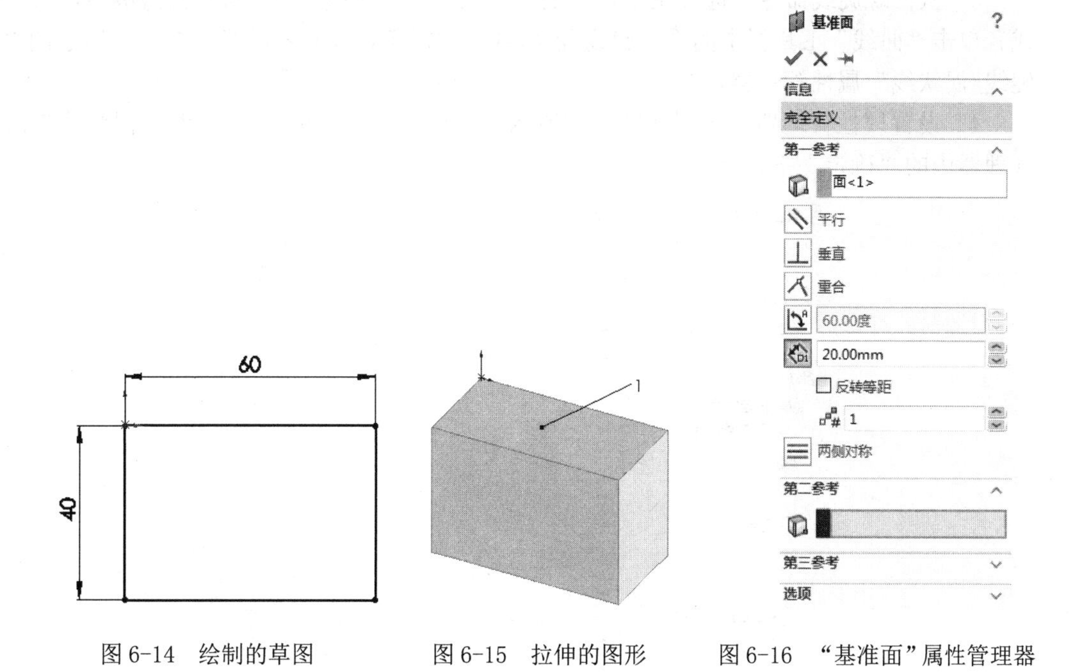

图6-14 绘制的草图　　图6-15 拉伸的图形　　图6-16 “基准面”属性管理器

5）设置基准面。单击“偏移距离”按钮，设置基准面的创建方式为偏移距离方式。在“距离”一栏中输入值20；在第一参考的“参考实体”一栏中，用光标选择如图6-15所示中的面1，可以设置生成基准面相对于参考面的方向。

6）确认添加的基准面。单击“基准面”属性管理器中的“确定”按钮，结果如图6-17所示。

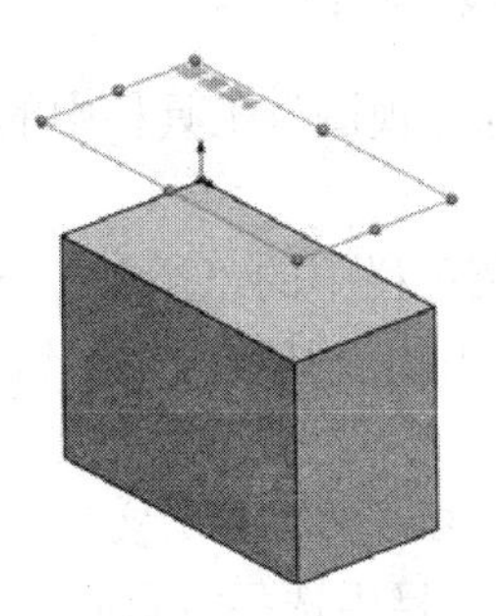

图6-17 创建基准面的图形

垂直于曲线方式用于创建一个通过一个点且垂直于一条边线或者曲线的基准面。

【操作步骤】

1）设置基准面。在左侧的“FeatureManager设计树”中用光标选择“前视基准面”作为绘制图形的基准面。

2）绘制草图。选择菜单栏中的“工具”→“草图绘制实体”→“圆”命令，以原点为圆心绘制一个直径为60的圆。

3）执行螺旋线命令。选择菜单栏中的“插入”→“曲线”→“螺旋线/涡状线”命令，或者单击“曲线”工具栏中的“螺旋线/涡状线”按钮，此时系统弹出图6-18所示的“螺旋线/涡状线”属性管理器。

4）设置属性管理器。按照如图6-18所示进行设置，然后单击“螺旋线/涡状线”属性管理器中的“确定”按钮。

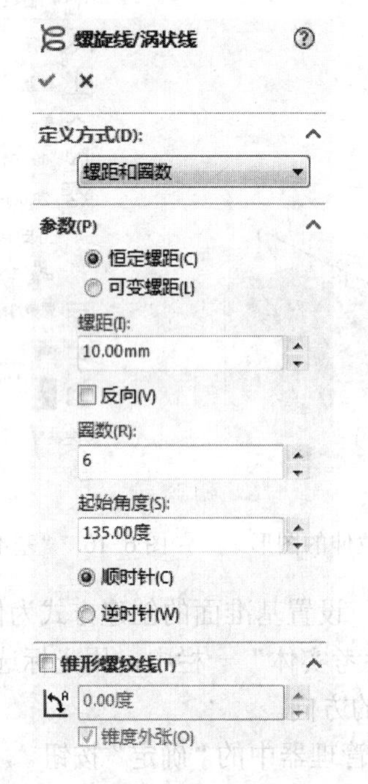

图 6-18　“螺旋线/涡状线”属性管理器

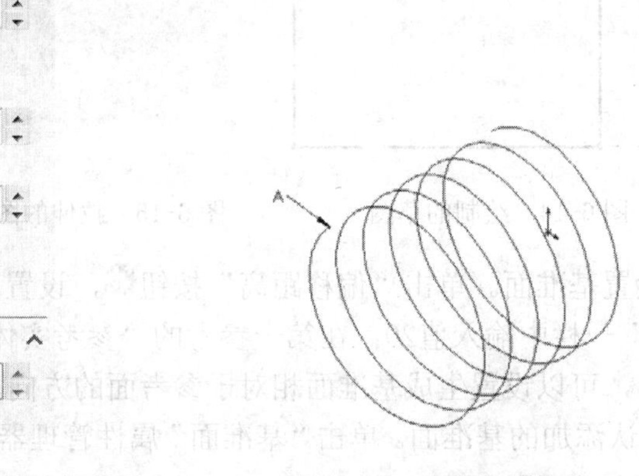

图 6-19　生成的螺旋线

5）设置视图方向。单击“标准视图”工具栏中的“等轴测”按钮，将视图以等轴测方向显示，结果如图6-19所示。

6）执行基准面命令。选择菜单栏中的“插入”→“参考几何体”→“基准面”命令，或者单击“参考几何体”工具栏中的“基准面”按钮，此时系统弹出图6-20所示的“基准面”属性管理器。

7）设置属性管理器。在第一参考的“参考实体”一栏中，用光标选择图6-19中的螺旋线和在第二参考的“参考实体”一栏中选择端点A。

8）确认添加的基准面。单击“基准面”属性管理器中的“确定”按钮，则创建一个通过点A且与螺旋线垂直的基准面，结果如图6-21所示。

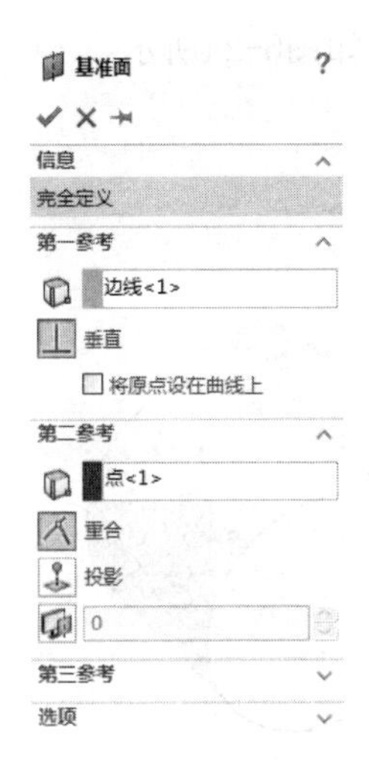

图 6-20 “基准面”属性管理器

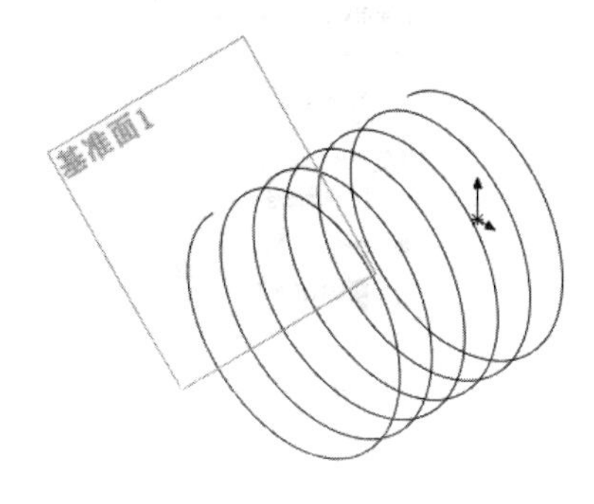

图 6-21 创建的基准面

曲面切平面方式用于创建一个与空间面或圆形曲面相切于一点的基准面。

【操作步骤】

1）设置基准面。在左侧的“FeatureManager设计树”中用光标选择“前视基准面”作为绘制图形的基准面。

2）绘制草图。选择菜单栏中的“工具”→“草图绘制实体”→“圆”命令，以原点为圆心绘制一个直径为60的圆。

3）拉伸实体。选择菜单栏中的“插入”→“凸台/基体”→“拉伸”命令，将上一步绘制的草图拉伸为“深度”均为60的实体，结果如图6-22所示。

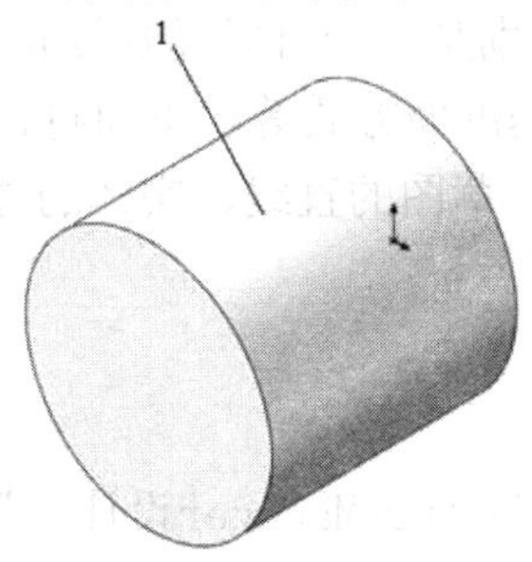

图6-22 拉伸的图形

4）执行基准面命令。选择菜单栏中的“插入”→“参考几何体”→“基准面”命令，或者单击“参考几何体”工具栏中的“基准面”按钮，此时系统弹出图6-23所示的“基准面”属性管理器。

5）设置属性管理器。分别在“第一参考”和“第二参考”的“参考实体”一栏中，用光标选择如图6-22所示中的圆柱体表面和“FeatureManager设计树”中的右视基准面。

6）确认添加的基准面。单击“基准面”属性管理器中的“确定”按钮✓，则创建一个与圆柱体表面相切且与垂直于上视基准面的基准面，结果如图6-24所示。

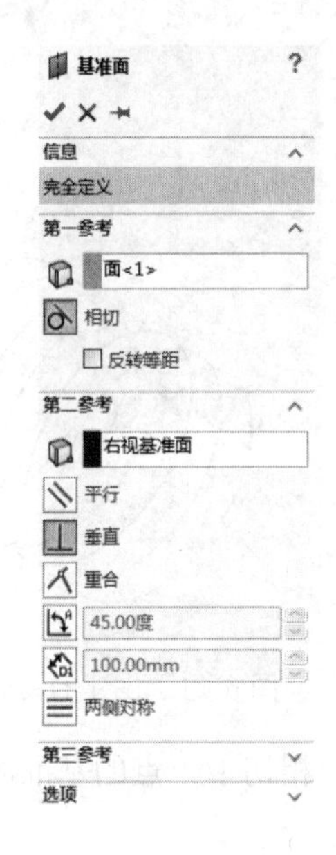

图6-23 “基准面”属性管理器

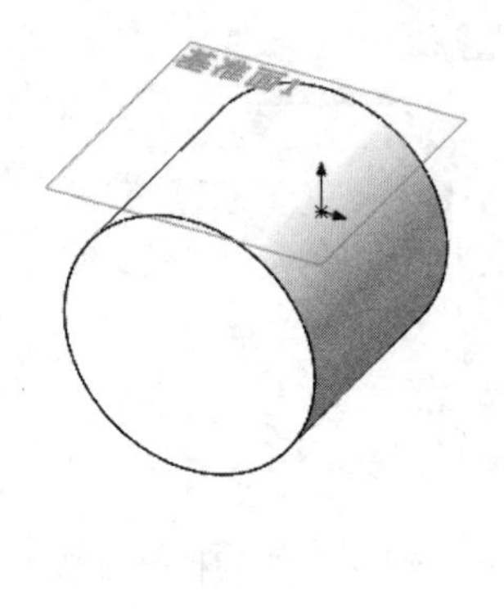

图6-24 面方式创建的基准面

6.1.2 基准轴

基准轴通常用在成草图几何体时或者圆周阵列中使用。每一个圆柱和圆锥面都有一条轴线。临时轴是由模型中的圆锥和圆柱隐含生成的，可以选择菜单栏中的“视图”→“临时轴”命令来隐藏或显示所有临时轴。

创建基准面轴有5种方式，分别是：一直线/边线/轴方式、两平面方式、两点/顶点方式、圆柱/圆锥面方式与点和面/基准面方式等，下面将详细介绍各种创建基准轴的方式。

一直线/边线/轴方式是选择一草图的直线、实体的边线或者轴，创建所选直线所在的轴线。

【操作步骤】

1）设置基准面。在左侧的“FeatureManager设计树”中用光标选择“前视基准面”作为绘制图形的基准面。

2）绘制草图。选择菜单栏中的“工具”→“草图绘制实体”→“直线”命令，绘制系列直线并标注尺寸，结果如图6-25所示。

3）拉伸实体。选择菜单栏中的“插入”→“凸台/基体”→“拉伸”命令，将上一步绘制的草图拉伸为“深度”均为60的实体，结果如图6-26所示。

4）执行基准轴命令。选择菜单栏中的“插入”→“参考几何体”→“基准轴”命令，或者单击“参考几何体”工具栏中的“基准轴”按钮⁄，此时系统弹出如图6-27所示的“基准轴”属性管理器。

5）设置属性管理器。单击“一直线/边线/轴”按钮，设置基准轴的创建方式为一直线/边线/轴方式。在“参考实体”一栏中，用光标选择如图6-26所示中的边线1。

6）确认添加的基准轴。单击“基准轴”属性管理器中的“确定”按钮✔，创建一个边线1所在的轴线，结果如图6-28所示。

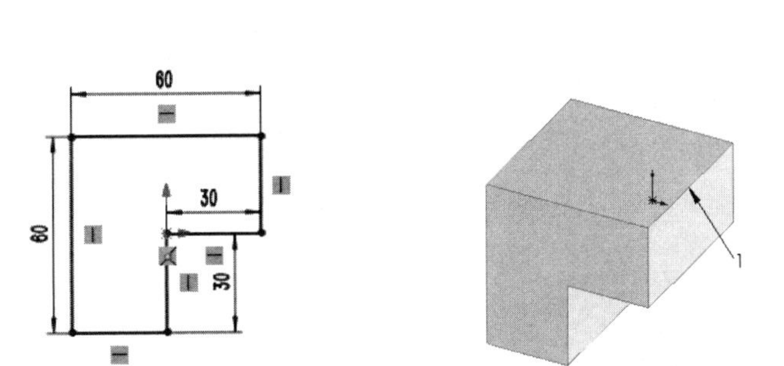

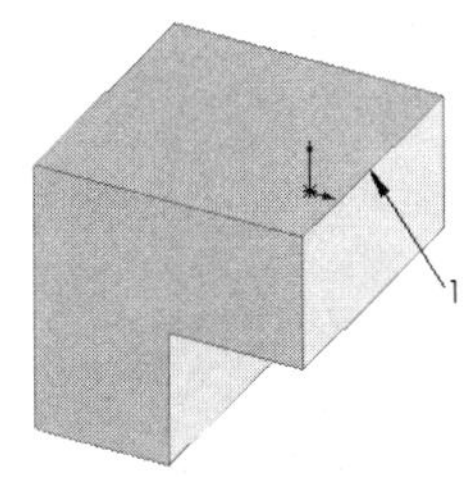

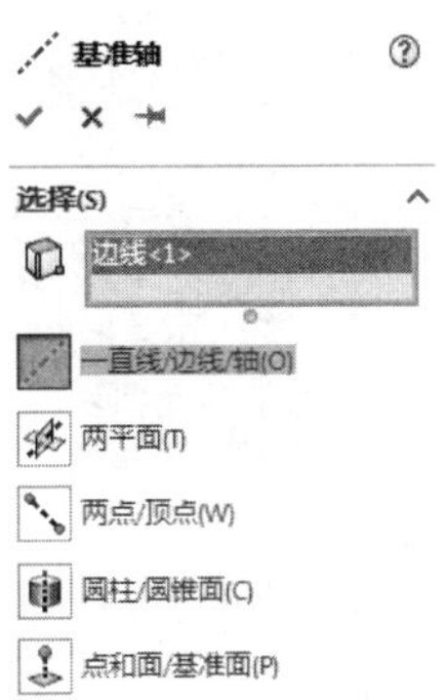

图 6-25　绘制的草图　　图 6-26　拉伸的图形　　图 6-27　“基准轴”属性管理器

两平面方式是将所选两平面的交线作为基准轴。

【操作步骤】

1）重复“一直线/边线/轴方式”的步骤1）～3），绘制图6-29所示的图形。

2）执行基准轴命令。选择菜单栏中的“插入”→“参考几何体”→“基准轴”命令，或者单击“参考几何体”工具栏中的“基准轴”按钮，此时系统弹出图6-30所示的“基准轴”属性管理器。

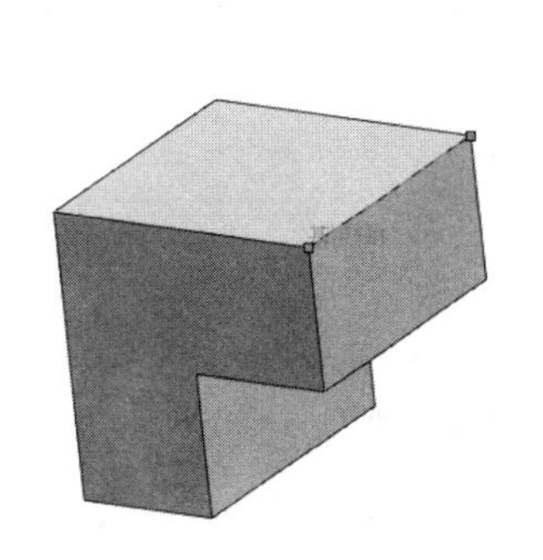

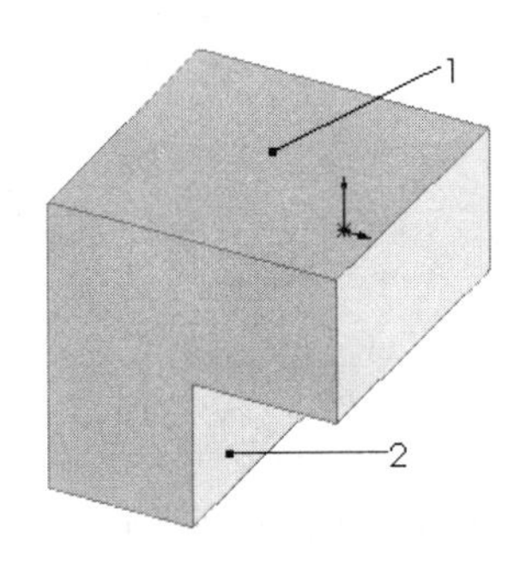

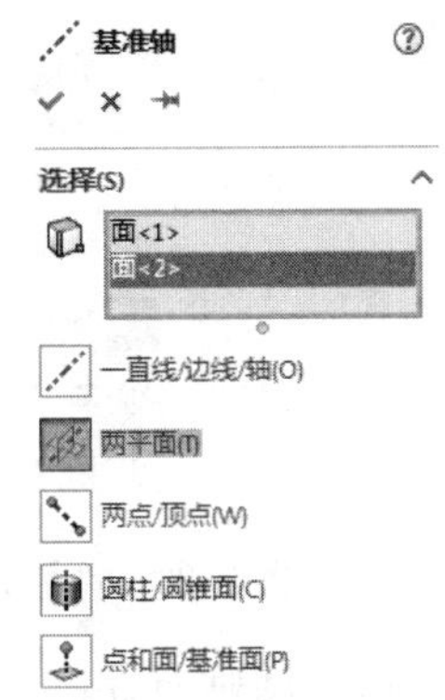

图 6-28　创建基准轴的图形　　图 6-29　拉伸的图形　　图 6-30　“基准轴”属性管理器

3）设置属性管理器。单击“两平面”按钮，设置基准轴的创建方式为两平面方式。在“参考实体”一栏中，用光标选择图6-29中的面1和面2。

4）确认添加的基准轴。单击“基准轴”属性管理器中的“确定”按钮✔，以两平面的交线创建一个基准轴，结果如图6-31所示。

两点/顶点方式是将两个点或者两个顶点的连线作为基准轴。

【操作步骤】

1）重复“一直线/边线/轴方式”的步骤1）～3），绘制图6-32所示的图形。

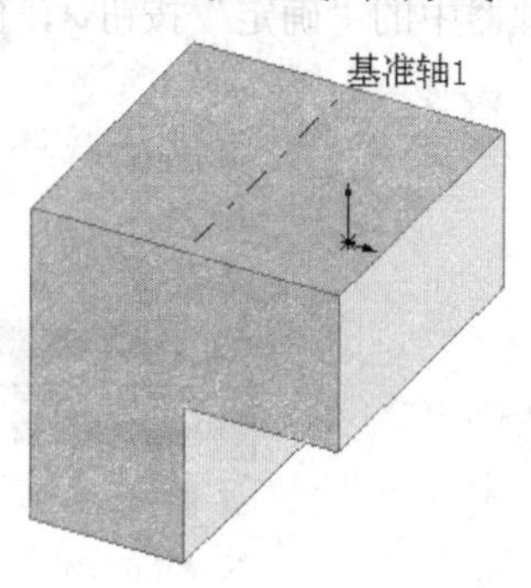

图 6-31　创建基准轴的图形

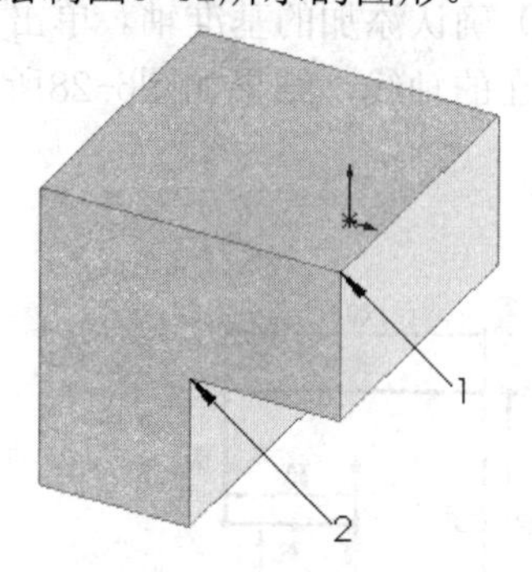

图 6-32　拉伸的图形

2）执行基准轴命令。选择菜单栏中的“插入”→“参考几何体”→“基准轴”命令，或者单击“参考几何体”工具栏中的“基准轴”按钮，此时系统弹出图6-33所示的“基准轴”属性管理器。

3）设置属性管理器。单击“两点/顶点”按钮，设置基准轴的创建方式为两点/顶点方式。在“参考实体”一栏中，用光标选择图6-32中的顶点1和顶点2。

4）确认添加的基准轴。单击“基准轴”属性管理器中的“确定”按钮，以两顶点的交线创建一个基准轴，结果如图6-34所示。

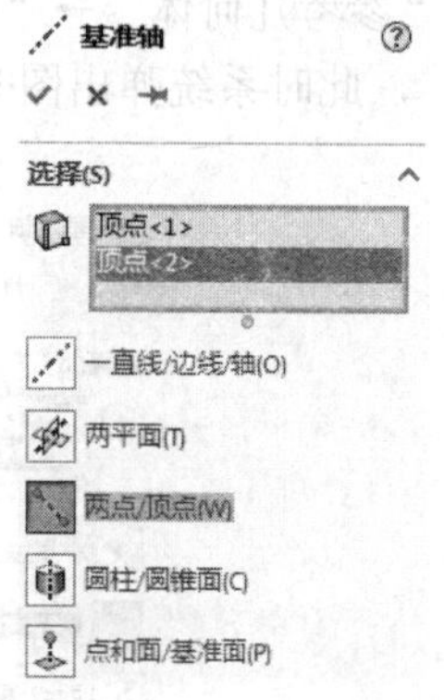

图 6-33　“基准轴”属性管理器

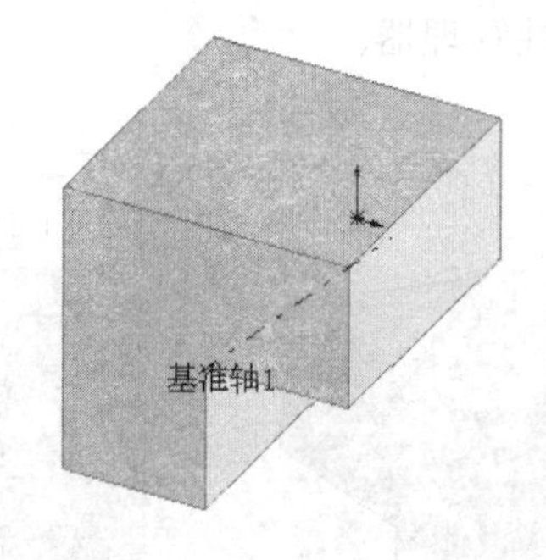

图 6-34　创建基准轴的图形

圆柱/圆锥面方式是选择圆柱面或者圆锥面，将其临时轴确定为基准轴。

【操作步骤】

1）设置基准面。在左侧的“FeatureManager设计树”中用光标选择“前视基准面”作为绘制图形的基准面。

2）绘制草图。选择菜单栏中的“工具”→“草图绘制实体”→“圆”命令，以原点为圆心绘制一个直径为60的圆。

3）拉伸实体。选择菜单栏中的“插入”→“凸台/基体”→“拉伸”命令，将上一步绘制的草图拉伸为“深度”均为60的实体，结果如图6-35所示。

4）执行基准轴命令。选择菜单栏中的“插入”→“参考几何体”→“基准轴”命令，或者单击“参考几何体”工具栏中的“基准轴”按钮，此时系统弹出图6-36所示的“基准轴”属性管理器。

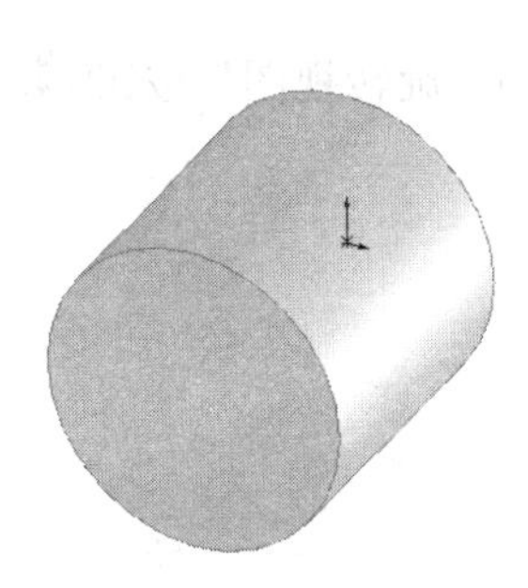

图 6-35 拉伸的图形

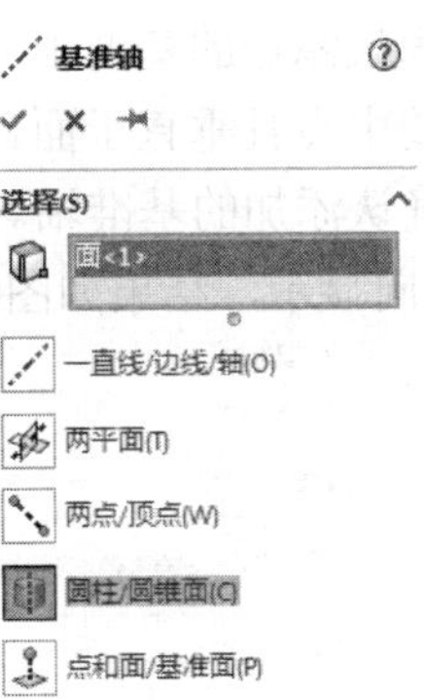

图 6-36 “基准轴”属性管理器

5）设置属性管理器。单击“圆柱/圆锥面”按钮，设置基准轴的创建方式为圆柱/圆锥面方式，在“参考实体”一栏中，用光标选择图6-32中圆柱体的表面。

6）确认添加的基准轴。单击“基准轴”属性管理器中的“确定”按钮✔，将圆柱体临时轴确定为基准轴，结果如图6-37所示。

点和面/基准面方式是选择一曲面或者基准面以及顶点、点或者中点，创建一个通过所选点并且垂直于所选面的基准轴。

【操作步骤】

1）设置基准面。在左侧的“FeatureManager设计树”中用光标选择“前视基准面”作为绘制图形的基准面。

2）绘制草图。选择菜单栏中的“工具”→“草图绘制实体”→“矩形”命令，以原点为一角点绘制一个边长为60的正方形。

3）拉伸实体。选择菜单栏中的“插入”→“凸台/基体”→“拉伸”命令，将上一步绘制的草图拉伸为“深度”均为60，“拔模角度”为10的实体，结果如图6-38所示。

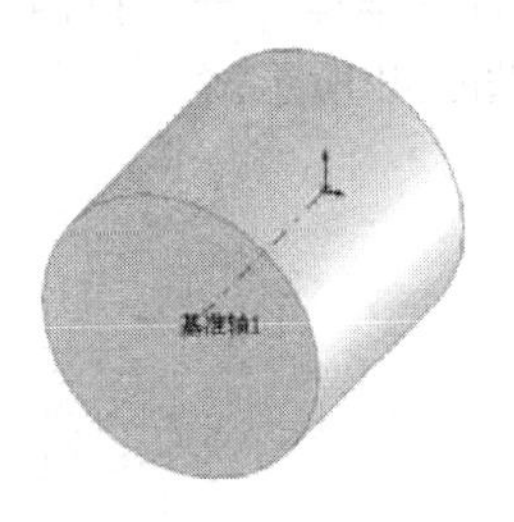

图 6-37 创建基准轴的图形

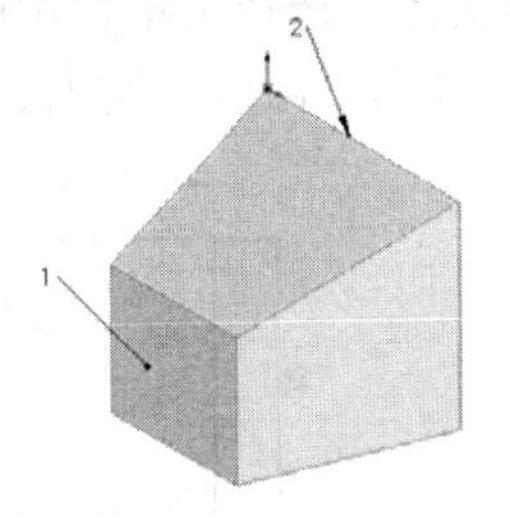

图 6-38 拉伸的图形

4）执行基准轴命令。选择菜单栏中的“插入”→“参考几何体”→“基准轴”命令，或者单击“参考几何体”工具栏中的“基准轴”按钮，此时系统弹出图6-39所示的“基准轴”属性管理器。

5）设置属性管理器。单击“点和面/基准面”按钮，设置基准轴的创建方式为点和面/基准面方式。在“参考实体”一栏中，用光标选择图6-38中面1和边线2的中点。

6）确认添加的基准轴。单击“基准轴”属性管理器中的“确定”按钮，创建一个通过边线2的中点且垂直于面1的基准轴。

7）确认添加的基准轴。单击“标准视图”工具栏中的“旋转视图”按钮，将视图以合适的方向显示，结果如图6-40所示。

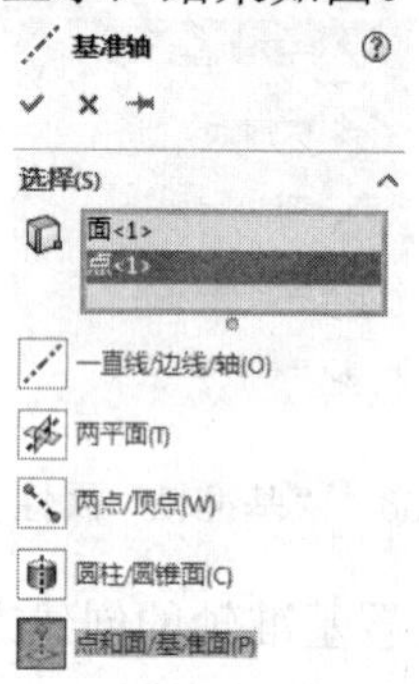

图 6-39　“基准轴”属性管理器

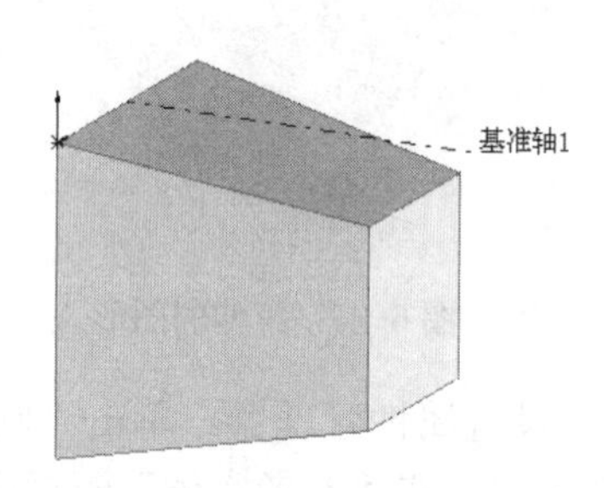

图 6-40　创建基准轴的图形

6.1.3　坐标系

坐标系主要用来定义零件或装配体的坐标系。坐标系与测量和质量属性工具一同使用，可用于将 SOLIDWORKS 文件输出至IGES、STL、ACIS、STEP、Parasolid、VRML 和 VDA文件。

【操作步骤】

1）设置基准面。在左侧的“FeatureManager设计树”中用光标选择“前视基准面”作为绘制图形的基准面。

2）绘制草图。选择菜单栏中的“工具”→“草图绘制实体”→“直线”命令，绘制一系列直线并标注尺寸，结果如图6-41所示。

3）拉伸实体。选择菜单栏中的“插入”→“凸台/基体”→“拉伸”命令，将上一步绘制的草图拉伸为“深度”均为40的实体，结果如图6-42所示。

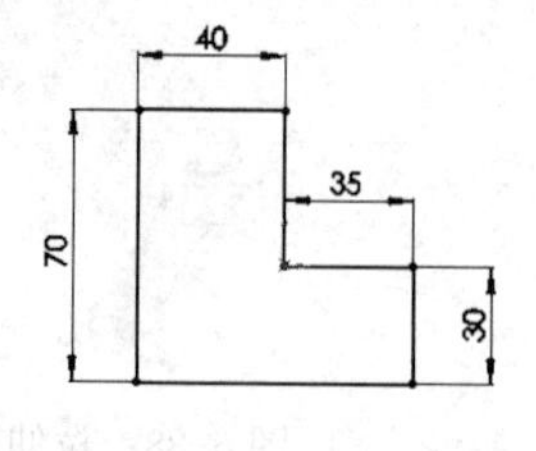

图 6-41　绘制的草图

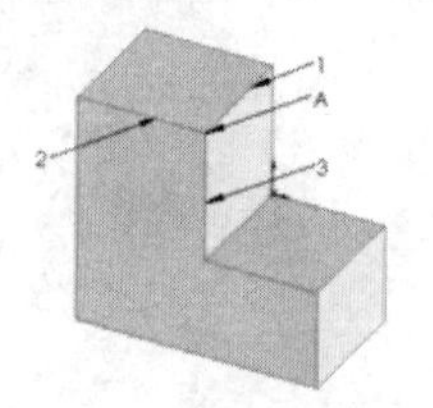

图 6-42　拉伸的图形

4）执行坐标系命令。选择菜单栏中的“插入”→“参考几何体”→“坐标系”命令，或者单击“参考几何体”工具栏中的“坐标系”按钮，此时系统弹出图6-43所示的“坐标系”属性管理器。

5）设置属性管理器。在“原点”一栏中，用光标选择图6-42中点A；在“X轴”一栏中，用光标选择图6-42中的边线1；在“Y轴”一栏中，用光标选择如图6-42所示中的边线2；在“Z轴”一栏中，用光标选择图6-42中的边线3。

6）确认添加的坐标系。单击“坐标系”属性管理器中的“确定”按钮，创建一个新的坐标系，结果如图6-44所示。此时所创建的坐标系也会出现在“FeatureManger设计树”中，如图6-45所示。

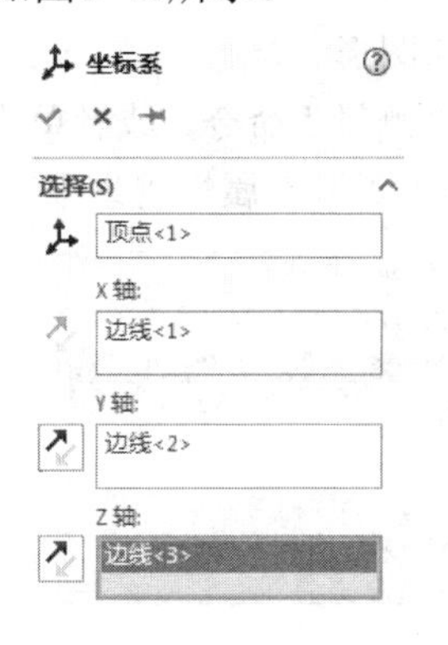

图6-43 “坐标系”属性管理器

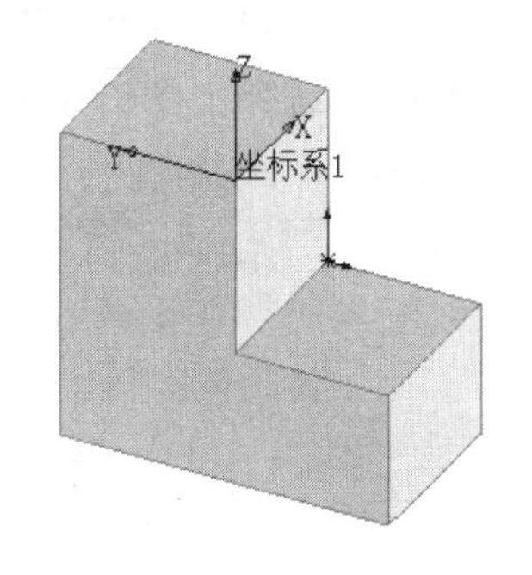

图6-44 创建坐标系的图形

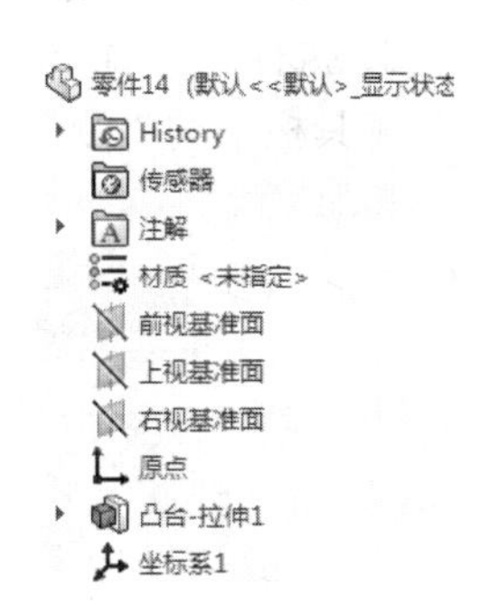

图6-45 FeatureManger设计树

在“坐标系”属性管理器中，每一步设置都可以形成一个新的坐标系，并可以单击方向按钮调整坐标轴的方向。

6.2 查询

查询功能主要是查询所建模型的表面积、体积及质量等相关信息，计算设计零部件的结构强度、安全因子等。SOLIDWORKS 提供了三种查询功能，分别是：测量、质量属性与截面属性。这3个按钮命令按钮位于“工具”工具栏中，如图6-46所示。

图6-46 “工具”工具栏

6.2.1 测量

测量功能可以测量草图、3D模型、装配体或者工程图中直线、点、曲面、基准面的距离、角度、半径以及大小，以及它们之间的距离、角度、半径或尺寸。当测量两个实体之间的距离时，delta X、Y 和Z 的距离会显示出来。当选择一个顶点或草图点时，会显示其X、Y和 Z坐标值。

下面通过实例介绍测量点坐标、测量距离、测量面积与周长的操作步骤。

1．测量点坐标

2．主要测量草图中的点、模型中的顶点坐标。

【操作步骤】

1）重复“坐标系”的步骤1）～3），绘制如图6-47所示的图形。

2）执行测量命令。选择菜单栏中的“工具”→“评估”→“测量”命令，或者单击“工具”工具栏中的“测量”按钮，此时系统弹出图6-48所示的“测量”属性管理器。

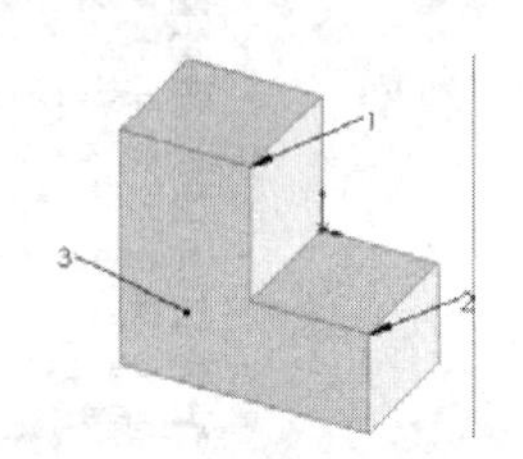

图 6-47　拉伸的图形

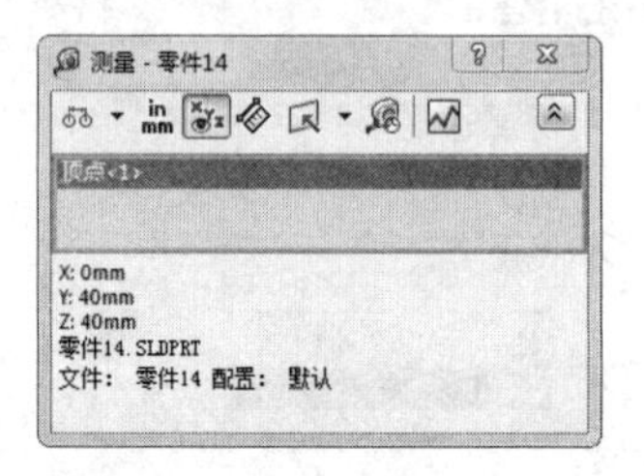

图 6-48　“测量”属性管理器

3）选择测量点。单击图6-47中的点1，则“测量”属性管理器中便会显示该点的坐标值。

2．测量距离

主要用来测量两点、两条边和两面之间的距离。

【操作步骤】

1）重复“坐标系”的步骤1）～3），绘制图6-47所示的图形。

2）执行测量命令。选择菜单栏中的“工具”→“评估”→“测量”命令，或者单击“工具”工具栏中的“测量”按钮，此时系统弹出图6-49所示的“测量”属性管理器。

3）选择测量点。单击图6-47中的点1和点2，则“测量”属性管理器中便会显示所选两点的绝对距离以及X、Y和Z坐标的差值。

3．测量面积与周长

测量距离主要用来测量两点、两条边和两面之间的距离。

【操作步骤】

1）重复“坐标系”的步骤（1）～（3），绘制如图6-47所示的图形。

2）选择菜单栏中的“工具”→“评估”→“测量”命令，或者单击“工具”工具栏中的“测量”按钮，此时系统弹出图6-50所示的“测量”属性管理器。

3）单击图6-47中的面3，则“测量”属性管理器中便会显示该面的面积与周长。

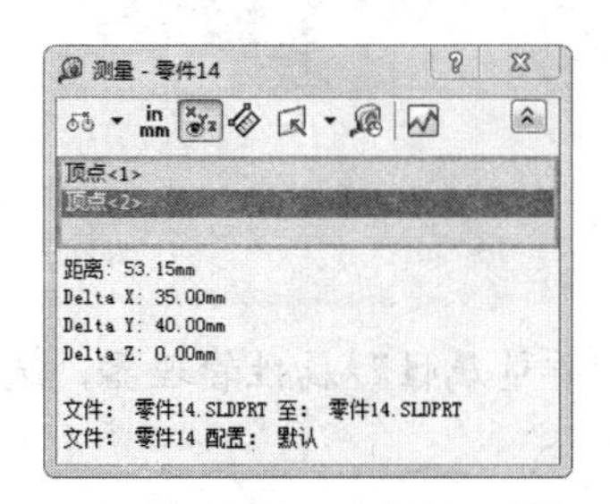

图 6-49 “测量”属性管理器

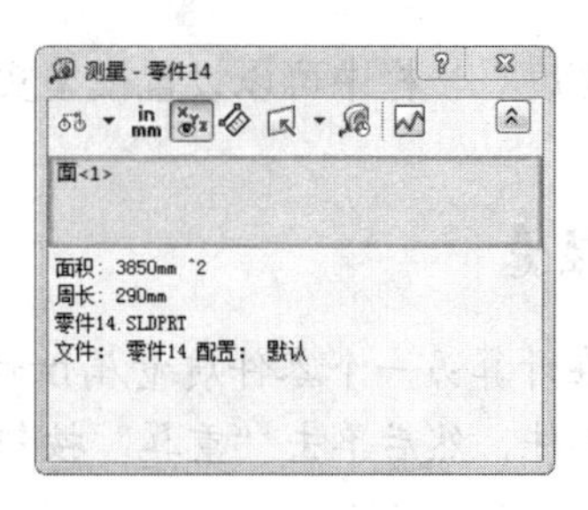

图 6-50 “测量”属性管理器

注意

执行“测量”命令时，可以不必关闭属性管理器而切换不同的文件。当前激活的文件名会出现在“测量”属性管理器的顶部，如果选择了已激活文件中的某一测量项目，则属性管理器中的测量信息会自动更新。

6.2.2 质量属性

质量属性功能可以测量模型实体的质量、体积、表面积与惯性矩等。

【操作步骤】

1）重复“坐标系”的步骤1）～3），绘制如图6-47所示的图形。

2）执行质量属性命令。选择菜单栏中的“工具”→“评估”→“质量属性”命令，或者单击“工具”工具栏中的“质量属性”按钮，此时系统弹出图6-51所示的“质量属性”对话框。则在对话框中会自动计算出该模型实体的质量、体积、表面积与惯性矩等，模型实体的主轴和质量中心则显示在视图中，如图6-52所示。

3）设置密度。单击“质量属性”属性管理器中的“选项”按钮，则系统弹出图6-53所示的“质量/剖面属性选项”对话框，单击“使用自定义设定”复选框，在“材料属性”

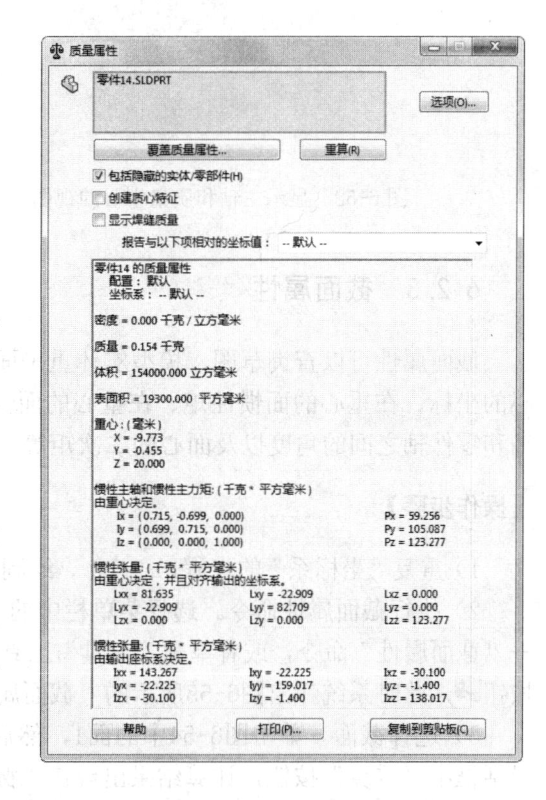

图6-51 “质量特性”对话框

的“密度”一栏中可以设置模型实体的密度。

在计算另一个零件质量属性时，不需要关闭“质量属性”属性管理器，选择需要计算的零部件，然后单击“重算”按钮即可。

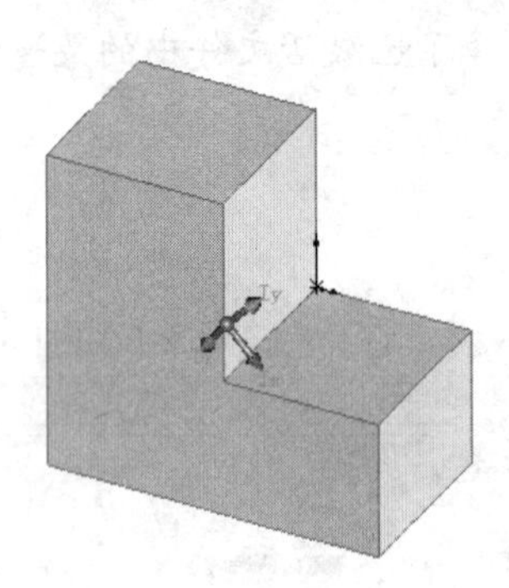

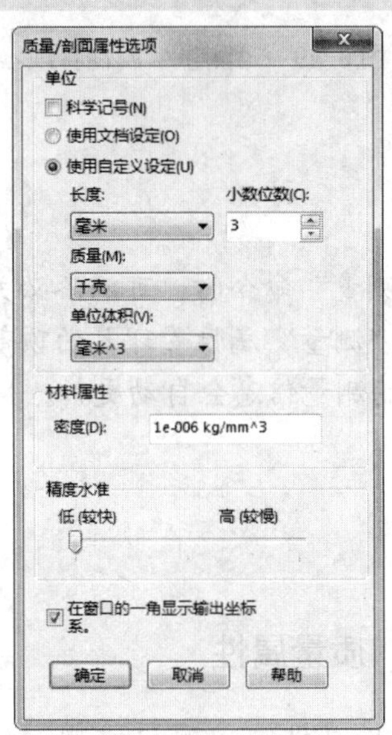

图 6-52　显示主轴和质量中心的视图　　　　图 6-53　“质量/剖面属性选项”对话框

6.2.3　截面属性

截面属性可以查询草图、模型实体重平面或者剖面的某些特性，如截面面积、截面重心的坐标、在重心的面惯性矩、在重心的面惯性极力矩、位于主轴和零件轴之间的角度以及面心的二次矩等。

【操作步骤】

1）重复“坐标系”的步骤1）～3），绘制图6-54所示的图形。

2）执行截面属性命令。选择菜单栏中的“工具”→“评估”→“截面属性”命令，或者单击“工具”工具栏中的“剖面属性”按钮，此时系统弹出图6-55所示的“截面属性”对话框。

图6-54　拉伸的图形

3）选择截面。单击图6-54中的面1，然后单击“截面属性”对话框中“重算”按钮，计算结果出现在“截面属性”对话框中，所选截面的主轴和重心显示在视图中，如图6-56所示。

4）截面属性不仅可以查询单个截面的属性，而且还可以查询多个平行截面的联合属性。

图6-57所示为图6-54的面1和面2的联合属性，图6-58所示为面1和面2的主轴和重心显示。

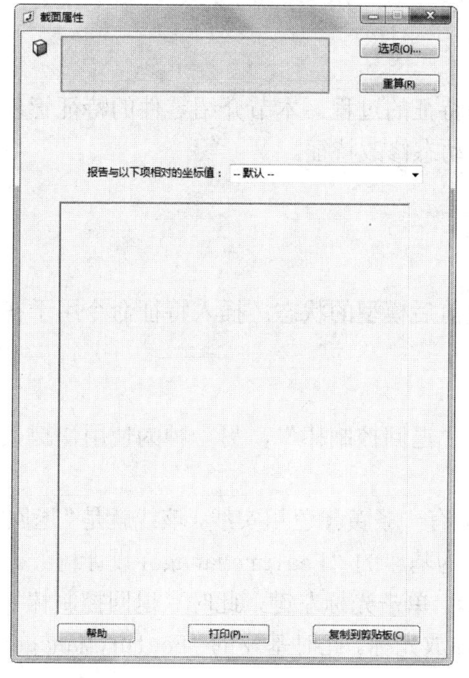

图 6-55 “截面属性”对话框

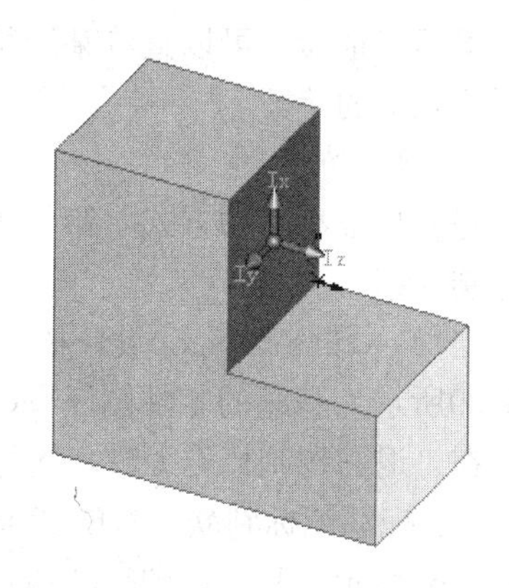

图 6-56 显示主轴和重心的图形

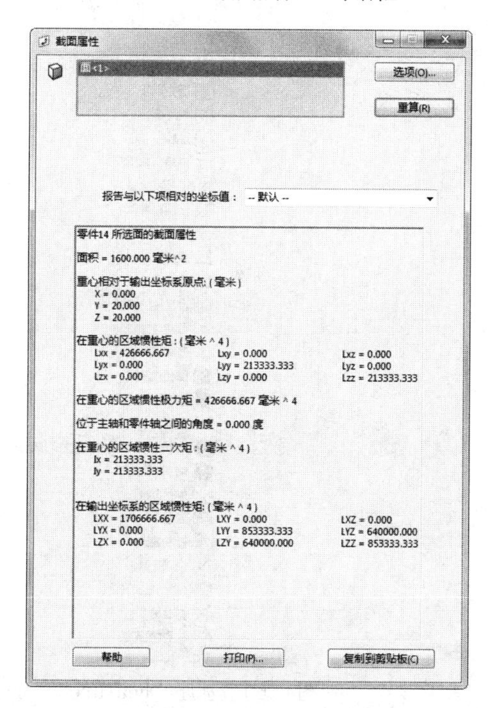

图 6-57 “截面属性”对话框

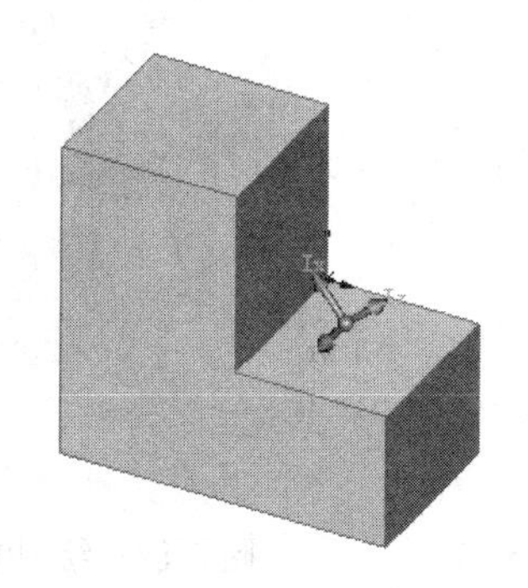

图 6-58 显示主轴和重心的图形

6.3 零件的特征管理

零件的建模过程实际上是创建和管理特征的过程。本节介绍零件的特征管理，分别是退回与插入特征、压缩与解除压缩特征、动态修改特征。

6.3.1 退回与插入特征

退回特征命令可以查看某一特征生成前后模型的状态；插入特征命令用于在某一特征之后插入新的特征。

1. 退回特征

退回特征有两种方式，第一种为使用“退回控制棒”，另一种为使用快捷菜单。下面将分别介绍。

在“FeatureManager设计树”的最底端有一条黄黑色粗实线，该线就是“退回控制棒”。图6-59所示为基座的零件图，图6-60所示为基座的“FeatureManager设计树”。当将光标放置在“退回控制棒”上时，光标变为 。单击光标左键，此时“退回控制棒”以蓝色显示，然后拖动光标到欲查看的特征上，并释放光标。此时基座的“FeatureManager设计树”如图6-61所示，基座如图6-62所示。

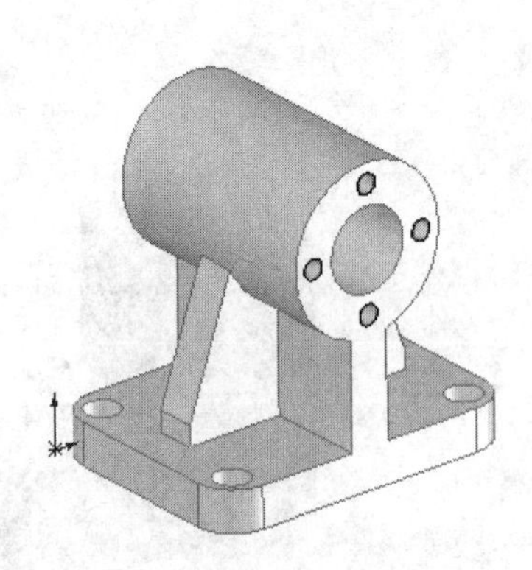

图 6-59　绘制的基座

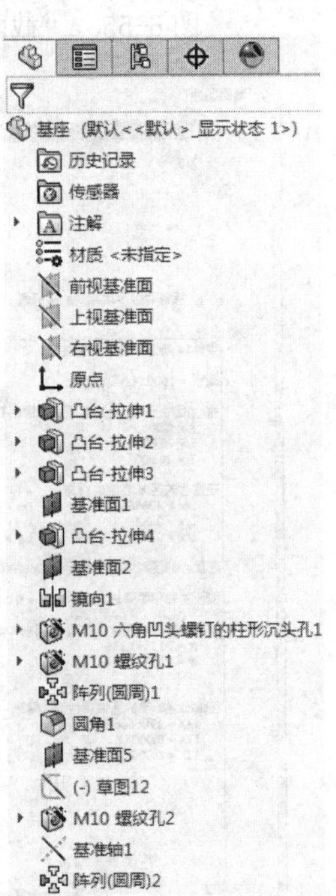

图 6-60　基座“FeatureManager 设计树”

从图6-62中可以看出，查看特征后的特征在零件模型上没有显示，表明该零件模型退回到该特征以前的状态。

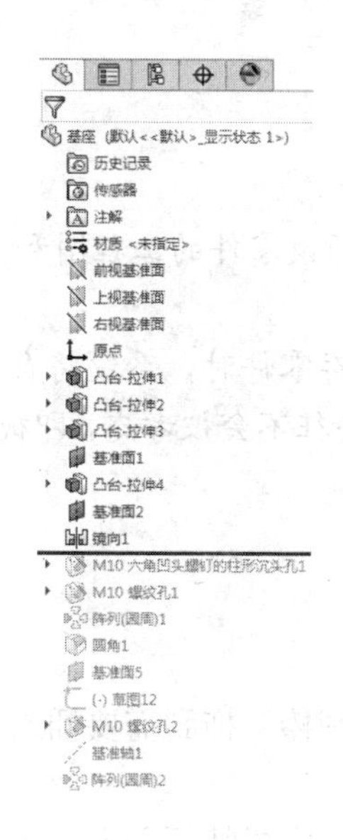

图 6-61 退回的“FeatureManager 设计树”

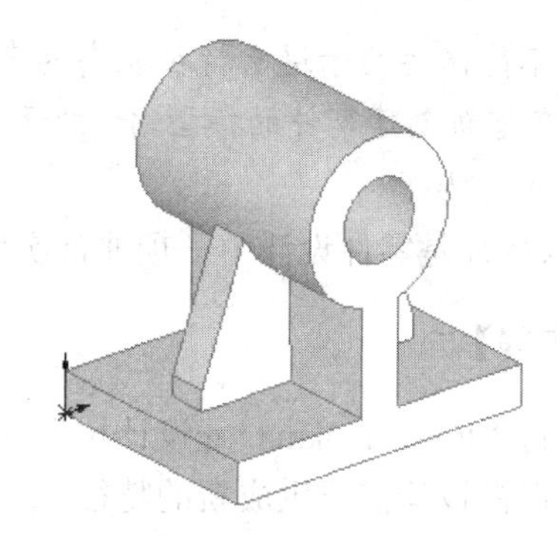

图 6-62 退回的零件模型

退回特征也可以使用快捷菜单进行操作，单击基座“FeatureManager设计树”中的“M10六角凹头螺钉的柱形沉头孔1”特征，然后单击光标右键，此时系统弹出图6-63所示的快捷菜单，在其中选择“退回”选项，此时该零件模型退回到该特征以前的状态，如图6-62所示。也可以在退回状态下，使用图6-64所示的快捷菜单，根据相应选择需要的退回操作。

在图6-64的快捷菜单中，“往前推进”选项表示为退回到下一个特征；“退回到前”选项表示退回到上一特征状态；“退回到尾”选项表示退回到特征模型的末尾，即处于模型的原始状态。

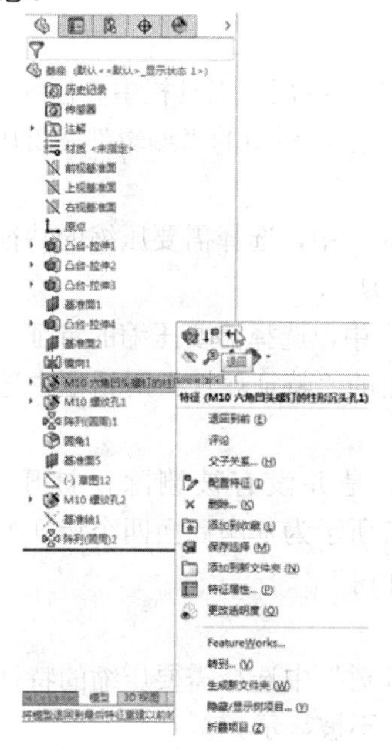

图 6-63 退回快捷菜单

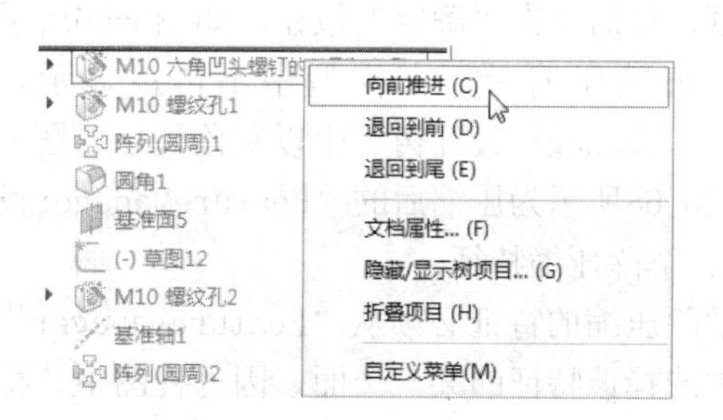

图 6-64 退回快捷菜单

注意

1）当零件模型处于退回特征状态时，将无法访问该零件的工程图和基于该零件的装配图。

2）不能保存处于退回特征状态的零件图，在保存零件时，系统将自动释放退回状态。

3）在重新创建零件的模型时，处于退回状态的特征不会被考虑，即视其处于压缩状态。

2. 插入特征

插入特征是零件设计中一项非常实用的操作。

【操作步骤】

1）将“FeatureManager设计树”中的“退回控制棒”拖到需要插入特征的位置。

2）根据设计需要生成新的特征。

3）将“退回控制棒”拖动到设计树的最后位置，完成特征插入。

6.3.2 压缩与解除压缩特征

1. 压缩特征

压缩的特征可以从“FeatureManager设计树”中选择需要压缩的特征，也可以从视图中选择需要压缩特征的一个面。

【执行方式】

下面介绍特征压缩的四种操作方法：

1）工具栏方式：选择要压缩的特征，然后单击“特征”工具栏中“压缩”按钮。

2）菜单栏方式：选择要压缩的特征，然后选择菜单栏中的“编辑”→“压缩”→“此配置”命令。

3）快捷菜单方式：在“FeatureManager设计树”中，选择需要压缩的特征，然后单击右键，在快捷菜单中选择“压缩”选项，如图6-65所示。

4）对话框方式：在“FeatureManager设计树”中，选择需要压缩的特征，然后单击右键，在快捷菜单中选择“特征属性”选项。在弹出的“特征属性”对话框中选择“压缩”复选框，然后单击“确定”按钮，如图6-66所示。

特征被压缩后，在模型中不再被显示，但是并没有被删除，被压缩的特征在“FeatureManager设计树”中以灰色显示。图6-67所示为基座后面四个特征被压缩后的图形，图6-68所示为压缩后的“FeatureManager设计树”。

2. 解除压缩特征

解除压缩的特征必须从“FeatureManager设计树”中选择需要压缩的特征，而不能从视图中选择该特征的某一个面，因为视图中该特征不被显示。

【执行方式】

下面介绍接触压缩的四种操作方法。

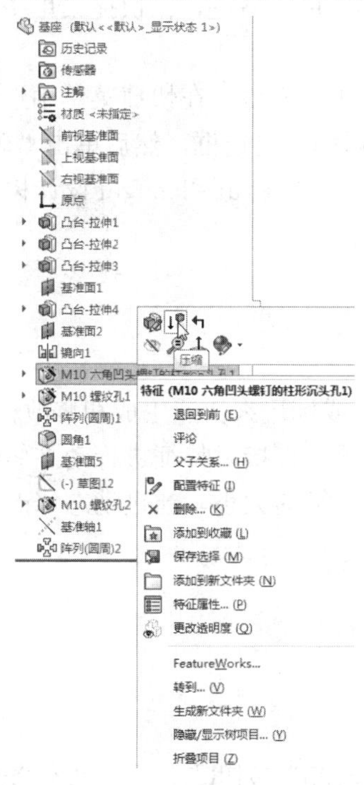

图 6-65　快捷菜单

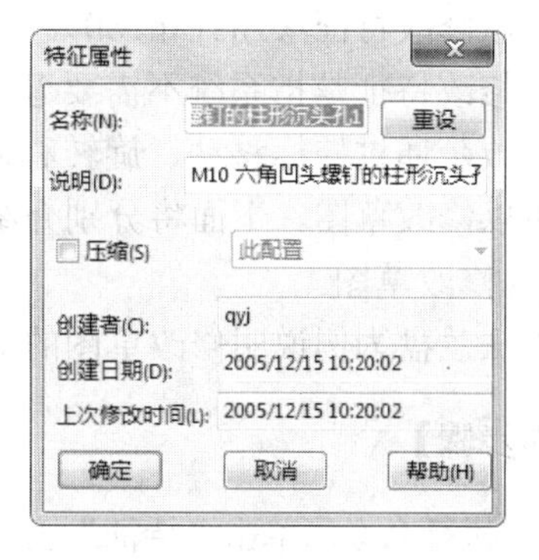

图 6-66　“特征属性”对话框

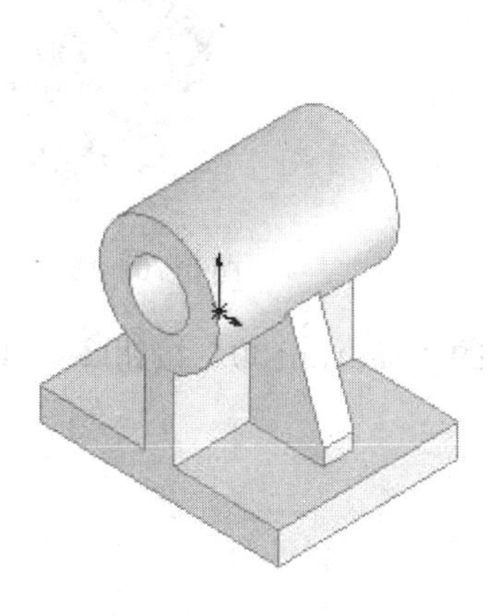

图 6-67　压缩特征后的基座

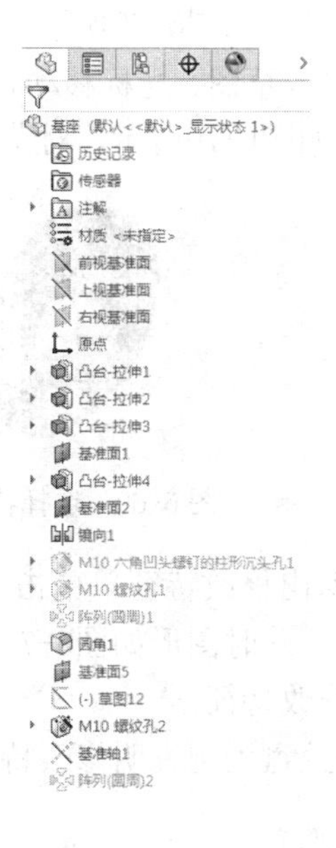

图 6-68　压缩后的“FeatureManager 设计树”

1）工具栏方式：选择要解除压缩的特征，然后单击“特征”工具栏中“解除压缩”按钮。

2）菜单栏方式：选择要解除压缩的特征，然后选择菜单栏中的“编辑”→“解除压缩”→“此配置”命令。

3）快捷菜单方式：选择要解除压缩的特征，然后单击右键，在快捷菜单中选择“解除压缩”选项。

4）对话框方式：选择要解除压缩的特征，然后单击右键，在快捷菜单中选择“特征属性”选项。在弹出的“特征属性”对话框中取消“压缩”复选框，然后单击“确定”按钮。

压缩的特征被解除以后，视图中将显示该特征，“FeatureManager设计树”中该特征将以正常模式显示。

6.3.3 动态修改特征

动态修改特征（Instant3D）可以通过拖动控标或标尺来快速生成和修改模型几何体。即动态修改特征是指系统不需要退回编辑特征的位置，直接对特征进行动态修改的命令。动态修改是通过控标移动、旋转和调整拉伸及旋转特征的大小。通过动态修改可以修改特征也可以修改草图。下面将分别介绍。

1．修改草图

以法兰盘为例说明修改草图的动态修改特征。

【操作步骤】

1）执行命令。单击“特征”工具栏中的“Instant3D”按钮，开始动态修改特征操作。

2）选择需要修改的特征。单击“FeatureManager设计树”中的“拉伸1”，视图中该特征被亮显，如图6-69所示。同时，出现该特征的修改控标。

3）修改草图。光标移动直径为80的控标，屏幕出现标尺，使用屏幕上的标尺可精确测量修改，如图6-70所示，对草图进行修改，如图6-71所示。

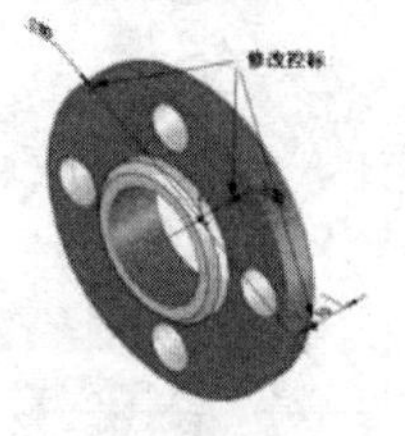

图6-69 选择特征的图形

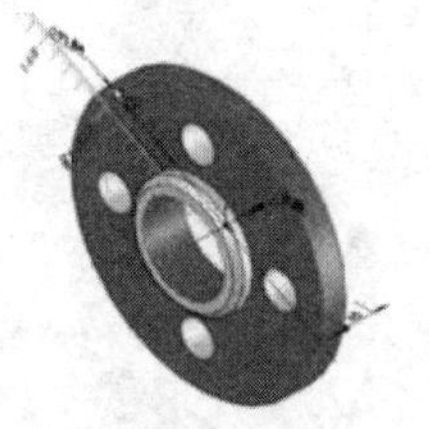

图6-70 修改草图

4）退出修改特征。单击“特征”工具栏中的“Instant3D”按钮，退出Instant3D特征操作，此时图形如图6-72所示。

2．修改特征

以法兰盘为例说明修改特征的动态修改特征。

【操作步骤】

1）执行命令。单击“特征”工具栏中的“Instant3D”按钮，开始动态修改特征操作。

2）选择需要修改的特征。单击“FeatureManager设计树”中的“拉伸2”，视图中该特征被亮显，如图6-73所示。同时，出现该特征的修改控标。

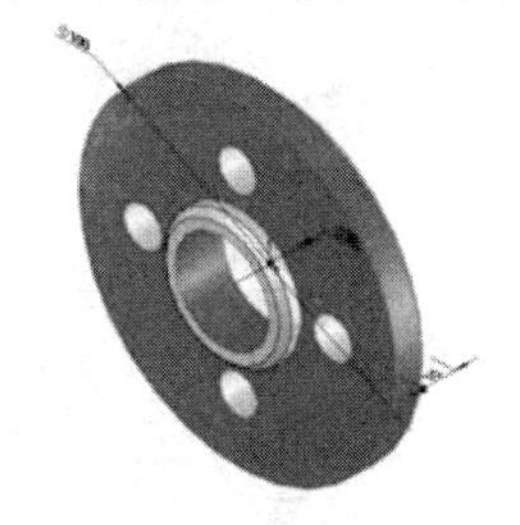

图 6-71　修改后的草图

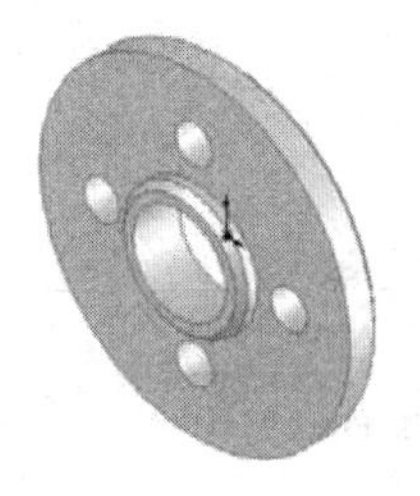

图 6-72　修改后的图形

3）通过控标修改特征。拖动距离为5的修改光标，调整拉伸的长度，如图6-74所示。

4）退出修改特征。单击“特征”工具栏中的“Instant3D”按钮，退出Instant3D特征操作，此时图形如图6-75所示。

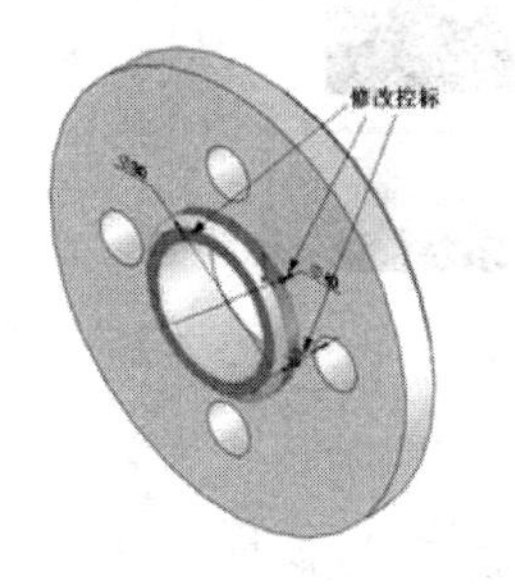

图 6-73　选择特征的图形

图 6-74　拖动修改控标

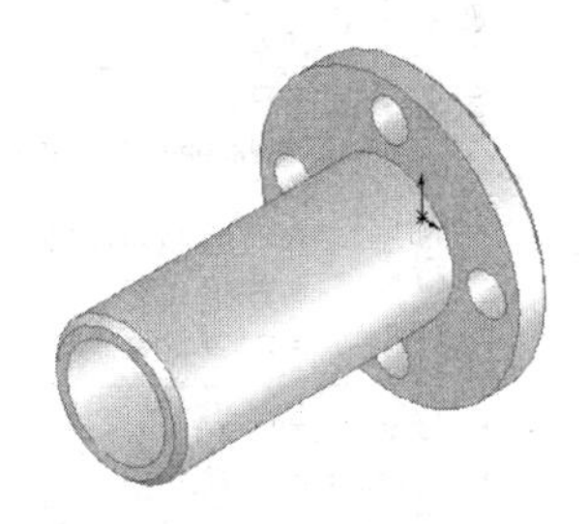

图 6-75　修改后的图形

6.4　零件的显示

零件建模时，SOLIDWORKS 提供了默认的颜色、材质及光源等外观显示。还可以根据实际需要设置零件的颜色、纹理及照明度，是设计的零件更加接近实际情况。

6.4.1　设置零件的颜色

设置零件的颜色包括设置整个零件的颜色属性、设置所选特征的颜色属性以及设置所选面的颜色属性。

1．设置零件的颜色属性

【操作步骤】

1）执行命令。右键单击“FeatureManager设计树”中的文件名称“支撑架”，在弹出的快捷菜单中选择“外观”→“外观”选项，如图6-76所示。

2）设置属性管理器。系统弹出图6-77所示的“颜色”属性管理器，在“颜色”一栏中选择需要的颜色，然后单击属性管理器中的“确定”按钮✔。此时整个零件以设置的颜色显示。

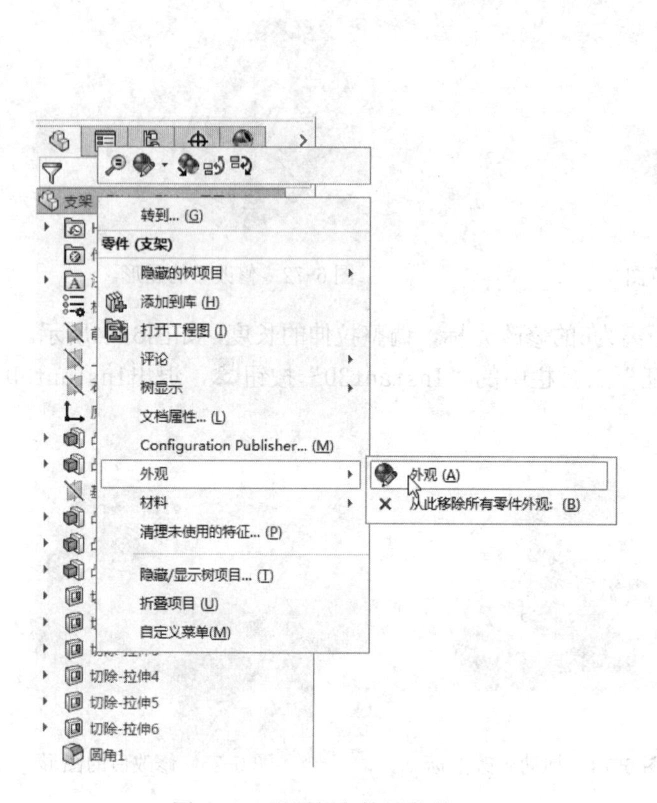

图 6-76　设置颜色快捷菜单

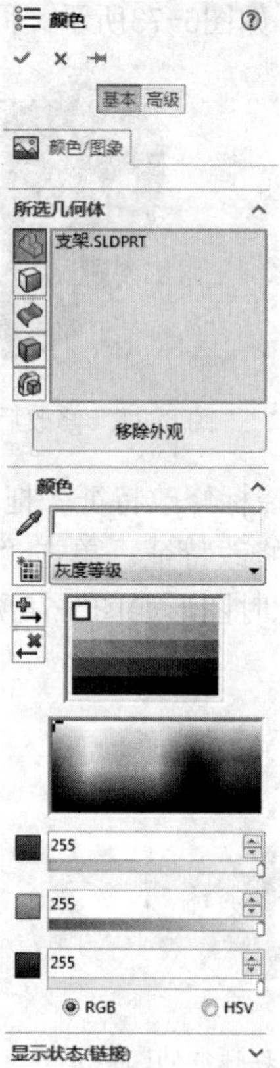

图 6-77　“颜色”属性管理器

2. 设置所选特征的颜色属性

【操作步骤】

1）选择需要修改的特征。在“FeatureManager设计树”中选择需要改变颜色的特征，可以按<Ctrl>键选择多个特征。

2）执行命令。右键所选特征，在弹出的快捷菜单中选择“外观”→“添加外观”选项，如图6-78所示。

3）设置属性管理器。系统弹出如图6-77所示的“颜色”属性管理器，在“颜色”一栏中选择需要的颜色，然后单击属性管理器中的“确定”按钮✔，此时零件如图6-79所示。

3. 设置所选面的颜色属性

【操作步骤】

1）选择修改面。右键单击图6-79中的面1，此时系统弹出图6-78所示的快捷菜单。

2）执行命令。在快捷菜单的“面”一栏，选择菜单栏中的“外观”→“颜色”选项，如图6-80所示，此时系统弹出图6-77所示的“颜色”属性管理器。

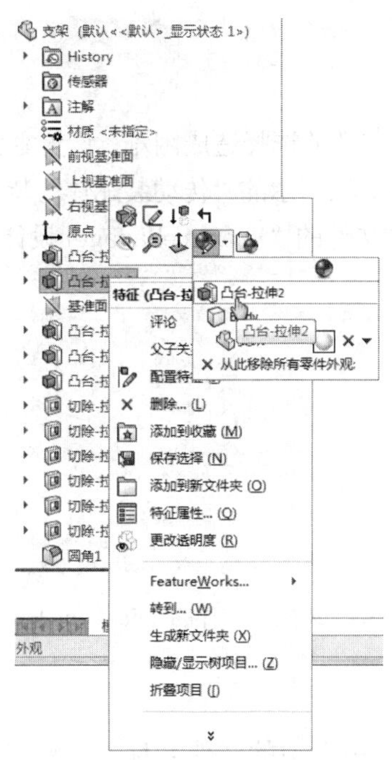

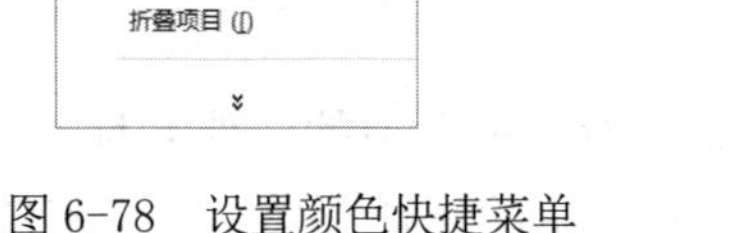

图 6-78 设置颜色快捷菜单

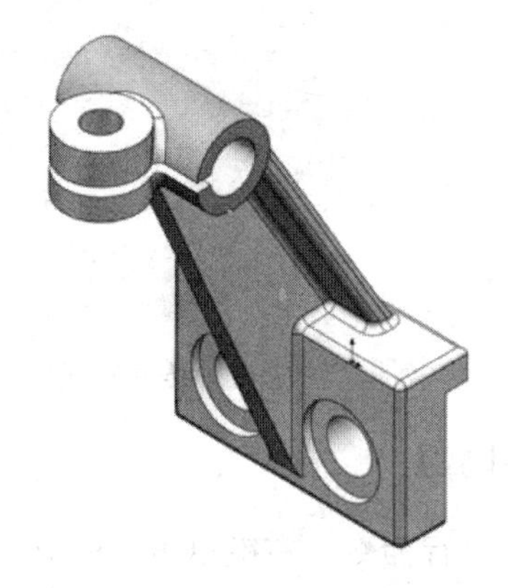

图 6-79 设置颜色后的图形

3）设置属性管理器。在“选择现有颜色或添加颜色”一栏中选择需要的颜色，然后单击属性管理器中的“确定”按钮✔，此时零件如图6-81所示。

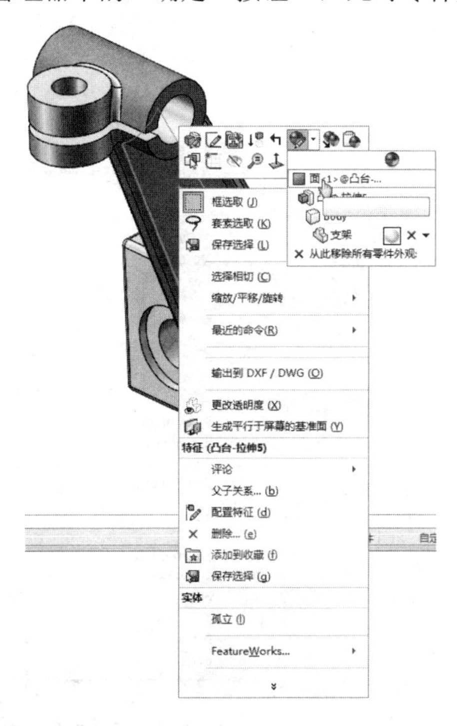

图 6-80 设置颜色快捷菜单

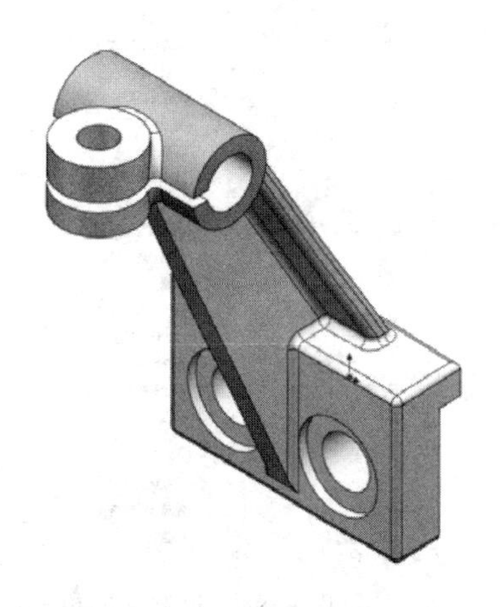

图 6-81 设置颜色后的图形

6.4.2　设置零件的透明度

在装配体零件中，外面零件遮挡内部的零件，给零件的选择造成困难。设置零件的透明度后，可以透过透明零件选择非透明对象。下面通过图6-82所示的“传动装配体”装配文件，说明设置零件透明度的操作步骤，图6-83所示为转配体文件的“FeatureManager设计树”。

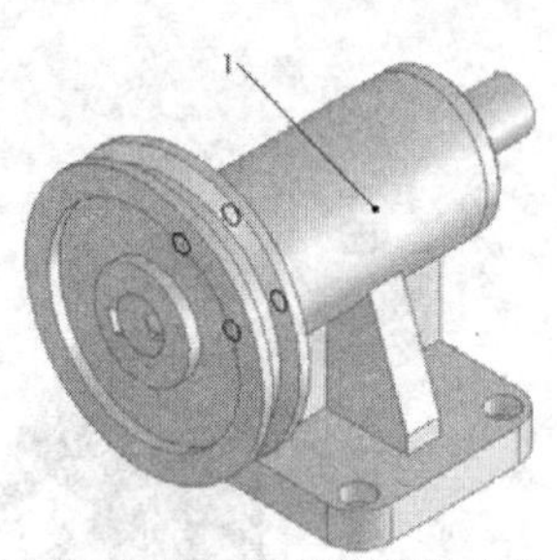

图 6-82　传动装配体文件

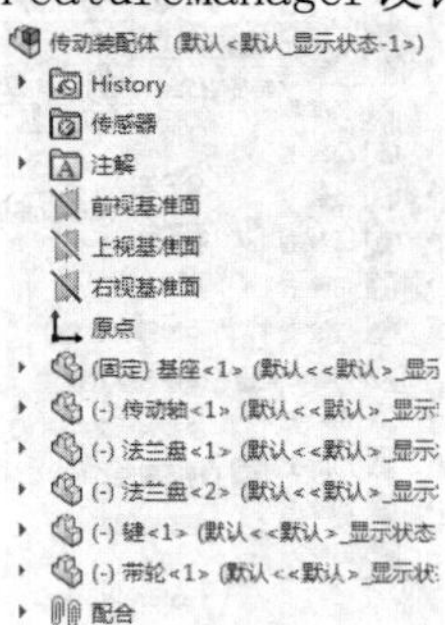

图 6-83　装配体文件的“FeatureManager 设计树”

【操作步骤】

1）执行命令。右键单击“FeatureManager设计树”中的文件名称“基座<1>”，或者右键单击视图中的基座1，此时系统弹出图6-84所示的快捷菜单，在“零部件（基座）”一栏中选选择“外观”→“颜色”选项。

2）设置透明度。系统弹出图6-85所示的“颜色”属性管理器，在“照明度”的“透明量”一栏，调节所选零件的透明度。

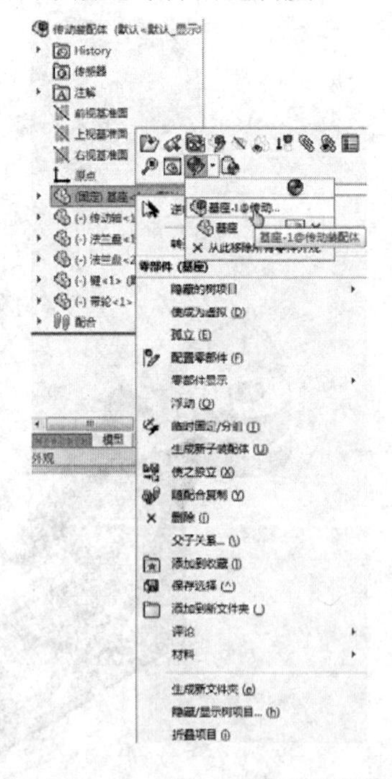

图 6-84　设置透明度快捷菜单

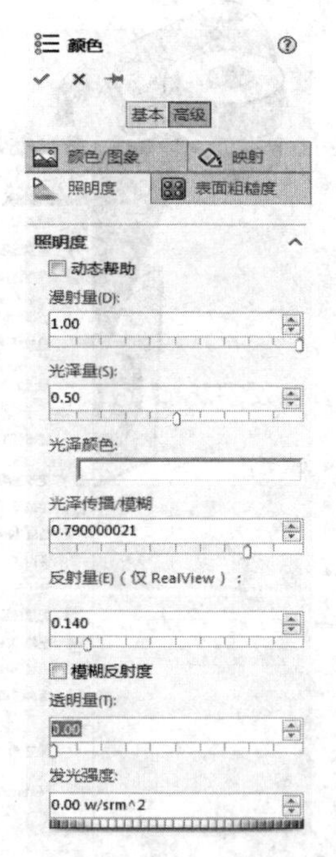

图 6-85　“颜色”属性管理器

3）确认设置的透明度。单击属性管理器中的“确定”按钮✔，结果如图6-86所示。

图 6-86 设置照明度后的图形

注意

在“颜色”属性管理器中除了可以设置零件的颜色和透明度外，还可以设置其它光学属性，如环境光源、反射度、光泽度、明暗度和发射率等。通过设置以上参数可以把零件渲染为真实的实体。

第7章 曲线与曲面

由于三维样条曲线的引入，使得三维草图功能显著地提高。用户可以直接控制三维空间的任何一点，以达到控制三维样条的目的，从而直接控制草图的形状。这对于创建绕线电缆和管路设计非常方便。

曲面是一种可以用来生成实体特征的几何体。也许是因为SOLIDWORKS以前在实体和参数化设计方面太出色，人们可能会忽略其在曲面建模方面的强大功能。

学习要点

- 曲线的生成方式
- 三维草图的绘制
- 曲线的生成
- 曲面的生成方式
- 曲面编辑

7.1 曲线的生成方式

前面各章已经介绍了部分曲线的生成方式（如样条曲线、椭圆等），本章着重介绍三维曲线的生成。

SOLIDWORKS 2016可以使用下列方法生成多种类型的三维曲线：

- 投影曲线：从草图投影到模型面或曲面上，或从相交的基准面上绘制的线条。
- 通过参考点的曲线：通过模型中定义的点或顶点的样条曲线。
- 通过XYZ点的曲线：通过给出空间坐标的点的样条曲线。
- 组合曲线：由曲线、草图几何体和模型边线组合而成的一条曲线。
- 分割线：从草图投影到平面或曲面的曲线。
- 螺旋线和涡状线：通过指定圆形草图、螺距、圈数、高度生成的曲线。

在学习曲线的生成方式之前，首先要了解三维草图的绘制，它是生成空间曲线的基础。

7.2 三维草图的绘制

SOLIDWORKS可以直接绘制三维草图，绘制的三维草图可以作为扫描路径、扫描引导线、放样路径或放样的中心线等。

7.2.1 要绘制三维草图

【操作步骤】

1）在开始三维草图之前，单击“标准视图”工具栏中的“等轴测”按钮。在该视图下X、Y、Z方向均可见，所以更方便生成三维草图。

2）单击“草图绘制”工具栏中的“3D草图”按钮，系统默认地打开一张三维草图。

3）在草图绘制工具工具栏中选择三维草图绘制工具。这些工具同二维草图中的大多数一致，只是用于在三维草图的绘制。其中，面部曲线工具是三维草图所独有的，该工具用来从面或曲面中抽取三维iso参数曲线。

4）在绘制三维草图时，系统会以模型中默认的坐标系进行绘制。如果要改变三维草图的坐标系，单击所需的草图绘制工具，按住Ctrl键，然后单击一个基准面或一个用户自定义的坐标系。

5）在使用三维草图绘制工具在基准面上绘图时，系统会提供一个图形化的助手（即空间控标）帮助保持方向。

6）在空间绘制直线或样条曲线时，空间控标就会显示出来，如图7-1所示，使用空间控标也可以沿轴的方向进行绘制，如果要更改空间控标的坐标系，按Tab键。

7）单击“草图绘制”工具栏中的“3D草图”按钮，即可关闭三维草图。

除了系统默认的坐标系外，SOLIDWORKS还允许用户自定义坐标系。此坐标系将同测量、质量特性等工具一起使用。

7.2.2 要建立自定义的坐标系

【操作步骤】

1）单击“参考几何体”工具栏中的“坐标系”按钮或选择菜单栏中的“插入”→“参考几何体”→“坐标系”命令。

2）在弹出的“坐标系”属性管理器中单击按钮右侧的“原点”显示框。然后在零件或装配体中选择一个点或系统默认的原点。实体的名称会显示在“原点”显示框中。

3）在X、Y、Z轴的显示框中单击，然后选定以下实体作为所选轴的方向，此时所选的项目在对应的方框中显示，如图7-2所示。

可以使用下面实体中的一种作为临时轴：

- ［顶点］：临时轴与所选的点对齐。
- ［直边线或草图直线］：临时轴与所选的边线或直线平行。
- ［曲线边线或草图实体］：临时轴与选择的实体上所选位置对齐。
- ［平面］：临时轴与所选面的法线方向对齐。

4）如果要反转轴的方向，选择按钮即可。

5）如果在步骤3）中没有选择轴的方向，则系统会使用默认的方向作为坐标轴的方向。

6）定义坐标系后，单击“确定”按钮，关闭属性管理器。此时定义的坐标系显示在模型上，如图7-3所示。

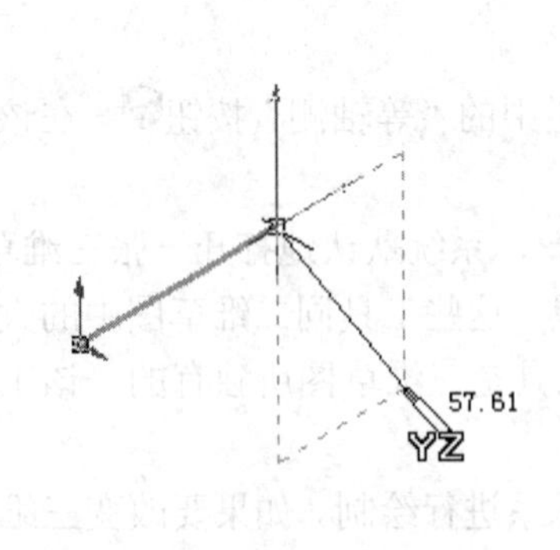

图 7-1　空间控标

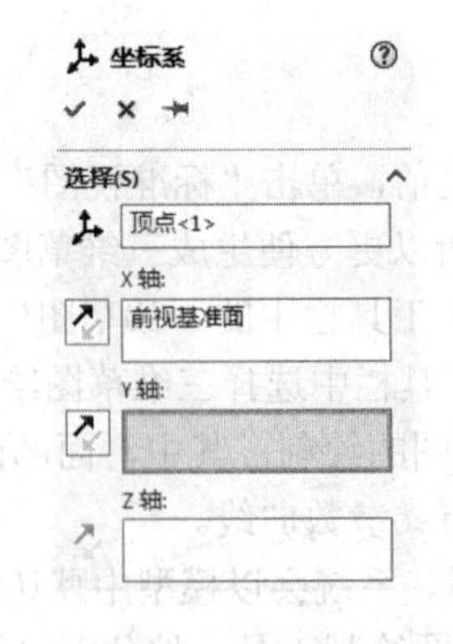

图 7-2　“坐标系”属性管理器

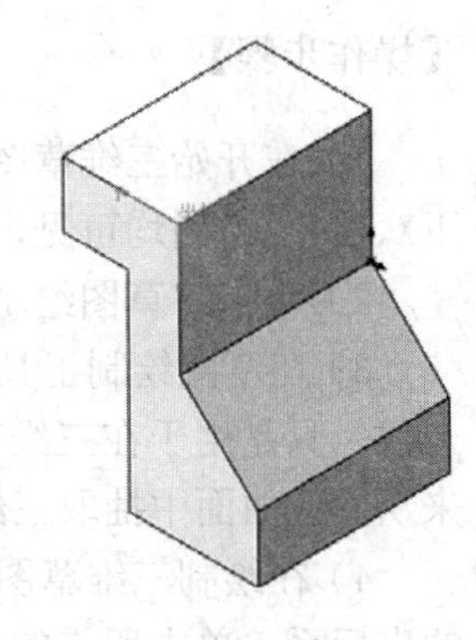
图 7-3　自定义的坐标系

7.2.3 实例——椅子

绘制图7-4所示的椅子。

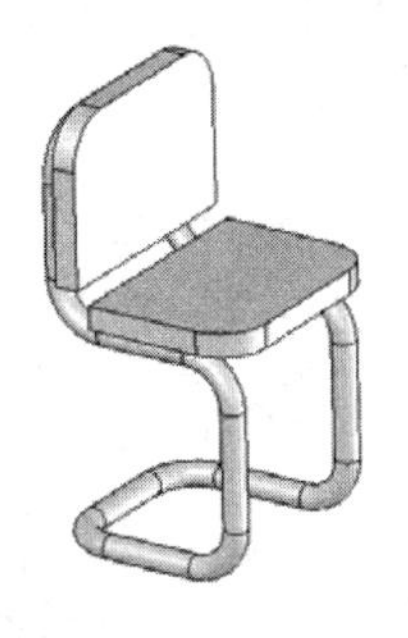

图 7-4 椅子

实讲实训
多媒体演示

多媒体演示参见配套光盘中的\\动画演示\第7章\椅子.avi。

【操作步骤】

1）启动SOLIDWORKS 2016，选择菜单栏中的“文件”→“新建”命令，或者单击“标准”工具栏中的“新建”按钮，在弹出的“新建SOLIDWORKS文件”属性管理器中选择“零件”按钮，然后单击“确定”按钮，创建一个新的零件文件。

2）绘制椅子路径草图。设置视图方向，单击“标准视图”工具栏中的“等轴测”按钮，将视图以等轴测方向显示。

3）绘制3D草图。选择菜单栏中的“插入”→“3D草图”命令，然后单击“草图”工具栏中的“直线”按钮，并借助<Tab>键，改变绘制的基准面，绘制图7-5所示的3D草图。

4）标注尺寸及添加几何关系，结果如图7-6所示。

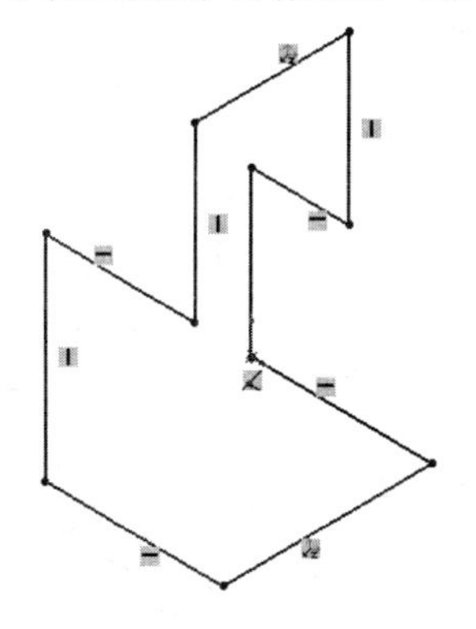

图 7-5 绘制的草图

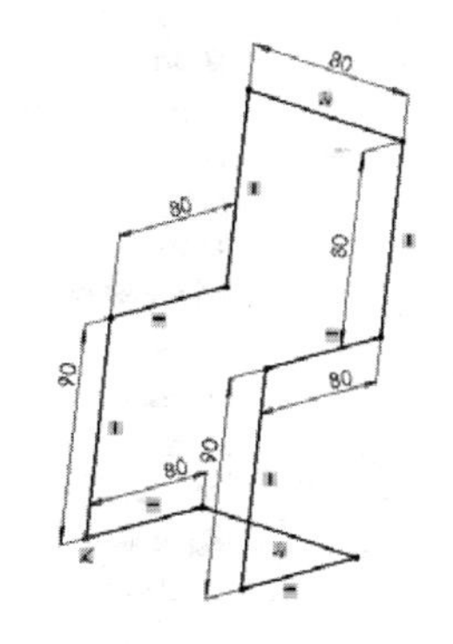

图 7-6 标注的草图

5）绘制圆角。单击“草图”工具栏中的“绘制圆角”按钮，此时系统弹出图7-7所示的“绘制圆角”属性管理器，依次选择图7-6中每个直角处的两条直线段，绘制半径为20的圆角，结果如图7-8所示。

注意

在绘制3D草图时，首先将视图方向设置为等轴测。另外，空间坐标的控制很关键。空间坐标会提示视图的绘制方向，还要注意，在改变绘制的方向时，要按Tab键。

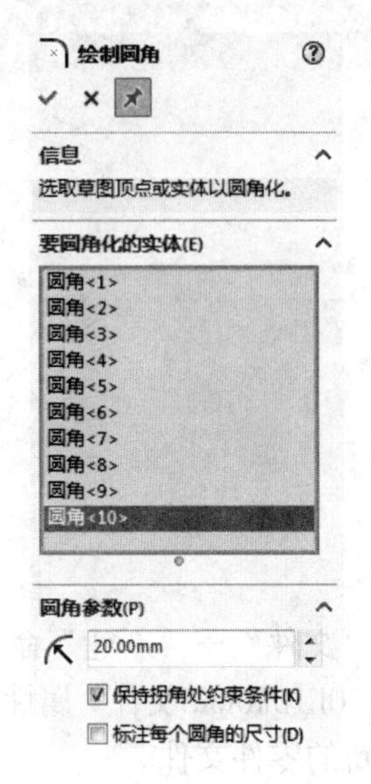

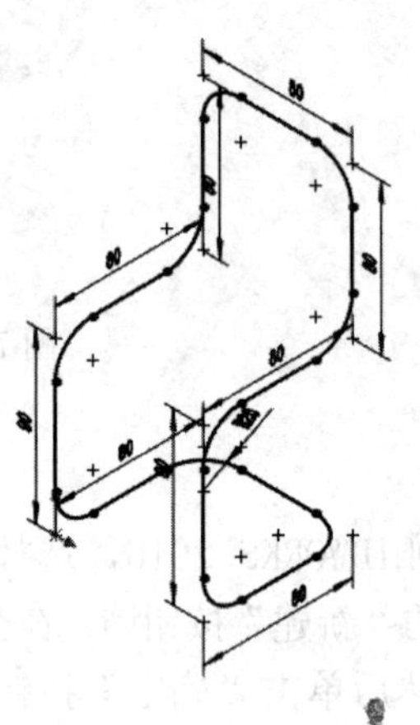

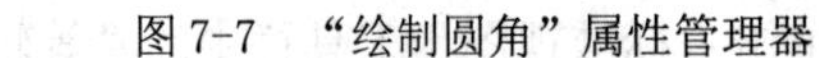

图 7-7 “绘制圆角”属性管理器　　　　图 7-8 圆角后的图形

6）添加基准面。在左侧的“FeatureMannger设计树”中用光标选择“右视基准面”，然后单击“参考几何体”工具栏中的“基准面”按钮，此时系统弹出图7-9所示的“基准面”属性管理器，在“偏移距离”一栏中输入值40。按照图示进行设置后，单击“确定”按钮✔，结果如图7-10所示。

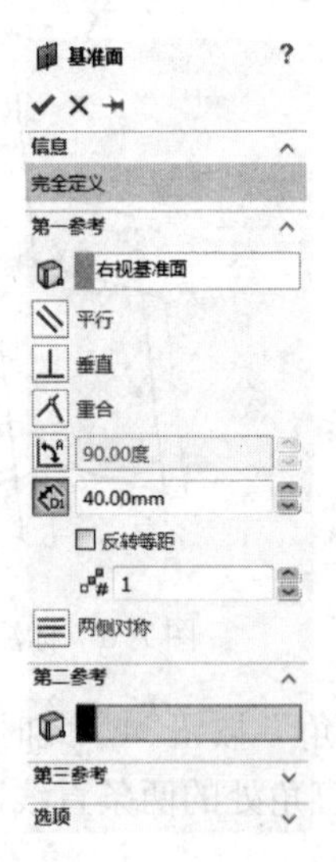

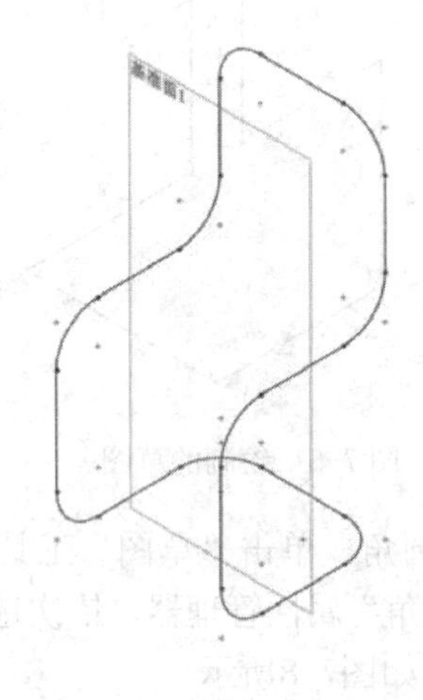

图 7-9 “基准面”属性管理器　　　　图 7-10 设置的基准面

7）设置基准面。在左侧的“FeatureMannger设计树”中，用光标选择上一步添加的基准面，然后单击“标准视图”工具栏中的“正视于”按钮，将上一步添加的基准面设置为绘制图形的基准面。

8）绘制草图。单击“草图绘制”按钮，进入草图绘制模块。然后单击“草图”工具栏中的“圆”按钮，绘制一个圆，原点自动捕获在直线上，单击“尺寸/几何关系”工具栏中的“智能尺寸”按钮，标注圆的直径，结果如图7-11所示。

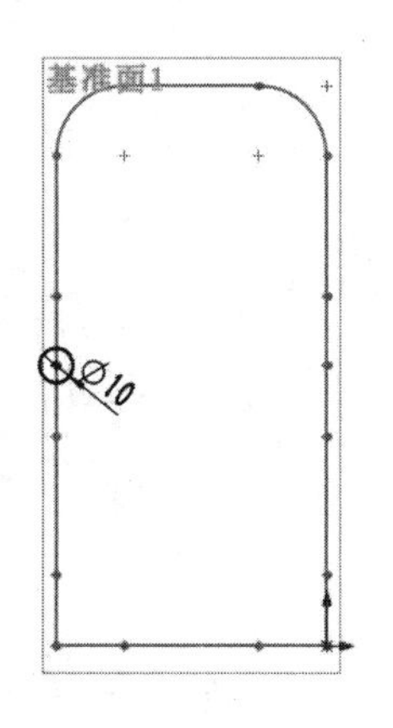

图 7-11 绘制的草图

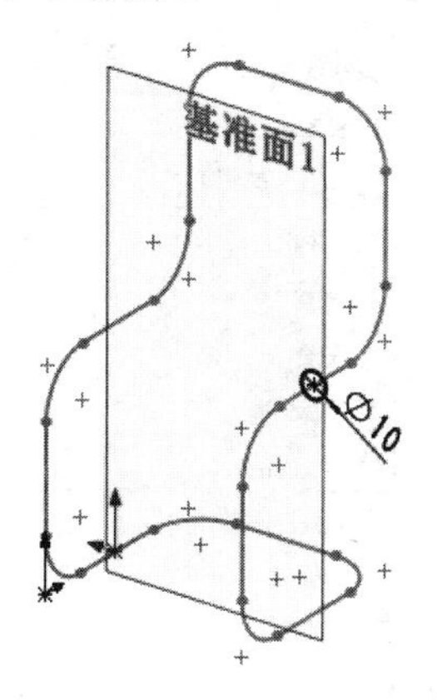

图 7-12 等轴测视图

9）设置视图方向。单击“标准视图”工具栏中的“等轴测”按钮，将视图以等轴测方向显示，结果如图7-12所示，然后退出草图绘制。

10）生成轮廓实体。为了使模型更为直观，首先将基准面1隐藏掉，然后选择菜单栏中的“插入”→“凸台/基体”→“扫描”命令，或者单击“特征”工具栏中的“扫描”按钮，此时系统弹出图7-13所示的“扫描”属性管理器。在“轮廓”一栏中，用光标选择步骤8）绘制的圆；在“路径”一栏中，用光标选择第5步圆角后的3D草图，单击“确定”按钮，结果如图7-14所示。

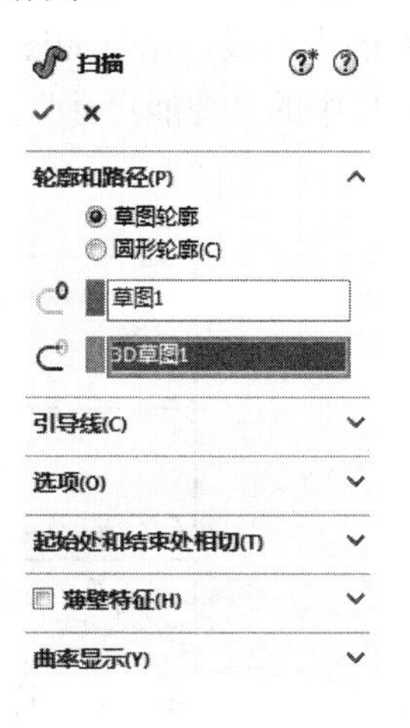

图 7-13 “扫描”属性管理器

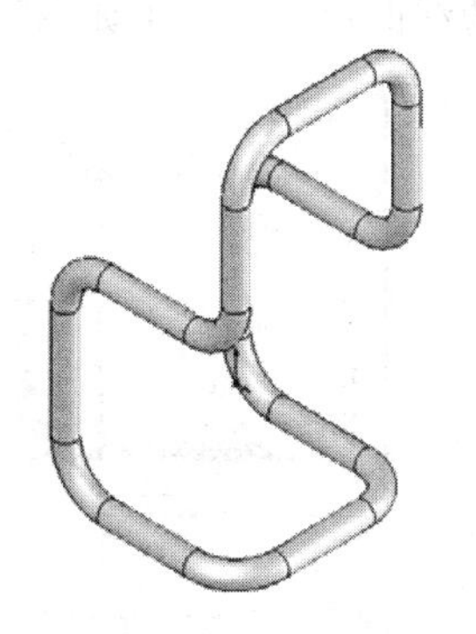

图 7-14 扫描后的图形

11）绘制椅垫。添加基准面。在左侧的“FeatureMannger设计树”中用光标选择“上视基准面”，然后单击“参考几何体”工具栏中“基准面”按钮，此时系统弹出图7-15所示的“基准面”属性管理器，在“偏移距离”一栏中输入值95，此时视图如图7-16所示，单击“确定”按钮。

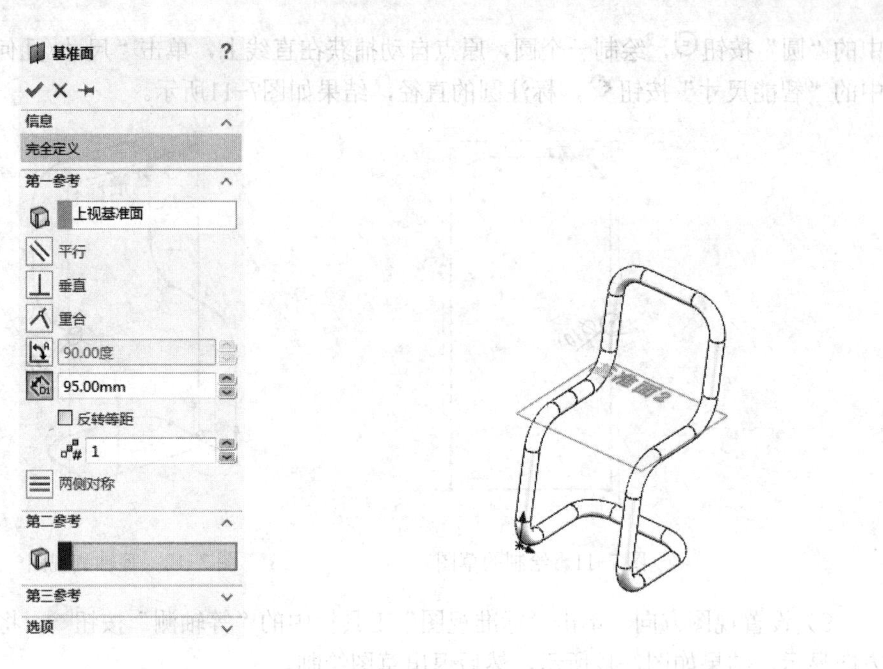

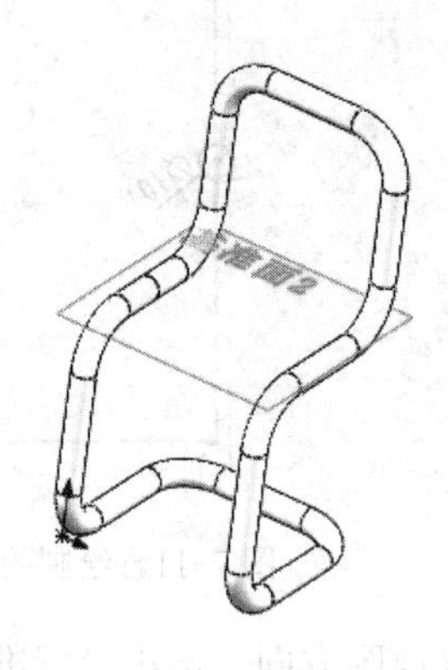

图 7-15 “基准面”属性管理器

图 7-16 添加的基准面

12）设置基准面。在左侧的“FeatureMannger设计树”中，用光标单击上一步添加的基准面，然后单击“标准视图”工具栏中的“正视于”按钮，将该基准面作为绘制图形的基准面。

13）绘制草图。单击“草图”工具栏中的“边角矩形”按钮，绘制一个矩形，然后单击“中心线”按钮，绘制通过扫描实体中间的中心线，结果如图7-17所示。

14）标注尺寸。单击“尺寸/几何关系”工具栏中的“智能尺寸”按钮，标注图7-17中矩形两条边线的尺寸，结果如图7-18所示。

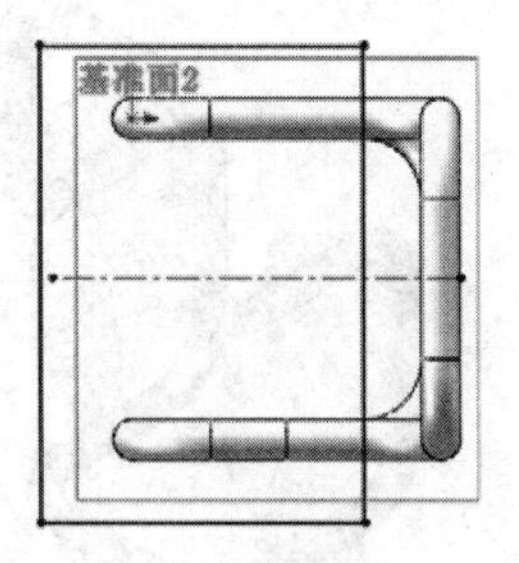

图 7-17 绘制的草图

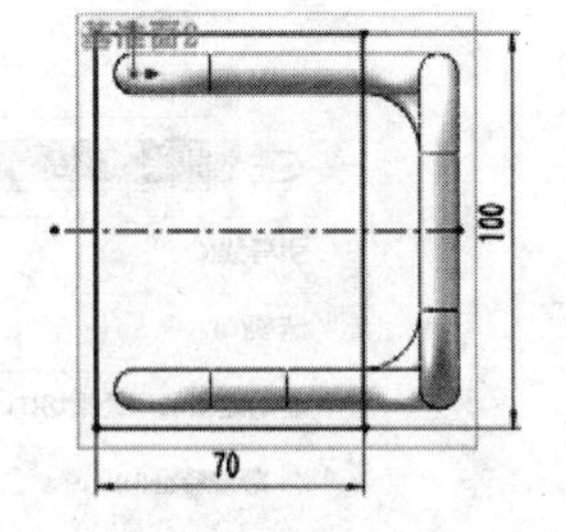

图 7-18 标注的草图

15）添加几何关系。执行菜单栏中的“工具”→“几何关系”→“添加”命令，或者单击“尺寸/几何关系”工具栏中的“添加几何关系”按钮，此时系统弹出“添加几何关系”属性管理器。依次选择图7-18中的直线1、3和中心线2，注意选择的顺序，此时这三条直线出现在“添加几何关系”属性管理器中，如图7-19所示。单击属性管理器下面的“对称”按钮。按照图示进行设置后，单击属性管理器中的“确定”按钮，则图中的直线1

和3关于中心线2对称，重复该命令，将图7-18中的直线4和直线5设置为“共线”几何关系，结果如图7-20所示，最后，完成草图绘制，退出草绘。

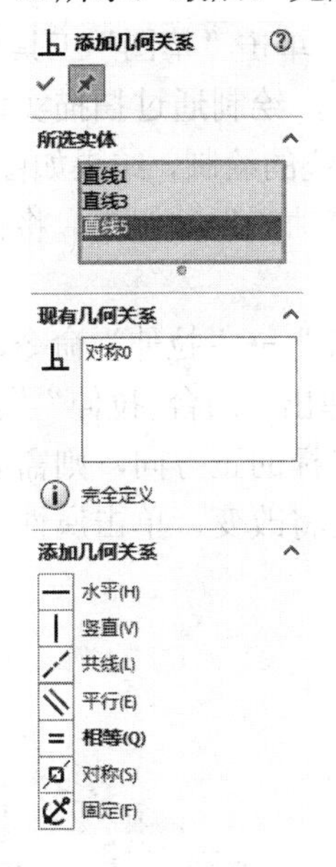

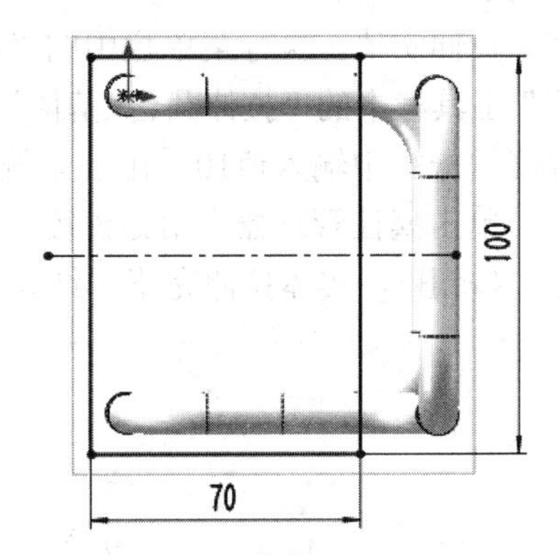

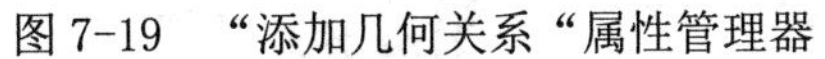

图7-19 “添加几何关系“属性管理器

图7-20 添加几何关系后的图形

16）拉伸实体。选择菜单栏中的“插入”→“凸台/基体”→“拉伸”命令，或者单击“特征”工具栏中的“拉伸凸台/基体”按钮，此时系统弹出“凸台-拉伸”属性管理器，在“深度”一栏中输入值10，单击属性管理器中的“确定”按钮，实体拉伸完毕。

17）设置视图方向。单击“标准视图”工具栏中的“等轴测”按钮，将视图以等轴测方向显示，结果如图7-21所示。

18）绘制椅背。首先先把“基准面2”隐藏，然后添加基准面。在左侧的“FeatureMannger设计树”中用光标选择“右视基准面”，然后单击“参考几何体”工具栏中的“基准面”按钮，此时系统弹出“基准面”属性管理器。在“偏移距离”一栏中输入值75，单击属性管理器中的按钮，结果如图7-22所示。

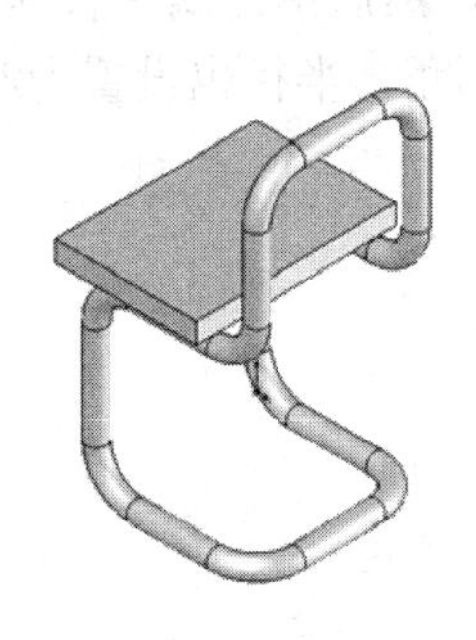

图7-21 等轴测视图

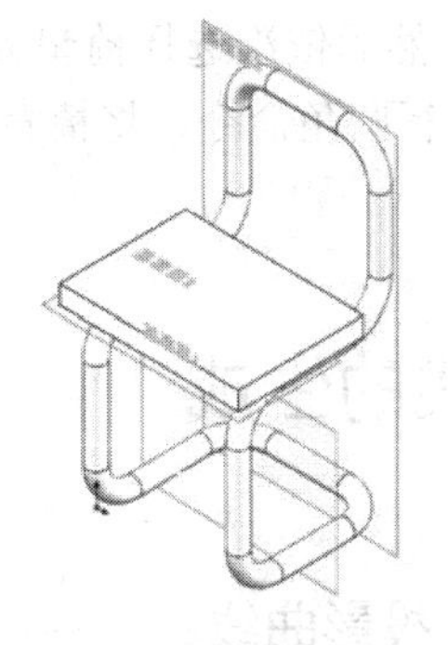

图7-22 添加的基准面

19）设置基准面。在左侧的“FeatureMannger设计树”中，用光标单击上一步添加的基准面，然后单击“标准视图”工具栏中的“正视于”按钮，将该基准面作为绘制图形的基准面。

20）绘制草图。单击“草图绘制”按钮，进入草图模块。单击“草图”工具栏中的“边角矩形”按钮，绘制一个矩形。单击“中心线”按钮，绘制通过扫描实体中间的中心线。标注草图尺寸和添加几何关系，具体操作可以参考椅垫的绘制，结果如图7-23所示。

21）设置视图方向。单击“标准视图”工具栏中的“等轴测”按钮，将视图以等轴测方向显示。

22）拉伸实体。执行菜单栏中的“插入”→“凸台/基体”→“拉伸”命令，或者单击“特征”工具栏中的“拉伸凸台/基体”按钮，此时系统弹出“凸台-拉伸”属性管理器。在“深度”一栏中输入值10，由于系统默认的拉伸方向是坐标的正方向，则需要改变拉伸的方向，单击属性管理器中给定深度前面的按钮，拉伸方向将改变，单击属性管理器中的“确定”按钮，实体拉伸完毕，结果如图7-24所示。

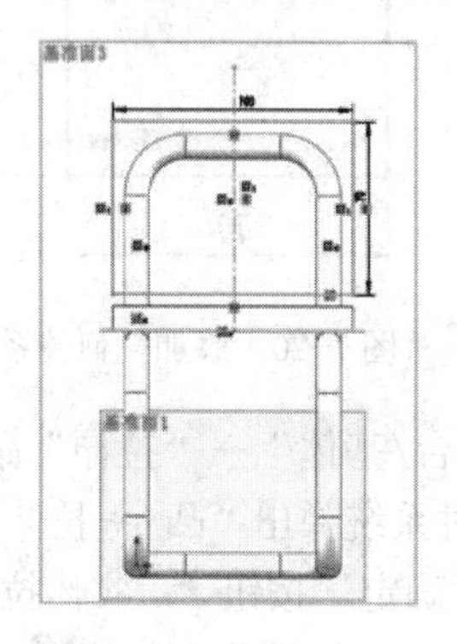

图 7-23　绘制的草图

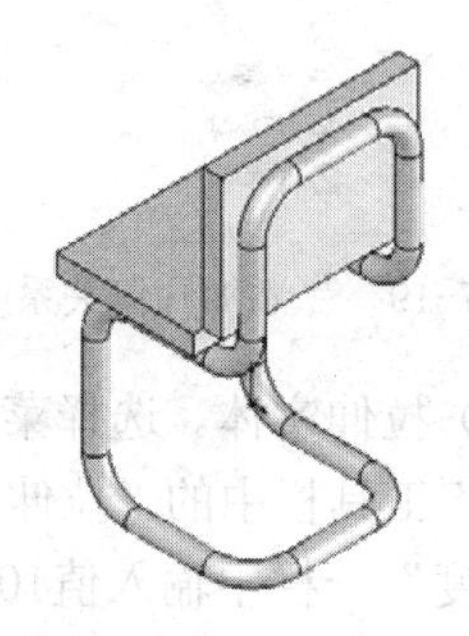

图 7-24　拉伸后的图形

23）设置视图方向。单击“视图”工具栏中的“旋转视图”按钮，将视图以合适的方向显示。

24）圆角实体。执行菜单栏中的“插入”→“特征”→“圆角”命令，或者单击“特征”工具栏中的“圆角”按钮，此时系统弹出“圆角”属性管理器。在“半径”一栏中输入值为20，然后依次选择椅垫外侧的两条竖直边，然后单击属性管理器中的“确定”按钮，重复执行圆角命令，将椅背上面的两条直边圆角，半径也设置为20，图7-4所示为圆角后的图形。

7.3　曲线的生成

7.3.1　投影曲线

在SOLIDWORKS中，投影曲线主要有两种方式生成。一种方式是将绘制的曲线投影到模型面上来生成一条三维曲线。另一种方式是，首先在两个相交的基准面上分别绘制草图，此时系统会将每一个草图沿所在平面的垂直方向投影得到一个曲面，最后这两个曲面在空间中相交而生成一条三维曲线。下面将分别介绍两种方式生成曲线的操作步骤。

下面以实例说明利用绘制曲线投影到模型面上生成曲线。

【操作步骤】

1）设置基准面。在左侧的“FeatureManager设计树”中用光标选择“上视基准面”作为绘制图形的基准面。

2）绘制样条曲线。选择菜单栏中的“工具”→“草图绘制实体”→“样条曲线”命令，或者单击“草图”工具栏中的“样条曲线”按钮，在上一步设置的基准面上绘制一个样条曲线，结果如图7-25所示。

3）拉伸曲面。选择菜单栏中的“插入”→“曲面”→“拉伸曲面”命令，或者单击“曲面”具栏中的“曲面-拉伸”按钮，此时系统弹出如图7-26所示的“曲面－拉伸”属性管理器。

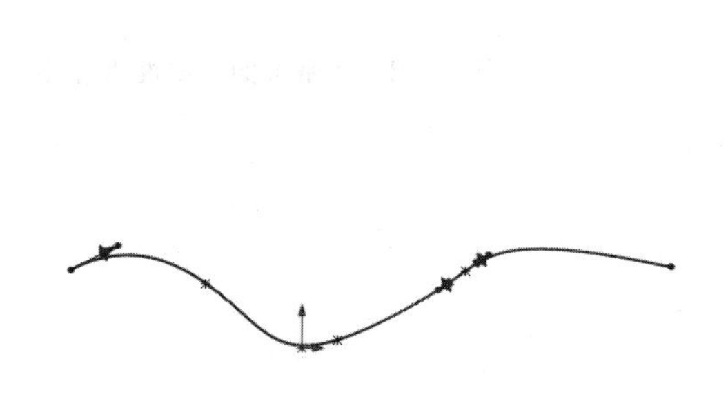

图 7-25 绘制的样条曲线

图 7-26 “曲面-拉伸”属性管理器

4）确认拉伸曲面。按照图示进行设置，注意设置曲面拉伸的方向，然后单击属性管理器中的“确定”按钮，完成曲面拉伸，结果如图7-27所示。

5）添加基准面。在左侧的“FeatureManager设计树”中用光标选择“前视基准面”，然后选择菜单栏中的“插入”→“参考几何体”→“基准面”命令，或者单击“参考几何体”工具栏“基准面”按钮，此时系统弹出图7-28所示的“基准面”属性管理器。在“偏移距离”一栏中输入值50，并调整设置基准面的方向，单击属性管理器中的“确定”按钮，添加一个新的基准面，结果如图7-29所示。

6）设置基准面。在左侧的“FeatureManager设计树”中单击上一步添加的基准面，然后单击“标准视图”工具栏中的“正视于”按钮，将该基准面作为绘制图形的基准面。

7）绘制样条曲线。单击“草图”工具栏中的“样条曲线”按钮，绘制图7-30所示的样条曲线，然后退出草图绘制状态。

8）设置视图方向。单击“标准视图”工具栏中的“等轴测”按钮，将视图以等轴测方向显示，结果如图7-31所示。

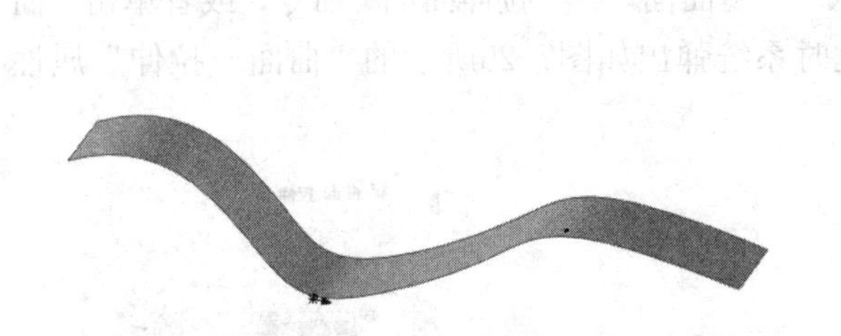

图 7-27　拉伸的曲面

图 7-28　“基准面”属性管理器

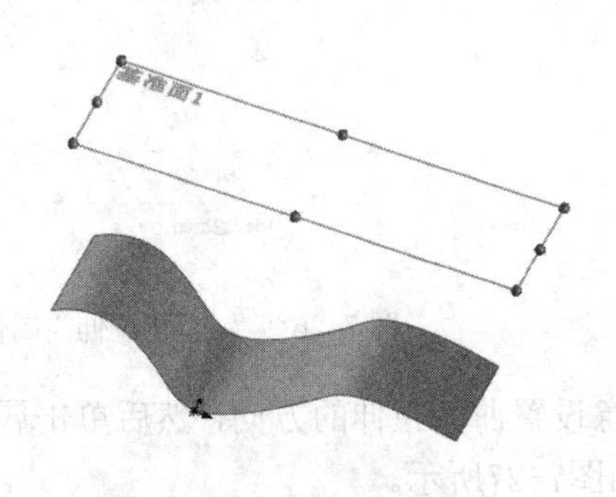

图 7-29　添加的基准面

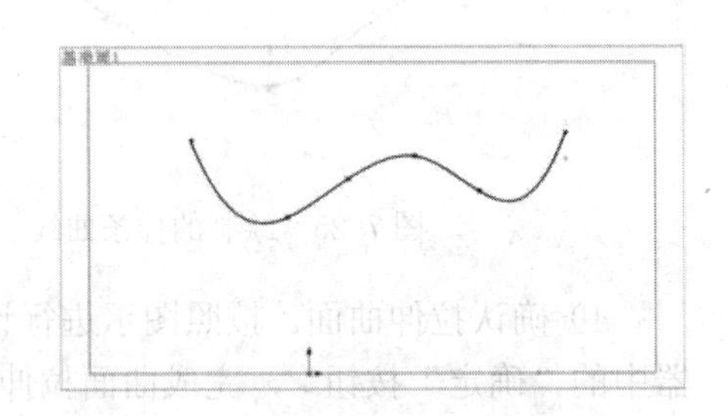

图 7-30　绘制的样条曲线

9）生成投影曲线。选择菜单栏中的“插入”→“曲线”→“投影曲线”命令，或者单击“曲线”工具栏中的“投影曲线”按钮，此时系统弹出“投影曲线”属性管理器。

10）设置投影曲线。在属性管理器的“投影类型”一栏的下拉菜单中，选择“草图到面”选项；在“要投影的草图”一栏中，用光标选择图7-31中的样条曲线1；在“投影面”一栏中，用光标选择图7-31中的曲面2；在视图中观测投影曲线的方向，是否投影到曲面，勾选“反转投影”选项，使曲线投影到曲面上，设置好的属性管理器如图7-32所示。

11）确认设置。单击属性管理器中的“确定”按钮✔，生成所需要的投影曲线，投影曲线及其FeatureManager设计树如图7-33所示。

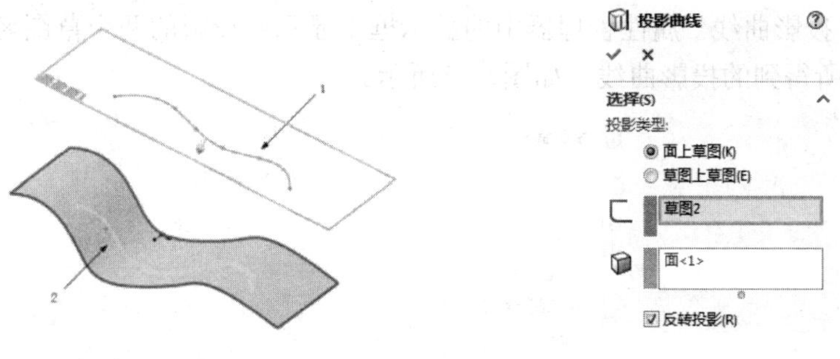

图 7-31　等轴测视图　　　　图 7-32　“投影视图”属性管理器

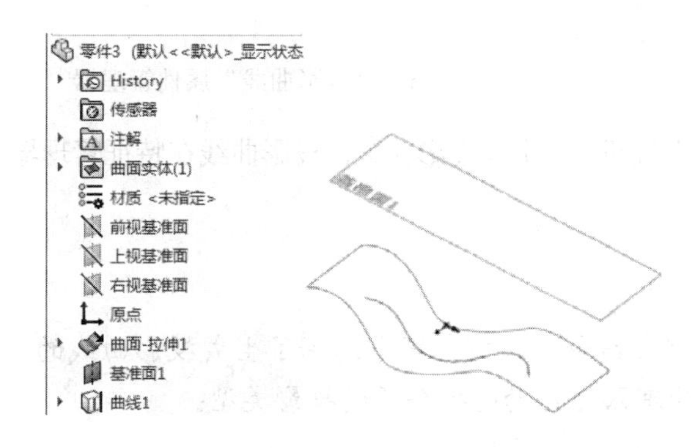

图 7-33　投影曲线及其“FeatureManager 设计树”

现在来介绍利用两个相交基准面上的曲线投影得到曲线，如图7-34所示。

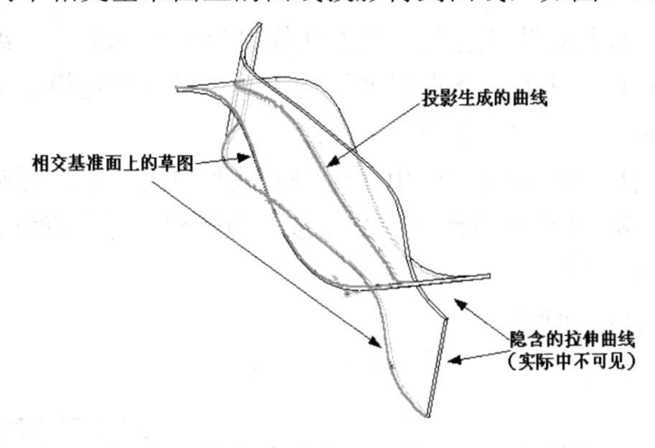

图 7-34　投影曲线

【操作步骤】

1）在两个相交的基准面上各绘制一个草图，这两个草图轮廓所隐含的拉伸曲面必须相交，才能生成投影曲线，完成后关闭每个草图。

2）按住Ctrl键选取这两个草图。

3）单击“曲线”工具栏中的“投影曲线”按钮，或选择菜单栏中的“插入”→“曲线”→“投影曲线”命令，如果曲线工具栏没有打开，可以选择“视图”→“工具栏”→“曲线”命令将其打开。

4）在“投影曲线”属性管理器中的显示框中显示要投影的两个草图名称，同时在图形区域中显示所得到的投影曲线，如图7-35所示。

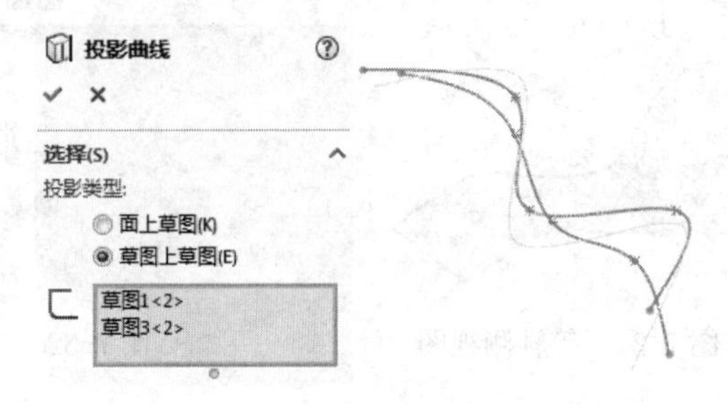

图 7-35 “投影曲线”属性管理器

5）单击“确定”按钮✓，生成投影曲线，投影曲线在特征管理器设计树中以按钮表示。

注意

如果在执行投影曲线命令之前，事先选择了生成投影曲线的草图选项，则在执行投影曲线命令后，属性管理器会自动选择合适的投影类型。

7.3.2 三维样条曲线的生成

利用三维样条曲线可以生成任何形状的曲线。SOLIDWORKS 中三维样条曲线的生成方式十分丰富：用户既可以自定义样条曲线通过的点，也可以指定模型中的点作为样条曲线通过的点，还可以利用点坐标文件生成样条曲线。

穿越自定义点的样条曲线经常应用在逆向工程的曲线产生。通常逆向工程是先有一个实体模型，由三维向量床CMM或以激光扫描仪取得点资料。每个点包含三个数值，分别代表它的空间坐标（X，Y，Z）。

1. 自定义样条曲线通过的点

【操作步骤】

1）单击“曲线”工具栏中的“通过XYZ点的曲线”按钮，或选择菜单栏中的“插入”→“曲线”→“通过XYZ点的曲线”命令。

2）在弹出的“曲线文件”对话框（见图7-36）中输入自由点的空间坐标，同时在图形区域中可以预览生成的样条曲线。

3）当在最后一行的单元格中双击时，系统会自动增加一行，如果要在一行的上面再插入一个新的行，只要单击该行，然后单击“插入”按钮即可。

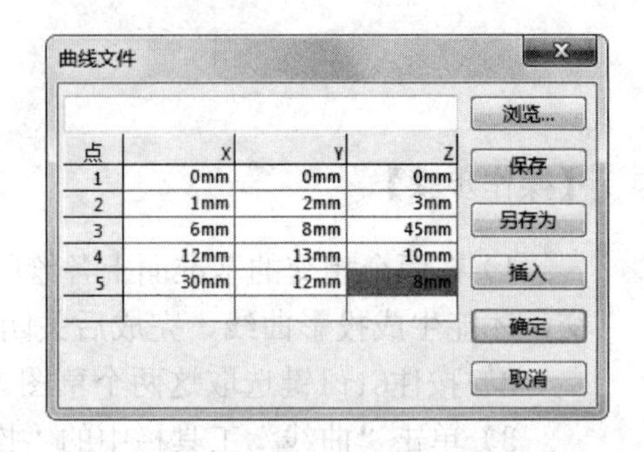

图7-36 “曲线文件”对话框

4）如果要保存曲线文件，单击“保存”或“另存为”按钮，然后指定文件的名称（扩展名为.sldcrv）即可。

5）单击“确定”按钮，即可生成三维样条曲线。

除了在“曲线文件”属性管理器中输入坐标来定义曲线外，SOLIDWORKS还可以将在文本编辑器、Excel等应用程序中生成的坐标文件（后缀名为.sldcrv或.txt）导入到系统，从而生成样条曲线。

坐标文件应该为X、Y、Z三列清单，并用制表符（Tab）或空格分隔。

2. 导入坐标文件以生成样条曲线

【操作步骤】

1）单击“曲线”工具栏中的“通过XYZ点的曲线”按钮，或选择菜单栏中的“插入”→“曲线”→“通过XYZ点的曲线”命令。

2）在弹出的“曲线文件”属性管理器中单击“浏览”按钮来查找坐标文件，然后单击“打开”按钮。

3）坐标文件显示在“曲线文件”属性管理器中，同时在图形区域中可以预览曲线效果。

4）可以根据需要编辑坐标直到满意为止。

5）单击“确定”按钮，生成曲线。

3. 指定模型中的点作为样条曲线通过的点来生成曲线

【操作步骤】

1）单击“曲线”工具栏中的“通过参考点的曲线”按钮，或选择菜单栏中的“插入”→“曲线”→“通过参考点的曲线”命令。

2）在“通过参考点的曲线”属性管理器中单击“通过点”栏下的显示框，然后在图形区域按照要生成曲线的次序来选择通过的模型点。此时模型点在该显示框中显示，如图7-37所示。

3）如果想要将曲线封闭，选择“闭环曲线”复选框。

4）单击“确定”按钮✓生成通过模型点的曲线。

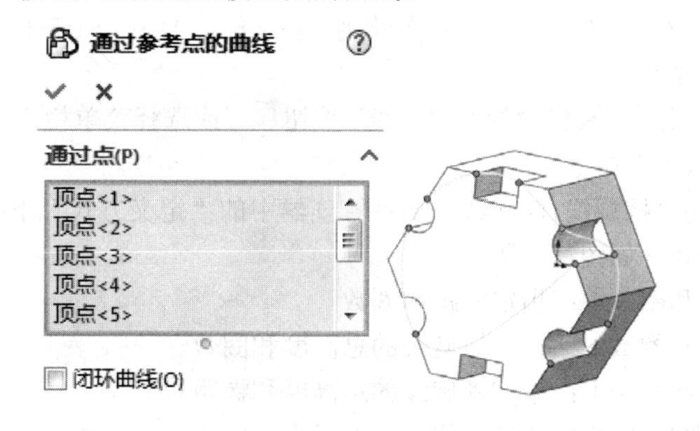

图7-37 “通过参考点的曲线”属性管理器

7.3.3 组合曲线

SOLIDWORKS可以将多段相互连接的曲线或模型边线组合成为一条曲线。

【操作步骤】

1）单击“曲线”工具栏中的“组合曲线”按钮，或选择菜单栏中的“插入”→“曲线”→“组合曲线”命令。

2）在图形区域中选择要组合的曲线、直线或模型边线（这些线段必须连续），则所选项目在“组合曲线”属性管理器中的“要连接的实体”栏中的显示框中显示出来，如图7-38所示。

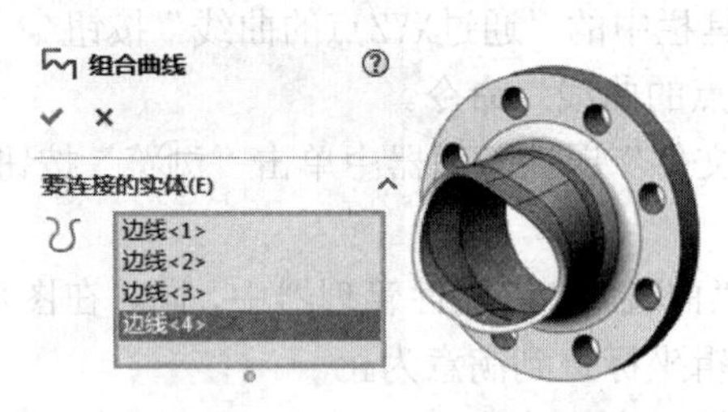

图 7-38　“组合曲线”属性管理器

3）单击“确定”按钮✔，生成组合曲线。

7.3.4 螺旋线和涡状线

螺旋线和涡状线通常用在绘制螺纹、弹簧、发条等零部件中，图7-39所示为这两种曲线的状态。

1. 生成一条螺旋线

【操作步骤】

1）单击“草图”工具栏中的“草图绘制”按钮，打开一个草图并绘制一个圆。此圆的直径控制螺旋线的直径。

2）单击“曲线”工具栏中的“螺旋线”按钮，或选择菜单栏中的“插入”→“曲线”→“螺旋线/涡状线”命令。

3）在出现的“螺旋线/涡状线”属性管理器中的“定义方式”下拉列表框中选择一种螺旋线的定义方式，如图7-40所示。

- ［螺距和圈数］：指定螺距和圈数。
- ［高度和圈数］：指定螺旋线的总高度和圈数。
- ［高度和螺距］：指定螺旋线的总高度和螺距。

4）根据步骤3）中指定的螺旋线定义方式指定螺旋线的参数。

5）如果要制作锥形螺旋线，则选择“锥形螺旋线”复选框并指定锥形角度以及锥度方向（向外扩张或向内扩张）。

6）在“起始角度”微调框中指定第一圈的螺旋线的起始角度。

7）如果选择“反向”复选框，则螺旋线将由原来的点向另一个方向延伸。

8）单击“顺时针”或“逆时针”单选按钮，以决定螺旋线的旋转方向。

9）单击“确定”按钮✓，生成螺旋线。

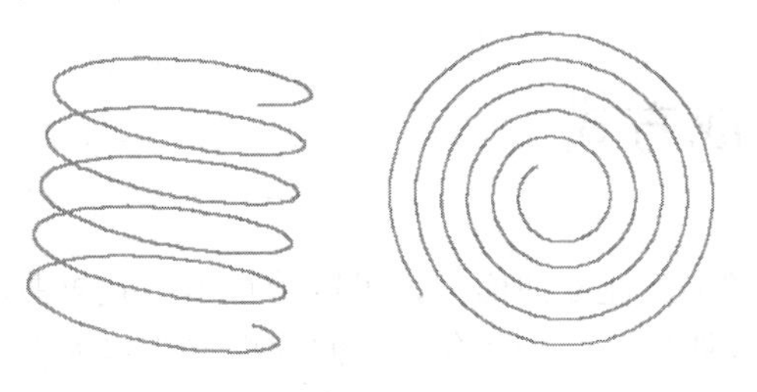

图 7-39 螺旋线（左）和涡状线（右）

2．生成一条涡状线

【操作步骤】

1）单击“草图”工具栏中的“草图绘制”按钮，打开一个草图并绘制一个圆。此圆的直径作为起点处涡状线的直径。

2）单击“曲线”工具栏中的“螺旋线”按钮，或选择菜单栏中的“插入”→“曲线”→“螺旋线/涡状线”命令。

3）在出现的“螺旋线/涡状线”属性管理器中的“定义方式”下拉列表框中选择“涡状线”，如图7-41所示。

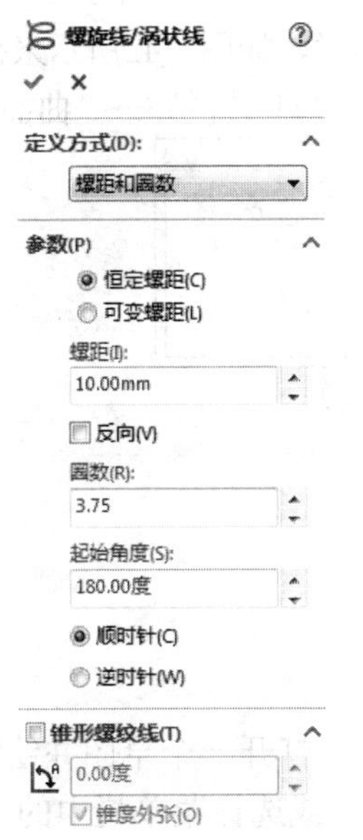

图 7-40 “螺旋线/涡状线”属性管理器

图 7-41 定义涡状线

4）在对应的“螺距”微调框和“圈数”微调框中指定螺距和圈数。

5）如果选择“反向”复选框，则生成一个内张的涡状线。

6）在“起始角度”微调框中指定涡状线的起始位置。

7）单击“顺时针”或“逆时针”单选按钮，以决定涡状线的旋转方向。

8）单击“确定”按钮✔，生成涡状线。

7.4 曲面的生成方式

在SOLIDWORKS 2016中，建立曲面后，可以用很多方式对曲面进行延伸。用户既可以将曲面延伸到某个已有的曲面，与其缝合或延伸到指定的实体表面；也可以输入固定的延伸长度，或者直接拖动其红色箭头手柄，实时地将边界拖到想要的位置。

另外，现在的版本可以对曲面进行修剪，可以用实体修剪，也可以用另一个复杂的曲面进行修剪。此外还可以将两个曲面或一个曲面一个实体进行弯曲操作，SOLIDWORKS 2016将保持其相关性。即当其中一个发生改变时，另一个会同时相应改变。

SOLIDWORKS 2016可以使用下列方法生成多种类型的曲面：

➢ 由草图拉伸、旋转、扫描或放样生成曲面。
➢ 从现有的面或曲面等距生成曲面。
➢ 从其他应用程序（如Pro/ENGINEER、MDT、Unigraphics、SolidEdge、Autodesk Inventor等）导入曲面文件。
➢ 由多个曲面组合而成曲面。

曲面实体用来描述相连的零厚度的几何体，如单一曲面、圆角曲面等。一个零件中可以有多个曲面实体，SOLIDWORKS 2016提供了专门的曲面工具栏，如图7-42所示来控制曲面的生成和修改，要打开或关闭曲面工具栏，只要选择“视图”→“工具栏”→“曲面”命令即可。

图 7-42　曲面工具栏

7.4.1 拉伸曲面

【操作步骤】

1）单击“草图”工具栏中的“草图绘制”按钮，打开一个草图并绘制曲面轮廓。

2）单击“曲面”工具栏中的“拉伸曲面”按钮，或选择菜单栏中的“插入”→“曲面”→“拉伸曲面”命令。

3）此时出现“曲面-拉伸”属性管理器，如图7-43所示。

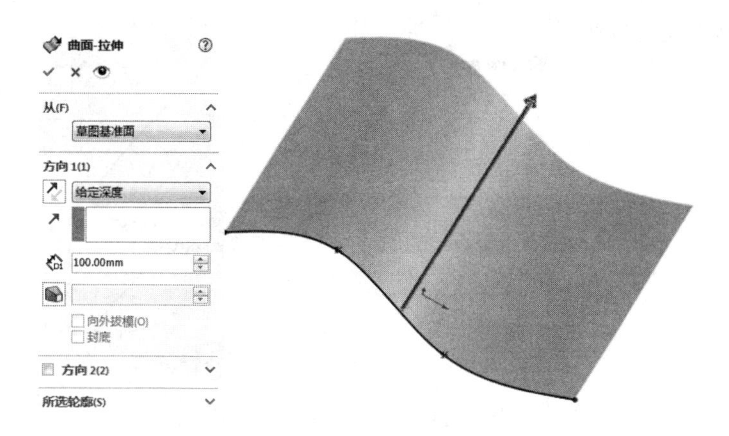

图 7-43 “曲面－拉伸”属性管理器

4）在“方向1”栏中的终止条件下拉列表框中选择拉伸的终止条件：

➢ ［给定深度］：从草图的基准面拉伸特征到指定的距离平移处以生成特征

➢ ［成形到一顶点］：从草图基准面拉伸特征到模型的一个顶点所在的平面以生成特征，这个平面平行于草图基准面且穿越指定的顶点。

➢ ［成形到一面］］：从草图的基准面拉伸特征到所选的曲面以生成特征。

➢ ［到离指定面指定的距离］：从草图的基准面拉伸特征到距某面或曲面特定距离处以生成特征。

➢ ［成形到实体］：从草图基准面拉伸特征到指定实体处。

➢ ［两侧对称］：从草图基准面向两个方向对称拉伸特征。

5）在右面的图形区域中检查预览。单击反向按钮，可向另一个方向拉伸。

6）在微调框中设置拉伸的深度。

7）如有必要，选择“方向2”复选框，将拉伸应用到第二个方向。

8）单击“确定”按钮，完成拉伸曲面的生成。

7.4.2 旋转曲面

【操作步骤】

1）单击“草图”工具栏中的“草图绘制”按钮，打开一个草图并绘制曲面轮廓以及它将绕着旋转的中心线。

2）单击“曲面”工具栏中的“旋转曲面”按钮，或选择菜单栏中的“插入”→“曲面”→“旋转曲面”命令。

3）此时出现“曲面－旋转”属性管理器，同时在右面的图形区域中显示生成的旋转曲面，如图7-44所示。

4）在“旋转类型”下拉列表框中选择旋转的终止条件。

➢ ［给定深度］：草图会向一个方向旋转指定的角度，如果想要向相反的方向旋转，请单击反向按钮。

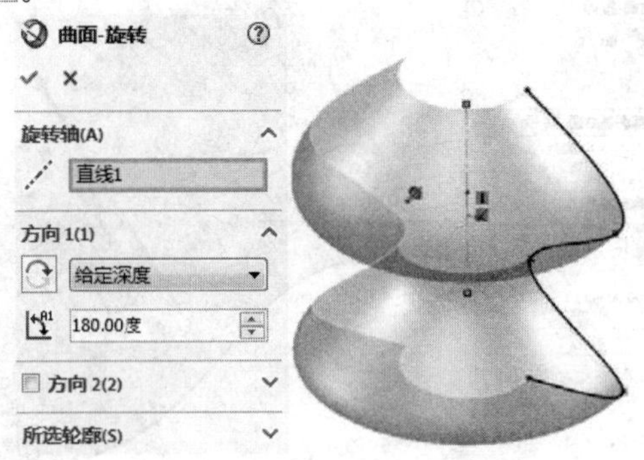

图 7-44 “曲面－旋转”属性管理器

- ［成形到一顶点］：从草图基准面拉伸特征到模型的一个顶点所在的平面以生成特征，这个平面平行于草图基准面且穿越指定的顶点。
- ［成形到一面］：从草图的基准面拉伸特征到所选的曲面以生成特征。
- ［到离指定面指定的距离］：从草图的基准面拉伸特征到距某面或曲面特定距离处以生成特征。
- ［双向］：草图会以所在平面为中面分别向两个方向旋转指定的角度，这两个角度可以分别指定。
- ［两侧对称］：草图以所在平面为中面分别向两个方向旋转，并且关于中面对称。

5）在微调框中指定旋转角度。

6）单击“确定”按钮，生成旋转曲面。

7.4.3 扫描曲面

扫描曲面的方法同扫描特征的生成方法十分类似，也可以通过引导线扫描。在扫描曲面中最重要的一点，就是引导线的端点必须贯穿轮廓图元。通常必须产生一个几何关系，强迫引导线贯穿轮廓曲线。

【操作步骤】

1）根据需要建立基准面，并绘制扫描轮廓和扫描路径。如果需要沿引导线扫描曲面，还要绘制引导线。

2）如果要沿引导线扫描曲面，需要在引导线与轮廓之间建立重合或穿透几何关系。

3）单击“曲面”工具栏中的“扫描曲面”按钮，或选择菜单栏中的“插入”→“曲面”→“扫描曲面”命令。

4）在“曲面－扫描”属性管理器中，单击按钮（最上面的）右侧的显示框，然后在图形区域中选择轮廓草图，则所选草图出现在该框中。

5）如果勾选“圆形轮廓”复选框则直接在模型上沿草图线、边线或曲线创建实体杆或空心管筒，而无需绘制草图。

6）单击按钮右侧的显示框，然后在图形区域中选择路径草图，则所选路径草图出现在该框中，此时，在图形区域中可以预览扫描曲面的效果，如图7-45所示。

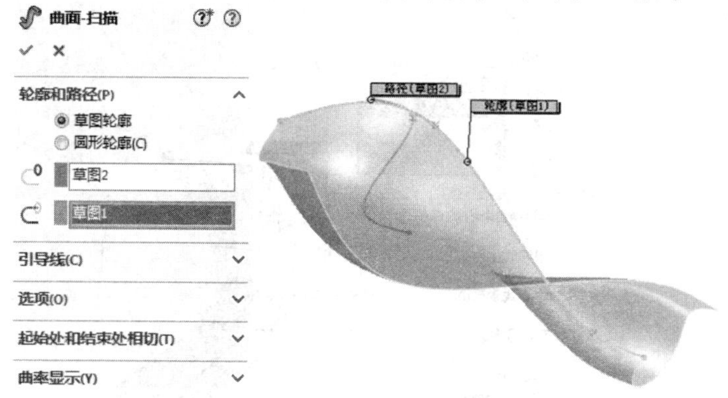

图 7-45　预览扫描曲面效果

7）在“方向/扭转控制”下拉列表框中，选择以下选项：

➢ ［随路径变化］：草图轮廓随着路径的变化变换方向，其法线与路径相切。
➢ ［保持法向不变］：草图轮廓保持法线方向不变。
➢ ［随路径和第一条引导线变化］：如果引导线不只一条，选择该项将使扫描随第一条引导线变化。
➢ ［随第一条和第二条引导线变化］：如果引导线不只一条，选择该项将使扫描随第一条和第二条引导线同时变化。
➢ ［沿路径扭转］：沿路径扭转截面，在定义方式下按度数、弧度，或旋转定义扭转。
➢ ［以法向不变沿路径扭曲］：通过将截面在沿路径扭曲时保持与开始截面平行而沿路径扭曲截面。

8）如果需要沿引导线扫描曲面，则激活“引导线”栏，然后在图形区域中选择引导线。

9）单击“确定”按钮✔，生成扫描曲面。

7.4.4　放样曲面

放样曲面是通过曲线之间进行过渡而生成曲面的方法。

【操作步骤】

1）在一个基准面上绘制放样的轮廓。

2）建立另一个基准面，并在上面绘制另一个放样轮廓，这两个基准面不一定平行。

3）如有必要还可以生成引导线来控制放样曲面的形状。

4）单击“曲面”工具栏中的“放样曲面”按钮，或选择菜单栏中的“插入”→“曲面”→“放样曲面”命令。

5）在“曲面－放样”属性管理器中，单击按钮右侧的显示框，然后在图形区域中按顺序选择轮廓草图，则所选草图出现在该框中。在右面的图形区域中显示生成的放样曲面，如图7-46所示。

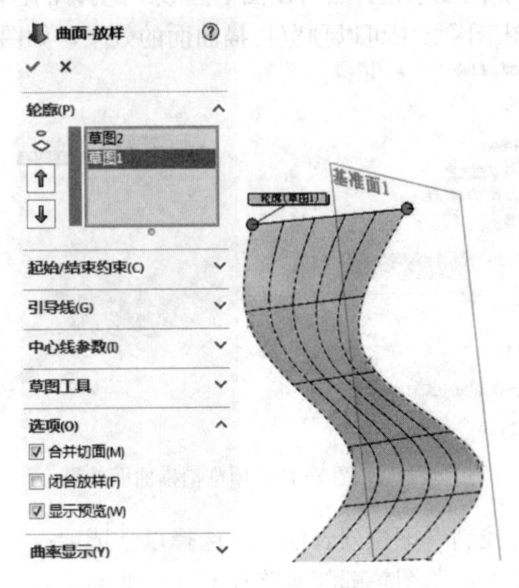

图 7-46　“曲面－放样”属性管理器

6）单击上移按钮或下移按钮来改变轮廓的顺序。此项操作只针对两个轮廓以上的放样特征。

7）如果要在放样的开始和结束处控制相切，则设置“起始处/结束处相切”选项。

➢　[无]：不应用相切。

➢　[垂直于轮廓]：放样在起始和终止处与轮廓的草图基准面垂直。

➢　[方向向量]：放样与所选的边线或轴相切，或与所选基准面的法线相切。

8）如果要使用引导线控制放样曲面，在 [引导线] 一栏中单击按钮右侧的显示框，然后在图形区域中选择引导线。

9）单击“确定”按钮，完成放样。

7.4.5　实例——电扇单叶

绘制图7-47所示的电扇单叶。

> **实讲实训 多媒体演示**
> 多媒体演示参见配套光盘中的\\动画演示\第7章\电扇单叶.avi。

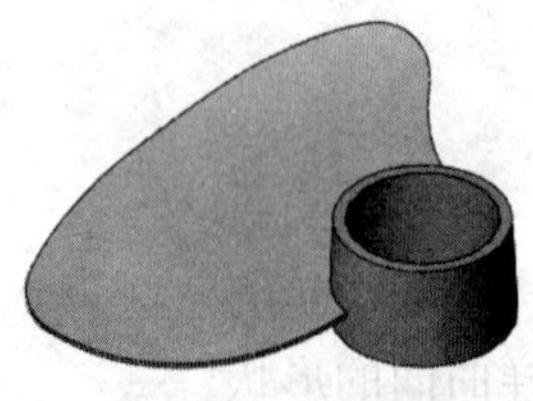

图 7-47　电扇单叶

【操作步骤】

1. 创建零件文件

选择菜单栏中的“文件”→“新建”命令，或者单击“标准”工具栏中的“新建”按钮，此时系统弹出如图7-48所示的“新建SOLIDWORKS文件”属性管理器，在其中选择“零件”按钮，然后单击“确定”按钮，创建一个新的零件文件。

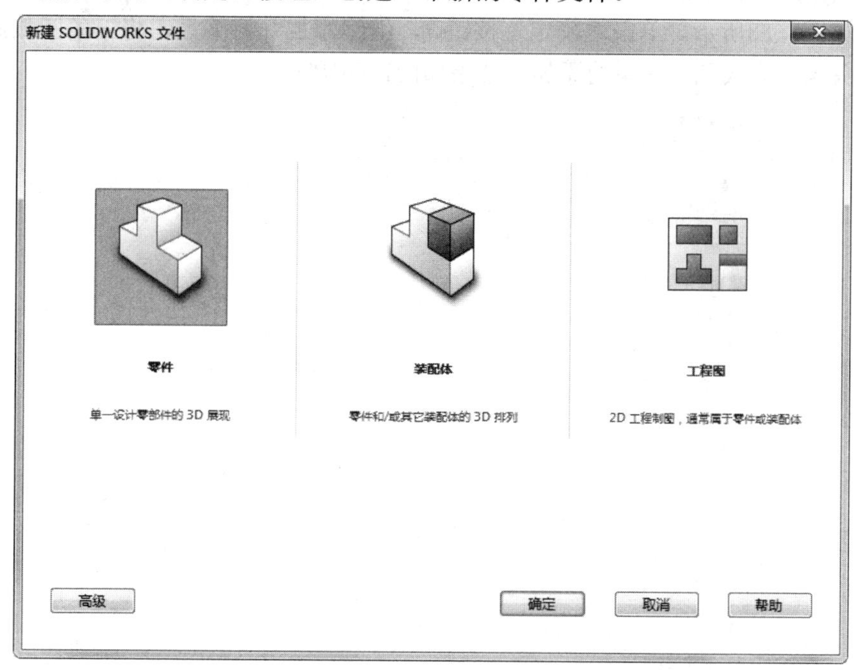

图 7-48 “新建 SOLIDWORKS 文件”属性管理器

2. 绘制扇叶基体

1）添加基准面。选择菜单栏中的“插入”→“参考几何体”→“基准面”命令，或者单击“参考几何体”工具栏中的“基准面”按钮，此时系统弹出图7-49所示的“基准面”属性管理器。在“第一参考”的“参考实体”一栏中，用光标选择“FeatureManager设计树”中的“右视基准面”；在“偏移距离”一栏中输入值155，注意添加基准面的方向。单击属性管理器中的“确定”按钮，添加一个基准面。

2）设置视图方向。单击“标准视图”工具栏中的“等轴测”按钮，将视图以等轴测方向显示，结果如图7-50所示。

3）设置基准面。在左侧“FeatureManager设计树”中用光标选择“基准面1”，然后单击“标准视图”工具栏中的“正视于”按钮，将该基准面作为绘制图形的基准面。

4）绘制草图。单击“草图绘制”按钮，进入草图绘制状态。选择菜单栏中的“工具”→“草图绘制实体”→“3点圆弧”命令，或者单击“草图”工具栏中的“3点圆弧”按钮，绘制如图7-51所示的圆弧并标注尺寸，然后退出草图绘制状态。

5）设置基准面。在左侧“FeatureManager设计树”中用光标选择“右视基准面”，然后单击“标准视图”工具栏中的“正视于”按钮，将该基准面作为绘制图形的基准面。

6）绘制草图。单击“草图”工具栏中的“3点圆弧”按钮，绘制图7-52所示的草图。

7）添加几何关系。单击菜单栏中的“工具”→“几何关系”→“添加”命令，或者单

击“尺寸/几何关系”工具栏中的“添加几何关系”按钮⊥。此时系统弹出“添加几何关系”属性管理器。在“所选实体”一栏中，用光标选择图7-52所示的点1和点2；单击“添加几何关系”一栏中的“竖直”按钮|，将点1和点2设置为“竖直”几何关系，此时属性管理器如图7-53所示。单击“确定”按钮✔，继续添加几何关系，将三条圆弧添加为相切的几何关系，完成几何关系的添加，结果如图7-54所示。

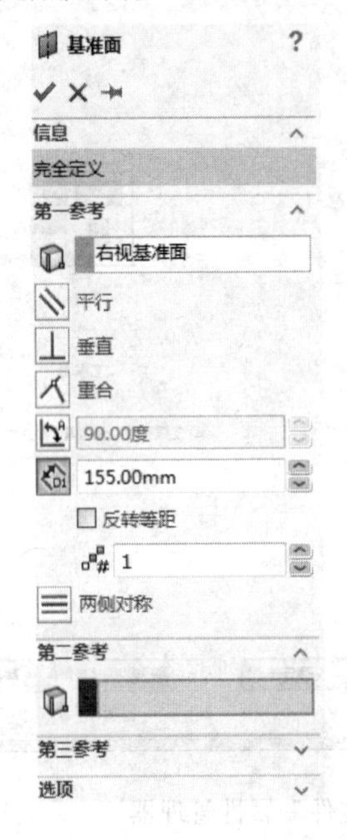

图 7-49 “基准面”属性管理器

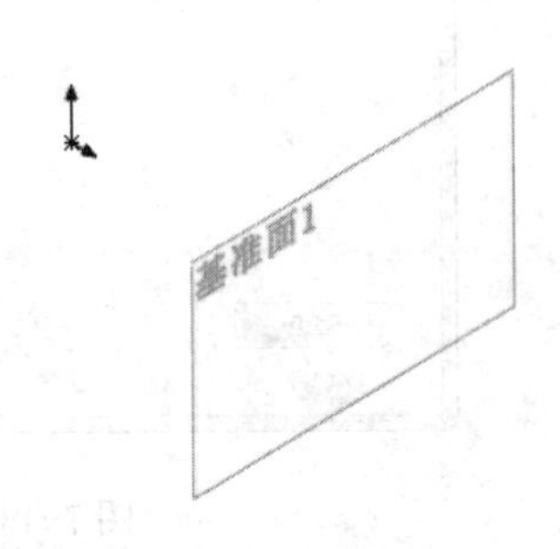

图 7-50 添加基准面后的图形

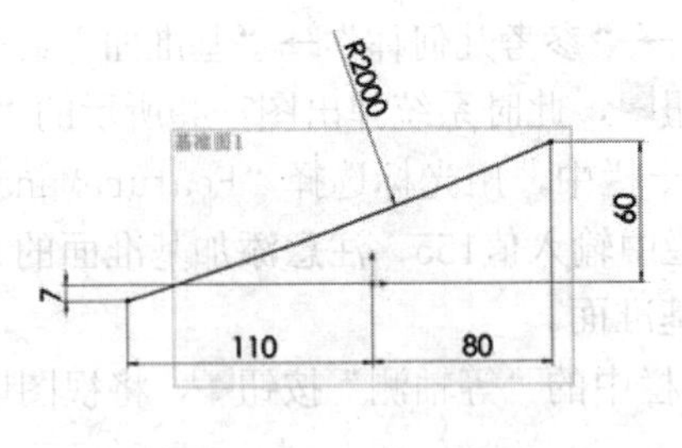

图 7-51 绘制的草图

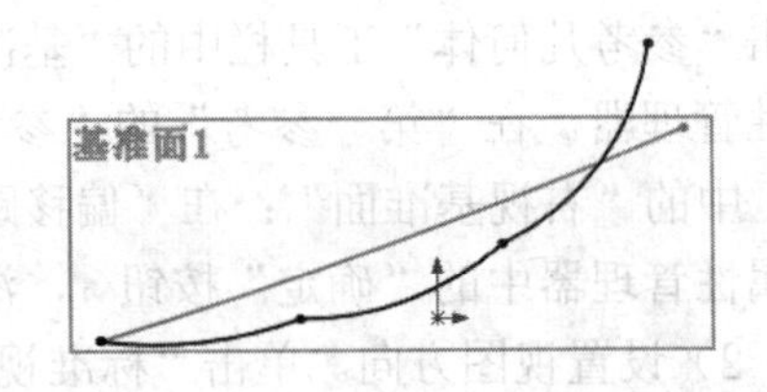

图 7-52 绘制的草图

8）标注尺寸。选择菜单栏中的“工具”→“标注尺寸”→“智能尺寸”命令，或者单击“尺寸/几何关系”工具栏中的“智能尺寸”按钮，标注图7-54绘制的草图，结果如图7-55所示，然后退出草图绘制状态。

9）添加基准面。选择菜单栏中的“插入”→“参考几何体”→“基准面”命令，或者单击“参考几何体”工具栏中的“基准面”按钮，此时系统弹出图7-56所示的“基准面”属性管理器。在属性管理器的“参考实体”一栏中，用光标选择“FeatureManager设计树”中的“前视基准面”；在“距离”一栏中输入值80，注意添加基准面的方向，单击属性管理器中的“确定”按钮✔，添加一个基准面。

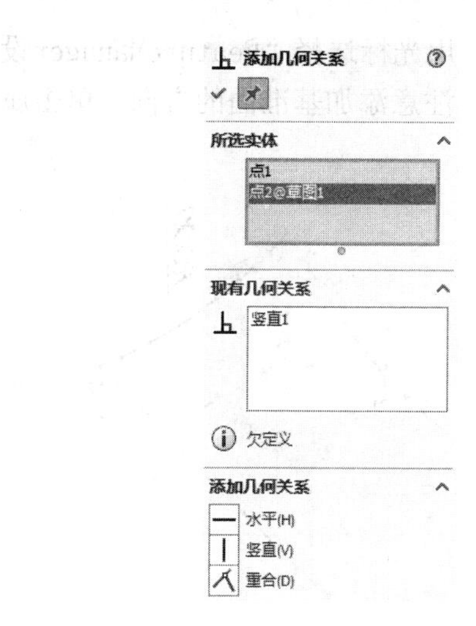

图 7-53 “添加几何关系”属性管理器

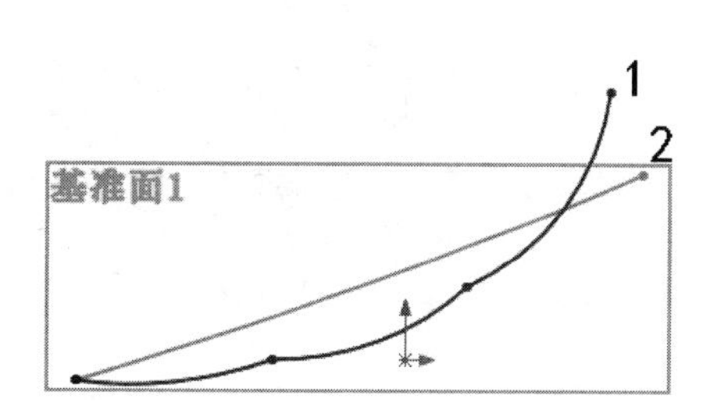

图 7-54 添加几何关系后的草图

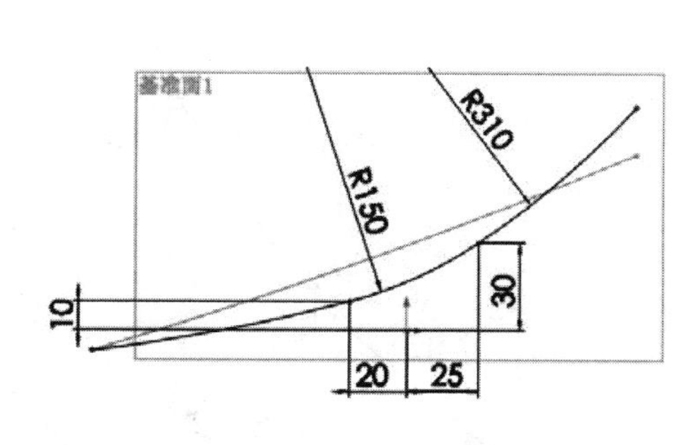

图 7-55 标注的草图

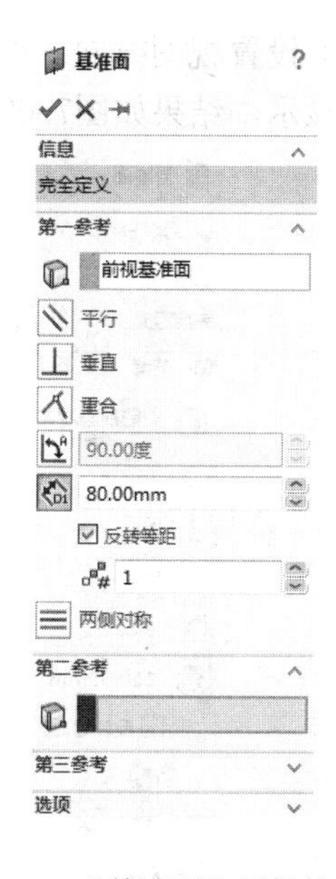

图 7-56 “基准面”属性管理器

10）设置视图方向。单击“标准视图”工具栏中的“等轴测”按钮，将视图以等轴测方向显示，结果如图7-57所示。

11）设置基准面。在左侧“FeatureManager设计树”中用光标选择“基准面2”，然后单击“标准视图”工具栏中的“正视于”按钮，将该基准面作为绘制图形的基准面。

12）绘制草图。单击“草图”工具栏中的“3点圆弧”按钮，绘制图7-58所示的圆弧并标注尺寸，然后退出草图绘制状态。

13）添加基准面。选择菜单栏中的“插入”→“参考几何体”→“基准面”命令，或者单击“参考几何体”工具栏中的“基准面”按钮，此时系统弹出图7-59所示的“基准面”属性管理器。在属性管理器的“参考实体”一栏中，用光标选择“FeatureManager设计树”中“前视基准面”；在“距离”一栏中输入值110，注意添加基准面的方向，单击属性管理器中的“确定”按钮✓，添加一个基准面。

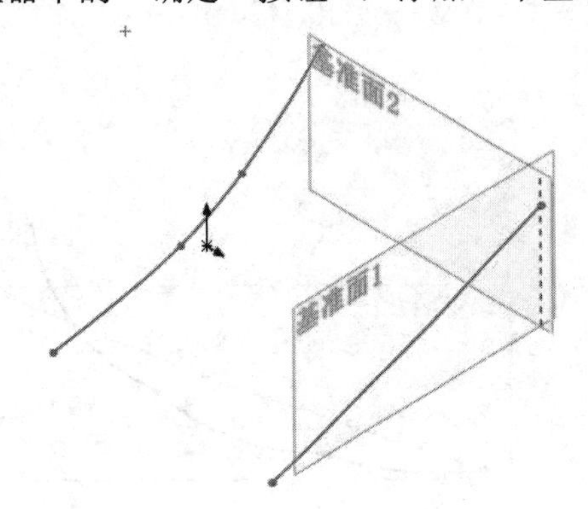

图 7-57　添加基准面后的图形

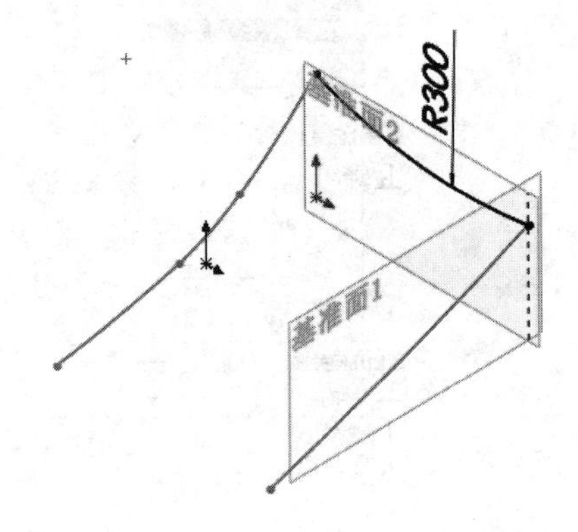

图 7-58　绘制的草图

14）设置视图方向。单击“标准视图”工具栏中的“等轴测”按钮，将视图以等轴测方向显示，结果如图7-60所示。

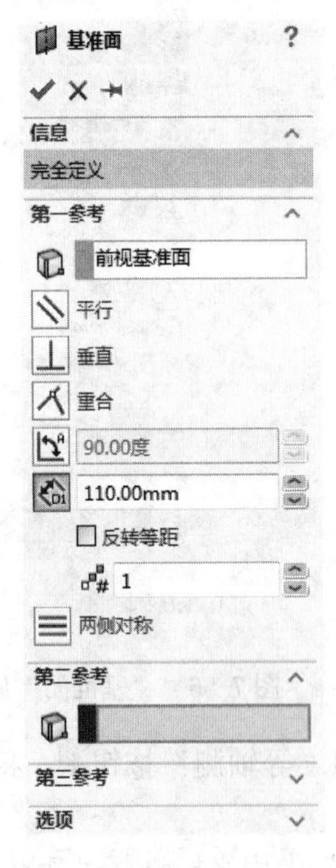

图 7-59　“基准面”属性管理器

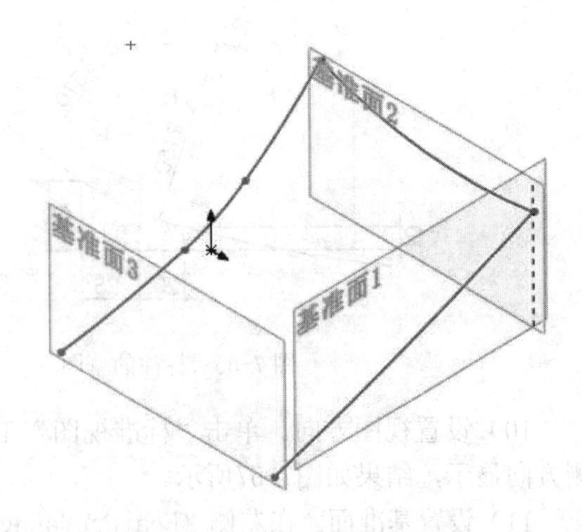

图 7-60　添加基准面后的图形

15）设置基准面。在左侧“FeatureManager设计树”中用光标选择“基准面3”，然后单击“标准视图”工具栏中的“正视于”按钮，将该基准面作为绘制图形的基准面。

16）绘制草图。单击“草图”工具栏中的“3点圆弧”按钮，绘制图7-61所示的圆弧并标注尺寸，然后退出草图绘制状态，结果如图7-62所示。

17）放样曲面。选择菜单栏中的“插入”→“曲面”→“放样曲面”命令，或者单击“曲面”工具栏中的“放样曲面”按钮，此时系统弹出图7-63所示的“曲面-放样”属性管理器。在属性管理器的“轮廓”一栏中，用光标依次选择图7-62中的草图3和草图4；在“引导线”一栏中，用光标依次选择图7-62中的草图1和草图2，单击属性管理器中的“确定” 按钮✔，生成放样曲面，结果如图7-64所示。

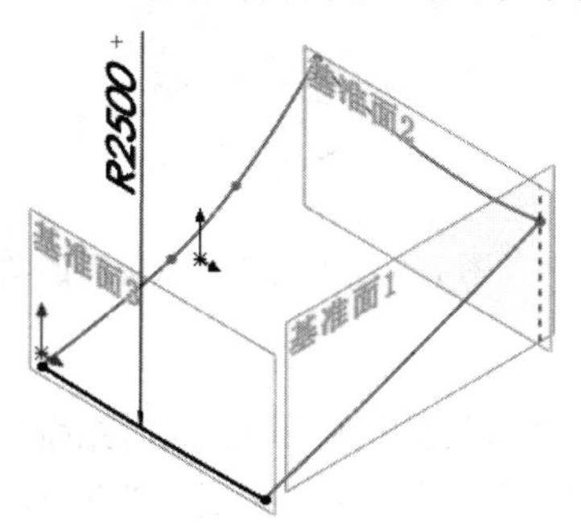

图 7-61　绘制的草图

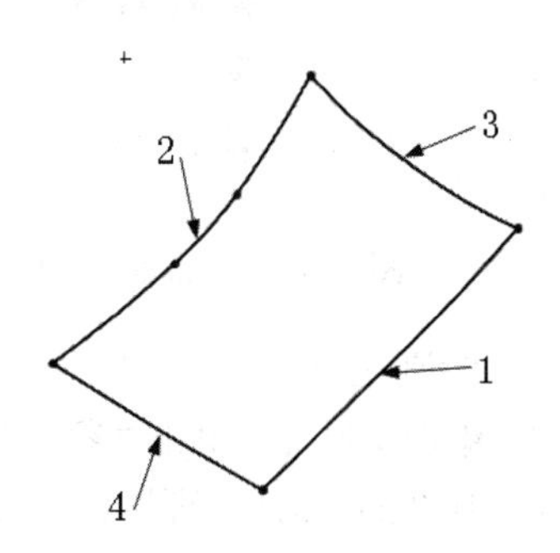

图 7-62　退出草图绘制状态后的图形

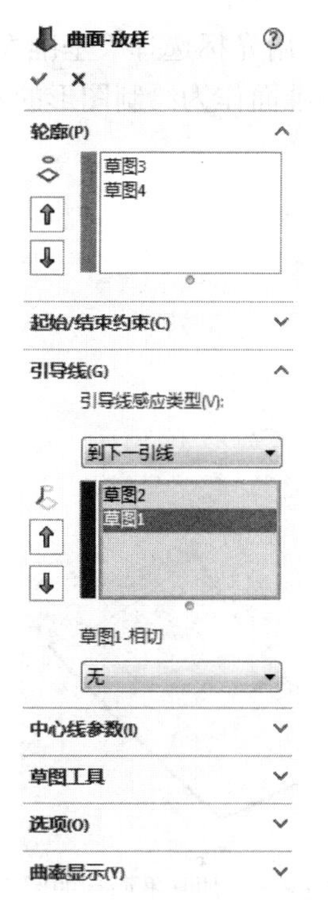

图 7-63　“曲面-放样”属性管理器

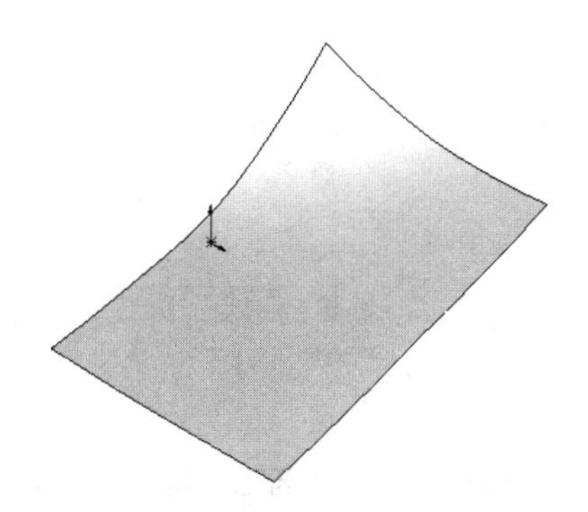

图 7-64　放样曲面后的图形

18）加厚曲面实体。选择菜单栏中的“插入”→“凸台/基体”→“加厚”命令，或者单击“特征”工具栏中的“加厚”按钮，此时系统弹出图7-65所示的“加厚”属性管理器。在“要加厚的曲面”一栏中，用光标选择“FeatureManager设计树”中的“曲面-放样1”；在“厚度”一栏中输入值2，其他设置如图7-65所示。单击属性管理器中的“确定”

按钮✓，将曲面实体加厚，结果如图7-66所示。

图 7-65 “加厚”属性管理器

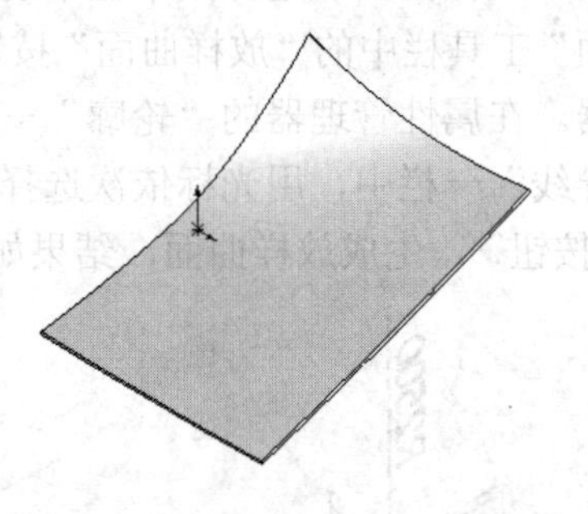

图 7-66 加厚曲面实体后的图形

3．绘制扇叶

1）添加基准面。单击“参考几何体”工具栏中的“基准面”按钮，此时系统弹出图7-67所示的“基准面”属性管理器。在属性管理器的“参考实体”一栏中，用光标选择“FeatureManager设计树”中的“上视基准面”；在“距离”一栏中输入值80，注意添加基准面的方向。单击属性管理器中的“确定”按钮✓，添加一个基准面，结果如图7-68所示。

2）设置基准面。在左侧“FeatureManager设计树”中用光标选择“基准面4”，然后单击“标准视图”工具栏中的“正视于”按钮，将该基准面作为绘制图形的基准面。

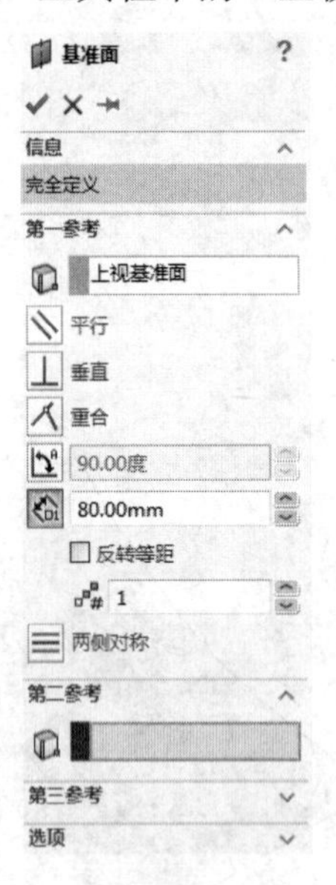

图 7-67 “基准面”属性管理器

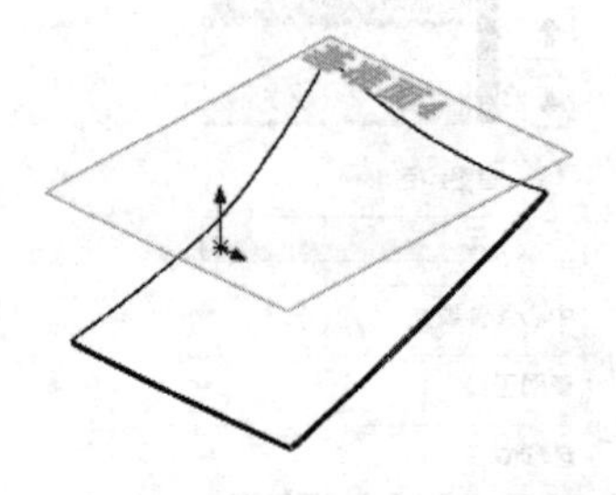

图 7-68 添加基准面后的图形

3）绘制草图。单击“草图”工具栏中的“直线”按钮和“3点圆弧”按钮，绘制图7-69所示的草图并标注尺寸。

注意

此处绘制草图时，圆弧与圆弧之间均为相切的几何关系，主要是保证曲线平滑，形成流线型扇叶。

4）拉伸切除实体。选择菜单栏中的“插入”→“切除”→“拉伸”命令，或者单击“特征”工具栏中的“拉伸切除”按钮，此时系统弹出图7-70所示的“切除-拉伸”属性管理器。在“终止条件”一栏的下拉菜单中，选择“完全贯穿”选项，其他设置如图7-70所示，单击属性管理器中的“确定”按钮，完成拉伸切除实体。

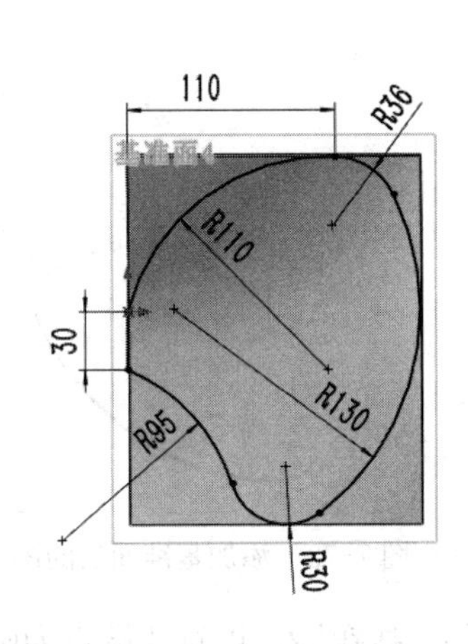

图 7-69　绘制的草图

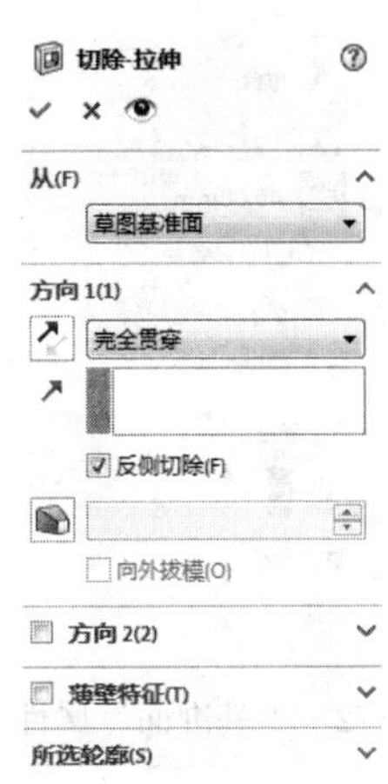

图 7-70　“切除-拉伸”属性管理器

5）设置视图方向。单击“视图”工具栏中的“旋转视图”按钮，将视图以合适的方向显示，结果如图7-71所示。

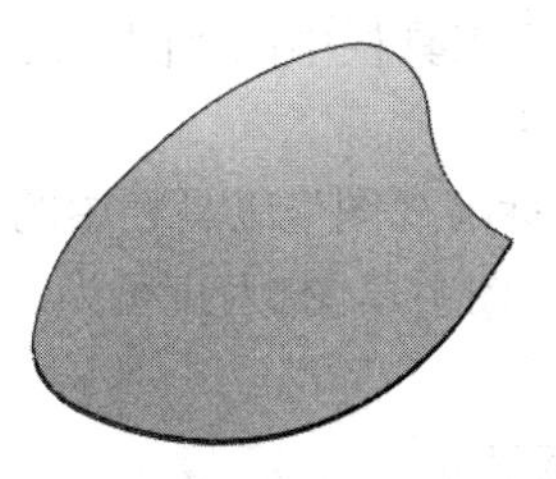

图 7-71　设置视图方向后的图形

4. 绘制扇叶轴

1）添加基准面。单击“参考几何体”工具栏中的“基准面”按钮，此时系统弹出图7-72所示的“基准面”属性管理器。在属性管理器的“参考实体”一栏中，用光标选择“FeatureManager设计树”中的“上视基准面”；在“距离”一栏中输入值46，注意添加基准面的方向。单击属性管理器中的“确定”按钮，添加一个基准面。

2）设置视图方向。单击“标准视图”工具栏中的“等轴测”按钮，将视图以等轴测方向显示，结果如图7-73所示。

3）设置基准面。在左侧“FeatureManager设计树”中用光标选择“基准面5”，然后单击“标准视图”工具栏中的“正视于”按钮，将该基准面作为绘制图形的基准面。

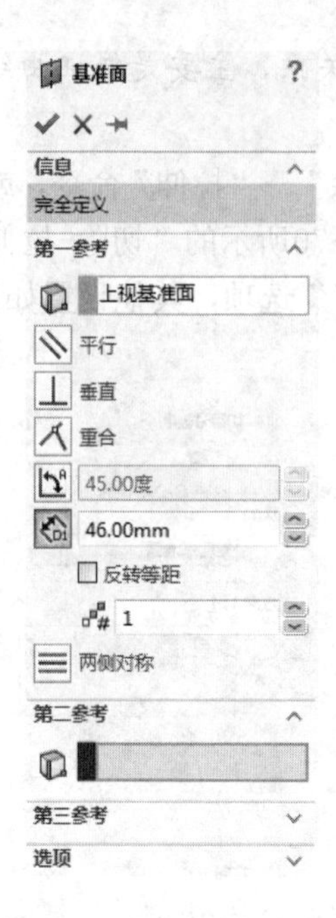

图 7-72 “基准面”属性管理器

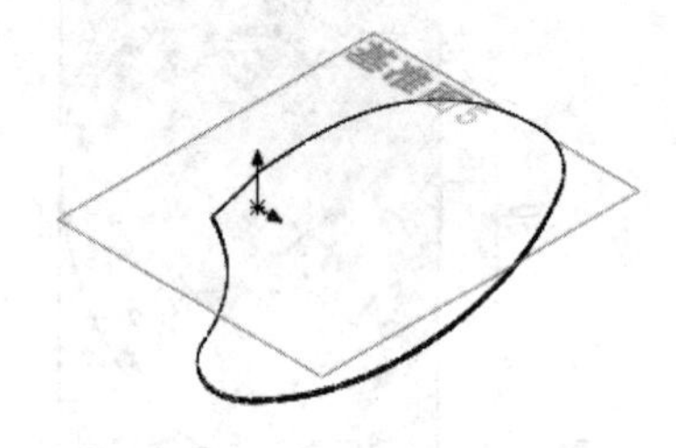

图 7-73 添加基准面后的图形

4）绘制草图。单击“草图”工具栏中的“圆”按钮，以直线端点为圆心绘制直径为74的圆，如图7-74所示，然后退出草图绘制状态。

5）设置基准面。在左侧“FeatureManager设计树”中用光标选择“上视基准面”，然后单击“标准视图”工具栏中的“正视于”按钮，将该基准面作为绘制图形的基准面。

6）绘制草图。单击“草图”工具栏中的“圆”按钮，以直线端点为圆心绘制直径为78的圆，然后退出草图绘制状态。

7）设置视图方向。单击“标准视图”工具栏中的“等轴测”按钮，将视图以等轴测方向显示，结果如图7-75所示，图中草图1为直径为74的圆，草图2为直径为78的圆。

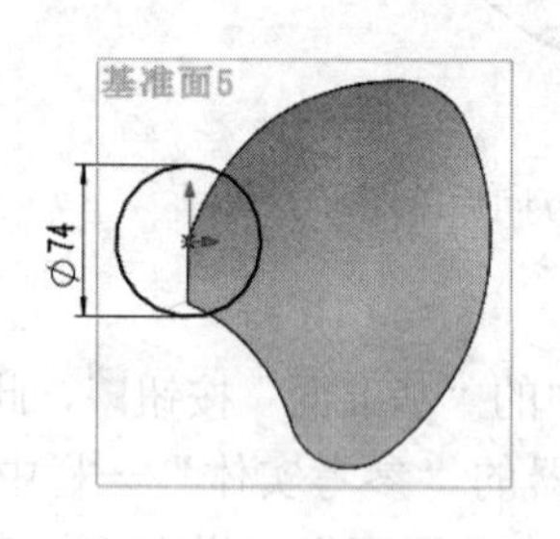

图 7-74 绘制的草图

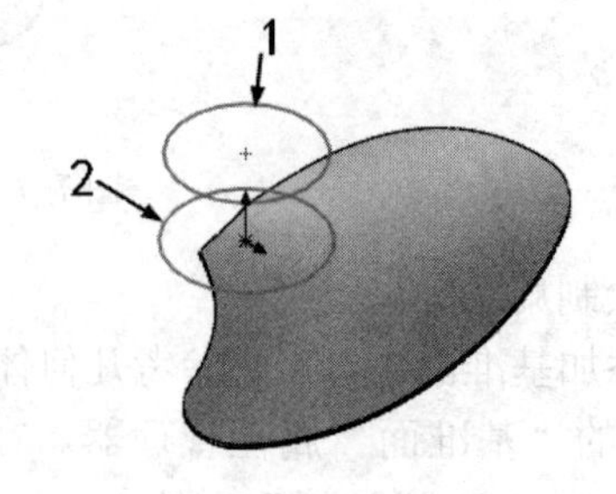

图 7-75 等轴测视图

8）放样实体。选择菜单栏中的“插入”→“凸台/基体”→“放样”命令，或者单击“特征”工具栏中的“放样凸台/基体”按钮，此时系统弹出图7-76所示的“放样”属性管理器。在“轮廓”一栏中，依次用光标选择图7-75中的曲线1和曲线2，单击属性管理器中的“确定”按钮，完成实体放样，结果如图7-77所示。

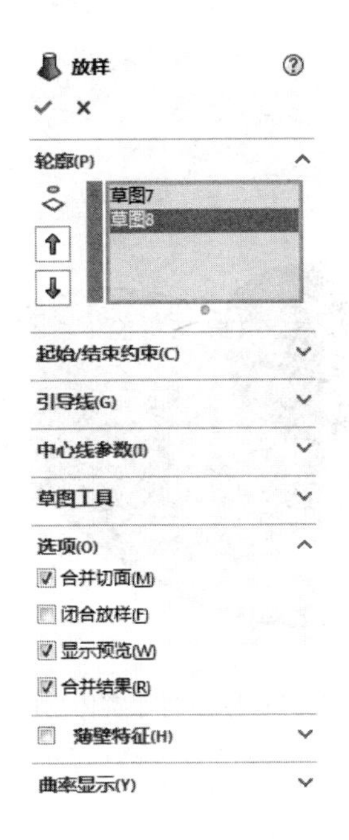

图 7-76 “放样”属性管理器

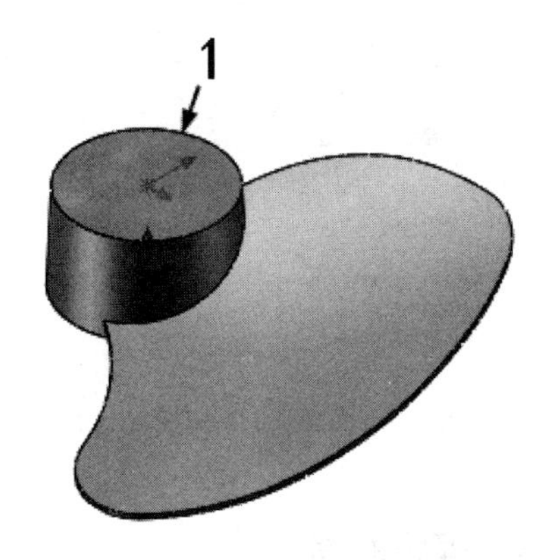

图 7-77 放样实体后的图形

9）设置基准面。在左侧“FeatureManager设计树”中用光标选择“基准面5”，然后单击“标准视图”工具栏中的“正视于”按钮，将该基准面作为绘制图形的基准面。

10）等距实体。单击“草图”工具栏中的“草图绘制”按钮，进入草图绘制状态，单击选择图7-77中的边线1，然后单击“草图”工具栏中的“等距实体”按钮，此时系统弹出如图7-78所示的“等距实体”属性管理器。在“等距距离”一栏中输入值5，勾选“反向”选项，在边线内侧等距一圆草图，结果如图7-79所示。

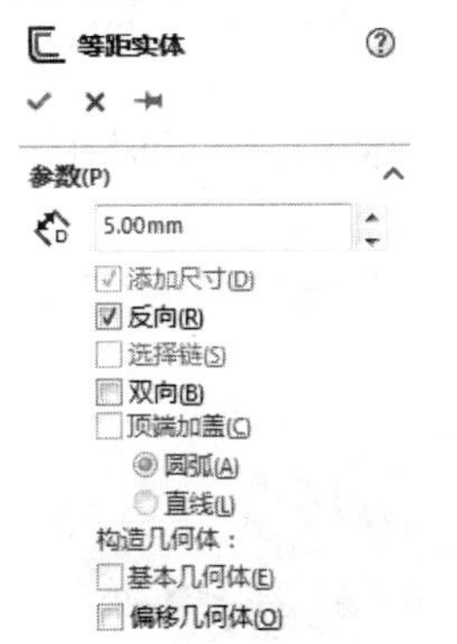

图 7-78 “等距实体”属性管理器

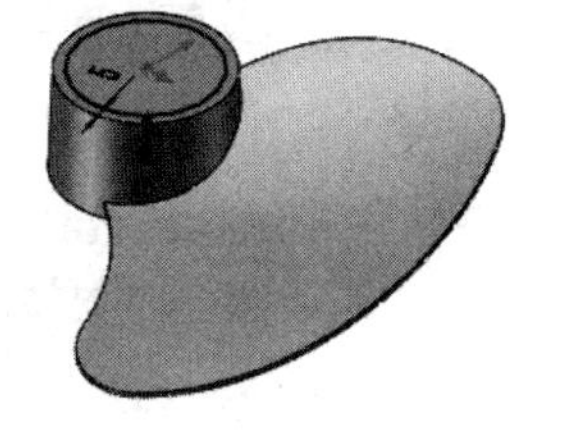

图 7-79 等距实体后的图形

11）拉伸切除实体。选择菜单栏中的“插入”→“切除”→“拉伸”命令，或者单击“特征”工具栏中的“拉伸切除”按钮，此时系统弹如图7-80所示的“切除-拉伸”属性管理器。在“终止条件”一栏的下拉菜单中，用光标选择“完全贯穿”选项，其他设置如图7-80所示。单击属性管理器中的“确定”按钮✓，完成拉伸切除实体，结果如图7-81所示。

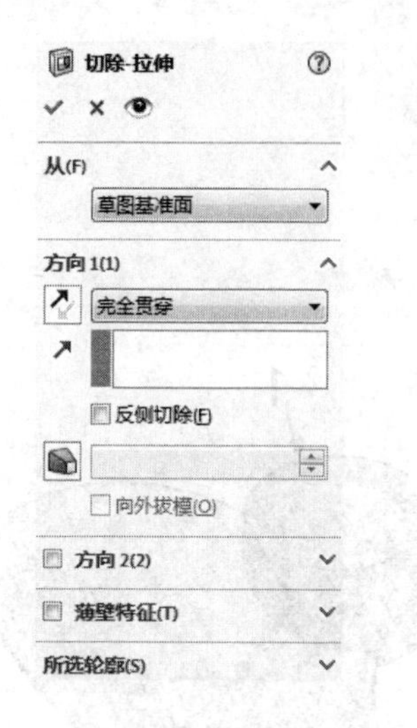

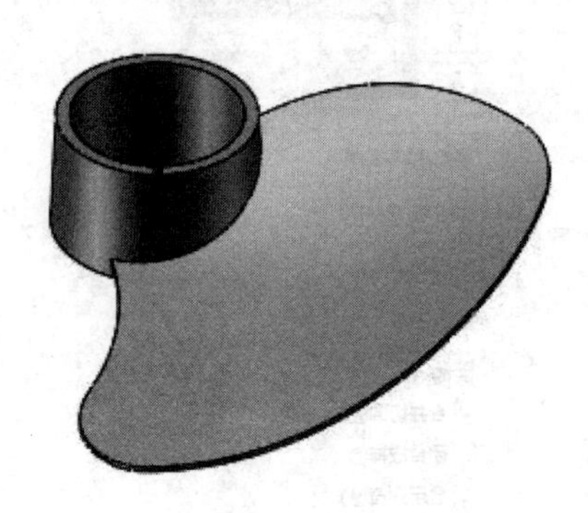

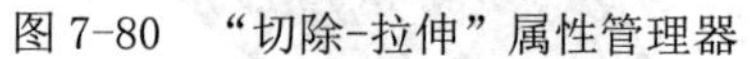
图 7-80 “切除-拉伸”属性管理器　　图 7-81 拉伸切除实体后的图形

7.4.6 等距曲面

对于已经存在的曲面（不论是模型的轮廓面还是生成的曲面），都可以像等距曲线一样生成等距曲面。

【操作步骤】

1）单击“曲面”工具栏中的“等距曲面”按钮，或选择菜单栏中的“插入”→“曲面”→“等距曲面”命令。

2）在“等距曲面”属性管理器中，单击按钮右侧的显示框，然后在右面的图形区域选择要等距的模型面或生成的曲面。

3）在“等距参数”栏中的微调框中指定等距面之间的距离。此时在右面的图形区域中显示等距曲面的效果，如图7-82所示。

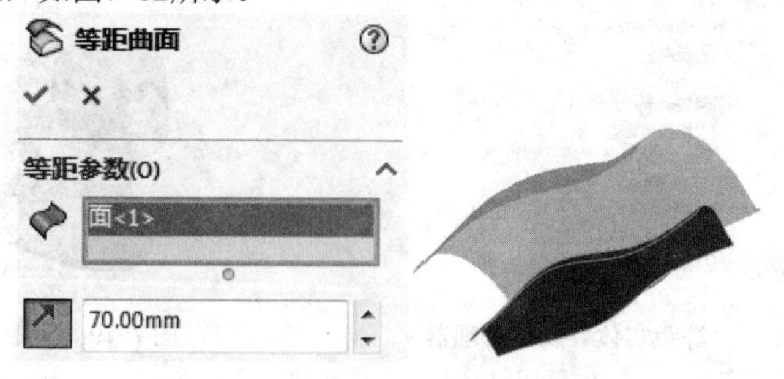

图 7-82 等距曲面效果

4）如果等距面的方向有误，单击反向按钮，反转等距方向。

5）单击“确定”按钮，完成等距曲面的生成。

7.4.7 延展曲面

用户可以通过延展分割线、边线，并平行于所选基准面来生成曲面，如图7-83所示。延伸曲面在拆模时最常用。当零件进行模塑，产生公母模之前，必须先生成模块与分模面，延展曲面就用来生成分模面。

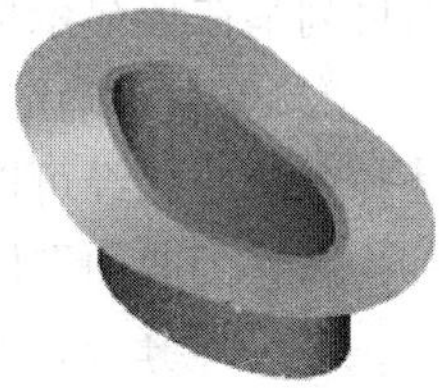

图7-83 延展曲面效果

【操作步骤】

1）单击“曲面”工具栏中的“延展曲面”按钮，或选择菜单栏中的“插入”→“曲面”→“延展曲面”命令。

2）在“延展曲面”属性管理器中，单击按钮右侧的显示框，然后在右面的图形区域中选择要延展的边线。

3）单击“延展参数”栏中的第一个显示框，然后在图形区域中选择模型面作为延展曲面方向，如图7-84所示，延展方向将平行于模型面。

4）注意图形区域中的箭头方向（指示延展方向），如有错误，单击反向按钮。

5）在按钮右侧的微调框中指定曲面的宽度。

6）如果希望曲面继续沿零件的切面延伸，请选择“沿切面延伸”复选框。

7）单击“确定”按钮，完成曲面的延展。

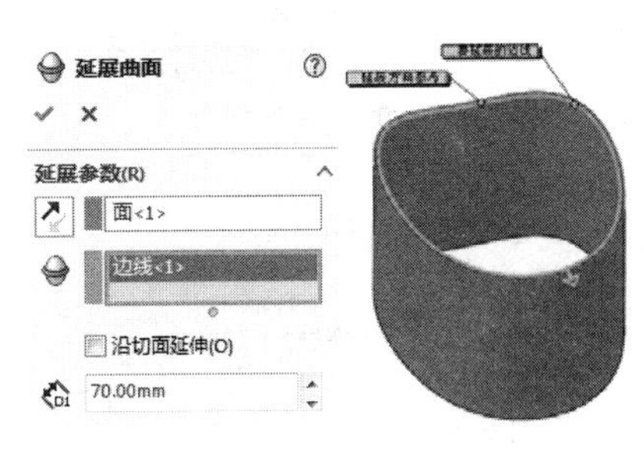

图7-84 延展曲面

7.5 曲面编辑

7.5.1 缝合曲面

缝合曲面是将相连的两个或多个面和曲面连接成一体。缝合曲面需要注意的是：

1）曲面的边线必须相邻并且不重叠。

2）要缝合的曲面不必处于同一基准面上。

3）可以选择整个曲面实体或选择一个或多个相邻曲面实体。

4）缝合曲面不吸收用于生成它们的曲面。

5）空间曲面经过剪裁、拉伸和圆角等操作后，可以自动缝合，而不需要进行缝合曲面操作。

【操作步骤】

1）单击“曲面”工具栏中的“缝合曲面”按钮，或选择菜单栏中的“插入”→“曲面”→“缝合曲面”命令，此时会出现图7-85所示的属性管理器。在“缝合曲面”属性管理器中单击“选择”栏中按钮右侧的显示框，然后在图形区域中选择要缝合的面，所选项目列举在该显示框中。

2）单击“确定”按钮，完成曲面的缝合工作，缝合后的曲面外观没有任何变化，但是多个曲面已经可以作为一个实体来选择和操作了，如图7-86所示。

“缝合曲面”属性管理器说明：

➢ “缝合公差”：控制哪些缝隙缝合在一起，哪些保持打开，大小低于公差的缝隙会缝合。

➢ “显示范围中的缝隙”：只显示范围中的缝隙，拖动滑杆更改缝隙范围。

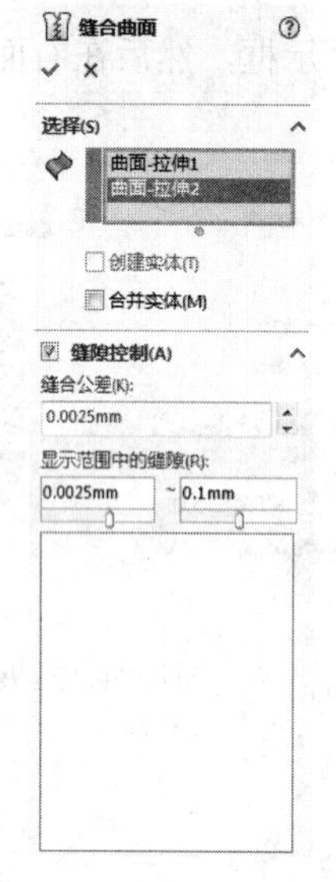

图 7-85 “缝合曲面”属性管理器

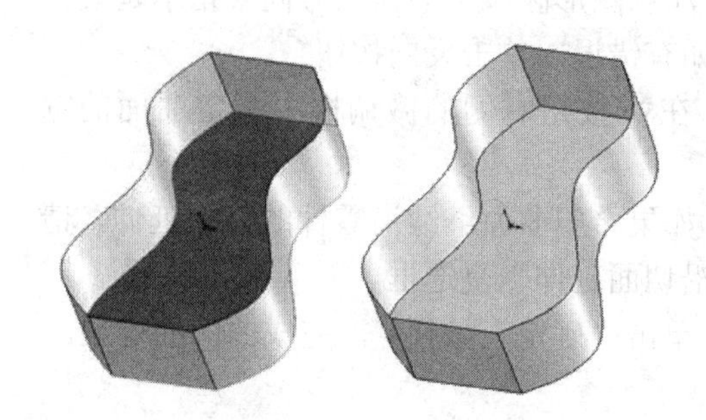

图 7-86 曲面缝合工作

7.5.2 实例——花盆

绘制图7-87所示的花盆。

图 7-87 花盆

> 实讲实训
> 多媒体演示
>
> 多媒体演示参见配套光盘中的\\动画演示\第7章\花盆.avi。

【操作步骤】

1. 创建零件文件

选择菜单栏中的“文件”→“新建”命令，或者单击“标准”工具栏中的“新建”按钮，此时系统弹出“新建SOLIDWORKS文件”属性管理器，在其中选择“零件”按钮，然后单击“确定”按钮，创建一个新的零件文件。

2. 保存文件

选择菜单栏中的“文件”→“保存”命令，或者单击“标准”工具栏中的“保存”按钮，此时系统弹出“另存为”属性管理器。在“文件名”一栏中输入“花盆”，然后单击“保存”按钮，创建一个文件名为“花盆”的零件文件。

3. 绘制花盆盆体

1）设置基准面。在左侧“FeatureManager设计树”中用光标选择“前视基准面”，然后单击“标准视图”工具栏中的“正视于”按钮，将该基准面作为绘制图形的基准面。

2）绘制草图。单击“草图绘制”按钮，进入草绘状态。选择菜单栏中的“工具”→“草图绘制实体”→“中心线”命令，绘制一条通过原点的竖直中心线，然后单击“草图”工具栏中的“直线”按钮，绘制两条直线。

3）标注尺寸。选择菜单栏中的“工具”→“标注尺寸”→“智能尺寸”命令，标注上一步绘制的草图，结果如图7-88所示。

4）旋转曲面。选择菜单栏中的“插入”→“曲面”→“旋转曲面”命令，或者单击“曲面”工具栏中的“旋转曲面”按钮，此时系统弹出如图7-89所示的“曲面-旋转”属性管理器。在“旋转轴”一栏中，用光标选择图7-89中的竖直中心线，其他设置参考图7-89，单击属性管理器中的“确定”按钮，完成曲面旋转，结果如图7-90所示。

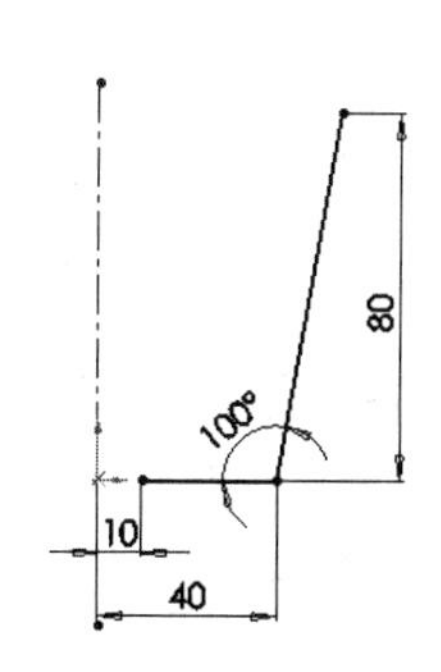

图7-88 标注的草图

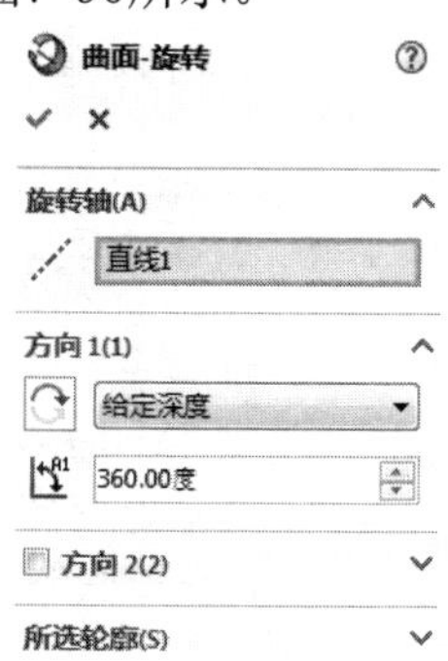

图7-89 “曲面-旋转”属性管理器

4. 绘制花盆边沿

1）执行延展曲面命令。选择菜单栏中的“插入”→“曲面”→“延展曲面”命令，或者单击“曲面”工具栏中的“延展曲面”按钮，此时系统弹出“曲面-延展”属性管理器。

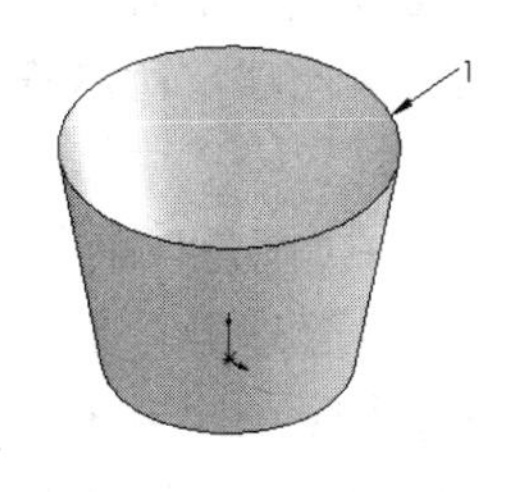

图7-90 花盆盆体

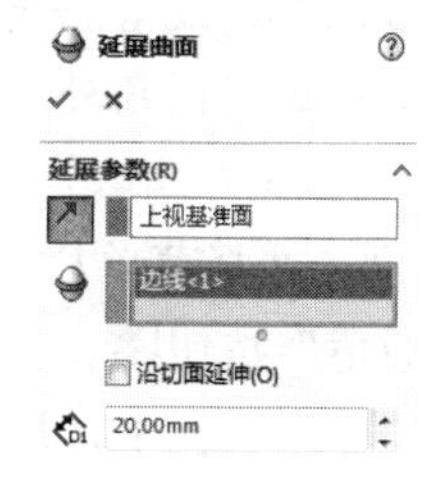

图7-91 “曲面-延展”属性管理器

2）设置延展曲面属性管理器。在属性管理器的“延展方向参考”一栏中，用光标选择“FeatureManager设计树”中的“上视基准面”；在“要延展的边线”一栏中，用光标选择图7-90中的边线1，此时属性管理器如图7-91所示。在设置过程中注意延展曲面的方向，如图7-92所示。

3）确认延展曲面。单击属性管理器中的“确定”按钮✔，生成延展曲面，结果如图7-92所示。

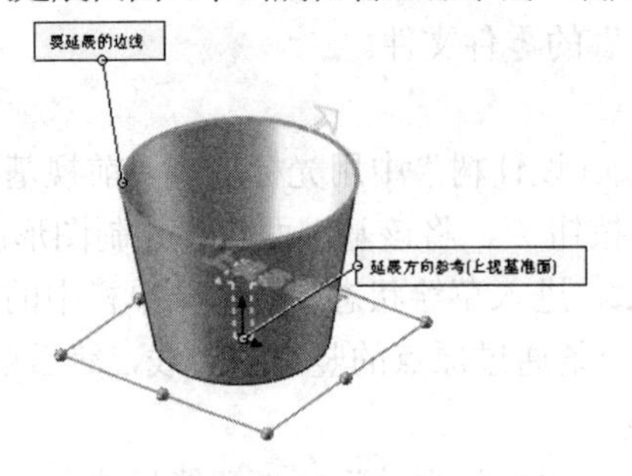

图 7-92　延展曲面方向图示

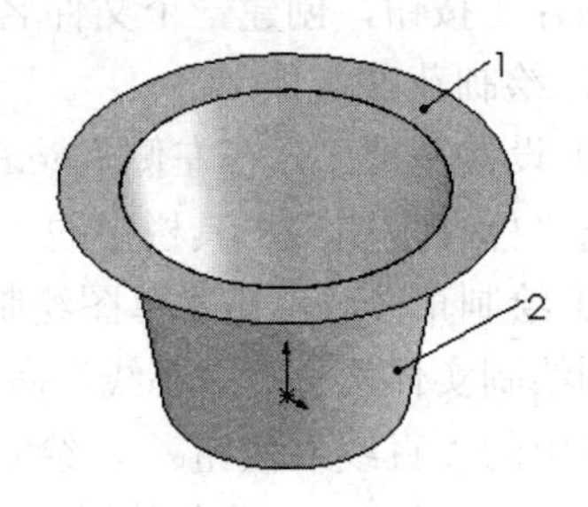

图 7-93　生成的延展曲面

4）缝合曲面。选择菜单栏中的“插入”→“曲面”→“缝合曲面”命令，或者单击“曲面”工具栏中的“缝合曲面”按钮，此时系统弹出图7-94所示的“缝合曲面”属性管理器。在“要缝合的曲面和面”一栏中，用光标选择图7-93中的曲面1和曲面2，然后单击属性管理器中的“确定”按钮✔，完成曲面缝合，结果如图7-95所示。

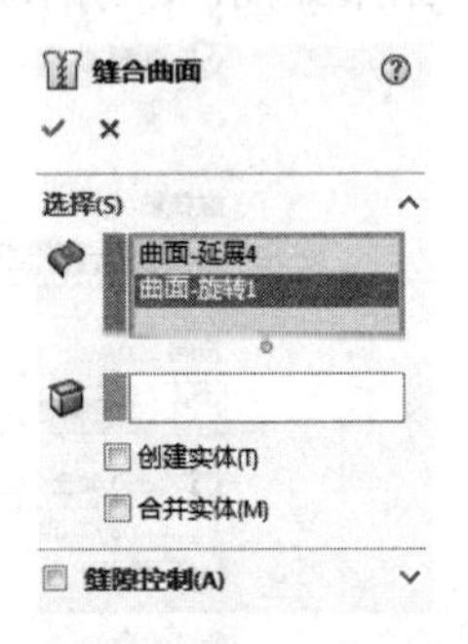

图 7-94　“缝合曲面”属性管理器

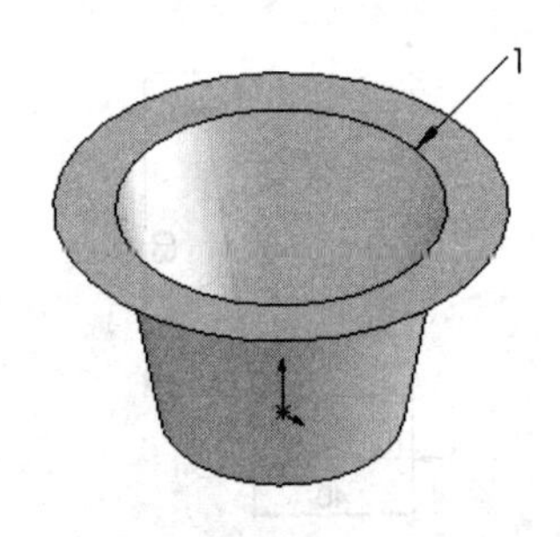

图 7-95　缝合曲面后的图形

曲面缝合后，外观没有任何变化，只是将多个面组合成一个面。此处缝合的意义是为了将两个面的交线进行圆角处理，因为面的边线不能圆角处理，所以将两个面缝合为一个面。

5）圆角曲面。选择菜单栏中的“插入”→“曲面”→“圆角”命令，或者单击“曲面”工具栏中的“圆角”按钮，此时系统弹出“圆角”属性管理器。在“圆角项目”的“边线、面、特征和环”一栏中，用光标选择图7-96中的边线1；在“半径”一栏中输入值10。其他设置如图7-96所示。单击属性管理器中的“确定” 按钮✔，完成圆角处理，结果如图

7-97所示。

5. 设置外观属性

1）执行命令。右键单击图形中的任意点，此时系统弹出图7-98所示的快捷菜单，选择“外观”下的“花盆”，此时系统弹出“颜色”属性管理器，设置花盆颜色，如图7-99所示。

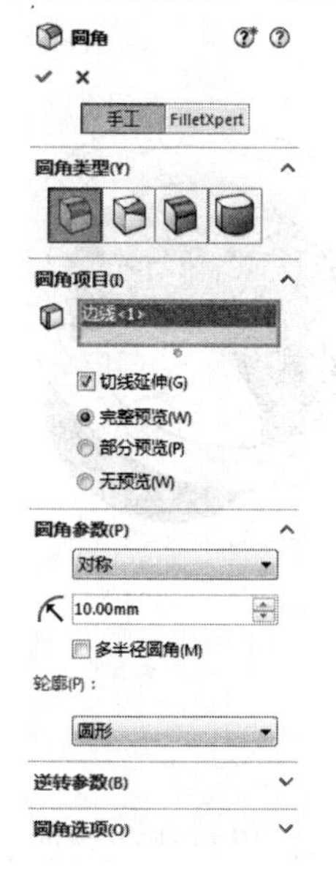

图 7-96 “圆角”属性管理器

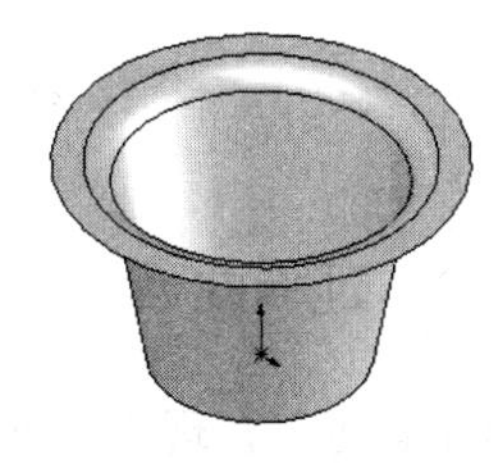

图 7-97 圆角后的图形

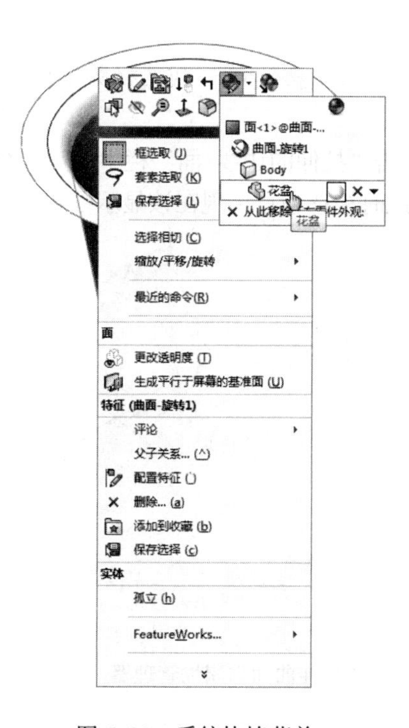

图 7-98 系统快捷菜单

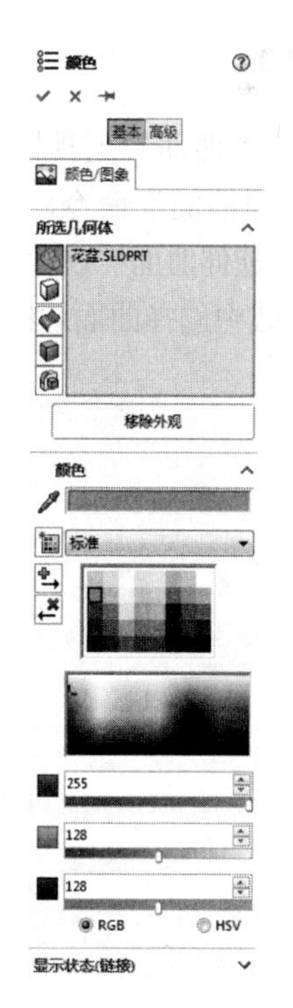

图 7-99 设置颜色

2）添加颜色。单击属性管理器中的“确定”按钮✔，设置花盆的外观属性。

花盆模型及其FeatureManager设计树如图7-100所示。

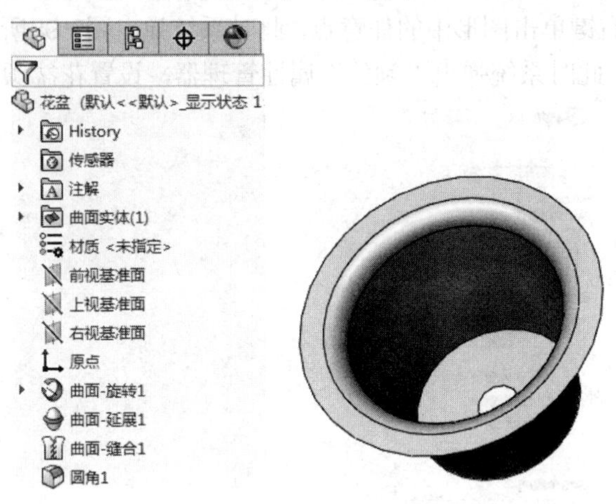

图 7-100　花盆及其“FeatureManager 设计树”

7.5.3　延伸曲面

延伸曲面可以在现有曲面的边缘，沿着切线方向，以直线或随曲面的弧度产生附加的曲面。

【操作步骤】

1）单击“曲面”工具栏中的“延伸曲面”按钮，或选择菜单栏中的“插入”→“曲面”→“延伸曲面”命令。

2）在“延伸曲面”属性管理器中单击“拉伸的边线/面”栏中的第一个显示框，然后在右面的图形区域中选择曲面边线或曲面，此时被选项目出现在该显示框中，如图7-101所示。

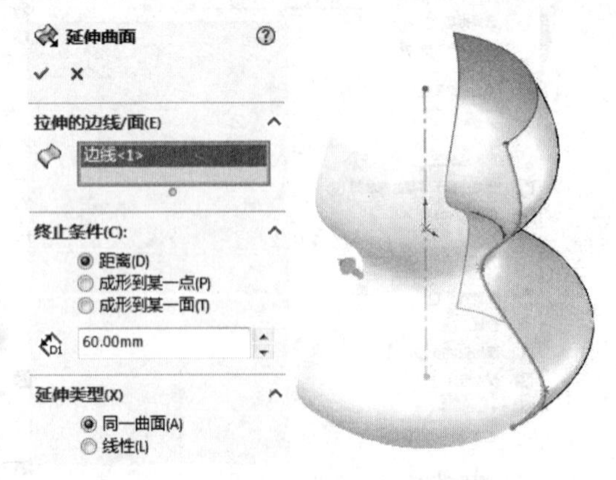

图 7-101　“延伸曲面”属性管理器

3）在“终止条件”一栏中的单选按钮组中选择一种延伸结束条件。

➢ ［距离］：在微调框中指定延伸曲面的距离。
➢ ［成形到某一面］：延伸曲面到图形区域中选择的面。
➢ ［成形到某一点］：延伸曲面到图形区域中选择的某一点。

4）在［延伸类型］一栏的单选按钮组中，选择延伸类型。

➢ ［同一曲面］：沿曲面的几何体延伸曲面，如图7-102a所示。
➢ ［线性］：沿边线相切于原来曲面来延伸曲面，如图7-102b所示。

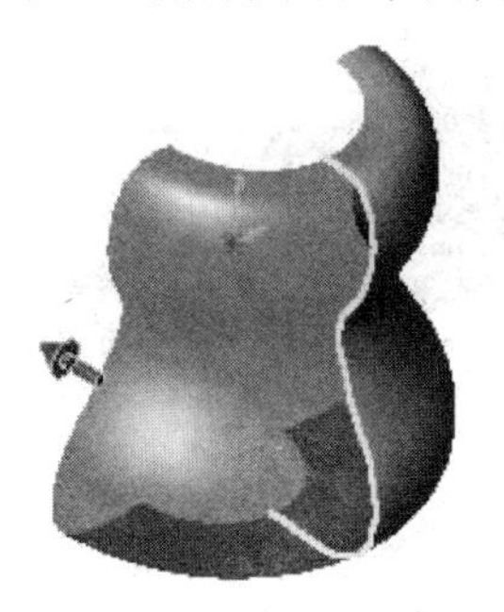

a）延伸类型为“同一曲面”

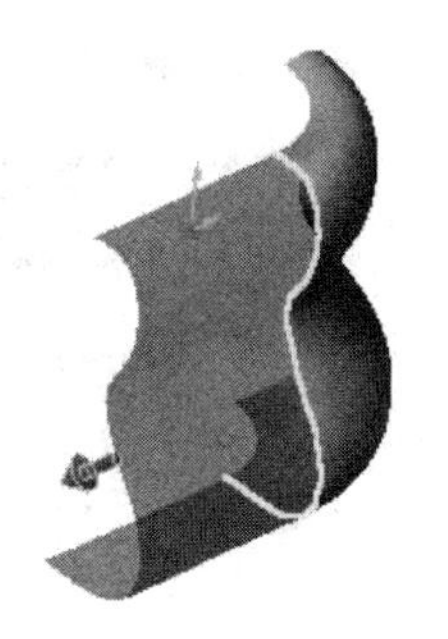

b）延伸类型为“线性”

图 7-102　延伸类型

5）单击“确定”按钮，完成曲面的延伸。如果在步骤2）中选择的是曲面的边线，则系统会延伸这些边线形成的曲面；如果选择的是曲面，则曲面上所有的边线相等地延伸整个曲面。

7.5.4　剪裁曲面

剪裁曲面主要有两种方式，第一种是将两个曲面互相剪裁，第二种是以线性图元修剪曲面。

【操作步骤】

1）单击“曲面”工具栏中的“剪裁曲面”按钮，或选择菜单栏中的“插入”→“曲面”→“剪裁”命令。

2）在“剪裁曲面”属性管理器中的“剪裁类型”单选按钮组中选择剪裁类型：

➢ ［标准］：使用曲面作为剪裁工具，在曲面相交处剪裁其他曲面。
➢ ［相互］：将两个曲面作为互相剪裁的工具。

3）如果在步骤2）中选择了“裁剪工具”，则在“选择”栏中单击“剪裁工具”项目中按钮右侧的显示框，然后在图形区域中选择一个曲面作为剪裁工具；单击“保留部分”项目中按钮右侧的显示框，然后在图形区域中选择曲面作为保留部分。所选项目会在对应的显示框中显示，如图7-103a所示。

4）如果在步骤2）中选择了“互相剪裁”，则在“选择”栏中单击“剪裁曲面”项目中按钮右侧的显示框，然后在图形区域中选择作为剪裁曲面的至少两个相交曲面；单击“保留部分”项目中按钮右侧的显示框，然后在图形区域中选择需要的区域作为保留部分（可以是多个部分），所选项目会在对应的显示框中显示，如图7-103b所示。

5）单击“确定”按钮✔，完成曲面的剪裁，如图7-104所示。

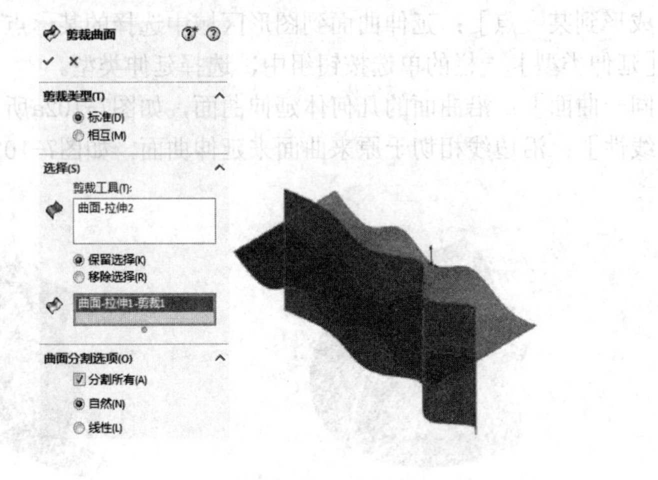

a）“剪裁类型”为标准

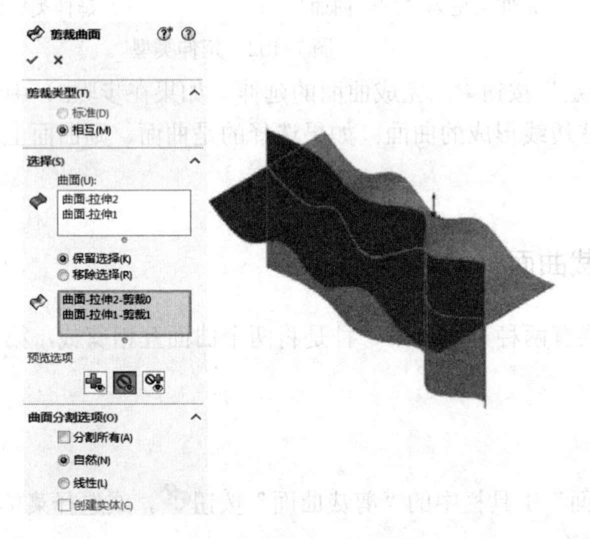

a）“剪裁类型”为相互

图 7-103b “曲面-剪裁”属性管理器

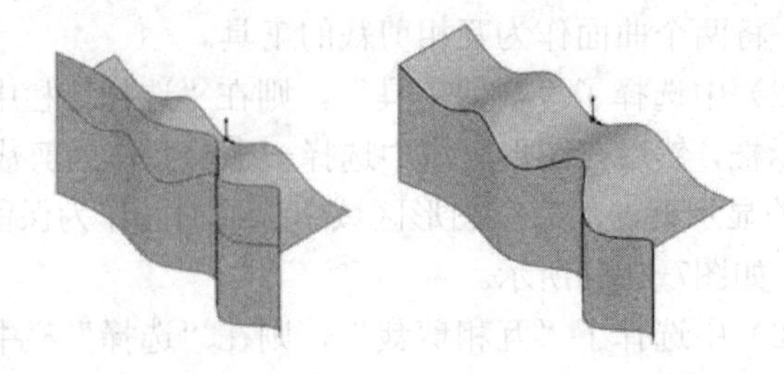

图 7-104 剪裁效果

7.5.5 实例——烧杯

绘制图7-105所示的烧杯。

图 7-105 烧杯

> 实讲实训
> 多媒体演示
>
> 多媒体演示参见配套光盘中的\\动画演示\\第7章\\烧杯.avi。

【操作步骤】

1. 创建零件文件

选择菜单栏中的“文件”→“新建”命令，或者单击“标准”工具栏中的“新建”按钮，此时系统弹出“新建SOLIDWORKS文件”属性管理器，在其中选择“零件”按钮，然后单击“确定”按钮，创建一个新的零件文件。

2. 绘制烧杯杯体

1）设置基准面。在左侧“FeatureManager设计树”中用光标选择“前视基准面”，然后单击“标准视图”工具栏中的“正视于”按钮，将该基准面作为绘制图形的基准面。

2）绘制草图。选择菜单栏中的“工具”→“草图绘制实体”→“中心线”命令，绘制一条通过原点的竖直中心线，然后单击“草图”工具栏中的“直线”按钮，“3点圆弧”按钮，“绘制圆角”按钮，绘制图7-106所示的草图并标注尺寸。

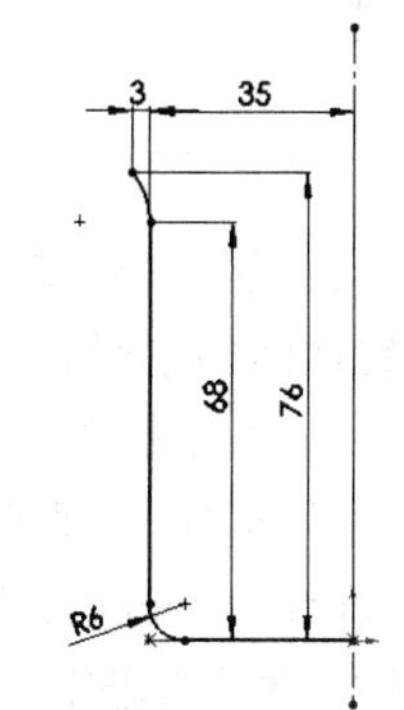

图7-106 绘制的草图

3）旋转曲面。选择菜单栏中的“插入”→“曲面”→“旋转曲面”命令，或者单击“曲面”工具栏中的“旋转曲面”按钮，此时系统弹出图7-107所示的“曲面-旋转”属性管理器，在“旋转轴”一栏中，用光标选择图7-106中的竖直中心线，其他设置参考图7-108。单击属性管理器中的“确定”按钮，完成曲面旋转，结果如图7-108所示。

4）添加基准面。在左侧的“FeatureManager设计树”中选择“上视基准面”，然后选择菜单栏中的“插入”→“参考几何体”→“基准面”命令，或者单击“参考几何体”工具栏中的“基准面”按钮，此时系统弹出图7-109所示的“基准面”属性管理器。

5）设置属性管理器。在属性管理器中的“偏离距离”一栏中输入值63，并调整添加基准面的方向，然后单击属性管理器中的“确定” 按钮，添加一个新的基准面，结果如图7-110所示。

6）添加基准面。重复步骤4～5，在偏移距离上视基准面上方76mm处添加一个基准面，结果如图7-111所示。

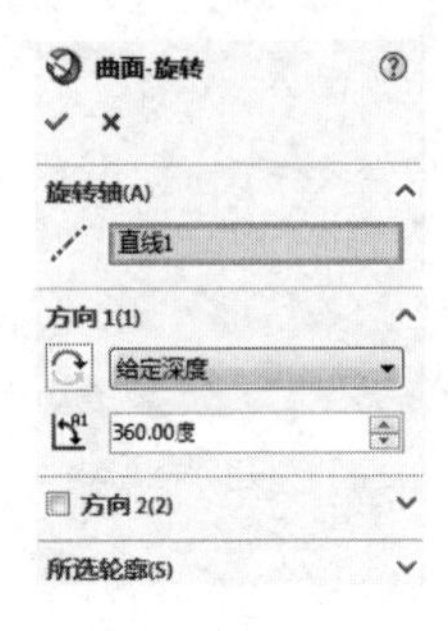

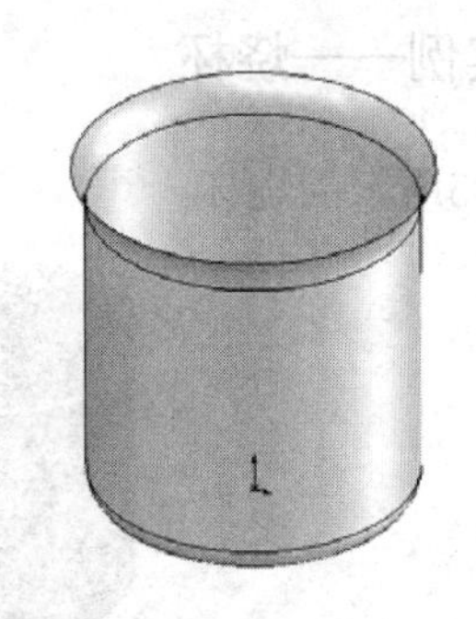

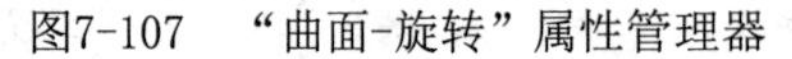

图7-107 “曲面-旋转”属性管理器　　图7-108 旋转曲面后的图形

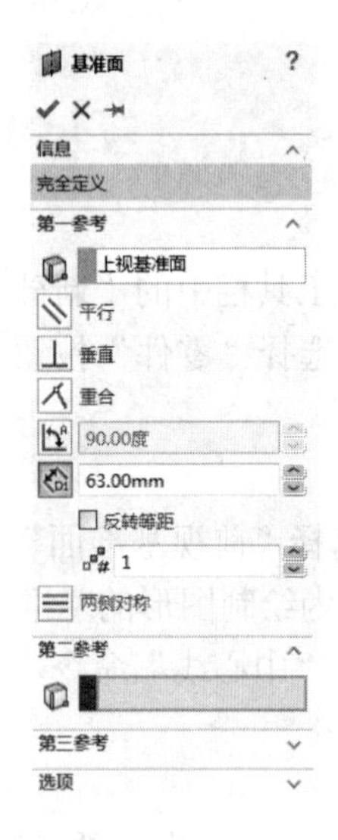

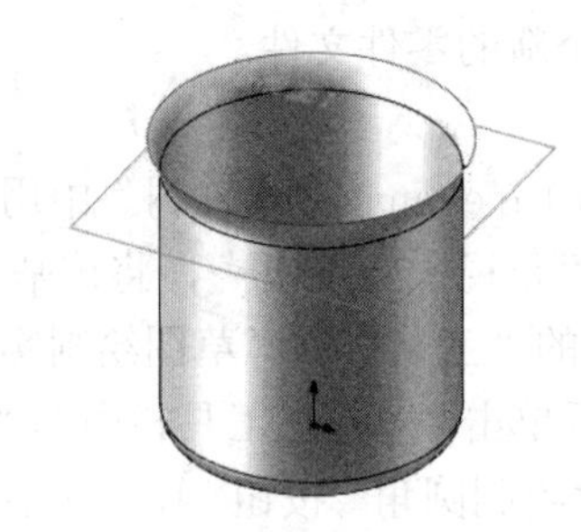

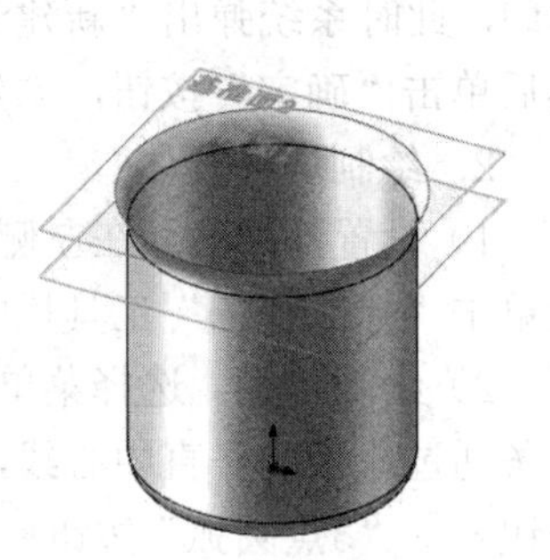

图 7-109 “基准面”属性管理器　图 7-110 添加基准面后的图形　图 7-111 添加基准面后的图形

7）显示临时轴。选择菜单栏中的“视图”→“隐藏/显示”→“临时轴”命令，显示旋转曲面的临时轴，结果如图7-112所示。

8）添加基准面。单击“参考几何体”工具栏中的“基准面”按钮，此时系统弹出“基准面”属性管理器。在“参考实体”一栏中，用光标选择图7-112中的临时轴线和“FeatureManager设计树”中的“前视基准面”；在“两面夹角”一栏中输入值20，此时属性管理器如图7-113所示。单击属性管理器中的“确定”按钮，添加一个新的基准面，结果如图7-114所示。

9）添加基准面。重复步骤8)，在与前视基准面夹角为20度，并通过临时轴线的另一个方向添加一个基准面，结果如图7-115所示。

3．绘制烧杯滴嘴

1）生成交叉曲线。单击“草图”工具栏中的“3D草图”按钮，然后选择菜单栏中的“工具”→“草图工具”→“交叉曲线”命令，用光标单击烧杯杯体轮廓和视图中的基准面1，生成交叉曲线，图7-116中的曲线1为生成的交叉曲线。单击“草图”工具栏中的“3D

草图”按钮3D，退出3D草图绘制状态。

2）设置基准面。用光标选择图7-116中的基准面2，然后单击“标准视图”工具栏中的“正视于”按钮，将该基准面作为绘制图形的基准面。

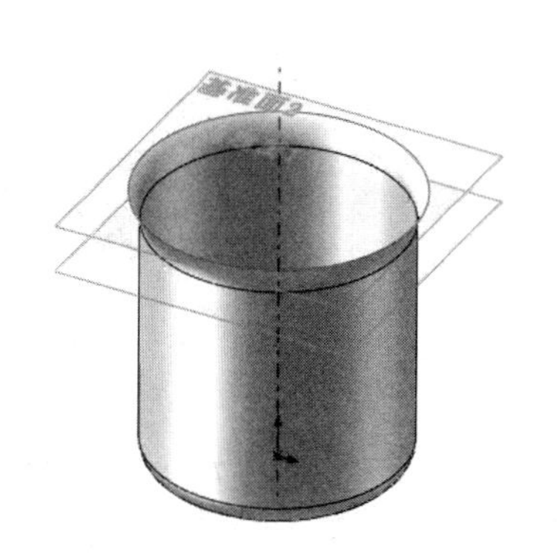

图 7-112　显示轴线后的图形

图 7-113　“基准面”属性管理器

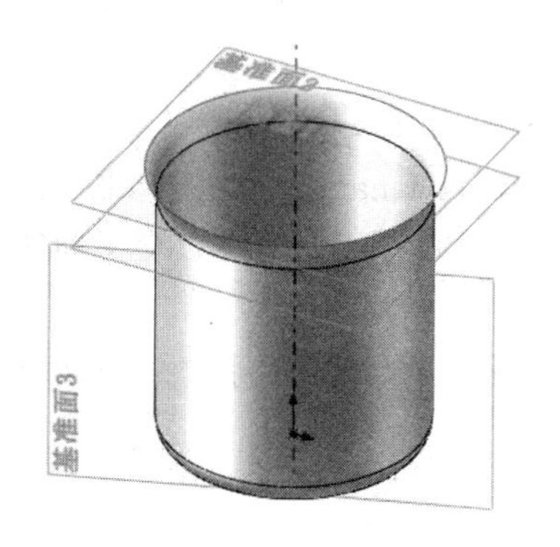

图 7-114　添加基准面后的图形

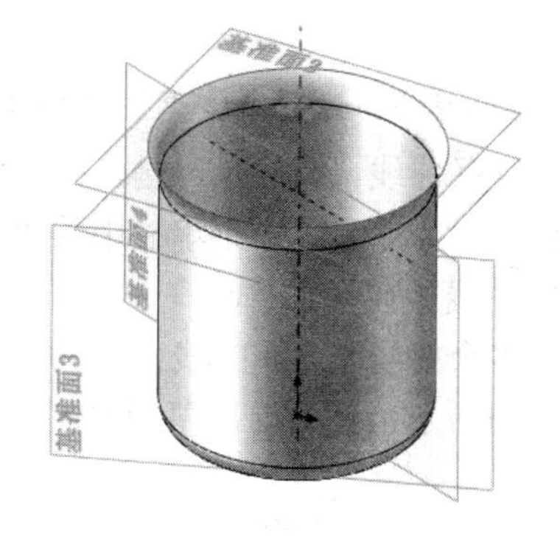

图 7-115　添加基准面后的图形

3）转换实体引用。单击“草图”工具栏中的“草图绘制”按钮，进入草图绘制状态。单击杯体上边线，然后选择菜单栏中的“工具”→“草图工具”→“转换实体引用”命令，将边线转换为草图，结果如图7-117所示。

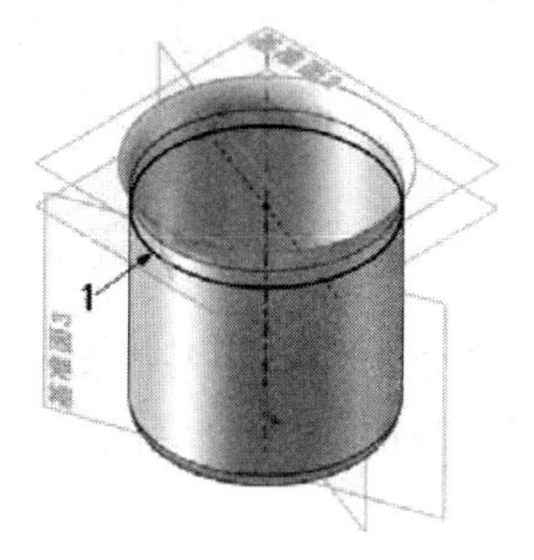

图 7-116　生成的交叉曲线

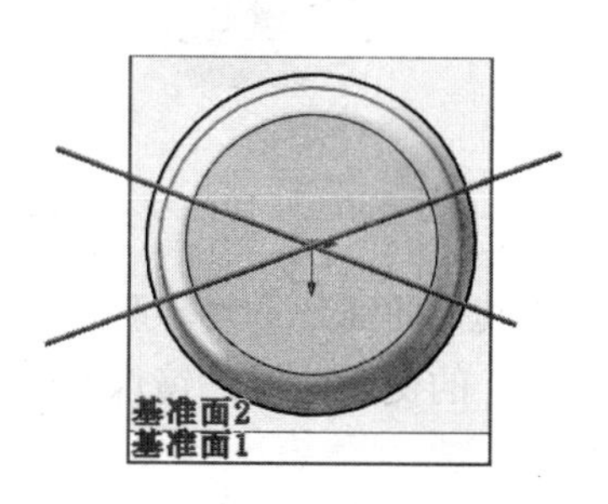

图 7-117　转换实体引用的草图

4）绘制草图。接上一步，单击“草图”工具栏中的“中心线”按钮，“直线”按钮，“3点圆弧”按钮，“绘制圆角”按钮，“镜像实体”按钮，并修剪多余曲线，绘制结果如图7-118所示的草图并标注尺寸，然后退出草图绘制状态。

5）设置基准面。在左侧“FeatureManager设计树”中用光标选择“前视基准面”，然后单击“标准视图”工具栏中的“正视于”按钮，将该基准面作为绘制图形的基准面。

6）绘制草图。单击“草图”工具栏中“3点圆弧”按钮，绘制如图7-119所示的草图，然后退出草图绘制状态。

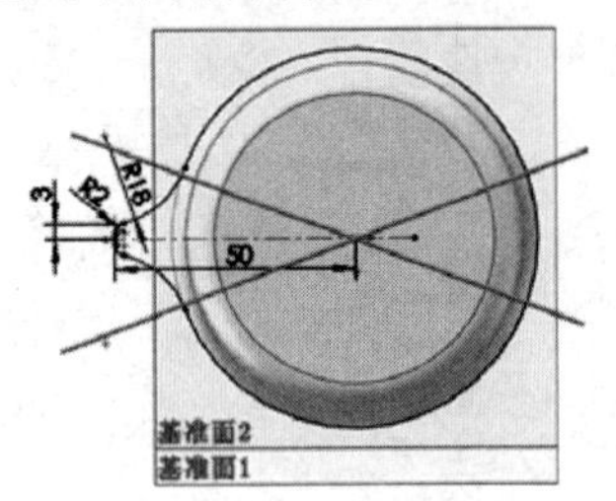

图 7-118　绘制的草图

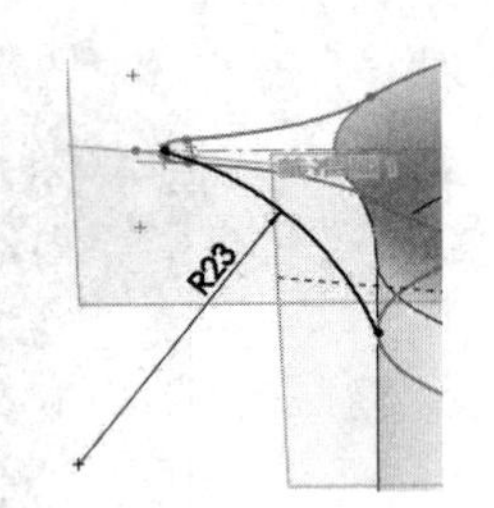

图 7-119　绘制的草图

绘制圆弧的端点和草图 1、草图 2 的端点是穿透几何关系。

7）生成交叉曲线。按住Ctrl键，在左侧“FeatureManager设计树”中选择“基准面3”和“曲面旋转1”，然后选择菜单栏中的“工具”→“草图工具”→“交叉曲线”命令，生成图7-120中曲线1所示的曲线。

8）删除多余曲线。选择曲线1的右侧线段、杯底直线及圆弧端，然后按Delete键删除，结果如图7-121所示，然后退出草图绘制状态。

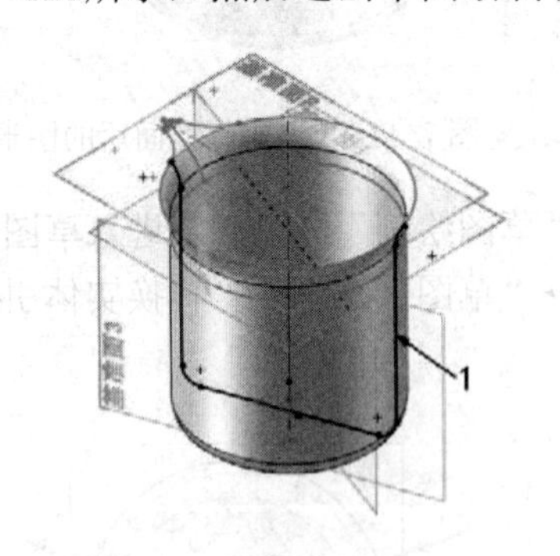

图 7-120　生成的交叉曲线

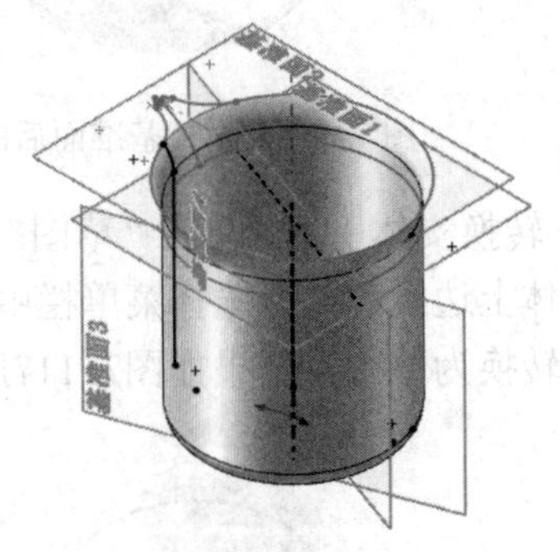

图 7-121　删除后的图形

9）生成其他曲线。重复步骤7）～8），生成镜像3条曲线，其中1条为“基准面3”和“曲面旋转1”的交叉曲线，镜像2条为“基准面4”和“曲面旋转1”的交叉曲线，结果如图7-122所示。

10）剪裁曲面。单击“曲面”工具栏中的“剪裁曲面”按钮，此时系统弹出图7-123所示的“剪裁曲面”属性管理器。在“剪裁工具”的“剪裁曲面、基准面、或草图”一栏中，用光标单击视图中的基准面1；在“保留部分”一栏中，用光标单击视图中基准面1下面的旋转曲面部分。单击属性管理器中的“确定”按钮✔，曲面剪裁完毕，结果如图7-124所示。

11）设置视图显示。选择菜单栏中的“视图”→“基准面”和“临时轴”命令，取消视图中所选项的显示，隐藏“基准面1”～“基准面4”，结果如图7-125所示。

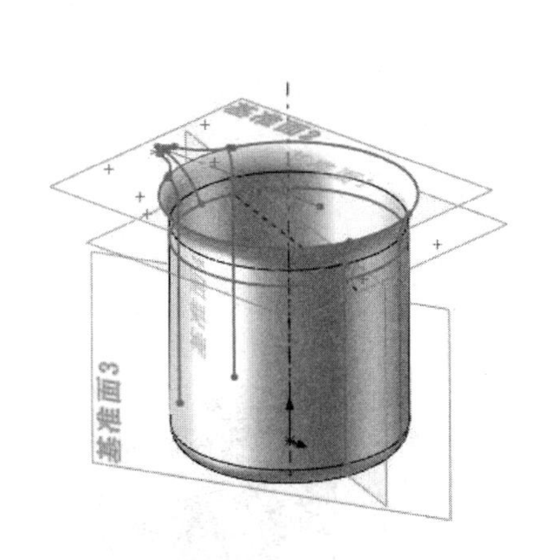

图 7-122 生成曲线后的图形

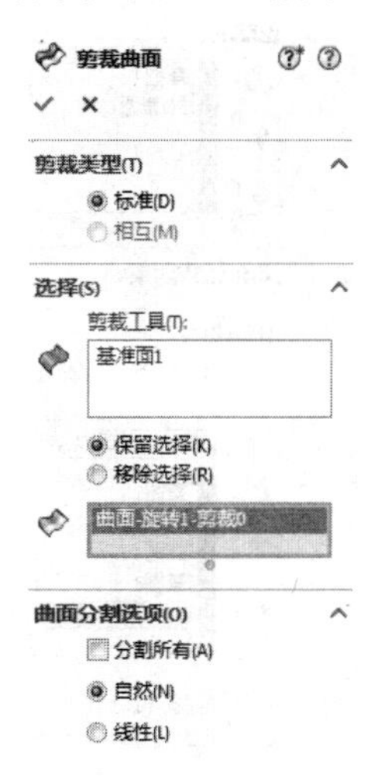

图 7-123 “剪裁曲面”属性管理器

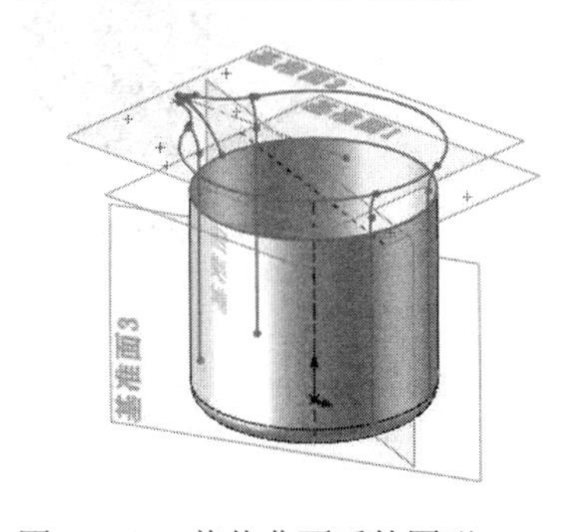

图 7-124 剪裁曲面后的图形

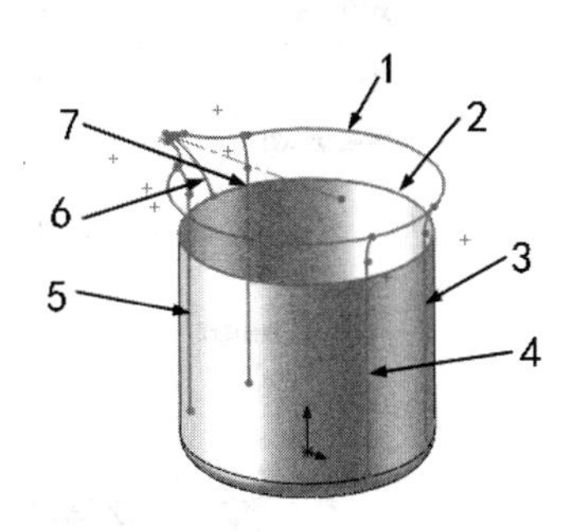

图 7-125 设置视图显示后的图形

12）执行放样曲面命令。选择菜单栏中的“插入”→“曲面”→“放样曲面”命令，或者单击“曲面”工具栏中的“放样曲面”按钮，此时系统弹出图7-126所示的“曲面-放样”属性管理器。

13）设置属性管理器。在属性管理器的“轮廓”一栏中，光标选择图7-125中的草图1和杯体轮廓的边线3；在“引导线”一栏中，依次用光标选择图7-125中3、4、5、6和7所指示的草图。

14）确认设置。单击属性管理器中的“确定”按钮✔，生成放样曲面，结果如图7-127所示。

15）缝合曲面。选择菜单栏中的“插入”→“曲面”→“缝合曲面”命令，或者单击“曲面”工具栏中的“缝合曲面”按钮，此时系统弹出图7-128所示的“缝合曲面”属性管理器。在“要缝合的曲面和面”一栏中，用光标选择放样的杯沿和旋转的杯体。单击属性管理器中的“确定”按钮✔，将上下曲面缝合，结果如图7-129所示，注意观测在图7-127中两面的交接处是虚线，缝合后虚线消失。

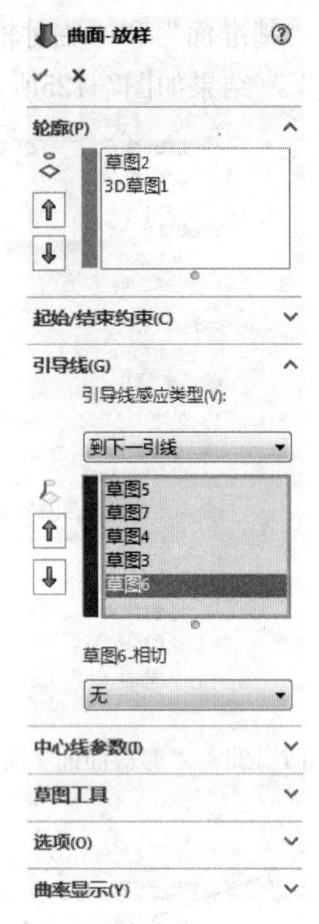

图 7-126 “曲面-放样”属性管理器

图 7-127 放样曲面后的图形

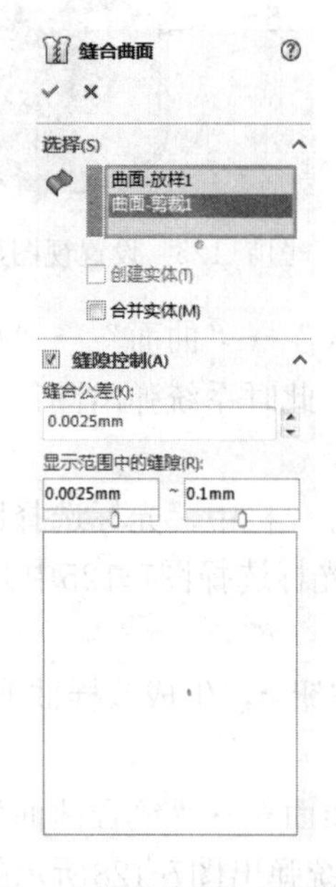

图 7-128 “缝合曲面”属性管理器

图 7-129 缝合曲面后的图形

16）加厚曲面。选择菜单栏中的“插入”→“凸台/基体”→“加厚”命令，此时系统弹出图7-130所示的“加厚”属性管理器。在“要加厚的曲面”一栏中，用光标选择图7-129缝合曲面后的图形；单击选择“加厚侧边1”按钮，即外侧加厚；在“厚度”一栏中输入值2。单击属性管理器中的“确定”按钮✔，完成曲面加厚，结果如图7-131所示。

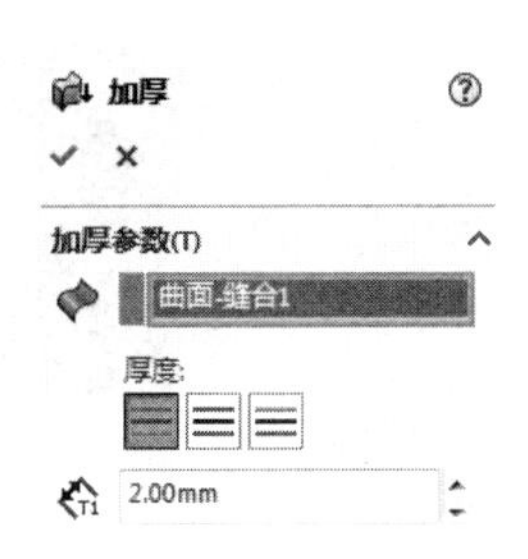

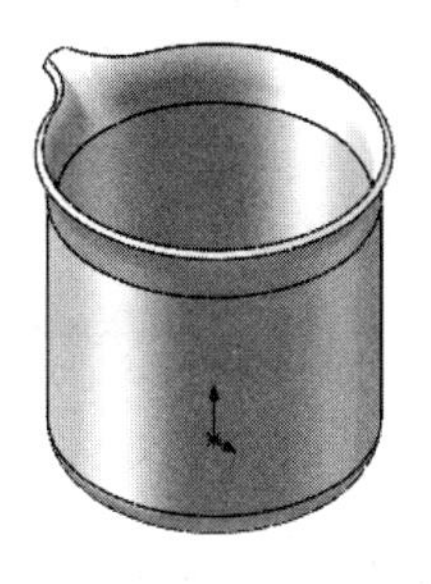

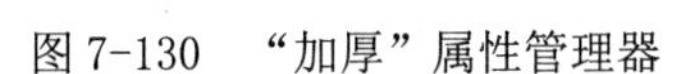

图7-130 “加厚”属性管理器　　图7-131 加厚曲面后的图形

4．标注文字

1）添加基准面。单击“参考几何体”工具栏中的“基准面”按钮，此时系统弹出图7-132所示“基准面”属性管理器。在“参考实体”一栏中，用光标选择“FeatureManager设计树”中的“前视基准面”；在“等距距离”一栏中输入值38。单击属性管理器中的“确定”按钮✔，添加一个新的基准面，结果如图7-133所示。

图7-132 “基准面”属性管理器

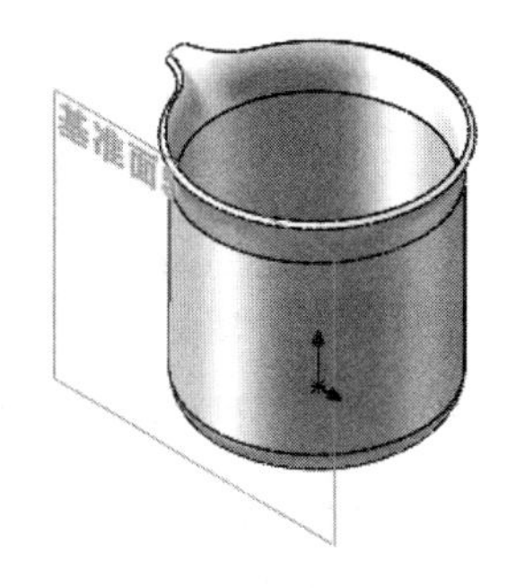

图7-133 添加基准面后的图形

2）等距曲面。选择菜单栏中的“插入”→“曲面”→“等距曲面”命令，或者单击“曲面”工具栏中的“等距曲面”按钮，此时系统弹出图7-134所示的“等距曲面”属性管理器。在“要等距的曲面和面”一栏中，用光标选择图7-133中烧杯的内壁表面；在“等距距离”一栏中输入值1，注意等距的方向为向外等距，单击属性管理器中的“确定”按钮✔，完成等距曲面，结果如图7-135所示。

3）设置基准面。在左侧的“FeatureManager设计树”中选择“基准面5”，然后单击“标准视图”工具栏中的“正视于”按钮，将该基准面作为绘图的基准面。

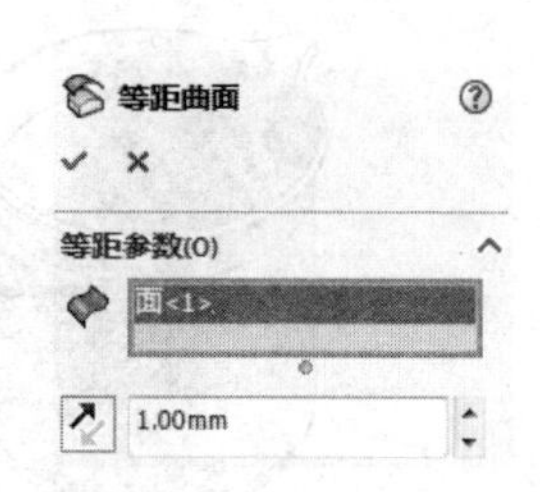

图 7-134　“曲面-等距”属性管理器

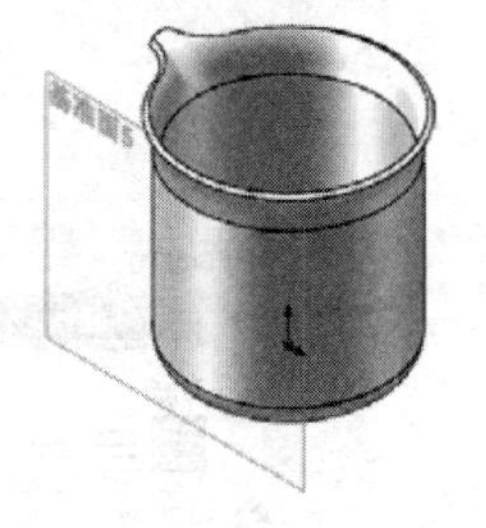

图 7-135　等距曲面后的图形

4）绘制草图文字。选择菜单栏中的“工具”→“草图绘制实体”→“文本”命令，或者单击“草图”工具栏中的“文本”按钮，此时弹出图7-136所示的“草图文字”属性管理器。在“草图文字”一栏中输入“MADE IN CHINA”，并设置文字的大小及属性，单击属性管理器中的“确定”按钮✔，然后用光标调整文字在基准面上的位置。重复该命令，在基准面5上输入草图文字500ML，结果如图7-137所示。

图 7-136　“草图文字”属性管理器

图 7-137　绘制草图文字后的图形

5）设置视图方向。单击“标准视图”工具栏中的“等轴测”按钮，将视图以等轴测方向显示，结果如图7-138所示。

6）拉伸切除草图文字。选择菜单栏中的“插入”→“切除”→“拉伸”命令，或者单击“特征”工具栏中的“拉伸切除”按钮，此时系统弹出图7-139所示的“切除-拉伸”属性管理器。在“终止条件”一栏的下拉菜单中，用光标选择“成形到一面”选项；在“面/平面”一栏中，用光标选择图7-138中等距的曲面，单击属性管理器中的“确定”按钮✔，生成凹进的文字，结果如图7-140所示。

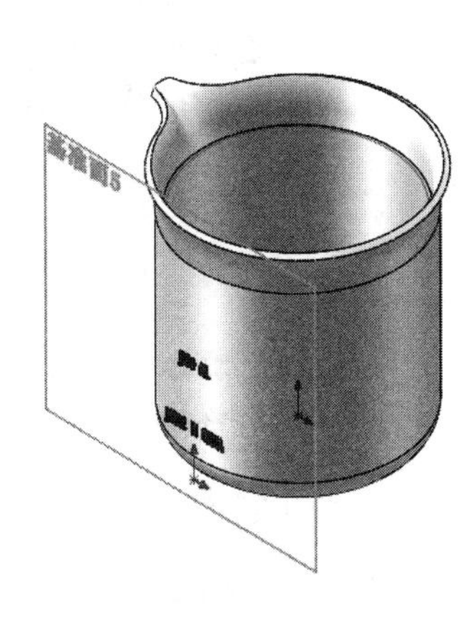

图 7-138 设置视图方向后的图形

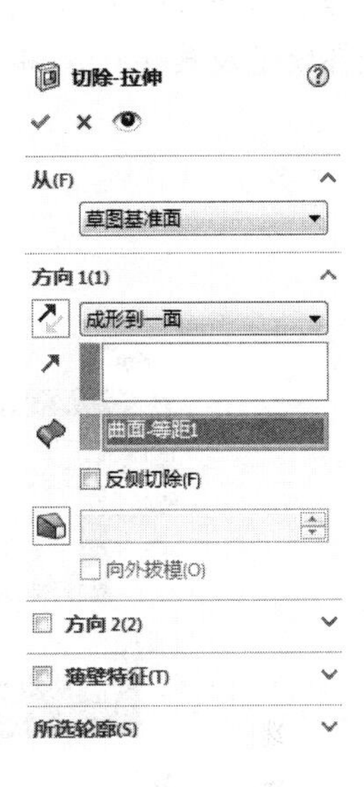

图 7-139 “切除-拉伸”属性管理器

5. 设置外观属性

1）设置烧杯显示效果。单击“FeatureManager设计树”中的“加厚1”选项，然后单击“标准”工具栏中的“编辑外观”按钮，此时系统弹出图7-141所示的“颜色”属性管理器。

图 7-140 拉伸切除后的图形

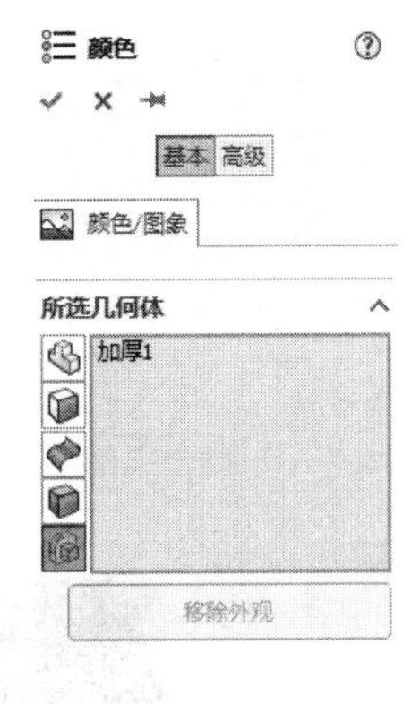

图 7-141 “颜色”属性管理器

2）设置颜色属性。调节属性管理器中的“颜色”一栏中各颜色成分的控标，如图7-142所示，直到颜色满意为止。

3）设置光学属性。单击“高级”按钮，调节“照明度”一栏中各选项的控标，如图7-143所示，设置透明度和明暗度等，直到满意为止，然后单击属性管理器中的“确定”按钮，结果如图7-144所示。

4）设置文字颜色。单击“FeatureManager设计树”中的“切除-拉伸1”的文字选项，然后单击“标准”工具栏中的“编辑外观”按钮，此时系统弹出如图7-145所示的“颜色”

属性管理器，在其中选择“黑色”颜色图块，然后单击属性管理器中的“确定”按钮✔。

烧杯模型及其FeatureManager设计树如图7-146所示。

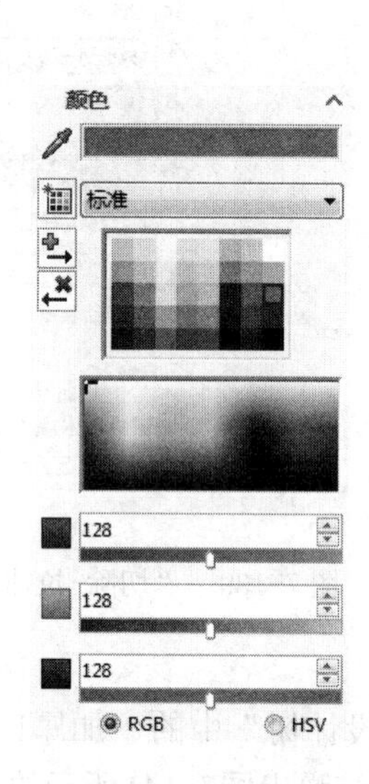

图 7-142 “颜色”设置栏

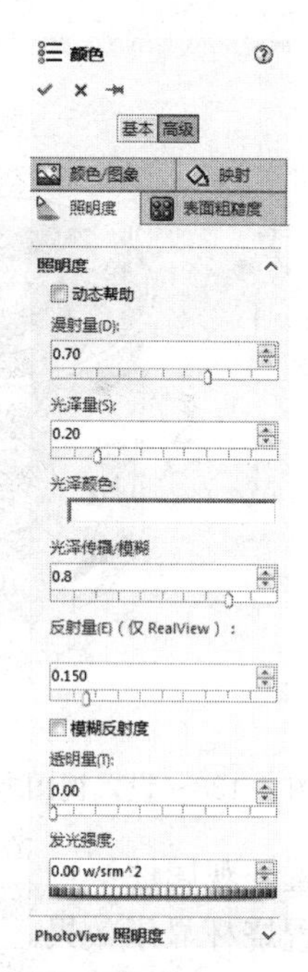

图 7-143 “光学属性”设置栏

图 7-144 设置杯体后的图形

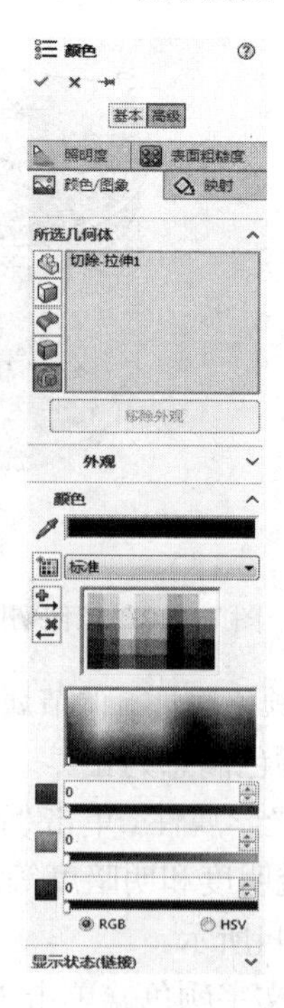

图 7-145 “颜色”属性管理器

注意

在设置烧杯杯体颜色和光学属性时，不能选择整个零件，因为此时包括文字，也不能从视图中单击杯体的某个面，因为此时设置的是选择的某个面。只能单击“FeatureManager设计树”中的“加厚1”选项，因为最后形成杯体是执行加厚命令后的实体。

图 7-146　烧杯及其 FeatureManager 设计树

7.5.6　移动/复制/旋转曲面

用户可以像对拉伸特征、旋转特征那样对曲面特征进行移动、复制、旋转等操作。

1. 要移动/复制曲面

【操作步骤】

1）选择菜单栏中的“插入”→“曲面”→“移动/复制”命令。

2）单击“移动/复制实体”属性管理器最下面的“平移/旋转”按钮，切换到“平移/旋转”模式。

3）在“移动/复制实体”属性管理器中单击“要移动/复制的实体”栏中按钮右侧的显示框，然后在图形区域或特征管理器设计树中选择要移动/复制的实体。

4）如果要复制曲面，则选择“复制”复选框，然后在微调框中指定复制的数目。

5）单击“平移”栏中按钮右侧的显示框，然后在图形区域中选择一条边线来定义平移方向。或者在图形区域中选择两个顶点来定义曲面移动或复制体之间的方向和距离。

6）也可以在ΔX、ΔY、ΔZ微调框中指定移动的距离或复制体之间的距离。此时在右面的图形区域中可以预览曲面移动或复制的效果，如图7-147所示。

7）单击“确定”按钮✔，完成曲面的移动/复制。

图 7-147　“移动/复制实体”属性管理器

2．要旋转/复制曲面

【操作步骤】

1）选择菜单栏中的“插入”→“曲面”→“移动/复制”命令。

2）在“移动/复制实体”属性管理器中单击“要移动/复制的实体”栏中按钮右侧的显示框，然后在图形区域或特征管理器设计树中选择要旋转/复制的曲面。

3）如果要复制曲面，则选择“复制”复选框，然后在微调框中指定复制的数目。

4）激活“旋转”选项，单击按钮右侧的显示框，在图形区域中选择一条边线定义旋转方向。

5）或者在、、微调框中指定原点在X轴、Y轴、Z轴方向移动的距离，然后在、、微调框中指定曲面绕X、Y、Z轴旋转的角度，此时在右面的图形区域中可以预览曲面复制/旋转的效果，如图7-148所示。

图 7-148　旋转曲面

6）单击“确定”按钮✔，完成曲面的旋转/复制。

7.5.7 删除曲面

用户可以从曲面实体中删除一个面，并能对实体中的面进行删除和自动修补。

【操作步骤】

1）单击“曲面”工具栏中的“删除面”按钮，或选择菜单栏中的“插入”→“面”→“删除面”命令。

2）在“删除面”属性管理器中单击“选择”栏中按钮右侧的显示框，然后在图形区域或特征管理器中选择要删除的面。此时，要删除的曲面在该显示框中显示，如图7-149所示。

3）如果单击“删除”单选按钮，将删除所选曲面；如果单击“删除和修补”单选按钮，则在删除曲面的同时，对删除曲面后的曲面进行自动修补；如果单击“删除和填充”单选按钮，则在删除曲面的同时，对删除曲面后的曲面进行自动填充。

4）单击“确定”按钮✔，完成曲面的删除。

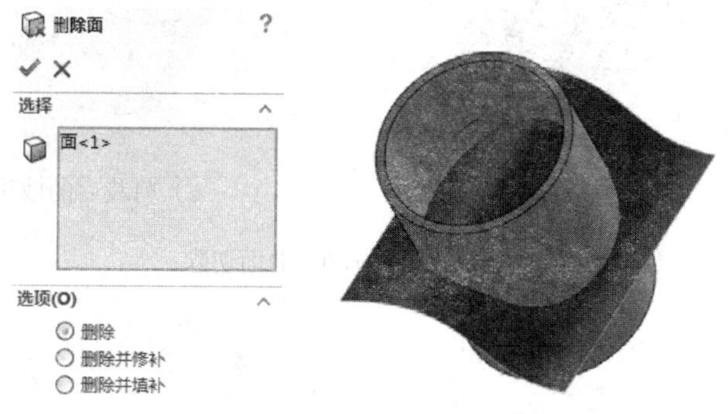

图 7-149 “删除面”属性管理器

7.5.8 曲面切除

SOLIDWORKS还可以利用曲面来生成对实体的切除。

【操作步骤】

1）选择菜单“插入”→“切除”→“使用曲面”命令，此时出现“使用曲面切除”属性管理器。

2）在图形区域或特征管理器设计树中选择切除要使用的曲面，所选曲面出现在“曲面切除参数”栏的显示框中，如图7-150a所示。

3）图形区域中箭头指示实体切除的方向。如有必要，单击反向按钮改变切除方向。

4）单击“确定”按钮✔，则实体被切除，如图7-150b所示。

5）使用剪裁曲面工具，对曲面进行剪裁，得到实体切除效果，如图7-150c所示。

除了这几种常用的曲面编辑方法，还有圆角曲面、加厚曲面、填充曲面等多种编辑方法，它们的操作大多同特征的编辑类似。

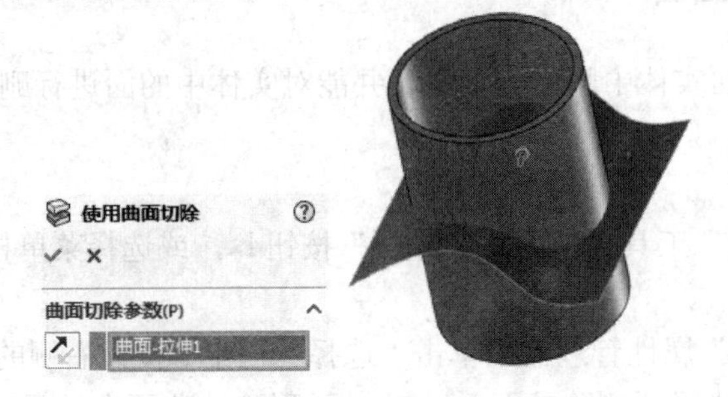

a）“曲面切除”属性管理器

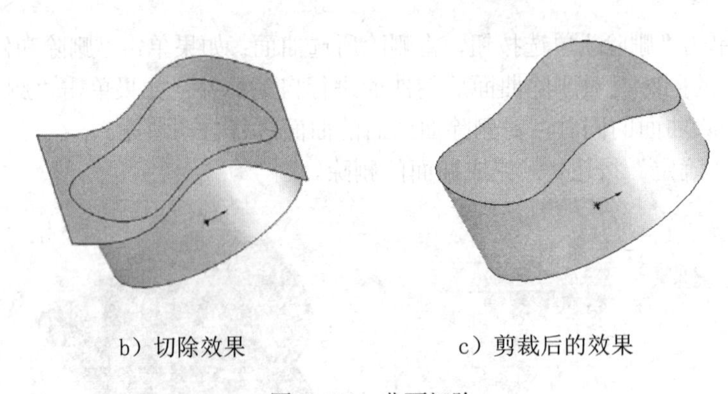

b）切除效果　　c）剪裁后的效果

图 7-150　曲面切除

曲面的综合实例

为了更好地掌握曲线和曲面的知识，本章介绍了几个实例，并给出了详细的操作步骤。

- 航天飞机建模
- 茶壶建模

8.1 航天飞机建模

航天飞机模型如图8-1所示，由机身、侧翼、尾翼和喷气部等部分组成。绘制该模型的命令主要有添加基准面、绘制样条曲线、曲面拉伸、曲面放样、曲面剪裁、曲面扫描和镜像曲面实体等。

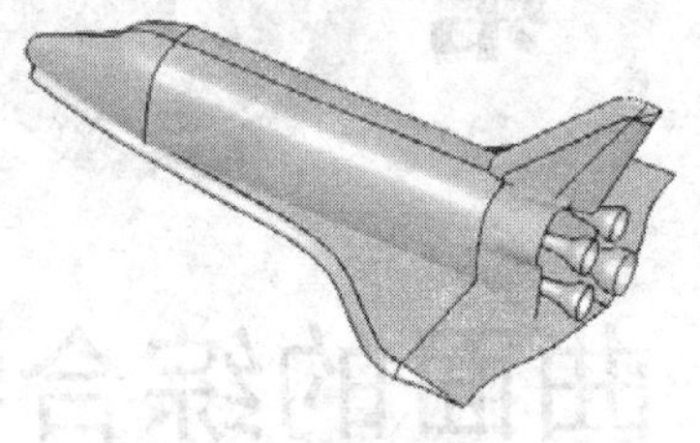

图 8-1　航天飞机模型

> **实讲实训 多媒体演示**
>
> 多媒体演示参见配套光盘中的\\动画演示\第8章\航天飞机建模.avi。

【操作步骤】

1．新建文件

1）启动软件。选择菜单栏中的“开始”→“所有程序”→“SOLIDWORKS 2016”命令，或者单击桌面按钮，启动SOLIDWORKS 2016。

2）创建零件文件。选择菜单栏中的“文件”→“新建”命令，或者单击“标准”工具栏中的“新建”按钮，此时系统弹出图8-2所示的“新建SOLIDWORKS文件”对话框，在其中选择“零件”按钮，然后单击“确定”按钮，创建一个新的零件文件。

图 8-2　“新建 SOLIDWORKS 文件”对话框

2．保存文件

选择菜单栏中的“文件”→“保存”命令，或者单击“标准”工具栏中的“保存”按钮，此时系统弹出图8-3所示的“另存为”对话框。在“文件名”一栏中输入“航天飞机”，然后单击“保存”按钮，创建一个文件名为“航天飞机”的零件文件。

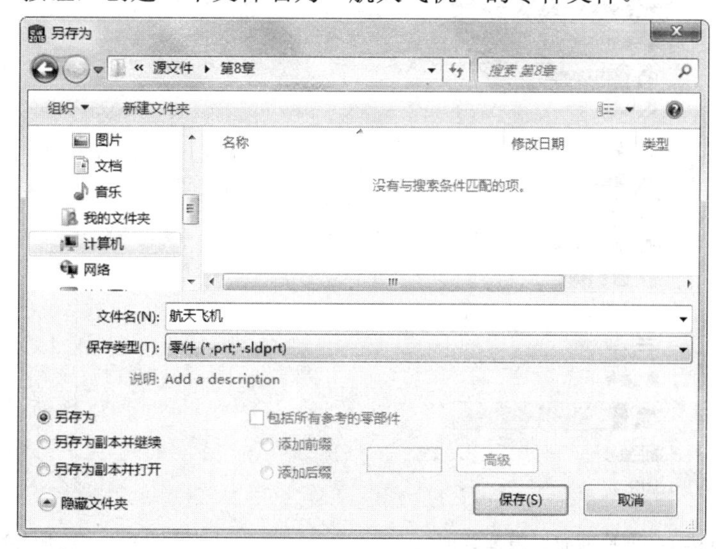

图 8-3 “另存为”对话框

8.1.1 绘制机身

【操作步骤】

1）添加基准面。选择菜单栏中的“插入”→“参考几何体”→“基准面”命令，或者单击“参考几何体”工具栏中的“基准面”按钮，此时系统弹出图8-4所示的“基准面”属性管理器。在属性管理器“参考实体”一栏中，用鼠标选择“FeatureManager设计树”中的“右视基准面”；在“偏移距离”一栏中输入值8680，注意添加基准面的方向。单击属性管理器中的“确定”按钮，添加一个基准面。

2）设置视图方向。单击“标准视图”工具栏中的“等轴测”按钮，将视图以等轴测方向显示，结果如图8-5所示。

3）设置基准面。在左侧“FeatureManager设计树”中用鼠标选择“基准面1”，然后单击“标准视图”工具栏中的“正视于”按钮，将该基准面作为绘制图形的基准面。

4）绘制草图。选择菜单栏中的“工具”→“草图绘制实体”→“样条曲线”命令，单击“草图”工具栏中的“样条曲线”按钮，绘制图8-6所示的样条曲线并标注尺寸。

5）拉伸曲面。选择菜单栏中的“插入”→“曲面”→“拉伸曲面”命令，或者单击“曲面”工具栏中的“拉伸曲面”按钮，此时系统弹出图8-7所示的“曲面-拉伸”属性管理器。在“终止条件”一栏的下拉菜单中，选择“给定深度”选项。在“深度”一栏中输入值19810，注意曲面拉伸的方向。单击属性管理器中的“确定”按钮，完成曲面拉伸，结果如图8-8所示。

图 8-4 “基准面”属性管理器

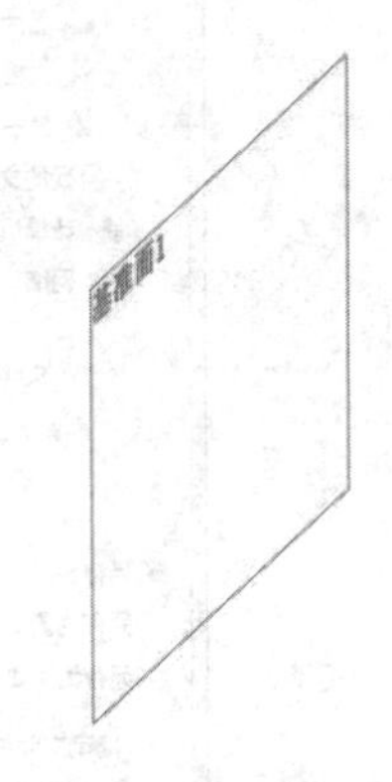

图 8-5 添加基准面后的图形

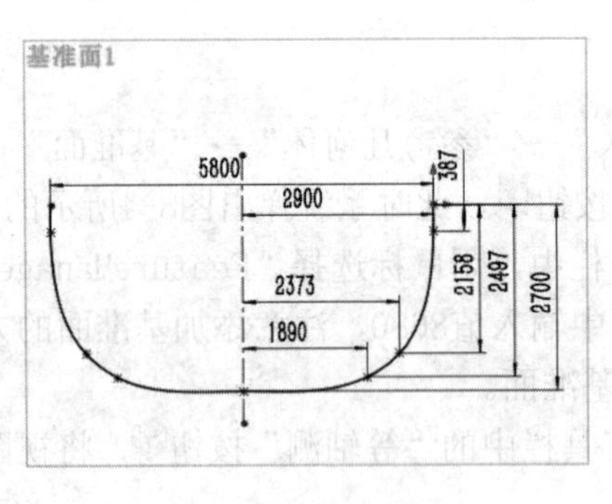

图 8-6 绘制的草图

图 8-7 “曲面-拉伸”属性管理器

6）设置基准面。在左侧“FeatureManager设计树”中用鼠标选择“上视基准面”，然后单击“标准视图”工具栏中的“正视于”按钮，将该基准面作为绘制图形的基准面。

7）绘制草图。单击“草图”工具栏中的“样条曲线”按钮，绘制图8-9所示的样条曲线并标注尺寸，然后退出草图绘制状态。

8）设置基准面。在左侧“FeatureManager设计树”中用鼠标选择“上视基准面”，然后单击“标准视图”工具栏中的“正视于”按钮，将该基准面作为绘制图形的基准面。

9）绘制草图。单击“草图”工具栏中的“样条曲线”按钮，绘制图8-10所示的样条曲线并标注尺寸，然后退出草图绘制状态，结果如图8-11所示。

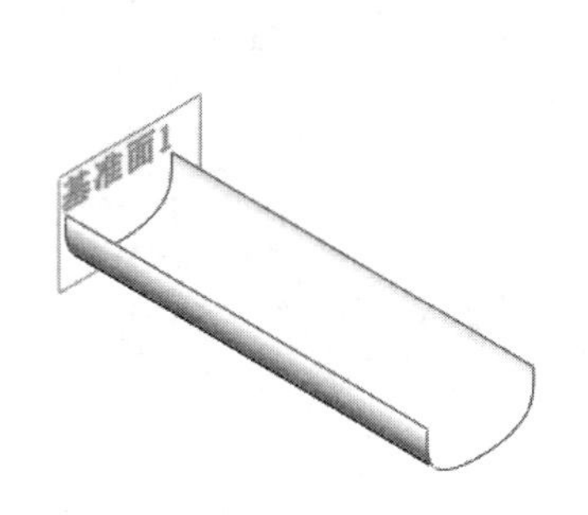

图 8-8　拉伸曲面后的图形

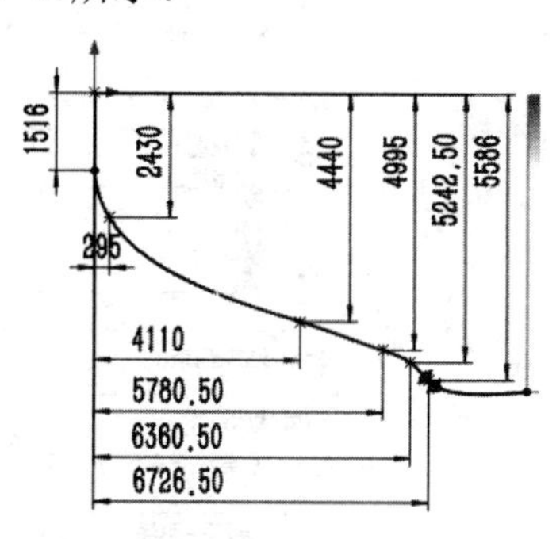

图 8-9　绘制的草图

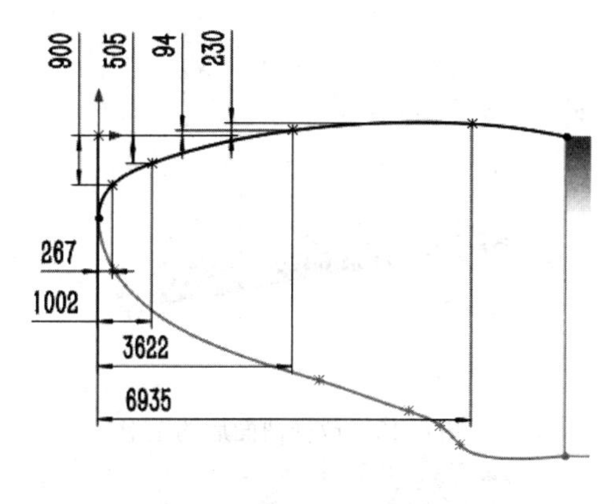

图 8-10　绘制的草图

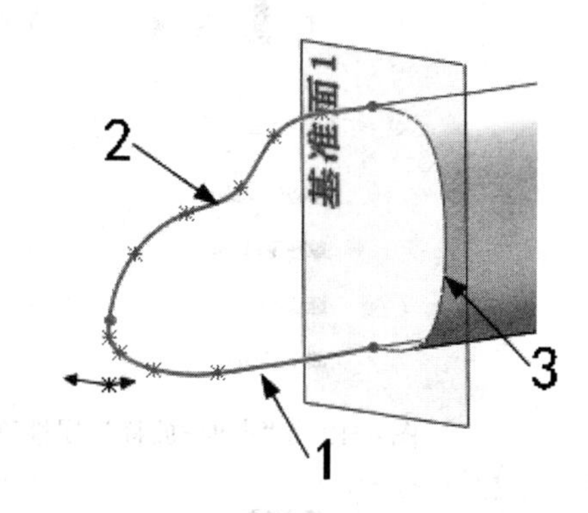

图 8-11　设置视图方向后的图形

10）放样曲面。选择菜单栏中的“插入”→“曲面”→“放样曲面”命令，或者单击“曲面”工具栏中的“放样曲面”按钮，此时系统弹出图8-12所示的“曲面-放样”属性管理器。在属性管理器的“轮廓”一栏中，用鼠标依次选择图8-11中的草图1和草图2；在“引导线”一栏中，用鼠标选择图8-11中的边线3，单击属性管理器中的“确定”按钮，生成放样曲面，结果如图8-13所示。

放样曲面生成航天飞机头部时，可以多绘制几条头部轮廓样条曲线，这样可以使其放样生成的曲面更加平滑流畅。

11）缝合曲面。选择菜单栏中的“插入”→“曲面”→“缝合曲面”命令，或者单击“曲面”工具栏中的“缝合曲面”按钮，此时系统弹出图8-14所示的“缝合曲面”属性管理器。在“要缝合的曲面和面”一栏中，用鼠标选择“曲面-拉伸1”和“曲面-放样1”。单击属性管理器中的“确定”按钮，将两个曲面缝合。

12）设置视图方向。单击“视图”工具栏中的“旋转”按钮，将视图以合适的方向显示，结果如图8-15所示。

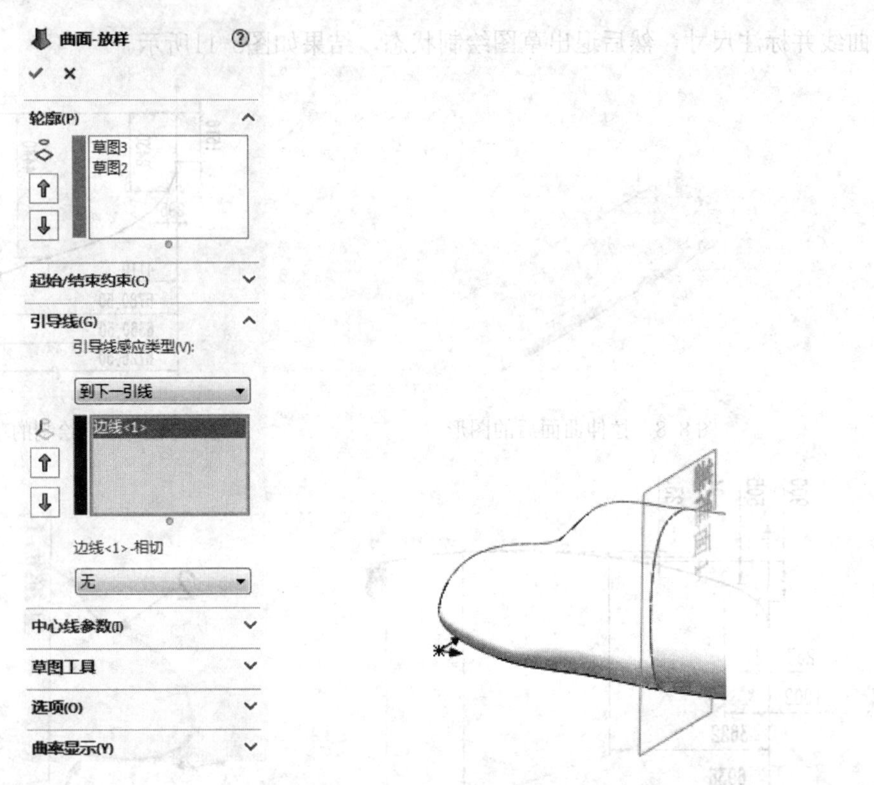

图 8-12　“曲面-放样”属性管理器

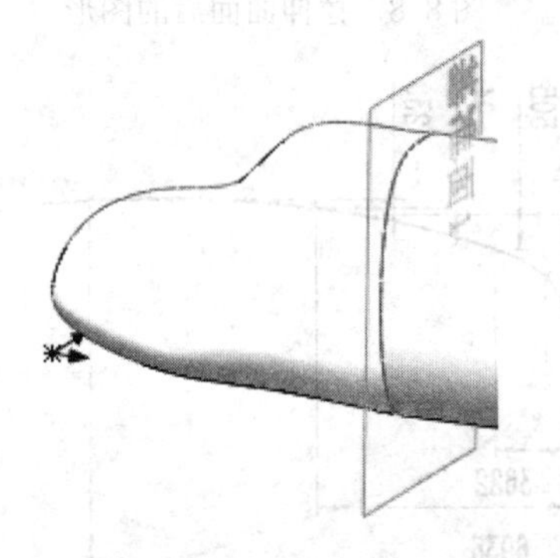

图 8-13　放样曲面后的图形

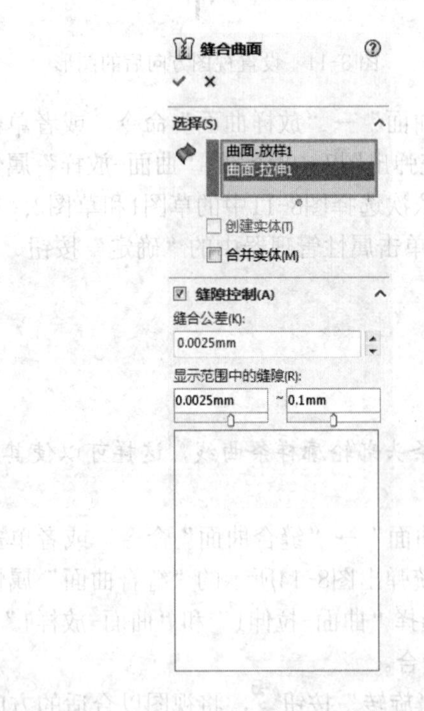

图 8-14　“缝合曲面”属性管理器

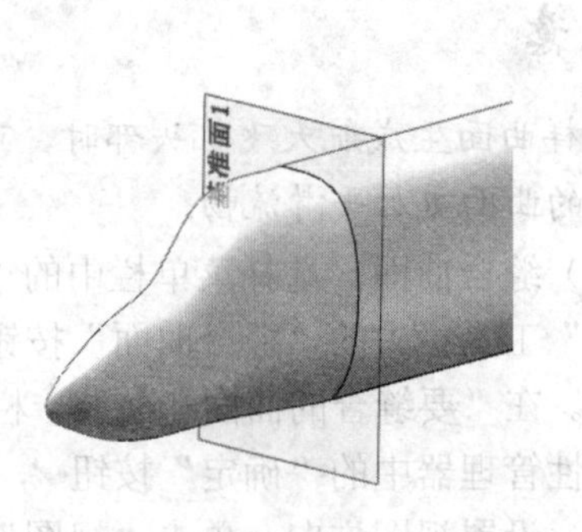

图 8-15　改变视图方向后的图形

13）镜像曲面实体。选择菜单栏中的“插入”→“阵列/镜向”→“镜向”命令，或者单击“特征”工具栏中的“镜向”按钮，此时系统弹出图8-16所示的“镜向”属性管理器。在“镜向面/基准面”一栏中，用鼠标选择“FeatureManager设计树”中的“上视基准面”；在“要镜向的实体”一栏中，用鼠标选择“FeatureManager设计树”中的“曲面-缝合1”，即缝合曲面后的图形，单击属性管理器中的“确定”按钮，完成镜像曲面实体，结果如图8-17所示。

图 8-16 “镜向”属性管理器

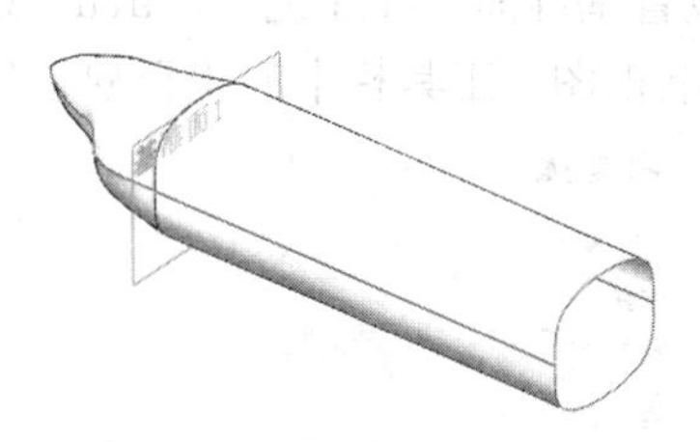

图 8-17 镜向曲面实体后的图形

8.1.2 绘制侧翼

首先绘制放样轮廓线，在通过放样、镜像、边界曲面功能创建侧翼。

【操作步骤】

1．绘制侧翼

1）设置基准面。在左侧“FeatureManager设计树”中用鼠标选择“前视基准面”，然后单击“标准视图”工具栏中的“正视于”按钮，将该基准面作为绘制图形的基准面。

2）绘制草图。单击“草图”工具栏中的“样条曲线”按钮和“中心线”按钮，绘制图8-18所示草图并标注尺寸，然后退出草图绘制状态。

3）添加基准面。单击“参考几何体”工具栏中的“基准面”按钮，此时系统弹出图8-19所示的“基准面”属性管理器。在属性管理器“参考实体”一栏中，用鼠标选择“FeatureManager设计树”中的“右视基准面”；在“偏移距离”一栏中输入值750，注意添加基准面的方向。单击属性管理器中的“确定”按钮，添加一个基准面。

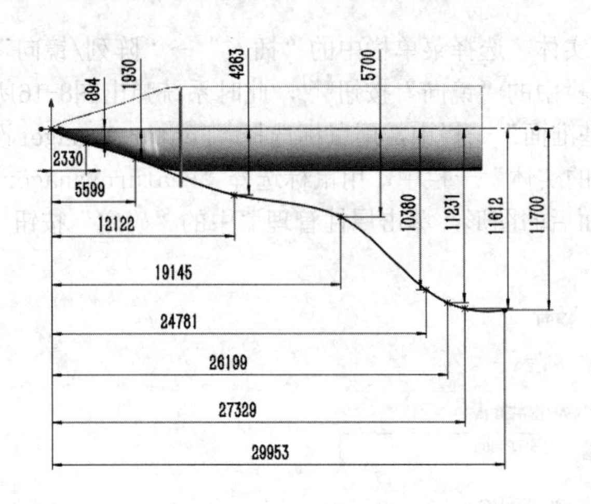

图 8-18　绘制的草图

4）设置视图方向。单击“标准视图”工具栏中的“等轴测”按钮，将视图以等轴测方向显示，结果如图8-20所示。

5）设置基准面。在左侧“FeatureManager设计树”中用鼠标选择“基准面2”，然后单击“标准视图”工具栏中的“正视于”按钮，将该基准面作为绘制图形的基准面。

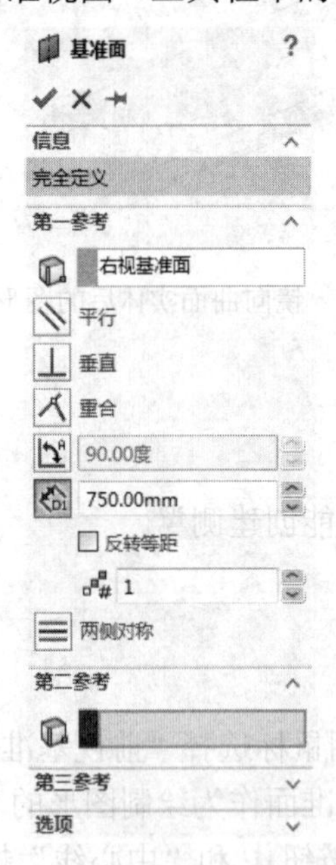

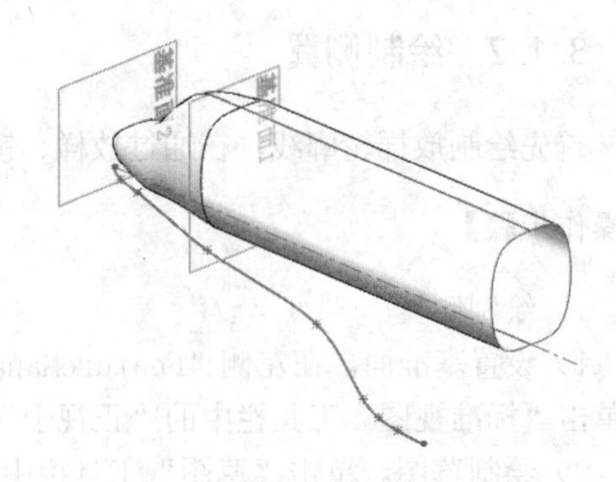

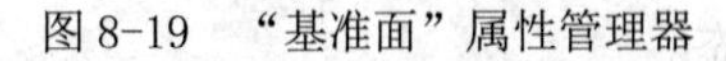

图 8-19　“基准面”属性管理器　　　　图 8-20　添加基准面后的图形

6）绘制草图。单击“草图”工具栏中的“直线”按钮和“样条曲线”按钮，绘制图8-21所示的样条曲线并标注尺寸，然后退出草图绘制状态，结果如图8-22所示。

7）扫描曲面。选择菜单栏中的“插入”→“曲面”→“扫描曲面”命令，或者单击“曲面”工具栏中的“扫描曲面”按钮，此时系统弹出图8-23所示的“曲面－扫描”属性管理器。在“轮廓”一栏中，用鼠标选择图8-22中的草图2；在“路径”一栏中，用鼠标选择图8-22中的草图1。单击属性管理器中的“确定”按钮✔，完成曲面扫描，结果如图8-24所示。

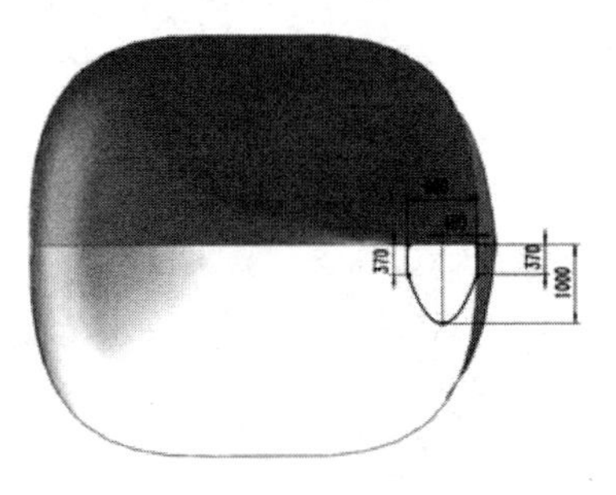

图 8-21 绘制的草图

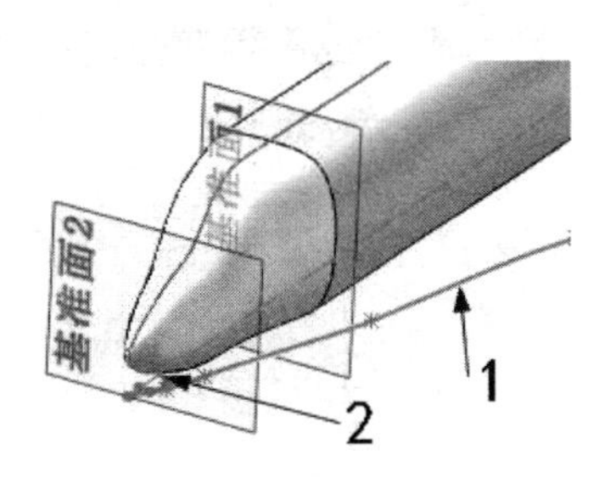

图 8-22 改变视图方向后的图形

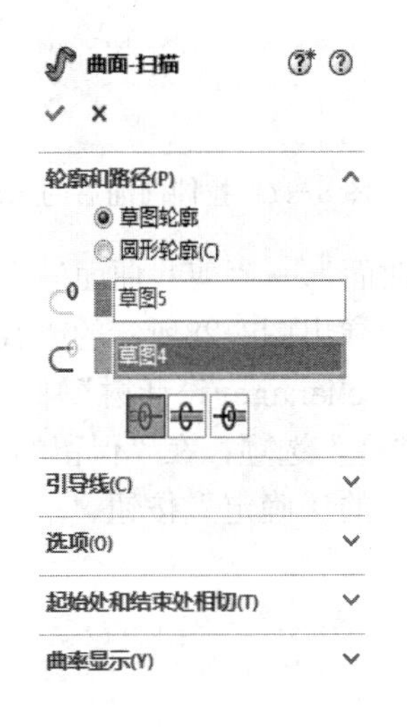

图 8-23 “曲面-扫描”属性管理器

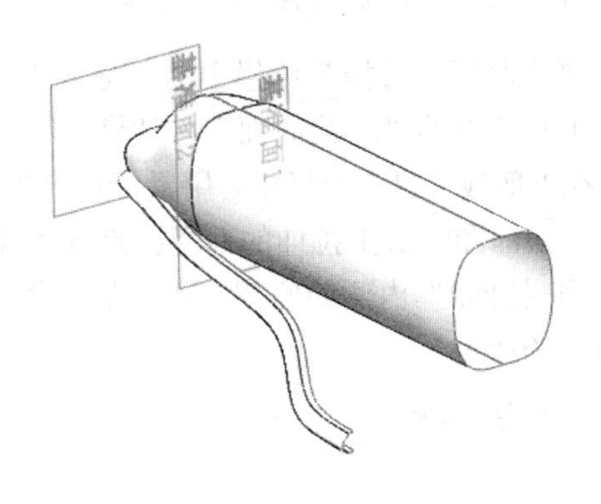

图 8-24 扫描曲面后的图形

8）设置基准面。在左侧“FeatureManager设计树”中用鼠标选择“前视基准面”，然后单击“标准视图”工具栏中的“正视于”按钮，将该基准面作为绘制图形的基准面。

9）绘制草图。单击“草图”工具栏中的“直线”按钮，绘制一条直线，注意直线端点的几何关系，直线的起始端点位于缝合曲面边线的中点处，末端点位于侧翼外侧，如图8-25所示。

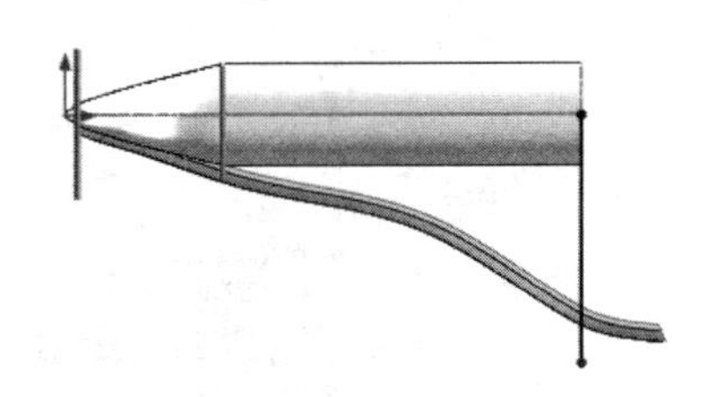

图 8-25 绘制的草图

10）拉伸曲面。单击“曲面”工具栏中的“拉伸曲面”按钮，此时系统弹出图8-26所示的“曲面-拉伸”属性管理器。在“终止条件”一栏的下拉菜单中，选择“给定深度”选项。在“深度”一栏中输入值10000，注意曲面拉伸的方向。单击属性管理器中的“确定”按钮✔，完成曲面拉伸，结果如图8-27所示。

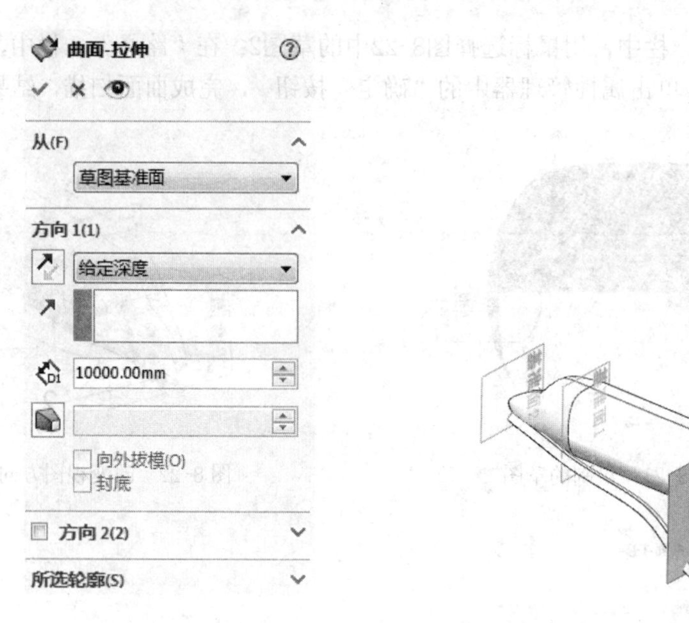

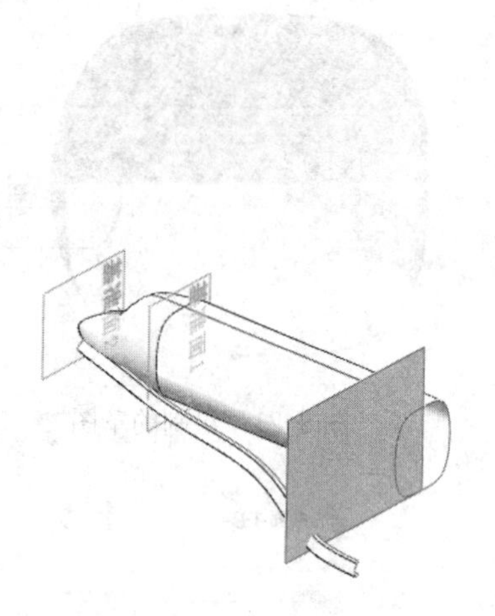

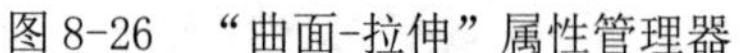

图 8-26 “曲面-拉伸”属性管理器　　　　图 8-27 拉伸曲面后的图形

11）剪裁曲面。选择菜单栏中的“插入”→“曲面”→“剪裁曲面”命令，或者单击“曲面”工具栏中的“剪裁曲面”按钮，此时系统弹出图8-28所示的“裁剪曲面”属性管理器。在“剪裁工具”一栏中，用鼠标选择“FeatureManager设计树”中用鼠标选择“曲面-拉伸2”，即图8-27中拉伸的曲面；点选“保留选择”选项；在“保留的部分”一栏中，选择“曲面-拉伸2”内侧的侧翼。单击属性管理器中的“确定”按钮，完成曲面剪裁，结果如图8-29所示。

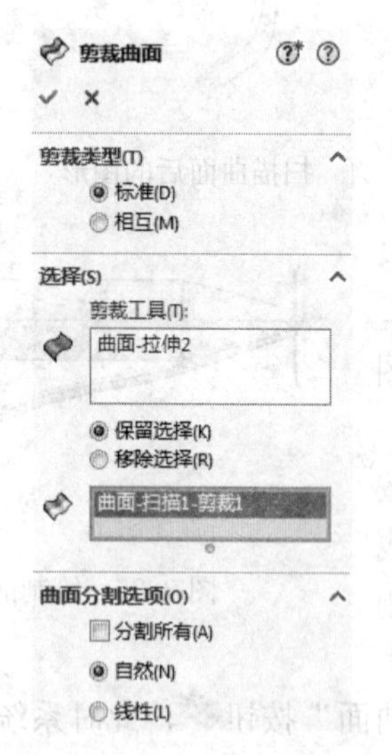

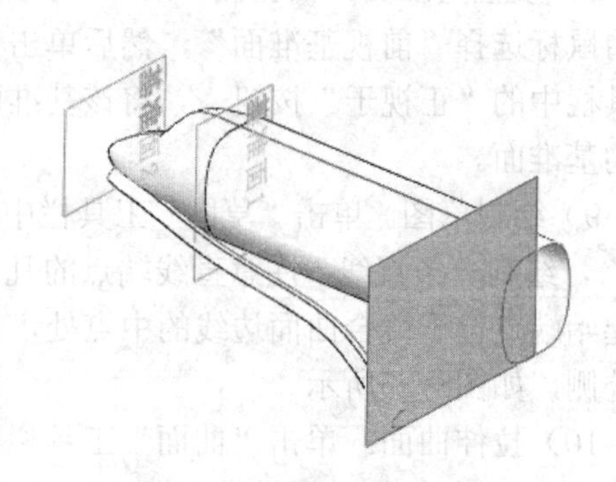

图 8-28 “剪裁曲面”属性管理器　　　　图 8-29 剪裁曲面后的图形

12）隐藏曲面实体。在“FeatureManager设计树”中选择“曲面-拉伸2”，即图8-27

中拉伸的曲面，然后右键单击，在弹出快捷菜单中选择“隐藏”选项，结果如图8-30所示。

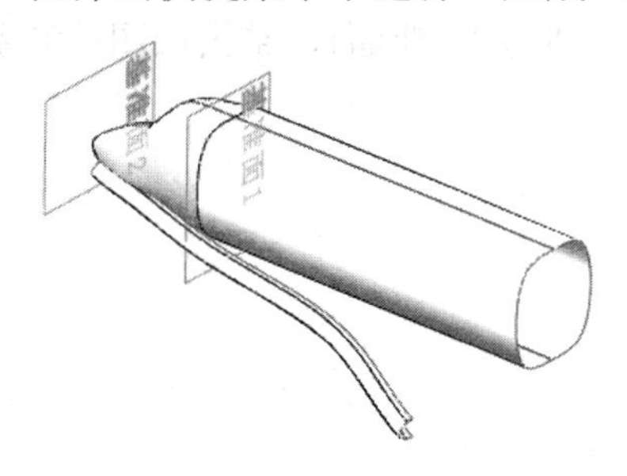

图 8-30　隐藏曲面实体后的图形

注意

在实体建模过程中，经常需要辅助图形，一般在用完辅助图形后将其隐藏，使图形更加清晰。还要注意的是，辅助实体用完后，不能将其删除。因为它是其他实体图形的关联图形，删除它，将删除与其相关的图形。

13）镜像曲面实体。单击“特征”工具栏中的“镜向”按钮，此时系统弹出图8-31所示的“镜向”属性管理器。在“镜向面/基准面”一栏中，用鼠标选择“FeatureManager设计树”中的“上视基准面”；在“要镜向的实体”一栏中，用鼠标选择“FeatureManager设计树”中的“曲面-剪裁1”，即图8-29中剪裁后的曲面实体。单击属性管理器中的“确定” 按钮✔，完成镜像曲面实体。

14）设置视图方向。单击“视图”工具栏中的“旋转”按钮，将视图以合适的方向显示，结果如图8-32所示。

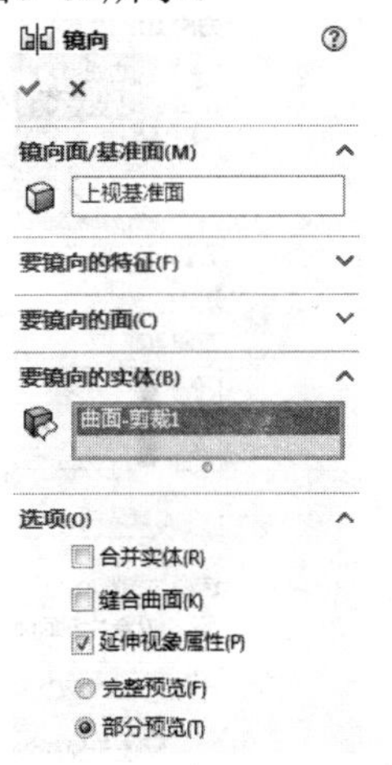

图 8-31　“镜向”属性管理器

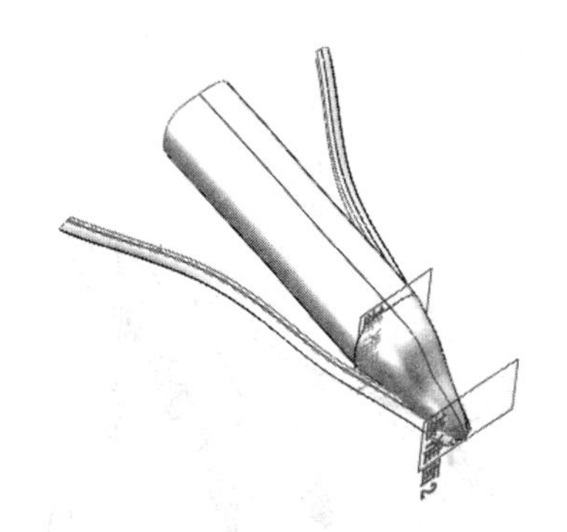

图 8-32　镜向曲面后的图形

2．填充侧翼

1）绘制下侧边界曲面。单击“曲面”工具栏中的“边界曲面”按钮，此时系统弹出图8-34所示的“边界－曲面”属性管理器。用鼠标依次选择图8-33中的下边线1和下边线2，单击“确定”按钮✔，生成边界-曲面1，结果如图8-35所示。

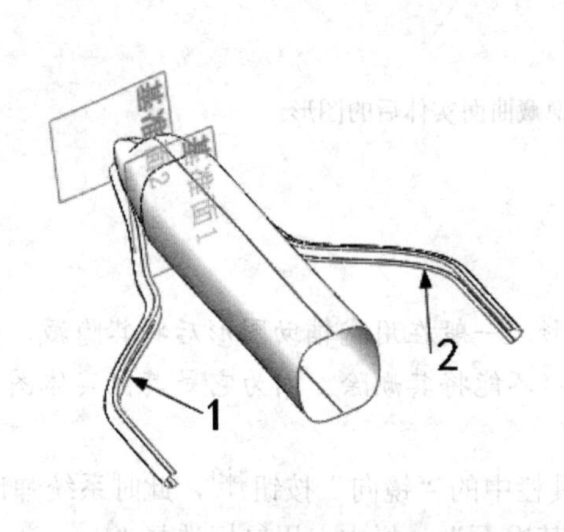

图 8-33　设置视图方向后的图形

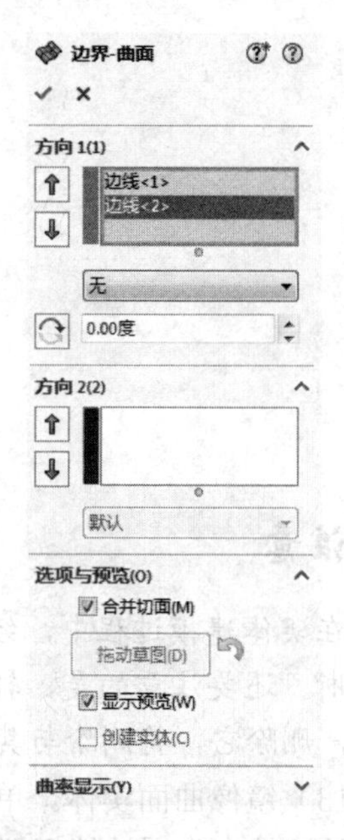

图 8-34　“边界-曲面”属性管理器

2）绘制上侧边界曲面。重复步骤1），“边界－曲面”属性管理器设置如图8-36所示，用鼠标选择图8-35中的侧翼的上边线1和上边线2。生成边界-曲面2，结果如图8-37所示。

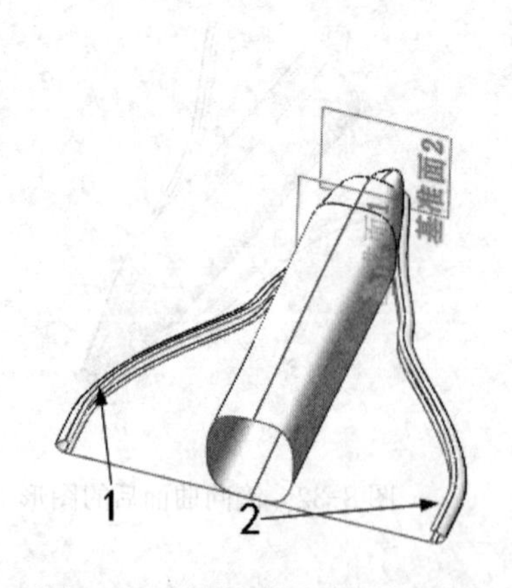

图 8-35　设置视图方向后的图形

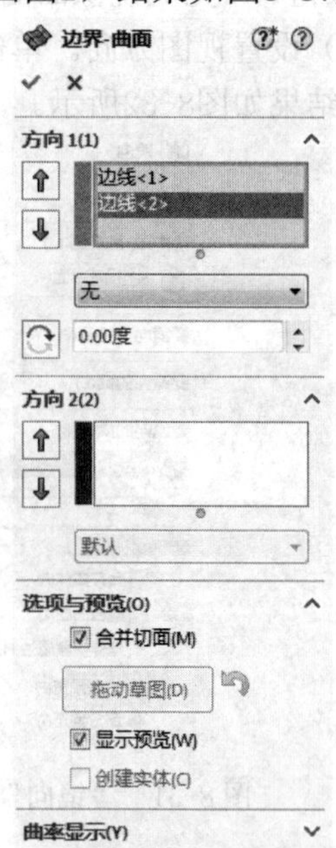

图 8-36　“边界-曲面”属性管理器

3）编辑视图。依次单击视图中的基准面，在弹出的快捷菜单中单击隐藏按钮，将视图中的基准面隐藏，结果如图8-38所示。

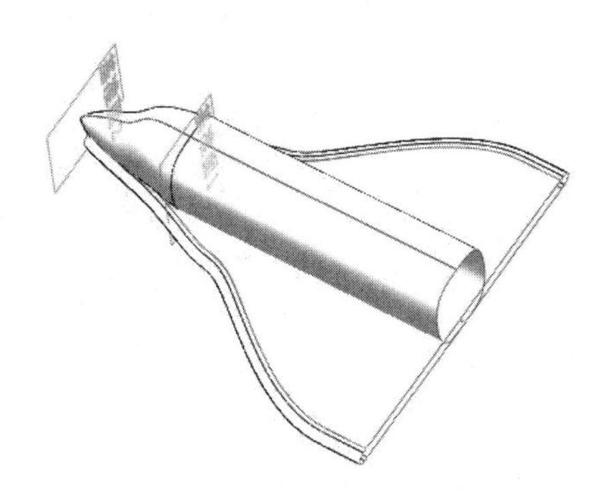

图 8-37 边界曲面后的图形

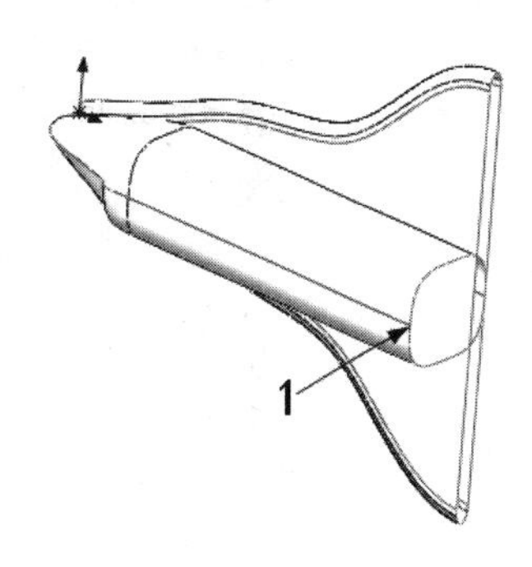

图 8-38 编辑视图后的图形

8.1.3 绘制尾翼

首先绘制草图轮廓，在通过扫描、放样等操作创建尾翼。

【操作步骤】

1. 绘制上尾翼

1）添加基准面。单击“参考几何体”工具栏中的“基准面”按钮，此时系统弹出图8-39所示的“基准面”属性管理器。在属性管理器“参考实体”一栏中，用鼠标选择“FeatureManager设计树”中的“前视基准面”和图8-38中的顶点1。单击属性管理器中的“确定”按钮，添加一个基准面，结果如图8-40所示。

2）设置基准面。在左侧“FeatureManager设计树”中用鼠标选择“基准面3”，然后单击“标准视图”工具栏中的“正视于”按钮，将该基准面作为绘制图形的基准面。

3）绘制草图。单击“草图”工具栏中的“样条曲线”按钮，绘制图8-41所示的样条曲线并标注尺寸，然后退出草图绘制状态。

4）设置基准面。在左侧“FeatureManager设计树”中用鼠标选择“上视基准面”，然后单击“标准视图”工具栏中的“正视于”按钮，将该基准面作为绘制图形的基准面。

5）绘制草图。单击“草图”工具栏中的“样条曲线”按钮，绘制图8-42所示的样条曲线并标注尺寸，然后退出草图绘制状态，注意草图的端点与图8-41中草图的左顶点重合。

6）扫描曲面。选择菜单栏中的“插入”→“曲面”→“扫描曲面”命令，或者单击“曲面”工具栏中的“扫描曲面”按钮，此时系统弹出图8-43所示的“曲面一扫描”属性管理器。在属性管理器的“轮廓”一栏中，用鼠标选择图8-41绘制的草图；在“引导线”一栏中，用鼠标选择图8-42绘制的草图。单击属性管理器中的“确定”按钮，生成扫描曲面。

7）设置视图方向。单击“视图”工具栏中的“旋转视图”按钮，将视图以合适的方向显示，结果如图8-44所示。

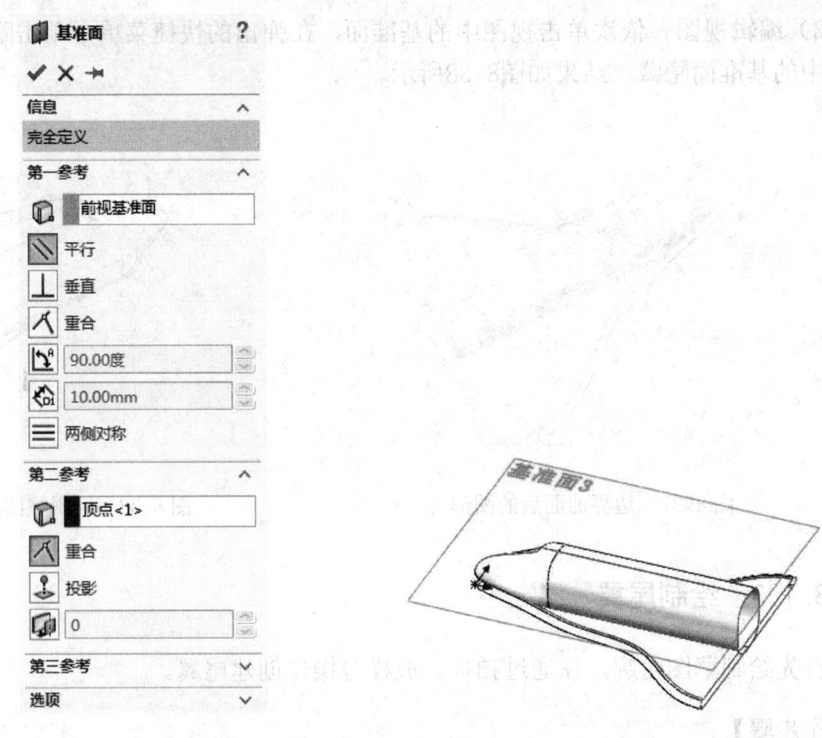

图 8-39 “基准面”属性管理器

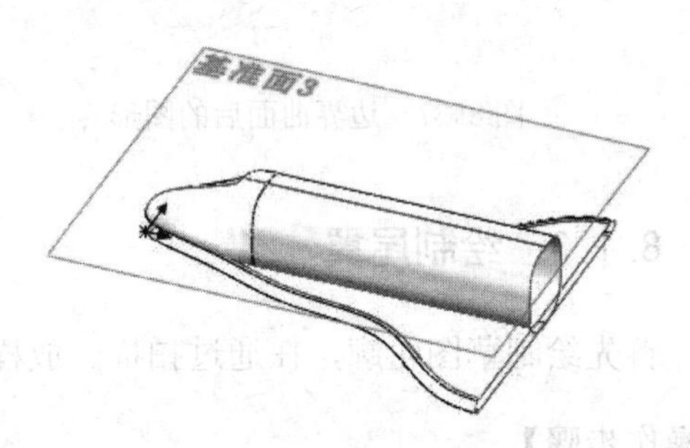

图 8-40 添加基准面后的图形

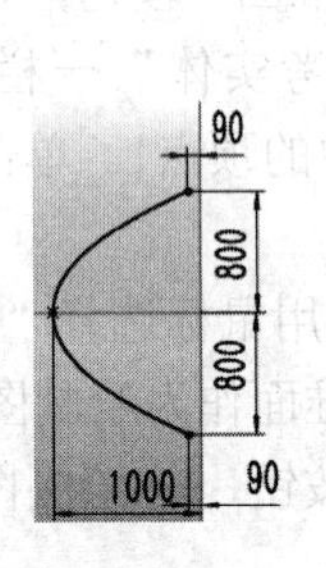

图 8-41 绘制的草图

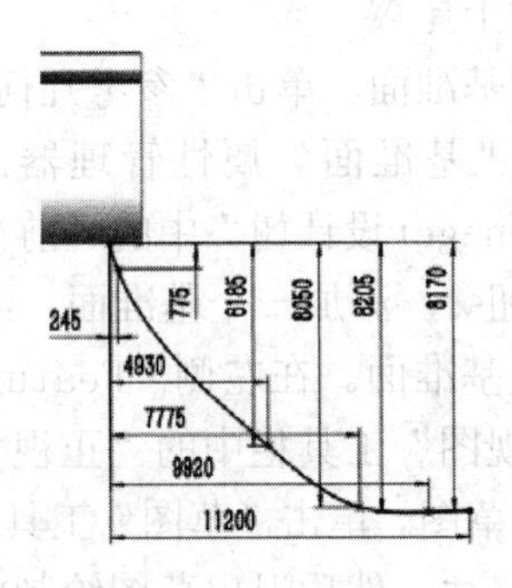

图 8-42 绘制的草图

8）设置基准面。在左侧“FeatureManager设计树”中用鼠标选择“上视基准面”，然后单击“标准视图”工具栏中的“正视于”按钮，将该基准面作为绘制图形的基准面。

9）绘制草图。单击“草图”工具栏中的“直线”按钮，绘制图8-45所示的草图并标注尺寸。

10）剪裁曲面。单击“曲面”工具栏中的“剪裁曲面”按钮，此时系统弹出图8-46所示的“剪裁曲面”属性管理器。在“剪裁工具”一栏中，用鼠标选择图8-45绘制的草图；点选“保留选择”选项；在“保留的部分”一栏中，用鼠标选择图8-45中草图左侧扫描的曲面。单击属性管理器中的“确定”按钮，完成曲面剪裁，结果如图8-47所示。

11）添加基准面。单击“参考几何体”工具栏中的“基准面”按钮，此时系统弹出

图8-48所示的“基准面”属性管理器。在属性管理器“参考实体”一栏中，用鼠标选择“FeatureManager设计树”中的“前视基准面”和图8-47中的顶点1。单击属性管理器中的“确定”按钮✔，添加一个基准面，结果如图8-49所示。

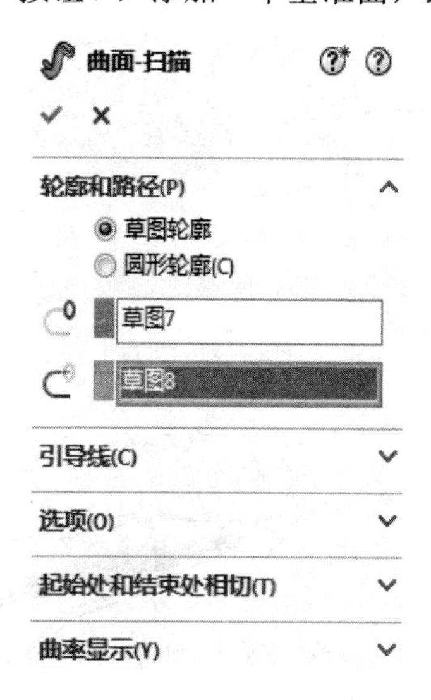

图 8-43 “曲面-扫描”属性管理器

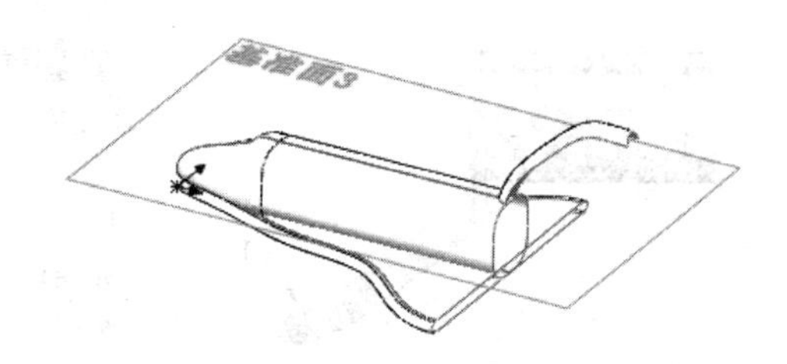

图 8-44 设置视图方向后的图形

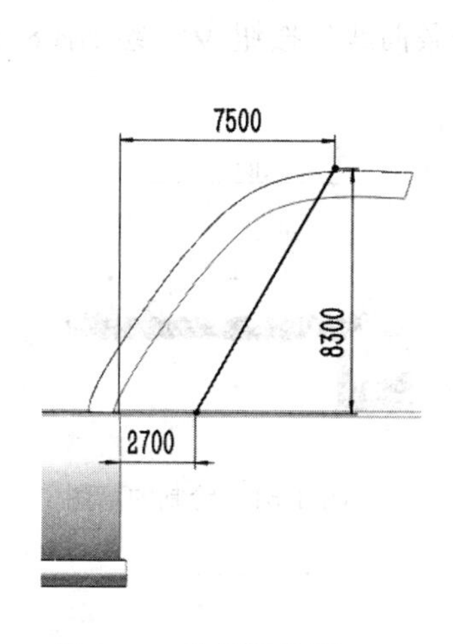

图 8-45 绘制的草图

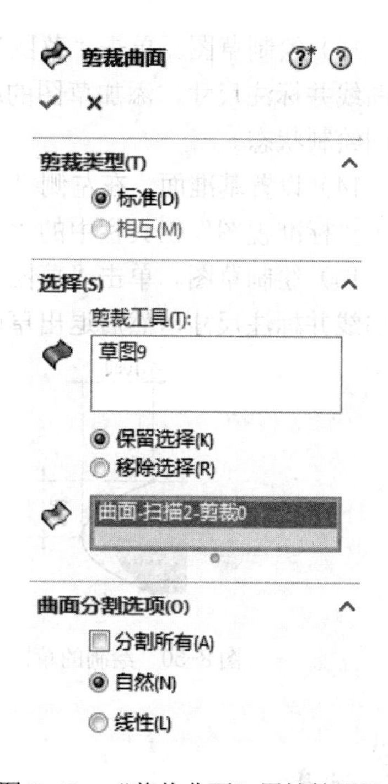

图 8-46 “剪裁曲面”属性管理器

12）设置基准面。在左侧“FeatureManager设计树”中用鼠标选择“基准面4”，然后单击“标准视图”工具栏中的“正视于”按钮，将该基准面作为绘制图形的基准面。

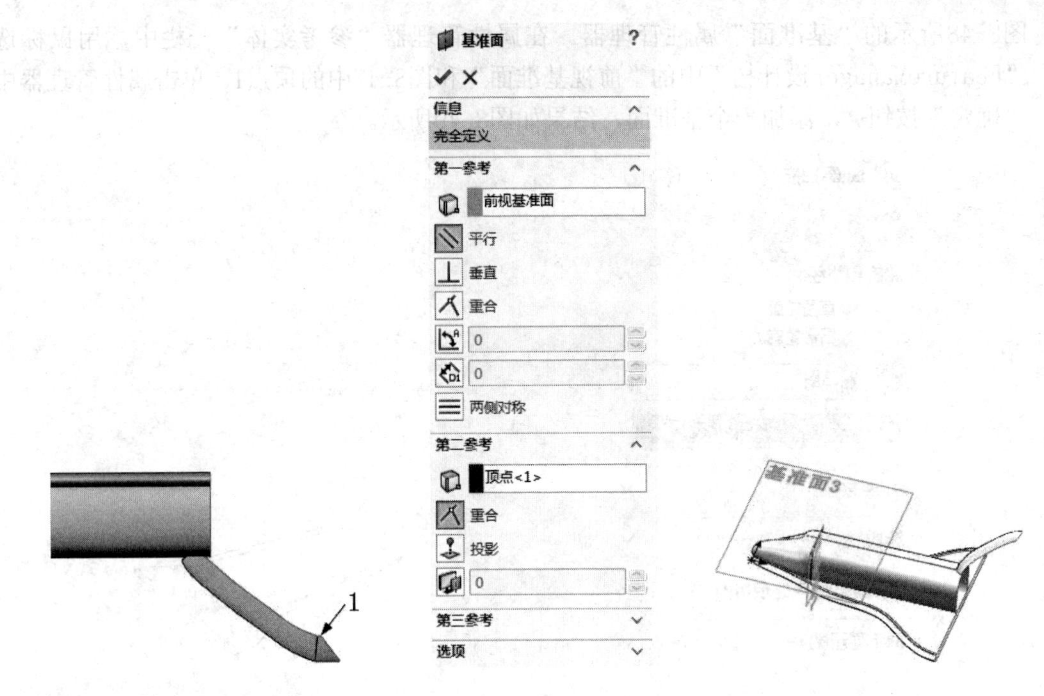

图 8-47　剪裁曲面后的图形　　图 8-48　“基准面”属性管理器　　图 8-49　添加基准面后的图形

13）绘制草图。单击“草图”工具栏中的“样条曲线”按钮，绘制图8-50所示的样条曲线并标注尺寸，添加草图的端点与尾翼中的两个端点为“重合”几何关系，然后退出草图绘制状态。

14）设置基准面。在左侧“FeatureManager设计树”中用鼠标选择“基准面3”，然后单击“标准视图”工具栏中的“正视于”按钮，将该基准面作为绘制图形的基准面。

15）绘制草图。单击“草图”工具栏中的“样条曲线”按钮，绘制图8-51所示的样条曲线并标注尺寸，然后退出草图绘制状态。

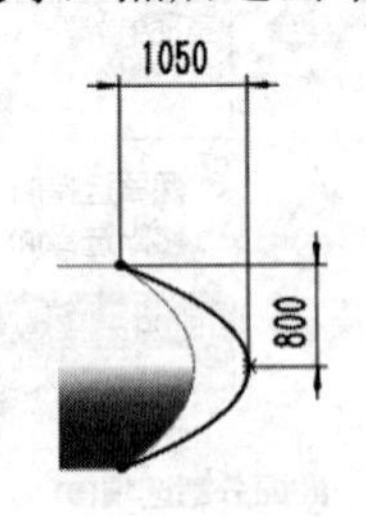

图 8-50　绘制的草图

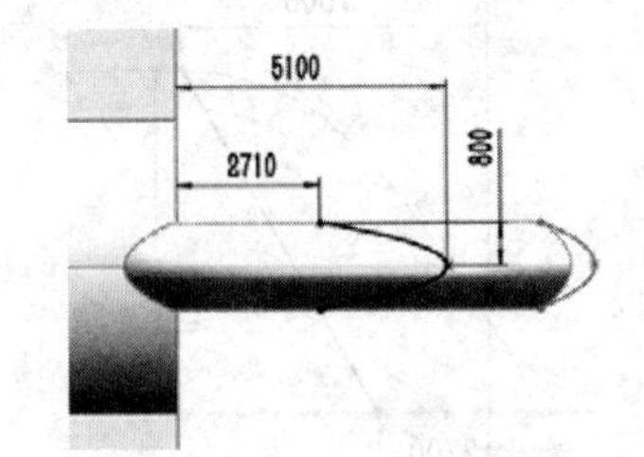

图 8-51　绘制的草图

注意

草图的端点与尾翼的两侧边线重合，并且关于中心线对称。

16）放样曲面。单击“曲面”工具栏中的“放样曲面”按钮，此时系统弹出图8-52

所示的“曲面—放样”属性管理器。在“轮廓”一栏中，用鼠标依次选择图8-50绘制的草图和图8-51绘制的草图，单击属性管理器中的“确定”按钮✔，生成放样曲面。

17）设置视图方向。单击“视图”工具栏中的“旋转”按钮，将视图以合适的方向显示，结果如图8-53所示。

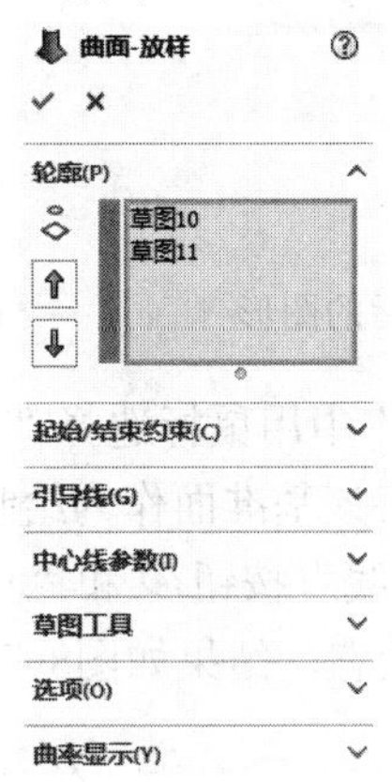

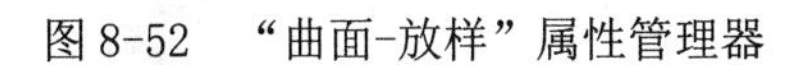
图 8-52 “曲面-放样”属性管理器

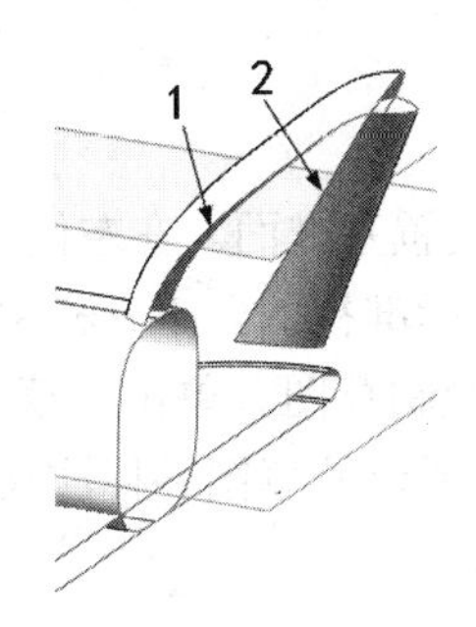

图 8-53 设置视图方向后的图形

2．填充上尾翼

1）放样曲面。单击“曲面”工具栏中的“放样曲面”按钮，此时系统弹出图8-54所示的“曲面—放样”属性管理器。在“轮廓”一栏中，用鼠标依次选择图8-53中的边线1和边线2。单击属性管理器中的“确定”按钮✔，生成放样曲面，结果如图8-55所示。

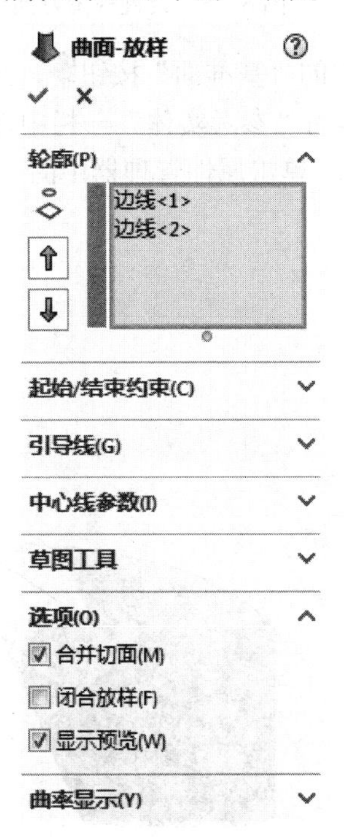

图 8-54 “曲面-放样”属性管理器

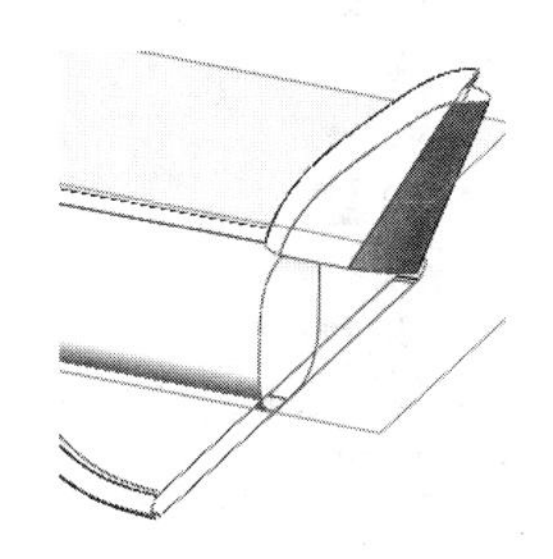

图 8-55 放样曲面后的图形

2）放样曲面。重复步骤1），将尾翼中与图8-60中边线1和边线2对应的另一侧进行放样，结果如图8-56所示。

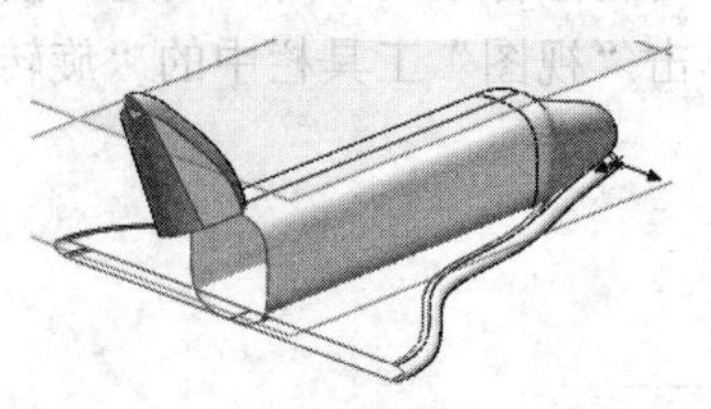

图 8-56　设置视图方向后的图形

3）设置基准面。在左侧“FeatureManager设计树”中用鼠标选择“上视基准面”，然后单击“标准视图”工具栏中的“正视于”按钮，将该基准面作为绘制图形的基准面。

4）绘制草图。单击“草图”工具栏中的“样条曲线”按钮和“直线”按钮，绘制图8-57所示的草图并标注尺寸，然后退出草图绘制状态，结果如图8-58所示。

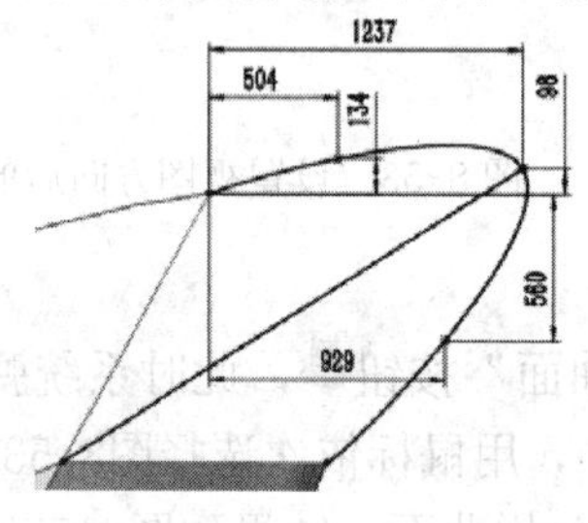

图 8-57　绘制的草图

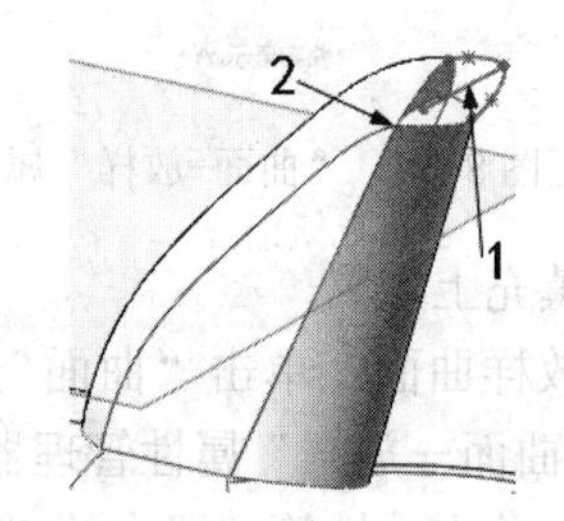

图 8-58　设置视图方向后的图形

5）添加基准面。单击“参考几何体”工具栏中的“基准面”按钮，此时系统弹出图8-59所示的“基准面”属性管理器。在属性管理器的“参考实体”一栏中选择图8-58中的直线1和顶点2，此时“垂直于曲面”会自动被选择。单击属性管理器中的“确定”按钮，添加一个基准面，结果如图8-60所示。

图 8-59　“基准面”属性管理器

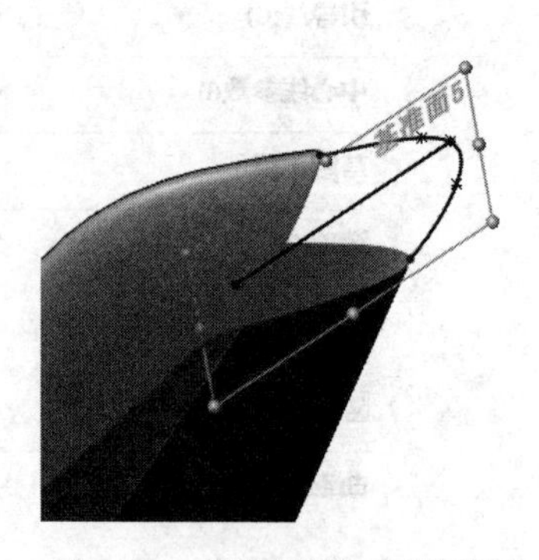

图 8-60　添加基准面后的图形

6）设置基准面。在左侧“FeatureManager设计树”中用鼠标选择“基准面5”，然后单击“标准视图”工具栏中的“正视于”按钮，将该基准面作为绘制图形的基准面。

7）绘制草图。单击“草图”工具栏中的“样条曲线”按钮，绘制图8-61所示的草图并标注尺寸，然后退出草图绘制状态，结果如图8-62所示。

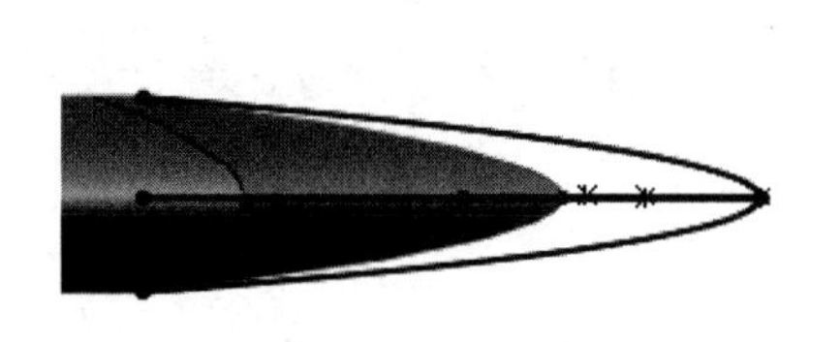

图 8-61　绘制的草图

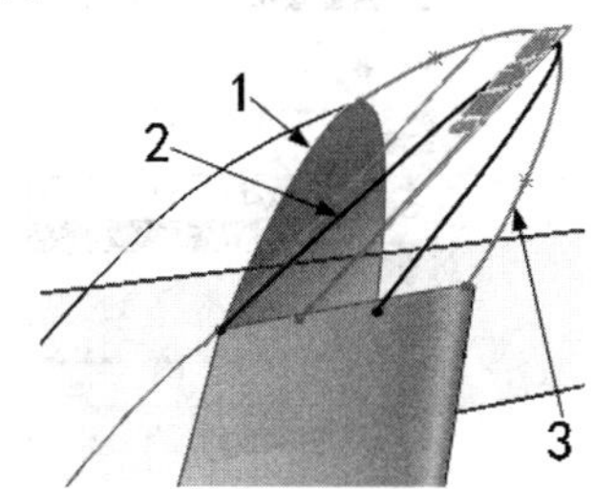

图 8-62　设置视图方向后的图形

8）放样曲面。单击“曲面”工具栏中的“放样曲面”按钮，此时系统弹出图8-63所示的“曲面-放样”属性管理器。在“轮廓”一栏中，用鼠标依次选择图8-62中的边线1和草图2，在“引导线”一栏，选择开环<1>。单击属性管理器中的“确定”按钮，生成放样曲面，结果如图8-64所示。

注意

填充上尾翼顶部曲面时，本例在两条边线之间，添加了一条样条曲线，然后在分别放样曲面，生成平滑过渡的填充面。

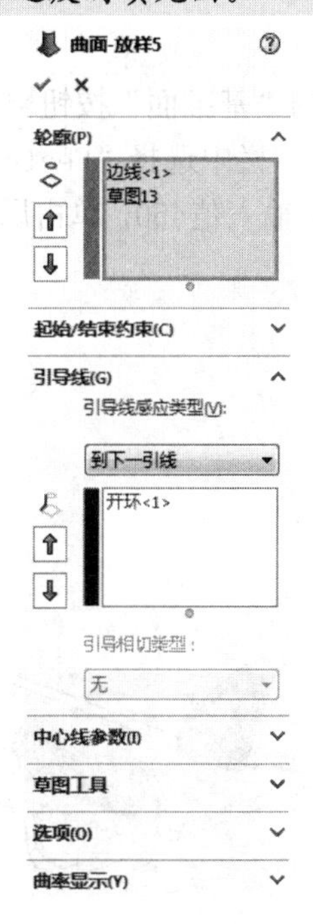

图 8-63　“曲面-放样”属性管理器

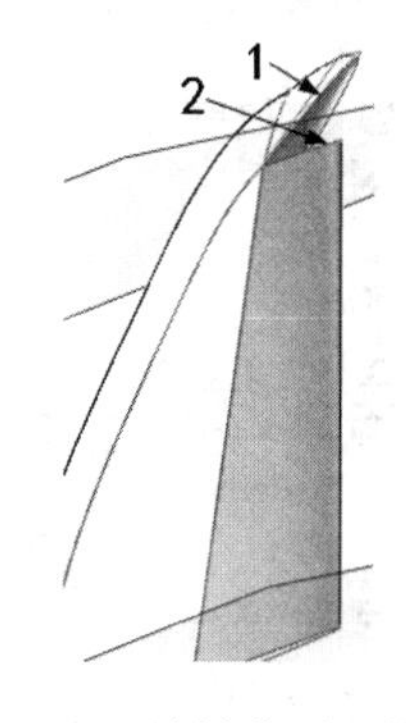

图 8-64　放样曲面后的图形

9）放样曲面。单击“曲面”工具栏中的“放样曲面”按钮，此时系统中弹出如图8-65所示的“曲面-放样”属性管理器。在“轮廓”一栏中，用鼠标依次选择图8-65中的边线3和草图2。单击属性管理器中的“确定”按钮✔，生成放样曲面，结果如图8-66所示

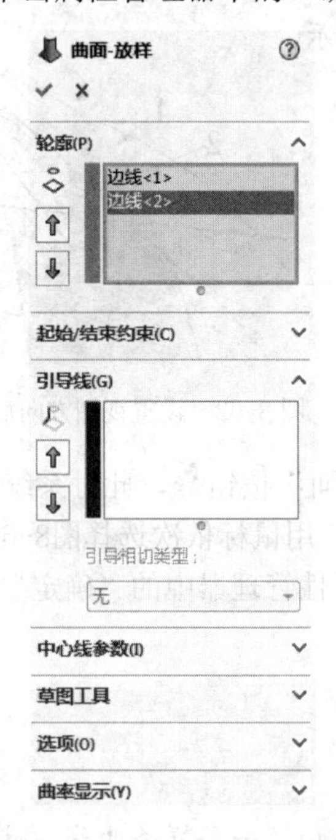

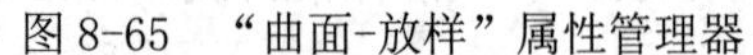

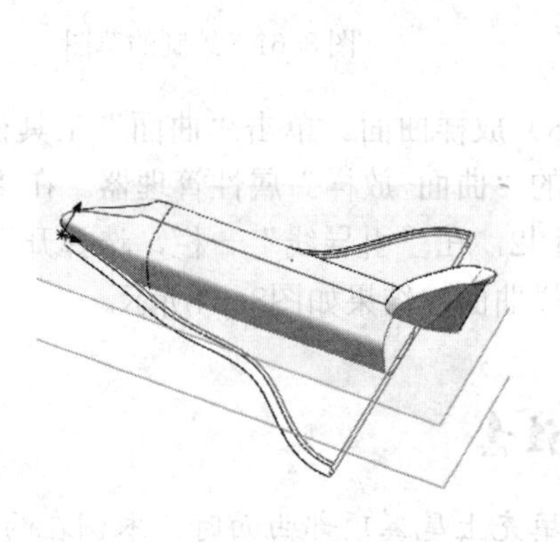

图 8-65　“曲面-放样”属性管理器　　　　图 8-66　设置视图方向后的图形

3．绘制下尾翼

1）添加基准面。单击“参考几何体”工具栏中的“基准面”按钮，此时系统弹出图8-67所示的“基准面”属性管理器。在“参考实体”一栏中选择“FeatureManager设计树”中用鼠标选择“前视基准面”；在“偏移距离”一栏中输入值450，单击属性管理器中的“确定”按钮✔，添加一个基准面，结果如图8-68所示。

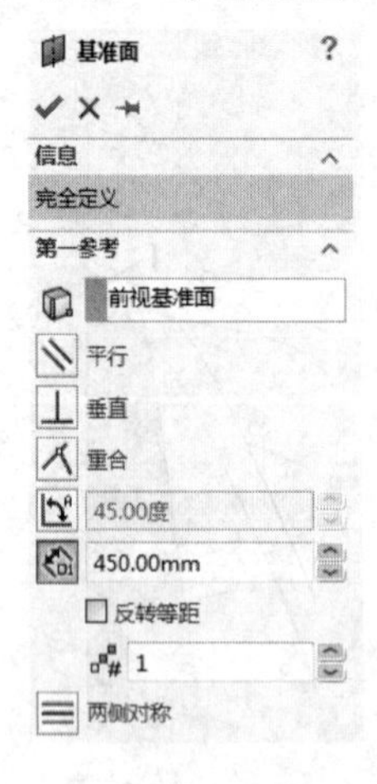

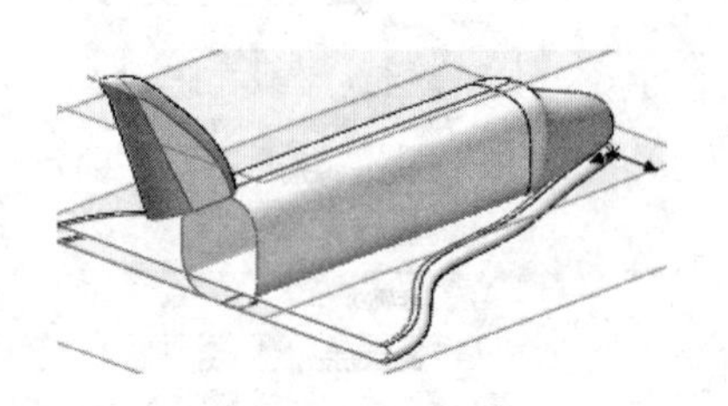

图 8-67　“基准面”属性管理器　　　　图 8-68　添加基准面后的图形

2）设置基准面。在左侧“FeatureManager设计树”中用鼠标选择“基准面6”，然后单击“标准视图”工具栏中的“正视于”按钮，将该基准面作为绘制图形的基准面。

3）绘制草图。单击“草图”工具栏中的“样条曲线”按钮和“中心线”按钮，绘制图8-69所示的草图并标注尺寸，然后退出草图绘制状态，结果如图8-70所示。

因为飞机的尾翼是关于中心线对称的，所以绘制的样条曲线应该关于中心线对称。在绘制样条曲线时，既可以先绘制单边样条曲线，然后镜像处理即可；也可以先绘制整条样条曲线，但中心线两边的样条曲线型值点相同，然后设置相应的型值点关于中心线对称即可。

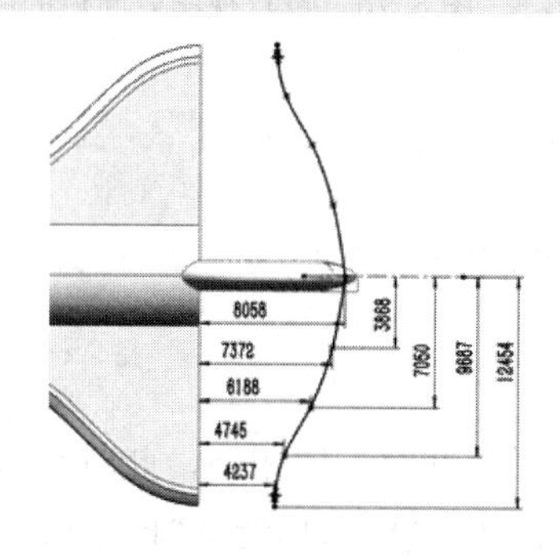

图 8-69　绘制的草图

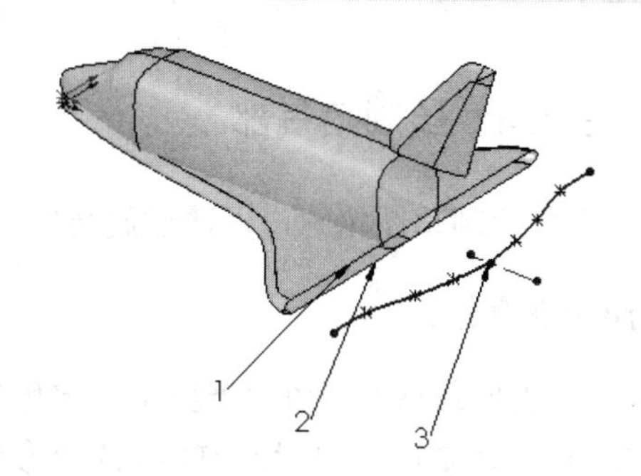

图 8-70　设置视图方向后的图形

4）放样曲面。单击“曲面”工具栏中的“放样曲面”按钮，此时系统弹出图8-71所示的“曲面-放样”属性管理器。在“轮廓”一栏中，用鼠标依次选择图8-70中的边线1和草图3，单击属性管理器中的“确定”按钮，生成放样曲面，结果如图8-72所示。

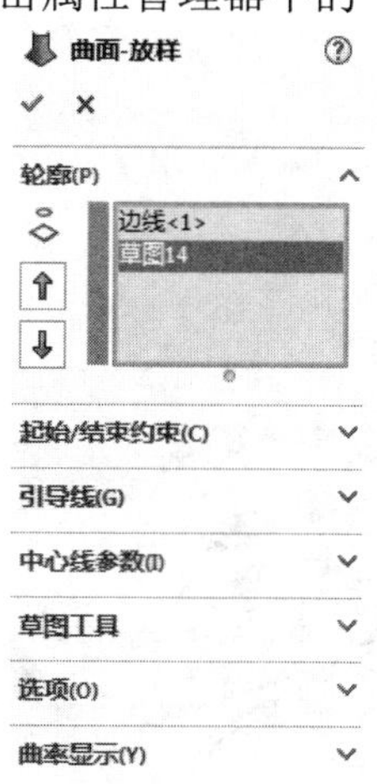

图 8-71　“曲面-放样”属性管理器

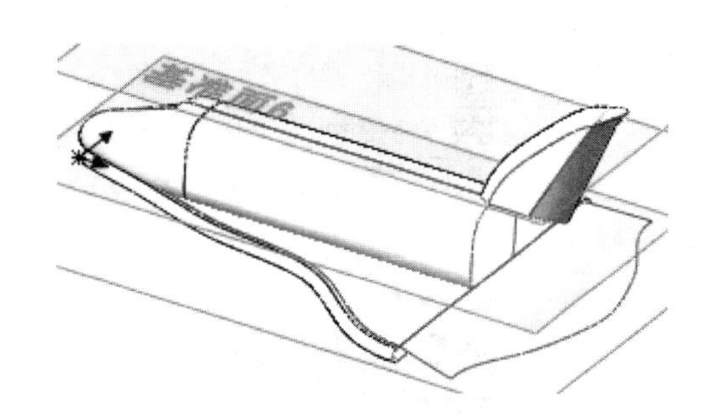

图 8-72　放样曲面后的图形

5）放样曲面。重复步骤4），将图8-70中的草图3和边线2进行曲面放样，结果如图8-73所示。

4. 填充下尾翼

1）放样曲面。单击“曲面”工具栏中的“放样曲面”按钮，此时系统弹出“曲面-放样”属性管理器。在“轮廓”一栏中，用鼠标依次选择图8-73中的边线1和边线2。单击属性管理器中的“确定”按钮✔，生成放样曲面，结果如图8-74所示。

2）放样曲面。重复步骤1），将下尾翼中与图8-74放样曲面对称的边线进行放样，结果如图8-75所示。

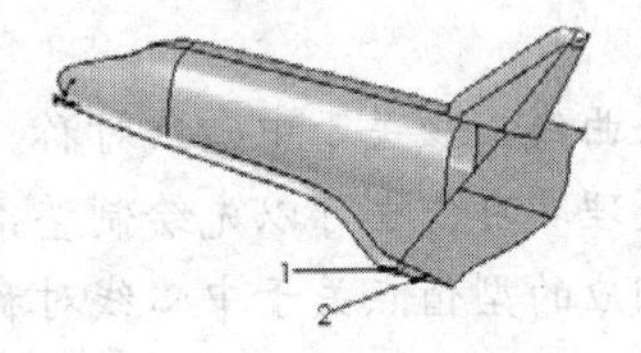

图8-73 放样曲面后的图形

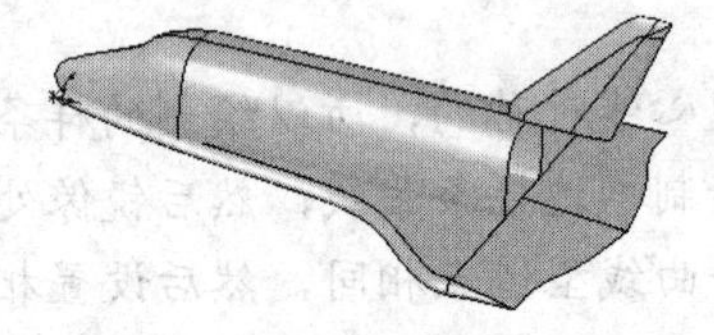

图8-74 放样曲面后的图形

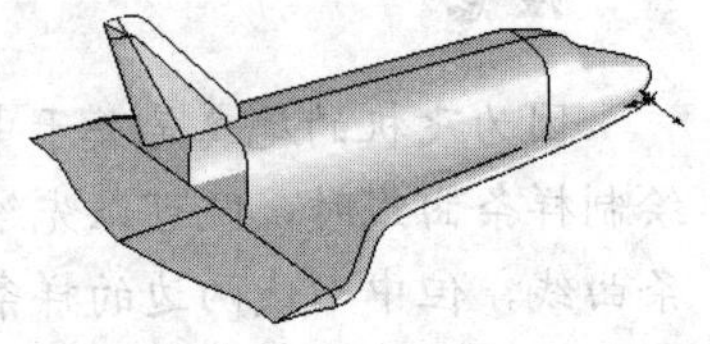

图8-75 设置视图方向后的图形

8.1.4 绘制喷气部

首先绘制草图轮廓，再通过旋转曲面、镜像功能绘制喷漆尾部。

【操作步骤】

1）添加基准面。单击“参考几何体”工具栏中的“基准面”按钮，此时系统弹出图8-76所示的“基准面”属性管理器。在“参考实体”一栏中，用鼠标选择选择“FeatureManager设计树”中的“右视基准面”；在“偏移距离”一栏中输入值32400。单击属性管理器中的“确定”按钮✔，添加一个基准面，结果如图8-77所示。

图8-76 “基准面”属性管理器

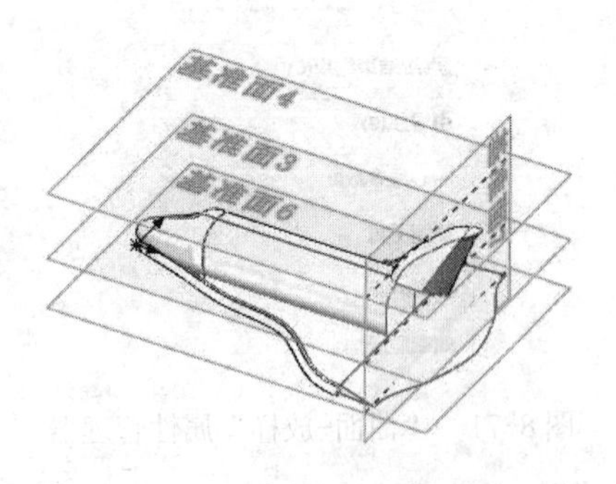

图8-77 添加基准面后的图形

2）设置基准面。在左侧“FeatureManager设计树”中用鼠标选择“基准面7”，然后单击“标准视图”工具栏中的“正视于”按钮，将该基准面作为绘制图形的基准面。

3）绘制草图。单击“草图”工具栏中的“样条曲线”按钮和“中心线”按钮，绘制图8-78所示的草图并标注尺寸，然后退出草图绘制状态，结果如图8-79所示。

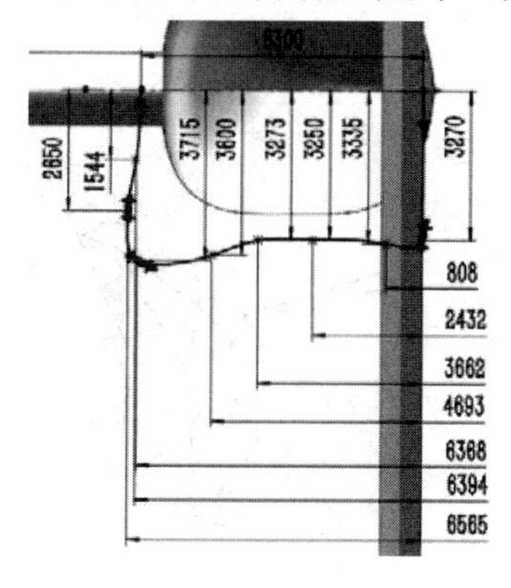

图 8-78　绘制的草图

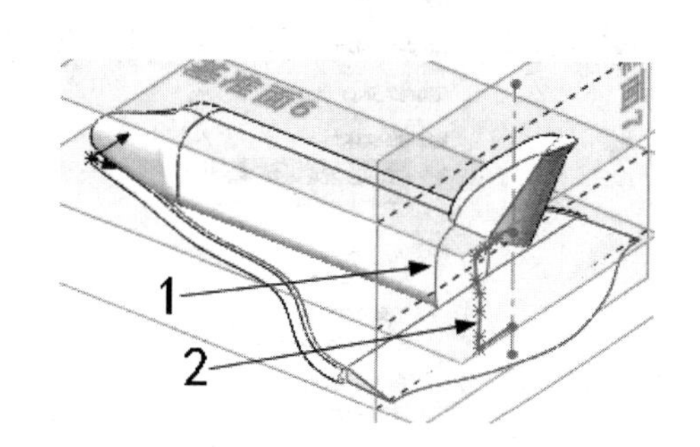

图 8-79　设置视图方向后的图形

注意

在绘制样条曲线时，可以通过右键单击样条曲线，在其弹出的快捷菜单中执行“添加相切控制”命令，添加相切控标，控制样条曲线的形状。

4）放样曲面。单击“曲面”工具栏中的“放样曲面”按钮，此时系统弹出图8-80所示的“曲面-放样”属性管理器。在“轮廓”一栏中，用鼠标依次选择图8-79中的边线1和草图2，单击属性管理器中的“确定”按钮，生成放样曲面，结果如图8-81所示。

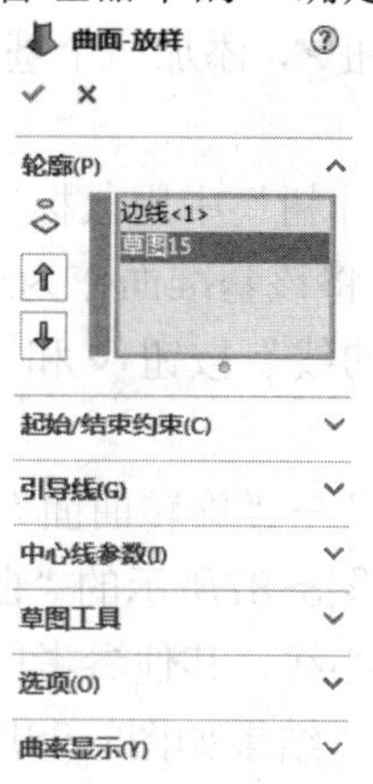

图 8-80　“曲面-放样”属性管理器

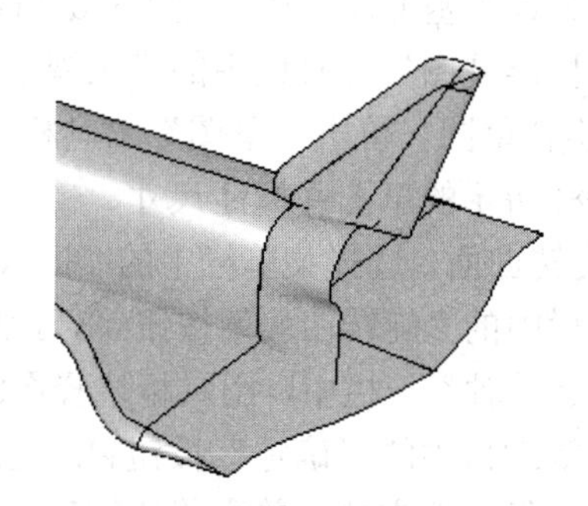

图 8-81　放样曲面后的图形

5）镜像曲面实体。选择菜单栏中的“插入”→“阵列/镜向”→“镜向”命令，或者单击“特征”工具栏中的“镜向”按钮，此时系统弹出图8-82所示的“镜向”属性管理器。在“镜向面/基准面”一栏中，用鼠标选择“FeatureManager设计树”中的“上视基准面”；在“要镜向的实体”一栏中，用鼠标选择“FeatureManager设计树”中的“曲面-放样11”，即上一步放样曲面的实体。单击属性管理器中的“确定”按钮✔，完成镜像曲面实体，结果如图8-83所示。

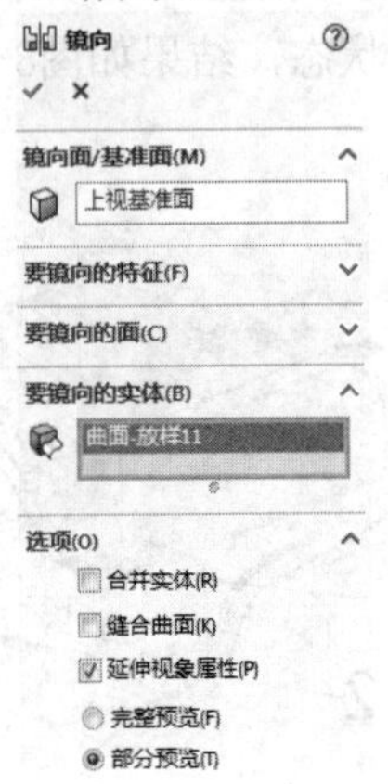

图 8-82 “镜向”属性管理器

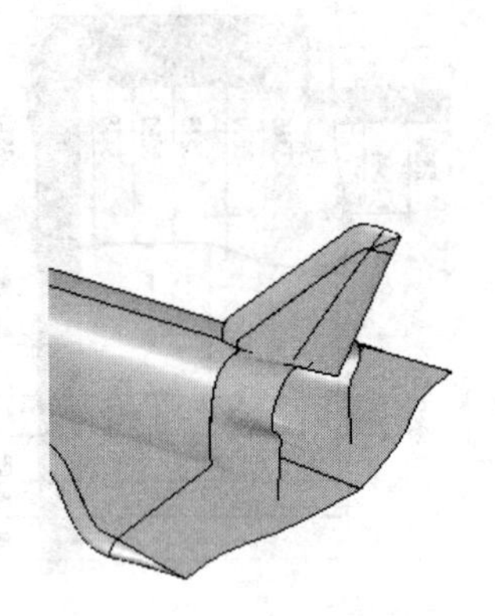

图 8-83 镜像曲面实体后的图形

在绘制图形的过程中，要实时调整视图的方向，以方便选择实体。另外还要根据实际需要控制视图中基准面和草图的显示状态，以方便观测视图，并保持视图整洁。

6）添加基准面。单击“参考几何体”工具栏中的“基准面”按钮，此时系统弹出图8-84所示的“基准面”属性管理器。在“参考实体”一栏中，用鼠标选择选择“FeatureManager设计树”中的“上视基准面”；在“偏移距离”一栏中输入值1600。注意基准面的位置在上视基准面的右侧，单击属性管理器中的“确定”按钮✔，添加一个基准面，结果如图8-85所示。

7）设置基准面。在左侧“FeatureManager设计树”中用鼠标选择“基准面8”，然后单击“标准视图”工具栏中的“正视于”按钮，将该基准面作为绘制图形的基准面。

8）绘制草图。单击“草图”工具栏中的“样条曲线”按钮和“中心线”按钮，绘制图8-86所示的草图并标注尺寸。

9）旋转曲面。选择菜单栏中的“插入”→“曲面”→“旋转曲面”命令，或者单击“曲面”工具栏中的“旋转曲面”按钮，此时系统弹出图8-87所示的“曲面-旋转”属性管理器。在“旋转轴”一栏中，用鼠标选择图8-86中的中心线，其他参考图8-87所示进行设置。单击属性管理器中的“确定”按钮✔，完成曲面旋转，结果如图8-88所示。

10）镜像曲面实体。单击“特征”工具栏中的“镜向”按钮，此时系统弹出图8-89所示的“镜向”属性管理器。在“镜向面/基准面”一栏中，用鼠标选择“FeatureManager设计树”中的“上视基准面”；在“要镜向的实体”一栏中，用鼠标选择“FeatureManager设计树”中的“曲面-旋转1”，即第8）步生成的旋转曲面实体。单击属性管理器中的“确定”按钮✔，完成镜像曲面实体，结果如图8-90所示。

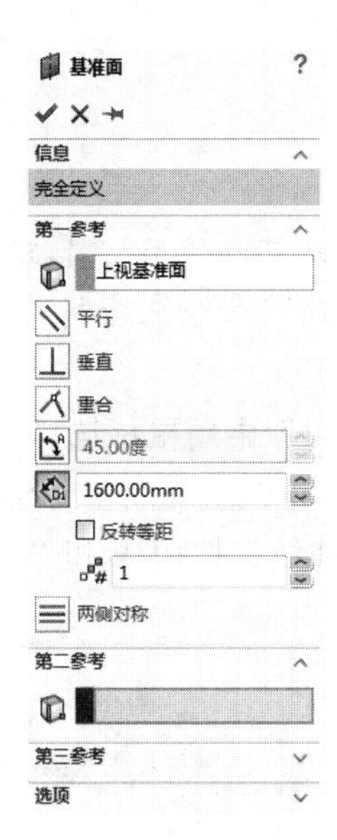

图 8-84 “基准面”属性管理器

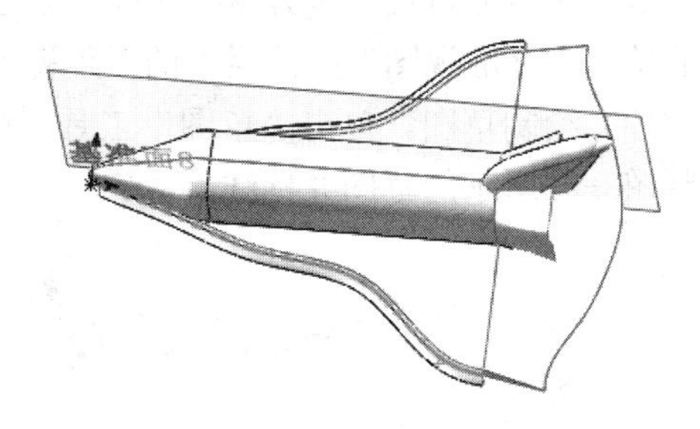

图 8-85 添加基准面后的图形

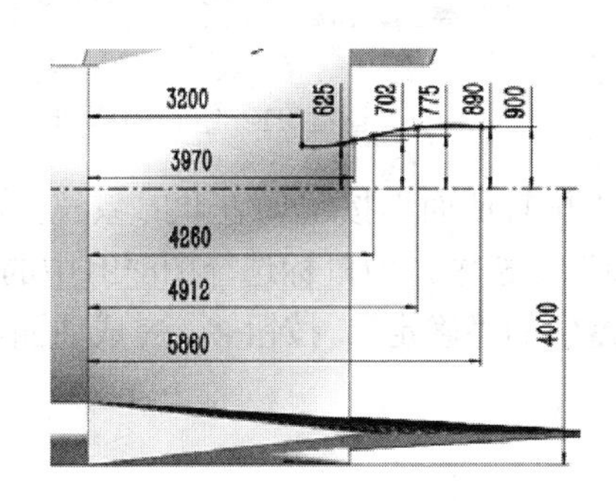

图 8-86 绘制的草图

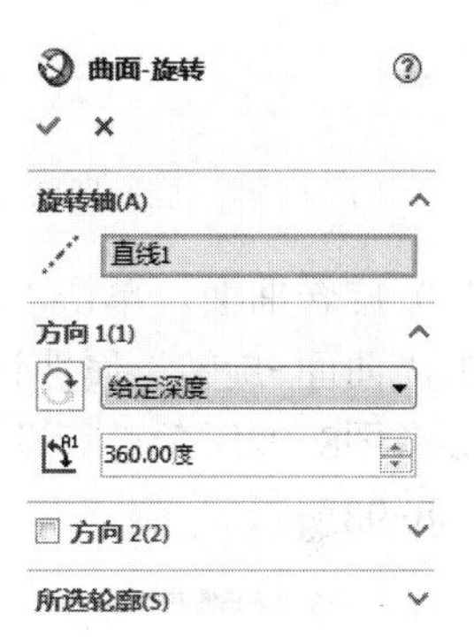

图 8-87 “曲面-旋转”属性管理器

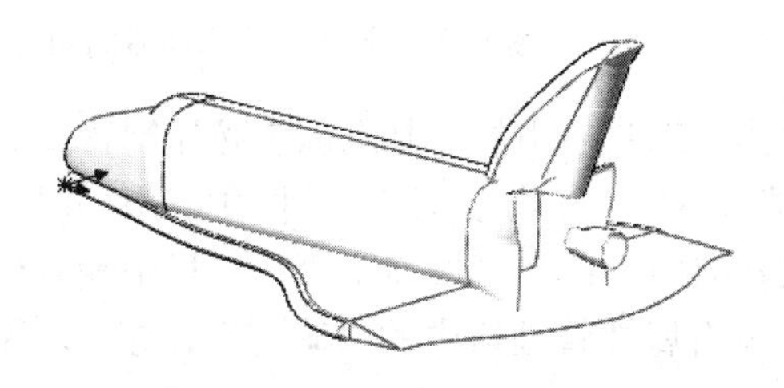

图 8-88 设置视图方向后的图形

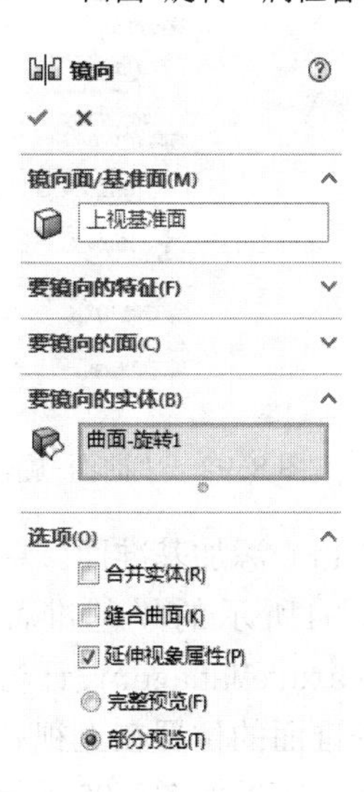

图 8-89 “镜向”属性管理器

注意

本例绘制的航天飞机尾部有四个相同的喷气槽，既可以使用“特征”工具栏中的“线性阵列”命令，来阵列四个喷气槽；也可以使用“镜向”命令来绘制，本例使用镜向命令完成喷气槽的绘制。

11）设置基准面。在左侧“FeatureManager设计树”中用鼠标选择“上视基准面”，然后单击“标准视图”工具栏中的“正视于”按钮，将该基准面作为绘制图形的基准面。

12）绘制草图。单击“草图”工具栏中的“样条曲线”按钮和“中心线”按钮，绘制图8-91所示的草图并标注尺寸。

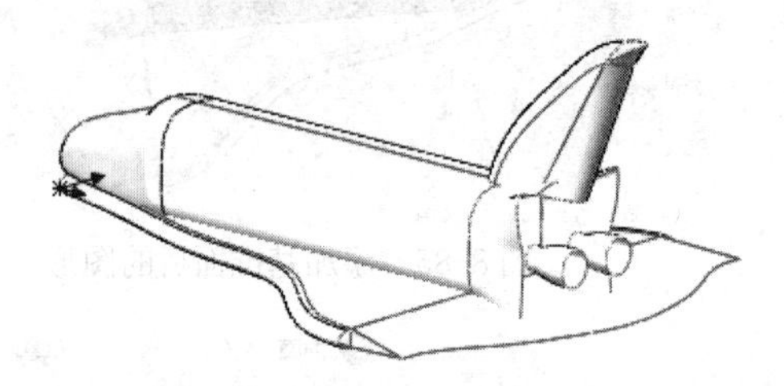

图 8-90　镜向曲面实体后的图形

图 8-91　绘制的草图

13）旋转曲面。单击“曲面”工具栏中的“旋转曲面”按钮，此时系统弹出图8-92所示的“曲面-旋转”属性管理器。在“旋转轴”一栏中，用鼠标选择图8-91中的中心线，其他参考图8-92所示进行设置，单击属性管理器中的“确定” 按钮，完成曲面旋转，结果如图8-93所示。

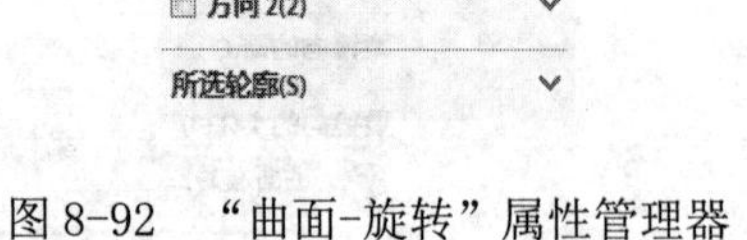

图 8-92　“曲面-旋转”属性管理器

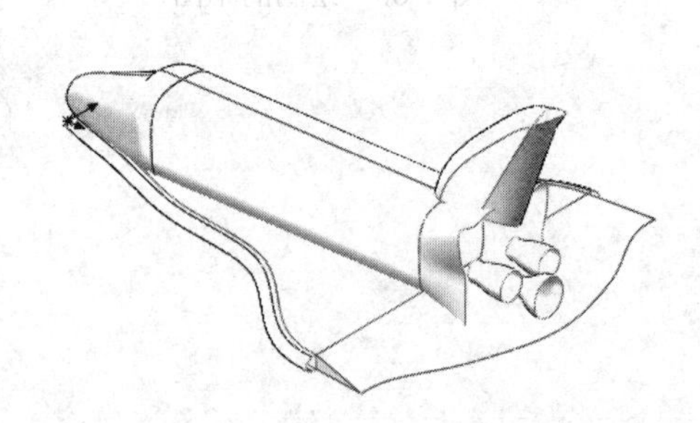

图 8-93　设置视图方向后的图形

14）添加基准面。单击“参考几何体”工具栏中的“基准面”按钮，此时系统弹出图8-94所示的“基准面”属性管理器。在“参考实体”一栏中，用鼠标选择选择“FeatureManager设计树”中的“前视基准面”；在“偏移距离”一栏中输入值2900。注意基准面的位置在上视基准面的右侧，单击属性管理器中的“确定”按钮，添加一个基准面，结果如图8-95所示。

图 8-94 “基准面”属性管理器

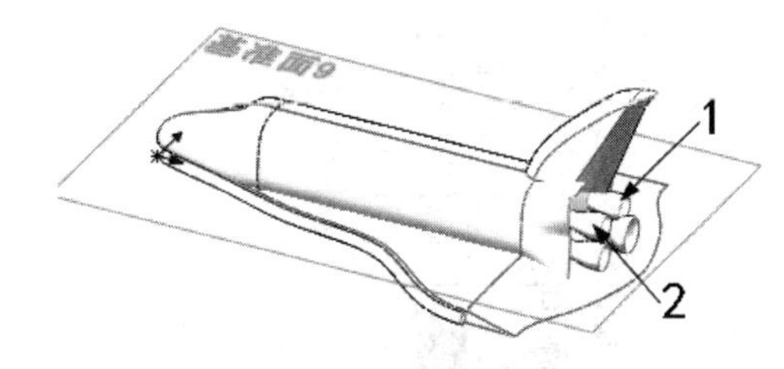

图 8-95 添加基准面后的图形

15）镜像曲面实体。单击“特征”工具栏中的“镜向”按钮，此时系统弹出“镜向”属性管理器。在“镜向面/基准面”一栏中，用鼠标选择“FeatureManager设计树”中的“基准面9”；在“要镜向的实体”一栏中，用鼠标选择图8-95中的曲面实体1和曲面实体2，单击属性管理器中的“确定”按钮，完成镜像曲面实体。

8.1.5 渲染

通过给零件添加颜色，附加材质，添加布景和标志对零件进行渲染。

【操作步骤】

1）设置航天飞机外观。单击“视图（前导）”工具栏中的“编辑外观”按钮，此时系统弹出图8-96所示的“颜色”属性管理器，先选择主要颜色，然后通过调节三基色控标微调设置的颜色。单击“确定”按钮，将所选择的颜色应用到航天飞机中。在颜色属性管理器中，单击“外观”属性管理器中，根据实际情况，设置基本选项卡中透明度、反射度、光泽度、明暗度；高级选项卡中表面粗糙度、照明度等，如图8-96所示，单击“确定”按钮，将所做的设置应用到航天飞机中。

2）单击任务窗格中的“外观、布景和贴图”按钮，此时系统弹出图8-97所示的“外观、布景和贴图”任务窗格，在“外观”中选择“金属”→“钛”，在下侧选择“无光钛”一项，在视图中可以预览到飞机模型的变化。

3）设置航天飞机布景。单击任务窗格中的“外观、布景和贴图”中的“布景”按钮，选择任意布景，如图8-98所示。在视图中单击鼠标右键，在弹出的快捷菜单中选择“编辑布景”选项，弹出“编辑布景”属性管理器，如图8-99所示，单击“浏览”按钮，此时系统弹出图8-100所示的“打开”对话框，选择“SKY.PNG”图案为背景。

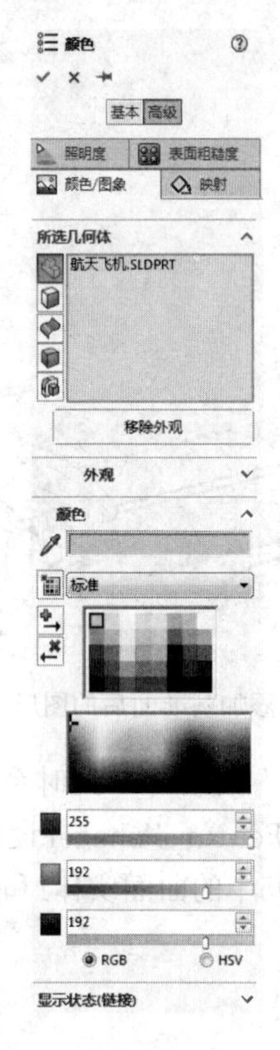

图 8-96 “颜色”属性管理器

图 8-97 “外观、布景和贴图项目”任务窗格

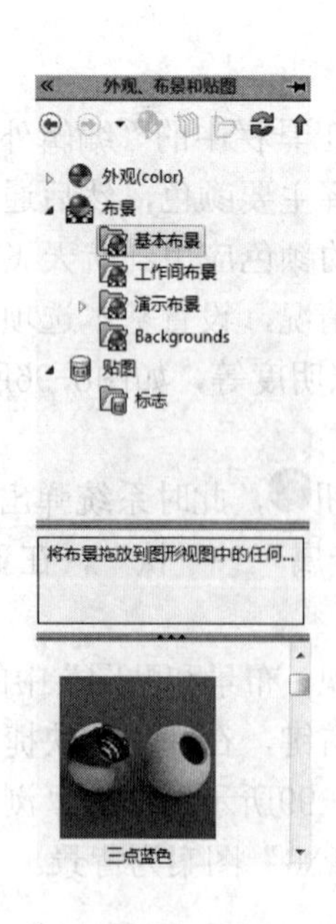

图 8-98 外观、布景和贴图”任务窗格

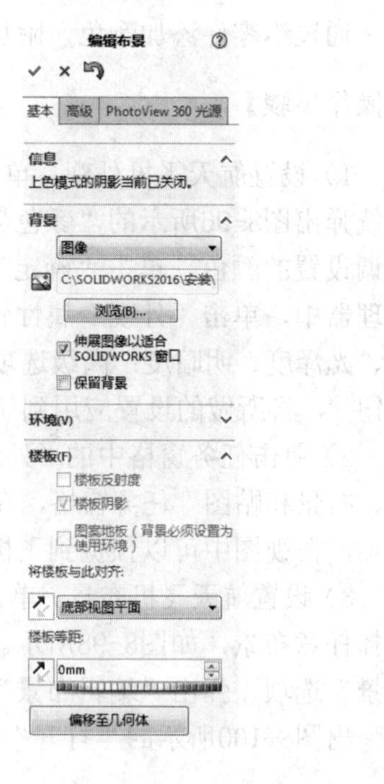

图 8-99 “编辑布景”属性管理器

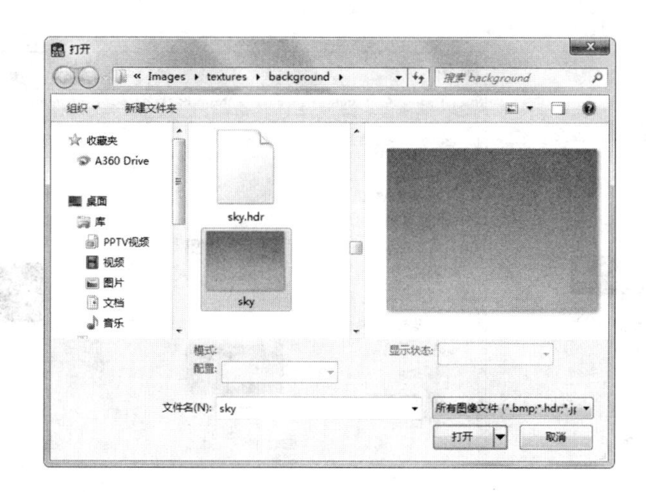

图 8-100 “打开”对话框

4）贴入图片。在视图中单击选择面1，如图8-101所示，然后单击任务窗格中的“外观、布景和贴图”中的“贴图”按钮，在“贴图”树中单击标志，双击“标志”，如图8-102所示，此时系统弹出图8-103所示的“贴图”属性管理器。单击“浏览”按钮，此时系统弹出图8-104所示的“打开”对话框，选择合适的图片，然后单击“打开”按钮，此时“贴图”属性管理器如图8-105所示，视图如图8-106所示。在视图中，用鼠标可以移动图片和可以调节图片的大小，当出现按钮时，可以旋转图片，单击“确定”按钮，完成贴图设置，如图8-107所示。

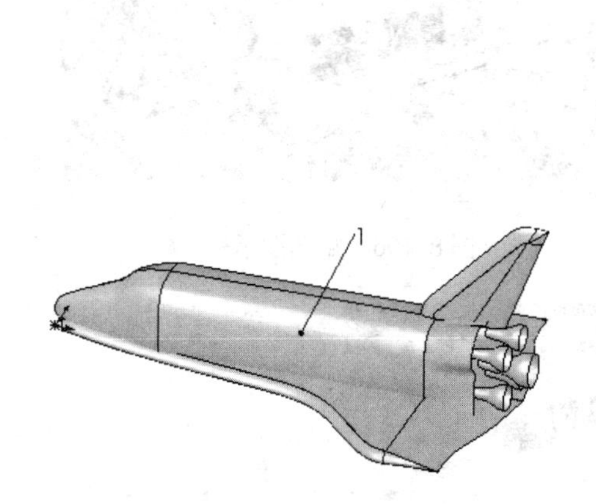

图8-101 选择贴图面

图8-102 “外观、布景和贴图”任务窗格

图 8-103　“贴图”属性管理器

图 8-104　“打开”对话框

图 8-105　选择图片后的“贴图”属性管理器

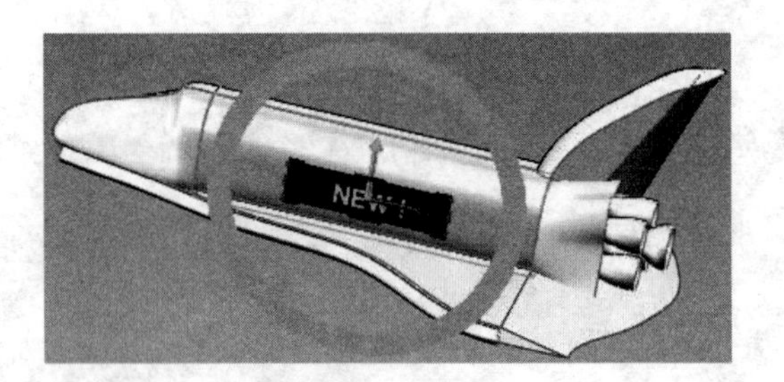

图 8-106　贴图图示

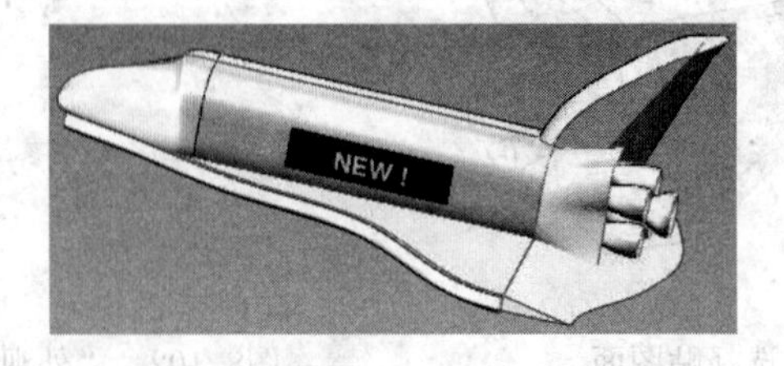

图 8-107　完成贴图

8.2 茶壶建模

茶壶模型如图8-108所示，由壶身和壶盖组成。绘制该模型的命令主要有旋转曲面、放样曲面、填充曲面等命令。

图 8-108 茶壶模型

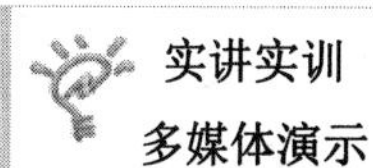

多媒体演示参见配套光盘中的\\动画演示\第8章\茶壶建模.avi。

8.2.1 绘制壶身

首先绘制草图轮廓，然后通过旋转曲面、放样、扫描等操作创建壶身。

【操作步骤】

1．新建文件

1）启动软件。选择菜单栏中的“开始”→“所有程序”→“SOLIDWORKS 2016”命令，或者单击桌面按钮，启动SOLIDWORKS 2016。

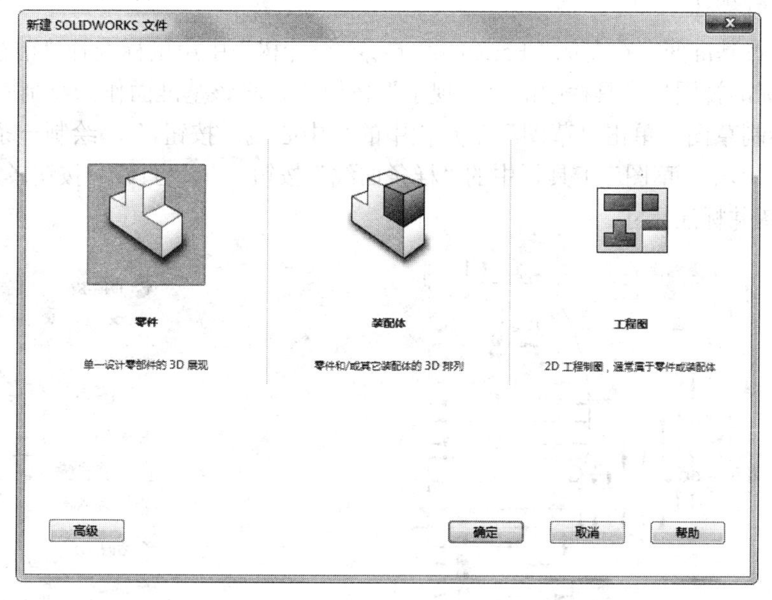

图 8-109 “新建 SOLIDWORKS 文件”对话框

2）创建零件文件。选择菜单栏中的“文件”→“新建”命令，或者单击“标准”工具栏中的“新建”按钮，此时系统弹出图8-109所示的“新建SOLIDWORKS文件”对话框，在其中选择“零件”按钮，然后单击“确定”按钮，创建一个新的零件文件。

3）保存文件。选择菜单栏中的“文件”→“保存”命令，或者单击“标准”工具栏中的“保存”按钮，此时系统弹出图8-110所示的“另存为”对话框。在“文件名”一栏中输入“壶身”，然后单击“保存”按钮，创建一个文件名为“壶身”的零件文件。

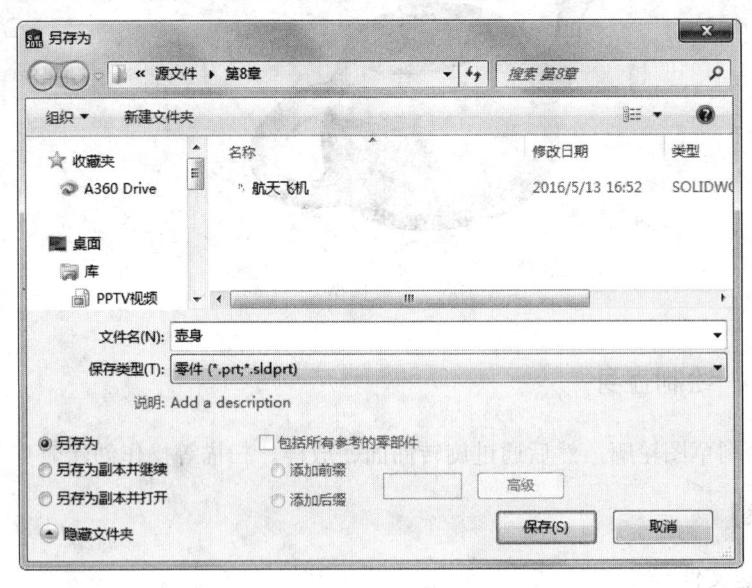

图8-110　“另存为”对话框

2. 绘制壶体

1）设置基准面。在左侧“FeatureManager设计树”中用鼠标选择“前视基准面”，然后单击“标准视图”工具栏中的“正视于”按钮，将该基准面作为绘制图形的基准面。

2）绘制草图。单击“草图”工具栏中的“中心线”按钮，绘制一条通过原点的竖直中心线；单击“草图”工具栏中的“样条曲线”按钮和“直线”按钮，绘制图8-111所示的草图并标注尺寸。

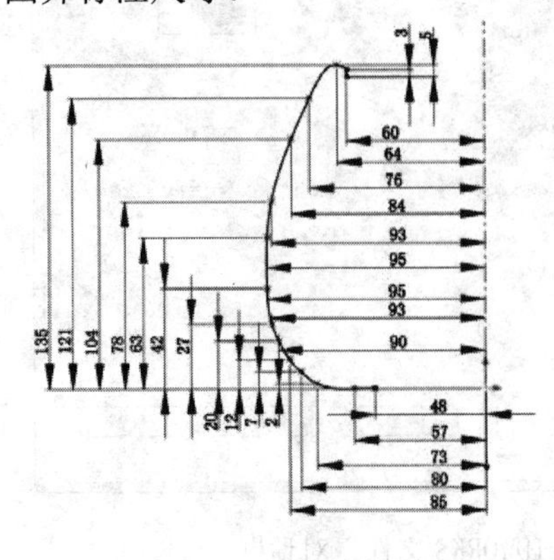

图8-111　绘制的草图

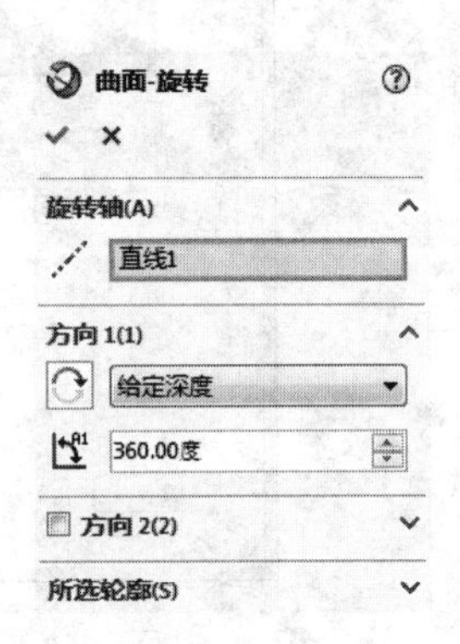

图8-112　“曲面-旋转”属性管理器

3）旋转曲面。选择菜单栏中的“插入”→“曲面”→“旋转曲面”命令，或者单击“曲面”工具栏中的“旋转曲面”按钮，此时系统弹出图8-112所示的“曲面-旋转”属性管理器。在“旋转轴”一栏中，用鼠标选择图8-111中的竖直中心线，其他参考图8-112所示，单击属性管理器中的“确定”按钮，完成曲面旋转。

4）设置视图方向。单击“标准视图”工具栏中的“等轴测”按钮，将视图以等轴测方向显示，结果如图8-113所示。

3. 绘制壶嘴

1）设置基准面。在左侧“FeatureManager设计树”中用鼠标选择“前视基准面”，然后单击“标准视图”工具栏中的“正视于”按钮，将该基准面作为绘制图形的基准面。

2）绘制第一条放样引导线。单击“草图”工具栏中的“样条曲线”按钮和“中心线”按钮，绘制图8-114所示的草图并标注尺寸。注意在绘制过程中将直线段作为构造线，然后退出草图绘制状态。

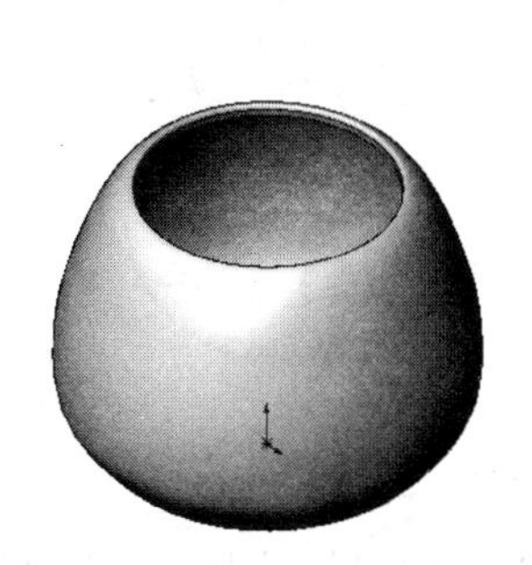

图 8-113 旋转曲面后的图形

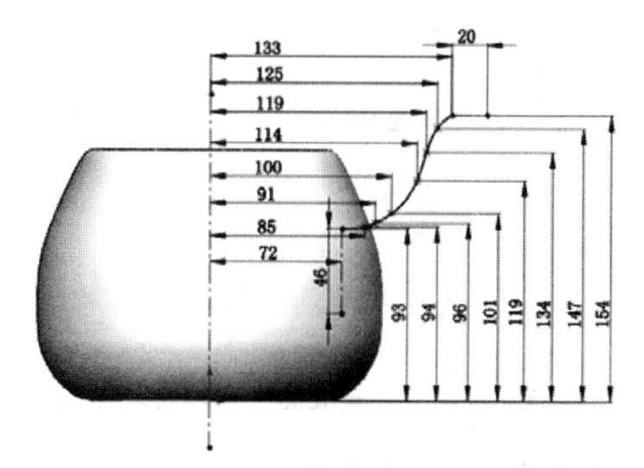

图 8-114 绘制第一条引导线

3）绘制第二条放样引导线。单击“草图”工具栏中的“样条曲线”按钮，绘制图8-115所示的草图并标注尺寸，然后退出草图绘制状态。

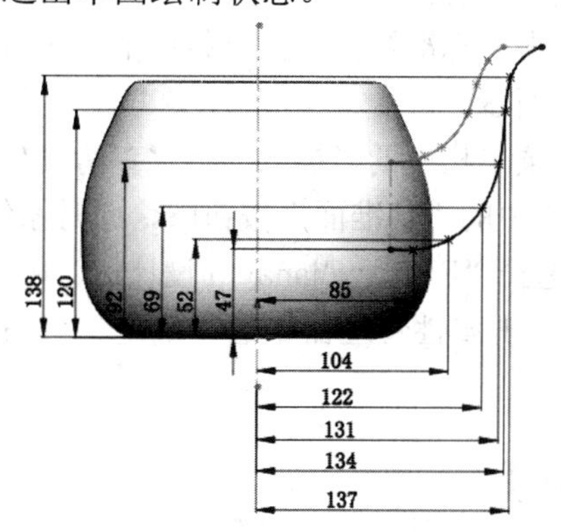

图 8-115 绘制第二条引导线

4）添加基准面。选择菜单栏中的“插入”→“参考几何体”→“基准面”命令，或者单击“参考几何体”工具栏中的“基准面”按钮，此时系统弹出图8-116所示的“基准面”属性管理器，在“参考实体”一栏中，选择“FeatureManager设计树”中的“右视基准面”

和图8-114中长为46直线的一个端点。单击属性管理器中的“确定”按钮✔，添加一个基准面。

5）设置视图方向。单击“标准视图”工具栏中的“等轴测”按钮，将视图以等轴测方向显示，结果如图8-117所示。

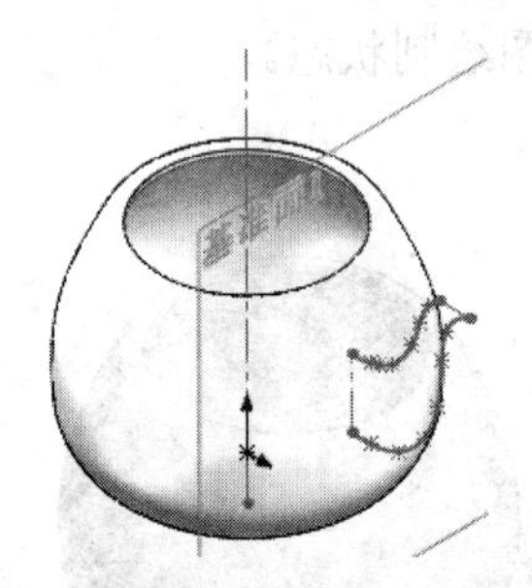

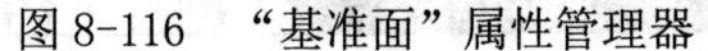

图 8-116 “基准面”属性管理器　　图 8-117 设置视图方向后的图形

6）设置基准面。在左侧“FeatureManager设计树”中用鼠标选择“基准面1”，然后单击“标准视图”工具栏中的“正视于”按钮，将该基准面作为绘制图形的基准面。

7）绘制草图。单击“草图”工具栏中的“圆”按钮，以图8-114中长为46直线的中点为圆心，以长为直径绘制一个圆，然后退出草图绘制状态。

8）设置视图方向。单击“标准视图”工具栏中的“等轴测”按钮，将视图以等轴测方向显示，结果如图8-118所示。

9）添加基准面。选择菜单栏中的“插入”→“参考几何体”→“基准面”命令，或者单击“参考几何体”工具栏中的“基准面”按钮，此时系统弹出“基准面”属性管理器。在“参考实体”一栏中，选择“FeatureManager设计树”中的“上视基准面”和图8-114中长为20直线的一个端点。单击属性管理器中的“确定”按钮✔，添加一个基准面，结果如图8-119所示。

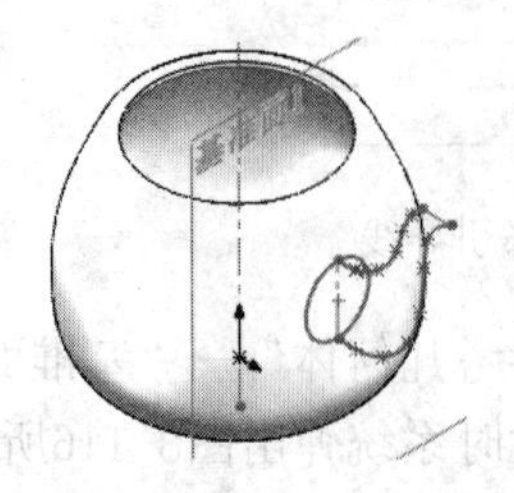

图 8-118 绘制第一个放样轮廓

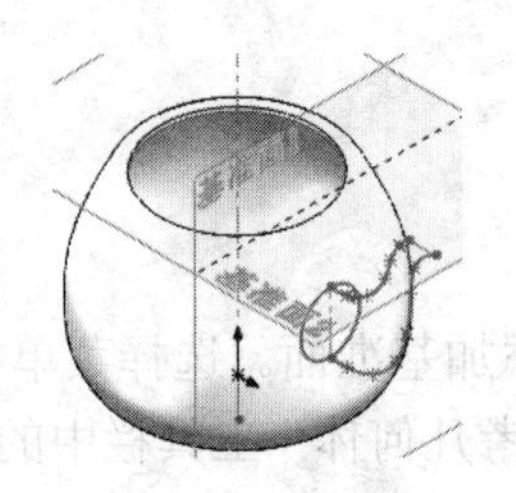

图 8-119 添加基准面后的图形

10）设置基准面。在左侧“FeatureManager设计树”中用鼠标选择“基准面2”，然后单击“标准视图”工具栏中的“正视于”按钮，将该基准面作为绘制图形的基准面。

11）绘制草图。单击“草图”工具栏中的“圆”按钮，以图8-114中长为20直线的中点为圆心，以长为直径绘制一个圆，然后退出草图绘制状态。

12）设置视图方向。单击“标准视图”工具栏中的“等轴测”按钮，将视图以等轴测方向显示，结果如图8-120所示。

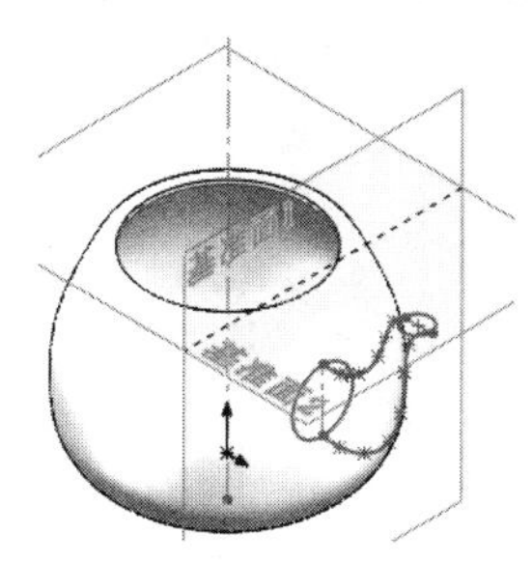

图 8-120　绘制第二个放样轮廓

13）放样曲面。选择菜单栏中的“插入”→“曲面”→“放样曲面”命令，或者单击“曲面”工具栏中的“放样曲面”按钮，此时系统弹出图8-121所示的“曲面－放样”属性管理器。在属性管理器的“轮廓”一栏中，用鼠标依次选择步骤6）和步骤10）绘制的草图；在“引导线”一栏中，用鼠标选择步骤2）和步骤3）绘制的草图。单击属性管理器中的“确定”按钮，生成放样曲面，结果如图8-122所示。

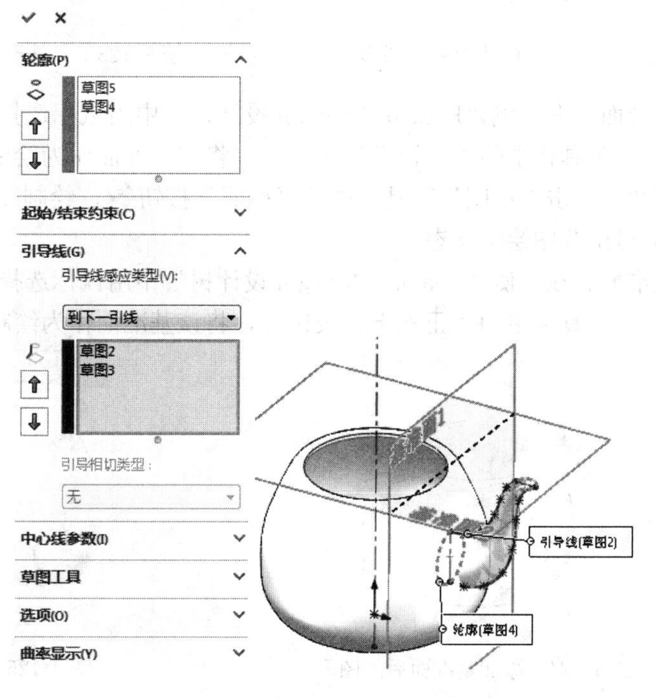

图 8-121　“曲面-放样”属性管理器

4．绘制壶把手

1）添加基准面。选择菜单栏中的“插入”→“参考几何体”→“基准面”命令，或者单击“参考几何体”工具栏中的“基准面”按钮，此时系统弹出图8-123“基准面”属性管理器。在“参考实体”一栏中，用鼠标选择“FeatureManager设计树”中的“右视基准面”；在偏移距离一栏中输入值70，并注意添加基准面的方向，单击属性管理器中的“确定”按钮✔，添加一个基准面，结果如图8-124所示。

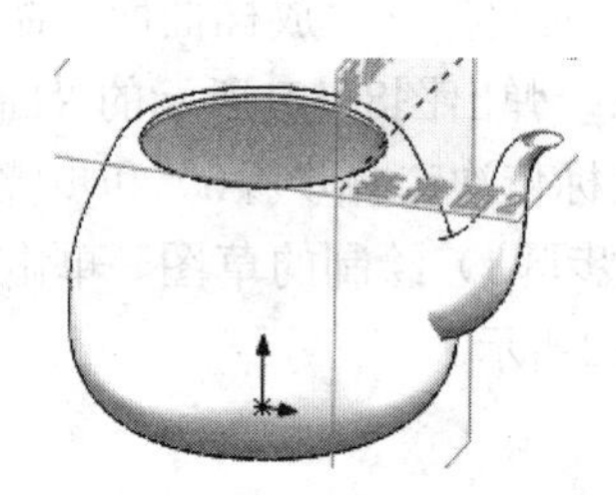

图 8-122　放样曲面后的图形

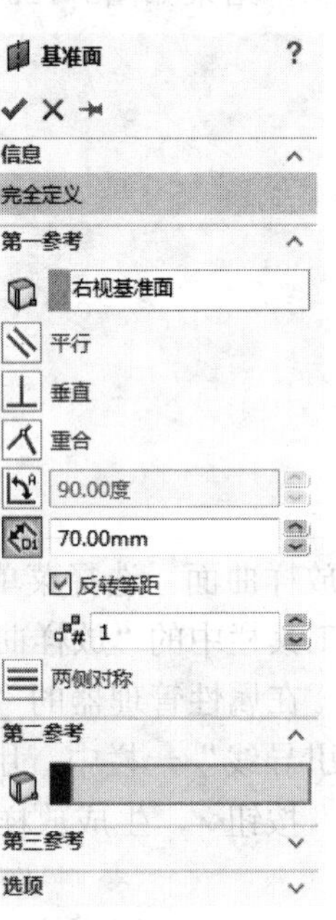

图 8-123　“基准面”属性管理器

2）设置基准面。在左侧“FeatureManager设计树”中用鼠标选择“基准面3”，然后单击“标准视图”工具栏中的“正视于”按钮，将该基准面作为绘制图形的基准面。

3）绘制草图。单击“草图”工具栏中的“椭圆”按钮，绘制图8-125所示的草图并标注尺寸，然后退出草图绘制状态。

4）设置基准面。在左侧“FeatureManager设计树”中用鼠标选择“基准面3”，然后单击“标准视图”工具栏中的“正视于”按钮，将该基准面作为绘制图形的基准面。

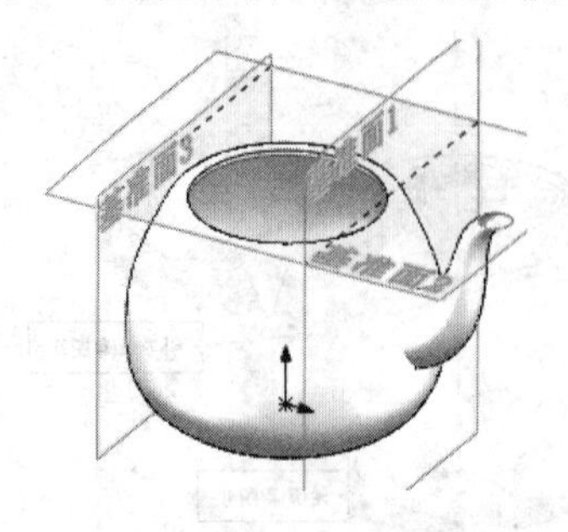

图 8-124　添加基准面后的图形

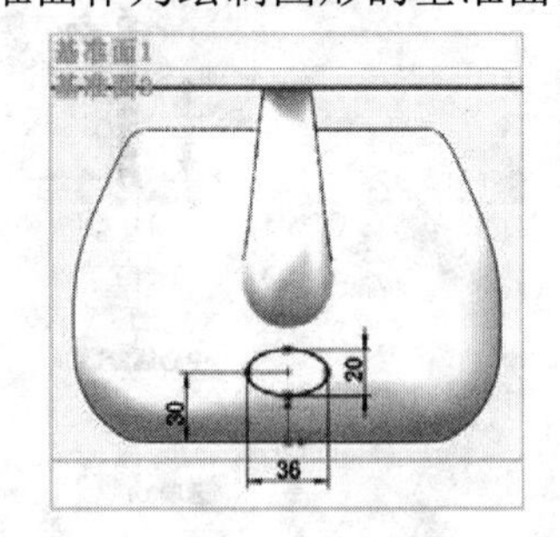

图 8-125　绘制的草图

5）绘制草图。单击“草图”工具栏中的“椭圆”按钮⊙，绘制图8-126所示的草图并标注尺寸，然后退出草图绘制状态。

6）添加基准面。选择菜单栏中的“插入”→“参考几何体”→“基准面”命令，或者单击“参考几何体”工具栏中的“基准面”按钮，此时系统弹出图8-127所示的“基准面”属性管理器。在“参考实体”一栏中，用鼠标选择“FeatureManager设计树”中的“上视基准面”；在偏移距离一栏中输入值70，并注意添加基准面的方向，单击属性管理器中的“确定”按钮✔，添加一个基准面。

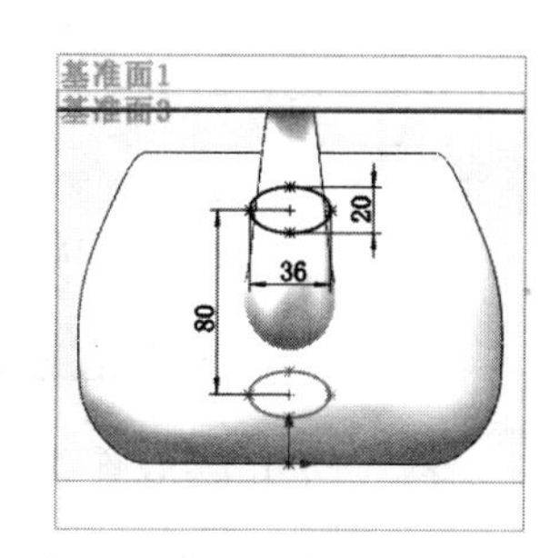

图 8-126 绘制的草图

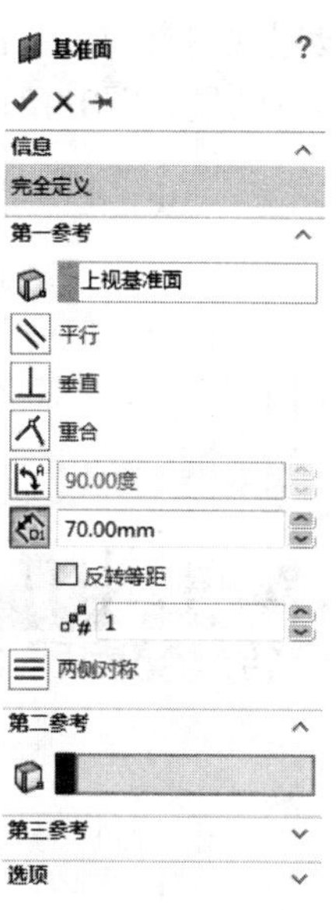

图 8-127 “基准面”属性管理器

7）设置视图方向。单击“标准视图”工具栏中的“等轴测”按钮，将视图以等轴测方向显示，结果如图8-128所示。

8）设置基准面。在左侧“FeatureManager设计树”中用鼠标选择“基准面4”，然后单击“标准视图”工具栏中的“正视于”按钮，将该基准面作为绘制图形的基准面。

9）绘制草图。单击“草图”工具栏中的“椭圆”按钮⊙，绘制图8-129所示的草图并标注尺寸，然后退出草图绘制状态。

10）设置基准面。在左侧“FeatureManager设计树”中用鼠标选择“前视基准面”，然后单击“标准视图”工具栏中的“正视于”按钮，将该基准面作为绘制图形的基准面。

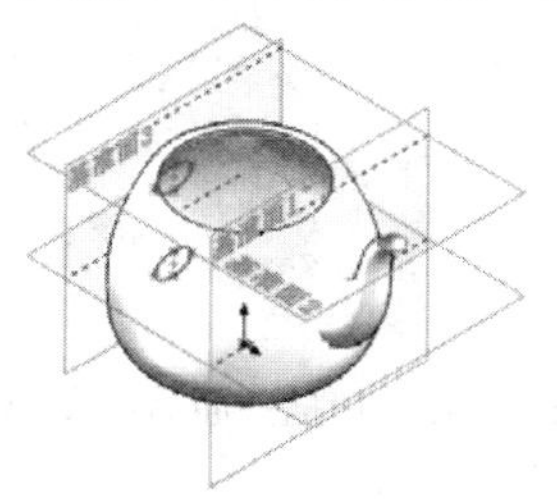

图 8-128 添加基准面后的图形

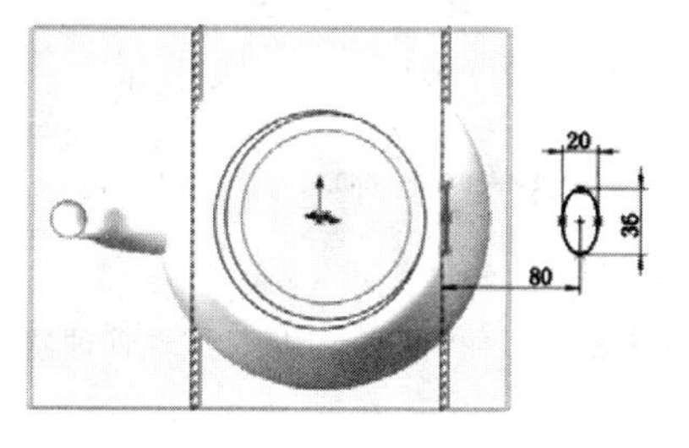

图 8-129 绘制的草图

11）绘制草图。单击“草图”工具栏中的“样条曲线”按钮，绘制图8-130所示的草图，然后退出草图绘制状态。

注意

绘制样条曲线时，样条曲线的起点和终点分别位于椭圆草图的圆心，并且中间点也通过另一个椭圆草图的圆心。

12）设置视图方向。单击“标准视图”工具栏中的“等轴测”按钮，将视图以等轴测方向显示，结果如图8-131所示。

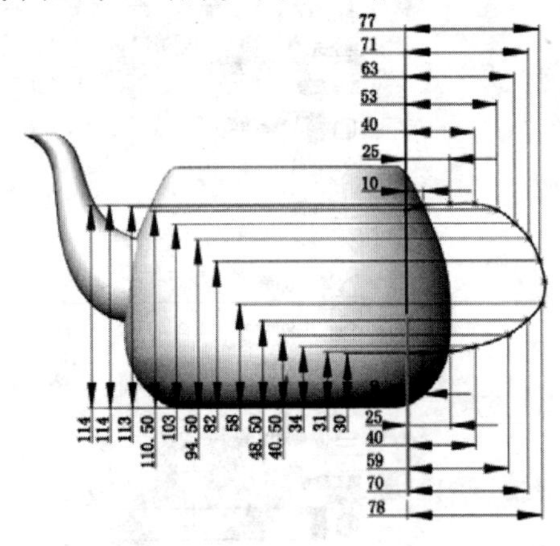

图 8-130　绘制的草图

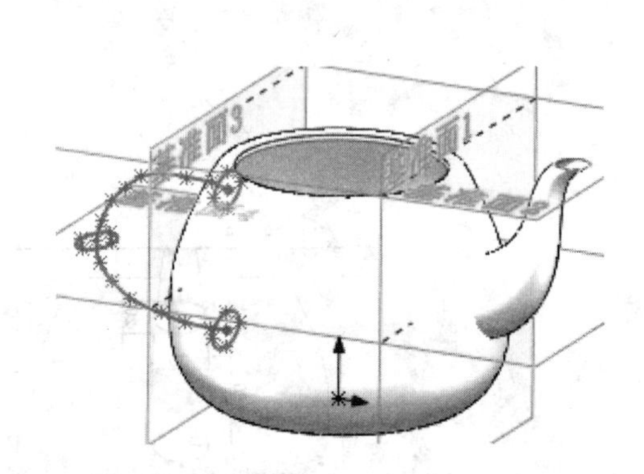

图 8-131　设置视图方向后的图形

13）扫描曲面。选择菜单栏中的“插入”→“曲面”→“扫描曲面”命令，或者单击“曲面”工具栏中的“扫描曲面”按钮，此时系统弹出图8-132所示的“曲面-扫描”属性管理器。在“轮廓”一栏中，选择步骤3）、5）和9）中绘制的任意一个草图；在“路径”一栏中，选择步骤11绘制的草图。单击属性管理器中的“确定”按钮，完成曲面扫描，结果如图8-133所示。

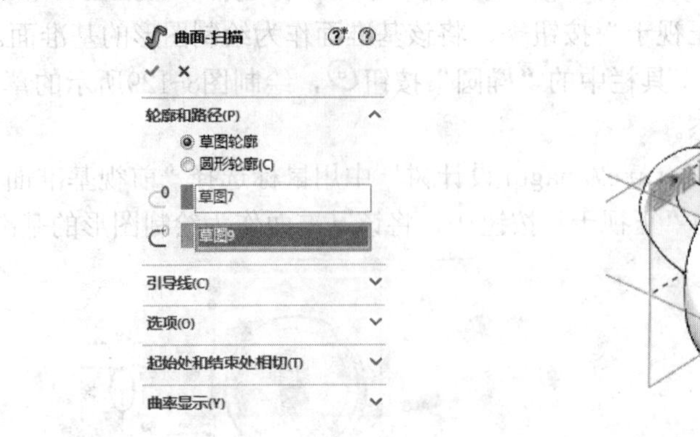

图 8-132　“曲面-扫描”属性管理器

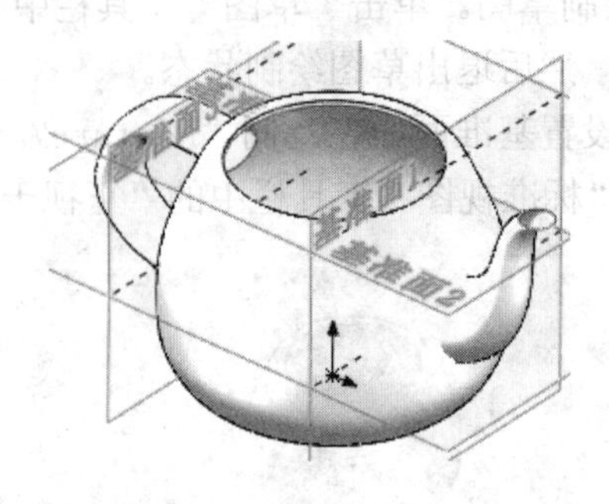

图 8-133　扫描曲面后的图形

注意

用户可以再绘制通过 3 个椭圆草图的引导线，使用放样曲面命令，生成壶把手，这样可以使把手更加细腻。

14）设置视图显示。选择菜单栏中的“视图”→“基准面”和“草图”命令，取消视图中基准面和草图的显示，结果如图8-134所示。

5．编辑壶身

1）设置视图方向。单击“视图”→“修改”→“旋转视图”按钮，将视图以合适的方向显示，结果如图8-135所示。

2）剪裁曲面。选择菜单栏中的“插入”→“曲面”→“剪裁曲面”命令，或者单击“曲面”工具栏中的“剪裁曲面”按钮，此时系统弹出图8-136所示的“剪裁曲面”属性管理器。在“剪裁类型”一栏中，用鼠标点选“相互”选项；在“曲面”一栏中，用鼠标选择“FeatureManager设计树”中的“曲面-扫描1”“曲面-旋转1”和“曲面-放样1”；点选“保留选择”，然后在“要保留的部分”一栏中，用鼠标选择视图中壶身外侧的壶体、壶嘴和壶把手。单击属性管理器中的“确定”按钮，将壶身内部多余部分剪裁，结果如图8-137所示。

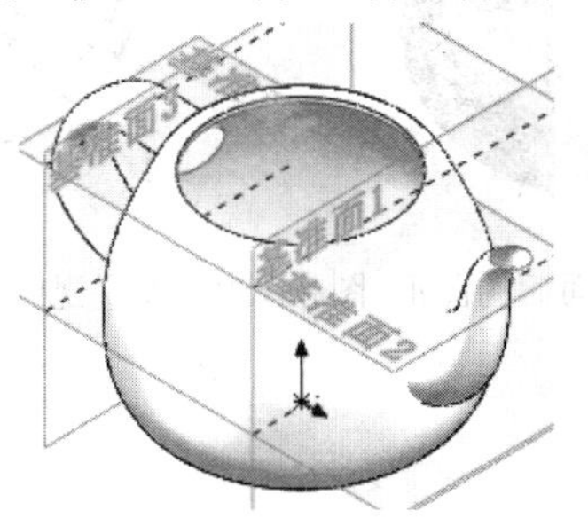

图 8-134 设置视图显示后的图形

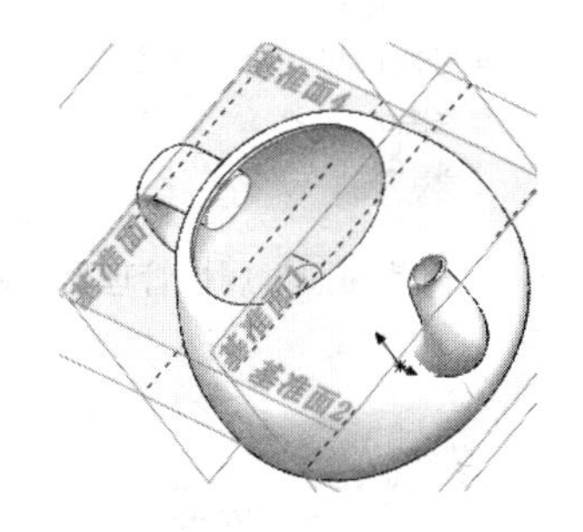

图 8-135 设置视图方向后的图形

3）设置视图方向。单击“视图”工具栏中的“旋转视图”按钮，将视图以合适的方向显示，结果如图8-138所示。

4）填充曲面。选择菜单栏中的“插入”→“曲面”→“填充曲面”命令，或者单击“曲面”工具栏中的“填充曲面”按钮，此时系统弹出图8-139所示的“填充曲面”属性管理器。在“修补边界”一栏中，用鼠标选择图8-138中的边线1。单击属性管理器中的“确定”按钮，填充壶底曲面，结果如图8-140所示。

5）设置视图方向。单击“视图”工具栏中的“旋转视图”按钮，将视图以合适的方向显示，结果如图8-141所示。

6）圆角处理。选择菜单栏中的“插入”→“曲面”→“圆角”命令，或者单击“曲面”工具栏中的“圆角”按钮，此时系统弹出图8-142所示的“圆角”属性管理器。在“圆角类型”一栏中，选择“恒定大小圆角”按钮；在“边、线、面、特征和环”一栏中，选择图8-141中的边线1、边线2和边线3；在“半径”一栏中输入值10。单击属性管理器中的“确定”按钮，完成圆角处理，结果如图8-143所示。

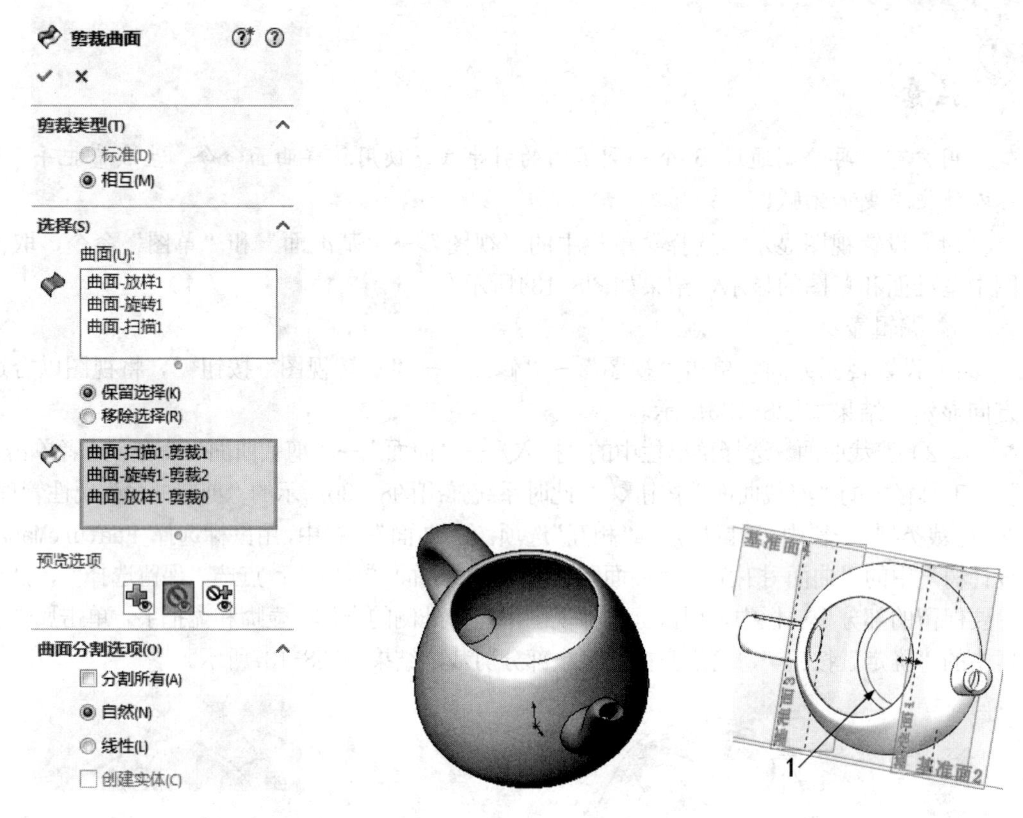

图 8-136　“剪裁曲面”属性管理器　图 8-137　剪裁曲面后的图形　图 8-138　设置视图方向后的图形

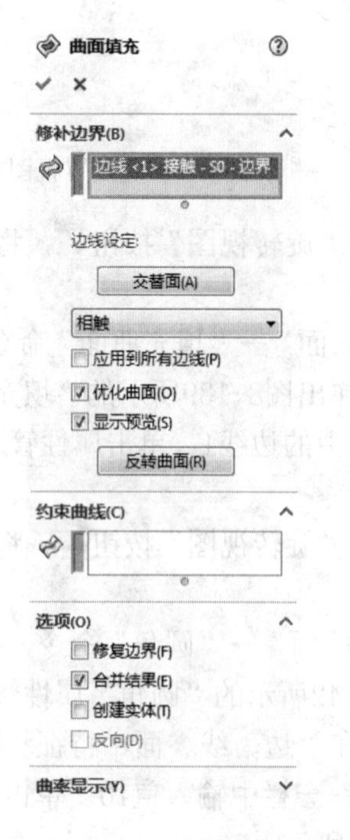

图 8-139　“填充曲面”属性管理器

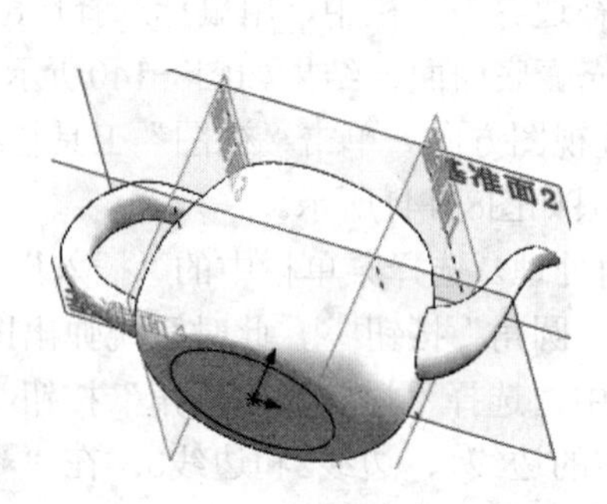

图 8-140　填充曲面后的图形

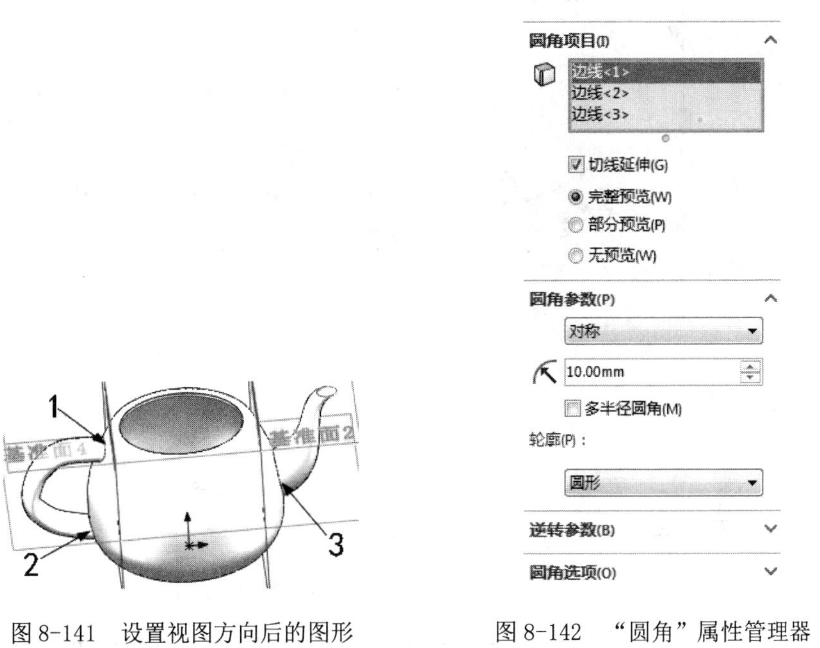

图 8-141　设置视图方向后的图形　　　图 8-142　“圆角”属性管理器

图 8-143　圆角后的图形

8.2.2　绘制壶盖

首先绘制草图轮廓，然后通过旋转曲面、填充曲面等操作创建壶盖。

【操作步骤】

1. 新建文件

1）启动软件。选择菜单栏中的“开始”→“所有程序”→“SOLIDWORKS 2016”命令，或者单击桌面按钮，启动SOLIDWORKS 2016。

2）创建零件文件。选择菜单栏中的“文件”→“新建”命令，或者单击“标准”工具栏中的“新建”按钮，此时系统弹出图8-144所示的“新建SOLIDWORKS文件”对话框，在其中选择“零件”按钮，然后单击“确定”按钮，创建一个新的零件文件。

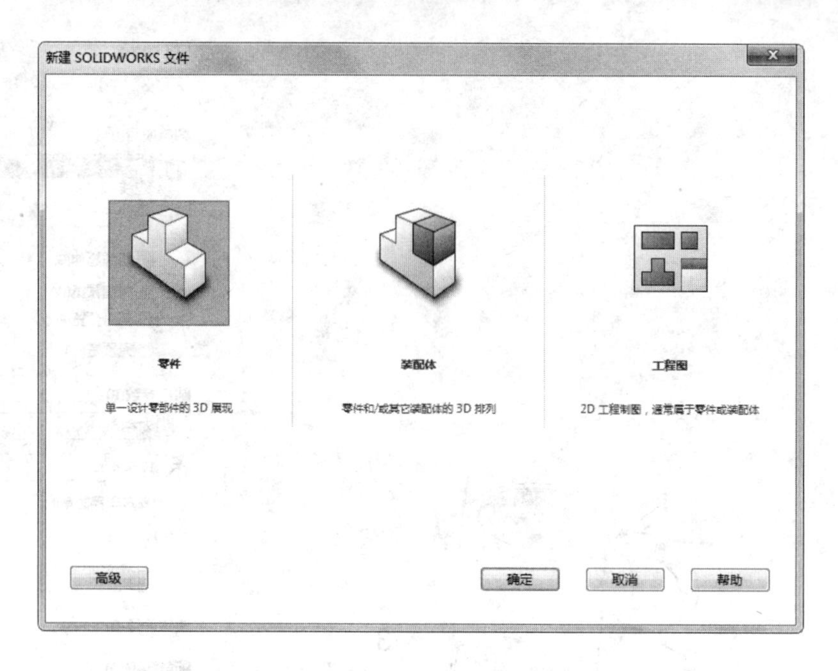

图 8-144 “新建 SOLIDWORKS 文件”对话框

3）保存文件。选择菜单栏中的“文件”→“保存”命令，或者单击“标准”工具栏中的“保存”按钮，此时系统弹出图8-145所示的“另存为”对话框。在“文件名”一栏中输入“壶盖”，然后单击“保存”按钮，创建一个文件名为“壶盖”的零件文件。

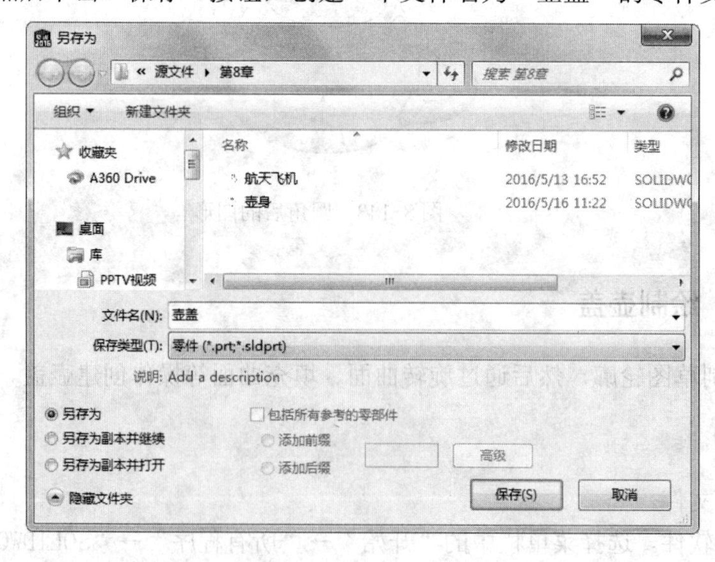

图 8-145 “另存为”对话框

2. 绘制壶盖

1）设置基准面。在左侧“FeatureManager设计树”中用鼠标选择“前视基准面”，然后单击“标准视图”工具栏中的“正视于”按钮，将该基准面作为绘制图形的基准面。

2）绘制草图。单击“草图”工具栏中的“中心线”按钮，绘制一条通过原点的竖直中心线；单击“草图”工具栏中的“样条曲线”按钮、“直线”按钮和“绘制圆角”按钮，绘制图8-146所示的草图并标注尺寸。

3）旋转曲面。选择菜单栏中的“插入”→“曲面”→“旋转曲面”命令，或者单击“曲面”工具栏中的“旋转曲面”按钮，此时系统弹出图8-147所示的“曲面-旋转”属性管理器。在“旋转轴”一栏中，选择图8-146中的竖直中心线，其他设置参考图8-147所示。单击属性管理器中的“确定”按钮，完成曲面旋转。

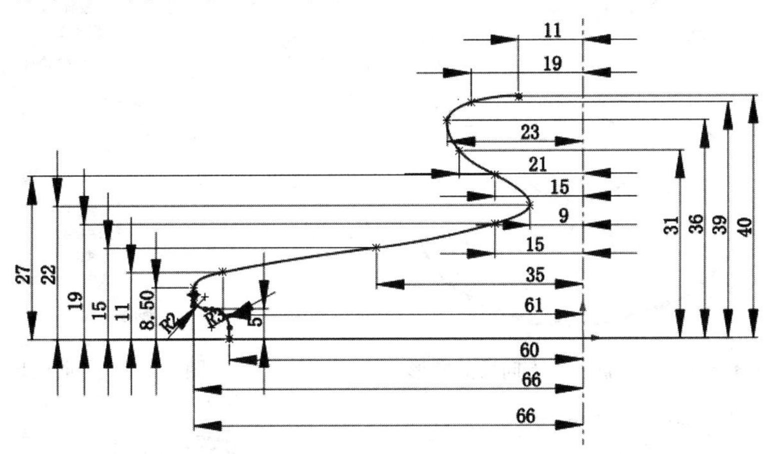

图 8-146　绘制的草图

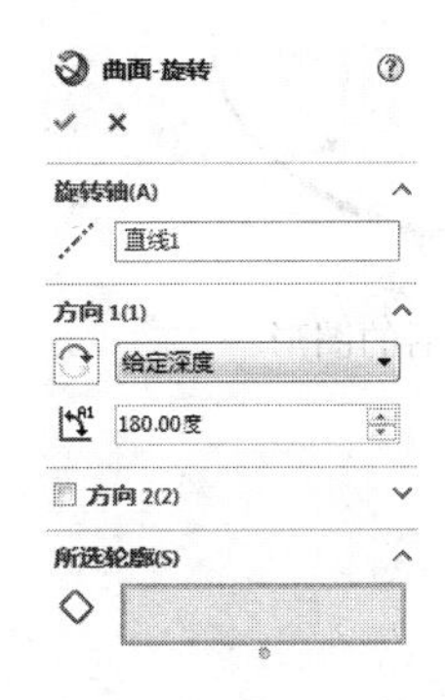

图 8-147　“曲面-旋转”属性管理器

4）设置视图方向。单击“标准视图”工具栏中的“等轴测”按钮，将视图以等轴测方向显示，结果如图8-148所示。

5）填充曲面。选择菜单栏中的“插入”→“曲面”→“填充”命令，或者单击“曲面”工具栏中的“填充曲面”按钮，此时系统弹出图8-149所示的“曲面填充”属性管理器。在“修补边界”一栏中，用鼠标选择图8-148中的边线1，其他设置如图8-149所示，单击属性管理器中的“确定”按钮，填充壶盖曲面，结果如图8-150所示。

6）设置视图方向。单击“视图”工具栏中的“旋转视图”按钮，将视图以合适的方向显示，结果如图8-151所示。

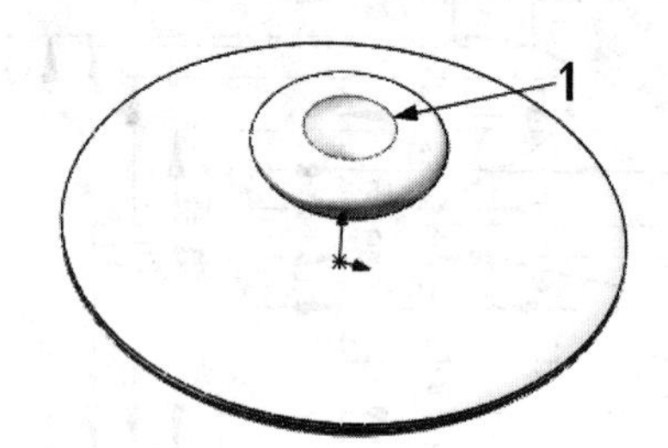

图 8-148　设置视图方向后的图形

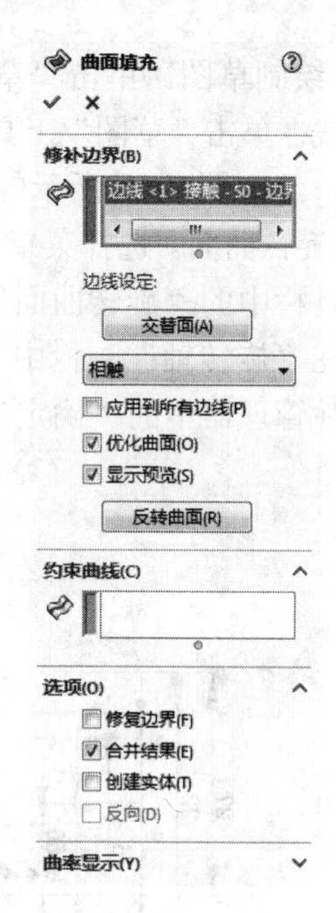

图 8-149　“曲面填充”属性管理器

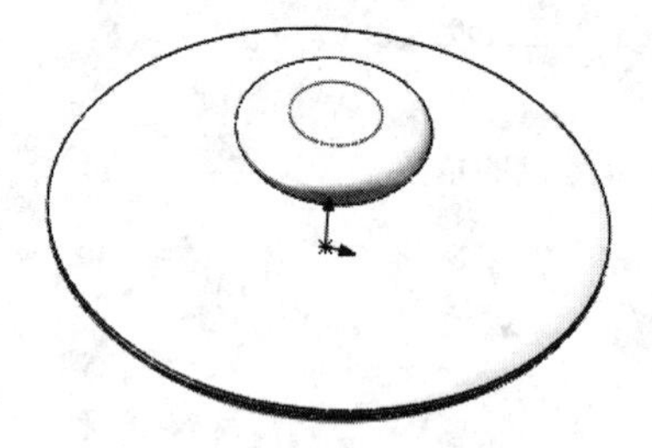

图 8-150　填充曲面后的图形

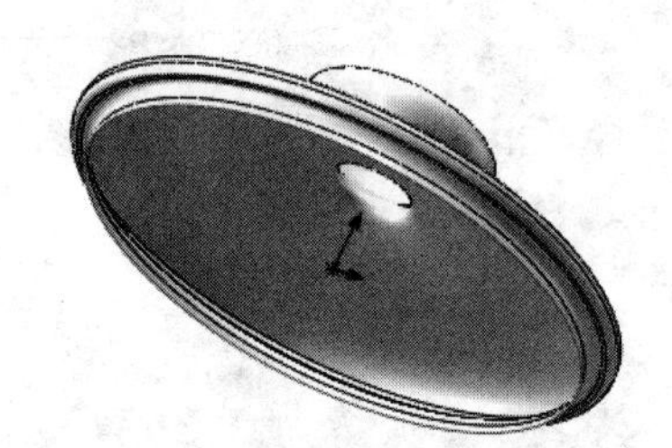

图 8-151　改变视图方向后的图形

钣金设计

钣金零件通常用来作为零部件的外壳，在产品设计中的地位越来越大。在 SOLIDWORKS 中拥有两种生成钣金零件的方法。

一种是首先创建一个实体零件模型，然后将其转换到钣金。另一种是使用钣金特定的特征来生成钣金零件。此方法是从最初设计阶段开始就生成零件为钣金零件，消除了多余的操作步骤。

- 基本术语
- 钣金特征工具与钣金菜单
- 转换钣金特征
- 钣金特征
- 钣金成形

9.1 基本术语

9.1.1 折弯系数

零件要生成折弯时，可以指定一个折弯系数给一个钣金折弯，但指定的折弯系数必须介于折弯内侧边线的长度与外侧边线的长度之间。

折弯系数可以用钣金原材料的总展开长度减去非折弯长度来计算，如图9-1所示。

用来决定使用折弯系数值时，总平展长度的计算公式如下：

$$Lt = A + B + BA$$

式中 BA——折弯系数；

Lt——总展开长度；

A、B———非折弯长度。

9.1.2 折弯扣除

当在生成折弯时，用户可以通过输入数值来给任何一个钣金折弯指定一个明确的折弯扣除，折弯扣除由虚拟非折弯长度减去钣金原材料的总展开长度来计算，如图9-2所示。

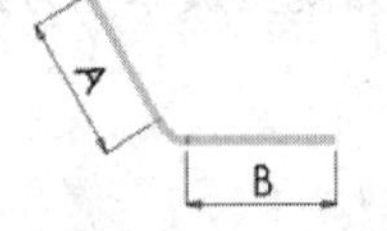

图 9-1 折弯系数示意图

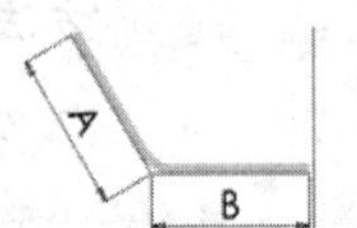

图 9-2 折弯扣除示意图

用来决定使用折弯扣除值时，总平展长度的计算公式如下：

$$Lt = A + B - BD$$

式中 BD——折弯扣除；

A、B——虚拟非折弯长度；

Lt ——总展开长度。

9.1.3 K-因子

K-因子表示钣金中性面的位置，以钣金零件的厚度作为计算基准，如图9-3所示。K-因子即为钣金内表面到中性面的距离t与钣金厚度T的比值，即等于t / T。

当选择K-因子作为折弯系数时，可以指定K-因子折弯系数表。SOLIDWORKS 应用程序随附 Microsoft Excel 格式的K-因子折弯系数表格。此表格位于<安装目录>\lang\Chinese-Simplified \Sheetmetal Bend Tables\kfactor base bend table.xls。

使用K-因子也可以确定折弯系数，计算公式如下：

$$BA=\pi(R+KT)A/180$$

式中 BA——折弯系数；

R——内侧折弯半径；

K——K-因子，即t / T；

T——材料厚度；

t ——内表面到中性面的距离；

A——折弯角度(经过折弯材料的角度)。

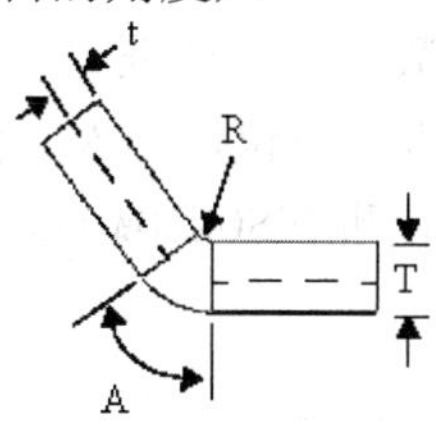

图9-3 K-因子示意图

由上面的计算公式可知，折弯系数即为钣金中性面上的折弯圆弧长。因此，指定的折弯系数的大小必须介于钣金的内侧圆弧长和外侧弧长之间，以便与折弯半径和折弯角度的数值相一致。

9.1.4 折弯系数表

除直接指定和由K-因子来确定折弯系数之外，还可以利用折弯系数表来确定，在折弯系数表中可以指定钣金零件的折弯系数或折弯扣除数值等，折弯系数表还包括折弯半径、折弯角度以及零件厚度的数值。

在SOLIDWORKS中有两种折弯系数表可供使用：一是带有.btl扩展名的文本文件，二是嵌入的Excel电子表格。

1. 带有btl扩展名的文本文件

在SOLIDWORKS的<安装目录>\lang\chinese-simplified\SheermetalBendTables\sample.btl中提供了一个钣金操作的折弯系数表样例。如果要生成自己的折弯系数表，可使用任何文字编辑程序复制并编辑此折弯系数表。

在使用折弯系数表文本文件时，只允许包括折弯系数值，不包括折弯扣除值。折弯系数表的单位必须用米制单位指定。

如果要编辑拥有多个折弯厚度表的折弯系数表，半径和角度必须相同。例如，将一新的折弯半径值插入有多个折弯厚度表的折弯系数表，必须在所有表中插入新数值。

注意

折弯系数表范例仅供参考使用，此表中的数值不代表任何实际折弯系数值。如果零件或折弯角度的厚度介于表中的数值之间，那么系统会插入数值并计算折弯系数。

2．嵌入的Excel电子表格

SOLIDWORKS生成的新折弯系数表保存在嵌入的Excel电子表格程序内，根据需要可以将折弯系数表的数值添加到电子表格程序中的单元格内。

电子表格的折弯系数表只包括90°折弯的数值，其他角度折弯的折弯系数或折弯扣除值由SOLIDWORKS计算得到。

生成折弯系数表的方法如下：

1）在零件文件中，选择菜单栏中的“插入”→“钣金”→“折弯系数表”→“新建”命令，会弹出图9-4所示的“折弯系数表”对话框。

2）在“折弯系数表”对话框中设置单位，键入文件名，单击“确定”按钮，则包含折弯系数表电子表格的嵌置Excel窗口出现在SOLIDWORKS窗口中，如图9-5所示。折弯系数表电子表格包含默认的半径和厚度值。

图9-4　“折弯系数表”对话框

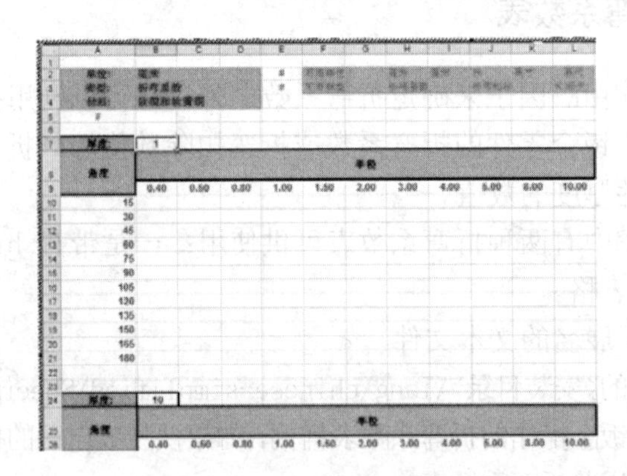

图9-5　折弯系数表电子表格

3）在表格外但在SOLIDWORKS图形区内单击，以关闭电子表格。

9.2　钣金特征工具与钣金菜单

9.2.1　启用钣金特征工具栏

启动SOLIDWORKS 2016软件后，选择菜单栏中的“工具”→“自定义”命令，弹出图9-6

所示的“自定义”对话框。在对话框中，单击工具栏中“钣金”选项，然后单击“确定”按钮，在SOLIDWORKS用户界面右侧将显示钣金特征工具栏，如图9-7所示。

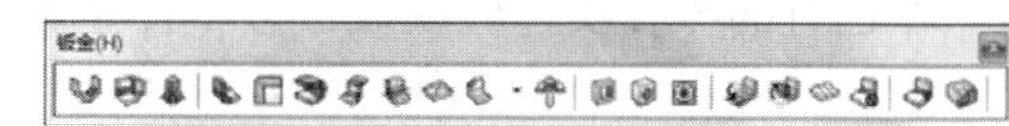

图 9-6 “自定义”对话框

图 9-7 钣金工具栏

9.2.2 钣金菜单

选择菜单栏中的“插入”→“钣金”命令，将可以找到钣金下拉菜单，如图9-8所示。

图9-8 钣金菜单

9.3 转换钣金特征

使用SOLIDWORKS 2016软件进行钣金零件设计，常用的方法基本上可以分为两种：

使用钣金特有的特征来生成钣金零件。

这种设计方法将直接考虑作为钣金零件来开始建模：从最初的基体法兰特征开始，利用了钣金设计软件的所有功能和特殊工具、命令和选项。对于几乎所有的钣金零件而言，这是最佳的方法。

因为用户从最初设计阶段开始就生成零件作为钣金零件，所以消除了多余步骤。

将实体零件转换成钣金零件。

在设计钣金零件过程中，也可以按照常见的设计方法设计零件实体，然后将其转换为钣金零件。

也可以在设计过程中，先将零件展开，以便于应用钣金零件的特定特征。由此可见，将一个已有的零件实体转换成钣金零件是本方法的典型应用。

9.3.1 使用基体-法兰特征

利用（基体-法兰）命令生成一个钣金零件后，钣金特征将出现在图9-9所示的属性管理器中。

在该属性管理器中包含三个特征，它们分别代表钣金的三个基本操作：

- （钣金）特征：包含了钣金零件的定义。此特征保存了整个零件的默认折弯参数信息，如折弯半径、折弯系数、自动切释放槽（预切槽）比例等。
- （基体-法兰）特征：该项是钣金零件的第一个实体特征，包括深度和厚度等信息。
- （平板型式）特征：在默认情况下，当零件处于折弯状态时，平板型式特征是被压缩的，将该特征解除压缩即展开钣金零件。

在属性管理器中，当平板型式特征被压缩时，添加到零件的所有新特征均自动插入到平板型式特征上方。

在属性管理器中，当平板型式特征解除压缩后，新特征插入到平板型式特征下方，并且不在折叠零件中显示。

9.3.2 用零件转换为钣金的特征

利用已经生成的零件转换为钣金特征时，首先在SOLIDWORKS中生成一个零件，通过“插入”→“转换到钣金”生成钣金零件，这时在属性管理器中有个特征，如图9-10所示。

- （钣金）特征：包含了钣金零件的定义。此特征保存了整个零件的默认折弯参数信息，如折弯半径、折弯系数、自动切释放槽（预切槽）比例等。

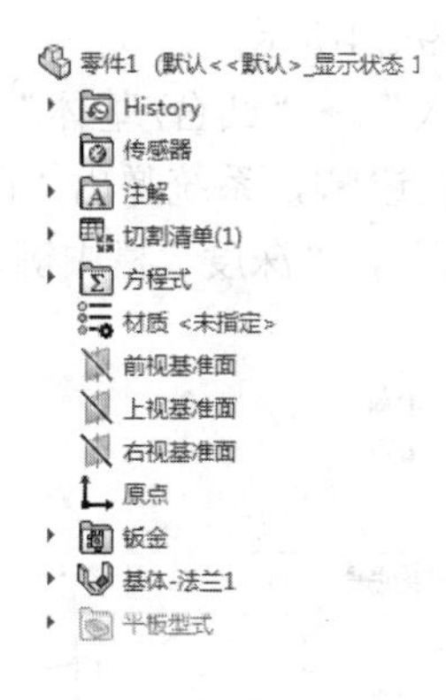

图 9-9 钣金特征

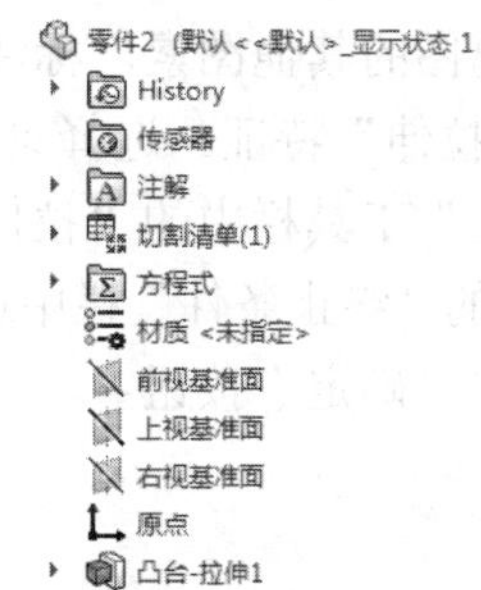

图 9-10 钣金特征

9.3.3 实例——电器支架

绘制图9-11所示的电器支架。

实讲实训
多媒体演示

多媒体演示参见配套光盘中的\\动画演示\第9章\电器支架.avi。

图 9-11 电器支架

【操作步骤】

1）启动SOLIDWORKS 2016，选择菜单栏中的“文件”→“新建”命令，或者单击“标准”工具栏中的“新建”按钮，创建一个新的零件文件。

2）绘制草图。在左侧的“FeatureMannger设计树”中选择“前视基准面”作为绘图基准面，然后单击“草图”工具栏中的“边角矩形”按钮，绘制一个矩形，标注矩形的智能尺寸如图9-12所示。

3）单击“草图”工具栏中的“添加几何关系”按钮，在弹出的“添加几何关系”属性管理器中，单击选择矩形的水平边和坐标原点，选择“中点”选项，然后单击“确定” 按钮✔，添加“中点”约束，如图9-13所示。

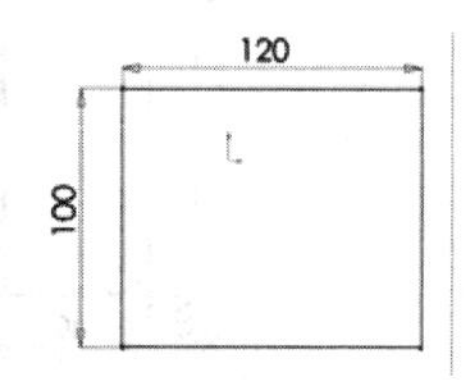

图 9-12 绘制矩形

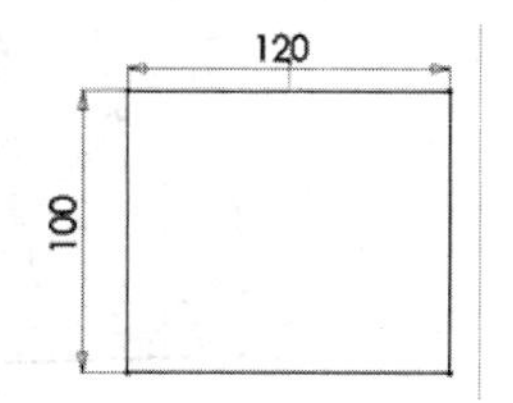

图 9-13 添加“中点”约束

继续绘制草图的其他图素，标注智能尺寸如图9-14所示。

4）生成“拉伸”特征。选择菜单栏中的“插入”→“凸台/基体”→“拉伸”命令，或者单击“特征”工具栏中的“拉伸凸台/基体”按钮，系统弹出“凸台-拉伸”属性管理器，在方向1的“终止条件”栏中选择“给定深度”，“深度”栏中键入值：5，如图9-15所示，然后单击“确定”按钮✔。

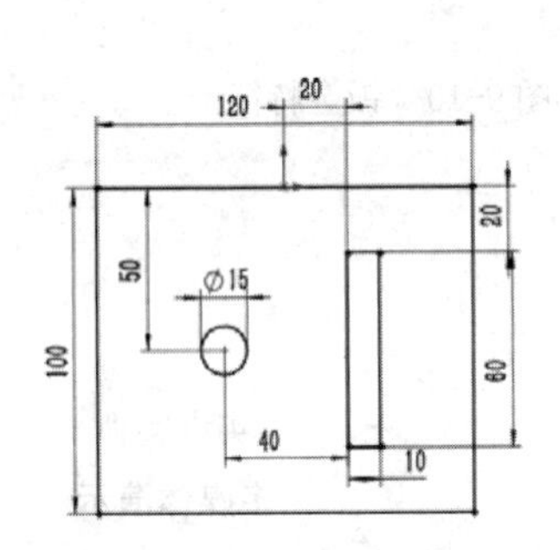

图 9-14　绘制草图的其他图素

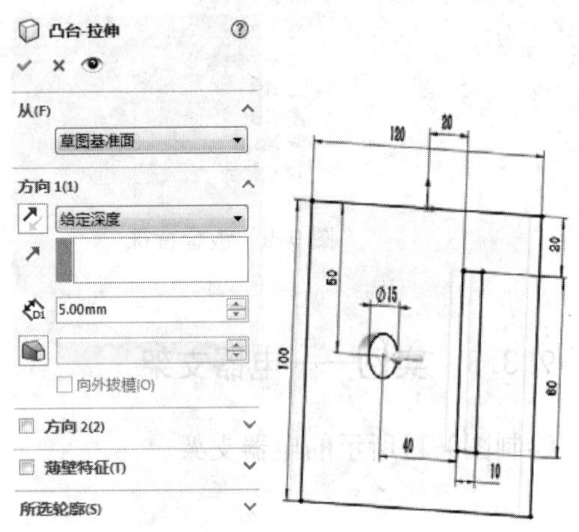

图 9-15　拉伸实体

5）选择基准面。单击图9-16中所示的面，单击“标准视图”工具栏中的“正视于”按钮，将该基准面作为绘制图形的基准面。

6）绘制草图。利用“草图”工具栏中的绘图工具，绘制草图，如图9-17所示。

7）生成“拉伸”特征。选择菜单栏中的“插入”→“凸台/基体”→“拉伸”命令，或者单击“特征”工具栏中的“拉伸凸台/基体”按钮，系统弹出“凸台-拉伸”属性管理器，在方向1的“终止条件”栏中选择“给定深度”，“深度”栏中键入值：5，如图9-18所示，然后单击“确定”按钮✔。

8）选择基准面。单击图9-19中所示的面，单击“标准视图”工具栏中的“正视于”按钮，将该基准面作为绘制图形的基准面。

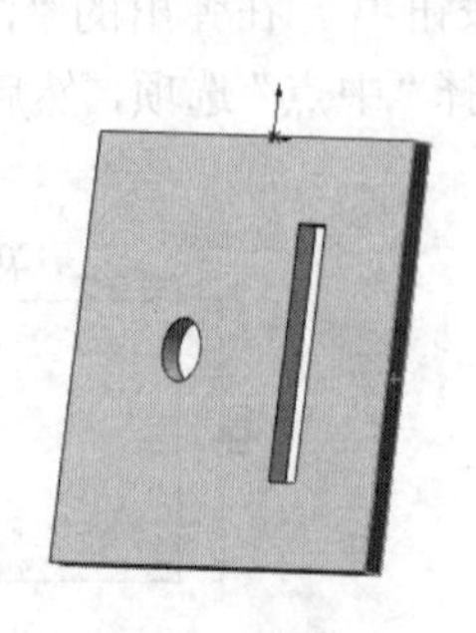

图 9-16　选择基准面

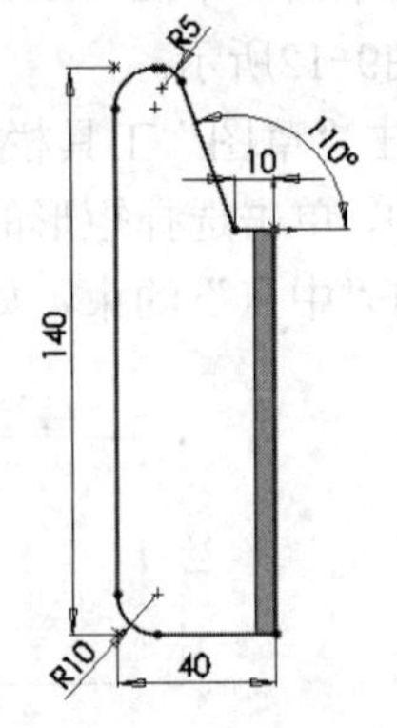

图 9-17　绘制草图

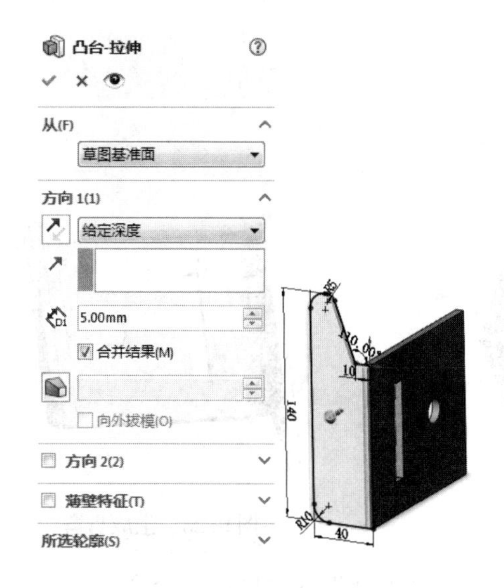

图 9-18 进行拉伸操作

图 9-19 选择基准面

9）绘制草图。单击“草图”工具栏中的“边角矩形”按钮，绘制一个矩形，标注矩形的智能尺寸如图9-20所示。

10）生成“拉伸”特征。选择菜单栏中的“插入”→“凸台/基体”→“拉伸”命令，或者单击“特征”工具栏中的“拉伸凸台/基体”按钮，系统弹出“凸台-拉伸”属性管理器，在方向1的“终止条件”栏中选择“给定深度”，“深度”栏中键入值：5，如图9-21所示，然后单击“确定”按钮。

11）插入折弯。选择菜单栏中的“插入”→“钣金”→“折弯”命令，或者单击“钣金”工具栏中的“插入折弯”按钮，系统弹出“折弯”属性管理器，单击图9-22所示的面作为固定表面，键入折弯半径数值：15，其他设置如图9-22所示。单击“确定”按钮，插入折弯如图9-23所示。

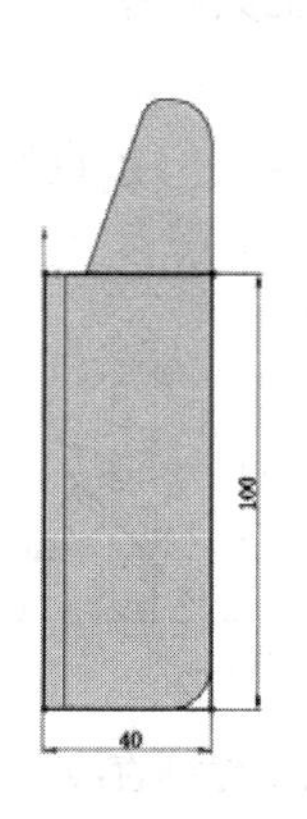

图 9-20 绘制草图

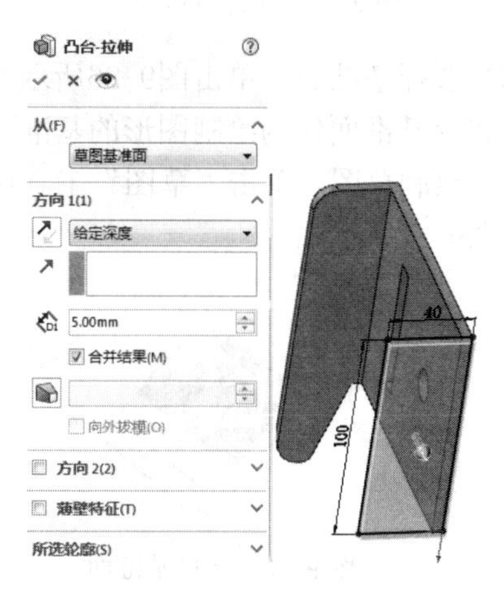

图 9-21 进行拉伸操作

图 9-22 插入折弯操作

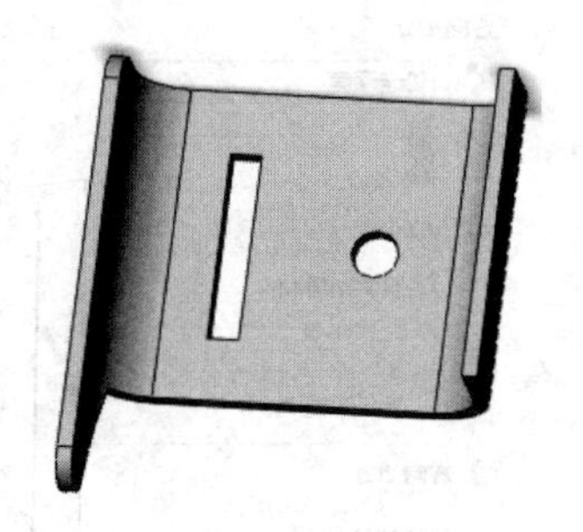

图 9-23 生成折弯

12）展开折弯。选择菜单栏中的“插入”→“钣金”→“展开”命令，或者单击“钣金”工具栏中的“展开”按钮，系统弹出“展开”属性管理器，单击图9-24所示的面作为固定表面，拾取两个折弯，单击“确定”按钮✔，将折弯展开，如图9-25所示。

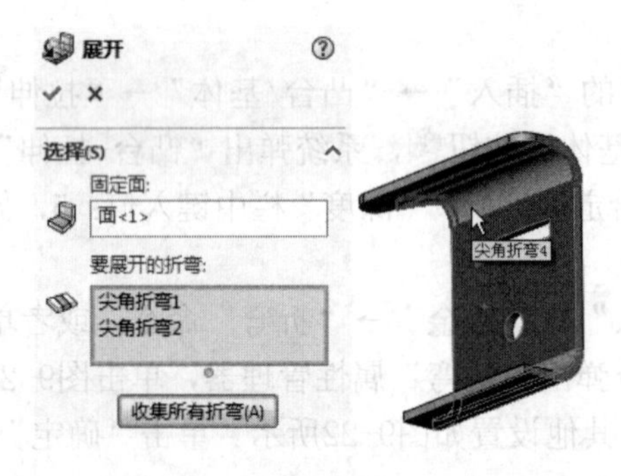

图 9-24 展开折弯操作

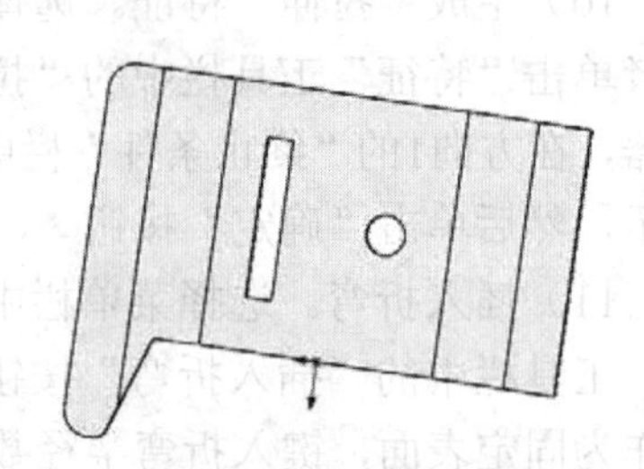

图 9-25 展开的折弯

13）选择基准面。单击图9-26所示的面，单击“标准视图”工具栏中的“正视于”按钮，将该基准面作为绘制图形的基准面。

14）绘制草图。单击“草图”工具栏中的“直线”按钮，绘制一条直线，标注智能尺寸如图9-27所示。

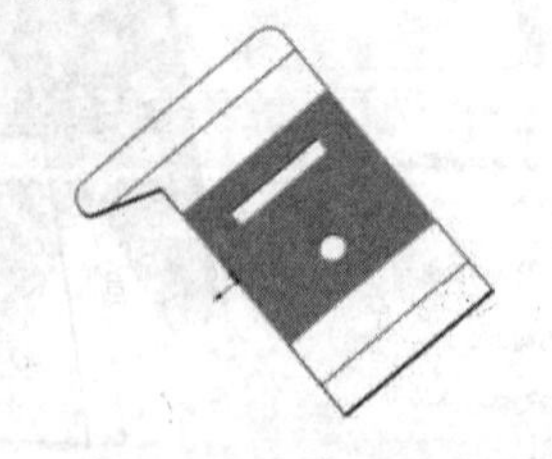

图 9-26 选择基准面

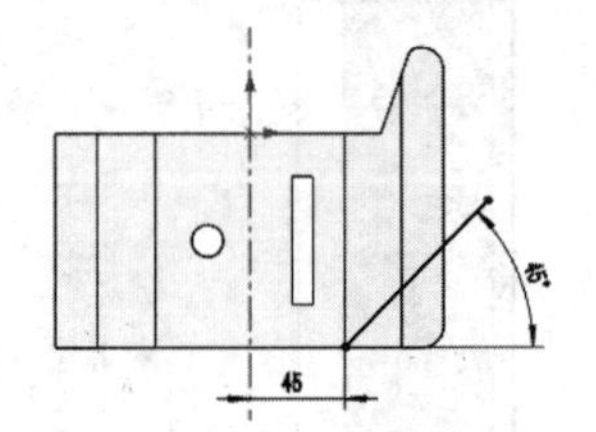

图 9-27 绘制直线

15）生成“拉伸切除”特征。在草图编辑状态下，选择菜单栏中的“插入”→“切除”

→“拉伸”命令，或者单击“特征”工具栏中的“拉伸切除”按钮，系统弹出“切除-拉伸”属性管理器，在方向1的“终止条件”栏中选择“完全贯穿”，选择“反侧切除”，如图9-28所示，单击“确定”按钮✔，结果如图9-29所示。

16）生成“圆角”。选择菜单栏中的“插入”→“特征”→“圆角”命令，或者单击“特征”工具栏中的“圆角”按钮，在对话框中键入圆角半径数值：20，选择图9-30所示的位置添加圆角，单击“确定”按钮✔。

图 9-28　反向拉伸切除

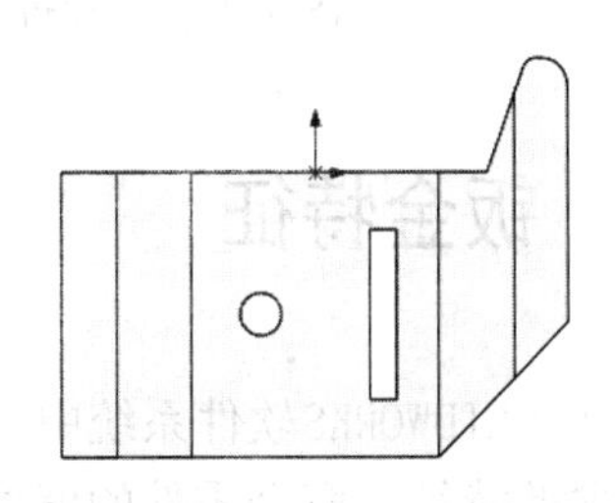

图 9-29　拉伸切除的实体

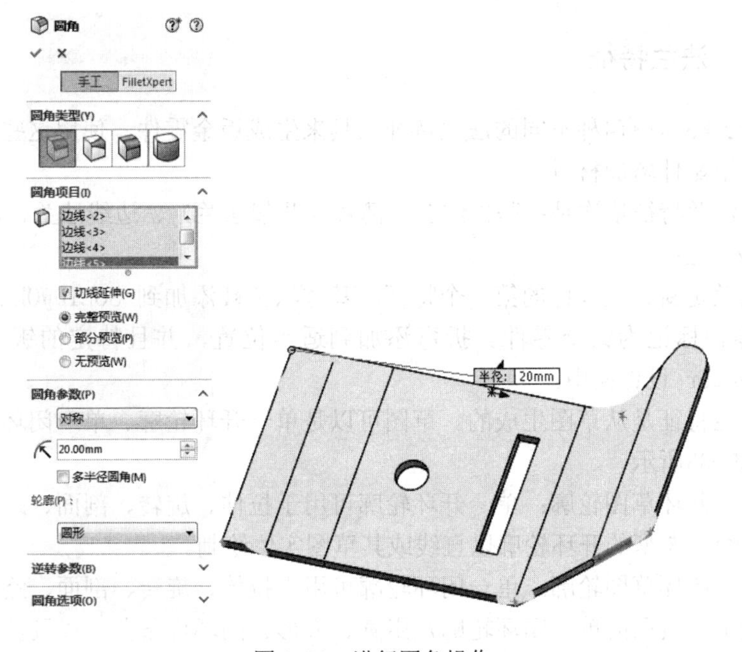

图 9-30　进行圆角操作

17）折叠展开的折弯。选择菜单栏中的“插入”→“钣金”→“折叠”命令，或者单击“钣金”工具栏中的“折叠”按钮，系统弹出“折叠”属性管理器，单击图9-31中的面作为固定表面，拾取两个折弯，单击“确定”按钮✔，将折弯进行折叠，结果如图9-32

所示。

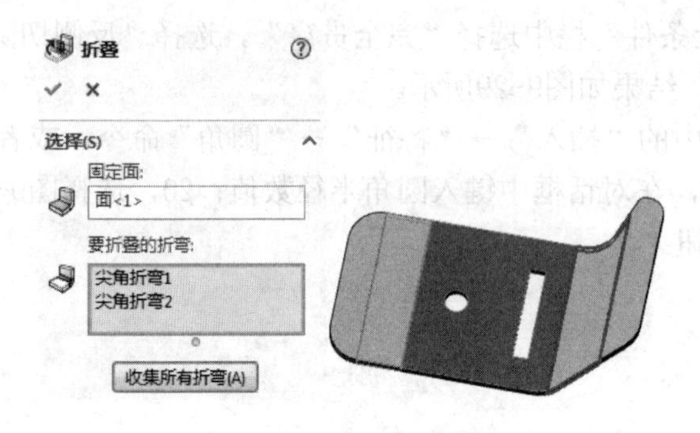

图 9-31 进行折叠操作

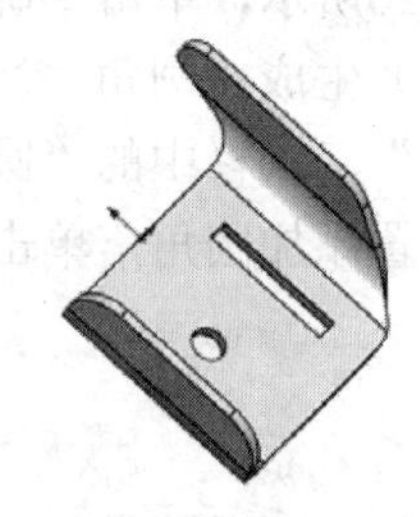

图 9-32 折叠后的钣金件

9.4 钣金特征

在SOLIDWORKS软件系统中，钣金零件是实体模型中结构比较特殊的一种，其具有带圆角的薄壁特征，整个零件的壁厚都相同，折弯半径都是选定的半径值；在设计过程中需要释放槽，软件能够加上。SOLIDWORKS为满足这类需求定制了特殊的钣金工具用于钣金设计。

9.4.1 法兰特征

SOLIDWORKS 具有4种不同的法兰特征工具来生成钣金零件，使用这些法兰特征可以按预定的厚度给零件增加材料。

这四种法兰特征依次是：基体法兰、薄片（凸起法兰）、边线法兰、斜线法兰。

1. 基体法兰

基体法兰是新钣金零件的第一个特征。基体法兰被添加到 SOLIDWORKS 零件后，系统就会将该零件标记为钣金零件。折弯添加到适当位置，并且特定的钣金特征被添加到 FeatureManager 设计树中。

基体法兰特征是从草图生成的。草图可以是单一开环轮廓、单一闭环轮廓或多重封闭轮廓，如图9-33所示。

- 单一开环草图轮廓：单一开环轮廓可用于拉伸、旋转、剖面、路径、引导线以及钣金。典型的开环轮廓以直线或其草图实体绘制。
- 单一闭环草图轮廓：单一闭环轮廓可用于拉伸、旋转、剖面、路径、引导线以及钣金。典型的单一闭环轮廓是用圆、方形、闭环样条曲线以及其他封闭的几何形状绘制的。
- 多重封闭轮廓可用于拉伸、旋转以及钣金。如果有一个以上的轮廓，其中一个轮廓必须包含其他轮廓。典型的多重封闭轮廓是用圆、矩形以及其他封闭的几何形状绘制的。

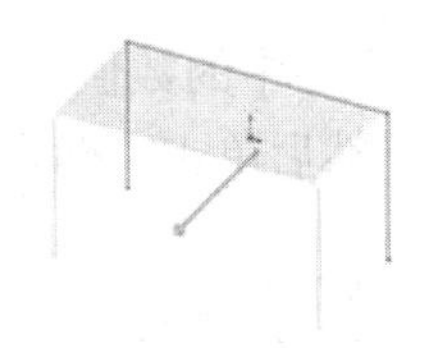
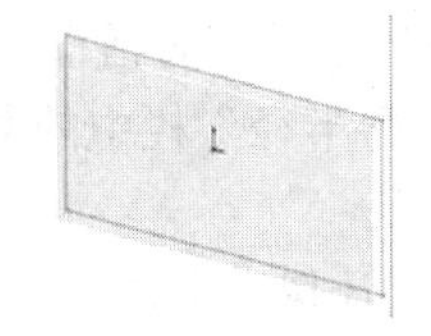
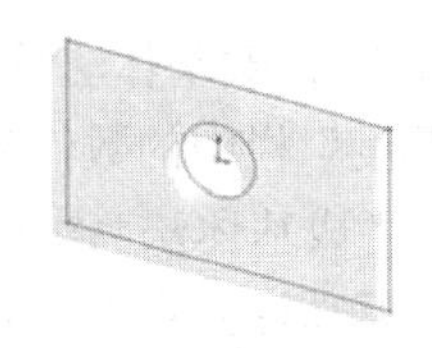

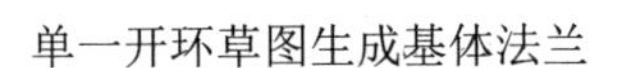
单一开环草图生成基体法兰　　单一闭环草图生成基体法兰　　多重封闭轮廓生成基体法兰

图 9-33　基体法兰图例

注意

在一个 SOLIDWORKS 零件中，只能有一个基体法兰特征，且样条曲线对于包含开环轮廓的钣金为无效的草图实体。

在进行基体法兰特征设计过程中，开环草图作为拉伸薄壁特征来处理，封闭的草图则作为展开的轮廓来处理，如果用户需要从钣金零件的展开状态开始设计钣金零件，可以使用封闭的草图来建立基体法兰特征。

【操作步骤】

1）选择菜单栏中的“插入”→“钣金”→“基体法兰”命令，或者单击“钣金”工具栏中的“基体-法兰/薄片”按钮。

2）绘制草图。在左侧的“FeatureMannger设计树”中选择“前视基准面”作为绘图基准面，绘制草图，然后单击“退出草图”按钮，结果如图9-34所示。

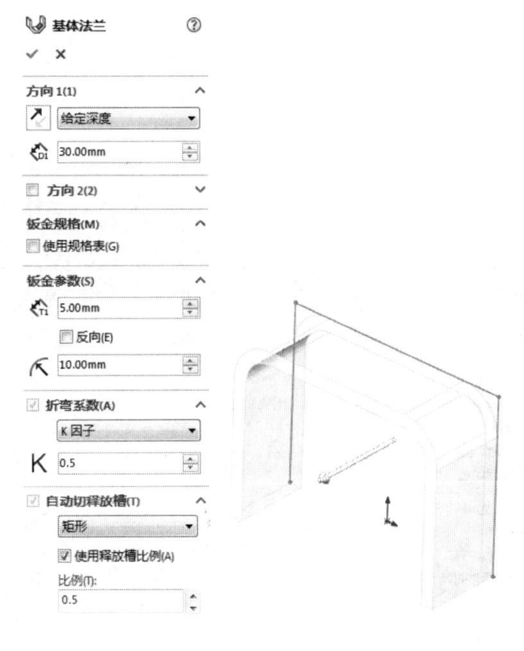

图9-34　绘制基体法兰草图

3）修改基体法兰参数。在“基体法兰”对话框中，修改“深度”栏中的数值为：30mm；“厚度”栏中的数值为：5mm；“折弯半径”栏中的数值为：10mm，然后单击“确定”按钮✔。生成基体法兰实体如图9-35所示。

基体法兰在“FeatureMannger设计树”中显示为基体-法兰，注意同时添加了其他两种特征：钣金和平板型式，如图9-36所示。

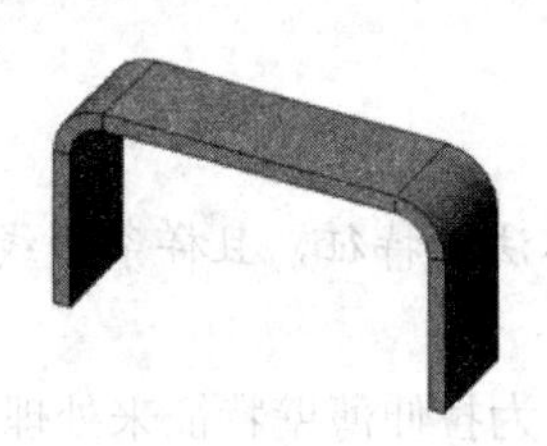

图 9-35　生成的基体法兰实体

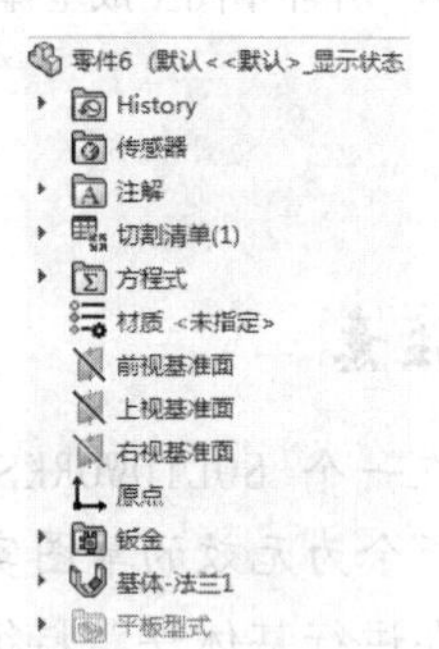

图 9-36　FeatureMannger 设计树

2. 钣金特征

在生成基体-法兰特征时，同时生成钣金特征，如图9-36所示。通过对钣金特征的编辑，可以设置钣金零件的参数。

在“FeatureMannger设计树”中光标右击钣金特征，在弹出的快捷菜单中选择“编辑特征”按钮，如图9-37所示。弹出“钣金”属性管理器，如图9-38所示，钣金特征中包含用来设计钣金零件的参数，这些参数可以在其他法兰特征生成的过程中设置，也可以在钣金特征中编辑定义来改变它们。

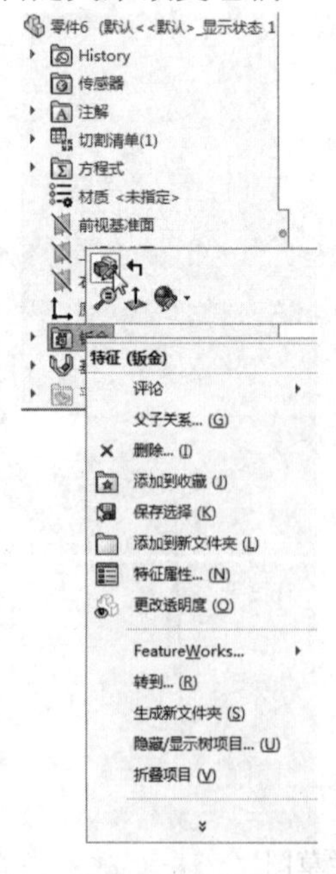

图 9-37　右击特征弹出快捷菜单

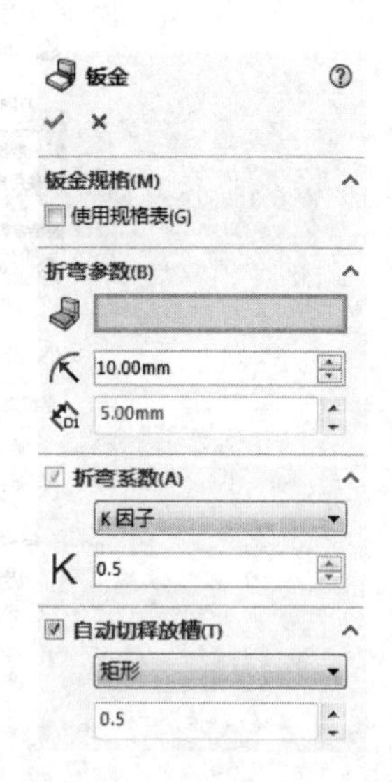

图 9-38　“钣金”属性管理器

（1）折弯参数

➢ 固定的面和边：该选项被选中的面或边在展开时保持不变。在使用基体法兰特征建立钣金零件时，该选项不可选。

➢ 折弯半径：该选项定义了建立其他钣金特征时默认的折弯半径，也可以针对不同的折弯给定不同的半径值。

（2）折弯系数

在“折弯系数”选项中，用户可以选择四种类型的折弯系数表，如图9-39所示。

➢ [折弯系数表]：折弯系数表是一种指定材料（如钢、铝等）的表格，它包含基于板厚和折弯半径的折弯运算，折弯系数表是Execl表格文件，其扩展名为“*.xls”。可以通过选择菜单栏中的“插入”→“钣金”→“折弯系数表”→“从文件”命令，在当前的钣金零件中添加折弯系数表。也可以在钣金特征PropertyManager对话框中的“折弯系数”下拉列表框中选择“折弯系数表”，并选择指定的折弯系数表，或单击“浏览”按钮使用其他的折弯系数表，如图9-40所示。

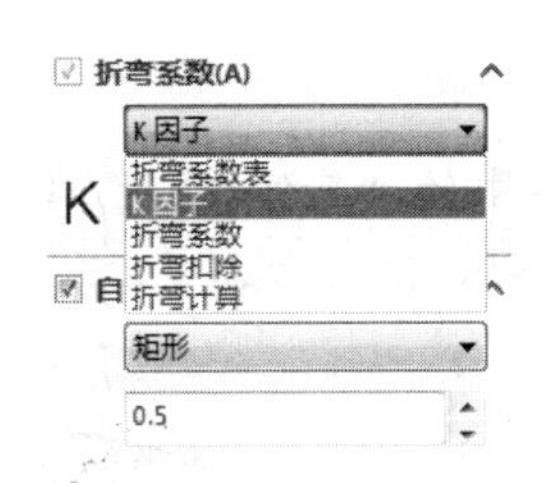

图9-39 “折弯系数”类型

图9-40 选择“折弯系数表”

➢ [K因子]：K因子在折弯计算中是一个常数，它是内表面到中性面的距离与材料厚度的比率。

➢ [折弯系数和折弯扣除]：可以根据用户的经验和工厂实际情况给定一个实际的数值。

（3）自动切释放槽

在“自动切释放槽”下拉列表框中可以选择3种不同的释放槽类型。

➢ [矩形]：在需要进行折弯释放的边上生成一个矩形切除，如图9-41a所示。

➢ [撕裂形]：在需要撕裂的边和面之间生成一个撕裂口，而不是切除，如9-41b所示。

➢ [矩圆形]：在需要进行折弯释放的边上生成一个矩圆形切除，如图9-41c所示。

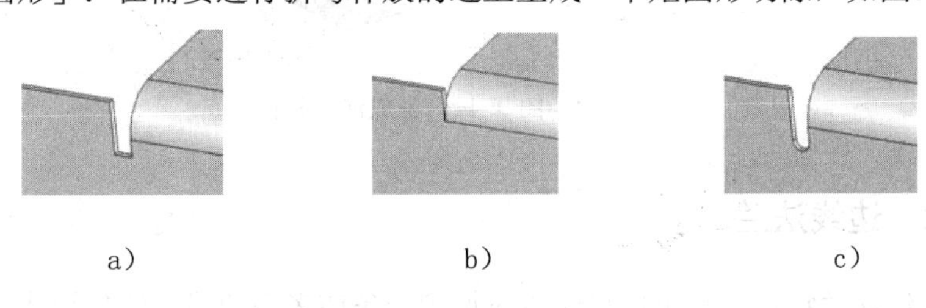

a） b） c）

图9-41 释放槽类型

3．薄片

薄片特征可为钣金零件添加薄片。系统会自动将薄片特征的深度设置为钣金零件的厚度。至于深度的方向，系统会自动将其设置为与钣金零件重合，从而避免实体脱节。

在生成薄片特征时，需要注意的是，草图可以是单一闭环、多重闭环或多重封闭轮廓。草图必须位于垂直于钣金零件厚度方向的基准面或平面上。可以编辑草图，但不能编辑定义。其原因是已将深度、方向及其他参数设置为与钣金零件参数相匹配了。

【操作步骤】

1）选择菜单栏中的“插入”→“钣金”→“基体法兰”命令，或者单击“钣金”工具栏中的“基体-法兰/薄片”按钮。系统提示，要求绘制草图或者选择已绘制好的草图。

2）单击光标左键，选择零件表面作为绘制草图基准面，如图9-42所示。

3）在选择的基准面上绘制草图，如图9-43所示，然后单击“退出草图”按钮，生成薄片特征，如图9-44所示。

注意

也可以先绘制草图，然后再单击“钣金”工具栏中的“基体-法兰/薄片”按钮，来生成薄片特征。

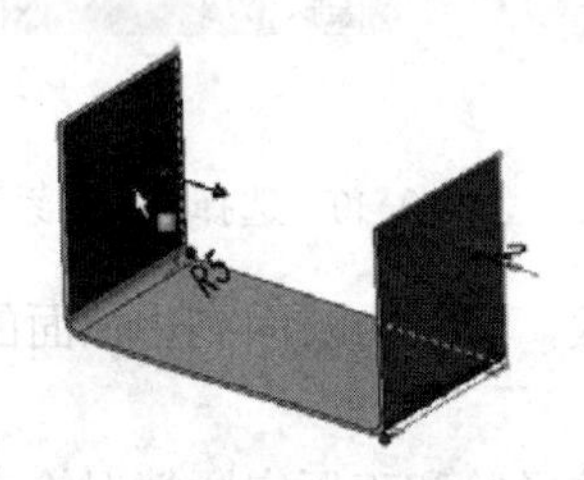

图9-42　选择草图基准面

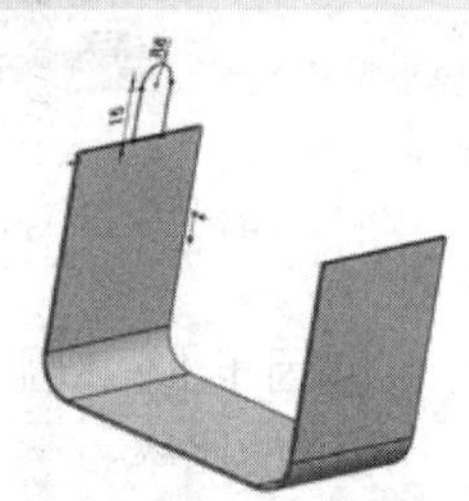

图9-43　绘制草图

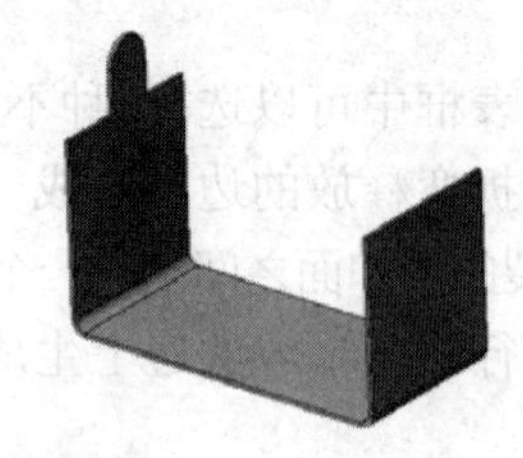

图9-44　生成薄片特征

9.4.2　边线法兰

使用边线法兰特征工具可以将法兰添加到一条或多条边线。添加边线法兰时，所选边线必须为线性，系统自动将褶边厚度链接到钣金零件的厚度上，轮廓的一条草图直线必须位于所选边线上。

【操作步骤】

1）选择菜单栏中的“插入”→“钣金”→“边线法兰”命令，或者单击“钣金”工具栏中的“边线法兰”按钮。弹出“边线-法兰”属性管理器，如图9-45所示。单击光标选择钣金零件的一条边，在属性管理器的选择边线栏中将显示所选择边线，如图9-45所示。

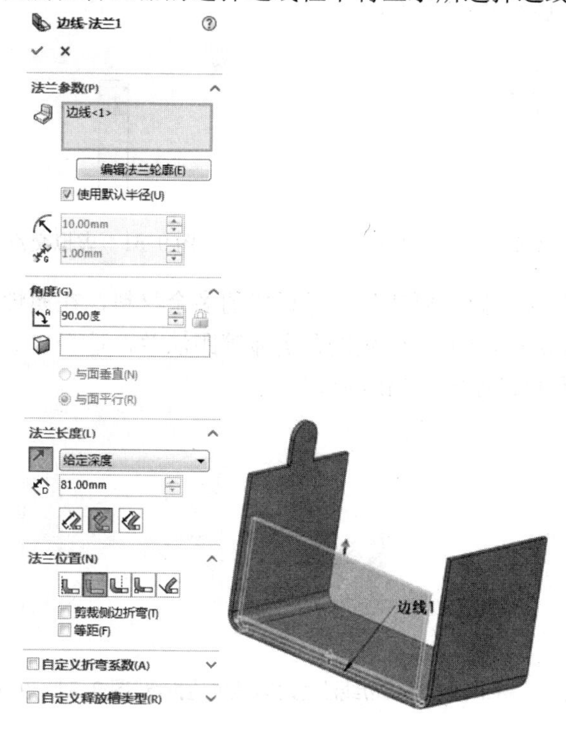

图 9-45 添加边线法兰

2）设定法兰角度和长度。在角度输入栏中键入角度值：60，在法兰长度输入栏选择给定深度选项，同时键入值：35。确定法兰长度有三种方式，即“外部虚拟交点”、“内部虚拟交点”和“双弯曲”来决定长度开始测量的位置，如图9-46和图9-47所示。

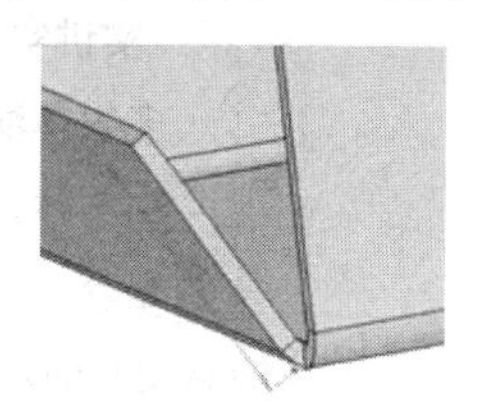

图 9-46 采用“外部虚拟交点”确定法兰长度

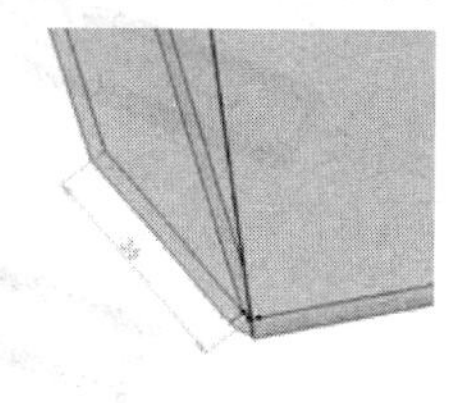

图 9-47 采用“内部虚拟交点”确定法兰长度

3）设定法兰位置。在法兰位置选择选项中有五种选项可供选择，即“材料在内”、“材料在外”、“折弯向外”、“虚拟交点中的折弯”和“与折弯相切”，不同的选项产生的法兰位置不同，如图9-48～图9-51所示。在本实例中，选择“材料在外”选项，最后结果如图9-52所示。

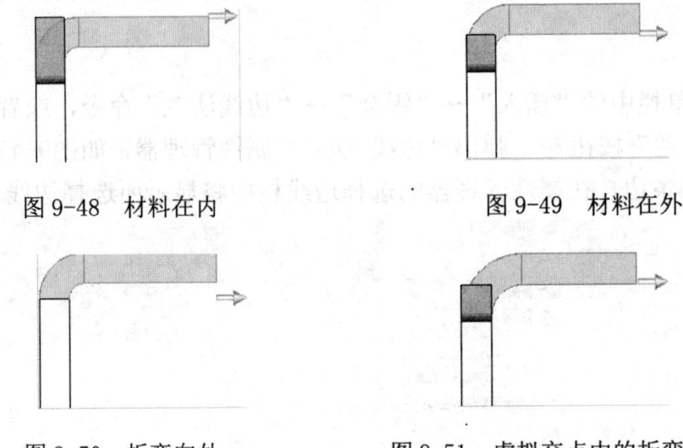

图 9-48　材料在内　　图 9-49　材料在外

图 9-50　折弯向外　　图 9-51　虚拟交点中的折弯

在生成边线法兰时，如果要切除邻近折弯的多余材料，在属性管理器中选择“剪裁侧边折弯”，结果如图9-53所示。欲从钣金实体等距法兰，选择“等距”，然后，设定等距终止条件及其相应参数，如图9-54所示。

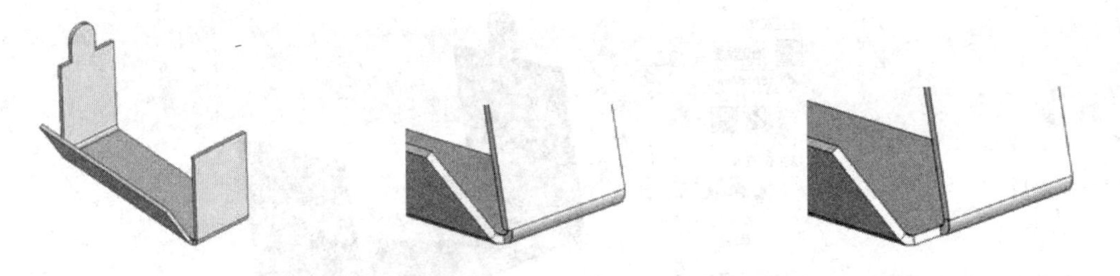

图 9-52　生成边线法兰　图 9-53　生成边线法兰时剪裁侧边折弯　图 9-54　生成边线法兰时生成等距法兰

9.4.3　实例——U型槽

绘制图9-55所示的U型槽。

图 9-55　U 型槽

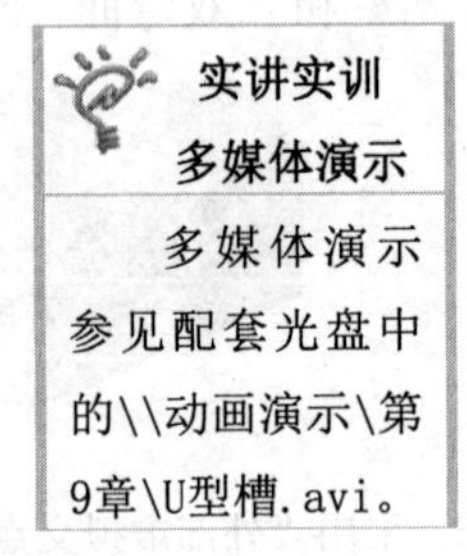

实讲实训
多媒体演示
多媒体演示参见配套光盘中的\\动画演示\第9章\U型槽.avi。

【操作步骤】

1）启动SOLIDWORKS 2016，选择菜单栏中的“文件”→“新建”命令，或者单击“标准”工具栏中的“新建”按钮，创建一个新的零件文件。

2）绘制草图。

在左侧的“FeatureMannger设计树”中选择“前视基准面”作为绘图基准面，然后单击“草图”工具栏中的“边角矩形”按钮，绘制一个矩形，标注矩形的智能尺寸如图9-56所示。

单击“草图”工具栏中的“绘制圆角”按钮，绘制圆角，如图9-57所示。

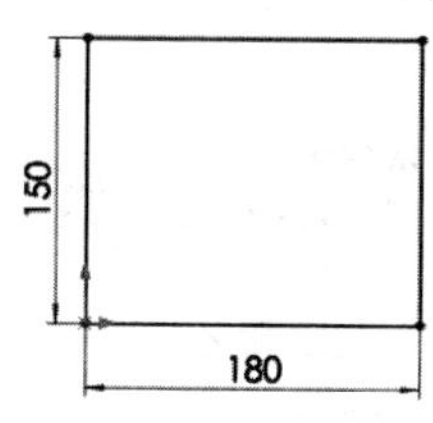

图 9-56 绘制矩形

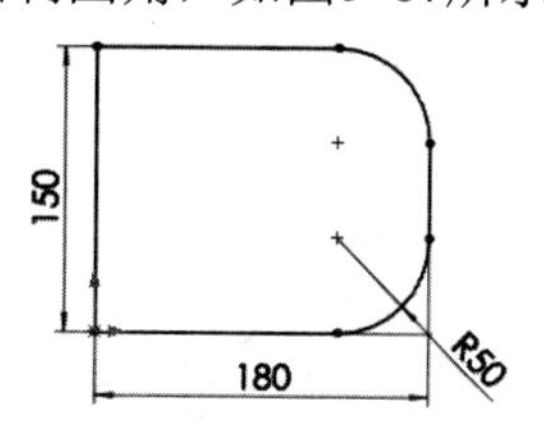

图 9-57 绘制圆角

单击“草图”工具栏中的“等距实体”按钮，在“等距实体”属性管理器中取消勾选“选择链”选项，然后选择图9-41中草图的线条，键入等距距离数值：30，生成等距30mm的草图，如图9-58所示，剪裁竖直的一条边，结果如图9-59所示。

3）生成“基体法兰”特征。选择菜单栏中的“插入”→“钣金”→“基体法兰”命令，或者单击“钣金”工具栏中的“基体法兰/薄片”按钮，在属性管理器中钣金参数厚度栏中键入厚度值：1；其他设置如图9-60所示，最后单击“确定”按钮。

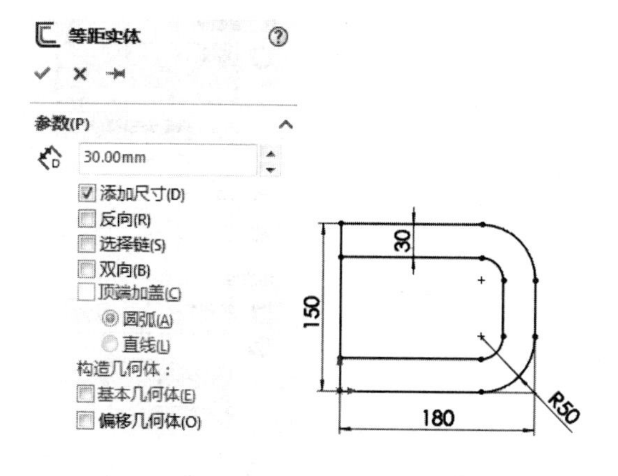

图 9-58 生成等距实体

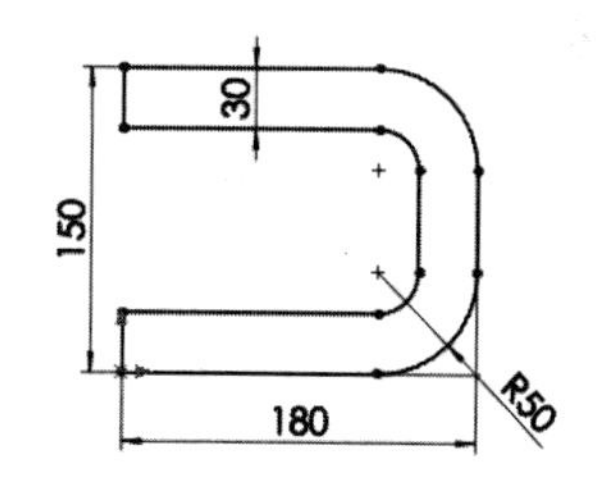

图 9-59 剪裁竖直边线

4）生成“边线法兰”特征。选择菜单栏中的“插入”→“钣金”→“边线法兰”命令，或者单击“钣金”工具栏中的“边线法兰”按钮，在“边线法兰”属性管理器法兰长度栏中键入值：10；其他设置如图9-61所示，单击钣金零件的外边线，单击“确定”按钮。

5）生成“边线法兰”特征。重复上述的操作，单击拾取钣金零件的其他边线，生成边线法兰，法兰长度为10mm，其他设置与图9-61中相同，结果如图9-62所示。

6）生成端面的“边线法兰”。选择菜单栏中的“插入”→“钣金”→“边线法兰”命令，或者单击“钣金”工具栏中的“边线法兰”按钮，在“边线法兰”属性管理器中法兰长度栏中键入值：10；勾选“剪裁侧边折弯”，其他设置如图9-63所示，单击钣金零件端面的一条边线，如图9-64所示，生成边线法兰如图9-65所示。

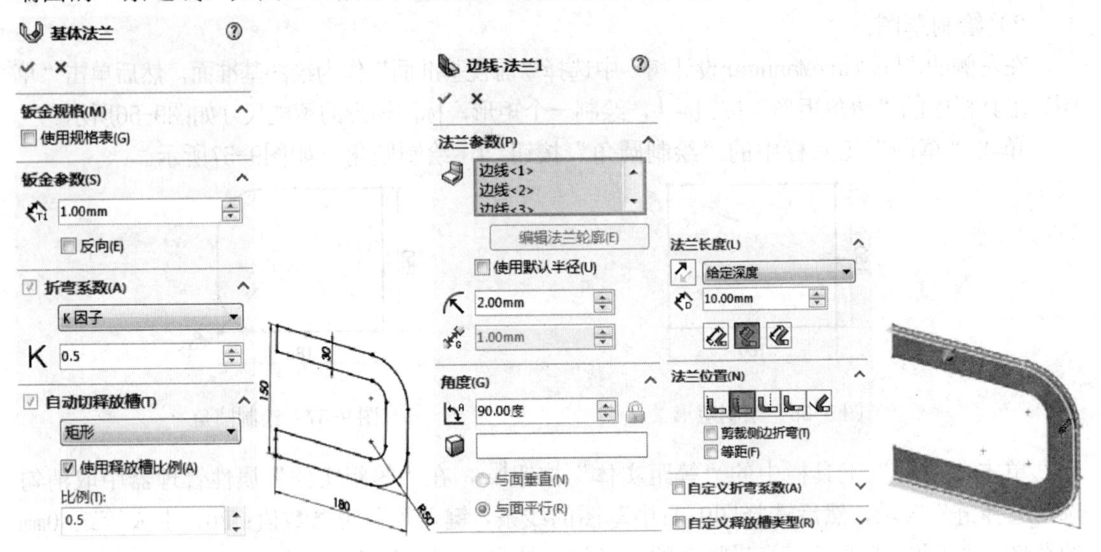

图 9-60 生成基体法兰

图 9-61 生成边线法兰操作

图 9-62 生成另一侧边线法兰

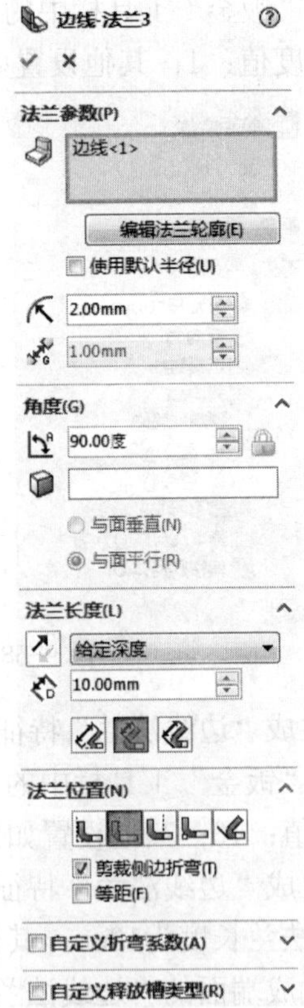

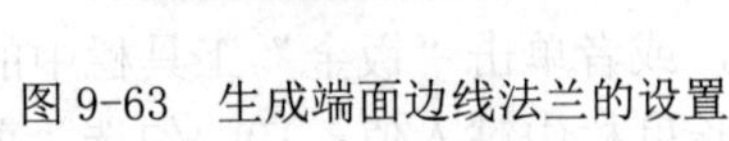

图 9-63 生成端面边线法兰的设置

图 9-64　选择边线

图 9-65　生成边线法兰

7）生成另一侧端面的“边线法兰”。选择菜单栏中的“插入”→“钣金”→“边线法兰”命令，或者单击“钣金”工具栏中的“边线法兰”按钮，设置参数与上述相同，生成另一侧端面的边线法兰，结果如图9-66所示。

图 9-66　U 形槽

9.4.4　斜接法兰

斜接法兰特征可将一系列法兰添加到钣金零件的一条或多条边线上。生成斜接法兰特征之前首先要绘制法兰草图，斜接法兰的草图可以是直线或圆弧。使用圆弧绘制草图生成斜接法兰，圆弧不能与钣金零件厚度边线相切，如图9-67所示，此圆弧不能生成斜接法兰；圆弧可与长边线相切，或通过在圆弧和厚度边线之间放置一小段的草图直线，如图9-68、图9-69所示，这样可以生成斜接法兰。

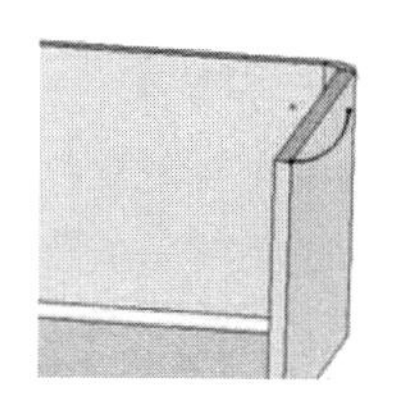

图 9-67　圆弧与厚度边线相切

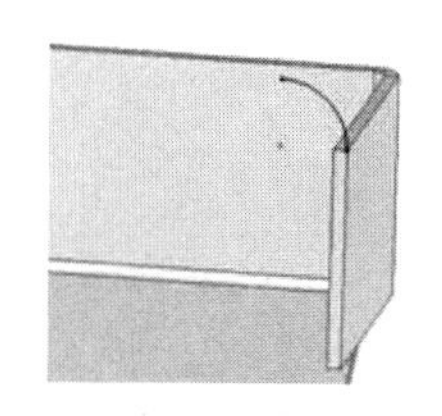

图 9-68　圆弧与长度边线相切

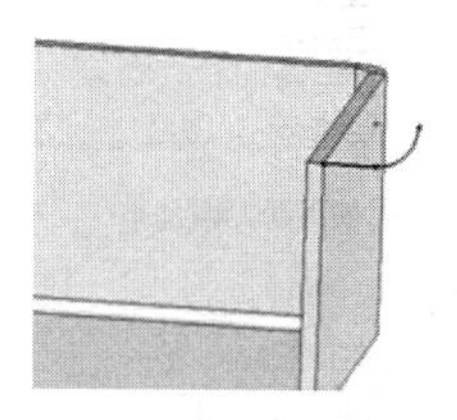

图 9-69　圆弧通过直线与厚度边相接

斜接法兰轮廓可以包括一个以上的连续直线。例如，它可以是 L 形轮廓，草图基准面必须垂直于生成斜接法兰的第一条边，系统自动将褶边厚度链接到钣金零件的厚度上，可以在一系列相切或非相切边线上生成斜接法兰特征，可以指定法兰的等距，而不是在钣金零件的整条边线上生成斜接法兰。

【操作步骤】

1）单击光标，选择图9-70中零件表面作为绘制草图基准面，绘制直线草图，直线长度为20mm。

2）选择菜单栏中的“插入”→“钣金”→“斜接法兰”命令，或者单击“钣金”工具栏中的“斜接法兰”按钮。弹出“斜接法兰”属性管理器，如图9-71所示，系统随即会选定斜接法兰特征的第一条边线，且图形区域中出现斜接法兰的预览。

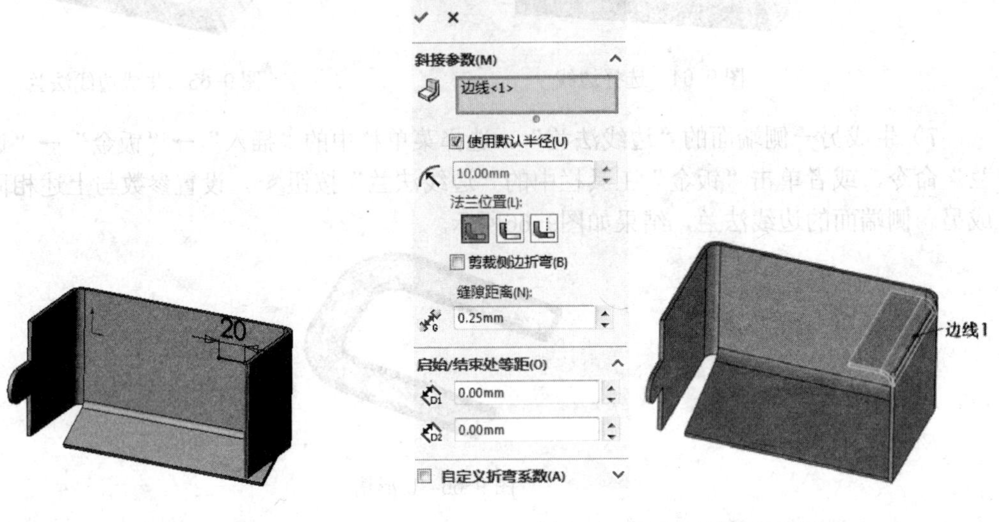

图 9-70 绘制直线草图

图 9-71 添加斜接法兰特征

3）单击光标拾取钣金零件的其他边线，结果如图9-72所示，然后单击“确定”按钮，最后结果如图9-73所示。

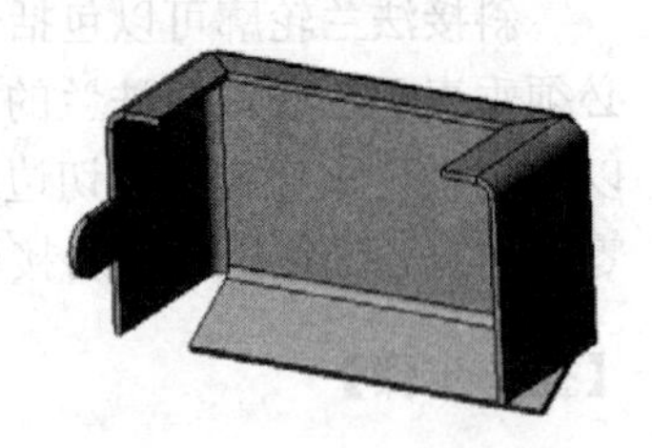

图 9-72 拾取斜接法兰其他边线

图 9-73 生成斜接法兰

如有必要，可以为部分斜接法兰指定等距距离。在“斜接法兰”特征管理器中“启始/结束处等距”输入栏中输入“开始等距距离”和“结束等距距离”数值。（如果想使斜接法兰跨越模型的整个边线，将这些数值设置到零。）其他参数设置可以参考前文中边线法兰的讲解。

9.4.5 褶边特征

褶边工具可将褶边添加到钣金零件的所选边线上，生成褶边特征时所选边线必须为直线，斜接边角被自动添加到交叉褶边上，如果选择多个要添加褶边的边线，则这些边线必须在同一个面上。

【操作步骤】

1）选择菜单栏中的“插入”→“钣金”→“褶边”命令，或者单击“钣金”工具栏中的“褶边”按钮，弹出“褶边”属性管理器，在图形区域中，选择想添加褶边的边线，如图9-74所示。

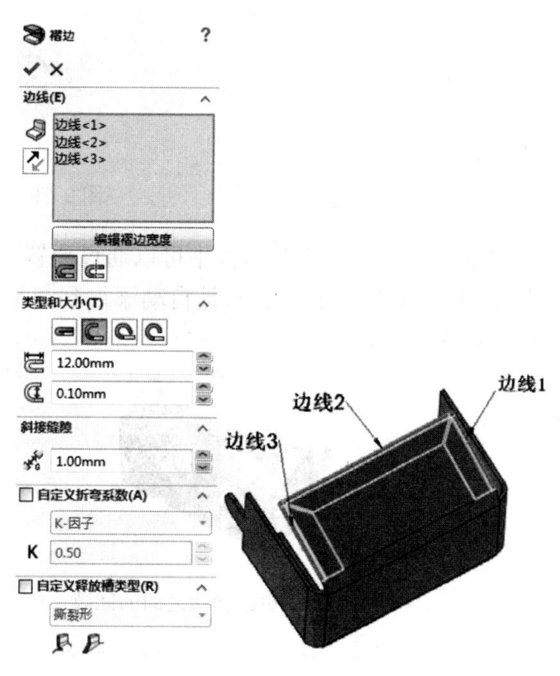

图 9-74　选择添加褶边边线

2）在“褶边”属性管理器中，选择“材料在内”选项，在类型和大小栏中，选择“开环”选项，其他设置默认，然后单击“确定”按钮，最后结果如图9-75所示。

褶边类型共有四种，分别是“闭环”，如图9-76所示；“开环”，如图9-77所示；“撕裂形”，如图9-78所示；“滚轧”，如图9-79所示。每种类型褶边都有其对应的尺寸设置参数。长度参数只应用于闭合和开环褶边，间隙距离参数只应用于开环褶边，角度参数只应用于撕裂形和滚轧褶边，半径参数只应用于撕裂形和滚轧褶边。

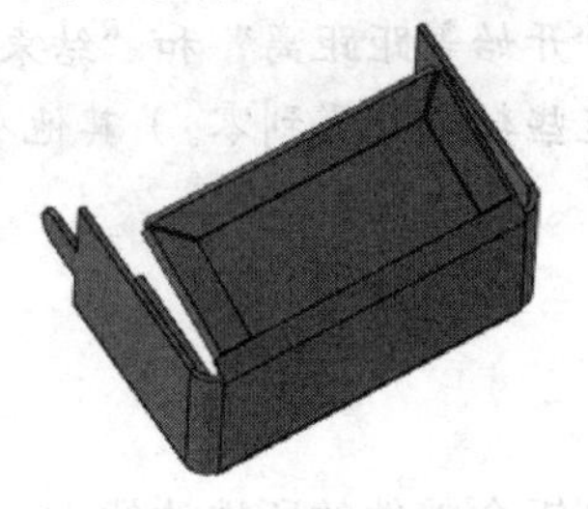

图 9-75　生成褶边

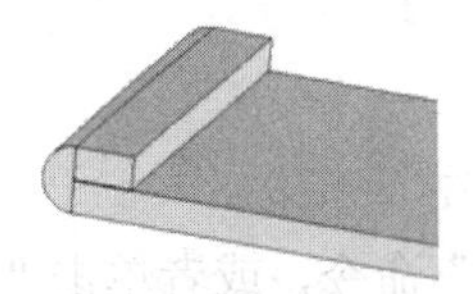

图 9-76　“闭环”类型褶边

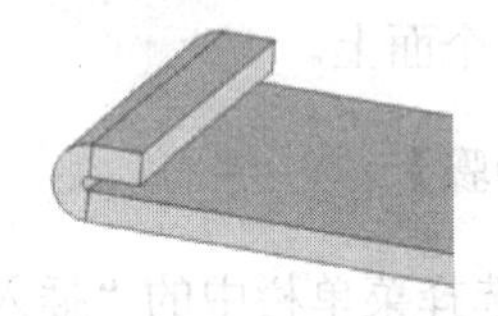

图 9-77　“开环”类型褶边

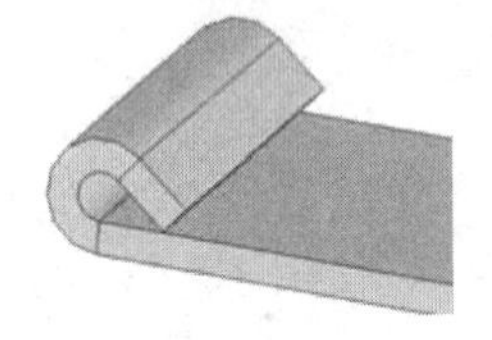

图 9-78　“撕裂形”类型褶边

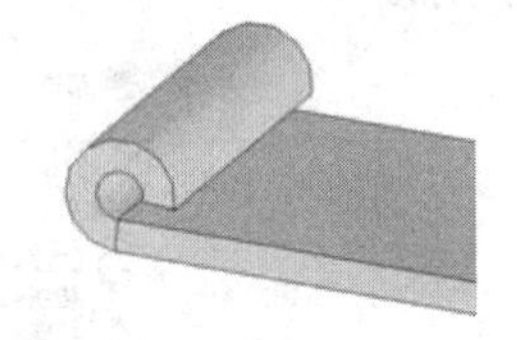

图 9-79　“滚轧”类型褶边

选择多条边线添加褶边时，在管理器对话框中可以通过设置“斜接缝隙”的“切口缝隙”数值来设定这些褶边之间的缝隙，斜接边角被自动添加到交叉褶边上。例如键入数值：3，上述实例将更改为如图9-80所示。

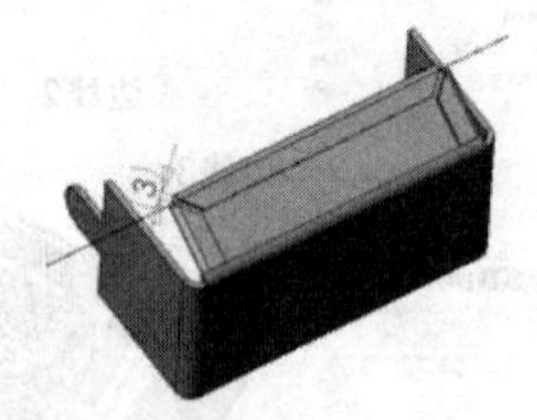

图 9-80　更改褶边之间的间隙

9.4.6　绘制的折弯特征

绘制的折弯特征可以在钣金零件处于折叠状态时绘制草图将折弯线添加到零件。草图中只允许使用直线，可为每个草图添加多条直线，折弯线长度不一定非得与被折弯的面的长度相同。

【操作步骤】

1）选择菜单栏中的“插入”→“钣金”→“绘制的折弯”命令，或者单击“钣金”工具栏中的“绘制的折弯”按钮，系统提示选择平面来生成折弯线和选择现有草图为特征所用，如图9-81所示。如果没有绘制好草图，可以首先选择基准面绘制一条直线；如果已经绘制好了草图，可以单击光标选择绘制好的直线，弹出“绘制的折弯”属性管理器，如图9-81所示。

2）在图形区域中，选择图9-82中所选的面作为固定面，选择折弯位置选项中的“折弯中心线”，键入角度值：120，键入折弯半径值：5，单击“确定”按钮✔。

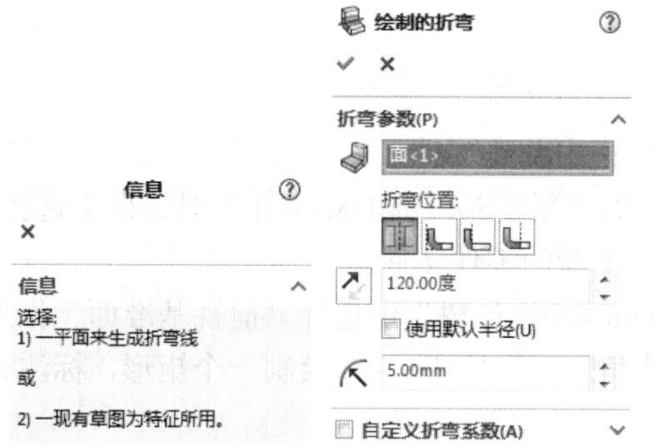

图 9-81　绘制的折弯提示信息和属性管理器

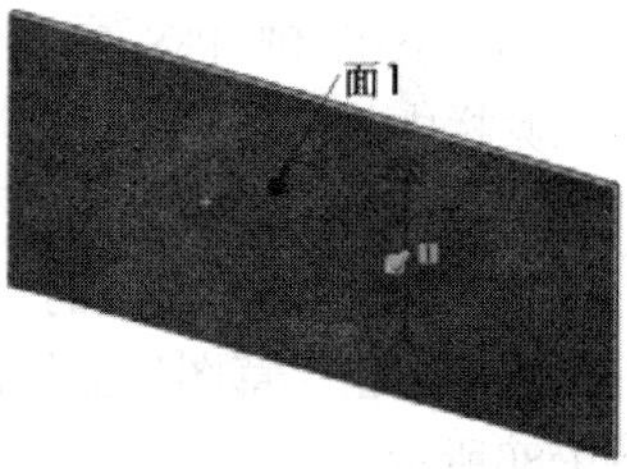

图 9-82　绘制的折弯对话框

3）右击FeatureMannger设计树中绘制的折弯1特征的草图，选择“显示”按钮，如图9-83所示。绘制的直线将可以显示出来，直观观察到以“折弯中心线”选项生成的折弯特征的效果，如图9-84所示，其他选项生成折弯特征效果可以参考前文中的讲解。

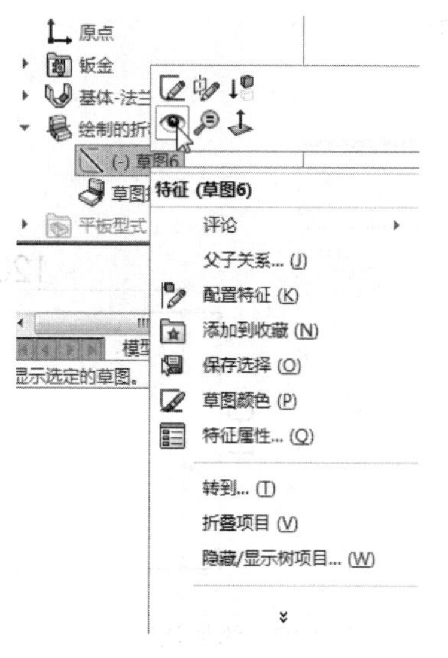

图 9-83　显示草图

图 9-84　生成绘制的折弯

9.4.7 实例——书架

绘制如图9-85所示的书架。

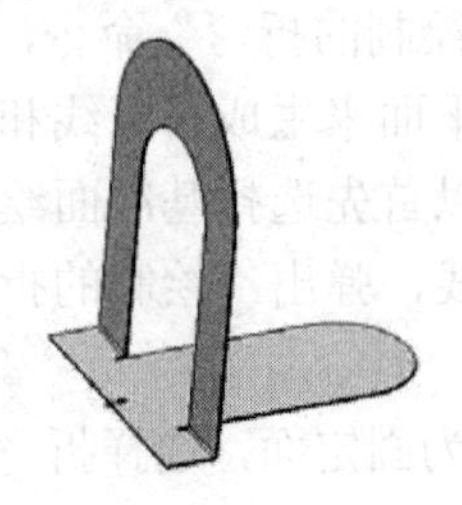

图 9-85 书架

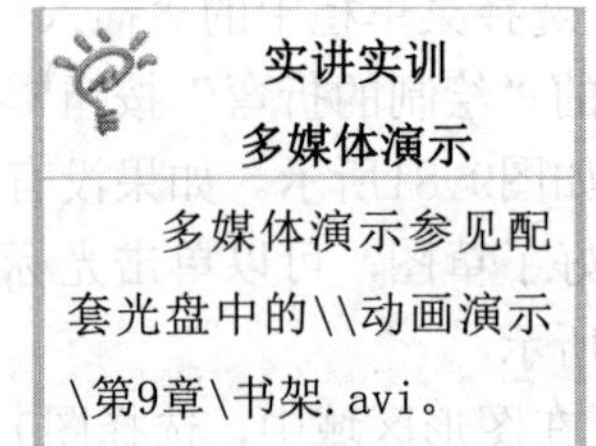

实讲实训
多媒体演示
多媒体演示参见配套光盘中的\\动画演示\第9章\书架.avi。

【操作步骤】

1）启动SOLIDWORKS 2016，选择菜单栏中的“文件”→“新建”命令，或者单击“标准”工具栏中的“新建”按钮，在弹出的“新建SOLIDWORKS文件”对话框中选择“零件”按钮，然后单击“确定”按钮，创建一个新的零件文件。

2）绘制草图。在左侧的“FeatureMannger设计树”中选择“前视基准面”作为绘图基准面，然后单击“草图”工具栏中的“边角矩形”按钮，绘制一个矩形，标注智能尺寸如图9-86所示。

单击“草图”工具栏中的“添加几何关系”按钮，在弹出的“添加几何关系”属性管理器中，单击选择矩形的竖直边和坐标原点，选择“中点”选项，然后单击“确定” 按钮，添加“中点”约束，如图9-87所示。

单击“草图”工具栏中的“圆心/起/终点圆弧”按钮，绘制半圆弧，并且将矩形的一条竖直边剪裁掉，如图9-88所示。

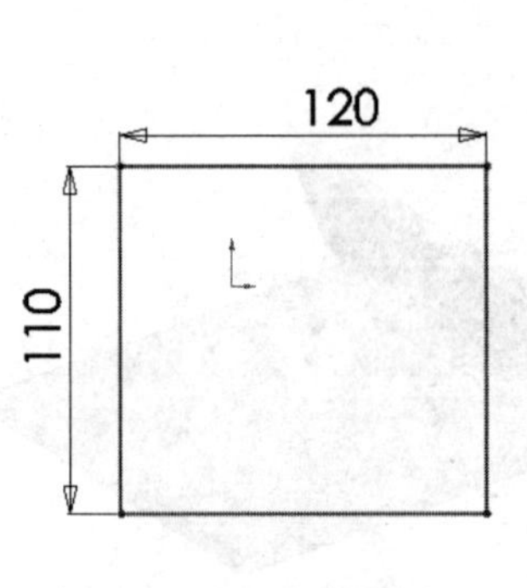

图 9-86 绘制草图

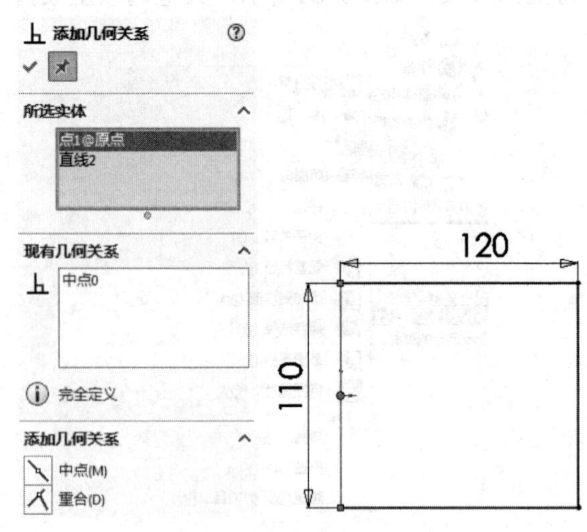

图 9-87 添加几何关系

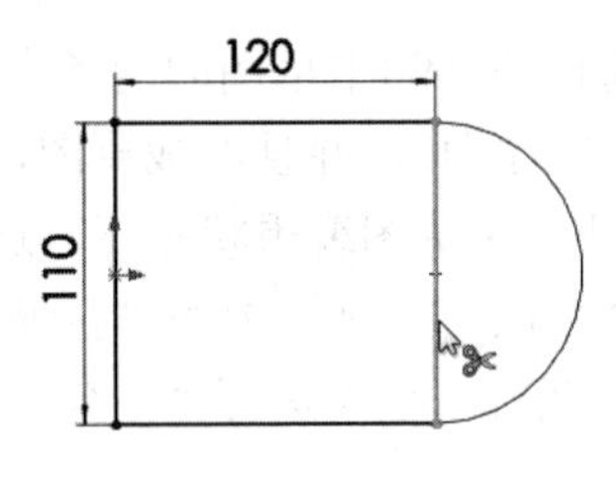

图 9-88　绘制半圆弧

3）生成“基体法兰”特征。选择菜单栏中的“插入”→“钣金”→“基体法兰”命令，或者单击“钣金”工具栏中的“基体法兰/薄片”按钮，在属性管理器中钣金参数厚度栏中键入厚度值：1；其他设置如图9-89所示，最后单击“确定”按钮✔。

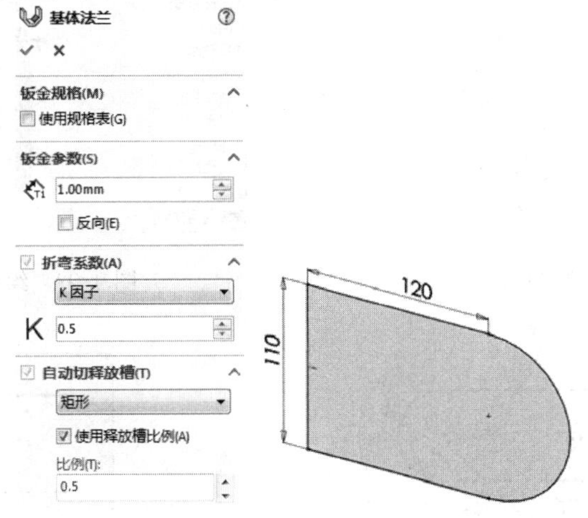

图 9-89　生成基体法兰

4）选择绘图基准面。单击钣金件的一个面，单击“标准视图”工具栏中的“正视于”按钮，将该基准面作为绘制图形的基准面，如图9-90所示。

5）绘制草图：

①单击“草图”工具栏中的“边角矩形”按钮，绘制矩形，标注智能尺寸如图9-91所示。

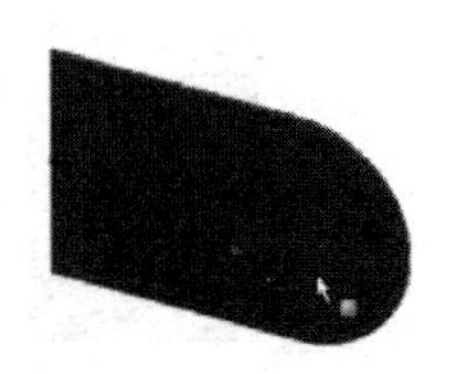

图 9-90　选择基准面

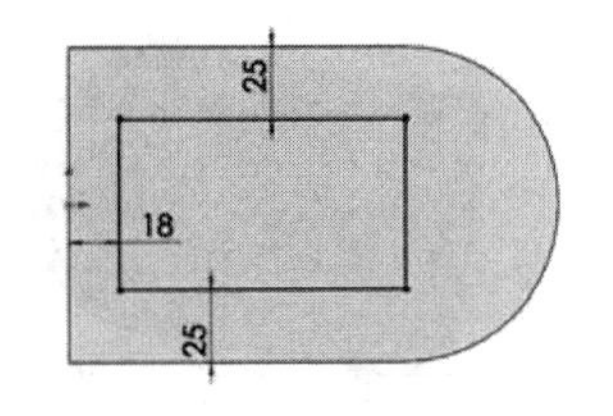

图 9-91　绘制矩形

②单击“草图”工具栏中的“圆心/起/终点圆弧”按钮，绘制半圆弧，并且将矩形的一条竖直边剪裁掉，如图9-92所示。

③单击“草图”工具栏中的“等距实体”按钮，在“等距实体”属性管理器中取消

“选择链”选项，然后依次选择图9-93中草图的两条水平直线及圆弧，生成等距10mm的草图，如图9-93所示，更改等距尺寸为1，并且剪裁草图，结果如图9-94所示。

6）生成“拉伸切除”特征。在草图编辑状态下，选择菜单栏中的“插入”→“切除”→“拉伸”命令，或者单击“特征”工具栏中的“拉伸切除”按钮，系统弹出“拉伸”属性管理器，在方向1的“终止条件”栏中选择“完全贯穿”，如图9-95所示，单击“确定”按钮✔。

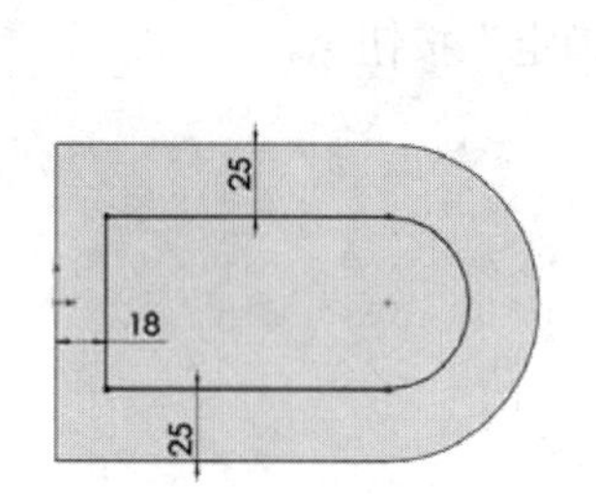

图 9-92　绘制圆弧

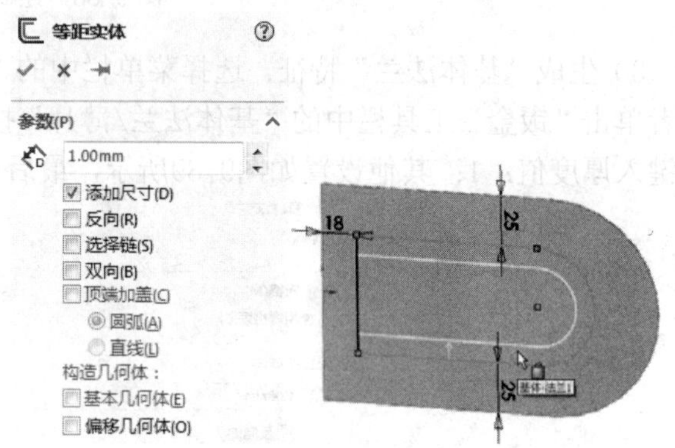

图 9-93　绘制等距草图

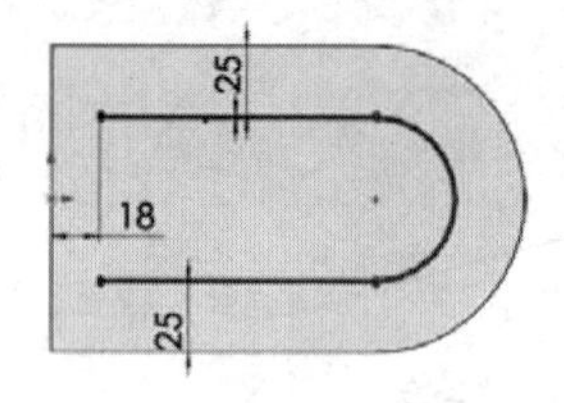

图 9-94　编辑草图

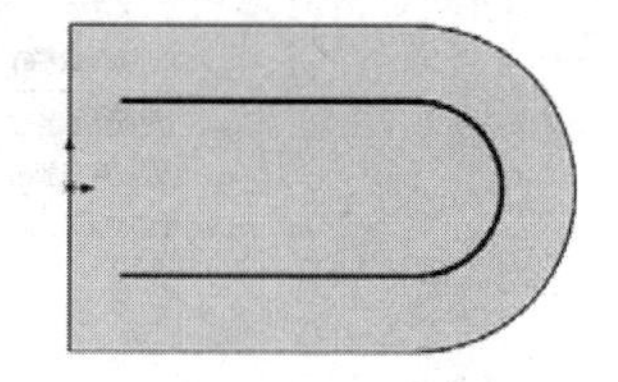

图 9-95　拉伸切除

7）选择绘图基准面。单击图9-96中钣金件的面，单击“标准视图”工具栏中的“正视于”按钮，将该基准面作为绘制图形的基准面。

8）绘制折弯草图。单击“草图”工具栏中的“直线”按钮，绘制两条直线，这两条直线要共线，标注智能尺寸，如图9-97所示。

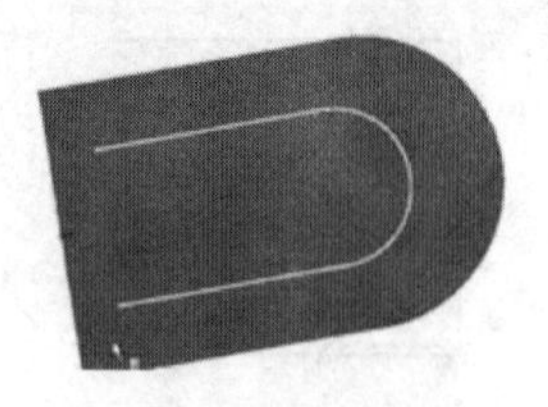

图 9-96　选择基准面

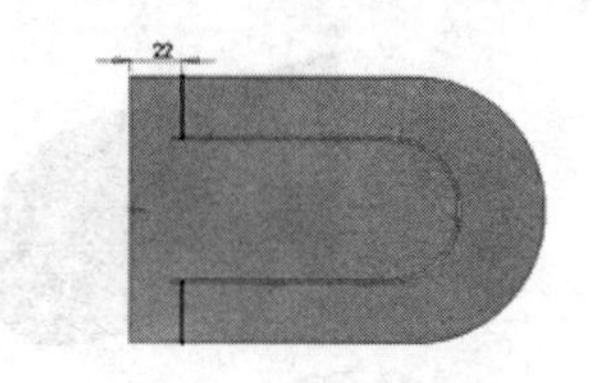

图 9-97　绘制折弯直线

注意

在绘制折弯的草图时，绘制的草图直线可以短于要折弯的边，但是不能长于折弯边的边界。

9）生成“绘制的折弯”特征。选择菜单栏中的“插入”→“钣金”→“绘制的折弯”命令，或者单击“钣金”工具栏中的“绘制的折弯”按钮，在属性管理器中折弯半径栏中键入数值：1；单击“材料在内”按钮，选择图9-98所示的面作为固定面，单击“确定”按钮✔。最后结果如图9-99所示。

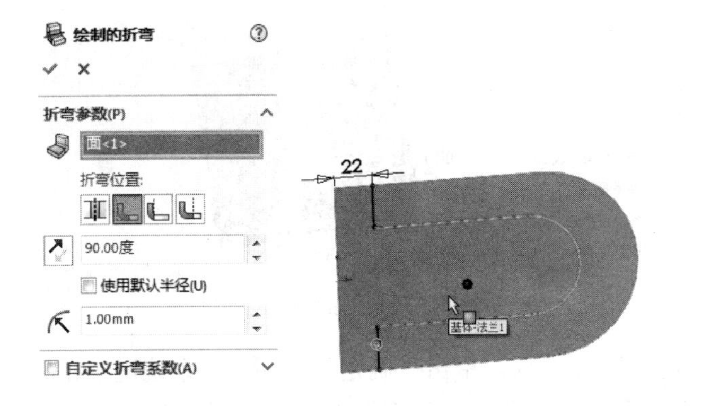

图 9-98 进行绘制的折弯操作

图 9-99 生成的书架

10）展开书架钣金件。右击“FeatureMannger设计树”中的“平板型式1”，在弹出的快捷菜单中单击“解除压缩”按钮，将钣金零件展开，如图9-100所示。

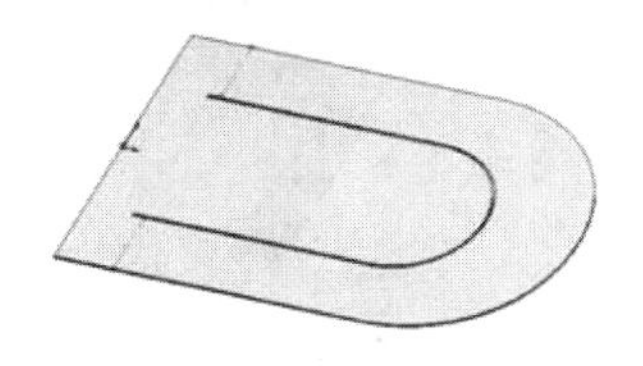

图 9-100 展开的书架

9.4.8 闭合角特征

使用闭合角特征工具可以在钣金法兰之间添加闭合角，即钣金特征之间添加材料。

通过闭合角特征工具可以完成以下功能：通过选择面来为钣金零件同时闭合多个边角；关闭非垂直边角；将闭合边角应用到带有90°以外折弯的法兰；调整缝隙距离，由边界角特征所添加的两个材料截面之间的距离；调整重叠/欠重叠比率。重叠的材料与欠重叠材料之间的比率。数值1表示重叠和欠重叠相等；闭合或打开折弯区域。

【操作步骤】

1）选择菜单栏中的“插入”→“钣金”→“闭合角”命令，或者单击“钣金”工具栏中的“闭合角”按钮，弹出“闭合角”属性管理器，选择需要延伸的面，如图9-101所示。

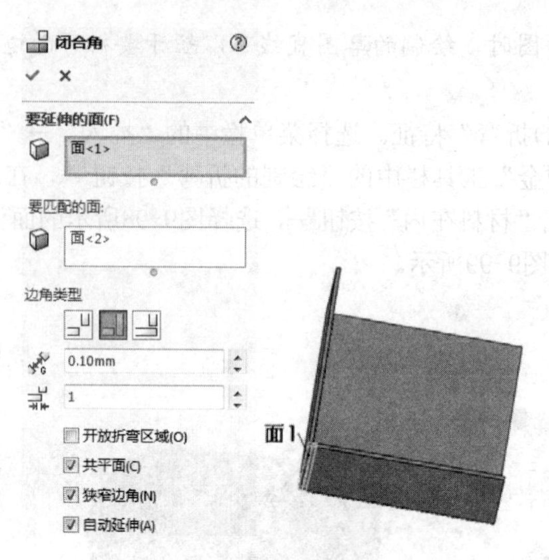

图 9-101　选择需要延伸的面

2）选择边角类型中的“重叠”选项，单击“确定”按钮。系统提示错误，不能生成闭合角，原因有可能是缝隙距离太小，单击“确定”按钮，关闭错误提示框。

3）在缝隙距离输入栏中，更改缝隙距离数值为：0.6，单击“确定”按钮，生成重叠闭合角结果如图9-102所示。

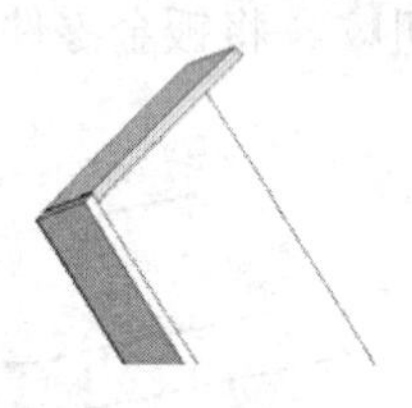

图 9-102　生成“重叠”类型闭合角

使用其他边角类型选项可以生成不同形式的闭合角。如图9-103所示，是使用边角类型中“对接”选项生成的闭合角；如图9-104所示，是使用边角类型中“欠重叠”选项生成的闭合角。

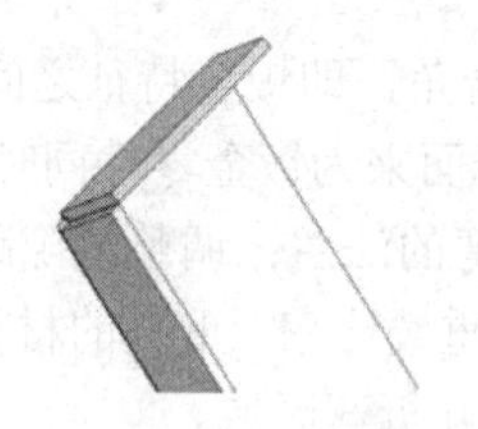

图 9-103　“对接”类型闭合角

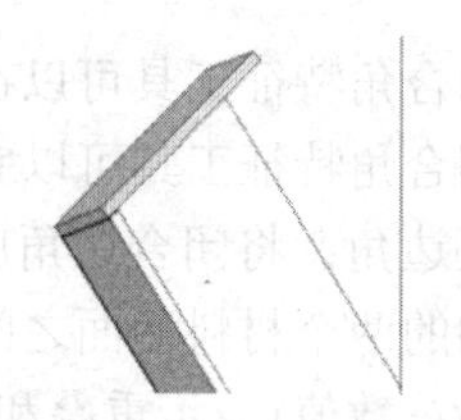

图 9-104　“欠重叠”类型闭合角

9.4.9　转折特征

使用转折特征工具可以在钣金零件上通过草图直线生成两个折弯。生成转折特征的草图必须只包含一根直线。直线不需要是水平和垂直直线。折弯线长度不一定必须与正折弯的面的长度相同。

【操作步骤】

1）在生成转折特征之前首先绘制草图，选择钣金零件的上表面作为绘图基准面，绘制一条直线，如图9-105所示。

2）在绘制的草图被打开状态下，选择菜单栏中的“插入”→“钣金”→“转折”命令，或者单击“钣金”工具栏中的“转折”按钮。弹出“转折”属性管理器，选择箭头所指的面作为固定面，如图9-106所示。

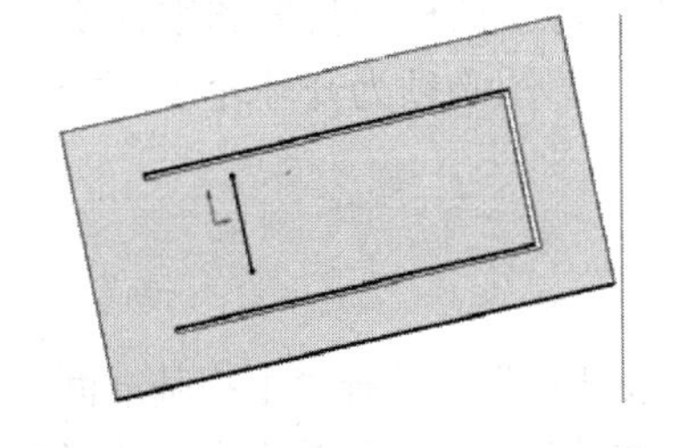

图 9-105 绘制直线草图

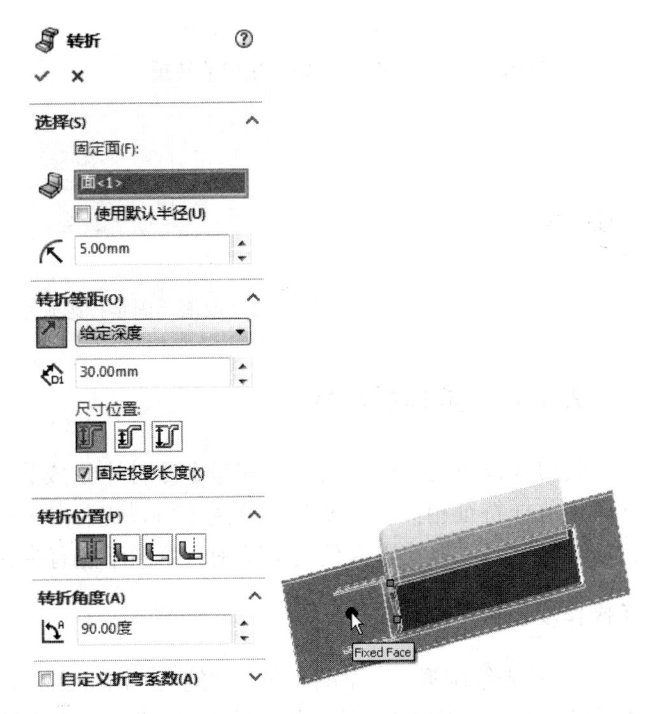

图 9-106 “转折”属性管理器

3）取消选择“使用默认半径”，键入半径值：5。在转折等距栏中键入等距距离值：30。选择尺寸位置栏中的“外部等距”选项，并且选择“固定投影长度”。在转折位置栏中选择“折弯中心线”选项。其他设置为默认，单击“确定”按钮，结果如图9-107所示。生成转折特征时，在“转折”属性管理器中选择不同的尺寸位置选项、是否选择“固定投影长度”选项都将生成不同的转折特征。例如，上述实例中使用“外部等距”选项生成的转折特征尺寸如图9-108所示。使用“内部等距”选项生成的转折特征尺寸如图9-109所示，使用“总尺寸”选项生成的转折特征尺寸如图9-110所示，取消“固定投影长度“选项生成的转折投影长度将减小，如图9-111所示。

在转折位置栏中还有不同的选项可供选择，在前面的特征工具中已经讲解过，这里不再重复。

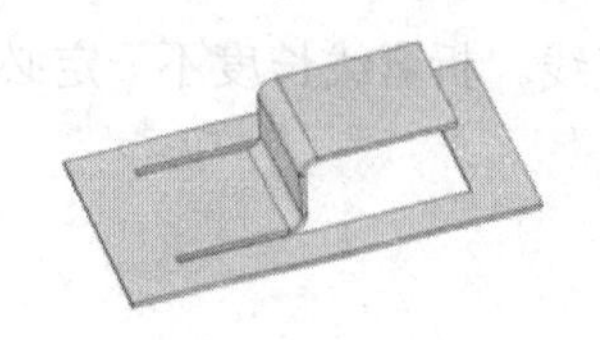

图 9-107　生成转折特征

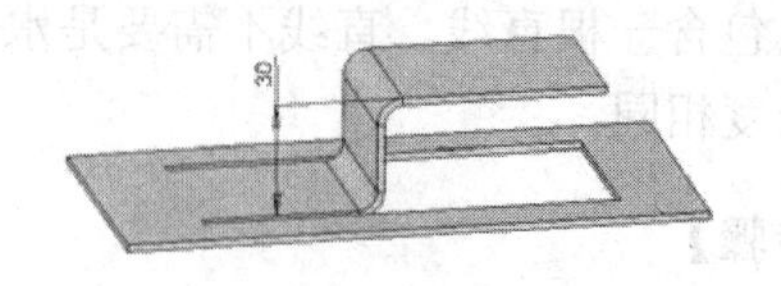

图 9-108　使用“外部等距”生成的转折

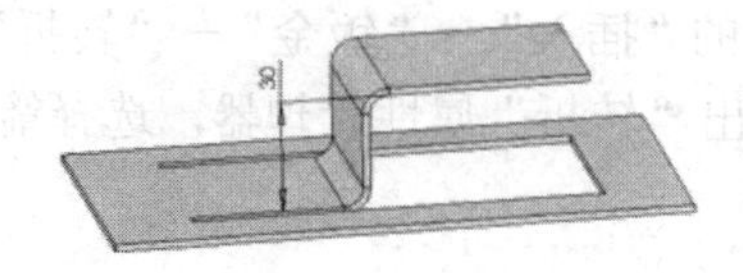

图 9-109　使用“内部等距”生成的转折

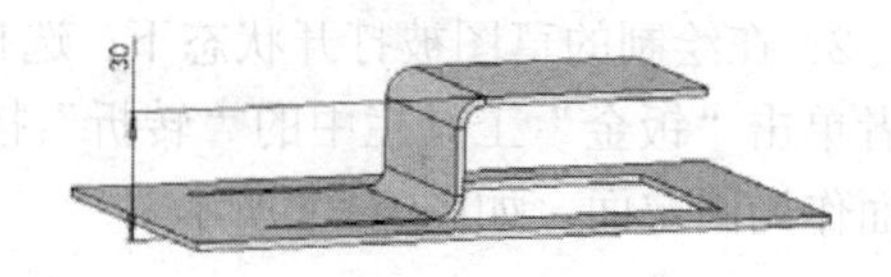

图 9-110　使用“总尺寸”生成的转折

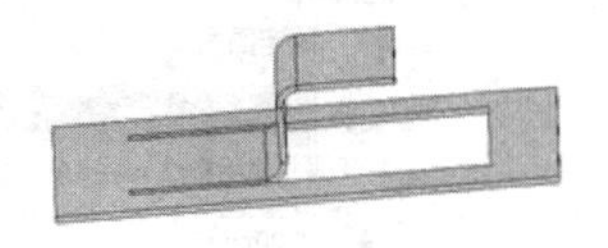

图 9-111　取消“固定投影长度“选项生成的转折

9.4.10　放样折弯特征

使用放样折弯特征工具可以在钣金零件中生成放样的折弯。放样的折弯和零件实体设计中的放样特征相似，需要两个草图才可以进行放样操作。草图必须为开环轮廓，轮廓开口应同向对齐，以使平板型式更精确。草图不能有尖锐边线。

【操作步骤】

1）首先绘制第一个草图。在左侧的“FeatureMannger设计树”中选择“上视基准面”作为绘图基准面，然后选择菜单栏中的“工具”→“草图绘制实体”→“多边形”命令或者单击“草图”工具栏中的“多边形”按钮，绘制一个六边形，标注六边形内接圆直径值为：80，将六边形尖角进行圆角，半径值为：10，如图9-112所示，绘制一条竖直的构造线，然后绘制两条与构造线平行的直线，单击“添加几何关系”按钮，选择两条竖直直线和构造线添加“对称”几何关系，然后标注两条竖直直线距离值为：0.1，如图9-113所示。

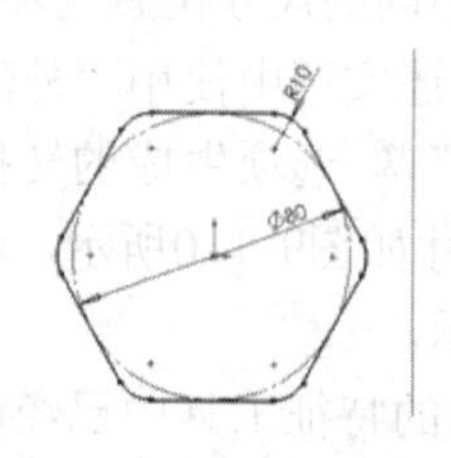

图 9-112　绘制六边形

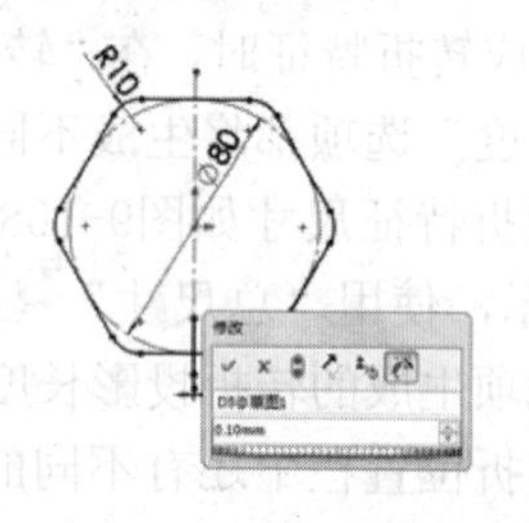

图 9-113　绘制两条竖直直线

单击“草图”工具栏中的“剪裁实体”按钮，对竖直直线和六边形进行剪裁，最后使六边形具有0.1mm宽的缺口，从而使草图为开环，如图9-114所示，然后单击“退出草图”按钮。

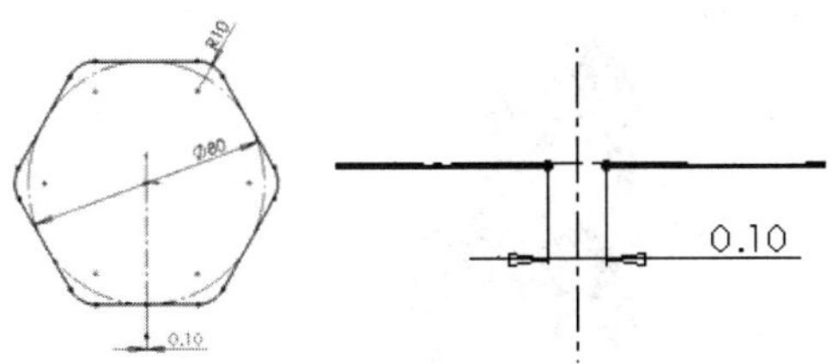

图 9-114 绘制缺口使草图为开环

2）绘制第2个草图。选择菜单栏中的“插入”→“参考几何体”→“基准面”命令或者单击“参考几何体”工具栏中的“基准面”按钮，弹出“基准面”属性管理器，在“第一参考”栏中选择上视基准面，键入距离值：80，生成与上视基准面平行的基准面，如图9-115所示，使用上述相似的操作方法，在圆草图上绘制一个0.1mm宽的缺口，使圆草图为开环，如图9-116所示，然后单击“退出草图”按钮

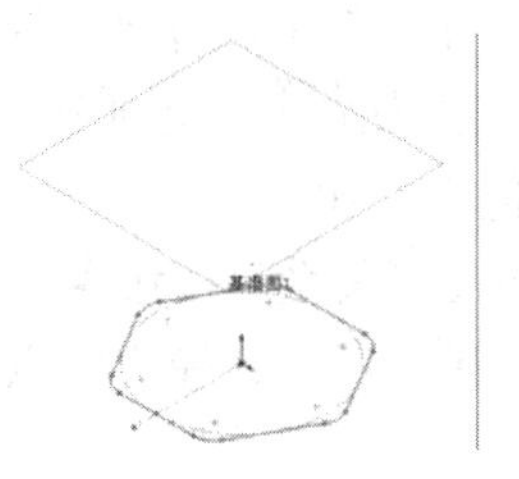

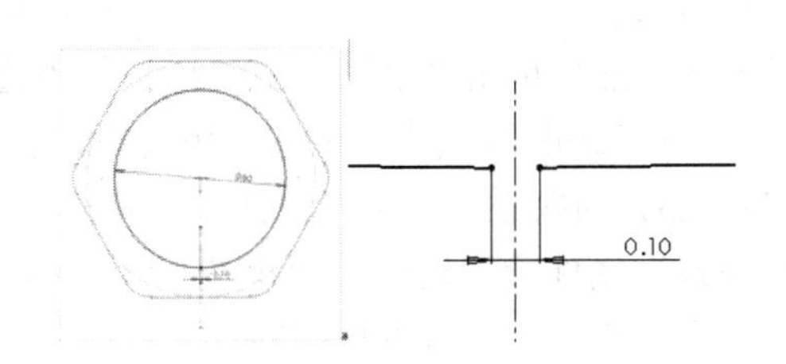

图 9-115 生成基准面

图 9-116 绘制开环的圆草图

3）选择菜单栏中的“插入”→“钣金”→“放样的折弯”命令，或者单击“钣金”工具栏中的“放样折弯”按钮，弹出“放样折弯”属性管理器，在图形区域中选择两个草图，起点位置要对齐，键入厚度值：1，单击“确定”按钮，结果如图9-117所示。

基体-法兰特征不与放样的折弯特征一起使用。放样折弯使用 K-因子和折弯系数来计算折弯。放样的折弯不能被镜像。在选择两个草图时，起点位置要对齐，即要在草图的相同位置，否则将不能生成放样折弯。如图 9-118 所示，箭头所选起点不能生成放样折弯。

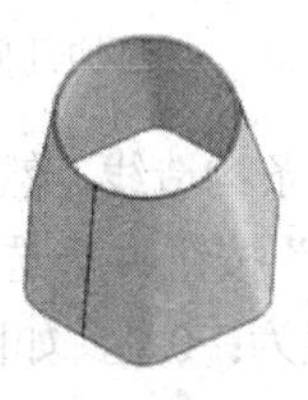

图 9-117 生成的放样折弯特征

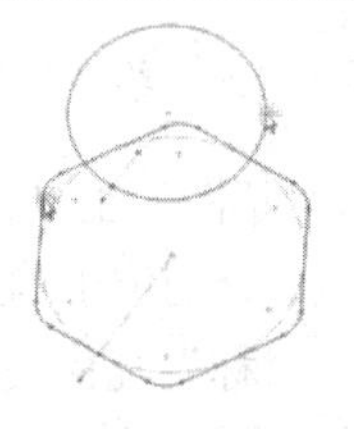

图 9-118 错误地选择草图起点

9.4.11 实例——矩形漏斗

绘制图9-119所示矩形漏斗。

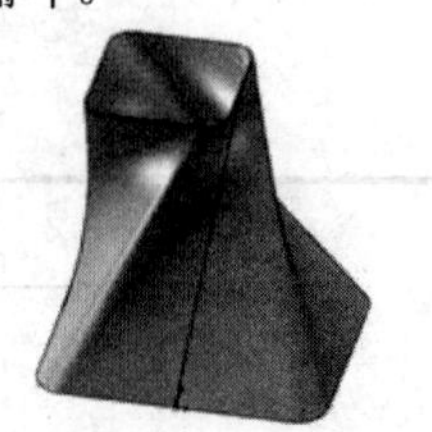

图 9-119 矩形漏斗

实讲实训
多媒体演示

多媒体演示参见配套光盘中的\\动画演示\第9章\矩形漏斗.avi。

【操作步骤】

1）启动SOLIDWORKS 2016，选择菜单栏中的“文件”→“新建”命令，或者单击“标准”工具栏中的“新建”按钮，在弹出的“新建SOLIDWORKS文件”对话框中选择“零件”按钮，然后单击“确定”按钮，创建一个新的零件文件。

2）绘制第一个草图。在左侧的“FeatureMannger设计树”中选择“上视基准面”作为绘图基准面，然后单击“草图”工具栏中的“边角矩形”按钮，绘制一个矩形，标注智能尺寸如图9-120所示，然后进行圆角处理，圆角半径值为：10。

3）添加几何关系。单击“草图”工具栏中的“添加几何关系”按钮，在弹出的“添加几何关系”属性管理器中，单击选择矩形的底边和坐标原点，选择“中点”选项，然后单击“确定”按钮✔，如图9-121所示。

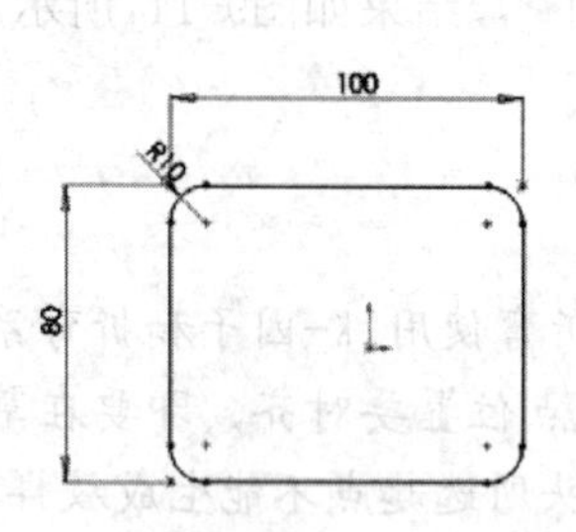

图 9-120 绘制草图

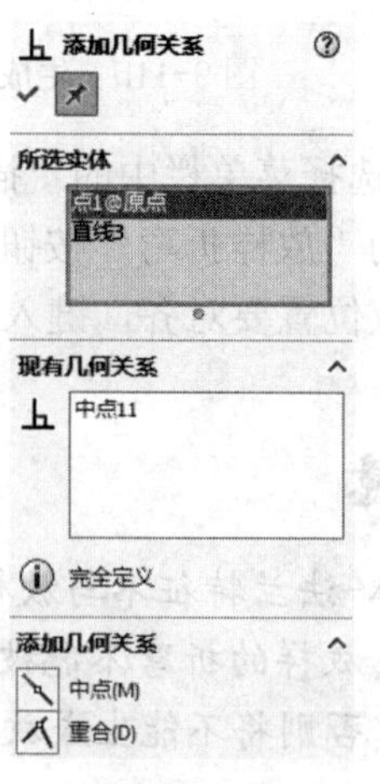

图 9-121 “添加几何关系”属性管理器

4）单击“草图”工具栏中的“中心线”按钮，绘制一条构造线，然后绘制两条与构造线平行的直线，分别位于构造线的两边，单击“添加几何关系”按钮，选择两条竖直直线和构造线添加“对称”几何关系，然后标注两条竖直直线距离值为：0.1，如图9-122所示。

5）剪裁草图。单击“草图”工具栏中的“剪裁实体”按钮，对竖直直线和矩形进行剪裁，最后使矩形具有0.1mm宽的缺口，如图9-123所示。然后单击“退出草图”按钮。

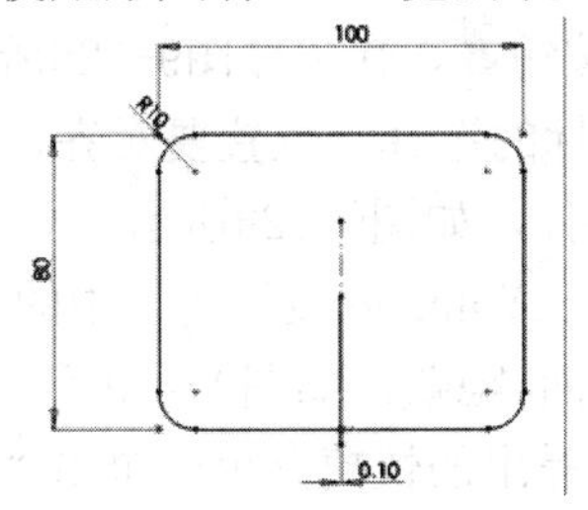

图 9-122 绘制两条竖直直线

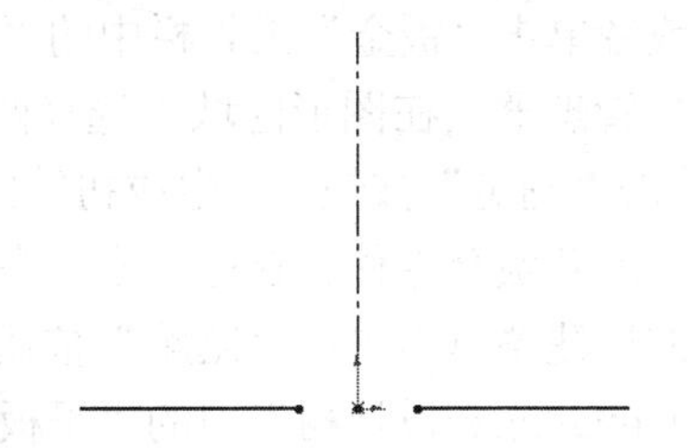

图 9-123 剪裁草图

6）设置基准面。选择菜单栏中的“插入”→“参考几何体”→“基准面”命令或者单击“参考几何体”工具栏中的“基准面”按钮，弹出“基准面”属性管理器，在“第一参考”栏中选择“上视基准面”，键入距离值：100，生成与前视基准面平行的基准面，如图9-124所示。

7）绘制第二个草图。选择“基准面1”作为绘图基准面，然后单击“草图”工具栏中的“边角矩形”按钮，绘制矩形，标注智能尺寸如图9-125所示，然后进行圆角处理，圆角半径值为：8。

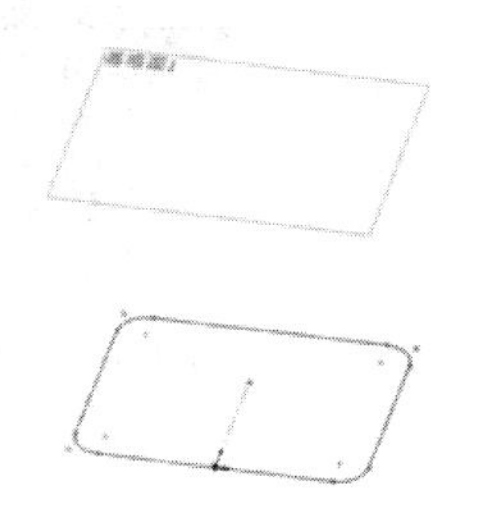

图 9-124 生成基准面

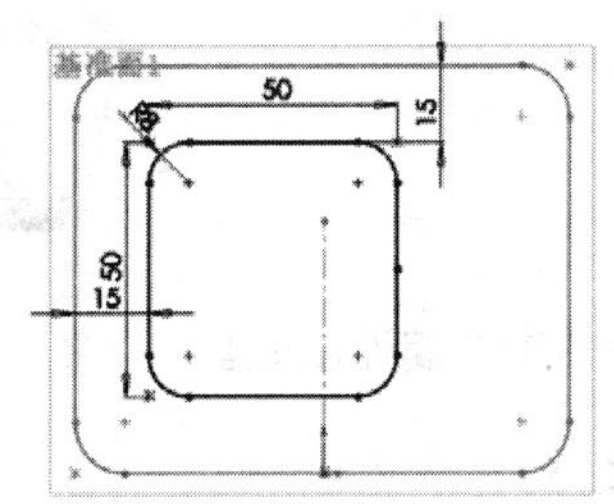

图 9-125 绘制矩形草图

8）单击“草图”工具栏中的“中心线”按钮，过矩形右边边线的中点绘制一条水平构造线，然后绘制两条与构造线平行的直线，分别位于构造线的两边。单击“添加几何关系”按钮，选择构造线添加“固定”几何关系，选择两条水平直线和构造线添加“对称”几何关系，标注两条竖直直线距离值为：0.1，如图9-126所示。

9）剪裁草图。单击“草图”工具栏中的“剪裁实体”按钮，对水平直线和矩形进行剪裁，最后使矩形具有0.1mm宽的缺口，如图9-127所示，然后单击“退出草图”按钮。

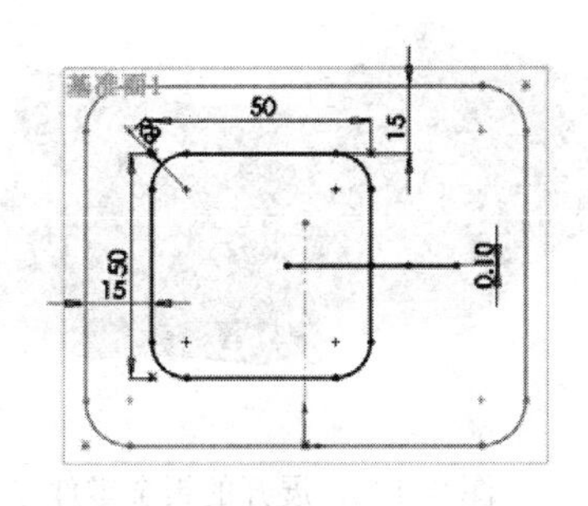

图 9-126 绘制两条水平直线

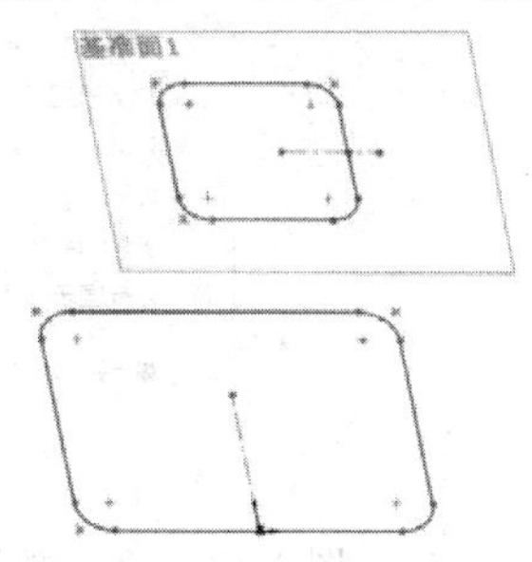

图 9-127 生成第二个草图

10）生成“放样折弯”特征。选择菜单栏中的“插入”→“钣金”→“放样的折弯”命令，或者单击“钣金”工具栏中的“放样折弯”按钮，弹出如图9-128所示的“放样折弯”属性管理器，在图形区域中选择两个草图，光标的选择点位置要对齐，键入厚度值：0.5，单击“确定”按钮✔，生成扭转的矩形漏斗零件，如图9-129所示。

11）展开钣金零件。首先，右击左侧的“FeatureMannger设计树”中的“基准面1”，在弹出的快捷菜单中单击“隐藏”按钮，将基准面1隐藏，如图9-130所示，然后，右击“FeatureMannger设计树”中的“平板型式1”，在弹出的快捷菜单中单击“解除压缩”按钮，如图9-131所示，可以将钣金零件展开，结果如图9-132所示。

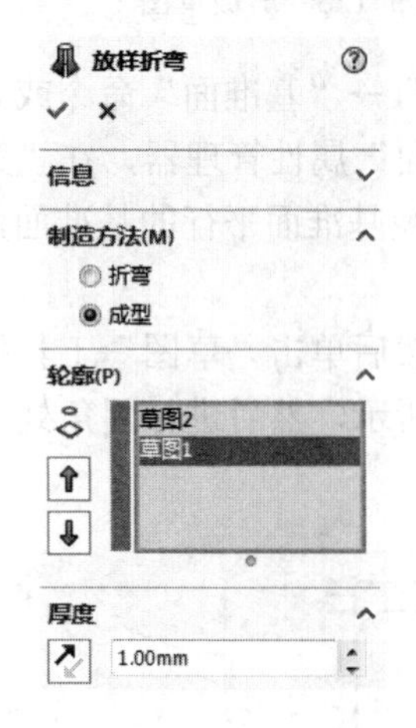

图 9-128 “放样折弯”属性管理器

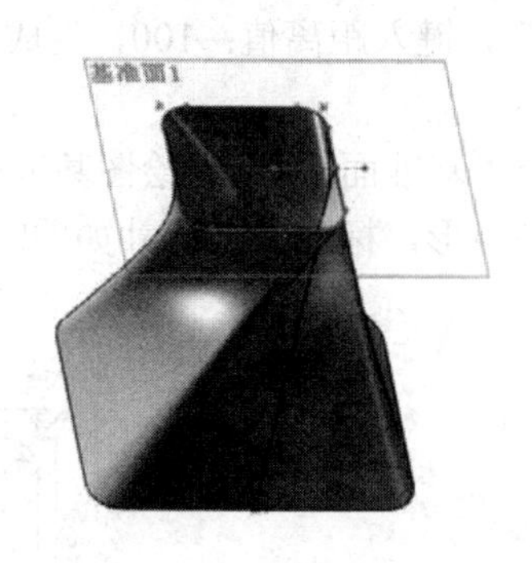

图 9-129 生成矩形漏斗

图 9-130 隐藏基准面 1

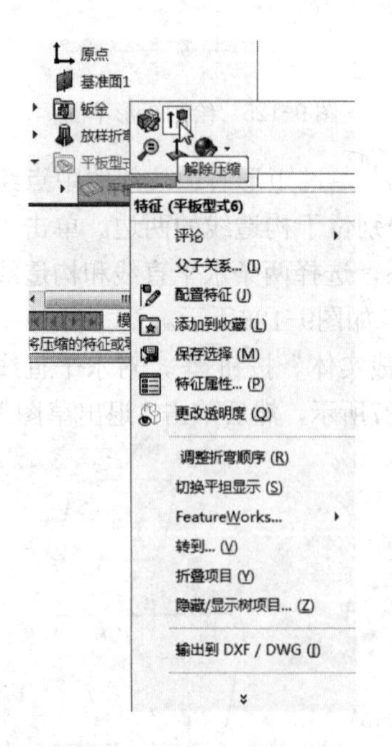

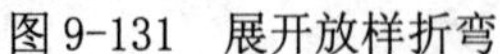

图 9-131 展开放样折弯

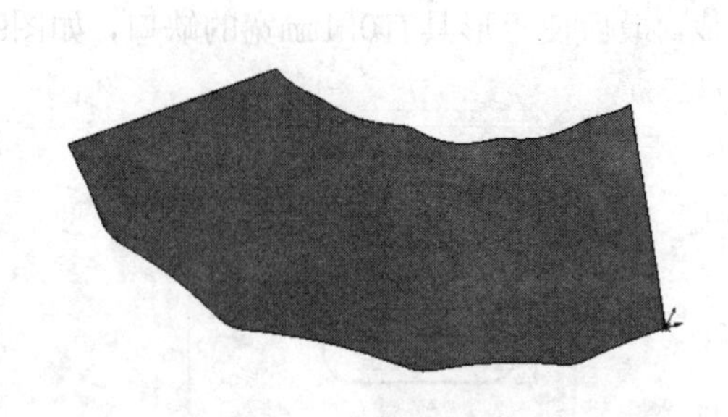

图 9-132 展开的钣金零件

9.4.12 切口特征

使用切口特征工具可以在钣金零件或者其他任意的实体零件上生成切口特征。能够生成切口特征的零件，应该具有一个相邻平面且厚度一致，这些相邻平面形成一条或多条线性边线或一组连续的线性边线，而且是通过平面的单一线性实体。

在零件上生成切口特征时，可以沿所选内部或外部模型边线生成，或者从线性草图实体生成，也可以通过组合模型边线和单一线性草图实体生成切口特征，下面在一壳体零件（如图9-133所示）上生成切口特征。

【操作步骤】

1）选择壳体零件的上表面作为绘图基准面。然后单击“标准视图”工具栏中的“正视于”按钮，单击“草图”工具栏中的“直线”按钮，绘制一条直线，如图9-134所示。

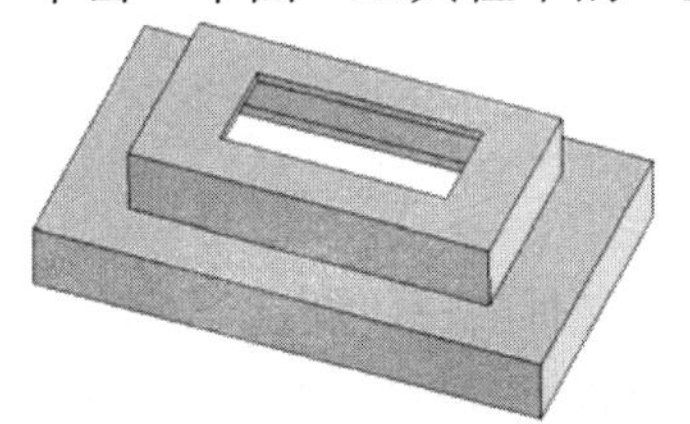

图 9-133　壳体零件

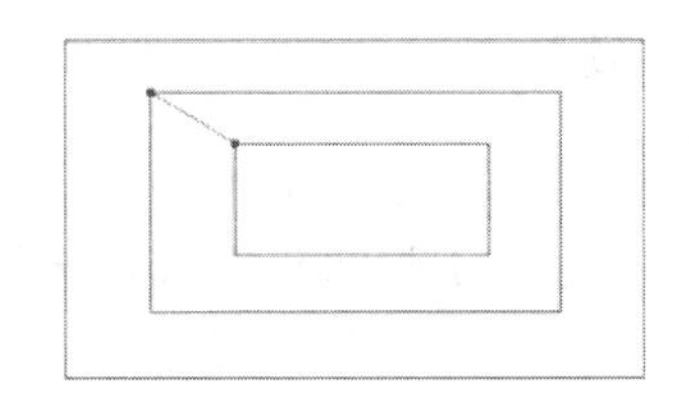

图 9-134　绘制直线

2）选择菜单栏中的“插入”→“钣金”→“切口”命令，或者单击“钣金”工具栏中的“切口”按钮，弹出“切口”属性管理器，单击光标选择绘制的直线和一条边线来生成切口，如图9-135所示。

3）在对话框中的切口缝隙输入框中，键入数值：1。单击“改变方向”按钮，将可以改变切口的方向，每单击一次，切口方向将能切换到一个方向，接着是另外一个方向，然后返回到两个方向，单击“确定”按钮，结果如图9-136所示。

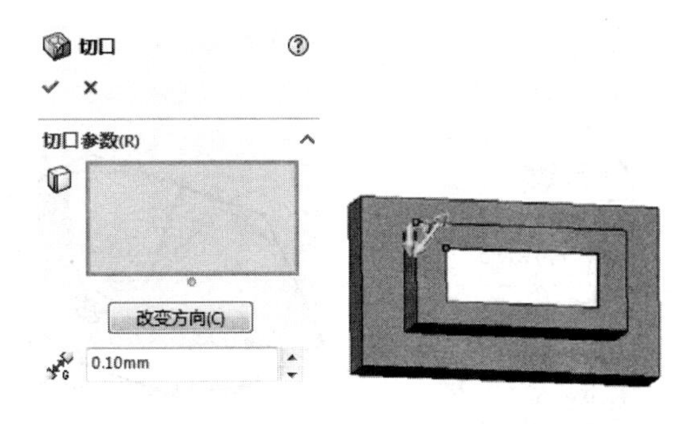

图 9-135　“切口”属性管理器

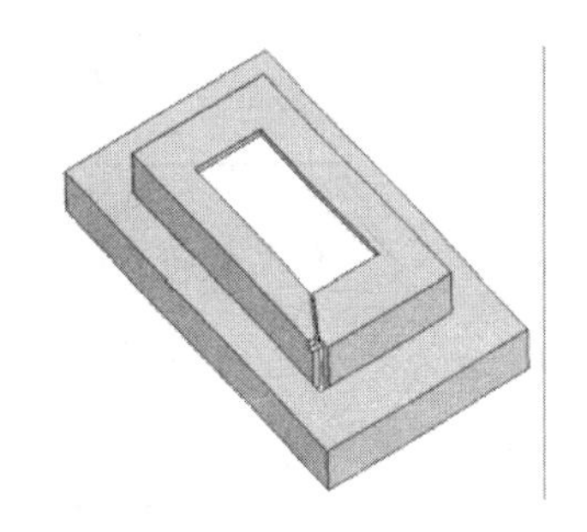

图 9-136　生成切口特征

注意

在钣金零件上生成切口特征，操作方法与上文中的讲解相同。

9.4.13 实例——六角盒

绘制如图9-137所示的六角盒。

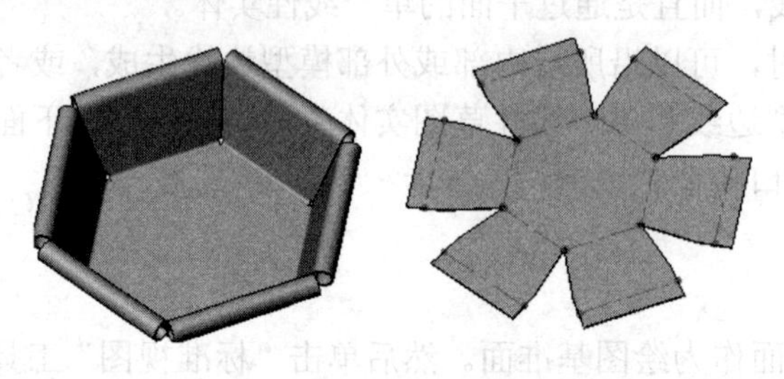

图9-137 六角盒及展开图

实讲实训
多媒体演示
多媒体演示参见配套光盘中的\\动画演示\第9章\六角盒.avi。

【操作步骤】

六角盒的设计步骤如下：

1）启动SOLIDWORKS 2016，选择菜单栏中的“文件”→“新建”命令，或者单击“标准”工具栏中的“新建”按钮，在弹出的“新建SOLIDWORKS文件”对话框中选择“零件”按钮，然后单击“确定”按钮，创建一个新的零件文件。

2）绘制草图。在左侧的“FeatureMannger设计树”中选择“上视基准面”作为绘图基准面，然后单击“草图”工具栏中的“多边形”按钮，绘制一个六边形，标注六边形的内接圆的直径智能尺寸如图9-138所示。

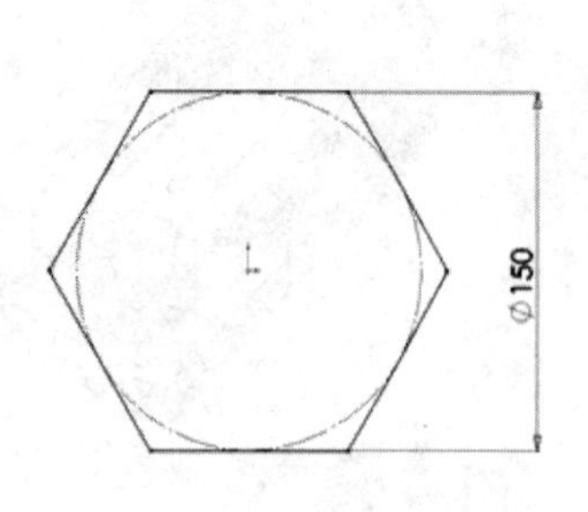

图9-138 绘制草图

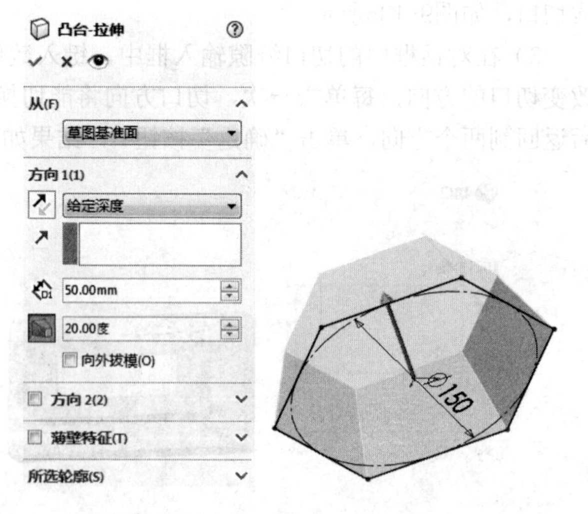

图9-139 进行拉伸操作

3）生成“拉伸”特征。选择菜单栏中的“插入”→“凸台/基体”→“拉伸”命令，或者单击“特征”工具栏中的“拉伸凸台/基体”按钮，系统弹出“凸台-拉伸”属性管理器，在方向1的“终止条件”栏中选择“给定深度”，“深度”栏中键入值：50，在“拔模斜度”栏中键入数值：20，如图9-139所示，然后单击“确定” 按钮✔。

4）生成“抽壳”特征。选择菜单栏中的“插入”→“特征”→“抽壳”命令，或者单击“特征”工具栏中的“抽壳”按钮，系统弹出“抽壳”属性管理器，在“厚度”栏中键入值：1，单击实体表面作为要移除的面，如图9-140所示，然后单击“确定”按钮✔，结果如图9-141所示。

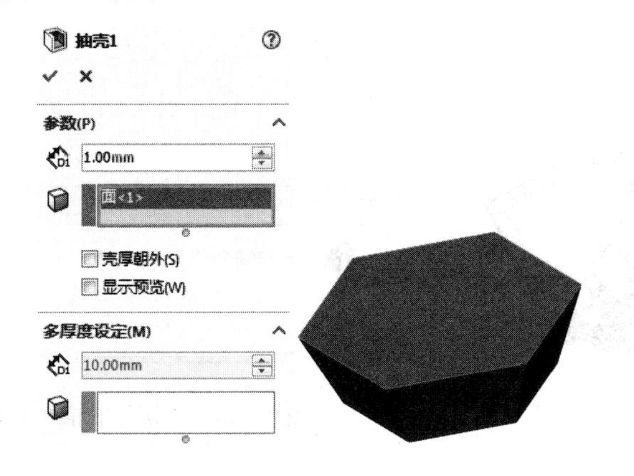

图 9-140　进行抽壳操作　　图 9-141　抽壳后的实体

5）生成“切口”特征。选择菜单栏中的“插入”→“钣金”→“切口”命令，或者单击“钣金”工具栏中的“切口”按钮，系统弹出“切口”属性管理器，在“切口缝隙”栏中键入值：0.1，单击实体表面的各棱线作为要生成切口的边线，如图9-142所示，然后单击“确定”按钮✔，结果如图9-143所示。

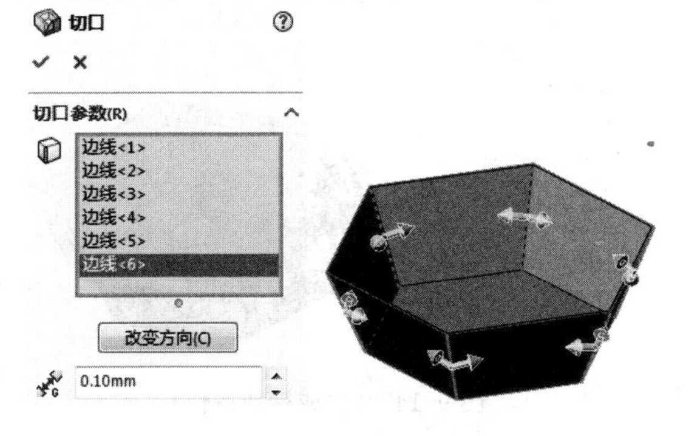

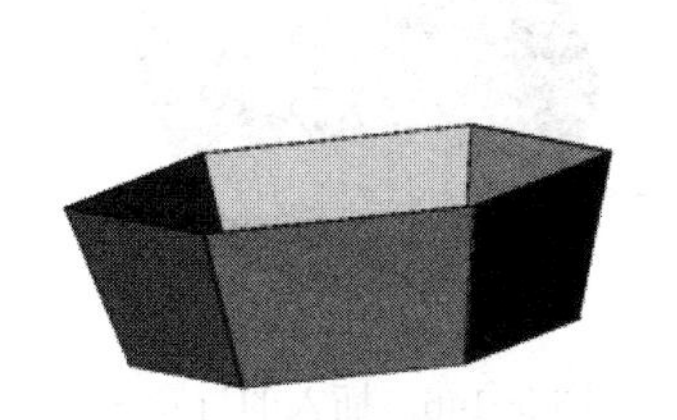

图 9-142　进行切口操作　　图 9-143　生成切口特征

6）插入折弯。选择菜单栏中的“插入”→“钣金”→“折弯”命令，或者单击“钣金”工具栏中的“插入折弯”按钮，系统弹出“折弯”属性管理器，单击图9-144所示的面作为固定表面，键入折弯半径数值：2，其他设置如图9-144所示，单击“确定”按钮✔，弹出如图9-145所示对话框，单击“确定”按钮，插入折弯如图9-146所示。

7）生成“褶边”特征。选择菜单栏中的“插入”→“钣金”→“褶边”命令，或者单击“钣金”工具栏中的“褶边”按钮，系统弹出“褶边”属性管理器，单击图9-147所示的边作为添加褶边的边线，单击“材料在内”按钮，单击“滚轧”按钮，键入如图所

示的角度数值和半径数值，其他设置默认，单击“确定”按钮✔，生成褶边如图9-148所示。

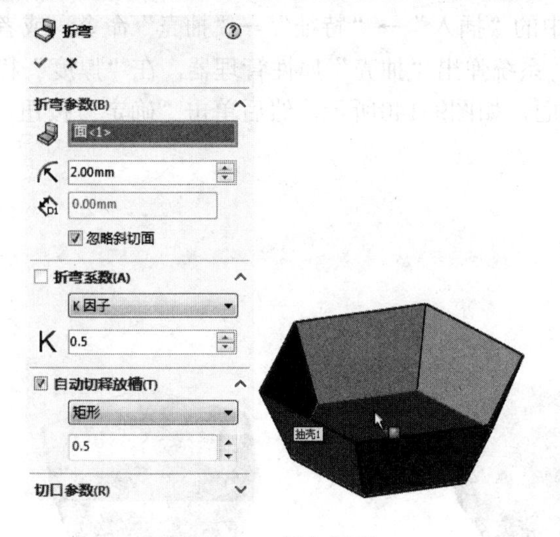

图 9-144　插入折弯

图 9-145　“切释放槽”对话框

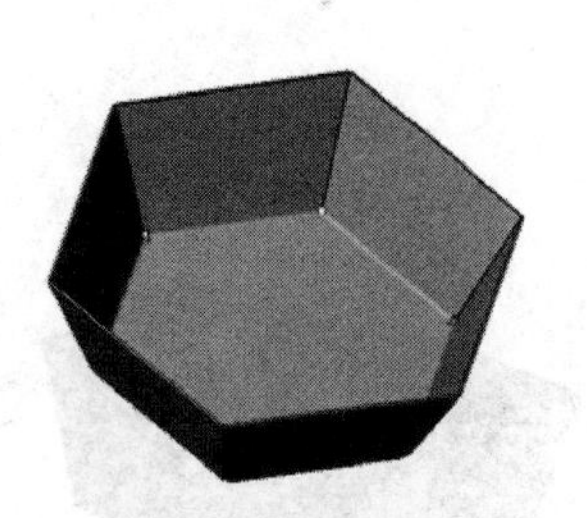

图 9-146　插入的折弯

图 9-147　生成褶边操作

8）展开六角盒钣金件。右击“FeatureMannger设计树”中的“平板型式1”，在弹出的快捷菜单中单击“解除压缩”按钮，将钣金零件展开，如图9-149所示。

图 9-148　生成的褶边

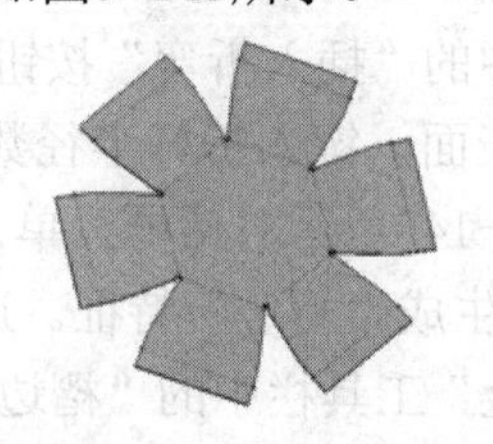

图 9-149　展开的六角盒

9.4.14 展开钣金折弯

展开钣金零件的折弯有两种展开的方式。一种是将钣金零件整个展开；另外一种是将钣金零件中的部分折弯有选择性的部分展开。下面将分别来讲解：

1. 整个钣金零件展开

要展开整个零件，如果钣金零件的“FeatureMannger设计树”中的平板型式特征存在，可以右击平板型式1特征，在弹出的菜单中单击“解除压缩”按钮，如图9-150所示，或者单击“钣金”工具栏中的“展开”按钮，可以将钣金零件整个展开，如图9-151所示。

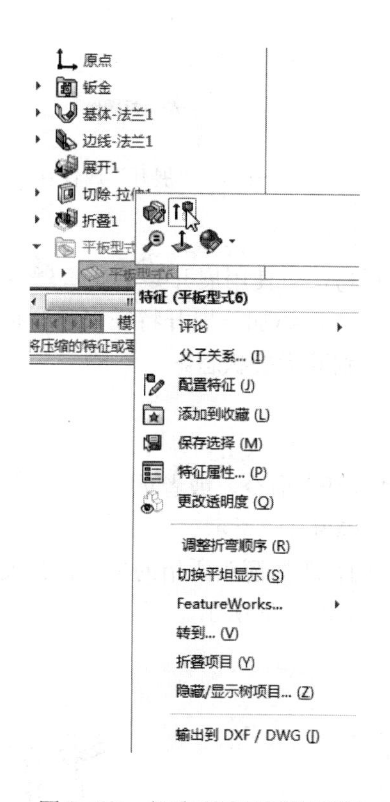

图 9-150 解除平板特征的压缩

图 9-151 展开整个钣金零件

当使用此方法展开整个零件时，将应用边角处理以生成干净、展开的钣金零件，使在制造过程中不会出错。如果不想应用边角处理，可以右击平板型式，在弹出的菜单中选择“编辑特征”，在“平板型式”属性管理器中取消“边角处理”选项，如图 9-152 所示。

要将整个钣金零件折叠，可以右击钣金零件“FeatureMannger设计树”中的平板型式特征，在弹出的菜单中选择“压缩”命令，或者单击“钣金”工具栏中的“展开”按钮，使此按钮弹起，即可以将钣金零件折叠。

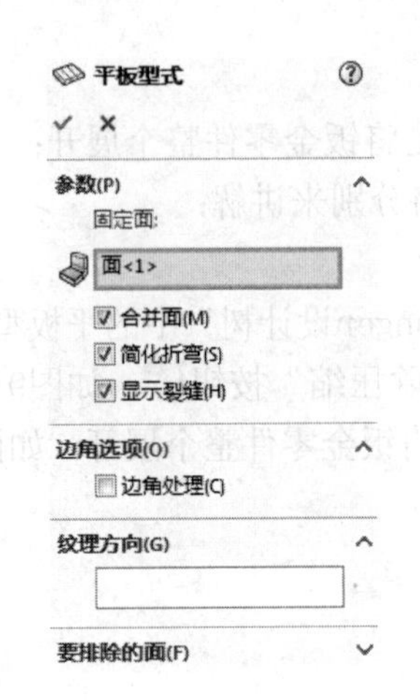

图 9-152　取消“边角处理”

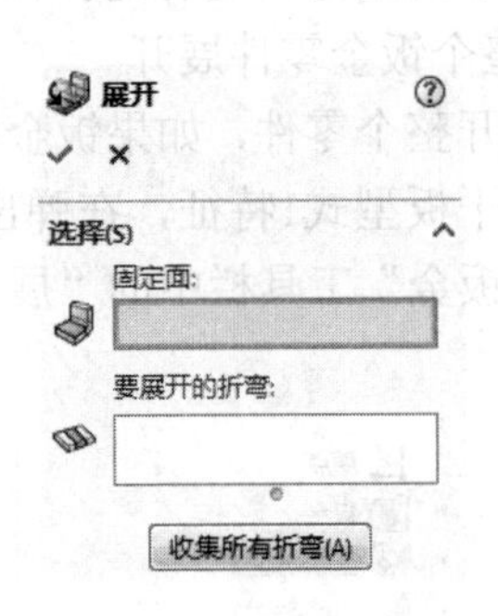

图 9-153　“展开”属性管理器

2．将钣金零件部分展开

要展开或折叠钣金零件的一个、多个或所有折弯，可使用展开和折叠特征工具。使用此展开特征工具可以沿折弯添加切除特征。首先，添加一展开特征来展开折弯，然后添加切除特征，最后，添加一折叠特征将折弯返回到其折叠状态。

【操作步骤】

1）选择菜单栏中的“插入”→“钣金”→“展开”命令，或者单击“钣金”工具栏中的“展开”按钮，弹出“展开”属性管理器，如图9-153所示。

2）在图形区域中选择箭头所指的面作为固定面，选择箭头所指的折弯作为要展开的折弯，如图9-154所示，单击“确定”按钮✓，结果如图9-155所示。

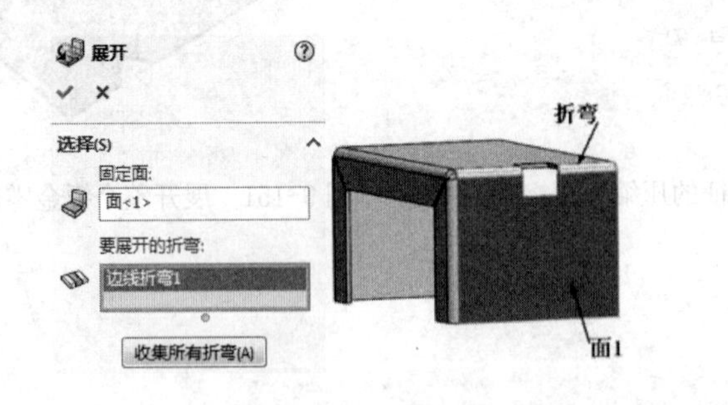

图 9-154　选择固定边和要展开的折弯

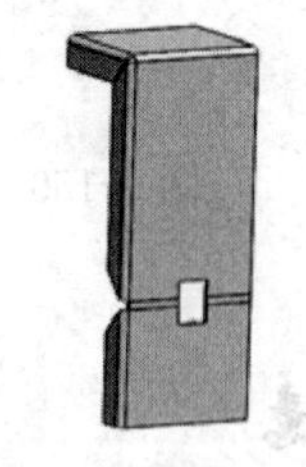

图 9-155　展开一个折弯

3）选择菜单栏中的“插入”→“钣金”→“折叠”命令，或者单击“钣金”工具栏中的“折叠”按钮，弹出“折叠”属性管理器。

4）在图形区域中选择在展开操作中选择的面作为固定面，选择展开的折弯作为要折叠的折弯，单击“确定”按钮✓，结果如图9-156所示。

在设计过程中，为使系统性能更快，只展开和折叠正在操作项目的折弯。在“展开”属性管理器和“折叠”属性管理器，选择“收集所有折弯”命令，将可以把钣金零件所有折弯展开或折叠。

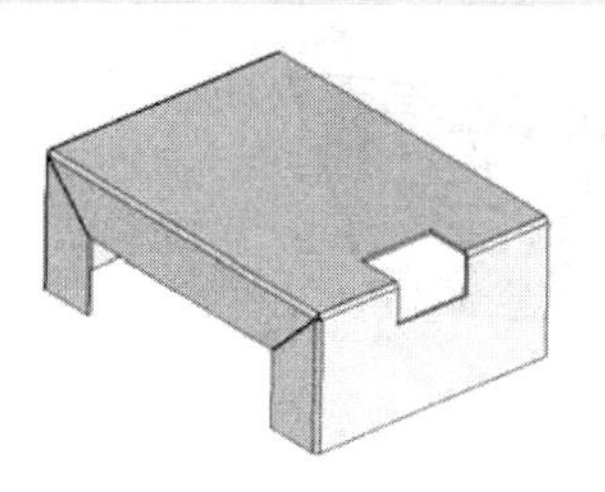

图 9-156 将钣金零件重新折叠

9.4.15 断开边角/边角剪裁特征

使用断开边角特征工具可以从折叠的钣金零件的边线或面切除材料，使用边角剪裁特征工具可以从展开的钣金零件的边线或面切除材料。

1．断开边角

断开边角操作只能在折叠的钣金零件中操作。

【操作步骤】

1）选择菜单栏中的“插入”→“钣金”→“断裂边角”命令，或者单击“钣金”工具栏中的“断开边角/边角剪裁”按钮，弹出“断开边角”属性管理器，在图形区域中，单击想断开的边角边线或法兰面，如图9-157所示。

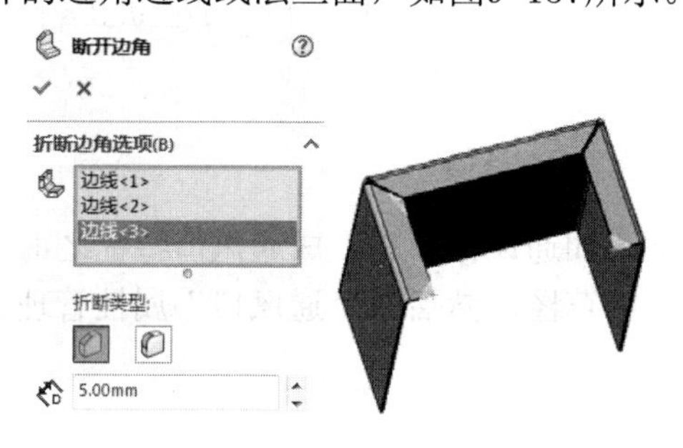

图 9-157 选择要断开边角的边线和面　　图 9-158 生成断开边角特征

2）在“折断类型”中选择“倒角”选项，键入距离值：10，单击“确定”按钮，结果如图9-158所示。

2．边角剪裁

边角剪裁操作只能在展开的钣金零件中操作，在零件被折叠时边角剪裁特征将被压缩。

【操作步骤】

1）单击“钣金”工具栏中的“展开”按钮，将钣金零件整个展开，如图9-159所示。选择菜单栏中的“插入”→“钣金”→“断裂边角”命令，或者单击“钣金”工具栏中的“断开边角/边角剪裁”按钮，弹出“断开边角”属性管理器。在图形区域中，选择要折断边角边线或法兰面，如图9-160所示。

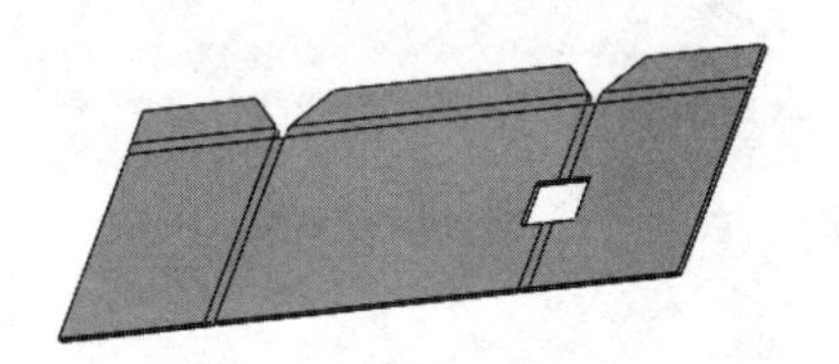

图9-159　展开钣金零件

图9-160　选择要折断边角的边线和面

2）在“折断类型”中选择“倒角”选项，键入距离值：3，单击“确定”按钮，结果如图9-161所示。

3）右击钣金零件“FeatureMannger设计树”中的平板型式特征，在弹出的菜单中选择“压缩”命令，或者单击“钣金”工具栏中的“展开”按钮，使此按钮弹起，将钣金零件折叠，边角剪裁特征将被压缩，结果如图9-162所示。

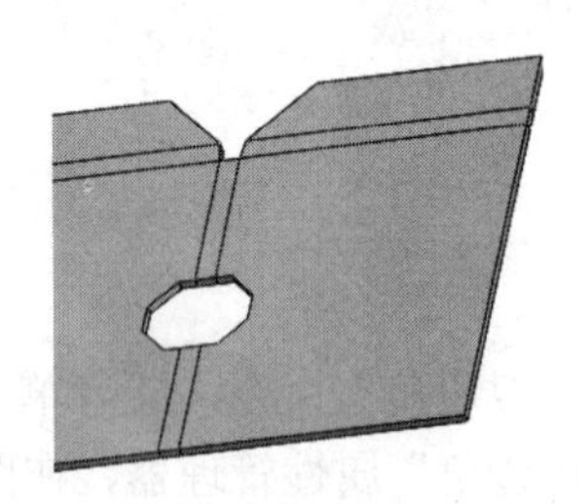

图9-161　生成边角剪裁特征

图9-162　折叠钣金零件

9.4.16　通风口

使用通风口特征工具可以在钣金零件上添加通风口。在生成通风口特征之前与生成其他钣金特征相似，也要首先绘制生成通风口的草图，然后在“通风口”属性管理器中设定各种选项，从而生成通风口。

【操作步骤】

1）首先在钣金零件的表面绘制如图9-163所示的通风口草图，为了使草图清晰，可以选择菜单栏中的“视图”→“隐藏/显示”→“草图几何关系”命令（如图9-164所示）使草图几何关系不显示，结果如图9-165所示，然后单击“退出草图”按钮。

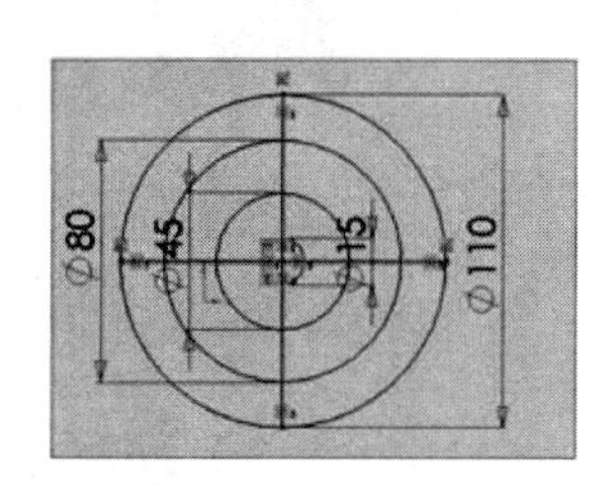

图 9-163　通风口草图

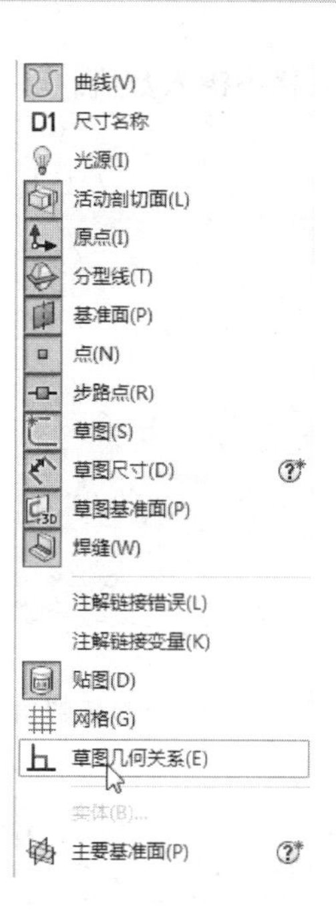

图 9-164　视图菜单

2）选择菜单栏中的“插入”→“扣合特征”→“通风口”命令，弹出“通风口”属性管理器，首先选择草图的最大直径的圆草图作为通风口的边界轮廓，如图9-166所示。同时，在几何体属性的“放置面”栏中自动输入绘制草图的基准面作为放置通风口的表面。

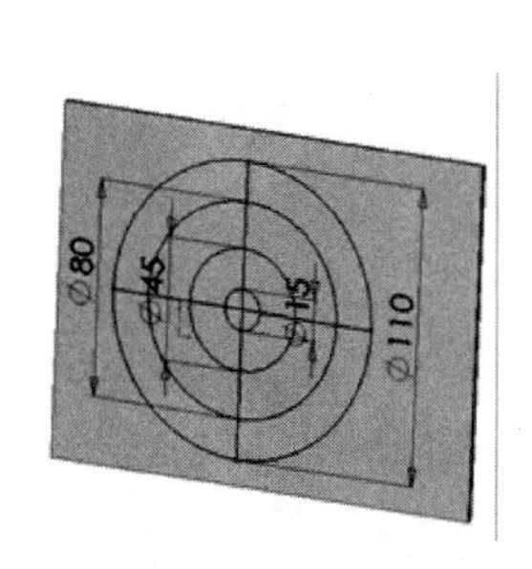

图 9-165　使草图几何关系不显示

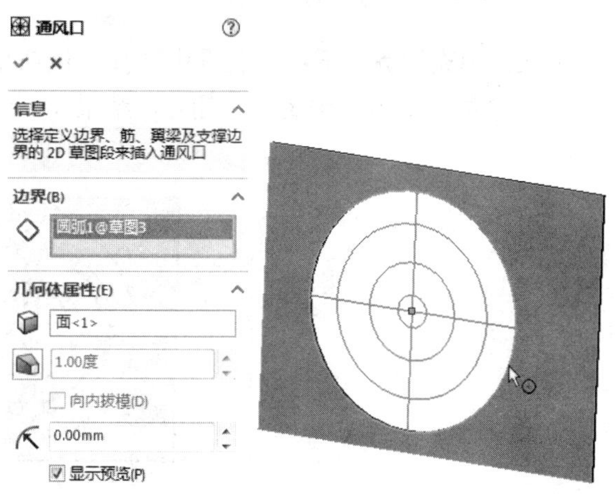

图 9-166　选择通风口的边界

3）在“圆角半径”输入栏中键入相应的圆角半径数值，本实例中键入数值：2，这些值将应用于边界、筋、翼梁和填充边界之间的所有相交处产生圆角，如图9-167所示。

4）在“筋”下拉列表框中选择通风口草图中的两个互相垂直的直线作为筋轮廓，在“筋宽度”输入栏中键入数值：5，如图9-168所示。

5）在“翼梁”下拉列表框中选择通风口草图中的两个同心圆作为翼梁轮廓，在“翼梁宽度”输入栏中键入数值：5，如图9-169所示。

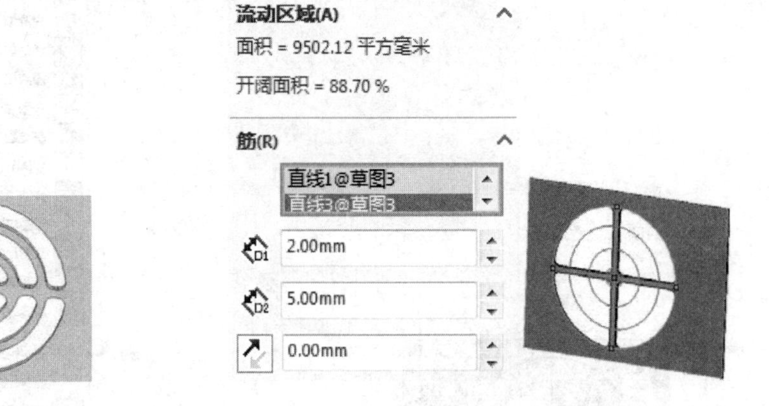

图 9-167　通风口圆角　　　　图 9-168　选择筋草图

图 9-169　选择翼梁草图

图 9-170　选择填充边界草图

6）在“填充边界”下拉列表框中选择通风口草图中的最小圆作为填充边界轮廓，如图9-170所示，最后单击“确定”按钮✔，结果如图9-171所示。

图 9-171　生成通风口特征

注意

在生成“圆角”特征的过程中，在第 3）步的操作过程中，特征是不会马上显示出来，等到“通风口”命令完成后，就会自动生成“圆角”特征。

9.5 钣金成形

利用SOLIDWORKS软件中的钣金成形工具可以生成各种钣金成形特征，软件系统中已有的成形工具有5种，分别是：embosses（凸起）、extruded flanges（冲孔）、louvers（百叶窗板）、ribs（筋）、lances（切开）5种成形特征。

用户也可以在设计过程中自己创建新的成形工具或者对已有的成形工具进行修改。

9.5.1 使用成形工具

【操作步骤】

1）首先创建或者打开一个钣金零件文件。单击“设计库”按钮，弹出“设计库”对话框，在对话框中选择Design Library文件下的forming tools文件夹，然后右击将其设置成“成形工具文件夹”，如图9-172所示，然后在该文件夹下可以找到5种成形工具的文件夹，在每一个文件夹中都有若干种成形工具，如图9-172所示。

2）在设计库中选择embosses（凸起)工具中的“circular emboss”成形按钮，按下光标左键，将其拖入钣金零件需要放置成形特征的表面，如图9-173所示。

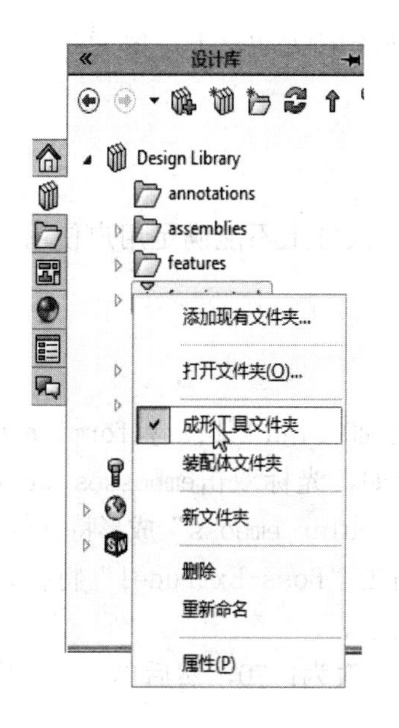

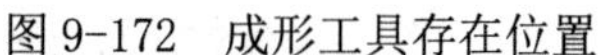
图 9-172 成形工具存在位置

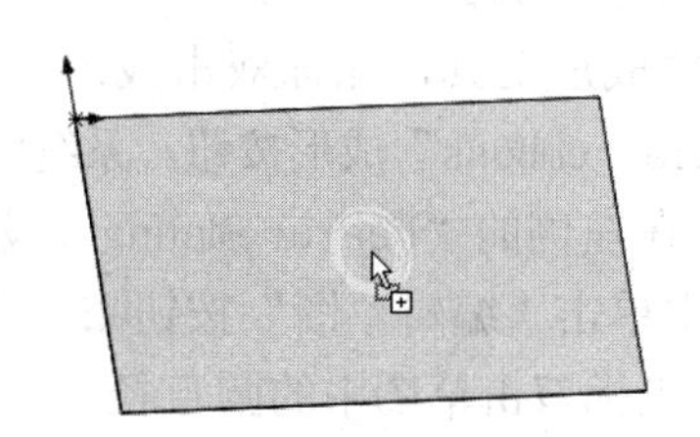
图 9-173 将成形工具拖入放置表面

3）随意拖放的成形特征可能位置并不一定合适，右击图9-174所示的编辑草图，然后为图形标注尺寸，如图9-175所示，最后退出草图，如图9-176所示。

注意

使用成形工具时，默认情况下成形工具向下行进，即形成的特征方向是“凹”，如果要使其方向变为“凸”，需要在拖入成形特征的同时按一下 Tab 键。

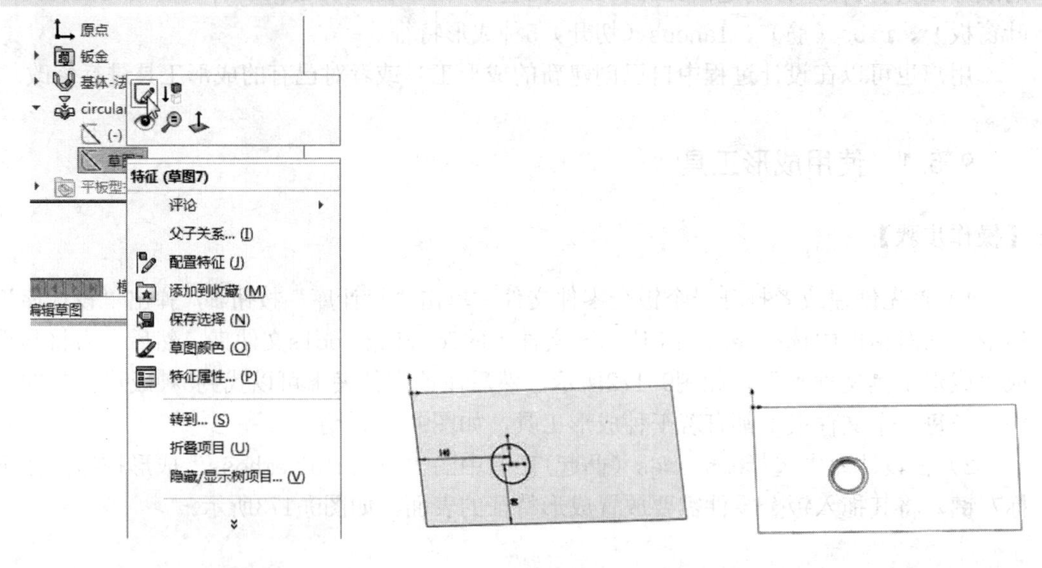

图 9-174　编辑草图　　图 9-175　标注成形特征位置尺寸　　图 9-176　生成的成形特征

9.5.2　修改成形工具

SOLIDWORKS软件自带的成形工具形成的特征在尺寸上不能满足用户使用要求，用户可以自行进行修改。

【操作步骤】

1）单击“设计库”按钮，在对话框中按照路径Design Library\forming tools\找到需要修改的成形工具，光标双击成形工具按钮。例如，光标双击embosses（凸起）工具中的“circular emboss”成形按钮。系统将会进入“circular emboss”成形特征的设计界面。

2）在左侧的“FeatureMannger设计树”中右击“Boss-Extrude1”特征，在弹出的快捷菜单中单击“编辑草图”按钮，如图9-177所示。

3）光标双击草图中的圆直径尺寸，将其数值更改为：70，然后单击“退出草图”按钮，成形特征的尺寸将变大。

4）在左侧的“FeatureMannger设计树”中右击“Fillet2” 特征，在弹出的快捷菜单中单击“编辑特征”按钮，如图9-178所示。

5）在“Fillet2”属性管理器中更改圆角半径数值为：10，如图9-179所示，单击“确定”按钮，结果如图9-180所示，选择菜单栏中的“文件”→“保存”命令将成形工具保存。

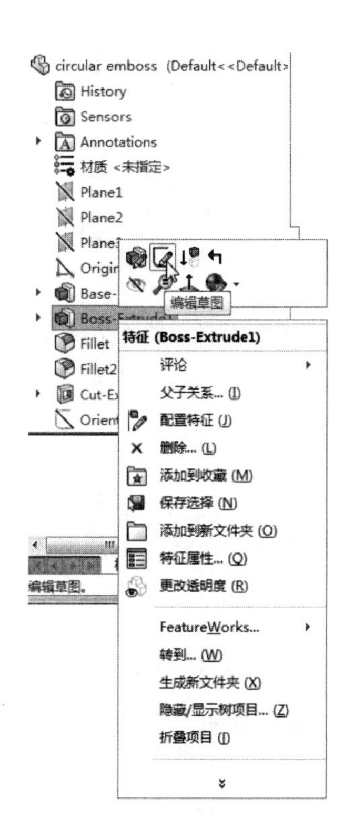

图 9-177 编辑“Boss-Extrude1”特征草图

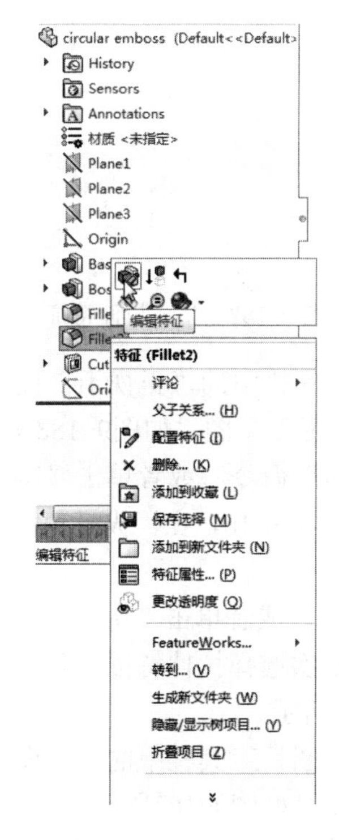

图 9-178 编辑“Fillet2”特征

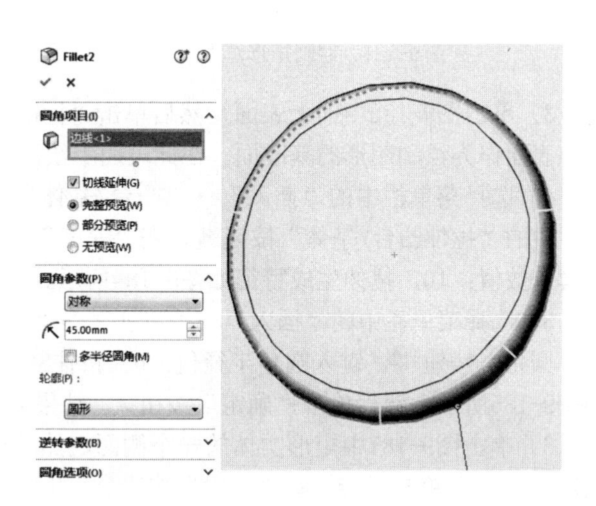

图 9-179 编辑“Fillet2”特征

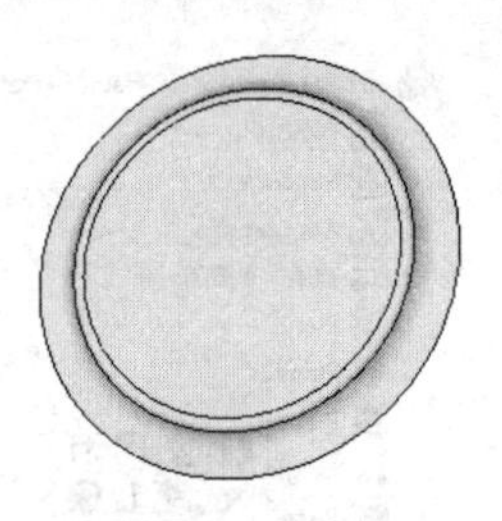

图 9-180　修改后的“Boss-Extrude1”特征

9.5.3　创建新成形工具

用户可以自己创建新的成形工具，然后将其添加到“设计库”中，以备后用。创建新的成形工具和创建其他实体零件的方法一样。下面举例创建一个新的成形工具。

【操作步骤】

1）创建一个新的文件，在操作界面左侧的“FeatureMannger设计树”中选择“前视基准面”作为绘图基准面，然后单击“草图”工具栏中的“边角矩形”按钮，绘制一个矩形，如图9-181所示。

2）选择菜单栏中的“插入”→“凸台/基体”→“拉伸”命令，或者单击“特征”工具栏中的“拉伸凸台/基体”按钮，在“深度”一栏中键入值：80，然后单击“确定”按钮✓。结果如图9-182所示。

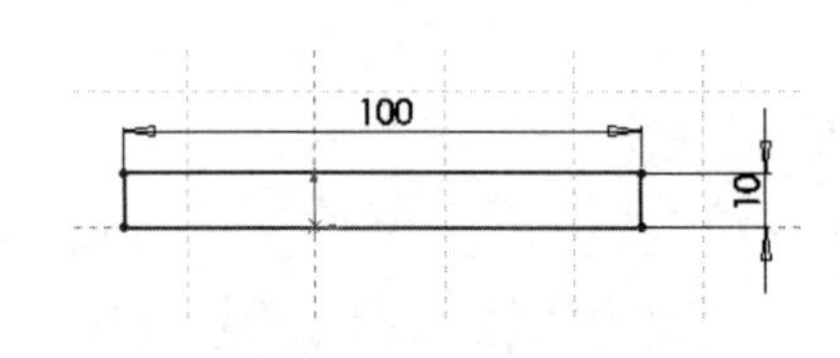

图 9-181　绘制矩形草图

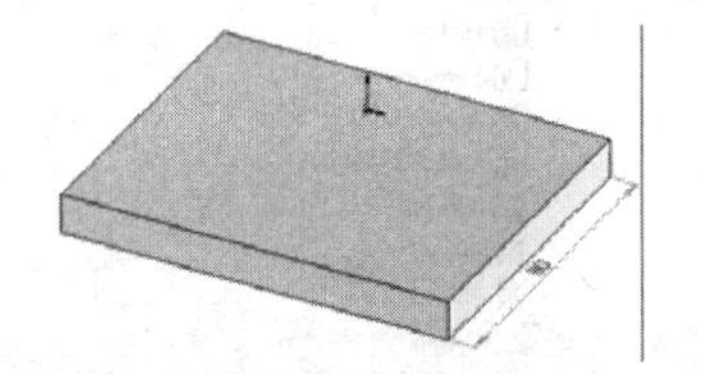

图 9-182　生成拉伸特征

3）单击图9-182中的上表面，然后单击“标准视图”工具栏中的“正视于”按钮，将该表面作为绘制图形的基准面。在此表面上绘制一个“矩形”草图，如图9-183所示。

4）选择菜单栏中的“插入”→“凸台/基体”→“拉伸”命令，或者单击“特征”工具栏中的“拉伸凸台/基体”按钮，在“深度”一栏中键入值：15，在“拔模角度”一栏中键入数值：10，拉伸生成特征如图9-184所示。

5）选择菜单栏中的“插入”→“特征”→“圆角”命令，或者单击“特征”工具栏中的“圆角”按钮，键入圆角半径值：6，按住Shift键，依次选择拉伸特征的各个边线，如图9-185所示，然后单击“确定”按钮✓，结果如图9-186所示。

6）单击图9-187中矩形实体的一个侧面，然后单击“草图”工具栏中的“草图绘制”按钮，然后单击“转换实体引用”按钮，生成矩形草图，如图9-187所示。

7）选择菜单栏中的“插入”→“切除”→“拉伸”命令，或者单击“特征”工具栏中的“切除拉伸”按钮，在弹出“切除拉伸”对话框中“终止条件”一栏中选择“完全贯穿”，如图9-188所示，然后单击“确定”按钮。

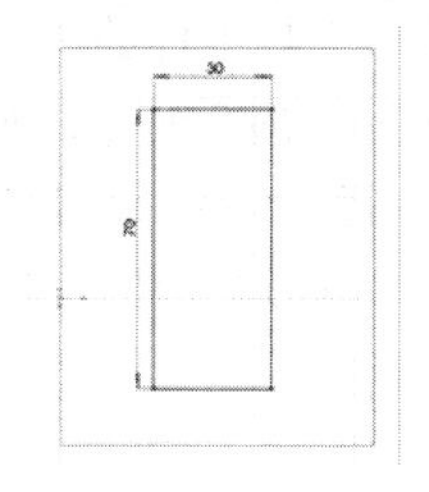

图 9-183　绘制矩形草图

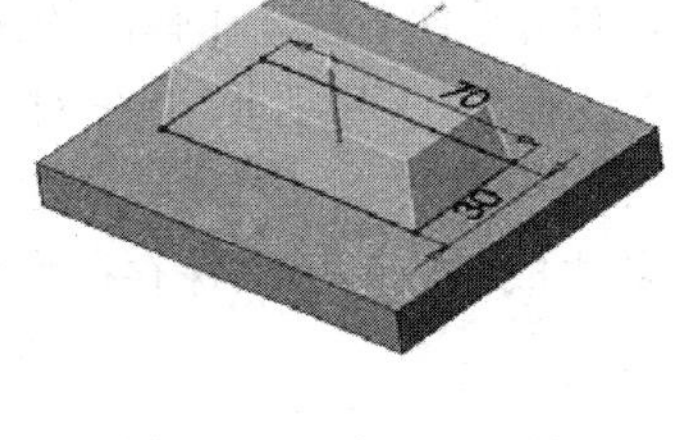

图 9-184　生成拉伸特征

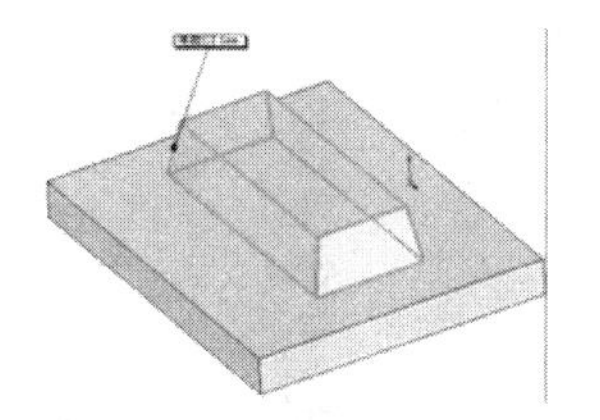

图 9-185　选择圆角边线

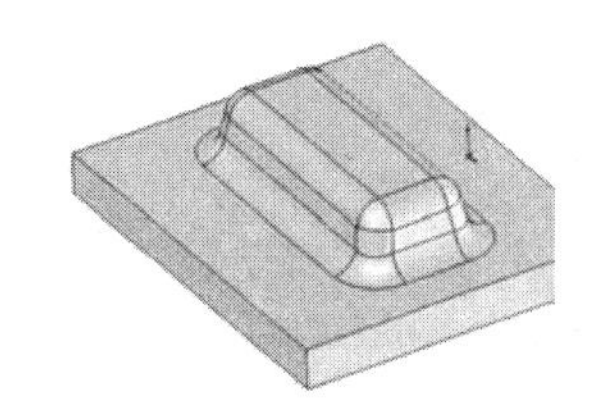

图 9-186　生成圆角特征

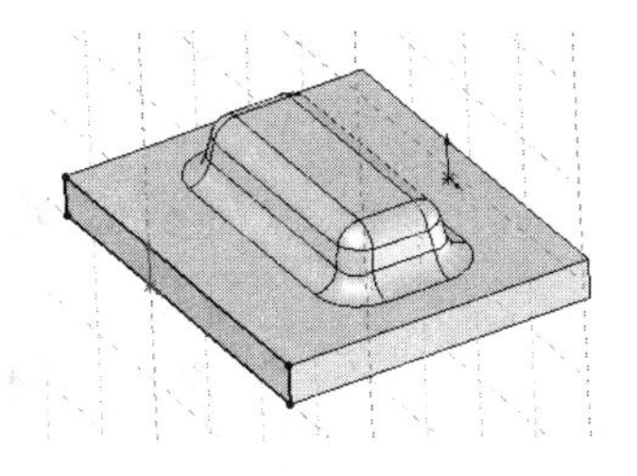

图 9-187　转换实体引用

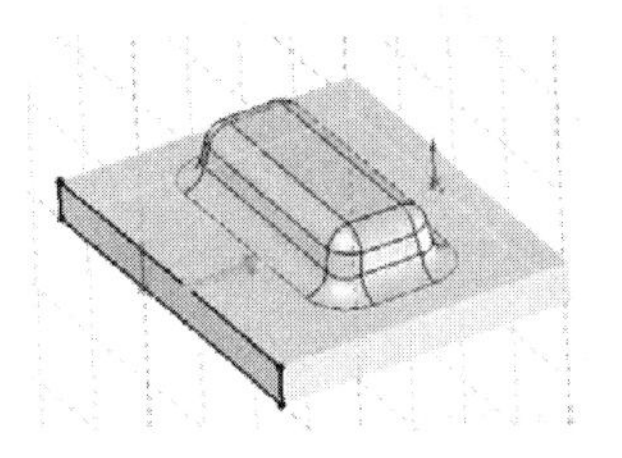

图 9-188　完全贯通切除

8）单击图9-189中的底面，然后单击“标准视图”工具栏中的“正视于”按钮，将该表面作为绘制图形的基准面。单击“草图”工具栏中的“圆”按钮和“直线”按钮，以基准面的中心为圆心绘制一个圆和两条互相垂直的直线，如图9-190所示，单击“退出草图”按钮。

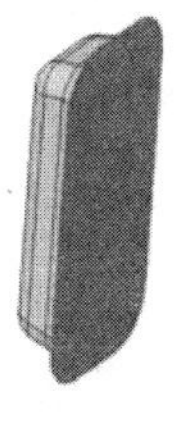

图 9-189　选择草图基准面

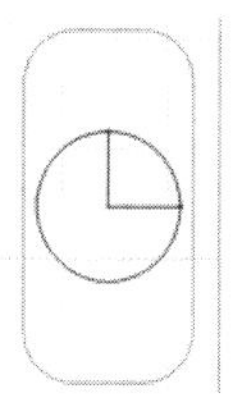

图 9-190　绘制定位草图

注意

在步骤8）中绘制的草图是成形工具的定位草图，必须要绘制，否则成形工具将不能放置到钣金零件上。

9）首先，将零件文件保存，然后，在操作界面左边成形工具零件的“FeatureMannger设计树”中，右击零件名称，在弹出的快捷菜单中选择“添加到库”命令，如图9-191所示，系统弹出“另存为”对话框，在对话框中选择保存路径：Design Library\forming tools\embosses\，如图9-192所示。将此成形工具命名为“矩形凸台”，单击“保存”按钮，可以把新生成的成形工具保存在设计库中，如图9-193所示。

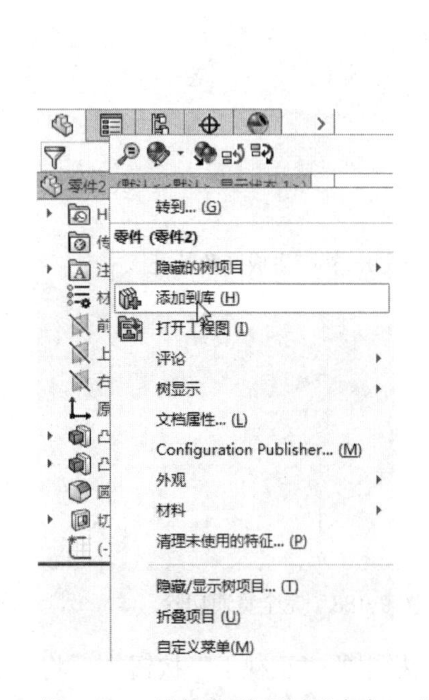

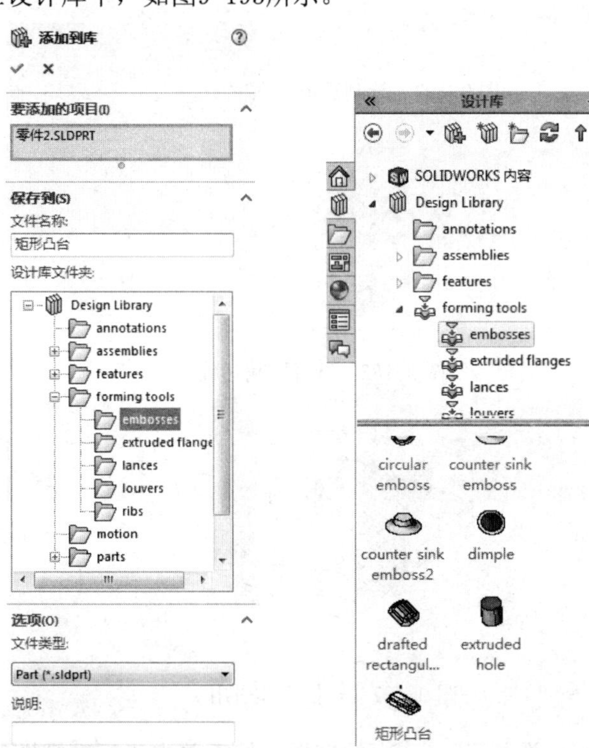

图9-191 选择“添加到库”命令　图9-192 保存成形工具到设计库　图9-193 添加到设计库中的“矩形凸台”成形工具

钣金设计综合实例

为了更好地掌握钣金的知识，本章介绍了几个实例，并给出了详细的操作步骤。

- 计算机机箱侧板
- 硬盘支架

10.1 计算机机箱侧板

在本节中将设计一个计算机机箱侧板钣金件，如图10-1所示，在设计过程中将运用边线法兰、薄片、褶边、转折等工具，以及熟练完成自定义成形工具、添加成形工具等设计方法，是对钣金设计功能综合运用的一个实例。

实讲实训
多媒体演示

多媒体演示参见配套光盘中的\\动画演示\第10章\计算机机箱侧板.avi。

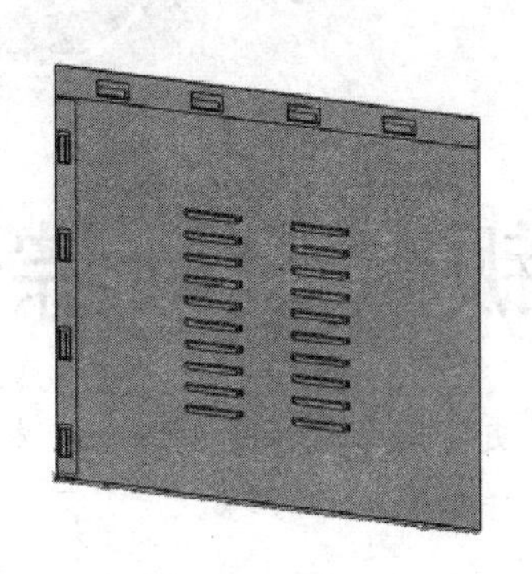

图 10-1 计算机机箱侧板

10.1.1 创建机箱侧板主体

【操作步骤】

1）启动SOLIDWORKS 2016，选择菜单栏中的“文件”→“新建”命令，或者单击“标准”工具栏中的“新建”按钮，在弹出的“新建SOLIDWORKS文件”对话框中选择“零件”按钮，然后单击“确定”按钮，创建一个新的零件文件。

2）绘制草图。在左侧的“FeatureMannger设计树”中选择“前视基准面”作为绘图基准面，然后单击“草图”工具栏中的“边角矩形”按钮，绘制一个矩形，标注智能尺寸如图10-2所示。

3）生成基体法兰钣金零件。选择菜单栏中的“插入”→“钣金”→“基体法兰”命令，或者单击“钣金”工具栏中的“基体-法兰/薄片”按钮，在弹出的“基体法兰”属性管理器中，键入厚度值：0.6，其他参数取默认值，如图10-3所示，然后单击“确定”按钮✔。

基体法兰在“FeatureMannger设计树”中显示为基体-法兰，同时添加了其他两种特征：钣金和平板型式，如图10-4所示。

4）生成边线法兰。选择菜单栏中的“插入”→“钣金”→“边线法兰”命令，或者单击“钣金”工具栏中的“边线法兰”按钮。弹出“边线法兰”属性管理器，单击鼠标选择钣金零件的一条边，如图10-5所示，在属性管理器的选择边线栏中将显示所选择边线。

在对话框中设置相应的参数，输入折弯半径数值：0.5，输入法兰长度数值：8，选择“外部虚拟交点”选项和“材料在外”选项，如图10-6所示，单击“确定”按钮✔，生成的边线法兰如图10-7所示。

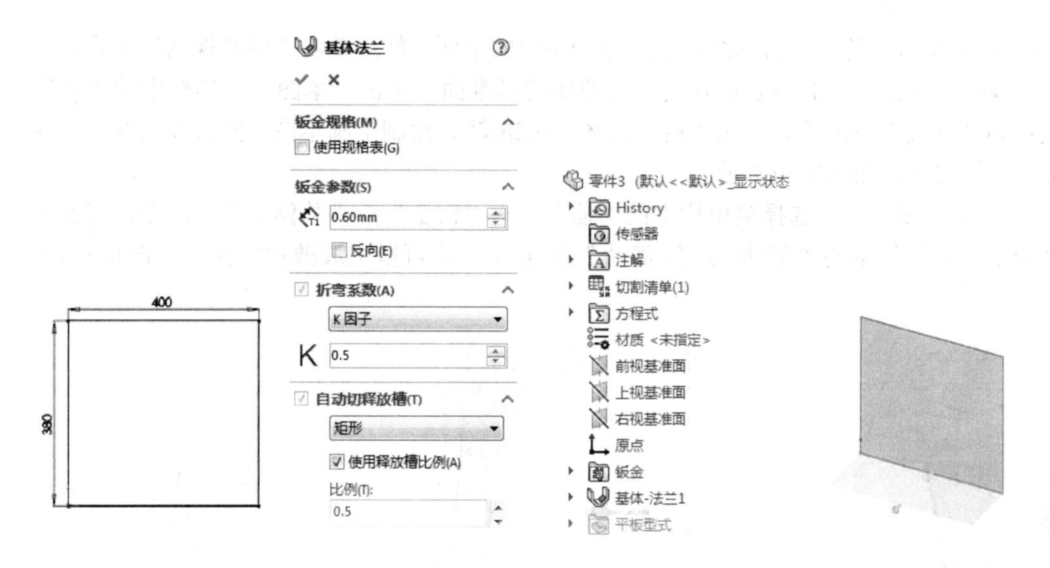

图 10-2 绘制草图 图 10-3 设置钣金参数 图 10-4 生成钣金零件的 FeatureMannger 设计树 图 10-5 选择生成边线法兰边线

图 10-6 设置边线法兰参数

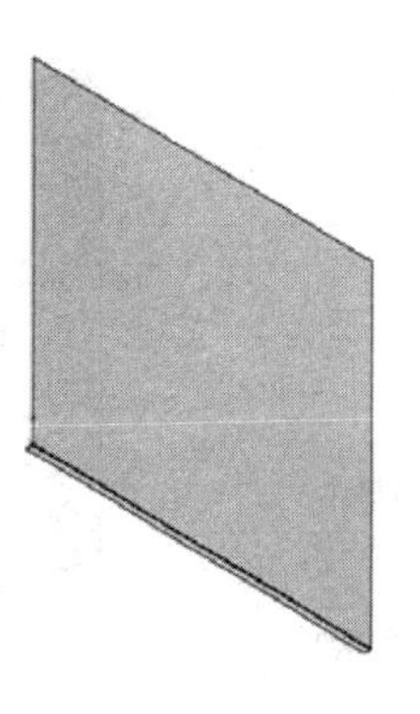

图 10-7 生成边线法兰

10.1.2　创建机箱侧板卡口

1）绘制生成“薄片”的草图。单击图10-8中的平面，然后单击“标准视图”工具栏中的“正视于”按钮，将该表面作为绘制草图的基准面。单击“草图”工具栏中的“圆”按钮和“直线”按钮，使用“剪裁实体”按钮，绘制半圆草图，圆心在边线上，并且标注智能尺寸，如图10-9所示。

2）生成“薄片”。选择菜单栏中的“插入”→“钣金”→“基体法兰”命令，或者单击“钣金”工具栏中的“基体-法兰/薄片”按钮，将可以生成薄片特征，如图10-10所示。

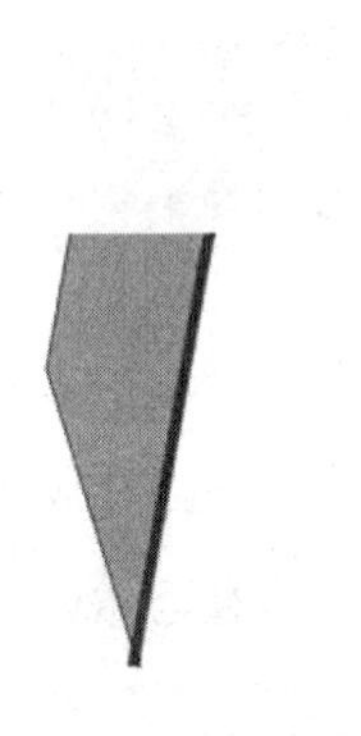

图 10-8　选择绘图基准面

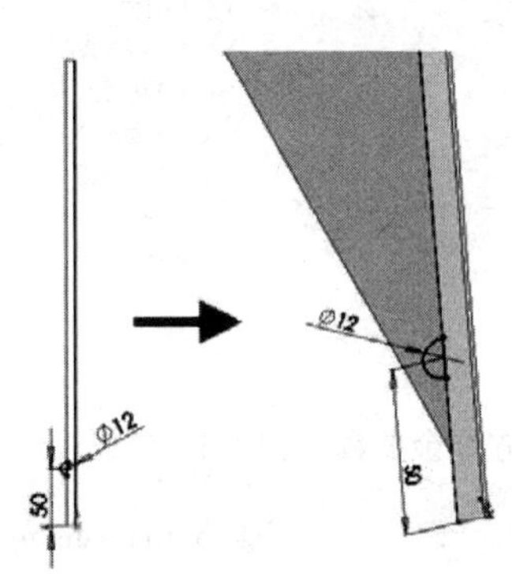

图 10-9　绘制薄片草图

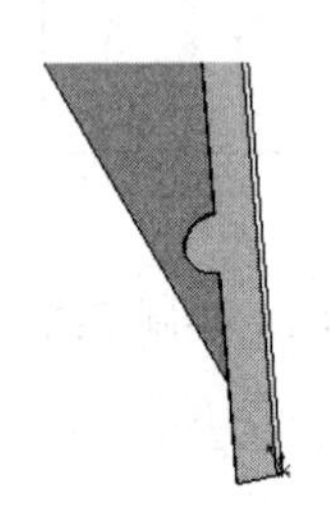

图 10-10　生成薄片

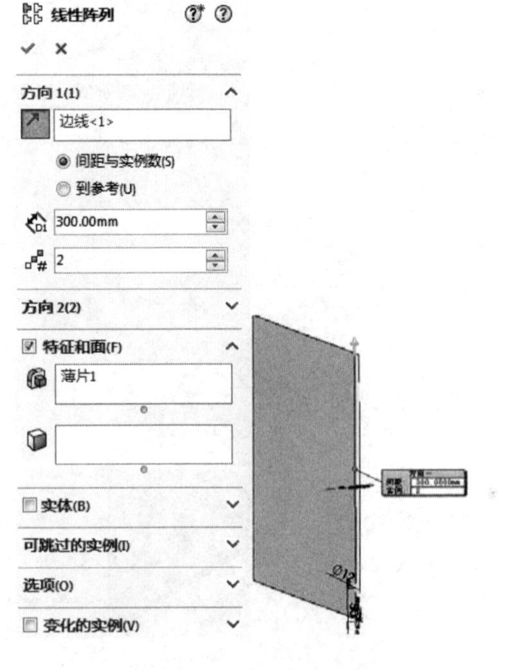

图 10-11　进行阵列操作

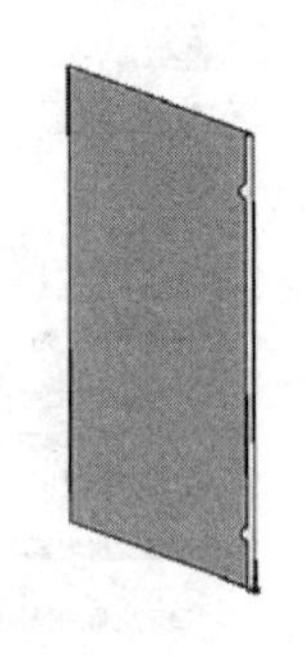

图 10-12　生成阵列薄片特征

如果在退出薄片草图的编辑状态下，单击“基体-法兰/薄片”按钮，系统将提示选择生成薄片的草图，这时选择所绘制草图即可。

3）阵列“薄片”。选择菜单栏中的“插入”→“阵列/镜向”→“线性阵列”命令，或者单击“特征”工具栏中的“线性阵列”按钮，弹出“线性阵列”属性管理器，在“FeatureMannger设计树”中选择薄片特征作为要阵列的特征，并且选择一条边线来确定阵列的方向，输入阵列距离数值：300，如图10-11所示，最后单击“确定”按钮，结果如图10-12所示。

4）生成“切除”特征。

①单击边线法兰的外侧面，然后单击“标准视图”工具栏中的“正视于”按钮，将该表面作为绘制草图的基准面，如图10-13所示。然后单击“草图”工具栏中的“圆”按钮，绘制一个与半圆薄片同心的圆，标注其尺寸如图10-14所示。

图 10-13　选择草图基准面

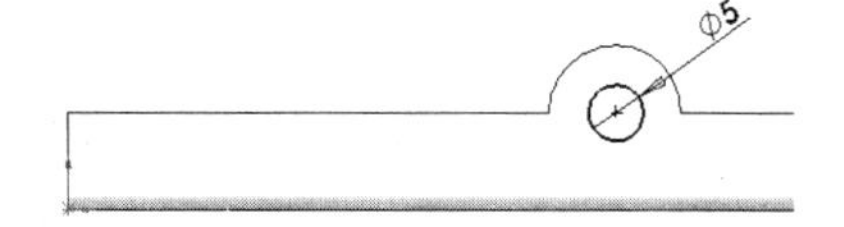

图 10-14　绘制草图

②选择菜单栏中的“插入”→“切除”→“拉伸”命令，或者单击“特征”工具栏中的“切除拉伸”按钮，拉伸终止条件选择“完全贯穿”，然后单击“确定”按钮，生成切除特征如图10-15所示。

5）阵列“切除”特征。重复上述线性阵列的操作，将步骤4）中生成的切除特征进行线性阵列，阵列的方向和间距与步骤3）的薄片阵列相同，结果如图10-16所示。

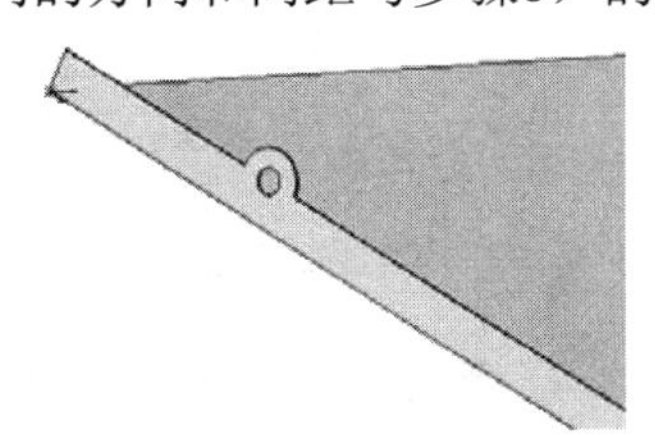

图 10-15　生成切除特征

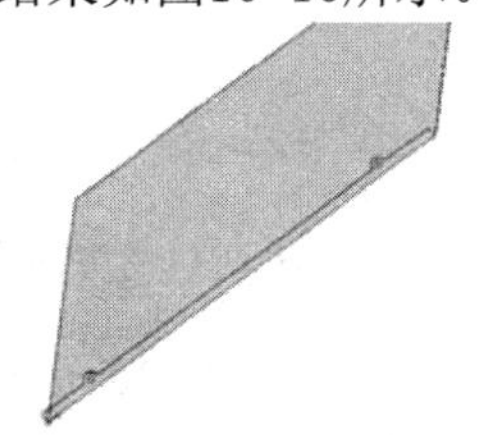

图 10-16　阵列切除特征

6）生成“褶边”。选择菜单栏中的“插入”→“钣金”→“褶边”命令，或者单击“钣金”工具栏中的“褶边”按钮，弹出“褶边”属性管理器，选择图10-17中实体的边线，在对话框中的类型和大小选项中选择“闭合”选项，输入长度数值：20，然后单击“确定”按钮，最后结果如图10-18所示。

7）对褶边进行切除1。选择褶边的表面作为基准面，绘制矩形草图，如图10-19所示。

然后单击“特征”工具栏中的“切除拉伸”按钮，拉伸终止条件选择“成形到一面”，然后选择“基体-法兰1”的上表面，如图10-20所示，然后单击“确定”按钮✔。

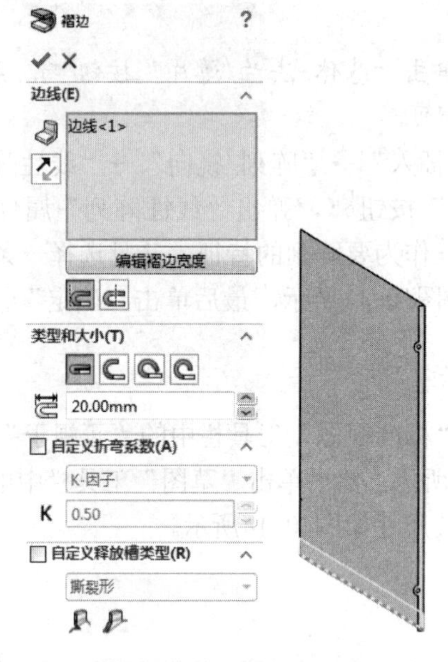

图 10-17　进行褶边操作

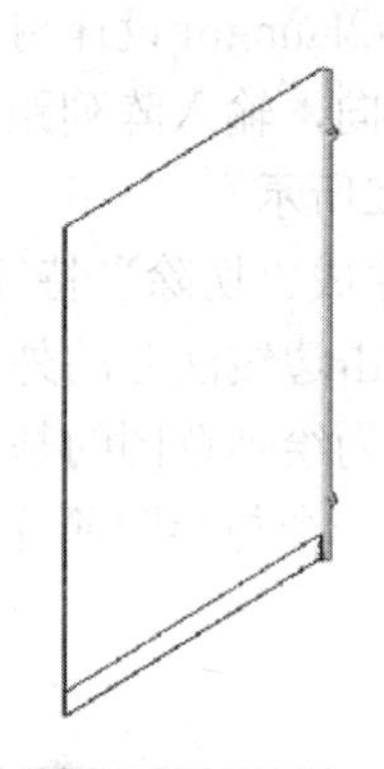

图 10-18　生成褶边特征

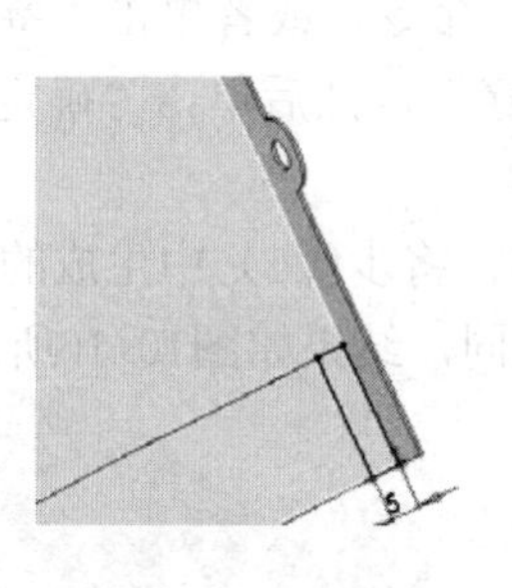

图 10-19　绘制草图

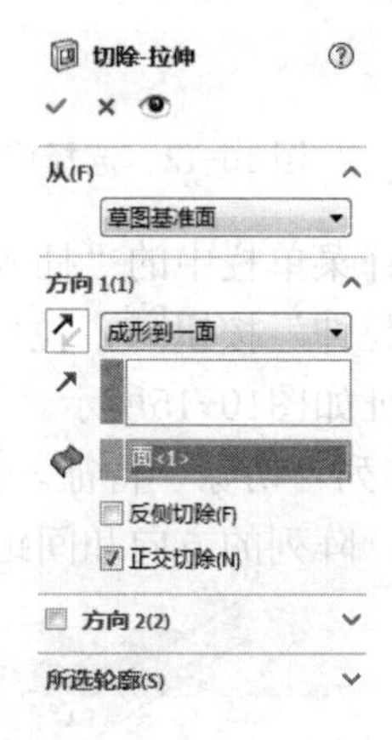

图 10-20　进行切除操作

8）对褶边进行切除2。重复步骤7）中的操作，在褶边的另一端进行切除，用于切除的草图尺寸及位置如图10-21所示。切除完成后，如图10-22所示。

9）展开褶边。选择菜单栏中的“插入”→“钣金”→“展开”命令，或者单击“钣金”工具栏中的“展开”按钮，弹出“展开”属性管理器，选择图10-23中所示的平面作为固定面，然后将零件局部放大，选择图中的褶边折弯作为要展开的折弯，单击“确定”按钮✔，褶边将被展开，如图10-24所示。

10）绘制草图。选择图10-25所示的钣金零件的平面作为绘制草图基准面，绘制草图，标注草图的尺寸如图10-26所示。

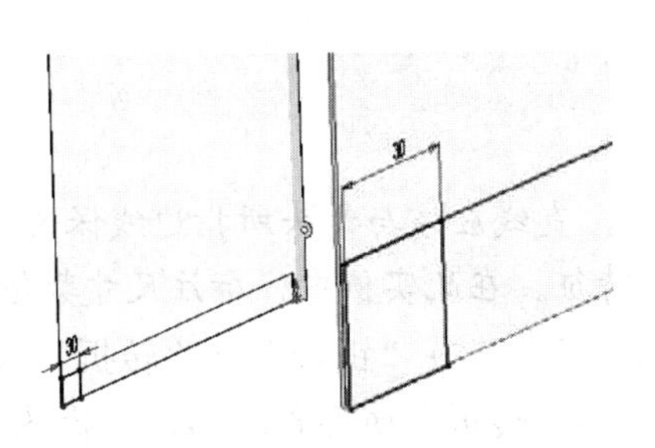

图 10-21 切除草图尺寸及位置

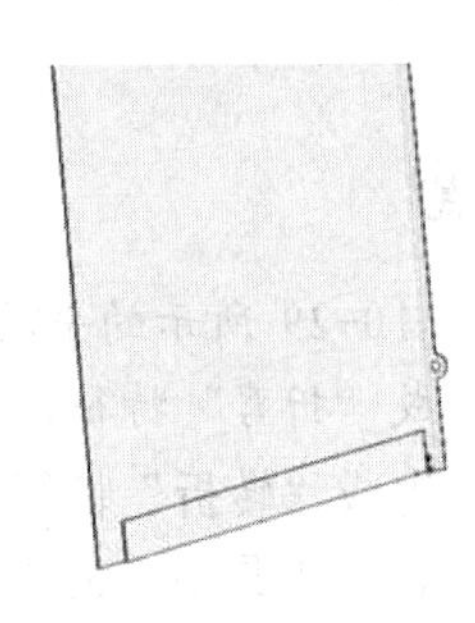

图 10-22 切除完成后的效果

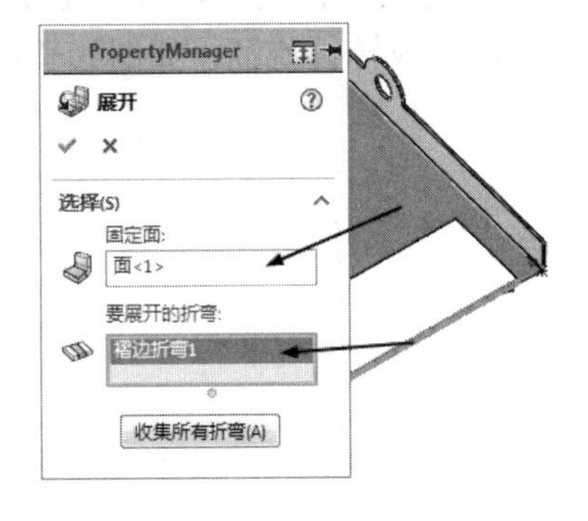

图 10-23 进行展开操作

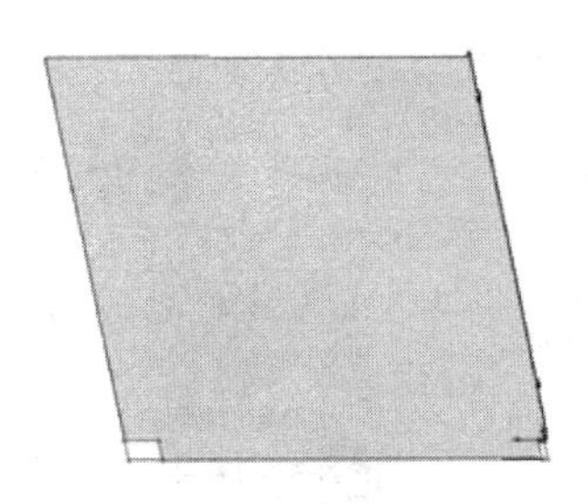

图 10-24 展开后的效果

图 10-25 选择绘制草图基准面

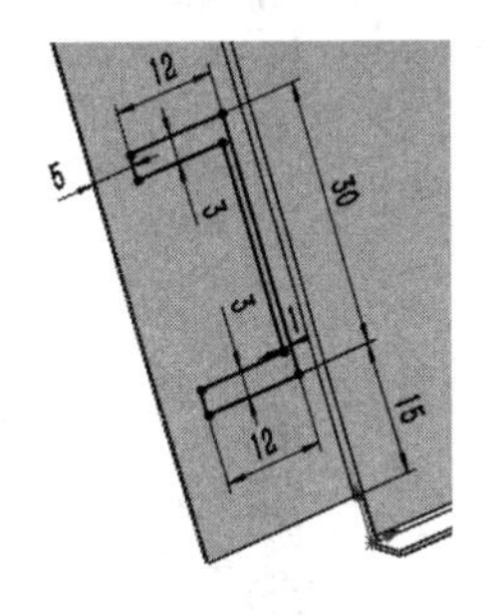

图 10-26 绘制草图

注意

在操作过程，可以将不需要显示的图素类型隐藏。例如，可以选择菜单栏中的“视图”→“草图”命令将上述操作中绘制的草图隐藏，如图 10-27 所示。

11）生成“切除”特征。选择菜单栏中的“插入”→“切除”→“拉伸”命令，或者单击“特征”工具栏中的“切除-拉伸”按钮，拉伸终止条件选择“完全贯穿”，然后单击“确定”按钮，生成切除特征，如图10-28所示。

12）绘制生成“转折”特征草图。在图10-29所示的平面上绘制一条直线，标注位置尺寸。

注意

在图 10-29 所示的平面上绘制转折草图时，直线应该与箭头所指边线保留一定的距离才可以生成“折弯”特征，否则不能生成转折特征。在此实例中，标注尺寸数值为：1。

13）生成“转折”特征。选择菜单栏中的“插入”→“钣金”→“转折”命令，或者单击“钣金”工具栏中的“转折”按钮，弹出“转折”属性管理器，选择图10-29中鼠标所选的平面作为固定面，然后输入半径数值：0.5；选择“给定深度”选项；输入等距距离数值：5；选择“总尺寸”选项；选择“材料在外”选项；输入转折角度数值：60；上述设置如图10-30所示，然后，单击“确定”按钮，生成转折特征，如图10-31所示。

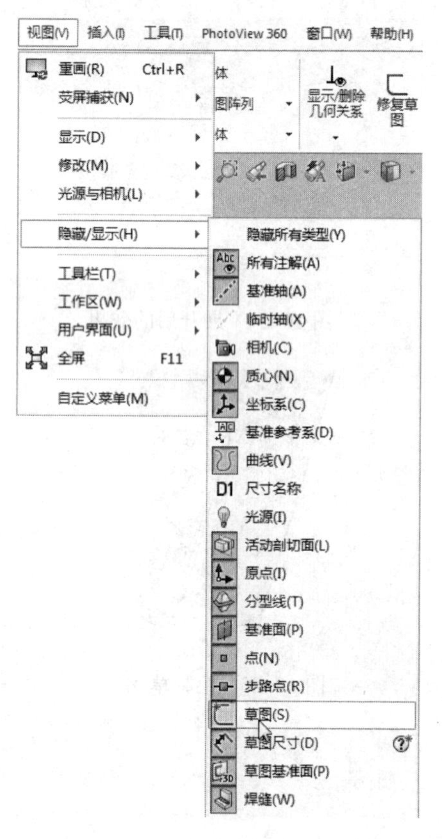

图 10-27　隐藏草图

图 10-28　切除拉伸

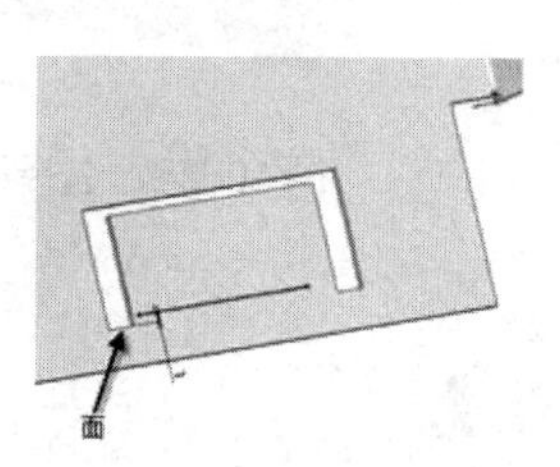

图 10-29　绘制转折草图

14）阵列“切除”特征。选择菜单栏中的“插入”→“阵列/镜向”→“线性阵列”命令，或者单击“特征”工具栏中的“线性阵列”按钮，阵列步骤11）中生成的“切除”特征，阵列方向和阵列间距如图10-32所示。

15）生成其他“转折”特征。重复步骤12）、13）的操作，分别生成其他三个转折特征，如图10-33所示。

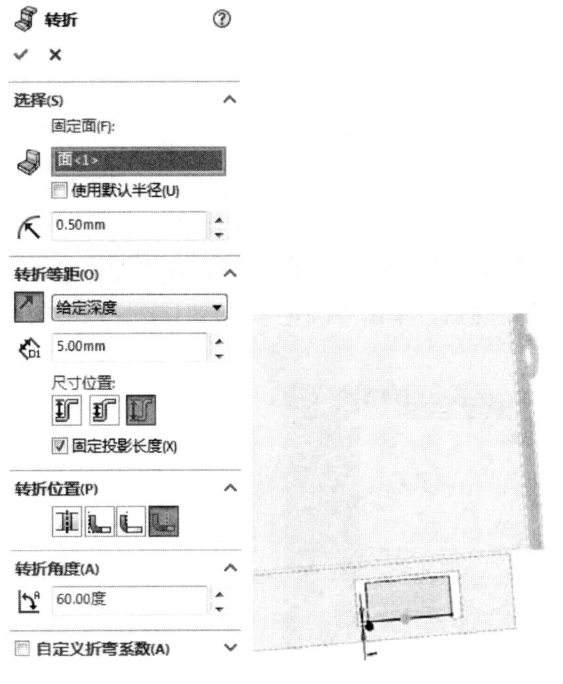

图 10-30 进行制转操作

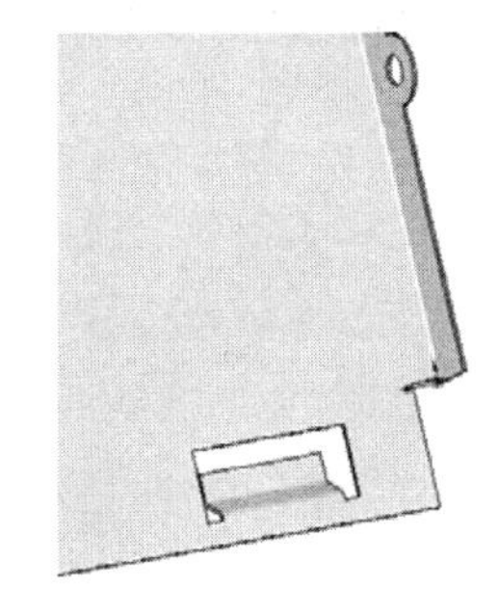

图 10-31 生成转折特征

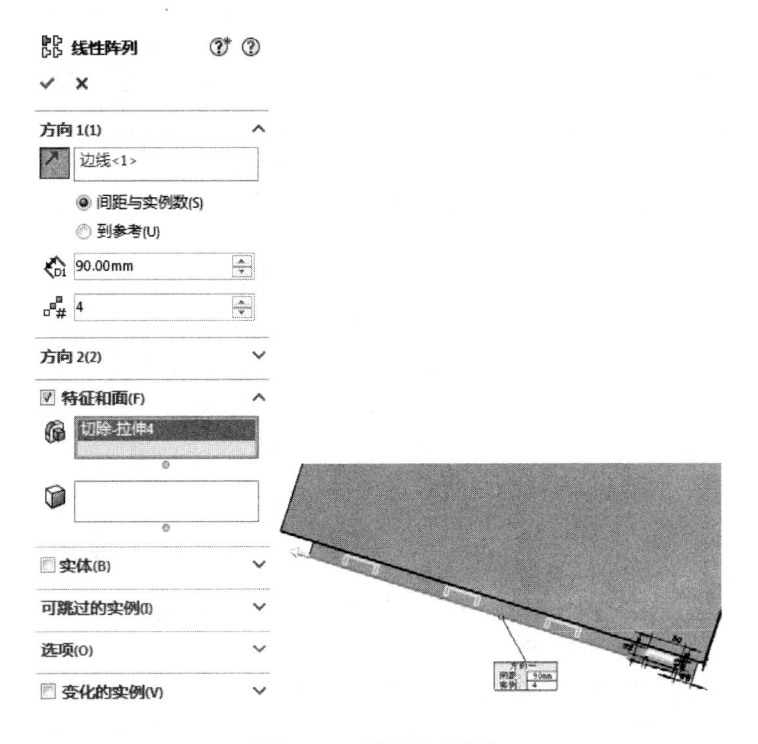

图 10-32 进行阵列操作

注意

进行线性阵列操作时，无法阵列“转折”特征。

16）进行“折叠”操作。选择菜单栏中的“插入”→“钣金”→“折叠”命令，或者单击“钣金”工具栏中的“折叠”按钮，弹出“折叠”属性管理器，选择图10-34所示平面作为固定面，在“FeatureMannger设计树”中选择褶边折弯1特征或者在钣金零件实体上选择褶边折弯，将其作为要折叠的折弯，然后，单击“确定” 按钮✔，完成对折弯的折叠操作，结果如图10-35所示。

图 10-33　生成其他转折特征

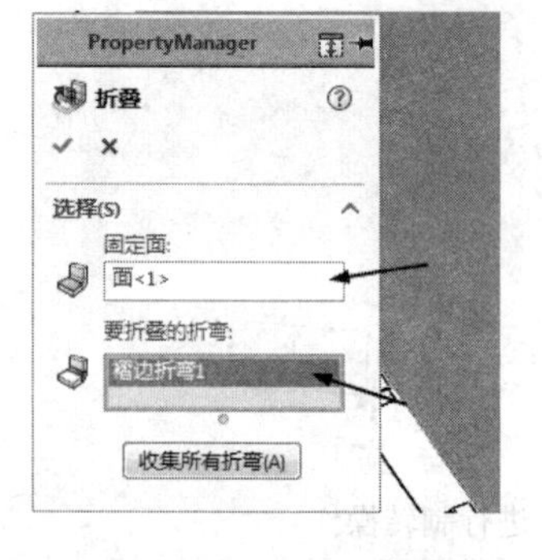

图 10-34　进行折叠操作

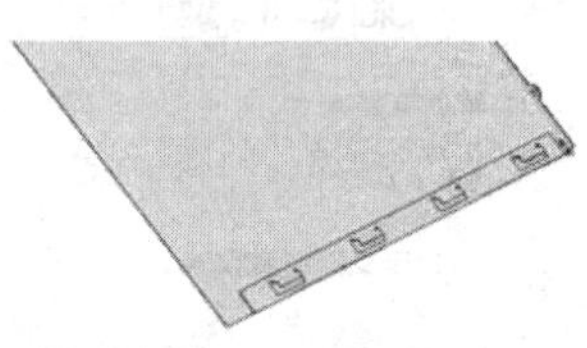

图 10-35　折叠后的效果

17）生成“褶边”。选择菜单栏中的“插入”→“钣金”→“褶边”命令，或者单击“钣金”工具栏中的“褶边”按钮，对钣金零件的另一条边进行褶边操作，如图10-36所示。在“褶边”属性管理器中选择“材料在内”选项，在类型和大小选项中选择“闭合”选项，输入长度数值：28，如图10-37所示，单击“确定”按钮✔，结果如图10-38所示。

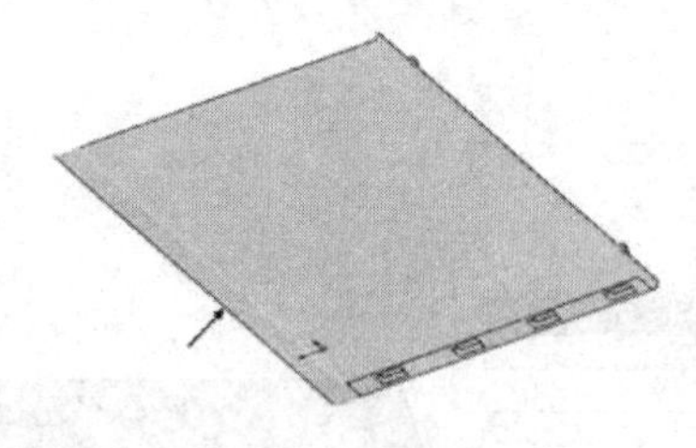

图 10-36　对另一条边进行褶边

18）绘制草图。选择图10-38所示钣金零件褶边的平面作为绘制草图基准面，绘制草图，标注草图的尺寸如图10-38所示。

19）生成“切除”特征。单击“特征”工具栏中的“切除拉伸”按钮，拉伸终止条件选择“成形到一面”，选择钣金零件的大平面即图10-39中的A面，生成切除特征。

20）阵列“切除”特征。选择菜单栏中的“插入”→“阵列/镜向”→“线性阵列”命令，或者单击“特征”工具栏中的“线性阵列”按钮，阵列“切除”特征，输入阵列间距数值：90，个数为4，如图10-40所示。

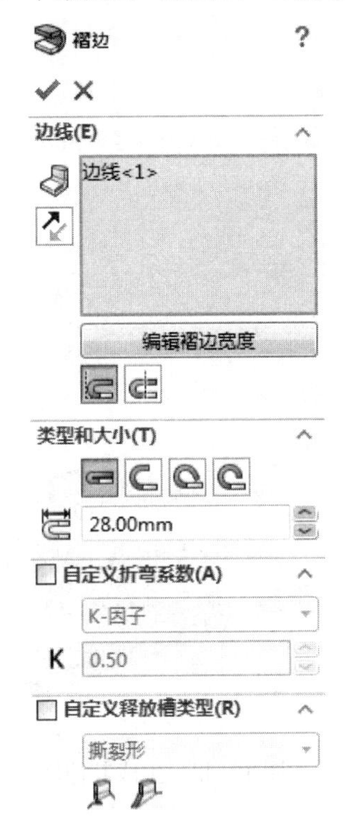

图 10-37 设置褶边参数

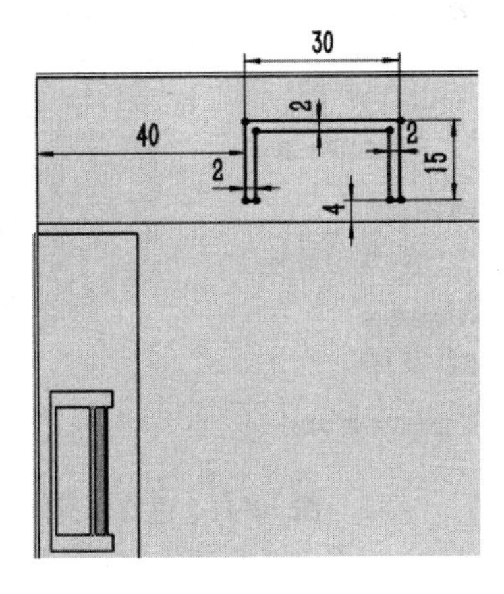

图 10-38 绘制草图

21）生成“转折“特征。绘制一条折弯直线，位置尺寸与图10-29所示相同。然后，选择菜单栏中的“插入”→“钣金”→“转折”命令，或者单击“钣金”工具栏中的“转折”按钮，弹出“转折”属性管理器，选择图10-41中鼠标所选的平面作为固定面，然后输入半径数值：0.5；选择“给定深度”选项；输入等距距离数值：5；选择“总尺寸”选项；取消“固定投影长度”选项；选择“材料在外”选项；输入转折角度数值：60；上述设置如图10-41所示，然后，单击“确定”按钮，生成转折特征。

22）生成其他“转折”特征。重复步骤21）的操作，生成其他三个转折特征，如图10-42所示。

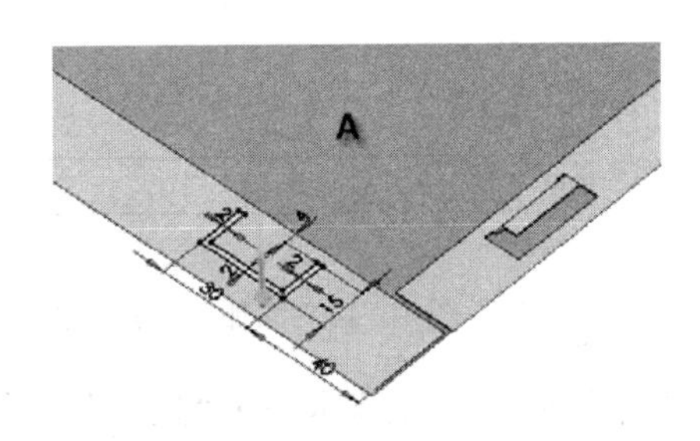

图 10-39 生成切除特征

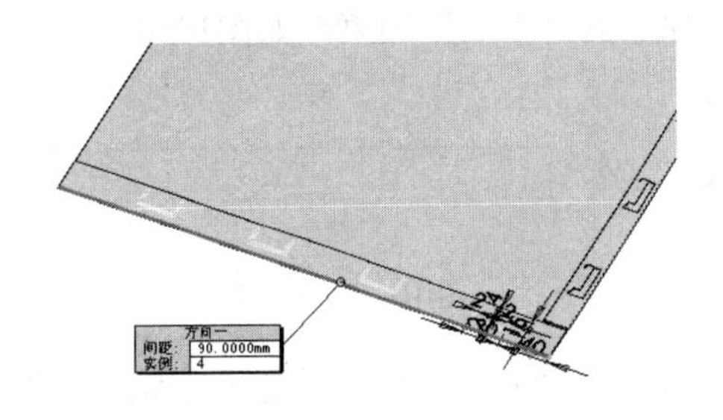

图 10-40 线性阵列切除特征

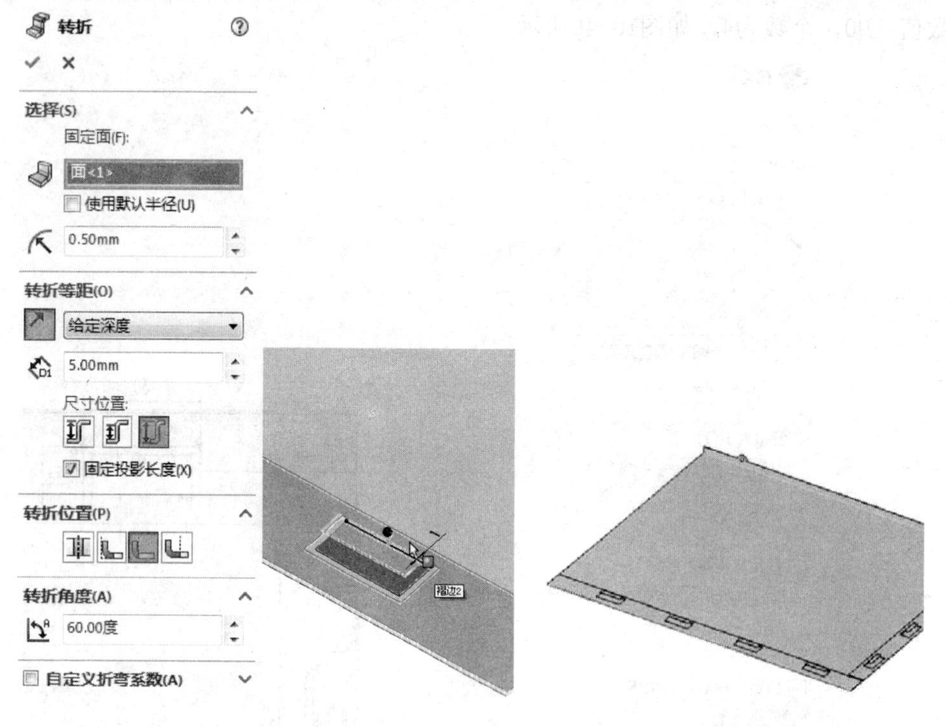

图 10-41　进行转折操作　　图 10-42　生成其他转折特征

10.1.3　创建成形工具

建立自定义的成形工具。在钣金设计过程中，设计库中没有需要的成形特征，这就要求用户自己创建。下面介绍在设计机箱侧板过程中创建成形工具的过程。

1）建立新文件。选择菜单栏中的“文件”→“新建”命令，或者单击“标准”工具栏中的“新建”按钮，在弹出的“新建SOLIDWORKS文件”对话框中选择“零件”按钮，然后单击“确定”按钮，创建一个新的零件文件。

2）绘制草图。在左侧的“FeatureMannger设计树”中选择“前视基准面”作为绘图基准面，然后单击“草图”工具栏中的“边角矩形”按钮，绘制一个矩形，标注智能尺寸，如图10-43所示。单击“草图”工具栏中的“添加几何关系”按钮，添加矩形上水平边线与原点的“中点”约束，如图10-44所示。

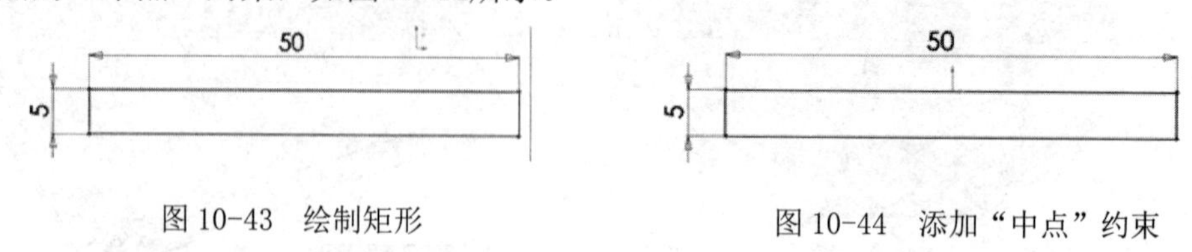

图 10-43　绘制矩形　　图 10-44　添加“中点”约束

3）生成“拉伸”特征。选择菜单栏中的“插入”→“凸台/基体”→“拉伸”命令，或者单击“特征”工具栏中的“拉伸凸台/基体”按钮，系统弹出“拉伸”属性管理器，在方向1的“深度”栏中键入数值：5，单击“确定”按钮，生成实体如图10-45所示。

4）绘制草图。单击图10-46中拉伸实体的一个面作为基准面，然后单击“草图”工具栏中的“边角矩形”按钮，绘制一个矩形，矩形要大于拉伸实体的投影面积，如图10-47所示。

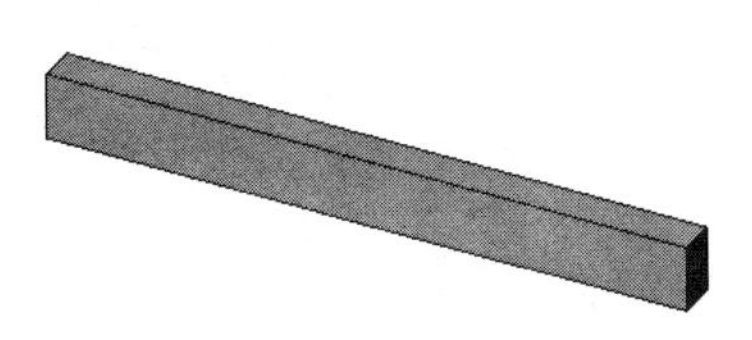

图 10-45 生成拉伸特征

图 10-46 选择基准面

5）生成“拉伸”特征。选择菜单栏中的“插入”→“凸台/基体”→“拉伸”命令，或者单击“特征”工具栏中的“拉伸凸台/基体”按钮，系统弹出“拉伸”属性管理器，在方向1的“深度”栏中键入数值：5，如图10-48所示，单击“确定”按钮。

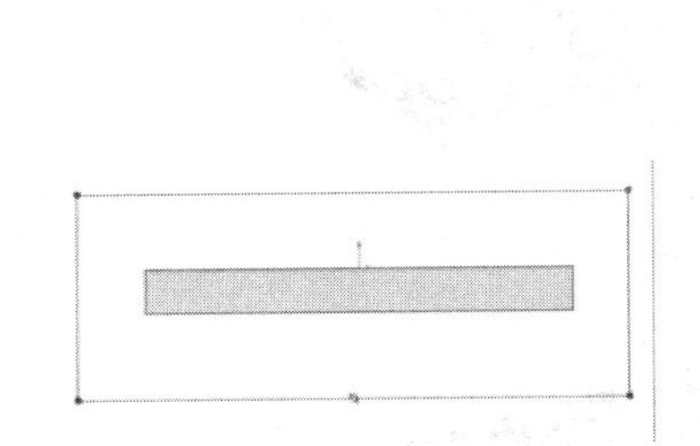

图 10-47 绘制矩形

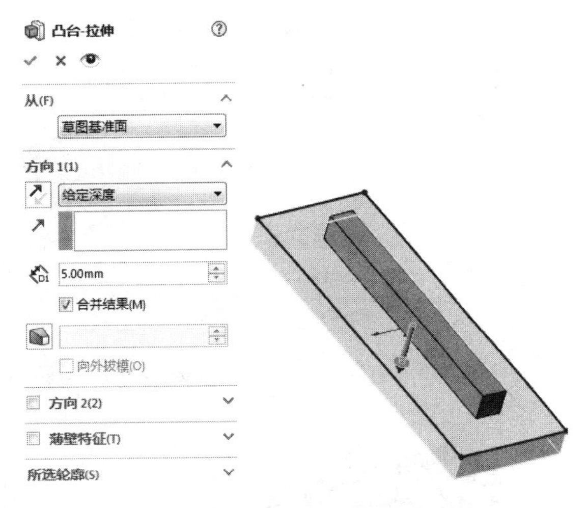

图 10-48 进行拉伸操作

6）生成“圆角”特征。选择菜单栏中的“插入”→“特征”→“圆角”命令，或者单击“特征”工具栏中的“圆角”按钮，系统弹出“圆角”属性管理器，选择圆角类型为“等半径”，在圆角半径输入栏中键入数值：2，单击鼠标拾取实体的边线，如图10-49所示，单击“确定”按钮生成圆角。

7）绘制草图。在实体上选择图10-50所示的面作为绘图的基准面，单击“草图”工具栏中的“草图绘制”按钮，然后单击“草图”工具栏中的“转换实体引用”按钮，将选择的矩形表面转换成矩形图素，如图10-51所示。

8）生成“拉伸切除”特征。选择菜单栏中的“插入”→“切除”→“拉伸”命令，或者单击“特征”工具栏中的“拉伸切除”按钮，在属性管理器中方向1的终止条件中选择“完全贯穿”，单击“确定”按钮，完成拉伸切除操作，如图10-52所示。

9）更改成形工具切穿部位的颜色。在生成成形工具时，需要切穿的部位要将其颜色更改为红色。拾取成形工具的两个侧面，单击“标准”工具栏中的“编辑外观”按钮，弹出“颜色”属性管理器，选择“红色”RGB标准颜色，即R=255，G=0，B=0，其他设置默认，如图10-53所示，单击“确定”按钮✔。

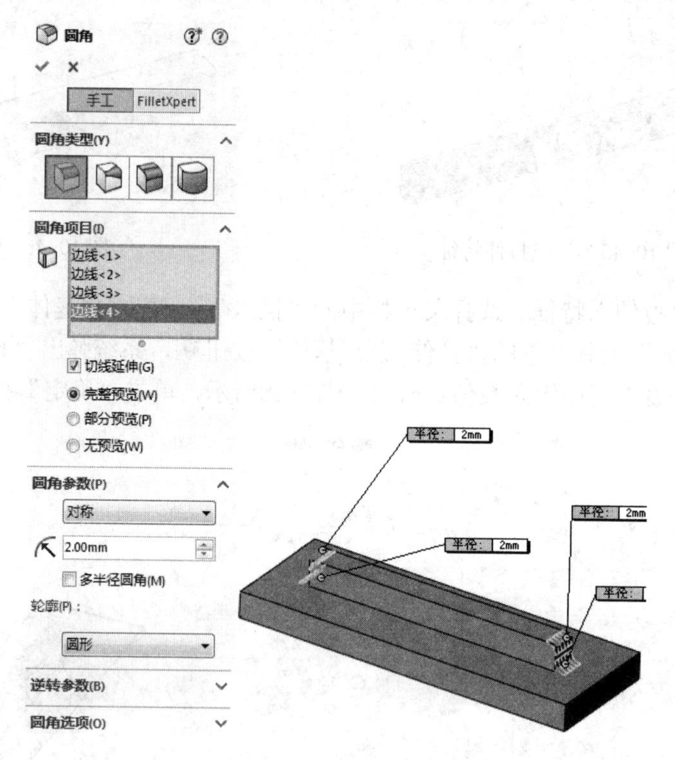

图 10-49　进行圆角操作

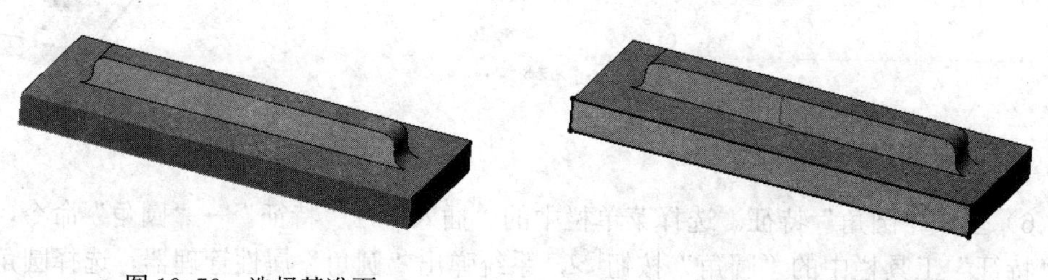

图 10-50　选择基准面　　图 10-51　生成草图

10）绘制成形工具定位草图。单击成形工具图10-54中的表面作为基准面，单击“草图”工具栏中的“草图绘制”按钮，然后单击“草图”工具栏中的“转换实体引用”按钮，将选择表面转换成图素。然后，单击“草图”工具栏中的“中心线”按钮，绘制两条互相垂直的中心线，如图10-55所示，单击“退出草图”按钮。

11）保存成形工具。在FeatureManager设计树中右击成形工具零件名称，在弹出的菜单中选择“添加到库”命令，如图10-56所示。这时，将会弹出“添加到库”属性管理器，在属性管理器中“设计库文件夹”栏中选择“lances”文件夹作为成形工具的保存位置，如图10-57所示。将此成形工具命名为“计算机机箱侧板成形工具”，如图10-58所示，保存类型为“sldprt”，单击“确定”按钮✔，完成对成形工具的保存。

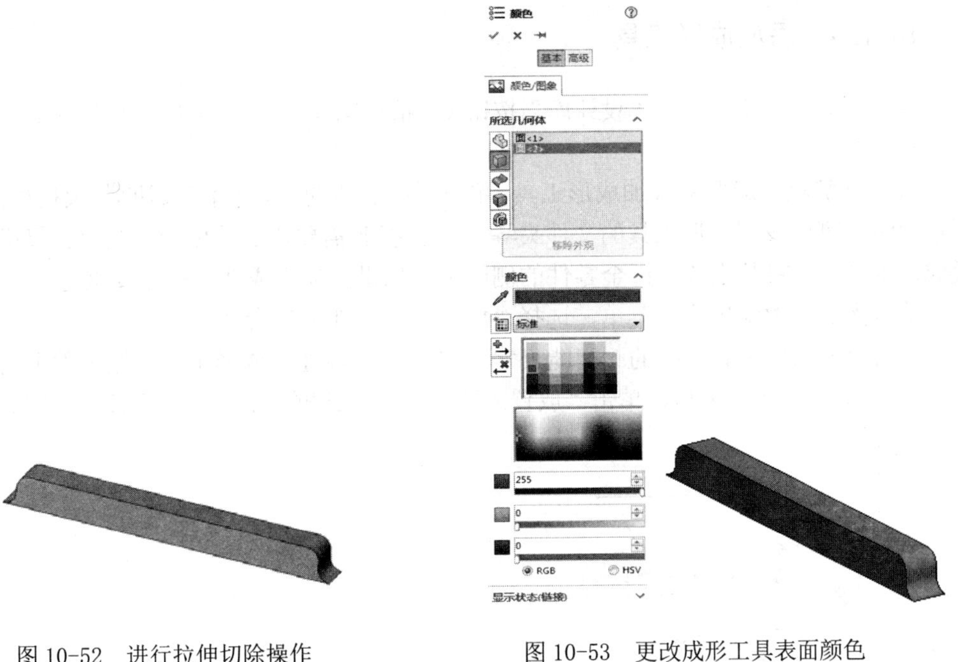

图 10-52　进行拉伸切除操作　　　　图 10-53　更改成形工具表面颜色

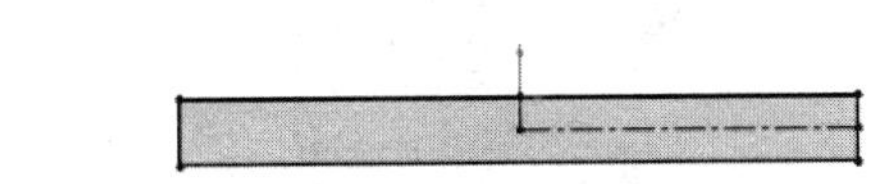

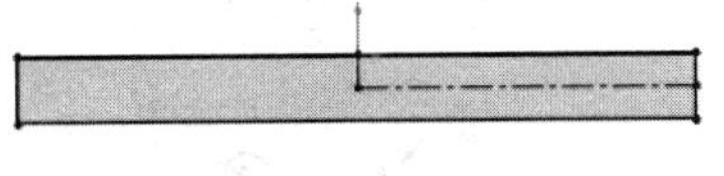

图 10-54　选择基准面　　　　图 10-55　绘制定位草图

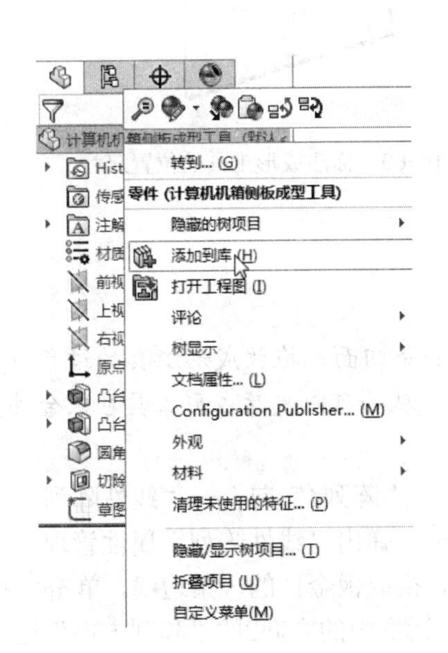

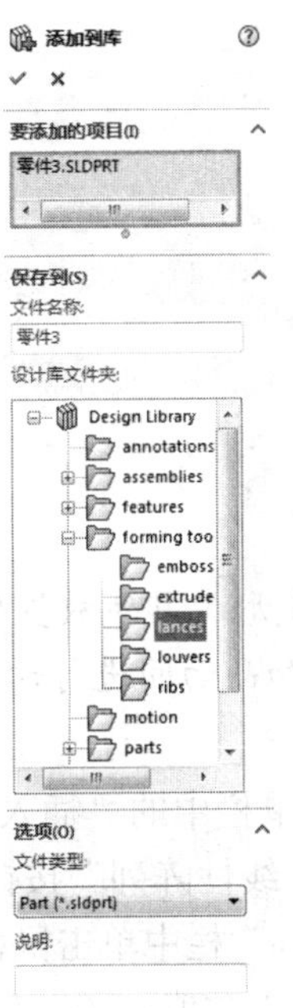

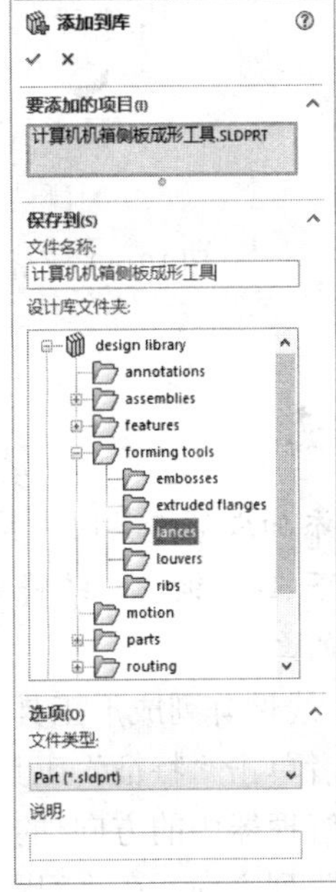

图 10-56　右键弹出菜单　　图 10-57　选择保存位置　　图 10-58　将成形工具命名

10.1.4 添加成形工具

这时，单击系统右边的“设计库”按钮，根据图10-59所示的路径可以找到保存的成形工具。

1）向计算机机箱侧板添加成形工具。单击系统右边的“设计库”按钮，根据如图10-59所示的路径可以找到成形工具的文件夹 lances，找到需要添加的成形工具“计算机机箱侧板成形工具”，将其拖放到钣金零件的侧面上。如果添加不成功，就需要重选 lances 文件夹，单击光标右键弹出快捷菜单，选择“成形工具文件夹”命令。

单击“草图”工具栏中的“智能尺寸”按钮，标注出成形工具在钣金件上的位置尺寸，如图10-60所示，最后，单击“放置成形特征”对话框中的“完成”按钮，完成对成形工具的添加。

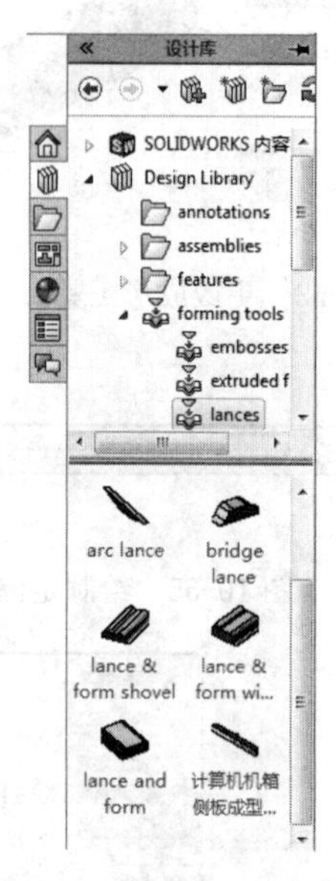

图 10-59 已保存成形工具

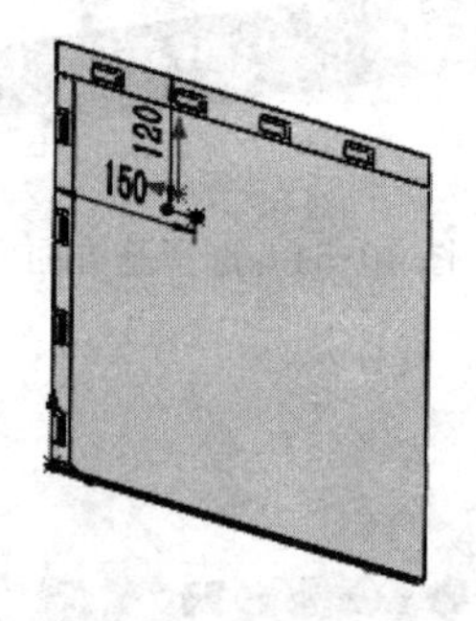

图 10-60 标注成形工具的位置尺寸

在添加成形工具时，系统默认成形工具所放置的面是凹面，拖放成形工具的过程中，如果按下 Tab 键，系统将会在凹面和凸面间进行切换，从而可以更改成形工具在钣金件上所放置的面。

2）线性阵列成形工具。选择菜单栏中的“插入”→“阵列/镜向”→“线性阵列”命令，或者单击“特征”工具栏中的“线性阵列”按钮，弹出“线性阵列”属性管理器，在属性管理器中的方向1的“阵列方向”栏中单击鼠标，拾取钣金件的一条边线，单击按钮切换阵列方向，在“间距”栏中键入数值：20；在对话框中的方向2的“阵列方向”栏中单击鼠标，拾取钣金件的一条边线，并且切换阵列方向，如图10-61所示。然后在

FeatureManager设计树中单击“计算机机箱侧板成形工具”名称，单击“确定”按钮✔，完成对成形工具的线性阵列，结果如图10-62所示。

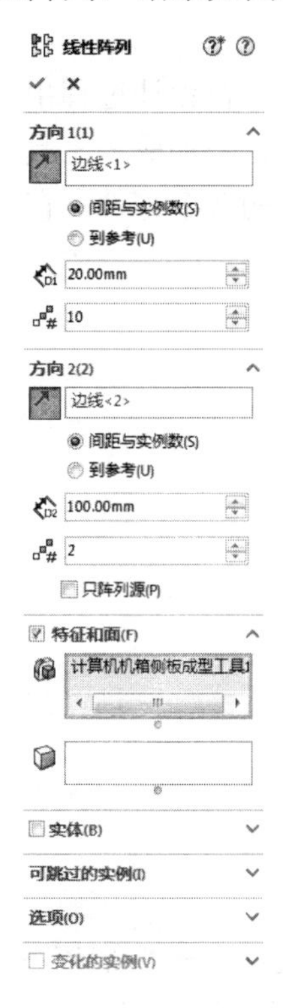

图 10-61 线性阵列“计算机机箱侧板成形工具”

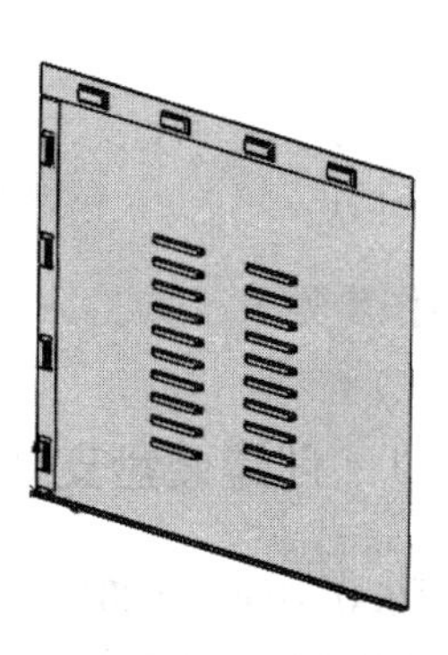

图 10-62 线性阵列的结果

3）展开钣金件。右击“FeatureMannger设计树”中的“平板型式1”，在弹出的快捷菜单中选择“解除压缩”命令将钣金零件展开，如图10-63所示。

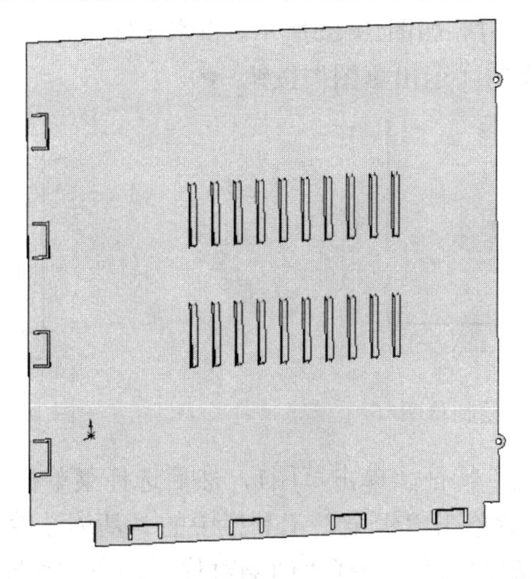

图 10-63 展开后的钣金件

10.2 硬盘支架

本节介绍如图10-64所示的硬盘支架的设计过程，在设计过程中运用基体法兰、边线法兰、褶边、自定义成形工具、添加成形工具及通风口等钣金设计工具。此钣金件是一个较复杂的钣金零件，在设计过程中，综合运用了钣金的各项设计功能。

实讲实训
多媒体演示

多媒体演示参见配套光盘中的\\动画演示\第10章\硬盘支架.avi。

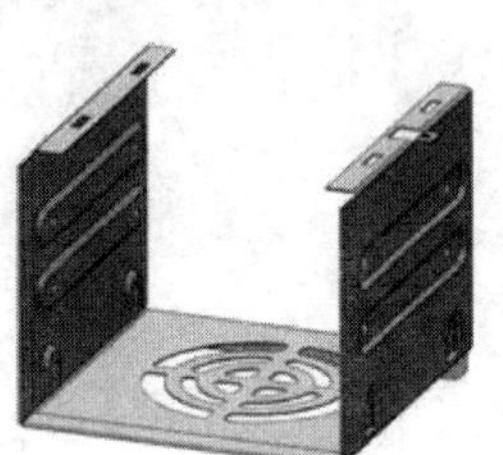

图10-64 硬盘支架

【操作步骤】

10.2.1 创建硬盘支架主体

1）启动SOLIDWORKS2016，选择菜单栏中的“文件”→“新建”命令，或者单击“标准”工具栏中的“新建”按钮，在弹出的“新建SOLIDWORKS文件”对话框中选择“零件”按钮，然后单击“确定”按钮，创建一个新的零件文件。

2）绘制草图。在左侧的“FeatureMannger设计树”中选择“前视基准面”作为绘图基准面，然后单击“草图”工具栏中的“边角矩形”按钮，绘制一个矩形，将矩形上直线删除，标注相应的智能尺寸，如图10-65所示。将水平线与原点添加“中点”约束几何关系，如图10-66所示，然后单击“退出草图”按钮。

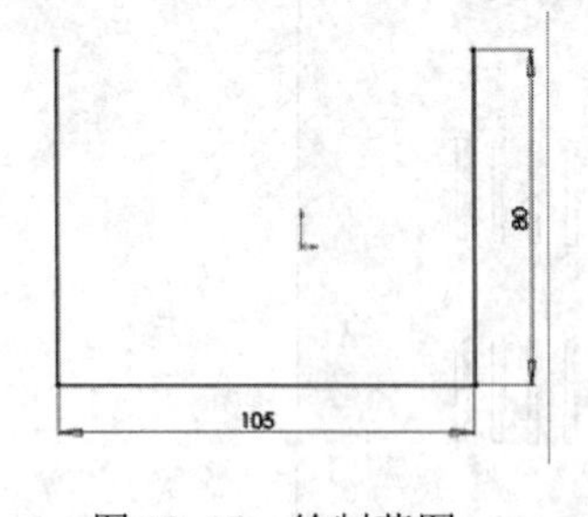

图10-65 绘制草图

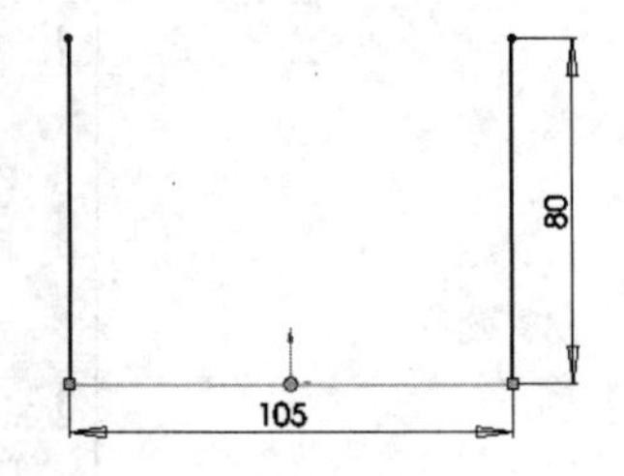

图10-66 添加“中点”约束

3）生成“基体法兰”特征。单击草图1，然后选择菜单栏中的“插入”→“钣金”→“基体法兰”命令，或者单击“钣金”工具栏中的“基体法兰/薄片”按钮，在属性管理器中方向1的“终止条件”栏中选择“两侧对称”，在“深度”栏中键入数值：110，在“厚度”栏中键入数值：0.5，圆角半径值为：1，其他设置如图10-67所示，最后，单击“确定”按钮✔。

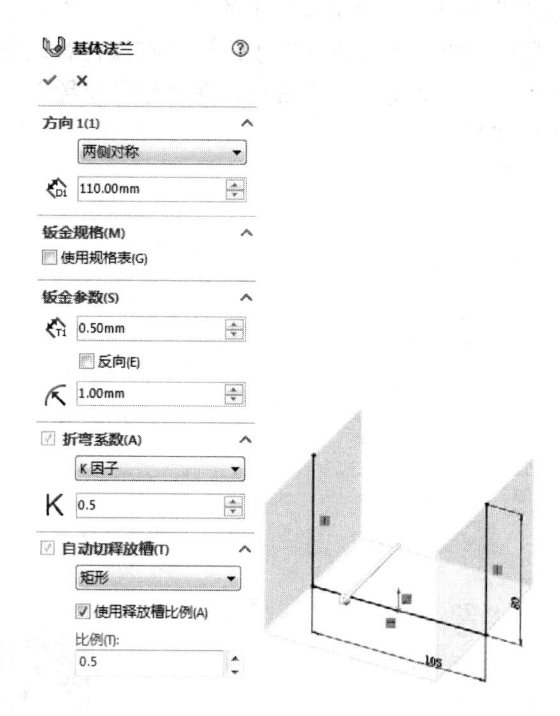

图 10-67　生成“基体法兰”特征操作

4）生成“褶边”特征。选择菜单栏中的“插入”→“钣金”→“褶边”命令，或者单击“钣金”工具栏中的“褶边”按钮。在属性管理器中单击“材料在内”按钮，在“类型和大小”栏中单击“闭合”按钮，其他设置如图10-68所示。单击鼠标拾取图10-68中所示的三条边线，生成“褶边”特征，最后，单击“确定”按钮✔。

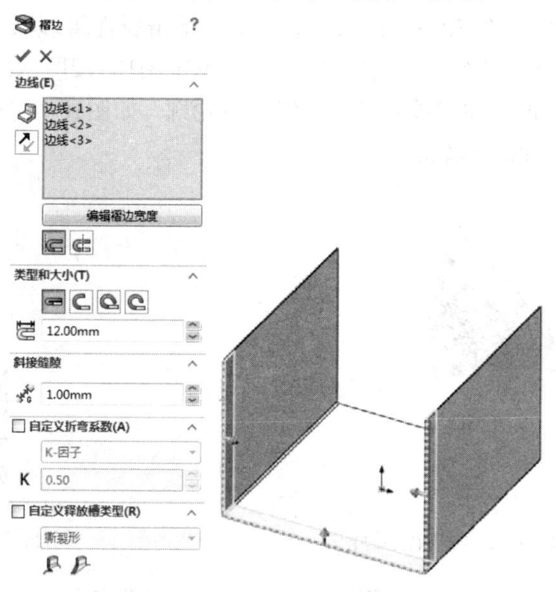

图 10-68　生成“褶边”特征操作

5）生成“边线法兰”特征。选择菜单栏中的“插入”→“钣金”→“边线法兰”命令，或者单击“钣金”工具栏中的“边线法兰”按钮。在属性管理器中的“法兰长度”栏中键入数值：10，单击“外部虚拟交点”按钮，在“法兰位置”栏中单击“折弯在外”按钮，其他设置如图10-69所示。

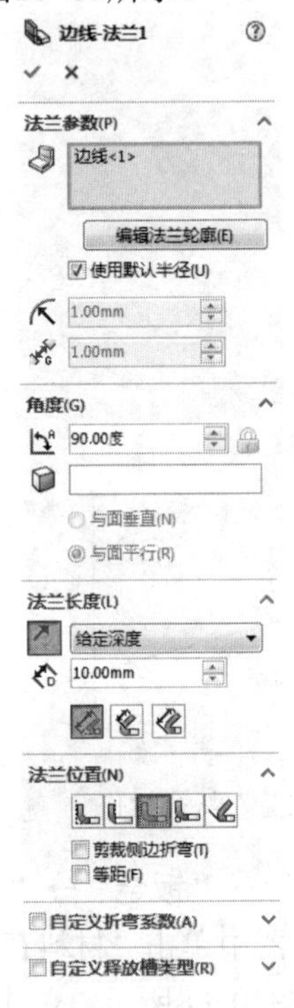

图10-69　生成“边线法兰”特征操作

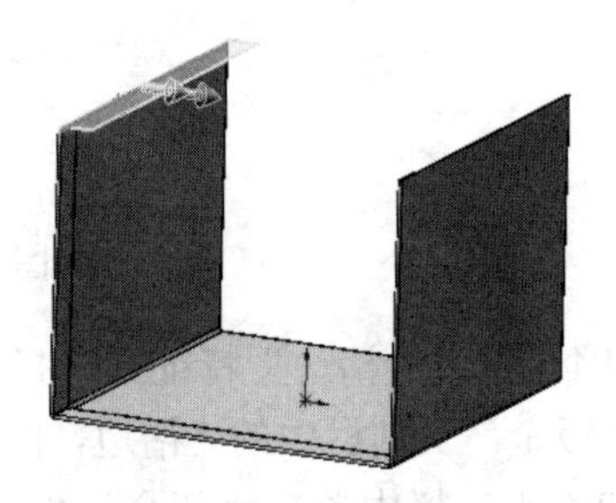

图10-70　拾取边线

单击鼠标拾取如图10-70所示的边线，然后，单击属性管理器中的“编辑法兰轮廓”按钮，进入编辑法兰轮廓状态，如图10-71所示。单击图10-72所示的边线，删除其“在边线上”的约束，然后通过标注智能尺寸，编辑法兰轮廓，如图10-73所示，最后，单击“完成”按钮，结束对法兰轮廓的编辑。

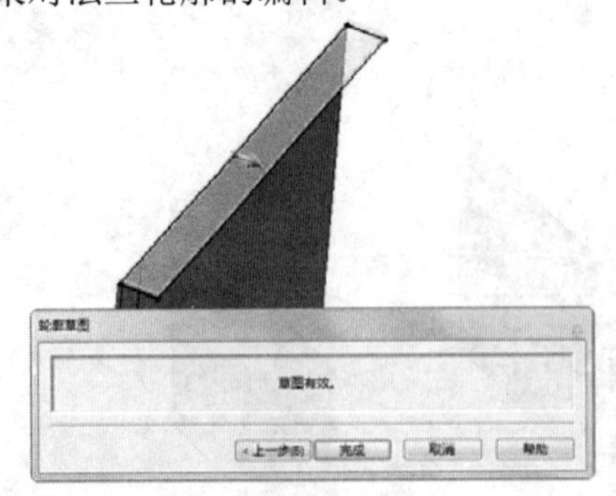

图10-71　编辑法兰轮廓

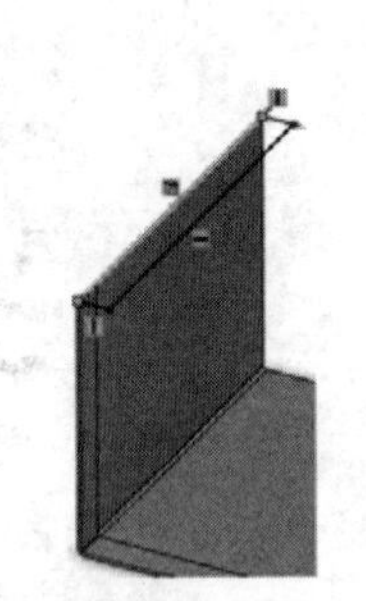

图10-72　选择边线

6）同理，生成钣金件的另一侧面上的“边线法兰”特征，如图10-74所示。

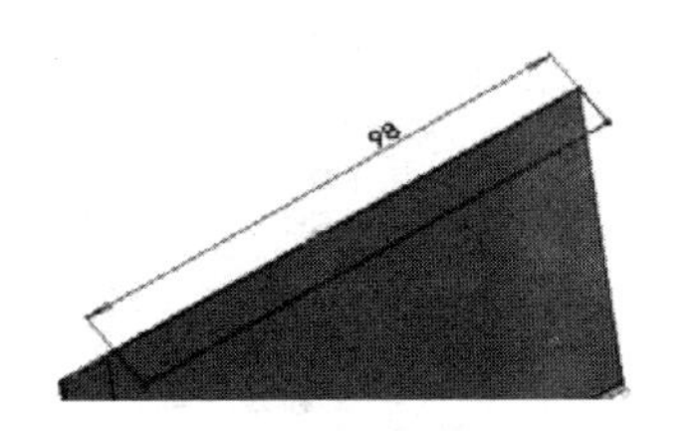

图 10-73 编辑尺寸

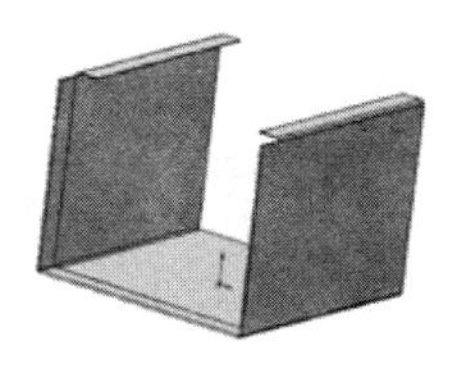

图 10-74 生成的另一侧“边线法兰”特征

10.2.2 创建硬盘支架卡口

1）选择绘图基准面。单击钣金件的面A，单击“标准视图”工具栏中的“正视于”按钮，将该基准面作为绘制图形的基准面，如图10-75所示。

2）绘制草图。在基准面上绘制图10-76所示的草图，标注其智能尺寸。

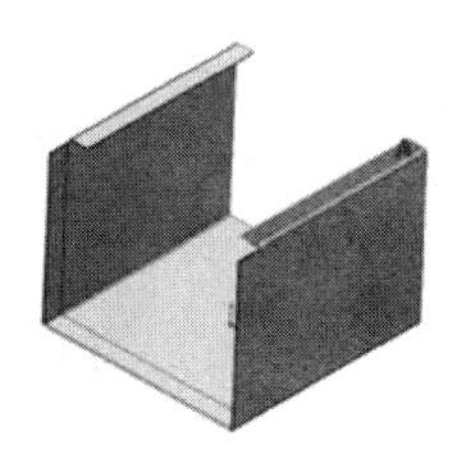

图 10-75 选择绘图基准面

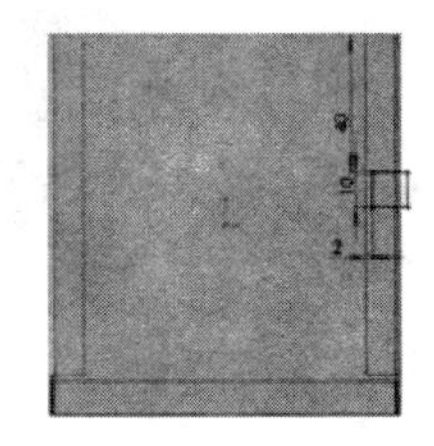

图 10-76 绘制草图

3）生成“拉伸切除”特征。选择菜单栏中的“插入”→“切除”→“拉伸”命令，或者单击“特征”工具栏中的“拉伸切除”按钮，在属性管理器中“深度”栏中键入数值：1.5，其他设置如图10-77所示，最后，单击“确定”按钮。

4）生成“边线法兰”特征。选择菜单栏中的“插入”→“钣金”→“边线法兰”命令，或者单击“钣金”工具栏中的“边线法兰”按钮。在属性管理器中的“法兰长度”栏中键入数值：6，单击“外部虚拟交点”按钮，在“法兰位置”栏中单击“折弯在外”按钮，其他设置如图10-78所示。

单击鼠标拾取图10-79所示的边线，然后，单击属性管理器中的“编辑法兰轮廓”按钮，进入编辑法兰轮廓状态，通过标注智能尺寸，编辑法兰轮廓，如图10-80所示。最后，单击“完成”按钮，结束对法兰轮廓的编辑。

5）生成“边线法兰”上的孔。在图10-81所示的边线法兰面上，以法兰的两条边的中心线交点为圆心，绘制一个直径为3mm的圆，进行拉伸切除操作，生成一个通孔，如图10-81所示，单击“确定”按钮。

6）选择绘图基准面。单击图10-82中的钣金件面A，单击“标准视图”工具栏中的“正视于”按钮，将该面作为绘制图形的基准面。

7）绘制草图。在图10-82所示的基准面上，单击“草图”工具栏中的“边角矩形”按钮，绘制4个矩形，标注其智能尺寸，如图10-83所示。

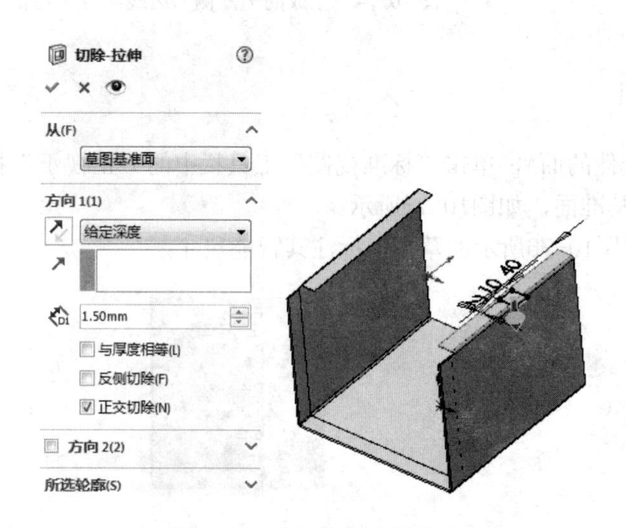

图 10-77　进行拉伸切除操作

图 10-78　生成“边线法兰”特征

图 10-79　拾取边线

图 10-80　编辑法兰轮廓

图 10-81　生成边线法兰上的孔

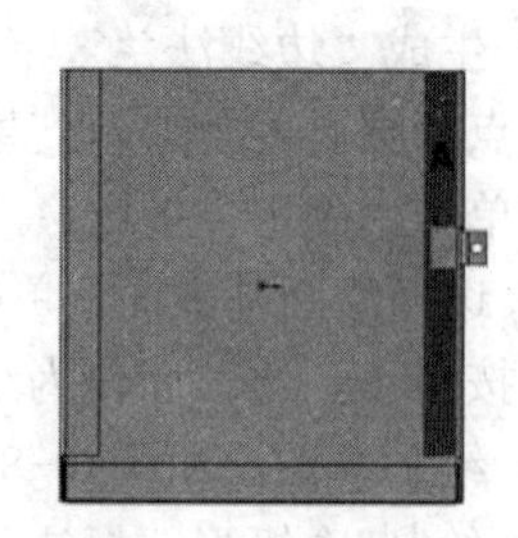

图 10-82　选择基准面

8）生成“拉伸切除”特征。选择菜单栏中的“插入”→“切除”→“拉伸”命令，或者单击“特征”工具栏中的“拉伸切除”按钮，在属性管理器中“深度”栏中键入数值：0.5，其他设置如图10-84所示，最后，单击“确定”按钮，生成拉伸切除特征，如图10-85所示。

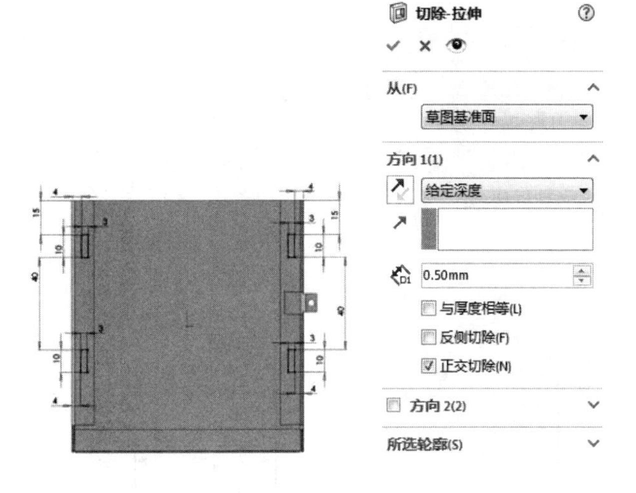

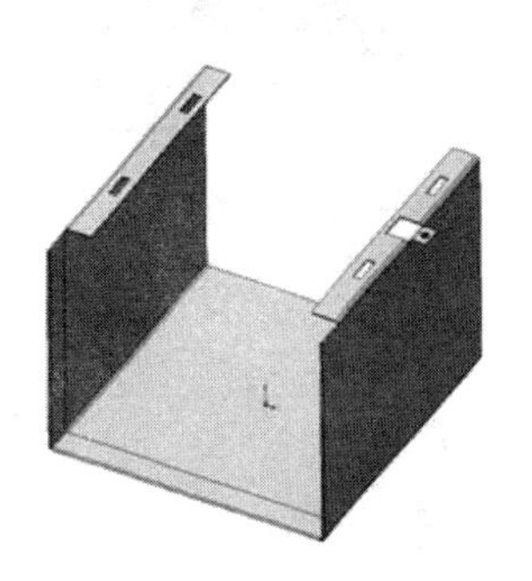

图 10-83　绘制操作　　图 10-84　进行拉伸切除操作　　图 10-85　生成的“拉伸切除”特征

10.2.3　创建成形工具1

在进行钣金设计过程中，如果软件设计库中没有需要的成形特征，就要求用户自己创建，下面介绍本钣金件中创建成形工具的过程。

1）建立新文件。选择菜单栏中的“文件”→“新建”命令，或者单击“标准”工具栏中的“新建”按钮，在弹出的“新建SOLIDWORKS文件”对话框中选择“零件”按钮，然后单击“确定”按钮，创建一个新的零件文件。

2）绘制草图。在左侧的“FeatureMannger设计树”中选择“前视基准面”作为绘图基准面，然后单击“草图”工具栏中的“圆”按钮，绘制一个圆，将圆心落在原点上；单击“草图”工具栏中的“边角矩形”按钮，绘制一个矩形，如图10-86所示。

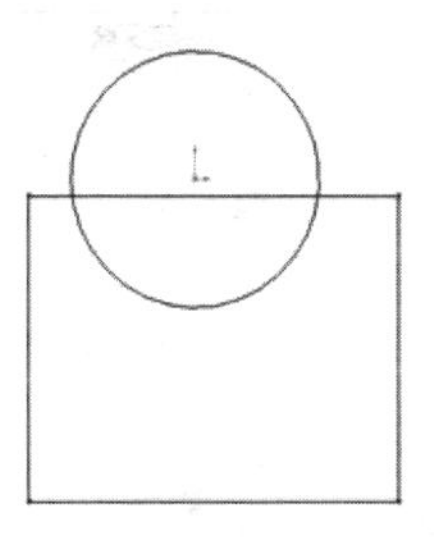

图10-86　绘制草图

①单击“草图”工具栏中的“添加几何关系”按钮，添加矩形左边竖边线与圆的“相

切”约束，如图10-87所示，然后添加矩形另外一条竖边与圆的“相切”约束，最后添加矩形上边线和圆心“重合”约束。

②单击“草图”工具栏中的“剪裁实体”按钮，将矩形上边线和圆的部分线条剪裁掉，如图10-88所示，标准智能尺寸如图10-89所示。

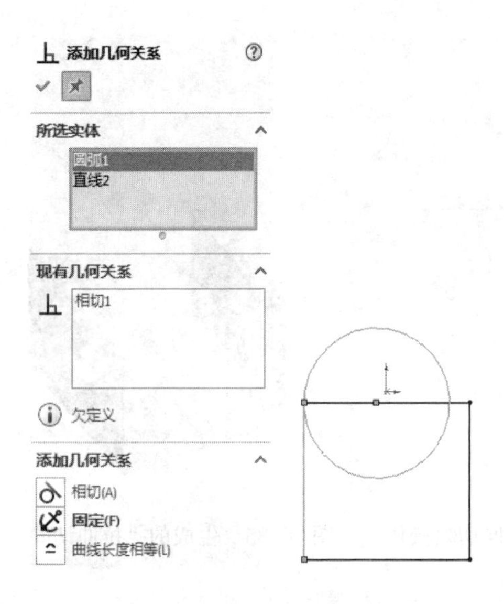

图 10-87　添加“相切”约束

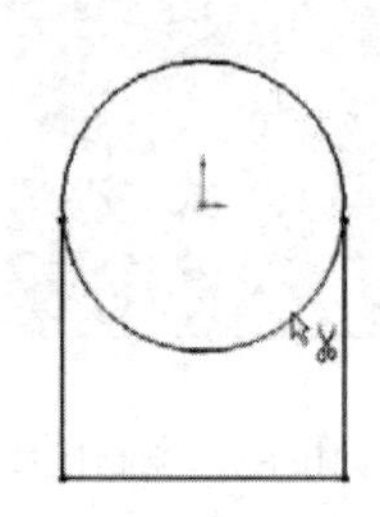

图 10-88　剪裁草图

3）生成“拉伸”特征。选择菜单栏中的“插入”→“凸台/基体”→“拉伸”命令，或者单击“特征”工具栏中的“拉伸凸台/基体”按钮，系统弹出“拉伸”属性管理器，在方向1的“深度”栏中键入数值：2，如图10-90所示，单击“确定”按钮✔。

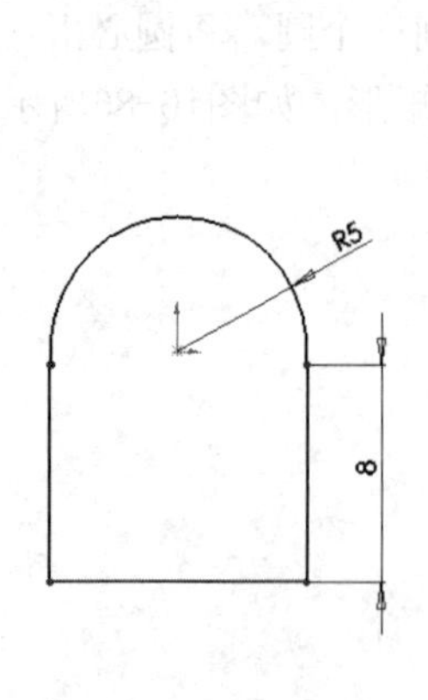

图 10-89　标注智能尺寸

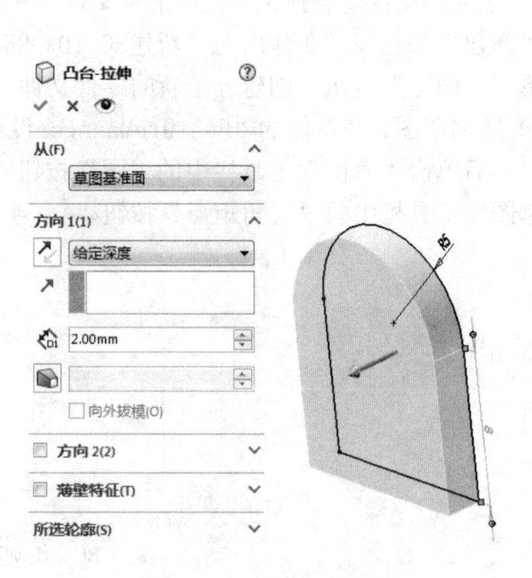

图 10-90　进行拉伸操作

4）绘制另一个草图。单击图10-91所示的拉伸实体的一个面作为基准面，然后单击“草图”工具栏中的“边角矩形”按钮，绘制一个矩形，矩形要大于拉伸实体的投影面积，如图10-92所示。

5）生成“拉伸”特征。选择菜单栏中的“插入”→“凸台/基体”→“拉伸”命令，或者单击“特征”工具栏中的“拉伸凸台/基体”按钮，系统弹出“拉伸”属性管理器，在方向1的“深度”栏中键入数值：5，如图10-92所示，单击“确定”按钮。

图 10-91 绘制矩形

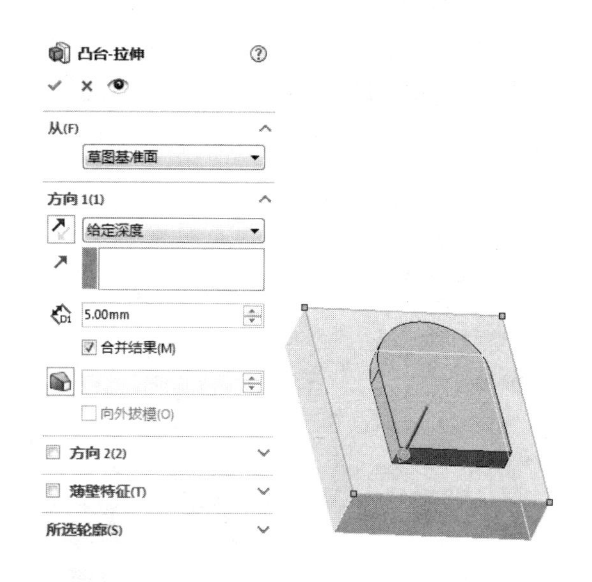

图 10-92 进行拉伸操作

6）生成“圆角”特征。选择菜单栏中的“插入”→“特征”→“圆角”命令，或者单击“特征”工具栏中的“圆角”按钮，系统弹出“圆角”属性管理器，选择圆角类型为“等半径”，在圆角半径输入栏中键入数值：1.5，单击鼠标拾取实体的边线，如图10-93所示，单击“确定”按钮生成圆角。

继续单击“特征”工具栏中的“圆角”按钮，选择圆角类型为“等半径”，在圆角半径输入栏中键入数值：0.5，单击鼠标拾取实体的另一条边线，如图10-94所示，单击“确定”按钮生成另一个圆角。

7）绘制草图。在实体上选择图10-95所示的面作为绘图的基准面，单击“草图”工具栏中的“草图绘制”按钮，然后单击“草图”工具栏中的“转换实体引用”按钮，将选择的矩形表面转换成矩形图素，如图10-96所示。

8）生成“拉伸切除”特征。选择菜单栏中的“插入”→“切除”→“拉伸”命令，或者单击“特征”工具栏中的“拉伸切除”按钮，在属性管理器中方向1的终止条件中选择“完全贯穿”，如图10-97所示，单击“确定”按钮，完成拉伸切除操作。

9）绘制草图。在实体上选择图10-98所示的面作为基准面，单击“草图”工具栏中的“圆”按钮，在基准面上绘制一个圆，圆心与原点重合，标注直径智能尺寸，如图10-99所示，单击“退出草图”按钮。

10）生成“分割线”特征。选择菜单栏中的“插入”→“曲线”→“分割线”命令，或者单击“特征”工具栏中的“分割线”按钮，弹出“分割线”属性管理器中，在分割类型中选择“投影”选项，在“要投影的草图中”栏中选择“圆”草图，在“要分割的面”栏中选择实体的上表面，如图10-100所示，单击“确定”按钮，完成分割线操作。

图 10-93　进行圆角 1 操作

图 10-94　进行圆角 2 操作

图 10-95　选择基准面

图 10-96　生成草图

11）更改成形工具切穿部位的颜色。在使用成形工具时，如果遇到成形工具中红色的表面，软件系统将对钣金零件作切穿处理。所以，在生成成形工具时，需要切穿的部位要将其颜色更改为红色。拾取成形工具的两个表面，单击“标准”工具栏中的“编辑外观”

按钮，弹出“颜色”属性管理器，选择“红色”RGB标准颜色，即R=255，G=0，B=0，其他设置默认，如图10-101所示，单击“确定”按钮✔。

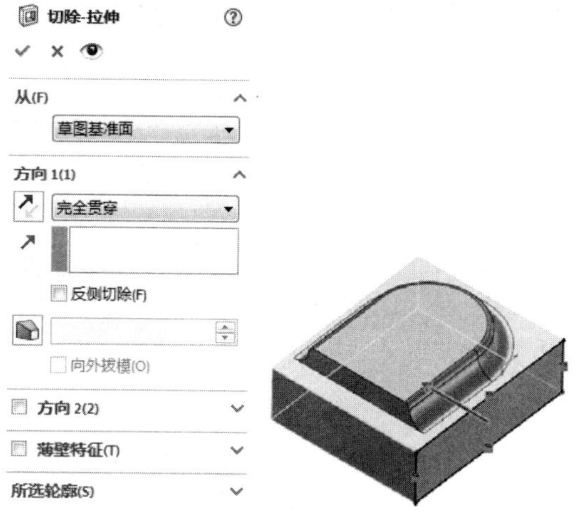

图 10-97 进行拉伸切除操作

图 10-98 选择基准面

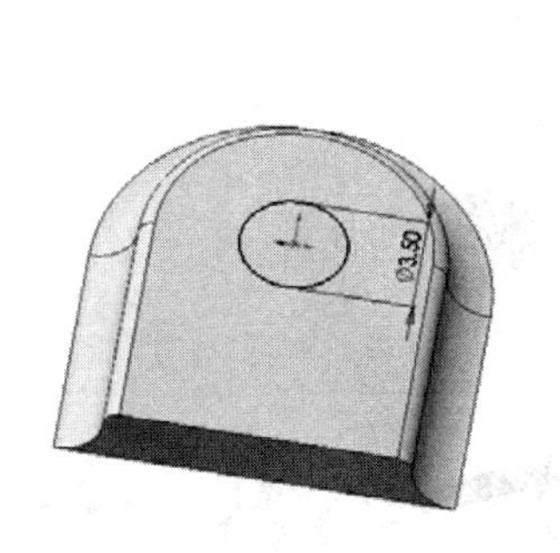

图 10-99 绘制草图

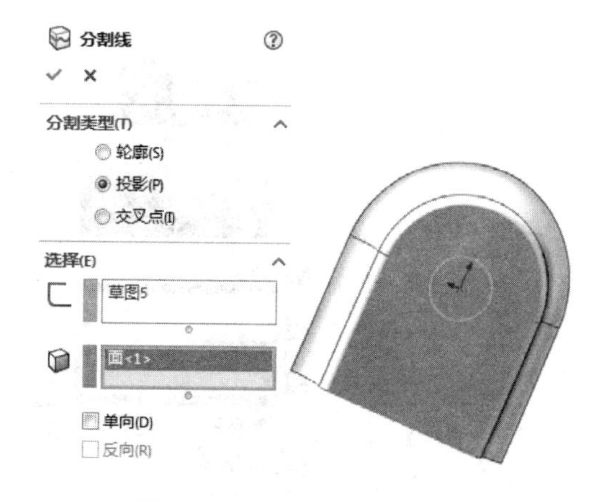

图 10-100 进行分割线操作

12）绘制成形工具定位草图。单击成形工具如图10-102所示的表面作为基准面，单击“草图”工具栏中的“草图绘制”按钮，然后单击“草图”工具栏中的“转换实体引用”按钮，将选择表面转换成图素，如图10-103所示，单击“退出草图”按钮。

注意

在设计成形工具的过程中定位草图必须绘制，如果没有定位草图，这个成形工具将不能够使用。

13）保存成形工具。在FeatureManager设计树中右击成形工具零件名称，在弹出的菜单中选择“添加到库”命令，如图10-104所示。这时，将会弹出“添加到库”属性管理器，在对话框中“设计库文件夹”栏中选择“lances”文件夹作为成形工具的保存位置，如图10-105所示。将此成形工具命名为“硬盘成型工具1”，如图10-106所示，保存类型为“sldprt”，单击“确定”按钮✔，完成对成形工具的保存。

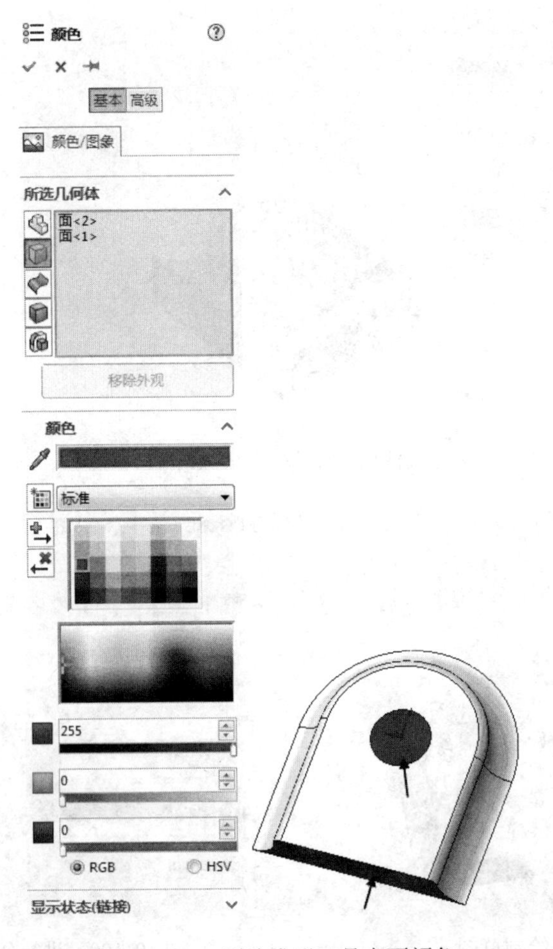

图 10-101　更改成形工具表面颜色

图 10-102　选择基准面

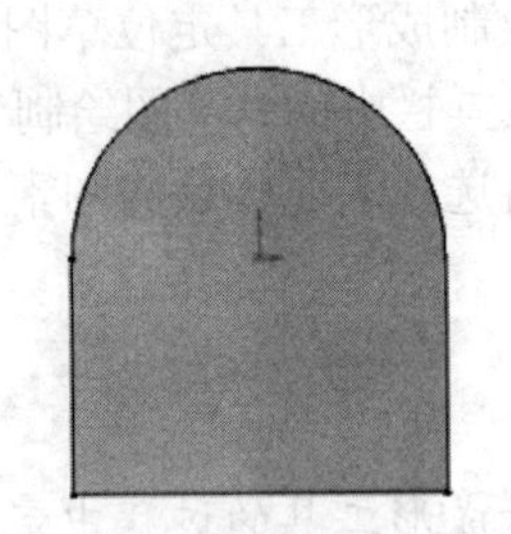

图 10-103　绘制定位草图

这时，单击系统右边的“设计库”按钮，根据如图10-107所示的路径可以找到保存的成形工具。

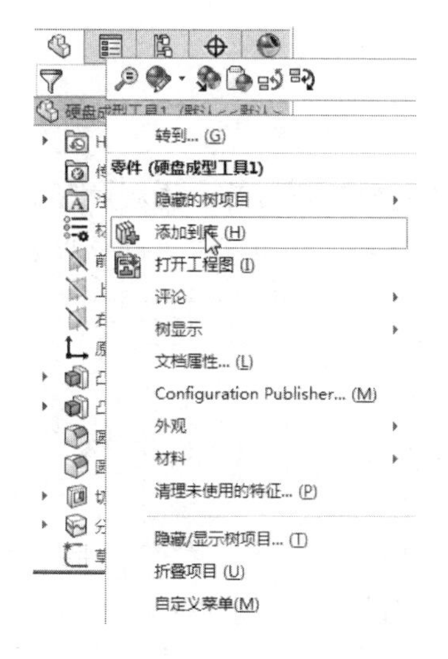

图 10-104 添加到库

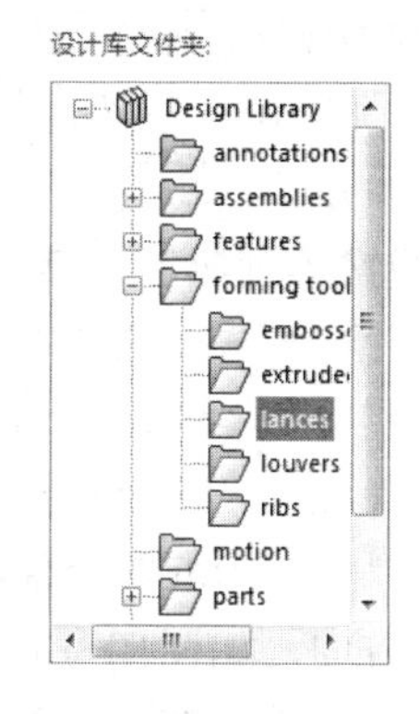

图 10-105 选择保存位置

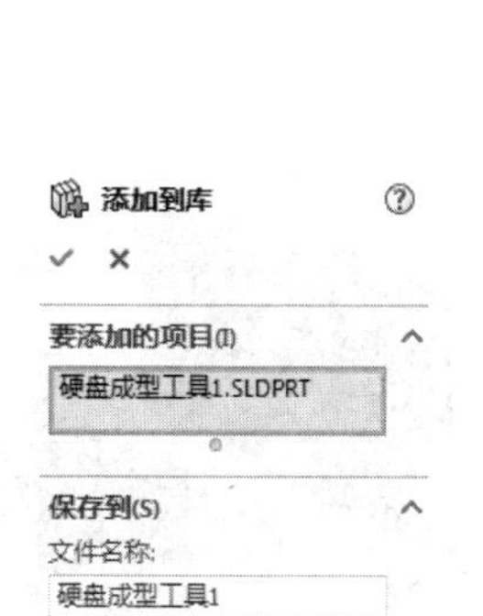

图 10-106 将成形工具命名

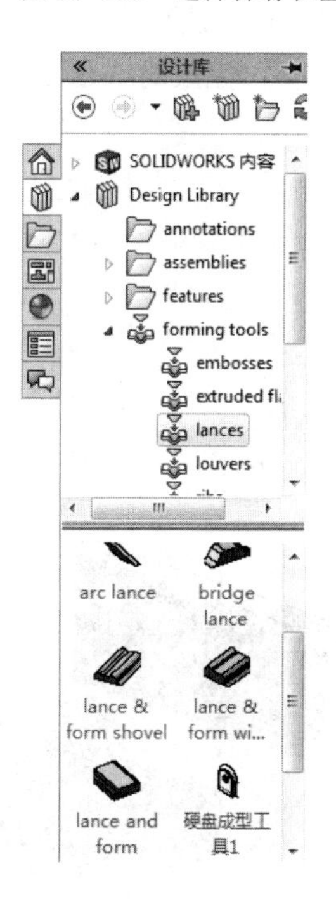

图 10-107 已保存成形工具

10.2.4 添加成形工具1

1）单击系统右边的“设计库”按钮，根据图10-107所示的路径可以找到成形工具的文件夹 lances，找到需要添加的成形工具“硬盘成形工具1”，将其拖放到钣金零件的侧面上。然后单击位置选项卡 位置，进入草图状态，选择智能尺寸编辑成形工具位置，如图10-108所示。

注意

在添加成形工具时，系统默认成形工具所放置的面是凹面，拖放成形工具的过程中，如果按下 Tab 键，系统将会在凹面和凸面间进行切换，从而可以更改成形工具在钣金件上所放置的面。

2）线性阵列成形工具。选择菜单栏中的“插入”→“阵列/镜向”→“线性阵列”命令，或者单击“特征”工具栏中的“线性阵列”按钮，弹出“线性阵列”属性管理器，在对话框中的方向1的“阵列方向”栏中单击鼠标，拾取钣金件的一条边线，单击按钮切换阵列方向，如图10-109所示，在“间距”栏中键入数值：70，然后在“FeatureManager设计树”中单击“硬盘成形工具1”名称，如图10-110所示，单击“确定”按钮，完成对成形工具的线性阵列，结果如图10-111所示。

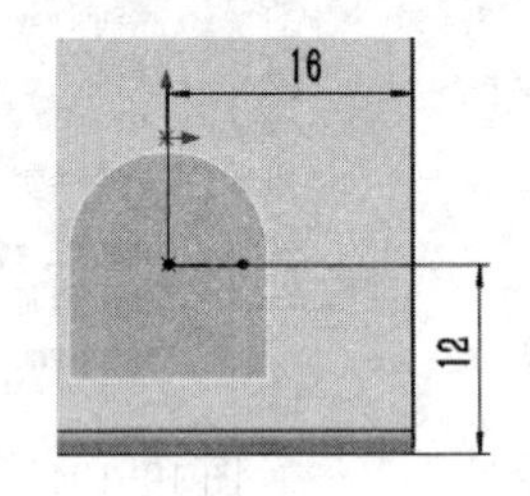

图10-108 标注成形工具的位置尺寸

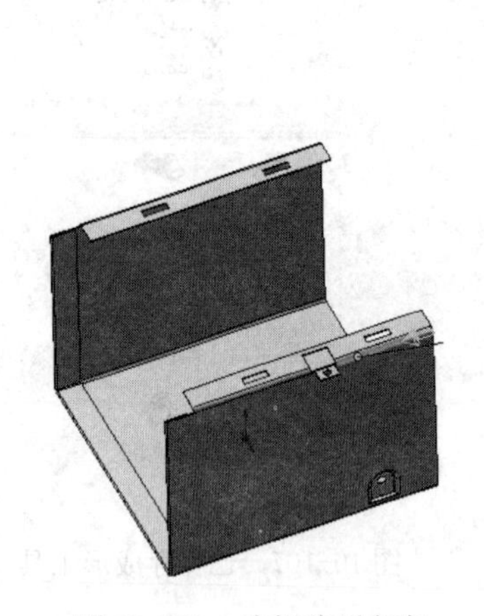

图 10-109 选择阵列方向

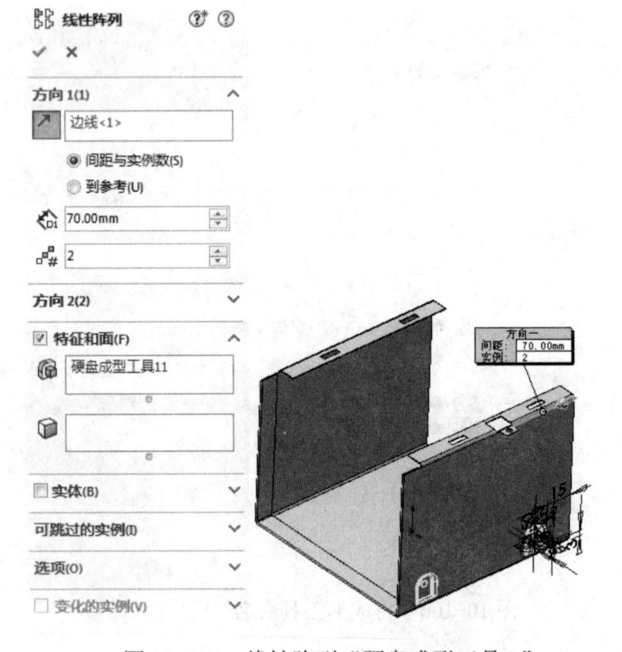

图 10-110 线性阵列“硬盘成形工具 1”

3. 镜向成形工具。选择菜单栏中的“插入”→“阵列/镜向”→“镜向”命令，或者单击“特征”工具栏中的“镜向”按钮，弹出“镜向”属性管理器，在对话框中的“镜向面/基准面”栏中单击鼠标，在“FeatureManager设计树”中单击“右视基准面”作为镜向面，单击“要镜向的特征”栏，在“FeatureManager设计树”中单击“硬盘成形工具1”和“阵列（线性）1”作为要镜向的特征，其他设置默认，如图10-112所示，单击“确定”

按钮✓，完成对成形工具的镜向。

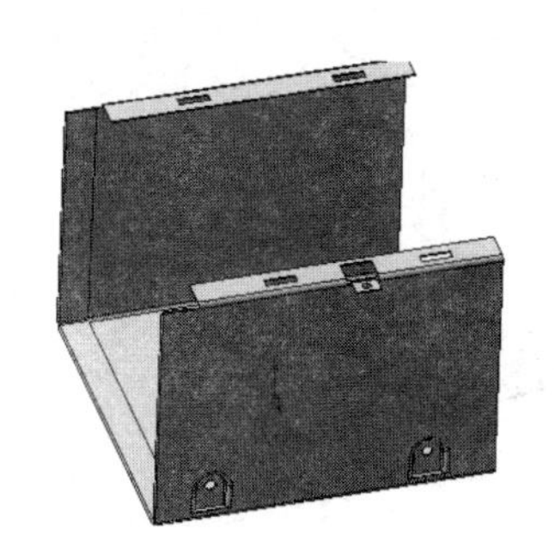

图 10-111 线性阵列生成的特征

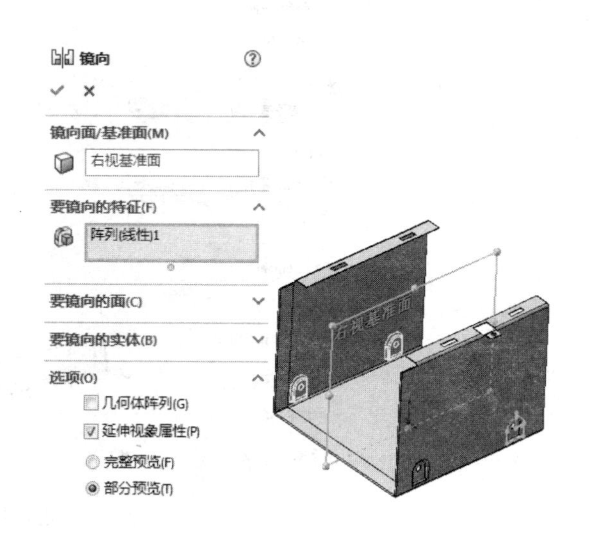

图 10-112 镜向成形工具

10.2.5 创建成形工具2

在此钣金件设计过程中，需要自定义2个成形工具，下面介绍第2个成形工具的创建过程。

1）建立新文件。选择菜单栏中的“文件”→“新建”命令，或者单击“标准”工具栏中的“新建”按钮，在弹出的“新建SOLIDWORKS文件”对话框中选择“零件”按钮，然后单击“确定”按钮，创建一个新的零件文件。

2）绘制草图。在左侧的“FeatureMannger设计树”中选择“前视基准面”作为绘图基准面，然后单击“草图”工具栏中的“中心矩形”按钮，绘制一个矩形，如图10-113所示，标注矩形的智能尺寸，如图10-114所示。

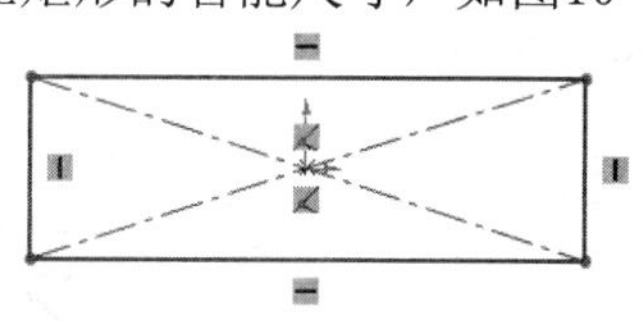

图 10-113 绘制草图

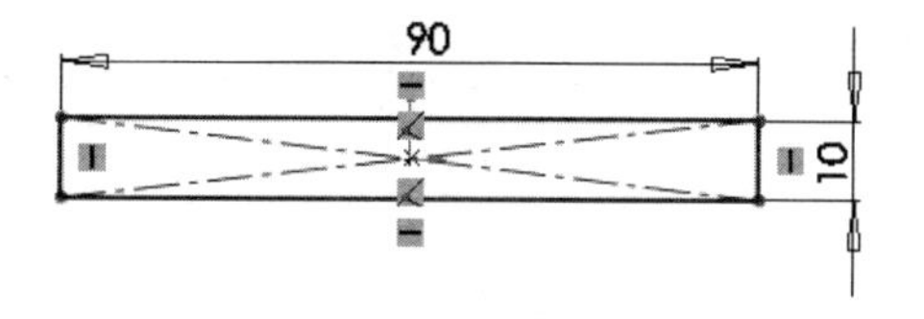

图 10-114 标注智能尺寸

3）生成“拉伸”特征。选择菜单栏中的“插入”→“凸台/基体” →“拉伸”命令，或者单击“特征”工具栏中的“拉伸凸台/基体”按钮，系统弹出“凸台-拉伸”属性管理器，在方向1的“深度”栏中键入数值：2，如图10-115所示，单击“确定”按钮✓。

4）绘制另一个草图。单击图10-116所示的拉伸实体的一个面作为基准面，然后单击“草图”工具栏中的“边角矩形”按钮，绘制一个矩形，矩形要大于拉伸实体的投影面积，如图10-117所示。

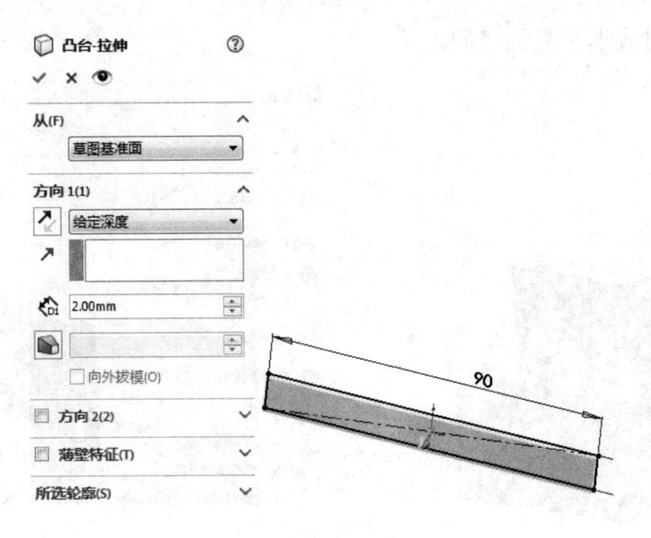

图 10-115 进行拉伸操作

5）生成“拉伸”特征。选择菜单栏中的“插入”→“凸台/基体”→“拉伸”命令，或者单击“特征”工具栏中的“拉伸凸台/基体”按钮，系统弹出“凸台-拉伸”属性管理器，在方向1的“深度”栏中键入数值：5，如图10-117所示，单击“确定”按钮✔。

6）生成“圆角”特征。选择菜单栏中的“插入”→“特征”→“圆角”命令，或者单击“特征”工具栏中的“圆角”按钮，系统弹出“圆角”属性管理器，选择圆角类型为“恒定大小圆角”，在圆角半径输入栏中键入数值：4，单击鼠标拾取实体的边线，如图10-118所示，单击“确定”按钮✔生成圆角。

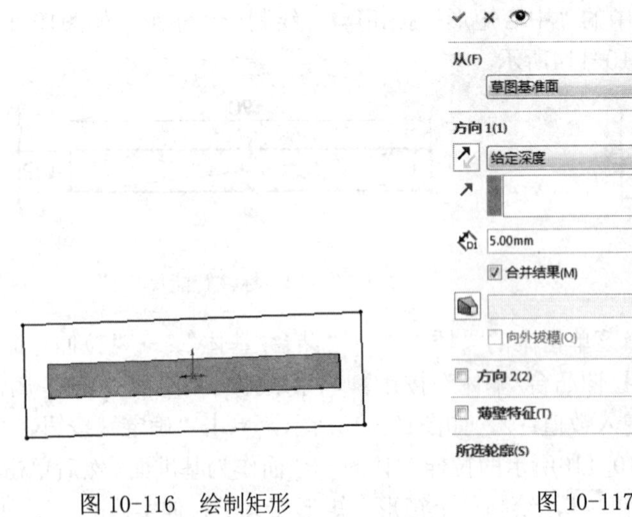

图 10-116 绘制矩形

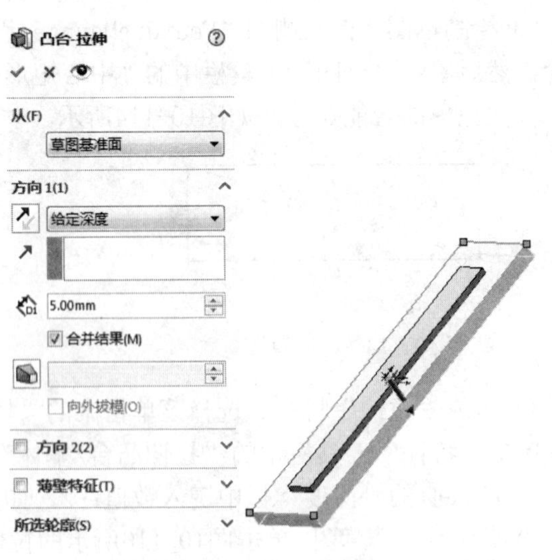

图 10-117 进行拉伸操作

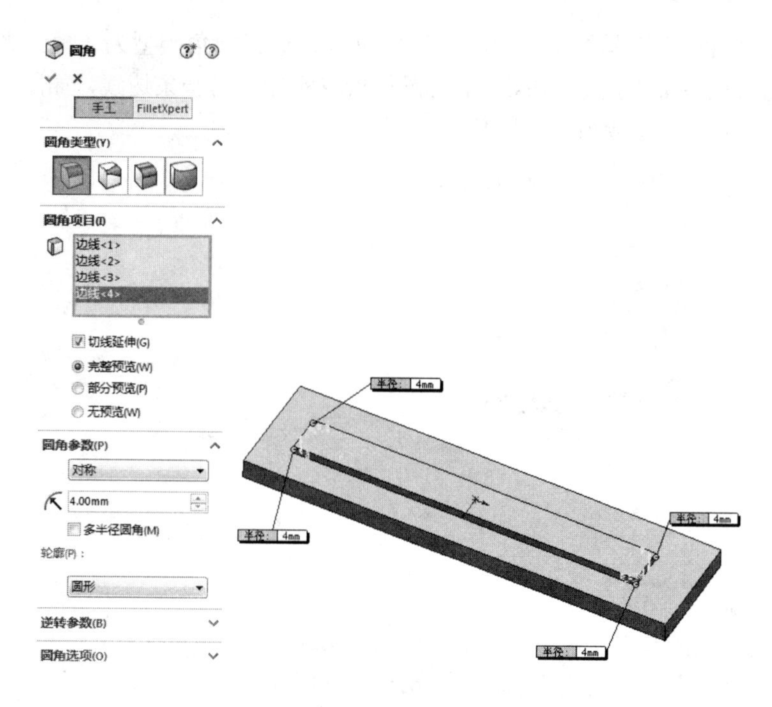

图 10-118 进行圆角 1 操作

①单击“特征”工具栏中的“圆角”按钮，选择圆角类型为“恒定大小圆角”，在圆角半径输入栏中键入数值：1.5，单击鼠标拾取实体的另一条边线，如图10-119所示，单击“确定”按钮✓，生成另一个圆角。

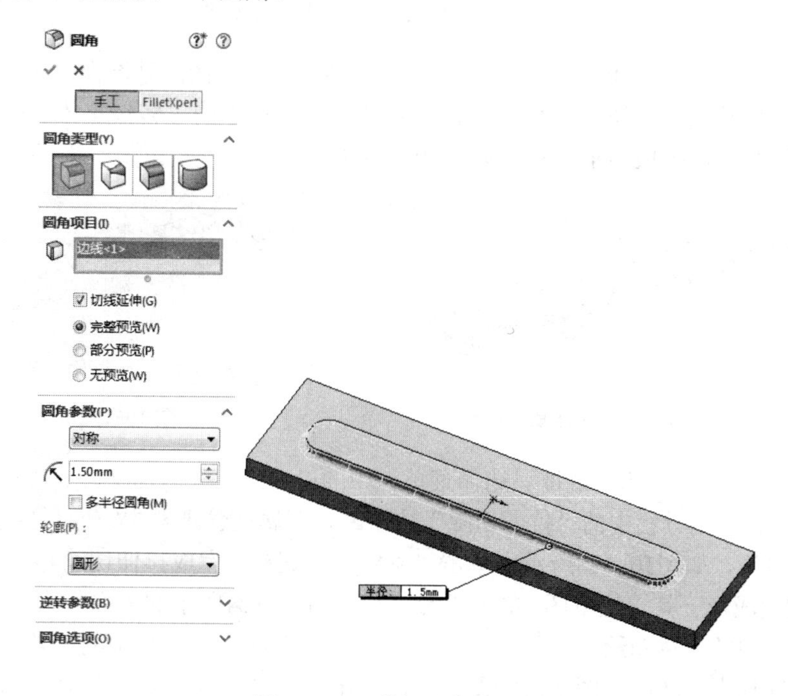

图 10-119 进行圆角 2 操作

②单击“特征”工具栏中的“圆角”按钮，选择圆角类型为“恒定大小圆角”，在圆角半径输入栏中键入数值：0.5，单击鼠标拾取实体的另一条边线，如图10-120所示，单击“确定”按钮✓，生成另一个圆角。

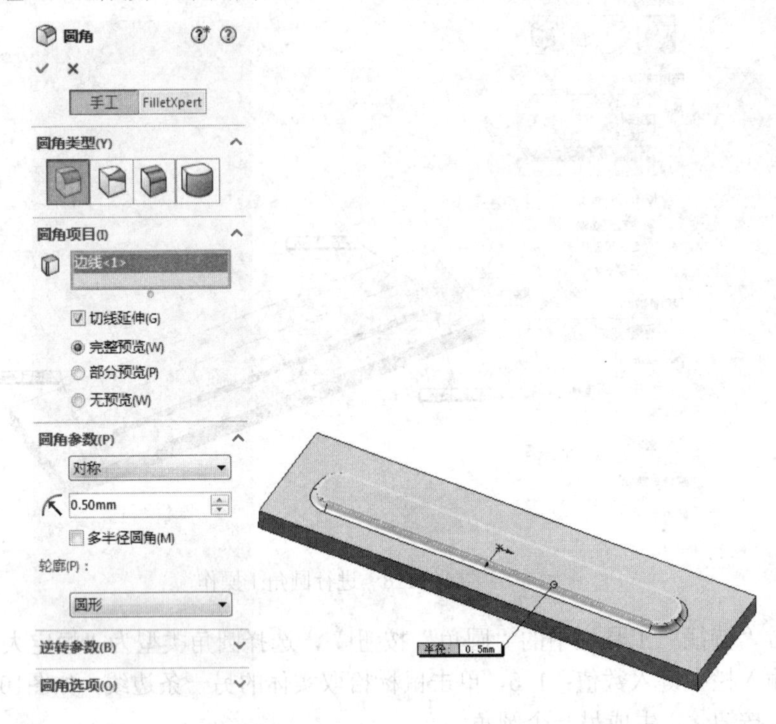

图 10-120　进行圆角 3 操作

7）绘制草图。在实体上选择图10-121所示的面作为绘图的基准面，单击“草图”工具栏中的“草图绘制”按钮，然后单击“草图”工具栏中的“转换实体引用”按钮，将选择的矩形表面转换成矩形图素，如图10-122所示。

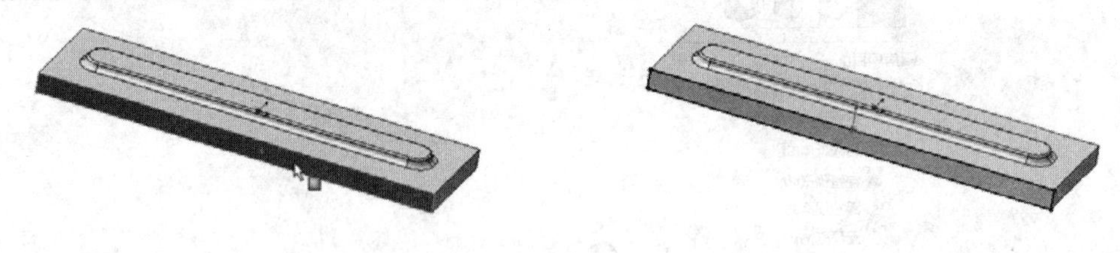

图 10-121　选择基准面　　　　图 10-122　生成草图

8）生成“拉伸切除”特征。选择菜单栏中的“插入”→“切除”→“拉伸”命令，或者单击“特征”工具栏中的“拉伸切除”按钮，在属性管理器中方向1的终止条件中选择“完全贯穿”，如图10-123所示，单击“确定”按钮✓，完成拉伸切除操作。

9）绘制成形工具定位草图。单击成形工具如图10-124所示的表面作为基准面，单击“草图”工具栏中的“草图绘制”按钮，然后单击“草图”工具栏中的“转换实体引用”按钮，将选择表面转换成图素。如图10-125所示，单击“退出草图”按钮。

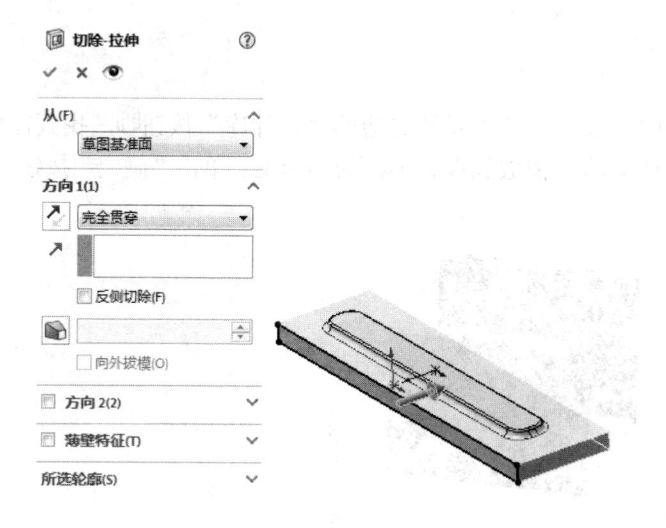

图 10-123　进行拉伸切除操作

图 10-124　选择基准面

10）保存成形工具。在FeatureManager设计树中右击成形工具零件名称，在弹出的菜单中选择“添加到库”命令，将会弹出“添加到库”属性管理器，在对话框中“设计库文件夹”栏中选择“lances”文件夹作为成形工具的保存位置，将此成形工具命名为“硬盘成形工具2”，保存类型为“sldprt”，如图10-126所示，单击“确定” 按钮✔，完成对成形工具2的保存。

图 10-125　绘制定位草图

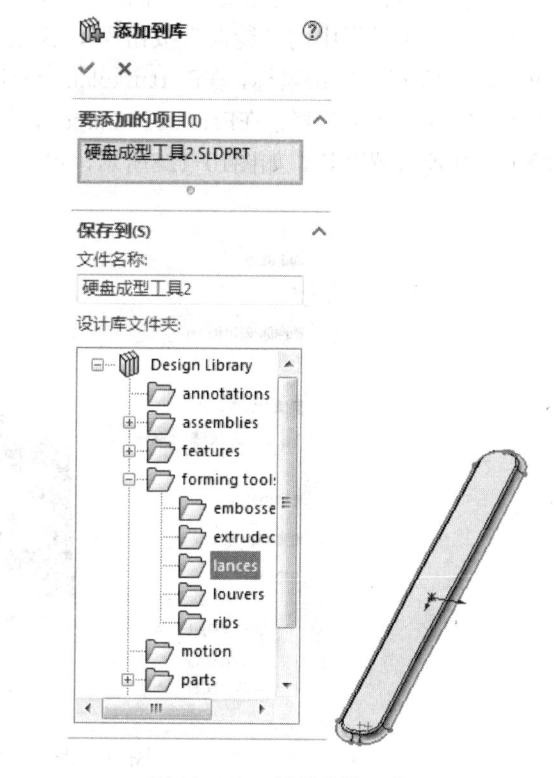

图 10-126　保存成形工具

10.2.6 添加成形工具2

1）向硬盘支架钣金件添加成形工具2。单击系统右边的“设计库”按钮，找到需要添加的成形工具“硬盘成形工具2”，将其拖放到钣金零件的侧面上。单击“确定”按钮✔，完成对成形工具的添加。

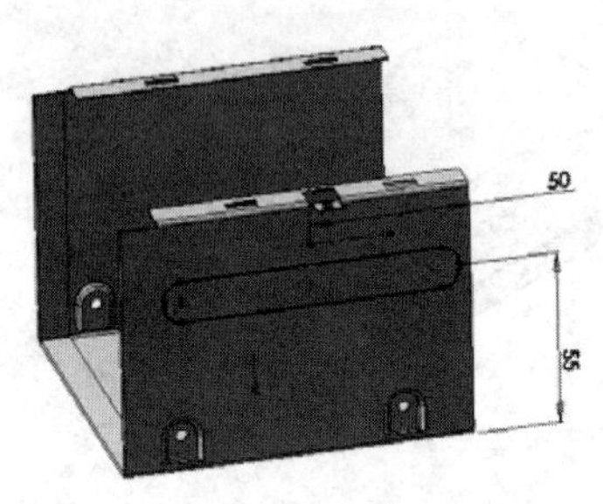

图 10-127 标注成形工具的位置尺寸

2）在设计树中右击新添加的成形工具中的草图（为定位草图），对草图进行编辑，单击“草图”工具栏中的“智能尺寸”按钮，标注出成形工具在钣金件上的位置尺寸，如图10-127所示，最后，单击“放置成形特征”对话框中的“完成”按钮，完成对成形工具的添加。

3）镜向成形工具。选择菜单栏中的“插入”→“阵列/镜向”→“镜向”命令，或者单击“特征”工具栏中的“镜向”按钮，弹出“镜向”属性管理器，在对话框中的“镜向面/基准面”栏中单击鼠标，在FeatureManager设计树中单击“右视基准面”作为镜向面，单击“要镜向的特征”栏，在FeatureManager设计树中单击“硬盘成形工具2”作为要镜向的特征，其他设置默认，如图10-128所示，单击“确定”按钮✔，完成对成形工具的镜向。

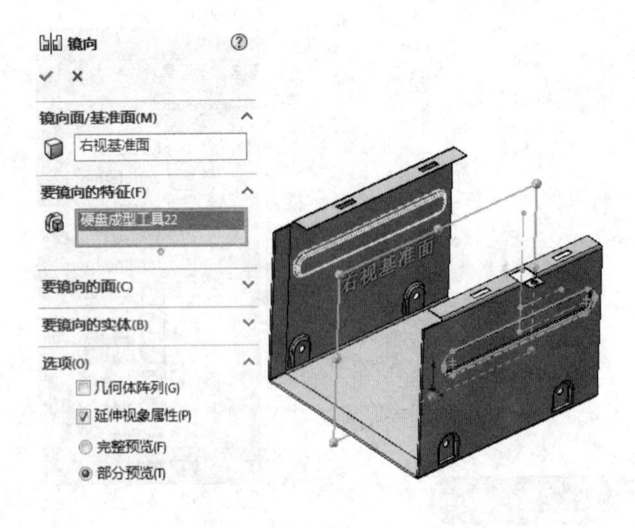

图 10-128 镜向成形工具

4）绘制草图。单击图10-129所示的面作为基准面，单击“草图”工具栏中的“中心线”按钮，绘制三条构造线，一条水平构造线和两条竖直构造线，两条竖直构造线通过箭头所指圆的圆心，如图10-130所示。

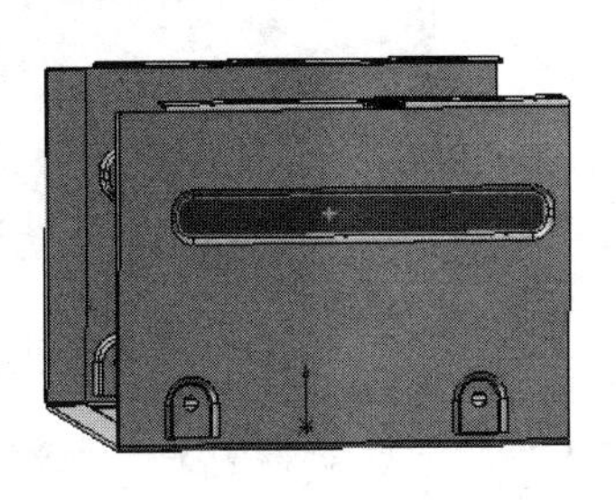

图 10-129 选择绘图基准面

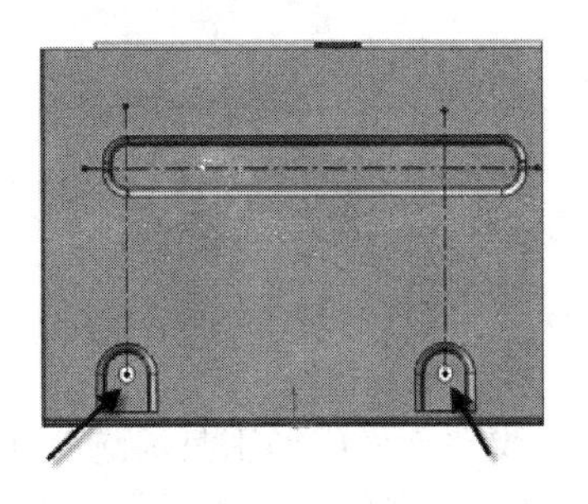

图 10-130 选择构造线

5）单击“草图”工具栏中的“添加几何关系”按钮，添加水平构造线与图10-131中箭头所指两边线“对称”约束，单击“退出草图”按钮。

6）生成“孔”特征。选择菜单栏中的“插入”→“特征”→“孔”→“向导”命令，或者单击“特征”工具栏中的“异型孔向导”按钮，系统弹出“孔规格”属性管理器。在孔规格选项栏中，单击“孔”按钮，选择“GB”标准，类型为“钻孔大小”，选择孔大小为“ф3.5”，给定深度为“120mm”，如图10-132所示。

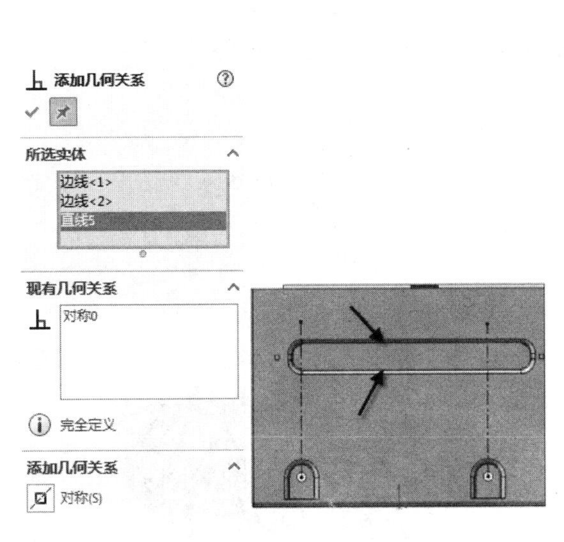

图 10-131 添加“对称”约束

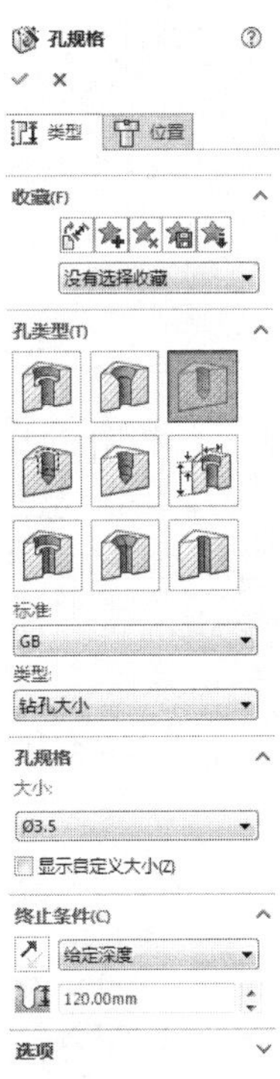

图 10-132 “孔规格”属性管理器

将对话框切换到位置选项下，然后，鼠标单击拾取图10-133所示的两竖直构造线与水平构造线的交点，如图10-133所示，确定孔的位置，单击“确定”按钮✓，生成孔特征如图10-134所示。

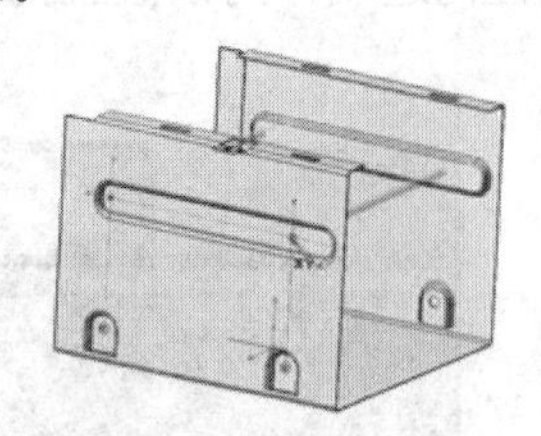

图 10-133　拾取孔位置点

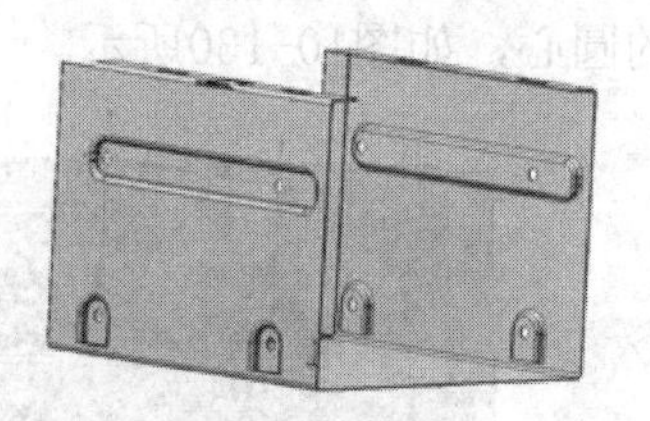

图 10-134　生成的孔特征

7）线性阵列成形工具。选择菜单栏中的“插入”→“阵列/镜向”→“线性阵列”命令，或者单击“特征”工具栏中的“线性阵列”按钮，弹出“线性阵列”属性管理器，在属性管理器中的方向1的“阵列方向”栏中单击鼠标，拾取钣金件的一条边线，如图10-135所示，在“间距”栏中键入数值：20，然后在FeatureManager设计树中单击“硬盘成形工具2”“镜向”“φ3.5（3.5）直径孔1”名称，如图10-136所示，单击“确定”按钮✓，完成对成形工具的线性阵列，结果如图10-137所示。

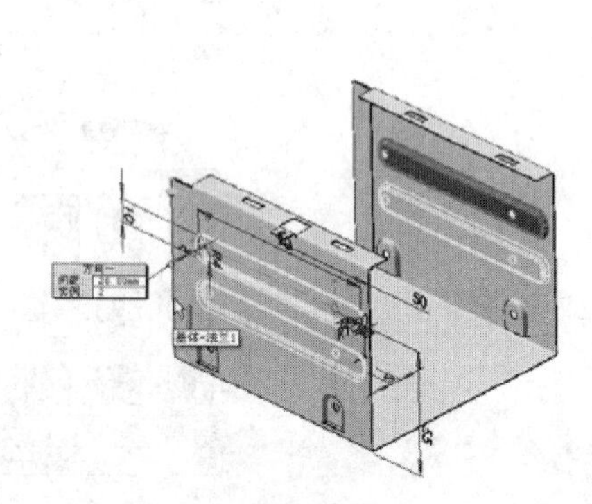

图 10-135　选择阵列方向

图 10-136　选择阵列特征

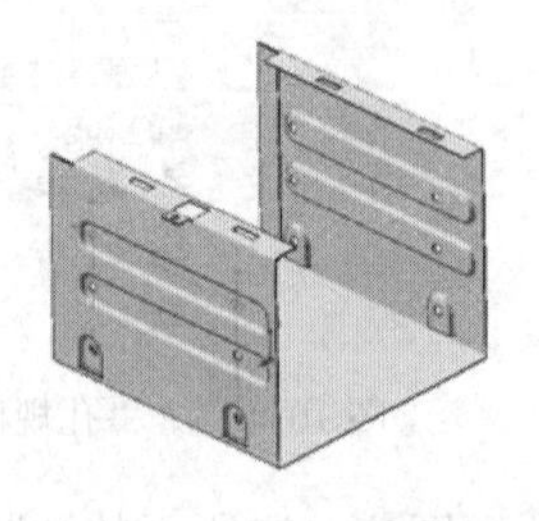

图 10-137　阵列后的结果

图 10-138　选择绘图基准面

10.2.7 创建排风扇以及细节处理

1）选择基准面。单击钣金件的底面，单击“标准视图”工具栏中的“正视于”按钮，将该基准面作为绘制图形的基准面，如图10-138所示。

2）绘制草图。单击“草图”工具栏中的“圆”按钮，绘制四个同心圆，标注其直径尺寸，如图10-139所示。单击“草图”工具栏中的“直线”按钮，绘制两条互相垂直的直线，直线均过圆心，如图10-140所示，单击“退出草图”按钮。

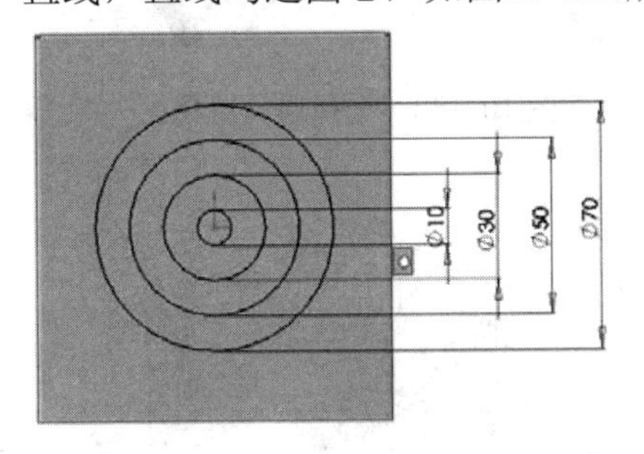

图 10-139　绘制同心圆

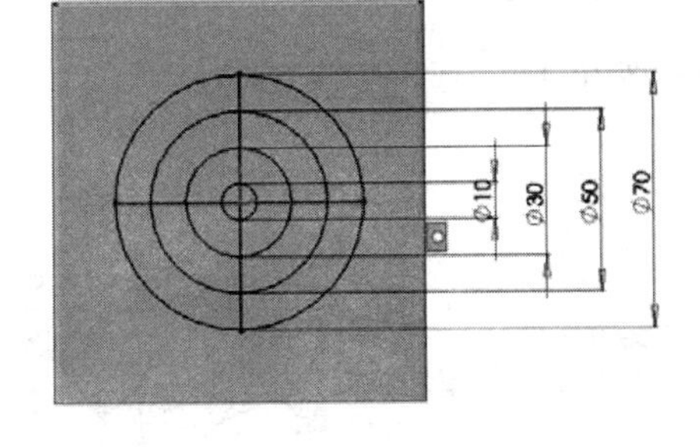

图 10-140　绘制互相垂直的直线

3）生成“通风口”特征。选择菜单栏中的“插入”→“扣合特征”→“通风口”命令。弹出“通风口”属性管理器，选择通风口草图中的最大直径圆作为边界，键入圆角半径数值：2，如图10-141所示。

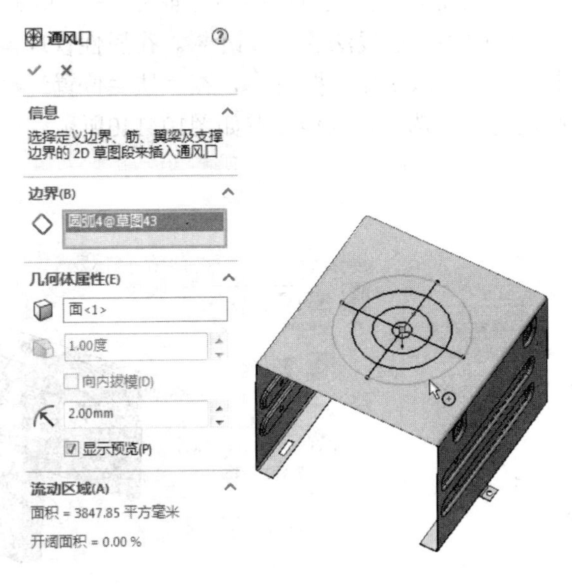

图 10-141　选择通风口边界

在草图中选择两条互相垂直的直线作为通风口的筋，键入筋的宽度数值：5，如图10-142所示。在草图中选择中间的两个圆作为通风口的翼梁，键入翼梁的宽度数值：5，如图10-143所示。在草图中选择最小直径的圆作为通风口的填充边界，如图10-144所示。设置结束后，单击“确定”按钮✓，生成通风口如图10-145所示。

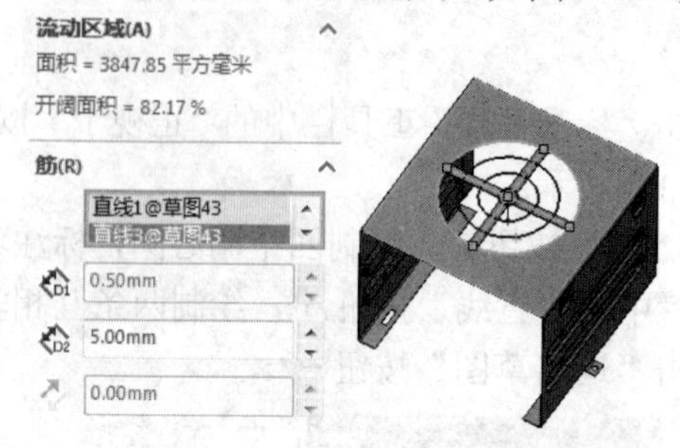

图 10-142　选择通风口筋

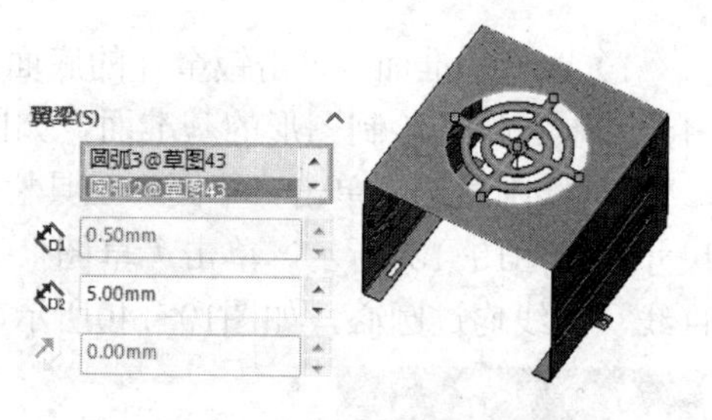

图 10-143　选择通风口翼梁

图 10-144　选择通风口填充边界

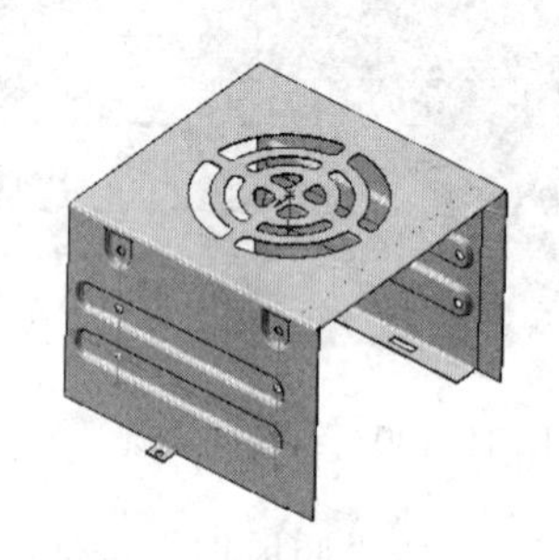

图 10-145　生成的通风口

4）生成“边线法兰”特征。选择菜单栏中的“插入”→“钣金”→“边线法兰”命令，或者单击“钣金”工具栏中的“边线法兰”按钮。在属性管理器中的“法兰长度”栏中键入数值：10，单击“外部虚拟交点”按钮，在“法兰位置”栏中单击“材料在内”按钮，勾选“剪裁侧边折弯”选项，其他设置如图10-146所示。

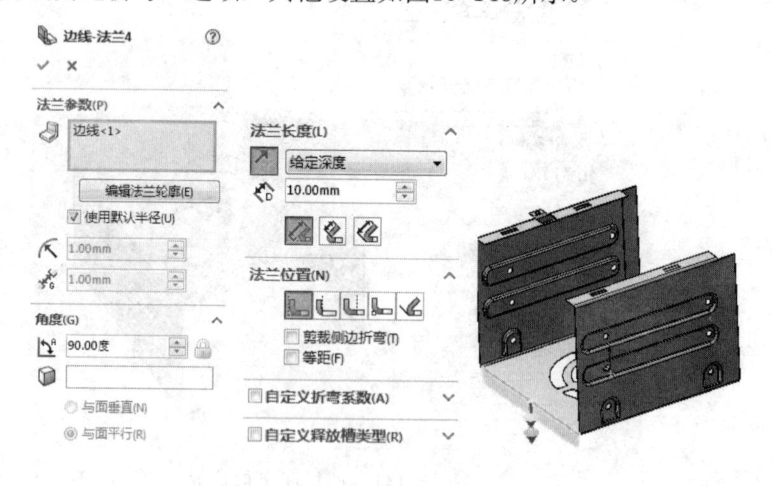

图 10-146　生成“边线法兰”操作

5）编辑边线法兰的草图。在FeatureManager设计树中右击“边线法兰”，在弹出的菜单中单击“编辑草图”按钮，如图10-147所示。这时，将进入边线法兰的草图编辑状态，如图10-148所示。

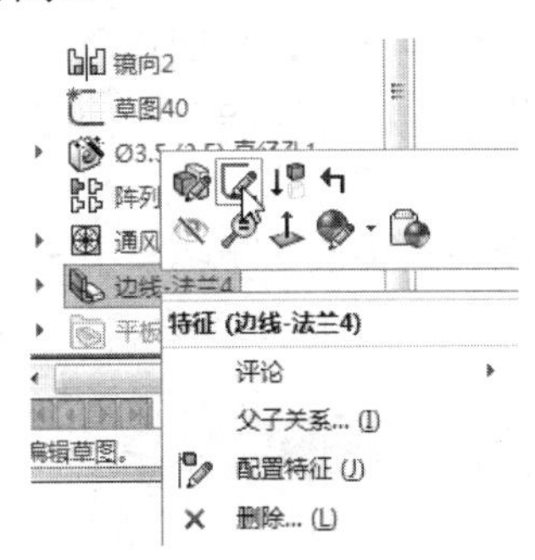

图 10-147 选择“编辑草图”命令

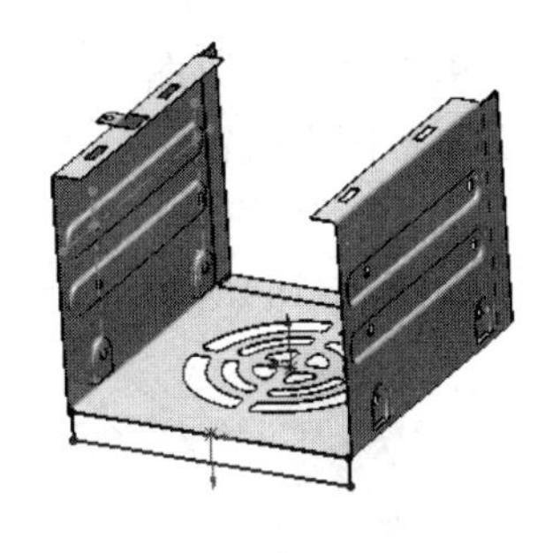

图 10-148 进入草图编辑状态

单击“草图”工具栏中的“圆角”按钮，在对话框中键入圆角半径数值：5，在草图中添加圆角，如图10-149所示，单击“退出草图”按钮。

6）选择基准面。单击图10-150所示的面，单击“标准视图”工具栏中的“正视于”按钮，将该面作为绘制图形的基准面。

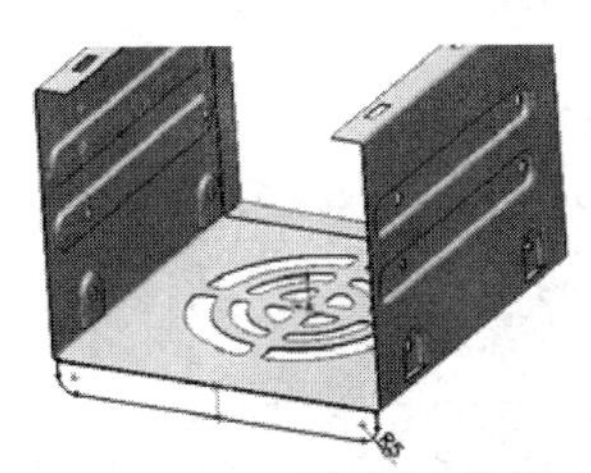

图 10-149 进行圆角编辑

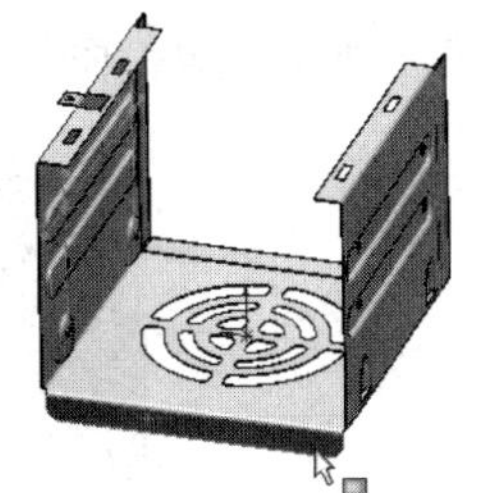

图 10-150 选择基准面

7）生成“简单直孔”特征。单击“插入”→“特征”→“简单直孔”按钮。在“孔”属性管理器中的勾选“与厚度相同”选项，键入孔直径尺寸数值：3.5，如图10-151所示，单击“确定”按钮，生成简单直孔特征。

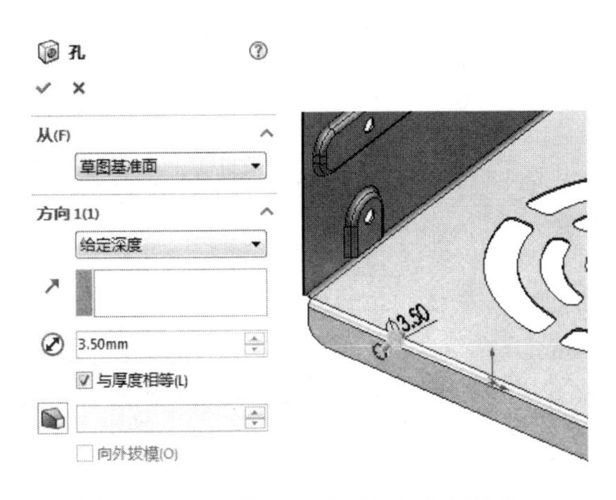

图 10-151 生成“简单直孔”特征操作

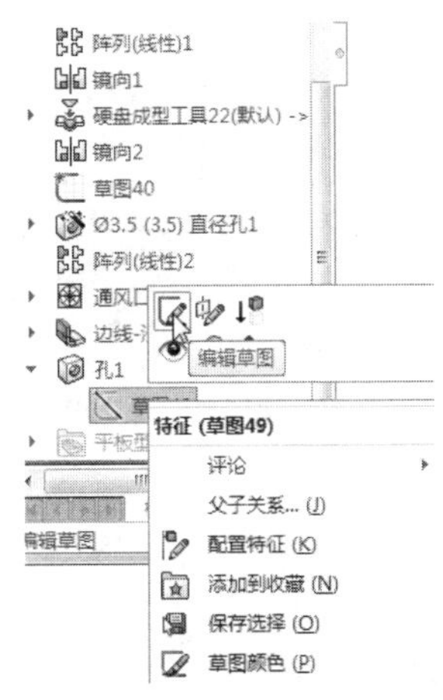

图 10-152 选择“编辑草图”命令

8）编辑简单直孔的位置。在生成简单直孔时，有可能孔位置并不是很合适，这样就需要重新进行定位。在“FeatureManager设计树”中右击“孔1”，如图10-152所示，在弹出的菜单中单击“编辑草图”按钮，进入草图编辑状态，标注智能尺寸如图10-153所示，单击“退出草图”按钮。

9）生成另一个简单直孔。重复上述的操作，在同一个表面上生成另一个简单直孔，直孔的位置如图10-154所示。

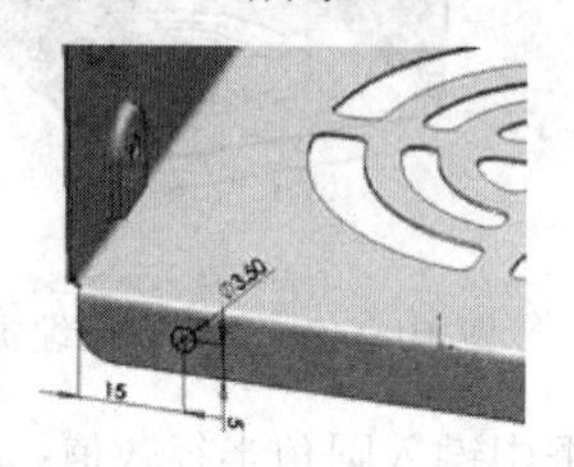

图 10-153　标注智能尺寸

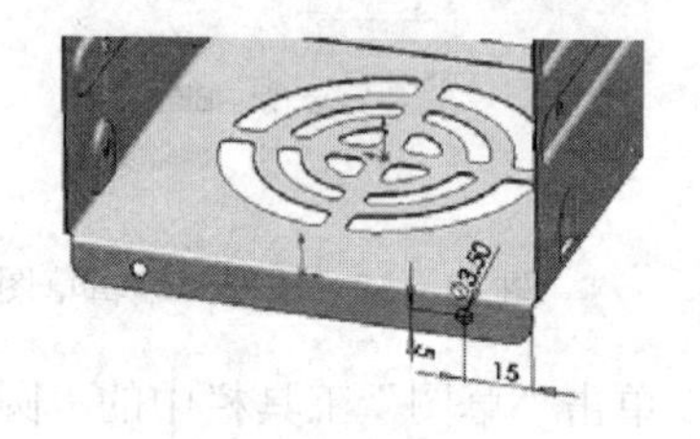

图 10-154　生成另一个简单直孔

10）展开硬盘支架。右击“FeatureMannger设计树”中的“平板型式1”，在弹出的快捷菜单中选择“解除压缩”命令将钣金零件展开，如图10-155所示。

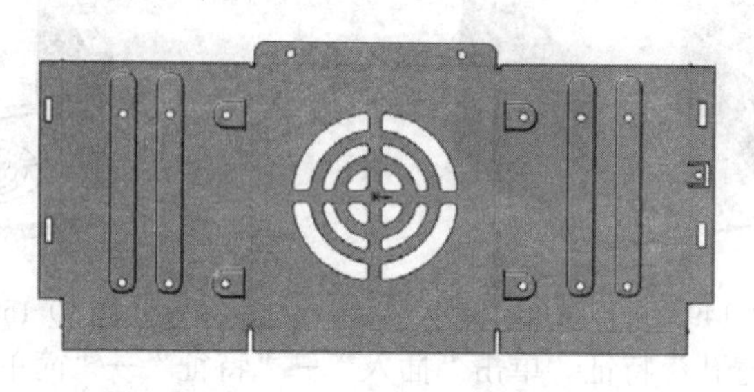

图 10-155　展开的钣金件

装配体设计

对于机械设计而言单纯的零件没有实际意义，一个运动机构和一个整体才有意义。将已经设计完成的各个独立的零件，根据实际需要装配成一个完整的实体。在此基础上对装配体进行运动测试，检查是否完成整机的设计功能，才是整个设计的关键，这也是SOLIDWORKS的优点之一。

本章将介绍装配体基本操作、装配体配合方式、运动测试、装配体文件中零件的阵列和镜向以及爆炸视图等。

- 装配体基本操作
- 装配体配合方式
- 零件的复制、阵列与镜向
- 装配体检查
- 爆炸视图
- 装配体的简化

11.1 装配体基本操作

要实现对零部件进行装配，必须首先创建一个装配体文件。本节介绍了创建装配体的基本操作，包括新建装配体文件、插入零部件、移动零部件与旋转零部件。

11.1.1 新建装配体文件

零件设计完成以后，将零件装配到一起，必须创建一个装配体文件。

【操作步骤】

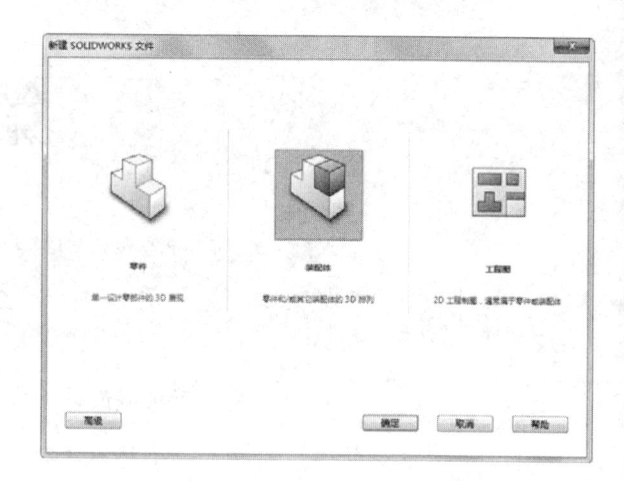

图11-1 “新建SOLIDWORKS文件”对话框

1）新建文件。选择菜单栏中的“文件”→“新建”命令，或者单击“标准”工具栏中的“新建”按钮，此时系统弹出图11-1所示的“新建SOLIDWORKS文件”对话框。

2）选择文件类型。在对话框中选择“装配体”按钮，然后单击“确定”按钮，创建一个装配体文件。装配体文件的操作界面如图11-2所示。

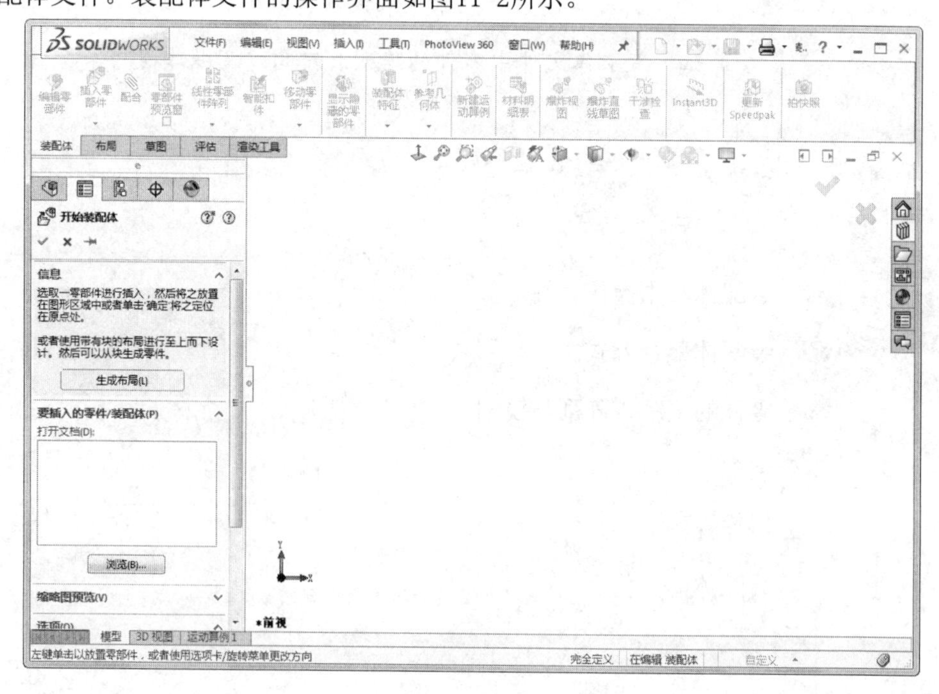

图 11-2 装配体文件操作界面

在装配体文件的操作界面中有图11-3所示的“装配体”面板和工具栏。

图 11-3 “装配体”工具栏

11.1.2 插入零部件

要组合一个装配体文件，必须插入需要的零部件。

【操作步骤】

1）执行命令。选择菜单栏中的“插入”→“零部件”→“现有零件/装配体”命令，或者单击“装配体”工具栏中的“插入零部件”按钮。

2）设置属性管理器。系统弹出图11-4所示的“插入零部件”属性管理器，单击属性管理器中的“保持可见”按钮，用来添加一个或者多个零部件，属性管理器不被关闭。如果没有选中该按钮，则每添加一个零部件，需要重新启动该属性管理器。

3）选择需要的零件。单击属性管理器中的“浏览”按钮，此时系统弹出图11-5所示“打开”对话框，在其中选择需要插入的文件。

图 11-4 “插入零部件”属性管理器

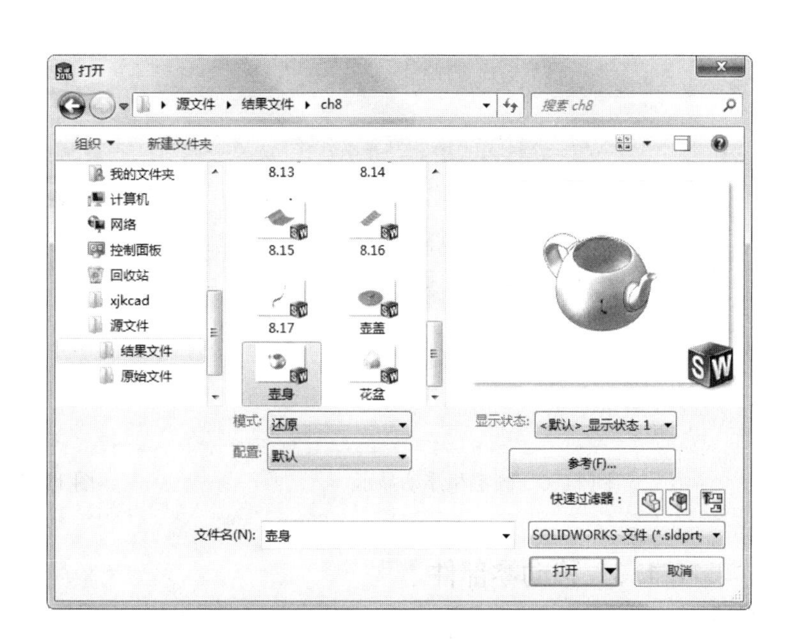

图 11-5 “打开”对话框

4）插入零件。单击对话框中的“打开”按钮，然后左键单击视图中一点，在合适的位置插入所选择的零部件。

5）插入需要的零部件。重复第3）、4）步，插入需要的零部件，零部件插入完毕后，单击属性管理器中的“确定”按钮✔。

注意

1）第一个插入的零件在装配图中，默认的状态是固定的，即不能移动和旋转的，在“FeatureManager 设计树”中的显示为“(固定)”。如果不是第一个零件，则是浮动的，在“FeatureManager 设计树”中显示为(-)，如图 11-6 所示。

2）系统默认第一个插入的零件是固定的，也可以将其设置为浮动，右键单击“FeatureManager 设计树”中的固定的文件，在弹出的快捷菜单中选择“浮动”选项，如图 11-7 所示。反之，也可以将其设置为固定状态。

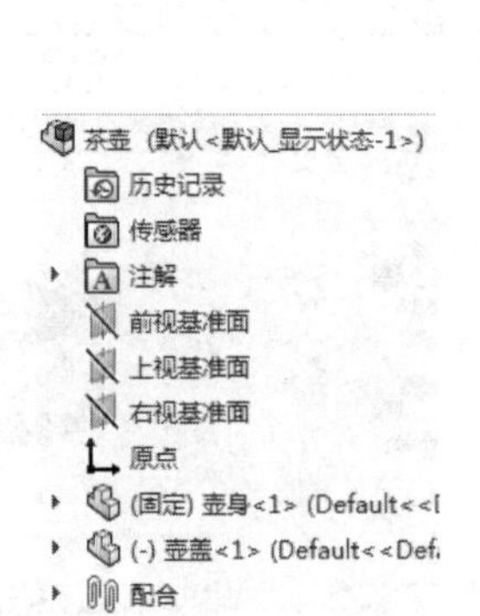

图 11-6 固定和浮动显示

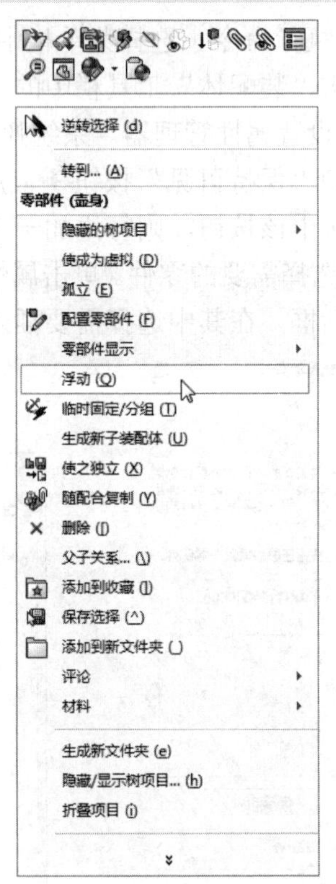

图 11-7 设置浮动的快捷菜单

11.1.3 移动零部件

在“FeatureManager设计树”中，只要前面有“（-）”符合，该零件即可被移动。

【操作步骤】

1）执行命令。选择菜单栏中的“工具”→“零部件”→“移动”命令，或者单击“装配体”工具栏中的“移动零部件”按钮。

2）设置移动类型。系统弹出图11-8所示的“移动零部件”属性管理器。在属性管理器中，选择需要移动的类型，然后拖动到需要的位置。

3）退出命令操作。单击属性管理器中的“确定”按钮✓，或者按Esc键，取消命令操作。

在“移动零部件”属性管理器中，移动零部件的类型有5种类型，如图11-9所示。分别是：自由拖动、沿装配体 XYZ、沿实体、由 Delta XYZ与到 XYZ 位置，下面分别介绍。

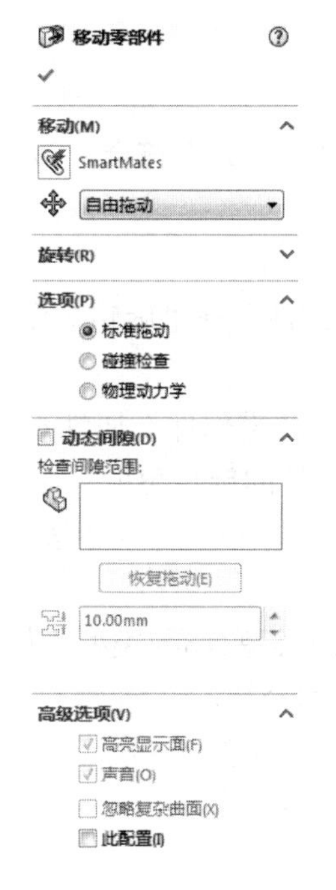

图 11-8 “移动零部件”属性管理器

图 11-9 移动零部件类型下拉菜单

1）自由拖动。系统默认的选项即是自由拖动方式，可以在视图中把选中的文件拖动到任意位置。

2）沿装配体 XYZ。选择零部件并沿装配体的 X、Y或Z方向拖动。视图中显示的装配体坐标系可以确定移动的方向。在移动前要在欲移动方向的轴附近单击。

3）沿实体。首先选择实体，然后选择零部件并沿该实体拖动。如果选择的实体是一条直线、边线或轴，所移动的零部件具有一个自由度。如果选择的实体是一个基准面或平面，所移动的零部件具有两个自由度。

4）由Delta XYZ。在属性管理器中键入移动Delta XYZ的范围，如图11-10所示，然后单击“应用”按钮。零部件按照指定的数值移动。

5）到 XYZ 位置。选择零部件的一点，在属性管理中中键入X、Y或Z坐标，如图11-11所示，然后单击“应用”按钮。所选零部件的点移动到指定的坐标位置。如果选择的项目不是顶点或点，则零部件的原点会移动到指定的坐标处。

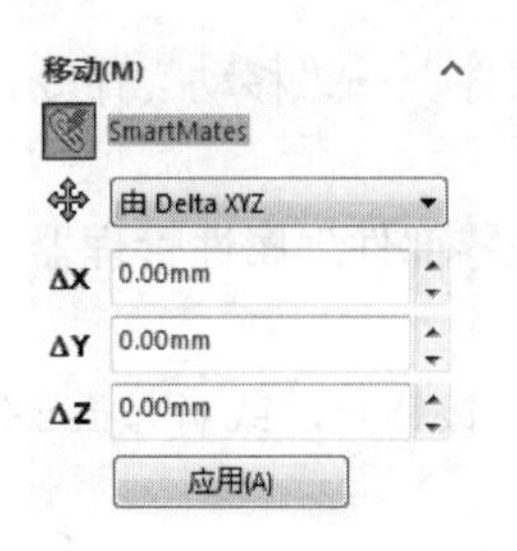

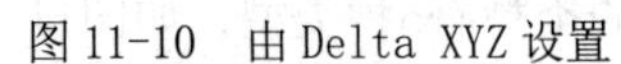
图 11-10　由 Delta XYZ 设置

图 11-11　到 XYZ 位置设置

11.1.4　旋转零部件

在“FeatureManager设计树”中，只要前面有“（—）”符合，该零件即可被旋转。

【操作步骤】

1）执行命令。选择菜单栏中的“工具”→“零部件”→“旋转”命令，或者单击“装配体”工具栏中的“旋转零部件”按钮。

2）设置旋转类型。系统弹出图11-12所示的“旋转零部件”属性管理器。在属性管理器中，选择需要旋转的类型，然后根据需要确定零部件的旋转角度。

3）退出命令操作。单击属性管理器中的“确定”按钮✔，或者按Esc键，取消命令操作。

在“旋转零部件”属性管理器中，移动零部件的类型有3种类型，如图11-13所示。分别是：自由拖动、对于实体与由Delta XYZ，下面分别介绍。

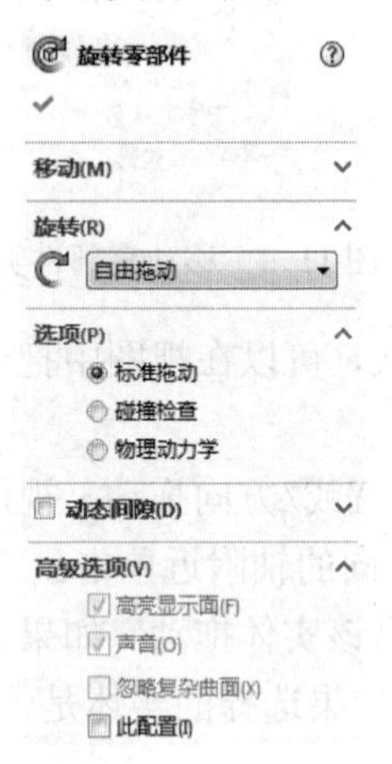

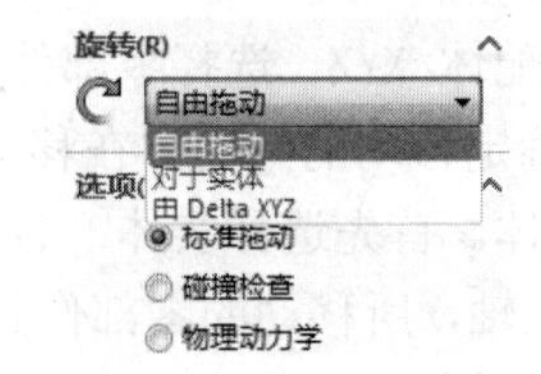

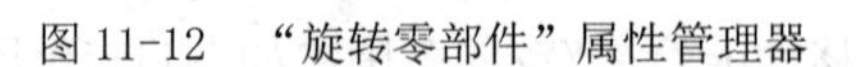
图 11-12　“旋转零部件”属性管理器　　　　图 11-13　旋转零部件类型下拉菜单

1）自由拖动。选择零部件并沿任何方向旋转拖动。

2）对于实体。选择一条直线、边线或轴，然后围绕所选实体旋转零部件。

3）由 Delta XYZ。在属性管理器中键入旋转Delta XYZ的范围，然后单击“应用”按钮。零部件按照指定的数值进行旋转。

1）不能移动或者旋转一个已经固定或者完全定义的零部件。
2）只能在配合关系允许的自由度范围内移动和选择该零部件。

11.2 装配体配合方式

配合在装配体零部件之间生成几何关系。空间中的每个零件都具有3个平移和3个旋转共6个自由度。在装配体中，需要对零部件进行相应的约束来限制各个零件的自由度，来控制零部件相应的位置。

SOLIDWORKS提供了两种配合方式来装配零部件，分别是：一般配合方式和SmartMates配合方式。

11.2.1 一般配合方式

配合是建立零件间配合关系的方法，配合前应该将配合对象插入到装配体文件中，然后选择配合零件的实体，最后添加合适的配合关系和配合方式。

【操作步骤】

1．执行命令

选择菜单栏中的“工具”→“配合”命令，或者单击“装配体”工具栏中的“配合”按钮。

2．设置配合类型

系统弹出图11-14所示的“配合”属性管理器。在属性管理器中“配合选择”一栏中，选择要配合的实体，然后单击配合类型按钮，此时配合的类型出现在属性管理器的“配合”一栏中。

3．确认配合

单击属性管理器中的“确定”按钮，配合添加完毕。

从“配合”属性管理器中可以看出，一般配合方式主要包括：重合、平行、垂直、相切、同轴心、距离与角度等配合方式。下面分别介绍不同类型的配合方式。

1）重合：重合配合关系比较常用，是将所选择两个零件的平面、边线、顶点，或者平面与边线、点与平面，使其重合。

图11-15所示为配合前的两个零部件，标注的6个面为选择的配合实体。利用前面介绍的配合操作步骤，在属性管理器中“配合选择”一栏中，选择图11-15中的平面1和平面4，然后单击“标准配合”一栏中的“重合”按钮，注意重复的方向，单击属性管理器中的“确定”按钮，将平面1和平面4添加为“重合”配合关系。重合此步骤，将平面2和平面

5，平面3和平面6添加为“重合”配合关系，注意重合的方向，结果如图11-16所示。

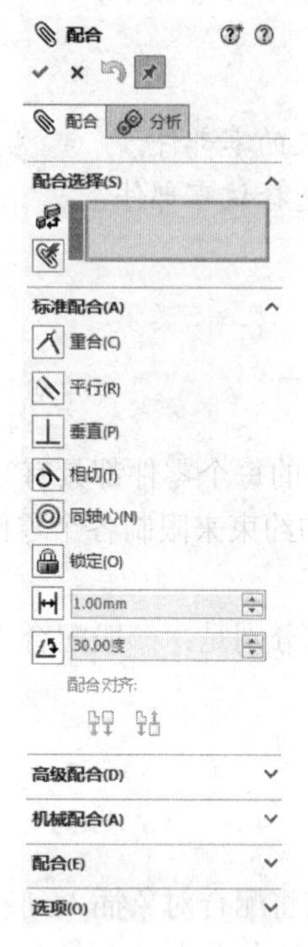

图 11-14　“配合”属性管理器

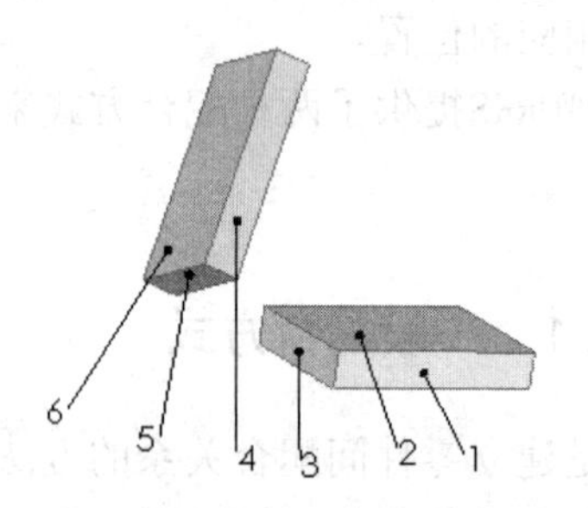

图 11-15　配合前的图形

注意

在装配前，最好将零件对象设置在视图中合适的位置，这样可以达到最佳配合效果，可以节省配合时间。

2）平行：平行也是常用的配合关系，它用来定位所选零件的平面或者基准面，使之保持相同的方向，并且彼此间保持相同的距离。

如图11-17所示为配合前的两个零部件，标注的4个面为选择的配合实体。利用前面介绍的配合操作步骤，在属性管理器中“配合选择”一栏中，选择图11-17中的平面1和平面2，然后单击“标准配合”一栏中的“平行”按钮，单击属性管理器中的“确定”按钮✔，将平面1和平面4添加为“平行”配合关系。重复此步骤，将平面3和平面4，添加为“平行”配合关系，结果如图11-18所示。

注意

平行配合有两种不同的情况，一种反向平行，一种是同向平行，在配合中要根据配合需要设定不同的平行配合方式。

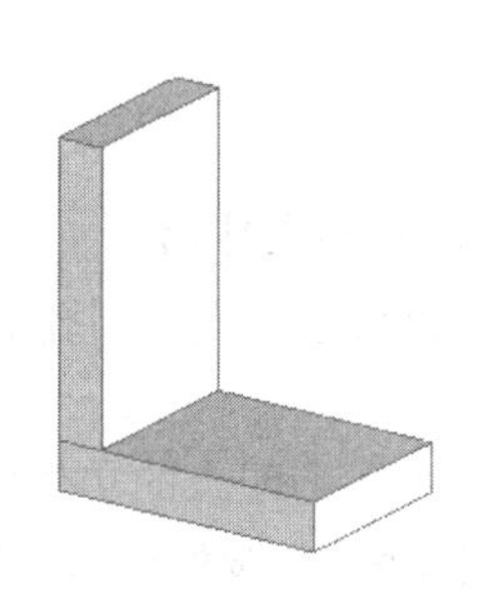

图 11-16 配合后的图形

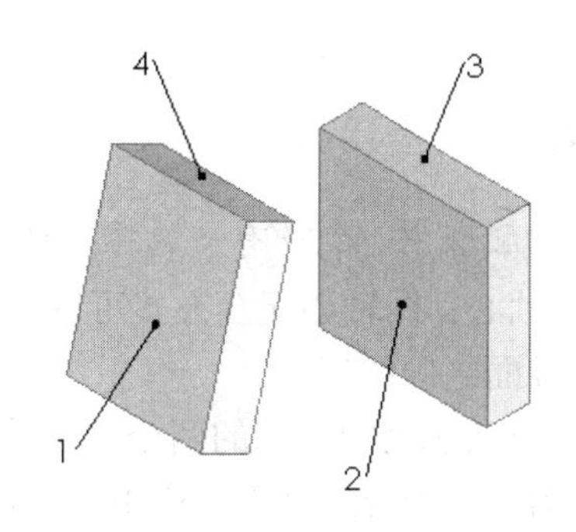

图 11-17 配合前的图形

3）垂直：相互垂直的配合方式可以用在两零件的基准面与基准面、基准面与轴线、平面与平面。平面与轴线、轴线与轴线的配合。面与面之间的垂直配合，是指空间法向量的垂直，并不是指平面的垂直。

图11-19所示为配合前的两个零部件，利用前面介绍的配合操作步骤，在属性管理器中“配合选择”一栏中，选择图11-19中的平面1和临时轴2，然后单击“标准配合”一栏中的“垂直”按钮⊥，单击属性管理器中的“确定”按钮✔，将平面1和临时轴2添加为“垂直”配合关系，结果如图11-20所示。

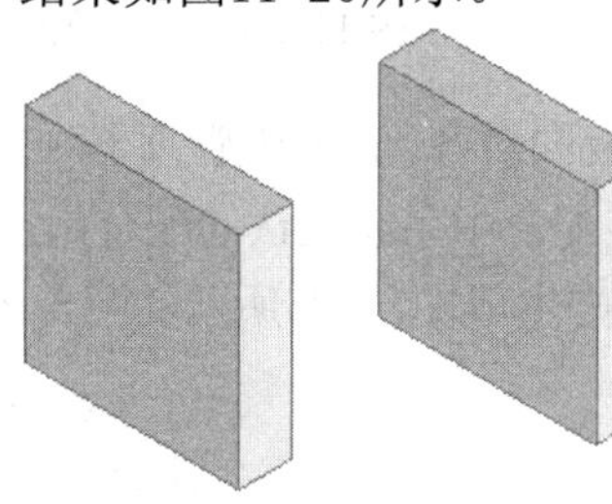

图 11-18 配合后的图形

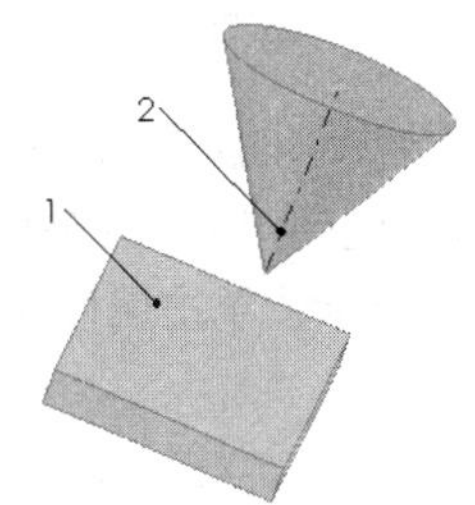

图 11-19 配合前的图形

4）相切：相切配合方式可以用在两零件的圆弧面与圆弧面、圆弧面与平面、圆弧面与圆柱面、圆柱面与圆柱面、圆柱面与平面之间的配合。

图11-21所示为配合前的两个零部件，圆弧面1和圆柱面2为配合的实体面。在“配合”属性管理器中“配合选择”一栏中，选择图11-21中的圆弧面1和圆柱面2，然后单击“标准配合”一栏中的“相切”按钮，单击属性管理器中的“确定”按钮✔，将圆弧面1和圆柱面2添加为“相切”配合关系，结果如图11-22所示。

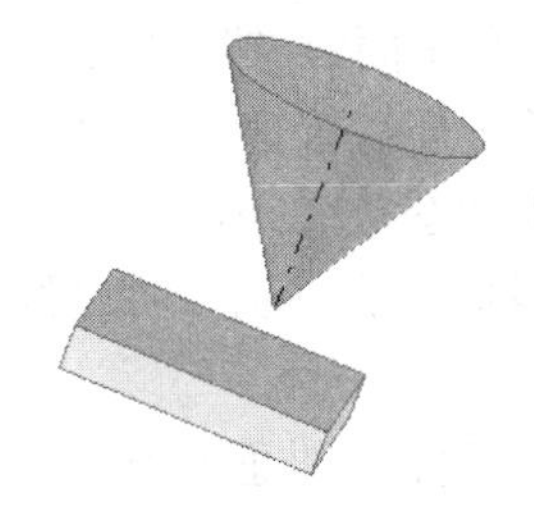

图 11-20 配合后的图形

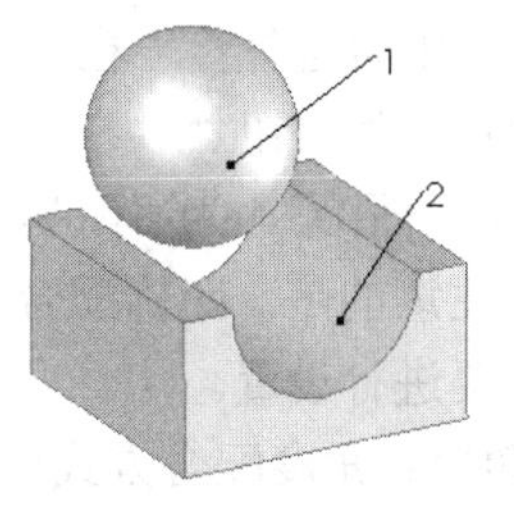

图 11-21 配合前的图形

注意

在相切配合中，到少有一选择项目必须为圆柱面、圆锥面或球面。

5）同轴心：同轴心配合方式可以用在两零件的圆柱面与圆柱面、圆孔面与圆孔面、圆锥面与圆锥面之间的配合。

图11-23所示为配合前的两个零部件，圆柱面1和圆柱面2为配合的实体面。在“配合”属性管理器中“配合选择”一栏中，选择图11-23中的圆弧面1和圆柱面2，然后单击“标准配合”一栏中的“同轴心”按钮◎，单击属性管理器中的“确定”按钮✔，将圆弧面1和圆柱面2添加为“同轴心”配合关系，结果如图11-24所示。

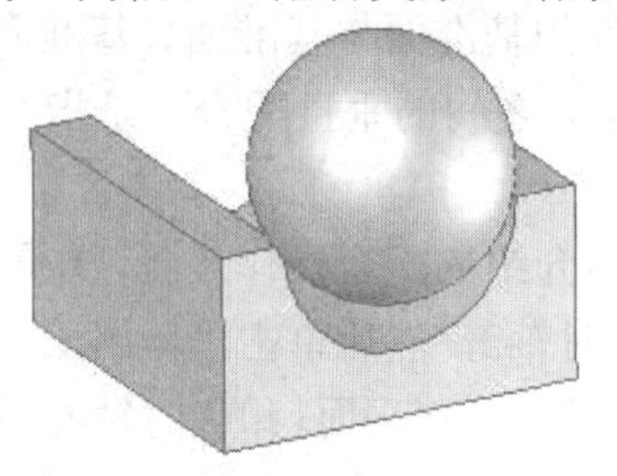
图 11-22　配合后的图形

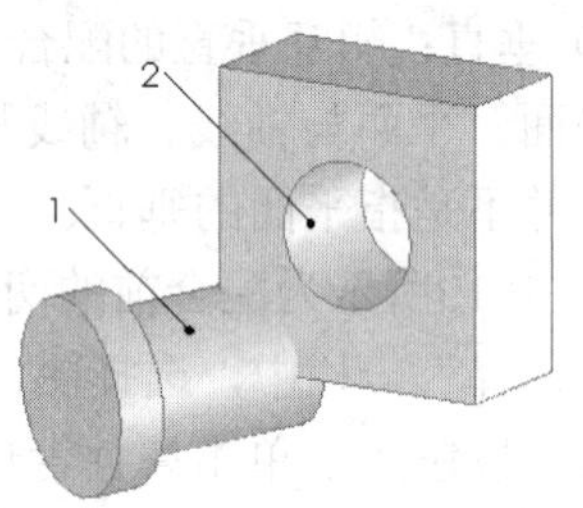

图 11-23　配合前的图形

需要注意的是，同轴心配合对齐方式有两种：一是反向对齐，在属性管理器中的按钮是；另一种是同向对齐，在属性管理器中的按钮是。在该配合中系统默认的配合是反向对齐，如图11-24所示，单击属性管理器中的同向对齐按钮，则生成图11-25所示的配合图形。

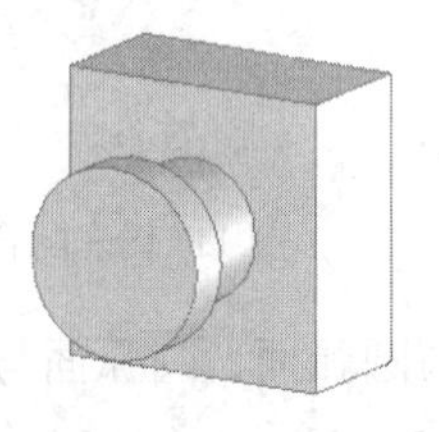
图 11-24　反向对齐配合后的图形

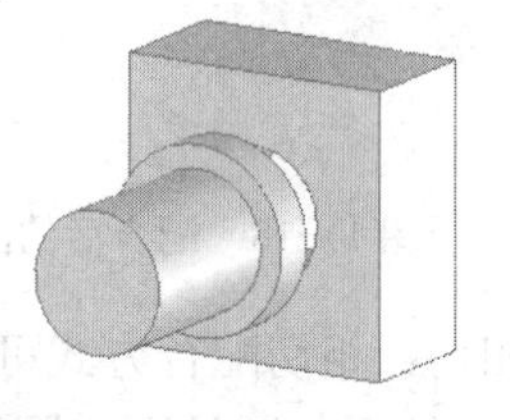
图 11-25　同向对齐配合后的图形

6）距离：距离配合方式可以用在两零件的平面与平面、基准面与基准面、圆柱面与圆柱面、圆锥面与圆锥面之间的配合，可以形成平行距离的配合关系。

图11-26所示为配合前的两个零部件，平面1和平面2为配合的实体面。在“配合”属性管理器中“配合选择”一栏中，选择图11-26中的平面1和平面2，然后单击“标准配合”一栏中的“距离”按钮，在其中输入设定的距离值，单击属性管理器中的“确定”按钮✔，将平面1和平面2添加为“距离”为60的配合关系，结果如图11-27所示。

需要注意的是，距离配合对齐方式有两种：一是反向对齐；另一种是同向对齐。要根据实际需要进行设置。

7）角度：角度配合方式可以用在两零件的平面与平面、基准面与基准面及可以形成角度值的两实体之间的配合关系。

图11-28所示为配合前的两个零部件，平面1和平面2为配合的实体面。在“配合”属性管理器中“配合选择”一栏中，选择图11-28中的平面1和平面2，然后单击“标准配合”一栏中的“角度”按钮，在其中输入设定的距离值，单击属性管理器中的“确定” 按钮✓，将平面1和平面2添加为“角度”为60的配合关系，结果如图11-29所示。

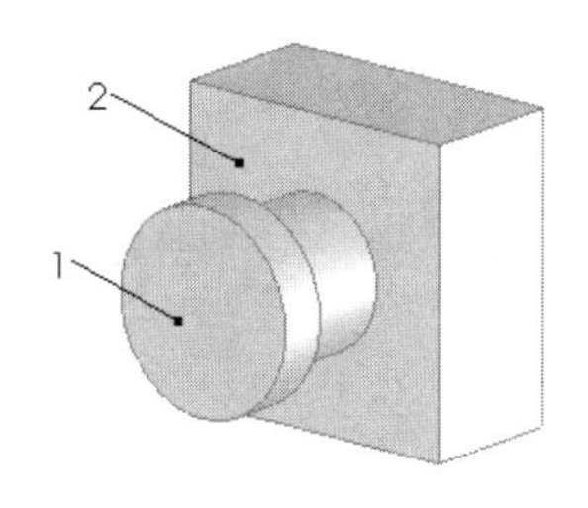

图 11-26　配合前的图形

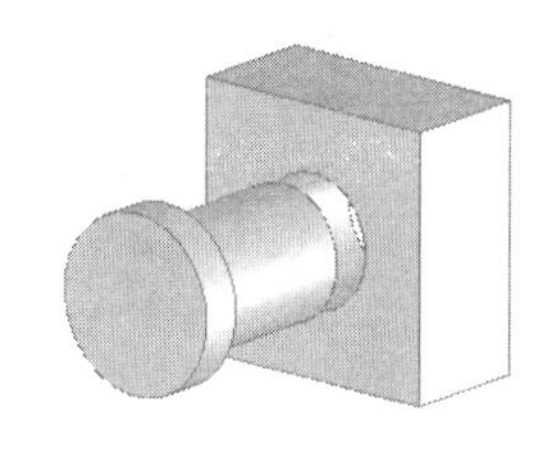

图 11-27　配合后的图形

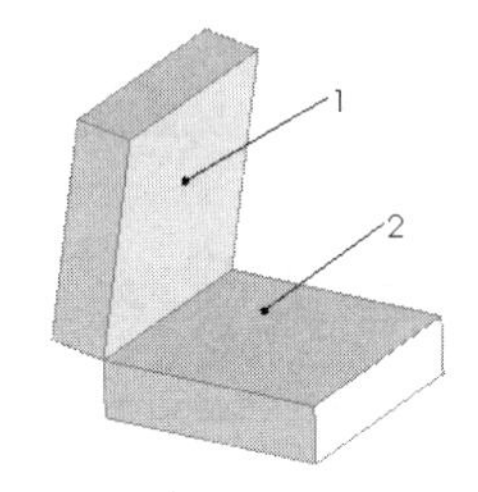

图 11-28　配合前的图形

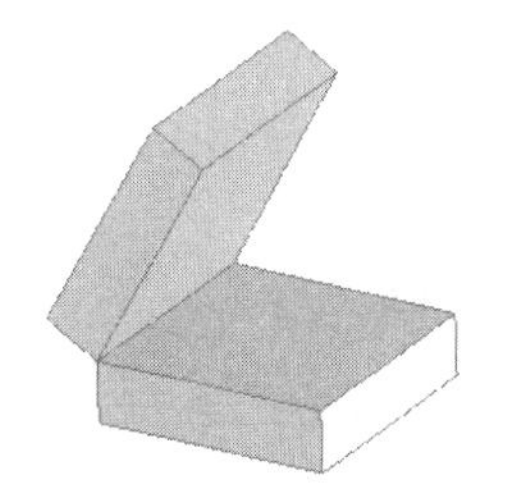

图 11-29　配合后的图形

注意

要满足零件体文件中零件的装配，通常需要几个配合关系结合运用，所以要灵活运用装配关系，使其满足装配的需要。

11.2.2　实例——茶壶装配体

【操作步骤】

1. 新建文件

1）创建零件文件。选择菜单栏中的“文件”→“新建”命令，或者单击“标准”工具栏中的“新建”按钮，此时系统弹出图11-30所示的“新建SOLIDWORKS文件”对话框，在其中选择“装配体”按钮，然后单击“确定”按钮，创建一个新的装配体文件。

2）保存文件。选择菜单栏中的“文件”→“保存”命令，或者单击“标准”工具栏中的“保存”按钮，此时系统弹出图11-31所示的“另存为”对话框。在“文件名”一栏中输入“茶壶装配体”，然后单击“保存”按钮，创建一个文件名为“茶壶装配体”的装配文件。

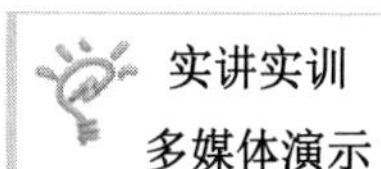

实讲实训
多媒体演示

多媒体演示参见配套光盘中的\\动画演示\第11章\茶壶装配体.avi。

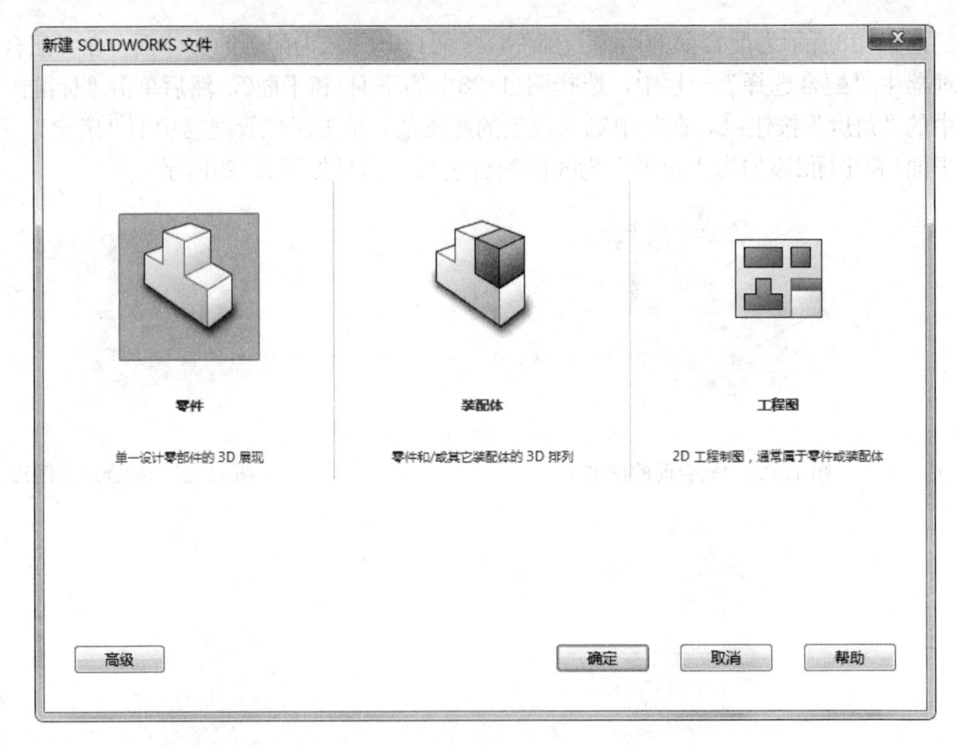

图 11-30 “新建 SOLIDWORKS 文件”对话框

2. 绘制茶壶装配体

1）插入壶身。选择菜单栏中的“插入”→“零部件”→“现有零件/装配体”命令，或者单击“装配体”工具栏中的“插入零部件”按钮，此时系统弹出图11-32所示的“开始装配体”属性管理器。单击“浏览”按钮，此时系统弹出“打开”对话框，在其中选择需要的零部件，即壶身.sldprt。单击“打开”按钮，此时所选的零部件显示在图11-32中的“打开文档”一栏中。单击对话框中的“确定” 按钮✔，此时所选的零部件出现在视图中。

2）设置视图方向。单击“标准视图”工具栏中的“等轴测”按钮，将视图以等轴测方向显示，结果如图11-33所示。

3）取消草图显示。选择菜单栏中的“视图”→“草图”命令，取消视图中草图的显示。

4）插入壶盖。选择菜单栏中的“插入”→“零部件”→“现有零件/装配体”命令，插入壶盖，具体操作步骤参考步骤1），将壶盖插入到图中合适的位置，结果如图11-34所示。

5）设置视图方向。单击“视图”工具栏中的“旋转视图”按钮，将视图以合适的方向显示，结果如图11-35所示。

6）插入配合关系。选择菜单栏中的“插入”→“配合”命令，或者单击“装配体”工具栏中的“配合”按钮，此时系统弹出“配合”对话框。在属性管理器的“配合选择”一栏中，选择图11-35中的面3和面4。单击“标准配合”一栏中的“同轴心”按钮，将面3和面4设置为同轴心配合关系，如图11-36所示。单击属性管理器中的“确定”按钮✔，完成配合，结果如图11-37所示。

7）插入配合关系。重复步骤6），将图11-35中的边线1和边线2设置为重合配合关系，结果如图11-38所示。

8）设置视图方向。单击“标准视图”工具栏中的“等轴测”按钮，将视图以等轴测方向显示。

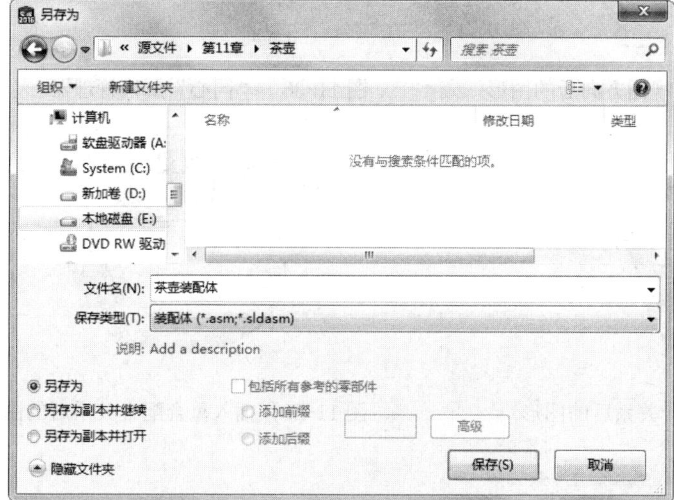

图 11-31 “另存为”对话框

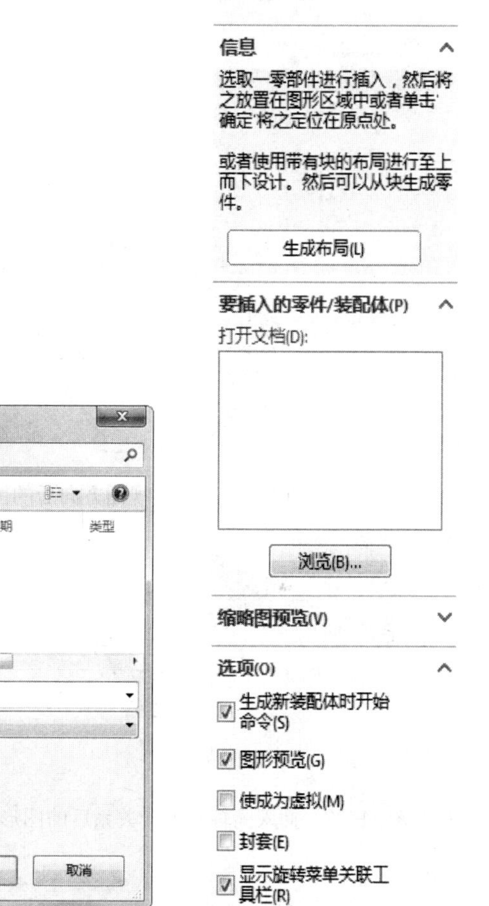

图 11-32 “开始装配体”属性管理器

图 11-33 插入壶身后的图形

图 11-34 插入壶盖后的图形

茶壶装配体模型及其FeatureManager设计树如图11-39所示。

图 11-35　设置视图方向后的图形

图 11-36　“同心”属性管理器

图 11-37　插入同轴心配合关系后的图形

图 11-38　插入重合配合关系后的图形

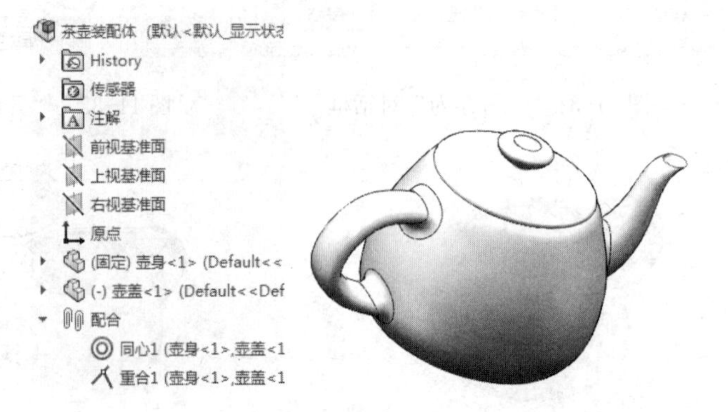

图 11-39　茶壶装配体及其 FeatureManager 设计树

11.2.3 SmartMates配合方式

SmartMates是SOLIDWORKS提供的一种智能装配，它是一种快速的装配方式。利用该装配方式，只要选择需配合的两个对象，系统就会自动配合定位。

【操作步骤】

1）新建装配体文件。选择菜单栏中的“文件”→“新建”命令，或者单击“标准”工具栏中的“新建”按钮，在系统弹出的“新建SOLIDWORKS文件”对话框中，单击“装配体”按钮，创建一个装配体文件。

2）插入零件。选择菜单栏中的“插入”→“零部件”→“现有零件/装配体”命令，插入已绘制的名为“底座”的文件，并调节视图中零件的方向，结果如图11-40所示。

图11-40 插入底座后的装配体文件

3）打开零件。选择菜单栏中的“文件”→“打开”命令，打开已绘制的名为“圆柱”的文件，并调节视图中零件的方向。

4）设置窗口方式。选择菜单栏中的“窗口”→“横向平铺”命令，将窗口设置为横向平铺方式，结果如图11-41所示。

5）插入零件。在“圆柱”零件窗口中，左键单击图11-41中的边线1，然后拖动零件到装配体文件中，零件进入装配体文件中，如图11-42所示。

6）装配零件。在如图11-41所示中的边线2附近移动鼠标，当指针变为，智能装配完成，然后松开鼠标，结果如图11-43所示。

7）查看配合关系。双击装配体文件的“FeatureManager设计树”中的“配合”节点，可以看到添加的配合关系，如图11-44所示。

在拖动零件到装配体文件中时，可能有几个可能的装配位置，此时需要移动鼠标选择需要的装配位置。

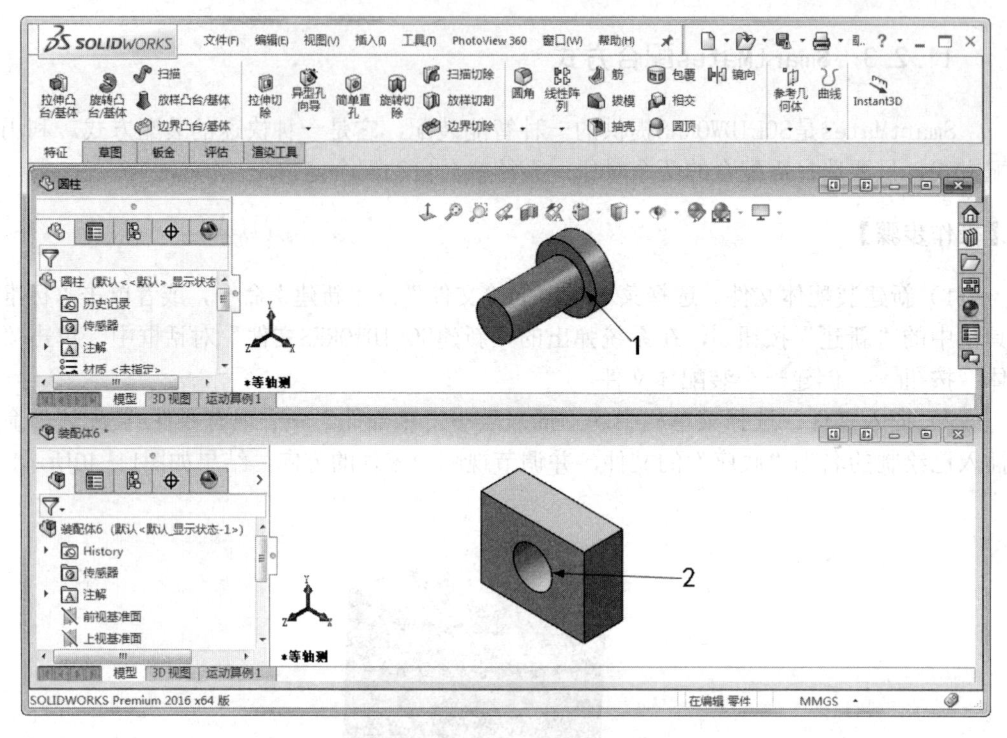

图 11-41　两个文件的横向平铺窗口

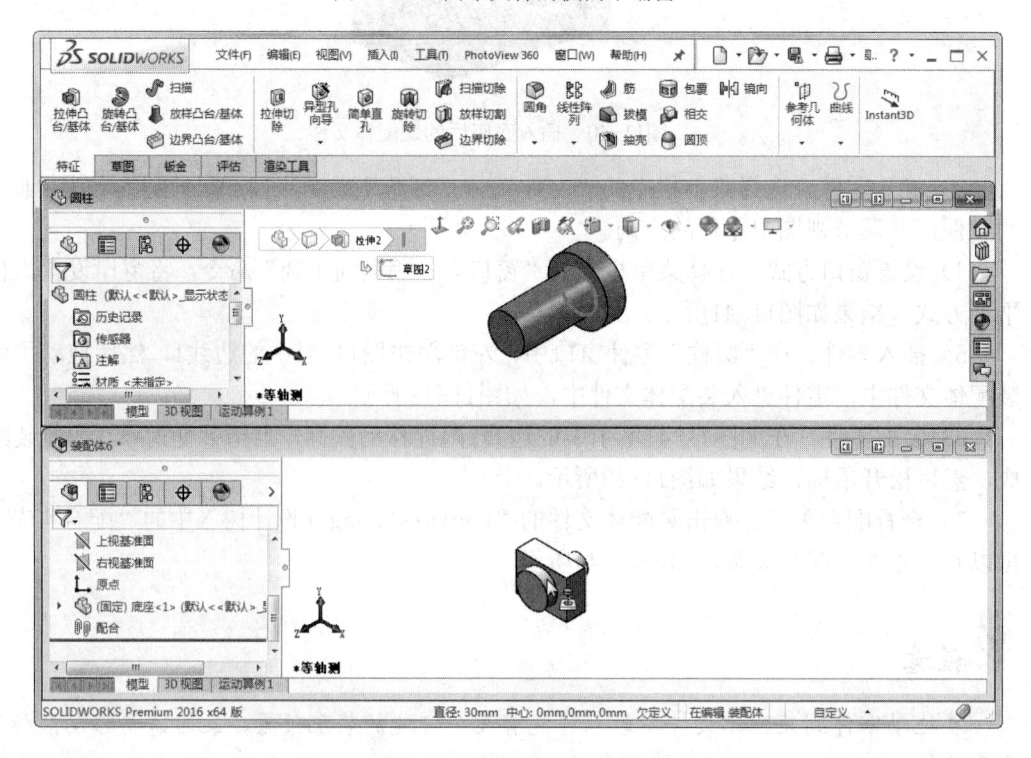

图 11-42　装配体的预览模式

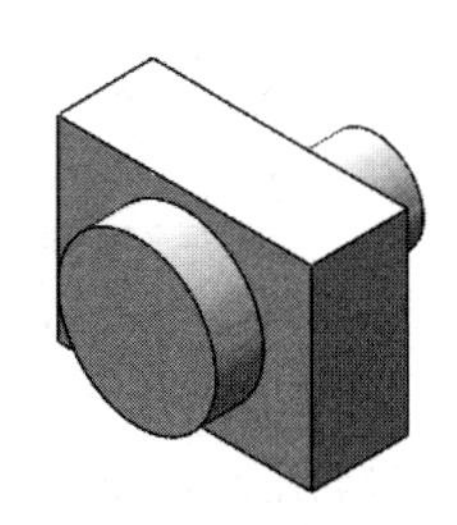

图 11-43 配合后的图形

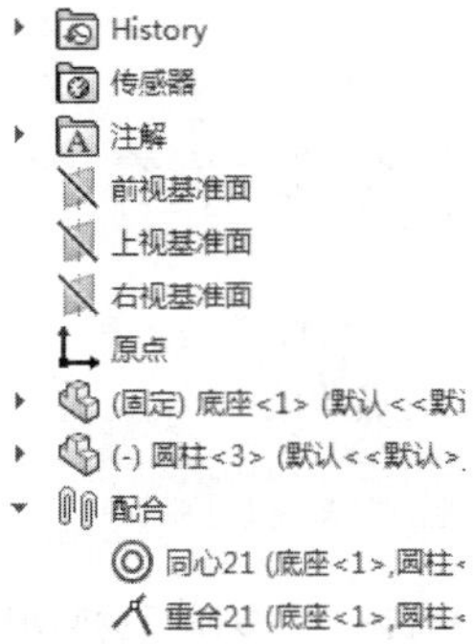

图 11-44 装配体文件的“FeatureManager 设计树”

11.3 零件的复制、阵列与镜像

在同一个装配体中可能存在多个相同的零件，在装配时用户可以不必重复地插入零件，而是利用复制、阵列或者镜像的方法，快速完成具有规律性的零件的插入和装配。

11.3.1 零件的复制

SOLIDWORKS可以复制已经在装配体文件中存在的零部件，下面将介绍复制零部件的操作步骤。图11-45所示为复制前的装配体，图11-46所示为装配体的“FeatureManager设计树”。

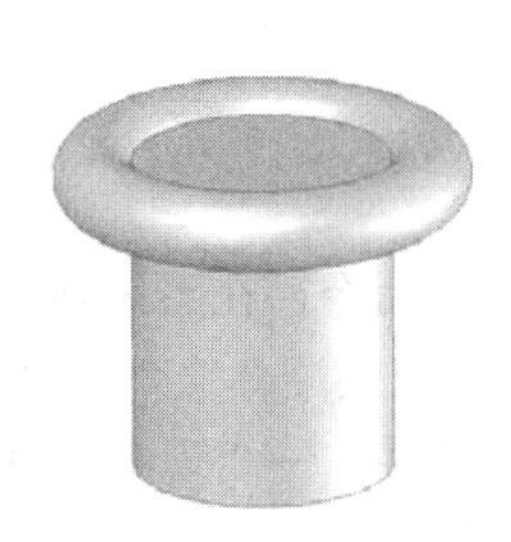

图 11-45 复制前的装配体

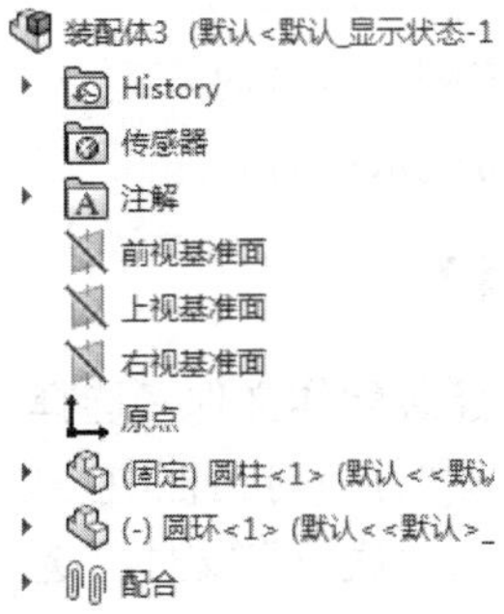

图 11-46 复制前的“FeatureManager 设计树”

【操作步骤】

1）复制零件。按住<Ctrl>键，在“FeatureManager设计树”中，选择需要复制的零部件，如图11-46所示，然后拖动到图中需要的位置。拖动零件圆环到视图中合适的位置，结果如图11-47所示。此时“FeatureManager设计树”如图11-48所示，对照复制前后两个

“FeatureManager设计树”的不同。

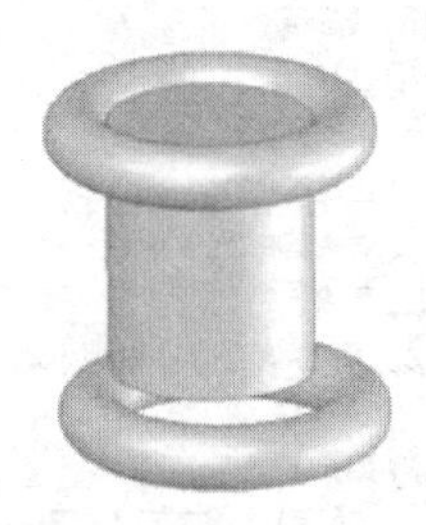

图11-47　复制后的装配体

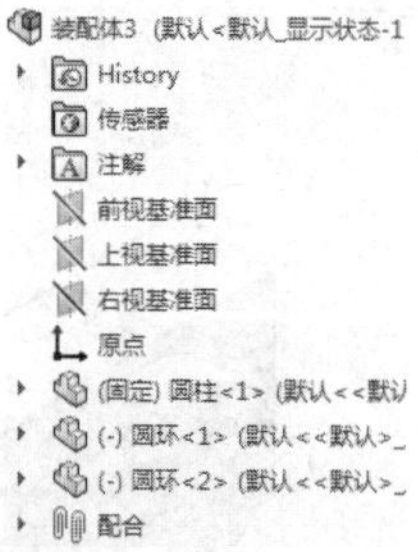

图11-48　复制后的“FeatureManager设计树”

2）添加配合关系。添加相应的配合关系，结果如图11-49所示。

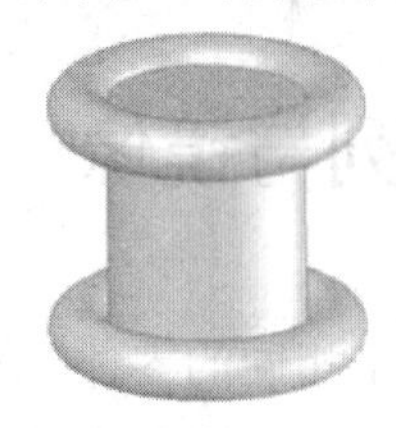

图11-49　配合后的装配体

11.3.2　零件的阵列

零件的阵列分为线性阵列和圆周阵列。如果装配体中具有相同的零件，并且这些零件按照线性或者圆周的方式排列，可以使用线性阵列和圆周阵列命令进行操作。下面将结合实例进行介绍。

1．零件的线性阵列

线性阵列可以同时阵列一个或者多个零部件，并且阵列出来的零件不需要再添加配合关系，即可完成配合。

【操作步骤】

1）创建装配体文件。选择菜单栏中的“文件”→“新建”命令，在系统弹出的“新建SOLIDWORKS文件”对话框中，单击“装配体”按钮，创建一个装配体文件。

2）插入“底座”文件。选择菜单栏中的“插入”→“零部件”→“现有零件/装配体”命令，插入已绘制的名为“底座”文件，并调节视图中零件的方向，底座零件的尺寸如图11-50所示。

3）插入“圆柱”文件。选择菜单栏中的“插入”→“零部件”→“现有零件/装配体”命令，插入已绘制的名为“圆柱”文件，“圆柱”零件的尺寸如图11-51所示，调节视图中各零件的方向，结果如图11-52所示。

4）添加配合关系。选择菜单栏中的“工具”→“配合”命令，或者单击“装配体”工具栏中的“配合”按钮。

5）设置属性管理器。系统弹出“配合”属性管理器，将如图11-52中的平面1和平面4添加为“重合”配合关系；将圆柱面2和圆柱面3添加为“同轴心”配合关系，注意配合的方向。

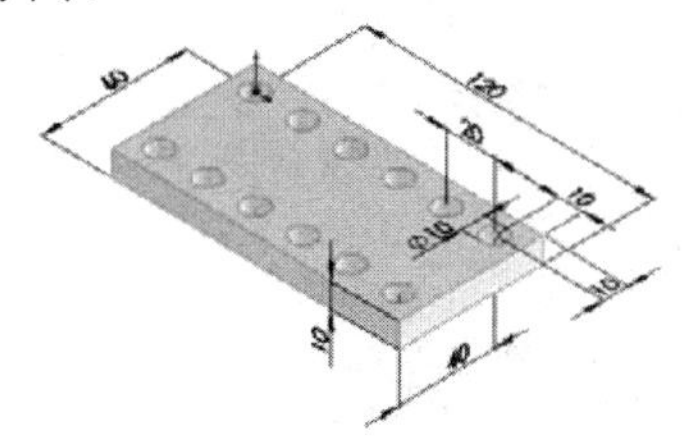

图 11-50　底座零件尺寸图示

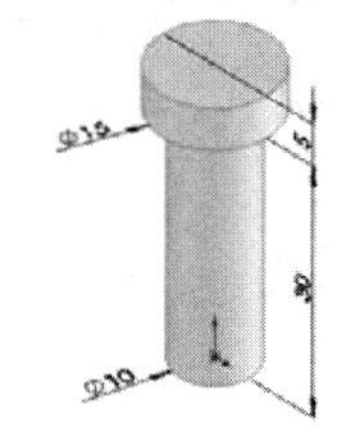

图 11-51　圆柱零件尺寸图示

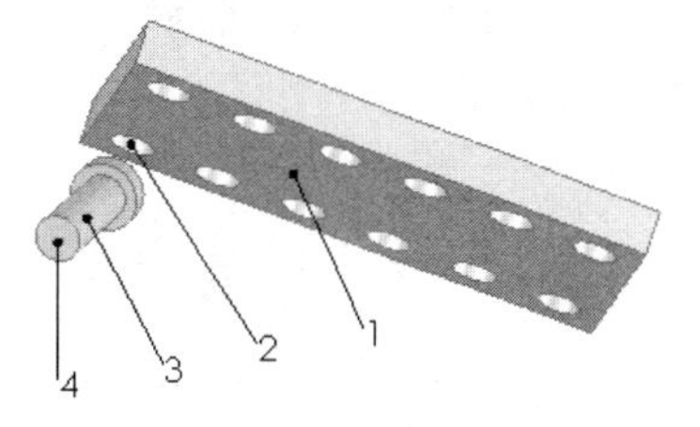

图 11-52　插入零件后的装配体

6）确认配合关系。单击属性管理器中的“确定”按钮✔，配合添加完毕。

7）设置视图方向。单击“标准视图”工具栏中的“等轴测”按钮，将视图以等轴测方向显示，结果如图11-53所示。

8）线性阵列圆柱零件。选择菜单栏中的“插入”→“零部件阵列”→“线性阵列”命令，系统弹出图11-54所示的“线性阵列”属性管理器。

9）设置属性管理器。在“方向1”的“阵列方向”一栏中，选择图11-53中的边线1，注意设置阵列的方向；在“方向2”的“阵列方向”一栏中，选择图11-53中的边线2，注意设置阵列的方向；在“要阵列的零部件”一栏中，选择图11-53中的圆柱。其他设置按照图11-54所示。

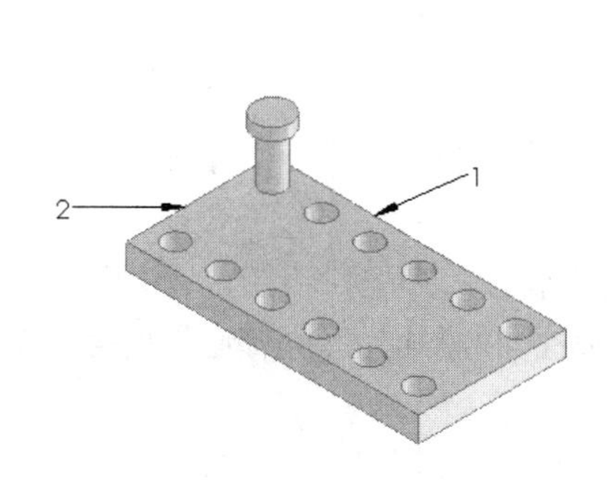

图 11-53　配合后的等轴测视图

图 11-54　“线性阵列”属性管理器

10）确认线性阵列。单击属性管理器中的“确定”按钮✔，完成零件的线性阵列，结果如图11-55所示。此时装配体文件的“FeatureManager设计树”如图11-56所示。

2．零件的圆周阵列

零件的圆周阵列与线性阵列类似，只是需要一个进行圆周阵列的轴线。

【操作步骤】

1）创建装配体文件。选择菜单栏中的“文件”→“新建”命令，在系统弹出的“新建SOLIDWORKS文件”对话框中，单击“装配体”按钮，创建一个装配体文件。

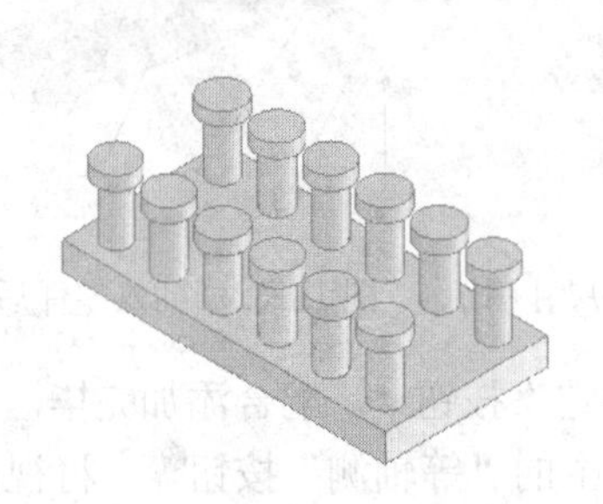

图 11-55　线性阵列后的图形

装配体4（默认<默认_显示状态-
History
传感器
注解
前视基准面
上视基准面
右视基准面
原点
(固定) 底座零件<1> (默认-
(-) 圆柱零件<1> (默认<<
配合
局部线性阵列1

图 11-56　装配体的“FeatureManager”设计树

2）插入“圆盘”文件。选择菜单栏中的“插入”→“零部件”→“现有零件/装配体”命令，插入已绘制的名为“圆盘”文件，并调节视图中零件的方向，圆盘零件的尺寸如图11-57所示。

3）插入“圆柱”文件。选择菜单栏中的“插入”→“零部件”→“现有零件/装配体”命令，插入已绘制的名为“圆柱”文件，“圆柱”零件的尺寸如图11-58所示。调节视图中各零件的方向，结果如图11-59所示。

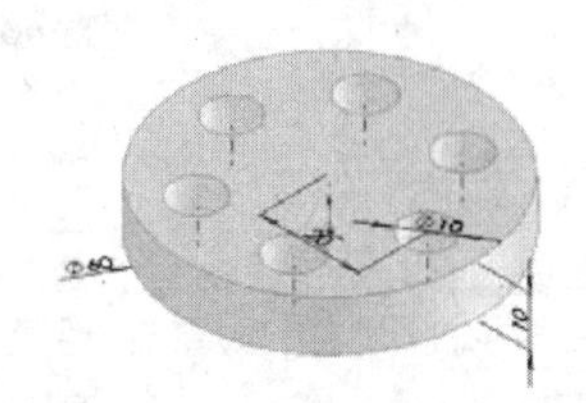

图 11-57　圆盘零件尺寸图示

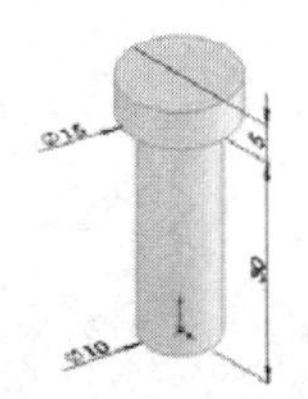

图 11-58　圆柱零件尺寸图示

4）添加配合关系。选择菜单栏中的“工具”→“配合”命令，或者单击“装配体”工具栏中的“配合”按钮。

5）设置属性管理器。此时系统弹出“配合”属性管理器，将图11-59所示中的平面1和平面4添加为“重合”配合关系；将圆柱面2和圆柱面3添加为“同轴心”配合关系，注意配合的方向。

6）确认配合关系。单击属性管理器中的“确定”按钮，配合添加完毕。

7）设置视图方向。单击“标准视图”工具栏中的“等轴测”按钮，将视图以等轴测方向显示，结果如图11-60所示。

8）显示临时轴。选择菜单栏中的“视图”→“临时轴”命令，显示视图中的临时轴，结果如图11-61所示。

9）圆周阵列圆柱零件。选择菜单栏中的“插入”→“零部件阵列”→“圆周阵列”命令，系统弹出图11-62所示的“圆周阵列”属性管理器。

10）设置属性管理器。在“阵列轴”一栏中，选择图11-61中的临时轴1；在“要阵列的零部件”一栏中，选择图11-61中的圆柱。其他设置按照图11-62所示。

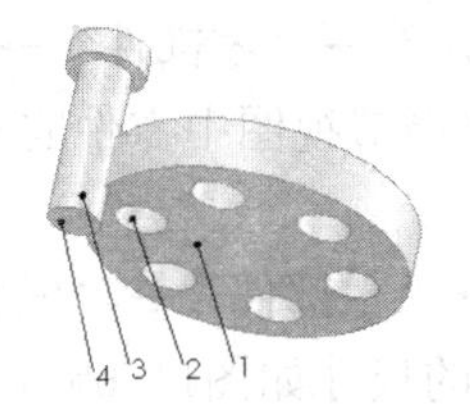

图 11-59　插入零件后的装配体

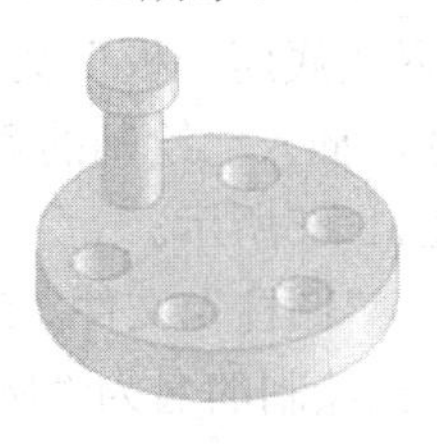

图 11-60　配合后的等轴测视图

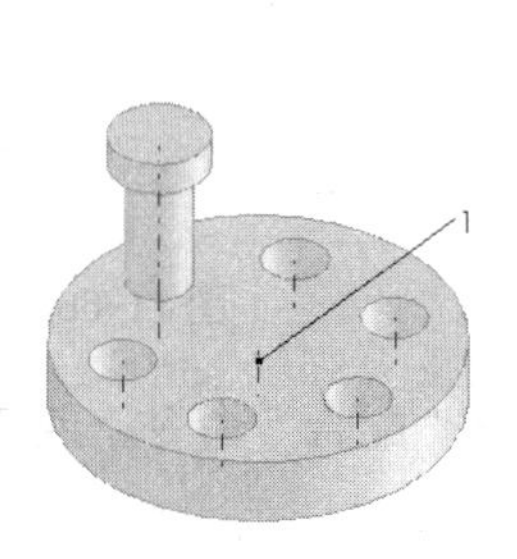

图11-61　显示临时轴的图形

图11-62　“圆周阵列”属性管理器

11）单击属性管理器中的“确定”按钮✓，完成零件的圆周阵列，结果如图11-63所示。此时装配体文件的“FeatureManager设计树”如图11-64所示。

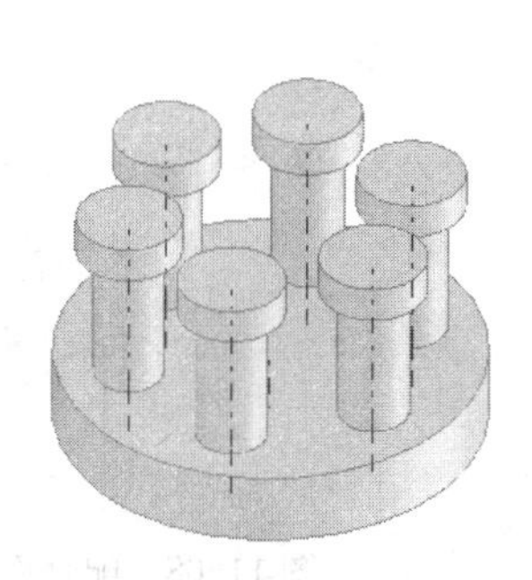

图 11-63　圆周阵列后的图形

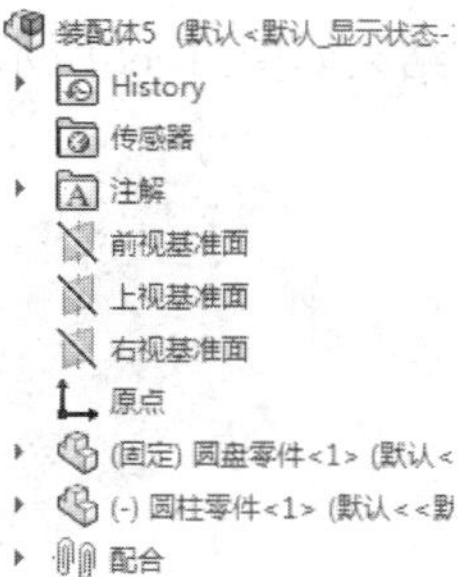

图 11-64　装配体的“FeatureManager”设计树

11.3.3　零件的镜像

装配体环境下的镜像操作与零件设计环境下的镜像操作类似。在装配体环境下，有相同且对称的零部件时，可以使用镜像零部件操作来完成。

【操作步骤】

1）创建装配体文件。选择菜单栏中的“文件”→“新建”命令，在系统弹出的“新建SOLIDWORKS文件”对话框中，单击“装配体”按钮，创建一个装配体文件。

2）插入“底座平板”文件。选择菜单栏中的“插入”→“零部件”→“现有零件/装配体”命令，插入已绘制的名为“底座平板”文件，并调节视图中零件的方向，圆盘零件的尺寸如图11-65所示。

3）插入“圆柱”文件。选择菜单栏中的“插入”→“零部件”→“现有零件/装配体”命令，插入已绘制的名为“圆柱”文件，“圆柱”零件的尺寸如图11-66所示。调节视图中各零件的方向，结果如图11-67所示。

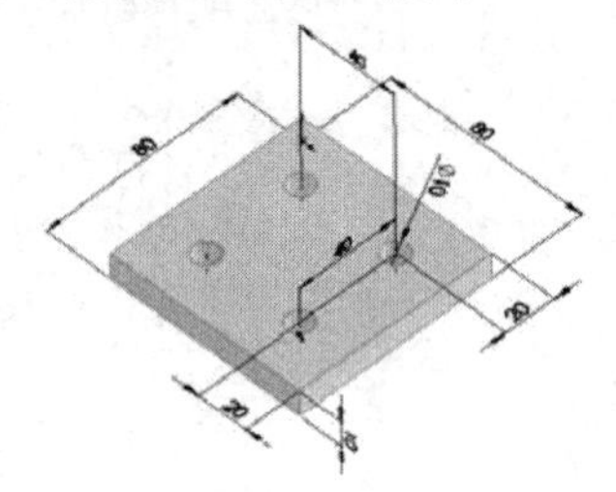

图 11-65　底座平板零件尺寸图示

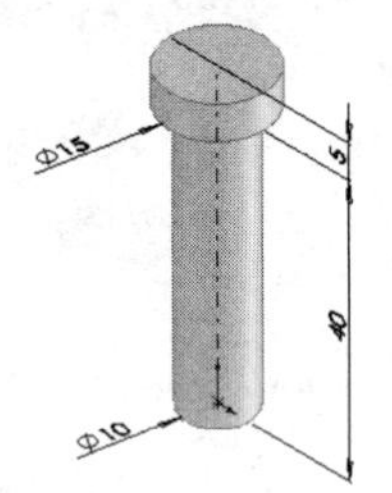

图 11-66　圆柱零件尺寸图示

4）添加配合关系。选择菜单栏中的“工具”→“配合”命令，或者单击“装配体”工具栏中的“配合”按钮。

5）设置属性管理器。此时系统弹出“配合”属性管理器，将图11-67中的平面1和平面3添加为“重合”配合关系；将圆柱面2和圆柱面4添加为“同轴心”配合关系，注意配合的方向。

6）确认配合关系。单击属性管理器中的“确定”按钮，配合添加完毕。

7）设置视图方向。单击“标准视图”工具栏中的“等轴测”按钮，将视图以等轴测方向显示，结果如图11-68所示。

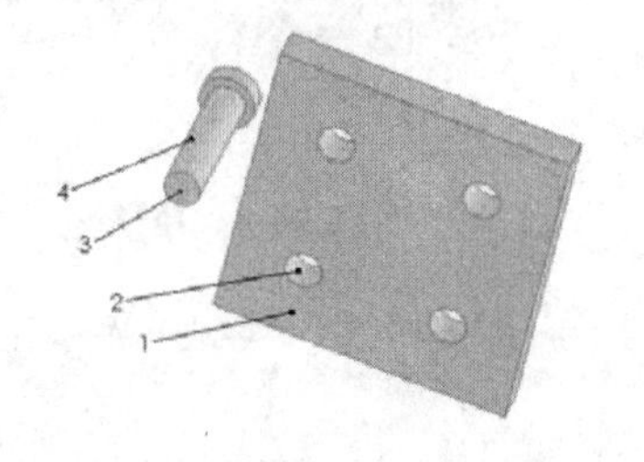

图 11-67　插入零件后的装配体

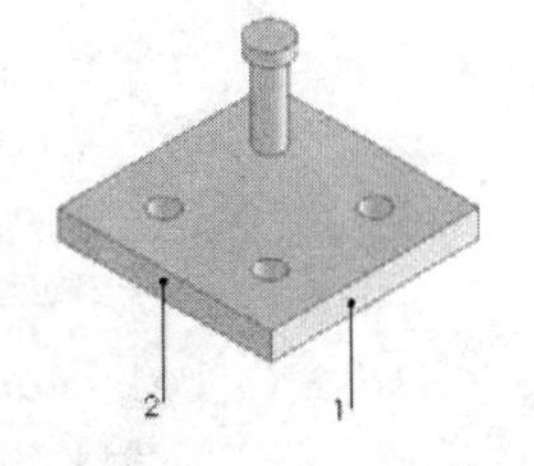

图 11-68　配合后的等轴测视图

8）添加基准面。选择菜单栏中的“插入”→“参考几何体”→“基准面”命令，或者单击“参考几何体”工具栏中的“基准面”按钮。

9）设置属性管理器。系统弹出图11-69所示的“基准面”属性管理器，在“参考实体”一栏中，选择图11-68所示中的面1；在“距离”一栏中输入值40，注意添加基准面的方向，其他设置参考如图11-69所示，添加如图11-70所示中的基准面1。重复此命令，添加如图11-70所示中的基准面2。

10）镜像圆柱零件。选择菜单栏中的“插入”→“镜像零部件”命令，此时系统弹出

图11-71所示的“镜像零部件”属性管理器。

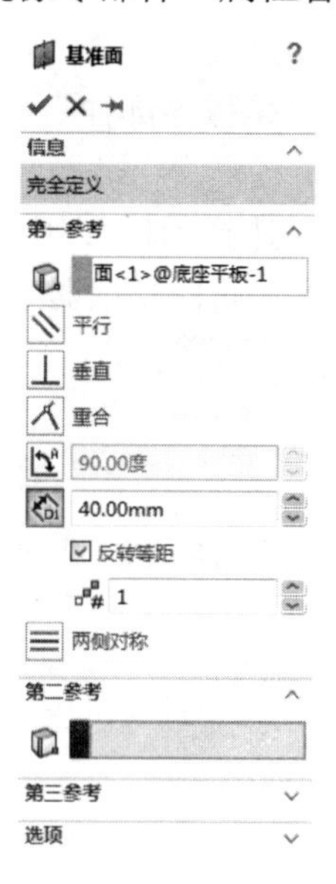

图 11-69 “基准面”属性管理器

图 11-70 添加基准面后的图形

11）设置属性管理器。在“镜像基准面”一栏中，选择图11-70中的基准面1；在“要镜像的零部件”一栏中，选择图11-70中的圆柱，单击属性管理器中的“下一步”按钮，此时属性管理器如图11-72所示。

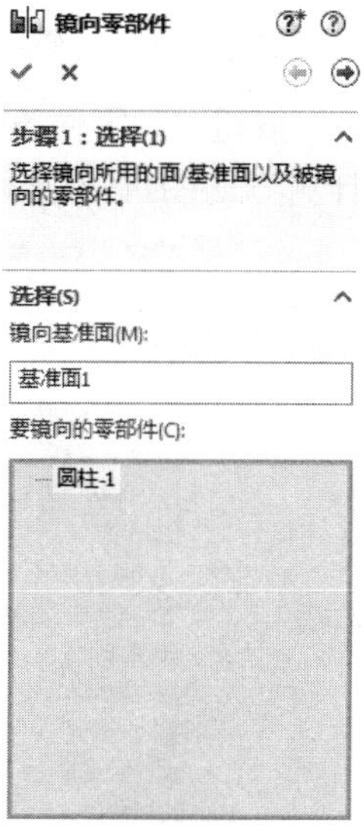

图 11-71 “镜像零部件”属性管理器

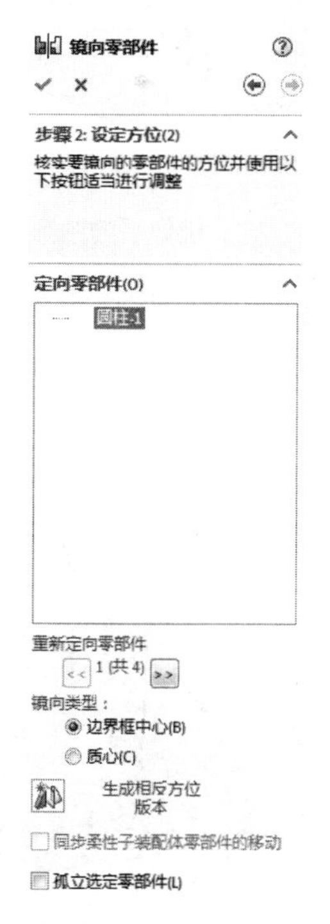

图 11-72 “镜像零部件”属性管理器

12）确认镜像的零件。单击属性管理器中的“确定”按钮✓，零件镜像完毕，结果如图11-73所示。

13）镜像圆柱零件。选择菜单栏中的“插入”→“镜像零部件”命令，此时系统弹出“镜像零部件”属性管理器。

14）设置属性管理器。在“镜像基准面”一栏中，选择图11-73中的基准面2；在“要镜像的零部件”一栏中，选择图11-73中的两个圆柱。单击属性管理器中的“往下”按钮，此时属性管理器如图11-74所示。

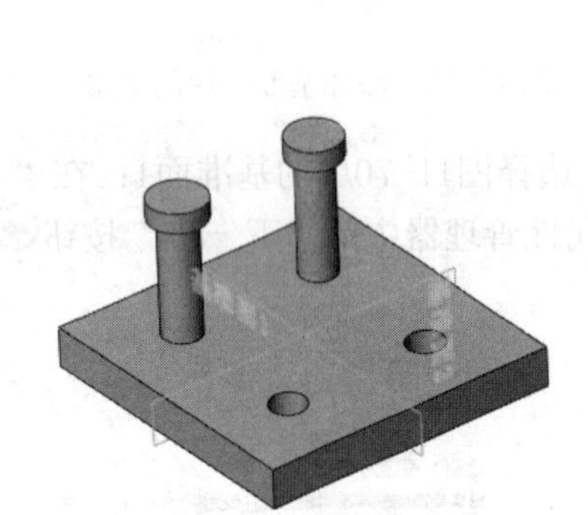

图 11-73 镜像后的图形

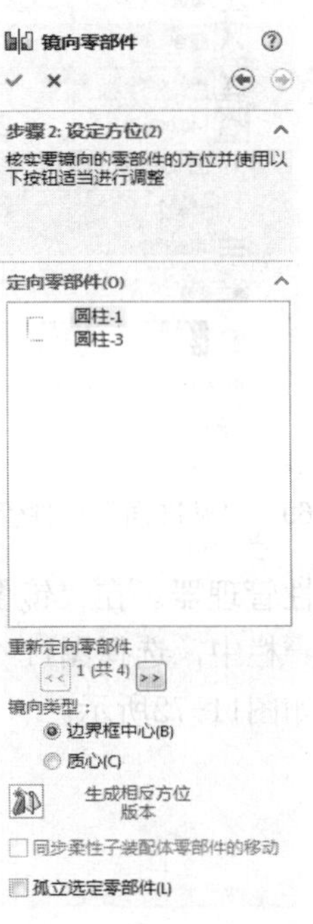

图 11-74 “镜像零部件”属性管理器

15）确认镜像的零件。单击属性管理器中的“确定”按钮✓，零件镜像完毕，结果如图11-75所示，此时装配体文件的“FeatureManager设计树”如图11-76所示。

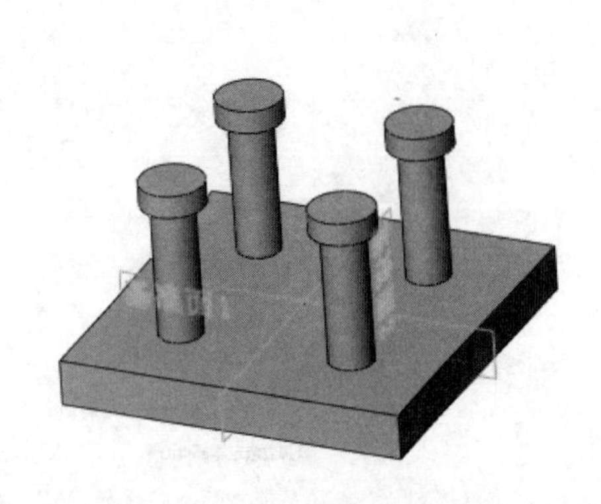

图 11-75 镜像后的装配体图形

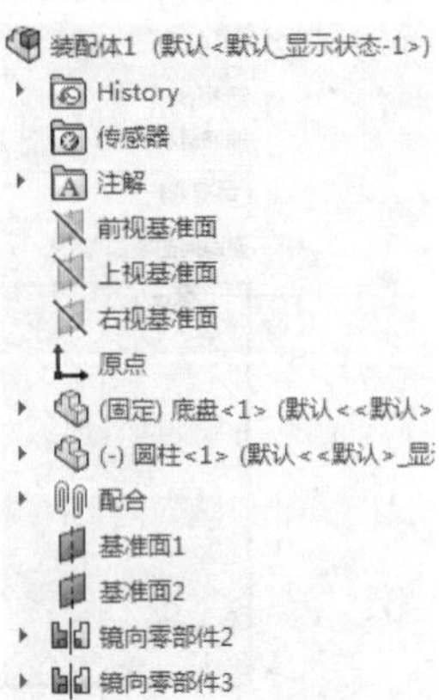

图 11-76 装配体文件的“FeatureManager 设计树”

11.4 装配体检查

装配体检查主要包括碰撞测试、动态间隙、体积干涉检查及装配体统计等，用来检查装配体各个零部件装配后装配的正确性、装配信息等。

11.4.1 碰撞测试

在装配体环境下，移动或者旋转零部件时，SOLIDWORKS提供了检查其与其他零部件碰撞检查。在进行碰撞测试时，零件必须做适当的配合，但是不能完全限制配合，否则零件无法移动。

物资动力是碰撞检查中的一个选项，使用“物资动力”复选框时，等同于向被撞零部件施加一个碰撞力。

【操作步骤】

1）打开装配体文件。图11-77所示为碰撞测试用的装配体文件，两个轴件与基座的凹槽为“同轴心”配合方式。

2）碰撞检查。单击“装配体”工具栏中的“移动零部件”按钮，或者“旋转零部件”按钮。

3）设置属性管理器。系统弹出“移动零部件”或者“旋转零部件”属性管理器，在“选项”一栏中选中“碰撞检查”及“碰撞时停止”复选框，则碰撞时零件会停止运动；在“高级选项”一栏中选中“亮显显示面”及“声音”复选框，则碰撞时零件会亮显并且计算机会发出碰撞的声音。碰撞设置如图11-78所示。

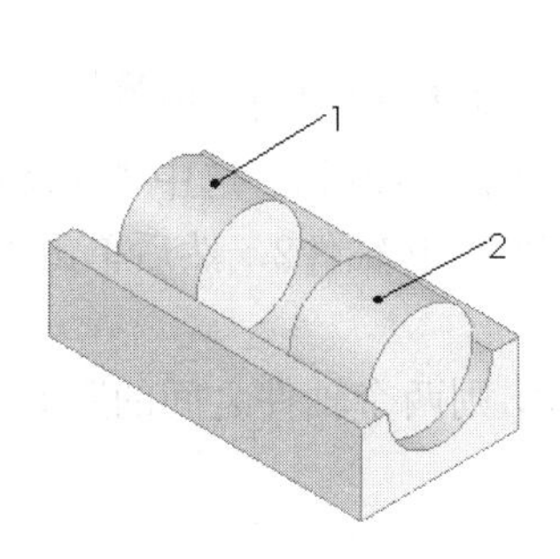

图 11-77　碰撞测试装配体文件

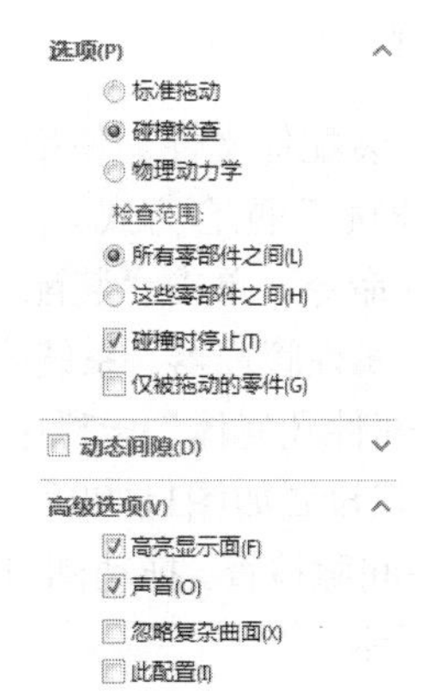

图 11-78　碰撞检查时的设置

4）碰撞检查。拖动如图11-77所示中的零件2向零件1移动，在碰撞零件1时，零件2会停止运动，并且零件2会亮显，如图11-79所示。

5）物资动力设置。在“移动零部件”或者“旋转零部件”属性管理器中，在其“选项”

一栏中选中“物理动力学”复选框，下面的“敏感度”工具条可以调节施加的力；在“高级选项”一栏中选中“亮显显示面”及“声音”复选框，则碰撞时零件会亮显并且计算机会发出碰撞的声音。物资动力设置如图11-80所示。

6物资检查。拖动图11-77中的零件2向零件1移动，在碰撞零件1时，零件1和2会以给定的力一起向前运动，如图11-81所示。

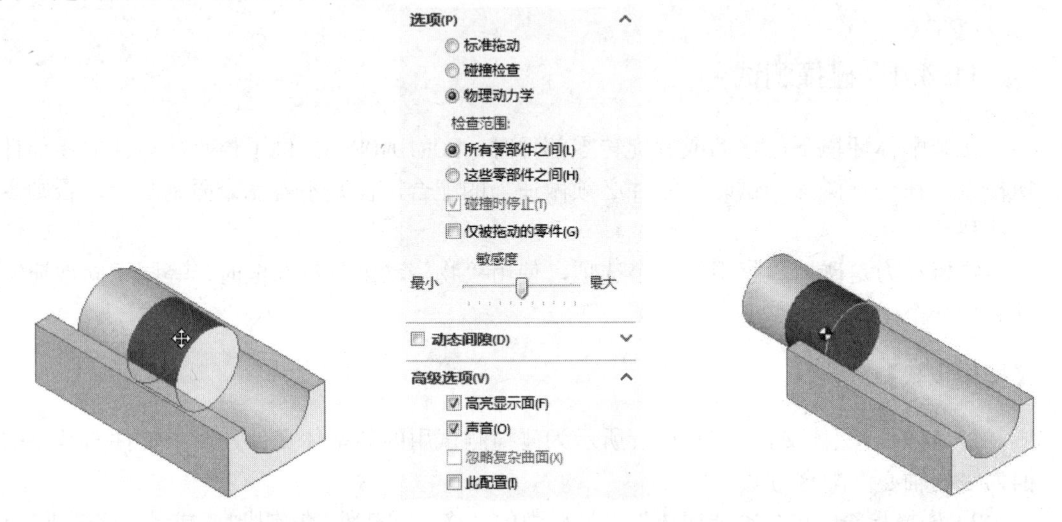

图11-79　碰撞检查时的装配体　图11-80　物资检查时的设置　图11-81　物资动力检查时的装配体

11.4.2　动态间隙

动态间隙用于在零部件移动过程中，动态显示两个设置零部件间的距离。

【操作步骤】

1）打开装配体文件。使用上一节的装配体文件，如图11-77所示。两个轴件与基座的凹槽为“同轴心”配合方式。

2）执行命令。单击“装配体”工具栏中的“移动零部件”按钮。

3）设置属性管理器。系统弹出“移动零部件”属性管理器，选中“动态间隙”复选框。在“所选零部件几何体”一栏中选择图11-77中的轴件1和轴件2，然后单击“恢复拖动”按钮，动态间隙设置如图11-82所示。

4）动态间隙检查。拖动图11-77中的零件2移动，则两个轴件之间的距离会实时地改变，如图11-83所示。

动态间隙设置时，在“指定间隙停止”一栏中输入的值，用于确定两零件之间停止的距离。当两零件之间的距离为该值时，零件就会停止运动。

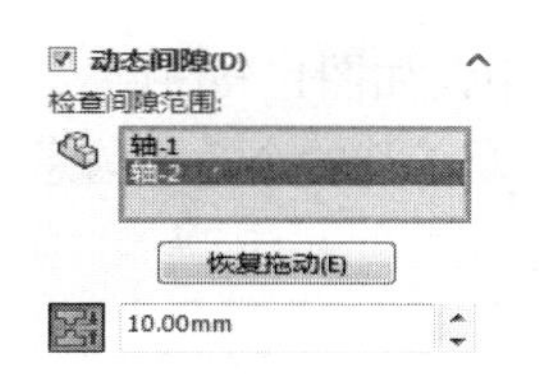

图 11-82 动态间隙时的设置

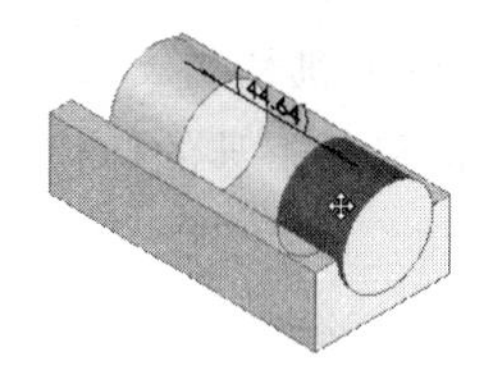

图 11-83 动态间隙时的图形

11.4.3 体积干涉检查

在一个复杂的装配体文件中，直接甄别零部件是否发生干涉是件比较困难的事情。SOLIDWORKS提供了体积干涉检查工具，利用该工具可以比较容易地在零部件之间进行干涉检查，并且可以查看发生干涉的体积。

【操作步骤】

1）打开装配体文件。使用上一节的装配体文件，两个轴件与基座的凹槽为“同轴心”配合方式，调节两个轴件相互重合，如图11-84所示。

2）执行命令。选择菜单栏中的“工具”→“干涉检查”命令，此时系统弹出“干涉检查”属性管理器。

3）设置属性管理器。选中“视重合为干涉”复选框，单击属性管理器中的“计算”按钮，如图11-85所示。

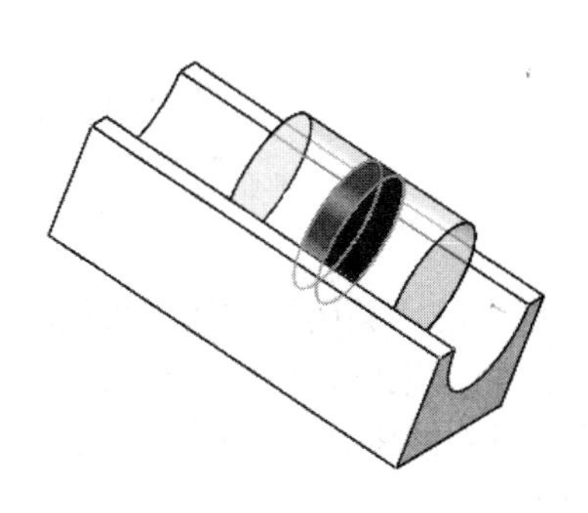

图 11-84 体积干涉检查装配体文件

图 11-85 “干涉检查”属性管理器

4）体积干涉检查。检查结果出现在“结果”一栏中，如图11-86所示。在“结果”一栏中，不但显示干涉的体积，而且还显示干涉的数量以及干涉的个数等信息。

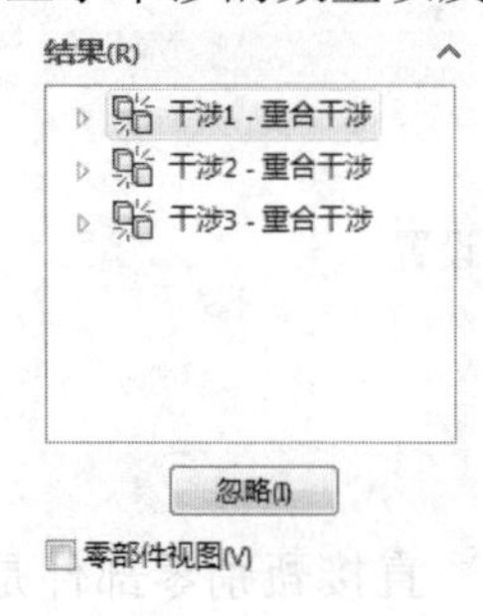

图 11-86　干涉检查结果

11.4.4　装配体性能评估

SOLIDWORKS提供了对装配体进行统计报告的功能，即装配体性能评估。通过装配体统计，可以生成一个装配体文件的统计资料。

【操作步骤】

1）打开装配体文件。打开“移动轮”装配体文件，如图11-87所示。“移动轮”装配体文件的“FeatureManager设计树”如图11-88所示。

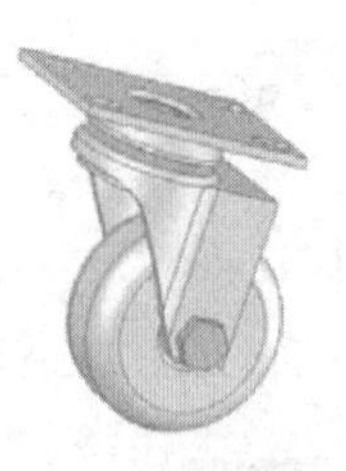

图 11-87　“移动轮”装配体文件

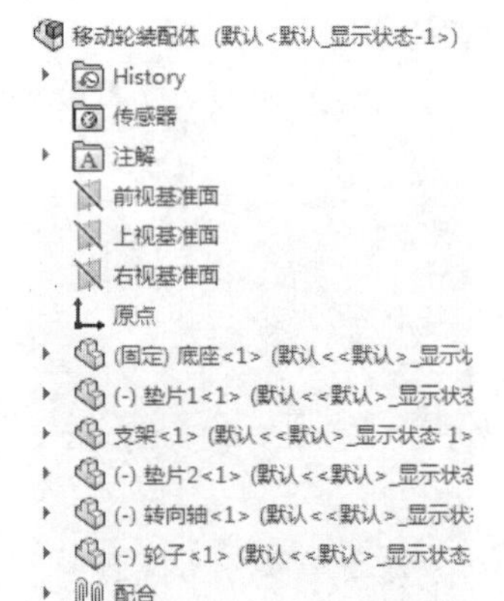

图 11-88　装配体的“FeatureManager 设计树”

2）执行装配体统计命令。选择菜单栏中的“工具”→“评估”→“性能评估”命令，此时系统弹出图11-89所示的“性能评估”对话框。

3）确认统计结果。单击“性能评估”对话框中的“关闭”按钮，关闭该对话框。

从“性能评估”对话框中，可以查看装配体文件的统计资料，对话框中各项的意义如下：

- ［零件数］：统计的零件数包括装配体中所有的零件，无论是否被压缩，但是被压缩的子装配体的零部件不包括在统计中。
- ［独特零件］：仅统计未被压缩的互不相同的零件。

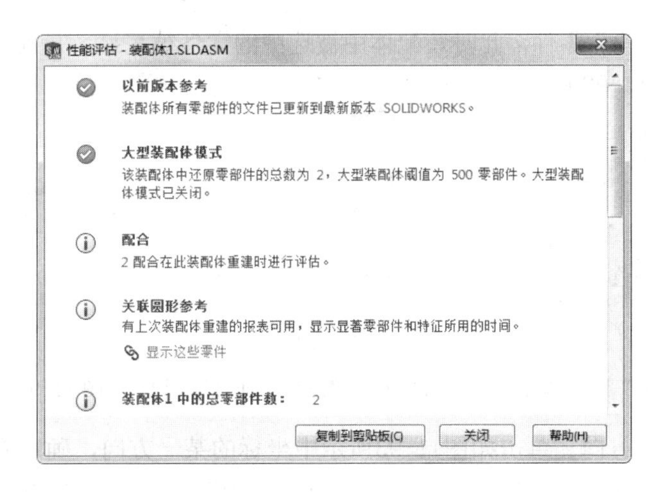

图 11-89 “性能评估”对话框

- [子装配体]：统计装配体文件中包含的子装配体个数。
- [独特子装配体]：仅统计装配体文件中包含的未被压缩的互不相同子装配体的个数。
- [还原零部件]：统计装配体文件处于还原状态的零部件个数。
- [压缩零部件]：统计装配体文件处于压缩状态的零部件个数。
- [顶层配合]：统计最高层装配体文件中所包含的配合关系的个数。

11.5 爆炸视图

在零部件装配体完成后，为了在制造、维修及销售中直观地分析各个零部件之间的相互关系，我们将装配图按照零部件的配合条件来产生爆炸视图。装配体爆炸以后，用户不可以对装配体添加新的配合关系。

11.5.1 生成爆炸视图

爆炸视图可以很形象地查看装配体中各个零部件的配合关系，常称为系统立体图。爆炸视图通常用于介绍零件的组装流程、仪器的操作手册及产品使用说明书中。

【操作步骤】

1）打开装配体文件。打开“移动轮”装配体文件，如图11-90所示。“移动轮”装配体文件的“FeatureManager设计树”如图11-88所示。

2）执行创建爆炸视图命令。选择菜单栏中的“插入”→“爆炸视图”命令，此时系统弹出图11-91所示的“爆炸”属性管理器。单击属性管理器中“爆炸步骤”“设定”及“选项”各复选框右上角的箭头，将其展开。

3）设置属性管理器。在“设定”复选框中的“爆炸步骤零部件”一栏中，用鼠标单击

图11-90中的“底座”零件，此时装配体中被选中的零件被亮显，并且出现一个设置移动方向的坐标，如图11-92所示。

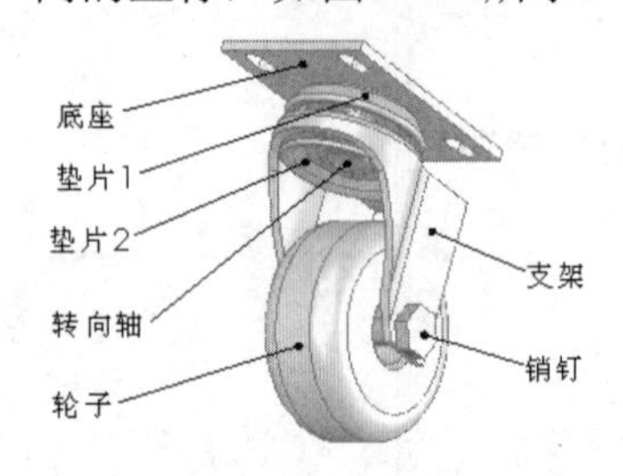

图 11-90 “移动轮”装配体文件

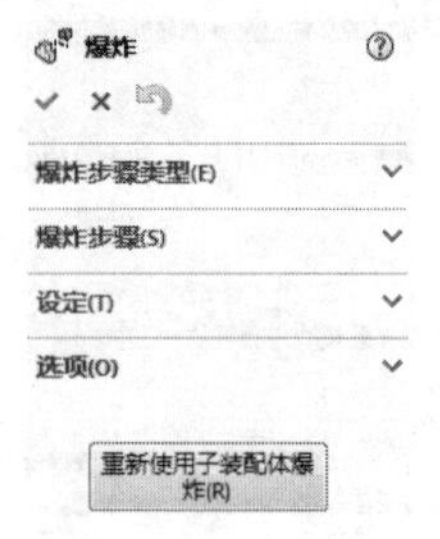

图 11-91 “爆炸”属性管理器

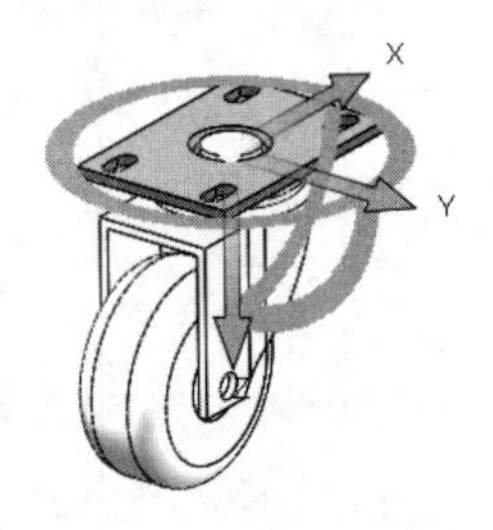

图 11-92 选择零件后的装配体

4）设置爆炸方向。单击如图11-93所示中坐标的某一方向，确定要爆炸的方向，然后在“设置”复选框中的“爆炸距离”一栏中输入爆炸的距离值，如图11-94所示。

5）观测预览效果。单击“设定”复选框中的“应用”按钮，观测视图中预览的爆炸效果，单击“爆炸方向”前面的“反向”按钮，可以反方向调整爆炸视图。单击“完成”按钮，第一个零件爆炸完成，结果如图11-94所示。并且在“操作步骤”复选框中生成“爆炸步骤1”，如图11-95所示。

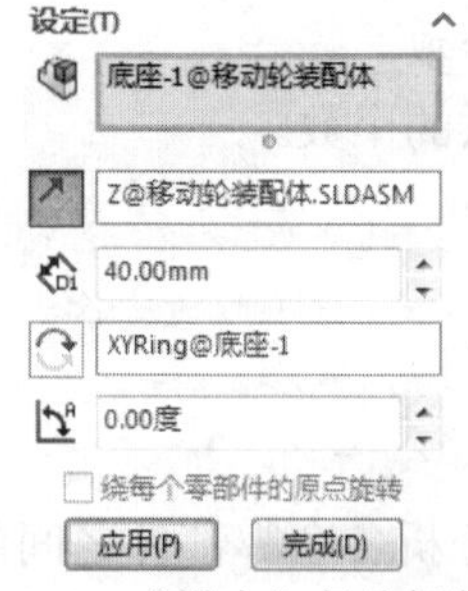

图 11-93 “设定”复选框的设置

图 11-94 第一个爆炸零件视图

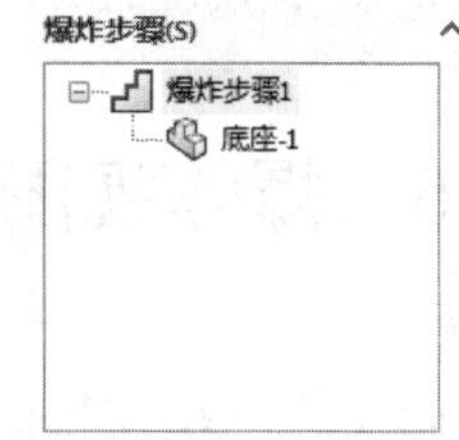

图 11-95 生成的爆炸步骤

6）生成其他爆炸步骤。重复步骤3）～5），将其他零部件的爆炸，生成的爆炸视图如图11-96所示，图11-97所示为该爆炸视图的爆炸步骤。

注意

在生成爆炸视图时，建议对每一个零件在每一个方向上的爆炸设置为一个爆炸步骤。如果一个零件需要在三个方向上爆炸，建议使用三个爆炸步骤，这样可以很方便地修改爆炸视图。

图 11-96 生成的爆炸视图

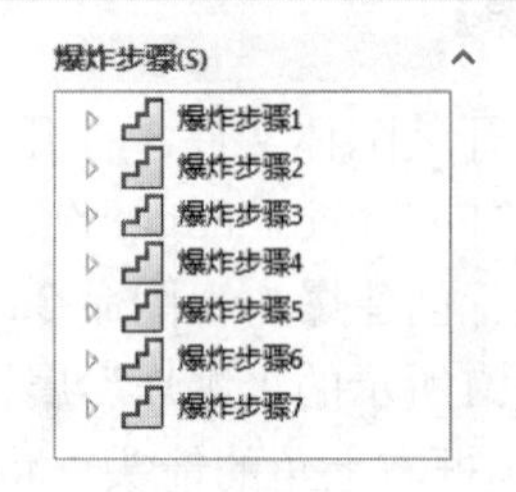

图 11-97 生成的爆炸步骤

11.5.2 编辑爆炸视图

装配体爆炸后，可以利用“爆炸”属性管理器进行编辑，也可以添加新的爆炸步骤。

【操作步骤】

1）打开装配体文件。打开爆炸后的“移动轮”装配体文件，如图11-96所示。

2）打开“爆炸”属性管理器。选择FeatureManager设计树中的“配置”→“爆炸视图1”，单击鼠标右键，弹出快捷菜单，选择“编辑特征”命令，此时系统弹出“爆炸”属性管理器。

3）编辑爆炸步骤。右键单击“爆炸步骤”复选框中的“爆炸步骤1”，如图11-98所示，在弹出的快捷菜单中选择“编辑步骤”选项，此时“爆炸步骤1”的爆炸设置出现在如图11-99所示的“设定”复选框中。

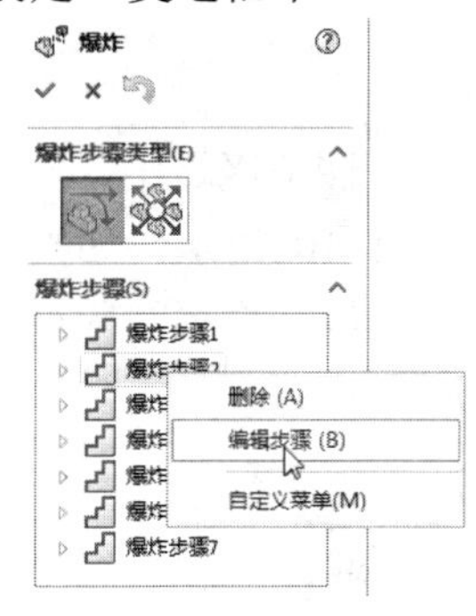

图 11-98 “爆炸”属性管理器

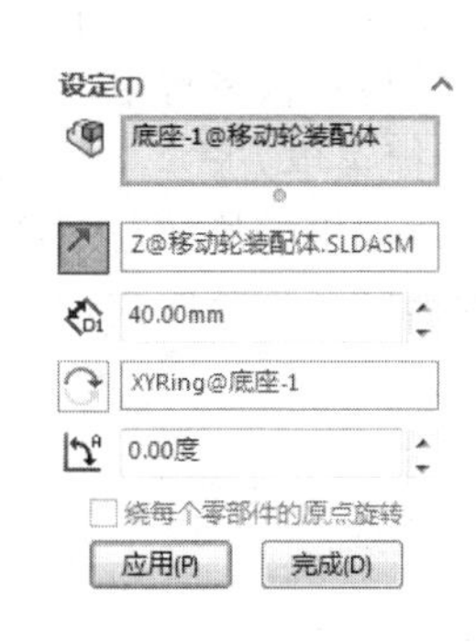

图 11-99 “设定”复选框

4）确认爆炸修改。修改“设定”复选框中的距离参数，或者拖动视图中要爆炸的零部件，然后单击“完成”按钮，即可完成对爆炸视图的修改。

5）删除爆炸步骤。在“爆炸步骤1”的右键快捷菜单中单击“删除”选项，该爆炸步骤就会被删除，删除后的操作步骤如图11-100所示。零部件恢复爆炸前的配合状态，结果如图11-96所示。对照图11-101与图11-96所示的异同。

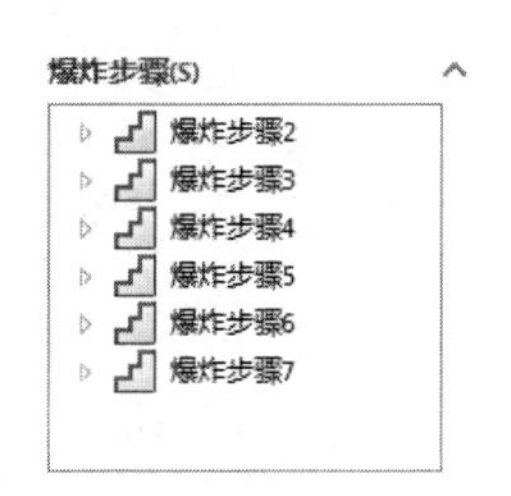

图 11-100 删除爆炸步骤后的操作步骤

图 11-101 删除爆炸步骤 1 后的视图

11.6 装配体的简化

在实际设计过程中，一个完整的机械产品的总装配图是很复杂的，通常有许多的零件组成。SOLIDWORKS提供了多种简化的手段，通常使用时改变零部件的显示属性以及改变零部件的压缩状态来简化复杂的装配体。SOLIDWORKS中的零部件有四种显示状态：

- 还原：零部件以正常方式显示，装入零部件所有的设计信息。
- 隐藏：仅隐藏所选零部件在装配图中的显示。
- 压缩：装配体中的零部件不被显示，并且可以减少工作时装入和计算的数据量。
- 轻化：装配体中的零部件处于轻化状态，只占用部分内存资源。

11.6.1 零部件显示状态的切换

零部件的显示有两种状态：显示和隐藏。通过设置装配体文件中零部件的显示状态，可以将装配体文件中暂时不需要修改的零部件隐藏起来。零部件的显示和隐藏不影响零部件的本身，只是改变在装配体中的显示状态。

切换零部件显示状态常用的有三种方法，下面分别介绍。

1）左键快捷菜单方式。在“FeatureManager设计树”或者图形区域中，左键单击要隐藏的零部件，在弹出的快捷菜单中选择“隐藏”选项，如图11-102所示。如果要显示隐藏的零部件，则右键单击绘图区域，在弹出的快捷菜单中单击“显示隐藏的零部件”选项，如图11-103所示。

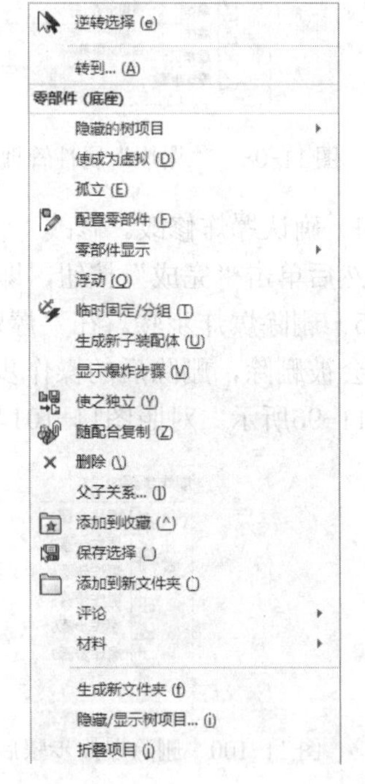

图 11-102　隐藏零部件快捷菜单

图 11-103　显示零部件快捷菜单

2）工具栏方式。在“FeatureManager 设计树”或者图形区域中，选择需要隐藏或者显示的零部件，然后单击“装配体”工具栏中的“显示/隐藏零部件”按钮，即可实现零部件的隐藏和显示状态的切换。

3）菜单方式。在“FeatureManager 设计树”或者图形区域中，选择需要隐藏的零部件，然后利用“编辑”→“隐藏”→“当前显示状态”命令，将所选零部件切换到隐藏状态。选择需要显示的零部件，然后“编辑”→“显示”→“当前显示状态”命令，将所选的零部件切换到显示状态。

图11-104所示为移动轮装配体图形，图11-105所示为其“FeatureManager 设计树”。图11-106所示为隐藏“移动轮4（支架）”零件后的装配体图形，图11-107所示为隐藏零件后的“FeatureManager设计树”。

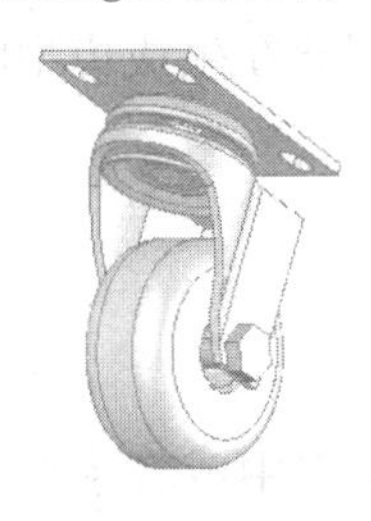

图 11-104 移动轮装配体图形

原点
(固定) 底座<1> (默认<<默认
(-) 垫片1<1> (默认<<默认>
支架<1> (默认<<默认>_显示
(-) 垫片2<1> (默认<<默认>
(-) 转向轴<1> (默认<<默认
(-) 轮子<1> (默认<<默认>_
配合

图 11-105 移动轮的“FeatureManager 设计树”

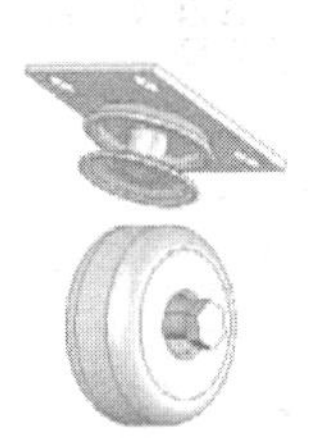

图 11-106 隐藏支架后的装配体

(固定) 底座<1> (默认<<默
(-) 垫片1<1> (默认<<默认
支架<1> (默认<<默认>_显
(-) 垫片2<1> (默认<<默认
(-) 转向轴<1> (默认<<默认
(-) 轮子<1> (默认<<默认>
配合

图 11-107 隐藏支架后的“FeatureManager 设计树”

11.6.2 零部件压缩状态的切换

在某段设计时间内，可以将某些零部件设置为压缩状态，这样可以减少工作时装入和计算的数据量。装配体的显示和重建会更快，可以更有效地利用系统资源。

装配体零部件共有三种压缩状态：还原、压缩与轻化，下面分别介绍。

1. 还原

还原是使装配体中的零部件处于正常显示状态，还原的零部件会完全装入内存，可以使用所有功能并可以完全访问。

常用设置还原状态的操作步骤是使用左键快捷菜单。

【操作步骤】

1）选择需要还原的零件。在“FeatureManager设计树”中，左键单击被轻化或者压缩的零件，此时系统弹出图11-108左所示的系统快捷菜单。

2）选择需要还原的零件。在“FeatureManager设计树”中，右键单击被轻化的零件，此时系统弹出图11-108右所示的系统快捷菜单。设置为还原状态。在其中单击“设定为还原”选项，则所选的零部件将处于正常的显示状态。

2．压缩

压缩命令可以使零件暂时从装配体中消失。处于压缩状态的零件不再装入内存，所以装入速度、重建模型速度及显示性能均有提高，减少了装配体的复杂程度，提高了计算机的运行速度。

被压缩的零部件不等同于该零部件被删除，它的相关数据仍然保存在内存中，只是不参与运算而已，它可以通过设置很方便地调入装配体中。

被压缩零部件包含的配合关系也被压缩。因此，装配体中的零部件的位置可能变为欠定义。当恢复零部件显示时，配合关系可能会发生矛盾，因此在生成模型时，要小心使用压缩状态。

常用设置压缩状态的操作步骤是使用右键快捷菜单。

【操作步骤】

1）选择需要压缩的零件。在“FeatureManager 设计树”中或者图形区域中，右键单击需要压缩的零件，此时系统弹出图11-109所示的系统快捷菜单。

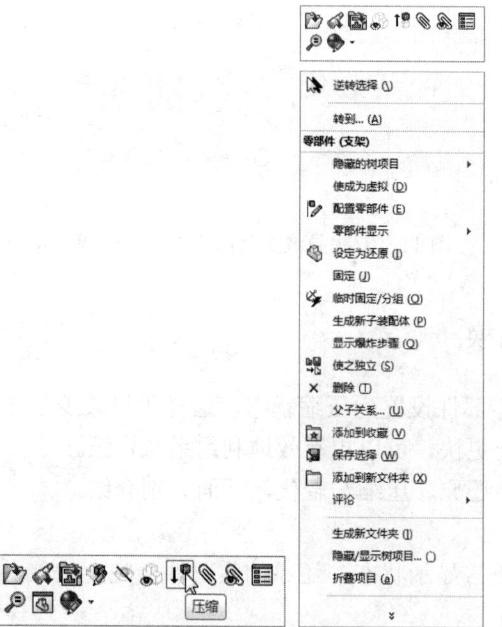

图 11-108　系统快捷菜单

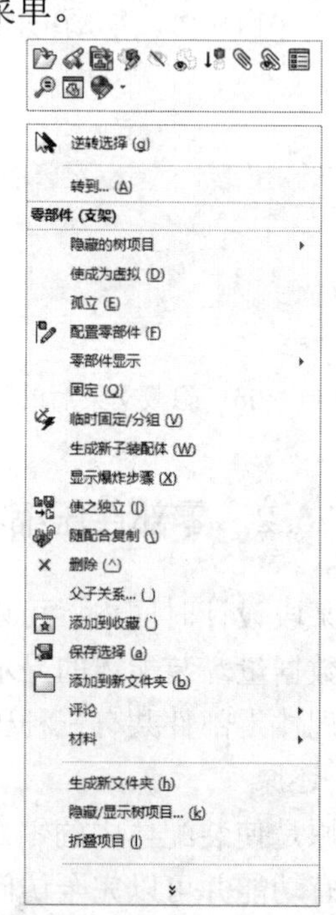

图 11-109　系统快捷菜单

2）设置为压缩状态。在其中单击“压缩”选项，则所选的零部件将处于压缩状态。

3．轻化

当零部件为轻化时，只有部分零件模型数据装入内存，其余的模型数据根据需要装入，这样可以显著提高大型装配体的性能。使用轻化的零件装入装配体比使用完全还原的零部件装入同一装配体速度更快。因为需要计算的数据比较少，包含轻化零部件的装配体重建速度也更快。

常用设置轻化状态的操作步骤是使用右键快捷菜单。

【操作步骤】

1）选择需要轻化的零件。在“FeatureManager 设计树”中或者图形区域中，右键单击需要轻化的零件，此时系统弹出图11-110所示的系统快捷菜单。

2）设置为轻化状态。在其中单击“设定为轻化”选项，则所选的零部件将处于轻化的显示状态。

如图11-111所示是将图11-104中的“移动轮4（支架）”零件设置为轻化状态后装配体图形，图11-112所示为其“FeatureManager设计树”。

对比图11-104和图11-111可以得知，轻化后的零件并不从装配图中消失，只是减少了该零件装入内存中的模型数据。

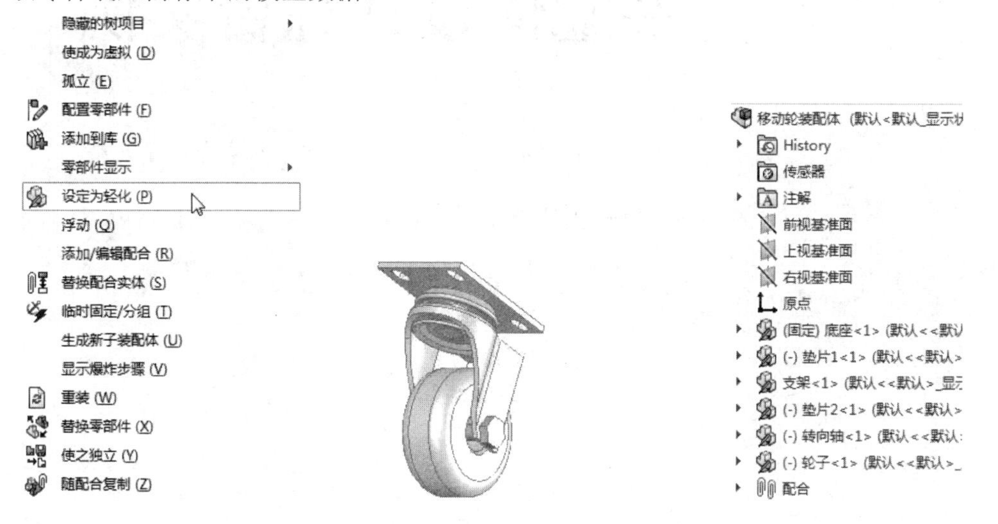

图 11-110 系统快捷菜单 图 11-111 轻化后的装配体 图 11-112 轻化后的“FeatureManager 设计树”

第12章 装配体设计综合实例

为了更好地掌握装配体设计的知识，本章介绍了几个实例，并给出了详细的操作步骤。

学习要点

- 传动装配体
- 升级台

12.1 传动装配体

本节将源文件中的零件实例组装为一个装配体文件，如图12-1所示。本节是本章知识的综合运用。下面将介绍装配体设计实例的操作过程。

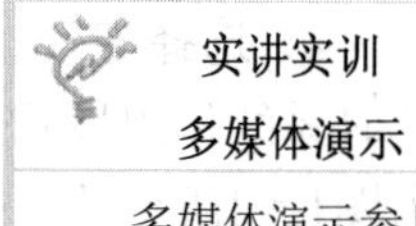

实讲实训
多媒体演示

多媒体演示参见配套光盘中的\\动画演示\第12章\传动装配体.avi。

图 12-1 传动装配体

【操作步骤】

12.1.1 创建装配图

1）启动软件。选择菜单栏中的“开始”→“所有程序”→“SOLIDWORKS2016”命令，或者单击桌面按钮，启动SOLIDWORKS2016。

2）创建装配体文件。选择菜单栏中的“文件”→“新建”命令，或者单击“标准”工具栏中的“新建”按钮，此时系统弹出图12-2所示的“新建SOLIDWORKS文件”对话框，在其中选择“装配体”按钮，然后单击“确定”按钮，创建一个新的装配体文件。

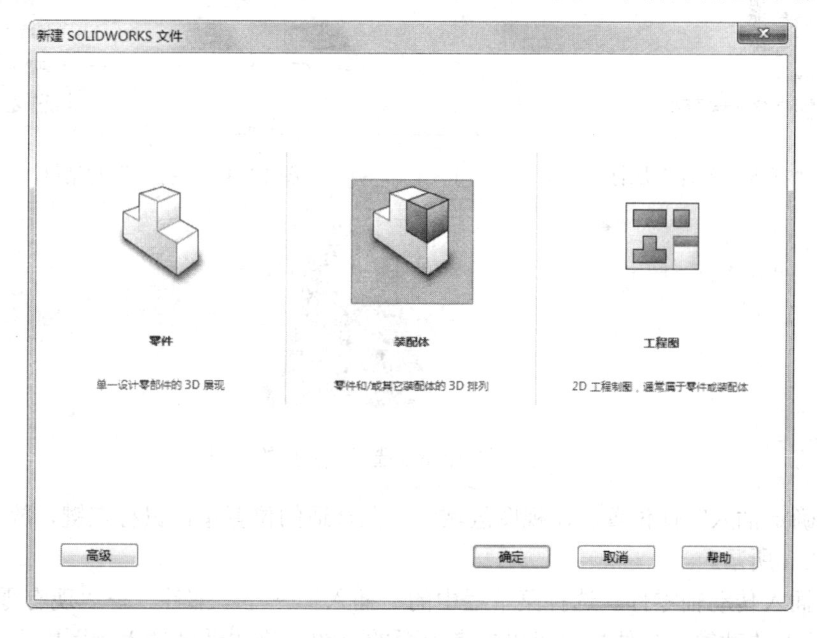

图 12-2 “新建 SOLIDWORKS 文件”对话框

3）保存文件。选择菜单栏中的“文件”→“保存”命令，或者单击“标准”工具栏中的“保存”按钮，此时系统弹出“另存为”对话框。在“文件名”一栏中输入传动装配体，然后单击“保存”按钮，创建一个文件名为“传动装配体”的装配体文件。

4）选择零件。选择菜单栏中的“插入”→“零部件”→“现有零件/装配体”命令，此时系统弹出图12-3所示的“插入零部件”属性管理器。单击“浏览”按钮，此时系统弹出图12-4所示的“打开”对话框，在其中选择需要的零部件，即基座。单击“打开”按钮，此时所选的零部件显示在“插入零部件”属性管理器的“打开文档”一栏中，并在视图区域中出现，如图12-5所示。

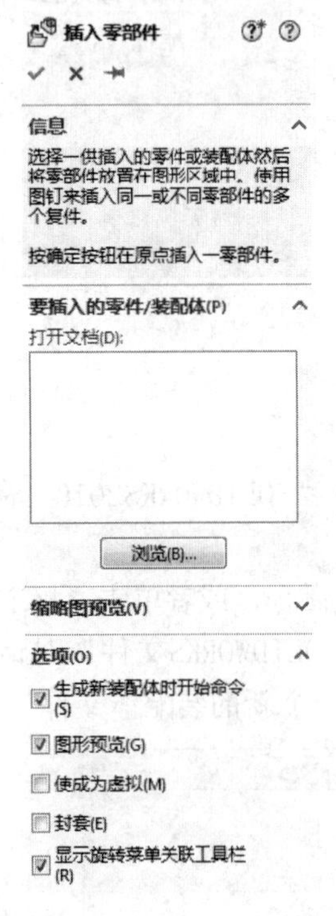

图 12-3　“插入零部件”属性管理器

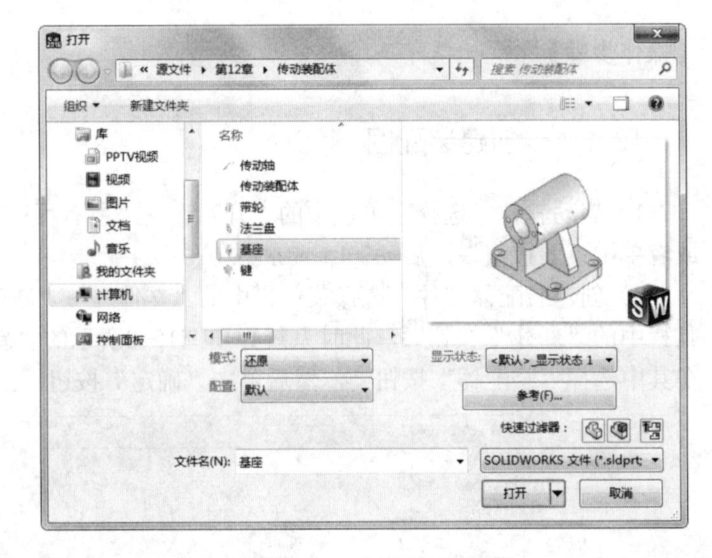

图 12-4　“打开”对话框

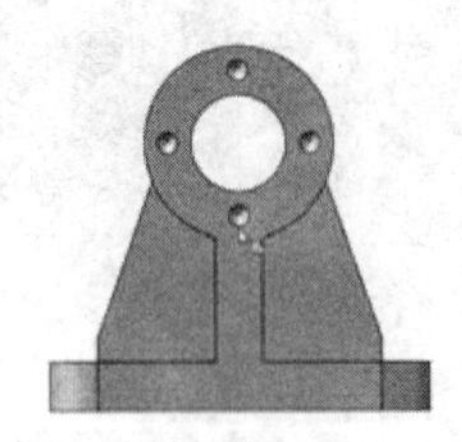

图 12-5　选择零件后的视图

5）确定插入零件位置。在视图区域中，在合适的位置单击鼠标左键，放置该零件，结果如图12-6所示。

6）插入传动轴零件。选择菜单栏中的“插入”→“零部件”→“现有零件/装配体”命令，插入传动轴。具体步骤可以参考上面的介绍，将传动轴插入到图中合适的位置，结果如图12-7所示。

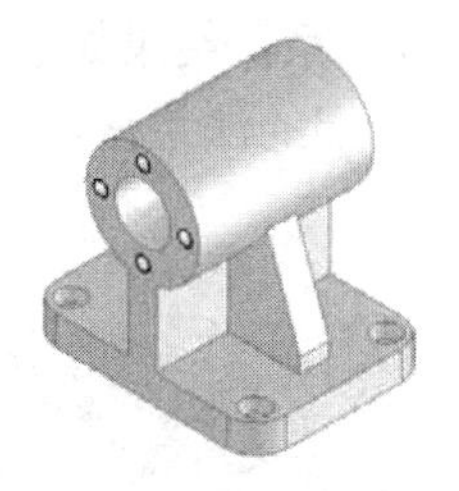

图 12-6　插入基座后的视图

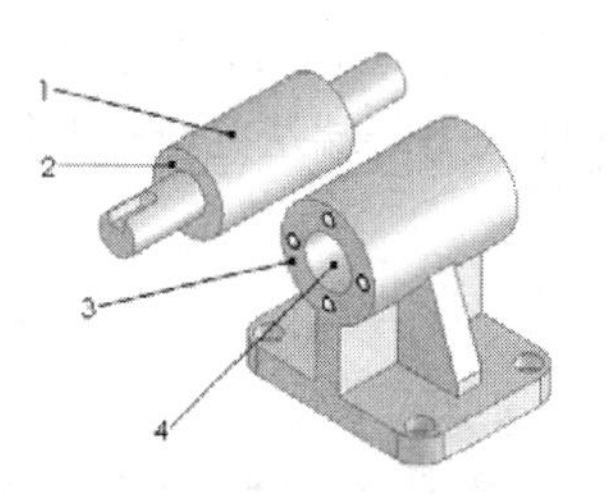

图 12-7　插入传动轴后的视图

7）添加配合关系。选择菜单栏中的“插入”→“配合”命令，或者单击“装配体”工具栏中的“配合”按钮，此时系统弹出“配合”属性管理器。用鼠标选择图12-7中的面1和面4，单击属性管理器中的“同轴心”按钮，如图12-8所示。将面1和面4添加为“同轴心”配合关系，然后单击属性管理器中的“确定”按钮✔。重复此命令，将图12-7中面2和面3添加为距离为5的配合关系，注意轴在轴套的内侧，结果如图12-9所示。

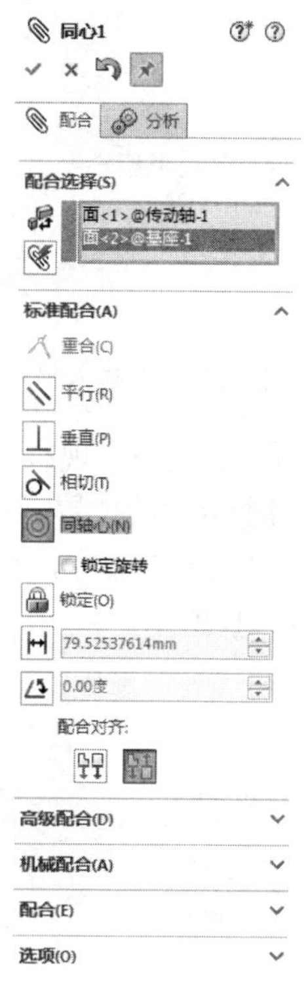

图 12-8　设置配合关系

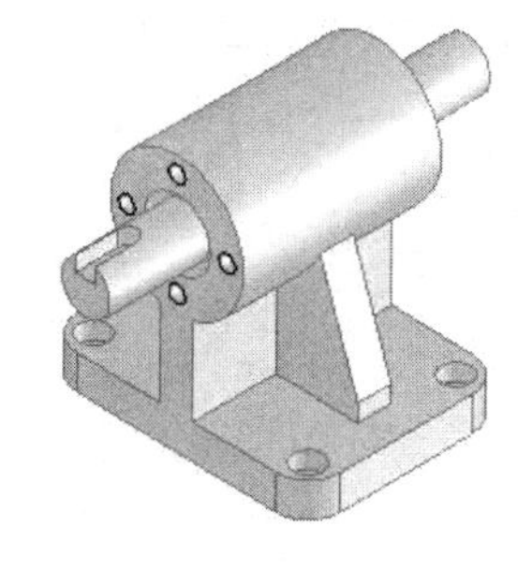

图 12-9　配合后的视图

8）插入法兰盘零件。选择菜单栏中的“插入”→“零部件”→“现有零件/装配体”命令，插入法兰盘。具体步骤可以参考上面的介绍，将法兰盘插入到图中合适的位置，结果如图12-10所示。

9）添加配合关系。选择菜单栏中的“插入”→“配合”命令，将图12-10中的面1和面

2添加为“重合”几何关系，注意配合方向为“反向对齐”模式，结果如图12-11所示。重复配合命令，将图12-11中的面1和面2添加为“同轴心”配合关系，结果如图12-12所示。

10）插入另一端法兰盘。重复步骤8）、9），插入基座另一端的法兰盘，结果如图12-13所示。

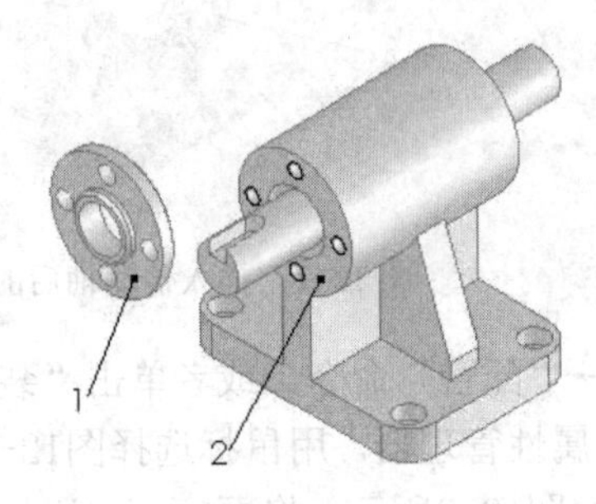

图 12-10　插入法兰盘后的视图

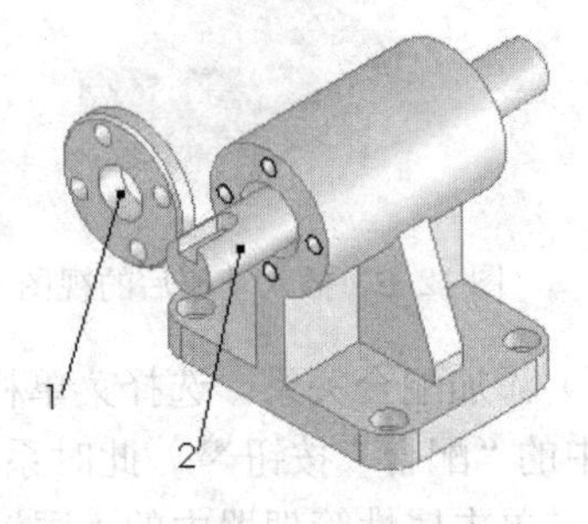

图 12-11　重合配合后的视图

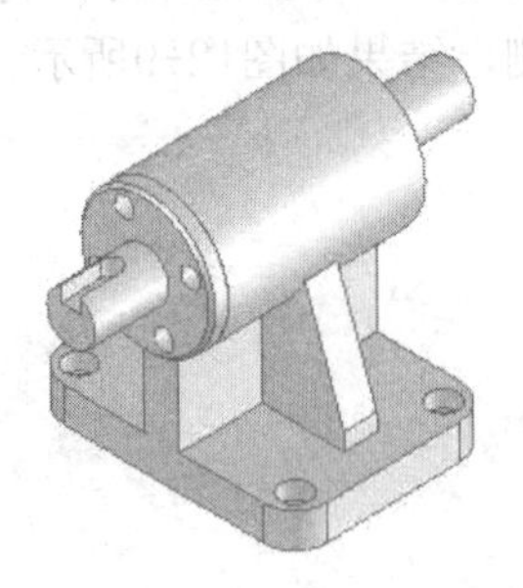
图 12-12　同轴心配合后的视图

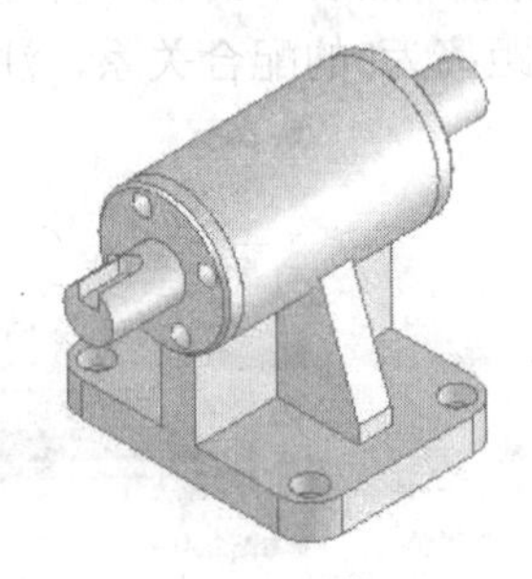
图 12-13　插入另一个法兰盘后的视图

11）插入键零件。选择菜单栏中的“插入”→“零部件”→“现有零件/装配体”命令，插入键。具体步骤可以参考上面的介绍，将键插入到图中合适的位置，结果如图12-14所示。

12）添加配合关系。选择菜单栏中的“插入”→“配合”命令，将图12-14中的面1和面2、面3和面4添加为“重合”几何关系，结果如图12-15所示。

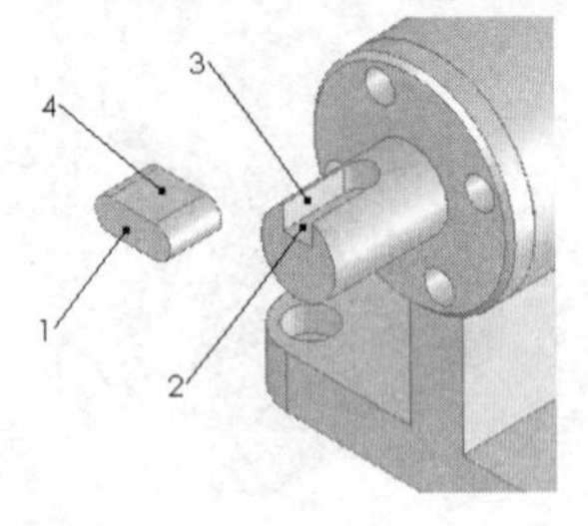

图 12-14　插入键后的视图

图 12-15　重合配合后的视图

13）设置视图方向。单击“视图”工具栏中的“旋转视图”按钮，将视图以合适的方向显示，结果如图12-16所示。

14）添加配合关系。选择菜单栏中的“插入”→“配合”命令，将图12-16中的面1和面2添加为“同轴心”几何关系。

15）设置视图方向。单击“标准视图”工具栏中的“等轴测”按钮，将视图以等轴测方向显示，结果如图12-17所示。

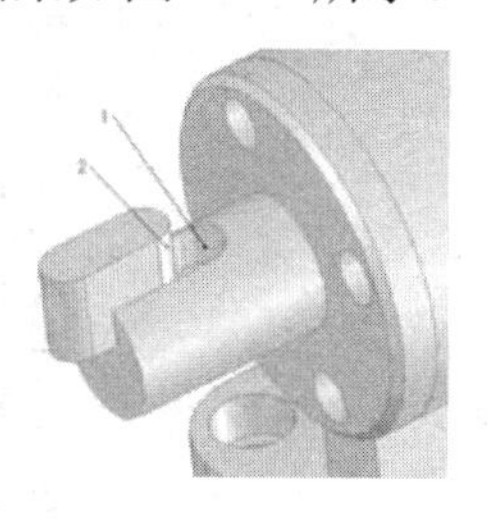

图 12-16　设置方向后的视图

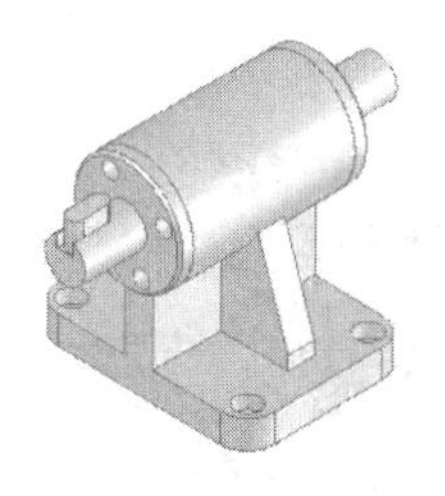

图 12-17　等轴测视图

16）插入带轮零件。选择菜单栏中的“插入”→“零部件”→“现有零件/装配体”命令，插入带轮。具体步骤可以参考上面的介绍，将带轮插入到图中合适的位置，结果如图12-18所示。

17）添加配合关系。选择菜单栏中的“插入”→“配合”命令，将图12-18中的面1和面2添加为“重合”几何关系，注意配合方向为“反向对齐”模式，结果如图12-19所示。重复配合命令，将图12-19中的面1和面2添加为“重合”几何关系，注意配合方向为“反向对齐”模式，结果如图12-20所示。

18）设置视图方向。单击“视图”工具栏中的“旋转视图”按钮，将视图以合适的方向显示，结果如图12-21所示。

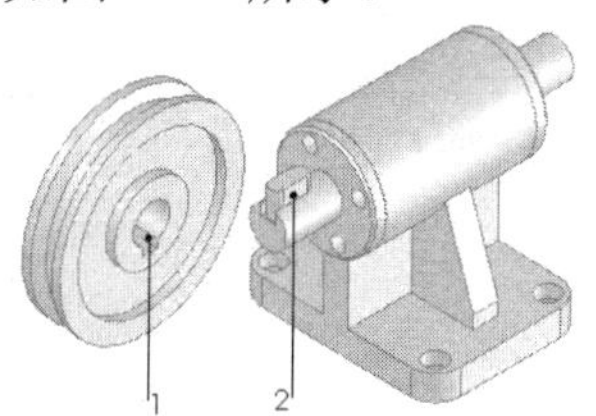

图 12-18　插入带轮后的视图

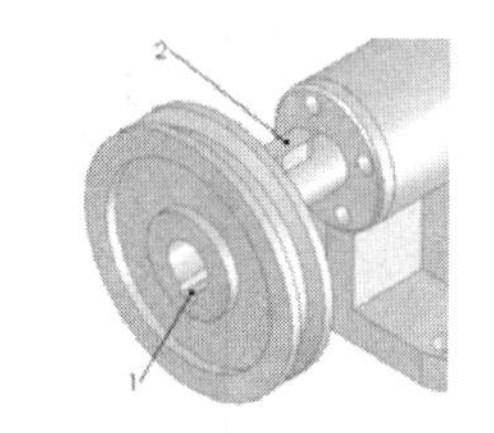

图 12-19　重合配合后的图形

图 12-20　重合配合后的图形

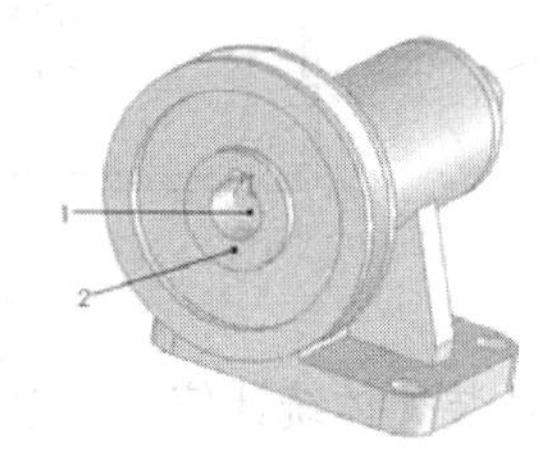

图 12-21　设置方向后的视图

19）添加配合关系。选择菜单栏中的“插入”→“配合”命令，将图12-21中的面1和面2添加为“重合”几何关系。

20）设置视图方向。单击“标准视图”工具栏中的“等轴测”按钮，将视图以等轴测方向显示，结果如图12-22所示。装配体装配完毕，装配体的“FeatureManager 设计树”如图12-23所示，配合关系如图12-24所示。

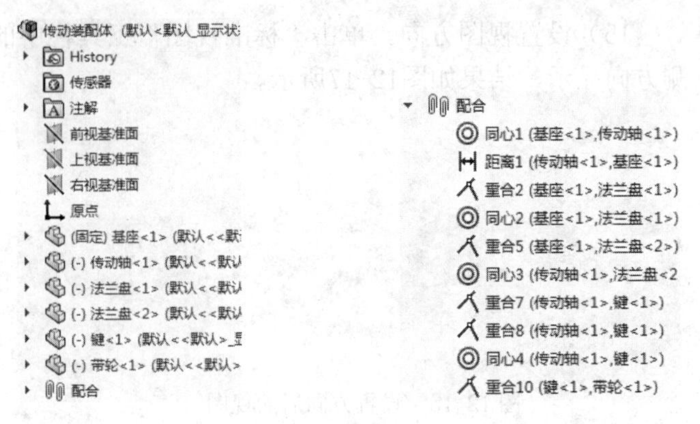

图 12-22　完整的装配体 图 12-23　装配体的“FeatureManager 设计树” 图 12-24　装配体配合列表

21）执行装配体统计命令。选择菜单栏中的“工具”→“评估”→“性能评估”命令，此时系统弹出图12-25所示的“性能评估”对话框，对话框中显示了该装配体的统计信息。

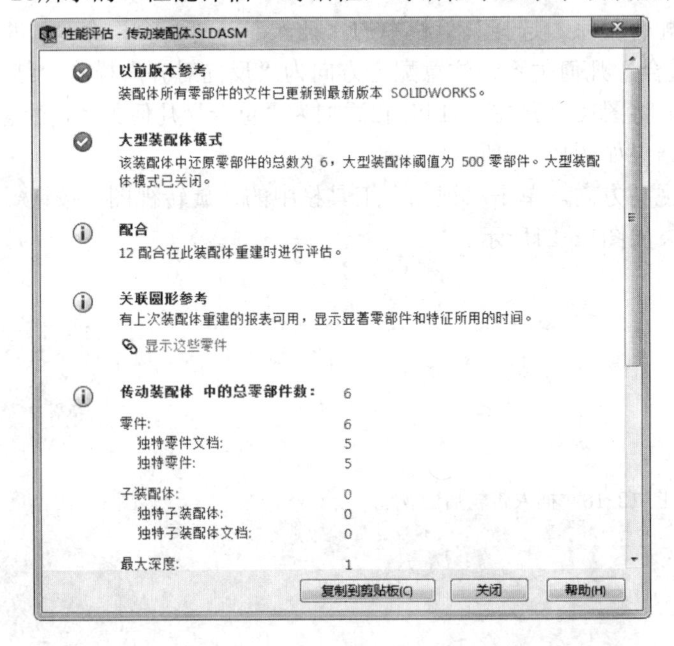

图 12-25　“性能评估”对话框

22）确认装配体统计信息。单击“性能评估”对话框中的“关闭”按钮，关闭该对话框。

12.1.2　创建爆炸视图

1）执行爆炸命令。选择菜单栏中的“插入”→“爆炸视图”命令，此时系统弹出图12-26所示的“爆炸”属性管理器。单击属性管理器中“爆炸步骤”“设定”及“选项”各复选框右上角的箭头，将其展开。

2）爆炸带轮。在“设定”复选框中的“爆炸步骤零部件”一栏中，用鼠标选择视图中或者装配体“FeatureManager设计树”中的“带轮”零件，按照图12-27所示进行设置，此时装配体中被选中的零件被亮显并且预览爆炸效果，如图12-28所示。单击图12-27中的“应用”按钮然后单击“完成”按钮，对“带轮”零件的爆炸完成，并形成“爆炸步骤1”。

图 12-26 “爆炸”属性管理器　　　　图 12-27 爆炸设置

3）爆炸键。在“设定”复选框中的“爆炸步骤零部件”一栏中，用鼠标选择视图中或者装配体“FeatureManager 设计树”中的“键”零件，单击视图中显示爆炸方向坐标的竖直向上方向，如图12-29所示。

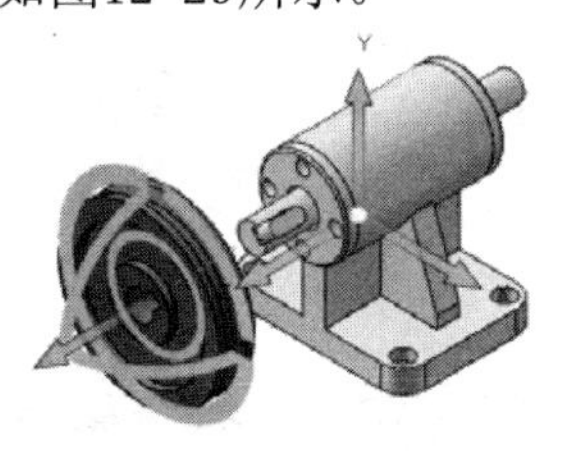

图 12-28 爆炸预览视图

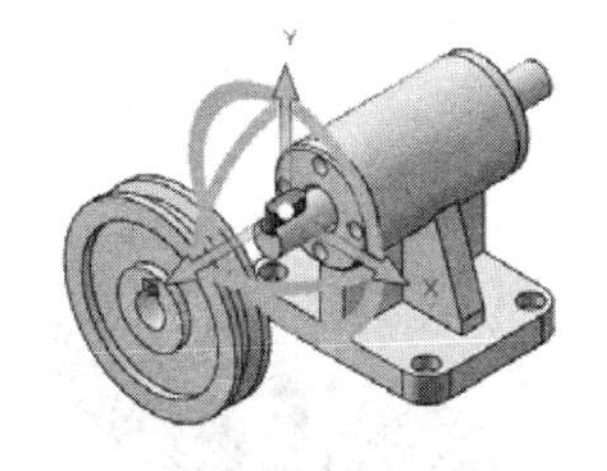

图 12-29 设置爆炸方向

4）生成爆炸步骤。按照图12-30对爆炸零件进行设置，然后单击图12-30中的“完成”按钮，对“键”零件的爆炸完成，并形成“爆炸步骤2”，结果如图12-31所示。

图 12-30　爆炸设置

图 12-31　爆炸后的视图

5）爆炸法兰盘1。在“设定”复选框中的“爆炸步骤零部件”一栏中，用鼠标选择视图中或者装配体“FeatureManager设计树”中的“法兰盘1”零件，单击视图中显示爆炸方向坐标的向左侧的方向，如图12-32所示。

6）生成爆炸步骤。按照图12-33所示进行设置后，单击图12-33中的“完成”按钮，对“法兰盘1”零件的爆炸完成，并形成“爆炸步骤3”，结果如图12-34所示。

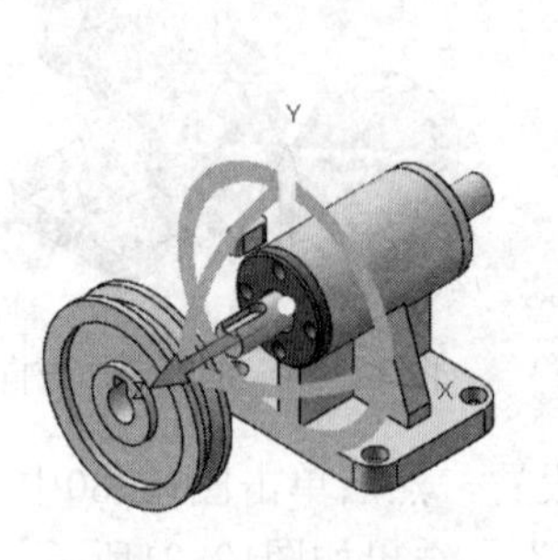

图 12-32　设置爆炸方向

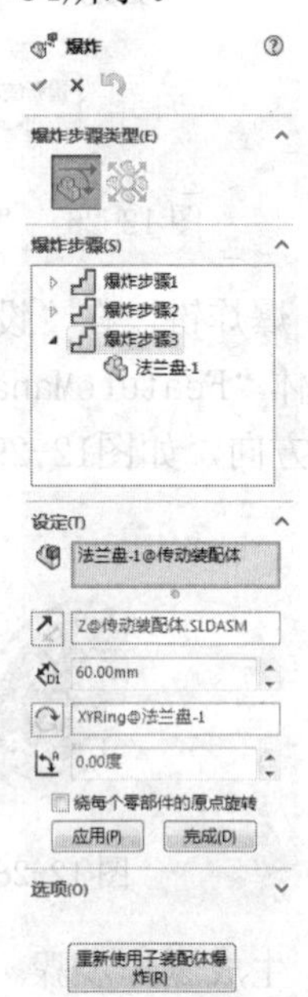

图 12-33　爆炸设置

7）设置爆炸方向。在“设定”复选框中的“爆炸步骤零部件”一栏中，用鼠标选择上一步爆炸的法兰盘，单击视图中显示爆炸方向坐标的竖直向上方向，如图12-35所示。

图 12-34　爆炸后的视图

图 12-35　设置爆炸方向

8）生成爆炸步骤。按照图12-36所示进行设置后，单击图12-36中的“完成”按钮，对“法兰盘1”零件的爆炸完成，并形成“爆炸步骤4”，结果如图12-37所示。

9）爆炸法兰盘2。在“设定”复选框中的“爆炸步骤零部件”一栏中，用鼠标选择视图中或者装配体“FeatureManager 设计树”中的“法兰盘2”零件，单击视图中显示爆炸方向坐标的竖直向上的方向，如图12-38所示。

10）生成爆炸步骤。按照图12-39所示进行设置后，单击图12-39中的“完成”按钮，对“法兰盘2”零件的爆炸完成，并形成“爆炸步骤5”，结果如图12-40所示。

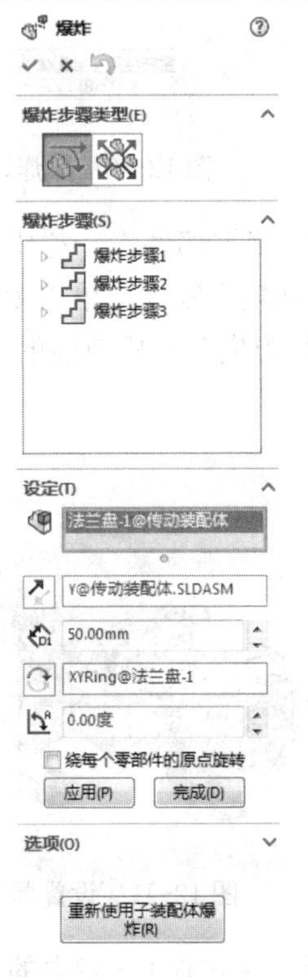

图 12-36　爆炸设置

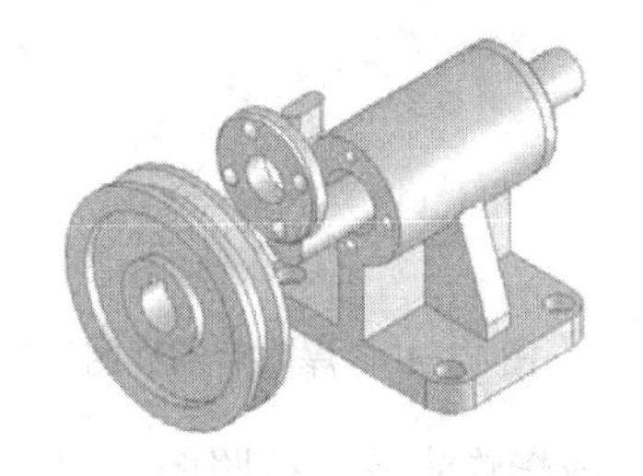

图 12-37　爆炸后的视图

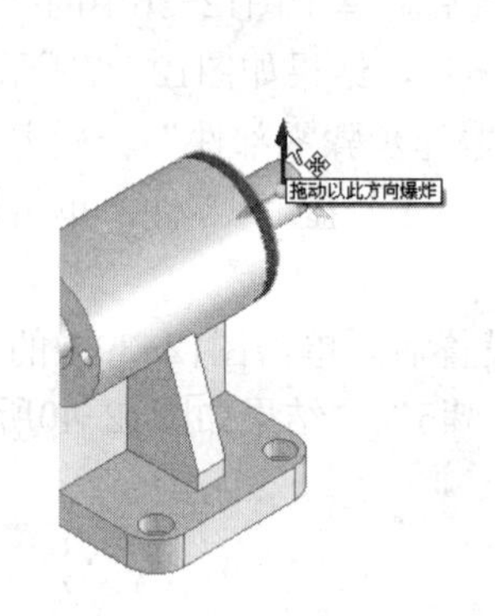

图 12-38　设置爆炸方向

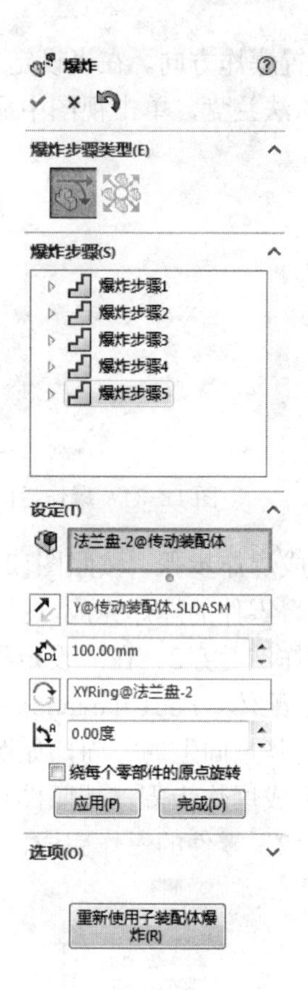

图 12-39　爆炸设置

11）爆炸传动轴。在“设定”复选框中的“爆炸步骤零部件”一栏中，用鼠标选择视图中或者装配体“FeatureManager 设计树”中的“传动轴”零件，单击视图中显示爆炸方向坐标的向左侧的方向，如图12-41所示，并单击“爆炸方向”一栏前面的“反向”按钮，调整爆炸的方向。

图 12-40　爆炸后的视图

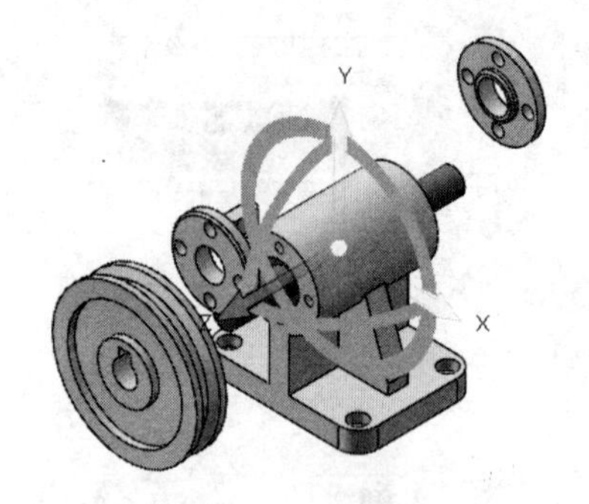

图 12-41　设置爆炸方向

12）生成爆炸步骤。按照图12-42所示进行设置后，单击图12-42中的“完成”按钮，对“传动轴”零件的爆炸完成，并形成“爆炸步骤6，结果如图12-43所示。

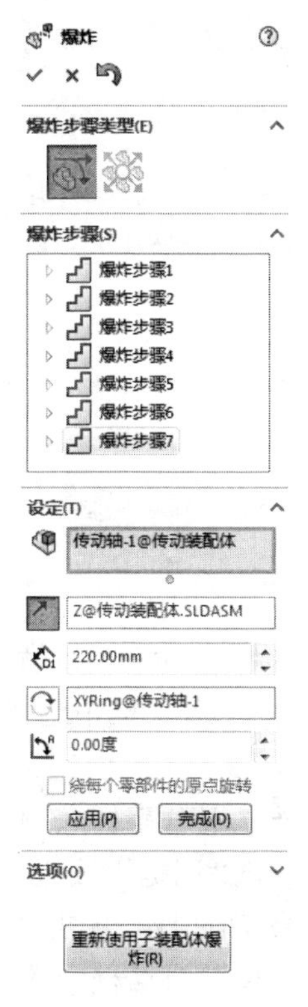

图 12-42 爆炸设置

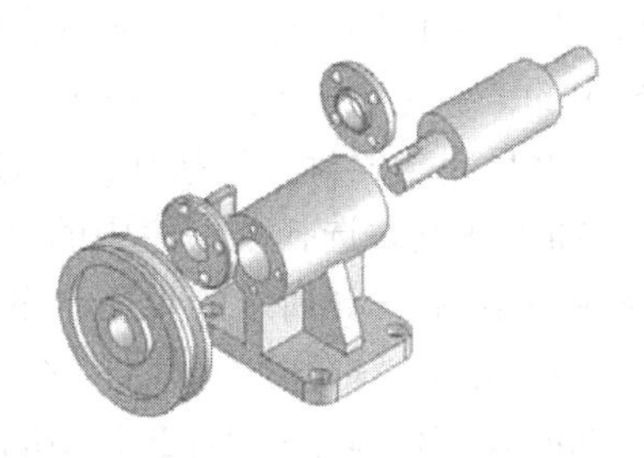

图 12-43 爆炸后的视图

12.2 升降台

本节绘制升降台装配体，如图12-44、图12-45所示。首先创建一个装配体文件，然后依次插入升降台装配体零部件，最后添加配合关系，并调整视图方向。

实讲实训 多媒体演示

多媒体演示参见配套光盘中的\\动画演示\第12章\升降台.avi。

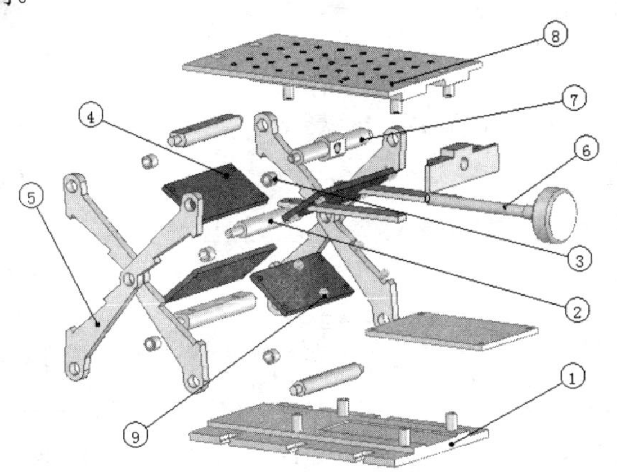

图 12-44 升降台零件图示

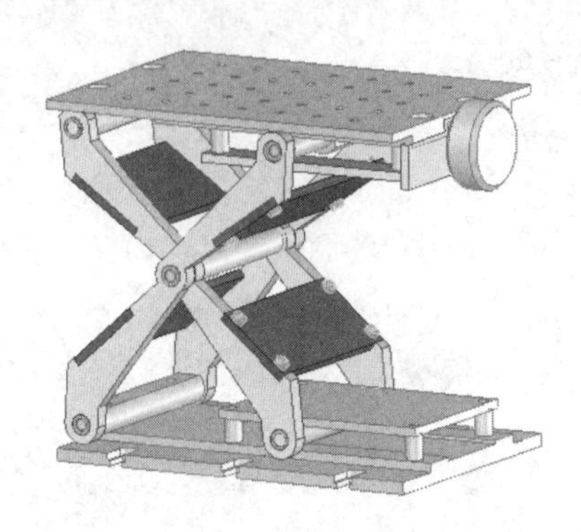

图 12-45 升降台装配图

【操作步骤】

1）启动SOLIDWORKS2016，选择菜单栏中的“文件”→“新建”命令，或者单击“标准”工具栏中的“新建”按钮，在弹出的“新建SOLIDWORKS文件”对话框中选择“装配体”按钮，然后单击“确定”按钮，创建一个新的装配体文件。

2）插入底座。选择菜单栏中的“插入”→“零部件”→“现有零件/装配体”命令，此时系统弹出图12-46所示的“插入零部件”属性管理器。单击“浏览”按钮，此时系统弹出图12-47所示的“打开”对话框，在其中选择需要的零部件，即底座。单击“打开”按钮，此时所选的零部件显示在图12-47中的“打开文档”一栏中。单击对话框中的“确定” 按钮✔，此时所选的零部件出现在视图中。

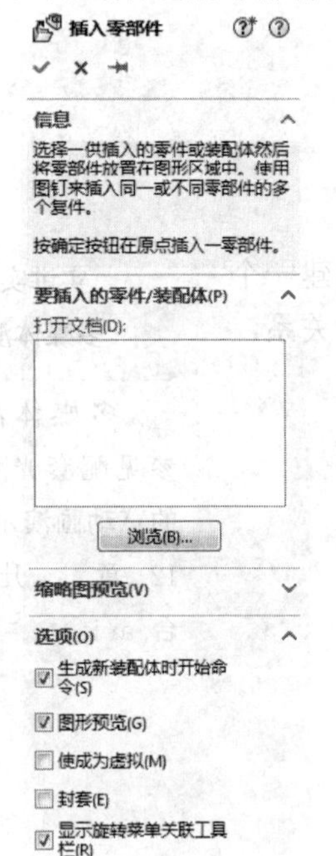

图 12-46 “插入零部件”属性管理器

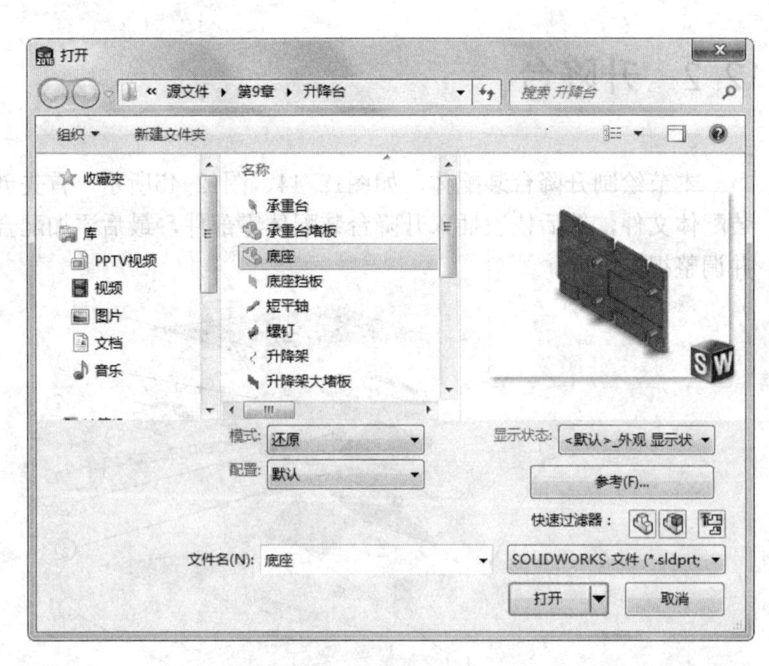

图 12-47 “打开”对话框

3）设置视图方向。单击“标准视图”工具栏中的“等轴测”按钮，将视图以等轴测方向显示，结果如图12-48所示。

4）插入小圆轴。选择菜单栏中的“插入”→“零部件”→“现有零件/装配体”命令，插入小圆轴。具体步骤可以参考上面的介绍，将小圆轴插入到图中合适的位置，结果如图12-49所示。

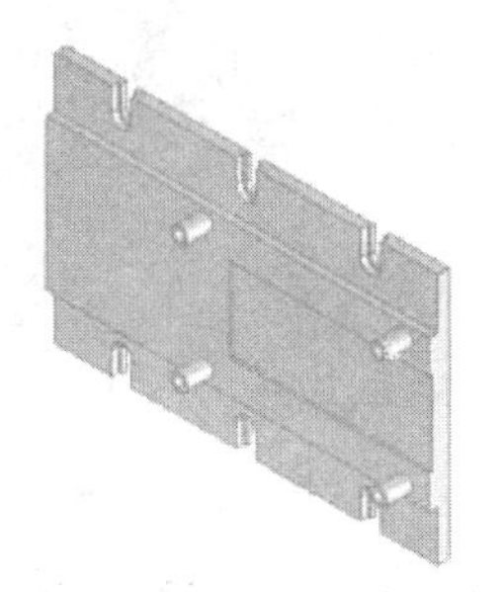

图 12-48　插入底座后的图形

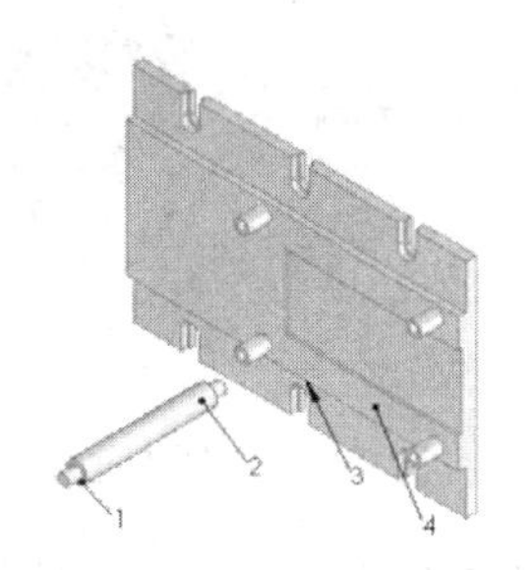

图 12-49　插入小圆轴后的图形

5）添加配合关系。选择菜单栏中的“插入”→“配合”命令，或者单击“装配体”工具栏中的“配合”按钮，此时系统弹出“配合”对话框。用鼠标选择图12-49中的表面1和表面3，单击对话框中的“重合”按钮，并调整对齐的方向，在视图中观测配合的效果，然后单击对话框中的“确定”按钮。重复此命令，将图12-49中表面2和表面4设置为“相切”配合关系，并调整相切的方向，结果如图12-50所示。

6）移动小圆轴。选择菜单栏中的“工具”→“零部件”→“移动”命令，或者单击“装配体”工具栏中的“移动零部件”按钮，将视图中的小圆轴移动到合适的位置，结果如图12-51所示。

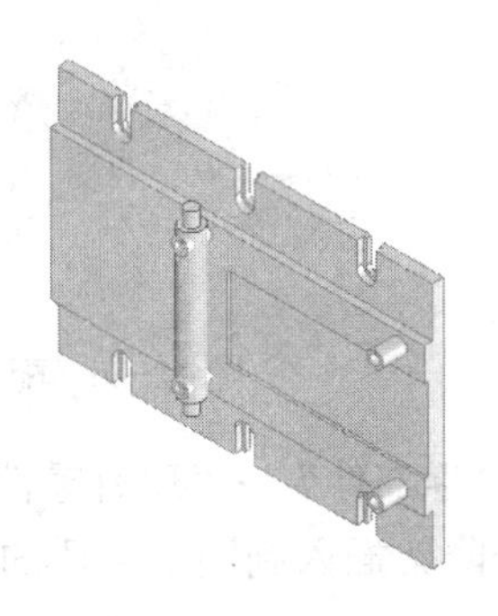

图 12-50　配合后的图形

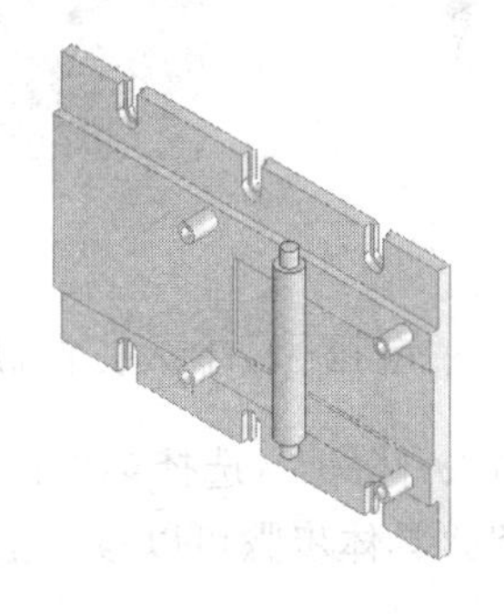

图 12-51　移动后的图形

7）插入底座挡板。选择菜单栏中的“插入”→“零部件”→“现有零件/装配体”命令，插入底座挡板。具体步骤可以参考上面的介绍，将底座挡板插入到图中合适的位置，结果如图12-52所示。

8）添加配合关系。选择菜单栏中的“插入”→“配合”命令，或者单击“装配体”工具栏中的“配合”按钮，此时系统弹出“配合”对话框。用鼠标选择图12-52中底座挡板的下底面和底座安装孔的表面，单击对话框中的“相切”按钮，并调整对齐的方向，在视图中观测配合的效果，然后单击对话框中的“确定”按钮✔；选择图中的孔1和孔2，单击对话框中的“同轴心”按钮◎，将其添加为“同轴心”配合关系，结果如图12-53所示。

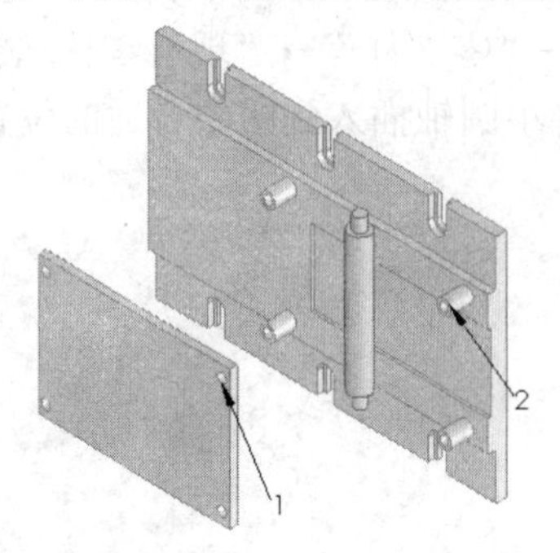

图 12-52　插入底座挡板后的图形

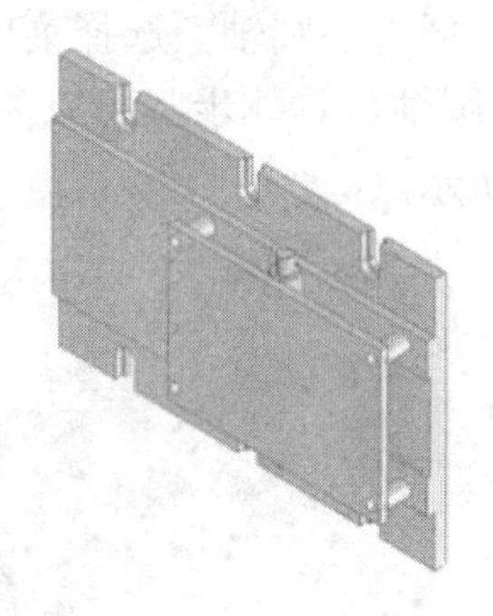
图 12-53　配合后的图形

9）插入长平轴。选择菜单栏中的“插入”→“零部件”→“现有零件/装配体”命令，插入长平轴。具体步骤可以参考上面的介绍，将长平轴插入到图中合适的位置，结果如图12-54所示。

10）添加配合关系。选择菜单栏中的“插入”→“配合”命令，或者单击“装配体”工具栏中的“配合”按钮，此时系统弹出“配合”对话框。用鼠标选择图12-54中的表面2和表面3，单击对话框中的“重合”按钮，并调整对齐的方向，然后单击对话框中的“确定”按钮✔。重复此命令，将表面1和表面4添加为距离为9的配合关系，并调整方向；将表面6和表面5处的侧面添加为“相切”配合关系，结果如图12-55所示。

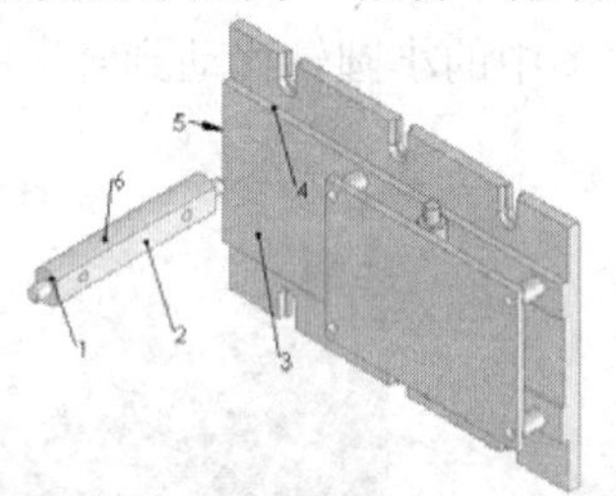

图 12-54　插入长平轴后的图形

图 12-55　配合后的图形

11）插入升降架。选择菜单栏中的“插入”→“零部件”→“现有零件/装配体”命令，插入升降架。具体步骤可以参考上面的介绍，将升降架插入到图中合适的位置，结果如图12-56所示。

12）添加配合关系。选择菜单栏中的“插入”→“配合”命令，或者单击“装配体”工具栏中的“配合”按钮，此时系统弹出“配合”对话框。用鼠标选择图12-56中的表面2和表面3，单击对话框中的“同轴心”按钮◎，然后单击对话框中的“确定”按钮✔。重复此命令，将表面1和表面4添加为“重合”配合关系。

13）设置视图方向。单击“视图”工具栏中的“旋转视图”按钮，将视图以合适的方向显示，结果如图12-57所示。

14）插入升降架。选择菜单栏中的“插入”→“零部件”→“现有零件/装配体”命令，在小圆轴的另一侧插入升降架，具体步骤可以参考上面的介绍，结果如图12-58所示。

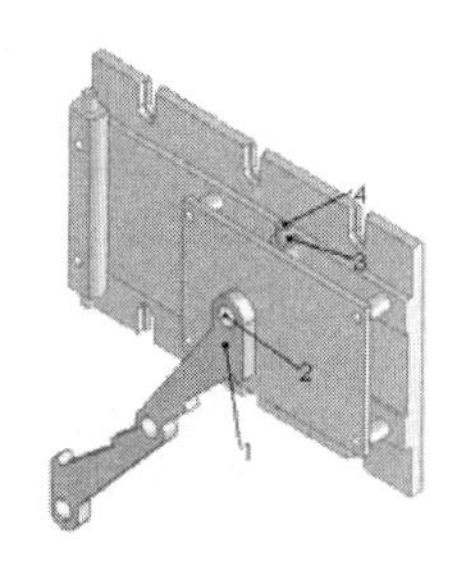

图 12-56 插入长平轴后的图形

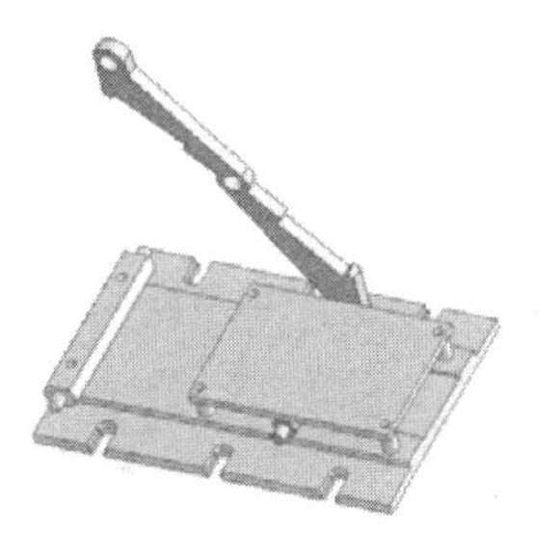

图 12-57 配合后的图形

注意

在装配图中插入相同零件时，既可以使用菜单命令进行插入，也可以在“FeatureManager 设计树”中用鼠标选择已插入的零件，然后按住 Ctrl 键，将零件插入视图中合适的位置。

15）插入升降架。选择菜单栏中的“插入”→“零部件”→“现有零件/装配体”命令，在长平轴的两侧插入升降架，具体步骤可以参考上面的介绍，结果如图12-59所示。

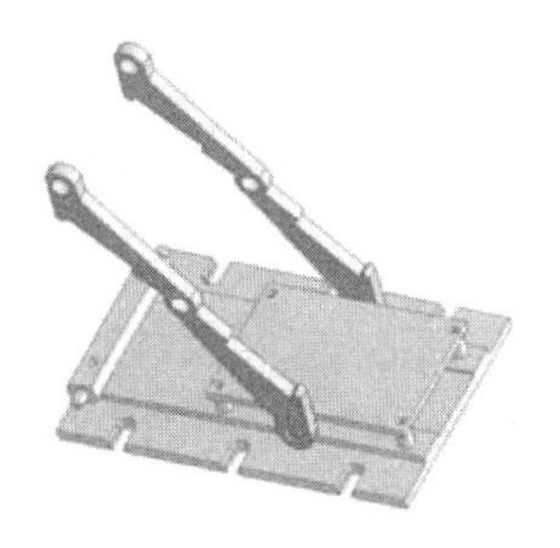

图 12-58 配合后的图形

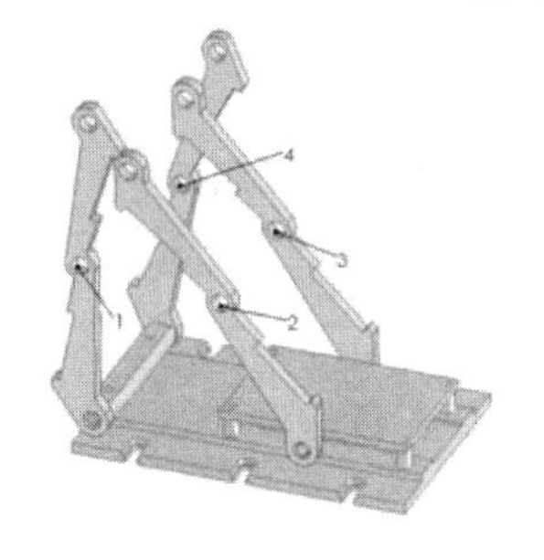

图 12-59 配合后的图形

16）添加配合关系。选择菜单栏中的“插入”→“配合”命令，或者单击“装配体”工具栏中的“配合”按钮，此时系统弹出“配合”对话框。用鼠标选择图12-59中的表面1和表面2，单击对话框中的“同轴心”按钮，然后单击对话框中的“确定”按钮。重复此命令，将表面3和表面4添加为“同轴心”配合关系，结果如图12-60所示。

17）插入长圆轴。选择菜单栏中的“插入”→“零部件”→“现有零件/装配体”命令，插入长圆轴。具体步骤可以参考上面的介绍，将长圆轴插入到图中合适的位置，结果如图12-61所示。

18）添加配合关系。选择菜单栏中的“插入”→“配合”命令，或者单击“装配体”工具栏中的“配合”按钮，此时系统弹出“配合”对话框。用鼠标选择图12-61中的表面1和表面3，单击对话框中的“同轴心”按钮，然后单击对话框中的“确定”按钮。重复此命令，将表面2和表面4添加为“重合”配合关系，另一侧采用相同的配合，结果如图

12-62所示。

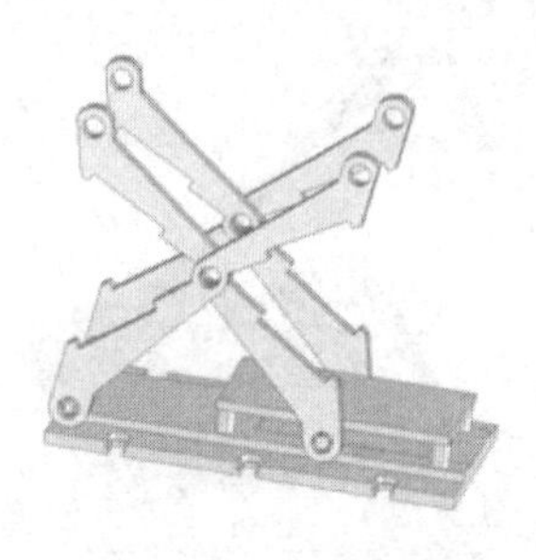

图 12-60　配合后的图形

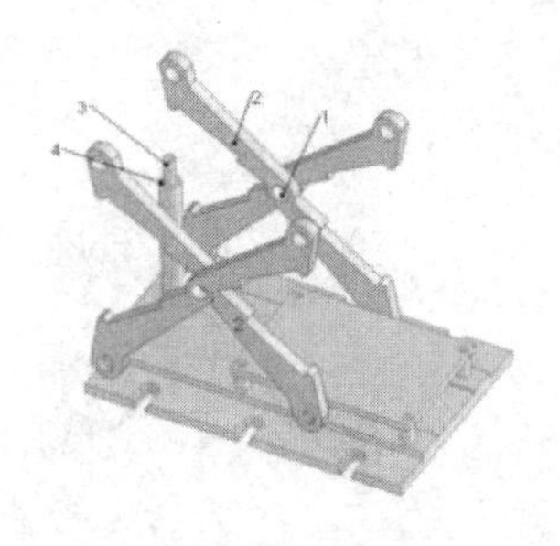

图 12-61　插入长圆轴后的图形

19）插入短平轴。选择菜单栏中的“插入”→“零部件”→“现有零件/装配体”命令，插入短平轴。具体步骤可以参考上面的介绍，将短平轴插入到图中合适的位置，结果如图12-63所示。

20）添加配合关系。选择菜单栏中的“插入”→“配合”命令，或者单击“装配体”工具栏中的“配合”按钮，此时系统弹出“配合”对话框。用鼠标选择图12-63中的表面1和表面3，单击对话框中的“同轴心”按钮，然后单击对话框中的“确定”按钮✔。重复此命令，将表面2和表面4添加为“重合”配合关系；将表面5和表面6添加为“重合”配合关系，结果如图12-64所示。

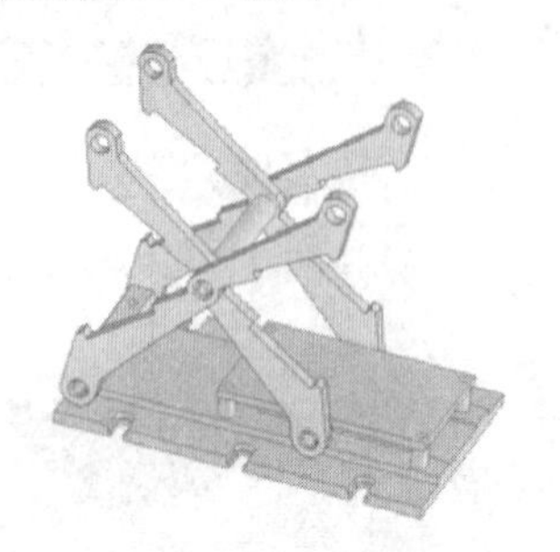

图 12-62　配合后的图形

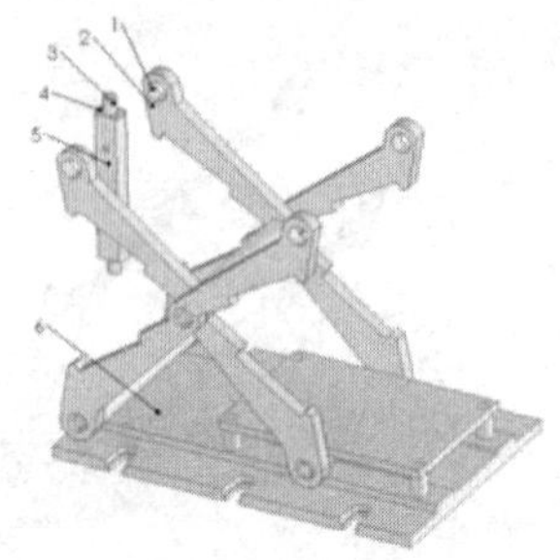

图 12-63　插入短平轴后的图形

21）插入调节轴。选择菜单栏中的“插入”→“零部件”→“现有零件/装配体”命令，插入调节轴。具体步骤可以参考上面的介绍，将调节轴插入到图中合适的位置，结果如图12-65所示。

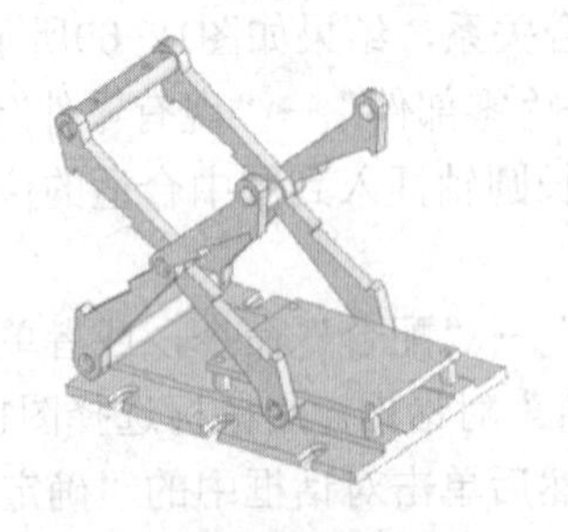

图 12-64　配合后的图形

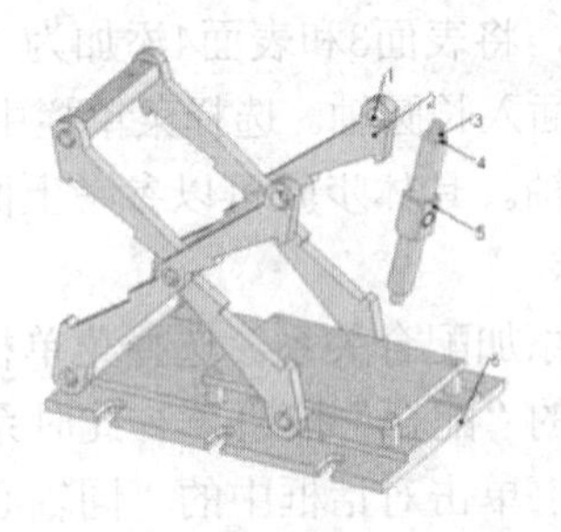

图 12-65　插入调节轴后的图形

22）添加配合关系。选择菜单栏中的“插入”→“配合”命令，或者单击“装配体”工具栏中的“配合”按钮，此时系统弹出“配合”对话框。用鼠标选择图12-65中的表面1和表面3，单击对话框中的“同轴心”按钮，然后单击对话框中的“确定”按钮✔。重复此命令，将表面2和表面4添加为“距离为1.5mm”配合关系；将表面5和表面6添加为“平行”配合关系，结果如图12-66所示。

23）插入承重台。选择菜单栏中的“插入”→“零部件”→“现有零件/装配体”命令，插入承重台。具体步骤可以参考上面的介绍，将承重台插入到图中合适的位置，结果如图12-67所示。

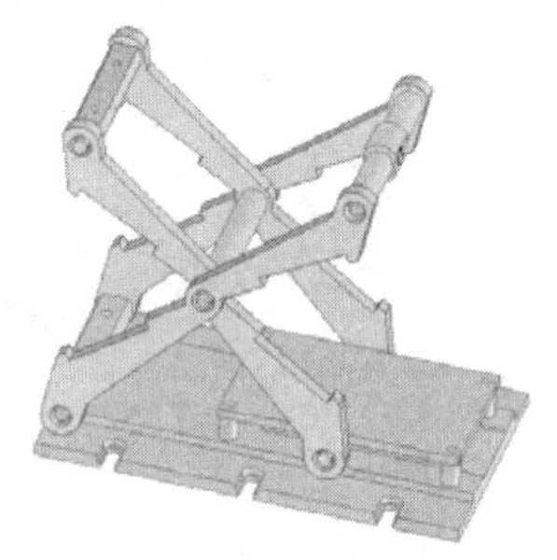

图 12-66　配合后的图形

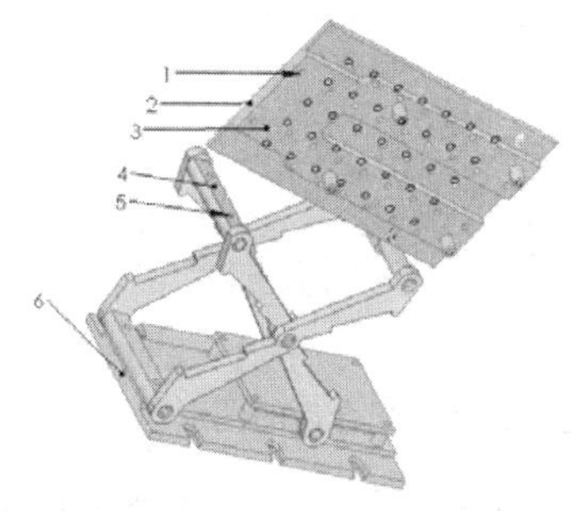

图 12-67　插入承重台后的图形

24）添加配合关系。选择菜单栏中的“插入”→“配合”命令，或者单击“装配体”工具栏中的“配合”按钮，此时系统弹出“配合”对话框。用鼠标选择图12-67中的表面1和表面5，单击对话框中的“同轴心”按钮，然后单击对话框中的“确定”按钮✔。重复此命令，将表面3和表面4添加为“重合”配合关系；将表面2和表面6添加为“ 平行”配合关系，结果如图12-68所示。

25）插入调节挡板。选择菜单栏中的“插入”→“零部件”→“现有零件/装配体”命令，插入调节挡板。具体步骤可以参考上面的介绍，将调节挡板插入到图中合适的位置，结果如图12-69所示。

图 12-68　配合后的图形

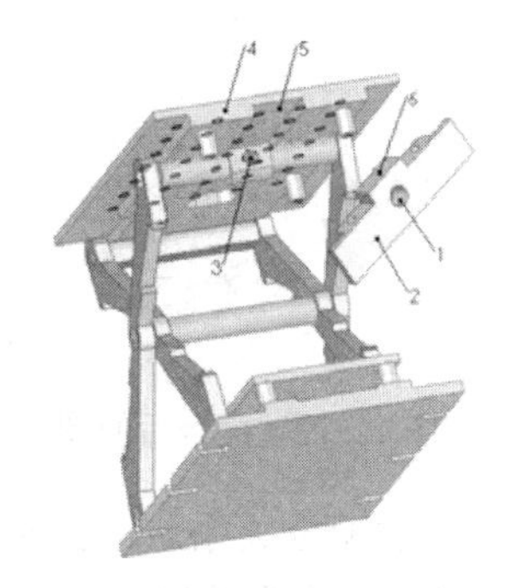

图 12-69　插入调节挡板后的图形

26）添加配合关系。选择菜单栏中的“插入”→“配合”命令，或者单击“装配体”工具栏中的“配合”按钮，此时系统弹出“配合”对话框。用鼠标选择图12-69中的表面1和表面3，单击对话框中的“同轴心”按钮，然后单击对话框中的“确定”按钮✔。重复此命令，将表面2和表面4添加为“重合”配合关系；将表面5和表面6添加为“平行”配合关系，结果如图12-70所示。

27）插入调节旋钮。选择菜单栏中的“插入”→“零部件”→“现有零件/装配体”命令，插入调节旋钮。具体步骤可以参考上面的介绍，将调节旋钮插入到图中合适的位置，结果如图12-71所示。

图 12-70　配合后的图形

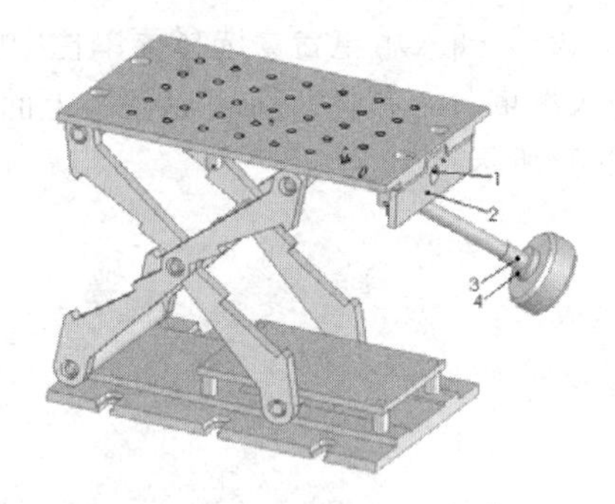

图 12-71　插入调节旋钮后的图形

28）添加配合关系。选择菜单栏中的“插入”→“配合”命令，或者单击“装配体”工具栏中的“配合”按钮，此时系统弹出“配合”对话框。用鼠标选择图12-71中的表面1和表面3，单击对话框中的“同轴心”按钮，然后单击对话框中的“确定”按钮。重复此命令，将表面2和表面4添加为“重合”配合关系，结果如图12-72所示。

29）插入承重台堵板。选择菜单栏中的“插入”→“零部件”→“现有零件/装配体”命令，插入承重台堵板。具体步骤可以参考上面的介绍，将承重台堵板插入到图中合适的位置，结果如图12-73所示。

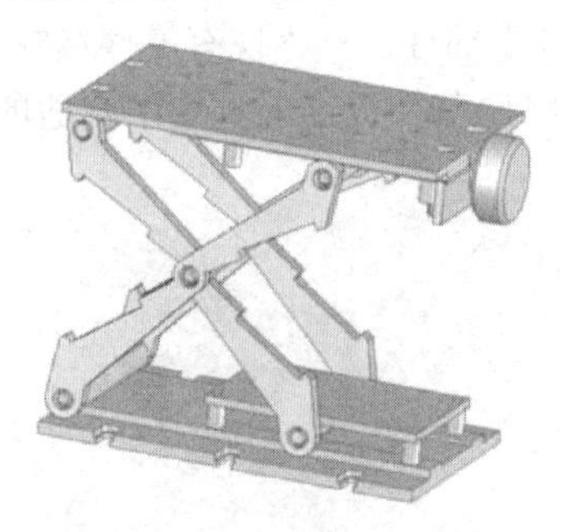

图 12-72　配合后的图形

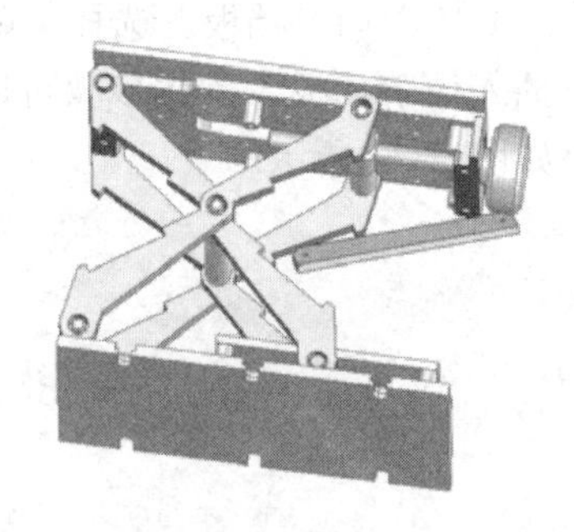

图 12-73　插入沉重台挡板后的图形

30）添加配合关系。选择菜单栏中的“插入”→“配合”命令，或者单击“装配体”工具栏中的“配合”按钮，此时系统弹出“配合”对话框。用鼠标选择图12-73中的承重台支柱的螺纹孔和承重台堵板的孔，将其添加为“同轴心”的配合关系；将支柱的下表面和承重台堵板的上表面添加为“重合”的配合关系。重复插入和添加配合关系命令插入另一个挡板，结果如图12-74所示。

31）插入轴套。选择菜单栏中的“插入”→“零部件”→“现有零件/装配体”命令，插入轴套。具体步骤可以参考上面的介绍，将轴套插入到图中合适的位置，结果如图12-75所示。

图 12-74 配合后的图形

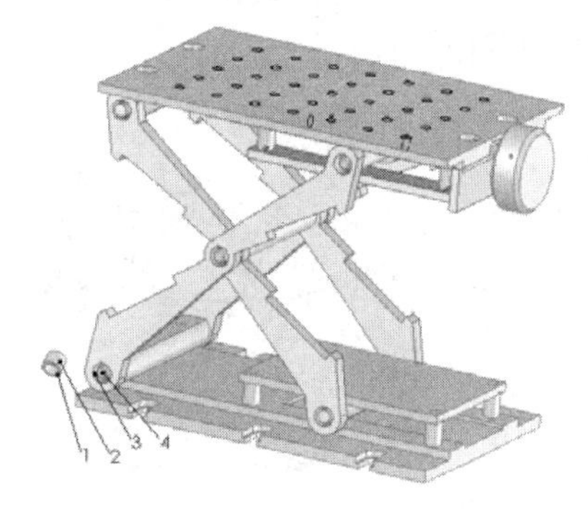

图 12-75 插入轴套后的图形

32）添加配合关系。选择菜单栏中的“插入”→“配合”命令，或者单击“装配体”工具栏中的“配合”按钮，此时系统弹出“配合”对话框。用鼠标选择图12-75中的表面2和表面3，将其添加为“同轴心”的配合关系；将表面1和表面4添加为“重合”的配合关系，结果如图12-76所示。

33）插入其他轴套。选择菜单栏中的“插入”→“零部件”→“现有零件/装配体”命令，插入轴套并添加配合关系。具体步骤可以参考上面的介绍，将轴套插入到图中合适的位置，结果如图12-77所示。

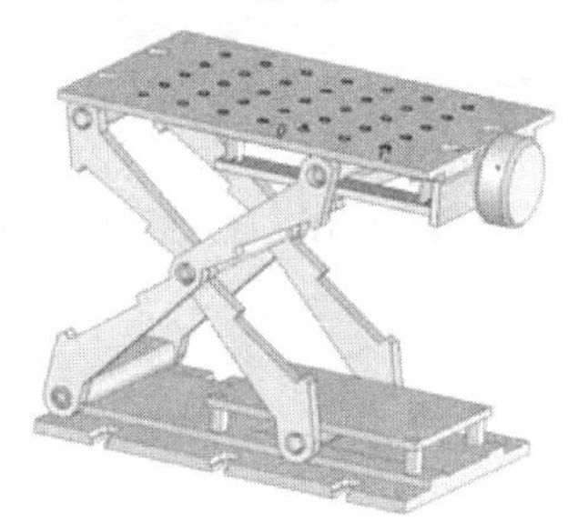

图 12-76 配合后的图形

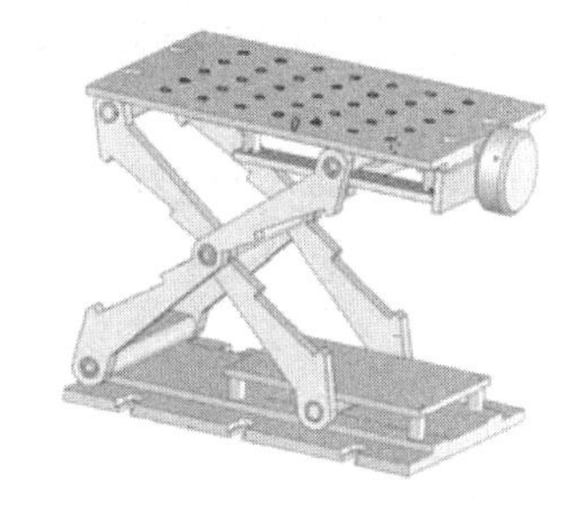

图 12-77 插入其他轴套后的图形

34）插入升降架小堵板。选择菜单栏中的“插入”→“零部件”→“现有零件/装配体”命令，插入升降架小堵板。具体步骤可以参考上面的介绍，将升降架小堵板插入到图中合适的位置，结果如图12-78所示。

35）添加配合关系。选择菜单栏中的“插入”→“配合”命令，或者单击“装配体”工具栏中的“配合”按钮，此时系统弹出“配合”对话框，用鼠标选择如图12-78所示中的表面2和表面5，将其添加为“重合”的配合关系；将表面1和表面4添加为“重合”的配合关系；将表面3和表面6添加为“重合”的配合关系，结果如图12-79所示。

36）插入其他升降架堵板。选择菜单栏中的“插入”→“零部件”→“现有零件/装配体”命令，插入其他升降架堵板，包括大堵板并添加配合关系。具体步骤可以参考上面的介绍，将升降架堵板插入到图中合适的位置，结果如图12-80所示。

37）插入螺钉。选择菜单栏中的“插入”→“零部件”→“现有零件/装配体”命令，插入螺钉并添加配合关系。具体步骤可以参考上面的介绍，将螺钉插入到图中合适的位置，结果如图12-81所示。

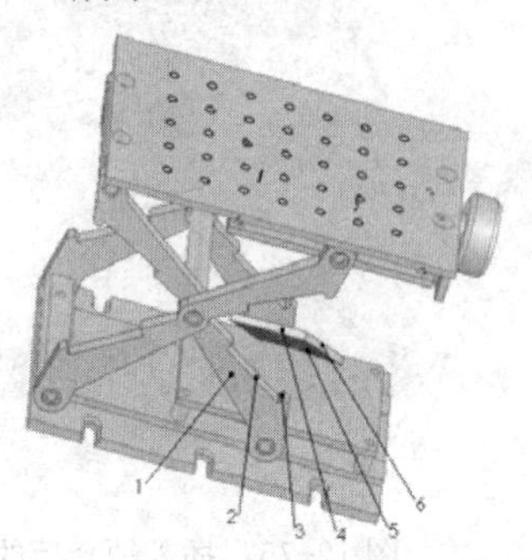

图 12-78　插入小堵板后的图形

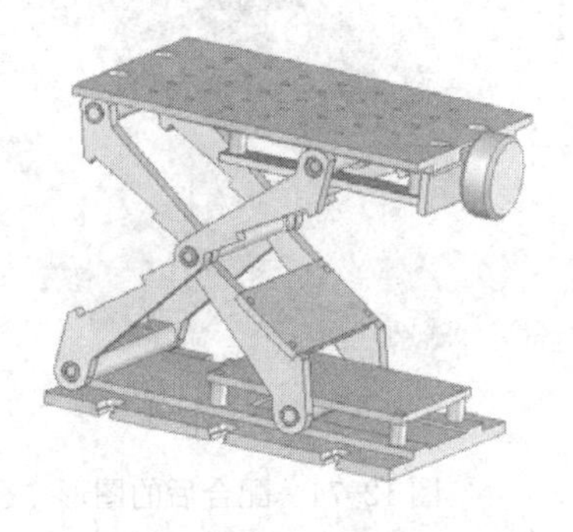

图 12-79　配合后的图形

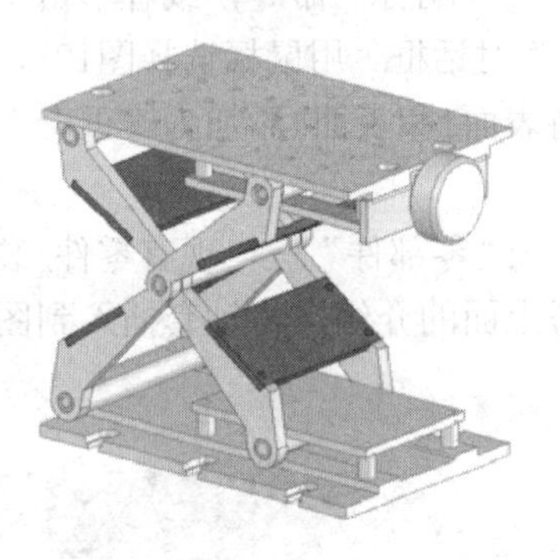

图 12-80　插入堵板后的图形

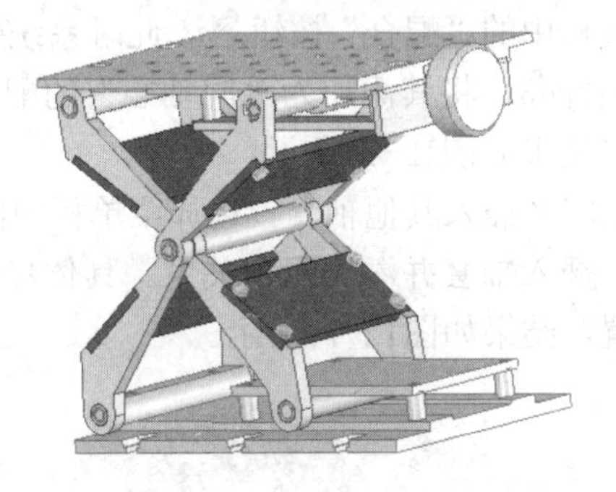

图 12-81　插入螺钉后的图形

第13章 动画制作

SOLIDWORKS是一款功能强大的中高端CAD软件，方便快捷是其最大特色，特别是自SOLIDWORKS 2001后内置的Animator插件，秉承SOLUIDWORKS一贯的简便易用的风格，可以很方便地制作工程机构的演示动画，让原先呆板的设计动了起来，用最简单的方法实现了产品的功能展示，增强了产品的竞争力以及与客户的亲和力。

学习要点

- 运动算例
- 动画向导
- 动画
- 基本运动
- 更改视象属性
- 保存动画

13.1 运动算例

运动算例是装配体模型运动的图形模拟。可将诸如光源和相机透视图之类的视觉属性融合到运动算例中。运动算例不更改装配体模型或其属性。

13.1.1 新建运动算例

新建运动算例有两种方法：

1）新建一个零件文件或装配体文件，在SOLIDWORKS界面左下角会出现“运动算例”标签。右键单击“运动算例”标签，在弹出的快捷菜单中选择“生成新运动算例”，如图13-1所示。自动生成新的运动算例。

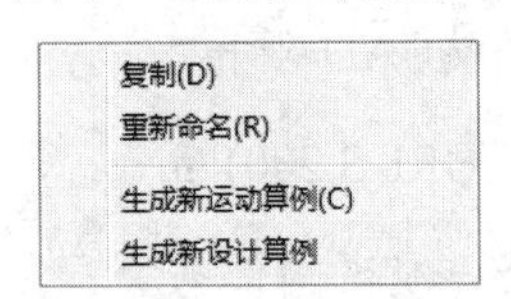

图13-1　右键快捷菜单

2）打开装配体文件，单击“装配体”工具栏中的“新建运动算例”按钮，在左下角自动生成新的运动算例。

13.1.2 运动算例MotionManager简介

单击“运动算例1”标签，弹出“运动算例1”MotionManager，如图13-2所示。

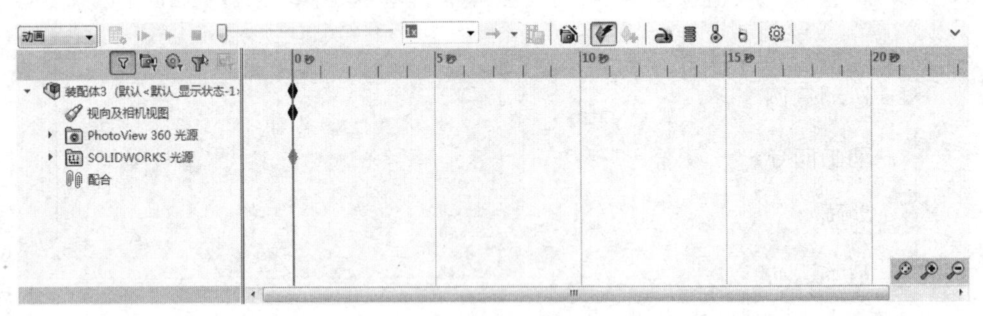

图13-2　MotionManager

1．MotionManager工具

- 算例类型：选取运动类型的逼真度，包括动画和基本运动。
- 计算：单击此按钮，部件的视像属性将会随着动画的进程而变化。
- 从头播放▶：重设定部件并播放模拟，在计算模拟后使用。
- 播放▶：从当前时间栏位置播放模拟。

- 停止■：停止播放模拟。
- 播放速度：设定播放速度乘数或总的播放持续时间。
- 播放模式→：包括正常，循环和往复。正常：一次性从头到尾播放；循环：从头到尾连续播放，然后从头反复，继续播放；往复：从头到尾连续播放，然后从尾反放。
- 保存动画：将动画保存为.AVI或其他类型。
- 动画向导：在当前时间栏位置插入视图旋转或爆炸/解除爆炸。
- 自动解码：当按下时，在移动或更改零部件时自动放置新键码。再次单击可切换该选项。
- 添加/更新键码：单击以添加新键码或更新现有键码的属性。
- 马达：移动零部件，由马达所驱动。
- 弹簧：在两个零部件之间添加一弹簧。
- 接触：定义选定零部件之间的接触。
- 引力：给算例添加引力。
- 无过滤：显示所有项。
- 过滤动画：显示在动画过程中移动或更改的项目。
- 过滤驱动：显示引发运动或其他更改的项目。
- 过滤选定：显示选中项。
- 过滤结果：显示模拟结果项目。
- 放大：放大时间线以将关键点和时间栏更精确定位。
- 缩小：缩小时间线以在窗口中显示更大时间间隔。

2. MotionManager界面

1）时间线：时间线是动画的时间界面。时间线位于 MotionManager 设计树的右方。时间线显示运动算例中动画事件的时间和类型。时间线被竖直网格线均分，这些网络线对应于表示时间的数字标记。数字标记从 00:00:00 开始。时标依赖于窗口大小和缩放等级。

2）时间栏：时间线上的纯黑灰色竖直线即为时间栏；它代表当前时间。在时间栏上单击鼠标右键，弹出如图13-3所示的快捷菜单。

图13-3 时间栏右键快捷菜单

- 放置键码：指针位置添加新键码点并拖动键码点以调整位置。
- 粘贴：粘贴先前剪切或复制的键码点。
- 选择所有：选取所有键码点以将之重组。

3）更改栏：更改栏是连接键码点的水平栏，表示键码点之间的更改。

4）键码点代表动画位置更改的开始或结束或者某特定时间的其他特性。

5）关键帧是键码点之间可以为任何时间长度的区域，采用定义装配体零部件运动或视觉属性更改所发生的时间。

MotionManager界面上的按钮和更改栏功能如图13-4所示

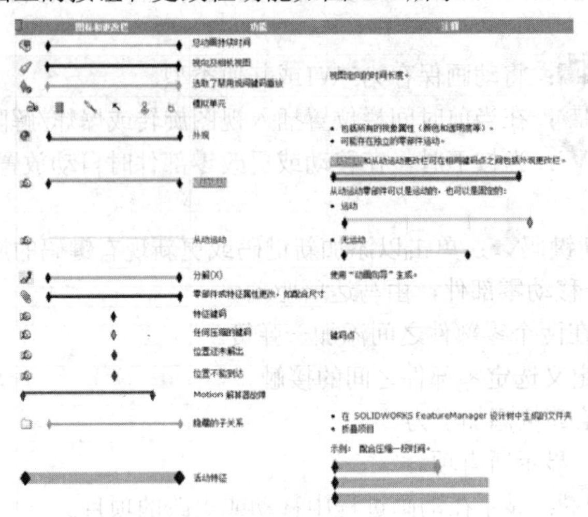

图13-4　更改栏功能

13.2　动画向导

单击“运动算例1”MotionManager上的“动画向导”按钮，弹出“选择动画类型”对话框，如图13-5所示。

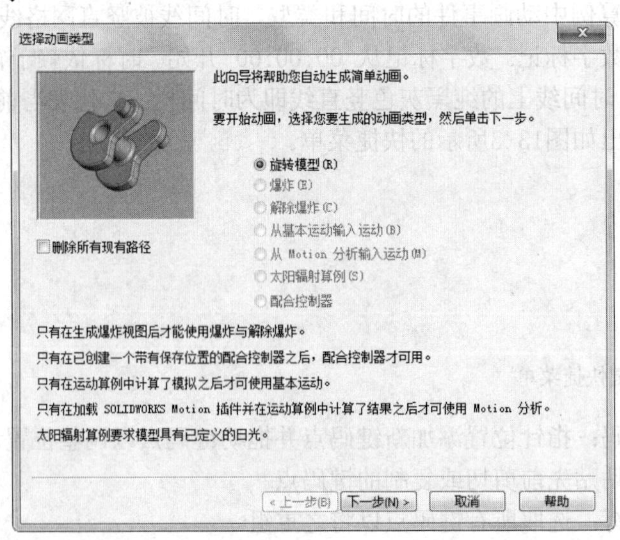

图13-5　“选择动画类型”对话框

13.2.1 旋转

旋转零件或装配体。

【操作步骤】

1）打开零件文件。打开“凸轮”零件，如图13-6所示。

2）在“选择动画类型”对话框中的“旋转模型”单选按钮，单击“下一步”按钮。

3）弹出“选择-旋转轴”对话框，如图13-7所示，在对话框中选择旋转轴为“Z轴”，旋转次数为“1”，逆时针旋转。单击“下一步”按钮。

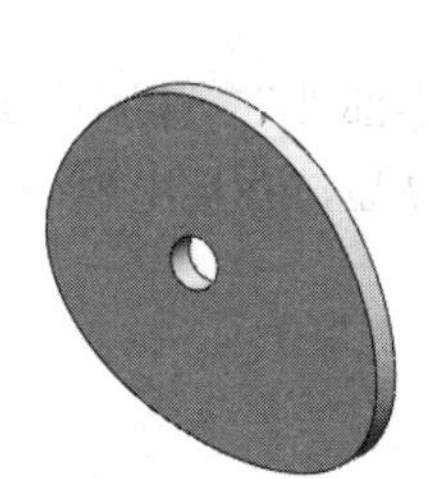

图13-6 “凸轮”零件

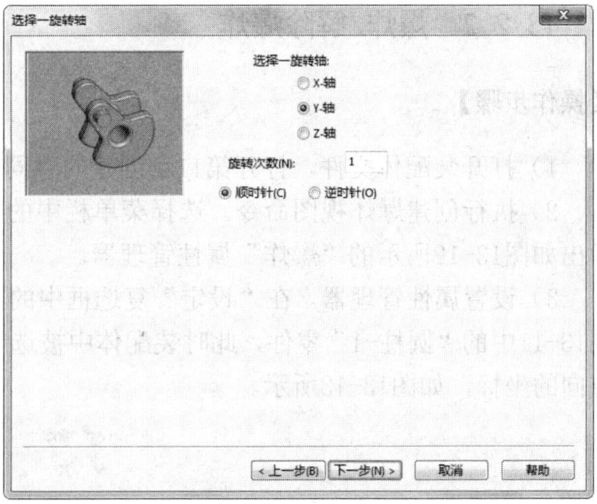

图13-7 “选择-旋转轴”对话框

4）弹出“动画控制选项”对话框，如图13-8所示。在对话框中设置时间长度为“10”，开始时间为“0”，单击“完成”按钮。

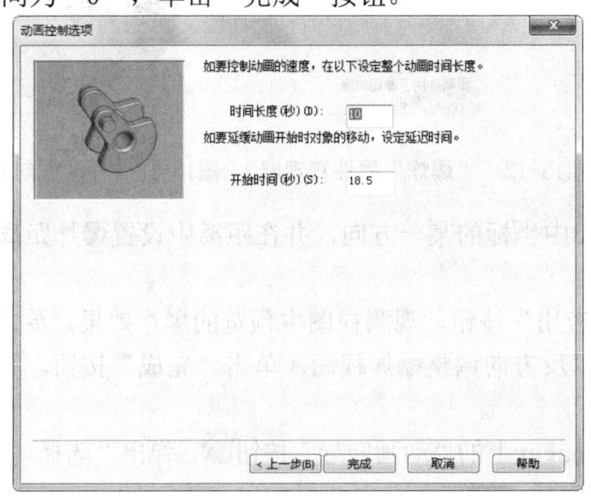

图13-8 “动画控制选项”对话框

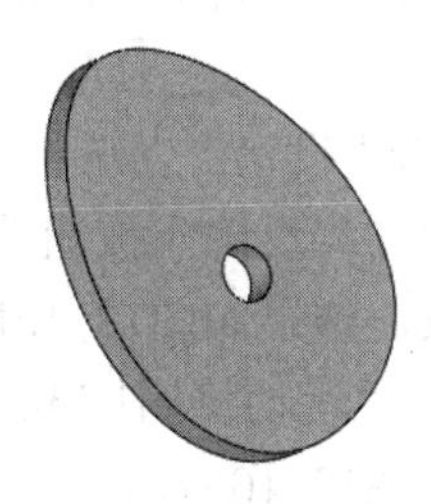

图13-9 动画

5）单击“运动算例1” MotionManager上的“播放”按钮▶，视图中的实体绕Z轴逆时针旋转10秒，图13-9所示为凸轮旋转到5秒时。MotionManager界面如图13-10所示。

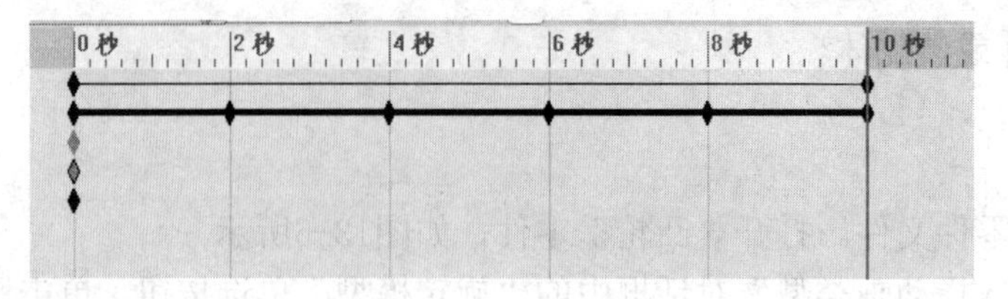

图13-10 MotionManager界面

13.2.2 爆炸/解除爆炸

【操作步骤】

1）打开装配体文件。打开第11章创建的“同轴心”装配体，如图13-11所示。

2）执行创建爆炸视图命令。选择菜单栏中的“插入”→“爆炸视图”命令，此时系统弹出如图13-12所示的“爆炸”属性管理器。

3）设置属性管理器。在“设定”复选框中的“爆炸步骤零部件”一栏中，用鼠标单击图13-11中的“圆柱-1”零件，此时装配体中被选中的零件被亮显，并且出现一个设置移动方向的坐标，如图13-13所示。

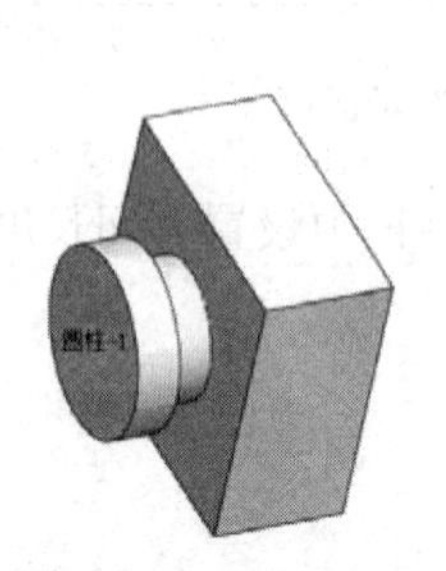

图13-11 “同轴心”装配体

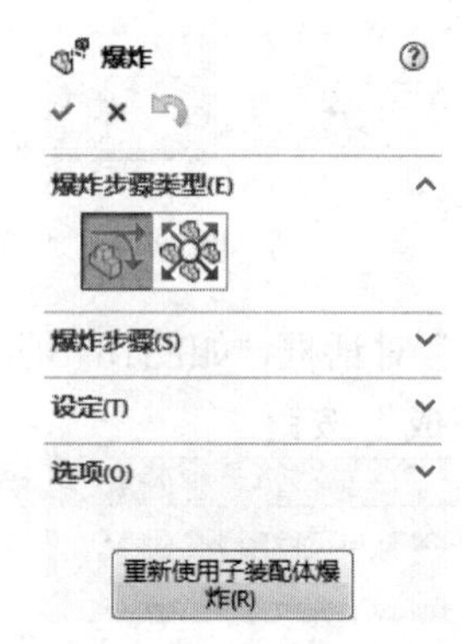

图13-12 “爆炸”属性管理器

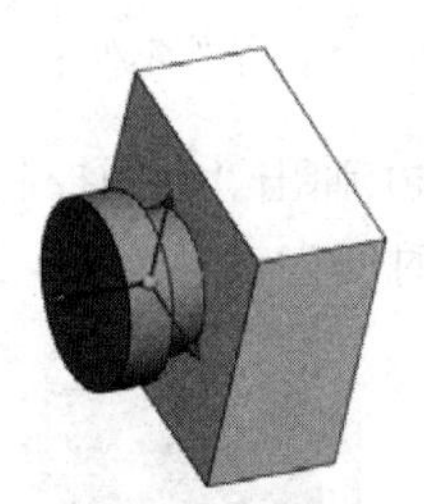

图13-13 移动方向的坐标

4）设置爆炸方向。单击图13-13中坐标的某一方向，并在距离中设置爆炸距离，如图13-14所示。

5）单击“设定”复选框中的“应用”按钮，观测视图中预览的爆炸效果，单击“爆炸方向”前面的“反向”按钮，可以反方向调整爆炸视图。单击“完成”按钮，第一个零件爆炸完成，结果如图13-15所示。

6）单击“运动算例1”MotionManager上的“动画向导”按钮，弹出“选择动画类型”对话框，如图13-16所示。

7）在“选择动画类型”对话框中的“爆炸”单选按钮，单击“下一步”按钮。

图13-14 设置方向和距离

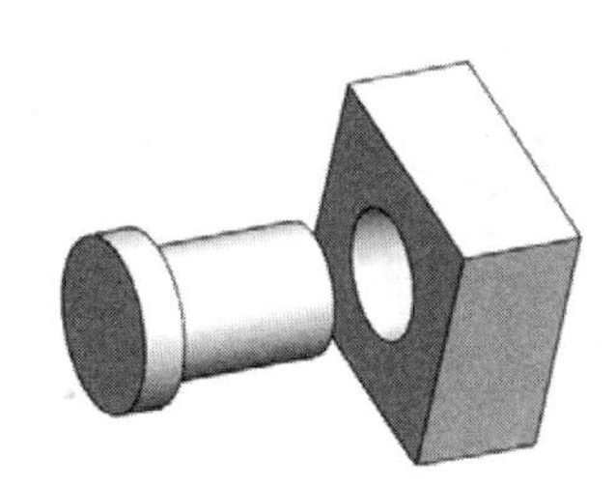

图13-15 爆炸视图

8）弹出“动画控制选项”对话框，如图13-17所示。在对话框中设置时间长度为“10”，开始时间为“0”，单击“完成”按钮。

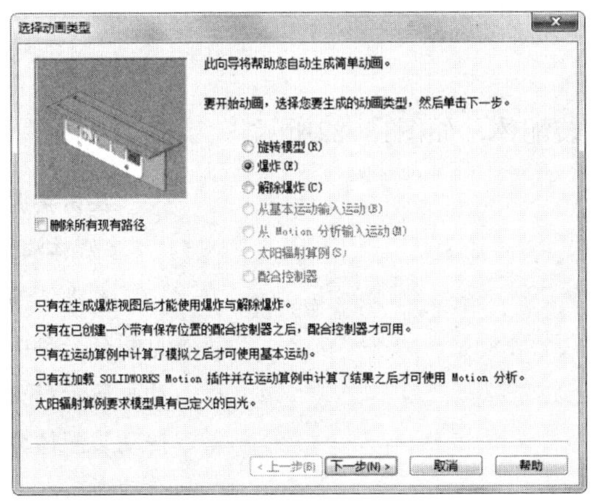

图13-16 “选择动画类型”对话框

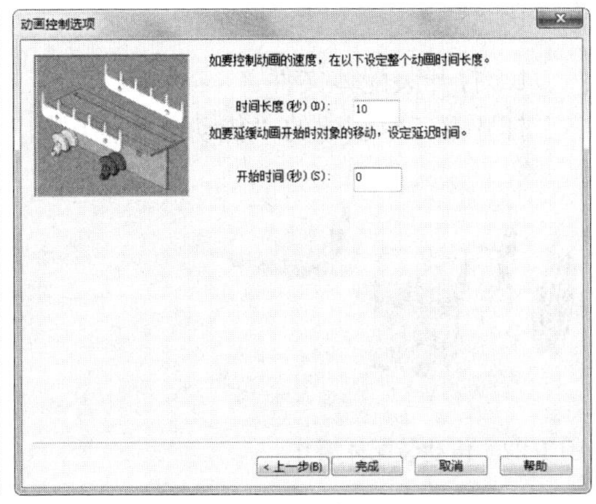

图13-17 “动画控制选项”对话框

9）单击“运动算例1” MotionManager上的“播放”按钮▶，视图中的“圆柱-1”零件沿z轴正向运动。动画如图13-18所示，MotionManager界面如图13-19所示。

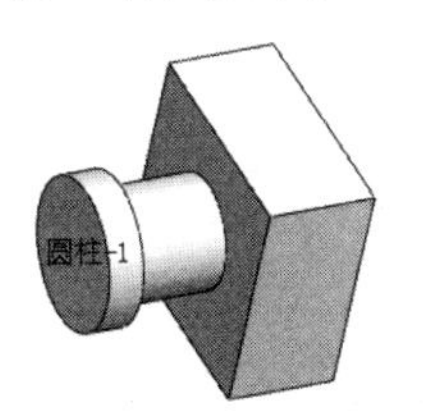

图13-18 动画

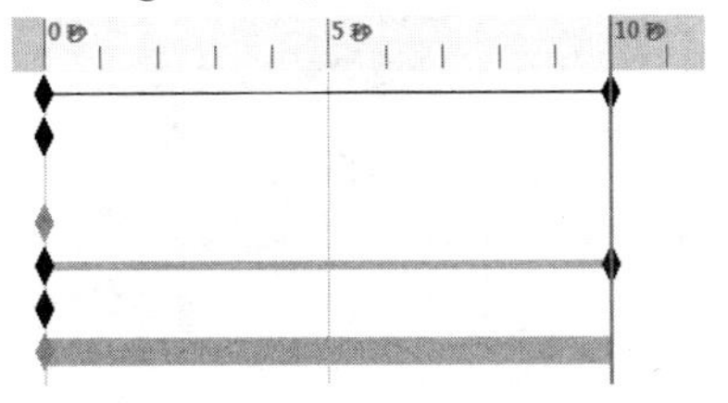

图13-19 MotionManager界面

10）单击“运动算例1”MotionManager上的“动画向导”按钮，弹出“选择动画类型”对话框，在“选择动画类型”对话框中,选择“解除爆炸”单选按钮。在“动画控制选项”对话框，设置时间长度为“10”，开始时间为“10”。

11）单击“运动算例1”MotionManager上的“播放”▶按钮，视图中的“圆柱-1”零件向Z轴负方向运动，最后回到原来的状态。动画如图13-20所示，MotionManager界面如图

13-21所示。

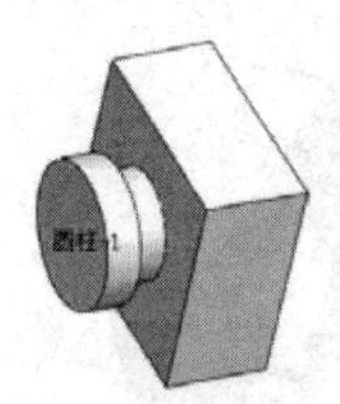

图13-20 动画

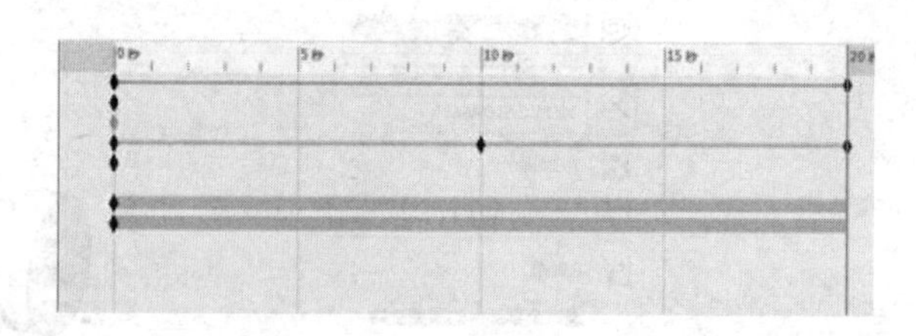

图13-21 MotionManager界面

13.2.3 实例——传动装配体分解结合动画

【操作步骤】

1. 打开装配体文件

打开第12章创建的“传动装配体爆炸”装配体，如图13-22所示。

图13-22 传动装配体爆炸

> **实讲实训**
> **多媒体演示**
>
> 多媒体演示参见配套光盘中的\\动画演示\第13章\传动装配体分解结合动画.avi。

2. 解除爆炸

单击“ConfigurationManager”，打开图13-23所示的“配置”管理器，在爆炸视图处单击鼠标右键，弹出图13-24所示的右键快捷菜单，选择“解除爆炸”选项，装配体恢复爆炸前状态，如图13-25所示。

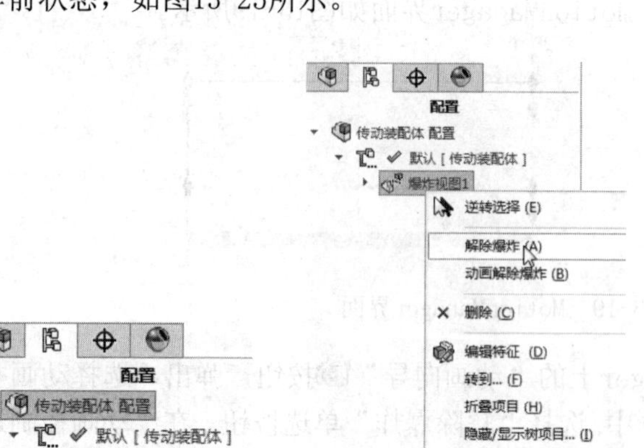

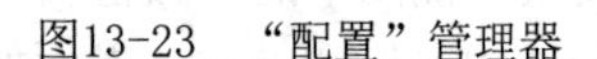

图13-23 “配置”管理器　　图13-24 右键快捷菜单　　图13-25 解除爆炸

3. 爆炸动画

1）单击“运动算例1”MotionManager上的“动画向导”按钮，弹出“选择动画类型”对话框，如图13-26所示。

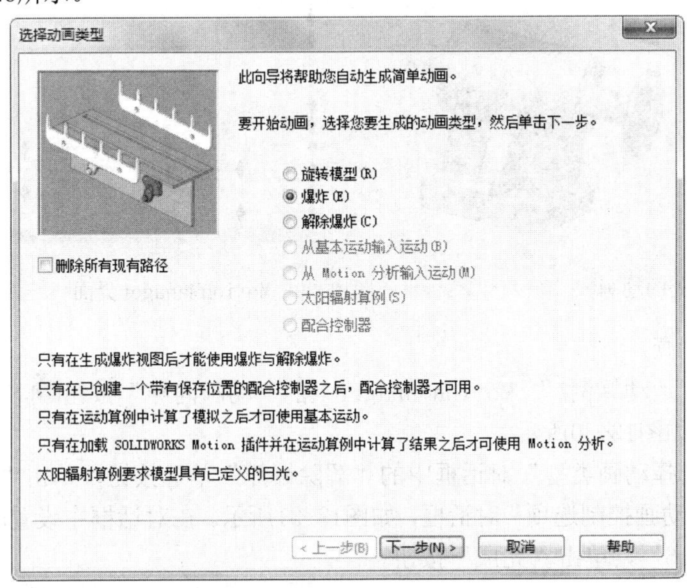

图13-26 “选择动画类型”对话框

2）在“选择动画类型”对话框中的“爆炸”单选按钮，单击“下一步”按钮。

3）弹出“动画控制选项”对话框，如图13-27所示，在对话框中设置时间长度为“15”，开始时间为“0”，单击“完成”按钮。

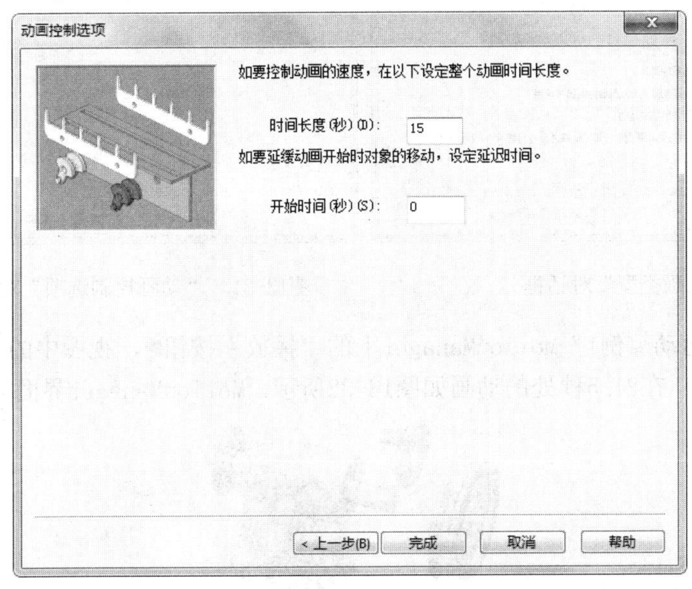

图13-27 “动画控制选项”对话框

4）单击“运动算例1”MotionManager上的“播放”按钮▶，视图中的各个零件按照爆炸图的路径运动。在6秒处的动画如图13-28所示，MotionManager界面如图13-29所示。

图13-28　在6秒处的动画

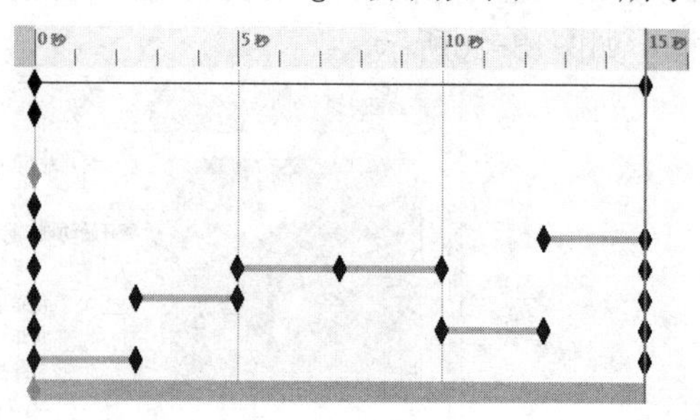

图13-29　MotionManager界面

4. 结合动画

1）单击“运动算例1” MotionManager上的“动画向导”按钮，弹出“选择动画类型”对话框，如图13-30所示。

2）在“选择动画类型”对话框中的“解除爆炸”单选按钮，单击“下一步”按钮。

3）弹出“动画控制选项”对话框，如图13-31所示。在对话框中设置时间长度为“15”，开始时间为“16”，单击“完成”按钮。

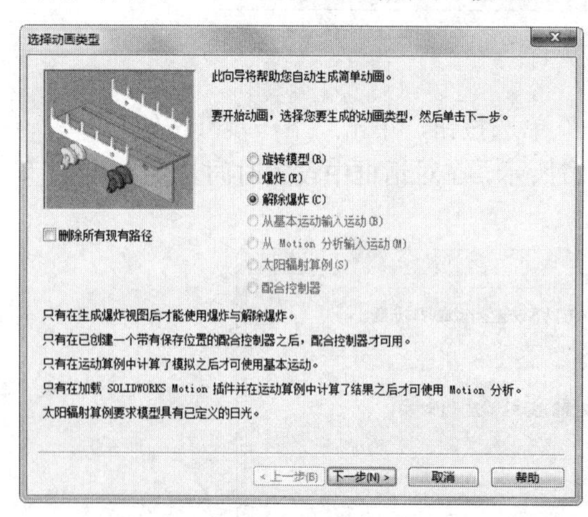

图13-30　“选择动画类型”对话框

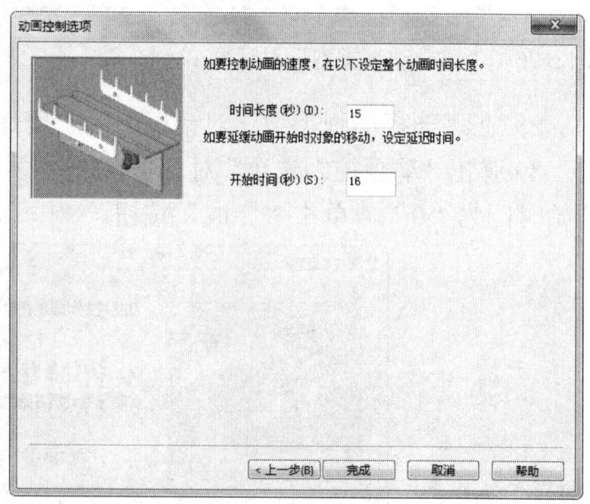

图13-31　“动画控制选项”对话框

4）单击“运动算例1”MotionManager上的“播放”按钮▶，视图中的各个零件按照爆炸图的路径运动，在21.5秒处的动画如图13-32所示，MotionManager界面如图13-33所示。

图13-32　在21.5秒处的动画

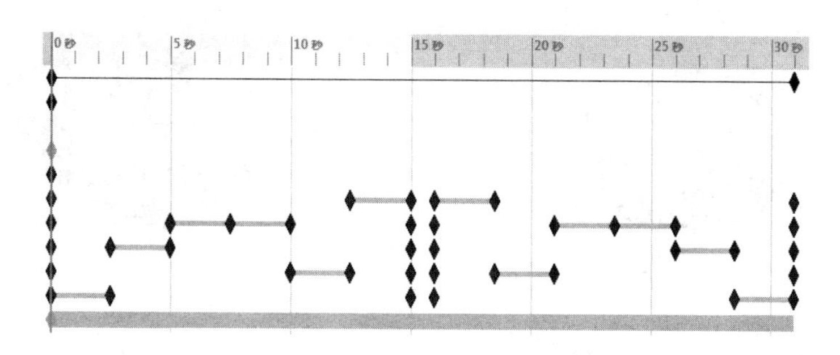

图13-33 MotionManager界面

13.3 动画

使用动画来生成使用插值以在装配体中指定零件点到点运动的简单动画。可使用动画将基于马达的动画应用到装配体零部件。

可以通过以下方式来生成动画运动算例：

- 通过拖动时间栏并移动零部件生成基本动画。
- 使用动画向导生成动画或给现有运动算例添加旋转、爆炸或解除爆炸效果（在运动分析算例中无法使用）。
- 生成基于相机的动画。
- 使用马达或其他模拟单元驱动。

13.3.1 基于关键帧动画

沿时间线拖动时间栏到某一时间关键点，然后移动零部件到目标位置。MotionManager将零部件从其初始位置移动到您以特定时间而指定的位置。

沿时间线移动时间栏为装配体位置中的下一更改定义时间。

在图形区域中将装配体零部件移动到对应于时间栏键码点处装配体的位置处。

13.3.2 实例——创建茶壶的动画

实讲实训
多媒体演示

多媒体演示参见配套光盘中的\\动画演示\第13章\创建茶壶的动画.avi。

【操作步骤】

1）打开第11章中的“茶壶”装配体，单击“视图”工具栏中的“正等轴测”按钮，将视图转换到等轴测视图，如图13-34所示。

2）在“视向及相机视图”栏时间线0秒处单击鼠标右键，在弹出的快捷菜单选择“替换代码”。

3）将时间线拖动到2秒处，在视图中将视图旋转如图13-35所示。

图13-34　正等轴测视图

图13-35　旋转后的视图

4）在“视向及相机视图”栏时间线上单击鼠标右键，在弹出的快捷菜单选择“放置键码”。

5）单击MotionManager工具栏上的“播放”按钮▶，茶壶动画如图13-36所示，MotionManager界面如图13-37所示。

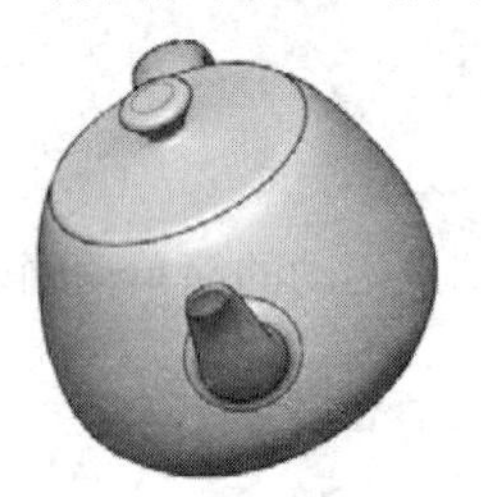

图13-36　动画中的茶壶

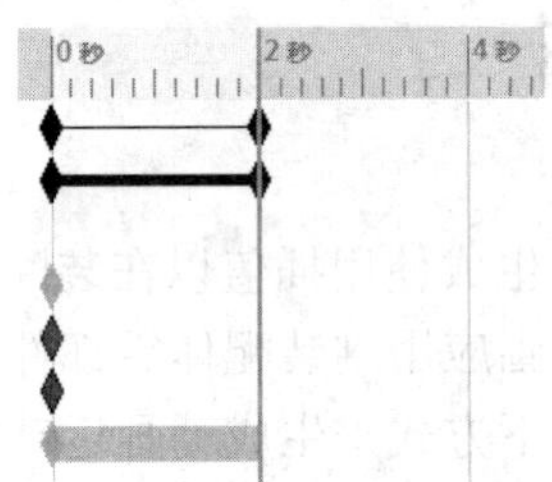

图13-37　MotionManager界面

6）将时间线拖动到4秒处。

7）在茶壶装配“FeatureManager设计树“中，删除重合配合，如图13-38所示。

8）在视图中拖动壶盖沿Y轴移动，如图13-39所示。

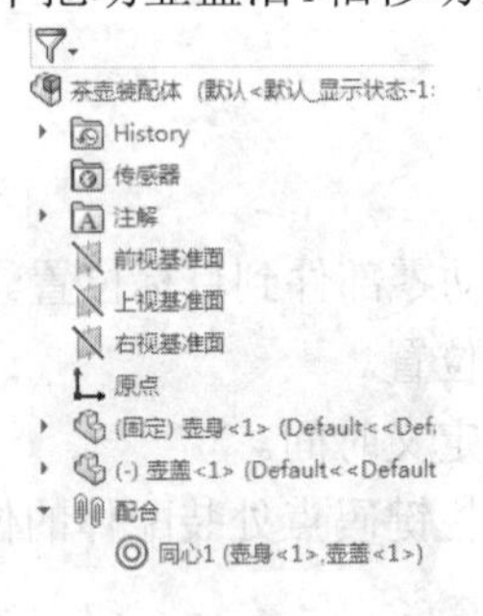

图13-38　茶壶装配FeatureManager设计树

图13-39　移动壶盖

9）单击MotionManager工具栏上的键▶，茶壶动画如图13-40所示，MotionManager界面如图13-41所示。

图13-40　动画中的茶壶

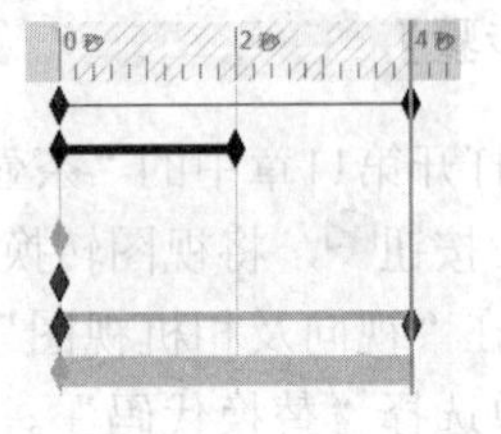

图13-41　MotionManager界面

13.3.3 基于马达的动画

运动算例马达模拟作用于实体上的运动，由马达所应用。

【操作步骤】

1）执行命令。单击MotionManager工具栏上的“马达”按钮。

2）设置马达类型。弹出“马达”属性管理器，如图13-42所示。在属性管理器“马达类型”一栏中，选择旋转或者线性马达。

3）选择零部件和方向。在属性管理器“零部件/方向”一栏中选择要做动画的表面或零件，通过“反向”按钮来调节。

4）选择运动类型。在属性管理器“运动”一栏中，在类型下拉菜单中选择运动类型，包括等速、距离、振荡、插值和表达式。

- 等速：马达速度为常量。输入速度值。
- 距离：马达以设定的距离和时间帧运行。为位移、开始时间及持续时间输入值，如图13-43所示。
- 振荡：为振幅和频率输入值，如图13-44所示。

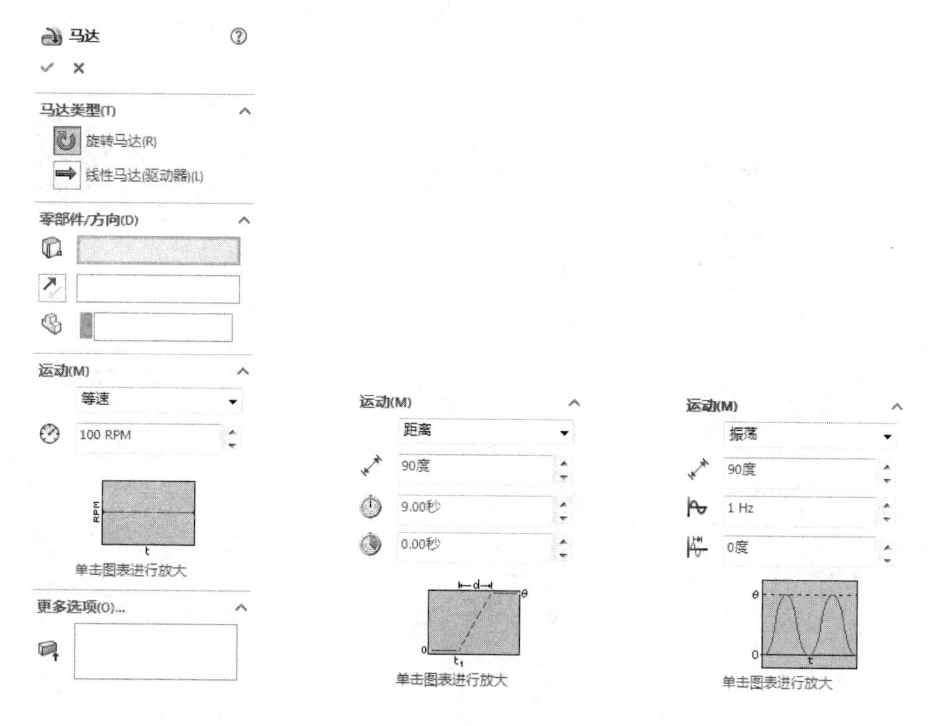

图13-42 “马达”属性管理器　　图13-43 “距离”运动　　图13-44 “振荡”运动

- 线段：选定线段（位移、速度、加速度），为插值时间和数值设定值，线段“函数编制程序”对话框，如图13-45所示。
- 数据点：输入表达数据（位移、时间、立方样条曲线），数据点“函数编制程序”

对话框如图13-46所示。

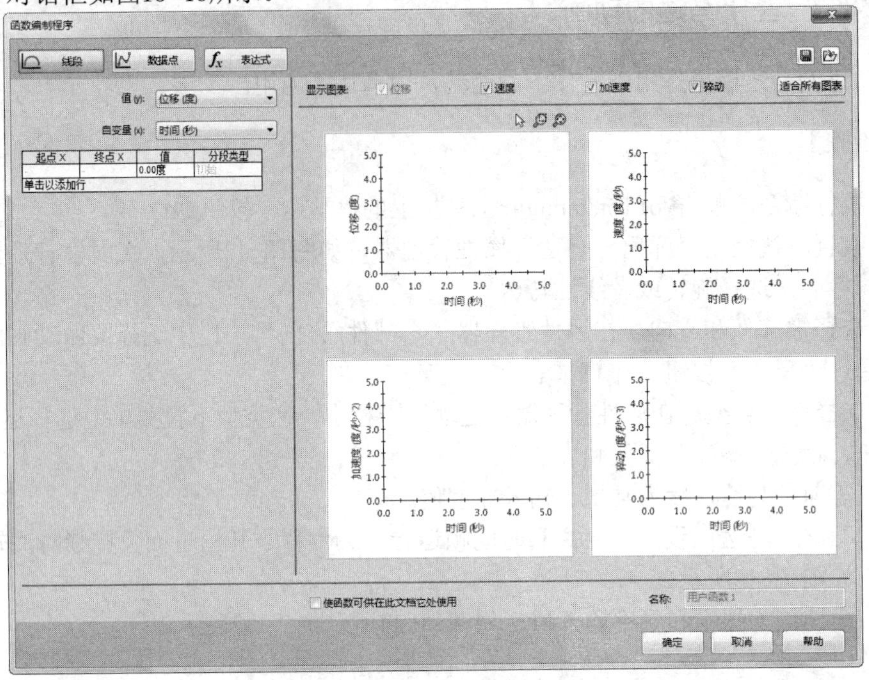

图13-45 “线段”运动

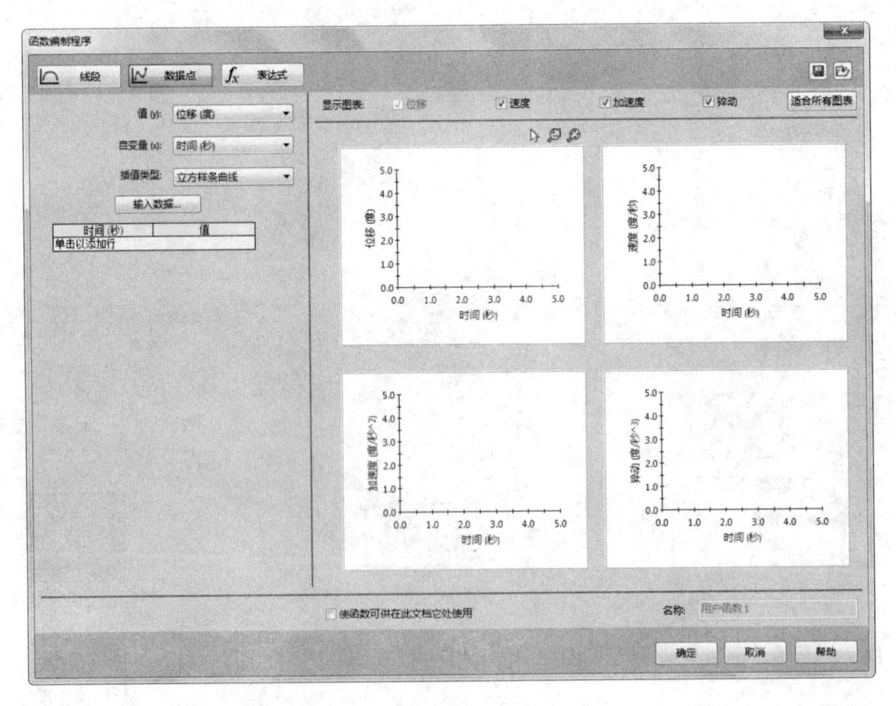

图13-46 “数据点”运动

➢ 表达式：选取马达运动表达式所应用的变量（位移、速度、加速度），表达式“函数编制程序”对话框，如图13-47所示。

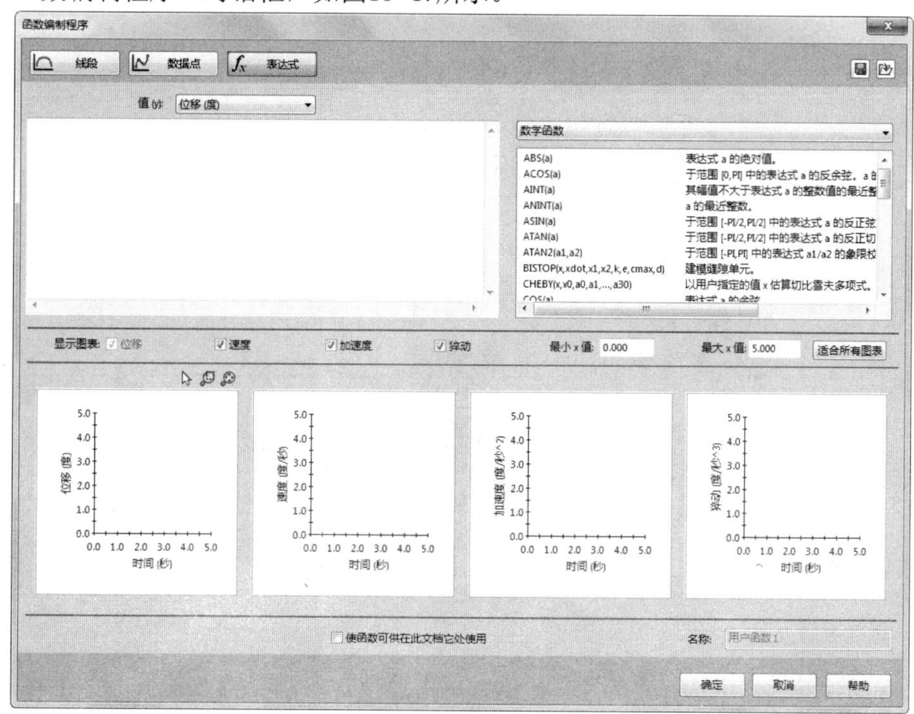

图13-47 “表达式”运动

5）确认动画。单击属性管理器中的“确定”按钮✓，动画设置完毕。

13.3.4 实例——传动装配体动画

【操作步骤】

1．基于旋转马达动画

1）打开第12章创建的传动装配体，如图13-48所示。

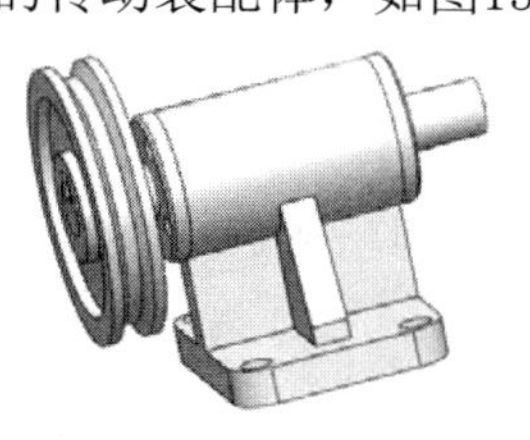

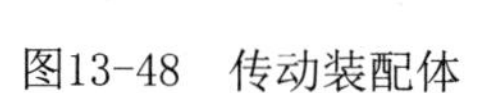
图13-48 传动装配体

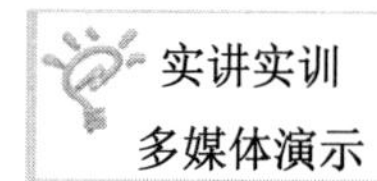

多媒体演示参见配套光盘中的\\动画演示\第13章\传动装配体动画.avi。

2）将时间线拖到5秒处。

3）单击MotionManager工具栏上的“马达”按钮，弹出“马达”属性管理器。

4）在属性管理器“马达类型”一栏中选择“旋转马达”，在视图中选择带轮表面，属性管理器和旋转方向，如图13-49所示。

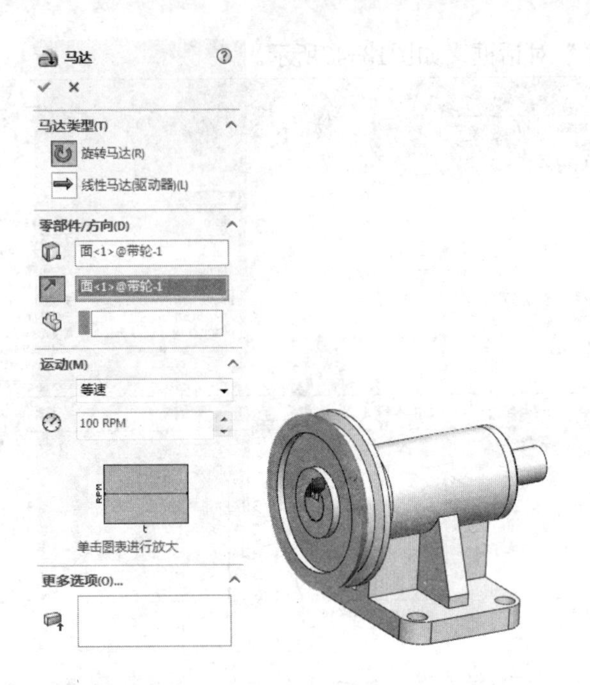

图13-49　选择旋转方向

5）在属性管理器中选择“等速”运动，单击属性管理器中的“确定”按钮✔，完成马达的创建。

6）单击MotionManager工具栏上的“播放”按钮▶，带轮通过键带动轴绕中心轴旋转，传动动画如图13-50所示，MotionManager界面如图13-51所示。

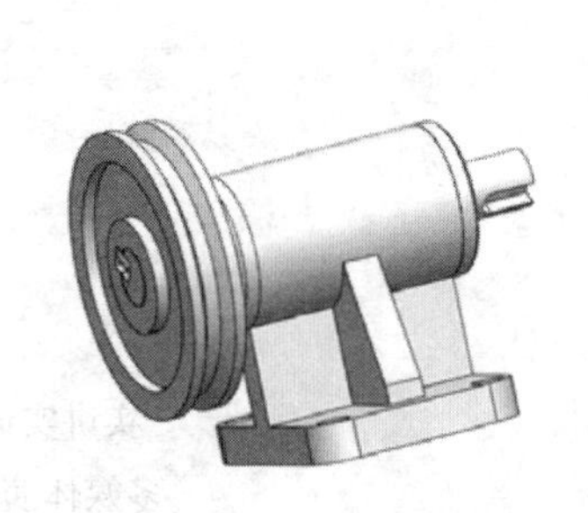

图13-50　传动动画

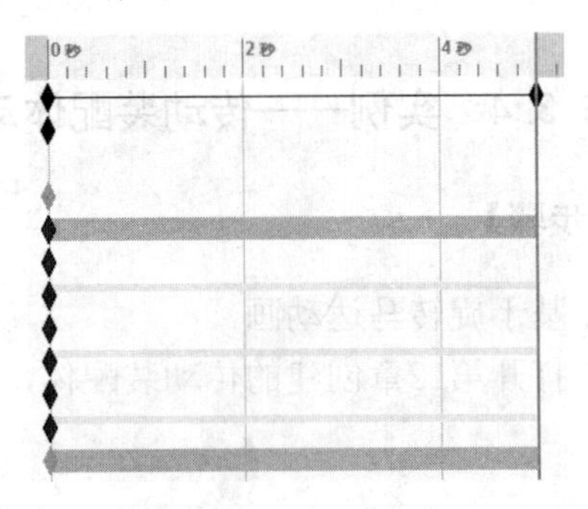

图13-51　MotionManager界面

2. 基于线性马达的动画

1）新建运动算例，在传动装配“FeatureManager设计树”上删除所有的配合，如图13-52所示。

2）单击MotionManager工具栏上的“马达”按钮，弹出“马达”属性管理器。

3）在属性管理器“马达类型”一栏中选择“线性马达”，在视图中选择带轮上的边线，属性管理器和线性方向如图13-53所示。

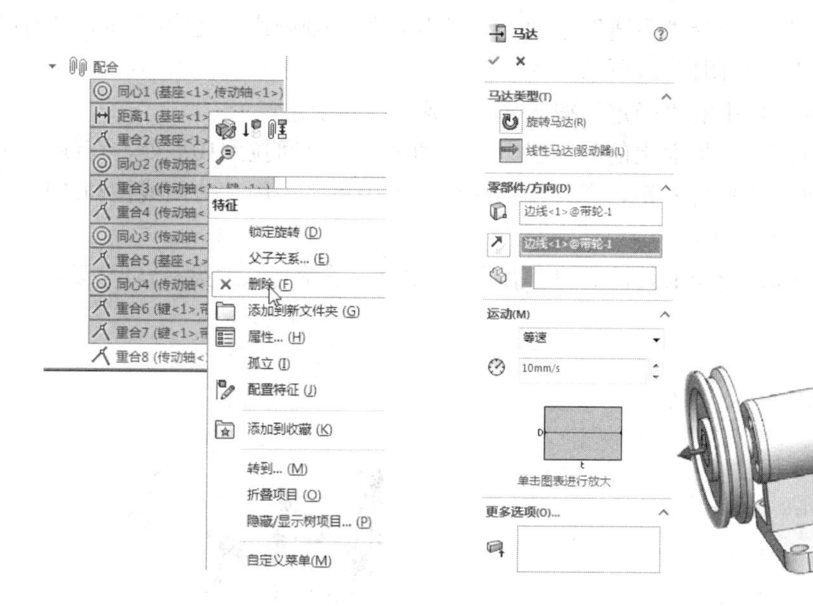

图13-52 “FeatureManager设计树” 图13-53 属性管理器和线性方向

4）单击属性管理器中的“确定”按钮✓，完成马达的创建。

5）单击MotionManager工具栏上的“播放”▶，带轮沿Y轴移动，传动动画如图13-54所示，MotionManager界面如图13-55所示。

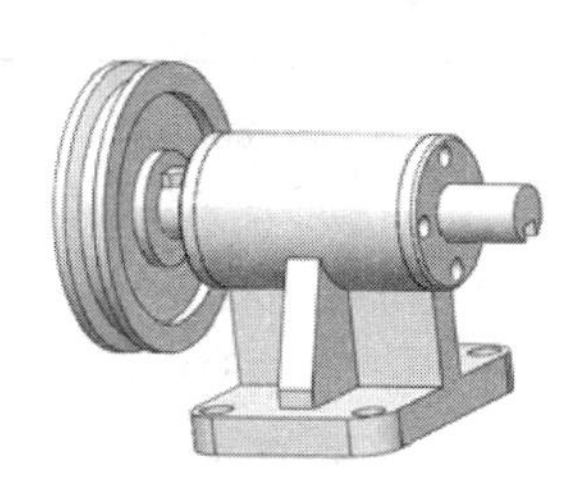

图13-54 传动动画

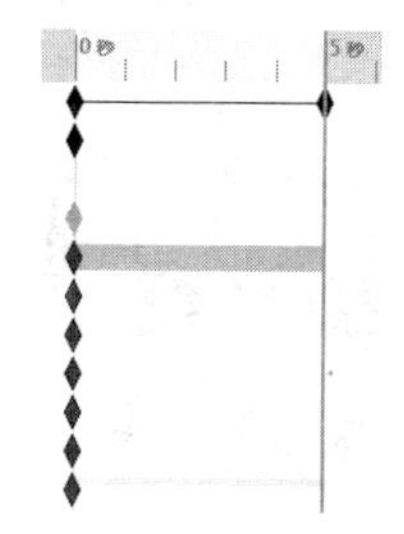

图13-55 MotionManager界面

6）单击MotionManager工具栏上的“马达”按钮，弹出“马达”属性管理器。

7）在属性管理器“马达类型”一栏中选择“线性马达”，在视图中选择法兰盘上的边线，属性管理器和线性方向，如图13-56所示。

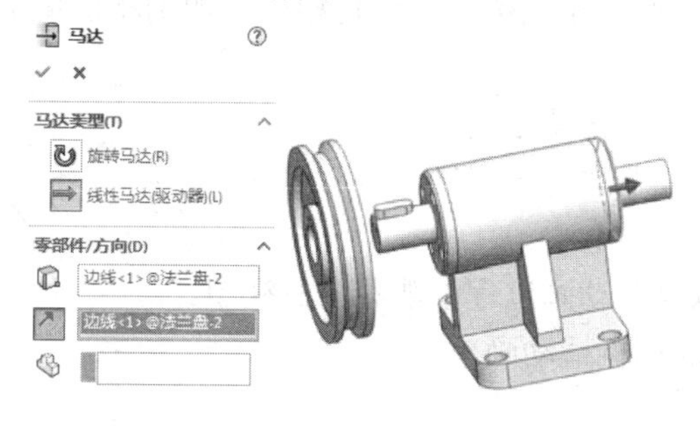

图13-56 选择零件和方向

8）在属性管理器中选择“距离”运动，设置距离为“100mm”，起始时间为“0秒”，终止时间为“10秒”，如图13-57所示。

9）单击属性管理器中的“确定”按钮✔，完成马达的创建。

10）在MotionManager界面上的时间栏上将总动画持续时间拉到10秒处，在线性马达1栏5秒时间栏键码处单击鼠标右键，在弹出的快捷菜单中单击关闭，关闭线性马达1。在线性马达2栏将时间拉至5秒处。

11）单击MotionManager工具栏上的“播放”按钮▶，带轮与法兰盘沿Y轴移动，传动动画如图13-58所示。

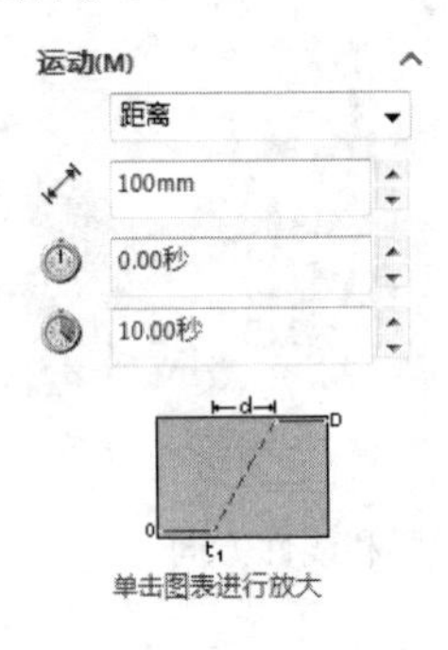

图13-57　设置“运动”参数

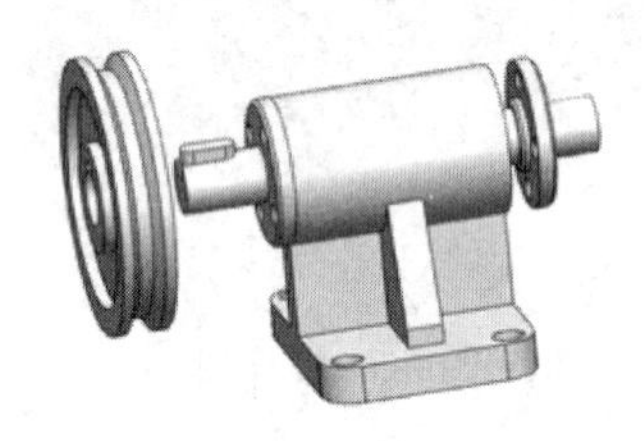

图13-58　传动动画

12）传动动画的结果如图13-59所示，MotionManager界面如图13-60所示。

图13-59　动画结果

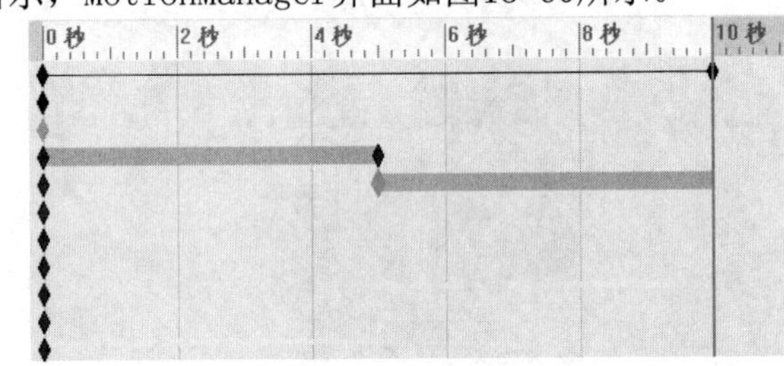

图13-60　MotionManager界面

13.3.5　基于相机橇的动画

通过生成一假零部件作为相机橇，然后将相机附加到相机橇上的草图实体来生成基于相机的动画。有以下几种：

1）沿模型或通过模型而移动相机。

2）观看一解除爆炸或爆炸的装配体。

3）导览虚拟建筑。

4）隐藏假零部件以只在动画过程中观看相机视图。

要使用假零部件生成相机橇动画。

【操作步骤】

1）创建一相机橇。

2）添加相机，将之附加到相机橇，然后定位相机橇。

3）用右键单击视向及相机视图（MotionManager 设计树），然后切换禁用观阅键码生成以使按钮更改。

4）在视图工具栏上，单击适当的工具以在左边显示相机橇，在右侧显示装配体零部件。

5）为动画中的每个时间点重复这些步骤以设定动画序列：

在时间线中拖动时间栏。

在图形区域中将相机橇拖到新位置。

6）重复步骤4）～6），直到您完成相机橇的路径为止。

7）在 FeatureManager 设计树中，用右键单击相机橇，然后选择隐藏。

8）在第一个视向及相机视图键码点处（时间 00:00:00）用右键单击时间线。

9）选取视图方向然后选取相机。

10）单击MotionManager 工具栏中的“从头播放”按钮▶。

下面介绍如何创建相机橇。

【操作步骤】

1）生成一假零部件作为相机橇。

2）打开一装配体并将相机橇（假零部件）插入到装配体中。

3）将相机橇远离模型定位，从而包容移动装配体时零部件的位置。

4）在相机橇侧面和模型之间添加一平行配合。

5）在相机橇正面和模型正面之间添加一平行配合。

6）使用前视视图将相机橇相对于模型而大致置中。

7）保存此装配体。

下面介绍如何添加相机并定位相机橇。

【操作步骤】

1）打开包括相机橇的装配体文档。

2）单击“标准”工具栏中的前视视图按钮。

3）在MotionManager树中用右键单击“光源、相机与布景”按钮，然后选择添加相机。

4）荧屏分割成视口，相机在PropertyManager 显示。

5）在 PropertyManager 中，在目标点下选择选择的目标。

6. 在图形区域中，选择一草图实体并用来将目标点附加到相机橇。

7）在 PropertyManager 中，在相机位置下单击选择的位置。

8）在图形区域中，选择一草图实体并用来指定相机位置。

9）拖动视野以通过使用视口作为参考来进行拍照。

10）在 PropertyManager 中，在相机旋转下单击通过选择设定卷数。

11）在图形区域中选择一个面以在拖动相机橇来生成路径时防止相机滑动。

13.3.6 实例——传动装配体基于相机的动画

【操作步骤】

> 实讲实训
> 多媒体演示
>
> 多媒体演示参见配套光盘中的\\动画演示\第13章\传动装配体基于相机的动画.avi。

1. 创建相机橇

1）在左侧的“FeatureManager设计树”中用鼠标选择“上视基准面”作为绘制图形的基准面。

2）选择菜单栏中的“工具”→“草图绘制实体”→“边角矩形”命令，以原点为一角点绘制一个边长为60的正方形，结果如图13-61所示。

3）选择菜单栏中的“插入”→“凸台/基体”→“拉伸”命令，将上一步绘制的草图拉伸为“深度”为10的实体，结果如图13-62所示。

4）单击“保存”按钮，将文件保存为“相机橇. sldprt”。

5）打开第12章中的“传动装配体”，调整视图方向如图13-63所示。

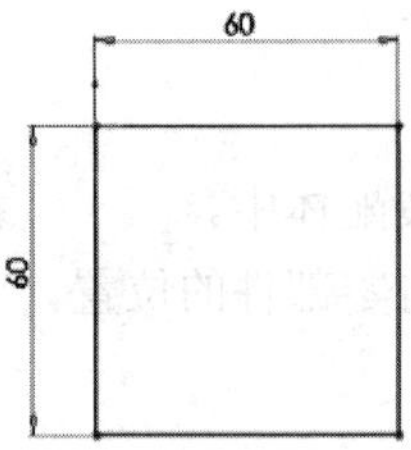

60
60

图13-61 绘制草图

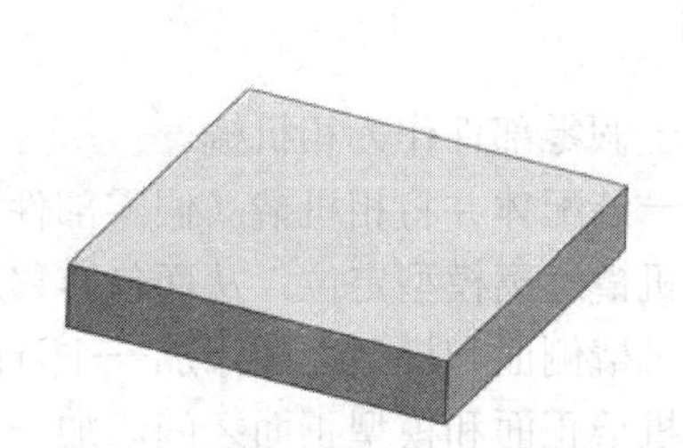

图13-62 拉伸实体

6）选择菜单栏中的“插入”→“零部件”→“现有零件/装配体”命令，或者单击“装配体”工具栏中的“插入零部件”按钮。将第1）～4）步创建的相机橇零件添加到传动装配文件中，如图13-64所示。

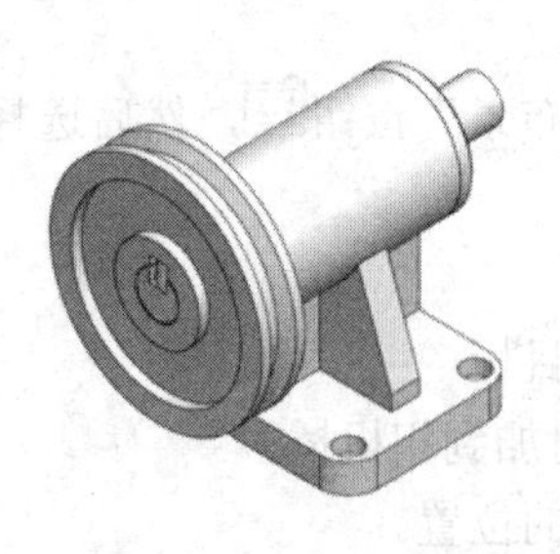

图13-63 “传动装配体”

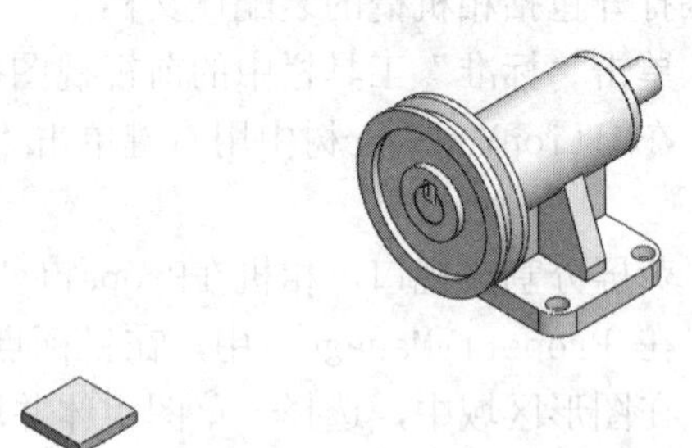

图13-64 插入相机橇

7）选择菜单栏中的“工具”→“配合”命令，或者单击“装配体”工具栏中的“配合”按钮，弹出“配合”属性管理器，将相机橇正面和传动装配体中的基座正面进行平行装配，如图13-65所示。

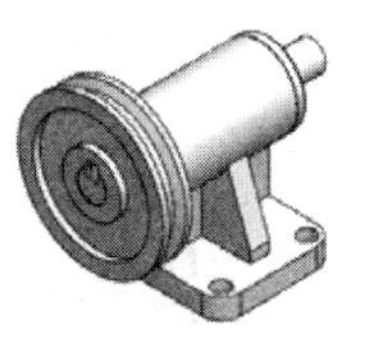

图13-65　平行装配1

在相机橇侧面和传动装配体中的基座侧面进行平行装配，如图13-66所示。

图13-66　平行装配3

8）单击“标准”工具栏中的“前视”按钮，将视图切换到后视，将相机橇移动到如图13-67所示的位置。

9）选择菜单栏中的“文件”→“另存为”命令，将传动装配体保存为相机橇-传动装配.SLDASM。

2．添加相机并定位相机橇

1）用鼠标右键单击MotionManager 树上的“光源、相机与布景”，弹出右键快捷菜单，在快捷菜单中选择“添加相机”，如图13-68所示。

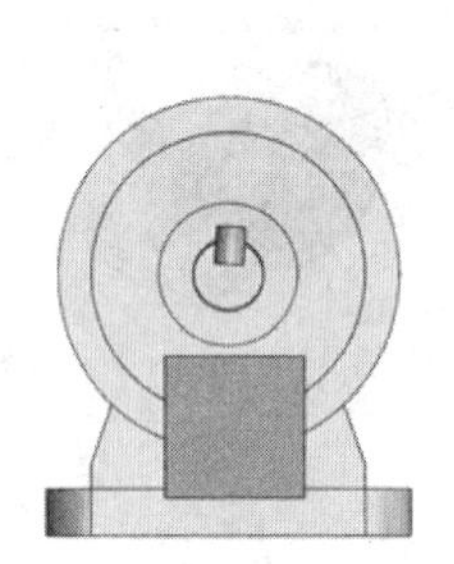

图13-67　前视图

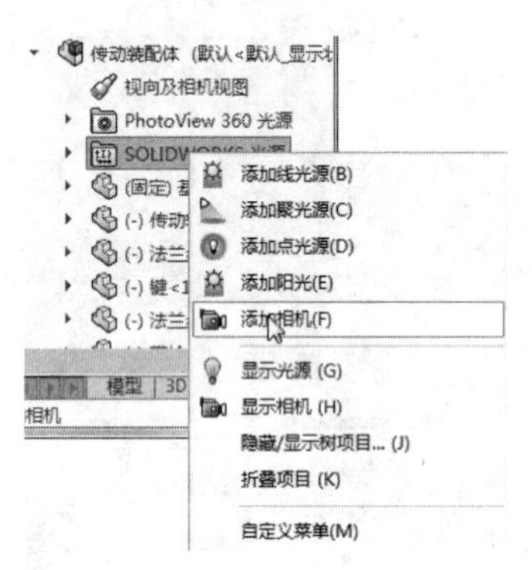

图13-68　添加相机

2）弹出“相机”属性管理器，屏幕被分割成两个视口，如图13-69所示。

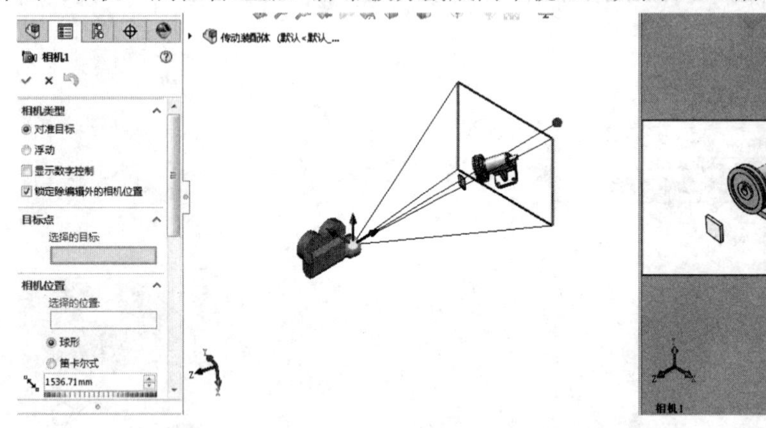

图13-69　相机视口

3）在左边视口中选择相机撬的上表面前边线中点为目标点，如图13-70所示

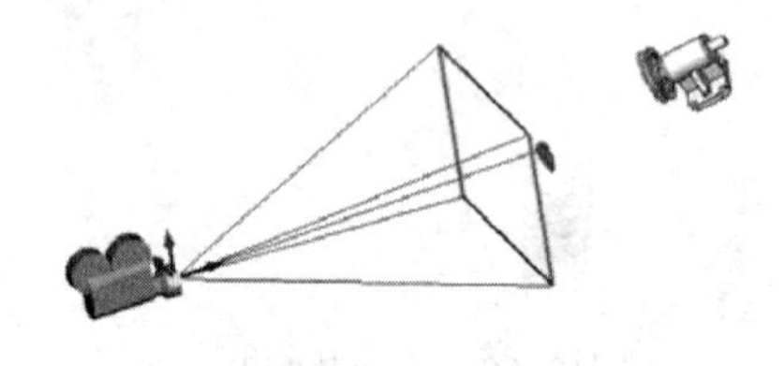

图13-70　设置目标点

4）选择相机撬的上表面后边线中点为相机位置，“相机”属性管理器和视图如图13-71所示。

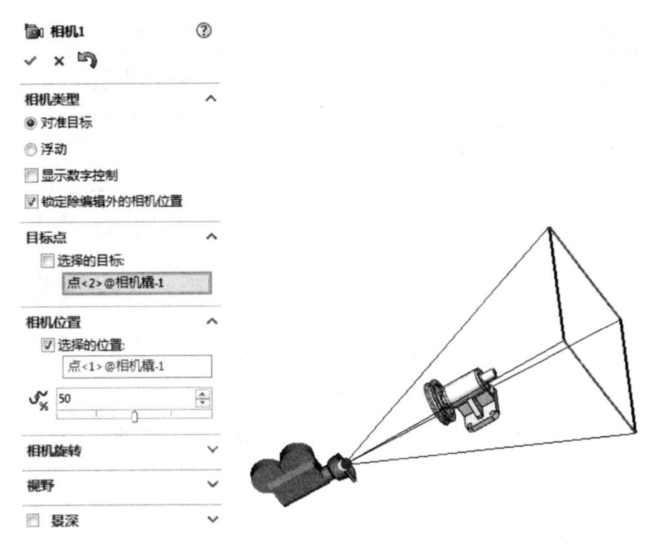

图13-71　设置相机位置

5）拖动相机视野以通过使用视口作为参考来进行拍照，右视口中的图形如图13-72所示。

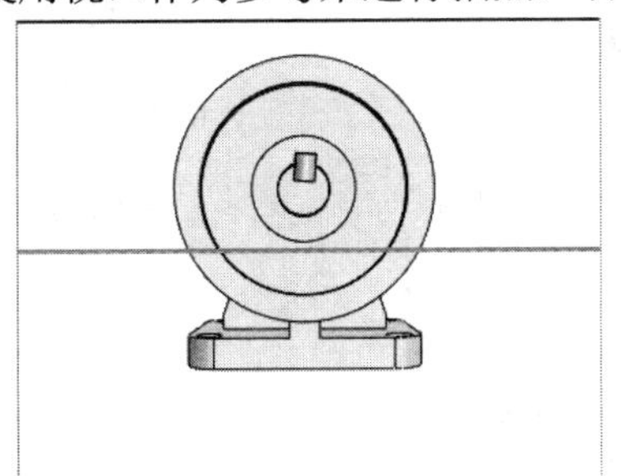

图13-72　相机定位

6）在“相机”属性管理器中单击“确定”按钮✔，完成相机的定位。

3．生成动画

1）在标准工具栏上选择右视，在左边显示相机橇，在右侧显示传动装配体零部件，如图13-73所示。

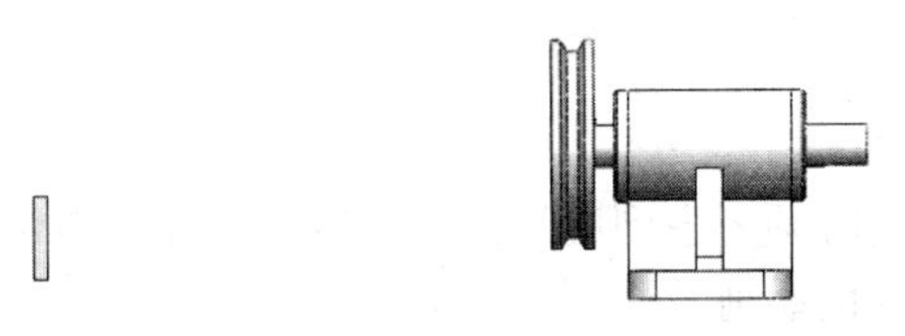

图13-73　右视图

2）将时间栏放置在6秒处，将相机撬移动到如图13-74所示的位置，

3）在MotionManager 设计树的视向及相机视图上单击鼠标右键，在弹出的快捷菜单中选择“禁用观阅键码播放”，如图13-75所示。

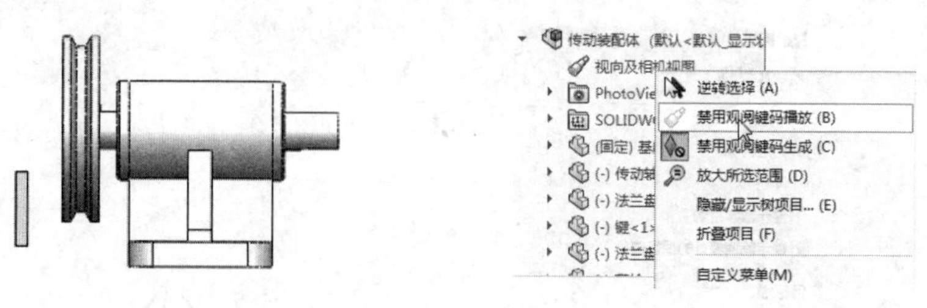

图13-74　移动相机撬　　　　图13-75　右键快捷菜单

4）在“MotionManager界面”时间6秒内单击鼠标右键，在弹出的快捷菜单中单击“相机视图”，如图13-76所示，切换到相机视图。

5）在MotionManager工具栏上单击“从头播放”按钮▶，动画如图13-77所示。MotionManager界面如图13-78所示

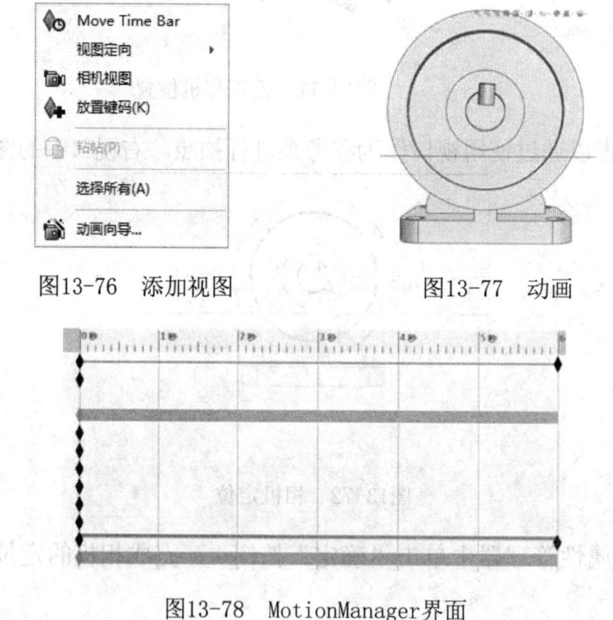

图13-76　添加视图　　　　图13-77　动画

图13-78　MotionManager界面

13.4　基本运动

基本运动在计算运动时须考虑到质量。基本运动计算相当快，所以可将之用来生成使用基于物理的模拟的演示性动画。

【操作步骤】

1）在MotionManager工具栏中选择算例类型为基本运动。

2）在MotionManager工具栏中选取工具以包括模拟单元，如马达、弹簧、接触、及引力。

3）设置好参数后，单击MotionManager工具栏中的计算按钮，以计算模拟。

4）单击MotionManager工具栏中的从头播放按钮，从头播放模拟。

13.4.1 弹簧

弹簧为通过模拟各种弹簧类型的效果而绕装配体移动零部件的模拟单元。

【操作步骤】

1）单击MotionManager工具栏中的“弹簧”按钮，弹出“弹簧”属性管理器。

2）在“弹簧”属性管理器中选择“线性弹簧”类型，在视图中选择要添加弹簧的两个面，如图13-79所示。

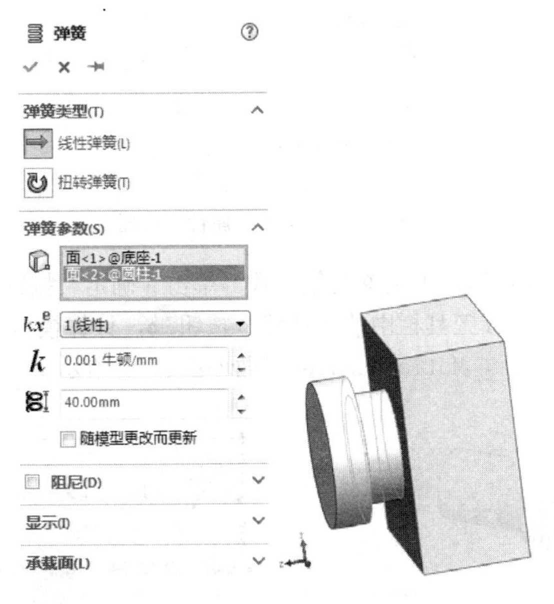

图13-79 选择放置弹簧面

3）在“弹簧”属性管理器中设置其他参数，单击“确定”，完成弹簧的创建。

4）单击MotionManager工具栏中的计算按钮，计算模拟。单击从头播放按钮，动画如图13-80所示，MotionManager界面如图13-81所示

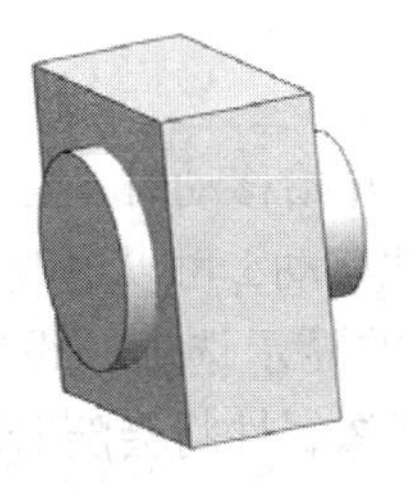

图13-80 动画

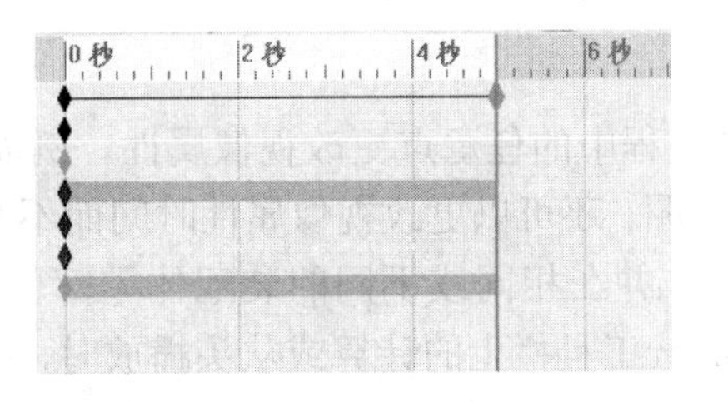

图13-81 MotionManager界面

13.4.2 引力

引力（仅限基本运动和运动分析）为一通过插入模拟引力而绕装配体移动零部件的模拟单元。

【操作步骤】

1）单击MotionManager工具栏中的“引力”按钮，弹出“引力”属性管理器。

2）在“引力”属性管理器中选择“Z轴”，单击“反向”按钮，调节方向，也可以在视图中选择线或者面作为引力参考，如图13-82所示。

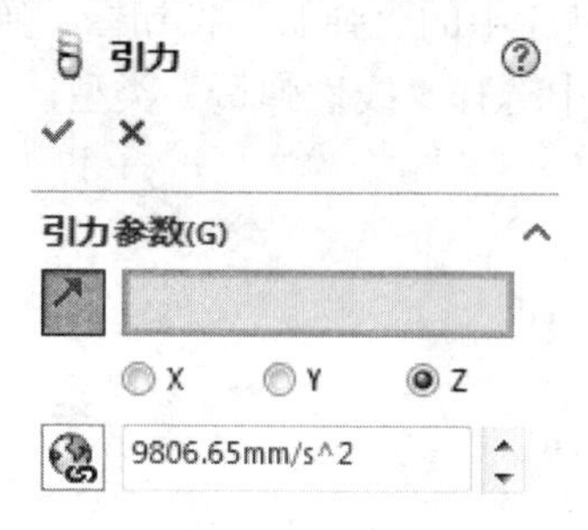

图13-82 “引力”属性管理器

3）在“引力”属性管理器中设置其他参数，单击“确定”按钮，完成引力的创建。

4）单击MotionManager工具栏中的“计算”按钮，计算模拟。单击“从头播放”按钮，动画如图13-83所示，MotionManager界面如图13-84所示。

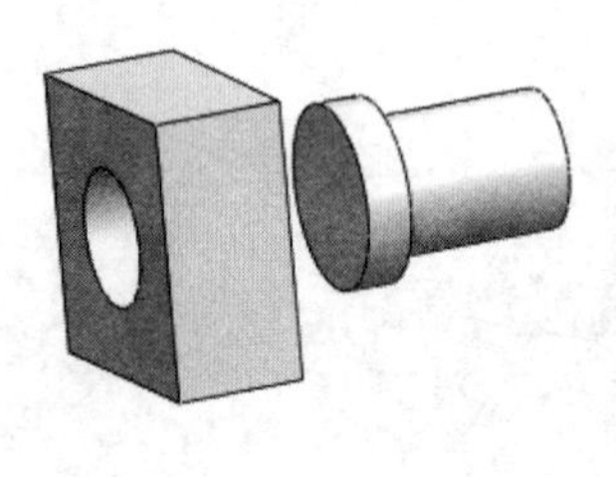

图13-83 动画

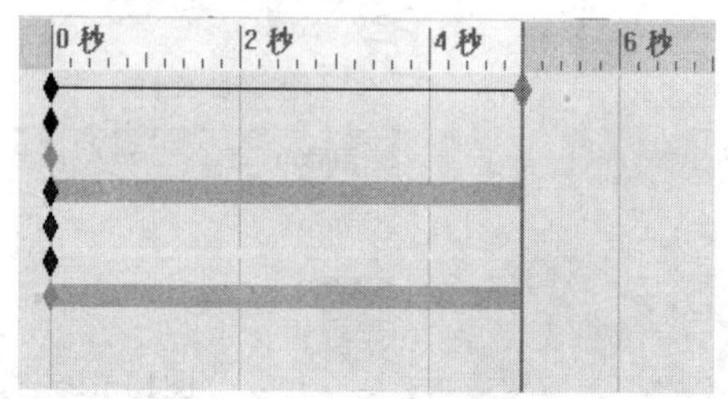

图13-84 MotionManager界面

13.5 更改视像属性

在动画过程中的任意点更改视像属性。例如，当零部件开始移动时，可以将视图从上色 改为线架图。还可以更改视像属性时间而不必动画零部件移动。可以更改单个或多个零部件的显示，并在相同或不同的装配体零部件中组合不同的显示选项。设置完成后单击MotionManager工具栏上的计算或从头播放时，这些部件的视像属性将会随着动画的进程而变化。

13.6 保存动画

单击“运动算例1”MotionManager上的“保存动画”按钮，弹出“保存动画到文件”对话框，如图13-85所示。

1）保存类型：Microsoft.avi文件，一系列Windows位图.bmp，一系列Truevision Targas.tag。其中一系列Windows位图.bmp和一系列Truevision Targas.tag是静止图像系列。

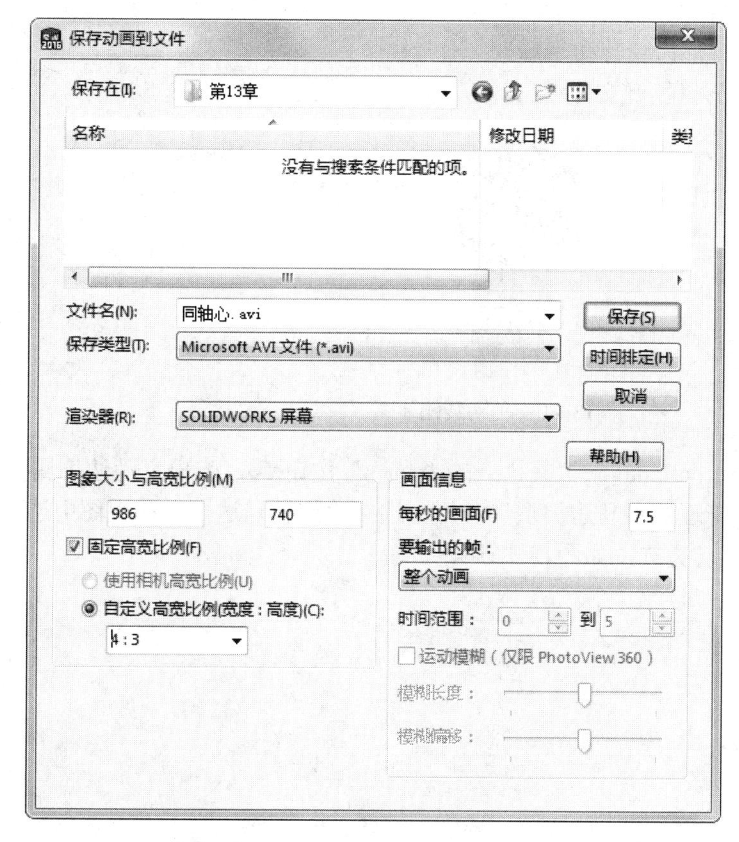

图13-85 “保存动画到文件”对话框

2）渲染器。SOLIDWORKS 屏幕：制作荧屏动画的副本。

3）大小与高度比例。

➢ 固定高宽比例：在变更宽度或高度时，保留图像的原有比例。

➢ 使用相机高宽比例：在至少定义了一个相机时可用。

➢ 自定义高宽比例：选择或键入新的比例。调整此比例以在输出中使用不同的视野显示模型。

4）信息。

➢ 每秒的画面：为每秒的画面输入数值。

➢ 整个动画：保存整个动画

➢ 时间范围：要保存部分动画，选择时间范围并输入开始和结束数值的秒数（如3.5 ～15）。

13.7 综合实例——差动机构运动模拟

【操作步骤】

> **实讲实训 多媒体演示**
>
> 多媒体演示参见配套光盘中的\\动画演示\第13章\差动机构运动模拟.avi。

1. 创建上锥形齿轮转动

1）打开随书光盘/源文件/第13章/差动机构装配体，如图13-86所示。

图13-86 传动装配体

2）单击MotionManager工具栏上的“马达”按钮，弹出“马达”属性管理器。

3）在属性管理器“马达类型”一栏中选择“旋转马达”，在视图中选择上锥形齿轮，属性管理器和旋转方向，如图13-87所示。

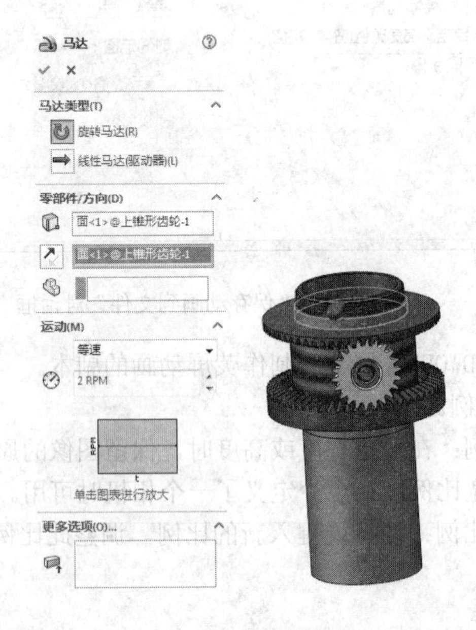

图13-87 选择旋转方向

4）在属性管理器中选择“等速”运动，设置转速为2RPM，单击属性管理器中的“确定”✔按钮，完成马达的创建。

5）单击MotionManager工具栏上的“播放”按钮▶，上锥形齿轮绕Y轴旋转，传动动画如图13-88所示，MotionManager界面如图13-89所示。

2. 创建卫星齿轮公转

1）单击MotionManager工具栏上的“马达”按钮，弹出“马达”属性管理器。

2）在属性管理器“马达类型”一栏中选择“旋转马达”，在视图中选择定向筒，属性管理器和旋转方向，如图13-90所示。

图13-88　传动动画

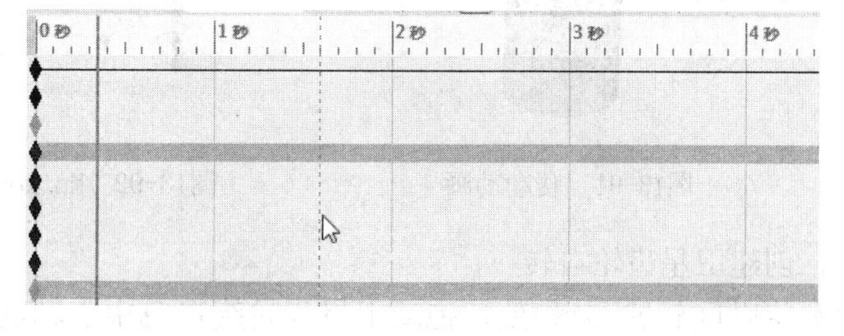

图13-89　MotionManager界面

图13-90　选择旋转方向

3）在属性管理器中选择“等速”运动，设置转速为1RPM，单击属性管理器中的“确定”✔按钮，完成马达的创建。

4）单击MotionManager工具栏上的“计算”按钮，上锥形齿轮绕Y轴旋转，传动动画如图13-91所示，MotionManager界面如图13-92所示。

图13-91 传动动画

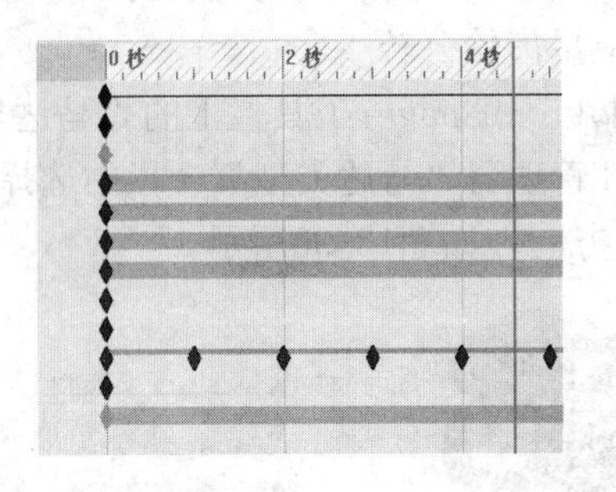

图13-92 MotionManager界面

3. 创建卫星齿轮自转

1）将时间轴放到1秒处，拖动卫星齿轮绕自身中心轴旋转一个齿，如图13-93所示。MotionManager界面如图13-94所示。

2）单击MotionManager工具栏上的“计算”按钮，拖动卫星齿轮绕自身中心轴旋转一个齿。

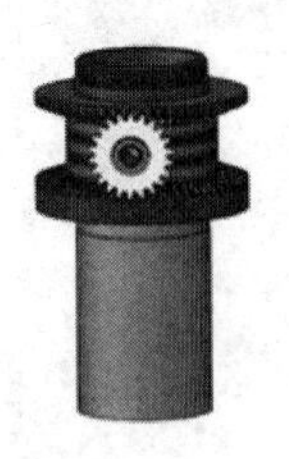

图13-93 传动动画

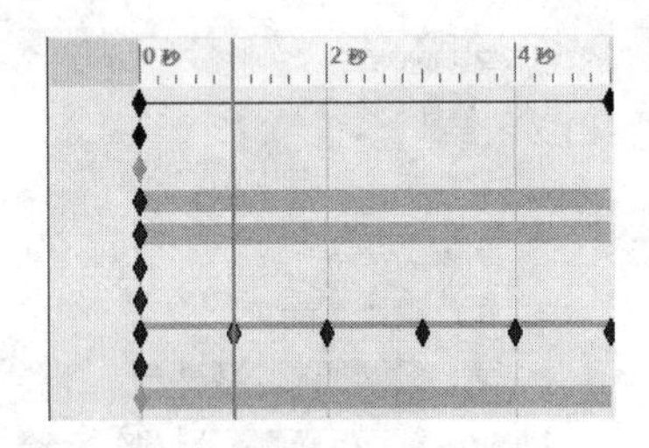

图13-94 MotionManager界面

3）重复步骤1）、2），创建卫星齿轮在5秒内的自转，如图13-95所示，MotionManager界面如图13-96所示。

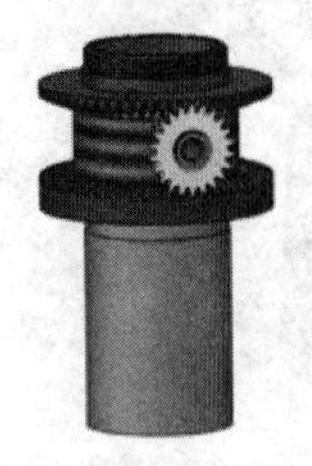

图13-95 传动动画

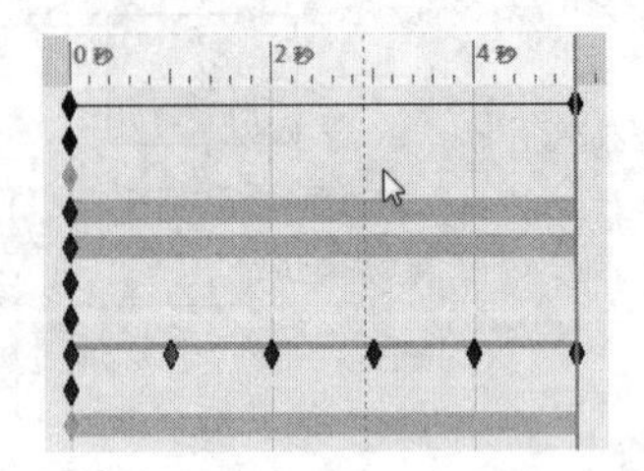

图13-96 MotionManager界面

4. 更改时间点

在MotionManager界面中的“差动机构”栏上5秒处单击鼠标右键，弹出图13-97所示的快捷菜单，选择“编辑关键点时间”选项，弹出“编辑时间”对话框，输入时间为60秒，单击“确定”按钮✔，完成时间点的编辑，如图13-98所示。

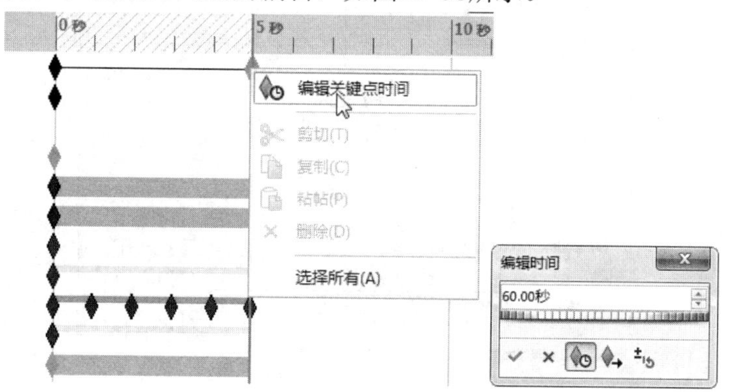

图13-97 右键快捷菜单

5．创建卫星齿轮自转

重复步骤3），继续创建卫星齿轮自转的其他帧，完成卫星齿轮在下锥形齿轮上公转一周，并自转。

6．设置差动机构的视图方向

为了更好地观察齿轮一周的转动，下面将视图转换到其他方向。

1）将时间轴拖到时间栏上某一位置，将视图调到合适的位置，在“视向及相机视图”一栏与时间轴的交点处单击，弹出图13-99所示的快捷菜单，选择“放置键码”选项。

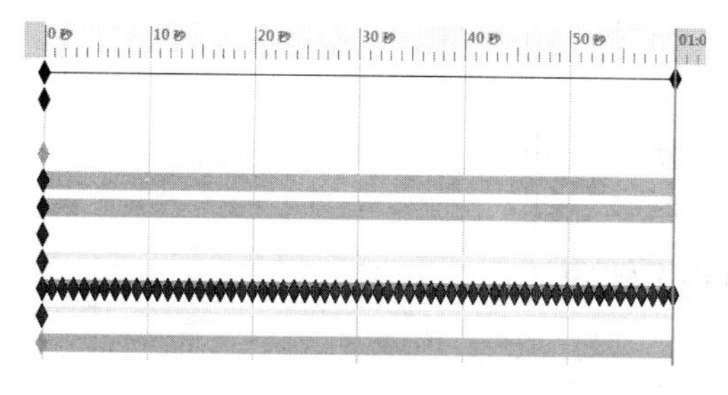

图13-98 编辑时间点

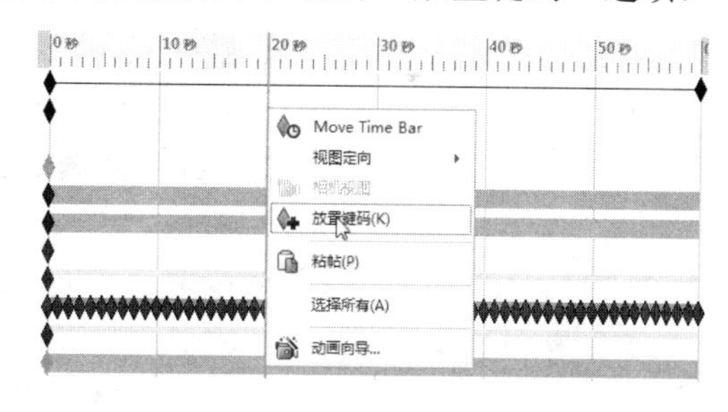

图13-99 快捷菜单

2）重复步骤1），在其他时间放置视图键码。

3）为了保证视图在某一时间段是不变的，可以在将前一个时间键码复制，粘贴到视图变化前的某一个时间点。

7．保存动画

1）单击“运动算例1”MotionManager上的“保存动画”按钮，弹出“保存动画到文件”对话框，如图13-100所示。

2）设置保存路径，输入文件名为“差动机构”。在画面信息选项组中选择“整个动画”。

3）在图像大小与高宽比例中输入宽度为800，高度为600，单击“保存”按钮。

4）弹出“视图压缩”对话框，如图13-101所示。在压缩程序下拉列表中选择“Microsoft Video 1”，拖动压缩质量下的滑动块设置压缩质量为85，输入帧为8，单击“确定”按钮，生成动画。

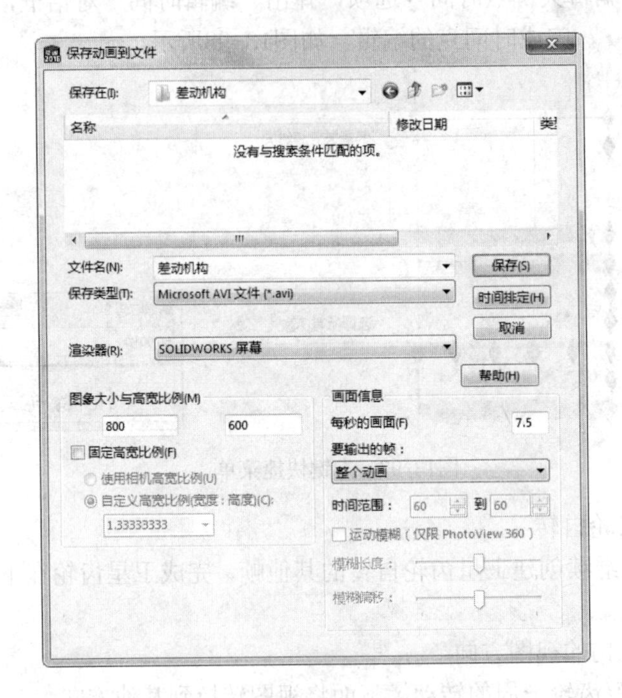

图13-100　“保存动画到文件”对话框

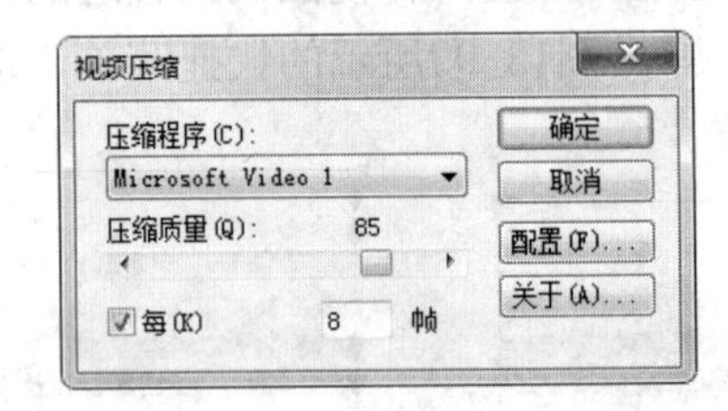

图13-101　“视图压缩”对话框

第14章 工程图设计

以前的手工绘图环境中，用最简单的方式将三维物体简化为二维方式来表达，的确能使表达过程本身的难度降低很多，但这也是有代价的。工程图不仅要表达设计思想，还要用来组织生产，检验最终产品，还要存档。以前工程图的设计虽然复杂可他的作用却是很大的。

在无纸化设计的时代，设计工作这一活动本身变了，变得活动范围更大，手段更多，工程图设计在整个设计工作中的比重在下降，难度也在下降，更重要的是设计工作不再从工程制图开始而是从三维造型开始（这确实会省去繁琐的反复制图、改图、出图过程），这本身就是技术进步带来的好处。

学习要点

- 工程图概述
- 建立工程视图
- 编辑工程视图
- 标注工程视图

14.1 工程图概述

工程图是为3D实体零件和装配体创建2D的三视图、投影图、剖视图、辅助视图、局部放大视图等工程图。

14.1.1 新建工程图

工程图包含一个或者多个由零件或者装配体生成的视图。在生成工程图之前，必须先保存与它有关的零件或装配体。

【操作步骤】

1）新建文件。选择菜单栏中的“文件”→“新建”命令，或者单击“标准”工具栏中的“新建”按钮，此时系统弹出图14-1所示的“新建SOLIDWORKS文件”对话框。

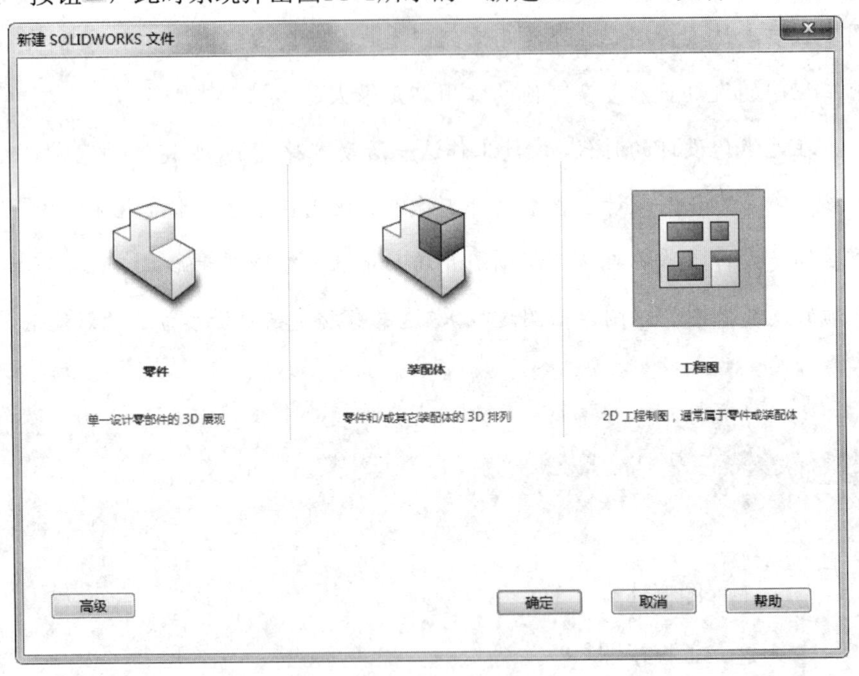

图14-1 “新建 SOLIDWORKS 文件”对话框

2）选择工程图文件。在对话框中选择“工程图”按钮，然后单击“确定”按钮。

3）设置图纸格式。右击左下角“添加图纸”按钮，弹出图14-2所示的“图纸格式/大小”对话框。

4）进入工程图工作界面，在图14-2中选择需要的图纸格式，然后单击“确定”按钮，进入工程图的工作界面，如图14-3所示。

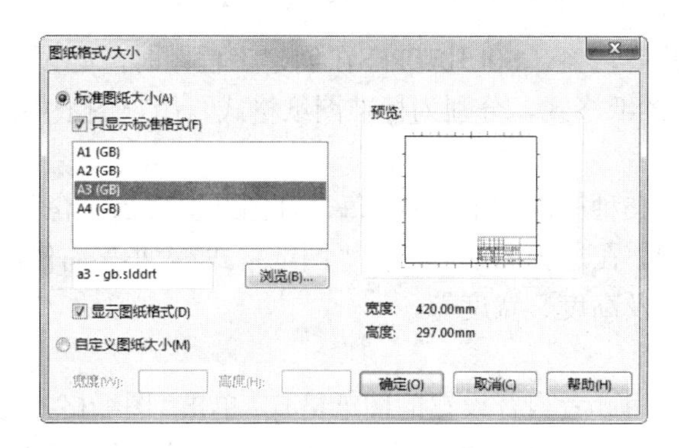

图14-2 “图纸格式/大小”对话框

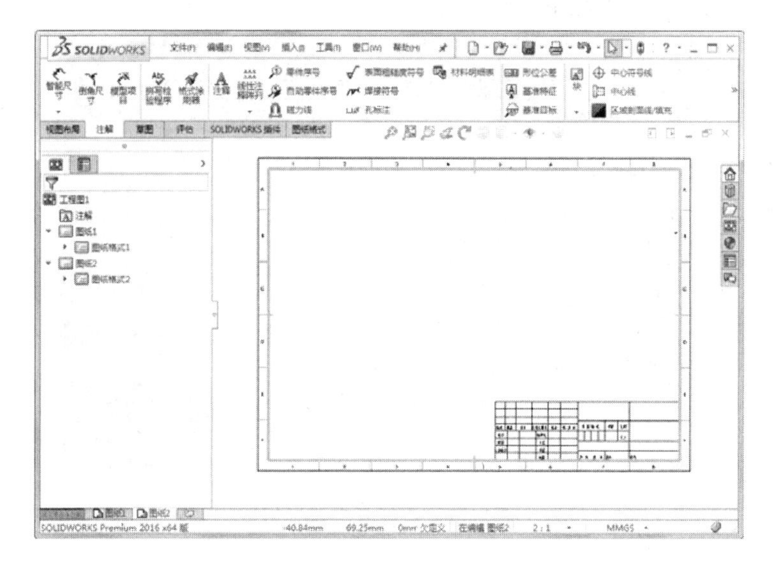

图14-3 工程图工作界面

工程图的工作界面与零件图和装配图的工作界面有很大的区别，新增加了图14-4所示的“工程图”工具栏、图14-5所示的“线型”工具栏以及图14-6所示的“注解”工具栏。

图14-4 “工程图”工具栏

图14-5 “线型”工具栏

图14-6 “注解”工具栏

14.1.2 指定图纸格式

图纸格式包括图纸的大小、方向及图框的种类。通过设置图纸格式，用户可以设置需要的图纸边框与标题栏等内容。SOLIDWORKS在创建工程图时，必须设置需要的图纸格式。SOLIDWORKS提供了3种图纸格式，分别为标准图纸格式、用户图纸格式与无图纸格式。

1．标准图纸格式

SOLIDWORKS提供了45种标准图纸格式，每一种图纸格式都包含了确定的图框与标题栏，用户可以根据需要选用。在选择图纸后，在“图纸格式/大小”右侧的“预览”一栏中，可以查看图纸的预览效果及高度、宽度等。

2．用户图纸格式

用户图纸格式是使用读者自行设置的图纸格式。单击“图纸格式/大小”对话框中的“浏览”按钮，系统弹出图14-7所示的“打开”对话框，可以选择用户自行设置的图纸格式，设置用户图纸格式的方法将在下一节中介绍。

图14-7 “打开”对话框

3．无图纸格式

单击“图纸格式/大小”对话框中的“自定义图纸大小”复选框，在下面的“宽度”和“高度”对话框中输入设置的数值，如图14-8所示。该方式只能定义图纸的大小，没有图框和标题栏，是一张空白的图纸，在“预览”一栏可以查看预览效果。

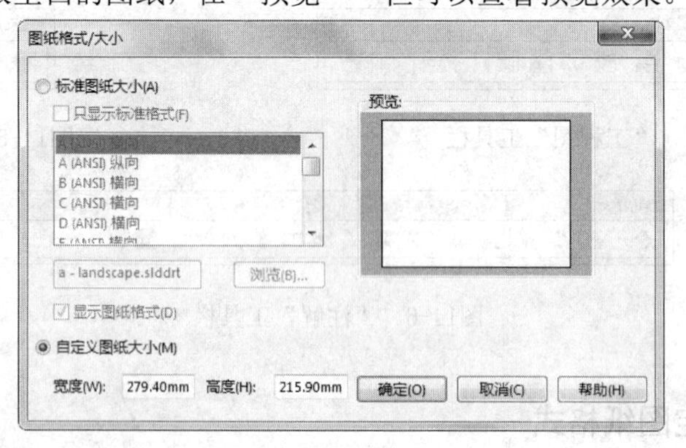

图14-8 无图纸格式的设置

14.1.3 用户图纸格式

实际应用中，各单位的图纸格式往往不一样，所以用户需要设计符合自己的图纸格式，并将它存储，以后用到的时候，只要调用该图纸格式即可。图14-9所示为自定义的图纸格式，图14-10所示为自定义的标题栏。

注意

文件中的自定义属性随图纸格式保存并添加到使用此格式的任何新文件中。用户可以修改标准图纸格式或生成自定义格式。

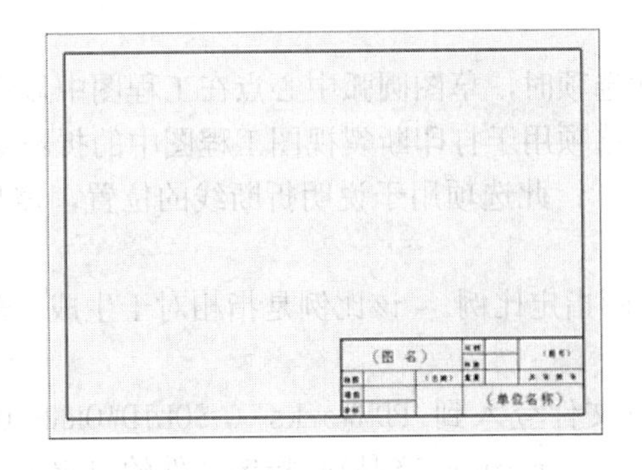

图14-9 自定义的图纸

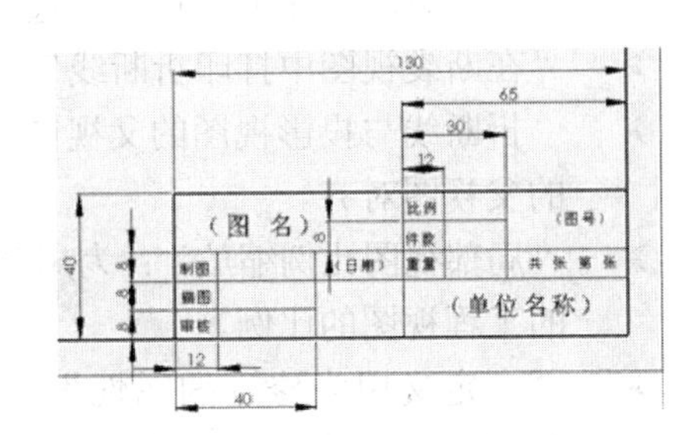

图14-10 自定义的标题栏

14.1.4 设定工程图选项

通过设定相关的系统属性和文件属性等多种选项，可自定义工程图以符合各单位的标准及打印机或者绘图机的要求。下面将分别介绍各选项的设置方法。

1. “工程图”选项

“工程图”选项用于指定视图的各种显示和更新选项。选择菜单栏中的“工具”→“选项”命令，出现“系统选项(S)－普通”对话框，单击“系统选项”卡，在其中选择“工程图”选项，如图14-11所示。

用户可以根据需要设置右面的选项，单击“全部重设”按钮，所有系统选项返回到系统默认状态，各选项的意义如下：

- “在插入时消除复制模型尺寸”：选择此选项时，复制尺寸在模型尺寸被插入时不插入工程图。
- “默认标注所有零件/装配体尺寸以输入到工程图中”：选择该选项时，则将插入尺寸自动放置于距视图中的几何体适当距离处。
- “自动缩放新工程视图比例”：新工程视图会调整比例以适合图纸的大小，而不考虑所选图纸的大小。

- “显示新的局部视图图标为圆”：选择此选项时，新的局部视图轮廓显示为圆。当取消选择此复选框时，草图轮廓出现。
- “选取隐藏的实体”：选择此选项时，可以选择隐藏的切边和边线。当指针经过隐藏的边线时，边线将会以双点画线显示。
- “打印不同步水印”：选择此选项时，如果工程图与模型不同步，分离工程图打印输出会印上一个“SOLIDWORKS 分离工程图－不同步打印”水印。
- “在工程图中显示参考几何体名称”：选择此选项时，当参考几何实体被输入进工程图中时，它们的名称将显示。
- “生成视图时自动隐藏零部件”：选择此选项时，装配体的任何在新的工程视图中不可见的零部件将隐藏并列举在“工程视图属性”对话框中的“隐藏/显示零部件”选项卡上。零部件出现，所有零部件信息被装入。零部件名称在 FeatureManager 设计树中透明。
- “显示草图圆弧中心点”：选择此选项时，草图圆弧中心点在工程图中显示。
- “在断裂视图中打印折断线”：此选项用于打印断裂视图工程图中的折断线。
- “折断线与投影视图的父视图对齐”：此选项用于说明折断线的位置，需与之前的父视图对齐。
- “局部视图比例缩放”：为局部视图指定比例。 该比例是指相对于生成局部视图的工程视图的比例。
- “自定义用为修订的属性”:在将文件登入到 PDMWorks (SOLIDWORKS Office Professional 与 SOLIDWORKS Office Premium 产品)时指定文件的自定义属性被看成修订数据。
- “键盘移动增量”：当使用方向键来移动工程图视图、注解或者尺寸时，指定移动的单位值。

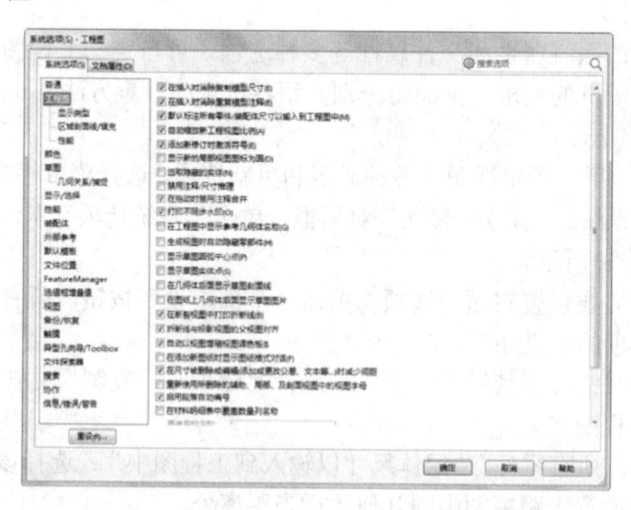

图14-11 “工程图”选项设置

2. “显示类型”选项

单击“系统选项”选项卡中的“显示类型”选项，如图14-12所示。可以设置工程图的显示模式、显示切边及显示品质等。

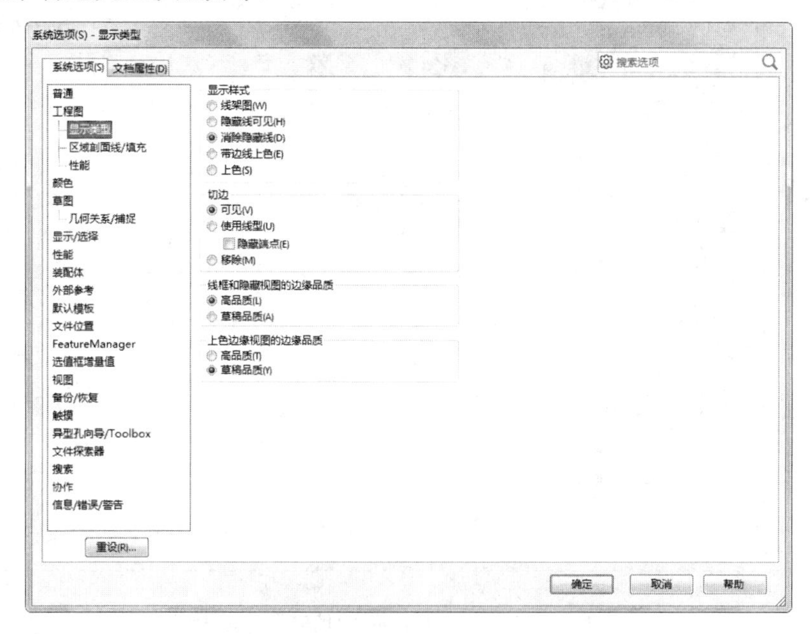

图14-12 “显示类型”选项设置

“为新视图显示样式”用来指定零件或装配体在工程图中显示的方式。其选项的含义如下：

- “线架图”：显示所有的边线。
- “隐藏线可见”：显示可见边线，以灰色显示隐藏边线。
- “消除隐藏线”：只显示从所选角度可见的边线，移除不可见的线。
- “带边线上色”：在消除隐藏线情况下，以上色模式显示项目。可以为边线指定一 颜色，并设定是否使用指定的颜色或使用比系统颜色选项中模型颜色略深的颜色。
- “上色”：以上色模式显示项目。

“在新视图中显示切边”各选项的含义如下：

- “可见”：以实线方式显示切边。
- “使用线型”：以线条方式显示切边，此线条是通过“工具”→“选项”→“文件属性”→“线型”中定义的切边默认线型的直线。
- “移除”：不显示切边。

“新视图的显示品质”各选项的含义如下：

- “高品质”：以实际模型方式显示视图。
- “草稿品质”：以模型轻化的方式显示视图，可以增强大型装配体的性能。

3．“区域剖面线/填充”选项

单击“系统选项”选项卡中的“区域剖面线/填充”选项，如图14-13所示。可以设置区域剖面线或者实体填充、阵列、比例及角度等。

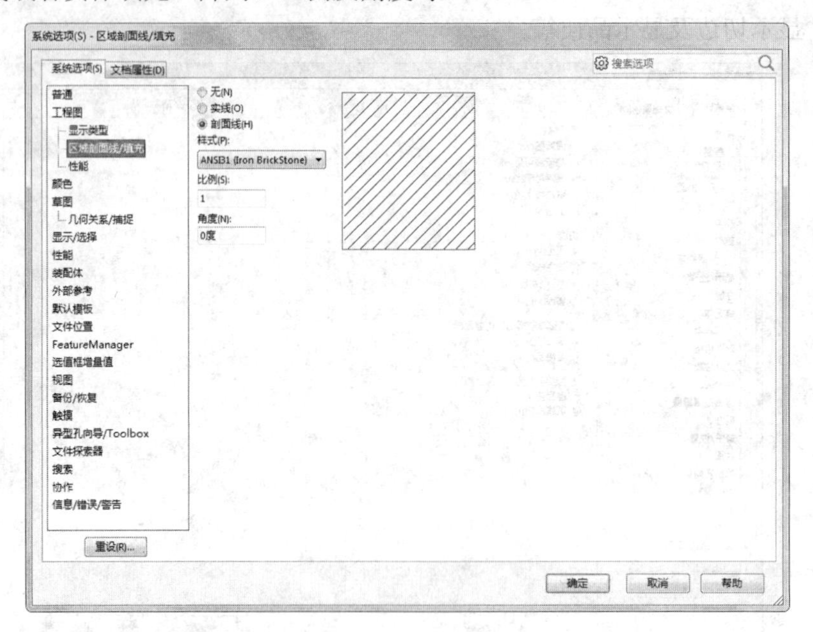

图14-13 “区域剖面线/填充”选项设置

“区域剖面线/填充”中各选项的含义如下：

➢“无”：不填充剖面。

➢ “实线”：以实体模式填充区域剖面。

➢ “剖面线”：以剖面线模式填充区域剖面，这时需要进行以下参数设置：

1）样式。从下拉菜单中选择一个剖面线样式。

2）比例。键入比例值，以选定样式的比例值显示剖面线。

3）角度。键入角度度数，以选定样式的倾斜角度显示剖面线。

4.“出详图”选项

选择菜单栏中的“工具”→“选项“命令，出现“文档属性”对话框，单击“文档属性”卡，在其中选择“出详图”选项，如图14-14所示。

➢ 显示过滤器：选择要作为默认显示的注解类型，或选择显示所有类型。

➢ 文字比例：对于零件文件和装配体文档，清除始终以相同大小显示文字，可选择注解文字的默认大小比例。

➢ 始终以相同大小显示文字：选择此选项可将所有注解和尺寸都以相同大小显示（无论是否缩放）。

➢ 仅在生成此项视图上显示项目：选择此选项可只在模型的方向与添加注解时的方向一致时才显示注解。旋转零件或选择不同的视图方向会将注解从显示中移除。

➢ 显示注解：选择此选项可显示过滤器中选定的所有注解类型。对装配体而言，此选项不仅对属于装配体的注解适用，也对显示在个别零件文档中的注解适用。

➢ 为所有零部件使用装配体设定：选择此选项可让所有注解的显示采用装配体文档的

设定，而忽略个别零件文档的设定。除此选项之外再选择显示装配体注解可显示不同组合的注解。

- 隐藏悬空尺寸和注解：对于零件或装配体，选择此项可隐藏。
- 输入注解：从整个装配体清除，可只输入顶层装配体注解。
- 视图生成时自动插入：选择此选项可输入所有零部件的注解，这样做可能会影响性能。
- 装饰螺纹线显示：选择高品质可决定装饰螺纹线应该是可见还是隐藏。例如，如果孔（非通孔）位于模型的背面而模型处于前视，则装饰螺纹线会被隐藏。可以在工程图视图 PropertyManager 的装饰螺纹线显示下单独为每个工程图视图设定显示。
- 区域剖面线显示：选择在注解周围显示光环可在属于工程图视图或草图并位于区域剖面线之上的尺寸和注解周围显示出空间。

视图折断线

- 缝隙：设置断裂视图中折断线之间的距离
- 延伸：设置断裂视图中伸出模型几何体外的折断线长度

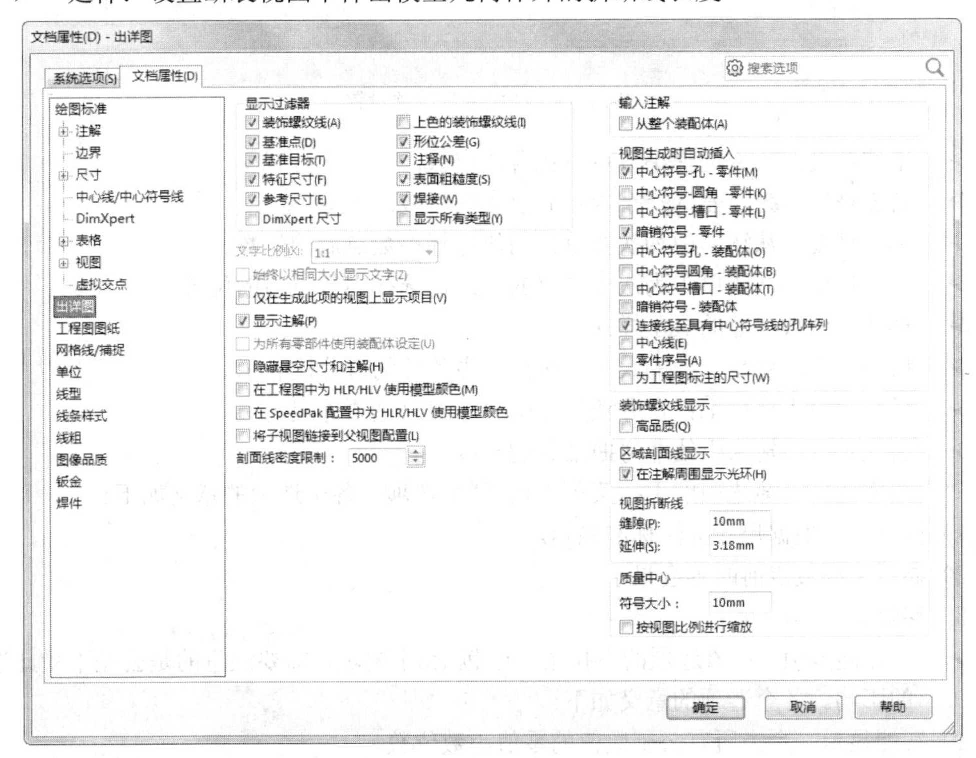

图14-14 “出详图”选项设置

5. “尺寸”选项

单击“文档属性”卡，在其中选择“尺寸”选项，如图14-15所示。

- “双制尺寸”：选择该选项时，尺寸以两种单位显示。选择第二尺寸是否显示在上方或右方。

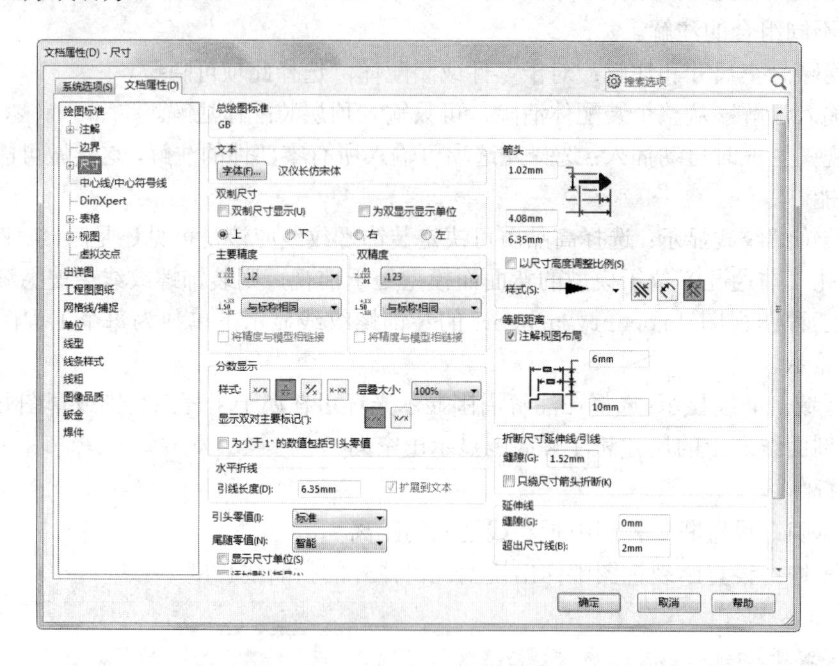

图14-15 “尺寸”选项设置

- 单位精度：为值选择小数点后包含的位数。
- 公差精度：为公差选择小数点后包含的位数。
- 单位精度：从清单中为次要单位的值选择小数点后的位数。
- 公差精度：从清单中为次要单位的公差值选择小数点后的位数。
- 样式：分数尺寸的显示样式。
- 层叠大小：层叠分数的大小，按尺寸占整体的百分比表示。
- 显示双对主要标记：在分数尺寸中显示双对主要标记。
- 引线长度：输入引线非弯曲部分的长度。

“引头零值”：该选项的下拉菜单中包括3个选项，各个选项的意义如下：

1）标准。零根据尺寸标注标准显示。

2）显示。小数点前的零会显示。

3）移除。零不显示。

- “尾随零值”：该选项的下拉菜单中包括3个选项，需要注意的是公差不受此选项的影响。各个选项的意义如下：

1）智能显示。舍去所有公制数值的零值小数位数。

2）显示。尺寸具有尾随零值。

3）移除。删除所有的尺寸零值。

4）标准。将尾随零值剪裁到 ASME Y14.5M-1994 标准。

- 默认添加括号：选择此项可在括号内显示尺寸。
- 置中于延伸线之间：选择此项可在延伸线之间将尺寸置中。

➢ 在基本公差框内包括前缀：选择此项可在指定前缀时在公差框内包括文字前缀。
➢ 在断裂视图中显示尺寸为断裂：选择此项可在断裂视图中显示尺寸折断线。
➢ 径向/尺寸引线捕捉角度：修改拖动直径、径向，或倒角尺寸时所用的捕捉角度。
➢ 箭头

大小：指定三个箭头大小字段。

样式：从列表中选择一种样式，然后单击尺寸样式类型按钮，设置箭头样式。

➢ 等距距离

注解视图布局：选择此项可使用注解视图中的等距距离规格。清除此项可输入缝隙值。

➢ 折断尺寸延伸线/引线：

缝隙：指定折断的延伸线和引线的缝隙。

只绕尺寸箭头折断：选中此项以只在直线和箭头相交时显示折断。

➢ 延伸线

缝隙：指定模型与尺寸延伸线之间的距离。该值也用于控制延伸线和中心符号线之间的缝隙。

超出尺寸线：指定延伸线超出尺寸线的长度。

公差：单击此按钮，弹出“尺寸公差”对话框，如图14-16所示。

图14-16 “尺寸公差”对话框

注意

在设置“公差类型”时，如果将类型设置为“无”，当修改尺寸的属性时，默认的公差设定是为这些选项中所作的设定。

6．“注解”选项

单击“文件属性”选项卡中的“注解”选项，如图14-17所示，可以设置文件中注释文字、引线等。

图14-17 “注解”选项设置

注意

如果更改“注解”设置中的任何选项，将影响到新的工程图视图中的注解的呈现方式，但不影响现有数据。

14.1.5 设定图纸

绘制工程图前，应该对图纸进行相应的设置。图纸设定包括设置图纸属性和新增图纸两部分内容。

1. 设置图纸属性

在创建工程图前，最好先设置工程图图纸的属性，这样加载工程图后，就可以得到正确的图纸。如图创建新工程图时，选择了无图纸格式，则工程图选项中使用的为系统的默认值。

【操作步骤】

1）执行设置图纸属性命令。在工程图图纸中的“FeatureManager设计树”中，右键单击图纸的按钮，在系统弹出的快捷菜单中选择“属性”选项，如图14-18所示。

2）设置图纸属性。系统弹出图14-19所示的“图纸属性”对话框，需要进行相应的设置，然后单击“区域参数”对话框图14-20所示，根据要求进行相应设置。

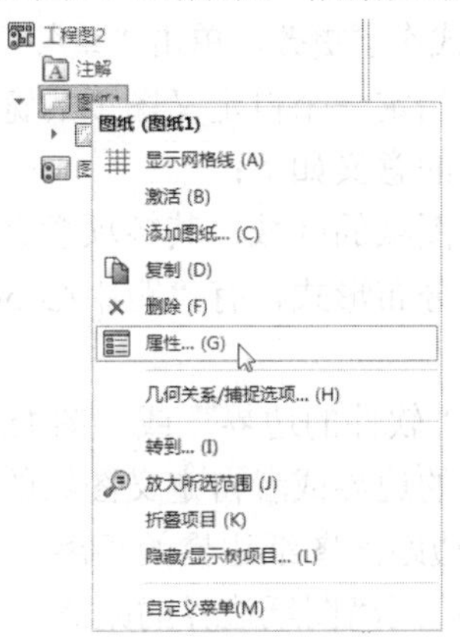

图14-18　设置图纸属性

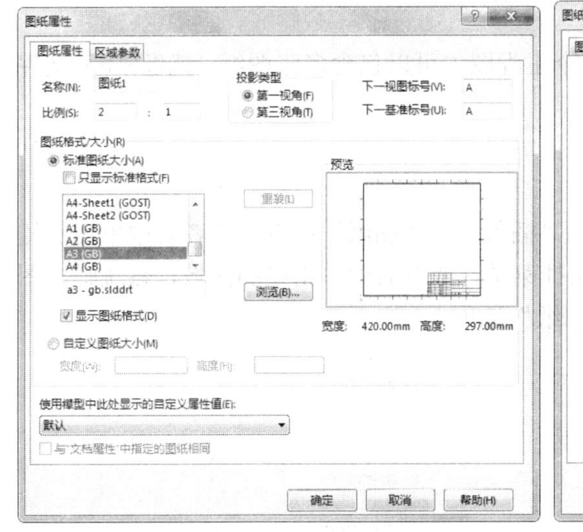

图14-19　“图纸属性”对话框　　　　图14-20　“区域参数”对话框

3）确认设置的图纸属性。单击“图纸属性”对话框中的“确定”按钮，完成图纸属性的设置。

“图纸属性”对话框中各项的意义如下：

- “名称”：在对话框中输入图纸的名称，创建工程图时，系统默认的名称为“图纸 1”。
- “比例”：为图纸的视图设置显示比例。
- “投影类型”：设置标准三视图投影方式，有第一视角和第三视角两个选项。我国使用的视图投影为第三视角。
- “下一视图标号”：指定将使用在下一个剖面视图或者局部视图的字母。
- “下一基准标号”：指定要用作下一个基准特征符号的英文字母。

“图纸格式/大小”用于指定标准图纸的大小或者自定义图纸的大小，各项的意义如下：

➢ “标准图纸大小”：选择一标准图纸大小，或者单击“浏览”按钮找出自定义图纸格式文件。如果对图纸格式作了更改，单击“重装”按钮可以返回到系统默认格式。

➢ “自定义图纸大小”：指定一个自定义图纸的宽度和高度。

“区域参数”对话框中各项的意义如下：

“区域大小”用于指定图纸的区域，其各项意义如下：

➢ “分布”：设置区域的分布形式，有“距中心 50mm 和平均大小（几列，几行）可以选择。

➢ “区域”：指定将使用“软件的边界”或“图纸”为这一区域。

“边界”用于指定标准图纸的边界或者自定义图纸的大小，各项的意义如下：

➢ “左视”：可以设置左边距离图纸边界的距离。

➢ “右视”：可以设置右边距离图纸边界的距离。

➢ “上部”：可以设置上部距离图纸边界的距离。

➢ “下部”：可以设置下部距离图纸边界的距离。

2．新增图纸

在工程图中可以添加图纸，也就是说一个工程图中可以包含多张图纸，就像Excel文件中可以包含多个文件页一样。

【操作步骤】

1）执行添加图纸命令。选择菜单栏中的“插入”→“图纸”命令，或者右键单击右侧“特征管理器”，系统弹出图14-21所示的快捷菜单；或者右键单击绘制区域，系统弹出图14-22所示的快捷菜单，在其中选择“添加图纸”选项。

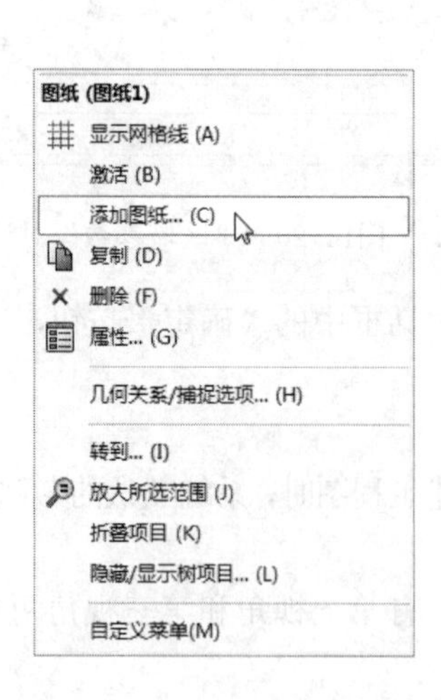

图14-21　系统快捷菜单

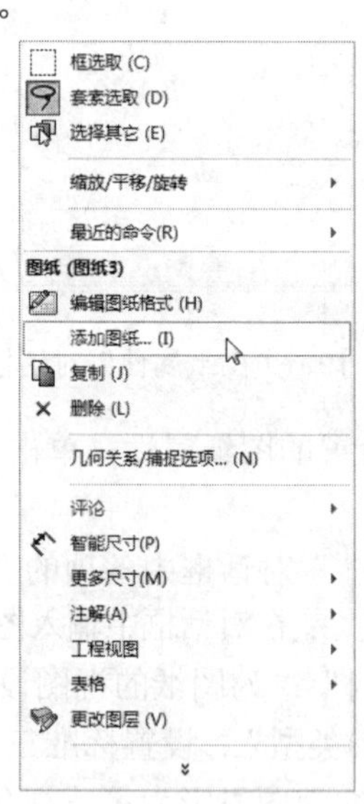

图14-22　系统快捷菜单

2）创建新图纸。新图纸添加完毕后，此时在特征管理器中，会添加一个新的图纸，如图14-23所示，在绘图区域的下面也会出现新添加的图纸标签，如图14-24所示。

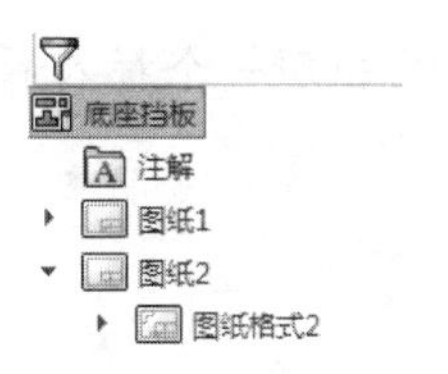

图14-23 添加图纸后的特征管理器

图14-24 添加图纸后的图纸标签

14.1.6 图纸操作

一个工程图中存在多个图纸，需要对图纸进行操作。图纸操作包含：查看另一张图纸、调整图纸顺序、重新命名图纸以及删除图纸等，下面将分别介绍。

1. 查看另一张图纸

查看或者编辑图纸时，需要激活该图纸。SOLIDWORKS 提供了两种激活图纸的方法：

1）图纸标签方式。单击绘图区域下面需要的图纸标签，即可激活需要查看和编辑的图纸。

2）快捷菜单方式。右键单击“FeatureManager设计树”中的图纸按钮，然后在弹出的快捷菜单中选择“激活”即可，如图14-25所示。

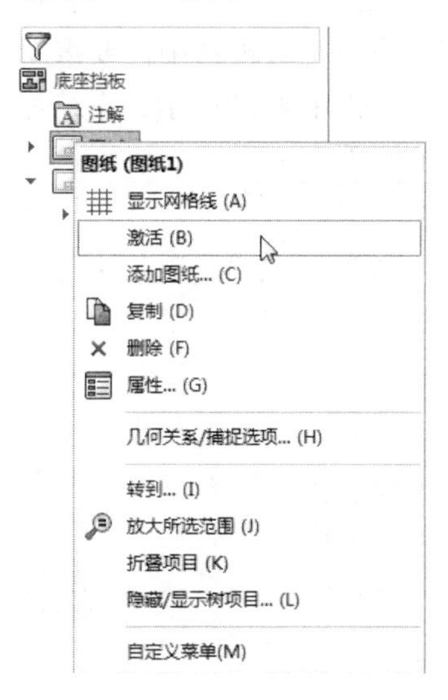

图14-25 快捷菜单

2. 调整图纸顺序

在实际应用中，有时候需要调整图纸的顺序。

在特征管理器中，用鼠标拖动需要调整的图纸，将其放置到需要的顺序即可。在拖动到需要放置的位置后，当出现一个插入箭头↵时，才可松开鼠标。图14-26a为调整时的特征管理器，图14-26b为调整后的特征管理器。

在调整图纸顺序时，在拖动到需要放置的位置后，当出现一个插入箭头↲时，才可松开鼠标。

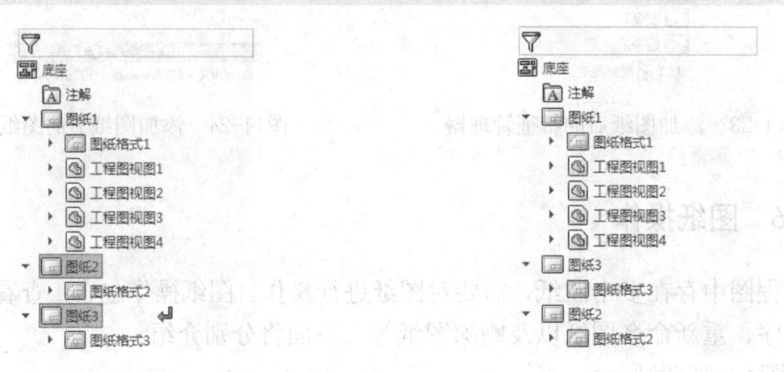

a）调整时的特征管理器　　　　b）调整后的特征管理器

图14-26　调整图纸顺序

3．重新命名图纸

重新命名图纸有三种方式，分别为：特征管理器方式、快捷键方式和标签方式。

1）特征管理器方式。右键单击特征管理器中需要重新命名的图纸的按钮，在系统弹出的快捷菜单中选择“属性”选项，如图14-27所示。系统弹出“图纸属性”对话框，在“名称”一栏中输入需要的图纸名称即可。

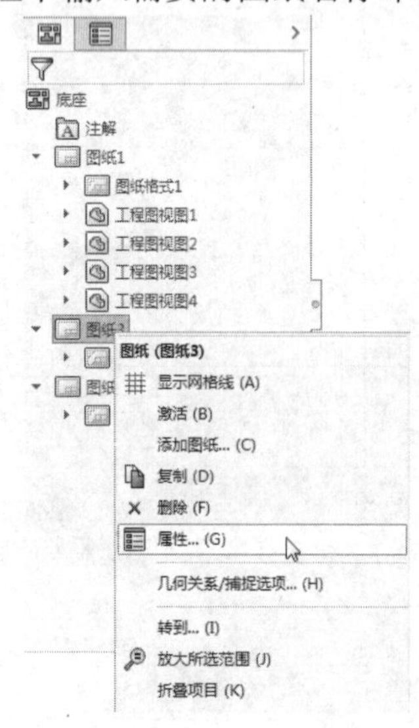

图14-27　特征管理器方式

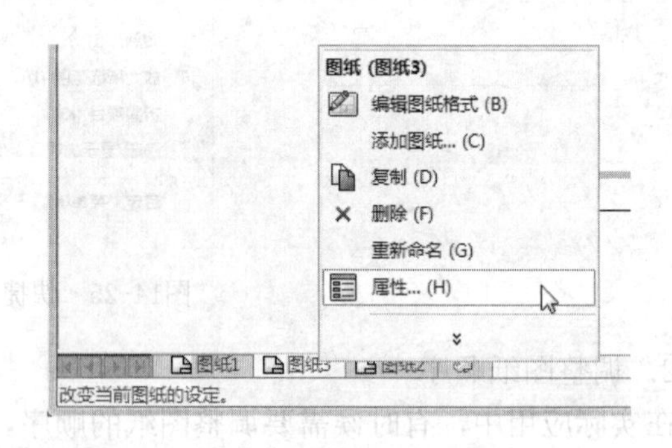

图14-28　标签方式

2）快捷键方式。单击“FeatureManager设计树”中的图纸按钮，然后按快捷键F2，图纸按钮被激活，在其中输入需要的图纸名称即可。

3）标签方式。右键单击绘制区域下面的图纸标签，在系统弹出的快捷菜单中选择“属性”选项，如图14-28所示。系统弹出“图纸属性”对话框，在“名称”一栏中输入需要的图纸名称即可。

在同一工程图文件中，不能包含相同名称的图纸。

4. 删除图纸

在工程图中，如果有不需要的图纸文件，可以把该图纸删除。

在特征管理器中，右键单击需要删除的图纸按钮，在系统弹出的快捷菜单中选择“删除”选项，如图14-29所示。系统弹出图14-30所示的“确认删除”对话框，单击其中的“是”按钮即可将该图纸删除。

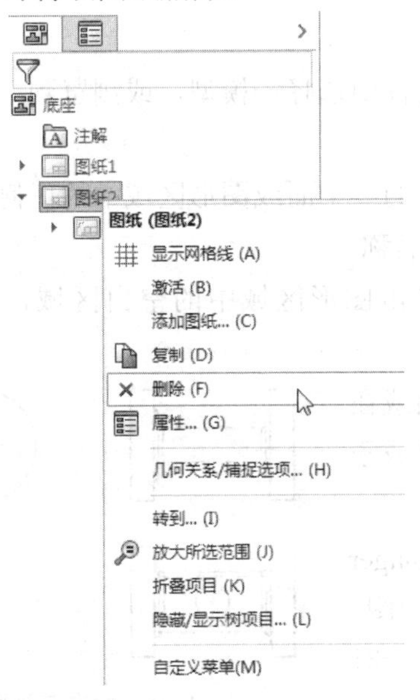

图14-29 系统快捷菜单

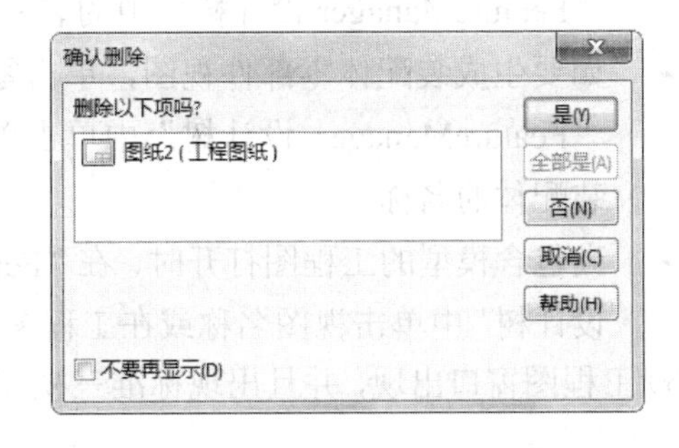

图14-30 “删除确认”对话框

14.2 建立工程视图

完成了图纸的相关的设定后，就可以建立各式的工程视图。工程视图包括：标准三视图、命名视图、投影视图、剖面视图、旋转剖视图、辅助视图以及局部放大视图。本节将详细介绍各类工程视图的创建步骤。

14.2.1 创建标准三视图

标准三视图是由零件建立的，它能为所显示的零件或装配体同时生成三个相关的默认正交视图。通过实体零件和装配件建立的工程图，零件、装配体和工程图文件是互相链接的，对零件或装配体所作的任何更改会导致工程图文件的相应变更。

如要改变主视图的投射方向，可在零件图中按视图定向的方法改变其前视的方向。生成标准三视图常用的方法有：标准方法和拖放生成。下面分别说明。

1．标准方法生成标准三视图

【操作步骤】

1）打开零件或装配体文件，或打开含有所需模型视图的工程图文件。

2）新建工程图文件，并设定所需的图纸格式，或调用预先做好的图纸格式模板。

3）单击“工程图”工具栏上“标准三视图”按钮，或选择菜单栏中的“插入”→“工程视图”→“标准三视图”命令，指针变为形状。

4）选择模型，选择方法如下：

- 在“标准三视图”属性管理器中从打开的文件中选择一模型，或浏览到一模型文件然后单击“确定”按钮。
- 如要在零件窗口中添加零件视图，单击零件的一个面或图形区域中的任何位置，或单击“FeatureManager 设计树”中的零件名称。
- 如要在装配体窗口中添加装配体视图，单击图形区域中的空白区域，或单击“FeatureManager 设计树”中的装配体名称。
- 如要生成装配体零部件视图，单击零件的面或在“FeatureManager 设计树”中单击单个零件或子装配体的名称。
- 当包含模型的工程图打开时，在“FeatureManager 设计树”中单击视图名称或在工程图中单击视图。

5）工程图窗口出现，并且出现标准三视图，如图14-31所示。

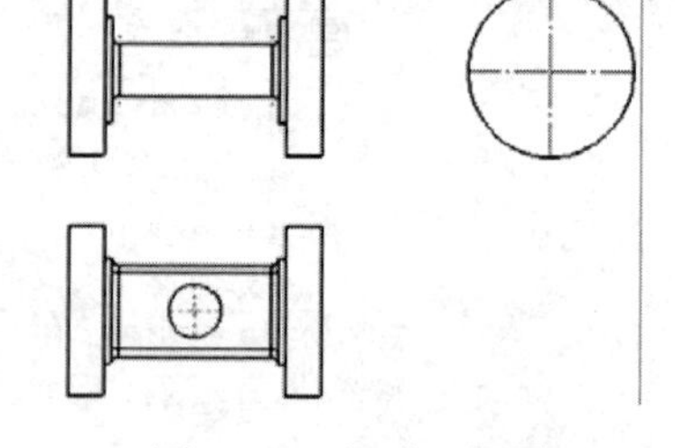

图14-31 标准三视图

2．拖放生成标准三视图

【操作步骤】

1）打开新的工程图窗口，并选择合适的图纸格式。

2）打开文件探索器，浏览到所需的零件、装配体文件名称，选中并拖放到工程图窗口中或将打开的零件或装配体文件的名称从“FeatureManager设计树”顶部拖放到工程图窗口中。

3）这样就在工程图窗口生成了标准三视图。

除此之外还可以从IE中的超文本链接生成标准三视图。

【操作步骤】

1）在IE中，导览至包含到SOLIDWORKS零件文件超文本链接的位置。

2）将超文本链接IE窗口拖动到打开的工程图窗口中，出现“另存为”对话框。
3）导览到要保存零件的目录，然后单击“保存”按钮。
4）这样既保存了零件文件，零件视图也添加到工程图中。

14.2.2 投影视图

【操作步骤】

1）选择要生成投影视图的现有视图。

2）单击“工程图”工具栏上的“投影视图”按钮，或选择菜单栏中的“插入”→“工程视图”→“投影视图”命令，此时指针变为形状。

3）如要选择投影的方向，将指针移动到所选视图的相应一侧。

当移动指针时，如果选择了拖动工程图视图时显示其内容，视图的预览被显示，同时也可控制视图的对齐。

4）当指针放在被选视图左边、右边、上面或下面时，得到不同的投影视图。按所需投影方向，将指针移到所选视图的相应一侧，在合适位置处单击，生成投影视图。

生成的投影视图如图14-32所示。

当在工程图中生成投影视图，或选择一现有投影视图时，会出现图14-33所示的“投影视图”属性管理器，其各选项含义介绍如下：

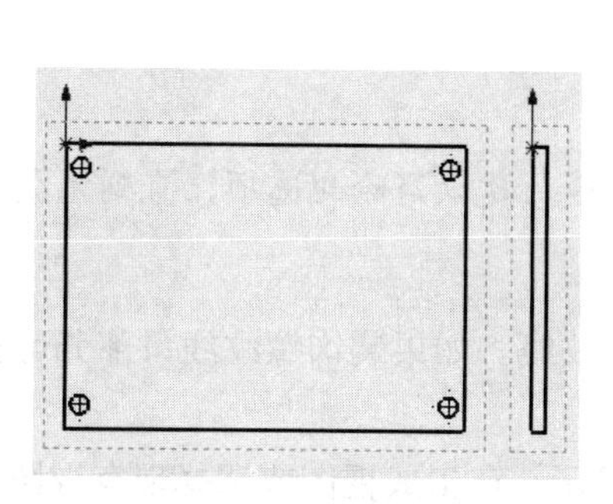

图14-32 投影视图

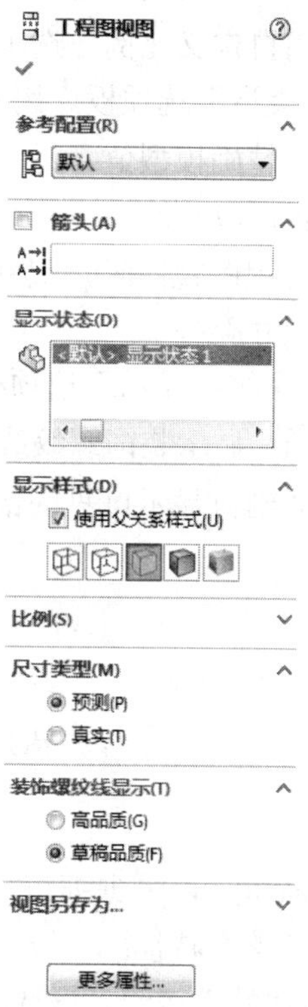

图14-33 “投影视图”属性管理器

1）“箭头”选项板。

➢ “箭头”复选框：选择该复选框以显示表示投影方向的视图箭头（或 ANSI 绘按钮准中的箭头组）。

➢ （标号）选项：键入要随父视图和投影视图显示的文字。

2）“显示样式”选项板。

➢ “使用父关系样式” 复选框：选择该复选框可以消除选择，以选取与父视图不同的样式和品质设定。

➢ 显示样式：这些显示方式包括如下几种：线架图、隐藏线可见、消除隐藏线、带边线上色、上色。

用户可以选择高品质或草稿品质以设定模型的显示品质。它们的含义如下所述：

➢ 高品质：所有的模型信息都装入内存。

➢ 草稿品质：只有最小的模型信息才装入内存。

在用于轻化和分离的工程图中，有些边线可能看起来丢失，打印质量可能略受影响，这时可在草稿品质中不还原模型而标注视图注解。

3）“比例”选项板。为工程图视图选择一比例，这些使用比例的方式有：

➢ “使用父关系比例”选项：选择该选项可以应用为父视图所使用的相同比例。如果更改父视图的比例，则所有使用父视图比例的子视图比例将更新。

➢ “使用图纸比例”选项：选择该选项可以应用为工程图图纸所使用的相同比例。

➢ “使用自定义比例”选项：选择该选项可以应用自定义的比例。

4）“尺寸类型”选项板。用来选择推测尺寸或真实尺寸。工程图中的尺寸通常为：

➢ 真实：精确模型值。

➢ 预测：2D 尺寸。

当插入一工程图视图时，尺寸类型即被设定，这时可以在“工程图视图”属性管理器中观阅并更改尺寸类型。

5）“装饰螺纹线显示”选项板。

➢ 高品质：显示装饰螺纹线中的精确线型字体及剪裁。如果装饰螺纹线只部分可见，高品质则只显示可见的部分（会准确显示可见和不可见的内容）。

注意

系统性能在使用高品质装饰螺纹线时变慢，建议消除此选项，直到完成了放置所有注解为止。

➢ 草稿品质：以更少细节显示装饰螺纹线。如果装饰螺纹线只部分可见，草稿品质将显示整个特征。

6）“更多属性”按钮。该选项图中未显示。在生成视图或选择现有视图后，单击更多属性来打开工程视图属性对话框。此时可以在这里更改材料明细表信息，显示隐藏的边线等。

注意

投影视图也可以不按对齐位置放置，即生成向视图。不按投影位置放置的视图，国家《机械制图》标准规定应添加标注，关于添加标注的内容将在后面的章节中进行介绍。

14.2.3 辅助视图

辅助视图的用途相当于机械制图中的斜视图，用来表达机件的倾斜结构。类似于投影视图，是垂直于现有视图中参考边线的正投影视图，但参考边线不能水平或竖直，否则生成的就是投影视图。

1．生成辅助视图

【操作步骤】

（1）选择非水平或竖直的参考边线。参考边线可以是零件的边线、侧影轮廓线（转向轮廓线）、轴线或所绘制的直线。如果绘制直线，应先激活工程视图。

注意

辅助视图在“FeatureManager设计树”中零件的剖面视图或局部视图的实体中不可使用。

2）单击“工程图”工具栏上的“辅助视图”按钮，或选择菜单栏中的“插入”→“工程视图”→“辅助视图”命令，指针变为形状，并显示视图的预览框。

3）移动指针，当处于所需位置时，单击以放置视图。如有必要，可编辑视图按钮号并更改视图的方向。

如果使用了绘制的直线来生成辅助视图，草图将被吸收，这样就不能无意将之删除。当编辑草图时，还可以删除草图实体。

如图14-34所示，在主视图中角度边线被选用以展开辅助视图，它在右下角、右上角，名为A、B的视图箭头。

2．辅助视图属性

当在工程图中生成新的辅助视图，或当选择一现有辅助视图时，会出现图14-35所示的“辅助视图”属性管理器，其内容与投影视图中的内容相同，这里不再作详细的介绍。

3．旋转视图

通过旋转视图，可以将所选边线设定为水平或竖直方向。也可以绕视图中心点旋转视图以将视图设定为任意角度。

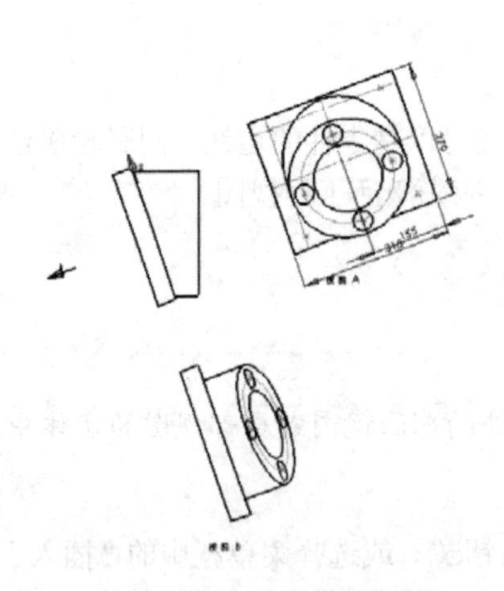

图14-34　生成辅助视图

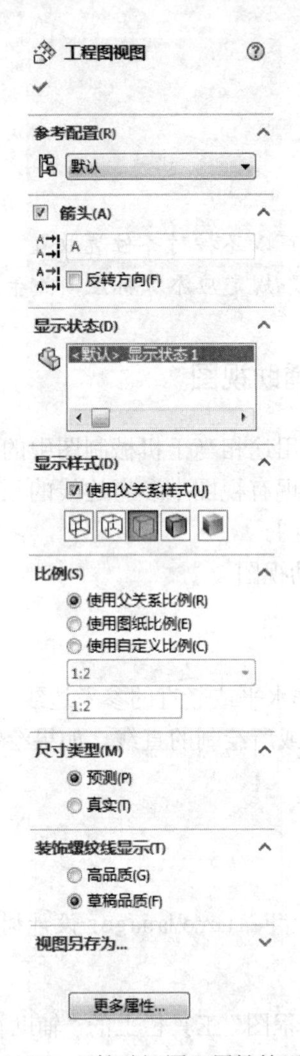

图14-35　“辅助视图”属性管理器

➢　绕模型边线旋转工程图：

➢　【操作步骤】

1）在工程图中选择一条线性模型边线。

2）选择菜单栏中的“工具”→“对齐视图”→“水平边线”或“竖直边线”命令，视图会旋转，直到所选的边线成为水平或竖直。

➢　围绕中心点旋转工程图：

【操作步骤】

1）单击“视图”工具栏中的“旋转视图”按钮，会出现图14-36所示的“旋转工程视图”对话框。

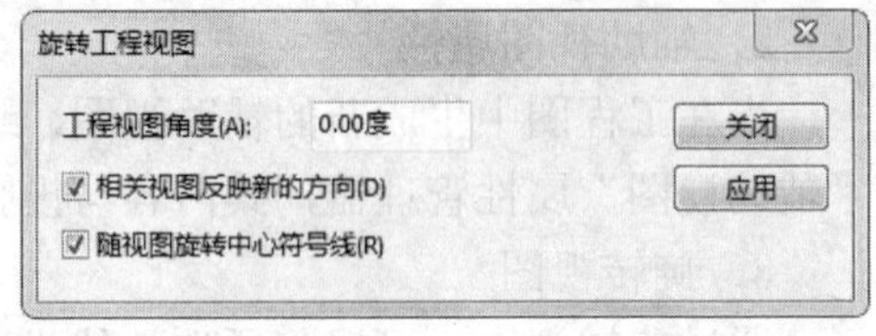

图14-36　“旋转工程视图”对话框

2）单击并拖动视图，视图转动的角度在对话框中出现。转动视图以45°的增量捕捉。同时也可以在工程视图角度方框中输入旋转角度。

3）单击“应用”以观看旋转效果，然后关闭对话框，如图14-37所示为旋转前后的工程视图对比。

➢ 使视图回到它原来的位置：

用右键单击视图，然后选择“对齐”→“默认对齐”关系。如果解除了该视图与另一视图的默认对齐关系，同样会恢复原来的对齐关系。

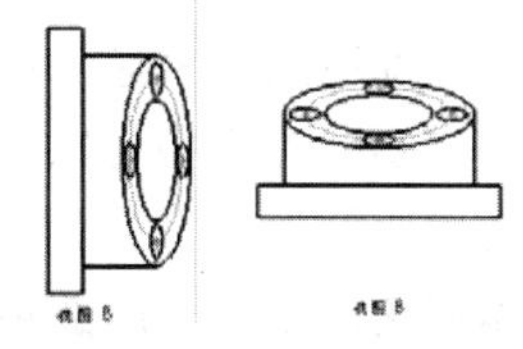

图14-37 旋转工程视图

14.2.4 剪裁视图

剪裁视图是在现有视图中，剪去不必要的部分，使得视图所表达的内容既简练又突出重点。

1．生成剪裁视图

【操作步骤】

1）激活需要裁剪的视图。

2）用草图绘制工具绘制封闭轮廓，如圆、封闭不规则曲线等。

3）单击“工程图”工具栏上的“剪裁视图”按钮，或选择菜单栏中的“插入”→“工程图视图”→“剪裁视图”命令，封闭轮廓线以外的视图消失，生成剪裁视图，如图14-38所示。

提示：利用同样的方法，也可将辅助视图生成剪裁视图。

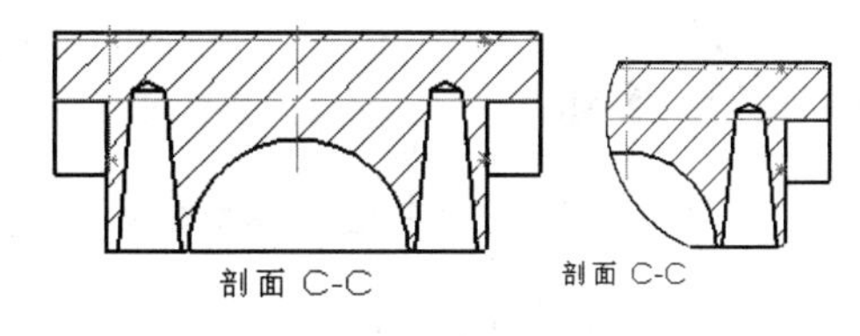

图14-38 生成剪裁视图

2．编辑剪裁视图

【操作步骤】

1）有鼠标右键单击工程视图，在快捷菜单中选择“剪裁视图”→“编辑剪裁视图”命令，或先选择视图，然后选择菜单栏中的“工具”→“剪裁视图”→“编辑剪裁视图”命令，出现未裁剪前的视图。

2）对绘制的封闭轮廓线进行编辑。

3）更新视图，得到不同形状的剪裁视图。

3．删除剪裁视图

【操作步骤】

1）用鼠标右键单击视图，在快捷菜单中选择“剪裁视图”→“删除剪裁视图”命令，出现未裁剪前的视图。

2）择封闭轮廓线，按Delete键，即可恢复视图原状。

14.2.5　局部视图

局部视图用来显示现有视图某一局部的形状，常用放大的比例来显示。

在实际应用中可以在工程图中生成一个局部视图来显示一个视图的某个部分（通常是以放大比例显示）。此局部视图可以是正交视图、3D视图、剖面视图、裁剪视图、爆炸装配体视图，或另一局部视图。

1. 生成局部视图

【操作步骤】

1）激活现有视图。

2）在要放大的区域，用草图绘制实体工具绘制一个封闭轮廓。

3）选择放大轮廓的草图实体。

4）单击“工程图”工具栏上的“局部视图”按钮，或选择菜单栏中的“插入”→“工程视图”→“局部视图”命令。

5）移动指针，显示视图的预览框。当视图位于所需位置时，单击以放置视图，最终生成的局部视图如图14-39所示。

注意

不能在透视图中生成模型的局部视图。

2. 局部视图属性

在工程图中生成新的局部视图，或选择现有局部视图时，会出现图14-40所示的“局部视图”属性管理器，其各选项的含义如下所述：

1）“局部视图图标”选项板

“样式”选项：选择一显示样式，然后选择圆轮廓。

- 圆：若草图绘制成圆，有 5 种样式可供使用，即依照标准、断裂圆、带引线、无引线和相连五种。依照标准又有 ISO、JIS、DIN、BSI、ANSI 几种，每种的标注形式也不相同，默认标准样式是 ISO。

要改变默认标准样式，选择菜单栏中的“工具”→“选项”命令，在文件属性标签下，选择出详图。从尺寸标注标准清单中单击要选用的标准代号。

- 轮廓：若草图绘制成其他封闭轮廓，如矩形、椭圆等，样式也有依照标准、断裂图、带引线、无引线、相连五种，但如选择断裂圆，则封闭轮廓就变成了圆。如要将封闭轮廓改成圆可选择原选项，则原轮廓被隐藏，而显示出圆。
- （标号）选项：编辑与局部圆或局部视图相关的字母。若要指定标号格式，单击“工具”→“选项”→“文件属性”→“视按钮号”。如果不特别指出，系统默认会按照注释视图的字母顺序依次以 I、II、III…进行流水编号。注释可以拖到除了圆或轮廓内的任何地方。

➢ “字体”按钮：如果要为局部圆标号选择文件字体以外的字体，消除文件字体然后单击“字体”按钮。如果更改局部圆名称字体，将出现一对话框，提示是否也想将新的字体应用到局部视图名称。

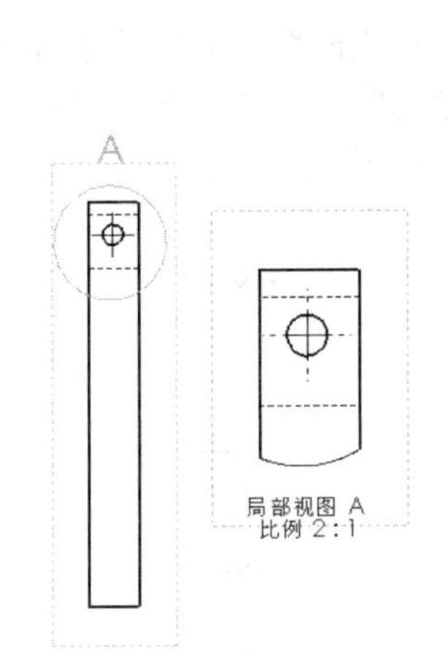

图14-39 局部视图

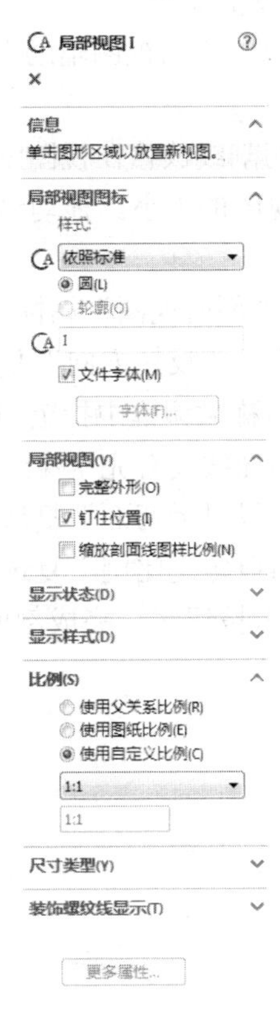

图14-40 “局部视图”属性管理器

2）“局部视图”选项板

➢ “完整外形”复选框：选择此选项，局部视图轮廓外形会全部显示。

➢ “钉住位置”复选框：选择此选项，可以阻止父视图改变大小时，局部视图移动。

➢ “缩放剖面线图样比例”复选框：选择此选项，可根据局部视图的比例来缩放剖面线图样比例。

“局部视图”属性管理器中其他各选项的含义与前面“投影视图”属性管理器中各选项的含义相同，这里不再赘述。

14.2.6 剖面视图

剖面视图是指用一条剖切线分割工程图中的一个视图，然后从垂直于生成的剖面方向投影得到的视图。

要生成一个剖面视图，可作如下操作：

【操作步骤】

1）打开要生成剖面视图的工程图。

2）单击“工程图”控制面板上的“剖面视图”按钮，或选择“插入”|“工程图视图”|［剖面视图］命令。

3）出现“剖面视图辅助”属性管理器，在该属性管理器中选择切割线类型，如图14-41所示。

4）将切割线放置在视图中要剖切的位置。系统会在垂直于剖切线的方向出现一个方框，表示剖切视图的大小。拖动这个方框到适当的位置，释放鼠标，则剖切视图被放置在工程图中。

5）在“剖面视图”属性管理器中（见图14-42）设置选项。

如果选择“反转方向”复选框，则会反转切除的方向。

在名称微调框中指定与剖面线或剖面视图相关的字母。

如果剖面线没有完全穿过视图，选择“部分剖面”复选框将会生成局部剖面视图。

选择“只显示切面”复选框，则只有被剖面线切除的曲面才会出现在剖面视图上。

“使用自定义比例”复选框用来定义剖面视图在工程图中的显示比例。

6）单击按钮✔，完成剖面视图的插入。

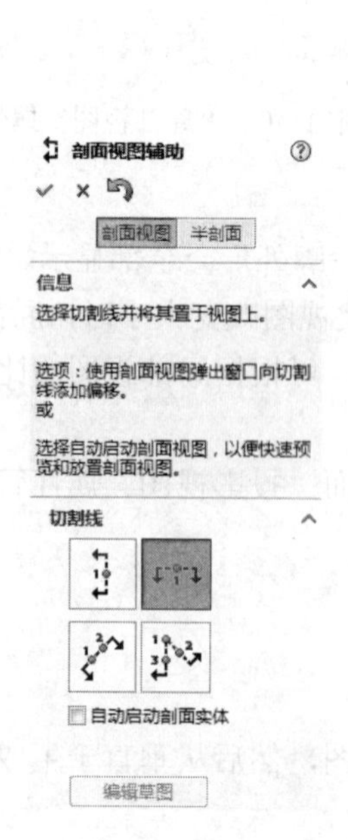

图14-41 “剖面视图辅助”属性管理器

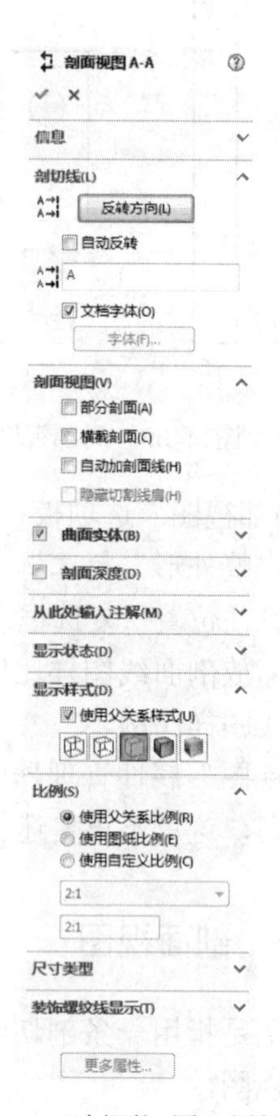

图14-42 “剖面视图”属性管理器

14.2.7 断裂视图

对于较长的机件（如轴、杆、型材等）沿长度方向的形状一致或按一定规律变化时，可用断裂视图命令将其断开后缩短绘制，而与断裂区域相关的参考尺寸和模型尺寸反映实际的模型数值。

1. 生成断裂视图

【操作步骤】

1）选择工程视图。

2）选择菜单栏中的“插入”→“工程视图”→“断裂视图”命令，视图中将出现一条折断线。

3）拖动断裂线到所需位置。

4）断裂视图。单击“断裂视图”属性管理器中的“确定”按钮✔，结果如图14-43所示。

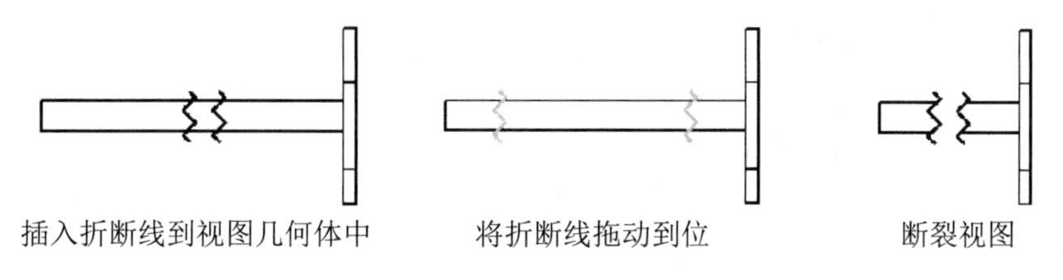

图14-43 生成的断裂视图

2. 修改断裂视图

- 要改变折断线的形状，用右键单击折断线，并且从快捷键菜单中选择一种样式即可。
- 要改变断裂的位置，拖动折断线即可。

注意

只可以在断裂视图处于断裂状态时选择区域剖面线，但不能选择穿越断裂的区域剖面线。

14.2.8 相对视图

在绘制零件图时，有可能没考虑生成工程图时的视图投射方向，或绘制零件图者与生成工程图者选择图投射方向的观点有差异。

作为零件图要完全能清楚地表达形状结构，但用命名视图和投影视图生成的工程图，就不符合实际需要。而相对视图可以自行定义主视图，解决了零件图视图定向与工程图投射方向的矛盾。

【操作步骤】

1）打开一幅工程图，选择菜单栏中的“插入”→“工程图视图”→“相对于模型”命令，弹出图14-44所示的“相对视图”属性管理器，此时的指针会变成形状。

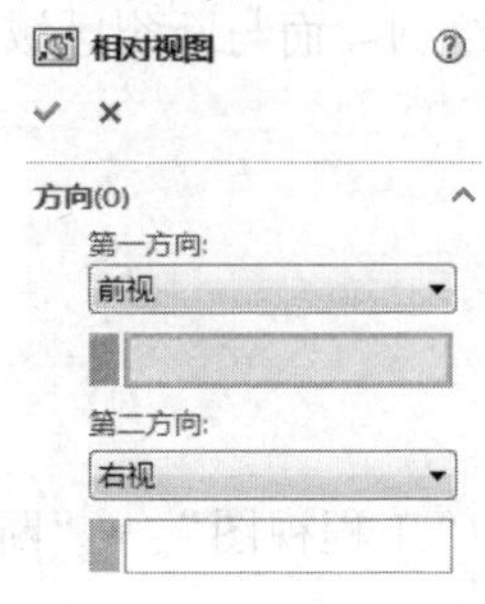

图14-44　“相对视图”属性管理器

2）用标准三视图中所述的方法选择模型，零件模型显示在屏幕上。

3）单击选择模型的一个面，并在“相对视图”属性管理器中选择一个方向。

4）单击模型的另一个面，注意两次选择的面应互相垂直。

5）在“相对视图”属性管理器中选择一个方向，单击“确定”按钮。在工程图窗口指针变为形状，并出现视图预览。

6）在工程图窗口，将视图预览移动到所需位置，单击以放置视图，生成相对视图，如图14-45所示。

注意

如果模型中面的角度发生变化，视图会更新以保持以前指定的方向。

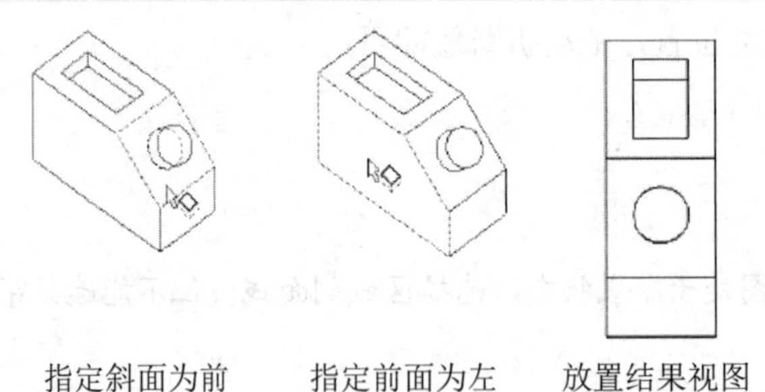

图14-45　相对位置视图

14.3　编辑工程视图

工程图建立后，可以对视图进行一些必要的编辑。编辑工程视图包括：移动视图、对齐视图、删除视图、剪裁视图及断裂视图等。

14.3.1 移动视图

移动视图是工程图中常使用的方法，用来调整视图之间的距离。

【操作步骤】

1）创建工程图文件。按照前面的介绍，创建“基座”零件的工程图文件，如图14-46所示。

2）选择移动的视图。单击选择该视图，视图框变为绿色。

3）移动视图。将鼠标移到该视图上，当鼠标指针变为✥，按住鼠标左键拖动该视图到图中合适的位置，如图14-47所示，然后释放鼠标左键。

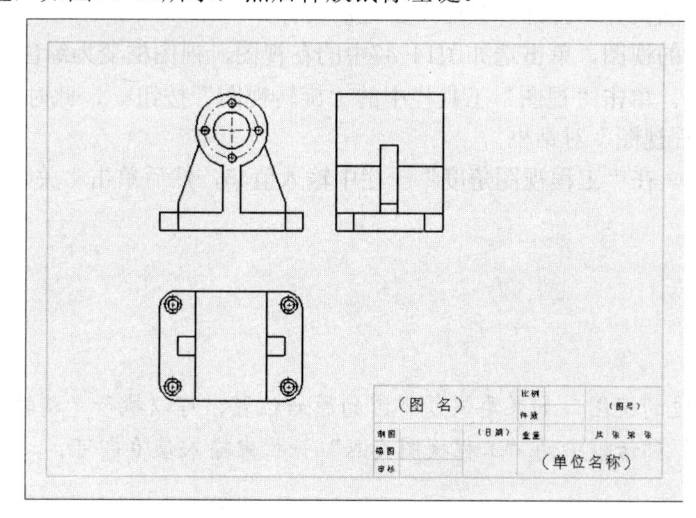

图14-46 创建的工程图

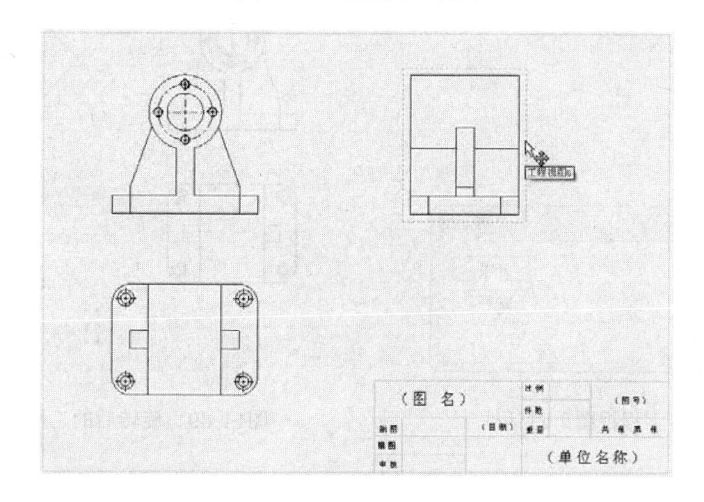

图14-47 移动的视图

注意

1）在标准三视图中，移动主视图时，左视图和俯视图会跟着移动；其他的两个视图可以单独移动，但始终与主视图保持对齐关系。

2）投影视图、辅助视图、剖面视图及旋转视图与生成它们的母视图保持对齐，并且只能在投影方向移动。

14.3.2 旋转视图

【操作步骤】

1）打开工程图文件。打开“基座”工程图文件。

2）选择旋转的视图。单击选如图14-47中的左视图，视图框变为绿色。

3）执行命令。单击“视图”工具栏中的“旋转视图”按钮，此时系统弹出图14-48所示的“旋转工程视图”对话框。

4）输入参数。在“工程视图角度”一栏中输入值45，然后单击“关闭”按钮，结果如图14-49所示。

注意

对于被旋转过的视图，如果要恢复视图的原始位置，可以执行“旋转视图”命令，在“旋转工程视图”对话框中的“工程视图交点”一栏中输入值 0 即可。

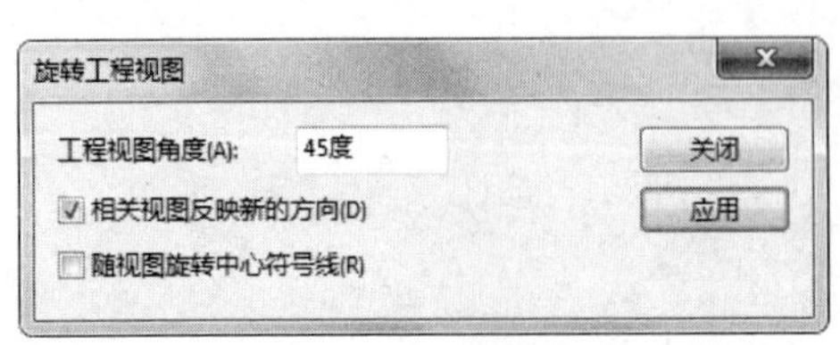

图14-48 “旋转工程视图”对话框

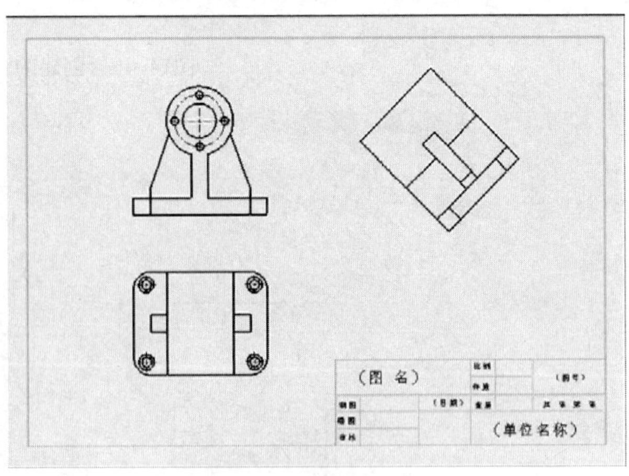

图14-49 旋转后的工程图

14.3.3 对齐视图

建立标准三视图时，系统默认的方式为对齐方式。视图建立时可以设置与其他视图对齐，也可以设置为不对齐。对于没有对齐的视图，可以设置其对齐方式。

【操作步骤】

1）创建“基座”零件的工程图文件，如图14-50所示。

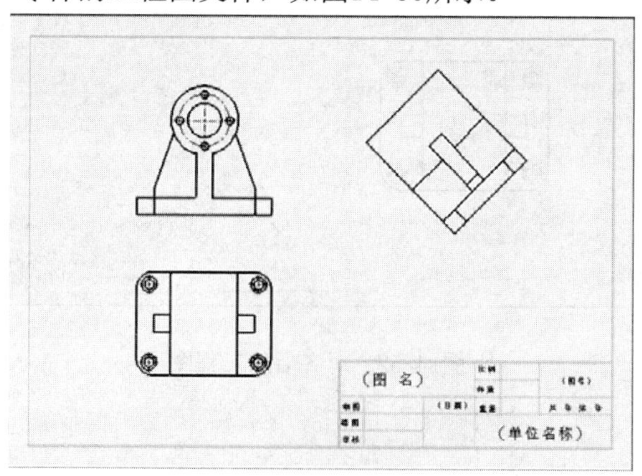

图14-50 创建的工程图

2）选择对齐的视图并执行命令。右键单击图14-50中的左视图，此时系统弹出快捷菜单，如图14-51所示，选择“视图对齐”选项，然后选择子菜单“默认旋转”选项。

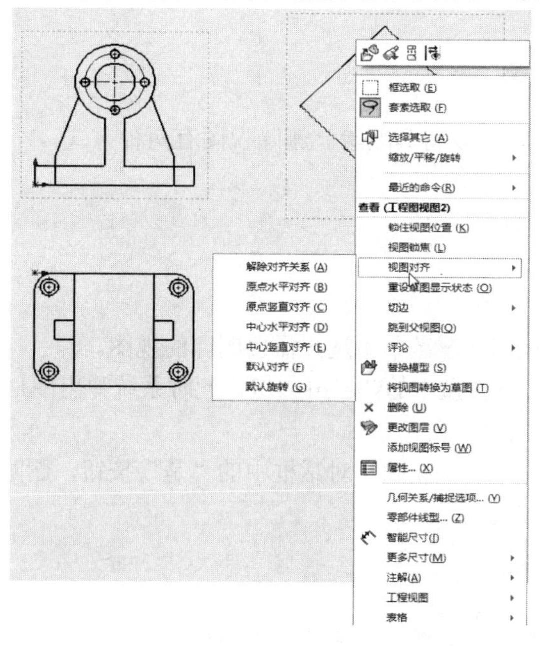

图14-51 系统快捷菜单

结果如图14-52所示。

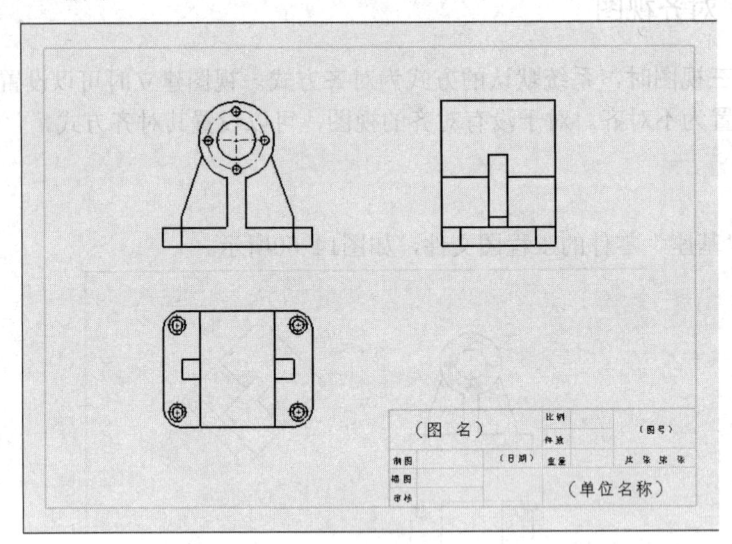

图14-52　对齐后的工程图

如果要解除已对齐视图的对齐关系，右键单击该视图，在系统弹出的快捷菜单中，选择“视图对齐”，然后选择“解除对齐关系”子菜单即可。

14.3.4　删除视图

对于不需要的视图，可以将其删除。删除视图有两种方式，一种是键盘方式，另一种是右键快捷菜单方式。

1．键盘方式

【操作步骤】

1）选择被删除的视图。左键单击选择需要删除的视图。

2）执行命令。按一下键盘中的<Delete>键，此时系统弹出图14-53所示的“确认删除”对话框。

3）确认删除。单击“确认删除”对话框中的“是”按钮，删除该视图。

2．右键快捷菜单方式

【操作步骤】

1）选择被删除的视图。右键单击需要删除的视图。

2）选择执行命令。系统弹出图14-54所示的系统快捷菜单，在其中选择“删除”选项。

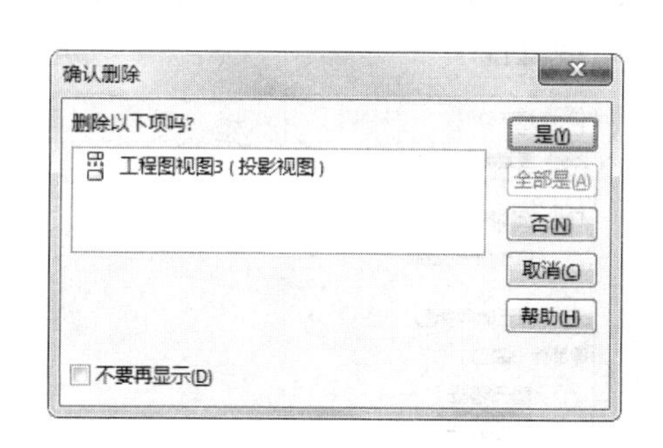

图14-53 “确认删除”对话框

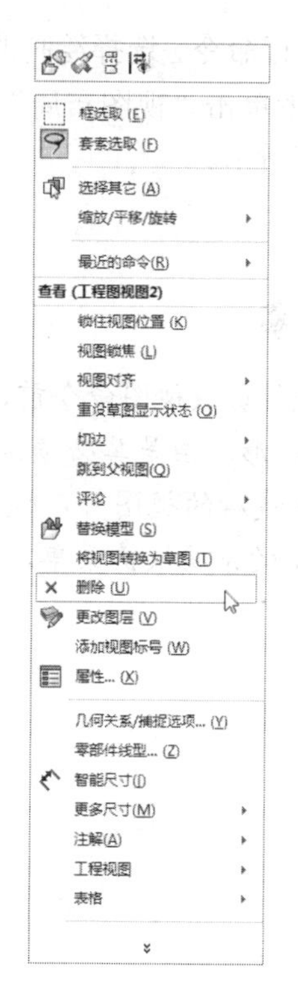

图14-54 系统快捷菜单

3）确认删除。此时系统弹出“删除确认”对话框，单击对话框中的“是”按钮，删除该视图。

14.3.5 剪裁视图

如果一个视图太复杂或者太大，可以利用剪裁视图命令将其剪裁，保留需要的部分。

【操作步骤】

1）绘制零件的主视图。创建“基座”零件的工程图文件，只绘制一个主视图，如图14-55所示。

2）绘制圆。单击“草图”工具栏中的“圆”按钮，在主视图中绘制一个圆，作为剪裁区域，如图14-56所示。

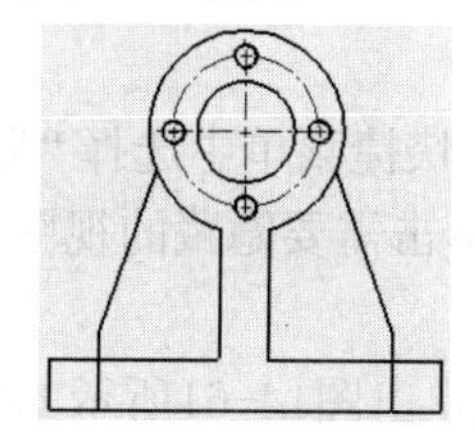

图14-55 绘制的主视图

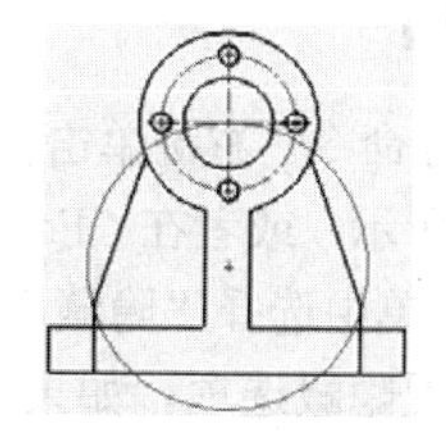

图14-56 绘制圆后的主视图

3. 执行命令。选择绘制的圆，选择菜单栏中的“插入”→“工程视图”→“剪裁视图”命令，或者单击“视图布局”工具栏中的“剪裁视图”按钮，执行剪裁视图命令，结果如图14-57所示。

1）执行剪裁视图命令前，必须先绘制好剪裁区域。剪裁区域不一定是圆，可以是其他不规则的图形，但是其必须是不交叉并且封闭的图形。

2）剪裁后的视图可以恢复为原来的形状。右键单击剪裁后的视图，此时系统弹出图14-58 所示的系统快捷菜单，在“剪裁视图”的子菜单中选择“移除剪裁视图”即可。

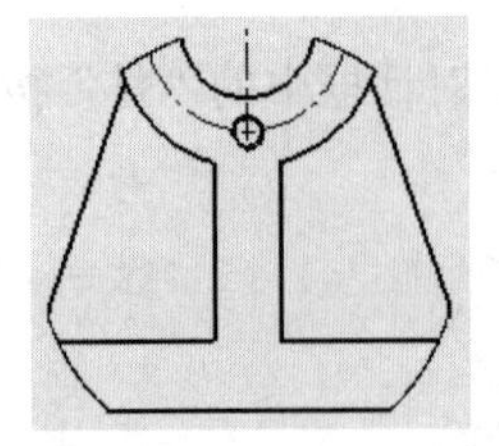

图14-57　剪裁后的主视图

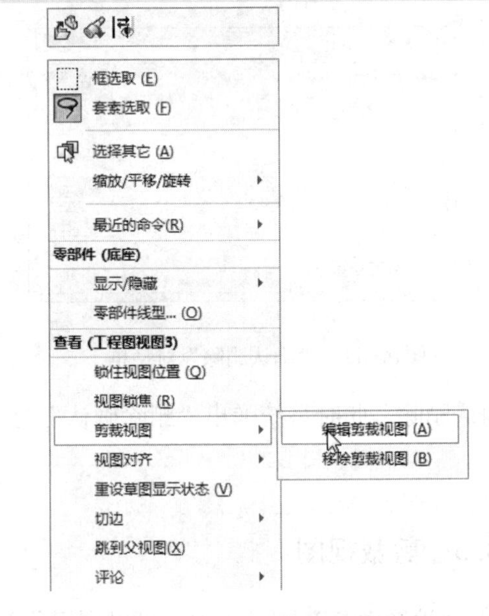

图14-58　系统快捷菜单

14.3.6　隐藏/显示视图

在工程图中，有些视图需要隐藏，比如某些带有派生视图的参考视图。这些视图是不能被删除的，否则将图示删除其派生视图。

【操作步骤】

1）执行命令。右键单击需要隐藏的视图，在系统弹出的快捷菜单中选择“隐藏”选项，如图14-59所示；或者在“FeatureManager设计树”中右键单击需要隐藏的视图，在系统弹出的快捷菜单中选择“隐藏”选项，如图14-60所示。

2）设置隐藏选项。如果该视图带有从属视图，则系统弹出图14-61所示的提示框，根据需要进行相应的设置。

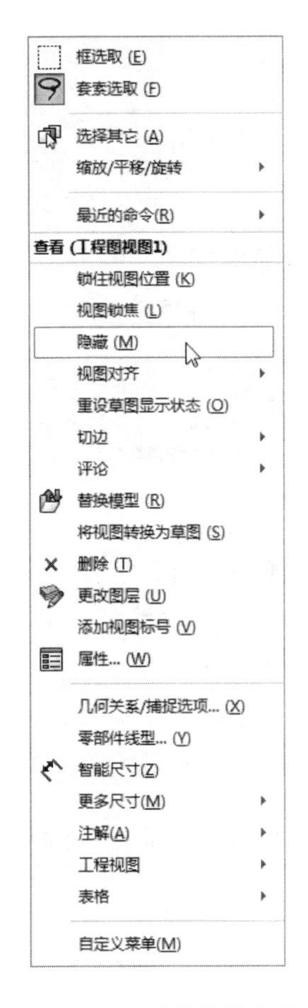

图14-59 系统快捷菜单

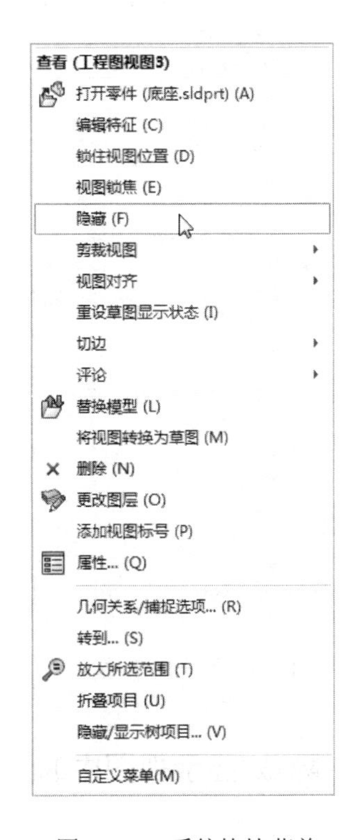

图14-60 系统快捷菜单

【操作步骤】

1）显示隐藏视图的位置。对于隐藏的视图，工程图中不显示该视图的位置。选择菜单栏中的“视图”→“被隐藏视图”命令，可以显示工程图中被隐藏视图的位置，如图14-62所示。显示隐藏的视图可以在工程图中对该视图进行相应的操作。

图14-61 系统提示框

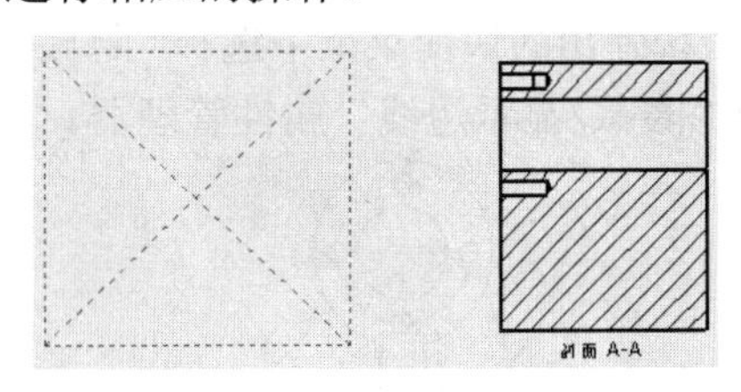

图14-62 显示被隐藏视图的位置

2）执行命令。右键单击被隐藏的视图，在系统弹出的快捷菜单中选择“显示”选项，如图14-63所示；或者在“FeatureManager设计树”中右键单击需要显示的视图，在系统弹出的快捷菜单中选择“显示”选项，如图14-64所示。

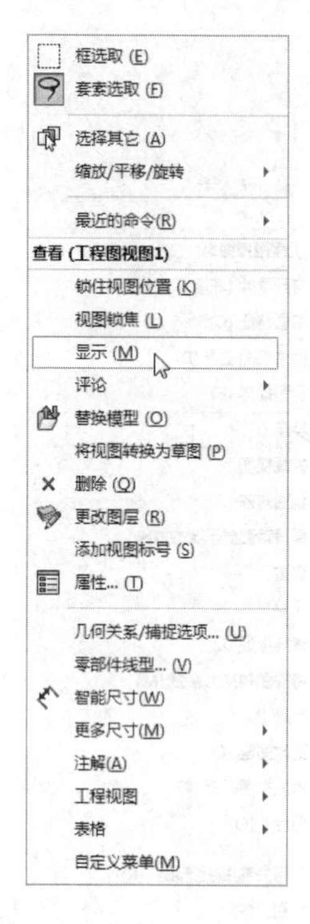

图14-63　系统快捷菜单

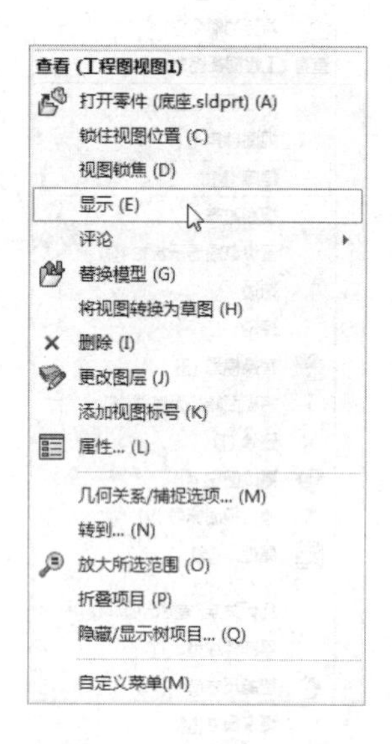

图14-64　系统快捷菜单

14.3.7　隐藏/显示视图中的边线

视图中的边线也可以隐藏和显示。

【操作步骤】

1）创建工程视图。利用前面介绍的知识，创建“基座”零件的工程图文件，并建立一个主视图，如图14-65所示。

2）执行命令。单击“线型”工具栏中的“隐藏/显示边线”按钮，或者右键单击视图，在系统弹出的快捷菜单中选择“隐藏/显示的边线”选项，如图14-66所示。弹出图14-67所示的“隐藏/显示边线”属性管理器。

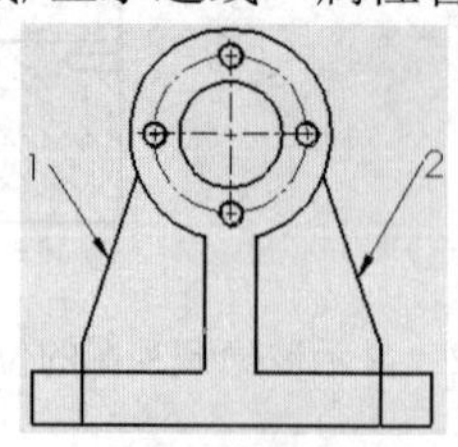

图14-65　绘制的主视图

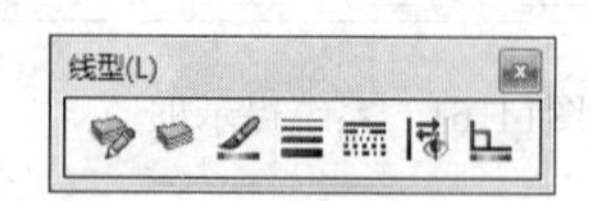

图14-66　系统快捷菜单

3）隐藏边线。单击视图中的边线1和边线2，然后单击“隐藏/显示边线”属性管理器中的“确定”按钮✔，结果如图14-68所示。

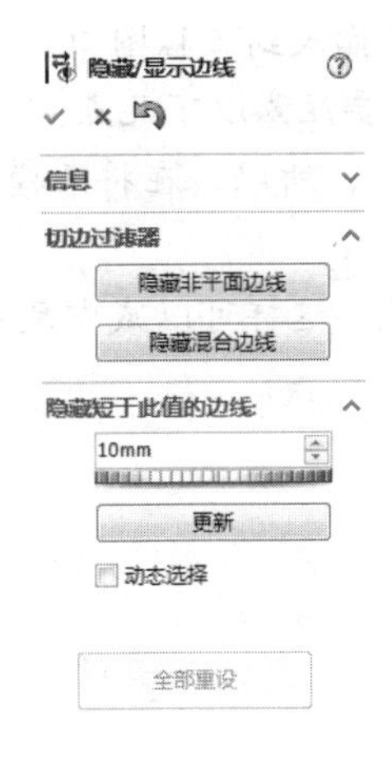

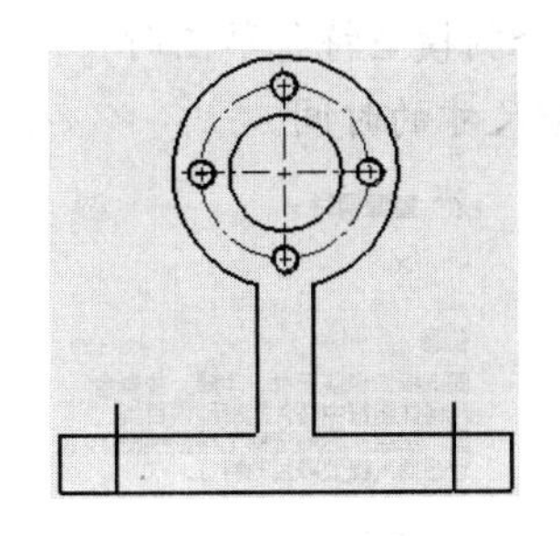

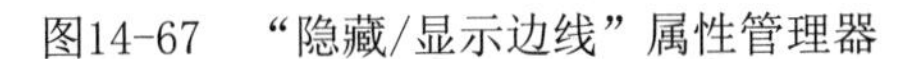
图14-67 “隐藏/显示边线”属性管理器

图14-68 隐藏边线后的主视图

14.4 标注工程视图

工程图绘制完以后，必须在工程视图中标注尺寸、几何公差、形位公差、表面粗糙度符号及技术要求等其他注释，才能算是一张完整的工程视图。本节主要介绍这些项目的设置和使用方法。

14.4.1 插入模型尺寸

SOLIDWORKS工程视图中的尺寸标注是与模型中的尺寸相关联的，模型尺寸的改变会导致工程图中尺寸的改变。同样，工程图中尺寸的改变会导致模型尺寸的改变。

【操作步骤】

1）执行命令。选择菜单栏中的“插入”→“模型项目”命令，或者单击“注解”工具栏中的“模型项目”按钮，执行模型项目命令。

2）设置属性管理器。系统弹出图14-69所示的“模型项目”属性管理器，“尺寸”设置框中的“为工程图标注”一项自动被选中。如果只将尺寸插入到指定的视图中，取消勾选“将项目输入到所有视图”复选框，然后在工程图选择需要插入尺寸的视图，此时“来源/目标”设置框如图14-70所示，自动显示“目标视图”一栏。

3）确认插入的模型尺寸。单击“模型项目”属性管理器中的“确定”按钮✓，完成模型尺寸的标注。

注意

插入模型项目时，系统会自动将模型尺寸或者其他注解插入到工程图中。当模型特征很多时，插入的模型尺寸会显得很乱，所以在建立模型时需要注意以下几点：

1）因为只有在模型中定义的尺寸，才能插入到工程图中，所以，在将来模型特征时，要养成良好的习惯，并且是草图处于完全定义状态。

2）在绘制模型特征草图时，仔细地设置草图尺寸的位置，这样可以减少尺寸插入到工程图后调整尺寸的时间。

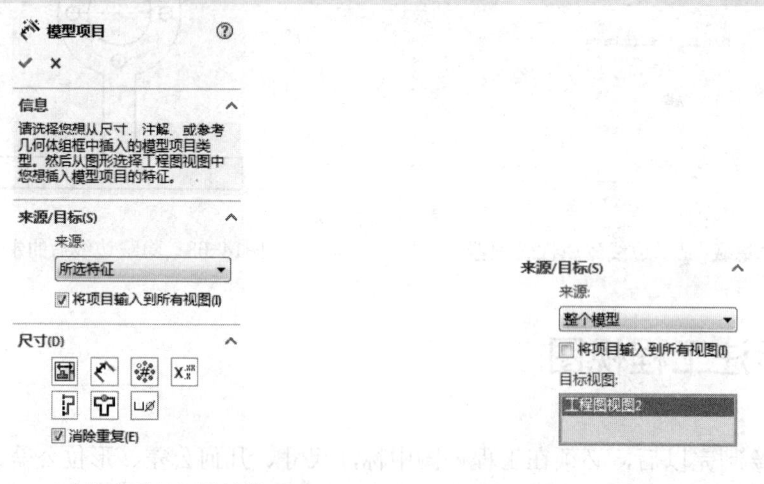

图14-69　“模型项目”属性管理器　　　　图14-70　“来源/目标”设置框

图14-71所示为插入模型尺寸并调整尺寸位置后的工程图。

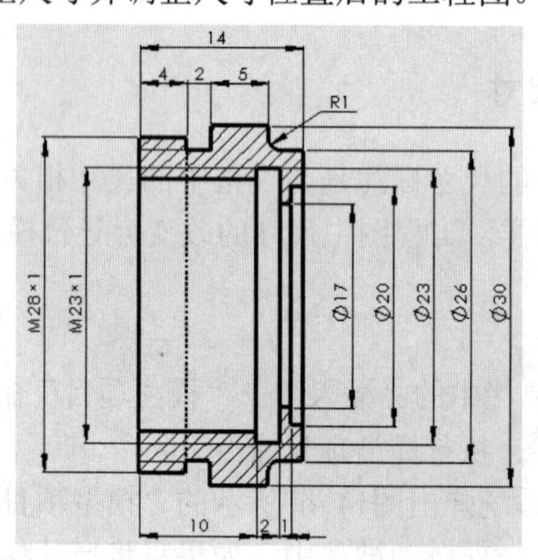

图14-71　插入模型尺寸后的工程视图

14.4.2　修改尺寸属性

插入工程图中的尺寸，可以进行一些属性修改，如添加尺寸公差、改变箭头的显示样式、在尺寸上添加文字等。

单击工程视图中某一个需要修改的尺寸，此时系统弹出“尺寸”属性管理器。在管理器中，用来修改尺寸属性的通常有3个设置栏，分别是：“公差/精度”设置栏，如图14-72

所示；“标注尺寸文字”设置栏，如图14-73所示；“尺寸界限/引线显示”设置栏，如图14-74所示。

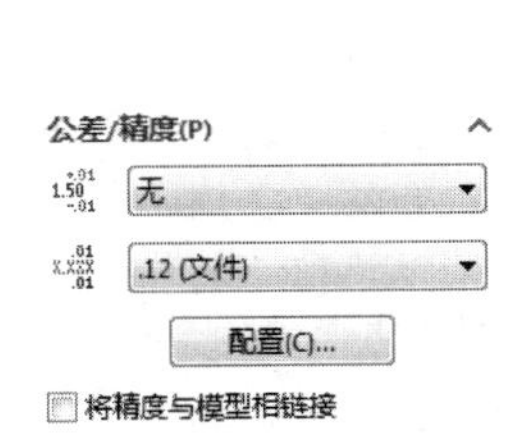

图14-72 “公差/精度”设置栏

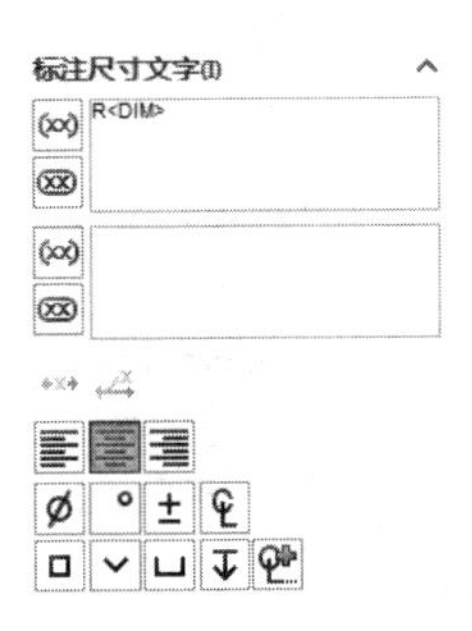

图14-73 “标注尺寸文字”设置栏

【操作步骤】

1．修改尺寸属性的公差和精度

尺寸的公差共有10中类型，单击“公差/精度”设置栏中的“公差类型”下拉菜单即可显示，如图14-75所示，下面介绍几个主要公差类型的显示方式。

1）“无”显示类型。以模型中的尺寸显示插入到工程视图中的尺寸，如图14-76所示。

2）“基本”显示类型。以标准值方式显示标注的尺寸，为尺寸加一个方框，如图14-77所示。

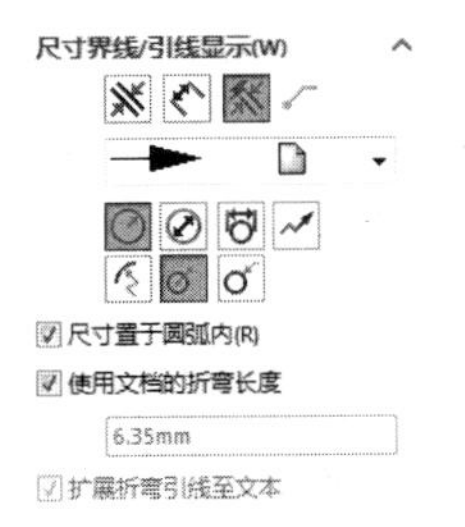

图14-74 “尺寸界限/引线显示”设置栏

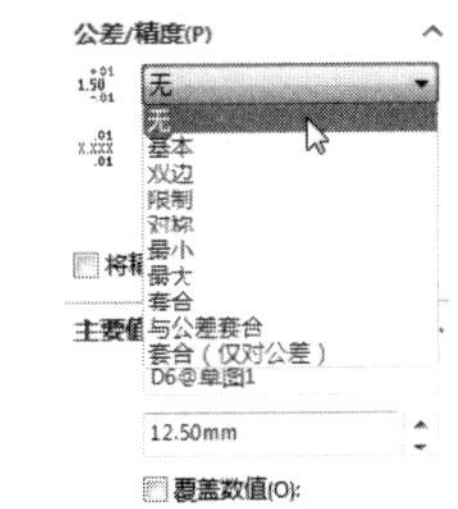

图14-75 公差显示类型

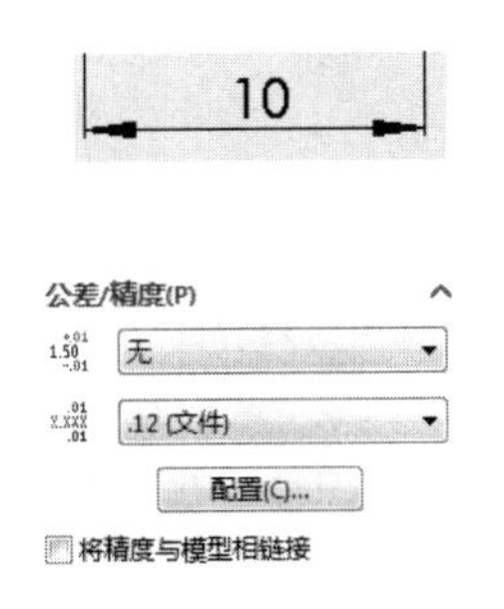

图14-76 “无”显示类型

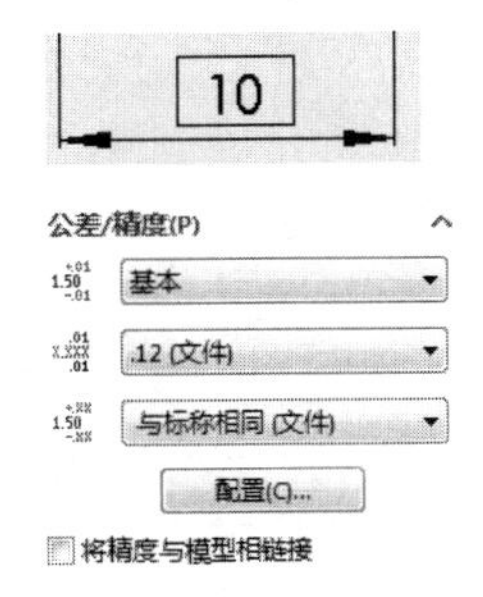

图14-77 “基本的”显示类型

3）“双边”显示类型。以双边方式显示标注尺寸的公差，如图14-78所示。

4）“对称”显示类型。以限制方式显示标注尺寸的公差，如图14-79所示。

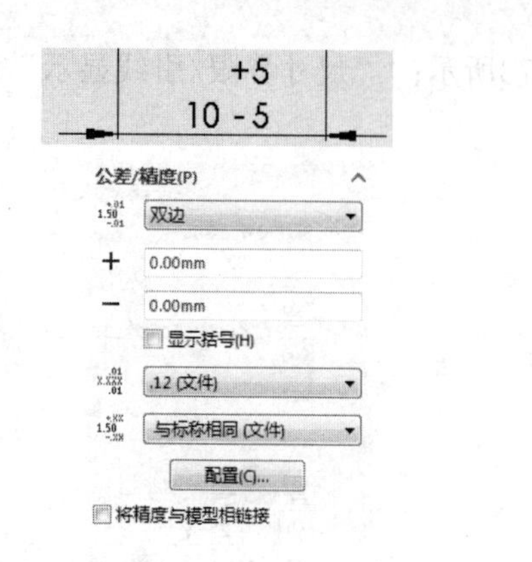

图14-78　“双边”显示类型

图14-79　“对称”显示类型

2．修改尺寸属性的标注尺寸文字

使用“标注尺寸文字”设置框，可以在系统默认的尺寸上添加文字和符号，也可以修改系统默认的尺寸。

设置框中的<DIM>是系统默认的尺寸，如果将其删除，可以修改系统默认的标注尺寸。将鼠标指针移到<DIM>前面或者后面，可以添加需要的文字和符号。

单击设置框下面的“更多符号”按钮，此时系统弹出图14-80所示的“符号图库”对话框。在对话框中选择需要的标注符号，然后单击“确定”按钮，符号添加完毕。

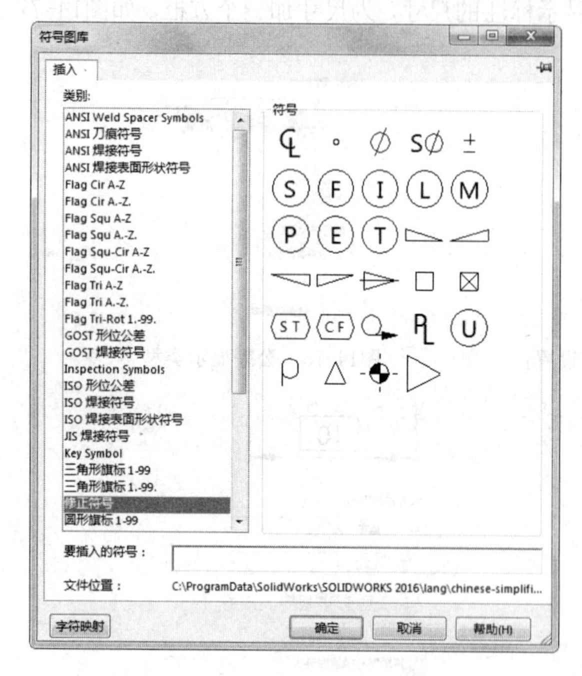

图14-80　“符号图库”对话框

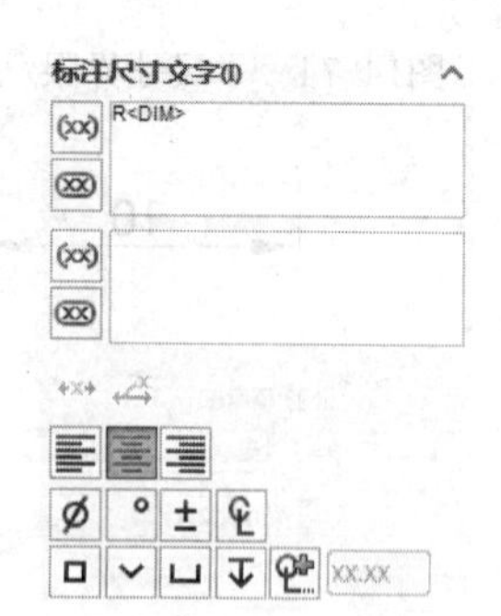

图14-81　设置好的“标注尺寸文字”设置栏

图14-81所示为添加文字和符号后的“标注尺寸文字”设置栏，图14-82所示为添加符号和文字前的尺寸，图14-83所示为添加符号和文字后的尺寸。

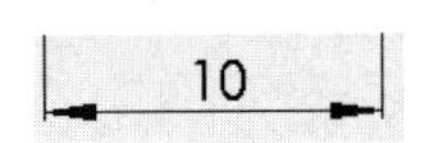

图14-82 系统默认的标注尺寸

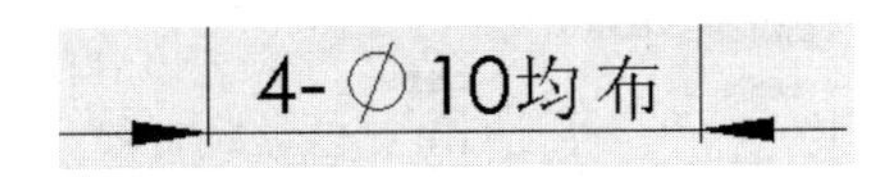

图14-83 修改后的标注尺寸

3. 修改尺寸属性的箭头位置及样式

使用“尺寸界限/引线显显示”设置框，可以设置标注尺寸的箭头位置和箭头样式。

箭头位置有三种形式，分别介绍如下：

➢ 箭头在尺寸界限外面：单击设置框中的“外面”按钮，箭头在尺寸界限外面显示，如图 14-84 所示。

➢ 箭头在尺寸界限里面：单击设置框中的“里面”按钮，箭头在尺寸界限里面显示，如图 14-85 所示。

➢ 智能确定箭头的位置：单击设置框中的“智能”按钮，系统根据尺寸线的情况自动判断箭头的位置。

箭头有11种标注样式，可以根据需要进行设置。单击设置框中的“样式”下拉菜单，如图14-86所示，选择需要的标注样式。

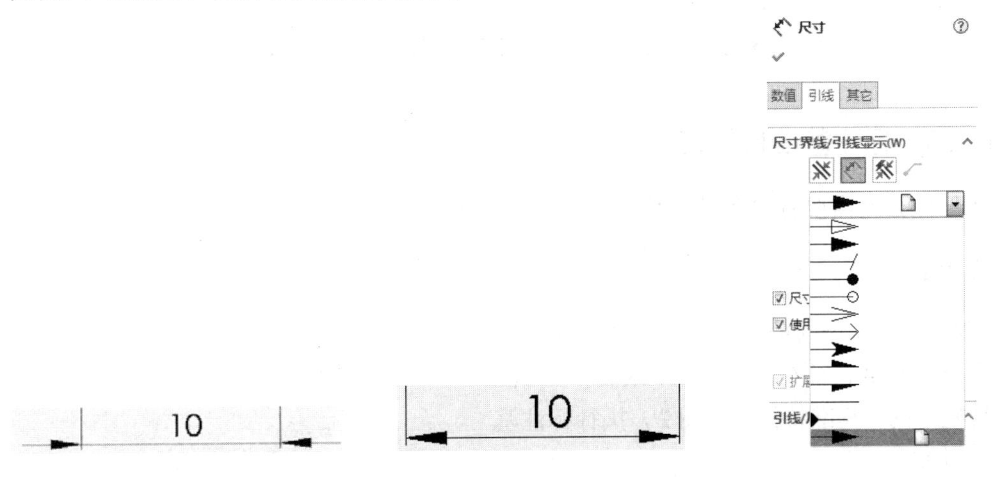

图14-84 箭头在尺寸界限的外面 图14-85 箭头在尺寸界限的里面 图14-86 箭头标注样式选项

注意

本节介绍的设置箭头样式，只是对工程图中选中的标注进行修改，并不能修改全部标注的箭头样式。如果要修改整个工程图中的箭头样式，选择菜单栏中的“工具”→“选项”命令，在系统弹出的对话框中，按照图 14-87 所示进行设置。

设置框中的<DIM>是系统默认的尺寸，如果将其删除，可以修改系统默认的标注尺寸。将鼠标指针移到<DIM>前面或者后面，可以添加需要的文字和符号。

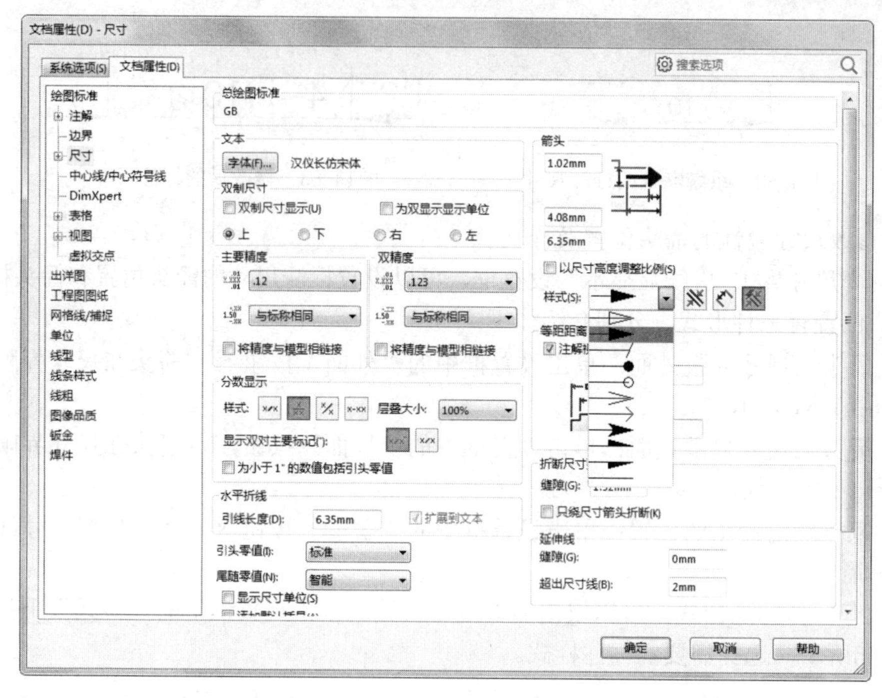

图14-87　设置整个工程图的箭头样式对话框

14.4.3　标注基准特征符号

有些形位公差需要有参考基准特征，需要指定公差基准。

【操作步骤】

1）执行命令。选择菜单栏中的“插入”→“注解”→“基准特征符号”命令，或者单击“注解”工具栏中的“基准特征”按钮，执行标注基准特征符号命令。

2）设置基准特征。此时系统弹出“基准特征”属性管理器，并且在视图中出现标注基准特征符号的预览效果。在“基准特征”属性管理器中修改标注的基准特征。

3）确认设置的基准特征。在视图中需要标注的位置放置基准特征符号，然后单击“基准特征”属性管理器中的“确定”按钮，标注完毕，如图14-88所示。

如果要编辑基准面符号，双击基准面符号，在弹出的“基准特征”属性管理器中修改即可。

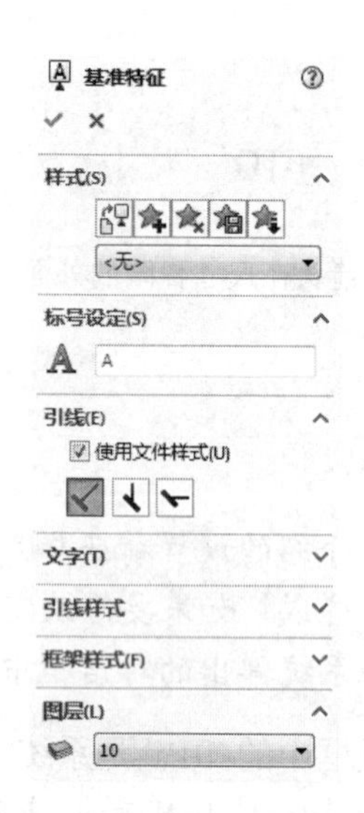

图14-88　“基准特征”属性管理器

14.4.4 标注形位公差

为了满足设计和加工需要，需要在工程视图中添加形位公差，形位公差包括代号、公差值及原则等内容。SOLIDWORKS 软件支持 ANSI Y14.5 Geometric and True Position Tolerancing（ANSI Y14.5 几何和实际位置公差）准则。

【操作步骤】

1）执行命令。选择菜单栏中的“插入”→“注解”→“形位公差”命令，或者单击“注解”工具栏中的“形位公差”按钮，执行标注形位公差命令。

2）此时系统弹出图14-89所示的“形位公差”属性管理器和图14-90所示的“属性”对话框。

3）设置形位公差。在“形位公差”中的“引线”一栏选择标注的引线样式。单击“属性”对话框中“符号”一栏后面的下拉菜单，如图14-91所示，在其中选择需要的形位公差符号；在“公差1”一栏输入公差值；单击“主要”一栏后面的下拉菜单，在其中选择需要的符号或者输入参考面，如图14-92所示，在其后的“第二”“第三”一栏中可以继续添加其他基准符号。设置完毕的“属性”对话框如图14-93所示。

4）放置形位公差。单击“属性”对话框中的“确定”按钮，确定设置的形位公差，然后视图中出现设置的形位公差，单击调整在视图中的位置即可。

图14-94所示为标注形位公差的工程图。

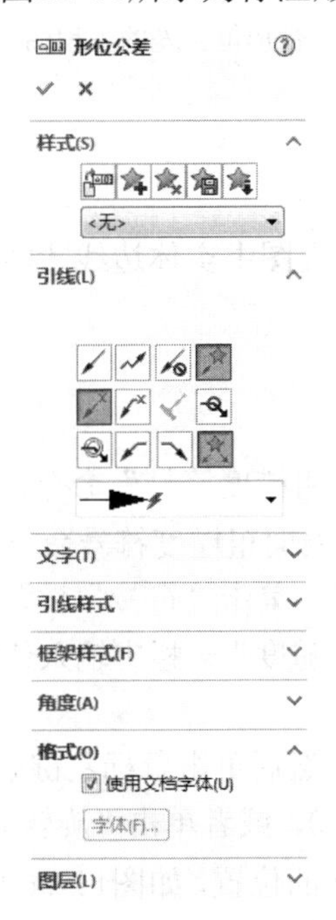

图14-89 “形位公差”属性管理器

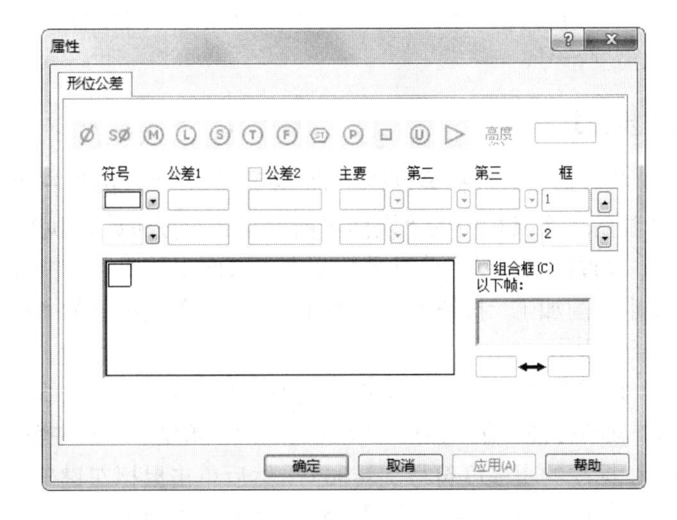

图14-90 “属性”对话框

图14-91　符号下拉菜单

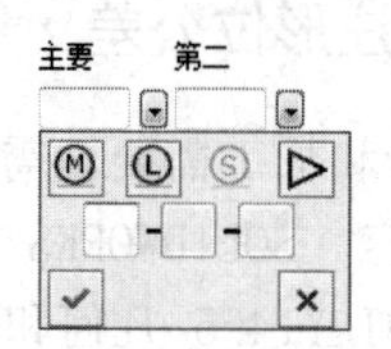

图14-92　主要下拉菜单

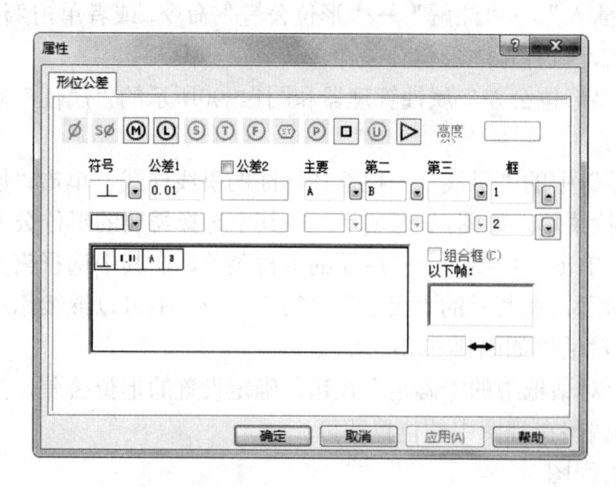

图14-93　设置好的“属性”对话框

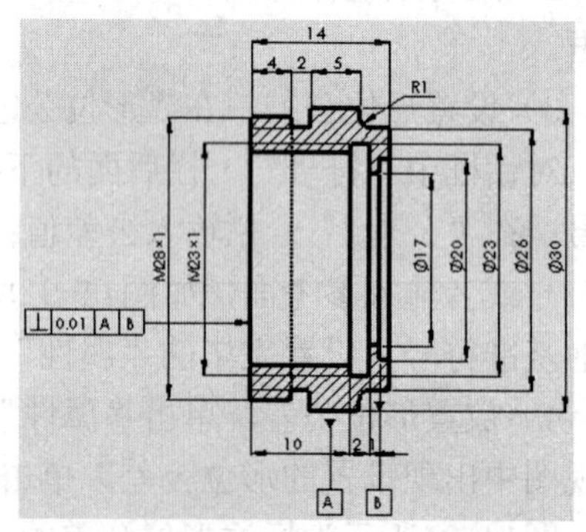

图14-94　带形位公差的工程图

14.4.5　标注表面粗糙度符号

表面粗糙度表示的是零件表面加工的程度，因此必须选择工程图中实体边线才能标注表面粗糙度符号。

【操作步骤】

1）执行命令。选择菜单栏中的“插入”→“注解”→“表面粗糙度符号”命令，或者单击“注解”工具栏中的“表面粗糙度符号”按钮√，执行标注表面粗糙度符号命令。

2）设置标注符号。此时系统弹出“表面粗糙度”属性管理器，单击“符号”设置框中的“要求切削加工”按钮√；在“符号布局”设置框中的“最大粗糙度”一栏中输入值3.2，如图14-95所示。

3）标注符号。选取要标注表面粗糙度符号的实体边缘位置，然后单击鼠标左键确认。

4）旋转标注。在“角度”设置框中的“角度”一栏中输入值90，或者单击“旋转90°”按钮，标注的粗糙度符号旋转90°，然后单击鼠标左键确认标注的位置，如图14-96所示。

5）单击“表面粗糙度”属性管理器中的“确定”按钮✔，表面粗糙度符号标注完毕。

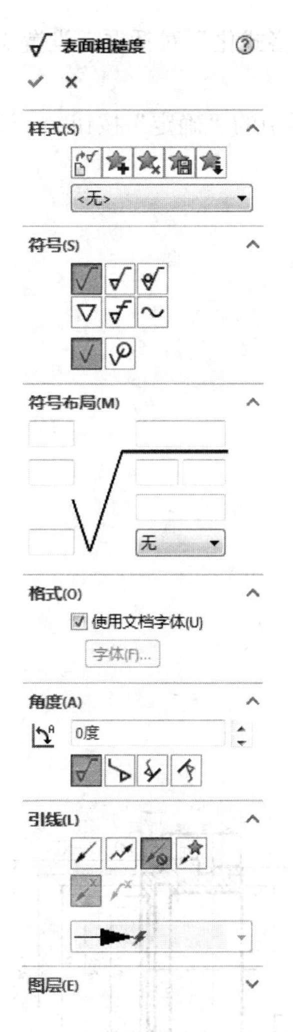

图14-95 “表面粗糙度”属性管理器

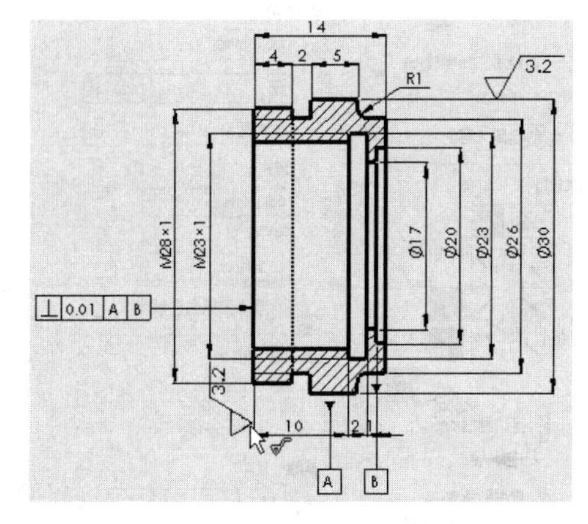

图14-96 标注粗糙度符号后的工程图

14.4.6 标注其他注解

在工程视图中除了上面介绍的标注类型外，还有其他注解，如零件序号、装饰螺纹线、中心线、几何公差、孔标注、注释、焊接符号等。本节主要介绍添加注释和中心线的操作方法，其他与此类似，不再赘述。

1．添加注释

【操作步骤】

1）执行命令。选择菜单栏中的“插入”→“注解”→“注释”命令，或者单击“注解”工具栏中的“表面粗糙度符号”按钮，执行标注注释命令。

2）设置标注属性。此时系统弹出“注释”属性管理器，单击“引线”设置框中的“无引线”按钮，然后在视图中合适位置单击鼠标左键确定添加注释的位置，如图14-97所示。

3）添加注释文字。此时系统弹出图14-98所示的“格式化”对话框，设置需要的字体和字号后，输入需要的注释文字。

4）确认添加的注释文字。单击“注释”属性管理器中的“确定”按钮✔，注释文字添加完毕。

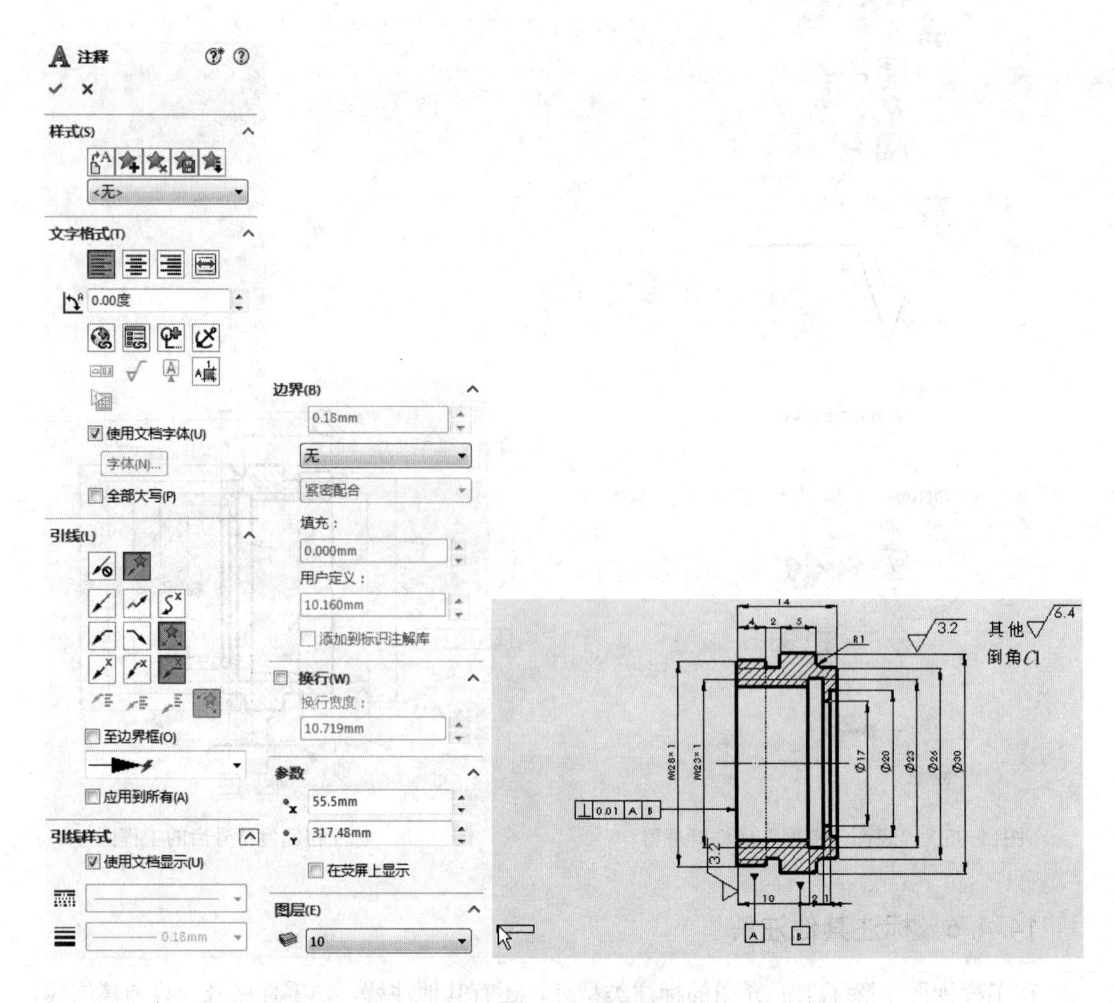

图14-97 添加注解图示

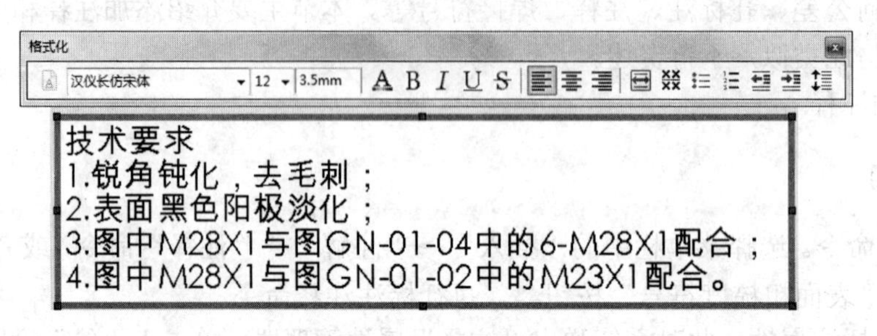

图14-98 “格式化”对话框

2．添加中心线

中心线常应用在旋转类零件工程视图中，本节以添加图14-99所示工程视图的中心线为例说明添加中心线的操作步骤。

【操作步骤】

1）执行命令。选择菜单栏中的“插入”→“注解”→“中心线”命令，或者单击“注解”工具栏中的“中心线”按钮，执行添加中心线命令。

2）设置标注属性。此时系统弹出图14-100所示的“中心线”属性管理器，单击图14-100中的边线1和边线2，添加中心线，结果如图14-101所示。

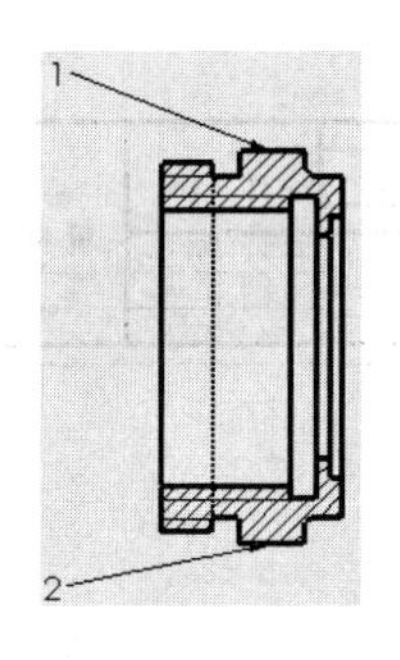

图14-99 需要标注的视图

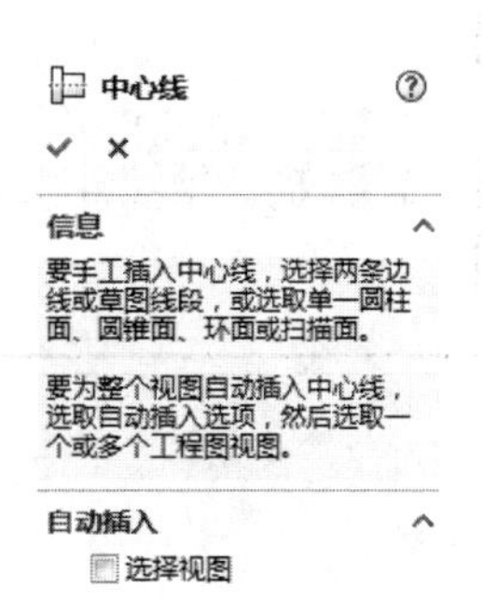

图14-100 “中心线”属性管理器

3）调节中心线长度。单击添加的中心线，然后拖动中心线的端点，将其调节到合适的长度，结果如图14-102所示。

注意

在添加中心线时，如果添加对象是旋转面，直接选择即可；如果投影视图中只有两条边线，选择两条边线即可。

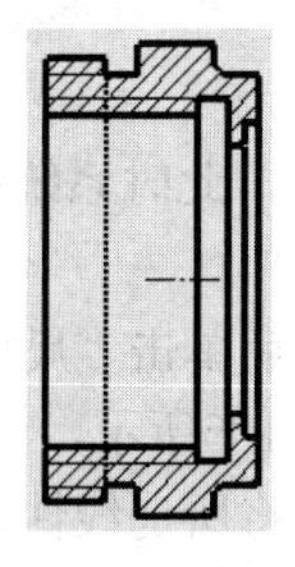

图14-101 添加中心线后的视图

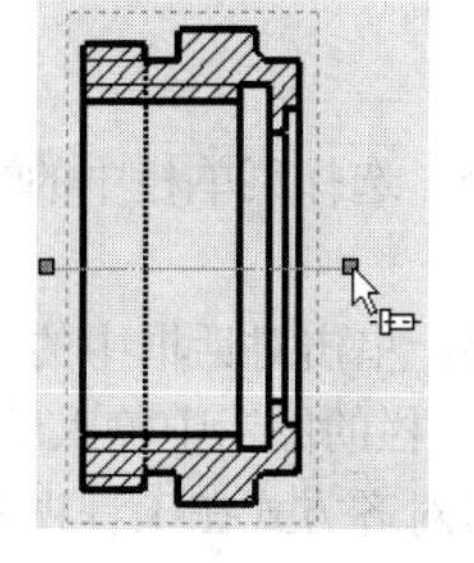

图14-102 调节中心线长度后的视图

图14-103所示为一幅完整的工程图。

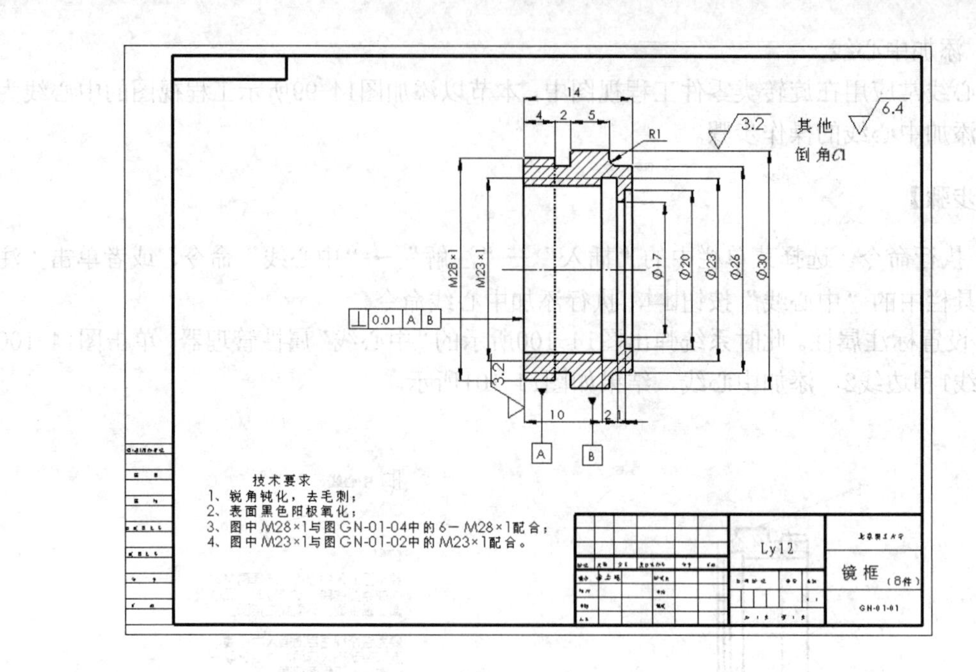

图14-103　完整的工程图

14.4.7　尺寸对齐方式

无论是手动还是自动标注尺寸，如果尺寸放置不当，使图纸看起来非常紊乱，不利于读图。通过尺寸对齐关系，可以适当设置尺寸间的距离或者共线，使工程图中的尺寸排列整齐，增加工程图的美观度。

工程图中尺寸对齐方式有两种，分别是平行/同轴心对齐方式与共线/径向对齐方式。尺寸对齐的工具栏如图14-104所示。

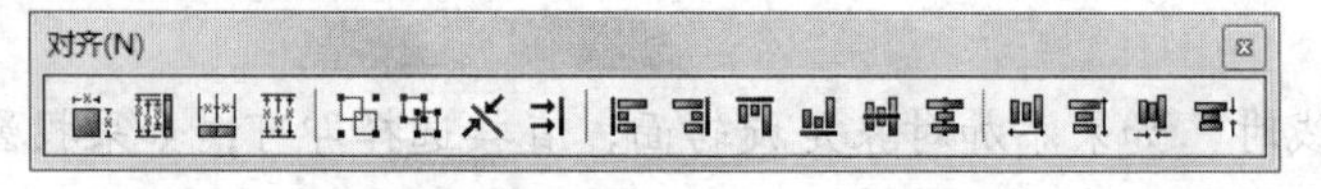

图14-104　“对齐”工具栏

【操作步骤】

1）执行命令。选择菜单栏中的“工具”→“选项”命令，此时系统弹出“系统选项”对话框。

2）设置距离。单击对话框中的“文档属性”选项卡，然后单击“尺寸”选项，在右侧的“等距距离”一栏的图示中输入所需要的距离值，如图14-105所示。

平行/同轴心对齐方式在工程视图中，可以以相同的间距将所选线性、径向或角度尺寸以阶层方式对齐，但是所选尺寸必须为同一类型。如图14-106a所示为对齐前的线性尺寸，如图14-106b所示为对齐后的线性尺寸。

①选择尺寸。按住<Ctrl>键，选择如图14-106a所示中的3个线性尺寸。

图14-105　设置尺寸间距

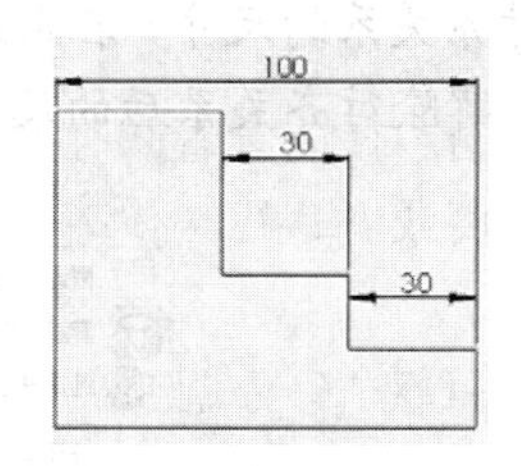

a）对齐前的线性尺寸

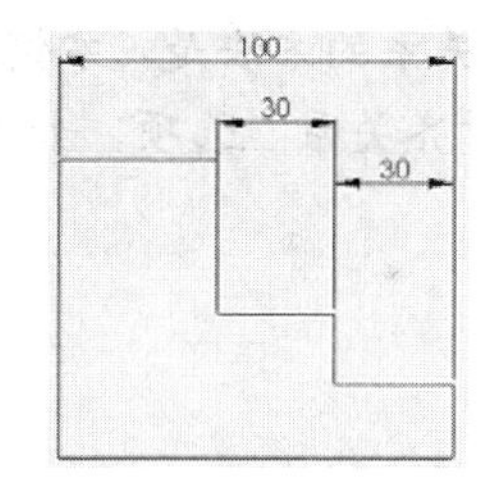

b）对齐后的线性尺寸

图14-106　平行对齐方式图示

②执行命令。选择菜单栏中的“工具”→“标注尺寸”→“平行/同心对齐”命令，或者单击“对齐”工具栏中的“平行/同心对齐”按钮。

③调整尺寸位置。拖动设置后的尺寸，将其放置到设置的位置。

④共线/径向对齐方式。

在工程视图中，可以将所选的多个线性、径向或角度尺寸在同一直线方向或者半径的圆弧上方式对齐，但是所选尺寸必须为同一类型。图14-107a所示为对齐前的线性尺寸，图14-107b所示为对齐后的线性尺寸。

①选择尺寸。按住<Ctrl>键，选择图14-107a所示中的3个线性尺寸。

②执行命令。选择菜单栏中的“工具”→“尺寸”→“共线/径向对齐”命令，或者单击“对齐”工具栏中的“共线/径向对齐”按钮。

③调整尺寸位置。拖动设置后的尺寸，将其放置到设置的位置。

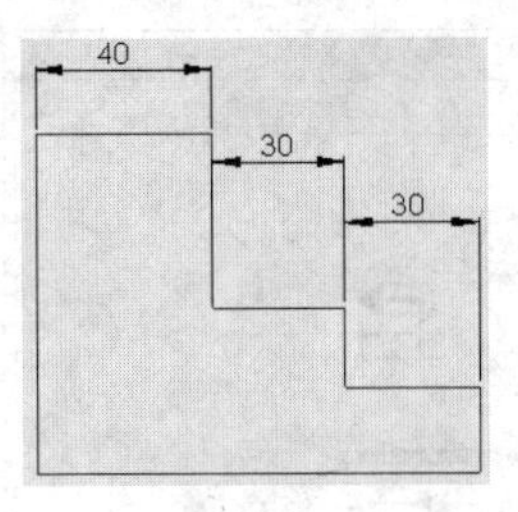

a）对齐前的线性尺寸

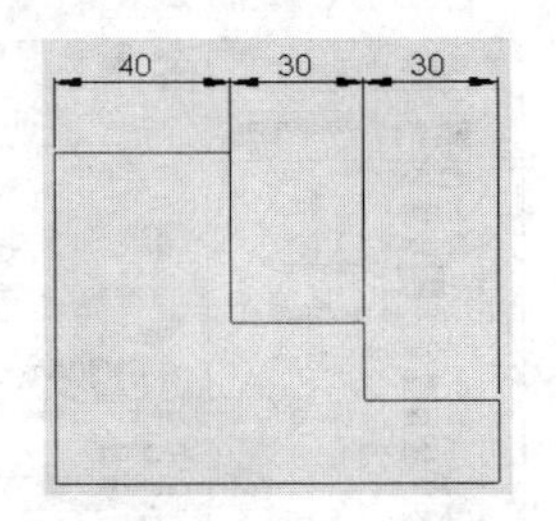

b）对齐后的线性尺寸

图14-107　共线对齐方式图示

注意

1）设置对齐后的尺寸，如果移动其中一个尺寸，则与其对齐的尺寸会一起跟着移动，如图 14-108 所示。

2）在设定对齐的尺寸上单击鼠标右键，在系统弹出的快捷菜单上选择“显示对齐”选项，则与其有对齐关系的尺寸上会出现一个蓝色的圆点，如图 14-109 所示。

3）因为有对齐关系的尺寸会一起移动，所以要想单独移动其中一个尺寸，必须解除对齐关系。

4）解除对齐关系的方法是，右键单击需要解除对齐关系的尺寸，在系统弹出的快捷菜单中选择“解除对齐关系”选项，如图 14-110 所示。解除对齐关系后的尺寸，可以单独移动。

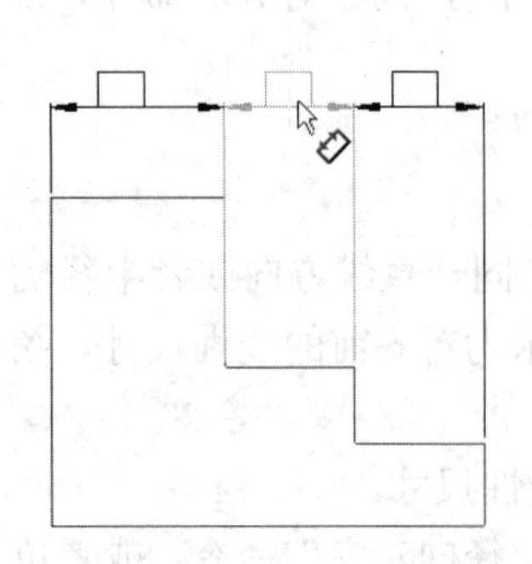

图14-108　对齐尺寸一起移动

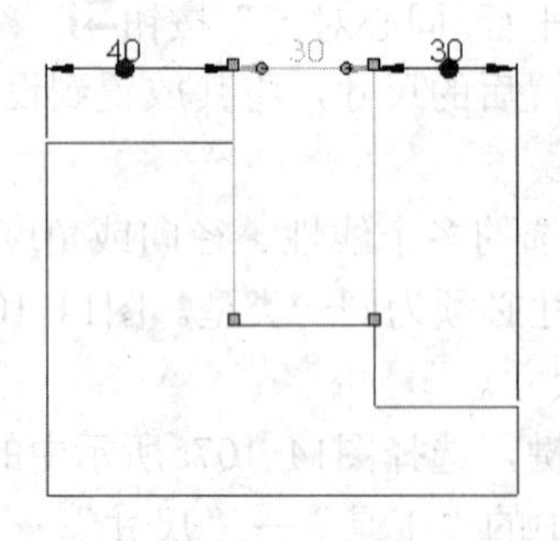

图14-109　显示对齐的尺寸

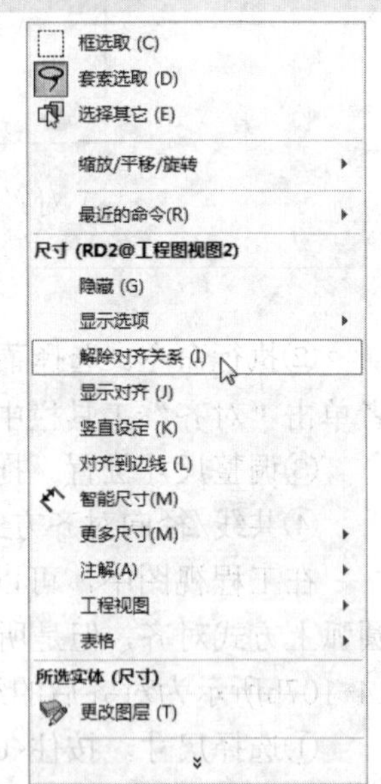

图14-110　系统快捷菜单

第15章 工程图综合实例

为了更好地掌握工程图设计的知识，本章介绍了几个实例，并给出了详细的操作步骤。

学习要点

- 支撑轴工程图
- 齿轮泵前盖工程图的创建
- 齿轮泵装配工程图

15.1　支撑轴工程图

本实例是将如图15-1所示的齿轮泵支撑轴的机械零件转化为工程图。

> 实讲实训
> 多媒体演示
>
> 多媒体演示参见配套光盘中的\\动画演示\第15章\支撑轴工程图.avi。

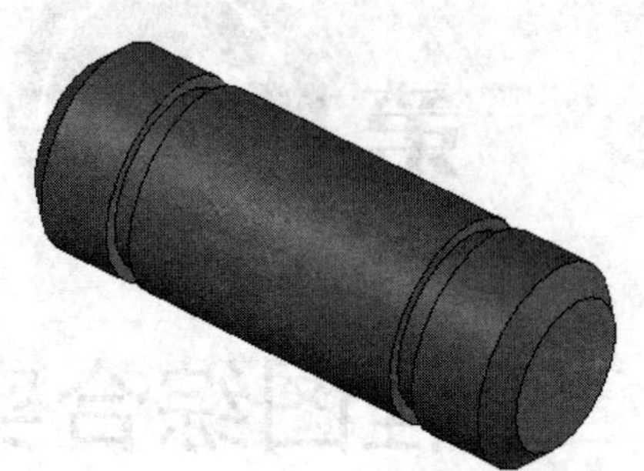

图15-1　支撑轴零件图

创建支撑轴的工程图如图15-2所示。

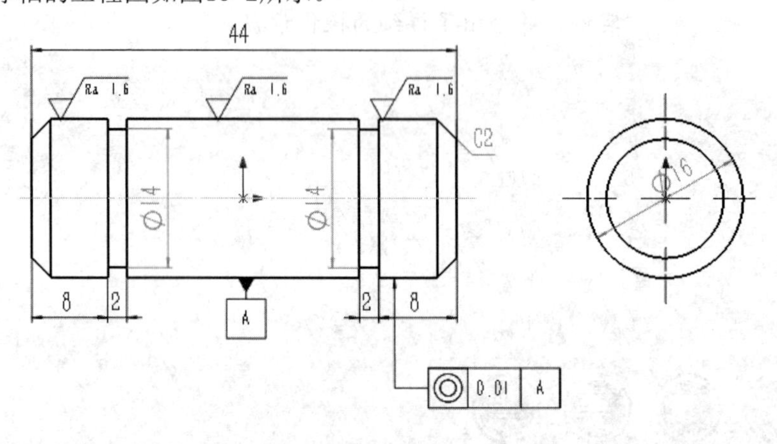

图15-2　支撑轴工程图

15.1.1　创建视图

1）进入SOLIDWORKS，选择菜单栏中的“文件”→“打开”命令，在弹出的“打开”对话框中选择将要转化为工程图的零件文件。

2）单击“标准”工具栏中的“从零件/制作工程图”按钮，此时会弹出“图纸格式/大小”对话框，选择“自定义图纸大小”并设置图纸尺寸，如图15-3所示。单击“确定”按钮，完成图纸设置。

3）此时在右侧面将弹出此零件的所有视图，如图15-4所示，将前视图拖动到图形编辑窗口，会弹出图15-5所示的放置框，在图纸中合适的位置放置前视图，如图15-6所示。

4）利用同样的方法，在图形操作窗口放置左视图（由于该零件图比较简单，故俯视图没有标出），相对位置如图15-7所示。

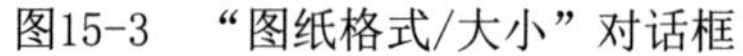

图15-3 “图纸格式/大小”对话框

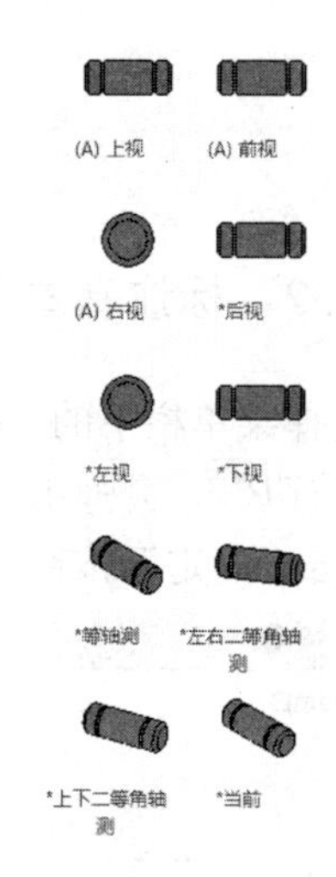

图15-4 零件视图框

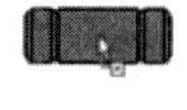

图15-5 放置前视图

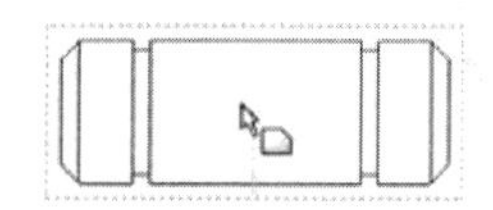

图15-6 前视图

5）在图形窗口中的空白区域右击，在弹出的快捷菜单中选择“属性”按钮，此时会弹出“图形属性”的设置窗口。在“比例”选项框中将比例设置成4：1（如图15-8所示），单击“确定”按钮，将会看到此时的三视图将在图纸区域显示成放大一倍的状态，如图15-9所示。

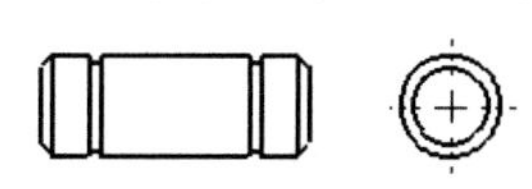

图15-7 视图模型

图15-8 “图纸属性”对话框

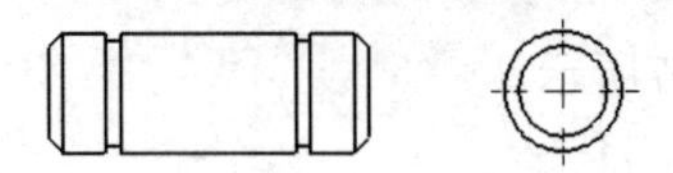

图15-9　放大后的视图

15.1.2　标注基本尺寸

1）选择菜单栏中的“插入”→“模型项目”命令，或者单击“注解”工具栏中的“模型项目”按钮，会弹出“模型项目”属性管理器，在属性管理器中设置各参数如图15-10所示，单击“确定”按钮，这时会在视图中自动显示尺寸，如图15-11所示。

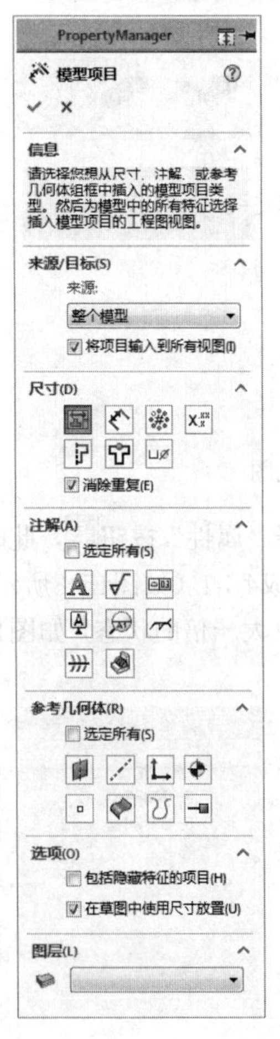

图15-10　“模型项目”属性管理器

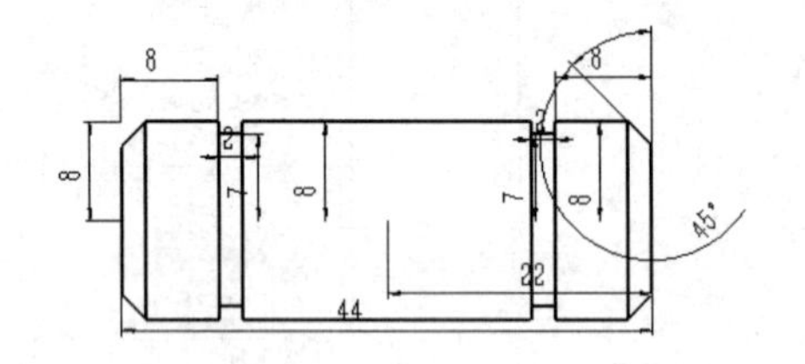

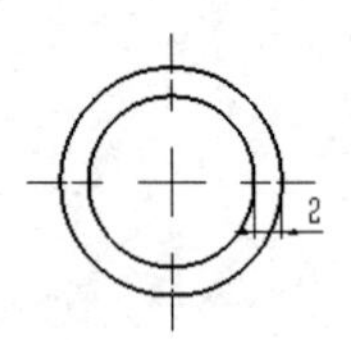

图15-11　标注尺寸

2）在主视图中单击选取要移动的尺寸，按住鼠标左键移动光标位置，即可在同一视图中动态的移动尺寸位置。选中将要删除多余的尺寸，然后按Delete键即可将多余的尺寸删除，调整后的主视图如图15-12所示。

3）利用同样的方法可以调整侧视图，得到的结果如图15-13所示。

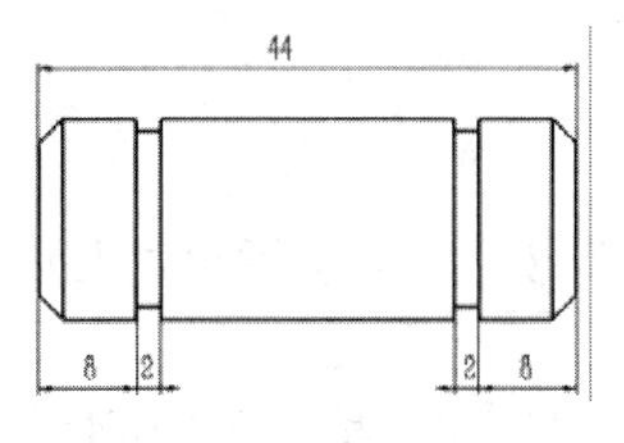

图15-12 调整尺寸

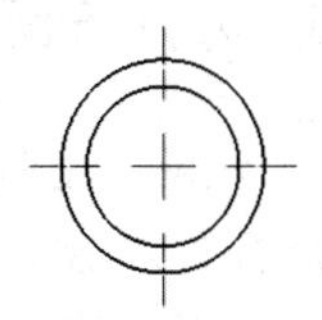

图15-13 删除尺寸后的侧视图

4）单击“草图”工具栏中的“中心线”按钮，在主视图中绘制中心线，如图15-14所示。

5）选择菜单栏中的“工具”→“标注尺寸”→“智能尺寸命令”，或者单击“注解”工具栏中的“智能尺寸”按钮，标注视图中的尺寸，在标注过程中将不符合国标的尺寸删除。在标注尺寸时弹出“尺寸”属性管理器，如图15-15所示，在这里可以修改尺寸的公差、符号等。例如，要在尺寸前加直径符号，只需在标注尺寸文字框内<DIM>前点击鼠标，在下面选取直径符号即可，最终得到的结果如图15-16所示。

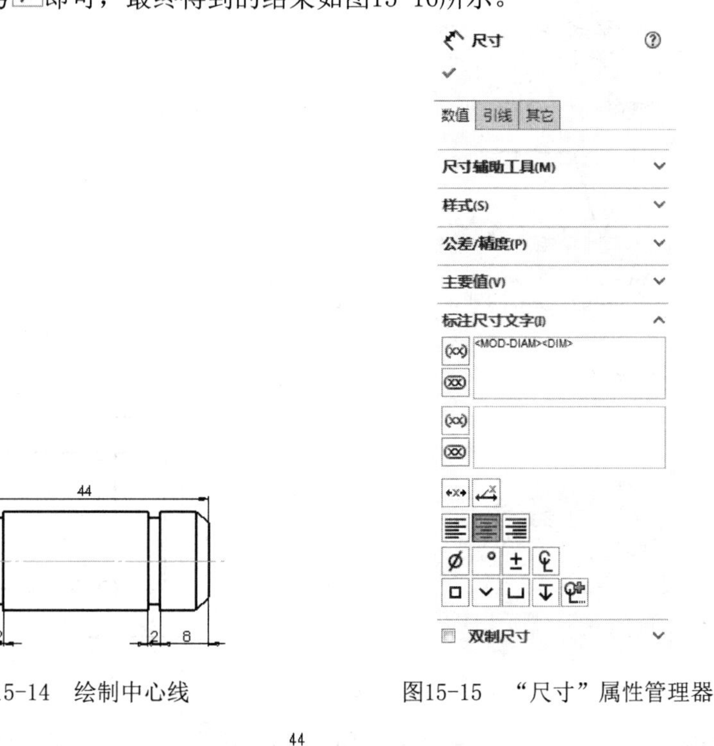

图15-14 绘制中心线

图15-15 “尺寸”属性管理器

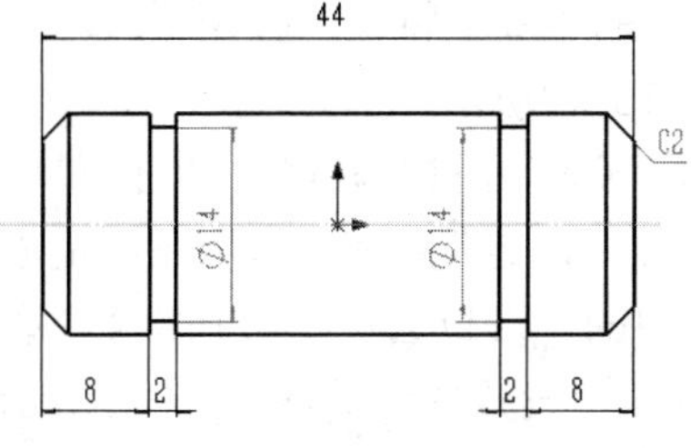

图15-16 添加尺寸

15.1.3 标注表面粗糙度和形位公差

1）单击“注解”工具栏中的“表面粗糙度符号”按钮，会弹出“表面粗糙度”属性管理器，在属性管理器中设置各参数如图15-17所示。

2）设置完成后，移动光标到需要标注表面粗糙度的位置，单击即可完成标注，单击“确定”按钮，表面粗糙度即可标注完成。下表面的标注需要设置角度为180°，标注表面粗糙度效果如图15-18所示。

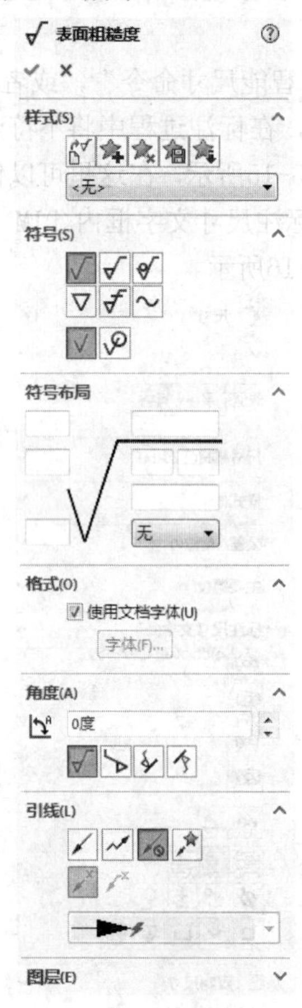

图15-17 “表面粗糙度”属性管理器

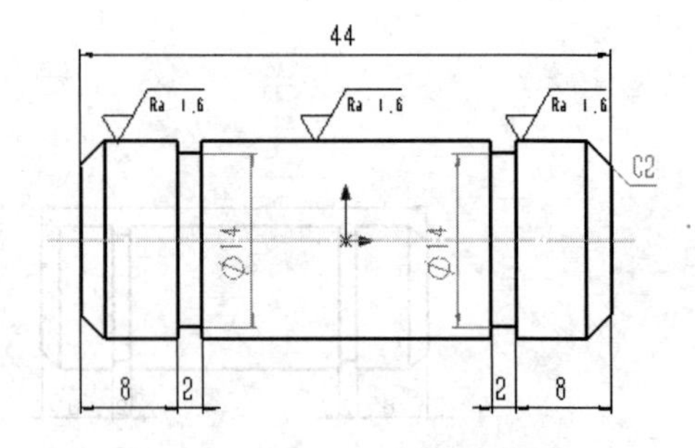

图15-18 标注表面粗糙度

3）单击“注解”工具栏中的“基准特征”按钮，弹出“基准特征”属性管理器，在属性管理器中设置各参数如图15-19所示。

4）设置完成后，移动光标到需要添加基准特征的位置单击，然后拖动鼠标到合适的位置再次单击即可完成标注，单击“确定”按钮即可在图中添加基准符号，如图15-20所示。

5）单击“注解”工具栏中的“形位公差”按钮，弹出“形位公差”属性管理器及“属性”对话框，在属性管理器中设置各参数如图15-21所示，在“属性”对话框中设置各参数如图15-22所示。

6）设置完成后，移动光标到需要添加形位公差的位置单击即可完成标注，单击“确定”按钮✔即可在图中添加形位公差符号，如图15-23所示。

图15-19 “基准特征”属性管理器

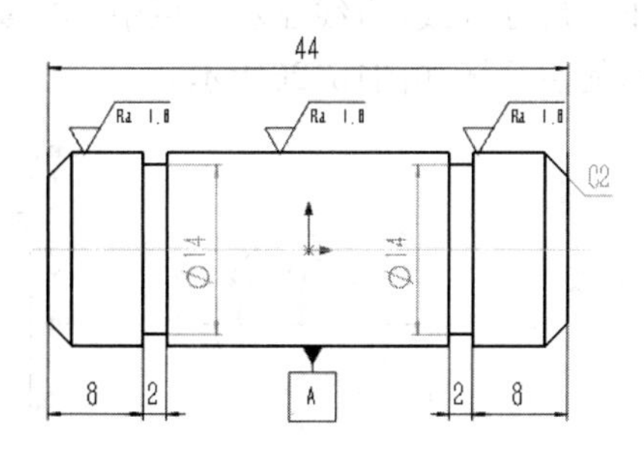

图15-20 添加基准符号

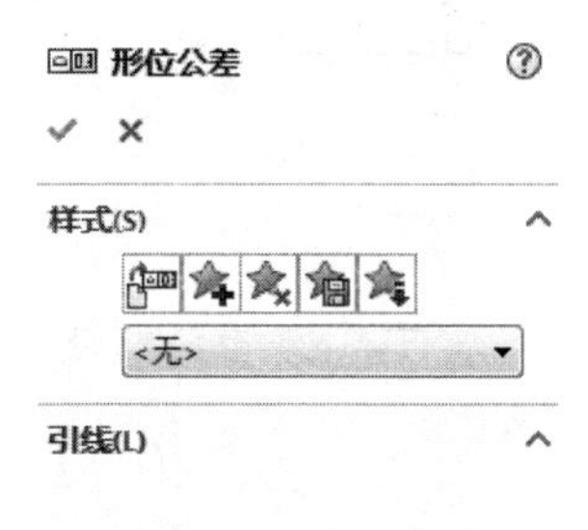

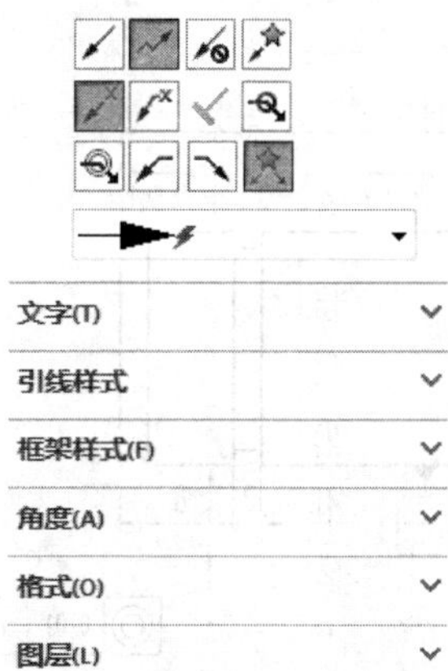

图15-21 “形位公差”属性管理器

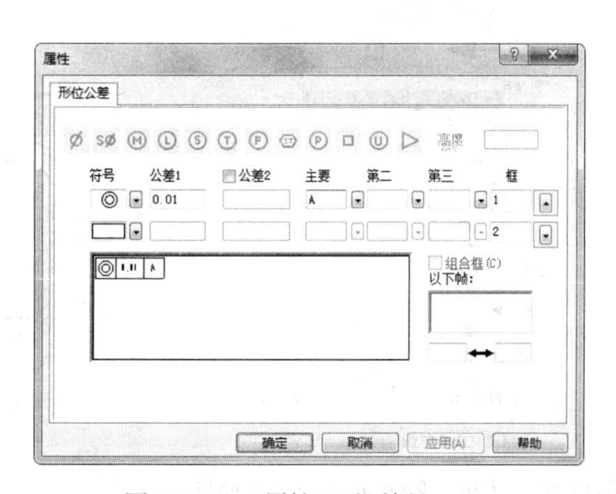

图15-22 “属性”对话框

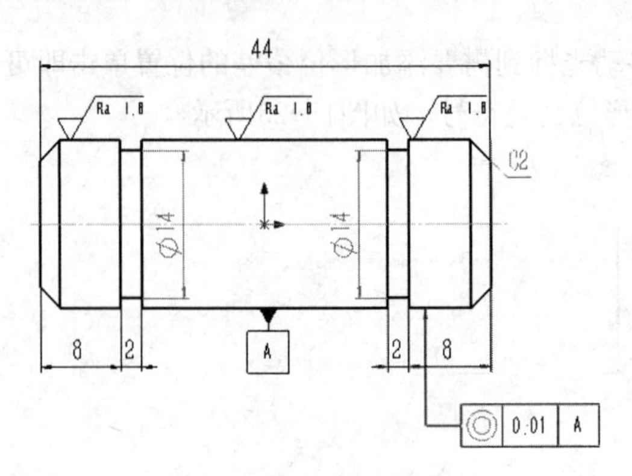

图15-23　添加形位公差

7）选择主视图中的所有尺寸，如图15-24所示，在“尺寸”属性管理器中的“引线”标签下“尺寸界线/引线显示”栏中选择实心箭头，如图15-25所示。单击“确定”按钮✔，修改后的主视图如图15-26所示。

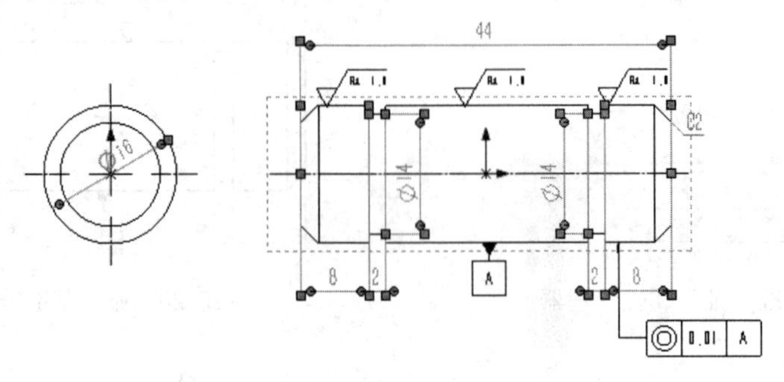

图15-24　选择尺寸线

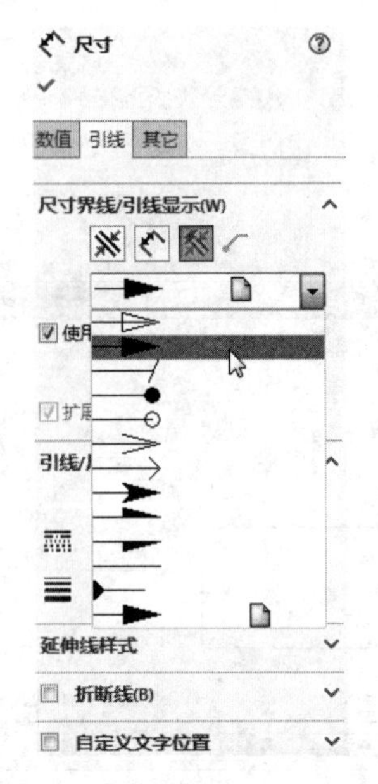

图15-25　“尺寸界线/引线显示”面板

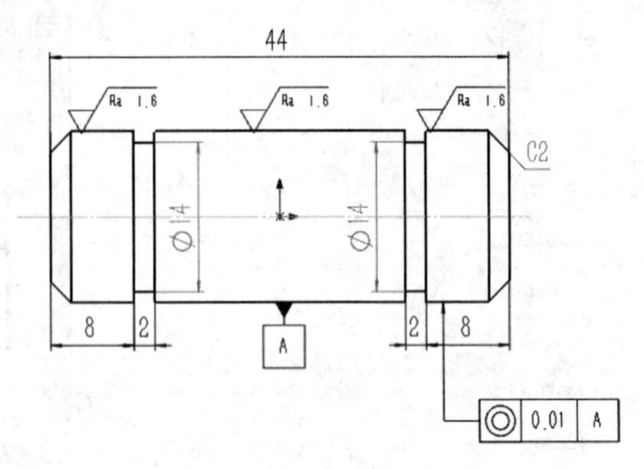

图15-26　更改尺寸属性

8）利用同样的方法修改侧视图中尺寸的属性，最终可以得到图15-27所示的工程图，工程图的生成到此结束。

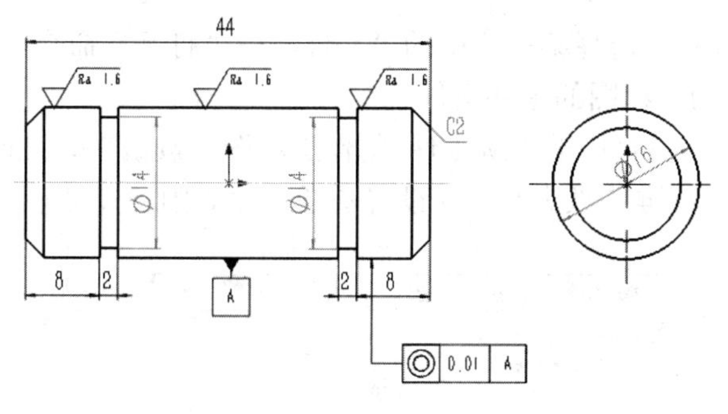

图15-27　工程图

15.2　齿轮泵前盖工程图的创建

本实例是将图15-28所示的齿轮泵前盖零件图转化为工程图。

> **实讲实训**
> **多媒体演示**
>
> 多媒体演示参见配套光盘中的\\动画演示\第15章\齿轮泵前盖工程图的创建.avi。

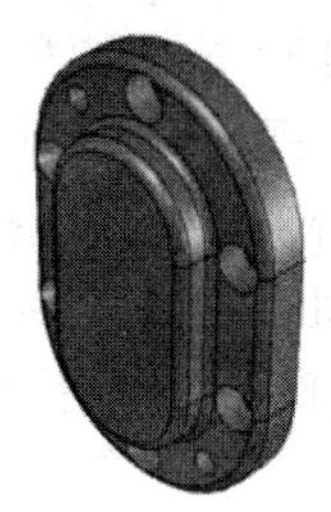

图15-28　齿轮泵前盖零件图

创建齿轮泵前盖的工程图，如图15-29所示。

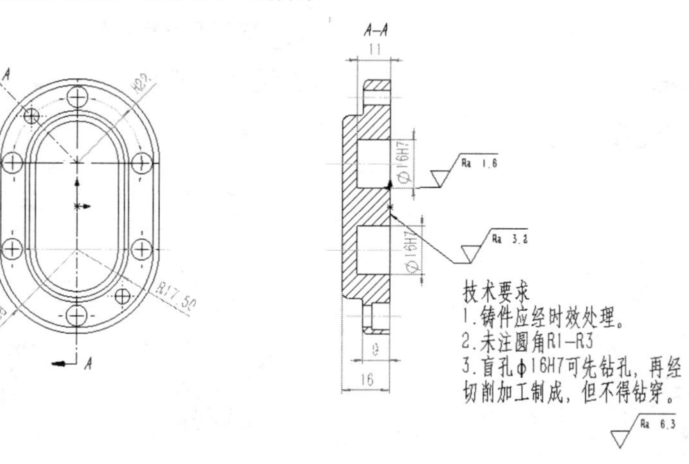

图15-29　创建齿轮泵前盖工程图

15.2.1 创建视图

1）进入SOLIDWORKS，选择菜单栏中的“文件”→“打开”命令，在弹出的“打开”对话框中选择将要转化为工程图的零件文件。

2）单击“标准”工具栏中的“从零件/制作工程图”按钮，此时会弹出“图纸格式/大小”对话框，选择“标准图纸大小”并设置图纸尺寸如图15-30所示，单击“确定”按钮，完成图纸设置。

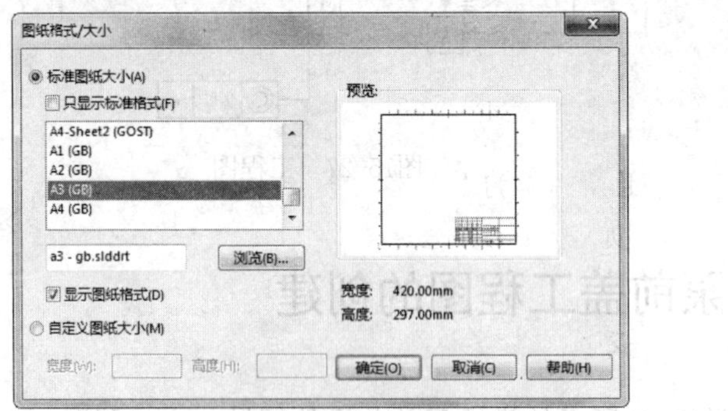

图15-30 “图纸格式/大小”对话框

3）选择菜单栏中的“插入”→“工程图视图”→“模型”命令，或者单击“工程图”工具栏中的“模型视图”按钮，会弹出“模型视图”属性管理器（如图15-31所示），在属性管理器中点击“浏览”按钮，在弹出的选择对话框中选择要生成工程图的齿轮泵前盖零件图。选择完成后点击“模型视图”中的按钮，这时会进入模型视图参数设置属性管理器，参数设置如图15-32所示。此时在图形编辑窗口，会弹出图15-33所示的放置框，在图纸中合适的位置放置主视图，如图15-34所示。

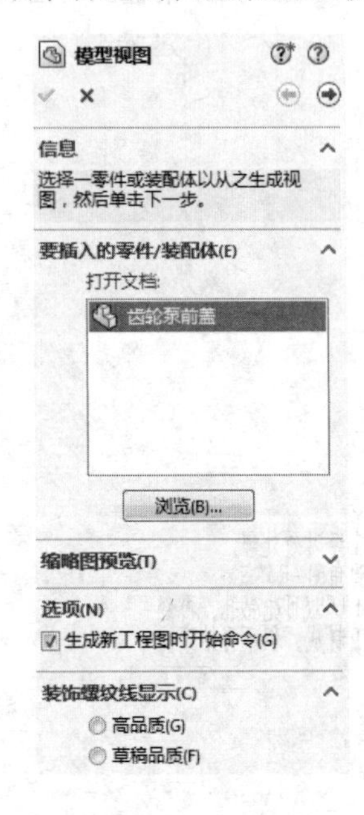

图15-31 “模型视图”属性管理器

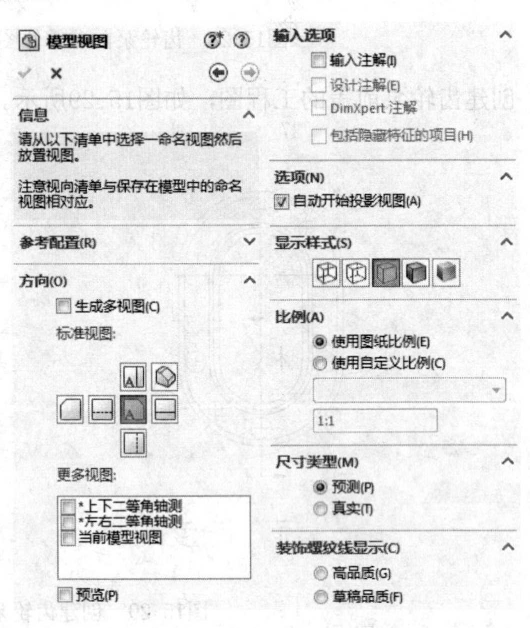

图15-32 参数设置

4）单击“视图布局”工具栏中的“剖面视图”按钮，打开“剖面视图”属性管理器，在切割线一栏中选择“对齐”，完成旋转剖视图的操作，如图15-35、图15-36所示。

图15-33 放置框

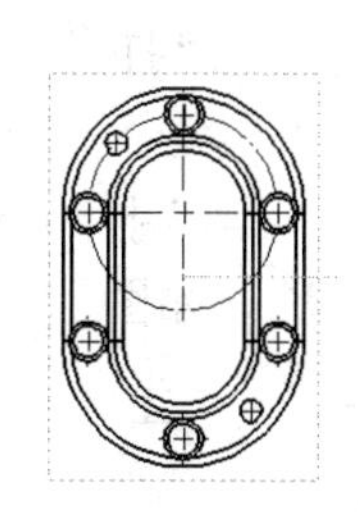

图15-34 主视图

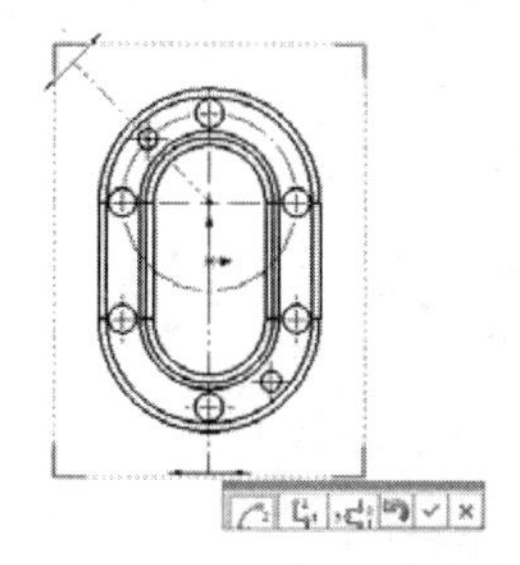

图15-35 视图模型

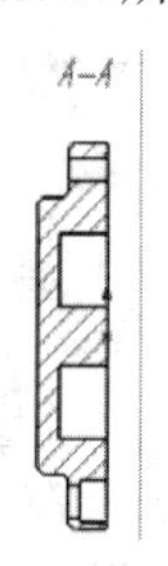

图15-36 左视图模型

5）单击“草图”工具栏中的“中心线”按钮和“圆心/起/终点画圆弧”按钮，在主视图中绘制中心线，如图15-37所示。

15.2.2 标注基本尺寸

选择菜单栏中的“工具”→“标注尺寸”→“智能尺寸”命令，或者单击“注解”工具栏中的“智能尺寸”按钮，标注视图中的尺寸，最终得到的结果如图15-38所示。

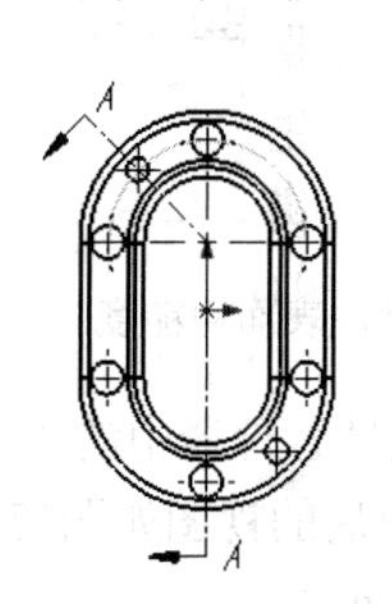

图15-37 绘制中心线

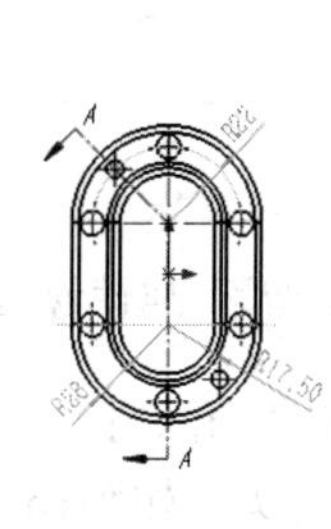

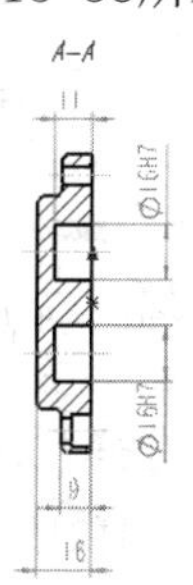

图15-38 添加尺寸

注意

在添加或修改尺寸时，单击要标注尺寸的几何体。当在模型周围移动指针时，会显示尺寸的预览。根据指针相对于附加点的位置，系统将自动捕捉适当的尺寸类型（水平、竖直、线性、径向等）。当预览显示所需的尺寸类型时，可通过单击右键来锁定此类型。最后单击以放置尺寸。

15.2.3 标注表面粗糙度和形位公差

1）单击“注解”工具栏中的“表面粗糙度符号”按钮，弹出“表面粗糙度”属性管理器，在属性管理器中设置各参数如图15-39所示。

2）设置完成后，移动光标到需要标注表面粗糙度的位置，单击即可完成标注，单击“确定”按钮✔，表面粗糙度即可标注完成。标注表面粗糙度效果如图15-40所示。

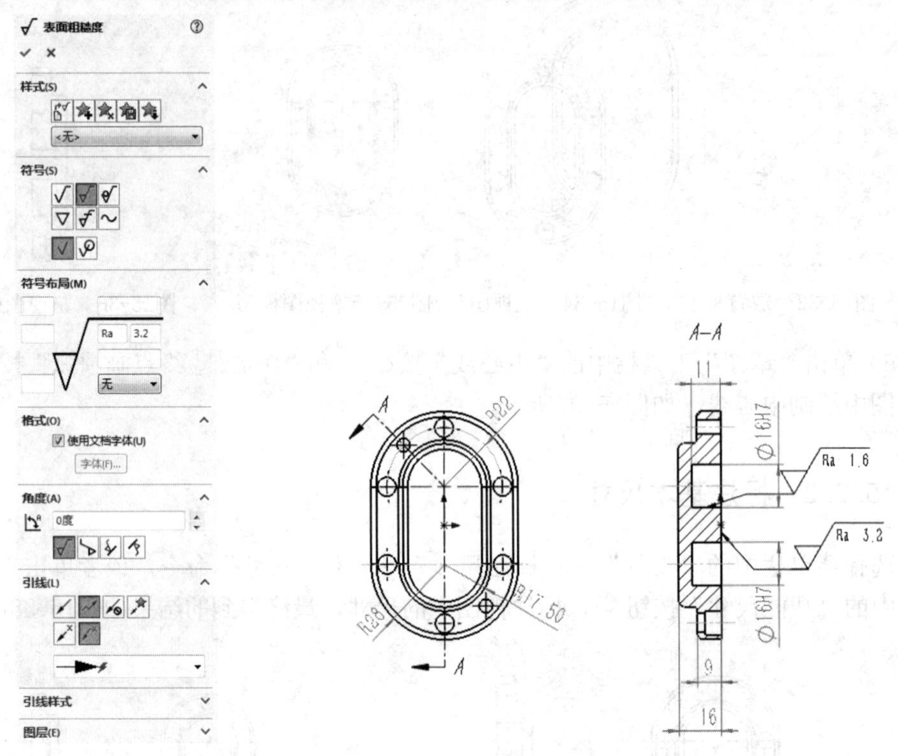

图15-39 “表面粗糙度”属性管理器　　　　图15-40 标注表面粗糙度

3）选择视图中的所有尺寸，如图15-41所示，在“尺寸”属性管理器中的“尺寸界线/引线显示”面板中实心箭头，如图15-42所示。单击确定按钮，修改后的视图如图15-43所示。

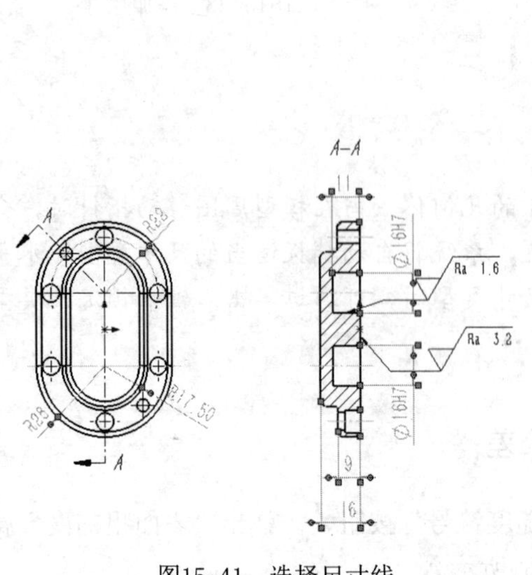

图15-41 选择尺寸线

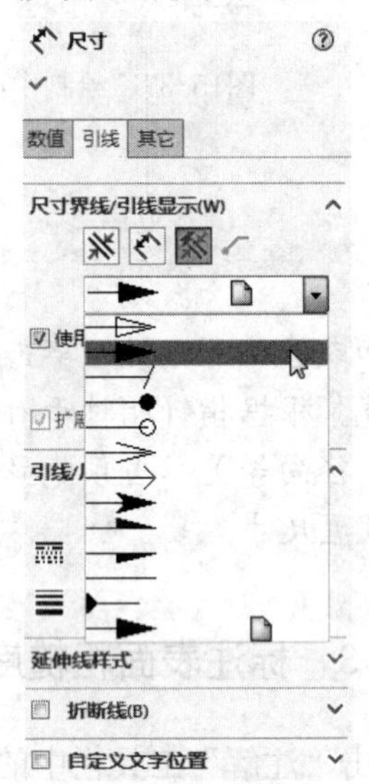

图15-42 “尺寸界线/引线显示”面板

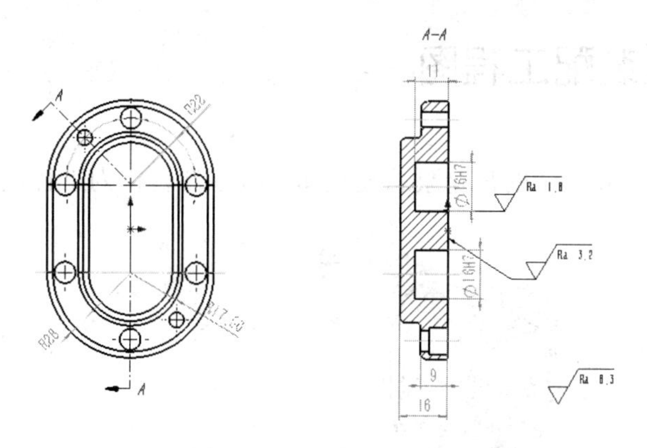

图15-43 更改尺寸属性

4）单击“注解”工具栏上的“注释”按钮**A**，或选择菜单栏中的“插入”→“注解”→“注释”命令。为工程图添加注释部分如图15-44所示，此工程图即完成。

注意

可以将带有引线的表面粗糙度符号拖到任意位置。如果将没有引线的符号附加到一条边线，然后将它拖离模型边线，则将生成一条延伸线。若想使表面粗糙度符号锁定到边线，则从除最底部控标以外的任何地方拖动符号。

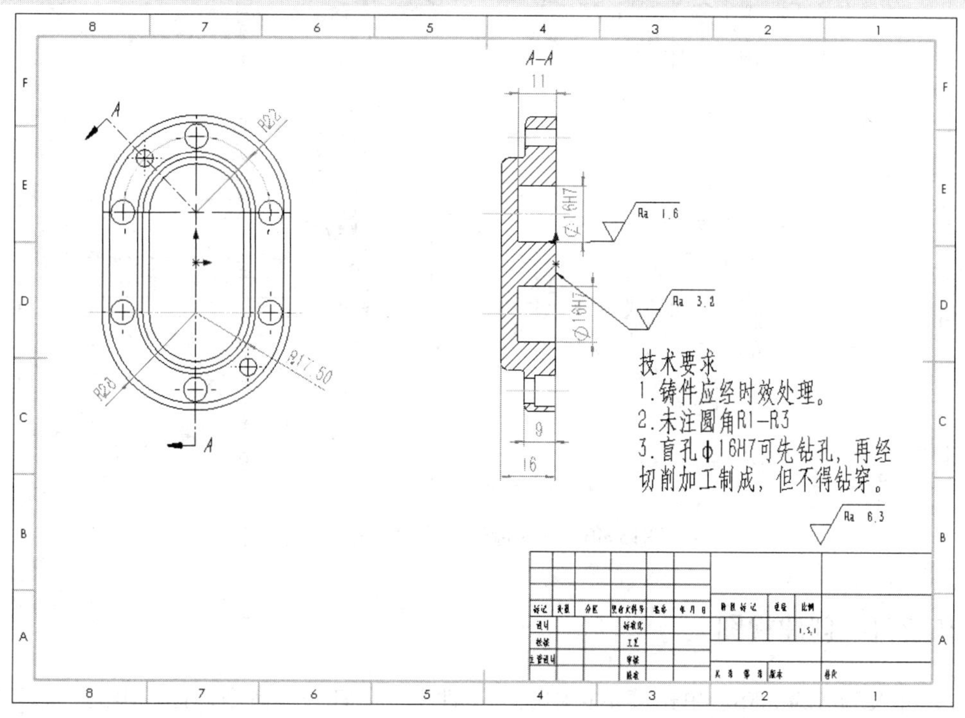

图15-44 添加技术要求

15.3　齿轮泵装配工程图

本实例是将图15-45所示的齿轮泵总装配体机械零件转化为工程图。

实讲实训
多媒体演示

多媒体演示参见配套光盘中的\动画演示\第15章\齿轮泵装配工程图.avi。

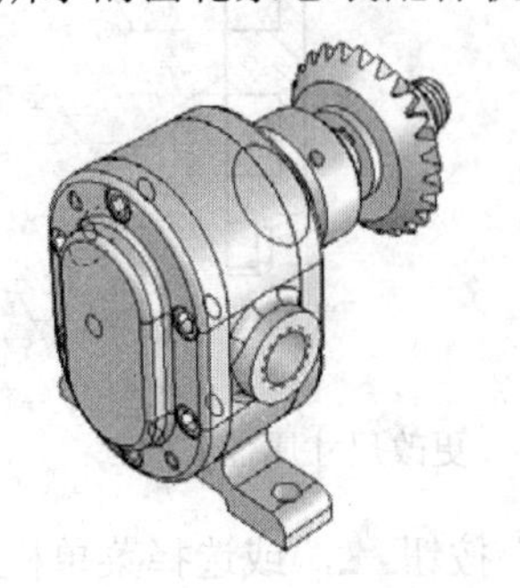

图15-45　齿轮泵总装配图

创建齿轮泵总装配工程图如图15-46所示：

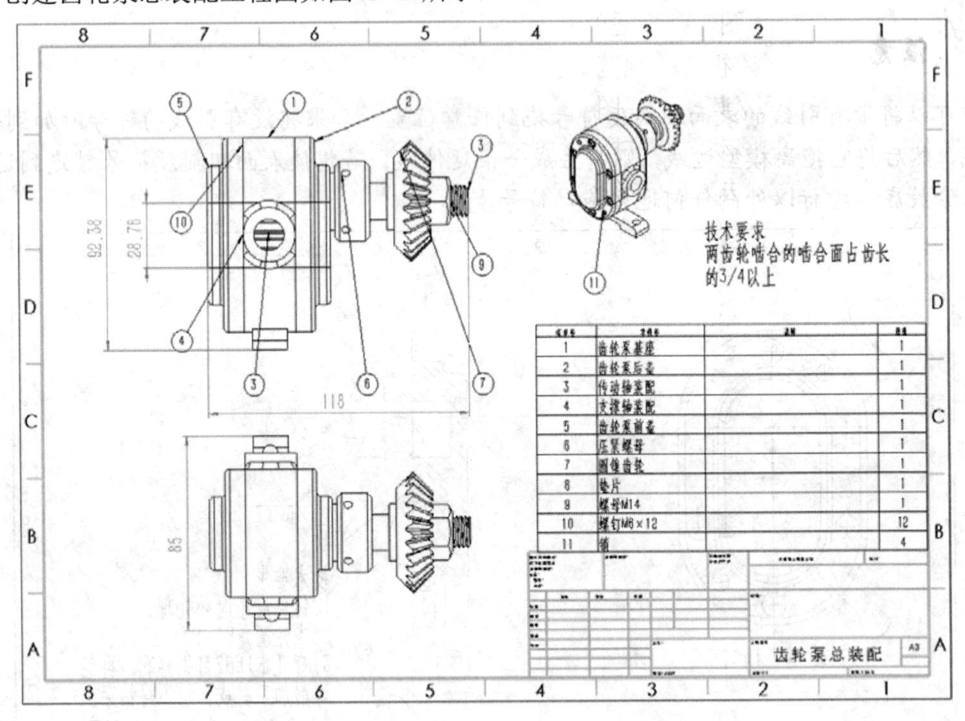

技术要求
两齿轮啮合的啮合面占齿长
的3/4以上
1 齿轮泵基座 1
2 齿轮泵后盖 1
3 传动轴装配 1
4 支撑轴装配 1
5 齿轮泵前盖 1
6 压紧螺母 1
7 圆锥齿轮 1
8 垫片 1
9 螺母M14 1
10 螺钉M6×12 12
11 销 4
齿轮泵总装配
A3
92.38
28.76
118
85

图15-46　创建齿轮泵总装配工程图

15.3.1　创建视图

1）进入SOLIDWORKS，单击菜单栏中的“文件”→“打开”命令，在弹出的“打开”对话框中选择将要转化为工程图的总装配图文件。

2）单击“标准”工具栏中的“从装配图制作工程图”按钮，此时会弹出“图纸格式/大小”对话框，选择“标准图纸大小”并设置图纸尺寸如图15-47所示，单击“确定”按钮，完成图纸设置。

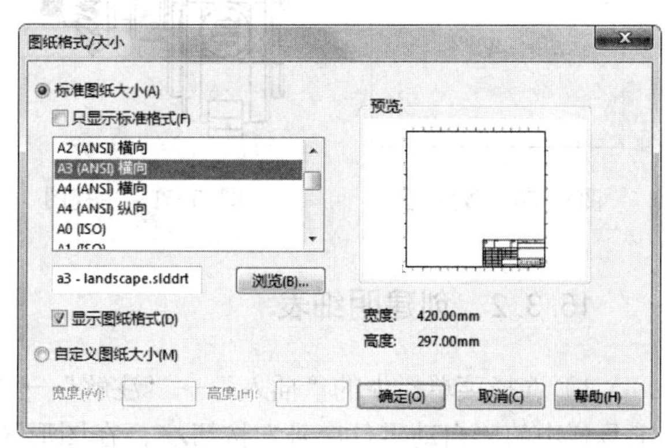

图15-47 “图纸格式/大小”对话框

3）在图形编辑窗口放入主视图。选择菜单栏中的“插入”→“工程图视图”→“模型”命令，或者单击“工程图”工具栏中的“模型视图”按钮，会弹出图15-48所示的“模型视图”属性管理器，在属性管理器中单击“浏览”按钮，在弹出的选择对话框中选择要生成工程图的齿轮泵总装配图。选择完成后单击“模型视图”中的按钮，这时会进入模型视图参数设置属性管理器，参数设置如图15-49所示。此时在图形编辑窗口，会弹出图15-50所示放置框，在图纸中合适的位置放置主视图，如图15-51所示。在放置完主视图后将鼠标下移，会发现俯视图的预览会跟随鼠标弹出。（主视图与其他两个视图有固定的对齐关系。当移动它时，其他的视图也会跟着移动。其他两个视图可以独立移动，但是只能水平或垂直于主视图移动。）选择合适的位置放置俯视图，效果如图15-52所示。

4）利用同样的方法，在图形区域右上角放置轴测图，如图15-53所示。

图15-48 “模型视图”对话框

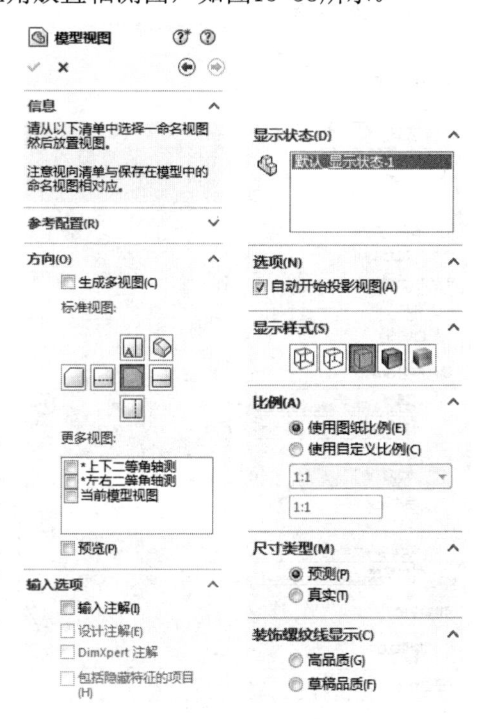

图15-49 模型视图设置框

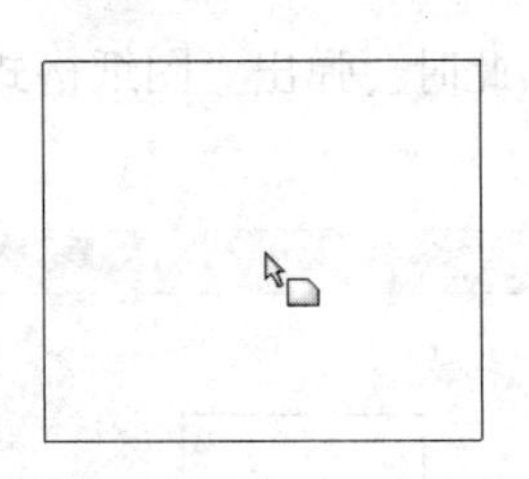

图15-50　放置框

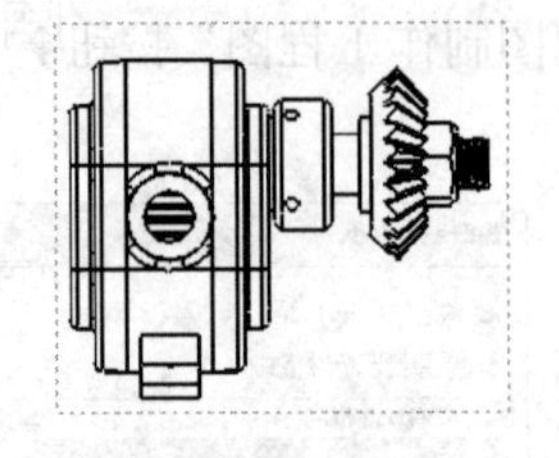

图15-51　主视图

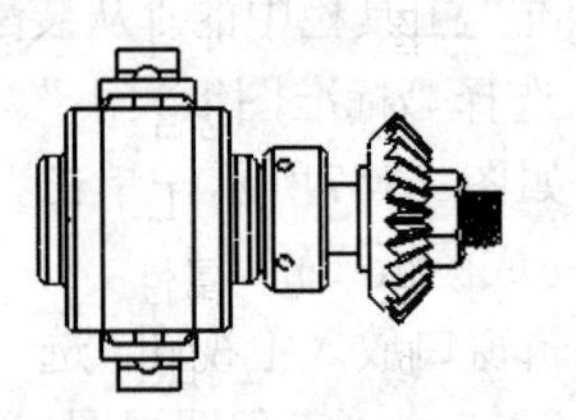

图15-52　俯视图

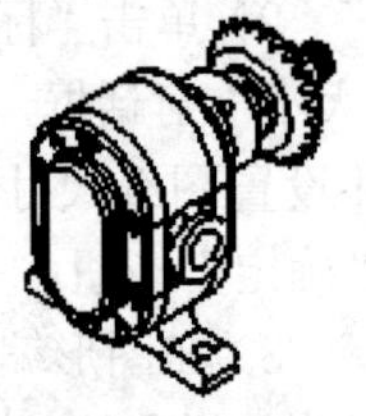

图15-53　轴测图

15.3.2　创建明细表

1）选择菜单栏中的“插入”→“注解”→“自动零件序号”命令，或者单击“注解”工具栏中的“自动零件序号”按钮，在图形区域分别单击右视图和轴测图将自动生成零件的序号，零件序号会插入到适当的视图中，不会重复。在弹出的属性管理器中可以设置零件序号的布局、样式等，参数设置如图15-54所示，生成零件序号的结果如图15-55所示。

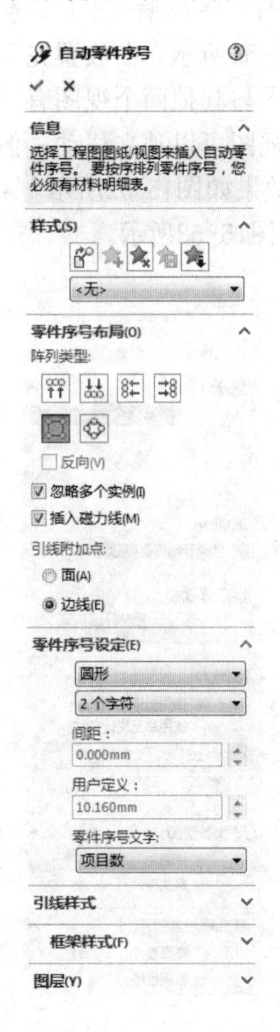

图15-54　自动零件序号设置框

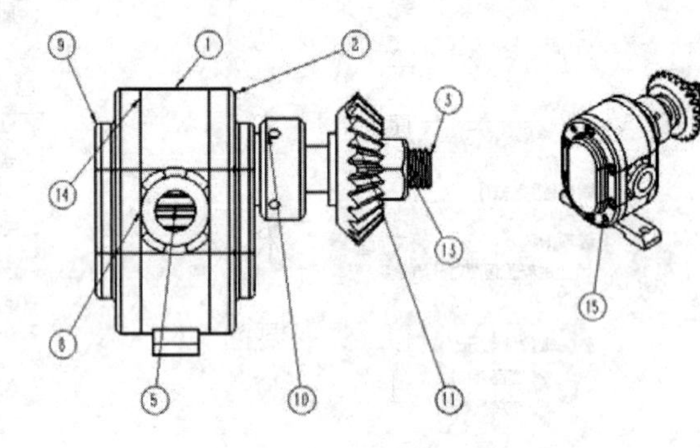

图15-55　自动生成的零件序号

2）下面我们为视图生成材料明细表，工程图可包含基于表格的材料明细表或基于Excel 的材料明细表，但不能包含两者。选择菜单栏中的“插入”→“表格”→“材料明细表”命令，或者单击“表格”工具栏中的“材料明细表”按钮，选择我们刚才创建的右视图，将弹出“材料明细表”属性管理器，设置如图15-56所示，单击属性管理器中的“确定”按钮✔，在图形区域将弹出跟随鼠标的材料明细表表格，在图框的右下角单击确定为定位点，创建明细表后的效果如图15-57所示。

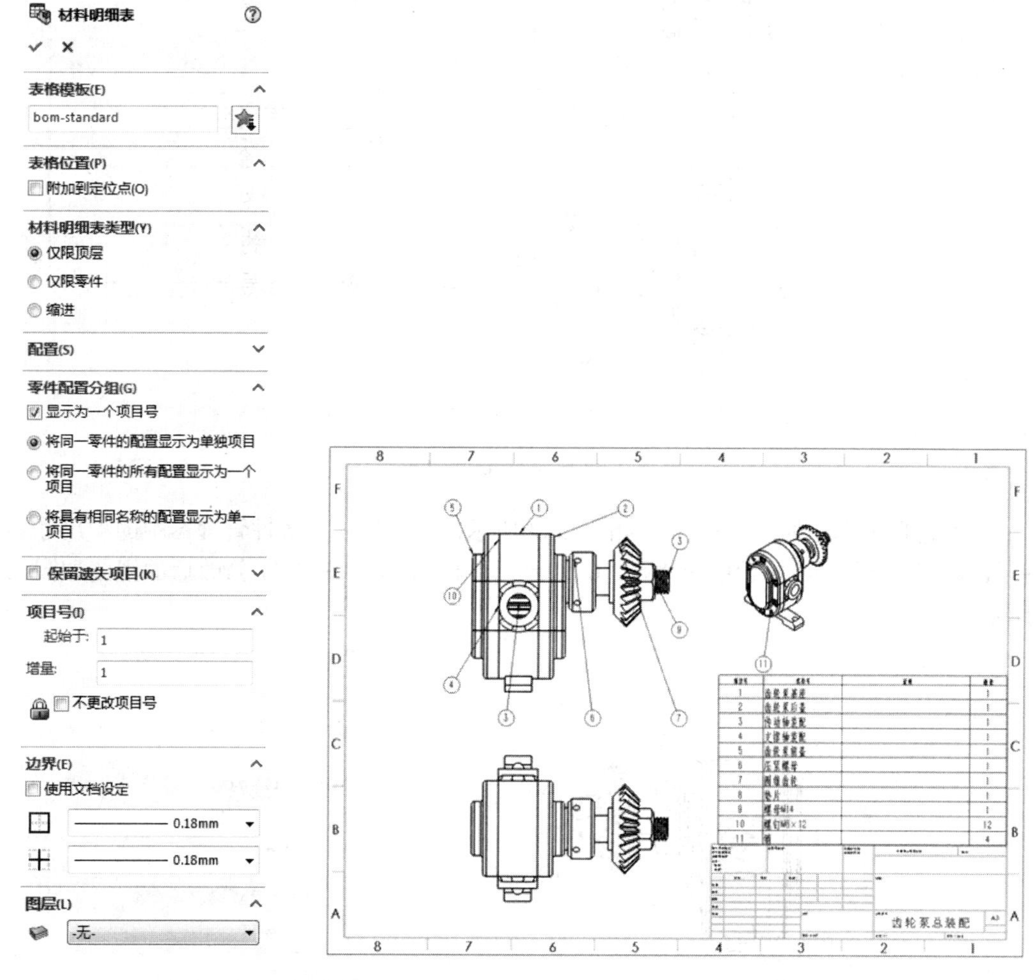

图15-56 “材料明细表”属性管理器

图15-57 添加创建明细表

15.3.3 标注尺寸和技术要求

1）下面为视图创建装配必要的尺寸，选择菜单栏中的“工具”→“标注尺寸”→“智能尺寸”命令，或者单击“注解”工具栏中的“智能尺寸”按钮，标注视图中的尺寸，最终得到的结果如图15-58所示。

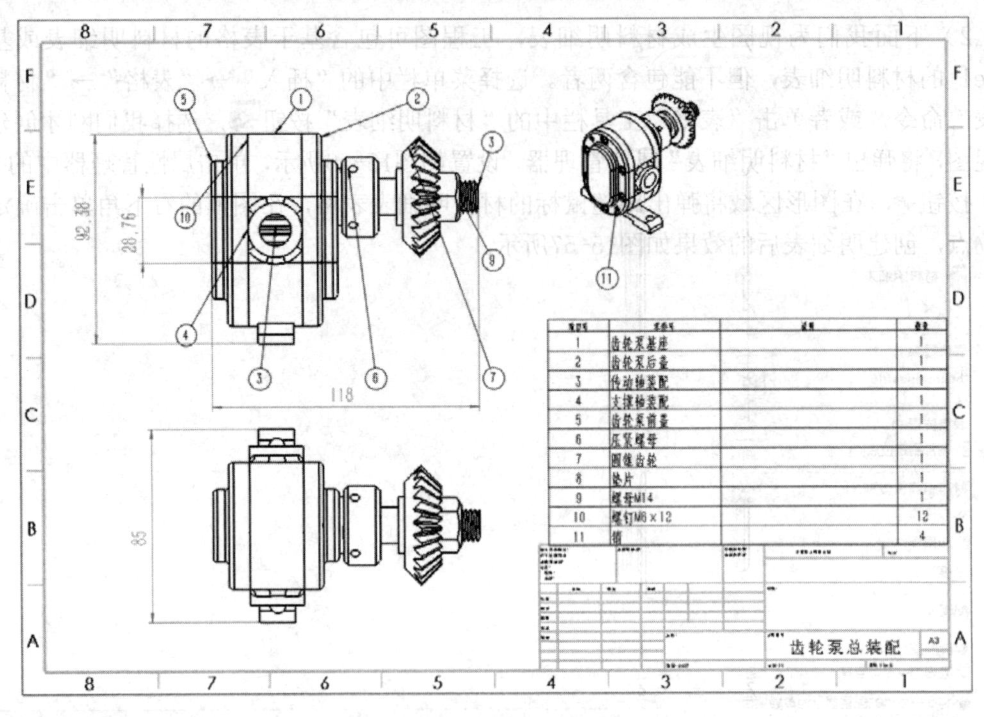

图15-58　标注尺寸

2）选择视图中的所有尺寸，如图15-59所示，在“尺寸”属性管理器中的“尺寸界线/引线显示”面板中实心箭头，如图15-60所示，单击“确定”按钮✔，修改后的视图如图15-61所示。

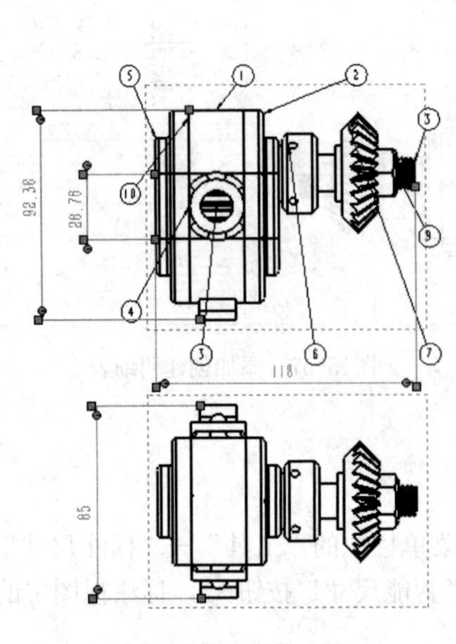

图15-59　选择尺寸线

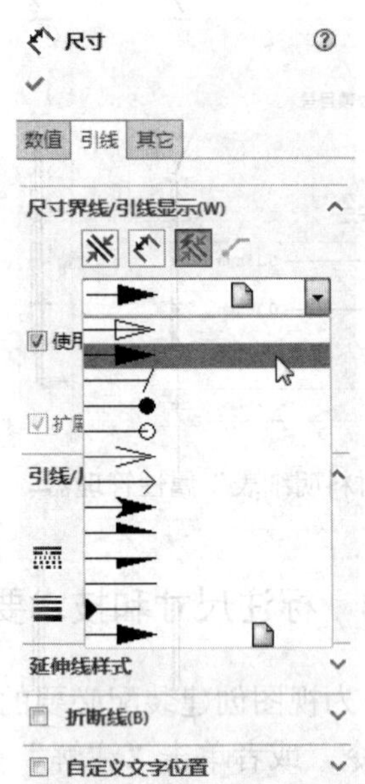

图15-60　“尺寸界线/引线显示”面板

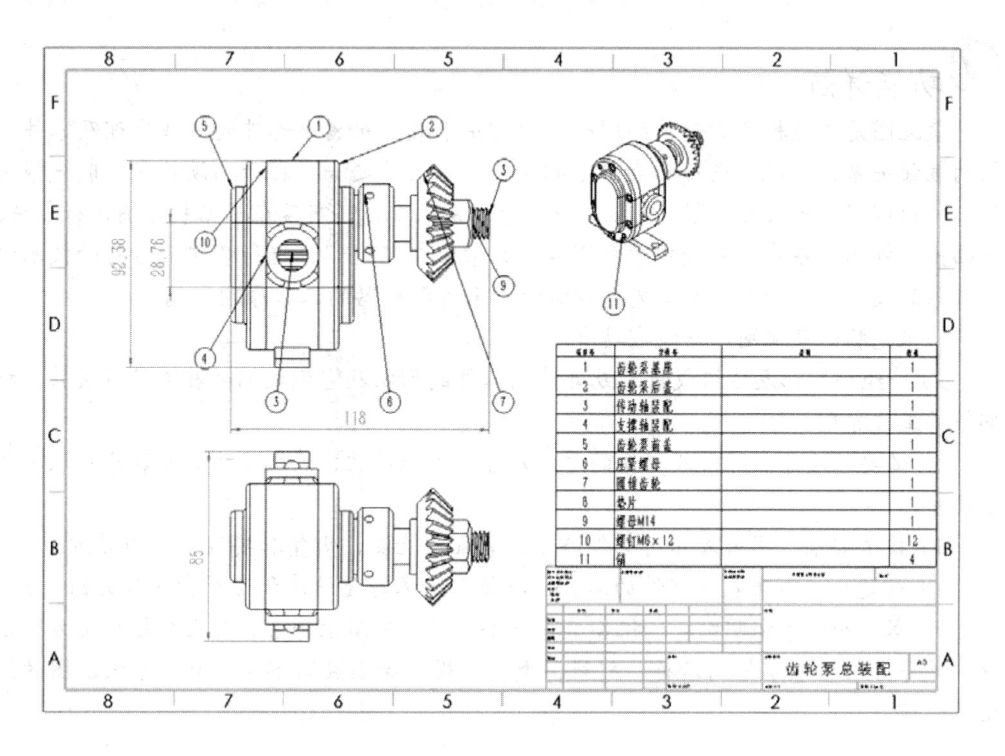

图15-61　更改尺寸属性

3）选择菜单栏中的“插入”→“注解”→“注释”命令，或者单击“注解”工具栏上的“注释”按钮**A**，为工程图添加注释，如图15-62所示，此工程图即绘制完成。

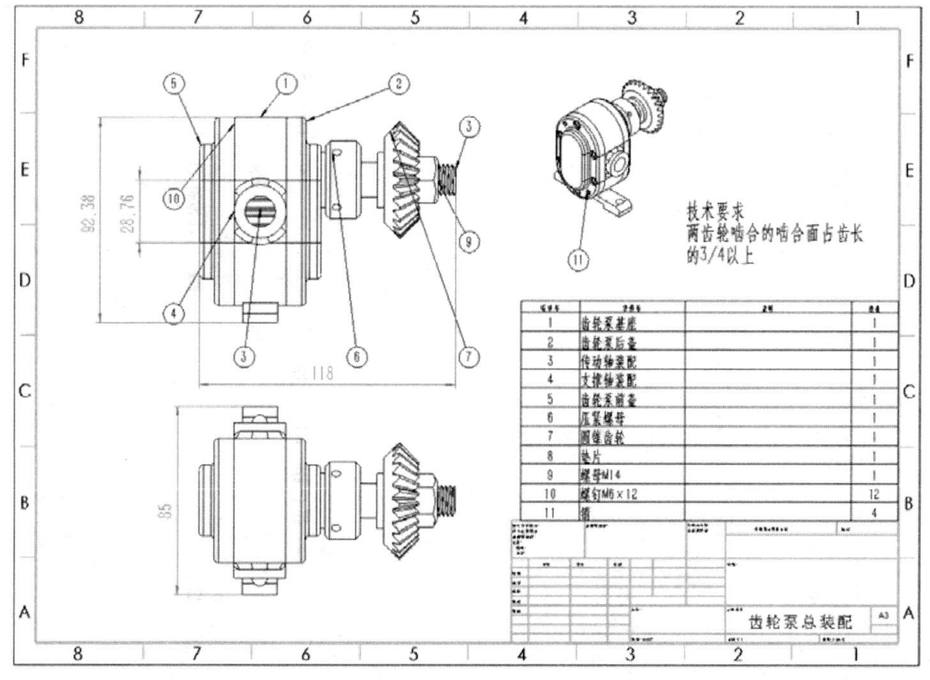

图15-62　添加技术要求

功能详解

装配图是表达机器或部件的图样，通常用来表达机器或部件的工作原理及零件、部件间的装配关系，是机械设计和生产中的重要技术文件之一。在产品设计中一般先根据产品的工作原理图画出装配草图，由装配草图整理成装配图，然后在根据装配图进行零件设计，并画出零件图。在产品制造中装配图是制订装配工艺规程、进行装配和检验的技术依据。在机器的使用和维修时，也需要通过装配图来了解机器的工作原理和构造。

一张完整的装配图，一般应具有下列内容：

1）一组视图：表达组成机器或部件的零件的形状及它们之间的相互位置关系，机器或部件的工作原理。

2）必要的尺寸：标出装配体的总体尺寸、性能尺寸、装配尺寸、安装尺寸以及其他重要尺寸。

3）技术要求：用来表示对部件质量、装配、检测、调整和安装、使用等方面的要求。

4）标题栏：用来表示部件的名称、数量以及填写与设计和生产管理有关的内容。

5）零件的序号和明细表：把各个零件按一定顺序编上序号，并在标题栏上方列出明细表，按序号把各个零件的名称、材料、数量、规格等项注写下来，有利于装配图的阅读和生产管理。